中国石油天然气集团有限公司统编培训教材

勘探开发业务分册

地质监督

《地质监督》编委会　编

石油工业出版社

内 容 提 要

本书共分为三篇，第一篇为《地质监督管理》，对地质监督发展历程、职业特点、现场工作流程、方法以及录井施工现场 HSE 监督管理等相关内容进行了系统阐述；第二篇为《录井技术》，用了十三章的篇幅，对录井常用技术及录井新技术和新方法及其应用进行了系统深入地阐述，实用价值高，是地质监督工作的详细参考手册；第三篇为《相关技术》，从物探、钻井、测井、试油四个方面，详细介绍了与地质监督相关的专业技术知识，有利于全面提高地质监督的技术水平和业务能力。

本书主要是从事地质监督及相关管理人员的专用教材，也可供油气钻井、录井工程技术人员、设计与科研人员、操作人员及有关高等院校学生阅读参考。

图书在版编目（CIP）数据

地质监督/《地质监督》编委会编. —北京：石油工业出版社，2019. 10

中国石油天然气集团有限公司统编培训教材

ISBN 978－7－5183－3292－2

Ⅰ. ①地… Ⅱ. ①地… Ⅲ. ①油气勘探–地质勘探–监管制度–技术培训–教材 Ⅳ. ①P618. 130. 8

中国版本图书馆 CIP 数据核字（2019）第 060441 号

出版发行：石油工业出版社

（北京市朝阳区安定门外安华里 2 区 1 号楼 100011）

网　址：www. petropub. com

编辑部：（010）64256770

图书营销中心：（010）64523633

经　　销：全国新华书店

印　　刷：北京晨旭印刷厂

2019 年 10 月第 1 版　2019 年 10 月第 1 次印刷

710×1000 毫米　开本：1/16　印张：49. 5

字数：860 千字

定价：170. 00 元

（如出现印装质量问题，我社图书营销中心负责调换）

《勘探开发业务分册》
编审委员会

《地质监督》编委会

序

企业发展靠人才，人才发展靠培训。当前，集团公司正处在加快转变增长方式，调整产业结构，全面建设综合性国际能源公司的关键时期。做好“发展”“转变”“和谐”三件大事，更深更广参与全球竞争，实现全面协调可持续，特别是海外油气作业产量“半壁江山”的目标，人才是根本。培训工作作为影响集团公司人才发展水平和实力的重要因素，肩负着艰巨而繁重的战略任务和历史使命，面临着前所未有的发展机遇。健全和完善员工培训教材体系，是加强培训基础建设，推进培训战略性和国际化转型升级的重要举措，是提升公司人力资源开发整体能力的一项重要基础工作。

集团公司始终高度重视培训教材开发等人力资源开发基础建设工作，明确提出要“由专家制定大纲、按大纲选编教材、按教材开展培训”的目标和要求。2009 年以来，由人事部牵头，各部门和专业分公司参与，在分析优化公司现有部分专业培训教材、职业资格培训教材和培训课件的基础上，经反复研究论证，形成了比较系统、科学的教材编审目录、方案和编写计划，全面启动了《中国石油天然气集团有限公司统编培训教材》（以下简称“统编培训教材”）的开发和编审工作。“统编培训教材”以国内外知名专家学者、集团公司两级专家、现场管理技术骨干等力量为主体，充分发挥地区公司、研究院所、培训机构的作用，瞄准世界前沿及集团公司技术发展的最新进展，突出现场应用和实际操作，精心组织编写，由集团公司“统编培训教材”编审委员会审定，集团公司统一出版和发行。

根据集团公司员工队伍专业构成及业务布局，“统编培训教材”按“综合管理类、专业技术类、操作技能类、国际业务类”四类组织编写。综合管理类侧重中高级综合管理岗位员工的培训，具有石油石化管理特色的教材，以自编方式为主，行业适用或社会通用教材，可从社会选购，作为指定培训教材；专业技术类侧重中高级专业技术岗位员工的培训，是教材编审的主体，按照《专业培训教材开发目录及编审规划》逐套编审，循序推进，计划编审300余门；操作技能类以国家制定的操作工种技能鉴定培训教材为基础，侧重主体专业（主要工种）骨干岗位的培训；国际业务类侧重海外项目中外员工的培训。

“统编培训教材”具有以下特点：

一是前瞻性。教材充分吸收各业务领域当前及今后一个时期世界前沿理论、先进技术和领先标准，以及集团公司技术发展的最新进展，并将其转化为员工培训的知识和技能要求，具有较强的前瞻性。

二是系统性。教材由“统编培训教材”编审委员会统一编制开发规划，统一确定专业目录，统一组织编写与审定，避免内容交叉重叠，具有较强的系统性、规范性和科学性。

三是实用性。教材内容侧重现场应用和实际操作，既有应用理论，又有实际案例和操作规程要求，具有较高的实用价值。

四是权威性。由集团公司总部组织各个领域的技术和管理权威，集中编写教材，体现了教材的权威性。

五是专业性。不仅教材的组织按照业务领域，根据专业目录进行开发，且教材的内容更加注重专业特色，强调各业务领域自身发展的特色技术、特色经验和做法，也是对公司各业务领域知识和经验的一次集中梳理，符合知识管理的要求和方向。

经过多方共同努力，集团公司“统编培训教材”已按计划陆续编审出版，与各企事业单位和广大员工见面了，将成为集团公司统一组织开发和编审的中高级管理、技术、技能骨干人员培训的基本教材。“统编培训教材”的出版发行，对于完善建立起与综合性国际能源公司形象和任务相适应的系列培训教材，推进集团公司培训的标准化、国际化建设，具有划时代意义。希望各企事业单位和广大石油员工用好、用活本套教材，为持续推进人才培训工程，激发员工创新活力和创造智慧，加快建设综合性国际能源公司发挥更大作用。

《中国石油天然气集团有限公司统编培训教材》

编审委员会

前言

随着我国石油行业油公司模式的日趋成熟和工程技术服务市场的不断完善，工程监督行业的发展完善了油公司体制的项目管理体系，其在油气勘探开发等领域的作用也日益凸显，成为堵住施工环节管理漏洞、防范重大质量安全风险、保障投资目标实现和维护油公司核心利益的重要抓手。

录井工程是油气勘探开发过程中寻找和发现油气田的主要技术手段，是不可或缺的重要工程环节。地质监督是对录井工程施工单位、施工过程进行监督管理的甲方代表，在取全取准各项资料、发现与保护油气层，保证钻探任务完成、为上级决策提供依据、节约勘探投资等方面具有十分重要且不可替代的作用。

为了培养和建设一支高素质的地质监督队伍，不断提高地质监督队伍的业务素质和监督管理水平，在中国石油天然气股份有限公司勘探与生产分公司牵头下，全国各大油田数十位专家经过近一年的紧张编写和多次审定，完成了这本《地质监督》培训教材，本教材凝聚了各行业专家丰富的经验和智慧，是一本系统、实用、难得的培训教材。

本书共分三篇，十九章。第一篇由王术合、王凯、王春耘、王胜启、吕永科、李玉倩、宋广健、张勇、陈琼浩、武滨、赵星、姜维寨、秦礼曹、蔡军、熊腊生等编写，第二篇由马友生、王东生、刘应忠、闫长青、孙红华、苏亚楠、杜志强、吴志超、宋庆彬、张小东、邵东波、易韶华、庞江平、赵树志、赵淑英、姚忠东、陶青龙、黄子舰、蔡君等编写，第三篇由刘国强、孙海林、周灿灿、郑立军、赵星、秦礼曹、常建华、蔡君等编写。全书由邢立指导编写。

此教材编写过程中，得到了中国石油勘探与生产监督中心的指导和大力支持，在此致以衷心的感谢！同时还要特别感谢以邢立为组长的专家评审组对教材审阅所提出的宝贵意见和建议。

本教材可作为中国石油天然气集团有限公司所属从事地质监督、钻井、录井工程技术人员、设计与科研人员及相关人员的培训教材和技术参考工具书。

本书涉及专业多、知识覆盖面广，由于编者知识水平有限，难免有错误和不足之处，恳请读者批评指正。

说明

本教材可作为中国石油天然气集团有限公司所属从事地质监督、钻井、录井工程技术人员、设计与科研人员及相关管理人员的培训教材和技术参考工具书。本教材主要是针对从事地质监督、设计及管理的中高级技术人员和管理人员编写的，也适用于操作人员的技术培训。教材的内容来源于工程施工实际，实践性和专业性很强，涉及内容广。为便于正确使用本教材，在此对培训对象进行了划分，并规定了各类人员应该掌握或了解的主要内容。

本教材可作为中国石油天然气集团有限公司所属各建设、设计、预制、施工、监理、检测、生产等相关单位油气藏储气库地面工程培训的专用教材。

培训对象主要划分为以下几类：

（1）生产管理和技术人员，包括地质监督管理部门的管理人员、录井工程相关部门的管理人员和技术人员、钻井地质设计、科研等部门的技术人员等。

（2）地质监督人员，包括初级、中级、高级地质监督人员等。

（3）现场操作人员，包括录井工程施工现场的技术员、操作工、采集工等。

各类人员应该掌握或了解的主要内容：

（1）生产管理和技术人员，要求了解第一编、第二编、第三编的内容。

（2）地质监督人员，要求掌握第一编、第二编的内容，了解第三编的内容。

（3）现场操作人员，要求掌握第二编的内容，了解第三编的内容。

在教学中应密切联系生产实际，在课堂教学为主的基础上，还应增加现场的实习、实践环节。建议根据教材内容，进一步收集和整理相关照片或视频，以进行辅助教学，从而提高教学效果。

目 录

第一篇 地质监督管理

第二篇 录井技术

第三篇　相关技术

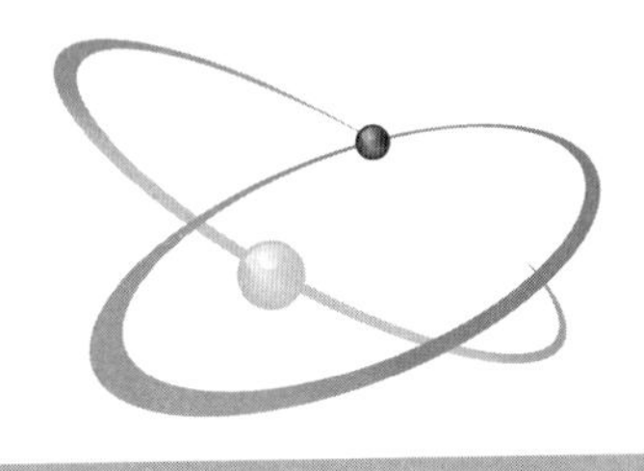

第一篇

地质监督管理

第一章　概论

第一节　地质监督的概念及发展历程

一、地质监督的概念

地质监督是由勘探开发项目投资方（甲方）派驻地质录井项目施工现场执行管理职能的代表，在甲方授权的范围内，依据有关的法律法规、技术标准规范、作业承包合同、钻井地质设计等，对地质录井施工单位（乙方）施工过程进行监督管理，保障录井施工及原始资料质量、HSE 等满足合同和设计的要求。

二、地质监督的产生

20 世纪 80 年代中后期至 90 年代初期，国外石油工业基本实现石油公司与工程作业队伍的分离，建立了油公司体制。由此，石油公司确定了以油气勘探开发为核心业务，工程公司确定了以工程技术开发与服务为核心业务，实现专业化分工，提高了竞争优势，促进了石油公司和工程服务公司的快速发展。

实行油公司体制后，石油公司深刻认识到，必须对地质录井项目施工现场进行管理，才能保障录井施工及原始资料质量、HSE 等满足合同和设计的要求，确保及时准确发现油气层，实现投资目标，维护自身的核心利益。因此，石油公司借鉴工程建设监理的经验，结合自身业务特点，设立了地质监督管理岗位，在施工现场派驻地质监督行使管理职能。

三、地质监督的发展历程与发展趋势

国外石油公司在现场进行地质监督管理，完善了油公司体制的项目管理体系，堵住了地质项目施工现场存在的管理漏洞，防范了质量、安全等方面的风险，保障了投资目标的实现，维护了石油公司的核心利益。20 世纪 90 年代，地质监督业务迅速发展，促进了勘探生产效率的提高，在及时准确发现油气层、确保地质工程质量、控制施工进度和 HSE 等方面成效显著。

20 世纪 80 年代末，国内具有油公司体制的中国海洋石油总公司以及塔里木等油田开始探索引入地质监督管理制度，取得了很好的效果。1998 年，石油行业进一步重组改制，中国石油天然气集团有限公司（以下简称中石油）、中国石油化工集团有限公司（以下简称中石化）、中国海洋石油集团有限公司（以下简称中海油）三大石油公司进行了油公司和工程服务公司的分离，石油勘探开发工程项目的管理运作就形成了石油公司投资、工程服务公司承建的模式，三大石油公司均先后建立了工程监督管理体系，并成立了相应的监督管理机构。在地质录井项目上，派驻地质监督进行施工现场管理。

国内石油公司普遍实行地质监督管理以来，极大地提高了录井资料质量，为投资目标的实现和经济效益的提高做出了重要贡献。随着石油勘探开发逐步向地形条件恶劣、地质条件复杂地区延伸，录井面临新环境、新油藏、新工艺的挑战。为了能够及时准确地发现及评价油气层，石油公司强化新技术运用，注重现场地质监督管理，发挥地质录井的作用，提高录井质量。

第二节 地质监督的定位和作用

一、地质监督的定位

地质监督是甲方派驻地质录井施工现场的代表，代表甲方对录井队伍资质、人员设备、施工过程、资料质量、进度成本、HSE 等进行监督管理，维护甲方的利益。

地质监督必须服从甲方领导和管理，及时汇报工程运行情况并接受工作指令，在甲方授权范围内履行职责。

二、地质监督的作用

地质监督工作直接影响着甲方决策，关系着勘探开发成效，其作用主要体现在以下四个方面：

（1）确保取全取准各项资料。地质监督在现场对施工单位的录井方法、录井过程、录井措施等进行日常检查，发现问题及时督促整改，确保施工操作标准规范、取全取准各项原始资料。

（2）确保及时发现和保护油气层。地质监督工作重点是保证及时准确地发现和保护油气层，最大限度地避免施工中漏掉或伤害油气层，确保达到钻探目的，提高钻探效益。

（3）保障工程顺利施工。关键环节严格把关，督促录井施工单位准确进行地层预报和工程异常报告，为钻井施工安全提供信息支持。

（4）实现 HSE 目标。督导施工单位识别施工风险、制定并落实防控措施、及时整改隐患，实现人员无伤害、安全无事故和环境无污染的目标。

第三节　地质监督的职责与义务

一、地质监督的职责

（1）根据合同要求、钻井地质设计和钻井工程设计，制定监督计划。

（2）依据合同、设计、标准、规范的要求，核实录井施工队伍资质、人员、设备等。

（3）组织或参加开工验收、现场协调会及资料验收。

（4）对录井现场实施全过程监督，重点做好资料录取、地质卡层、油气层发现、油气层保护、HSE 等关键环节的监督。

（5）对录井现场存在的问题，下达整改通知并监督整改，必要时下达备忘录或停工令。

（6）对违章指挥、违规操作、违反劳动纪律的施工行为进行制止，并提出处罚建议。

（7）现场需变更设计时，向甲方提出变更申请，特殊情况下可先下达指令，后报甲方确认。

(8) 发生突发事件时，督促并监督施工单位落实应急措施，及时上报有关部门。

(9) 确认实际工作量，评价原始资料质量，签署验收意见。

二、地质监督的义务

(1) 执行油公司有关的规章制度，接受相关部门的管理、指导和检查。

(2) 严格执行油公司的设计及规范，及时为油公司提供真实准确的信息和资料。

(3) 及时准确填写日报和各种记录以及甲方要求的其他有关资料。

(4) 按要求整理地质监督资料并及时上交。

(5) 做到公正监督，严禁营私舞弊、弄虚作假等不良行为。

(6) 按照相关规定，做好保密工作。

第四节 地质监督职业特点与执业资格标准

一、职业特点

地质监督资格是执业资格。地质监督工作责任较大、风险较高、专业性较强，因此各石油公司均设立了执业准入控制标准，只有专业技术知识、技术能力和工作经验经过考核确认达到标准的人员，才能取得地质监督（执业）资格证和入职许可，并进行注册管理，实施动态管理和业绩考核。

地质监督是岗位职务，实行聘任制和分级管理，一般分为初、中、高三个级别。被聘任的地质监督人员由甲方授予职权，在其服务的地质监督岗位上行使地质监督相应的职权。

二、执业资格标准

选派能够胜任工作的地质监督人员，是保证及时准确地发现油气层、维护油公司核心利益的基础。各石油公司根据自身需求，对地质监督的执业资格设立了不同的标准，总体包含以下几个方面：

（一）思想道德品质

遵纪守法，公道正派，原则性强，实事求是，有高度的责任感和强烈的事业心，忠于职守，具有良好的团队精神、大局观念和安全环保意识。

（二）身体和心理素质

身体健康，适应长期在野外艰苦的环境中生活，能够承担日常繁重的工作，能够克服身心疲惫、烦躁易怒等生理和心理反应。

（三）专业技术知识

掌握地质专业理论及录井专业知识，熟悉专业技术标准、技术规定、操作规程等地质专业知识，了解地质录井新技术、新工艺、新设备，精通常用地质录井技术。

（四）相关专业知识

地质监督工作涉及多学科、多专业，要在一定程度上了解物探、钻井、测井、试油、测试等相关专业知识。

（五）法律法规政策及风俗习惯知识

了解并遵守所在国家和地区相关的法律法规和安全环境保护的政策，了解并尊重当地风俗习惯。

（六）专业工作能力及现场经验

具有独立解决现场技术问题的能力和组织、协调地质录井现场工作经验。能够利用各种地质资料进行综合分析，独立编写报告、相关图表，能够根据作业区环境保护要求提出 HSE 管理措施。

三、取证和入职

（一）取证

地质监督人员取得地质监督资格证是从事地质监督执业的首要条件。一般的地质监督取证程序是：具备地质监督执业资格标准的人员通过培训、考核（考试）、评审，取得资格证。

各石油公司在取得地质监督资格证的程序上有所不同，地质监督培训、考核（考试）的主要内容包括但不限于：

（1）地质监督管理与生产组织管理。

（2）录井专业理论与技术、技术标准、规范及合同、项目管理等。

（3）录井专业新工艺、新技术及相关专业知识。

（4）录井 HSE 管理及应急预案等。

考核（考试）合格者申报后，进入评审程序，评审通过者，由石油公司主管部门颁发地质监督资格证书。以中石油为例，地质监督的评审和取证程序为：个人申报、油田公司工程监督管理机构或工程监督服务机构初审、勘探与生产工程监督中心复核、勘探与生产分公司评审，评审通过者给予颁发工程监督资格证书，并由勘探与生产工程监督中心进行资格注册管理。

（二）入职

取得地质监督资格证书的人员可以采取三种入职方式：

（1）到油田公司工程监督管理部门申请入职。

（2）加入工程监督服务机构，由工程监督服务机构推荐到油田公司入职。

（3）油田公司通过监督人力资源信息平台查询，为取得地质监督资格证书的人员提供入职机会。

地质监督入职后要坚持原则，认真履行职责，不断积累经验，及时总结提高，善于沟通协调，妥善处理问题，树立大局观念，发挥团队作用，坚持公平诚信，树立良好的监督形象。

第二章 地质监督现场管理

第一节 准备工作

地质监督人员接到监督任务后，上井前要从自身条件、物资、资料和技术等方面做好充分准备，为顺利圆满地完成监督任务奠定基础。

一、证件准备

地质监督人员上井前应持有证明自身资质、能力等的有效证件，如《工程监督资格证书》(地质监督)、《井控培训合格证》等。

二、资料准备

地质监督人员上井前首先应在相关部门领取所监督井的《地质监督计划书》《录井工程开工验收检查表》《地质监督日志》《检查整改通知单》《监督备忘录》(参考格式见附录 A~附录 E) 等相关监督记录资料；其次要根据井别和要求，收集相关的区域地质资料、邻井录井综合图、录井报告以及有关的监督管理制度、汇报制度、资料填写规范等，最后按要求到相关部门咨询本井工作重点、注意事项、汇报要求等。

三、物资准备

地质监督人员上井前需按照要求配备齐全工作、生活必备物资，主要包括：符合国家标准的井场工作劳动保护用品；办公必需的通信设备、电脑、汇报网卡；个人生活必需品、急救药品等。

四、技术准备

地质监督人员上井前应在技术方面做好充分准备，主要包括以下方面：

（1）熟悉项目合同及钻井地质设计，了解钻井工程设计。

（2）根据收集的资料，了解区域构造、地层岩性、物性、油气水性、电性、地层压力等分布特征，查明邻井试油情况、钻遇的复杂情况及复杂事故处理经过等。

（3）熟悉地质资料的录取、处理、解释规范及相关标准。

（4）熟悉所用录井仪器的型号、技术指标、操作规程和录取参数精度要求。

（5）熟悉本井设计中应用的新技术和新方法及相关的技术标准和规范。

（6）熟悉录井过程中信息传递的项目及要求。

（7）了解特殊要求的录井技术及其他相关技术。

（8）根据设计要求和区域邻井资料，编写《地质监督计划书》（参考格式见附录A）。

（9）根据项目钻井地质设计、HSE管理要求，结合监督计划向施工单位进行监督工作交底。

（10）熟悉石油公司井控管理规定，重点掌握与地质录井施工有关的内容（如地层预告、压力监测、异常报告、井控操作的危险点、逃生路线等要求）。

第二节　开工检查

地质监督到达现场后，要对录井队和钻井队相关的准备工作进行一次全面认真检查，并参加开工前的验收检查，组织录井前检查。

一、开工验收

在开工验收中，对发现的可能影响地质录井质量、安全等问题，要求施工单位限期整改，填写《录井工程开工验收检查表》《检查整改通知单》，并监督落实，整改验收完，达到要求后，方可开工。开工验收检查的主要内容包括：

（1）队伍资质设备检查。主要包括：①录井队伍人员编制及其资质是否符合合同要求；②录井队伍人员是否持有上岗证和HSE证书，录井工程师、地质师、联机操作员应持井控培训合格证；③录井仪器型号、配置是否符合设计、合同要求；④录井仪器是否有合格证、防爆证（DNV）等。

（2）文件资料准备检查。主要包括：①钻井地质设计书是否到位，施工人员是否清楚设计内容；②常规、综合录井作业任务书（或施工方案）是否齐全；③邻井资料准备是否齐全；④邻井注采情况、钻井施工复杂情况的资料是否收集；⑤相关录井、设备操作规程、地质录井规范和标准、设备档案及设备的出厂和基地刻度记录（即工作曲线，有效期为一年）、现场校验记录是否齐全有效；⑥岩屑描述、钻具记录等各种原始记录表准备是否齐全。

（3）现场录井条件检查。主要包括：①地质房、仪器房是否摆放在钻机靠振动筛一侧，间距是否合理，房前有无阻挡物；②高架槽坡度是否小于3°，靠大门的一侧是否安装防滑踏板、梯子和安全护栏，钻井液出口处是否安装电脱和传感器的仪器槽，内有无挡板，附近是否安装有防爆照明灯；③振动筛是否工作正常，筛布是否符合要求，振动筛旁是否安装防爆照明灯；④专用洗砂样用水管线是否接至振动筛附近，是否能够正常供水；⑤钻井液罐、钻井泵、钻台、节流管汇等处是否具备传感器安装条件；⑥供电是否至录井仪器房和地质值班房及岩心房；⑦录井房前是否留有足够的晾晒岩屑的场地，晒样台面是否高出地面0.3m，且具备足够照明条件。

（4）录井材料及备件准备工作检查。主要包括：①综合/气测录井设备材料（标准样气、电脱、绞车、空气压缩机、氢气发生器等关键备件，泥岩密度计、全脱仪等辅助设备）准备是否齐全；②常规录井工具材料（岩心/砂样盒、砂样袋、晾砂台、洗砂罐、防雨布等）准备是否齐全；③荧光灯是否完好，有无备用荧光灯（或灯管）；④荧光对比系列是否为邻井或同一区块相同目的层的油样，是否在有效使用期限（半年）内；⑤岩样烘干设备是否完好（冬季或雨季）；⑥岩心及岩样盒存放条件是否符合规定；⑦试管、化学试剂等准备是否满足设计录井要求；⑧钻具、表套、补心高等检查丈量工作是否准确；⑨综合录井是否配备了钻台、地质、工程、监督监测专用终端；⑩通信设备是否配备并满足施工要求。

（5）录井仪器的安装和校验（综合录井仪）检查。主要包括：①钻台部分：绞车、悬重、立压、扭矩、转盘转速、套压传感器安装是否齐全达标，校验是否达到标准要求；②出口部分：电脱，出口密度、温度、电导、出口流量传感器是否安装齐全达标，校验是否达到标准要求；③入口、灌区及泵房部分：入口密度、温度、电导、泵冲、每个循环池的体积传感器是否安装齐全达标，校验是否达到标准要求；④电缆线、信号线及气管线的架设是否牢固、安全、不影响井场工作，备用气管线是否安装；⑤含硫化氢地区作业综合录井是否至少安装了4个硫化氢传感器，分别装在录井仪器样气（或放空）管线上、钻井液出口处、钻台和钻井液罐区；⑥采集计算机各道参数的标定是否与校验记录一致；⑦全烃、组分色谱仪的校验记录是否齐全、合格；⑧非烃色谱仪的校验记录是否齐全、合格；⑨计算机、打印机、记录仪是否工作正常；⑩泥岩密度、热真空蒸馏脱气器、碳酸盐分析仪（根据设计要求）、空气压缩机、氢气发生器等辅助设备是否工作正常；⑪钻时录井仪、P-K录井仪、地球化学录井仪及定量荧光仪等仪器的安装是否正确，刻度标定是否准确，试运行情况是否良好。

（6）健康、安全、环保（HSE）工作检查。主要包括：①HSE两书一表及相关预案是否齐全、合理；②录井队是否设有HSE监督员；③上岗人员劳保用品是否穿戴齐全；④电源线、插头插座是否符合要求，用电设备、仪器房、值班房是否规范接地；⑤消防设施的配备是否齐全、规范、有效；⑥仪器房、值班房内是否有对应的逃生路线图，逃生通道是否畅通无阻；⑦仪器房、值班房内是否有禁烟等警示标志；⑧化学废弃物、垃圾等处置是否安全环保；⑨在含硫化氢等有毒气体地区的作业人员是否配备了防毒面具、便携式检测器（捞砂工佩戴）等防护装备。

二、录井前检查

按设计开始录井前，地质监督应对录井施工单位的关键准备工作要进行一次全面检查，发现问题填写《检查整改通知单》，限期在录井前整改完，主要检查内容包括：

（1）钻具管理检查。包括：①检查钻具丈量复查是否符合规范；②检查录井队与钻井队钻具记录是否对口；③检查录井仪钻具库录入数据是否准确；④检查入井钻具与当前井深是否准确。

（2）迟到时间测量：录井前进行一次实测，对使用迟到时间进行校正。

（3）仪器校验检查。包括：①录井前气体检测仪应使用检测范围内不少于2个不同浓度值的标样进行一次校验，仪器精度要求参照Q/SY 1113—2011《综合录井仪校验规范》，应符合相关要求。②检查录井设备、传感器等的试运行情况，传感器技术指标参照Q/SY 1113—2011《综合录井仪校验规范》，应符合相关要求。

第三节 过程监督

地质监督依据设计、相关标准及监督计划等，对施工现场地质录井、气体录井、工程录井、地球化学录井、定量荧光录井、核磁共振录井、元素录井、X-射线衍射矿物录井、自然伽马能谱录井、岩样成像录井等实施过程监督，对重点工序关键节点实行旁站监督，对监督过程中发现的问题及时进行处置。

一、录井过程

（一）地质录井

地质录井主要包括钻时录井、岩屑录井、钻井取心录井、井壁取心录井、常规荧光录井等。

1. 采集项目

钻时录井：井深、钻时。

岩屑录井：层位、井段、岩性定名、岩性及含油气水描述、定名岩屑占岩屑百分含量、含油岩屑占岩屑百分含量、荧光湿照颜色、荧光滴照颜色和荧光对比级别。

钻井取心录井：层位、筒次、取心井段、进尺、岩心长度、收获率、含油气情况（饱含油、富含油、油浸、油斑、油迹、荧光、含气、累计含油气岩心长度）、岩心编号、磨损情况、累计长度、岩样编号、岩性定名、岩性及含油气水描述、荧光湿照颜色、荧光滴照颜色和荧光对比级别。

井壁取心录井：取心时间、取心方式、设计颗数、实取颗数、层位、井深、岩性定名、岩性及含油气水描述、荧光湿照颜色、荧光滴照颜色和荧光对比级别。

常规荧光录井：荧光湿照颜色、荧光滴照颜色和荧光对比级别。

2. 监督要点

1）钻具管理

（1）抽查或旁站监督施工中钻具的丈量和计算，钻具丈量单根允许误差为±5mm，记录精确到0.01m。

（2）起下钻时督促施工单位对钻具根数进行检查。

（3）对钻井队和录井队的钻具管理情况进行抽查，值班人员要做到“五清楚”（钻具组合、钻具总长、方入、井深和待接单根），确保井深准确无误。

2）钻时录井

（1）督促录井队，按设计要求录取井深、钻时等数据，仪器测量井深与钻具计算井深每单根误差不大于0.20m，每单根校正一次仪器测量井深，不能有累计误差。

（2）钻时采集间隔一般为1m，监督可根据现场卡层等实际需要，要求录井队加密钻时采集间隔，最小可调至0.1m。

3）岩屑录井

（1）督促录井队按规范要求及时进行迟到时间的实测和校正。

（2）监督录井队的岩屑录井间距执行设计要求，特别注意在非目的层段钻遇含油气层或特殊地层加密取样的相关要求的执行情况。其他特殊情况需加密取样时，可先录井，后请示汇报。

（3）监督录井队岩屑样品采集方法符合设计和相关技术规程。取样位置可根据实际情况确定，每口井必须统一在同一位置取样。岩屑要洗净（见岩屑本色）、量足（每包不低于500g），具有代表性的，每包要写好深度标签，岩屑捞取要连续且无分包现象。

（4）在正常情况下，每次起钻前，要监督录井队必须取完已钻井段岩样，大于四分之一录井间距以上的零头砂样（尾样）也要捞取。若遇特殊情况，起钻前无法取全的岩样，下钻后应补捞，钻井取心井段，要正常进行岩屑录井工作。

（5）检查岩屑样品的油气显示落实情况及含油级别划分情况。

（6）对特殊岩性、标准层、标志层和油气显示层进行逐层检查落实。

（7）监督对岩屑、岩心描述和随钻岩性剖面等原始资料进行抽检。检查岩性定名、描述方法和内容要符合规范要求，并与实际岩性样品相符，严禁随意复制资料或弄虚造假。

（8）检查岩屑干燥、装袋、保管、选样或制作实物剖面等环节符合规范要求。

4）钻井取心

（1）检查录井队掌握地质设计钻井取心要求以及卡层取心措施的制定和落实情况。

（2）检查地质录井队的地层对比和分析预测情况。

（3）检查取心过程中钻具管理和方入丈量计算情况，取心前后丈量方入应在相同钻压条件下进行。

（4）旁站监督录井队对岩心的出筒、整理、采样、描述及含油气水试验等是否符合规范要求。

（5）监督协调钻井队与录井队在取心卡层、取心钻进及岩心出筒等过程的配合。

5）井壁取心

（1）依据设计及实钻情况，监督检查井壁取心确定位置及颗数，确保应取尽取。

（2）跟踪电测曲线，监督井壁取心过程，对井壁取心深度、颗数、质量、符合率进行全面检查。

（3）检查井壁取心样品应满足现场观察、描述及分析化验取样要求，撞击式井壁取心长度不小于1cm，旋转式井壁取心长度不小于3cm。

（4）旁站监督壁心出心、油气水试验等过程，检查录井队井壁取心描述情况。

6）常规荧光录井

（1）检查录井队按地质设计和企业标准要求进行荧光录井，要注意鉴别其他矿物发光和污染的干扰。

（2）检查时要注意录井队对岩屑、岩心等样品的湿照、滴照和系列对比等荧光录井操作的及时性、规范性和准确性。

（3）抽查设计要求的岩屑、岩心等样品的荧光录井情况，并结合气测及钻井液槽面油气显示观察等情况综合判断，一旦发现新荧光显示，要向上追踪顶界，及时确定油气显示井段，避免漏掉油气显示。

（4）检查确保荧光录井所用氯仿或四氯化碳、滴管、滤纸、试管等干净无污染，经荧光检查无色方可使用。

（5）检查所用的对比标准系列必须使用同一构造或区块的邻井相应层位的原油样品。

（6）油斑及以上含油级别的岩样不进行荧光对比分析；在岩屑样品失真、钻井液混油或含荧光处理剂条件下不进行荧光对比分析。

3. 监督处置

（1）问题：岩屑捞取不及时、取样不规范、清洗不干净、分量不足、晒样台岩屑摆放无序、井深标签少或标识不清楚、烤箱温度过高等。

处置：下达《检查整改通知单》，要求严格按照设计间距和迟到时间在高架槽或振动筛前取样，取样后应立即清除滞留在取样处的岩屑，以确保岩样的代表性。砂样要用清水清洗，每包岩屑不少于500g，按规定写好深度标签。岩屑要按照自上而下、自左至右的顺序摆放在晒样台上，最好自然晒干，若用电烤箱烘烤，温度控制在90~110℃为宜，显示层岩屑的烘干温度应控制在80℃以下。

（2）问题：荧光检查不及时、检查项目未按设计要求执行、检查不规范、大班未及时复查。

处置：下达《检查整改通知单》，要求严格按照设计要求进行荧光湿照、干照、滴照和系列对比照射，操作要规范，地质大班及时复查。

（3）问题：岩屑岩心描述不及时、岩性定名不准确、描述用语不规范，原始录井草图项目不全、绘图深度未跟上钻头。

处置：下达《检查整改通知单》，要求及时进行岩性描述，严格按照国家标准和企业标准进行岩性定名，描述用语要准确规范，及时绘制原始录井草图，项目要齐全、跟上钻头深度。

(4) 问题：录井原始记录项目不全，填写、审核不及时，书写不规范、数据不准确。

处置：下达《检查整改通知单》，要求现场原始记录要齐全，填写、审核要及时，书写规范、数据准确。

(5) 问题：井深有误、井筒原因导致岩屑取样困难。

处置：下达《检查整改通知单》，督促钻井队立即停钻，按要求检查核对入井钻具；现场处理好井筒复杂情况（井漏、垮塌等）后，方可恢复钻进。

(6) 问题：因钻井液处理剂或录井荧光设备的原因导致荧光分析困难。

处置：下达《检查整改通知单》，要求调整钻井液处理剂及性能，要求及时维修或更换荧光设备或溶剂。

(7) 问题：如发现造成重大影响的问题，如：因井深错误等导致资料漏取且无法整改，漏取岩屑或故意分包伪造岩屑资料，漏卡取心层位导致漏取钻井取心，漏录油气显示层等。

处置：要求录井队立即采取补救措施，填写《监督备忘录》，并及时上报相关部门。

（二）气体录井

1. 采集项目

烃类检测甲烷（C_1）、乙烷（C_2）、丙烷（C_3）、异丁烷（iC_4）、正丁烷（nC_4）、异戊烷（iC_5）、正戊烷（nC_5）及全烃（TG）；非烃类检测二氧化碳（CO_2）、硫化氢（H_2S）等。

2. 监督要点

(1) 检查气测仪器（全烃分析仪、组分分析仪、非烃检测仪等）的运行及校验情况。

(2) 检查脱气器运行及吃水深度是否正常，通过脱气器的钻井液流量是否稳定。

(3) 抽查录井队每天对气管线的畅通情况及密闭状态的检查情况。

(4) 录井过程中，检查气测录井的各项原始资料质量，及时发现排除假气测异常，确保气测数据齐全准确。

(5) 钻遇气体显示后，要求钻井队每次起下钻后对钻井液循环 1 个周期以上，录井队进行后效气测录井，及时计算出油气上窜高度和上窜速度，确保井控安全。

(6) 施工中更换气体分析系统核心元器件时，旁站监督录井队对气测仪

进行重新刻度。

(7) 监督录井队定期检查硫化氢检测设备的灵敏度和数量及安装位置是否符合技术规范、设计要求。硫化氢传感器每7天使用0.001%（$15mg/m^3$）浓度标样进行一次校验。

3. 监督处置

(1) 问题：气测设备运行不平稳，全烃、组分、非烃现场校验不符合标准要求。

处置：下达《检查整改通知单》，要求停止作业，查找原因，排除故障，重新标定，待合格后，恢复后续作业。

(2) 问题：干燥筒、气路管线进水堵塞。

处置：下达《检查整改通知单》，要求立即更换干燥筒、启用备用气路管线，加强巡查频次，及时发现和处理积水，确保气路管线畅通，保证气测采集数据真实可靠。

(3) 问题：氢气发生器、空气泵、电动脱气器等关键设备发生故障，影响正常气体录井。

处置：下达《检查整改通知单》，要求停止钻进，查找故障原因，及时排除故障或更换备用设备，合格后恢复后续作业。

(4) 问题：钻开油气层后，起下钻未测后效，未及时计算油气上窜速度或上窜速度计算不正确。

处置：下达《检查整改通知单》，要求钻开油气层后每次起下钻都必须测后效，及时计算油气上窜速度，队长复查，确保上窜速度计算数据准确无误。

(5) 问题：气体录井资料未及时剔除单根峰等假异常显示。

处置：下达《检查整改通知单》，要求气体录井资料必须剔除单根峰假异常显示数据，以免混淆真实地层显示，影响气测解释结果。

(6) 问题：冬季施工传感器设备和气路管线未采取保温措施。

处置：下达《检查整改通知单》，要求传感器等仪器设备和气路管线必须采取保暖措施，以免冻坏或堵塞造成采集数据不准确。

(7) 问题：因录井队录井设备故障、备料不足或保养、维修不及时造成钻井延误工时或导致严重影响录井资料质量。

处置：填写《监督备忘录》，及时上报建设部门和监督部门。

（三）工程录井

1. 采集项目

钻井液参数：钻井液各单池体积、总池体积及钻井液进出口密度、黏度、流量、电导率、温度等。

钻井参数：井深、钻压、大钩位置、大钩负荷、转盘转速、扭矩、立管压力、套管压力、泵冲、气体流量（适用气体钻井）等。

地层压力监测参数：岩石可钻性参数（*dc* 指数或 Sigma 指数）、泥（页）岩密度、地层压力、地层压力梯度、破裂压力、破裂压力梯度、当量钻井液密度等。

2. 监督要点

（1）监督录井队按设计要求和间距，对钻井参数、钻井液参数、地层压力参数等进行实时采集和记录。

（2）检查综合录井仪设备及各传感器的运行及维护、保养情况。

（3）维修时仪器若更换核心元器件或传感器，需进行重新校验。

（4）检查录井队对钻井过程中各施工状况进行实时监测，重要参数应设置合理的报警门限。

（5）督促录井队在监测参数出现异常时及时进行工程异常预报。

（6）检查录井队对钻井起钻灌浆监测情况，并抽查监测记录，确保起钻时的井控安全。

3. 监督处置

（1）问题：工程录井项目或传感器安装数量不足，不能满足设计要求。

处置：下达《检查整改通知单》，要求必须按照录井规范和设计要求配备录井仪器，录井项目要齐全，传感器安装数量要满足现场录井要求。

（2）问题：传感器安装位置不合理、信号线走线不规范，容易被机械损坏或影响行人安全通过。

处置：下达《检查整改通知单》，要求改变传感器安装位置，重新布置信号线线路，确保设备和人员安全。

（3）问题：传感器标定不合格或故障，工程参数数据采集不准确。

处置：下达《检查整改通知单》，要求查找原因，排除故障，重新标定，确保工程录井数据准确。

（4）问题：工程异常预报不及时，未截图存档待查。

处置：下达《检查整改通知单》，要求在发现工程参数异常时及时通知当班司钻或带班干部，同时截图存档、保存异常数据备查。

（5）问题：录井过程中，综合录井仪出现严重故障，无法正常录井。

处置：督促录井通知井队立即停钻，等待录井维修完成后方能恢复钻进，因录井保养、维修不及时造成钻井误工或影响录取资料质量的，监督应填写《监督备忘录》并及时上报甲方相关部门。

（四）地球化学录井

1. 采集项目

1）岩石热解

（1）“三峰法”分析参数：S_0，S_1，S_2，T_{max}。

（2）“五峰法”分析参数：S'_0，S'_1，S'_{21}，S'_{22}，S'_{23}。

（3）残余碳分析参数：S_4。

2）热蒸发烃气相色谱

检测 nC_{10}—nC_{40} 范围的正构烷烃、姥鲛烷、植烷等参数，包括峰面积、质量分数、烃组分分布谱图以及相关计算参数等。

3）轻烃气相色谱

检测 C_1—C_9 范围的烷烃、环烷烃、芳香烃等单体烃组成，包括峰面积、质量分数、烃组分分布谱图以及相关计算参数。

2. 监督要点

（1）检查仪器、设备运行状态及工作条件是否满足设计要求和现场录井工作的需要。

（2）检查录井是否按标准规范要求，定期（每年）对仪器进行标定或校验，配备的标准样品或质量传递样品应在有效期内。

（3）检查是否按设计要求的采样间距选取代表性的样品，样品未经烘烤或氯仿滴照。中壁取心应剔除表面的滤饼或污染，并尽量在中心位置进行选取。储层岩石样品不得研磨；烃源岩样品研磨后粒径小于0.5mm。

（4）检查样品采集到后是否及时分析，若分析速度跟不上钻井速度时，应将样品密封保存。及时对资料进行整理。

（5）热解及热蒸发烃组分分析储集岩样品，应在荧光灯下选取有代表性的样品，若检测值与地质、气测结果有矛盾，应重新选样分析验证。

3. 监督处置

（1）问题：仪器校验记录或标样过期。

处置：下达《检查整改通知单》，要求录井重新校验或配备标样。

（2）问题：录井采样不规范、挑样不准确、岩屑样品失真、样品质量称量不准确；未及时分析样品保存不合格等。

处置：下达《检查整改通知单》，要求尽可能挑选真岩屑样品做分析，准确称量，按规范要求整改样品保存方法，以免分析数据不准确。

（3）问题：图谱质量不合格。

处置：下达《检查整改通知单》，要求查找原因，排除故障后重新检测和打印图谱。

（五）定量荧光录井

1. 采集项目

二维定量荧光主要有：荧光波长（λ）、原油荧光强度（F）、相当油含量（含油浓度）（C）、对比级（N）、油性指数。

三维定量荧光主要有：最佳激发波长（E_x）、最佳发射波长（E_m）、原油荧光强度（F）、相当油含量（含油浓度）（C）、油性指数。

2. 监督要点

（1）检查标准油样应选取与设计目的层为同一地区、同一构造、同一层位、相邻井的原油样品。

（2）检查钻井液用水及各类处理剂是否存在污染，其谱图形状与标准油样相同时，应采取必要措施使钻井液满足录井条件。同时要求录井队及时做好入井处理剂的使用记录，并对其逐一进行定量荧光分析。

（3）检查仪器工作曲线和日常校验是否符合相关标准的要求，灵敏度选用要合理，所配样品的浓度值与仪器检测得到的浓度值误差应在±5%以内，另外，在钻开新目的层系时，应选取对应标准油样重新标定。

（4）检查是否按设计间距选取岩样及钻井液样品，应结合钻时、岩屑、气测等录井资料选取具有代表性的未经烘烤的岩样。若岩屑样品代表性差，采用混合样进行荧光分析。若分析速度跟不上钻井速度时，应将样品准确称取后放入试管内密封保存。

（5）检查定量荧光与气测等技术油气显示解释相悖的井段，督促录井人员将准确的分析结果及时提供给相关技术人员，以便对油气显示进行及时落实和解释。

3. 监督处置

（1）问题：仪器校验时，标准油样不符合要求；仪器校验的浓度值误差超±5%。

处置：下达《检查整改通知单》，录井队更换标准油样，校验误差超标，说明工作曲线有问题，要求录井队重新进行标定。

（2）问题：岩屑挑样不准确，样品失真；未及时分析样品保存不规范。

处置：下达《检查整改通知单》，要求尽可能挑选真岩屑样品做分析，按规范要求整改样品保存方法，以免分析数据不准确。

（3）问题：样品质量称量不准确、浸泡用试剂失效或使用试剂不当，使用浸泡液体积不准确。

处置：下达《检查整改通知单》，要求严格按照操作规范精准称量样品质量和正己烷试剂体积，不准使用失效试剂或以其他试剂替代，以免造成分析数据不准确。

（4）问题：钻井液及各类处理剂存在污染，影响常规油气显示落实；检测结果未考虑钻井液荧光背景值影响。

处置：要求定量荧光及时分析，鉴别影响和真实地层显示。下达《检查整改通知单》，要求解释结果要充分考虑钻井液荧光背景值的影响。

（六）核磁共振录井

1. 采集项目

核磁共振孔隙度、渗透率、含油（气）饱和度、可动流体饱和度、可动水饱和度、束缚水饱和度、含水饱和度等。

2. 监督要点

（1）检查核磁共振物品是否齐全，核磁共振仪器（核磁共振分析仪、核磁共振饱和仪等）的标定、运行及校验情况。

（2）抽查现场核磁共振样品选取条件符合情况，不能出现出心时水洗岩心、岩心出筒不及时、取样不及时情况。

（3）抽查录井队核磁共振样品保存情况。

（4）抽查录井队核磁共振样品分析及时情况。

（5）抽查核磁共振 T_2 截止值符合情况。

3. 监督处置

（1）问题：样品岩心、岩屑未及时封蜡或密闭保存，开封后未及时检测，造成录井数据不准确。

处置：下达《检查整改通知单》，要求所采集样品必须及时封蜡或密闭保存，开封后要及时检测，以免造成检测数据不准确。

（2）问题：在录井过程中发现核磁设备工作不正常或核磁共振录井资料数据有差错。

处置：下达《检查整改通知单》，督促录井队进行检修和整改。

（3）问题：若核磁仪等出现重大故障，无法正常核磁共振录井。

处置：下达《检查整改通知单》，督促录井队按核磁共振标准操作流程选取样品并密封冷冻保存，待核磁共振仪修复后再进行分析，保证核磁共振资料录取齐全准确。

（七）元素录井

1. 采集项目

Na-U（元素周期表11~92号）的元素含量。常用到的主元素有14种：Mg、Al、Si、K、Ca、Na、Fe、P、S、Cl、Mn、Ti（钛）、Cr（铬）、V（钒）等。

2. 监督要点

（1）检查X射线荧光分析仪的道值标定、含量标定情况。标定前仪器稳定时间大于0.5h，元素的起始道值和结束道值偏离应小于2个，主峰道值偏离应小于1个，脉冲计数相对误差应不大于2%。

（2）检查X射线荧光分析仪的重复性校验、稳定性校验和准确性校验情况。同一条件下连续5次测得的主元素含量值与5次测量的平均值的相对标准偏差应不大于5%，同一样品每间隔30min测量一次，5次测得的主元素含量值与5次测量的平均值的相对标准偏差应不大于5%。选取3个未参加标定的国家标准岩石样品进行含量测量，检测含量与国家标准岩石样品实际含量主元素相对偏差不大于5%。

（3）监督检查录井队取样间距要符合设计要求，岩屑样品要进行假岩屑的剔除。

（4）监督检查样品粉碎操作，根据岩性确定合适的研磨时间，确保粉末粒度达到0.1mm以下。

（5）抽样检查压片表面是否平整，无裂纹或破损。

（6）监督扫描过程，样品放置之前应用吸耳球吹掉浮尘。

3. 监督处置

（1）问题：岩屑样挑样不准确，样品失真。

处置：下达《检查整改通知单》，要求尽可能挑选真岩屑样品做分析，以免造成分析数据不准确。

（2）问题：在录井过程中发现设备工作不正常或仪器标定不符合标准。

处置：下达《检查整改通知单》，督促录井队进行检修和整改。

（3）问题：仪器出现重大故障，无法正常录井。

处置：下达《检查整改通知单》，要求录井队保存好样品，并督促录井队及时维修或更换仪器。

（八）X射线衍射矿物录井

1. 采集项目

岩石样品中黏土矿物、石英、长石、方解石、白云石等矿物的含量。

2. 监督要点

（1）检查X射线衍射矿物录井仪器的运行是否正常。

（2）检查X射线衍射矿物录井平行样校验结果是否满足质量要求。

（3）检查样品分析及处理能否跟上钻进速度，对特殊岩性的及时分析情况，确保岩性定名准确。

（4）检查原始资料质量。

3. 监督处置

（1）问题：岩屑样品挑样不准确，样品失真。

处置：下达《检查整改通知单》，要求尽可能挑选真岩屑样品做分析，以免造成分析数据不准确。

（2）问题：在录井过程中发现设备工作不正常。

处置：下达《检查整改通知单》，及时督促录井队进行维修。

（3）问题：平行校验数据不能满足质量要求。

处置：下达《检查整改通知单》，要求录井队在设备调试正常后，从发现问题的上一个班次样品开始重新分析。

（九）自然伽马能谱录井

1. 采集项目

岩样中铀（U）、钍（Th）、钾（K）的含量和伽马总剂量率。

2. 监督要点

（1）设备使用前检查标定和峰位校准情况，定期检查设备运行情况。

（2）对测试环境和仪器运行状态进行检查，要求测试时的环境条件和刻度时的环境条件相一致。

（3）录井过程中，抽查岩样的质量是否满足要求（样品淘洗干净，严禁烘烤，称取岩样500±5g），确保测量数据准确。

（4）检查自然伽马能谱录井的层位、井段和间距应满足地质设计或任务书要求。

（5）施工中更换探头等核心元器件及仪器每使用3个月均应进行仪器标定，监督录井队进行标定、重复性、稳定性测试。

（6）抽查岩屑自然伽马能谱分析数据、岩屑自然伽马能谱分析成果图，确保录井资料质量。

3. 监督处置

（1）问题：在录井过程中发现仪器工作不正常或测量数据有差错。

处置：下达《检查整改通知单》，及时督促录井队查找原因，进行维修。

(2) 问题：录井过程中设备出现故障，无法正常录井。

处置：下达《检查整改通知单》，要求录井队按录井间距及标准取全取准岩样，待设备和环境条件恢复正常后，方可重新进行录井。

(十) 岩样图像采集技术

1. 采集项目

岩屑和岩心的白光图像、荧光图像。

2. 监督要点

(1) 监督岩屑过筛，除掉岩屑样品中假岩屑。

(2) 检查采集的图像是否符合质量要求。

3. 监督处置

(1) 问题：发现岩屑和岩心样品不符合要求。

处置：下达《检查整改通知单》，及时要求整改。

(2) 问题：采集的图像质量不符合要求，图像像素低、不清晰。

处置：下达《检查整改通知单》，要求重新采集，并采取有效措施确保图像质量达到标准或甲方要求。

二、关键工序

(一) 迟到时间测量

1. 监督要点

检查录井队迟到时间测量工作，测量岩屑迟到时间应选用与岩屑大小相近、密度相当、颜色醒目的物质，如玻璃纸、红砖块或白瓷片等做指示剂。测量气体迟到时间应选用注气、轻质油或电石做指示剂。

监督录井队按以下要求测量迟到时间：

(1) 进入设计录井段前，实测迟到时间一次。

(2) 非目的层，井深在 1500m 前，实测迟到时间一次；井深在 1501～2500m，每 500m 实测迟到时间一次；井深在 2501～3000m，每 200m 实测迟到时间一次；井深大于 3000m，每 100m 实测迟到时间一次。

(3) 目的层之前 200m 及目的层，每 100m 实测迟到时间一次。

(4) 每次进行实物迟到时间测定后，对理论计算迟到时间进行校正。理论计算迟到时间应与实测迟到时间相对应。

2. 监督处置

（1）问题：录井不按要求间距实测迟到时间；迟到时间计算、使用不准确。

处置：下达《检查整改通知单》，督促录井及时补测，要求严格按照设计间距测量迟到时间；要求录井队长做好迟到时间计算数据复核工作，确因工程施工等原因，无法进行实测迟到时间的，督促录井利用特殊岩性、快钻时、显示层或特殊岩层等及时校正迟到时间，确保迟到时间校正准确。

（2）问题：因录井未按要求实测迟到时间，导致严重影响资料质量。

处置：要求录井采取必要的补救措施，并下达《监督备忘录》。

（二）钻遇目的层

1. 监督要点

（1）钻遇目的层前，监督应督促和协助录井加强分析、对比，做好地质预告。

（2）向地质录井下达作业指令，重申目的层段的样品采集规定，收集油、气、水等资料的各项要求及其他注意事项。督促录井人员加强仪器的校验，特别是脱气器、色谱仪、硫化氢传感器、井深、泵压传感器、钻井液密度及体积传感器等。

（3）提示钻井队做好防喷、防漏、钻井取心等准备工作，同时对钻达目的层的钻井液密度、循环排气及地质循环等达成一致意见，钻达目的层前及时通知钻井控制钻速，以便及时发现油气层和确保钻井安全。

（4）要求录井加强地层压力监测，密切注意油气显示变化，判断钻井液密度是否合适，在一般情况（未发生井涌、井喷、井漏）下，若气测全量大于50%，循环排气不降或下降速度较慢时要考虑加重钻井液密度，控制井下油气水侵。

（5）钻达目的层，特别是发现油气显示，应监督录井认真观察每一包岩屑，落实岩性、含油性及荧光显示，并做好记录。

（6）了解钻井液的体系、性能、主要材料及其材料中是否含有影响荧光录井的物质及其含量，发现问题应及时解决。

（7）要求录井人员密切观察钻井液槽面油气水显示，按要求及时取样。并记录见槽面显示的起止时间、井深、油花、气泡的大小和产状、占槽面百分比、进出口钻井液性能变化等。

（8）要求录井人员及时整理和上报油气显示和各项相关资料。

2. 监督处置

（1）问题：对特殊岩性辨别不清，油气显示落实不准确。

处置：下达《检查整改通知单》，要求现场及时请求基地派人提供技术支援，不盲从相信气测等单项数据，可综合气测、地球化学、定量荧光、XRD等录井数据判断落实油气显示级别和井段。

（2）问题：地层对比不及时，钻井取心层位和取心深度、潜山界面卡取不准确。

处置：下达《检查整改通知单》，要求实时进行地层对比，提出合理的地层对比意见，严格按照设计取心原则进行钻井取心，结合地层对比结果和实钻情况，准确判断卡取取心层位和潜山界面。若已经导致漏取钻井取心或卡错潜山界面，填写《监督备忘录》。

（3）问题：钻遇地层、油气显示与地质设计不一致的情况，如：①设计目的层缺失，钻遇设计以外的地层、岩性；②提前钻遇设计目的层；③在非目的层钻遇油、气、水显示；④设计目的层段加深等。

处置：监督应及时通知钻井及其他相关方，采取相应措施，并及时向主管建设部门汇报，根据现场实际情况，提出变更地质设计的建议。

（三）卡完钻层位

1. 监督要点

（1）地质监督要依据地质设计，利用本井实钻剖面进行分析对比，确认是否完成钻探任务，如实钻层位与设计存在较大出入，要及时向甲方部门报告，并提出提前完钻或加深钻探的监督建议，按甲方正式指令执行。

（2）确定完钻时（钻井队起钻前），地质监督必须复查口袋内的油气显示情况。若口袋内有油气显示，应立即向甲方部门汇报，由甲方确定是否完钻。

2. 监督处置

（1）问题：未严格按照设计完钻原则卡取完钻层位和完钻井深。

处置：下达《检查整改通知单》，要求及时进行地层对比，严格按照设计完钻原则卡取完钻层位和完钻井深。

（2）问题：完钻口袋中发现油气显示未及时汇报是否加深。

处置：下达《检查整改通知单》，要求在录井打口袋过程中遇较好油气显示必须及时汇报，请示甲方是否加深完钻，并按甲方指令监督执行。

（四）油气层保护

1. 监督要点

（1）依据钻井设计要求，进入油气显示层段前，检查钻井液性能满足油气层保护要求，正常情况下，钻井液性能严禁超出设计要求。

（2）检查施工现场的油气层保护材料必须是公司认可的合格产品，否则严禁使用。

（3）旁站监督施工单位按设计要求及时、足量加入油气层保护材料。

（4）督促施工队提高施工效率，缩短油气层浸泡时间，及时建议进行中途测井或测试。

（5）若因处理复杂事故需要，确需对钻井液性能进行超设计调整的，必须先报甲方批准，复杂事故处理完后，须重新处理钻井液，使钻井液性能达到设计要求。

（6）若主要油气层打开时间过长（一般不超过7~10天），且不能尽快中途完钻或完井，应及时建议进行中途测井或测试。

2. 监督处置

（1）问题：钻井液性能不符合设计要求，密度、失水过大，钻井液伤害储层。

处置：下达《检查整改通知单》，要求钻井队停钻处理钻井液，待钻井液性能符合设计要求后方可钻进，避免钻井液污染储层。

（五）测井

1. 监督要点

（1）测井队到达井场后，地质监督配合测井监督协调好测井、钻井、录井之间的工作，确保测井工作的顺利进行。

（2）监督检查测井通知单中测量项目、测量井段符合设计要求。若发现与地质设计不符时，要向甲方落实后再实施测井施工。

（3）检查井深的校对情况，发现钻具井深与电缆深度误差超出标准要求（一般为0.1%）时，要督促现场查明原因，及时整改。

（4）检查实际测量井段是否符合设计及甲方通知要求，正常情况下，各条曲线的井底漏测长度不得大于10m，否则要停止测井，并及时向上级部门汇报。

（5）督促测井队及时为录井队提供合格的标准曲线图和相关综合测井曲线图，督促录井队对岩屑、岩心录井草图进行检查工作，发现岩电不符或可疑层时，应要求录井队对岩屑和岩心进行复查，复查结果要做好记录。复查后仍存在问题要在井壁取心时进行证实。

（6）依据设计要求和测井提供的标准曲线图和相关综合测井曲线图，地质监督应与现场测井绘解员、录井技术员等共同确定井壁取心深度。

2. 监督处置

问题：测井系列和测井项目与设计或甲方指令不符。

处置：测井队到井后即时核实《测井通知单》内容，并向甲方汇报，落实甲方要求的测井系列和测井项目，将相关指令传达给测井队伍并监督执行。

（六）下套管

1. 监督要点

（1）现场旁站监督套管检查、丈量和计算过程，并对套管丈量长度进行抽查。

（2）检查现场下套管数据与甲方通知是否一致。

（3）检查工程与地质下套管数据对口情况。

（4）配合监督下套管过程，按通知要求下入套管及附件。

（5）下套管施工完毕，确认剩余套管数量，确保下入套管准确无误。

2. 监督处置

（1）问题：套管检查、丈量和计算中发现问题。

处置：下达《检查整改通知单》立即要求施工队进行整改。

（2）问题：下套管过程地质工未在现场监督。

处置：下达《检查整改通知单》，要求下套管过程地质工必须在现场监督，检查套管及附件按设计顺序入井。

（3）问题：套管下深错误，短套管、分级箍、阻流环位置下错。

处置：停止下套管作业，向甲方部门汇报，按甲方指令执行，并填写《监督备忘录》。

（4）问题：下套管过程中遇阻遇卡，套管下深未下到预定位置。

处置：向甲方汇报遇阻卡情况，请求甲方下步施工意见，按甲方指令执行。

（七）固井

1. 监督要点

（1）参加固井协调会，了解协作相关要求。

（2）收集钻井、录井、固井三方核对的固井数据。

（3）现场收集固井质量评价测井图。

（4）若套管试压不合格时，要督促查找原因，及时汇报。

（5）若现场固井质量评价不合格时，及时汇报。

2. 监督处置

问题：固井施工施工过程中，录井人员未及时收集相关数据。

处置：下达《检查整改通知单》，要求录井人员收集齐全固井相关数据。

（八）井控

1. 监督要点

（1）严格按照《钻井井控实施细则》对录井现场井控工作进行监督检查。

（2）检查施工单位井控相关制度、施工人员持井控证情况。

（3）检查综合录井起下钻灌浆监测、工程异常报告等情况。

（4）检查录井队参加防喷演习等情况。

2. 监督处置

问题：防喷演习时录井人员不参加、动作迟缓、不规范，演习记录、讲评不到位。

处置：下达《检查整改通知单》，要求积极参加钻井队组织的防喷演习，加强学习和演练，做好演习记录和讲评。

（九）重大事件

1. 监督要点

施工现场发生井喷、井喷失控、有毒有害气体泄露、火灾爆炸及自然灾害等重大事件时，地质监督应做好以下工作：

（1）在确保人员生命安全的情况下，督促录井人员采取措施收集并保存好相关资料。

（2）按照应急预案要求，非抢险人员撤离至安全地带。

（3）第一时间向相关部门和甲方汇报。

（4）按要求及时将收集到的相关资料汇报主管部门。

（5）应与驻现场各专业监督密切配合，关键时段轮流观察记录。事故处置结束后，按要求及时撰写分析报告，上报相应监督部门。

2. 监督处置

问题：钻开含硫化氢等有毒有害气体层位时，录井仪器房的增压防爆装置失灵。

处置：下发《检查整改通知单》，要求现场立即整改，整改合格后方可恢复施工。

第四节　日常工作

地质监督的日常工作主要包括巡回检查、监督汇报、协调例会、资料填写、工作交接等方面的内容，另外，要做好相关资料的保密工作。

一、巡回检查

驻井地质监督在现场应认真履行监督职责，根据不同的施工阶段，每天要进行2次以上的巡回检查，地质监督巡查的路线是：场地→钻井液槽→缓冲罐→振动筛→钻井液入口处→钻台→砂样台→综合录井仪房→地质值班房→地化房→岩屑（心）房。巡查监督的主要内容有：钻具管理；接砂盆（板）的放置和岩屑的捞取；迟到时间的实测和计算；录井设备工作情况；钻井液使用情况；各项资料录取整理及传输情况；设计、标准、施工措施及甲方指令执行情况等。对施工重点工序关键节点要实行旁站监督。

巡井地质监督按照监督计划书的要求，参照上述巡查路线与内容，实施监督检查。

二、工作汇报

地质监督须按要求做好例行汇报、即时汇报和紧急汇报工作。

（一）例行汇报

汇报时间：每日上午8：00-8：30（或按石油公司规定时间）。

汇报方式：电话口头汇报或通过短信、网络信息平台进行汇报。

汇报内容：汇报前一日8：00至当日8：00的施工及监督情况，主要应包括：本井的井深、层位、岩性、钻井液性能、油气水显示、设备运转情况、资料录取和地层对比情况、施工简况、工程和录井质量、主要监督工作、施工中存在的主要问题及下步施工措施等，日费井还要汇报相关的日费核算内容。重点汇报：每天的主要监督工作，监督检查过程中发现的问题及处理情况。

（二）即时汇报

汇报时间：一般为工作期间8：00-18：00（或按石油公司规定时间）。

汇报方式：一般通过电话口头汇报，也可通过短信或网络信息平台传输

相关汇报内容或附件。

汇报内容：汇报需要请示的工作事宜，如：核实生产指令、卡取心层位、卡潜山界面、井眼加深和提前完钻等的决策。

（三）紧急汇报

出现以下情况，必须在第一时间汇报。

（1）当现场出现偏离设计、复杂情况及事故或严重影响质量的安全环境隐患时，地质监督应立即向建设单位和相应监督部门汇报。

（2）发生井喷、井喷失控、有毒有害气体泄漏、火灾爆炸及自然灾害等重大事件时，监督应立即向建设单位和监督部门汇报。

汇报方式：一般首先电话口头汇报，然后通过短信或网络信息平台传输相关汇报内容或附件。可首先向各建设单位和监督部门联系人汇报，发生重大事件时可越级直接向单位主管领导报告。

汇报内容：复杂事故类型、发生时间、目前状况和处理情况、下步处理措施等。

三、协调与例会

协调：地质监督需要对现场各施工单位之间的关系进行协调，督促施工单位做好施工准备及生产衔接，对设计外工作量和合同争议等进行必要的协调，达到加快现场施工进度、保障施工质量和控制成本的目的。

例会：在施工过程中，地质监督应定期或不定期组织召开录井相关例会。例会的主要内容有：检查施工单位上次监督例会决定事项的落实情况，分析未完事项原因；分析录井质量情况，针对存在的问题提出改进措施；分析有关工作量及资料数据情况；需要协调的有关事项；地质监督和甲方的要求等。另外，地质监督还应参加相关的工程例会，补充、提示、说明地质相关情况和要求。

四、资料填写

监督资料是客观真实记录现场施工进度、施工质量、设计指令执行情况、监督自身工作以及其他重要信息的第一手原始资料，既是对施工方验收考核的重要依据，也是对监督工作检查考核的主要材料。地质监督在完成巡回检查、日常汇报等相关工作后，认真及时、客观真实地填写《地质监督日志》（参考格式见附录C）等各项监督资料。地质监督日志及相关记录表格等原始监督资料要逐日及时填写，禁止补填或随意涂改。

发生事故的，在事故处置结束后48h内撰写《事故分析报告》上报相应监督部门。报告应包括：基本情况、发生经过、处理过程、原因分析、经验教训与建议等。

五、工作交接

地质监督工作期间交接班时，填写《地质监督工作交接记录》，交接内容包括：工程施工进度、资料录取情况、区域邻井资料、与邻区邻井油气显示及地层对比、录井设备及人员状况、存在的问题及下步工作建议、监督资料和用品移交情况等。接班的地质监督不到岗，交班的地质监督不得擅自离岗。

第五节　录井质量考核

录井资料可分为原始资料、实物资料和成果资料。工程完工后，地质监督负责对录井原始资料和实物资料的质量进行现场质量考核，其结果可作为后期工程验收评级的依据。石油公司相关单位依据《录井资料质量考核及验收评级规范》等，定期组织录井资料质量考核和验收评级。

一、原始资料

（一）原始资料项目

原始资料项目包括：原始记录和原始图幅。

1. 原始记录

原始记录有以下22项：

（1）录井综合记录。

（2）岩屑描述记录。

（3）钻井取心描述记录。

（4）井壁取心描述记录。

（5）缝洞统计表。

（6）气测数据表。

(7) 地层压力监测数据表。
(8) 碳酸盐含量分析记录。
(9) 泥（页）岩密度分析记录。
(10) 后效气检测记录。
(11) 工程异常报告单。
(12) 气测异常显示统计表。
(13) 定量荧光录井样品分析记录（二维、三维）。
(14) 储集岩热解地球化学录井分析记录（三峰、五峰）。
(15) 残余碳分析数据表。
(16) 核磁共振分析数据表。
(17) 岩心（旋转式井壁取心）图像扫描记录。
(18) 旋转式井壁取心图像扫描记录。
(19) 岩屑白光图像分析记录。
(20) 岩屑荧光图像分析记录。
(21) X 射线衍射分析数据表。
(22) 元素分析数据表。

2. 原始图幅

原始图幅共有以下 11 项：
(1) 随钻岩屑录井图（1∶500）。
(2) 随钻岩心录井图（1∶100）。
(3) 定量荧光分析谱图。
(4) 热解分析谱图。
(5) 轻烃分析谱图。
(6) 岩石热蒸发气相色谱谱图。
(7) 残余碳分析谱图。
(8) X 射线衍射谱图。
(9) 元素分析谱图。
(10) 核磁共振 T_2 弛豫谱。
(11) 井斜图（水平投影、垂直投影、三维投影图），并附井斜数据表。

（二）考核指标及计算方法

1. 岩性剖面符合率

岩性剖面符合率是考核现场岩屑录井的准确性，用原始录井图的数据计算。

1）计算方法

计算公式：

$$F_P=\frac{T_Z-T_{BF}}{T_Z}\times 100\% \quad (1-2-1)$$

式中 F_P——岩性剖面符合率,%（保留一位小数）；

T_{BF}——原始录井图中岩性与电性不符合的层数，层；

T_Z——原始录井图中岩性总层数，层。

2）统计原则及方法

（1）消除测井与录井资料的深度误差、原始录井图与录井综合图岩性剖面的厚度误差，显示层段大于 2 个录井间距的层，非显示层段大于 3 个录井间距的层，为不符合层。

（2）原始录井图与录井综合图对比，岩性剖面多层或少层，为不符合层；一层对应多层或多层对应一层，统计为一层符合，其余均为不符合。

2. 油气显示发现率

1）计算方法

计算公式：

$$F_Y=\frac{X_C}{Z_C}\times 100\% \quad (1-2-2)$$

式中 F_Y——油气显示发现率,%（保留一位小数）；

X_C——录井发现油、气显示的层数，层；

Z_C——已落实油气显示的总层数，层。

2）统计原则及方法

（1）录井无油气显示、试油产油气且产量低于干层标准的层，按未发现油气显示统计。

（2）一个显示层可对应多个解释层，而多个显示层也可对应一个解释层，均按一个显示层统计。

3. 层位卡准率

1）计算方法

计算公式：

$$F_K=\frac{S_K}{Y_K}\times 100\% \quad (1-2-3)$$

式中 F_K——层位卡准率,%（保留一位小数）；

S_K——实际卡准层数，层；

Y_K——要求卡取层数，层。

2）统计原则及方法

层位卡准率按单井统计，包括取心、完钻、岩性等层位的卡取。

4. 异常报告准确率

1）计算方法

计算公式：

$$F_B = \frac{B_Z}{B_S} \times 100\% \tag{1-2-4}$$

式中 F_B——异常报告准确率,%（保留一位小数）；

B_Z——准确报告次数，次；

B_S——实际发生异常总次数，次。

2）统计原则及方法

（1）异常报告类型包括气测异常、井漏、溢流、钻具刺、钻头磨损、钻井泵刺、硫化氢异常、断钻具和遇阻卡等。

（2）异常报告总次数为录井仪监测参数异常的次数。

（3）报告的异常与实际发生的异常一致为准确。

二、实物资料

（一）实物资料项目

包括：岩屑样品、岩心（钻井取心）、井壁取心样品。

（二）考核指标

1. 岩屑样品

取样位置合理，样品采集方法正确，岩屑代表性好，清洗干净露出岩石本色且未破坏岩屑和油气显示，岩屑烘晒符合要求，每包岩屑质量不少于500g（或按设计要求），干燥后的岩屑装盒（袋）保存标识符合标准要求。

符合上述标准的为合格岩屑样品，否则，为不合格岩屑样品（受施工等非主观因素影响且经甲方批准的除外）。

2. 岩心（钻井取心）

岩心排列、丈量、编号符合规范要求，较完整的岩心自然断口，磨光面摆放合理；松散、破碎岩心采用体积法合理排列（标准：破碎岩心堆放高度等于岩心直径，砂泥岩高度不低于岩心直径的4/5，碳酸盐岩堆放高度不低于岩心直径的2/3）无假岩心；出筒观察冒油、冒气和渗水部位标示清楚；饱含油、富含油、油浸岩心未用水冲洗；选做含油饱和度的岩心样品，及时进行细描和蜡封保存；岩心装箱（盒）保存标识符合标准要求。

符合上述标准的为合格岩心资料，否则，为不合格岩心资料。

3. 井壁取心样品（含旋转式井壁取心）

井壁取心岩性具有代表性，取心数量、质量应满足现场观察、描述及分析化验取样要求，取得的岩心直径不小于所用岩心筒内径的85%，撞击式井壁取心长度不小于1cm，旋转式井壁取心长度不小于3cm。井壁取心装箱（盒）保存标识符合标准要求。

符合上述标准的为合格井壁取心样品资料，否则，为不合格井壁取心样品资料。

三、成果资料

（一）成果资料项目

1. 处理解释资料

（1）处理成果表。

（2）处理成果图。

（3）录井解释成果表。

（4）录井解释成果图。

2. 录井报告

1）录井报告正文

正文包括：概况、录井综述、地质成果、结论与建议等内容。

2）录井报告附表

附表包括：

（1）基本数据表。

（2）录井资料统计表。

（3）油气显示统计表。

（4）钻井液性能分段统计表。

（5）测井项目统计表。

（6）钻井取心统计表。

（7）井壁取心统计表。

（8）分析化验样品统计表。

3）录井报告附件

附件包括：

（1）录井综合图（1：500）。

（2）岩心录井图（1：100）。

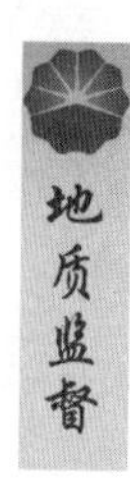

（二）考核指标及计算方法

1. 油气层解释符合率

1）计算方法

计算公式：

$$F_L = \frac{L_F}{L_T} \times 100\% \tag{1-2-5}$$

式中 F_L——油气层解释符合率，%（保留一位小数）；

L_F——参加统计的试油层段的解释符合层数，层；

L_T——参加统计的试油层段总的解释层数，层。

2）统计原则及方法

（1）以试油（投产）成果为准进行统计。

（2）录井解释符合层是指试油（投产）后流体类型（油、气、水）、产量及其比例与录井解释结论界定标准一致的层。

（3）多次试油的解释层只统计一次。

（4）因资料不全或失真解释的可能存在的油（气）层不参加统计。

2. 数据差错率

1）计算方法

计算公式：

$$F_S = \frac{S_{CL}}{S_Z} \times 1000‰ \tag{1-2-6}$$

式中 F_S——数据差错率，‰（保留一位小数）；

S_{CL}——录井资料中错、漏数据个数，个；

S_Z——录井资料数据总数，个。

2）统计原则及方法

（1）错、漏数据个数以验收结果为准。

（2）油气显示数据逐项审查。

（3）成果资料逐项审查。

（4）原始资料抽查不少于30%。

（5）数据库和电子文档逐项审查。

四、评定标准

资料评级分为三类：一类（优等）资料、二类（合格）资料、三类（不合格）资料。其评定标准如下。

（一）一类（优等）资料

（1）按设计要求取全各项录井资料。

（2）资料格式符合录井资料相关要求（例如：Q/SY 128—2015《录井资料采集处理解释规范》）。

（3）剖面符合率不低于85%，特殊岩性定名准确。

（4）油气显示发现率100%。

（5）层位卡准率不低于90%，完钻层位及特殊地层卡准。

（6）异常报告准确率不低于90%。

（7）油气层解释综合应用各项资料，依据充分。

（8）原始资料和成果资料数据差错率小于3‰；数据库和电子文档数据差错率小于0.5‰。

（二）二类（合格）资料

（1）按设计要求取全各项录井资料。

（2）资料格式符合录井资料相关要求（例如：Q/SY 128—2015《录井资料采集处理解释规范》）。

（3）剖面符合率不低于80%，特殊岩性定名准确。

（4）油气显示发现率100%。

（5）层位卡准率不低于80%，完钻层位及特殊地层卡准。

（6）异常报告准确率不低于80%。

（7）油气层解释综合应用各项资料，依据充分。

（8）原始资料、成果资料数据差错率小于5‰；数据库和电子文档数据差错率小于1‰。

（三）三类（不合格）资料

（1）未达到二类资料标准的为不合格资料。

（2）漏掉油气显示，漏取、漏测录井资料，漏卡、误卡特殊地层，丢失、伪造原始资料，均为不合格资料。

第六节 监督总结

监督工程完成后，地质监督应按石油公司监督管理部门的要求，对全井监督情况等进行总结评价，填写《录井工程质量评定表》和编写《地质监督

报告》（参考格式见附录 F 及附录 G），并整理汇总其他监督资料，及时上交相关监督部门。地质监督上交资料的同时要对所监督工程进行监督述职，由监督管理人员对监督履职情况进行评价，并填写《监督述职记录表》，其评价结果作为对监督工作考核依据。

一、资料内容

地质监督资料内容主要包括：(1) 地质监督计划；(2) 录井工程开工验收检查表；(3) 地质监督日志；(4) 检查整改通知单；(5) 监督备忘录；(6) 地质监督总结及附表等，参考格式附录 A~附录 G。

二、监督总结

工程完工后，地质监督应编写《地质监督总结》，主要内容包括：地质概况、主要监督工作及成效、监督结论与建议及附表等。

（一）总结正文内容

1. 地质概况

(1) 简述从开钻到完井的施工、复杂及事故等内容。

(2) 根据录井分层，按组段由新到老简述所钻地层的主要岩性组合和油气显示情况（包括油气显示层数、厚度以及主要油气显示描述等）。

(3) 简述经实钻后的本井所在局部构造（圈闭）与邻近构造或地区对比的结果，说明构造（圈闭）落实情况，与地震解释、地质设计等方面的符合程度分析，若不符说明原因。

2. 主要监督工作及成效

(1) 监督计划的执行情况：本井制定的监督计划在施工过程中的执行情况，以及对监督计划所发现的问题及改进的措施。

(2) 开钻准备及验收过程监督情况：二开或中途完钻开钻验收的时间、发现的问题及问题的整改情况，未能整改的问题要说明原因及预防或补救措施，有无因某种原因无法录取的地质资料。

(3) 录井施工过程关键工序监督。

① 录井资料的采集及整理：录井资料的采集及整理是否符合设计要求和相关标准规定，发现的问题及整改情况，特别是岩屑捞取和描述、油气显示的发现、槽面显示观察、实测迟到时间等情况。

② 随钻地层对比和卡潜山或取心层位：随钻地层对比和卡取层位是否符

合设计要求、是否及时准确，发现的问题及整改情况。

③ 钻井取心：填写每次钻井取心的方入丈量、出筒操作、现场整理和描述是否符合规范。

④ 井壁取心：填写设计、实取颗数，收获率，显示颗数及级别情况。井壁取心的设计是否合理，取心操作、现场整理和描述是否符合规范，是否存在应取未取的情况。

⑤ 起下钻测后效：进入目的层或钻遇油气层后，每次起下钻循环测后效情况，发现的问题及整改情况。

⑥ 工程事故预报：全井预报次数、符合率、主要工程预报的内容、相关单位采取的措施及效果情况等，是否存在应报未报的情况。

⑦ 仪器运行报告：仪器类型、脱气器类型、仪器灵敏度、传感器仪器的安装、使用、校验情况；录井过程中设备检修对录井及施工的影响、处理措施及效果。

⑧ 卡完钻层位和完钻井深：填写卡完钻层位和完钻井深是否符合设计或指令要求，完钻所留口袋中的油气显示落实情况。水平井要特别注明卡着陆点情况，水平段长度及水平段油层钻遇率等数据。

⑨ 完井作业过程关键工序监督：测井与录井资料的符合程度、套管丈量和下套管等过程、固井过程、声放磁测井以及套管试压过程等。

（4）井控监督情况：填写在发生井控风险隐患或事故时，进行异常预报、槽面观察、工作协调等工作情况。

（5）HSE 监督及执行情况：填写施工方 HSE 表现、“两书一表”的执行情况、发现的问题及整改情况。

（6）施工过程中发现的其他问题及解决情况。

3. 监督结论与建议

1）监督结论

（1）施工队伍的人员素质、设备性能、施工情况的综合评价。

（2）施工单位对合同、地质设计、设计变更、生产指令、监督要求的执行情况评价。

（3）施工单位对本井实施的相关技术措施及效果的评价。

（4）本井录井质量总体评价，指出存在问题，提出结算、奖惩意见，简述理由。

2）工作建议

（1）对录井队现场施工的相关建议。

（2）对现场监督工作的改进意见。

（3）对下步施工、试油层位等提出建设性建议。

（二）总结附表

总结附表包括：

（1）基本数据表。

（2）地层分层及油气显示数据表。

（3）井身结构示意图。

（4）录井原始资料质量评价表。

（5）录井工作量及质量评价表。

（6）事故分析报告单。

第三章　录井 HSE 管理

第一节　地质监督 HSE 职责

一、HSE 职责

（1）认真贯彻执行国家相关的 HSE 法律、法规及企业的 HSE 标准、规章制度等的规定。

（2）遵守所在施工作业现场的各项 HSE 管理规定，执行相关的安全应急预案并参加相关安全应急演练。

（3）检查并督促施工单位按照有关 HSE 规定、设计要求等组织生产、保护环境、参加施工过程中 HSE 应急事件的处理。

（4）参加施工现场的安全隐患排查，发现安全隐患及时督促整改。

（5）按规定配备、穿戴和使用符合国家标准的劳动防护用品。

（6）自觉维护工作场所的环境卫生，严禁乱扔乱倒各种废弃物。

二、HSE 内容

（1）检查施工单位 HSE 组织机构、职责、管理制度、关键岗位人员 HSE 持证情况。

（2）按石油公司要求，组织或参加施工单位 HSE 会议。

（3）依据设计和相关标准，监督施工单位严格按照 HSE 作业计划书的要求组织生产，检查施工单位 HSE 相关记录。

（4）督促施工单位及时开展现场风险识别，制定控制措施并落实执行。

（5）发现“三违”（违章指挥、违章操作、违反劳动纪律）行为立即制止。

（6）监督施工单位按规定做好施工作业过程中所用化学试剂的妥善保存和使用，按规定处理好剩余岩屑、废旧设备、废液及生活垃圾等，避免造成

环境污染事故。

（7）发现重大井控或严重质量安全环境隐患时，执行石油公司相关规定，发出《停工令》。

第二节　录井作业风险识别与应急处置

地质监督应了解录井作业风险与应急处置预案，并督促录井队落实好风险识别和应急处置预案。

一、录井作业风险识别

在录井作业过程中存在一定的风险，可能带来人员或财产损失或对环境造成一定的影响。一般意义上讲，录井作业风险可分为录井作业自身风险、相关方作业所带来的风险、环境的影响带来的风险。

（一）录井作业自身风险

随着录井技术的发展及应用，录井作业所采用的设备设施呈现多元化发展趋势，在操作使用过程中，危害因素也在不断增加。录井作业按作业流程大体可分为设备搬迁安装、正常录井、中途完井（中途测试）、完井、设备拆卸搬迁5个阶段。其中，设备搬迁安装阶段与拆卸搬迁阶段、中途完井（中途测试）与完井阶段危害因素及其产生的原因、危害与影响基本相同。

1. 设备搬迁

此阶段作业主要危害因素为起重作业配合不当、起重设备和索具、吊具存在缺陷、指挥和操作失误导致的人员伤亡或设备落地事故造成的人员伤亡或财产损失（表1-3-1）。

表1-3-1　设备搬迁危害因素一览表

序号	危害因素	危害和影响	产生的原因
1	吊具（吊钩、吊环等）	重物落地伤人	作业前未对吊具进行认真检查
2	索具（钢丝绳、吊带、卸扣等）	重物落地伤人	作业前未对索具进行认真检查
3	捆绑重物	重物落地伤人	重物与运输车辆间未紧密连接

续表

序号	危害因素	危害和影响	产生的原因
4	活动范围不当	人员伤亡	站立于吊臂之下或在吊臂下穿行
			作业人员与重物间安全距离不够
5	人员停留在重物上	高空坠落	重物起落不稳，重物上人员失去平衡
			重物落地
6	指挥信号不明确	人员伤亡或财产损失	起重指挥与起重司机、司索人员之间视线被遮挡，未设立信号传递人员
			夜间作业照明条件未达到作业要求
			无证人员违章指挥
7	高压输电线路	触电或输电事故	高压输电线路下起重作业，未对高压输电线路电压进行确认
			拔杆与高压输电线路间安全距离不够
			人员位于拉运重物之上在高压输电线路之下通过
8	摘挂绳套	人员伤亡	绳套未挂牢、起吊时绳套飞起
			摘绳套时躲闪不及时、衣服被绳套挂住
			手在绳套与重物之间
9	摆放重物	挤压磕碰	身体接触重物
			身体进入重物与地面或车厢箱体之间
10	进入井场	人身伤害	未穿戴使用劳动保护用品、用具
			未按规定正确穿戴使用劳动保护用品、用具

2. 设备安装、拆卸

此阶段作业主要危害因素为配合不当、违章进行设备安装导致人员伤亡或财产损失（表1-3-2）。

表1-3-2 设备安装危害因素一览表

序号	危害因素	危害和影响	产生的原因
1	工具	落物伤人	安装绞车传感器时，扳手等工具未用尾绳固定或未与司钻联络导致绞车误启动
			安装转盘转速传感器、扭矩传感器时，扳手等工具未用尾绳固定

续表

序号	危害因素	危害和影响	产生的原因
2	电气焊作业	火灾	安装扭矩传感器动用电气焊时，未办理动火审批手续，未制定动火措施
			动火措施未得到有效落实，现场未配置灭火器或配置数量不够
			未对现场杂物或油品进行彻底清理
		高压泄漏伤人	安装立压传感器时，丝堵焊接存在缺陷
3	大钩负荷传感器	工程事故	未与钻台同时校对空钩负荷
			传感器内空气未排净
4	脱气器	高空坠落	安装平台不符合要求或身体失去平衡
		触电	电源线绝缘破损
5	扭矩、转盘转速传感器	高空坠落	钻台下作业未系安全带或安全带使用不当
6	泵冲传感器	触电	焊接固定装置时电焊机电源线绝缘破损
		机械损伤	钻井泵皮带轮无防护装置或防护装置失效
			身体进入拉杆舱
			未停泵
7	循环罐	淹溺、摔伤	失足或身体失去平衡
		烧伤	钻井液中含强酸、强碱物质
8	外接电源连接	触电	未断电或电源线绝缘破损
			未接保护接零或野营房外壳未接地
			未安装过墙保护装置或过墙保护装置失效
		火灾	短路、接触电阻过大、漏电
9	进入井场	人身伤害	未穿戴使用劳动保护用品、用具
			未按规定正确穿戴使用劳动保护用品、用具

3. 正常录井

此阶段主要危害因素为各种能量载体带来的影响和违章作业导致的人员伤亡或财产损失（表 1-3-3）。

表 1-3-3 正常录井危害因素一览表

序号	危害因素	危害和影响	产生的原因
1	工具	落物伤人	维修保养绞车传感器、转盘转速传感器、扭矩传感器时，扳手等工具未用尾绳固定
			未与司钻联络确认、导致绞车误启动
			未设置监控人员
2	巡回检查或维修保养传感器	触电	未确认传感器电源是否在规定的安全电压之内
			未切断脱气器电源或未设置警示标志
			未设置监控人员
		扭伤、摔伤或磕碰、机械伤害、工程事故	未穿戴劳动防护用品
			未正确穿戴使用劳动防护用品、用具
			场地坑洼不平
			工衣袖口、下摆未系紧
			头发较长未盘入安全帽内
			距机械传动设备较近、未及时发现、处理防护装置缺陷
			一人作业、未设置监护人员
			未与钻台和机房联络确认、导致绞车和钻井泵误启动
			大钩负荷传感器内空气未排净
			未与钻台同时校对空钩负荷
		高空坠落	高架槽无防护装置或防护装置有缺陷，未及时发现处理
			身体失去平衡
			未系安全带或安全带有缺陷，未及时发现处理
3	化学试剂	中毒	器皿密封不严
			器皿破损或破碎
			通风不畅或通风设备损坏
			药品丢失
			误服
			滴照工作时间过长
			反吹管线短路或未放置于室外

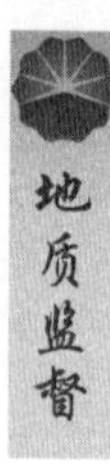

续表

序号	危害因素	危害和影响	产生的原因
3	化学试剂	火灾或爆炸	正己烷泄漏，遇明火燃烧
			正己烷泄漏，达爆炸极限，遇明火爆炸燃烧
			正己烷排放，遇明火燃烧
			正己烷排放，遇明火负压爆炸
			样品气泄漏，遇明火燃烧
			样品气泄漏，达爆炸极限，遇明火爆炸燃烧
			反吹管线短路或未放置于室外，遇明火燃烧
			反吹管线短路或未放置于室外，室内可燃气体浓度达爆炸极限，遇明火爆炸燃烧
			乙醇泄漏，遇明火燃烧
		环境污染	器皿破碎
			残液未按要求排放
			用后器皿随意丢弃
4	排放废弃物	环境污染	未按要求排放洗砂水、工业及卫生废水
			随意丢弃固体废弃物
5	高压泄漏	人员伤害	高压气瓶遭受高温
			高压气瓶遭受剧烈撞击
			样品气瓶遭受高温
			样品气瓶遭受剧烈撞击
			样品气瓶未安装减压阀
			减压阀损坏
			减压阀压力表未经检验或损坏
			开启气瓶阀门过猛
			未用球胆取气
			针管存在缺陷
			空压机安全附件存在缺陷
			空压机管线存在缺陷
			维修保养立管压力传感器时未停泵
			与钻台和泵房的联络失败，钻井泵误启动
6	工业噪声	听力损害	空调、空压机等设备启动运转声音太大

续表

序号	危害因素	危害和影响	产生的原因
7	丈量钻具	扭伤、摔伤或磕碰	在钻具桥上跑跳、打闹
8	外接电源故障	触电	维修电路或电气设备时，未断电或电气线路绝缘老化破损，未及时发现
			保护接零或野营房外壳接地存在缺陷，未及时发现
			过墙保护装置失效，未及时发现
		火灾	短路火花引燃可燃物
			接触电阻过大，引燃绝缘层
			漏电火花引燃可燃物
9	设备维修	触电	设备外壳未接地或接地装置存在缺陷，未及时发现
			未断电或未设置警示标志
			未设立电源监护人
			零火反接
			未实行一机一闸或一机一保护
			漏电保护器失效或未经检测
10	违章动火 违章用电	火灾	禁火区域吸烟
			躺在床上吸烟
			随意丢弃烟头
			随意使用电炉
			电气线路老化破损、短路打火
			电气线路过载
			私拉乱接
			人走未断电
			用电设备周围放置可燃物
			烤箱等发热用电设备与墙壁间安全距离不够
11	荧光灯	紫外线辐射	直接照射眼睛
12	岩心	人身伤害	钻台出心，用手直接接取岩心底部
			劈心时，斧头脱落伤及斧头前方人员
			劈心时，岩心飞溅伤及岩心侧前方人员

续表

序号	危害因素	危害和影响	产生的原因
13	抬取重物	砸伤	配合不当、行动不统一
		扭伤	用力过猛
14	液柱压力	井喷	未及时发现钻井液密度变化情况
			未及时发现钻井液池体积变化情况
		中毒	天然气、硫化氢等有毒有害气体泄漏
			未及时使用防护用具或用品
			未正确使用防护用具或用品
			防护用具或用品失效
		火灾爆炸	擅自启动、关闭非防爆电气设备开关
			金属物体碰撞
			违章使用金属工具
15	烤箱	蒸汽伤人	身体直接面对烤箱正面打开烤箱门
		岩屑飞溅伤人	身体直接面对烤箱正面打开烤箱门
16	食品及饮品	中毒	食用不清洁或变质食品及饮品
			随意购买、食用、饮用不合格食品及饮品
			餐饮用具遭污染

4. 中途完井（中途测试）与完井阶段

此阶段危害因素主要为相关方在测井、下套管、固井作业过程中所带来的影响，将在相关方的影响中进行分析。

（二）相关方作业带来的风险

相关方作业带来的风险主要来自钻井过程中测井、下套管、固井等特殊施工作业及其设备影响带来的风险（表 1–3–4）。

表 1–3–4　相关方危害因素一览表

序号	危害因素	危害和影响	产生的原因
1	梯子	摔伤	振动筛、钻台梯子蹬间距、踏板宽度、护栏高度、护栏间距、安装角度等不符合要求
			未采取防滑措施
2	传动设备	机械伤害	未安装防护装置
			防护装置破损

续表

序号	危害因素	危害和影响	产生的原因
3	放喷管线	人员伤害	放喷管线固定装置失效
			放喷管线存在缺陷，未及时发现
			未及时打开放喷管线阀门
4	机动车辆	人员伤害	井场内机动车辆通道在录井作业必经之路
5	钻井泵	人员伤害	高压管线破损
			高压泄流
6	钻机悬挂系统	人员伤害	游动滑车上顶下砸
			绞车大绳断裂
7	井喷	人员伤害、财产损失	液柱压力低于地层压力
			设计外高压流体
			未及时发现井喷险兆
			起下钻速度过快，抽吸或冲击作用诱发井喷
8	起下钻作业	落物伤人	钻具上粘贴的滤饼坠落
			二层平台工具坠落
			其他物品坠落
9	测井作业	人员伤害触电	非工作原因进入测井作业警戒线内
			放射源泄漏
			炸药爆炸
			值班房内引出的测井电源线破损
10	下套管作业	落物伤人	非工作原因进入下套管作业警戒线内
			绳索、套管、套管护丝坠落
11	固井作业	高压泄漏伤人	高压管线破损
			高压泄流
12	测试作业	人员伤害、财产损失	井喷
			火灾爆炸
13	井架倒塌	人员伤害	起钻遇卡、上提钻具
			井架基础不牢
			绷绳基础不牢或绷绳断裂
14	钻具立柱倒塌	人员伤害、财产损失	钻具立柱捆绑不牢
			操作失误

续表

序号	危害因素	危害和影响	产生的原因
15	电气焊作业	火灾、爆炸	未办理动火审批手续，未制定动火措施
			动火措施未得到有效落实，现场未配置灭火器或配置数量不够
			未对现场杂物或油品进行彻底清理
16	违章动火 违章用电	火灾	禁火区域吸烟、躺在床上吸烟、随意丢弃烟头
			电气线路老化破损短路打火、电气线路过载、私拉乱接、人走未断电、用电设备周围放置可燃物
			食堂违章用气
17	食物、地层流体、钻井液材料	中毒	食品、饮品变质
			餐饮用具遭污染
			井下有毒有害气体泄漏
			钻井液材料泄漏
18	防护装置	人员高处坠落	未安装护栏或护栏不符合要求
		落物伤人	未安装梯脚或梯脚不符合要求

（三）环境影响带来的风险

环境的影响包括井场周边自然环境和人为原因形成的井场周边环境对录井施工作业带来的风险（表 1–3–5）。

表 1–3–5　环境影响因素一览表

序号	危害因素	危害和影响	产生的原因
1	穿越公路	交通事故	井场与生活营区间有公路阻隔
2	穿越桥梁	淹溺或交通事故	井场与生活营区间有桥梁阻隔
3	江河湖海	淹溺	失足落水或私自下水
4	穿越坟地	惊吓	井场与生活营区间有坟地阻隔
5	高原	疾病	低压环境空气稀薄
6	湿热	皮肤病	高温高湿地域
7	高温	中暑	夏季高温地域
			防暑降温措施不到位
8	高寒	冻伤	冬季高寒地域
			防冻保温措施不到位

续表

序号	危害因素	危害和影响	产生的原因
9	沙尘	呼吸系统疾病	沙尘暴或高扬尘
10	放射源污染	放射性疾病	区域环境遭放射性污染
11	病菌	传染病	地方性传染病未得到有效控制
12	干燥地区	电源故障	仪器电源接地故障导致电源断路故障
13	盐类腐蚀	设备损失	高含盐地区对仪器设备和电源线的腐蚀性影响
14	山地平台	山体坍塌	山地环境开凿的钻井平台面积较小
15	泥石流	人员伤害、设备损失	山体植被较稀疏
			山体土石结构疏散
			连续降雨或暴雨
			预警、预报不及时
			应急措施不到位
16	洪涝灾害	人员伤害、设备损失	上游及施工区域连续降雨或暴雨
			预警、预报不及时
			应急措施不到位
17	风暴潮	人员伤害、设备损失	天文大潮
			大风、飓风、台风
			预警、预报不及时
			应急措施不到位
18	海啸	人员伤害、设备损失	海底地震
			预警、预报不及时
			应急措施不到位
19	海冰	人员伤害、设备损失	高寒
			预警、预报不及时
			应急措施不到位
20	地震	人员伤害、设备损失	预警、预报不及时
			应急措施不到位
21	化学试剂	人员伤害、设备损失	井场附近化工企业化学试剂泄漏
			井场附近公路行驶车辆拉运的化学试剂泄漏
22	噪声	听力损害	井场附近工矿企业

二、录井作业 HSE 应急处置

（一）溢流、井涌和井喷应急处置

1. 井喷失控的危害

（1）造成重大人员伤亡，尤其是含硫化氢气井的井喷失控。

（2）污染环境，喷出的油气随风四散，对环境造成污染。

（3）浪费油气资源，这是对油气藏的灾难性破坏。

（4）导致井眼报废，大量财产损失。

（5）损坏设备。

2. 录井队应急处置程序

1）溢流

（1）井口发生溢流时，岗位人员应立即采取严密的个人防范措施（使用便携式气体检测仪监测施工环境，如果存在有毒害气体应立即佩戴正压式空气呼吸器），禁止动用明火。同时，向钻井队有关人员、录井队队长和现场甲方监督通报溢流情况。

（2）录井队队长接溢流通报后，应立即赶到现场确定溢流情况，指导岗位人员密切观察槽面显示，布置防范措施，及时将溢流变化情况向本单位应急办公室或驻外项目部汇报，保持通信畅通，直至险情消除为止。

2）井涌

（1）井口发生井涌时，岗位人员应立即采取严密的个人防范措施（使用便携式气体检测仪监测施工环境，如果存在有毒害气体应立即佩戴正压式空气呼吸器），禁止动用明火。同时，向钻井队有关人员、录井队队长和现场甲方监督通报井涌情况。

（2）录井队队长接井涌通报后，应立即赶到现场确定井涌情况，指导岗位人员密切注视井涌变化情况，布置好防范措施，迅速收集好各项资料，随时准备应付突发事件。同时，及时将井涌情况向本单位应急办公室或驻外项目部汇报，保持通讯畅通，直至险情消除为止。

（3）井涌发生时，若井控系统完好、无失控可能，作业人员应按井场应急指挥人员的统一要求，坚守岗位，直至新的应急指令发布后，执行新的应急指令。

3）井喷

（1）井喷事故发生时，不论是否发生强烈井喷，岗位人员均应立即向录井队队长报告，并采取紧急措施，做好个人防护、自救及逃生准备，随时准备撤离事故现场。

（2）录井队队长接井喷险情报告后，应立即赶到现场进行指挥。

（3）本单位应急办公室接险情基本情况报告后，应立即通知本单位应急救援领导小组成员和应急救援人员进入应急岗位。同时，应坚持24h坐岗制度，保持通信联络畅通，直至险情消除。

（4）若井喷现场井控系统部分失灵，但没有失控，由本单位应急救援领导小组组长下达应急救援预案启动令，全体应急救援人员应按要求迅速赶赴事故现场，并应无条件服从现场最高应急指挥的应急处置或救援指令。

（5）若井控系统全部损坏，井喷已失控，有可能引发火灾爆炸事故，现场全体人员应按现场最高应急指挥的命令，迅速疏散逃生至指定安全区域。

（6）若井场统一断电，岗位作业人员应迅速按预定逃生路线撤至应急集合点，听候现场最高应急指挥统一指令。

（7）若现场出现人员伤亡情况，应急抢险人员应迅速抢救伤员，保证丧失行为能力的人员尽快脱离危险区域。

（8）现场救护人员应采取一切可能采取的措施，对伤员实施紧急野外处理，并及时将伤员护送至应急救治医院。同时疏散现场无关人员，维持现场秩序，防止无关人员受到伤害。

（9）若现场最高应急指挥发布逃生命令，所有岗位人员应迅速按井场统一逃生路线撤至安全区域。除防爆电路外，禁止关闭其他电气设备、设施控制开关，不得用力关闭金属门窗，防止出现火花引发爆炸事故。

（10）若发生强烈井喷（喷出物喷出高度超过二层平台）或井口已起火，现场作业人员应立即按预定逃生路线撤至安全区域。

（11）录井队队长接应急状态解除令后，应亲自对仪器房、值班房进行检查，采用自然通风方式排除易燃易爆和有毒有害物质，经检测确认无残留气体后，向甲方现场监督汇报，听候甲方现场监督指令，直至恢复正常录井状态。

（二）硫化氢应急处置

1. 防硫化氢措施

（1）含硫油气井作业相关人员上岗前应接受硫化氢防护知识培训，经考核合格后方可上岗。

（2）含硫地区的录井队按规定配备硫化氢监测仪器和防护器具，并做到人人会使用、会检查、会维护。

（3）制定防喷、防硫化氢应急处置预案，并组织演练。

（4）录井队队长负责现场防硫化氢安全教育。钻开油气层前，应向全队人员进行井控及防硫化氢安全技术交底，对可能存在硫化氢的层位和井段，及时做出地质预报，建立地质预报牌。

（5）当在空气中硫化氢含量有可能超过安全临界浓度的污染区进行必要的作业时，应按相关要求做好个人防护。

2. 录井应急处置程序

（1）发现硫化氢的浓度达到 15mg/m^3 时（第一报警阈限值）：

① 录井值班人员立即通知钻井司钻、录井队长，录井队长立即通知钻井队值班干部和甲方监督；同时，司钻发出警报信号（鸣喇叭），全队处于紧急状态（录井队人员应听从甲方监督或钻井队队长的统一指挥）。

② 录井值班人员加强对硫化氢浓度的检测，使用便携式硫化氢报警仪监测硫化氢浓度的变化。及时向录井队长报告硫化氢浓度的变化情况。

③ 立即安排专人观察井场周围风向、风速，确定受侵害的危险区。

④ 录井队长组织非值班人员撤到安全区。

（2）当硫化氢的浓度达到 30mg/m^3 时（第二报警值安全临界浓度）：

① 录井值班人员立即通知录井队长。

② 现场值班作业人员佩戴正压式空气呼吸器。

③ 录井队长立即通知钻井队值班干部，并向上级（第一责任人及授权人）报告。

④ 录井值班人员继续进行硫化氢监测，及时报告硫化氢的变化。

⑤ 录井队长组织现场人员，做好人员、资料等随时撤离的准备。

⑥ 清点现场人员，若有人员中毒，立即抬至空气流通处施行现场急救，及时送往当地医院急救并及时向上级（第一责任人及授权人）报告。

（3）当井喷失控时，或者硫化氢的浓度达到 150mg/m^3（第三报警值危险临界浓度）：

① 值班人员立即关停现场所有生产设施。

② 现场人员立即全部撤离井场至安全区，等待救援。

③ 清点现场人员，若有人员中毒，立即抬至空气流通处施行现场急救，及时送往当地医院急救并及时向上级主管部门报告。

3. 现场硫化氢防护装备检查与使用

1）检查

（1）录井队队长负责对防护装备（增压防爆和报警装置、便携式检测仪、过滤式防毒面具、正压式空气呼吸器等）进行检查，若不合格，及时更换。

（2）录井队队长应对临时送至井场的防护装备进行检查，确认合格后方可接收使用。

(3) 现场作业人员应在交接班时，对防护装备进行检查，确认合格后方可接班。

2) 使用

(1) 仪器检测到硫化氢，如果配备有增压防爆装置，应立即启动增压防爆装置。

(2) 室外作业应携带便携式有毒有害气体检测仪，时刻注意观察硫化氢等有毒有害气体浓度的变化。

(3) 只要检测到有硫化氢等有毒有害气体出现，室外作业就应正确佩戴正压式空气呼吸器。

(4) 进入有可能聚集硫化氢的区域作业，应采取一人作业、一人监护的监护措施。只要作业人员进入硫化氢聚集区的距离超过手臂的范围，就应在其腰部拴上救护绳。

(5) 只要检测到有硫化氢等有毒有害气体出现，应立即启动声光报警装置，告知井场所有作业人员采取个人防护措施。

(6) 过滤式防毒面具只限于逃生时使用，不得用于正常作业。

(三) 火灾应急处置

1. 防火、防爆措施

(1) 录井仪器设备的摆放应符合钻井井场布局的相关标准和防火要求。在树林、苇田或草场等防火要求较高地区作业，应采取设置隔离带或隔火墙等措施，并在井场明显处设立防火标志。

(2) 消防器材的配置应符合相关法律法规的要求。消防器材的保管、维护、保养和检查由专人负责，不得挪作他用。

(3) 综合录井仪器房、气测房一般应摆放在距离井口30m以上的安全位置，距离不足30m时应按规定配备增压防爆装置，地质房应设置防爆电路。

(4) 井场内严禁烟火。钻开油气层后应避免在井场使用电焊、气焊。若因工作原因确需动火，应执行有关规定。

(5) 只要出现易燃易爆气体泄漏现象，井场内任何人不得使用金属工具敲击其他金属物体或物品。

(6) 若遇强烈井喷，钻井队按关井程序已无法控制井口时，岗位作业人员应迅速按预定逃生路线撤至应急集合点。撤离时除防爆电路外，禁止关闭其他电气设备、设施控制开关，不得用力关闭金属门窗，防止出现火花引发爆炸事故。

2. 录井队应急处置程序

(1) 发现火情，立即发出火灾警报，采取扑火措施，并通知录井队队长。

（2）录井队队长落实现场情况，并向现场负责人请求支援。

（3）营房着火由营房灭火队控制火势。

（4）仪器房着火后应尽快切断电源，可申请由钻井队电工切断供电电源，控制火势并灭火。

（5）采取措施，尽力灭火。

（6）救护人员准备急救用具并待命，无关人员疏散到安全地带。

（7）火势严重，超出现场的控制能力，应向上级汇报，同时采取控制和隔离的方法，等候专业消防队员来救火，并安排人员到岔路口指引消防车行车。

（8）灭火后清理现场，调查分析原因，通知石油公司及录井公司等有关部门。

第三节　录井作业化学试剂的管理

地质监督在监督过程中要检查录井队遵守化学试剂的保管和使用相关规定情况，发现化学试剂保管和使用存在问题时，要及时督促整改，并做好相关记录。

录井作业所用化学试剂主要为：荧光录井所用的氯仿（三氯甲烷）、盐酸、清洁仪器设备所用的乙醇、定量荧光分析所用的分析试剂、色谱仪校准所用的样品气、硫化氢传感器活化所用的标准气样、氢气发生器电解氢气所用的氢氧化钠等。

一、化学试剂的保管

（1）录井现场应建立化学试剂管理台账及有相关化学试剂的化学品安全说明书（MSDS 卡）。

（2）录井队专人负责化学试剂的保管，设专柜加锁，现场不得超量（大瓶）存放。

（3）搬运前，对仪器和野营房内的化学试剂加强固定，防止发生搬运事故。

（4）样品气气瓶应固定摆放在阴凉干燥通风处，各类气瓶到达现场后，应静置 10min 后方可使用。

（5）化学试剂的容器应密封良好，要有明显标签。

（6）录井作业人员交接班时要清点化学药剂的存量。

二、录井化学试剂的使用

录井人员应掌握所用化学试剂的理化性质、危害性及应急处置措施。

（1）使用化学试剂时，应保持良好通风，按规定穿戴防护用品，防止与皮肤直接接触。

（2）使用氯仿、盐酸时，应采用滴定方式。

（3）每天至少应对样品气气瓶瓶嘴和减压阀进行一次检查，检查瓶嘴和阀门时，可用肥皂水检查，禁止用明火检查。

（4）冬季施工作业遇气瓶阀门冻死时，可用蒸汽或热毛巾缓慢解冻，禁止用火烤、金属工具敲打或高压蒸汽剧烈喷射等方法解决。

（5）使用酒精灯前应检查灯体、灯芯有无损坏。给酒精灯内添加酒精时，液面不得超过灯体容积 2/3，加完后擦干灯体外酒精，用完酒精灯后，应盖好灯盖。

（6）各类化学试剂残液由现场负责人负责收集，交由上级相关部门统一处理。

（7）使用化学试剂后应及时填写记录。使用管理台账。

第四节 录井作业安全用电与消防管理

地质监督须要求录井队严格遵守安全用电和消防相关规定，督促录井队排查、整改用电和消防安全隐患，保障施工作业的用电和消防安全。

一、录井作业安全用电

仪器房、值班房、宿舍房等均为用电场所，存在安全风险，应遵守安全用电要求。

（1）录井队队长负责录井作业现场安全用电的管理。

（2）电源线路架设必须符合电力作业安全技术管理规定。

（3）所有用电设备、设施必须有可靠的接地装置。确保漏电保护器的正常使用和各用电设备设施的安全使用。

（4）外电源应有保护装置，保护装置应符合防破损、防雨水渗漏的安全

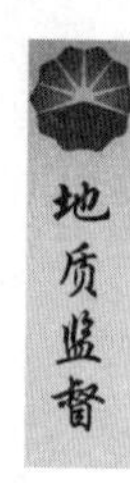

要求。

（5）任何个人不得私拉乱接线路，不得对原有设计线路进行改造。

（6）外壳散热足以影响周围其他物品的用电设施，视其散热程度与周围其他物品保持一定距离或加装阻燃隔热装置。其中，烤箱与墙壁间距离不得小于20cm。

（7）各类手持电动工具必须按规定检验合格后，方准许使用。

二、录井作业消防安全

（一）防火常识

1. 燃烧定义

燃烧，俗称着火。是可燃物与氧或氧化剂作用发生的放热反应，通常伴有火焰和（或）发烟的现象。

燃烧是一种化学反应。其特征是放热、发光。

2. 物质燃烧三要素

物质燃烧三要素分别为：可燃物、助燃物、着火源。

1）可燃物

凡是能与空气中的氧或氧化剂起化学反应的物质称可燃物。根据物质的存在形态，可燃物分为：固体可燃物、液体可燃物、气体可燃物。

2）助燃物

能够帮助和支持可燃物燃烧的物质，即能与可燃物发生氧化反应的物质称为助燃物；化工火灾中还会有其他氧化剂作助燃物。

3）着火源

着火源是指供给可燃物发生燃烧反应的能量来源；根据着火源的能量来源不同，着火源可分为：明火、高温物体、化学热能、电热能、机械热能、生物能、光能及核能。

3. 火灾

1）火灾定义

在时间和空间上失去控制的燃烧所造成的灾害，称为火灾。特征是放热、发光。

2）火灾分类

火灾根据可燃物的类型和燃烧特性将火灾定义为六个不同的类别。

A类火灾：固体物质火灾。这种物质通常具有有机物性质，一般在燃烧时能产生灼热的余烬。

B 类火灾：液体或可熔化的固体物质火灾。

C 类火灾：气体火灾。

D 类火灾：金属火灾。

E 类火灾：带电火灾。物体带电燃烧的火灾。

F 类火灾：烹饪器具内的烹饪物（如动植物油脂）火灾。

3）扑救原则

扑救 A 类火灾可选择水型灭火器、泡沫灭火器、干粉灭火器、二氧化碳灭火器等。

扑救 B 类火灾可选择泡沫灭火器（化学泡沫灭火器只限于扑灭非极性溶剂）、干粉灭火器、二氧化碳灭火器等。

扑救 C 类火灾可选择干粉灭火器、二氧化碳灭火器等。

扑救 D 类火灾可选择粉状石墨灭火器、专用干粉灭火器，也可用干砂或铸铁屑末代替。

扑救 E 类带电火灾可选择干粉灭火器、二氧化碳灭火器等。带电火灾包括家用电器、电子元件、电气设备（计算机、复印机、打印机、传真机、发电机、电动机、变压器等）以及电线电缆等燃烧时仍带电的火灾，而顶挂、壁挂的日常照明灯具及起火后可自行切断电源的设备所发生的火灾则不应列入带电火灾范围。

扑救 F 类火灾可选择干粉灭火器等。

（二）防爆常识

1. 爆炸及其种类

1）爆炸现象

广义地说，爆炸是物质在瞬间以机械功的形式释放出大量气体和能量的现象。

由于物质状态的急剧变化，爆炸发生时会使压力猛烈增高并产生巨大的声响。其主要特征是压力的急剧升高。

上述所谓“瞬间”，就是指爆炸发生于极短的时间内。例如：乙炔罐里的乙炔与氧气混合发生爆炸时，大约是在 0.01s 内完成的下列化学反应：

$$2C_2H_2+5O_2=4CO_2+2H_2O+Q$$

同时，释放出大量热能和二氧化碳、水蒸气等气体，能使罐内压力升高 10~13 倍，其爆炸威力可使罐体升空 20~30m。这种克服地心引力将重物举高一段距离的能量，则是所说的机械能。

2）爆炸的分类

按照爆炸能量来源的不同，爆炸可分为：

（1）物理性爆炸。物理性爆炸是由物理变化（温度、体积和压力等因素）引起的。在物理性爆炸的前后，爆炸物质的性质及化学成分均不改变。

（2）化学性爆炸。化学性爆炸是物质在短时间内完成化学变化，形成其他物质，同时产生大量气体和能量的现象。

2. 产生爆炸的原因

从爆炸的成因分析，产生爆炸的根本原因是可燃性气体与助燃性气体（空气中的氧）混合后，达到爆炸极限时遇明火产生爆炸。

（1）气相爆炸的原因就是可燃性气体与助燃性气体混合后，达到爆炸极限时遇明火产生爆炸。

（2）化学爆炸的原因是物质在短时间内完成化学变化，形成其他物质，同时产生大量气体和能量，这种反应后形成的气体与空气中的氧混合后，达到爆炸极限时遇明火会产生爆炸。

3. 爆炸的危害

1）冲击波的影响

爆炸时会产生强大的冲击波，这种冲击不仅能推倒建筑物，还对在场人员具有杀伤作用。

2）热量的影响

爆炸时由于强大的冲击波的影响，爆炸物和冲击波与空气剧烈摩擦，加之爆炸本身产生的热量，会引起可燃物的燃烧。

3）体积变化的影响

爆炸时会产生大量气体（一氧化碳、二氧化碳、氢气和水蒸气等），这些气体的体积会突然增大（如用来制作炸药的硝化棉在爆炸时的体积会突然增大 47 万倍），使燃烧在几万分之一秒内完成。

4）对周围物体的影响

由于一方面生成大量气体和热量，另一方面燃烧速度又极快，在瞬间内生成的大量气体来不及膨胀而分散开，因此仍占据着很小的体积，由于气体的压力跟体积成反比，因此对周围物体的作用就像是急剧一击，这一击就连最坚固的钢板，最坚硬的岩石也经受不住。

4. 录井作业现场爆炸危害源

1）样品气气瓶

（1）样品气气瓶在遇高热情况下，气瓶瓶体温度升高，瓶内气体压力升高、体积增大。当压力超过钢瓶的极限强度时，即会发生爆炸。此类爆炸的前后，爆炸物质的性质及化学成分均不改变，属于物理爆炸。

（2）样品气气瓶瓶嘴、减压阀漏气时，瓶内易燃易爆气体泄漏，与空气混合。其混合物浓度达爆炸极限时，遇明火会产生爆炸。

2）色谱仪载气气瓶

用于色谱仪等仪器载气的气瓶，其瓶内气体为惰性气体，气体本身极难产生爆炸，但气瓶在遇高热情况下，气瓶瓶体温度升高，瓶内气体压力升高、体积增大。当压力超过钢瓶的极限强度时，同样会发生爆炸。这类爆炸，也属于物理爆炸。

3）其他可能引起爆炸的物质

在录井作业现场还有一些可以引起爆炸的物质。如：正己烷，若遇高热，容器内压力增大，有开裂和爆炸的危险；灭火器遇高热、气瓶内压力升高、气体体积急剧增大时，有爆炸的危险，若瓶体置于潮湿、易腐蚀位置，可以在静止或挪动状态下从瓶体底部发生爆炸；正压式空气呼吸器的气瓶同样在遇高热，气瓶内压力升高、气体体积急剧增大时会发生爆炸。

（三）录井作业现场防火防爆安全管理

（1）值班房一般应摆放距离井口30m以外，否则应配置防爆电路。

（2）录井队队长负责录井作业现场消防安全的管理。每月对所有灭火器进行一次检查，并填写检查记录。

（3）灭火器应放置于明显易拿处，周围不得堆放杂物，便于使用。

（4）录井队应定期进行全面检查，及时消除火险隐患。

（5）录井人员负责每班对灭火器进行一次检查，发现问题应及时解决。

（6）录井队队长负责组织作业人员进行火灾应急处置预案的培训与演练。

（7）防爆电路应密封良好，不得漏气。接头处采用密封胶垫，接口处应用防爆胶泥密封，并定期检查和更换。

（8）增压防爆装置各接口应密封良好，不得漏气。进气管线应置于井口的上风口方向，防止抽入有毒有害或易燃易爆气体。

（9）工作场所内发生易燃易爆气体泄漏时，不得关闭或启动非防爆电源，不得用力关闭金属门窗，不得用金属工具敲击其他金属物体。

附　　录

附录 A （规范性附录）地质监督工作计划书

地质监督			监督证号		建设单位		
井号		井别		井型		设计井深	
目的层							
完钻原则							
预计油气水层位置							
监督重点、难点及监督对策							
序号	项目	监督对策					

附录 B （规范性附录） 录井工程开工验收检查表格式

地质录井、综合录井、气测录井开工验收检查表格式见附录 B. 1 至附录 B. 3。

附录 B. 1 地质录井开工验收检查表

井号		施工单位		检查日期	
项目	内容		检查结果	备注	
资质	录井队伍资质				
	录井队伍市场准入				
	录井仪器配备符合设计及合同要求				
	录井人员配置符合合同要求				
	录井人员持证情况	上岗证			
		井控证			
		HSE 证			
		H2S 防护证			
资料	钻井地质设计书到位,施工人员清楚设计内容				
	常规、综合录井施工方案(作业任务书)合理				
	录井设备操作规程、相关技术标准、管理制度齐全				
	邻井资料齐全				
安装及校验	地质参数仪				
	定量荧光分析仪				
	岩石热解分析仪				
	岩石热蒸发气相色谱仪				
	残余碳分析仪				
	轻烃分析仪				
	元素分析仪(XRF)				
	矿物分析仪(XRD)				
	自然伽马能谱仪				

续表

项目	内　容	检查结果	备注
安装及校验	核磁共振分析仪		
	碳酸盐岩分析仪		
	泥(页)岩密度计		
	电缆线、信号线、气管线架设		
	其他		
录井条件	仪器房、地质房摆放		
	砂样台、洗砂池(洗砂桶)		
	供水、供电条件、捞砂及照明条件		
	出口钻井液缓冲罐		
	烤箱		
	荧光灯及备件		
	荧光对比系列		
	显微放大镜		
	采样及选样用品		
	岩屑盒、岩心盒、百格盒、砂样袋、砂样筛		
	化学试剂、天平、钢卷尺、标样		
	其他		
HSE	施工现场“两书一表”		
	应急预案、逃生路线图		
	化验试剂管理符合要求		
	安全防护设施设备齐全		
	岗位人员劳保齐全		
验收结论			
施工单位(签字): 年　月　日		验收人(签字): 年　月　日	

注：检查内容应符合相关标准要求，检查结果符合打√，不符合打×并在备注栏注明原因，设计或合同中没有该项要求打/。

附录 B.2 综合录井开工验收检查表

井号		施工单位		检查日期	
项目	内　容		检查结果	备注	
资质	录井队伍资质				
	录井队伍市场准入				
	录井仪器配备符合设计及合同要求				
	录井人员配置符合合同要求				
	录井人员持证情况	上岗证			
		井控证			
		HSE 证			
		H_2S 防护证			
资料	钻井地质设计书到位,施工人员清楚设计内容				
	常规、综合录井施工方案(作业任务书)合理				
	录井设备操作规程、标定记录、相关技术标准、管理制度齐全				
	邻井资料齐全				
安装及校验	全烃分析				
	组份分析				
	二氧化碳分析				
	脱气器				
	出口流量传感器				
	密度传感器	入口			
		出口			
	温度传感器	入口			
		出口			
	电导率传感器	入口			
		出口			
	钻井液液位传感器	1 号池			
		2 号池			
		3 号池			
		4 号池			
		5 号池			

续表

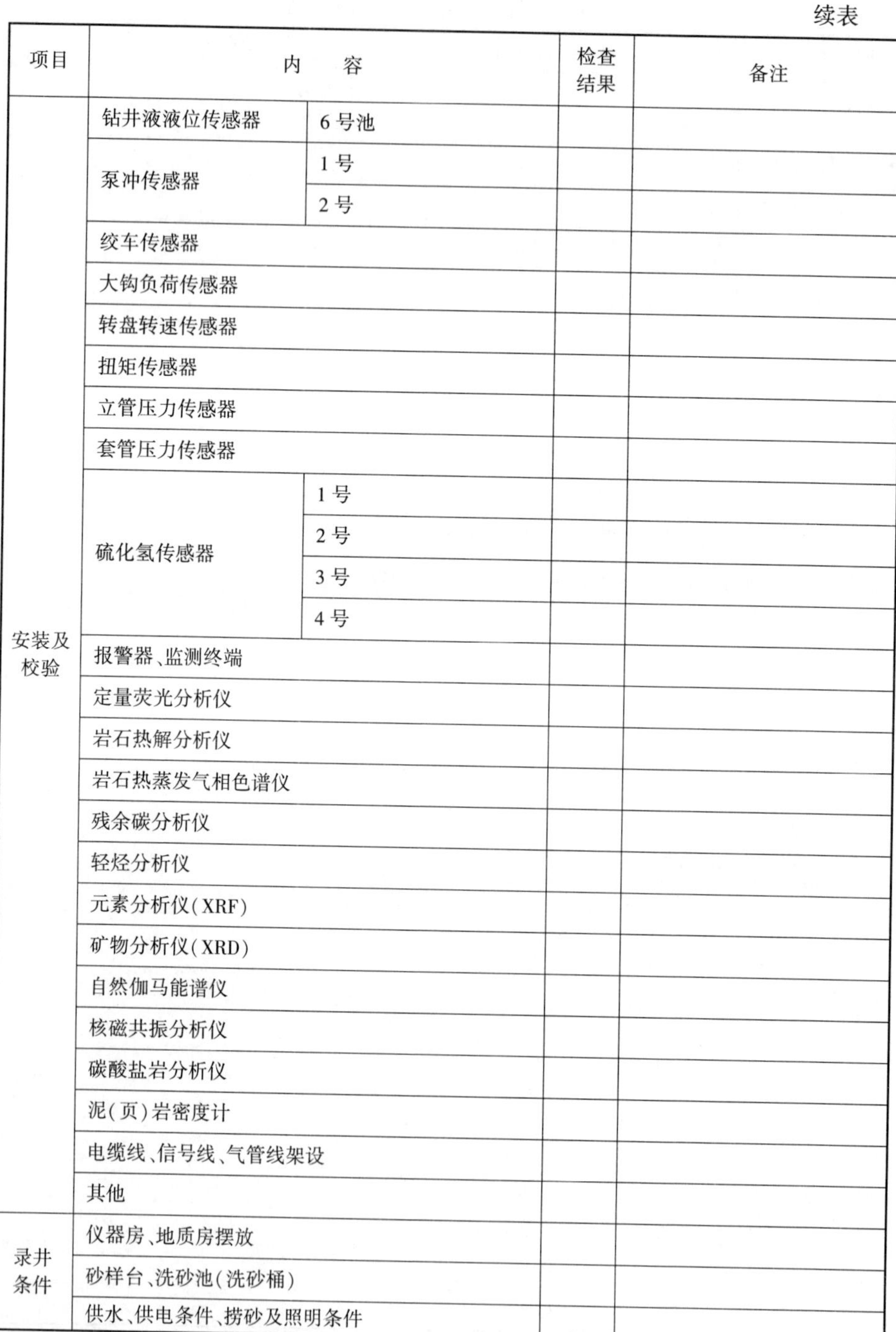

项目	内　　容		检查结果	备注
安装及校验	钻井液液位传感器	6号池		
	泵冲传感器	1号		
		2号		
	绞车传感器			
	大钩负荷传感器			
	转盘转速传感器			
	扭矩传感器			
	立管压力传感器			
	套管压力传感器			
	硫化氢传感器	1号		
		2号		
		3号		
		4号		
	报警器、监测终端			
	定量荧光分析仪			
	岩石热解分析仪			
	岩石热蒸发气相色谱仪			
	残余碳分析仪			
	轻烃分析仪			
	元素分析仪(XRF)			
	矿物分析仪(XRD)			
	自然伽马能谱仪			
	核磁共振分析仪			
	碳酸盐岩分析仪			
	泥(页)岩密度计			
	电缆线、信号线、气管线架设			
	其他			
录井条件	仪器房、地质房摆放			
	砂样台、洗砂池(洗砂桶)			
	供水、供电条件、捞砂及照明条件			

续表

项目	内　　容	检查结果	备注
录井条件	出口钻井液缓冲罐		
	烤箱		
	荧光灯及备件		
	荧光对比系列		
	显微放大镜		
	采样及选样用品		
	岩屑盒、岩心盒、百格盒、砂样袋、砂样筛		
	化学试剂、天平、钢卷尺、标样		
	其他		
HSE	施工现场“两书一表”		
	应急预案、逃生路线图		
	化验试剂管理符合要求		
	安全防护设施设备齐全		
	岗位人员劳保齐全		
验收结论			
施工单位(签字): 年　月　日		验收人(签字): 年　月　日	

注：检查内容应符合相关标准要求，检查结果符合打√，不符合打×并在备注栏注明原因，设计或合同中没有该项要求打/。

附录 B.3 气测录井开工验收检查表

井号		施工单位		检查日期
项目	内容		检查结果	备注
资质	录井队伍资质			
	录井队伍市场准入			
	录井仪器配备符合设计及合同要求			
	录井人员配置符合合同要求			
	录井人员持证情况	上岗证		
		井控证		
		HSE 证		
		H_2S 防护证		
资料	钻井地质设计书到位,施工人员清楚设计内容			
	常规、综合录井施工方案(作业任务书)合理			
	录井设备操作规程、标定记录、相关技术标准、管理制度齐全			
	邻井资料齐全			
安装及校验	全烃分析			
	组份分析			
	二氧化碳分析			
	脱气器			
	泵冲传感器	1 号		
		2 号		
	绞车传感器			
	大钩负荷传感器			
	硫化氢传感器	1 号		
		2 号		
		3 号		
		4 号		
	报警器、监测终端			
	定量荧光分析仪			
	岩石热解分析仪			
	岩石热蒸发气相色谱仪			
	残余碳分析仪			

续表

项目	内　容	检查结果	备注
安装及校验	轻烃分析仪		
	元素分析仪(XRF)		
	矿物分析仪(XRD)		
	自然伽马能谱仪		
	核磁共振分析仪		
	碳酸盐岩分析仪		
	泥(页)岩密度计		
	电缆线、信号线、气管线架设		
	其他		
录井条件	仪器房、地质房摆放		
	砂样台、洗砂池(洗砂桶)		
	供水、供电条件、捞砂及照明条件		
	出口钻井液缓冲罐		
	烤箱		
	荧光灯及备件		
	荧光对比系列		
	显微放大镜		
	采样及选样用品		
	岩屑盒、岩心盒、百格盒、砂样袋、砂样筛		
	化学试剂、天平、钢卷尺、标样		
	其他		
HSE	施工现场“两书一表”		
	应急预案、逃生路线图		
	化验试剂管理符合要求		
	安全防护设施设备齐全		
	岗位人员劳保齐全		
验收结论			
施工单位(签字): 年　月　日		验收人(签字): 年　月　日	

注：检查内容应符合相关标准要求，检查结果符合打√，不符合打×并在备注栏注明原因，设计或合同中没有该项要求打/。

附录 C （规范性附录）地质监督日志

<table>
<tr><td>井号</td><td></td><td colspan="2">层位</td><td></td><td colspan="2">井深(m)</td><td></td><td colspan="2">迟到时间(min)</td><td></td></tr>
<tr><td>钻具组合</td><td colspan="10"></td></tr>
<tr><td rowspan="2">钻井液</td><td colspan="2">井段
m</td><td>体系</td><td>相对
密度</td><td>黏度
s</td><td colspan="2">失水/泥饼
mL/mm</td><td colspan="2">氯根
mg/L</td><td>含荧光
添加剂</td></tr>
<tr><td colspan="2"></td><td></td><td></td><td></td><td colspan="2"></td><td colspan="2"></td><td></td></tr>
<tr><td rowspan="2">岩屑</td><td colspan="2">井段
m</td><td colspan="2">取样间距</td><td colspan="2">捞取包数</td><td colspan="2">岩屑代表性</td><td colspan="2">岩性定名
及描述情况</td></tr>
<tr><td colspan="2"></td><td colspan="2"></td><td colspan="2"></td><td colspan="2"></td><td colspan="2"></td></tr>
<tr><td rowspan="2">钻井取心</td><td colspan="2">井　段
m</td><td colspan="2">心长
m</td><td colspan="2">收获率
%</td><td colspan="2">是否符合要求</td><td colspan="2">岩心整理、描述
及保管情况</td></tr>
<tr><td colspan="2"></td><td colspan="2"></td><td colspan="2"></td><td colspan="2"></td><td colspan="2"></td></tr>
<tr><td rowspan="2">井壁取心</td><td colspan="2">设计颗数</td><td colspan="2">实取颗数</td><td colspan="2">收获率
%</td><td colspan="2">是否符合要求</td><td colspan="2">岩心整理、描述
及保管情况</td></tr>
<tr><td colspan="2"></td><td colspan="2"></td><td colspan="2"></td><td colspan="2"></td><td colspan="2"></td></tr>
<tr><td rowspan="2">荧光检查</td><td colspan="4">湿照井段及点数</td><td colspan="4">干、滴照井段及点数</td><td colspan="2">浸泡定级井段
及点数</td></tr>
<tr><td colspan="2"></td><td colspan="2"></td><td colspan="2"></td><td colspan="2"></td><td></td><td></td></tr>
<tr><td rowspan="4">气测异常</td><td rowspan="2">井　段
m</td><td colspan="2">全烃</td><td colspan="7">组分</td></tr>
<tr><td>最大</td><td>基值</td><td>C_1</td><td>C_2</td><td>C_3</td><td>iC_4</td><td>nC_4</td><td>iC_5</td><td>nC_5</td></tr>
<tr><td></td><td></td><td></td><td></td><td></td><td></td><td></td><td></td><td></td><td></td></tr>
<tr><td></td><td></td><td></td><td></td><td></td><td></td><td></td><td></td><td></td><td></td></tr>
<tr><td rowspan="3">槽面显示</td><td colspan="2" rowspan="2">显示类型</td><td colspan="2" rowspan="2">油花
%</td><td colspan="2" rowspan="2">气泡
%</td><td colspan="2" rowspan="2">持续时间</td><td colspan="2">钻井液性能变化</td></tr>
<tr><td>密度</td><td>黏度</td></tr>
<tr><td colspan="2"></td><td colspan="2"></td><td colspan="2"></td><td colspan="2"></td><td></td><td></td></tr>
<tr><td rowspan="2">油气上窜</td><td colspan="2">油气上窜高度
m</td><td colspan="2">油气上窜速度
m/h</td><td>静止
时间
h</td><td rowspan="2">录井仪
器运行
及校验
情况</td><td colspan="4" rowspan="2"></td></tr>
<tr><td colspan="2"></td><td colspan="2"></td><td></td></tr>
<tr><td>钻井工况及
异常情况</td><td colspan="10"></td></tr>
<tr><td>存在问题
及建议</td><td colspan="10"></td></tr>
<tr><td>地质监督</td><td colspan="6"></td><td colspan="2">填写日期</td><td colspan="2">年　月　日</td></tr>
</table>

附录D （规范性附录）检查整改通知单

编号：×××××××××

<table>
<tr><td>井号</td><td></td><td>施工队伍</td><td></td></tr>
<tr><td>存在问题及依据</td><td colspan="3"></td></tr>
<tr><td>整改要求</td><td colspan="3">地质监督(签字)：　　　　施工单位负责人(签字)：
年　月　日　　　　年　月　日</td></tr>
<tr><td>整改结果</td><td colspan="3">地质监督(签字)：　　　　年　月　日</td></tr>
</table>

注：单井统一编号，编号格式为年份（4位数）+月份（2位数）+序号（3位数），如编号201803001。

附录 E （规范性附录）监督备忘录

编号：×××××××××

<table>
<tr><td>井号</td><td></td><td>施工队伍</td><td></td></tr>
<tr><td>问题描述</td><td colspan="3"></td></tr>
<tr><td>处罚及处理意见</td><td colspan="3">地质监督(签字)： 年 月 日</td></tr>
</table>

注：单井统一编号，编号格式为年份（4 位数）+月份（2 位数）+序号（3 位数），如编号 201803001。

附录 F （资料性附录） 地质监督报告封面及目录格式

地质监督报告封面及目录格式，见附录 F.1 至附录 F.2。

附录 F.1 地质监督报告封面格式

地质监督报告

井　　号：

施工单位：

地质监督：

监督单位：

中国石油××油气田分(子)公司

年　月　日

附录 **F.2** 地质监督报告目录格式

目录

一、本井概况

二、地层及油气显示

三、钻井工程异常

四、现场问题及整改

五、录井工作量及质量评价

六、结论及建议

附表：

1. 基本数据表

2. 油气显示统计表

3. 工程异常报告统计表

4. 现场问题整改情况统计表

5. 录井工作量统计表

附录 G （资料性附录）地质监督报告附表格式

地质监督报告附表格式见附录 G.1 至附录 G.5。

附录 G.1 基本数据表

井　　号		井　　型		井　　别	
地理位置					
构造位置					
补心高(m)		地面海拔(m)		目的层	
设计井深(m) (垂/斜)		完钻井深(m) (垂/斜)		完钻层位	
开钻日期		完钻日期		完井日期	
完井方法		录井井段(m)			
固井质量					
钻头程序		套管程序			
钻头直径(mm)	井深(m)	套管外径(mm)	下入深度(m)	水泥塞深(m)	水泥返深(m)
钻井队号	所属单位	钻井队长	资质证编号	资质等级	市场准入证编号
录井队	录井队号	所属单位	资质证编号	资质等级	市场准入证编号
	仪器型号	录井队长	地质师	仪器工程师	
钻井监督			地质监督		

附录 G.2　油气显示统计表

油气显示统计表格式见附录 G.2.1 至附录 G.2.3。

附录 G.2.1　岩屑含油显示统计表

序号	层位	井段 m	岩性定名	含油(荧光)岩屑 %		荧光			备注
				占岩屑	占同类岩屑	湿照颜色	滴照颜色	对比级别	

附录 G.2.2　钻井取心油气显示统计表

筒次	层位	井段 m	含油气岩心长度								备注
			饱含油 m/层	富含油 m/层	油浸 m/层	油斑 m/层	油迹 m/层	荧光 m/层	含气 m/层	小计 m	
合计											

附录 G.2.3　气测异常显示统计表

序号	层位	井段 m	钻时 min/m	全烃,%				组份,%							备注
				最大	一般	基值	比值	C_1	C_2	C_3	iC_4	nC_4	iC_5	nC_5	

附录 G.3 工程异常报告统计表

序号	异常类型	开始 日期、时间	报告 日期、时间	符合情况	是否采纳	备注

附录 G.4 现场问题及整改情况统计表

序号	发现时间	问题内容	问题依据	整改结果	处罚建议

附录 G.5 录井工作量统计表

<table>
<tr><th colspan="2">项目</th><th>井段,m</th><th>间隔</th><th>数量</th></tr>
<tr><td colspan="2">钻时、气测、综合录井</td><td></td><td></td><td></td></tr>
<tr><td colspan="2">岩屑</td><td></td><td></td><td></td></tr>
<tr><td colspan="2">岩心</td><td></td><td></td><td></td></tr>
<tr><td colspan="2">井壁取心</td><td></td><td></td><td></td></tr>
<tr><td colspan="2">荧光检查</td><td></td><td></td><td></td></tr>
<tr><td colspan="2">定量荧光</td><td></td><td></td><td></td></tr>
<tr><td colspan="2">钻井液</td><td></td><td></td><td></td></tr>
<tr><td colspan="2">岩石热解</td><td></td><td></td><td></td></tr>
<tr><td colspan="2">残余碳</td><td></td><td></td><td></td></tr>
<tr><td colspan="2">轻烃</td><td></td><td></td><td></td></tr>
<tr><td colspan="2">岩石热蒸发烃气相色谱</td><td></td><td></td><td></td></tr>
<tr><td colspan="2">核磁共振</td><td></td><td></td><td></td></tr>
<tr><td rowspan="2">岩心图像扫描</td><td>钻井取心</td><td></td><td></td><td></td></tr>
<tr><td>旋转式井壁取心</td><td></td><td></td><td></td></tr>
<tr><td rowspan="2">岩屑图像采集</td><td>白光</td><td></td><td></td><td></td></tr>
<tr><td>荧光</td><td></td><td></td><td></td></tr>
<tr><td colspan="2">元素分析(XRF)</td><td></td><td></td><td></td></tr>
<tr><td colspan="2">矿物分析(XRD)</td><td></td><td></td><td></td></tr>
<tr><td colspan="2">自然伽马能谱</td><td></td><td></td><td></td></tr>
<tr><td colspan="2"></td><td></td><td></td><td></td></tr>
<tr><td colspan="2"></td><td></td><td></td><td></td></tr>
<tr><td colspan="2"></td><td></td><td></td><td></td></tr>
</table>

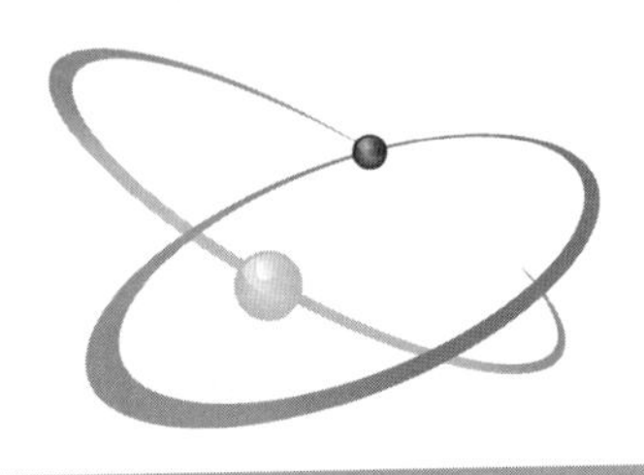

第二篇

录井技术

第一章　地质录井

第一节　钻时录井

钻时录井是系统地记录钻时并收集与其有关的各项数据、资料的全部工作过程。钻时的高低，一方面取决于地下岩石的可钻性，另一方面又取决于钻井措施，如钻压、转速、排量的配合，钻井液性能、钻头类型及使用情况等。因此，根据钻时的大小，既可以判断岩性及地层变化、缝洞发育情况，又能判断钻头使用情况，提高钻头利用率。

一、钻时概念及钻时曲线绘制

（一）钻时概念

钻时是钻头钻进单位深度地层所需要的时间。录井采集密度为1m，钻时单位用“min/m”表示，保留一位小数；微钻时是对常规的录井间距进行等分，以获得对薄层层位的放大效果，用于地层划分和层位卡取，通常采用0.5m、0.2m、0.1m的间距。

钻速是单位时间内所钻地层的厚度，用“m/h”表示。钻时和钻速是两个不同概念。由于地质录井需要，现场录井工作通常采用钻时而不用钻速。

在钻时录井过程中，应以钻具长度为基准，及时校正仪器显示和记录的井深，每单根或立柱均应校对井深，每次起下钻前后，应实测方入校对井深，从而保证井深不出差错。

井深=钻具总长+方入

钻具总长=钻头长度+接头长度+钻铤长度+钻杆长度+其他井下钻具长度

方入是指方钻杆进入转盘面以下的长度。

钻具管理做到准确丈量与复查，做到钻井、录井数据一致。

仪器测量井深与钻具计算井深之间每单根或立柱误差不大于0.2m，不能有累计误差。

（二）钻时曲线的绘制方法

钻时曲线的绘制以井深为纵坐标，钻时为横坐标，将每个钻时点按纵比例尺、横比例尺绘在图上，逐点连接成点画线。纵向比例尺为1∶500，横向比例尺可视钻时变化大小和图幅规格而定。微钻时曲线的绘制采用钻时曲线的绘制方法，如运用对数坐标绘制微钻时曲线，对微钻时的辨别会更明显。与钻时曲线相比，微钻时曲线响应速度更快，精度更高，可以快速判断层位变化，广泛应用于钻井取心层位的卡取。

二、钻时录井应用

（一）钻时影响因素

1. 岩石可钻性

松软地层比坚硬地层钻时低，疏松地层比致密地层钻时低，多孔缝的碳酸盐岩比致密石灰岩、白云岩钻时低。

2. 钻头类型与新旧程度

钻头的类型选择与岩石可钻性有关，不同的岩石选用不同的钻头。一般情况下，新钻头比旧钻头钻时低，PDC钻头比牙轮钻头钻时低。在钻时录井中，要记录钻头下入深度和钻头的类型、尺寸、新度，并应观察起出钻头的磨损情况，以辅助判断所钻岩性。

3. 钻井方式

涡轮钻钻速一般比旋转钻钻速大10倍左右，因此，涡轮钻钻时低。

4. 钻井参数

一般情况下，钻压大、转速快、排量大时，钻头对岩石破碎效率高，钻时低，反之，钻时高。

5. 钻井液性能与排量

钻井液黏度低、密度低、排量大时，钻进速度快，钻时低；使用高密度、高黏度、排量小的钻井液时，钻进速度慢，钻时高。

6. 人为因素

司钻的操作水平与熟练程度对钻时高低有一定影响。司钻送钻均匀，能根据地层的性质采取相应措施，当钻遇软地层时，采取快转轻压的措施提高钻速；钻遇硬地层时，则相对用慢转重压的措施提高钻速。

尽管影响钻时高低的因素较多，但是这些影响因素至少在一个井段内相对稳定。因此，钻时大小的相对变化可以辅助判断岩性及地层变化、缝洞发育情况。

（二）录井应用

1. 岩性判断

在钻井参数相同的情况下，钻时的变化反映了岩性的差别，疏松地层比致密地层钻时低，脆性地层比塑性地层钻时低。一般来说，砂岩钻时相对较低，泥岩、石灰岩钻时相对较高，玄武岩、花岗岩钻时相对最高。

碳酸盐岩、火成岩、变质岩（火成岩、变质岩一般不称为地层）地层中，裂缝、溶洞发育的地层比不发育的地层钻时低。

钻时曲线是岩屑描述中辅助判断岩性的重要参考资料。当钻井过程中因工程或地层原因而无法取样时，在钻压和转速恒定的情况下，可以利用钻时曲线来判断岩性。

2. 地层对比

根据钻时曲线，可以划分岩性，卡准目的层，判断油气显示层位，确定钻井取心层位。

3. 卡准取心层位

在钻井过程中，可以根据钻时由高到低的突变，及时停钻循环，观测油气水显示变化，以便采取相应措施。在取心过程中，加密钻时点，可以帮助确定地层岩性和割心位置。

4. 判断裂缝、孔洞发育层段

利用钻时曲线，可以帮助判断裂缝、孔洞发育的井段，确定储层位置。如果突然发生钻时变低，有时伴随钻具放空现象，说明井下已经钻遇缝、洞发育井段。

（三）工程应用

（1）工程人员可利用钻时分析井下情况，判断钻头的使用情况等，还可帮助统计纯钻进时间，进行时效分析，以及正确选用钻头，修正钻井措施等。

（2）判断溜钻：在正常钻进情况下，钻时突然变低，甚至下降到了1min/m以下，在排除地层影响因素的条件下，可判断是司钻操作失误导致溜钻。

（3）钻头泥包时，钻时明显变高。

（4）井壁坍塌，掉块增多，钻头反复研磨掉块，钻时明显变高。

第二节　岩屑录井

地下岩石被钻头破碎后，随钻井液被带到地面的“钻屑”，称为岩屑。按照一定的深度间隔和迟到时间，在钻井液出口处连续收集返出的岩屑，进行观察、描述，绘制成随钻岩屑录井图，再运用各项资料进行综合解释，并恢复地下地质剖面的过程称为岩屑录井。

岩屑录井在石油勘探、开发过程中具有相当重要的地位，是地质录井工作的基础，通过岩屑录井可掌握井下地层层序、岩性组合、含油气水情况等地层信息。它具有成本低、速度快、了解地下情况及时、资料系统性强等优点。

岩屑录井采集项目包括：层位、井段、岩性定名、岩性及含油气水描述、定名岩屑占岩屑百分含量、含油岩屑占岩屑百分含量、荧光湿照颜色、荧光滴照颜色和荧光对比级别。

一、迟到时间的测定

岩屑录井首先要获取具有代表性的岩屑，因此必须做到井深准、迟到时间准。

岩屑迟到时间是指岩屑从井底随钻井液上返到地面所需的时间，单位是min。如果迟到时间不准，即使井深准确，捞取的岩屑也失去了代表性和真实性。所以迟到时间准确也是岩屑录井工作的关键。常用的迟到时间测定方法有理论计算法、实测法和特殊岩性法。

（一）理论计算法

计算公式为

$$T=\frac{V}{Q}=\frac{\pi(D^2-d^2)}{4Q}\cdot H \tag{2-1-1}$$

式中　T——岩屑迟到时间，min；

V——井筒环形空间容积，m^3；

Q——钻井泵排量，m^3/min；

D——井眼直径，m；

d——钻杆外径，m；

H——井深，m。

这种计算方法是把井眼当成一个以钻头为直径的圆筒，而实际井径一般都大于钻头直径（只有缩径井段略小于钻头直径），而且极不规则，加之计算时未考虑岩屑在钻井液上返过程中的下沉，所以，理论计算的迟到时间均小于实测迟到时间。因此，在实际工作中，理论法计算的迟到时间只用于辅助实测迟到时间，若理论值大于实测值，必须重测。

（二）实测法

实测法是现场常用的方法，也是较为准确的方法。其方法是：选用与岩屑大小、密度相近的物质作指示剂，如玻璃纸、红砖块、白瓷碗块，在接单根时，从井口将指示剂投入钻杆内，记下投入后的开泵时间，指示剂从井口随钻井液经过钻杆内到达井底的时间称为下行时间，指示剂又从井底随钻井液沿钻杆外环形空间上返至井口振动筛，发现第一片指示剂的时间称为上行时间。从开泵到发现指示剂的时间称为循环周时间。所求迟到时间是指示剂从井底到井口的上行时间，$T_{迟}$可以通过下式计算

$$T_{迟}=T_{循环}-T_0 \qquad (2-1-2)$$

式中　$T_{迟}$——岩屑迟到时间，min；

$T_{循环}$——循环一周时间，min；

T_0——下行时间，min。

下行时间 T_0 可以通过下式计算

$$T_0=(V_1+V_2)/Q \qquad (2-1-3)$$

式中　T_0——下行时间，min；

V_1——钻杆内容积，L；

V_2——钻铤内容积，L；

Q——泵排量，L/min。

在现场录井工作中，为保证岩屑录井质量，规定每钻进一定录井井段，必须成功实测一次迟到时间，以提高岩屑录取的准确性。

（三）特殊岩性法

实际工作中还可利用特殊岩性来校正岩屑迟到时间。在大段泥岩中的砂岩、石灰岩、白云岩夹层，因特殊岩性的特征明显，钻时差别大，所以可用来校正迟到时间。其方法是：先将钻时忽然变小或变大的时间记下，加上相应的返出时间，待特殊岩性在振动筛出现时记录时间，两者的差值即为该井深的真实迟到时间。用该时间校正正在使用的迟到时间，可保证取准岩屑资料。

利用特殊岩性测定迟到时间的计算公式为：

迟到时间=特殊岩性岩屑出现的时间-钻达特殊岩性的时间-中途停泵时间

（四）迟到时间确定要求

（1）目的层之前200m及目的层，每100m实测迟到时间一次。

（2）非目的层，井深小于等于1500m时，实测迟到时间一次；井深在1501~2500m，每500m实测迟到时间一次；井深在2501~3000m，每200m实测迟到时间一次；井深大于3000m，每100m实测迟到时间一次。

（3）每次测定指示物迟到时间后，对理论计算迟到时间进行校正。理论计算迟到时间应与实测迟到时间相对应。

（4）在非气体钻井条件下使用颜色醒目的指示物实测迟到时间；在气体钻井条件下可采用注气法在钻头到底时实测迟到时间（必要时可采用理论计算）。

（5）换用不同直径的钻头钻进时，应重新测量迟到时间。

二、岩屑采集

（一）岩屑录取时间

（1）未停泵或变泵时，按公式(2-1-4)计算岩屑录取时间：

$$T_2=T_3+T_1 \tag{2-1-4}$$

式中　T_2——岩屑录取时间，min；

T_3——钻达时间，min；

T_1——岩屑迟到时间，min。

（2）变泵时间早于钻达时间时，按公式(2-1-5)计算岩屑录取时间：

$$T_2=T_3+T_1\cdot\frac{Q_1}{Q_2} \tag{2-1-5}$$

式中　Q_1——变泵前的钻井液排量，L/min；

Q_2——变泵后的钻井液排量，L/min。

（3）变泵时间晚于钻达时间但早于岩屑录取时间时，按公式(2-1-6)计算岩屑录取时间：

$$T_2=T_4+(T_5-T_4)\cdot\frac{Q_1}{Q_2} \tag{2-1-6}$$

式中　T_4——变泵时间，min；

T_5——变泵前录取时间，min。

（二）岩屑捞取

（1）为保证取样质量，可按设计要求的取样井深提前50m试取。

（2）在非气体钻井条件下，根据岩屑沉淀情况选择合理的取样位置，取样位置应该为架空槽挡板前或振动筛下的固定位置。振动筛前合适位置放置接砂板，确保岩屑连续、适量地落在接砂板上。每次取样后应将接砂板清理干净。若岩石疏松，岩屑呈粉末状，振动筛前岩屑较少，可按岩屑返出时间在架空槽上取样（在槽中放一个挡板，挡板高度能挡住岩屑即可，每捞取一次后都应把余砂清理干净）。

（3）按照岩屑返出时间，采用“十字分割法”捞取岩屑。当接砂板岩屑较多时，垂直切去岩屑的1/2，若岩屑仍然较多，则再垂直切去剩下岩屑的1/2。

（4）岩屑捞取的数量按资料录取规范执行，无挑样任务时，每包不少于500g；有挑样任务时，分正副样捞取，正样描述和保存，副样做岩屑挑样用。

（5）起钻前应循环钻井液，待最后一包岩屑捞出后方可起钻。起钻井深若不是整米数，井深尾数大于0.2m时，应捞取岩屑并注明井深，待再次下钻钻完整米时捞取岩屑与先前岩屑合并成一包。遇特殊情况起钻，未取全的岩屑，下钻钻进前应补取，井漏未取到岩屑，要注明井段及原因。

（6）取样时应严密观察槽罐液面的油气显示情况，记录油花、气泡占槽罐液面百分比。收集气样做点燃试验，记录火焰颜色、焰高、燃时等。

（7）对于侧钻井，从开始侧钻就捞取观察样，发现侧钻出原井眼地层，按取样要求连续取样。

（8）气体钻井条件下，岩屑采样装置应安装在排砂管线斜坡段的下部，使用透气的长条形布袋录取岩屑。

（三）岩屑清洗

岩屑捞取后应立即用清水清洗干净，除去杂物和明显掉块，清洗用水要清洁，严禁油污，严禁水温过高；冬季洗砂水温应保持在冰点温度以上。取样盆盛满水后，应稍静置一会，缓缓将水倒掉，以免将悬浮的砂粒和密度较轻的岩屑（如碳质页岩、油页岩等）冲掉。清洗岩屑直至露出岩石本色为止。细小和粉末状岩屑采用漂洗法清洗，气体钻井条件下的岩屑不清洗。

（四）岩屑晾晒

将清洗好的岩屑按井深顺序逐包倒在砂样台上摊开晒干，包与包之间至少要有空当隔开，避免混合。晾晒时不要过度翻搅（特别是泥岩），以免岩屑的颜色模糊。晾晒含油砂岩时，把水分晒干即可，防止曝晒而导致失真。冬季或雨季无法晒岩屑时，可采取烘干的方法，温度控制应不大于110℃，含油岩屑不宜烘干。

（五）岩屑保存

去掉假岩屑后，将晾干的岩屑装入标有井号、井深的岩屑袋内。凡有挑样任务的井，将所取岩屑分装两袋，一袋供挑样用，一袋用作描述及保存。然后将装好的岩屑按顺序自左至右，从上到下依次放入专用的岩屑盒内。挑样用的岩屑与保存用的岩屑分开装盒。岩屑装盒后，贴上标有井号、盒号、井段、包数等内容的岩屑盒标签。

三、岩屑描述

钻井液上返过程中，既有真岩屑，还有一些上部裸眼井段剥落下来的岩石碎块，以及下沉滞后的上部地层的假岩屑，从这些真假并存的岩屑中鉴别出真正代表井下地层的岩屑，是提高岩屑录井质量、准确建立地下地层岩性剖面的一个重要环节。

（一）真假岩屑的识别

（1）观察岩屑的色调和形状：真岩屑色调新鲜，其形状往往多呈棱角或片状；而假岩屑在井内往往被磨损成圆形，岩屑表面色调模糊或者岩块较大。

（2）观察岩屑中新成分的出现：在连续捞取岩屑中，如果发现有新的成分出现，则代表新地层的开始；新成分含量逐渐增加至最大值，则代表这个地层的结束和下一个新地层的开始，即使开始出现的数量很少（特别是深井，对于一些薄岩层，有时发现有数颗新成分的岩屑），同样代表是已进入新的地层。

（3）岩屑百分比的变化识别：对于由两种或两种以上岩性组成的地层，观察新成分的出现往往不易区分，所以需从岩屑中某种岩性的岩屑百分含量增减来判断，一种岩性的百分含量逐渐增加，则为真岩屑。

（4）利用钻时、气测等资料验证：除了使用上述常用的描述方法之外，还需参考其他录井资料。例如参考钻时资料对于辨别砂岩、泥岩和灰质岩类就比较准确，而气测资料对于辨别储层与非储层效果较好。

总之，通过系统地观察岩屑颜色、新成分及其百分含量的连续变化，再结合其他录井资料，去伪存真，就能比较准确地鉴别出真假岩屑。

（二）岩屑描述原则

1. 分层原则

以新成分的出现和百分含量的变化为分层总原则。

（1）岩性相同而颜色不同或颜色相同而岩性不同，厚度大于0.5m的岩层，均需分层定名。

（2）特殊岩性、标准层、标志层在岩屑中数量较少或厚度不足0.5m时，必须单独分层描述。对于含量少而可疑的岩屑，可以用放大镜看、用刀片刻画、用鼻子闻味道、用打火机点燃等多种方法进行仔细辨认。

（3）见到少量的含油岩屑（仅一颗或数颗），只要是新成分，也要分层定名。

（4）根据新成分的出现和不同岩性百分含量的变化进行分层。相同岩性百分含量增加，表示该层的持续；含量开始减少，表示该层的结束。

（5）两种岩性百分含量相等或频繁对应增减，钻时变化不明显，为两种岩性互层特征。

（6）对于同一包岩屑中出现两种新成分且含量大致相当时，可定两个薄层，不能定互层。若一种成分含量明显增多时，则将含量多的定层，另一种作条带处理。

（7）对于易碎散、易流失、易溶蚀的岩性，如石膏、可塑性泥质岩、沥青、煤、盐岩等，应参考钻时、井径、钻井液性能、邻井岩性剖面等，进行综合分析后划分，必要时进行井壁取心证实。

2. 分层步骤

（1）对所摊开岩屑远看颜色的宏观变化，进行初步分层。

（2）近看颜色、岩性及含油情况的细微变化，进行细致分层。

（3）目估百分比，根据新成分的出现及其含量变化划定分层界线。

（4）将定名岩屑用岩性符号绘入随钻岩屑录井图中的相应位置，结合钻时等资料综合分析，确定岩性分层界线。

3. 岩屑描述步骤

（1）大段摊开，宏观细找。在描述前，先将数袋岩屑（如10~15袋）大段摊开，稍远距离观察岩屑，大致找出颜色和岩性的界限，避免孤立地看一袋岩屑。

（2）远看颜色，近查岩性。岩屑中颜色混杂，远看视线开阔，易于区分颜色界线。近查则为观察岩性、成分、结构、粒度、分选、含有物、含油性等特征。有些薄层的岩屑量极少，需要仔细查找。

（3）干湿结合，挑分岩性。以晒干后的岩屑颜色为准。但湿润时，岩屑的颜色和一些细微结构、层理等格外清晰明显。挑分岩性时，应挑出每包岩屑中的不同岩性，以便进行对比和判断百分含量的变化，帮助分层。

（4）分层定名，按层描述。参考钻时和气测曲线，依据岩性和颜色的变化，上追顶界下查底界，目估各种岩性所占百分比，确定某层岩性定名并初步划分厚度。

4. 碎屑岩岩屑定名原则

（1）定名原则：颜色+含油级别+含有物（胶结物成分、粒级、化石等）+岩性。

（2）颜色定名：颜色以新鲜干燥岩屑为准，主要颜色在后，次要颜色在前，如灰褐色等。

（3）含油级别：岩屑含油级别分富含油、油斑、油迹、荧光四级，描述时应突出含油级别特征，如灰褐色油斑细砂岩。

（4）岩石成分：某种岩屑含量在5%～25%，定名时在岩石本名前加"含"字表示；含量在25%～50%，定名时在岩石本名后加"质"字，如浅灰色含白云质砂岩、灰色灰质砂岩等；含量大于50%时定岩石本名。

（5）粒级变化：岩石中大于50%的粒级应定名，其余在描述中叙述，不定复合粒级。

火成岩、碳酸盐岩岩屑定名遵循三级定名原则，并结合各自岩性特征。

（三）碎屑岩岩屑描述内容

（1）颜色：颜色以新鲜干燥岩屑颜色为准，应做到干湿结合。对岩石颗粒、胶结物或基质的颜色应综合描述，分清原生色、次生色，主色、次色，含油颜色、不含油颜色。

（2）成分：现场对碎屑岩成分进行描述，只要求判明其主要成分及其他成分的相对含量，可用"为主、次之、少量、偶见"等术语进行描述，含量多的先描述，含量少的后描述。

（3）结构：砂泥岩描述以粒度、分选、磨圆度为主，石灰岩、火成岩要描述其结晶程度、颗粒大小、形状特征及相互关系。粒度等级分为：砾、粗砂、中砂、细砂、粉砂和黏土六级；分选分为：好、中等、差；磨圆度分为：圆状、次圆状、次棱角状、棱角状。

（4）胶结物：常见胶结物为泥质、灰质、白云质、硅质、铁质等。胶结物含量直接影响储层储油性的好坏。胶结程度分为四级，即松散、疏松、致密、坚硬。

（5）构造：主要描述层理、条带、孔洞裂缝的大小、孔洞充填物及充填程度、孔洞结晶体及结晶程度。

（6）化石：主要描述化石的名称、颜色、成分、大小、数量、产状、保存情况及丰富程度等。描述中对数量的估计，常用"少量、较多、富集"等。

（7）含有物：含有物包括团块、结核、矿脉、斑晶及特殊矿物等。要描述其名称、大小、颜色、产状、分布特征及与层理的关系。

（8）物理化学性质：包括硬度、风化程度、断口、水化膨胀、可塑性、可燃性、光泽、条痕、气味及与酸的反应情况。

（9）含油气水情况：根据钻遇地层情况，结合气测等资料描述油气水特征。主要为含油产状（均匀、条带、斑块、斑点等）、含油饱满程度、含油面积、含油岩屑占定名岩屑的比例（量少时定颗数）、油味（浓、淡、无）、染手情况、滴水形状、含油级别，以及荧光湿照、干照、滴照情况和荧光系列对比级别、颜色。

（四）火成岩岩屑描述内容

火成岩岩屑的描述方法及内容基本上与碎屑岩相同。主要从颜色、成分、形状、结构、构造、含油情况及风化情况等方面进行描述。

（1）颜色：颜色是火成岩定名的关键，描述时应观察岩石新鲜面的颜色。暗色矿物多为橄榄石、辉石、角闪石、黑云母等，浅色矿物多为长石、石英等。描述火成岩时应分别描述基质和斑晶的颜色。

（2）成分：结合镜下鉴定描述。矿物成分是火成岩定名的基础，要分别估计基质和斑晶所占比例，确定斑晶的矿物类型和各矿物所占比例情况。

（3）形状：一般致密岩石的岩屑形状多为片状或块状。

（4）结构：结合镜下鉴定描述。根据结晶程度可分为全晶质、半晶质、玻璃质和隐晶质结构。

（5）构造：结合镜下鉴定描述。常见构造有斑杂构造、带状构造、流纹构造、块状构造、气孔构造、杏仁构造等。

（6）含油情况：描述含油产状、油质和含油级别，估算含油岩屑的百分含量，以及荧光湿照、干照、滴照情况和荧光系列对比级别、颜色。

（7）风化情况：主要从岩石的软硬程度、颜色变化、孔洞溶蚀和充填作用等方面进行观察和描述。

（五）碳酸盐岩岩屑描述内容

碳酸盐岩岩屑主要描述颜色、成分、结构、构造、化石、物理化学性质、含油情况。

（1）颜色：碳酸盐岩的颜色主要受矿物的相对含量、晶体或颗粒大小、有机碳成分及风化程度等因素的影响。描述颜色时以新鲜岩屑颜色为准。

（2）成分：一般根据与稀盐酸反应程度区分石灰岩和白云岩，描述时应着重注意自形晶矿物的含量。

（3）结构：当结构不太清楚时，先用稀盐酸将岩石新鲜面浸泡一下，用清水冲净，再用放大镜观察。碳酸盐岩结构类型包括颗粒（内碎屑、鲕粒、生物颗粒、球粒、藻粒等）、泥、特殊矿物、晶粒及生物格架等五种结构。

（4）构造：着重描述碳酸盐岩所特有的构造，包括叠层石构造、迭椎构造、鸟眼构造、虫孔构造、缝合线构造等。

（5）化石：碳酸盐岩中化石较多，对储层空间影响较大，是判断沉积环境的主要依据。注意观察化石种类、数量、大小、完整程度及排列方式等。

（6）物理化学性质：包括断口、脆硬程度及化学试验结果等。

（7）含油情况：描述含油产状、含油级别以及荧光湿照、干照、滴照情况，荧光系列对比级别和颜色。

（六）岩浆岩、变质岩和沉积岩岩屑主要区别

（1）岩石的成层性及层理构造为沉积岩的典型特征，块状构造为岩浆岩的主要特征。

（2）沉积岩岩屑由颗粒和胶结物两部分组成，颗粒有磨圆现象，胶结物多为泥质和灰质，一般较疏松，碾碎后，胶结物和颗粒明显分离。岩浆岩是高温岩浆冷凝而成的，其结构表现为颗粒自身及相互之间的关系，没有胶结物，岩石致密、坚硬，碾碎后表现为矿物自身的破碎。

（3）沉积岩含化石，岩浆岩不含化石。

（4）变质岩具有变余结构和变晶结构，颜色复杂多变，呈杂色。

（七）常见岩屑鉴别特征

（1）石灰岩：主要成分为碳酸钙，滴稀盐酸起泡强烈，质纯者可全部溶解。性脆，中等硬度，断口平坦，表面清洁。

（2）白云岩：主要成分为碳酸镁，滴冷稀盐酸无反应或反应微弱，加热后起泡强烈。性脆，中等硬度，表面清洁。

（3）生物灰岩：主要成分为碳酸钙，岩石表面可见到生物碎屑，滴稀盐酸起泡强烈。

（4）铝土岩：多为绿灰色、紫红色、灰色，具滑腻感，属铝土硅酸岩类。滴稀盐酸无反应，常见于风化壳顶部，是古风化壳的标志。

（5）玄武岩：是一种基性火山喷发岩，常见黑绿色或灰黑色，成分以斜长石为主。致密坚硬，与盐酸不反应，岩屑多为粒状或块状。

（6）花岗岩：是一种酸性深层侵入岩，性坚硬，主要成分为石英、长石及云母。多见粉红色间黑色、灰白色，与稀盐酸不反应。

（7）凝灰岩：主要由火山喷发玻璃碎屑沉积而成。表面粗糙，由黑色及白色矿物组成，凝灰质结构，性坚硬，与稀盐酸不反应。

（8）安山岩：属中性火山喷发岩，具气孔和杏仁状构造。成分以斜长石、角闪石为主，坚硬。

四、岩屑含油级别划分

（一）孔隙性地层含油岩屑的含油级别

主要依据储层中含油岩屑占定名岩屑的百分含量和含油特征并重的原则。

孔隙性地层含油岩屑含油级别确定为富含油、油斑、油迹、荧光四级（表2-1-1）。

表2-1-1　孔隙性地层含油岩屑含油级别划分

含油级别	含油岩屑占定名岩屑百分含量（%）	含油产状	油脂感	味
富含油	>40	含油较饱满、较均匀，有不含油的斑块、条带	油脂感较强，染手	原油味较浓
油斑	5~40	含油不饱满，多呈斑块状、条带状含油	油脂感较弱，可染手	原油味较淡
油迹	0~5	含油极不均匀，含油部分呈星点状或线状分布	无油脂感，不染手	能够闻到原油味
荧光	0	肉眼看不见含油，荧光滴照见显示	无油脂感，不染手	一般闻不到原油味

（二）缝洞性地层含油岩屑的含油级别

缝洞性地层含油岩屑含油级别确定为富含油、油斑、荧光三级（表2-1-2）。

表2-1-2　缝洞性地层含油岩屑含油级别划分

含油级别	含油岩屑占定名岩屑百分比（%）
富含油	>5
油斑	0~5
荧光	肉眼看不见含油，荧光滴照见显示

五、随钻岩屑录井图绘制

（一）随钻岩屑录井图绘制要求

（1）按规定格式和比例尺，在透明标准计算纸的背面，绘制岩屑手剖面图头及图框。深度比例尺为1:500。

（2）井深：从录井顶界开始，每50m标注缩略井深，每100m标全井深。

（3）钻时曲线：根据钻时记录数据确定恰当的横向比例并标出各点，将各点用点画线相连。若某段钻时太高，可采用第二比例尺。换比例尺时，应在相应深度位置注明比例尺，同时上下必须重复一点。在钻时曲线左侧，用规定符号标出起下钻位置。

（4）颜色：按统一色号填写在相应位置，厚度小于0.5m的地层，可不填色号，但特殊岩性要填写。

（5）岩性剖面：根据岩屑描述按粒度剖面符号进行绘制，含油气级别按标准图例绘制。

（6）化石及含有物：化石、特殊矿物及含有物均按标准图例绘制在相应深度位置。

（7）气测曲线：确定恰当的横向比例绘制全烃曲线。

（8）进行定量荧光录井时，将定量荧光数据画在相应的深度上。

（9）进行地化录井时，将地化数据画在相应的深度上。

（10）中途测井或完钻测井后，将测井曲线（一般为自然电位、自然伽马、视电阻率或侧向电阻曲线）透绘在随钻岩屑录井图上，以便于复查岩性。

（11）将钻井过程的槽面显示、井漏、井涌、井喷、卡钻泡油、处理钻井液和取心等情况简略写出，或者用符号表示。

（二）随钻岩屑录井图应用

1. 岩屑录井为地质研究提供基础资料

岩屑录井是最直接了解地下岩性、含油性的第一手资料。通过岩屑录井，可掌握井下地层的岩性特征，建立井区地层岩性柱状剖面；及时发现油气层，进行生油指标分析，了解区域生烃能力。

2. 通过岩屑录井进行地层对比

用随钻岩屑录井图与邻井对比，可及时了解本井的正钻层位、岩性特征、岩性组合，以便及时校正地质预告，推断油、气、水层可能出现的深度，指导下一步钻井。

3. 岩屑录井为测井解释提供依据

随钻岩屑录井图是测井解释的重要地质依据。对于探井，可用来标定岩性，进行特殊岩性及含油气解释，提高测井解释精度。

4. 岩屑录井为钻井工程事故预告及处理提供依据

在处理工程事故的过程中，利用随钻岩屑录井图可分析事故发生的地质原因，制定有效的处理措施。

油气显示提示对钻井施工的帮助：油气显示好，油质轻时，要注意预防井涌和井喷；起下钻过程中要注意灌满钻井液，注意观察槽面油花、气泡和液面的变化。

岩性提示对钻井施工的帮助：钻遇页岩或大段泥岩时，要注意防井壁垮塌；钻遇含石膏质或含盐的地层时，要预防井壁缩径、卡钻等事故的发生；钻遇裂缝发育段或断层要注意防漏。

5. 岩屑录井是绘制完井综合录井图的基础

完井录井综合图中的综合解释剖面是以随钻岩屑录井图为基础绘制的，随钻岩屑录井图的质量直接影响着综合图的质量。因此，提高岩屑录井质量，绘制准确性较高的随钻岩屑录井图，能够为勘探开发提供可靠的基础资料。

（三）测井曲线的透绘方法

（1）检查测井图所标深度、基线位置是否正确，重复曲线是否清楚。

（2）在随钻岩屑录井图相应位置标上所透绘曲线的名称、横向比例和单位。

（3）将随钻岩屑录井图放置在测井曲线图上面，找准需透的测井曲线，对好基线、井深，自上而下描绘，如遇到曲线超出图纸宽度，可采用第二比例描绘，并用虚线表示，同时应在图中注明变换比例。

（4）需要平移时，应根据情况把曲线平移至合适的位置，加注点号表示平移，并写上“平移”二字。

（5）若一口井分数次测井时，在同一井段只能使用同一次测井成果，不能混用，前后两次测井曲线在图上接头处需重复10m左右。

（6）描绘过程中要注意随时校正深度。

第三节　钻井取心

用取心工具将地下岩石取至地面，并对其进行分析、研究，从而获取各项资料的过程称为钻井取心录井。

钻井取心根据所用钻井液的不同，分水基和油基钻井液取心两大类。密闭取心一般是采用水基钻井液取心。水基钻井液取心成本低，工作条件好，是广泛采用的一种取心方法，但其最大缺陷是钻井液对岩心的冲刷作用大、浸入环带深、所取岩心不能完全满足地质要求；油基钻井液取心多数在开发准备阶段采用，其最大优点是保护岩心不受钻井液冲刷，能取得接近油层原始状态下的油水饱和度资料，为油田储量计算和开发方案的编制提供准确的参数。但其工作条件极差，对人体危害大，污染环境，且成本高。目前密闭取心仍多采用水基钻井液，由于取心工具的改进和内筒中的密闭液对岩心的保护，可以使岩心免受钻井液的冲刷和浸泡，能够达到近似油基钻井液取心的目的。

钻井取心录井采集项目包括：层位、筒次、取心井段、进尺、岩心长度、收获率、含油气情况（饱含油、富含油、油浸、油斑、油迹、荧光、含气、累计含油气岩心长度）、岩心编号、磨损情况、累计长度、岩样编号、岩性定名、岩性及含油气水描述、荧光湿照颜色、荧光滴照颜色和荧光对比级别。

一、取心前准备

（一）钻井取心原则

岩心资料是最直观反映井下岩层特征的第一手资料，通过对岩心的分析、研究，可以帮助解决以下问题：根据颜色、岩性、构造特征，分析岩相及沉积环境；根据古生物特征，确定地层时代，进行地层对比；获得储层的储油物性及有效厚度等资料，计算油气田地质储量；掌握储层的“四性”（岩性、物性、电性、含油性）关系；了解生油层的特征及生油指标；获得地层倾角、接触关系、裂缝、溶洞和断层发育情况等资料，为构造研究做前期准备；获取开发过程中所必需的资料，检查开发效果。由于钻井取心成本高，速度慢，在油田勘探开发过程中，只能根据地质任务要求，适当安排取心。

新区第一批探井应采用点面结合、上下结合的原则，将取心任务集中到少数井上，用分井、分段取心的方法，以较少的投资，获取探区比较系统的取心资料。或按钻遇显示取心的原则，利用少数井取心资料获取全区地层、构造、含油性、储油物性、岩电关系等资料。

针对地质任务的要求，安排专项取心。如开发阶段，要查明注水效果而布置注水检查井，为求得油层原始饱和度，使用油基钻井液和密闭钻井液取心；为了解断层、地层接触关系、标准层、地质界面而布置专项任务取心。取心原则如下：

（1）探井钻探目的层及新发现的油气显示层。

（2）落实地层岩性、储层物性、局部层段含油性、生油指标、接触界面、断层、油水过渡带、完钻层位等情况。

（3）邻井岩性、电性关系不明，影响测井解释精度的层位。

(4) 区域上变化较大或特征不清楚的标志层。

(5) 特殊地质任务要求。

(二) 工作准备

(1) 加强地层对比，落实取心层位。

在钻井过程中，必须根据地质设计中取心原则的要求，通过精细地层对比准确确定取心层位和深度，这是做好钻井取心工作的关键，录井人员需熟练掌握常用的随钻地层对比方法，深入细致地做好各项具体工作。

常用的随钻地层对比方法包括标准层和标志层对比法、岩性和岩性组合对比法、沉积旋回对比法、测井曲线特征对比法等。具体工作包括学习领会地质设计、收集熟悉区域及邻井资料等。

(2) 准备取心、出心、整理及观察岩心所需的器材和分析试验用品、试剂。

(3) 了解取心工具的性能。

二、取心钻进过程中录井工作

钻井取心前要准确丈量到底方入。取心钻井中，应加密记录钻时，照常进行捞砂及其他录井工作。

选择合理的割心层位，割断岩心后，准确丈量割心方入。合理选择割心层位是提高收获率的主要措施之一。理想的割心层位是“穿鞋戴帽”，即顶部和底部均有一段较致密的地层（如泥岩、泥质砂岩等），以保护岩心顶部不受钻井液的冲刷，底部可以卡住岩心不致脱落。

割断岩心后，起钻前未捞完岩屑或岩心收获率低于80%时，应在下钻到底后补捞，为无岩心段提供岩屑参考资料。

取心钻进过程中注意事项如下：

(1) 决定取心起钻前，应在钻头接触井底，钻压为20~30kN的条件下丈量方入。

(2) 下钻前应核实取心钻具组合长度。

(3) 下钻到底，取心钻进前应丈量方入。

(4) 取心钻进过程中，应正常录井，钻时记录应适当加密。

(5) 取心钻进过程中，不能随意上提下放钻具，应杜绝长时间磨心。

(6) 合理选择割心位置，取心进尺应小于取心内筒长度0.50m以上。

(7) 取心钻进结束，割心前应丈量方入。

(8) 取心前后丈量方入应在相同钻压条件下进行。

（9）取心起钻过程中，防止岩心脱卡掉入井内。起钻全过程应注意井下情况，观察记录井口、槽罐液面及其油气显示情况，出现溢流或灌不进钻井液等情况及时采取有效措施。

三、岩心出筒过程中录井工作

岩心出筒前要丈量岩心的顶空、底空。顶空是岩心筒上部无岩心的空间距离，底空是岩心筒下部（包括钻头）无岩心的空间距离。

在接心台上，逐块接心，并按顺序摆放好，保证岩心齐全和上下顺序不乱，同时要仔细观察油气显示，做好记录。

用棉纱或刮刀把有油气显示的岩心清理干净，用清水把无油气显示的岩心洗干净。

（一）岩心丈量

（1）将岩心按自然顺序排好，对好茬口、磨光面，并去掉假岩心。

假岩心是井壁掉块或余心碎块与滤饼混在一起进入岩心筒而形成的，剖开后成分混杂，与上下岩心不连续，多出现在岩心顶部，假岩心不能计算长度。凡超出该筒岩心收获率的岩心要查明原因。

（2）用白漆自上而下画一条丈量线，线粗0.5cm，在每个自然块底部用红漆画向下箭头，箭头指向钻头一端，标出整米和半米记号。沿着丈量线从岩心顶到底进行一次性丈量，长度精确到厘米。

岩心出现磨损面或斜平面时，要根据具体情况摆放，避免丈量上的差错；破碎严重的岩心要按体积堆放，膨胀岩心要适当压缩丈量。

（3）计算岩心收获率。每取一筒岩心均计算一次收获率。当一口井取心完毕，应计算出全井岩心总平均收获率。

$$\text{岩心(本筒)收获率}=\frac{\text{实取岩心长度(m)}}{\text{取心进尺(m)}}\times100\% \tag{2-1-7}$$

$$\text{岩心(总)平均收获率}=\frac{\text{累计实取岩心长度(m)}}{\text{累计取心进尺(m)}}\times100\% \tag{2-1-8}$$

$$\text{油砂比}=\frac{\text{含油岩心长度(m)}}{\text{岩心总长(m)}}\times100\% \tag{2-1-9}$$

计算结果保留一位小数。

（二）岩心整理及保管

（1）岩心清洗后，根据岩心断裂茬口及磨损关系，对岩心进行紧密连接摆放，并按由浅至深的方向在岩心表面画方向线，每个自然断块岩心均应有方向线。

（2）由浅至深丈量岩心长度，注明半米、整米记号，在该筒岩心的底端注明单筒岩心长度。半米、整米记号为直径 1.5cm 的实心圆点，并用黑色记号笔（绘图墨汁）填写该点的距顶长度，必要时，也可使用半米、整米标签进行粘贴。

（3）由浅至深，按自然段块的顺序进行编号，编号填写在用白漆涂出的规格为 3cm×2cm 的长方块上，编号的密度一般为：碎屑岩储层 0.2m/个，泥岩、碳酸盐岩、火成岩及其他岩类 0.4m/个，并在每筒岩心的首、尾填写该筒取心井段。

（4）岩心编号用带分数形式表示，每筒总块数为分母，块数为分子，筒次为倍数。

（5）按由浅至深的顺序依次装入岩心盒中，并对岩心盒进行系统标识，包括：井号、盒号、筒次、井段、岩心编号；在单筒岩心底放置岩心挡板，注明井号、盒号、筒次、井段、进尺、心长、收获率、层位。

（三）岩心采样

（1）根据设计取样要求，将出筒岩心对好茬口后，用岩心刀沿同一轴线劈开，一半供选样，一半保存。

（2）在岩心的一侧统一采样，采集的样品要有代表性。分析化验用岩心出心后，立即采样密封，尽快送化验室分析。

（3）记录采样位置及样品长度。取样长度视分析项目而定，一般为 8~10cm。若全段取岩样，应在相应位置做好明显标记，并注明长度数据。

四、岩心含油、含气、含水试验

（一）岩心含油、含水试验

（1）洁净试验。将试验滤纸做洁净试验。

（2）浸水试验。岩心放入预先准备的清水中，观察有无油花飘浮水面，若有则为含油显示。

（3）滴水试验。用滴管取一滴清水，滴在岩心新断面较为平整的地方，观察水滴的形状和渗入情况，判断岩心含油、含水显示情况。滴水渗入速度越慢，其含油性越好，反之越差。

① 速渗：滴水后立即渗入。

② 缓渗：滴水后水滴向四周立即扩散或缓慢扩散，水滴无润湿角或呈扁平形状。

③ 微渗：水滴表面呈馒头状，润湿角在60°~90°。

④ 不渗：水滴表面呈珠状或扁圆状，润湿角大于90°。

（4）荧光检查。将岩心放在荧光灯下分别进行直照和滴照，观察是否有油气显示。同时，还可进行系列对比或采用毛细分析法进行分析。

（5）直接观察法：直接观察岩心剖开新鲜面的湿润程度（重点观察岩心中心部位）。

若有水外渗，未见油的痕迹，说明仅有可动水，为水层特征。

若见油迹、油斑，但岩石湿润感重，为含油水层特征。

若略有潮湿感，油染手，为油水同层特征。

若见原油外渗，无润湿感，为油层特征。

（6）详细记录含油、水试验结果。

（二）岩心含气试验

（1）岩心出筒后，应立即观察岩心上附着的钻井液是否有气泡，若有气泡，则用棉纱迅速擦净岩心，标出显示部位。

（2）做浸水试验。将岩心放入预先准备的清水中，清水淹没岩心2cm，观察气泡冒出情况。记录气泡大小、部位、连续性、持续时间、声响程度、与缝洞的关系、有无硫化氢气味等，冒气的地方用醒目色笔标注。

（3）详细记录含气试验结果。

五、岩心描述

（一）技术要求

（1）描述岩心时，要将岩心放在光线充足的地方。描述方法一般采用“大段综合，分层细描”的原则，做到观察细致，描述详尽，定名准确，重点突出，简明扼要，层次清楚，术语一致，标准统一。

（2）描述岩心时，一般岩心长度大于0.1m，颜色、岩性、结构、构造、含有物、含油气情况等有变化时，必须分层描述；厚度小于0.1m的层，作条带或薄夹层描述，不再分层。

（3）厚度0.05~0.1m的特殊层，如油气层、化石层及有地层对比意义的标志层或标准层均应分层描述；厚度小于0.05m的冲刷、下陷切割构造和岩性突变面、颜色突变面、两筒岩心衔接面及磨光面上下岩性有变化均应分层描述。

（4）描述岩心时，要以含油气水特征和沉积特征并重的原则进行描述。

（5）磨损面上下，或同一岩性中磨损严重者，要分段定名描述。

（6）描述要按所分小层依次描述。采用借助放大镜和肉眼观察、简易试验、室内分析等手段进行。对于难以用文字确切表达的特殊构造、含有物等，可进行岩心照相。

（7）含油气岩心描述要充分结合出筒显示及整理过程中的观察记录情况，综合叙述其含油气特征，进行准确定级。

（8）及时描述岩心，做到取一筒描述一筒，不积压。

（9）描述前，首先检查整筒岩心放置是否颠倒，通常一筒岩心的顶端较圆，有套入岩心筒的台阶或钻头齿痕，岩心底端有岩心爪痕及拔断面或磨损面。

其次检查各块岩心位置是否正确，应根据岩心断裂口及磨损面的特征及岩性、条带、结核、团块、特殊含有物、层理类型和岩心柱表面痕迹关系进行复原。

最后检查岩心的编号、长度记号是否齐全、完好，岩心数据是否齐全准确。

（二）碎屑岩岩心描述

碎屑岩岩心定名原则同岩屑定名，即：颜色+含油级别+含有物+岩性。岩心描述时自上而下逐层进行，内容为颜色、成分、结构、构造、胶结物及胶结程度、化石及含有物、岩石的理化性质、含油气显示情况、岩心破碎情况及磨光面、岩心与上下岩层的接触关系等。

1. 颜色

颜色反映岩石矿物成分的特征和沉积岩的沉积环境。描述颜色时，区分主要颜色与次要颜色、原生色与次生色、含油颜色与不含油颜色。

单色：颜色均匀，色调单一。描述颜色深浅的差别，可用“深”“浅”来形容，如浅灰色细砂岩。

复合色：岩石颜色由两种色调构成。描述时分清主次，次要色在前，主要色在后，如绿灰色细砂岩。

杂色：由三种或三种以上色调组成，所占比例相近，如杂色砾岩。

2. 成分

包括矿物成分及岩块的岩石类型等。现场对矿物成分鉴定有困难，一般不采用成分定名，只判明相对含量，大于50%用“为主”表示，25%~50%用“次之”表示，5%~25%用“少量”表示，1%~5%用“微量”表示，小于1%用“偶见”表示。

一般肉眼可见的矿物成分有石英、长石、云母和暗色矿物等。如砂岩成分以石英为主，长石次之，含少量暗色矿物，偶见云母碎片。若两种矿物含量相近时，用“、”表示出来，如以石英、长石为主，云母次之。

3. 结构

描述颗粒的粒度、颗粒形状（磨圆度）、分选等内容。

（1）粒度：指碎屑颗粒的大小，描述时尽可能恰当地分级。

按粒度直径分为砾石（粒径大于1mm）、粗砂（粒径1~0.5mm）、中砂（粒径0.5~0.25mm）、细砂（粒径0.25~0.1mm）、粉砂（粒径0.1~0.01mm）、黏土（粒径小于0.01mm）。

（2）颗粒形状：指颗粒的磨圆度，分为圆状、次圆状、次棱角状、棱角状四级。有两种形状时，用复合级表示，如：次圆—次棱角状，主要级放在“—”之后。

（3）分选：指颗粒的均匀程度，分为好、中、差三级。主要颗粒含量大于70%为“好”，50%~70%为“中”，小于50%为“差”。

4. 胶结物

常见胶结物的成分主要有泥质、灰质、铁质、硅质等。胶结物含量的多少对碎屑岩的物性影响较大，一般来说，胶结物含量越多，岩石的物性就越差。

胶结类型分为：基底胶结、孔隙胶结、接触胶结和镶嵌胶结，其中孔隙胶结为最好。

胶结程度分为松散、疏松、致密、坚硬四级。

松散：岩石呈散砂状，胶结物很少，多为泥质。

疏松：用手可以把岩石捻成颗粒，胶结物多为泥质、高岭土质。

致密：手捻不碎，胶结物多为灰质、铁质。

坚硬：手锤不易砸碎的岩石，胶结物多为硅质、凝灰质。

描述中遇有介于两者之间的情况时，用“较”字分亚级，如较疏松、较致密。

5. 构造

一般是指沉积岩的各个组成部分在空间上的分布及排列方式。沉积岩的构造主要包括层理构造、层面构造、变形构造、结核及生物成因构造等。

1）层理构造

水平层理：应描述显示层理的矿物颜色和成分、粒度变化、层的厚度、界线清晰程度和层面有无片状矿物、黄铁矿、生物碎片及分布状况。

波状层理：应描述显示层理的矿物颜色和成分、界面清晰程度、波长、波高、连续性、对称性和粒度变化等内容。

斜层理（单面斜层理和交错层理）：应描述显示层理的矿物颜色和成分，层的厚度、形态、连续性和交角等内容。

压扁层理和透镜状层理应描述层理的物质颜色、成分、厚度、形态和对称性；递变层理应描述粒度变化情况、厚度及正反递变等；对于韵律层理，应描述显示层理的物质颜色、成分、结构变化、纹层厚度及界面清晰程度等。

2）层面构造

波痕：包括风成波痕和水成波痕。应描述其形状、大小、波高、波长、波痕指数及对称性等。

泥裂：应描裂缝形态、上部宽度、深度和充填物等。

雨痕：多为椭圆或圆形，凹穴边沿耸起，略高于层面。冰雹痕较大且深，形态不规则。应描述其凹穴形状、大小、深度及分布状况。

晶体印痕：应描述其形状、大小、填充或胶结物质的性质等。

槽模是分布在岩层底面上的一种半圆锥形突起构造；沟模是沙质岩层地面上一些稍微突起的平行脊状构造。应描述其分布状况、形状、数量及起伏高度等。

3）变形构造

常见的有负载构造、搅混构造、包卷层理及滑塌构造。

负载构造和搅混构造：应描述其形状、大小以及搅混构造的成分与围岩界线的清晰程度等。

包卷层理：应描述组成包卷层理的物质成分及形态等内容。

滑塌构造：应描述其成分、形态和滑动情况等。

4）生物成因构造

应描述其化石类型、形状花纹、大小、数量排列变化规则等。结核应描述其颜色、成分、形状、大小、数量与层理的关系以及内部机构等内容。

6. 化石及含有物

常见的化石有介形虫、叶肢介、螺、蚌、鱼、骨化石碎片和植物的根茎叶化石与碎片。应描述生物化石的种类、颜色、数量、大小、分布状况以及与层理的关系等。描述数量时，若量很少并可数清，用“数字”表示；不易数清时，可用“少量”表示；普遍分布，用“较多”表示；数量极多时用“富集”表示。

化石保存若个体完整、轮廓清晰、纹饰可见，称为保存完整；只见部分残体，称为破碎；介于两者之间称为保存较完整。

含有物指地层中所含的结核、团块、孤砾、矿脉、斑晶及特殊矿物，如黄铁矿、菱铁矿、沥青脉、炭屑、次生矿物等。描述时应注意其名称、数量、大小、分布特征及它们和层理的关系。数量表示方法与化石相同。

7. 物理化学性质

物理性质包括硬度、风化程度、断口、水化膨胀、可塑性、燃烧程度、气味、透明度、光泽、条痕、溶解性等。化学性质主要指岩石与质量分数为5%的稀盐酸反应情况。

8. 含油气显示情况

岩心的含油气显示情况是岩心描述的重点内容，包括以下几个方面：

（1）用均匀、斑块状、条带状和斑点状等术语描述含油产状，同时描述含油面积。

（2）用含油饱满、含油较饱满、含油不饱满等术语描述含油饱满程度。

（3）用轻质油、较轻质油和较稠油及稠油等术语描述原油性质。

（4）用味浓、味较浓、味淡、味很淡、无油气味来描述油气味。

（5）用呈浅黄色、黄色、亮黄色、金黄色、黄褐色、棕色、棕褐色等色来描述荧光颜色。油质好，发光颜色强、亮；油质差，发光颜色较暗。

（6）荧光湿照、干照、滴照情况，荧光系列对比级别和颜色。

9. 岩心破碎情况及磨光面

岩心破碎情况及磨光面均应在岩心编号下注明。用“△、△△、△△△”分别表示轻微、中等和严重破碎，用“~”表示磨光面。

10. 岩心倾角、断层、接触关系

用三角板和量角器测定岩心倾角，若产状杂乱、有断面擦痕，为断层的标志。应描述其产状、断面上下的岩性、伴生物（断层泥、角砾）、擦痕、断层倾角等。

描述中如见角砾岩、铝土岩或风化壳等产物，可判断有沉积间断，此时再根据上下层面的倾角关系区分是平行不整合还是角度不整合。

描述层间接触关系时，应仔细观察上下岩层的颜色、成分、结构、构造变化及上下岩层有无明显的接触界线、接触面等，综合判断层间接触关系。一般分为渐变接触、突变接触、断层接触及侵蚀接触等。渐变接触是指不同岩性逐渐过渡，无明显界限；突变接触是指不同岩性分界明显；见到风化面时应描述产状及特征，侵蚀接触在侵蚀面上具有下伏岩层的碎块或砾石，上下岩层接触面起伏不平。

（三）碳酸盐岩岩心描述

定名原则：颜色置于最前，然后为组成成分，结合岩石结构、构造、缝洞、含有物、含油气等特征进行定名，遵循三级定名原则。主要描述内容

如下：

1. 颜色

描述内容基本上与碎屑岩描述内容相同，另外还应描述颜色的变化及分布状况。

2. 成分

根据碳酸盐含量分析数据，碳酸盐及酸不溶物（如泥质、砂质、硅质、膏质等）成分大于10%的，以百分比表示。主要矿物含量大于50%定本名，25%~50%为“质”，10%~25%为“含”，小于10%不定名。现场鉴定碳酸盐岩方法有稀盐酸法、碳酸盐岩含量测定法。

3. 结构

碳酸盐岩结构主要有颗粒、晶粒、特殊矿物、泥、生物格架五种结构。

晶粒：描述结晶程度、透明程度（透明、半透明、不透明）、形状、大小、特征（晶体周围之斑晶、包含晶）、分选情况等。

颗粒：包括内碎屑、鲕粒、生物颗粒、球粒、藻粒等。描述前将岩石新鲜面用质量分数为5%的稀盐酸短时间侵蚀，再用水洗净，在放大镜下观察，描述颗粒数量、大小、分布状况。

特殊矿物：陆源碎屑矿物、黄铁矿、沥青质、膏质、泥质、硅质（燧石结核及团块）等分布情况。

泥：描述其含量及分布情况（均匀、不均匀）。

生物格架：描述数量、大小、形态、排列及分布状况。

4. 构造

分为叠层石构造、叠椎构造、鸟眼构造、示底构造、虫孔构造、缝合线构造等，应着重描述构造的形态、分布状况等。

5. 缝洞

在裂缝性油气田地区，油气分布受缝洞控制；而缝洞的发育又受岩性、构造及古地理环境控制。因此，岩心描述时，要详细描述缝洞的产状、密度、连通性及含油气情况。

1）裂缝分类

按产状分为：（1）立缝：视倾角大于75°；（2）斜缝，视倾角15°~75°；（3）平缝，视倾角小于15°。

按成因分为：（1）构造缝：因构造运动而形成，属于次生缝隙，一般比成岩缝宽，张开者多，是碳酸盐岩储层储集油气的主要空间和流动通道；（2）成岩缝因成岩作用而形成，属原生缝，多与地层平行，多被充填。

按充填程度分为：(1) 张开缝：裂缝未被充填或未被全部充填；(2) 充填缝：裂缝已被充填，无空隙。

按裂缝宽度分为：(1) 巨缝：裂缝宽度大于 10mm；(2) 大缝：裂缝宽度 5~10mm；(3) 中缝：裂缝宽度 1~5mm；(4) 小缝：裂缝宽度 0.1~1mm；(5) 微缝：裂缝宽度小于 0.1mm。

2) 裂缝密度统计

描述时以分层为单位统计裂缝条数（条/米）。缝宽小于 0.1mm 及分支长度小于 5cm 的，一般不统计。相邻岩心被同一条裂缝贯穿时只统计一次。只统计张开缝和方解石充填缝。缝合线和其他物质充填缝不统计，只描述其发育和分布情况。

裂缝发育程度：

$$裂缝密度=\frac{裂缝总条数}{岩心长度}(条/米) \qquad (2-1-10)$$

$$裂缝开启程度=\frac{张开缝条数}{裂缝总数}\times 100\% \qquad (2-1-11)$$

张开缝：统计描述其条数、产状、宽度、长度及充填情况（包括充填物名称、充填程度、结晶程度、晶体大小、透明度、含油气情况及分布情况）。

充填缝：统计描述其条数、产状、宽度、含油气情况及分布情况。

3) 孔洞分级

孔洞主要是指溶洞和晶洞及岩石中的结构空隙（如白云岩化及重结晶作用形成的空隙，生物灰岩中的粒内空隙等）。溶洞因溶蚀作用而形成，洞壁弯曲不规则，常有黏土附着；晶洞为方解石、白云石、石英等充填或半充填的孔洞，描述其成分及自形程度。孔洞分级如下：

(1) 巨洞：孔径大于 100mm；

(2) 大洞：孔径 10~100mm；

(3) 中洞：孔径 5~10mm；

(4) 小洞：孔径 1~5mm；

(5) 针孔：孔径小于 1mm。

4) 孔洞数量统计

应统计孔洞的个数、类型、连通性、分布情况、含油气情况及充填情况（包括充填物名称、充填程度、充填物结晶程度、晶体大小及透明度等）。

5) 缝洞组合

缝洞组合指缝洞关系及分布状况。以层为单位，逐层统计缝洞发育参数，对缝洞组合关系必须详细描述。缝洞组合关系通常有缝连洞、缝中缝、缝中洞、切割缝等。

缝连洞：孔洞为张开缝相互串通，对油气运移聚集极为有利。

缝中缝：前期裂缝被充填，后期由于构造活动又重新裂开，与溶解、沉淀有关。

切割缝：不同期次的裂缝相互穿插，岩心上常见后期裂缝切割前期裂缝。

缝中洞：指裂缝局部被溶蚀、扩大而形成的洞。

6）缝合线

石灰岩中缝合线最发育，而白云岩中不发育。一般呈锯齿波状起伏，多为泥质充填，属成岩裂缝类型。对油气储集渗流意义不大，只描述其发育和分布情况即可。

7）斑块

在碳酸盐岩地层中较多。主要成分为方解石、次生白云石、石膏，偶有黄铁矿及泥质。方解石和白云石斑块间有孔隙，且白云石易溶解而成洞，对油气聚集具有重要意义，因此对斑块个数、大小、结晶程度、透明度及分布情况要进行描述统计。

6. 含油气显示情况

描述岩心含油产状、面积、饱满程度、原油性质、油气味、颜色、含油级别以及荧光湿照、干照、滴照情况和荧光系列对比级别、颜色。

7. 其他内容同碎屑岩岩心描述

（四）可燃有机岩岩心描述

可燃有机岩主要指煤、油页岩、沥青等。

煤：主要描述颜色、纯度、光泽、硬度、脆性、断口、裂隙、燃烧时的气味及燃烧程度、含有物、化石的数量及分布状况等。

油页岩、炭质页岩、沥青质页岩：描述颜色、岩石成分、页理发育情况、层面构造、含有物及化石情况、硬度、燃烧情况及气味等。

（五）蒸发岩岩心描述

蒸发岩包括石膏岩、硬石膏岩、盐岩等。

描述内容包括颜色、成分、构造、硬度、脆性、含有物及化石等。

（六）岩浆岩岩心描述

常见的岩浆岩有花岗岩、辉绿岩、玄武岩和安山岩等。岩浆岩主要描述成分、结构、构造，其中矿物成分是定名的基础，定名时遵循三级定名原则。主要描述内容如下：

（1）颜色：描述主要矿物、次要矿物及其综合颜色，描述方法与碎屑岩相同。

（2）成分：分浅色矿物和暗色矿物，并分别进行描述，描述时用肉眼或借助放大镜观察各种矿物及其含量变化。浅色矿物有钾长石、斜长石和石英；暗色矿物有橄榄石、辉石、角闪石和黑云母。

（3）结构：按结晶程度分为全晶质结构、半晶质结构、隐晶质结构、玻璃质结构等。描述结构的名称、矿物成分等内容。

（4）构造：分为结晶构造（块状构造、带状构造、斑杂构造）、充填构造（晶洞构造、气孔和杏仁构造）、流动构造（流纹构造等）。描述构造的组分、颜色，晶洞、气孔的形状、大小及被充填情况等。

（5）含油情况：描述岩心含油产状、面积、饱满程度、原油性质、油气味、颜色、含油级别，荧光湿照、干照、滴照情况，荧光系列对比级别和颜色。

（七）火山碎屑岩岩心描述

火山碎屑岩是介于火成岩和沉积岩之间的过渡性岩类，其描述内容主要是碎屑成分和结构，并作为定名的基础，定名时遵循三级定名原则。主要描述内容如下：

（1）颜色：火山碎屑岩的颜色主要取决于物质成分和次生变化。常见的颜色有浅红、紫红、绿、灰等颜色。

（2）成分：描述火山碎屑的矿物成分和碎屑类型。火山碎屑物质按组成及结晶状况分为岩屑、晶屑、玻屑，描述其物质组成成分。

（3）结构：包括集块结构（火山碎屑中粒径大于100mm的碎屑含量大于50%）、火山角砾结构（火山碎屑中粒径2～100mm的碎屑含量大于75%）、凝灰结构（火山碎屑中粒径小于2mm的碎屑含量大于75%）等。凝灰质含量小于50%时，作为次要名参加定名；凝灰质含量小于10%时，不参加定名。

（4）其他描述内容同碎屑岩岩心描述。

（八）变质岩岩心描述

变质岩常见的有片麻岩、板岩、千枚岩、大理岩、石英岩等。根据变质作用、变质程度、结构、构造及矿物成分等特征，按三级定名法定名。主要描述内容如下：

（1）颜色：描述岩石颜色的变化及分布状况。

（2）成分：成分较复杂，既有和岩浆岩、沉积岩共有的矿物类型，又有变质岩特有的矿物。特有矿物是确定变质岩名称及变质岩类型的重要依据，是描述重点。

（3）结构：根据成因，变质岩的结构类型可分为变余结构、变晶结构、

交代结构、碎裂结构。要求确定结构名称时参与定名。

（4）构造：变质岩的构造反映变质程度的深浅，主要有变余构造、变质构造、板状构造、千枚状构造、片麻状构造、块状构造。

（5）其他内容同碎屑岩岩心描述。

六、岩心含油级别划分

含油级别是岩心中含油多少的直观表达，是现场定性判断油、气、水层的重要依据，含油级别主要是依靠含油面积大小和含油饱满程度来确定。

将一块岩心沿轴面劈开，新劈开面上含油部分所占面积的百分比，称为该岩心含油面积的百分数。

通过观察岩心的光泽、污手程度、滴水试验等可以判断含油饱满程度。一般分为以下三级：

含油饱满：岩心颗粒全部被油充满饱和，新鲜面上有原油渗出，颜色一般较深，油脂感强，油味浓，原油外渗，污手，滴水不渗。

含油较饱满：颗粒孔隙充满油，油脂感较强，油味较浓，捻碎后污手，滴水不渗。

含油不饱满：颗粒孔隙部分含油不饱满，颜色一般较浅，油脂感差，不污手，滴缓水渗或速渗。

根据含油面积、含油饱满程度及其他指标确定含油级别。表 2-1-3、表 2-1-4 分别为孔隙性地层含油岩心含油级别、缝洞性地层含油岩心含油级别划分标准。

表 2-1-3　孔隙性地层含油岩心含油级别划分

含油级别	含油面积占岩石总面积百分比（%）	含油饱满程度	颜色	油脂感	味	滴水试验
饱含油	>95	含油饱满、均匀，局部见不含油的斑块、条带	棕、棕褐、深棕、深褐、黑褐色，看不见岩石本色	油脂感强，染手	原油味浓	呈圆珠状，不渗入
富含油	70~95	含油较饱满、较均匀，含有不含油的斑块、条带	棕、浅棕、黄棕、棕黄色，不含油部分见岩石本色	油脂感较强，染手	原油味较浓	呈圆珠状，不渗入
油浸	40~70	含油不饱满，含油呈条带状、斑块状、不均匀分布	浅棕、黄灰、棕灰色，含油部分看不见岩石本色	油脂感弱，可染手	原油味淡	含油部分滴水呈半珠状，不渗-缓渗

续表

含油级别	含油面积占岩石总面积百分比（%）	含油饱满程度	颜色	油脂感	味	滴水试验
油斑	5~40	含油不饱满、不均匀，多呈斑块状、条带状含油	多呈岩石本色	油脂感很弱，可染手	原油味很淡	含油部分滴水呈半珠状，缓渗
油迹	0~5	含油极不均匀，含油部分呈星点状或线状分布	为岩石本色	无油脂感，不染手	能够闻到原油味	滴水一般缓渗—速渗
荧光	0	肉眼看不到含油	为岩石本色或微黄色	无油脂感，不染手	一般闻不到原油味	滴水一般缓渗—速渗

表 2-1-4 缝洞性地层含油岩心含油级别划分

含油级别	缝洞见原油情况
富含油	50%以上的缝洞见原油
油斑	50%以下的缝洞见原油
荧光	肉眼看不见原油，荧光滴照见显示

七、随钻岩心录井图绘制

凡进行岩心录井的井，都必须绘制随钻岩心录井图。

（1）用绘图墨水，按规定格式绘制图头和图框，并注明比例尺（1∶100）。

（2）地层分层：通常根据对比结果绘制分层界限，填写该段地层所属最小地层单位。分层深度在岩性明显时以实际深度为准；岩性不明显时，以设计分层井深为准。

（3）井深：以钻具井深为准。逢10m标全井深，并画5mm长的横线；逢米只标出井深个位数，并画3mm长的横线。

（4）取心井段、次数、心长、进尺、收获率按岩心描述记录的数据，用阿拉伯数字标注在相应位置。连续取心时，只在每筒顶界标出顶界深度；分段取心时，每段最后一筒及全井最后一筒，应标出取心的底界深度。取心筒次按顺序编号。

（5）岩心样品位置：根据岩样位置距本筒顶的距离，在岩心位置左侧用长3mm的横线标定，逢5、10要写上编号，横线长为5mm，岩心长度被压缩时，样品位置应相应移动。

（6）颜色：按统一色号填写，厚度小于0.4m的单层，其颜色符号可不填，但特殊岩性和含油气岩性要填写。

（7）岩性剖面的绘制：岩性剖面用筒界作控制，当岩心收获率低于100%时，剖面自上而下绘制；当岩心收获率大于或等于100%时，从该筒底界向上依次绘制。如岩心上有明显的套心标记时，可将套心画于本筒顶界之上。岩心破碎严重时，应根据钻时变化适当压缩破碎带岩心长度。岩性按标准图例及粒度剖面绘制。

（8）化石构造及含有物：用规定的符号将破碎带、化石、构造及含有物绘制在相应位置。

（9）厚度小于0.1m的特殊岩性、标准层、标志层，可放大到0.1m画入剖面中。

（10）本筒岩心不准超过该筒的底界深度。

（11）标记筒界时，按取心井段的顶底深度画直线表示，顶底深度标在筒界线之下，筒内其他取心数据应均匀分布。

（12）随钻岩心录井图上的所有数据必须与岩心描述记录一致。

第四节　井壁取心

用井壁取心器，按指定的位置在井壁上取出地层岩心的方法称为井壁取心。井壁取心通常都是在测井完成后进行，分为撞击式井壁取心和旋转式井壁取心。

撞击式井壁取心器通过电缆在地面控制取心深度和炸药的点火、发射。点火后，炸药将取心筒强行打入井壁，上提取心器即可将岩心从地层中取出；旋转式井壁取心采用液压传动技术，使取心钻头垂直于井壁，采取旋转钻进方式获取岩心，所获取岩心直径大，体积规则。获取的井壁取心样品应能满足现场观察、描述及分析化验取样要求，撞击式井壁取心长度不小于1cm，旋转式井壁取心长度不小于3cm。

井壁取心录井采集项目包括：取心时间、取心方式、设计颗数、实取颗数、层位、井深、岩性定名、岩性及含油气水描述、荧光湿照颜色、荧光滴照颜色和荧光对比级别。

一、井壁取心原则

井壁取心的目的是为了证实地层的岩性、电性及含油气性，或者为了满足地质方面的特殊要求。井壁取心位置确定按以下要求执行：

（1）岩屑失真严重，地层岩性不清的井段。

（2）钻井取心漏取及钻井取心收获率较低的储层井段。

（3）未进行钻井取心，岩屑及气测录井见含油气显示的井段。

（4）岩屑录井无油气显示，而测井曲线上表现为可疑油气层及参照井为含油气的层段。

（5）判断不准或需要落实的特殊岩性井段。

（6）复杂地质情况需要井壁取心的井段。

二、井壁取心整理

井壁取心器从井口提出后，平放在钻台大门坡道前的支架上，用手分别握住取心筒上部和弹头，逆时针方向旋转，将岩心筒卸开，若拧不动，可用管钳或台钳卸开，随即用通心杆和榔头捅出岩心，刮去滤饼并擦净，按取心深度装入相应编号的岩心袋内，如果是空筒，相应编号的袋子应空着。

与井壁取心队校对深度无误后，进行岩心粗略描述，初步判断岩性，检查岩心的岩性是否与预计的岩性相符，并进行荧光湿照。对有油气显示的岩心做好标记，进行含油、含水试验，并记录分析结果。对于假岩心、空筒、岩性与预计不符的，应写明井深、颗数，通知井壁取心队，准备重取。井壁取心出筒工作完成并核对无误后，对井壁取心进行整理，步骤如下：

（1）将岩心装在专用的井壁取心瓶中，按由浅至深的顺序重新编号，排列在井壁取心盒内。

（2）将写有编号、深度、岩性的岩心标签贴在相应的岩心瓶上。

（3）计算井壁取心发射率、收获率。

$$井壁取心发射率=\frac{井壁取心发射器已发射颗数}{实装颗数}\times 100\% \tag{2-1-12}$$

$$井壁取心收获率=\frac{实际取出的颗数}{已发射的颗数}\times 100\% \tag{2-1-13}$$

（4）填写岩心描述清单，附在井壁取心盒内，并在井壁取心盒顶面贴上岩心盒标签。

三、井壁取心描述

井壁取心描述前要认真检查岩心编号、深度及排列顺序是否正确。检查各颗岩心的真实性，有无滤饼等假岩心。井壁取心描述内容基本上与钻井取

心描述相同。但由于井壁取心受钻井液浸泡和碰撞井壁的影响，在描述时应注意以下事项：

（1）在描述含油级别时，应考虑钻井液浸泡以及混油、泡油污染的影响。

（2）如果一颗岩心有两种岩性时，两者均要描述。定名时可参考测井曲线所反映的岩电关系来确定。

（3）如果一颗岩心有三种以上岩性时，可参考测井曲线以一种岩性定名，另外两种以夹层和条带处理。

（4）在注水开发区或油水边界进行井壁取心时，应注意观察含水情况，并做含水试验。

（5）对可疑气层进行井壁取心时，应及时嗅味，并做含气试验。

（6）在观察和描述白云岩岩心时，由于岩心筒的冲撞作用易使白云岩破碎，导致与冷稀盐酸作用起泡较强烈，这种情况下应注意与石灰岩的区别。

第五节　荧光录井

石油是碳氢化合物，除含烷烃外，还含有芳香烃化合物及其衍生物。芳香烃化合物及其衍生物在紫外光的激发下，能够发射荧光。根据发光的亮度可以粗略判定石油的含量，根据发光的颜色可粗略判断石油组分，这就是荧光录井的基本原理。石油荧光性非常灵敏，只要在溶剂中含有十万分之一的石油（沥青质）就可发出荧光。根据激发后发出的颜色和强度来检测原油性质和含量，即为荧光录井。

现场荧光录井方法主要有湿照、干照、滴照和系列对比。

荧光录井采集项目包括：井深、岩性、样品类型、荧光湿照（干照）颜色、荧光滴照颜色、荧光强度、产状、面积或百分比、荧光对比级别。

一、湿照

湿照是现场使用最广泛的一种方法。它的优点是简单易行，对样品无特殊要求，是发现油气显示的一种重要手段。湿照步骤如下：

（1）湿照时将录取的岩屑、岩心或井壁取心样洗净，控干水分，装入砂样盘，置于荧光灯的暗箱中，启动荧光灯。

（2）观察荧光的颜色、强度和产状（斑点状、斑块状、不均匀状、均匀状、放射状等）。

（3）用镊子挑出有荧光显示的颗粒或用红笔标出岩心有显示的部位，估算含油荧光岩屑占同类岩性、含油荧光岩心占同类岩性的面积百分比。

（4）按要求逐项填写荧光记录。

二、干照

为了及时有效地发现油气显示，现场通常采用湿照和干照相结合的方法，对样品进行系统照射。干照步骤如下：

（1）干照时将晾晒好的样品装入砂样盘，置于荧光灯的暗箱中，启动荧光灯。

（2）观察荧光的颜色、强度、产状、等级等。

（3）用镊子挑出有荧光显示的颗粒或用红笔标出岩心有显示的部位，估算含油荧光岩屑占同类岩性、含油荧光岩心占同类岩性的面积百分比。

（4）按要求逐项填写荧光记录。

湿照和干照过程中应注意区分钻井液污染造成的假显示，对于岩样，假显示由表及里浸染，岩样内部不发光，真显示表里一致，或核心颜色深，由里及表颜色变浅；对于裂缝，假显示仅边缘发光，边缘向内部浸染，真显示由裂缝中心向边缘浸染。

成品油混入导致钻井液污染的情况下，应注意观察荧光的颜色。原油荧光通常呈黄色、棕色、褐色等。成品油中，柴油荧光呈亮紫色、乳紫蓝色，机油荧光呈天蓝色、乳紫蓝色。

三、滴照

滴照前应做滤纸空白试验，排除滤纸污染的影响。把滴照用的滤纸放在荧光灯下观察，要求无荧光显示；再在滤纸上滴上溶剂并在荧光下照射，要求无荧光显示，方可使用。

滴照是在湿照、干照的基础上，挑出有显示的岩屑样品，进一步检查其含油情况的一种定性和半定量的分析方法。根据发光的颜色可确定石油沥青的性质，根据发光的形状、亮度和均匀性，可确定石油沥青的含量（半定量）。

（一）滴照步骤

（1）将有荧光显示的岩样 1 粒或数粒放置在洁净的滤纸上，用溶剂清洗过的镊子柄碾碎。

（2）悬空滤纸，在碾碎的岩样上滴 1~2 滴溶剂，待溶剂挥发后，在荧光灯下观察滤纸上荧光的颜色、亮度和产状（晕状、环状、星点状、放射状、均匀状），若滤纸上无显示，则为矿物发光。

（3）记录岩屑荧光滴照结果。

轻质油含胶质、沥青质不超过5%，油质含量达95%以上，荧光的颜色主要显示油质的特征，通常呈黄、金黄、黄棕色。

稠油含胶质、沥青质可达20%~30%，甚至高达50%，荧光的颜色主要显示胶质、沥青质的特征，通常为颜色较深的棕褐色、褐色、黑褐色。

含油岩样经氯仿将油脂溶解后，滤纸上有各种形状和各种颜色的斑痕。

（二）真假荧光显示鉴别方法

不含油岩样中的某些矿物，在荧光灯下也有荧光出现，但滴溶剂后，荧光颜色无变化，这也是区分矿物发光与原油发光的最根本方法。常见的发光矿物中，一般石膏发亮蓝色荧光，方解石发乳白色荧光，另外含灰质的泥岩、页岩和钙质结核通常发暗黄色荧光。

四、系列对比

浸泡定级前首先要排除试管污染的影响，然后向荧光分析用的试管注入10~20mL溶剂，放荧光灯下观察，无荧光显示为洁净，方可使用，步骤如下：

（1）在天平上称取1g挑选的代表本层的真岩屑（或岩心核部）样品。

（2）将称好的样品放在无污染的滤纸上，用洁净的镊子柄将岩样压碎，倒入洗净的无色透明的试管内，加入5mL溶剂，密封后放在试管架上并标上井深，浸泡4h后进行分析检查。

（3）将试样和本地区的标准系列在荧光灯下逐级对比，找出发光强度一致的标准溶液，该标准溶液的荧光级别即为试样的荧光级别。

（4）油斑及以上含油级别的岩样不进行荧光对比分析。

（5）在岩屑样品失真、钻井液混油或含荧光添加剂条件下不进行荧光对比分析。

五、荧光录井作用及注意事项

荧光录井鉴别原油方便易行，其发光亮度可粗略判定原油含量，发光颜色可测定原油性质，是定性解释油气层不可缺少的资料。

（一）荧光录井作用

（1）能够及时发现肉眼难以鉴别的油气显示。

（2）可定性判断油质和油气显示的程度，为准确评价油气层提供依据。

（3）快速确定油气显示。荧光录井是直接及时发现油气显示的最快速方法，采用岩屑荧光湿照、干照、滴照，能发现绝大部分的油气显示。

（二）荧光录井注意事项

（1）岩屑逐包进行荧光湿照，对储层岩屑逐包进行荧光滴照，并逐层进行荧光对比分析。

（2）岩心应全部进行荧光湿照、滴照，储层逐层进行荧光对比分析。

（3）井壁取心样品应逐颗进行荧光湿照、滴照，储层逐颗进行荧光对比分析。

（4）当发现槽面有油花、气泡或条带状油流时，用滤纸黏抹钻井液，在荧光灯下直照。

（5）标准系列溶液必须用本工区同层位的原油配制，使用期为一年。

（6）荧光录井所用溶剂是挥发性化学药品，应避免滴照工作时间过长，荧光室要安装通风设备。

（7）使用荧光灯时，应避免紫外线辐射直接照射眼睛。

第六节　钻井液录井

由于钻井液在钻遇油、气、水层时，其性能将发生各种不同的变化，所以根据钻井液性能的变化及槽面显示，来推断井下是否钻遇油、气、水层和特殊岩性地层的录井方法称为钻井液录井。

钻井液被称为钻井的“血液”，是钻井过程中满足钻井工作需要的各种循环流体的总称。钻井液除了传递水动力、冷却和润滑钻头钻具外，重要的是携带和悬浮岩屑、稳定井壁和平衡地层压力。根据地质条件合理使用钻井液是防止钻井事故发生、降低钻井成本和保护油层的重要措施。

一、性能监测

（一）性能要求

（1）钻井中使用的钻井液性能在安全钻进的前提下要有利于取全取准地

质资料；有利于发现和保护油气层，减少污染；有利于油气溢出和保证录井等作业的顺利进行。

(2) 使用的钻井液，要具有低固相、低失水、低摩阻、携砂能力强、热稳定性好等性能。

(3) 钻井液未经业务主管部门地质负责人批准，不得混油（机油、原油、柴油等）或使用混油物及影响荧光录井的钻井液材料。若处理事故或遇到紧急情况时，先执行，后报告。

（二）性能参数录取与应用

(1) 性能参数录取内容包括：钻井液类型、测点井深、相对密度、黏度、失水量、滤饼、切力、pH 值、含砂量、氯离子含量。

氯离子含量测定原理：以铬酸钾为指示剂，用硝酸银测定氯离子，当氯离子和银离子全部化合后，过量的银离子与铬酸根离子反应，生成微红色的沉淀，即指示滴定终点。测定过程中注意事项：

① 滴定溶液须保持中性；

② 不要在强光下操作，强光会使硝酸银分解，造成终点不准；

③ 滤液若有单宁酸钠氧化后的颜色干扰，会影响滴定终点的辨认，可用单宁酸钠溶于水中做空白试验，以作对比确定。

(2) 性能参数应用：在钻进过程中钻遇不同地层时，钻井液性能会发生相应的变化。了解钻井过程中影响钻井液性能的地质因素，可辅助判断油、气、水层，表 2-1-5 为钻遇各类地层时钻井液性能的变化。

表 2-1-5 钻遇各种地层时钻井液性能变化表

钻遇地层 性能变化	淡水层	盐水层	油层	气层	石膏层
密度	下降	下降	下降	下降	不变或稍上升
黏度	下降	先上升后下降	上升	上升	上升
含盐量	不变或下降	上升	不变	不变	不变
失水量	上升	上升	不变	不变	上升

（三）钻井液处理资料

处理资料录取内容：时间、井深、处理剂的名称、用量及其对荧光录井背景值的影响。

二、资料录取

（一）槽面显示资料

（1）出现油气显示时的井深、钻井液迟到时间、油气显示的起止时间及高峰时间、显示类型、钻井液相对密度、黏度和颜色变化情况。

（2）原油的颜色、分布状态（如片状、条带状、星点状）及占槽面百分比。

（3）气泡的大小、形状（针孔状、小米状）、分布状态（密集、稀疏）及占槽面百分比。

（4）油气味类型（如芳香味、硫化氢味）和气味浓烈程度（浓、较浓、淡、无）。

（5）槽面上涨情况和槽内钻井液流动状态。

（6）外溢的时间、速度、液量。

（7）取气体样品做点火试验的可燃性（可燃、不燃）和燃烧现象（火焰颜色、高度）。

（8）后效显示的钻头位置、钻井液静止时间、开泵时间及油气上窜速度。计算出油气水显示井段。

（二）井涌（喷）资料

（1）井涌（喷）：高度、涌（喷）出物（油、气、水）、夹带物（如钻井液、砂泥、砾石、岩块）及其大小、进出口流量变化和间歇时间。

（2）节流管放喷：放喷管尺寸、压力变化、射程、喷出物（油、气、水）及放喷起止时间。

（3）井喷或放喷量（根据井喷或放喷起止时间及油、气、水喷出总量折算成日产量）。

（4）井涌（喷）的处理方法、压井时间、加重剂名称及用量、井喷前和压井后的钻井液性能以及放喷点火情况。

（5）井涌（喷）原因。

（三）井漏资料

（1）发生井漏的井深、层位、岩性、钻头位置、工作状态（如钻进、循环钻井液）、井漏的起止时间及漏失量、漏速。

（2）处理方法、堵漏时间、处理剂名称及用量、井漏前和处理后的钻井液性能。

（3）井漏的原因及影响录井资料录取的情况。

第二章　气体录井

气体录井属随钻天然气地面测量技术，在石油勘探过程中，采用气相色谱分析仪，通过对钻井液中天然气的组成、成分和含量进行测量，间接地判断储层流体性质，建立钻井液中所含天然气的含量与储层流体性质之间的关系，达到对储层评价的目的。气体录井主要录取资料为烃类气体和非烃类气体两大类，其中烃类气体包括甲烷（CH_4）、乙烷（C_2H_6）、丙烷（C_3H_8）、丁烷（C_4H_{10}）、戊烷（C_5H_{12}）；非烃类气体包括氢气（H_2）、二氧化碳（CO_2）、硫化氢（H_2S）、一氧化碳（CO）等。气体录井以其及时发现油气显示、快速评价流体性质的优势，在石油勘探与开发领域发挥着重要的作用。

第一节　概述

一、石油天然气主要性质

石油是一种以烃类为主的混合物，由碳、氢和少量的氧、硫、氮等元素组成，在常温常压下，甲烷至丁烷以气态的形式溶解在石油中。天然气主要成分是甲烷（CH_4），含量一般在80%~90%，其次是乙烷（C_2H_6）、丙烷（C_3H_8）、丁烷（C_4H_{10}）、戊烷（C_5H_{12}）和少量的氮气（N_2）、二氧化碳（CO_2）、一氧化碳（CO）、氢气（H_2）、硫化氢（H_2S）等非烃气体。

与气体录井相关的石油天然气的主要性质有：

（1）可燃性：天然气中的烷烃极易燃烧，燃烧后的产物为二氧化碳和水，并释放大量的热能。它与空气混合后，当温度在800~850℃时，在铂丝的催化作用下全部燃烧，温度为500~550℃时，只有重烃才能燃烧。

（2）导热性：导热性是指气体传播热量的能力，一般用导热系数或导热率来表示。天然气中烷烃的导热系数随相对分子质量的增加而逐渐减小。

（3）吸附性：天然气具有被某种物质吸附的特性，吸附量除与温度和压力有关外，主要与吸附能力以及气体本身相对分子质量有关——相对分子质量越大，越易被吸附。

（4）溶解性：天然气易溶于石油，微溶于水。

二、地层中石油与天然气储集状态

一般情况下，大多数石油与天然气以不同数量和储集形式存在于储集岩层中，储集岩性一般是砂岩和碳酸盐岩类。在岩层的裂隙中和节理发育的地方以及泥质岩类的地层中，有时也会有油气的聚集。

石油、天然气不仅储集在不同地层和岩性中，而且在同一地层和岩性中，它的储集形态也不同。烃类气体的储集状态一般有：游离状态、溶解状态和吸附状态三种。

（一）游离气储集

游离气储集是指纯气藏形成的天然气储集和油气藏中气顶形成的天然气储集。这种类型的气体储集是以游离状态存在于地层中。

（二）溶解气储集

天然气具有溶解性。它不仅能溶解于石油，而且还能溶解于水，这样就形成了溶解气的储集。天然气的各组分在石油和水中的溶解度极不相同，烃类气体和氮气在水中的溶解度很小，二氧化碳和硫化氢在水中的溶解度较大。烃类气体在石油中的溶解度比在水中的溶解度大得多，属于最易溶解在石油中的气体。而不同的烃类气体在石油中的溶解度也不同，它随烃气的相对分子质量的增大而增大。假设：甲烷在石油中的溶解度为1，则乙烷为5.5，丙烷为18.5，丁烷以上的烃气，可按任意比例与石油混合。二氧化碳和硫化氢在石油中的溶解度比在水中要稍大一些，氮气则不易溶解于石油中。总之，烃类气体属于极易溶解于石油而难溶解于水的气体。所以，在油藏内有大量的烃气储集，一般以液态形式存在于油田内或以气态的形式存在于凝析油田内。在地层水中，烃气的储集量很少，特别是含残余油的水层，天然气的含量更少。

（三）吸附状态储集

吸附状态的天然气多分布在泥质地层中，它以吸附着的状态存在于岩石中，如储层上、下井段的泥质盖层或生油岩系。这种类型的气体聚集称为泥岩含气。该类天然气一般没有工业价值，但在特殊情况下，大段泥岩中夹有薄裂隙或孔隙性砂岩薄层等，会形成具有工业价值的油气流。

三、石油天然气进入钻井液的方式与分布状态

（一）石油天然气进入钻井液方式

在钻井过程中，石油天然气以以下两种方式进入钻井液。

1. 被钻碎的岩屑中的油气进入钻井液形成破碎气

油气层被钻开后，岩屑中的油气由于受到钻头的机械破碎的作用，有一部分逐渐释放到钻井液中，这类气体称之为破碎气。单位时间钻开的油气层体积越大，进入钻井液的油气越多。

2. 被钻穿的油气层中的油气，在压差的作用下经渗滤和扩散方式进入钻井液

（1）油气层中的油气经扩散作用进入钻井液，形成扩散气。油气层中油气的扩散是指油气分子通过某种介质从浓度高的地方向浓度低的地方移动而进入钻井液。

（2）油气层中的油气经渗滤作用进入钻井液，形成压差气。油气层中油气的渗滤是指油气层的压力大于钻井液柱压力时，油气在压力差的作用下，沿岩石的裂缝、孔隙以及构造破碎带，向压力较低的钻井液中移动。

压差气主要由接单根和起下钻时产生。其中一种是接单根产生的压差气，通常称为“单根峰”“接单根气”“立柱峰”等。一般分为 3 种情况：①接单根时在高压管线和方钻杆内充满了空气，开泵后这段钻井液到井底上返引起的异常，这种异常具有空气的特征。②接单根时引起钻抽吸作用，带出地层中的烃类气体，形成气体录井异常。③停泵造成井筒压差，引起的气体录井异常。④在钻开上部油气层后，钻井工程进行起下钻作业时，由于钻井液在井筒中的静止时间较长和钻具的抽汲作用，使地层中的油气在压差的作用下，不断地往钻井液中渗透。下钻到底钻井液循环后，会出现气测异常，称之为后效气。

（二）石油、天然气进入钻井液后分布状态

1. 油气呈游离状态与钻井液混合

游离气以气泡形式与钻井液混合，然后逐渐溶于钻井液中。一般情况下，天然气与钻井液接触面积越大，溶解越快；接触时间越长，溶解程度越大。

2. 油气呈凝析油状态与钻井液混合

凝析油和含有溶解气的石油从地层进入钻井液后，在钻井液上返过程中，

由于压力降低，凝析油大部分会转化为气态烃；高油气比地层 $C_1 \sim C_4$ 含量较高。随着钻井液的上返，含有溶解气的石油，由于压力降低，会释放出大量的天然气。

3. 天然气溶解于地层水中与钻井液混合

溶解于地层水中的天然气进入钻井液后与之混合，一般而言，地层水量比钻井液量少得多，因而会被钻井液所冲淡，这时地层水中的天然气将以溶解状态存在于钻井液中，此刻钻井液中的天然气浓度不会太大。随着钻井液的上返，压力降低，天然气将不会游离出来而变成气泡。只有在地层水较多，水被钻井液冲淡不大情况下，当地层水中溶解的大量天然气会游离成气泡状态。

4. 油气被钻碎的岩屑吸附着与钻井液混合

当油气被钻碎的岩屑所吸附与钻井液混合后，随着钻井液上返，压力降低，岩屑孔隙中所含的游离气或吸附气体积将会膨胀而脱离岩屑进入钻井液。岩屑返出后，孔隙中以重质油为主。

上述这些过程在某种程度上可能相互重叠。在地层的孔隙中，可能有游离气和凝析油同时存在或者游离气与石油同时存在，但总体认为：进入钻井液中的油气，随着钻井液由井底返至井口过程中，在井底主要是游离气溶解在钻井液中，而随着钻井液的上返压力降低，钻井液中所溶解的天然气已达饱和，此时溶解气可从钻井液中分离出来形成气泡。

四、气体录井影响因素

在录井过程中，气体录井资料受到诸多方面的影响，主要是来自地层因素的影响、钻井技术条件的影响和录井技术自身条件的影响。

（一）储层特性及地层油气性质

储层渗透性影响油气显示的好与差，一般可分为两种情况：（1）当钻井液柱压力大于地层压力时，钻井液发生超前渗滤。由于钻井液滤液的冲洗作用，钻井液侵入地层中，使进入钻井液的油气含量减少，气体录井异常显示值降低。（2）当钻井液柱压力小于地层压力时，储层的渗透率越高，进入钻井液中的油气越多，气体录井异常显示值越高。

（二）钻井技术条件

1. 钻头直径

进入钻井液中的油气，其中一部分来自被钻碎的岩屑，由于钻头直径的不同，破碎岩石的体积和速度不同，单位时间破碎岩石体积与钻头直径成正比。因此，当其他条件一定时，钻头直径越大，破碎岩石体积越多，进入钻井液中的油气含量越多，气体录井异常显示值越高，因此取心井段气体录井数值偏低。

2. 钻井速度

在相同的地质条件下，钻速越大，单位时间破碎岩石体积越大，进入钻井液中的油气含量越多，同时因未能在刚钻开的井壁表面上形成很好的滤饼，地层渗滤的速度也在增加，气测产生高油气含量特征。当钻速变慢时则相反，同样体积的岩样，因钻井液循环量的增加，冲淡系数变大，气体录井异常显示值会减小。

3. 钻井液排量

气体录井异常显示值的高低与钻井液排量有着密切关系，钻井液排量越大，钻井液在井底停留的时间越短，通过扩散和渗滤方式进入钻井液中的油气相对减少，单位体积内流量越大，气体录井异常显示值降低。

4. 钻井液密度

在相同的地质条件下，钻井液密度增大，气体录井异常显示相应降低。若钻井液密度较小，钻井液柱压力低于地层压力，在压差的作用下，地层中的油气易进入到钻井液中，使气体录井异常显示值增高。同时由于钻井液柱压力的降低，地层上部已钻穿的油气层中的油气，可能会因滤饼的剥落而进入钻井液中，会产生后效影响。

5. 钻井液黏度

钻井液黏度大，降低了气体录井的脱气效率，使气体录井异常显示值较低。但由于油气长时间保留在钻井液中，气体录井的基值会有不同程度的增加。钻井液黏度大，油气的上窜现象不明显。

6. 起下钻

当钻开油气层后，钻井工程进行起下钻作业时，由于钻井液在井内静止时间较长，油气层中的油气受地层压力的影响，在起钻过程的抽汲作用下，不断地进入钻井液中。下钻到底后，当对应地层的钻井液返至井口时，气体录井会出现假异常。

7. 接单根（接立柱）

因为接单根引起地层压力与井筒液柱压力之间产生压差，形成流体流动可以产生异常，是录井过程必须注意的，这种异常在录井过程中通过迟到时间和气体组分是可以分辨出来的。

8. 钻井液处理剂

在目前钻井过程中，根据不同的钻井施工需求，钻井液要加入一定数量的处理剂。一般情况下，钻井液处理剂对气体录井均会产生不同程度的影响。

（三）录井条件

1. 不同型号分析仪器

不同型号的气体分析仪分析速度和分析质量不同。

2. 脱气器

脱气器的安装位置及吃水深度，影响脱气效率。

3. 色谱柱污染

色谱柱污染会影响气体分离度。气体录井中的分离度表示混合物质在色谱柱中的分离程度，其值为相邻色谱峰保留时间之差与两色谱峰半峰宽之和的比值。考核分离度指标时一般选用 C_1 与 C_2 进行计算，即用1%的标准混合气样检测色谱分离度，C_1 与 C_2 的分离度不小于0.5。

第二节 烃类气体录井资料采集

一、基本流程

气体录井是通过对钻井液中所含天然气的组成、成分和含量进行测量分析，达到识别储层流体性质的目的。其中有脱气、组分分离、气体检测、记录数据等基本流程。

（一）脱气

脱气是气体录井的最基础的工作，目前现场录井过程中通常采用随钻电动脱气器装置。

1. 结构组成

电动脱气器由以下部分组成：脱气室、钻井液出口、旋转搅拌棒、钻井液挡圈、空气入口、样品气出口、防爆三相电动机、电动机接线盒、电动机固定螺栓、固定托架、托架固定螺栓、升降固定螺栓、升降支柱、支柱定位销子、气水分离器、防堵器主体、防堵器内浮子、干燥剂筒、单流阀、连接用橡胶软管（图 2-2-1）。

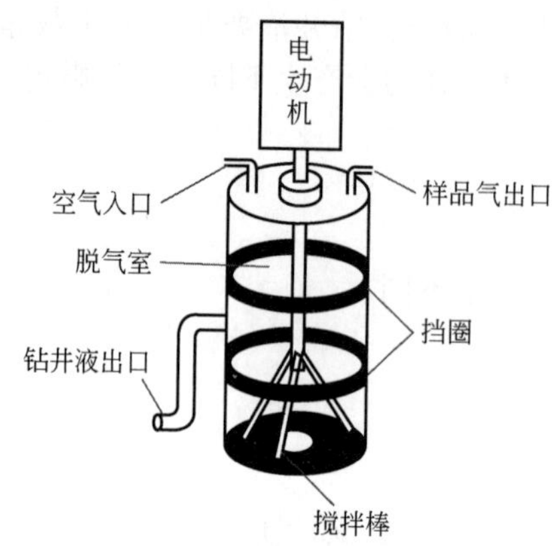

图 2-2-1　电动脱气器结构示意图

2. 电动脱气的工作原理

当钻井液流经脱气器时，搅拌棒在电动机的带动下，对脱气室内钻井液进行快速旋转搅拌，由于离心作用和脱气室的限制，钻井液呈旋涡状并沿桶壁快速上升，当遇到挡圈时钻井液被破碎成细滴状，此时钻井液面积急速增大，其所携带的天然气被大量析出，完成脱气过程。

3. 脱气器的安装

脱气器应安装在靠近循环钻井液出口的导槽内，液面流动平稳，吃水高度应严格控制在脱气器使用说明书要求的范围内，保证脱气效率。

（二）组分分离

由于不同物质在两相中具有不同的分配系数（或溶解度），当两相做相对运动时，这些物质在两相中的分配反复进行多次，这样使得那些分配系数只有微小差异的组分产生较大的分离效果，从而使不同组分得到完全分离。流动相是指可流动的气体或液体。固定相是指不流动的固体或液体，固定相一般装在一定长度的管子中，将装有固定相的管子称为色谱柱。

1. 气相色谱分析法

气体录井所用的色谱法是以气体作为流动相的气相色谱分析方法。气相色谱分析法又可分为气液色谱分析法和气固色谱分析法。

1）气液色谱分析原理

气液色谱分析法是以液体作为固定相，经过净化后的样品气随载气进入装有固定液的色谱柱时，混合气体中的各组分均可溶解在固定液中。由于各组分的溶解度不同，当载气不断通过色谱柱时，各组分就随着载气向前移动，在移动过程中，经过多次溶解与挥发，溶解度较小的组分向前移动的速度较快，而溶解度较大的组分向前移动的速度较慢，各组分将按溶解度的大小依次分开，从而达到了分离组分的目的。

2）气固色谱分析原理

气固色谱分析法是以固体作为固定相，经过净化后的样品气随载气通过装有固定相的色谱柱时，样品气中的各组分均可能被吸附。由于吸附剂对各组分的吸附能力不同，当载气不断地通过色谱柱时，各组分随载气向前移动，在移动过程中，经多次连续不断地吸附与解吸，吸附能力弱的组分，随着载气向前移动的速度快；而吸附能力强的组分，随载气向前移动的速度慢。各组分将按吸附能力的大小依次分开，从而达到分离的目的。

气相色谱分析法分离原理简图见图 2-2-2。

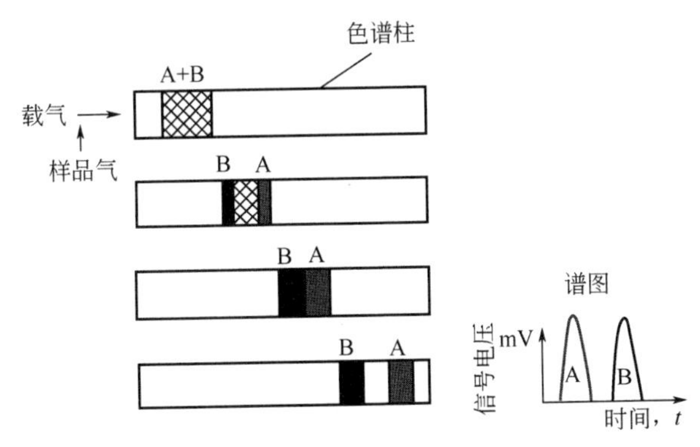

图 2-2-2　色谱分离原理简图

随着录井技术的发展，气体录井仪器由原来 4min 分析一个周期，逐步发展到目前 30s 分析一个周期，从原来的只能分析到 C_4，发展到目前现场能分析到 C_8。分析技术已突破了传统的色谱分析，红外光谱分析技术已经应用于气体录井仪。

2. 气相色谱谱图说明

图 2-2-3 为单一组分分析谱图示意图。

1） 基线

基线是只有纯载气通过色谱柱和鉴定器时的记录曲线，通常为一条直线即电信号为 0mV 时的记录曲线。

2） 色谱峰

样品组分从色谱柱流出进入鉴定器后，鉴定器的响应信号随时间变化所产生的峰形曲线称为色谱峰。

3） 峰高

色谱峰最高点与基线之间的垂直距离称为峰高。

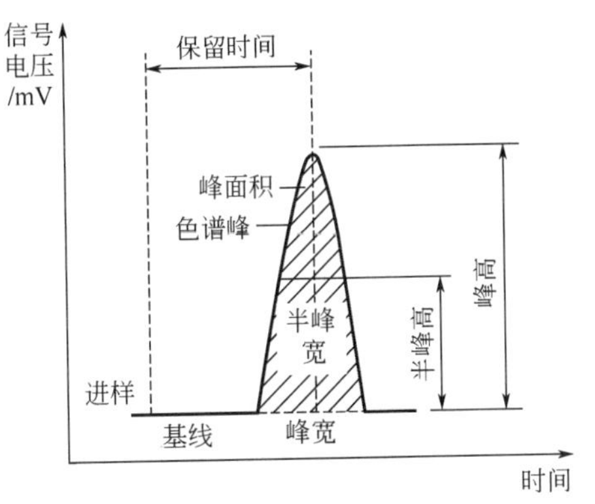

图 2-2-3　单一组分分析谱图示意图

4）峰宽

在色谱峰两侧曲线的拐点作切线与基线相交于两点之间的线段称为峰宽。

5）半峰宽

半峰高处色谱峰的宽度称为半峰宽。

6）峰面积

色谱峰与峰宽所包围的面积称为峰面积。

7）保留时间

从进样开始到某一组分出峰顶点时所需要的时间，称为该组分的保留时间。

（三）气体检测

气体检测是将气体转变成电信号的过程，由检测器来完成。目前使用的检测器多种多样，最常见的有氢焰离子化检测器、热导池检测器和燃烧式检测器。检测器的性能指标由灵敏度和敏感度来衡量。

灵敏度是指一定量的组分通过检测器时，输出信号的大小称之为检测器对这一组分的灵敏度，也叫作应答值或响应值。

敏感度也称最小检知量，是指使检测器产生恰好能鉴别的信号，也就是说产生的信号恰好等于基线波动 2 倍时，单位体积或单位时间内进入鉴定器的最小的物质的量。

1. 氢火焰离子化检测器（FID）

氢火焰离子化检测器是利用有机物在氢气—空气火焰中燃烧，发生离子化反应，在一定电压的两极间形成离子流，通过测量离子流的强度，即可对该组分进行检测。

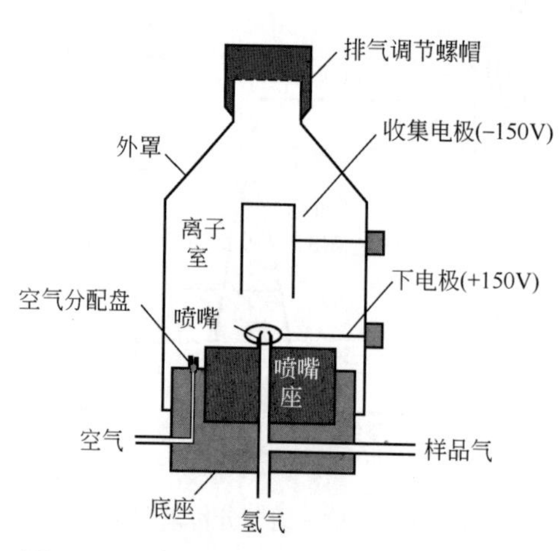

图 2-2-4　氢火焰离子化检测器结构示意图

1）结构组成

氢火焰离子化检测器由离子室、收集电极、下电极、喷嘴、喷嘴座、空气分配盘、底座、空气调节螺帽等组成（图 2-2-4）。

2）工作原理

当样品组分从色谱柱流出后，由载气（氢气）携带进入检测器从喷嘴喷出，在离子室氢火焰高温作用下，样品组分被电离形成正离子和电子，在直流电场作用下，正离子和电子各向其相反极性的电极移动，从而产生微电流信号。离子化方程式以 C_1 为例：

$$CH_4 \rightarrow CH_3^- + H^+$$

$$CH_3^- \rightarrow CH_3 + e^-$$

3）检测范围

在烃类气体录井中氢火焰离子化检测器可检测 C_1、C_2、C_3、iC_4、nC_4、iC_5、nC_5 等气体，其测量范围取决于色谱柱的长度和分析时间。通过气体浓度响应，线性关系好而且较稳定，具有极高的灵敏度以及较大的检知范围。但是也有一定的缺陷：一是高压氢气的存在对传感器及工程环境存在潜在的危险；二是样品气中的杂质容易导致基线漂移。

2. 热导池检测器（TCD）

1）结构组成

热导池检测器是在一个不锈钢块体上钻出四个细长的孔作为池体，每个池体中都固定有一根长短、粗细、阻值相同的钨丝热敏电阻，四个池体对对相通，其中一对通入载气，称为测量臂，一对通入空气，称为参考臂。将四个钨丝热敏电阻接成惠斯登电桥，构成热导池检测器（图 2-2-5）。

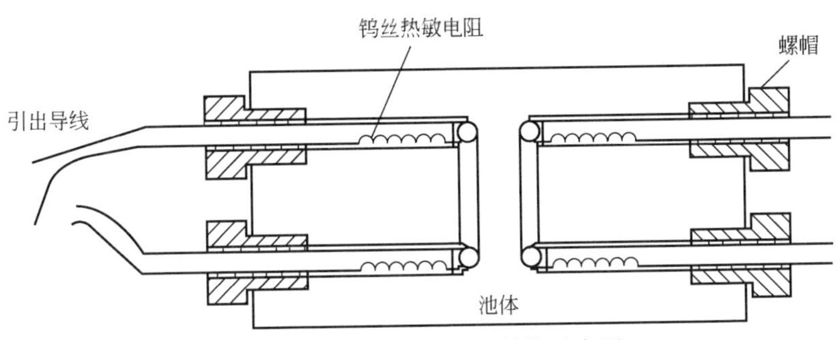

图 2-2-5　热导池检测器结构示意图

2）工作原理

热导池检测器主要是利用不同气体导热能力的不同来检测其浓度，相同气体浓度不同，热导能力不同。另外温度不同，导热能力也不相同。

在惠斯登电桥中加上固定电压，参考臂通入载气，测量臂通入样品气，由于气体的浓度不同所带走的热量不同，从而导致热敏电阻阻值变化，破坏了电桥的平衡。通过检测电桥电流的变化值，可转化为气体浓度值（图 2-2-6）。

3）检测范围

热导池检测器用于检测氢气、二氧化碳等非烃气体。其最大的缺点是当

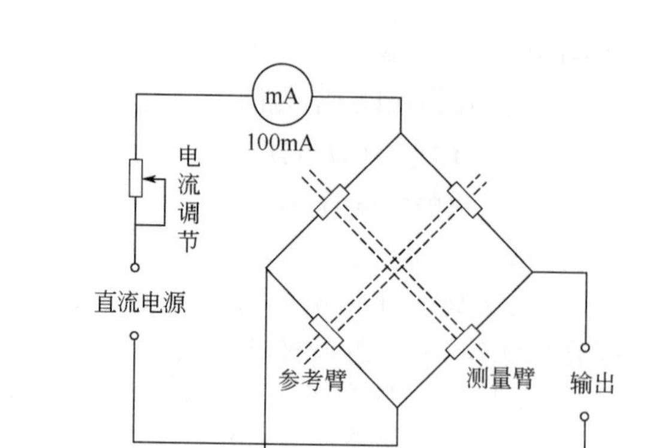

图 2-2-6　热导池检测器基本工作原理图

气体浓度低于1%时，灵敏度降低，零线漂移较大，此时其他气体可能导致相同的响应。

3. 红外线检测器

1）结构组成

红外线检测器由光源、滤光片、气室、检测器等部件组成，结构较为简单，具有一定的精密度（图 2-2-7）。

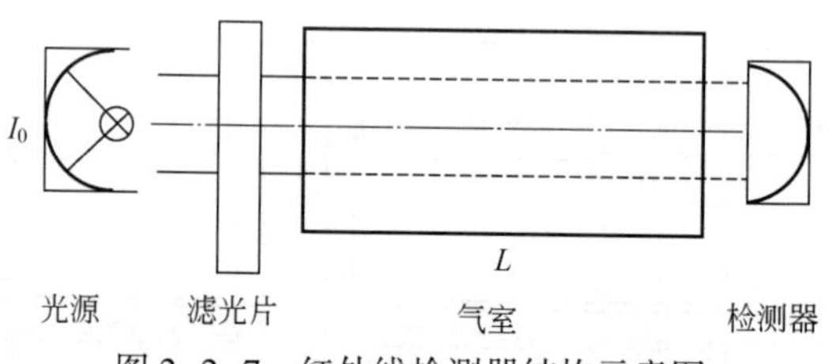

图 2-2-7　红外线检测器结构示意图

2）工作原理

红外线检测器是基于不同气体对红外线有选择吸收的原理而制成的。吸收关系遵循朗伯—比尔定律。红外光源发出的红外线强度为 I_0，它通过一个长度为 L 的气室后，能量变为 I_1。如果气室中没有吸收红外线能量的气体时，$I_0=I_1$，如果气室中有吸收红外线能量的气体，这时 I_1 满足下式

$$I_0=I_1 e^{-KCL} \tag{2-2-1}$$

式中　C——被测气体的浓度；

K——气体的红外线吸收系数；

L——气室的长度，m。

当气体的种类一定时，K 就为一定值。当 L 一定时，I_1 的大小仅与气体

有关，测量所得到 I_1 的变化即为被测气体浓度的变化。

3）检测范围

红外线检测器可检测二氧化碳、一氧化碳、甲烷等气体。

（四）记录数据

按照不同的时间间隔记录气体录井各项数据，并保存于计算机。在保存数据的同时可以加挂谱图记录仪，记录各组分谱图，然后按照峰值与浓度的相互对应关系，记录检测各组分的浓度。

记录的数据分为实时数据和整米数据，用处最多的是整米数据。

二、烃类气体录井采集参数及参数指标范围

（一）采集参数

烃类气体录井采集的参数主要有全烃、烃组分。

1. 全烃

全烃普遍为连续记录，部分仪器为 30s 记录一次。

2. 烃组分

烃组分分析最早为 4min 分析一个周期，其中分析 1.5min，反吹 2.5min，可分析出 C_1、C_2、C_3、iC_4、nC_4。目前现用的分析仪器多数为 30s 左右分析一个周期，可分析 C_1、C_2、C_3、iC_4、nC_4、iC_5、nC_5。

（二）指标范围

1. 全烃

多数分析仪器中的全烃均采用氢火焰离子化检测器直接检测，其检测范围为 0.001%~100%。

2. 烃组分

一般仪器 C_1~C_5 的检测范围为 0.001%~100%，极个别的仪器 C_1 检测范围 0.001%~100%，C_2~C_5 为 0.001%~70%。

三、气体录井仪器标定与校验

（一）标定

标定是对仪器进行刻度，通常采用 7 点法进行。按照最小检知浓度和最

大检测浓度范围，分 7 个点进行标定。即取单一标准气样 0.001%、0.01%、0.1%、1%、10%、50%、100%，由低浓度开始分别标定，每个浓度至少标定 3 次，其中不少于 2 次重复性误差小于±2.5%~5%。全烃采用 C_1 单一标准气样进行标定。

标定完 24h 后进行重复性检查。

（二）校验

气体录井仪的校验分为两种情况，一是基地校验，二是现场校验，其中包括录井前校验、阶段性校验和录井日常校验。

1. 基地校验

1）全烃

注入最小检知浓度、1%、10%、50%、100%的甲烷气样各两次，1%气样两次重复性误差不大于 2%，与刻度曲线的相对误差不超过±10%。

2）烃组分

注入最小检知浓度、0.1%、1%、10%、70%的标准甲烷气（或标准混合气样）各两次，与刻度曲线的相对误差不大于 5%。

2. 现场校验

1）录井前校验

（1）全烃、烃组分、非烃组分分别校验最小检知浓度、1%、5%三种不同的甲烷样品。

（2）注样必须严格按照由低浓度到高浓度的顺序进行。

（3）各浓度样品分别注 2~3 次，误差分别小于重复性误差。

（4）将 1%的甲烷气样 1000mL 从外气管线样品气入口抽入，全烃出峰值与刻度曲线误差小于±10%。

（5）配制 1%的标准混合气样检测色谱分离度，要求 C_1 与 C_2 的分离度不小于 0.5。

2）阶段性校验

（1）全烃以最小检知浓度和 1%的甲烷样品进行校验；烃组分以最小检知浓度、1%的甲烷、1%混合气样进行校验。

（2）各浓度样品分别注 2~3 次，两次出峰重复性误差小于±5%。

3）录井日校验

（1）室外气管线密封性检查：将抽气管线样品气入口密封，在管路延迟时间内样品气流量指示降至底部。

（2）交接班注样校验：将 1%的甲烷气样 1000mL 从外气管线样品气入口

抽入，全烃出峰值与刻度曲线误差小于±10%。

第三节 烃类气体录井资料解释评价

在油气层中含有大量烃类气体，主要成分是甲烷、乙烷、丙烷、丁烷等。当地层被钻开后，油气层中的油气以不同的方式进入到钻井液中，而气测录井就是测量钻井液中油气含量的一种录井方法。所以，分析研究解释评价气测录井资料，成为地质勘探中寻找油气的重要手段之一。

一、资料解释评价流程

应用气体录井资料进行单井油气层解释评价包括层段划分、解释评价方法应用、综合解释评价等几个重要步骤，解释评价流程如图 2-2-8 所示。

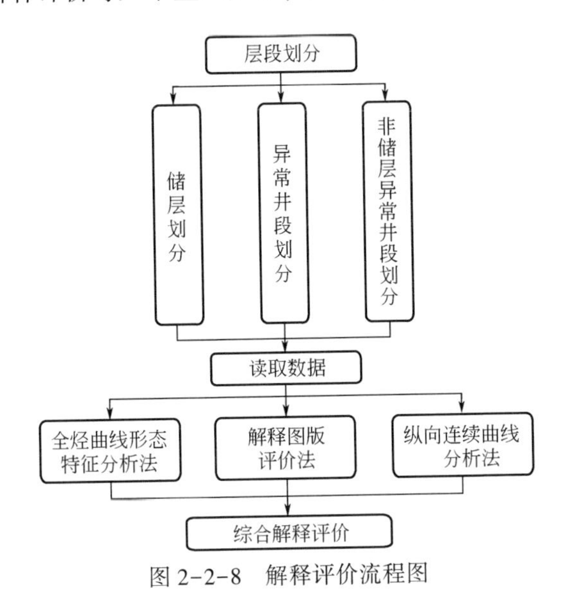

图 2-2-8 解释评价流程图

（一）层段划分

层段的划分是要对储层划分、异常显示井段划分、非储层异常显示井段划分。

1. 储层划分

一般情况下根据钻时曲线划分出具有渗透性地层井段。

2. 异常显示井段划分

根据全烃曲线、烃组分分析及油气水显示，划分出储层的异常显示井段。

3. 非储层异常显示井段划分

划分不具备储层条件而有气体录井异常显示的井段。

（二）解释评价方法应用

通常采用全烃曲线形态特征分析法、解释图版评价法、纵向连续曲线分析法等方法对油气水层解释评价。

（三）综合解释评价

将各种解释评价结果进行综合分析，得出综合解释评价结论。

二、解释评价方法

（一）全烃曲线形态特征分析法

在烃类气体录井过程中，全烃曲线是唯一连续测量的一项重要参数，全烃曲线幅度的高低、形态变化，均富含储层油气水信息、地层压力等信息。全烃曲线形态特征分析法解释评价油气层，就是应用这些直观的信息对储层流体性质进行判别。在钻开地层时，储层中的油气一般是以游离、溶解、吸附三种状态存在于钻井液中。如果储层物性好，含油饱和度高，储层中的油气与钻井液混合返至井口，气体录井就会呈现出较好的油气显示异常。所以建立全烃曲线形态特征与油气水的关系，其意义重大。

对于储层而言，假设其孔隙间被流体所充填，在同一储层中可以认为孔隙间非油即水。由于全烃曲线的连续性，当地层被钻开后，储层流体的特性通过全烃曲线的形态特征表现出来。所以，全烃曲线形态特征反映地层信息。

1. 全烃曲线形态呈“箱状”

进入储层后，全烃曲线形态呈上升速度快，上升幅度较大，到达最大值后出现一段较平直段，后下降到某一值，峰形跨度较大，峰形饱满，形如一“箱体”（图 2-2-9）。

呈现“箱状”形态特征的层段，全烃曲线的异常显示厚度基本上与储层厚度相等。钻进该井段时，钻时较快。烃组分含量中主要以 C_1 为主，重烃含量齐全，有时呈 C_3 的含量高于 C_2 的含量趋势。呈现这种形态时，多解释为

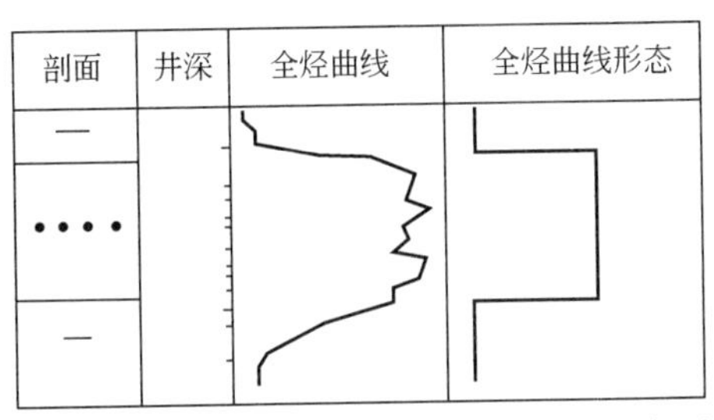

图 2-2-9　全烃曲线形态呈“箱状”示意图

气层和油层。

2. 全烃曲线形态呈“齿状”

进入储层后，全烃曲线形态呈忽高忽低的趋势，但低的部位未能低过原基值，同一层段内出现若干尖形峰，形如“齿状”（图 2-2-10）。

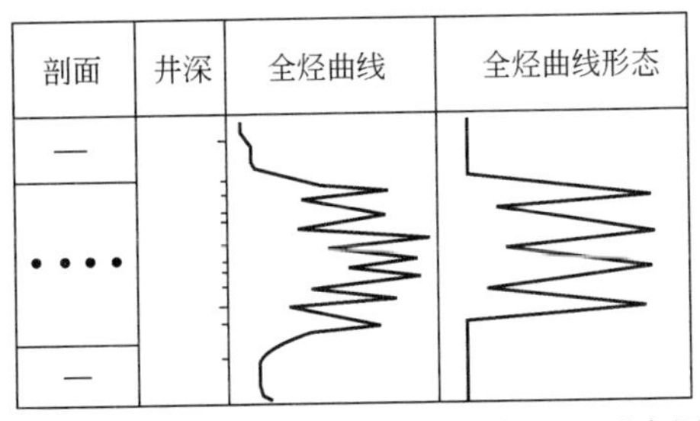

图 2-2-10　全烃曲线形态呈“齿状”示意图

呈现这种形态的层段，钻时普遍较快，钻开储层后，全烃曲线呈现出上升、下降速度快、幅度大的形态。烃组分呈现高 C_1、低重烃的特点。全脱分析常出现分析值低于现场烃组分分析值。一般情况下，将具有该形态特征的地层判断为“气层”。但对于裂缝型油藏，一定要根据实际情况进行分析，做出正确的判断。

3. 全烃曲线形态呈“单尖峰状”

全烃曲线上升的速度和下降的速度均较快，曲线峰形跨度较小，形成一单尖峰。烃组分分析以 C_1 为主或重组分含量高低不均。全烃曲线形态特征为“单尖峰状”的显示厚度一般较薄（图 2-2-11）。将具有该种形态特征的地层解释为“差油层”或“干层”。

4. 全烃曲线形态呈“三角形状”

在全烃曲线形态呈现“正三角状”或“倒三角状”的层段，普遍存在钻

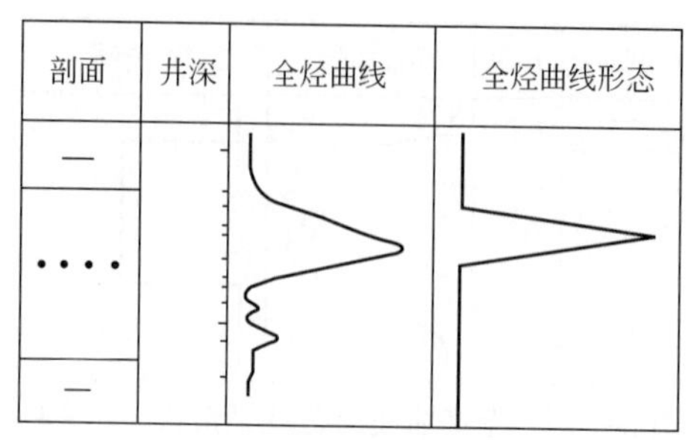

图 2-2-11　全烃曲线形态呈“单尖峰状”示意图

时较快的特征。在全烃曲线低值时，烃组分主要以 C_1 为主，重烃含量低或没有；而全烃曲线在高值时，烃组分含量明显增加，C_1 的相对含量在 50% 以上，重烃组分齐全（图 2-2-12 和图 2-2-13）。一般将具有该曲线形态的地层解释为“含油水层”或“油水同层”。如果在全烃曲线高值时，出现一些小的“齿状”尖峰，则将该层段解释为“含气水层”。

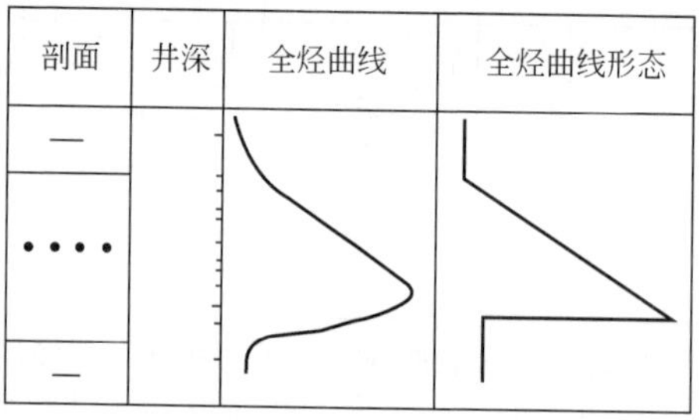

剖面　井深　全烃曲线　全烃曲线形态

图 2-2-12　全烃曲线形态呈“正三角状”示意图

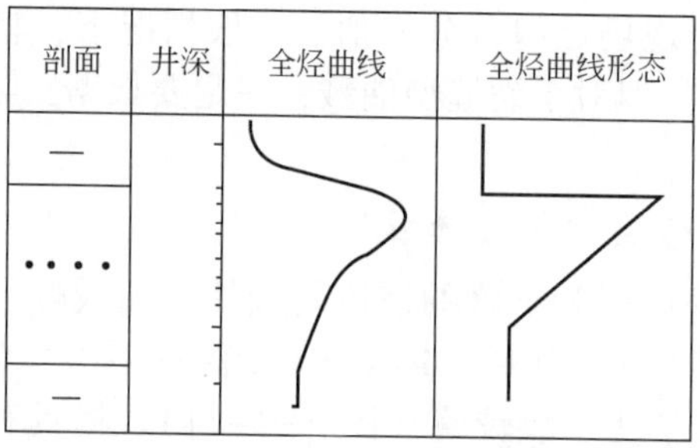

剖面　井深　全烃曲线　全烃曲线形态

图 2-2-13　全烃曲线形态呈“倒三角状”示意图

（二）解释图版评价法

在油气层解释评价过程中，对于某个地区来说，在掌握了大量的油气层试油资料的基础上，运用统计学的方法，寻求该地区的油气层特征，运用不同的算法，对统计数据进行图版交绘，得到油气层解释评价图版。以此作为油气层图版解释评价依据，这种方法叫作图版解释评价油气层方法。

解释评价图版是多种多样的，分别适应于不同地区、不同层位、不同油质类型、不同油藏类型。

1. 三角形图版

三角形图版是由三角形坐标系和三角形内价值区组成。三角形坐标实质上是极坐标，极角为60°，极边为20单位，构成等边三角形。等边三角形的三个顶点分别为坐标系的零点，逆时针方向上各轴的刻度分别对应 $C_2/\Sigma C$、$C_3/\Sigma C$、$nC_4/\Sigma C$ 的值，其中 $\Sigma C = C_1 + C_2 + C_3 + nC_4$，$C_1$、$C_2$、$C_3$、$nC_4$ 分别为甲烷、乙烷、丙烷、正丁烷百分比含量。用实测数据中的 $C_2/\Sigma C$ 做 $C_3/\Sigma C$ 的平行线；$C_3/\Sigma C$ 做 $nC_4/\Sigma C$ 的平行线；$nC_4/\Sigma C$ 做 $C_2/\Sigma C$ 的平行线，构成一个内三角形（图 2-2-14）。

用三角形坐标系与内三角形的顶点对应相连，其连线交于一点 M，此点在三角形解释图版上为价值点，由已探明多井层的多个价值点 M，构成了价值区，由此来判断有无生产价值（图 2-2-14）。

通过内三角形的大小及形状判断储层中油气的性质（图 2-2-15）。

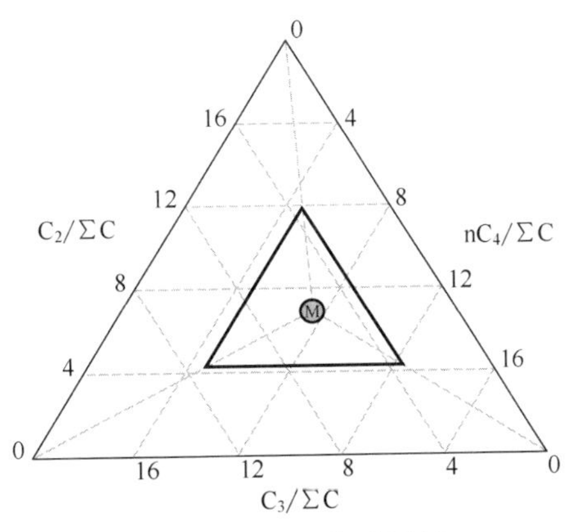

图 2-2-14 三角形图版

2. 皮克斯勒图版

分别选用 C_1/C_2、C_1/C_3、C_1/C_4 三个比值绘制在纵坐标为对数坐标的图上，将其各点相连构成皮克斯勒图版。目前将 C_1/C_5 加到了解释图版中，成为现用的皮克斯勒解释图版（图 2-2-16）。

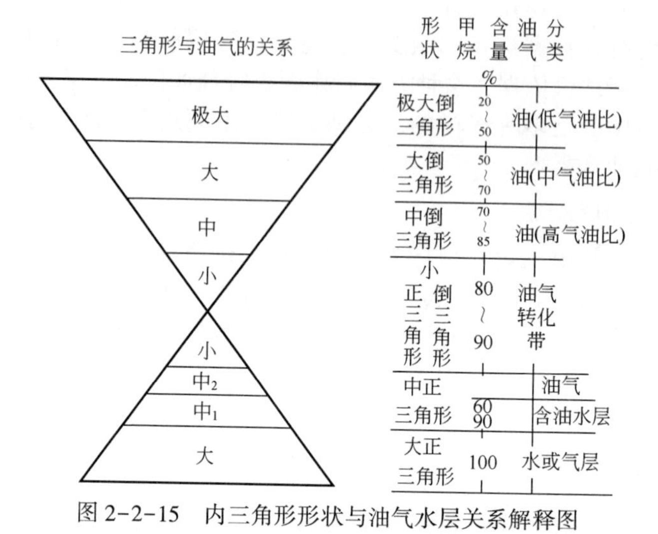

图 2-2-15 内三角形形状与油气水层关系解释图

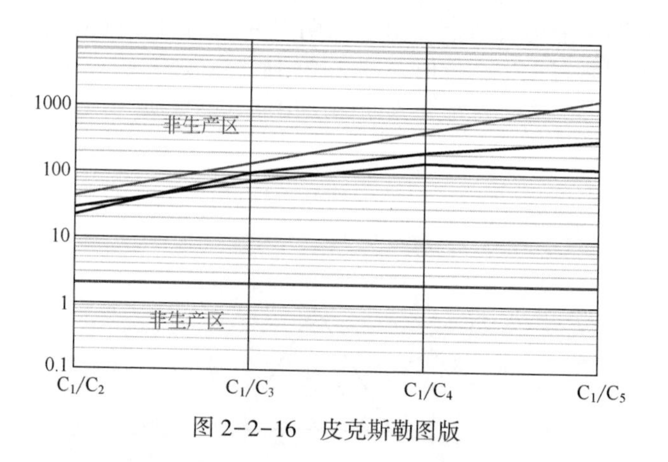

图 2-2-16 皮克斯勒图版

在解释图版上一般规律可分为油区、气区和两个非生产区，解释层的比值数据落在哪个区带内，即为哪种流体特性。C_1/C_2 小于 2 或大于 45，一般情况下判断为非生产层；C_1/C_2 的值在油层的底部时，而 C_1/C_4 的值在气层的顶部，则可能为非生产层；C_1/C_3 与 C_1/C_4 的值基本接近或 C_1/C_4 小于 C_1/C_3 时，一般情况下判断为含水层或水层。

3. 地层含气量图版

所谓地层含气量就是在地层条件下，每钻进单位体积岩石所释放出的气体体积。破碎单位体积岩石气体体积量的变化，反映出岩石相对孔隙度的变化和岩石中含气饱和度的变化。

地层含气量图版解释方法的理论基础是：假设已知显示段的天然气值与该显示段的岩石破碎体积有直接关系。在钻穿两个完全一致的储层时，由于钻速、钻井液排量、钻头直径（不考虑无法控制的因素）的不同，其烃显示将有较大的差别，地层含气量图版解释法的关键是对烃显示进行标准化，消除钻时、钻头和钻井液排量等因素的影响，求出地层含气量。因此，对同一井中不同深度含气量的变化进行对比，可判断油气水层。

钻井液含气量：是指钻井液中经校正后气体的真实含量，用 G 表示计算公式为：

$$G=X\times(d/b) \tag{2-2-2}$$

式中　G——钻井液含气量，mL；

X——各组分浓度之和，$X=C_1+C_2+C_3+C_4$；

d——钻井液蒸馏后所收集的气样量（即脱气量），mL；

b——蒸馏时所用钻井液量，一般取250mL。

地面含气量：指破碎单位体积岩石释放出的气体在地面所测量得到的体积，用 $\bar{C}$ 表示计算公式为：

$$\bar{C}=0.01G[Q\times T/(\pi/4)D^2] \tag{2-2-3}$$

式中　$\bar{C}$——地面含气量；

G——钻井液含气量；

Q——钻井液排量，m^3/min；

T——钻时，min/m；

D——钻头直径，m。

地层含气量：实际意义指在地层温度、压力条件下，每钻进 $1m^3$ 岩石所得到的烃类气体体积，也可以称之为地面含气量经气体压缩系数校正后得到的结果。用 C 表示计算公式为：

$$C=B\bar{C}100 \tag{2-2-4}$$

式中　C——地层含气量；

B——气体压缩系数，一般经验值取0.004~0.005；

$\bar{C}$——地面含气量。

用钻井液含气量做横坐标，以地面含气量为左纵坐标，以地层含气量为右纵坐标，构成地层含气量图版。由于地面含气量和地层含气量只相差气体压缩系数，所以地层含气量图版在应用中只使用地面含气量作为纵坐标（图2-2-17）。

一般情况下，地层含气量图版解释标准：当钻井液含气量在0~0.02时为极

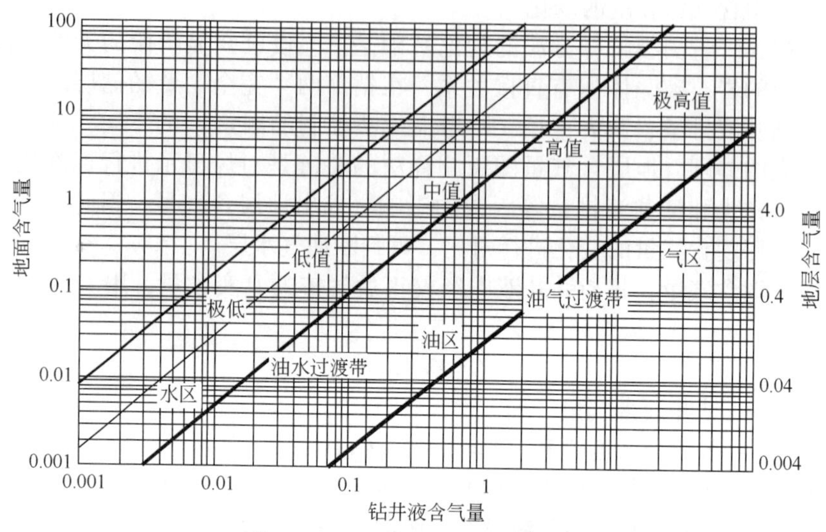

图 2-2-17　地层含气量解释图版

低值区域，图版上一般为水区。当钻井液含气量在 0.02~0.15 时为低值区域，图版上一般为水区和油水过渡带。当钻井液含气量在 0.15~2.0 时为中值区域，图版上一般为油区。当钻井液含气量在 2~20 时为高值区域，图版上一般为油气过渡带。当钻井液含气量在 20~100 时为极高值区域，图版上一般为气区。

4. 轻质烷烃比值法（3h 图解）

轻质烷烃比值法是在原皮克斯勒烃比值法的基础上，通过测定大量的皮克斯勒法所用的烃比值和其他变量后确定出来的一种解释方法。轻质烷烃比值法图解也称 3h 图解。

湿度比，用 W_h 表示，计算公式为：

$$W_h = 100\times(C_2+C_3+C_4+C_5)/(C_1+C_2+C_3+C_4+C_5) \tag{2-2-5}$$

烃平衡比，用 B_h 表示，计算公式为：

$$B_h = (C_1+C_2)/(C_3+C_4+C_5) \tag{2-2-6}$$

特征比，用 C_h 表示，计算公式为：

$$C_h = (C_4+C_5)/C_3 \tag{2-2-7}$$

将湿度比、平衡比放在一栏中做图，取对数坐标，另将特征比放在一栏中做图，取线性坐标，井深相对应，构成 3h 解释曲线（图 2-2-18）。

5. 含油系数图版

含油系数图版是在全烃曲线形态的基础上开发的一种新解释方法，成功地应用了全烃曲线模型技术，将人工解释经验与计算机有机地结合在一起，

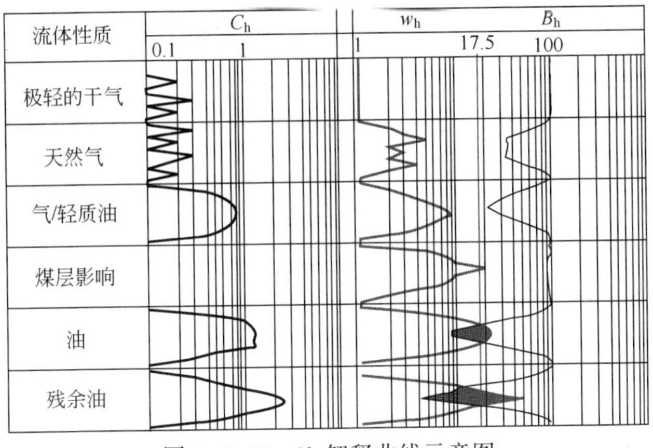

图 2-2-18　3h 解释曲线示意图

成为解释评价油气层最主要的解释方法之一。以含油系数为横坐标，组分比为纵坐标，构成含油系数图版（图 2-2-19）。

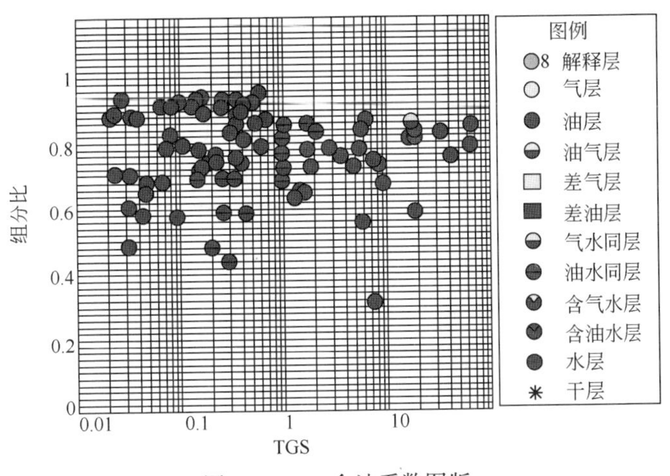

图 2-2-19　含油系数图版

所谓含油系数是描述钻井液中油气含量的多少，是地层的储层厚度、显示厚度，全烃曲线的最高值、基值、拖尾值，钻时的基值、最大值的函数。组分比是将录井资料中烃组分含量进行重新比值拟合运算后而得到的，其值的大小与地层流体特性相关，不同流体类型，其计算方法不同。

（三）纵向连续曲线分析法

纵向连续曲线解释评价油气层方法，改变了以往油气层解释评价过程中

“以点代面”的传统模式，充分利用录井资料的大量信息数据，总结纵向连续曲线解释评价油气层模型，分析录井过程中的影响因素，对录井数据进行合理的校正，用连续解释曲线的形式，较真实地反映地层的实际情况及油气水在纵向上的分布规律。应用连续曲线的解释方法判别地层流体性质，实现录井资料纵向连续曲线解释评价油气层。纵向连续曲线解释评价油气层方法也是多种多样的，这里介绍的是常用的含油气丰度曲线、油气相对质量曲线。

1. 含油气丰度曲线

含油气丰度曲线解释方法就是将录井过程中的全烃值经过校正后，得到相应的校正曲线，通过对曲线幅度、形态的分析研究，判别储层流体性质。含油气丰度曲线解释方法，从原理上消除了钻井液排量、钻头直径、钻井速度对气测录井资料的影响，从而使录井资料更能真实地反映地层实际情况，为解释评价提供更有利的依据，如图 2-2-20 所示。

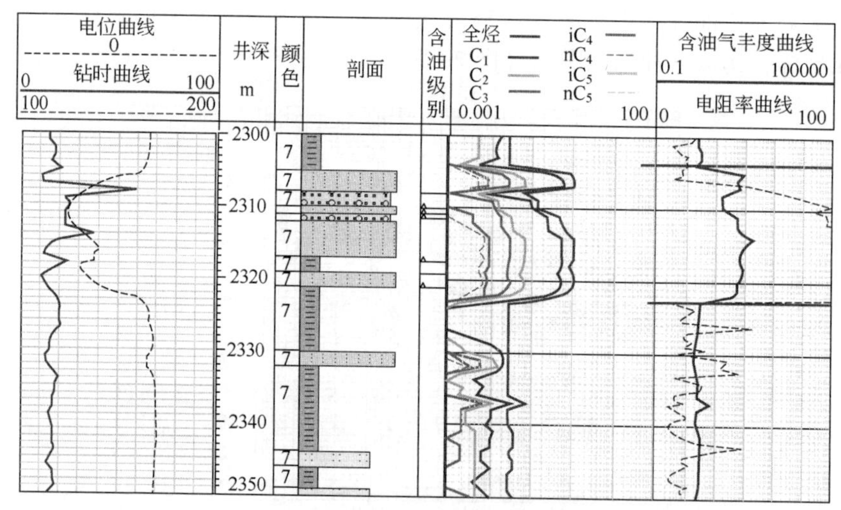

图 2-2-20 含油气丰度解释曲线图

2. 油气相对质量曲线

在气测录井过程中，录井资料受到地面脱气设备和操作条件的影响，从烃组分分析数据中得出的地层流体性质的判断，在油气层解释评价中只能用于相关的对比，而采用油、气的相对质量进行地层流体的解释评价，能较真实地反映地层的实际情况。在常温条件下，假定 $C_1 \sim C_4$ 为气态，C_5 为液态，即从广义上讲，$C_1 \sim C_4$ 指示气，C_5 以后的重烃指示油。

假设地层产出的气体是由 $C_1 \sim C_4$ 构成的，那么气体相对质量即为 $C_1 \sim C_4$

相对质量之和。假设地层产出的油是由 C_5 以后的重烃构成，那么油的相对质量即为 C_5 以上各组分相对质量之和。一般情况下钻井液中 C_5 的含量相对较低，脱气器的脱气效率不随烃组分摩尔量的增大而增大，特别是环境温度的变化和钻井液性能的变化将使气测录井仪检测到 C_5 的含量较低。在实际应用中，由于气测录井可以较为精确地检测出钻井液中所含 $C_1 \sim C_4$ 的含量，用 $C_1 \sim C_4$ 的含量来估算出油相对质量。分别以气体相对质量和油相对质量绘制曲线，得到油、气相对质量解释曲线，如图 2-2-21 所示。

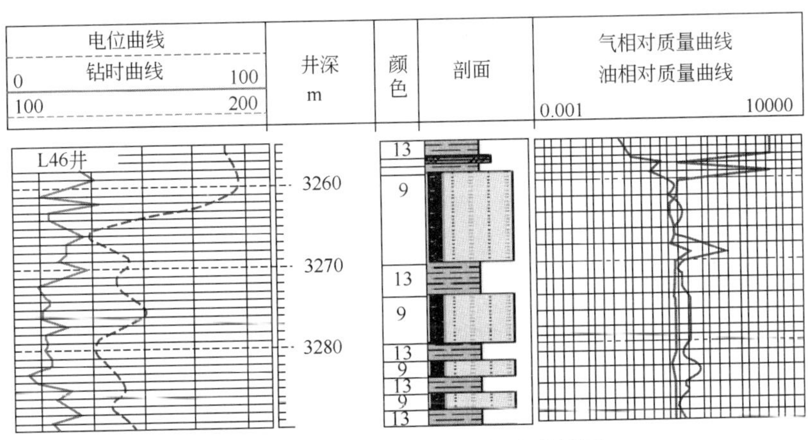

图 2-2-21　油气相对质量解释曲线图

三、资料应用实例分析

（一）识别真假资料

录井资料受到诸多方面的影响，在资料应用过程中首先要识别资料的真伪，消除影响因素，去伪存真。

1. 单根峰、停开泵影响峰的识别

所谓单根峰、停开泵影响峰一般都出现在钻开油气层之后，工程施工接单根或停开泵经迟到时间之后而出现的一个异常。全烃曲线的形态较单一，上升的速度与下降的速度均较快，多为单尖峰，峰值不高但形态特征较明显；烃组分分析值一般与钻开油气层时的组分结构形态相同，但重烃含量相对较少。

单根峰、停开泵影响峰主要是用迟到时间来卡取。图 2-2-22 为××井原始录井图的单根峰，在出现峰值前 36min 接单根，迟到时间为 39min，中间未出现其他的峰值。

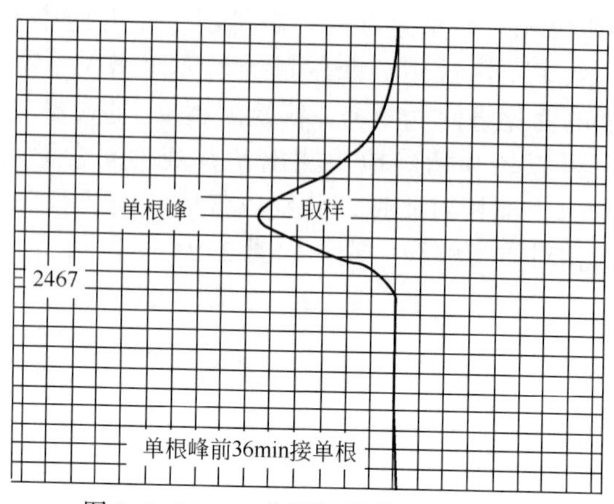

图 2-2-22　××井原始录井图的单根峰

2. 后效假异常的识别

后效假异常一般在后效峰值出现后，经过一周时间加上钻井液在外循环设备中流动的时间出现的一个假异常。经过试验钻井液在外循环设备中流动的时间一般为 10~20min。

后效假异常与正常后效相比，全烃曲线形态跨度较大，上升的速度与下降的速度均较慢，峰值较后效值低许多；烃组分分析多以重烃含量为主，轻烃含量明显减少。图 2-2-23 为××井后效和后效假异常的原始录井图，一周时间为 78min，正常后效与后效假异常之间相差 96min，从时间上推算，可较准确地识别出真假异常。

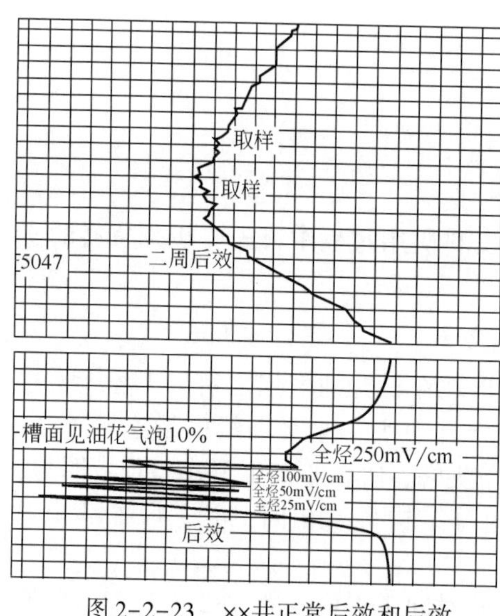

图 2-2-23　××井正常后效和后效假异常原始录井图

3. 现场资料的鉴别

气体现场录井资料的鉴别，关键是保证现场数据的准确性、合理性，通常将气体录井数据和后效录井资料作为重点。实例分析如下：

1）××井后效录井资料

后效录井过程：井深 5870.89m，钻头位置 5858.18m。迟到时间 194min，排量 0.637m^3/min，钻井液

静止 6.4h，开泵 115min 后见到后效，全烃初峰 13.85%，经 111min 后见到高峰 79.88%，经 42min 后下降到 55.76%，后效高值持续时间较长。后效录井过程中钻井液循环未停泵。油气上窜高度 2390.37m，上窜速度 373.49m/h，折算油气层位置：5863~5871m。

根据后效录井过程描述内容分析，后效高峰应该在迟到时间以内出现，但是本次出现后效高峰的时间远大于迟到时间。造成油气上窜高度和上窜速度及折算油气层位置全部错误。

2）气体录井数据

表 2-2-1 为××井气体录井数据表。

表 2-2-1 ××井气体录井数据

井深，m	钻时，h	全烃，%	C_1，%	C_2，%	C_3，%	iC_4，%	nC_4，%
5344	9	0.187	0.014	0.000	0.000	0.000	0.000
5345	15	6.053	1.007	0.236	0.061	0.004	0.009
5346	16	7.225	3.360	0.797	0.184	0.015	0.055
5347	25	8.078	3.616	1.049	0.322	0.044	0.130
5348	36	2.975	1.034	0.220	0.075	0.006	0.020
5349	34	2.860	1.043	0.208	0.073	0.006	0.019
5350	30	2.728	1.049	0.277	0.094	0.008	0.030
5351	30	2.957	1.158	0.289	0.096	0.013	0.106
5352	36	2.857	1.048	0.190	0.066	0.005	0.020
5353	35	3.206	1.029	0.263	0.090	0.008	0.036
5354	49	3.356	1.018	0.258	0.092	0.008	0.036
5355	37	3.260	1.017	0.237	0.090	0.008	0.035
5356	19	3.028	1.028	0.235	0.085	0.008	0.033
5357	16	3.337	1.036	0.255	0.091	0.009	0.036
5358	14	3.458	1.028	0.256	0.092	0.009	0.038
5359	16	4.057	1.010	0.299	0.115	0.013	0.054
5360	17	3.524	1.050	0.299	0.115	0.013	0.054
5361	22	3.893	1.023	0.250	0.096	0.009	0.042
5362	27	4.375	1.006	0.297	0.111	0.014	0.055
5363	27	18.359	1.041	0.347	0.129	0.015	0.067
5364	23	23.441	2.502	0.836	0.287	0.056	0.156
5365	21	6.570	1.068	0.453	0.136	0.015	0.069

续表

井深，m	钻时，h	全烃，%	C_1，%	C_2，%	C_3，%	iC_4，%	nC_4，%
5366	21	4.735	0.997	0.334	0.131	0.014	0.063
5367	21	6.761	1.031	0.241	0.090	0.009	0.040
5368	18	4.054	1.019	0.277	0.103	0.010	0.049
5369	20	3.954	1.045	0.208	0.078	0.007	0.032

表中全烃与 C_1 相比，多点匹配关系差，数据存在问题。需要检查气体录井仪的灵敏度、烃组分分析保留时间及数据采集窗口时间等。

（二）资料应用

气体录井资料在油气水层发现、储层流体性质识别及解释评价等方面，以其及时快速的优势，在石油勘探与开发过程中发挥了重要的作用。资料的应用通常选用“全烃曲线形态特征法”“烃组分结构分析法”和“解释图版分析法”，结合其他录井、测井资料，进行综合解释评价。

1. 实例一

如图 2-2-24 所示为××井录井原图，解释层 16#层井段 2557~2562m，全烃曲线峰形饱满，快钻时与全烃高峰值相对应，反映出地层属油层的特征。现场烃组分分析以 C_1 为主，重组分齐全，C_1：60.06%，C_2：4.31%，C_3：13.05%，iC_4：4.38%，nC_4：5.02%，iC_5：6.0%，nC_5：7.17%，烃总量 3.135%，C_3/C_2 为 3.03，烃组分结构属油层的特征。

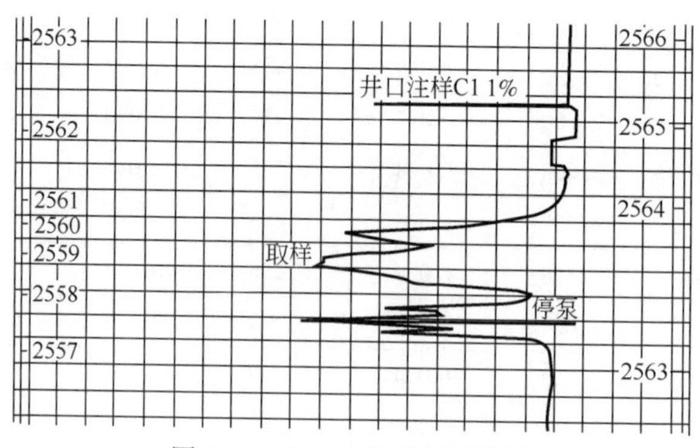

图 2-2-24　××井录井原始图

图 2-2-25 为含油系数解释图版，解释层 16#层井段 2557~2562m 在油层的区域内，解释为油层。

综合以上分析，将 16#层井段 2557~2562m 解释为油层。该层经试油日产

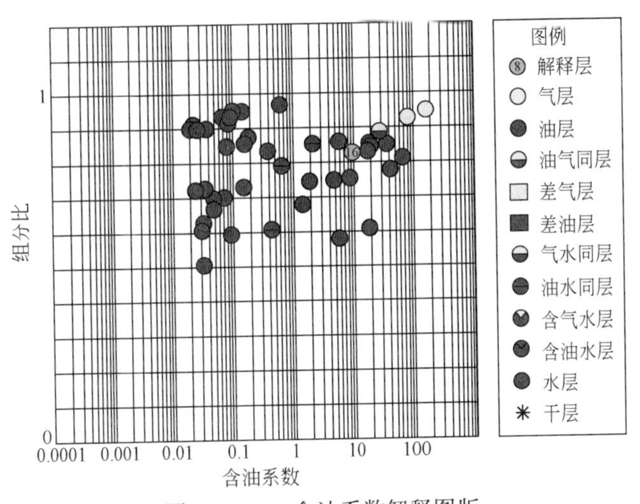

图 2-2-25　含油系数解释图版

油 17.04m³，水 0.012m³，为油层。

2. 实例二

图 2-2-26 为××井 3160～3200m 录井图，解释 13#层井段 3182～3192m，全烃由 0.24%上升到 8.11%，峰值较高，但曲线峰形欠饱满，高峰值出现在储层的顶部，曲线形态呈"倒三角形状"，储层厚度大于显示厚度，呈油水同层的特征。随钻烃组分分析以 C_1 为主，重组分齐全，C_1 的相对含量

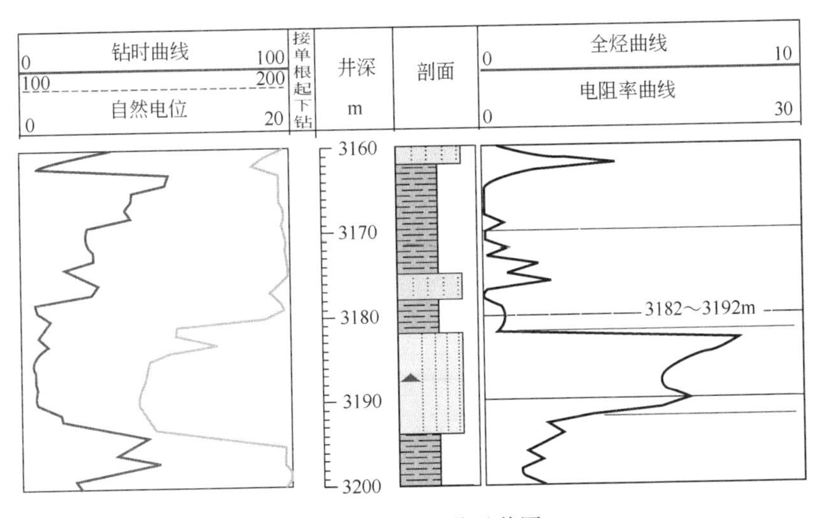

图 2-2-26　××井录井图

85.38%，烃总量为0.002%，C_3/C_2为0.55，烃组分结构呈C_1相对含量高、烃总量低、C_3/C_2低的变化趋势，为含水层的显示特征，解释为油水同层。

图2-2-27为含油系数解释图版，图中13#层在油水同层的区域内，解释为油水同层。

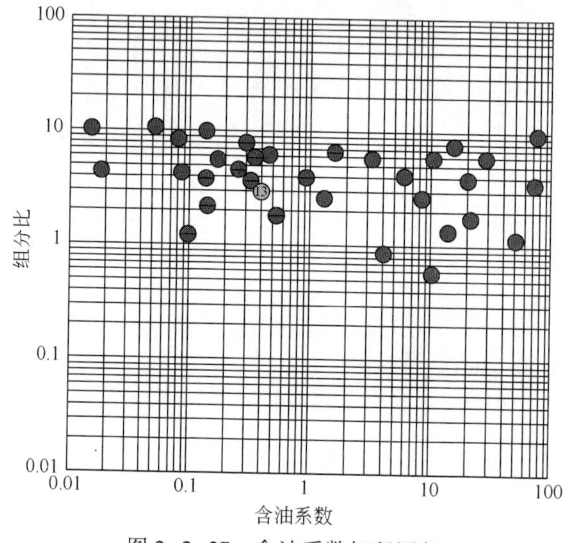

图2-2-27　含油系数解释图版

综合分析解释为油水同层。该层在3182~3194m试油，获日产油6.33m^3，水20.4m^3，为油水同层。

（三）欠平衡钻井条件下资料录取与应用

欠平衡钻井技术作为一种新的钻井工艺，目前在钻井过程中得到了较为广泛的应用，欠平衡钻井技术的实施，不但提高了机械钻速，降低了钻井成本，最主要的是有利于油气层的发现和保护。欠平衡钻井是利用旋转防喷控制头，在负压的情况下进行边喷边钻。欠平衡钻井条件下欠平衡钻井录井设备安装示意图，如图2-2-28所示。

1. 欠平衡钻井条件下给录井资料带来的影响

1）钻时录井资料失真

在欠平衡钻进过程中，由于控压钻井边喷边钻，使钻时录井资料失真，无法正确地反映地层的可钻性，直接影响应用钻时录井资料对地层进行划分。

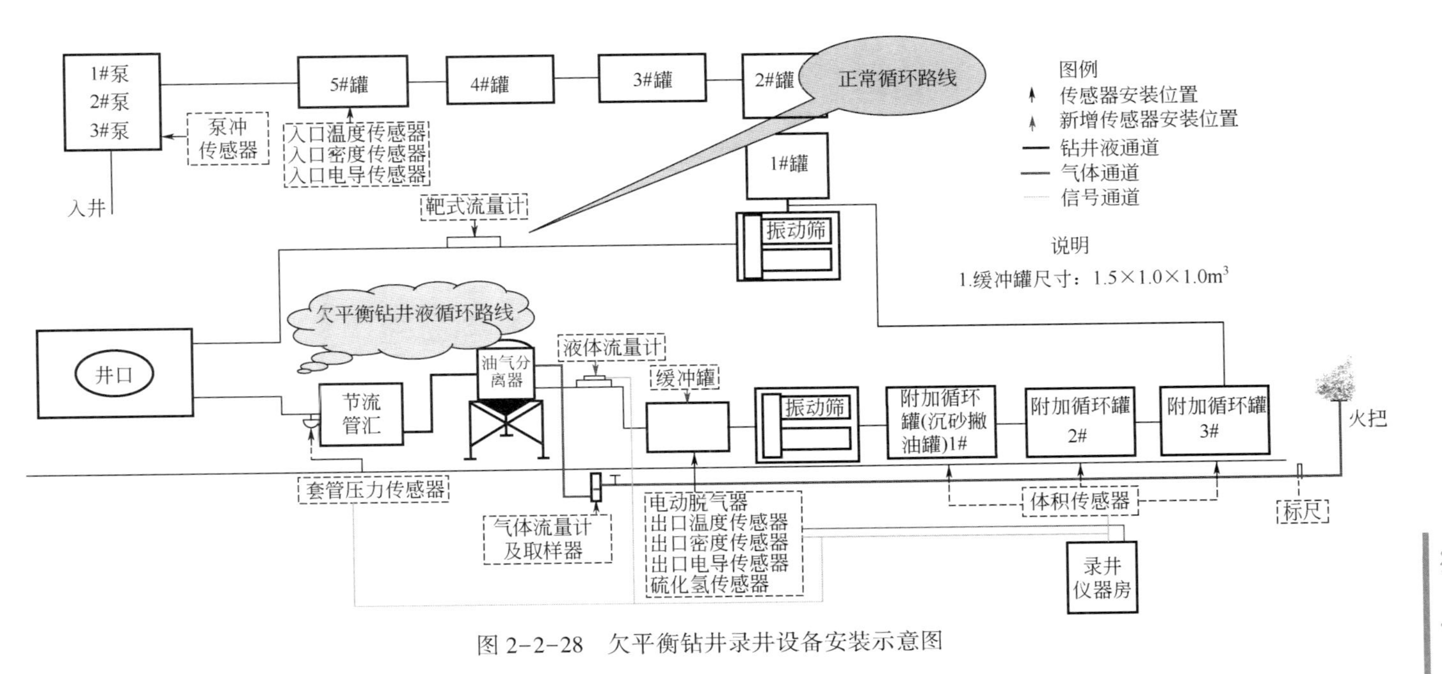

图 2-2-28　欠平衡钻井录井设备安装示意图

2）气测录井资料失真

欠平衡钻井条件下气体录井是采集油气分离器之后的钻井液中的烃类气体的含量或是油气分离器分离出的气体。如果气体录井采集的是油气分离器之后钻井液中烃类气体的含量，那么油气分离器将钻井液中所含烃类轻烃部分脱出放喷，残留在钻井液中重烃含量较高，使气体录井检测到的气体参数失真；如果气体录井所采集的是油气分离器分离出的气体，则气体录井检测到的气体参数轻烃含量较高，失真较为严重。

3）迟到时间失真

钻井液在油气分离器中滞留，使钻井液迟到时间失真。

2. 欠平衡钻井条件录井资料解释评价方法确定

欠平衡钻井条件下录井资料解释评价方法主要针对消除其影响因素而建立的。欠平衡钻井条件下录井资料由于受到上部油气层的影响，对准确识别新钻开的油气层带来了一定的难度。目前我们在欠平衡钻井井段主要采取先划分储层，再进行对流体性质判别的方式，应用钻时校正系数法、全烃含量校正系数法、迟到时间校正法、图版解释法，结合气体流量计检测数据，对录井资料进行综合解释评价。

1）钻时校正系数法

在欠平衡钻进过程中，由于控压钻井边喷边钻，受其影响钻时录井资料无法代表地层的可钻性，应用单一的钻时录井资料划分储层误差较大。采用归一化钻时方程，来解决钻时录井资料划分储层的问题。其基本原理是：将钻时录井资料进行归一化处理，假设 1 为分层的界限，无论大于 1 的变化或是小于 1 的变化都是异常。筛选这种异常进行平滑处理得到一组数据，这组数据由于是钻时拟合而来的，所以与地层可钻性有关，将其定义为钻时校正系数。钻时校正系数越大，地层可钻性越差。

图 2-2-29 为××井钻时校正系数曲线图，图中钻时校正系数曲线与测井自然电位曲线基本吻合。

2）全烃校正系数法

在低气油比的储层实施欠平衡钻井，气体录井资料全烃曲线呈现幅度较低、峰形较宽、拖尾严重的形态特征。全烃曲线形态失真的程度与上部地层压力有关。在低气油比储层中，录井采集的气体样品是经过油气分离器后再经脱气器而得到的，烃组分分析重烃组分含量较高，即重烃组分失真较小，通过分析对比发现在这种情况下，C_3 的含量相对损失少，C_3 含量的大小与地层油气显示相关，C_3 越高油气显示越好。为了校正全烃的失真，采用 C_3/C_2 作为全烃校正值，将全烃校正值与现场全烃值相乘，得到经过校正了的全烃

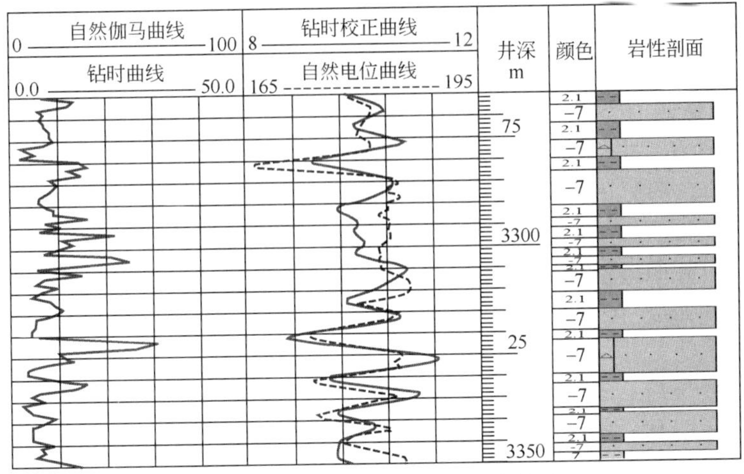

图 2-2-29　钻时校正系数法曲线图

值，定义为全烃校正系数，用 QT_j 表示，如式(2-2-7)：

$$QT_j = QT\times(C_3/C_2) \quad (2-2-8)$$

式中　QT_j——全烃校正系数；

QT——现场录井全烃值，%；

C_2——烃烃组分 C_2，%；

C_3——烃烃组分 C_3，%。

图 2-2-30 为××井全烃校正系数曲线，应用全烃校正系数来判别地层流体性质，曲线形态变化趋势更能反映地层的实际情况。

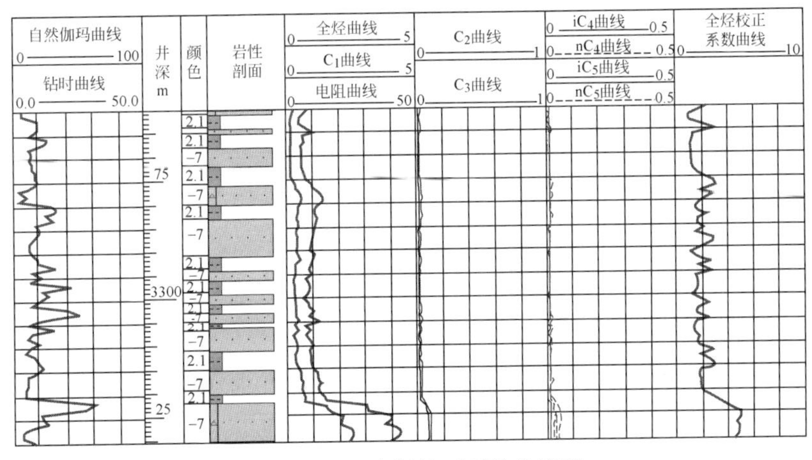

图 2-2-30　全烃校正系数曲线图

3）迟到时间的校正

欠平衡钻井过程中，钻井液在油气分离器中的滞留使迟到时间延长，油气显示滞后。所以在欠平衡钻井井段，必须实测迟到时间。

4）解释评价图版

在欠平衡钻井条件下气体录井资料无论采用哪种采集方法，其烃组分结构均已失真，只是失真的程度不同。原气体录井解释方法及标准都无法单独达到解释评价油气水层的目的。在欠平衡钻井条件下地化录井资料受其影响较小，所以我们将地化录井资料与气测录井资料相结合，构成地化轻重比图版综合解释评价。

在欠平衡钻井条件下气体录井全烃曲线是唯一的一条连续记录曲线，其值高低虽然受到了诸多因素的影响，但是经过校正后的全烃值基本上能反映地层的实际情况。所以，以校正后的全烃值为基础，将解释井段校正的全烃曲线所包括的面积定义为含油气丰度；而地化 S_1/S_2 定义为轻重比。地化轻重比图版是以含油气丰度为横坐标，以地化轻重比为纵坐标构成的图版（图 2-2-31）。从解释图版上可以看出，气层含油气丰度高和轻重比值高，油水同层和含油水层在图版上分异明显，可以用来解释评价油气水层。

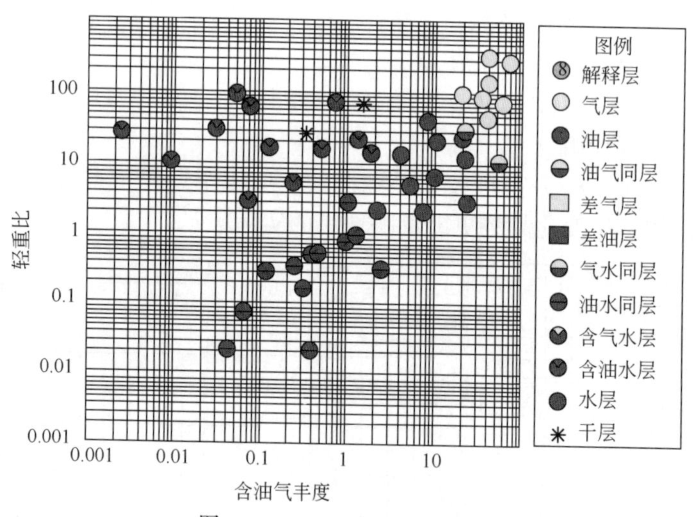

图 2-2-31　地化轻重比图版

5）气体流量计

气体流量计安装在排气管线上，指示油气分离器分离出经排气管线放喷气量的大小，可以间接地反映地层含气量。

3. 实例分析

D30 井是在××地区的一口预探井，该区内所钻井普遍为油质偏重，多数井自然产能不高，一般为油水同出。该井欠平衡钻井是从 2795m 开始进行，采用的钻井液相对密度是 1.05，气体录井在井段 2907～2919m 见油气显示，图 2-2-32 为 D3 井欠平衡条件下综合解释评价图。从图中看出：钻时校正系数曲线与储层具有一定的对应关系，储层较厚，曲线形态特征较明显，反映储层物性较好。气体录井曲线 C_3 含量变化特征较明显，与显示层对应关系较好。全烃校正系数曲线峰值较高，曲线形态较饱满，但在储层底部拖尾现象明显，反映储层底部具有含水的特征。

根据以上分析，将上部地层 2907～2914m 解释为油层，下部地层 2915～2920m 解释为油水同层。

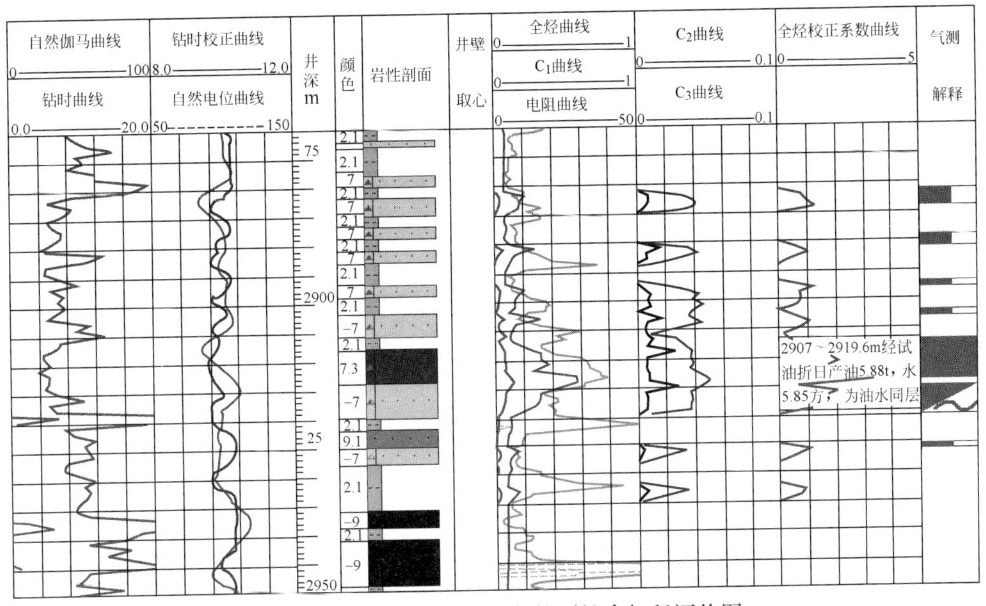

图 2-2-32 D3 井欠平衡条件下综合解释评价图

图 2-2-33 为 D3 井欠平衡条件下地化轻重比图版，从图版上看出，11#层 2907～2914m、12#层 2915～2920m 均位于油水同层的区域内，解释图版将其全部解释为油水同层。综合解释将 11#层、12#层解释为油水同层。该段在 2907～2919.62m 试油，折日产油 5.88t，水 5.85m^3，为油水同层。

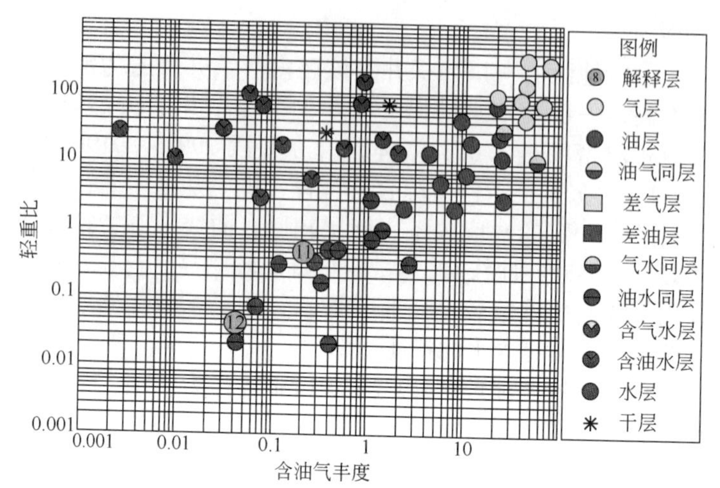

图 2-2-33　D3 井欠平衡条件下地化轻重比解释图版

第四节　非烃类气体录井资料的采集及资料应用

目前现场录井过程中对非烃类气体录井通常录取氢气（H_2）、二氧化碳（CO_2）、一氧化碳（CO）、硫化氢（H_2S）等。

一、非烃类气体录井资料采集

（一）氢气（H_2）

氢气的采集一般情况下是随烃类气体录井一同由分析仪器检测的，采用气固吸附色谱分离技术，将混合样品气样中的氢气分离出来，采用热导池鉴定器以电信号的形式记录氢气的不同浓度。

（二）二氧化碳（CO_2）

二氧化碳主要有两种方式采集，一是随烃类气体录井一同由分析仪器检测，采用气固吸附色谱分离技术，将混合样品气样中的二氧化碳分离出来，采用热导池鉴定器以电信号的形式记录二氧化碳的不同浓度。二是采用红外线二氧化碳分析仪分析并记录不同浓度的二氧化碳。目前由于热导池鉴定器受温度的影响较严重，稳定性较差，综合录井仪器多数较为独立的二氧化碳红外线分析仪，主要用于分析二氧化碳气体。

（三）硫化氢（H_2S）

硫化氢（H_2S）录井分为监测和测量两种方式，一般情况下采用综合录井仪外接硫化氢探头的方式进行监测。在含硫地区要采用硫化氢（H_2S）录井，检测钻井液和大气中硫化氢的含量，硫化氢录井通常采用以下3种录井方法进行采集。

1. 离子活度法

硫电极作为测量电极，甘汞电极作为参比电极，在溶液中组成测量电池。溶液所产生的电势取决于硫电极和溶液中硫离子的浓度。

2. 标准碘量法

向定量钻井液中加入盐酸，使硫化物转化为硫化氢，挥发出来的硫化氢与醋酸锌溶液中的锌离子作用，生成白色沉淀硫化锌（ZnS），再与标准碘液反应，然后用硫代硫酸钠（$Na_2S_2O_3$）标准溶液滴定过量的碘液，从而确定样品中硫化氢的含量。

3. 醋酸铅试纸法

醋酸铅试纸遇硫化氢气体生成黑色硫化铅，根据变色程度定性判断硫化氢的相对含量，或岩样中硫化物的相对含量。

（四）一氧化碳（CO）

一氧化碳录井主要在钻进煤层的时进行实时监测，一般没有独立的设备，监测原理主要是催化燃烧式或红外线式，多数为复合型，具有声光报警。监测范围一般为0.001%～1%，其分辨率为0.001%，响应时间小于30s。

二、非烃类气体录井资料应用

（一）氢气（H_2）和二氧化碳（CO_2）资料应用

在以往录井资料解释评价油气水层过程中，应用氢气和二氧化碳的含量变化，辅助判断地层是否含水，即钻遇水层后，氢气和二氧化碳含量均增加。但是，随着钻井液体系越来越复杂，钻井液中所含的氢气和二氧化碳多源性增大，致使用氢气和二氧化碳的含量的变化来判别水层，误差较大，几乎无法应用于解释评价中。

（二）硫化氢（H_2S）资料应用

根据硫化氢录井各项资料，结合其他录井资料，可较准确地判断含硫化

氢的具体井段、性质、特点。

1. 判断含硫化氢层的井段

根据钻井液中含硫化氢异常井段、井壁取心和岩屑含硫化氢测定结果，参考测井曲线，划出含硫化氢井段。

2. 判断硫化氢的相对含量

根据硫化氢录井资料分析，结合后效录井资料，可定性地判断油气层中硫化氢的相对浓度。

3. 对含高浓度硫化氢的地层及时做出预报

根据钻井液及大气中检测的硫化氢含量，可及时地发现含硫化氢层段，并做出相应的预报。

第三章　工程录井

工程录井源于地质录井和钻井液录井，并随着钻井、传感测量、计算机、网络通信、信息采集处理等技术的进步不断得以发展。现如今，工程录井技术已经成为石油天然气勘探开发钻井现场必不可少的工具性应用技术，它依托工程录井系统发挥着其独特的作用。

第一节　概述

工程录井是在综合录井服务过程中，利用各种钻井工程参数进行钻井作业实时监测，对钻井工程数据异常进行预报提示及随钻解释分析，实现实时指导钻井施工、避免钻井工程事故发生、减少钻井工程施工复杂或风险，为科学快速优质钻井提供技术支持的一项专业化的录井。

工程录井技术是综合录井技术的分支，同地质录井、气测录井、地层压力录井技术共同组成综合录井技术，但这并不限制它可以去独立地应用到钻井作业现场。早先在钻井平台上配套的“八参仪”和现如今装备的自动化程度较高的钻井参数仪、液面报警仪等均是综合录井系统之外可独立运行的仪器设备，它们都能够提供钻井作业过程中各项工程参数的实时数据和曲线，使钻井工程技术人员第一时间直观地监视其变化趋势和异常表现，及时地调整作业参数的量值，达到消除不利因素影响、降低钻井作业风险、避免工程事故的目的。

目前，工程录井技术在钻井现场主要能够起到随钻监测、事故提示预报、地层变化与油气显示识别、实用程序提供、地层压力监测、地质导向监控的作用。

一、随钻监测

在综合录井系统所采集、处理、存储的直接测量参数中，由传感器采集的钻井工程参数包括大钩负荷、大钩高度、转盘转速、扭矩、立管压力、套管压力、泵冲速、出口钻井液流量、钻井液池体积等；由系统计算得到的钻井工程参数包括钻压、井深（测量井深、迟到井深）、钻时（或钻速）、入口钻井液流量、*dc* 指数、Sigma 指数等。这些参数的量值都是按照一定的采集处理速率如 1Hz 实时地被检测获取，并在录井仪器房、地质录井房、钻台司控房、井场监督办公室、平台经理及工程技术员办公室、远端用户办公室等计算机工作站或者显示终端上以数据和曲线的形式呈现出来，从而达到监视的目的。

更为确切地说，由综合录井系统随钻检测的钻井工程参数，其作用一是让钻井工程作业人员第一时间看到其量值是多少，是不是在可控的范围内，一旦量值超限马上能够采取调整措施或者停止作业；二是使监管人员准确了解作业状态、钻井进度，监视参数的变化趋势，快速指导现场作业合理施工。

二、事故提示预报

通过检测各项钻井工程参数量值的变化，能够确定发生或可能将要发生的钻井工程事故。如在钻进状态下，当其他参数不变，而钻压突然增大、大钩负荷突然减小、钻时突然降低、井深突然增加时，可以断定已经发生溜钻事件；如在下钻即将到底的状态下，当大钩负荷突然减小、钻压突然出现量值且较大时，可以断定已经发生了顿钻事件；又如在钻进过程中，泵冲速恒定的情况下，当立管压力呈现平稳缓慢降低趋势，而出入口钻井液流量没有明显变化时，就可以得出井下钻具有刺漏之处；再如在钻进时，在其他参数不变的情况下，扭矩的大幅度剧烈波动、钻时的增加往往预示着钻头寿命接近极限或已经到了使用后期。

在综合录井系统中能够通过工程录井参数的变化能够确定发生或可能将要发生的钻井事故，有顿溜钻、钻具刺漏、掉水眼、水眼堵、遇阻、卡钻、断钻具、钻头后期、地面管汇刺漏、钻井液地面跑失、泵刺、井涌、井漏等。

三、地层变化与油气显示识别

钻井工程参数的量值变化可以为地质录井分析提供辅助性的佐证。比如钻进放空就是一个很好的例子：在钻进过程中，当出现钻压突然为零、大钩负荷突然增大、钻时瞬间为零、出口流量降低、立管压力减小等变化，说明地层存在裂缝或溶洞，这时就需要进行地质循环以确定是否钻遇了裂缝性或者孔洞性油气层。应用钻时变化判断岩性的改变，利用钻井液电导率的变化判断盐岩、膏盐层的存在，利用钻时、扭矩、钻井液参数（流量、池体积、电导率、温度、密度）等变化判断钻井钻入储层、发现识别油气显示、确定油气水层。

能进行地层分析的钻井工程参数有钻时、*dc* 指数、Sigma 指数、钻压、大钩负荷、立管压力、扭矩、转盘转速、钻井液参数（出口流量、入口流量、池体积、密度、温度、电导率）等。能够通过上述参数发现钻井作业过程中出现的地质现象有井漏、井涌、油气水侵、盐侵、地层岩性变化、放空等。

四、实用程序提供

绝大多数工程录井系统中均为钻井工程作业提供了多个实用程序，如水力学分析程序、抽汲与冲击分析程序、井斜程序、钻头性能分析程序、压井程序、下套管与固井程序等。每个程序内都要加载和输入大量的工程数据，最终得出具有可靠性的结果。

实际上，这些程序是为钻井工程技术人员提供的，而并非由现场录井人员掌握并加以运用。因为若想使这些程序真正起到应有的作用，必须要求应用人员不但掌握钻井工程理论，而且还要具有丰富的现场钻井经验及与钻井工程关联密切的如固井、定向井、压井、下套管等作业的经验。

五、地层压力监测

在钻井作业现场，利用综合录井技术来进行地层压力监测的方法主要有 *dc* 指数法、Sigma 指数法、泥（页）岩密度法，地温梯度法、钻井液气侵法（C_2/C_3 比值法）、钻井液电导率法（氯根法）、钻井液出口密度法、压力溢流法、钻井液池体积法、起下钻灌钻井液体积法、钻井液流量法、工程参数法、岩石体积密度法等。在这些方法中，除了地质分析的泥（页）岩密度法和岩石体积密度法、气测录井的钻井液气侵法等三种方法外，其余的方法均来自工程录井。

六、地质导向监控

先进的工程录井仪器配备有 MWD、LWD、PWD、FEMWD 等下井工具，与之配套的工程录井系统则具有随机接收和处理 MWD、LWD、PWD、FEM-WD 等信息接口和应用处理软件。利用它们可以为定向井、水平井的施工提供监测服务，从而保证成功定向中靶、确保钻头按设计轨迹运移。

第二节　基本原理及录取参数

工程录井技术服务与应用，主要依托工程录井仪来实施。工程录井仪与大多数仪器或系统一样，通过硬件和软件两部分的配置与组合，来实现各种工程参数的测量和处理分析。

一、基本原理

（一）硬件组成

工程录井仪硬件按现场部署区域可划分为两大部分即井场配置部分和仪器房内配置部分，其中井场配置部分包括各类传感器、报警器、信号电缆、防爆接线盒、电源电缆、钻台防爆显示器、显示终端（或计算机）、数据通信电缆、网络电缆、外部供电电源、外接网络设备（卫星小站外部单元、交换机或路由器）等；仪器房内配置部分包括内部电源供电系统、正压防爆装置、信号处理面板、数据采集系统、服务器、工作站、内接网络设备（卫星小站内部单元、交换机或路由器）、打印绘图设备、记录仪等。

该仪器按设备特性可划分分为六大系统即电源系统、传感器信号采集系统、计算机处理系统、安全系统、网络系统、辅助系统。

（二）软件组成

对工程录井仪而言，其软件由工程录井系统软件、操作系统软件及办公应用软件三大部分组成。

工程录井系统软件按其作用分为实时处理软件和脱机处理软件。实时处理软件主要包括实时采集、实时跟踪、实时显示、实时应用、实时配置、实时数据编辑转换处理等程序；脱机处理软件主要包括录井图绘制、数据库维护、数据传输、数据转换、录井资料处理、钻井工程各类实用分析与处理等程序。

操作系统软件是指工程录井系统软件的运行环境。不同型号的工程录井仪，其工程录井系统软件有不同的运行环境要求，通常有不同版本的 DOS 操作系统、WINDOWS 操作系统、UNIX 操作系统、不同类型的数据库管理系统（ACCESS 数据库、SQL Sever 数据库等）。

办公应用软件主要是用于文字、图片处理等所依托的处理软件，如

OFFICE、WPS、抓图软件等。

（三）工作原理

从图 2-3-1 可以看到，工程录井仪是通过各种传感器（压力变送、温敏感应、电磁振荡感应、临近开关、霍尔效应、超声波传导、阻值划变、压差测量、电化学反应、气敏感应等）将检测点的物理量如压力、温度、脉冲、液位、密度、电导率、气体含量等转换成电信号（电流或电压）经信号电缆、防爆接线盒提供给信号处理面板进行标准化信号处理，然后输出到数据采集系统工作站。通过服务器管理，各工作站、钻台防爆显示器、终端可以调用数据库内的实时采集与定时录入的数据，由此来完成各工作站自身的功能（录井图绘制系统工作站实现各类录井图的绘制、监视工作站实现实时曲线的跟踪与显示、远程传输系统工作站实现数据的远程传输与成果发布、录井资料处理计算机实现录井资料的整理）。录井数据或曲线能够通过打印机、绘图仪、记录仪予以输出和显示。录井资料可通过打印机、绘图仪予以处理。

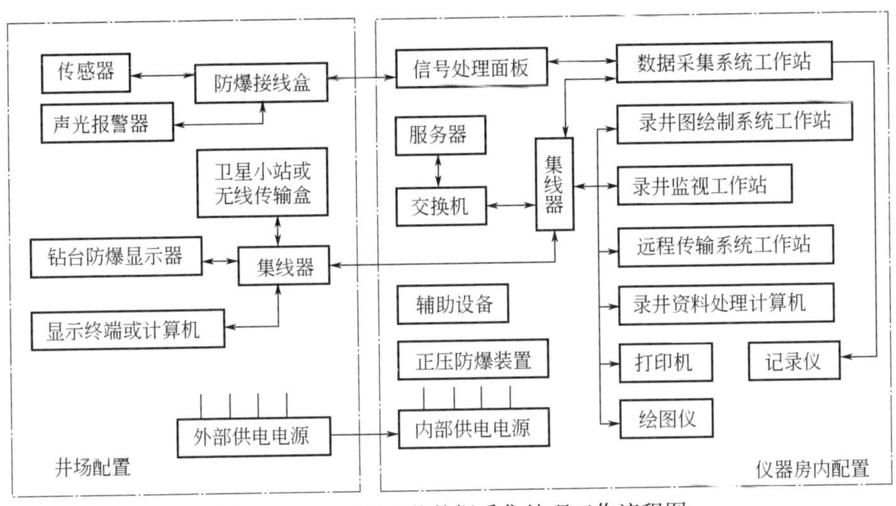

图 2-3-1 工程录井数据采集处理工作流程图

二、主要录取参数

（一）钻井工程参数

工程录井系统实时采集的钻井工程参数：大钩负荷、大钩高度、立管压

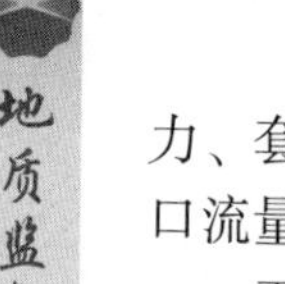

力、套管压力、钻井液泵冲速、钻井液池体积、转盘转速、扭矩、钻井液出口流量等。

工程录井系统实时计算的钻井工程参数：钻压、悬重、钻时、钻速、钻头位置、钻达井深、垂直井深、井斜角、方位角、钻井液入口流量、钻井液总池体积、钻井液活动池体积、钻头成本、钻头纯钻时间、钻头纯钻进尺等。

（二）钻井液性能参数

工程录井系统实时采集的钻井液性能参数：进口钻井液密度、出口钻井液密度、进口钻井液温度、出口钻井液温度、进口钻井液电导率（或电阻率）、出口钻井液电导率（或电阻率）等。

（三）地层压力参数

地层压力参数由钻井工程参数、钻井液性能参数实时衍生出来，主要有当量循环钻井液密度、*dc* 指数、Sigma 指数、地层孔隙流体压力、地温梯度、正常静水压力、上覆地层压力、大地构造应力、异常地层压力、地层破裂压力、地层坍塌压力、井涌控制容限等。

（四）其他参数

由于工程录井大部分的数据来源于地面的测量，所以工程录井系统还计算处理由循环钻井液系统产生的参数，如迟到时间、迟到井深、迟到钻井液流量、迟到钻井液池体积、迟到钻井液密度、迟到钻井液温度、迟到钻井液电导率（或电阻率）、硫化氢气体含量、可燃气体含量等。

第三节　仪器安装、校验及标定

工程录井作业是通过安装在钻井设备（如钻机、钻井液罐、钻井泵、地面管汇等）上的各种传感器，将压力、脉冲、温度、电磁电流等物理信号转化成标准电信号，以有线或无线的方式传送给数据采集系统，并以数字或曲线的形式展现出来，供现场作业技术人员实时监测钻井工程参数变化、及时进行工程异常预报、准确监测地层压力并进行安全科学施工作业。因此仪器的标准化安装、程序化校验、规范化标定对各项参数的精准采集测量起着至关重要的作用。

一、仪器安装

（一）仪器房

通常情况下，对于非正压防爆仪器房应平、稳、正、直地摆放在面对井场大门坡道右前方的振动筛一侧、距井口距离大于30m的平地位置（安全区域）。如果现场条件不能满足在30m以外的位置放置仪器房，但按设计要求必须配套正压防爆型仪器，可将正压防爆型仪器房摆放在距井口小于30m且不影响其他作业、安全疏散的位置上。

摆放到位的仪器房在通电前应保证接地良好，接地线埋深应大于50cm，接地电阻应小于4Ω。

在采取有线信号传递的情况下，仪器房至振动筛的外部线缆应使用绷绳架设，供电电源线原则上应与气体管线、信号线缆分开捆绑，线缆架空高度在2m以上。仪器房至地质值班房、井场监督房、钻井工程师房的外部线缆可在井场外围的地面穿管或采用埋入地下的方式铺设，埋入地下的线缆要有防护管，非电源线缆亦可直接通过房顶铺设。电缆与房体及铁体棱角接触部位要采取防磨、隔热、绝缘保护措施，电缆入室过墙处应使用绝缘材料护线。仪器房内部电器设备、电气线路齐全完好，装配的漏电保护器、保险丝符合规范要求，配电盘仪表指示正常，控制系统灵敏可靠。拆卸、安装部件时不得带电作业。

（二）安全设施

仪器房安全门、安全窗与其他房体间距要大于1.5m，且确保安全门、安全窗出口处有足够的逃生空间，逃生线路上无障碍物。

关于硫化氢报警，仪器上必须配备硫化氢声光报警装置，室外报警器应安装在高于仪器房顶至少1m处，其供电系统要符合用电安全及防爆要求，井场值班房内可清晰听到报警声音。

正压防爆型仪器房应通过防爆安全检测部门的资质认证，仪器房内压力大于空气压力50~150Pa，当压差小于50Pa时，报警1min后仪器自动切断主供电电源。可燃性气体检测装置能检测可燃性气体范围为0~100%爆炸下限，精度±2%；当可燃性气体浓度为爆炸下限的20%~50%时，应报警；当可燃性气体浓度大于爆炸下限的50%时，应自动切断仪器主供电电源和风机电源。烟雾检测装置在检测到2.4%obs（减光率）/m的微弱灰色烟雾时，能自动切断仪器主供电电源和风机电源。应急照明装置能在供电电源中断5s内自动启动，持续照明时间不少于20min。同时该系统具有人工紧急关闭全部电源装

置，且关闭后具有锁定功能。

（三）传感器

1. 绞车传感器

该传感器应安装在远离电磁刹车的钻机滚筒轴低速离合器一端。

安装前，应确定该传感器转子转动灵活。安装时，应先卸下安装该传感器一侧的绞车滚筒轴低速离合器护罩和导气龙头，然后拧固上该传感器；信号线及定子应固定在滚筒轴导气龙头软管上。

需要注意的是，该传感器的安装应在钻机滚筒静止的状态下进行，安装前要与钻井工程相关技术人员沟通协调，确保安装过程中钻机停止运转、安装过程有人监护。

2. 转盘转速传感器

该传感器感应探头应安装在转盘旋转驱动轴处，以方便检查、维修和保养。

安装时，该传感器感应探头应固定牢靠，其感应探头与感应物间距要适当（根据传感器的感应距来确定，一般垂直距离以 0.5～1cm 为宜），防止传感器检测不到信号或感应物打碰探头而损坏传感器。

需要注意的是，安装该传感器应在转盘停止运转状态进行，安装前要与钻井工程相关技术人员沟通协调，确保安装过程中转盘停止运转、安装时有人监护。

3. 扭矩传感器

扭矩传感器常用的有两种，一种是液压转盘扭矩传感器（用于机械钻机），另外一种是电扭矩（霍尔效应）传感器（用于电动钻机）。这两种传感器的安装方法截然不同。

对于液压转盘扭矩传感器，其安装在转盘液压扭矩仪压力转换器上。安装前应核实传感器量程必须与压力转换器输出压力相对应，连接的快速接头相互间要匹配，不漏油。安装完成后，必须对油路注油并排气，避免因油路中存有空气而导致测量信号不稳定。需要注意的是，该传感器应在关停转盘的状态下安装，安装前要与钻井工程相关技术人员沟通协调，确保安装过程中转盘停止转动，且安装过程有人监护。

对于电动扭矩（霍尔效应）传感器，其安装在钻机转盘驱动电机的电源线上。安装前应根据电动钻机转盘驱动电机的电源类型，选择交流或直流电扭矩传感器，即电源为交流时选用交流电扭矩传感器、电源为直流时选用直流电扭矩传感器。当转盘驱动电机为直流电机时，还须将电缆的电流方向与直流电扭矩传感器的红色标记面一致。

4. 立管压力传感器

该传感器安装应具备以下条件：（1）立管压力表处具备安装此传感器三通的条件；（2）钻机有立管压力转换器或是立管上留有安装立管压力转换器的活接头。

安装时，可直接使用高压胶管将压力传感器连接到钻机的立管压力转换器上，要求连接的快速接头相互间要匹配，无漏油。

如果是安装在立管的预留活接头上，则需要先卸下立管旁通活接头的丝堵，安装好立管压力转换器，再用高压胶管连接压力传感器，同时保证活接头连接牢固、快速接头相互间要匹配，无漏油。

如果是安装在立管压力表处，则需要先卸下立管压力表，然后通过立管压力三通固定好立管压力表，再将压力传感器安装在三通上。在安装压力表、三通、传感器时，必须采取密封措施确保无刺漏现象，立管压力三通的传感器接口应对着无人操作的方向。

需要注意事项：（1）安装前要与钻井工程技术人员沟通协调，确保安装过程中钻井泵处于停开状态，直至安装完成；安装时有人监护；安装传感器须在立管无压力、无钻井液的条件下进行。（2）压力传感器安装完成后，必须对油路注油并排气，避免因油路中存在空气而导致测量信号不稳定。（3）如需攀高安装，安装人员应佩戴安全带、安全绳等安全保护装备。

5. 大钩负荷传感器

该传感器可安装在钻机死绳固定器、液压转换器或钻机指重表的压力三通上。

安装此传感器时，应使用高压胶管连接传感器，连接的快速接头相互间要匹配，无漏油。传感器安装完成后，须对油路注油并排气，避免因油路中存在空气而导致测量信号不稳定。在重载的状态下，检查油路有无渗油现象。

需要注意的是，当大钩负荷传感器检测信号受寒冷气候影响时，要采取保温措施；安装此传感器必须在钻井工程坐卡（轻载）的状态进行，安装前要与钻井工程技术人员沟通协调，确保安装过程中大钩坐卡状态一直保持，且有人监护。

6. 套管压力传感器

该传感器应安装在节流管汇的压力表三通处。安装时，必须采取密封措施，确保无刺漏现象。安装完成后，必须对油路注油并排气，避免因油路中存有空气而导致测量信号不稳定。

需要注意的是，安装前要与钻井工程相关技术人员沟通协调，确保安装过程中无封井器试压作业。

7. 泵冲速传感器

该传感器感应探头应安装在钻井泵的旋转轴处，尽量不要安装在钻井泵拉杆箱内，以方便检查、维修和保养。安装时，传感器的感应探头应固定牢靠，感应探头与感应物间距要适当（根据传感器的感应距来确定，一般垂直距离以 0.5~1cm 为宜），防止传感器检测不到信号或感应物打碰探头而损坏传感器。

需要注意的是，安装前要与钻井工程技术人员沟通协调，确保安装过程中钻井泵停止运转，安装时有人监护。

8. 钻井液出口流量传感器

用于测量钻井液出口流量的传感器有两种，一种是靶式流量传感器，另外一种是超声波液位传感器，它们的安装方法不同。

对于靶式流量传感器，它须固定在接近钻井液返出管线（导管）的安装口处且管线斜度应小于 15°、水平位置要高于钻井液缓冲罐内循环时的钻井液液面高度。安装时，传感器的靶子活动方向应与钻井液流动方向一致，且长度适中、活动灵敏。需要注意的是，该传感器的安装，如果不是基于钻井液出口管线附近具有高架踏板，则属于高处作业，安装人员要系保险带等安全防护装备，安装过程有人监护。

对于超声波液位传感器，其安装需要钻井液缓冲罐处具有固定该传感器的支架，安装位置选择在传感器探头下的钻井液缓冲罐中且钻井液液面相对平稳处。安装时，传感器固定牢靠，其探头要垂直于钻井液液面；传感器探头与钻井液缓冲罐罐面的垂直距离应大于 25cm，探头下无异物遮挡。

钻井液出口流量传感器安装时，如果需要焊接，应在办理动火作业许可情况下，由专业人员按规定操作。同时安装人员要注意安全，防止发生跌倒、坠落等事故。

9. 钻井液电导率（或电阻率）、温度、密度传感器

钻井液入口电导率（或电阻率）、温度、密度传感器应安装在钻井泵吸入口所连接的钻井液罐内；钻井液出口电导率（或电阻率）、温度、密度传感器应安装在钻井液出口缓冲罐内，如钻井液出口处无缓冲罐设置，可就近安装在钻井液出口处的钻井液罐内。

安装要求：（1）钻井液入口电导率（或电阻率）、温度、密度传感器应安装在钻井液流动性好、且不受钻井液添加剂添加作业影响的位置，并使用固定支架牢靠固定；（2）钻井液入口电导率（或电阻率）、温度、密度传感

器采用长杆式传感器，以保证传感器探头没入钻井液液面下；（3）钻井液出口电导率（或电阻率）、温度、密度传感器应安装在钻井液流动性好、离钻井液返出管线较近的位置，并使用固定支架固定牢靠；（4）钻井液出口电导率（或电阻率）、温度、密度传感器通常采用短杆式传感器，以保证传感器探头没入钻井液液面下，且不被沉砂掩埋；（5）钻井液出、入口密度传感器安装时，其探头固定杆应与罐内钻井液液面保持垂直。

需要注意的是，安装上述传感器时，如果需要动用电焊，应在办理动火作业许可情况下，由专业人员按规定操作。同时安装人员要注意安全，防止发生人员滑倒、坠入以及工具掉落钻井液罐内等事件、事故。

10. 钻井液池体积传感器（超声波液位传感器）

钻井液循环罐、起下钻罐或需要安装液位传感器的其他液罐顶上必须留有直径不小于 15cm 的钻井液液位观测口，并且观测口位置应尽量远离搅拌器。安装时，该传感器应牢靠固定在钻井液液位观测口处，探头面要与钻井液液面平行。传感器探头与钻井液罐面的垂直距离应大于 25cm，钻井液液面观测口处到钻井液罐内液面间无异物遮挡。

需要注意的事项：（1）安装时，如果需要动用电焊，应在办理动火作业许可情况下，由专业人员按规定操作。（2）安装环境温度应在传感器工作温度范围之内（如−40～+60℃）。（3）安装人员要注意安全，防止发生人员滑倒、坠入以及工具掉落钻井液罐等事件、事故。

11. 硫化氢传感器

通常情况下，硫化氢传感器分别安装在钻台面、钻井液出口处、钻机周围地表低洼处以及录井仪室内气管线上。安装时，应保证传感器探头朝下，室外传感器应配有护罩以防止水汽和灰尘污染探头。钻台面硫化氢传感器安装应离钻台面不超过 1m 且固定在离司钻操作台较近处，钻井液出口处的硫化氢传感器应安装在低于钻井液液面 1. 50m 处。

二、传感器校验与标定

（一）标定的项目和要求

1. 绞车传感器

当传感器检验误差不能满足规定要求或更换传感器时，现场采用多点法（10～20 点）予以标定。通常情况下，当采用接单根方式钻进时可选择 10 点法标定，如采用接立柱钻进则可采用 20 点标定。

2. 转盘转速传感器

当传感器检验误差不能满足规定要求或更换传感器时，现场可采用感应物在传感器感应距内切割运行来确定其工作的正常与否。

3. 扭矩传感器

当传感器检验误差不能满足规定要求或更换传感器时，需要对传感器进行标定。

对于液压扭矩传感器，可利用压力校验台采用5点压力（0kN·m、5kN·m、10kN·m、20kN·m、50kN·m）予以标定。通常情况下，现场可采用2点压力法即无压力值和满量程压力值来对其进行标定。

对于电扭矩传感器可采用2点法即电流为0和满量程最大电流值进行标定。

4. 立管压力传感器

在传感器检验误差不能满足规定要求和更换传感器时，用压力检验台进行5点压力（0MPa、5MPa、10MPa、20MPa、40MPa）标定。通常情况下，现场可取两个压力点如5MPa、20MPa来刻度标定。

5. 大钩负荷传感器

当传感器检验误差不能满足规定要求或更换传感器时，利用压力校验台，采用5点压力（0kN、500kN、1000kN、2000kN、5000kN）予以标定。通常情况下，现场可采用2点法即无压力值和满量程压力值来进行标定。

6. 套管压力传感器

在传感器检验误差不能满足规定要求和更换传感器时，用压力检验台进行5点压力（0MPa、5MPa、10MPa、20MPa、40MPa）标定。通常情况下，现场可取两个压力点如10MPa、40MPa来刻度标定。

7. 泵冲传感器

当传感器检验误差不能满足规定要求或更换传感器时，现场可采用感应物在传感器感应距内切割运行来确定其工作的正常与否。

8. 钻井液出口流量传感器

当传感器检验误差不能满足规定要求或更换传感器时，用3点法（0、某一定值、100%）予以标定。通常情况下，现场可采用2点法即无流量和最大流量进行标定。

9. 钻井液密度传感器

在传感器检验误差不能满足规定要求和更换传感器时，利用标准溶液

（如密度为 $1g/cm^3$ 的水）予以标定。通常情况下，现场可采取 2 点法即在空气中为 0 值、在清水中为 $1g/cm^3$ 进行标定。

10. 钻井液温度传感器

在传感器检验误差不能满足规定要求和更换传感器时，至少采用 2 点温度法标定。现场通常可采用温度计测量温度法予以标定。

11. 钻井液电导率传感器

在传感器检验误差不能满足规定要求和更换传感器时，利用电阻箱，采用 5 点电阻值予以标定。通常情况下，现场可采取 2 点法即在空气中为 0 值、标准电阻（如 3Ω）为满度值（300mS/cm）予以标定。

12. 钻井液池体积传感器

在传感器检验误差不能满足规定要求和更换传感器时，予以标定。基地的工作曲线标定采用探头位置分别为 25cm、50cm、100cm、200cm、250cm 的 5 点法标定。现场的标定通常可采用 2 点法即选用钻井液罐的最大与最小容量进行标定或者采用固定高度挡板法标定。

13. 硫化氢传感器

当传感器检验误差大于 3%或更换传感器时，至少采用 2 个浓度点 10×10^{-6}（$15mg/cm^3$）、20×10^{-6}（$30mg/cm^3$）、50×10^{-6}（$75mg/cm^3$）、100×10^{-6}（$150mg/cm^3$）予以标定，即高、低浓度至少各取一点标定。通常情况下，现场应以设置高、低报警浓度点如高报警浓度 50×10^{-6}（$50mg/cm^3$）、低报警浓度 10×10^{-6}（$10mg/cm^3$）来刻度标定。

（二）主要技术指标

（1）井深的测量范围为 0~9999.99m、准确度为±0.2m/单根（或立柱）。

（2）钻时的测量范围为 0.10~999.99min/m。

（3）硫化氢检测传感器的响应时间为 30s（样品浓度的 80%）、测量范围为（0~100）$\times10^{-6}$（0~$150mg/cm^3$）、误差：$\pm2\times10^{-6}$（$\pm3mg/cm^3$）或±10%，取最大值。

（4）其他传感器的技术指标参考 Q/SY 1113—2011《综合录井仪校验规范》内所列，见表 2-3-1 和表 2-3-2。

表 2-3-1　钻井液参数传感器的技术指标

种类	测量范围	分辨率	响应时间	误差
体积	0.25~5m	$0.1m^3$	10s	±0.5%FS
密度	0~$3g/cm^3$	$0.01g/cm^3$		±0.01

续表

种类	测量范围	分辨率	响应时间	误差
温度	0~100℃	0.5℃		±1%
电导率	0~300mS/cm	5mS/cm	5s	±2%FS

表 2-3-2　钻井参数传感器的技术指标

传感器种类	测量范围	分辨率	最大误差
绞车	0~40m	≤0.01m	±1%FS
立管压力	0~40MPa	0.1MPa	±2%FS
套管压力	0~70MPa	0.1MPa	±2%FS
大钩负荷	0~4000kN	10kN	±2%FS
电扭矩	0~1000A	1A	±2%FS
机械扭矩	0~200kN	1kN	±2%FS
泵冲	0~400 冲	1 冲	1 冲
转速	0~400 转	1 转	1 转

不同型号的录井系统其传感器主要性能指标可能有所差异，如大钩负荷传感器有的录井系统内其测量范围为 6.9MPa，因此详细的性能指标要以现场的录井系统配置为准。

（三）录井前及录井过程中检验的内容和要求

工程录井仪器由于修理或更换重要部件而影响测量结果时，应及时进行检验。

工程录井仪器录井前检验结果、现场检验结果和现场涉及改变性能的检验结果应在仪器技术档案上记录并予以保存。

1. 井深（或大钩高度、钻头位置）测量

每口井录井前，应检验钻头位置测量误差。其检验方法：将绞车传感器顺时针旋转 10 圈，然后逆时针旋转 10 圈，检查钻头位置是否回到原始位置，误差应为 0。

录井过程中，每个班在每次下钻到底正常钻进之前，应现场检验单根长度误差和总井深误差。其检验方法为：输入正确的绞车参数或多点校验刻度数据，检查单根（或立柱）长度和井深显示，单根（或立柱）测量长度与丈量长度误差率应不大于 2‰，显示井深与钻具井深误差率应不大于 2‰。

2. 转盘转速测量

每口井录井之前，应检验转盘转速测量误差。利用模拟信号校验，其测

量误差率应不大于1%。

录井过程中，更换传感器时应进行现场检验转盘转速测量误差。其检验方法为：比较钻机转盘实际转速值与工程录井系统测量的转盘转速值，误差率应不大于2%。

3. 液压扭矩测量

每口井录井之前应检验扭矩测量误差。其检验方法：正确连接扭矩传感器，启动工程录井系统，用压力校验台，至少选两个压力点模拟试验，测量误差率应不大于1%。

录井过程中，每个班应现场检验扭矩测量误差。其检验方法为：观察比较钻机扭矩指示表的数值与工程录井系统测量的扭矩值，其误差率应不大于2%。

4. 立管压力的测量

每口井录井之前应检验压力测量误差。其检验方法：正确连接传感器，启动工程录井系统，用压力校验台进行校验，压力测量误差率应不大于1%。

录井过程中，每个班在下钻循环钻井液稳定后，应现场检验压力测量误差。其检验方法为：比较钻井平台泵压表的数值和工程录井系统相应的压力测量值，误差率应不大于2%。

5. 大钩负荷测量

每口井录井之前应检验大钩负荷测量误差。其检验方法：正确连接压力传感器，启动工程录井系统，用压力校验台，至少选两个压力点模拟试验，测量误差率应不大于1%。

录井过程中，每个班应现场检验大钩负荷测量误差。其检验方法为：在大钩静止状态下（钻井液循环、钻头提离井底、转盘转动状态下），观察比较钻台指重表上的大钩负荷值与工程录井系统测量的大钩负荷值，测量误差率应不大于2%。

6. 套管压力的测量

每口井录井之前应检验压力测量误差。其检验方法：正确连接传感器，启动工程录井系统，用压力校验台进行校验，压力测量误差率应不大于1%。

录井过程中，每个班在下钻循环钻井液稳定后，应现场检验压力测量误差。其检验方法为：比较钻井平台套压表的数值和工程录井系统相应的压力测量值，误差率应不大于2%。

7. 泵冲速测量

每口井录井之前应检验泵冲速测量误差。其检验方法为：以钻井泵不同泵速挡位进行模拟试验，泵冲速测量误差率应不大于1%。

录井过程中，更换传感器时应现场检验泵冲速测量误差。其检验方法为：比较钻井泵的实际泵冲数与工程录井系统泵冲速的测量值，误差率应不大于2%。

8. 钻井液出口流量测量

每口井录井之前应检验流量测量误差和响应时间。其检验方法为：调整传感器位置对应理论最小值和最大值（0、100%），比较理论流量与实际测量流量，其误差率应不大于2%，响应时间应不大于5s。

录井过程中，每次下钻循环钻井液后应现场检验流量测量误差和响应时间。其检验方法为：比较理论流量与实际测量流量，其误差率应不大于2%，响应时间应不大于5s。

9. 钻井液密度测量

每口井录井之前应检验钻井液密度测量误差。其检验方法为：把钻井液密度传感器放入已知密度的液体中，观察测量值，误差应在$-0.01 \sim 0.01 g/cm^3$。

录井过程中，每班在每次下钻循环钻井液、钻井液性能调整前应现场检验钻井液密度测量误差。其检验方法为：用密度计测得密度传感器处的钻井液密度，比较实际钻井液密度和工程录井系统的密度测量值，误差应在$-0.01 \sim 0.01 g/cm^3$。

10. 钻井液温度测量

每口井录井之前应检验钻井液温度测量误差。其检验方法为：把钻井液温度传感器放入已知温度的液体中，观察测量值，误差应在-1~1℃。

录井过程中，每班在每次下钻循环钻井液、钻井液性能调整前应现场检验钻井液温度测量误差。其检验方法为：用温度计测得钻井液传感器处的钻井液温度，比较实际钻井液温度和工程录井系统的测量值，误差应在-2~2℃。

11. 钻井液电导率测量

每口井录井之前应检验钻井液电导率测量误差。其检验方法为：用一根导线穿过电导率传感器探头磁感应圈，将导线的两端接到电阻箱最大阻值的接线柱上，根据传感器类型选择五个相应的电阻值，比较理论计算和实际测量的电导率值，误差率应不大于3%。

录井过程中，每班在每次下钻循环钻井液、钻井液性能调整前应现场检验钻井液电导率测量误差。其检验方法为：校验方法与录井前检验相同，但检验点可选为1点，误差率应不大于5%。

12. 钻井液池体积（液位）的测量

每口井录井之前应检验钻井液池体积（液位）测量误差。其检验方法为：

将超声波液位传感器探头置放在0.5～2m任意高度，比较理论体积值与测量体积值，误差率应不大于0.5%。

录井过程中，每班在下钻循环钻井液之前应现场检验钻井液池体积（液位）测量误差。其检验方法为：比较钻井液罐内钻井液的实际体积和工程录井系统测量的钻井液池体积，误差率应不大于1%。

13. 硫化氢气体测量

每口井录井之前应检验硫化氢测量误差。其检验方法为：注入浓度为10×10^{-6}（$15mg/cm^3$）或50×10^{-6}（$75mg/cm^3$）硫化氢气样检查，误差率应不大于2%，响应时间应在30s内达最大值的90%。

录井过程中，每次下钻钻井液循环之前应现场检验硫化氢测量误差。其检验方法为：注入浓度为10×10^{-6}（$15mg/cm^3$）或50×10^{-6}（$75mg/cm^3$）硫化氢气样检查，误差率应不大于3%，响应时间应在30s内达最大值的90%。

第四节 实时监测及提示预报

在钻井过程中，一旦发生井下复杂钻井工程事故，其处理施工作业不但难度大，而且耗时长、损失严重，甚至导致工程或地质报废。如何最大限度地利用现有设备、技术条件，对钻井工程异常和事故做出及时而准确的提示预测，以确保安全、优质、快速、高效、低耗地完成钻井施工任务是当前钻井作业中最重要的问题之一。工程录井实时监测与提示预报作用的充分发挥就成为钻井科学作业中的重要控制手段。

一、工程参数监测及报告

（一）工程参数监测

在工程录井技术服务过程中，各种传感器连续采集钻井工程参数量值，并以实时录井曲线或实时录井数据表形式予以显示。钻录井技术人员可以通过工程录井系统设置或部署的计算机工作站、终端和重复器的显示屏幕第一时间直观、快速地浏览到所有的钻井工程参数实时录井曲线和数据，并以此监视钻井状态的变化、发现钻井工程参数的异常变化，进而对钻井作业过程中的各种工程异常进行分析判断、提示预报，为钻井工程科学调整作业方案、合理处理工程事故提供可靠的依据。

工程录井实施的监测主要针对起下钻、钻进和划眼作业。其监测的工程参数包括钻压、大钩负荷、悬重、扭矩、钻时（或钻速）、大钩高度、钻头位置、转盘转速、立管压力、泵冲速、硫化氢含量等。通过对以上参数的监测与分析，可以确定顿溜钻，判断遇阻、遇卡、井漏、井涌以及得到可能的钻头、钻具、地面设备的损坏或故障结果。

1. 起下钻作业的监测

在实施起下钻作业时，常易发生遇阻、遇卡、断钻具、井涌（或井喷）、错井深等现象。现场录井作业人员应密切监测悬重（大钩负荷）、大钩高度（钻头位置）、钻井液出口流量、起下钻罐钻井液体积、井内灌液与排液量、立柱（或单根）号等参数变化情况，确保参数在正常范围内变化。

2. 钻进和划眼作业的监测

在进行钻进和划眼作业时，易发生钻具受损（刺、断）、钻头后期（牙轮旷动、牙轮卡死、掉齿、掉牙轮、水眼堵、掉水眼）、钻头掉落、蹩钻、溜钻、顿钻、放空、卡钻、井涌（或井喷）、井漏、钻井液地面跑失、钻井泵刺、地面管汇刺等事件和事故。现场录井作业人员应密切监测立管压力（泵压）、悬重（大钩负荷）、扭矩、进出口钻井液排量、钻压、钻时（或钻速）、转盘转速、大钩高度、钻头位置、进出口钻井液密度、进出口钻井液温度、进出口钻井液电导率、气体显示、钻井液槽面油花气泡、岩屑等参数的变化，发现异常立即进行提示预报和分析判断。表 2-3-3 为工程录井参数异常变化与钻井工程事件或事故类型对照表。

（二）钻井工程参数异常提示报告

钻井工程参数的实时变化能够及时反映井底的钻井工具、井内的钻具状况和地层的变化。在录井过程中，现场录井作业人员应密切监视各项参数的变化，准确地分析判断异常情况，及时提示报告给现场相关人员（司钻、钻井工程技术员、平台经理、现场监督等）。

下面给出录井过程中常出现的钻井工程事件或事故的录井参数变化分析。

1. 遇阻、遇卡、卡钻预报

下钻遇阻、起钻遇卡通常与裸眼井段缩径、地层垮塌及井斜度有关。下钻遇阻时，大钩负荷的持续减小并小于钻具的实际负荷；上提遇卡时，大钩负荷持续增加且远大于钻具的实际负荷。当钻具既不能上提又不能下放时，即发生卡钻事故。无论是起下钻还是钻进、划眼作业，卡钻往往与遇阻同时发生，但下钻遇阻则不一定会发生卡钻。

表 2-3-3 钻井工程参数异常变化与钻井工程事件或事故类型对照表

事故＼变化＼参数	钻压	悬重	扭矩	钻时	大钩高度	转盘转速	立管压力	泵冲	总池体积	出口流量	出口密度	出口温度	气体全量	硫化氢	岩屑特征
下放遇阻		减小			缓降										
上提遇卡		增加			缓升										
卡钻		提增放减	增大		平缓波动		上升	下降		下降					
上提解卡		突降			波动										
钻头终结			增大	增大	慢降										可见铁屑
钻具刺漏							缓降								
泵刺漏							缓降								
钻具断		突降	突降				突降								
溜钻	突升	突降	突升	突降	突降										
顿钻	突升	突降			突降										
放空	突降	突升	突降	突降	突降				减少	降低	降低		升高		
堵水眼							上升								
掉水眼							先降后稳								

1）起钻遇卡提示

起钻过程中，随着井下钻具的不断减少，悬重会不断降低。由于裸眼井段缩径、地层垮塌及井身斜度等因素的影响，起钻时，当大钩负荷呈持续增加趋势且大于钻具的实际悬重时，即发生起钻遇卡。图 2-3-2 是起钻遇卡的一个实时录井曲线图，从图中可以看到，a 段随着钻具起出，悬重有规律下降；b 段，钻具上提时悬重增加，钻具下放时悬重呈现微降，说明已发生起钻遇卡现象；c 段，该柱钻具在上提过程中，悬重不再异常增加，遇卡状态解除。

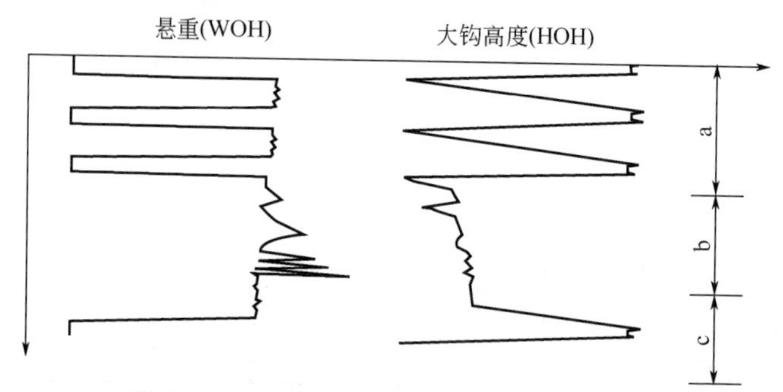

图 2-3-2　起钻过程中遇卡实时录井曲线图

2）下钻遇阻提示

下钻过程中，随着井下钻具的不断增加，悬重会不断增加。由于受裸眼井段缩径、地层垮塌及井身斜度等因素的影响，下钻时，当大钩负荷下降且悬重值小于钻具的实际悬重，即发生下钻遇阻。图 2-3-3 是下钻遇阻的一个实时录井曲线图，从图中可以看出，a 段，随着井下钻具增加，悬重呈规律增加；b 段，随着钻具下放，悬重降低，说明已发生起钻遇阻现象；c 段，该柱钻具在下放过程中悬重不再异常降低，下钻遇阻状态解除。

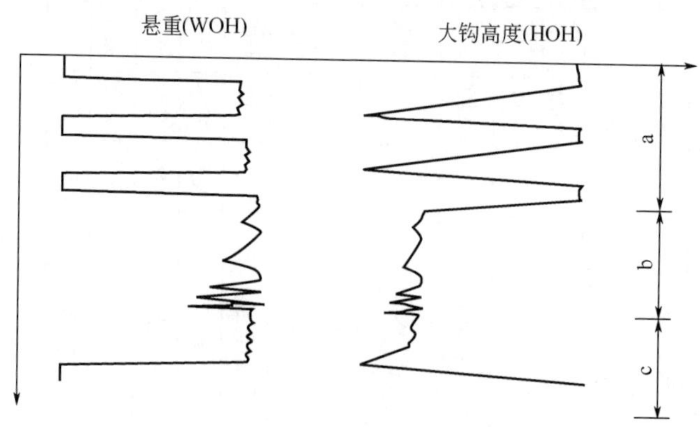

图 2-3-3　下钻过程中遇阻实时录井曲线图

3）下钻卡钻提示

由于裸眼井段缩径、地层垮塌及井斜度等因素影响，下钻时大钩负荷持续减小并小于钻具的实际负荷，同时上提钻具时大钩负荷持续增加且远大于钻具的实际负荷，此时钻具不能上提、又不能下放，即发生卡钻事故。图 2-3-4 是一个下钻过程中卡钻实时录井曲线图，从图中可以看出，a 段为正常下钻状态；b 段，在下放钻具时悬重降低，但大钩高度（钩高）基本不变或变化很小，上提钻具时悬重显著增加，但钩高仍旧呈现基本不变或变化很小的态势，说明已经发生卡钻事故。

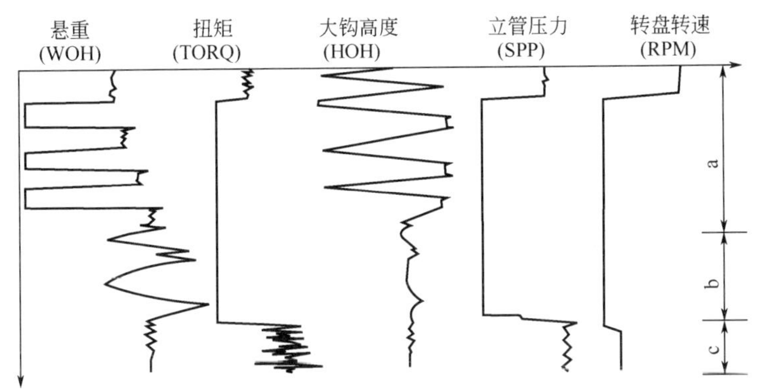

图 2-3-4 下钻过程中卡钻实时录井曲线图

4）钻进过程中卡钻提示

钻进过程中，当上提钻具时悬重增加，继续上提钻具，悬重继续增加且远大于钻具的实际负荷，而下放钻具时，当钻头未至井底前，悬重降低，此时说明已发生卡钻事故。图 2-3-5 是一个钻进过程中卡钻的实时录井曲线图，

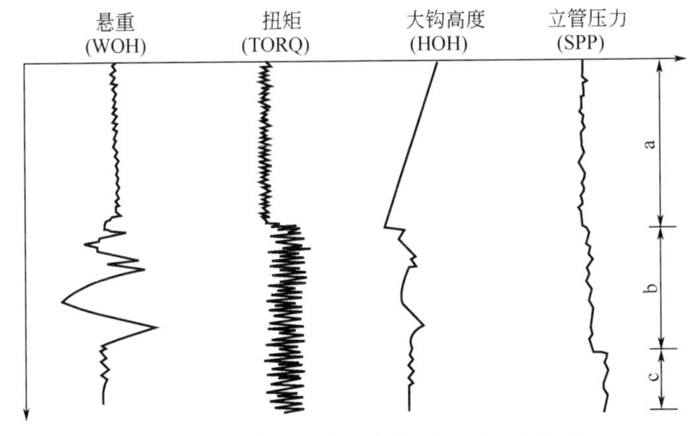

图 2-3-5 钻进过程中卡钻实时录井曲线图

图中a段为正常钻进状态；b段表示上提钻具悬重增加，下放钻具悬重降低，悬重增加和降低的幅度远大于钻具实际悬重，同时扭矩增大且变化幅度明显加大，说明钻具被卡；c段为钻井工程实施增加排量方法寻求解卡的曲线显示。

2. 钻具刺漏、钻井泵刺漏报告

由于钻具陈旧、钻具长时间受钻井液的腐蚀、钻柱扭转速度变化幅度大、场地拖拽使钻具外表受损、地层中含酸流体侵入钻井液后与钻具发生化学反应以及钻井液循环过程中泵压较高等因素的作用，往往引起钻具刺漏。

在工程录井的监测下，钻具刺漏的明显特征是在泵冲速不变的情况下立管压力呈现平稳的缓慢降低趋势。刺漏的程度越小，其平稳降低的趋势越缓慢，甚至在长达几个小时内从钻井平台的泵压表上根本看不出泵压的变化，而只有通过工程录井系统的实时数据列表和工程录井曲线图才能被发现。在钻具刺漏较为严重的情况下，不但从工程录井实时数据表和曲线图上可以看到立管压力的平稳降低趋势，而且从钻井平台的泵压表也能观察到泵压的明显降低。图2-3-6是一个钻进状态下钻具刺漏的实时录井曲线图，图中a段上半段为正常钻进段，大钩高度、钻压、泵冲速、立管压力四个参数的对应关系是正常的，而在下半段其对应关系就发生了轻微变化，即钻压和泵冲速恒定、大钩高度降低、立管压力呈现极其缓慢的降低趋势；b段是明显的异常钻进段，其上半段钻压和泵冲速恒定，随着大钩高度逐渐降低，立管压力却呈现明显的平稳降低趋势，而在其下半段，可以看到钻压恒定、泵冲速略有升高，随着大钩高度的逐渐降低，立管压力的平稳降低趋势更加明显。由此我们可以得出导致立管压力平稳降低的原因是可能钻具发生了刺漏。结果是否是钻具刺漏，还要排除地面管汇刺漏、钻井泵刺漏以及井漏等原因。当然在钻压、转盘转速、扭矩、钻井泵冲速、钻井液入出口流量等其他参数不变

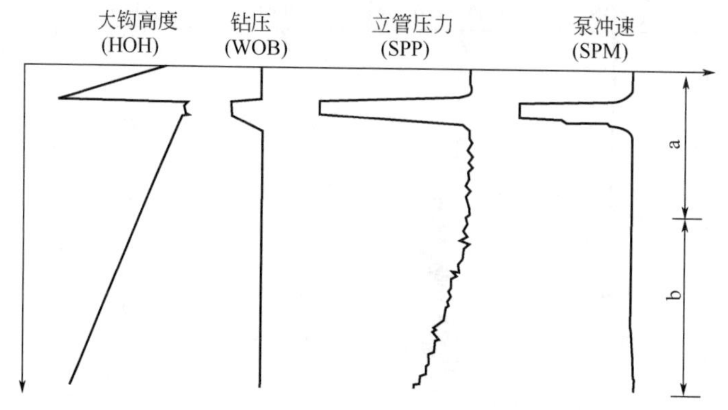

图2-3-6　钻进过程中钻具刺漏实时录井曲线图

的情况下，立管压力的平稳降低是钻具刺漏的典型特征。

在钻井液循环状态下，钻井泵刺漏、地面管汇刺漏所表现的钻井工程参数特征与钻具刺漏完全相似，都具有在泵冲速不变的情况下，立管压力平稳缓降的特点。图 2-3-7 是钻井状态下钻井泵刺的一个实时录井曲线图，其实时录井曲线所显示的特征分析描述与图 2-3-6 钻进过程中钻具刺漏实时录井曲线图的分析描述基本相同，唯一的区别是在 b 段的下半段，图 2-3-7 显示钻井泵冲速维持与上半段一样的特征，即泵冲速恒定。

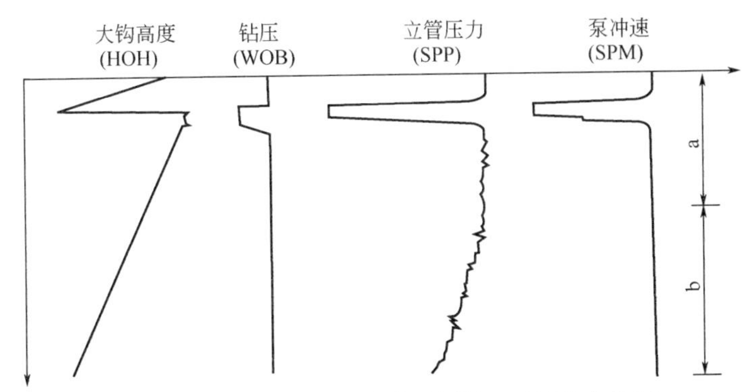

图 2-3-7　钻进过程中钻井泵刺漏实时录井曲线图

3. 断钻具提示

断钻具在工程录井参数上的表现为悬重的突然下降，且低于钻具正常悬重值。对于钻进状态下，断钻具同时伴有立管压力下降、扭矩波动幅度变大、钻井液出口流量有所增加等现象，其原因主要是钻进所使用的钻具较旧、钻进中没有及时发现钻具刺漏或钻进时因溜钻和顿钻而引起的扭矩急剧升高、遇卡强行提拉（超拉）等。若起下钻期间断钻具而不存在钻井液循环系统参数的异常，其主要原因是遇卡后强行提拉（超拉）、钻具回转脱扣等造成的。由此可见断钻具频发于钻进阶段，这多数是由于钻具刺漏未能及时发现、快速处理和顿溜钻造成钻具强烈受损所致。现场录井服务过程中，录井技术人员可能对钻具刺漏进行预报，但并不能对钻具断落进行预报，而只能对其予以提示，因为断钻具是瞬间发生的。

1）起下钻过程中断钻具提示

图 2-3-8 是起钻过程中断钻具的一个实时录井曲线图。图中在 a 段，随着钻具的起出，悬重呈正常降低态势，这一点从录井实时曲线平稳下降的形态上能够体现出来；在 b 段和 a 段的结合处，即图中从上数第四柱，悬重值突然有一个台阶式降低，在此之后悬重又趋于平稳降低趋势。因此可断定部

分钻具已断落。

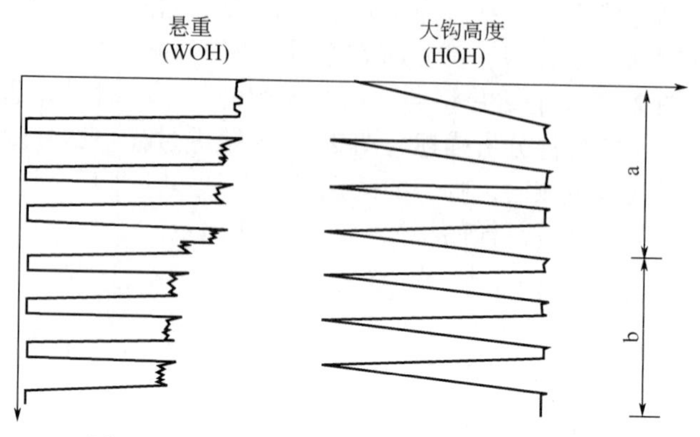

图 2-3-8　起钻过程中断钻具实时录井曲线图

2）钻进过程中断钻具提示

图 2-3-9 为一个钻进过程中钻具断落的实时录井曲线图。图中 a 段为正常钻进段，b 段起始部分，悬重突然呈台阶式降低，同时伴随着扭矩、立管压力的同形态降低，但泵冲速的台阶式升高与钻具断落并没有实际上的关联。此时停转盘、停泵，上提钻具即可通过悬重的大小断定钻具的断落。

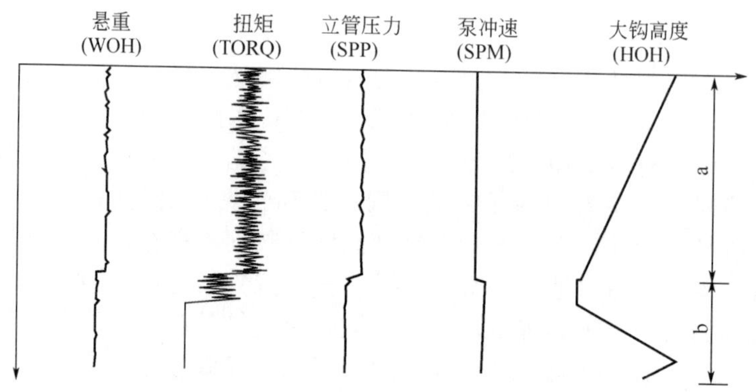

图 2-3-9　钻进过程中断钻具实时录井曲线图

4. 钻头故障提示报告

钻头故障主要有钻头后期、钻头牙轮旷动、钻头掉齿、掉水眼、水眼堵、钻头泥包等。钻头后期、牙轮旷动、掉齿往往被视为钻头寿命终结，一般要实施钻头更换；掉水眼、水眼堵、钻头泥包则通常实施起钻对钻头进行维修处理后再重复利用。

钻头寿命终结通常表现为扭矩值增大且波动幅度增大、机械钻速降低(单位时间内钻头纯钻进尺减少)、钻时升高、钻头成本增大。当钻头寿命终结，无论施加怎样的外部条件如加压、提高转盘转速、增大钻井泵入口排量等，都不能产生高效的进尺。

堵水眼通常是下钻时未做好防堵措施或钻进时钻井液中大颗粒物体进入水眼而造成堵塞，其表现为下钻到井底开泵或钻进循环时，立管压力持续升高，且停泵后立管压力维持非正常高值不降或回降到正常值速度缓慢。一旦堵水眼，钻井液循环将不畅通，如果水眼全堵将导致钻井液无法循环。

掉水眼往往是因为钻头水眼安装不到位而造成钻井液沿水眼周边刺射，最后导致刺掉水眼。掉水眼之前，由于水眼四周的钻井液刺射，工程录井系统监测到的显示为立管压力缓慢下降，当刺漏到一定程度并最终使水眼掉落时，立管压力突然呈台阶式降低后稳定，转盘转速与扭矩呈现蹩跳性变化，从而使钻速降低。

产生钻头泥包的主要原因，一是钻头钻入不成岩的软泥、易于水化分散泥页岩、含有分散状石膏并易形成滤饼的高渗透率的地层；二是使用抑制性差、固相含量和黏切过高、密度偏高和失水大、润滑性能差的钻井液；三是钻进时排量小、软泥岩地层钻压过大、长裸眼下钻未进行中途循环；四是钻头水眼设计无法满足排屑要求、流道排屑角阻碍了钻屑顺利脱离井底。当钻头泥包后，工程录井系统采集处理的参数表现为机械钻速会明显降低（钻时增大)、扭矩变小且波动幅度降低、扭矩曲线较钻头没有泥包时更为平滑、立管压力升高、钻井液出口流量与钻井液总池体积有所降低。

1）下钻后堵水眼提示报告

图 2-3-10 为下钻后钻头水眼堵的一个实时录井曲线图。图中 a 段为正常下钻段，此段因钻井液泵处于停泵状态，泵冲数、立管压力为零；b 段为开泵

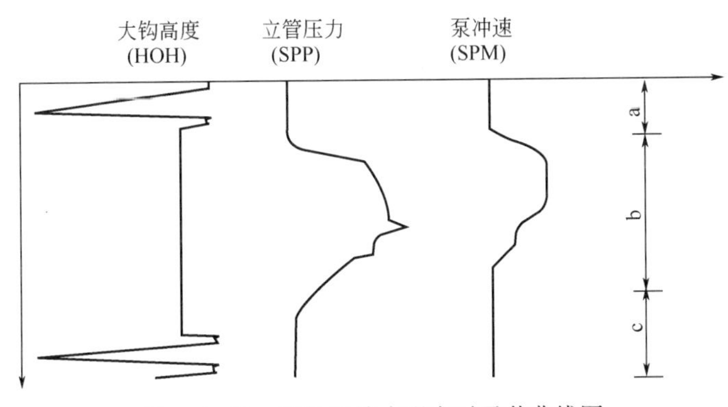

图 2-3-10 下钻后堵水眼实时录井曲线图

循环至停泵段，钻井泵开启后，泵冲速快速升至恒定值，立管压力随之升高，但在泵冲速恒定段，立管压力仍然向上攀升，当泵冲速处于缓慢减少并最终变为零时，立管压力先升后降却没有降到零值；c 段为停泵和再次下钻段，在 c 段上部泵冲数为零的情况下，立管压力仍然呈从一定数值逐渐下降至零值的趋势。此立管压力与泵冲速曲线的组合特征说明钻头水眼堵。

2）钻进过程中堵水眼提示预报

图 2-3-11 为一个钻井过程中堵水眼的实时录井曲线图。图中 a 段正常钻进段，泵冲速基本为恒定值，立管压力曲线与泵冲速的曲线形状基本一致，大钩高度平稳下行；b 段的上半部分，大钩上行至一定高度，泵冲速开始阶跃式降低，立管压力不随之降低反而上升，b 段下半部分，当停泵后立管压力缓慢降为 0。此曲线组合显示特征为堵水眼特征。

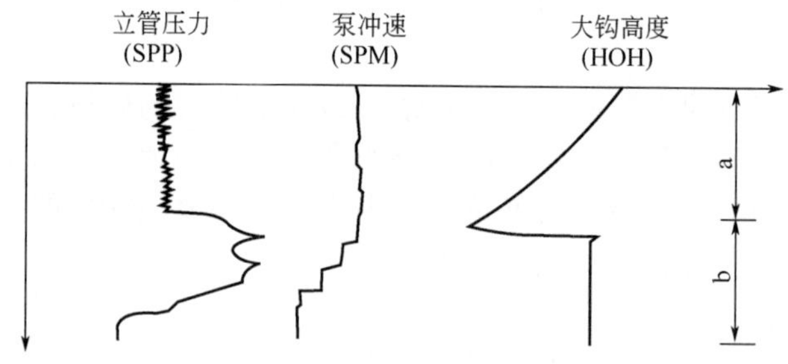

图 2-3-11　钻进过程中堵水眼实时录井曲线图

3）掉水眼提示

图 2-3-12 是一个钻进过程中掉水眼的实时录井曲线图。从图中可以观察到：a 段为正常钻进段，泵冲速保持恒定值，立管压力曲线虽然呈锯齿状但波动幅度极小且基本稳定为直线，大钩高度平稳下行；b 段则为异常钻进段，此段泵冲速仍然维持 a 段的恒值，但立管压力却呈现缓慢平稳下降趋势，大钩

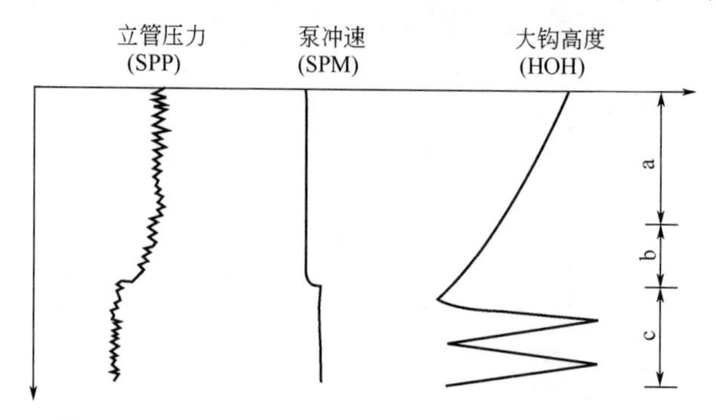

图 2-3-12　钻进过程中钻头掉水眼实时录井曲线图

高度依然平稳下行；c 段初始，泵冲速出现一台阶升高后稳定，但立管压力却突降后稳定，大钩上行下放，泵冲速、立管压力保持不变。b、c 段泵冲速与立管压力曲线的组合特征表明钻头掉水眼。

4）钻头泥包提示报告

图 2-3-13 为一个钻进过程中钻头发生泥包的实时录井曲线图。从图中可以看出：a 段上半段大钩处于静止状态、钻井液泵未开启，从 a 段 1/2 处开泵循环实施钻进直到 a 段底部，图中三个参数（大钩高度、泵冲速、立管压力）均正常；b 段在泵冲速不变、大钩顺利下行的情况下，立管压力呈现缓慢升高趋势，此段属于异常钻进段；c 段上部因立管压力异常而实施循环状态下活动钻具作业，经过 3 次的上提下放钻具，立管压力恢复到正常钻进时的值，说明钻头泥包被清除。当然此实例的分析还参考了所钻地层、钻井液性能等。

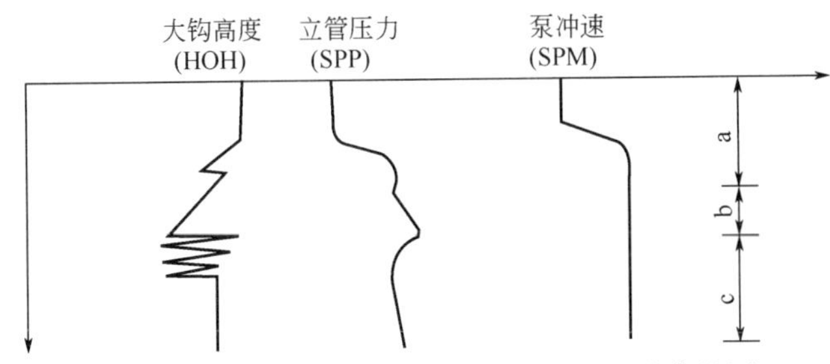

图 2-3-13 钻进过程中钻头泥包实时录井曲线图

5）钻头寿命终结提示预报

图 2-3-14 是一个钻头寿命终结的录井实时曲线图。图中显示的曲线特

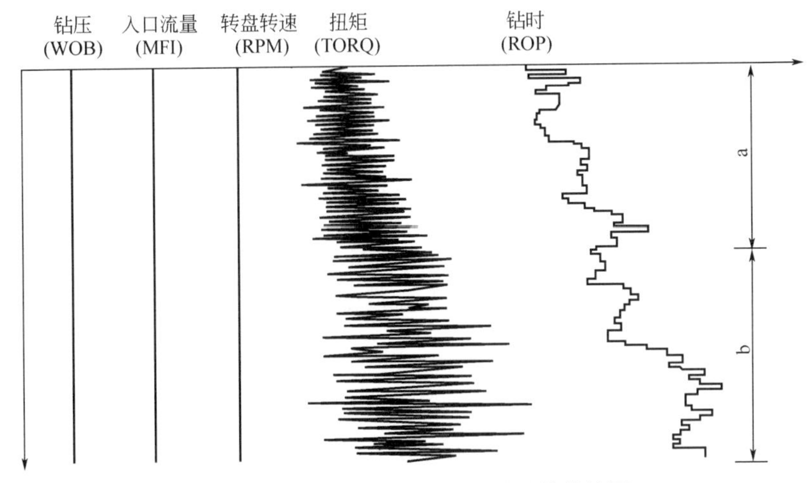

图 2-3-14 钻头寿命终结实时录井曲线图

征：钻压、入口排量、转盘转速等工程参数恒定不变，但扭矩和钻时却波动、变化明显。在a段，扭矩虽有波动，但其波动幅度较小，其曲线呈现缓慢升高趋势，为正常规律显示；至b段，扭矩呈现大幅度波动且其平均值基本不变，在b段的下半段钻时明显增大。综合考虑钻头纯钻时间、钻头成本、钻头纯钻进尺、地层岩性等，确定钻头寿命终结。

6）溜钻、顿钻、放空提示

溜钻是在钻进时司钻送钻不均匀，在钻头上突然施加超限度的钻压，导致钻具压缩、井深突然增加的现象。顿钻是指在钻头提离井底状态下，司钻未控制好刹把，造成钻具自由下落，导致钻头瞬间接触井底（或井壁）使悬重降低而产生超限钻压、钻具压缩、钻头位置突然增加的现象。放空是在钻进状态下，钻遇裂缝性或孔洞性地层时，钻头瞬间下行的现象，其表现为钻速突然增加、钻时突然降低、钻压突然减小或变成零、大钩负荷突然增大、扭矩突然减小。

发生顿、溜钻后，钻井工程通常要实施起钻检查钻具受损情况。发生放空现象时，应立即采取停钻循环钻井液作业，以此来观察钻井液出口流量、钻井液活动池、钻井液性能及气测显示变化情况，并有的放矢地采取措施，防止井漏、井涌（或井喷）等事故发生。

图2-3-15为一个溜钻的实时录井曲线图。图中a段为正常钻进段，钻压值恒定，悬重、扭矩保持稳定，大钩高度平稳下降，钻时无特殊的异常表现；b段初始点，钻压突然升高，悬重突降，扭矩突增，钻时突降，大钩高度瞬间降低，发生溜钻。之后上提钻具、钻压归零、扭矩下降到基值点、悬重升高。

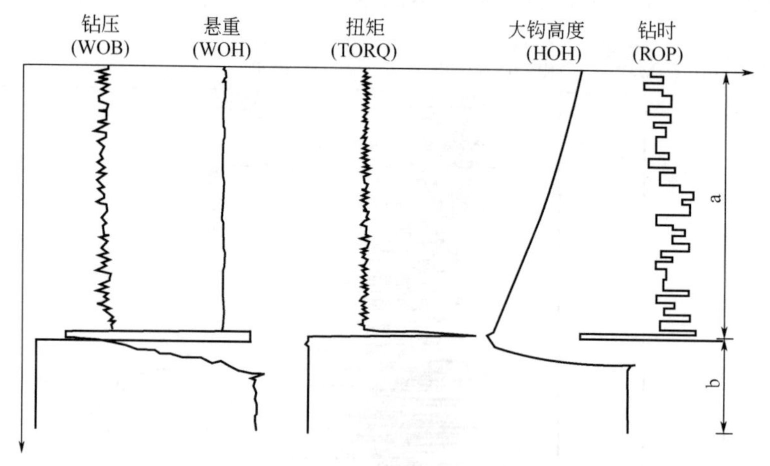

图2-3-15 钻进过程中溜钻实时录井曲线图

图 2-3-16 为一个顿钻的实时录井曲线图。图中 a 段的上 3/5 段为正常施压钻进段，然后停止施压，但钻头仍处于井底，转盘转动且循环钻井液，在 a 段的底部可以看到上提钻具，钻压突然升高，超出正常钻进时，钻压、大钩高度突降至最低点，大钩负荷突然降低，此时即发生顿钻；b 段开泵、循环钻井液，但钻压仍然保持高值；至 c 段初始，上提钻具，钻压归零，然后坐卡接立柱，解卡后下放钻具继续钻进。

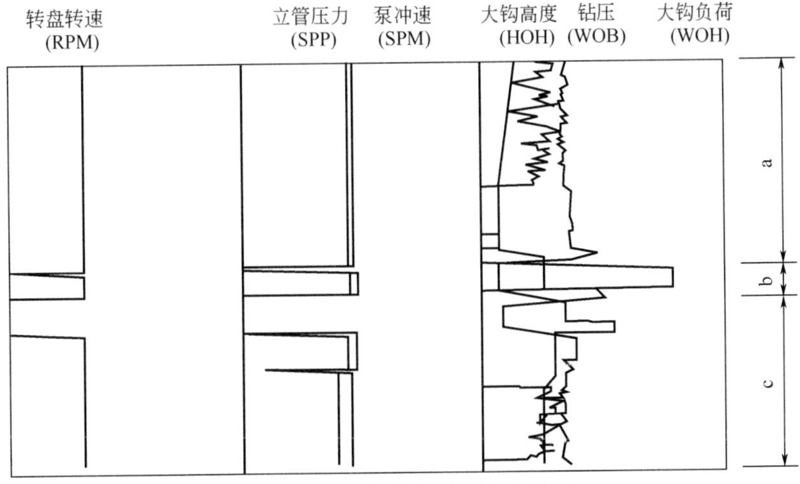

图 2-3-16　顿钻实时录井曲线图

图 2-3-17 为一个钻具放空的实时录井曲线图。从图中不难看到：a 段是钻进在同一岩层下的录井曲线显示特征，钻压、大钩负荷、泵冲速、转盘转

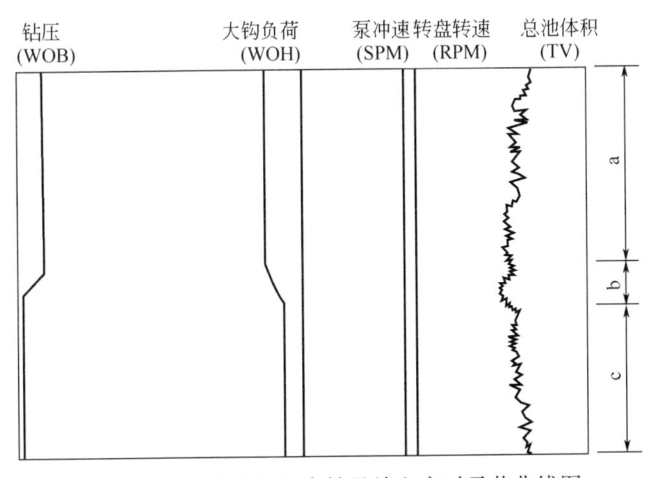

图 2-3-17　钻进过程中钻具放空实时录井曲线图

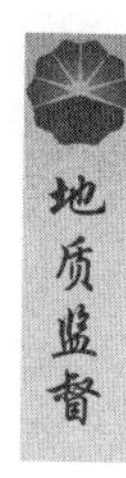

速处于平稳恒定状态，钻井液总池体积则有所降低；当钻进到 b 段时，转盘转速、泵冲速仍然保持不变，但钻压突然降低、大钩负荷突然增加，且钻井液总池体积突然下降，实际上钻头位置也突然增加即大钩高度瞬间下降，由此可断定钻进放空；至 c 段钻压、大钩负荷处于一个新的稳定值，钻井液总池体积开始增加，说明放空井段地层流体渗入钻井液内。

二、钻井液参数监测及异常提示报告

（一）钻井液参数监测

钻井液参数的监测是工程录井在钻井过程中进行的又一项重要工作。在工程录井系统中，配置了多个有关钻井液参数采集的传感器（钻井液循环罐单池液量、起下钻罐钻井液液量、钻井液入口/出口密度、钻井液入口/出口电导率、钻井液入口/出口温度、钻井液出口流量等），同时系统处理计算出其他相关的数据（如钻井液总池体积、钻井液入口流量、钻井液循环当量密度、钻井液漏失量等）来参与指导现场科学钻井。实际上，钻井井控的关键点就是如何有效地利用钻井液来提高钻速、稳定井壁、平衡地层压力、携带岩屑和油气显示信息到地表，同时及时根据所发现的钻井液参数变化分析井下可能存在的风险，适时调整钻井液性能，预防井漏、井涌、井喷等事故的发生。

现场钻井、录井技术人员可通过工程录井系统所采集处理的钻井液参数的异常变化来确定钻井液漏失（井漏、地面跑失）、井涌（或井喷）、油气侵、水侵、盐侵等现象，其相应的变化特征见表 2-3-4。

表 2-3-4　与钻井液有关事故的钻井液参数异常变化列表

事故类型	全烃	密度	氢气、二氧化碳	温度	电导率	池体积	流量
溢流	增大	减小		升高或减小	减小或升高	增大	增大
井涌	增大	减小		升高或减小	减小或升高	增大	增大
井喷	增大	减小		升高或减小	减小或升高	增大	增大
井漏						减小	减小
盐侵		增大			增大		
油气侵	增大	减小		升高	减小	增大	增大
水侵		减小	增大		增大	增大	增大
地面跑失						减少	

（二）钻井液参数的异常提示报告

1. 井漏提示报告

井漏在工程录井系统采集参数上的表现为钻井液出口流量减少，钻井液循环罐液量降低量超过正常钻进（起钻）所对应的钻井液灌入量，起下钻罐液量上涨量低于正常下钻所对应的钻井液溢出量，且立管压力降低。高渗透性砂岩或孔洞、裂缝发育的地层，易发生井漏。一旦发生井漏，不但大幅增加钻井成本，而且极易导致卡钻和井涌（或井喷）。

1）下钻井漏提示报告

下钻过程中，随着井下钻具体积的不断增加，等量体积的钻井液被顶替出来返入活动池或灌入起下钻罐内。工程录井系统配置安装的活动池（或起下钻罐）液位传感器实时检测返入活动池或灌入起下钻罐液量，钻井液出口流量传感器检测钻井液出口流量的变化情况。当发生井漏时，钻井液出口流量为零或低于正常值，活动池或起下钻罐液量不再增加或者逐渐降低。

图2-3-18为一个下钻过程井漏的实时录井曲线图。从图中可以看出：在a段，出口流量返出曲线显示出每下入一个立柱都有基本相同的钻井液返出，同时循环池钻井液体积缓慢增加；在b段，又下入的两个立柱时，出口流量曲线没有显示出钻井液返出（呈现零值），同时循环池钻井液体积也没有增加，在排除其他地面因素的情况下，预示井漏；在c段，再下入一立柱时，钻井液出口流量返出正常，循环池钻井液体积开始有所增加，井漏终止。

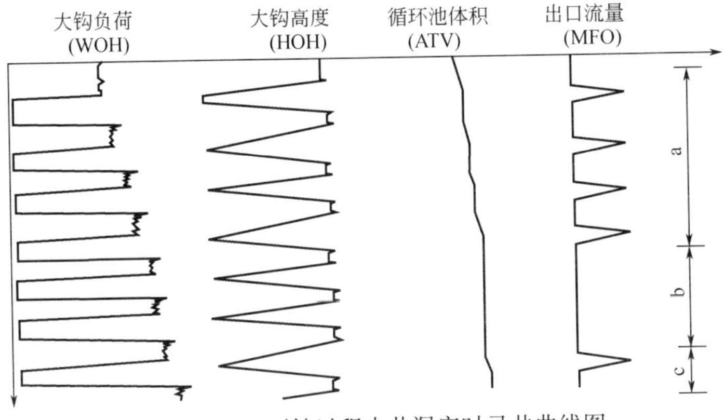

图2-3-18　下钻过程中井漏实时录井曲线图

2）起钻井漏提示报告

在起钻过程中，随着井下钻具的钻柱体积不断减少，通过计量罐（起下钻罐）向井内泵入相同体积的钻井液，工程录井系统配置的液位传感器实时监测计量罐（起下钻罐）液面的变化情况。当发生井漏时，计量罐（起下钻罐）内钻井液体积迅速降低，超过井中钻柱体积的减少量。通过起钻钻井液体积检测记录，可以得到钻井液实际减少量，从而算出漏失速度。

图 2-3-19 为一个起钻过程井漏实时录井曲线图。从图中可以看出：在 a 段，计量罐（起下钻罐）钻井液体积曲线显示出钻井液体积随起钻过程呈现有规律地降低；在 b 段，也就是图中起第三柱时，计量罐（起下钻罐）内钻井液体积迅速减少，到起第四柱后慢慢趋于平稳；在 c 段，钻井液有少量回吐且液面归于平稳。b、c 段计量罐（起下钻罐）钻井液体积曲线表明井下井漏由初期漏速较快到井漏终止这一过程。

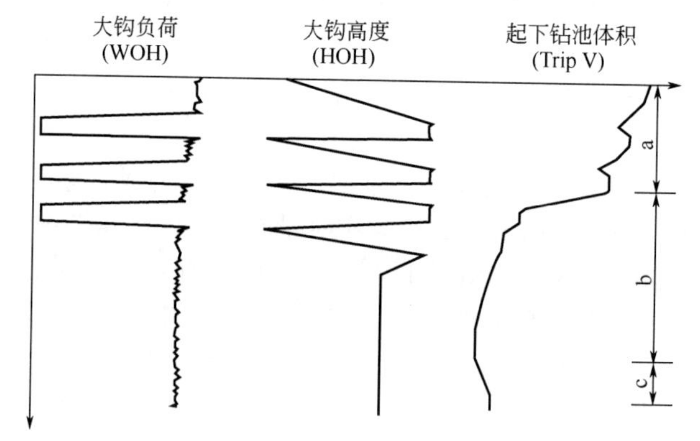

图 2-3-19　起钻时井漏实时录井曲线图

3）钻井液循环过程中井漏提示报告

图 2-3-20 为一个钻井液循环作业状态下井漏实时录井曲线图。图中整个

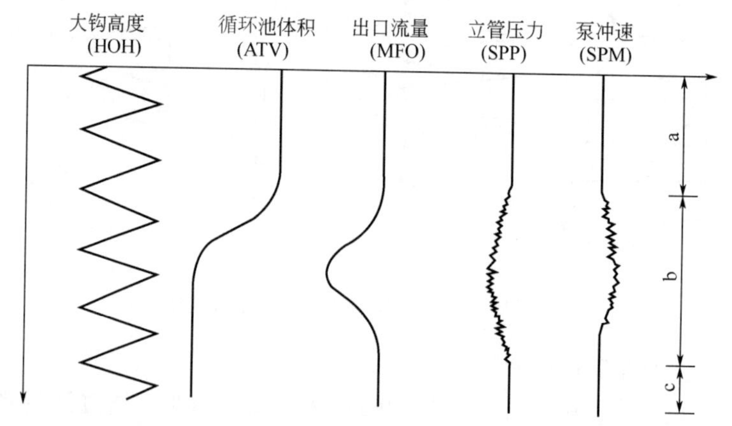

图 2-3-20　钻井液循环作业状态下井漏实时录井曲线图

作业过程为在循环钻井液条件下活动钻具的过程。a 段的曲线组合特征表明钻井液循环处于正常状态，各项参数无异常；自 b 段开始，其上半段在钻井液泵冲速有所升高的情况下，立管压力呈缓慢平稳降低趋势，钻井液出口流量降低，钻井液循环罐钻井液体积减少，下半段随着泵冲有所降低并平稳到正常值，立管压力、钻井液出口流量逐渐回升到正常值，钻井液循环罐内钻井液体积维持上半段降低后的稳定值；至 c 段，各项参数处于稳定状态。由此可以确定在 b 段上半段井内发生漏失，在 b 段下半段漏失终止。

4）钻进过程中井漏提示报告

钻进过程中，钻井液消耗量大于井眼增加量与地面管线循环过程中的正常消耗量总和，排除其他地面因素，可判断钻进中发生井漏。图 2-3-21 为一个钻进过程中发生井漏的实时录井曲线图。图中 a 段各项参数的对应关系（泵冲速、立管压力稳定恒值，钻井液出口流量和钻井液总池体积基本稳定不变，大钩高度平稳下行）表明该段属于正常钻进段；自 b 段开始至 b 段下半段中部，虽然大钩高度继续平稳下行且在 b 段上半段中下部钻头提离井底活动钻具，同时泵冲速有微弱的升高，但立管压力却微弱降低、钻井液出口流量快速减小、钻井液总池体积亦快速降低，至 b 段结束时，泵冲速、立管压力趋于正常值，钻井液出口流量降到低点，钻井液总池体积趋于平稳；c 段，泵冲速、立管压力达到初始稳定值，钻井液出口流量先回升直到稳定到初始的恒定值，钻井液总池体积不再下降，钻井液漏失停止。

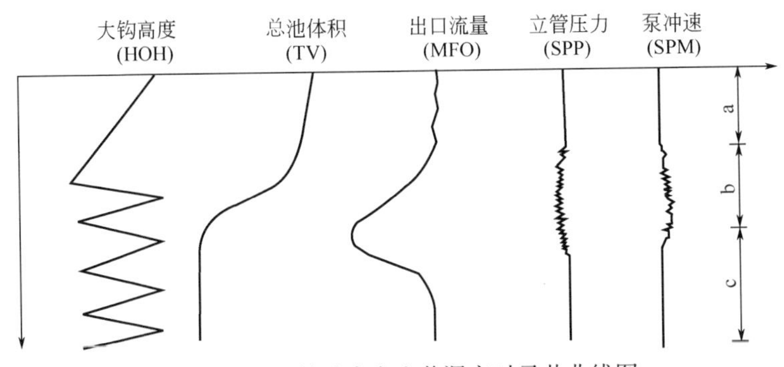

图 2-3-21　钻进中发生井漏实时录井曲线图

2. 井侵、溢流、井涌、井喷提示报告

当井眼内某一深度的地层孔隙压力大于该深度的钻井液液柱压力，地层孔隙中的可动流体将进入井内，发生井侵。此时在停泵状态下，井口处会有钻井液自动外溢，称为溢流。当溢流未予以处理时，随着地层流体的不断侵入，会造成钻井液涌出井口，此时发生井涌。井涌未得到及时处置或高压地

层流体进入井筒后不受控制导致钻井液从井口喷出，形成井喷。井喷特别是井喷失控，是钻井作业过程中最严重、最危险的事故。

1）起钻溢流提示报告

起钻过程中，井下钻具的体积不断减少，通过灌注泵，相同体积的钻井液从计量罐（起下钻罐）泵入井内，以维持井内压力平衡。但是，由于可能存在的异常地层压力以及起钻抽吸的诱导作用，往往会发生溢流现象。

图 2-3-22 是一个起钻过程中发生钻井液溢流的实时录井曲线图。图中，a 段为各项参数均正常的起钻段；在 b 段，自起点气体含量、钻井液出口流量、计量罐（起下钻罐）内钻井液体积开始升高或增加，发生溢流；在 c 段，溢流得到缓解，所有与钻井液相关的参数趋于稳定。

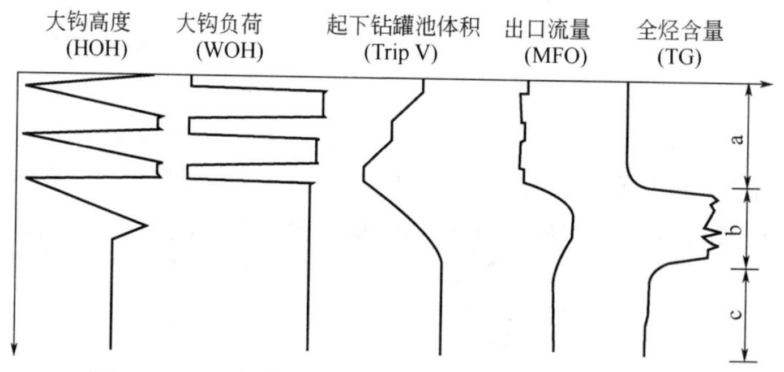

图 2-3-22　起钻过程中发生溢流的实时录井曲线图

2）下钻井侵提示报告

下钻过程中，随着井下钻具体积的不断增加，等量体积的钻井液被顶替出来返入活动池或灌入起下钻罐内，工程录井系统配置安装的活动池（或起下钻罐）液位传感器实时检测返入活动池或灌入起下钻罐液量，钻井液出口流量传感器检测钻井液出口流量的变化情况。当发生井侵时，钻井液出口流量增加，活动池（或起下钻罐）体积增加速度加快，钻井液池体积曲线出现异常。图 2-3-23 为一下钻过程发生油气水侵的实时录井曲线图。图中下钻过程中，钻井液返回至活动池。从图中可以看出：在 a 段，下入 4 个立柱，每下一柱都有基本同量的钻井液返出（从钻井液出口流量返出曲线反映出）同时活动（循环）池钻井液体积相应平稳地增加，作业处于正常状态；在 b 段，当下入第 5 柱时，钻井液出口流量明显比下入前 4 柱有较大增加，且在第 5 柱与第 6 柱之间钻井液出口流量不为零，活动池钻井液体积相应增长速度加快，两个参数曲线出现明显异常；在排除其他地面因素的情况下，预告发生井侵；在 b 段的最下部，钻井液出口流量为零，活动池钻井液体积开始回落，油气水侵状况缓解。

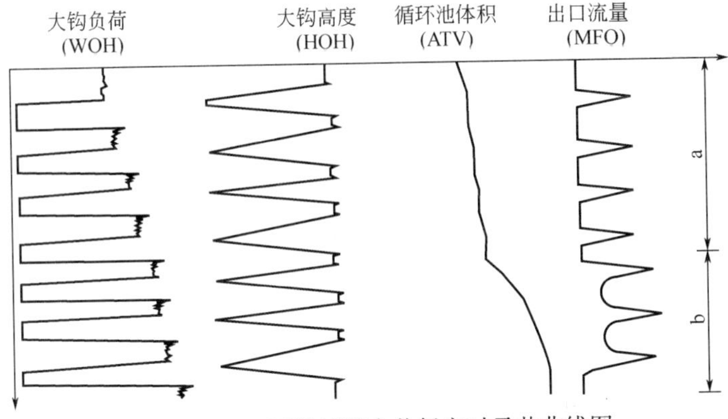

图 2-3-23 下钻过程中井侵实时录井曲线图

3）钻井液循环过程中井侵提示报告

图 2-3-24 为一个钻井液循环过程中发生井侵的实时录井曲线图。从图中可以观察到：a 段除了大钩高度显示间歇性上提下放外，其他各项参数均呈现恒定值，故此段为钻井液循环作业正常段；b 段在泵冲速不变的情况下，钻井液出口流量突然增加，气体全量出现异常升高，同时循环池钻井液体积相应增加，表明发生井侵；至 c 段，各项参数恒稳，钻井液循环作业恢复正常状态，但因井侵，钻井液出口流量和活动池钻井液池体积恒定值有所抬升。

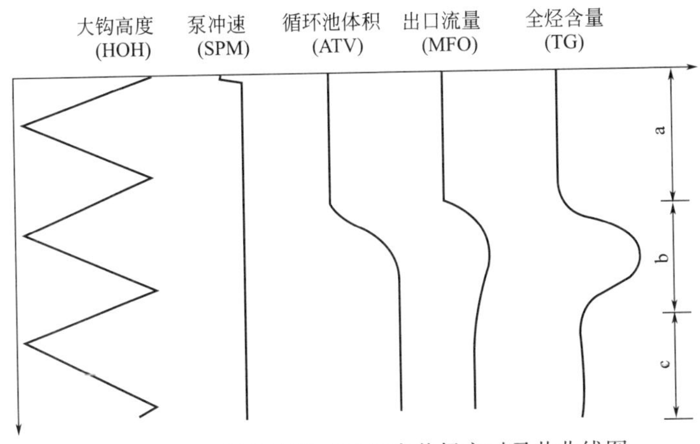

图 2-3-24 钻井液循环过程中井侵实时录井曲线图

4）钻进过程中井侵提示预报

在钻进时，当钻遇异常压力层段（如高压储层）时，若该地层孔隙压力大于该层对应井深的钻井液液柱压力，地层孔隙中的可动流体（油、气、水）将进入井内，即发生井侵。随着钻井液循环上返，钻井液出口流量增加，活动池或总池钻井液体积增大，若钻遇油气层，气体全量也将出现异常升高的变化。图 2-3-25 为一个钻进过程中井侵的实时录井曲线图。图中：a 段为正常钻进段，随着钻进深度的增加（大钩高度降低），循环池钻井液体积缓慢降低，钻井液出口流量平稳不变，气体全量呈现基值；b 段初始便发生了井侵，即单根打完后随着上提钻具，钻井液出口流量突然增加，气体全量随之升高，循环罐钻井液体积突然增大；至 c 段，钻井液出口流量、循环罐钻井液体积趋于稳定，气体全量有呈下降趋势，井侵终止。

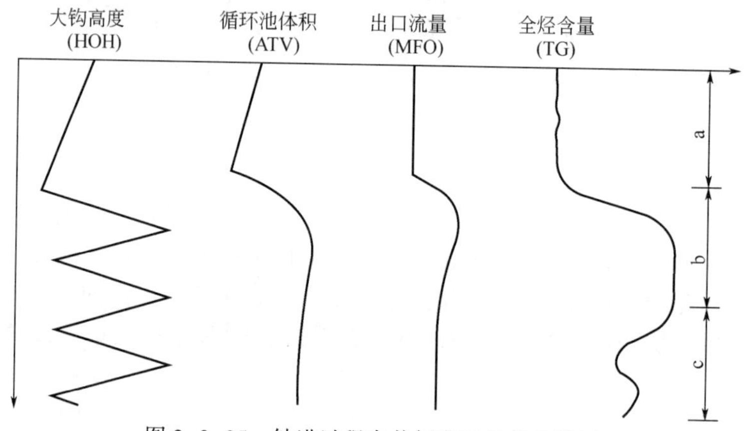

图 2-3-25 钻进过程中井侵实时录井曲线图

三、异常地层压力监测及预报

地层压力异常是指在某一深度上的地层压力值偏离该深度的正常静水压力值的现象。在油气田勘探开发过程中常常会钻遇异常压力地层（多数为超压地层），如果采取的措施不当，就会发生井涌（或井喷）、井壁垮塌、卡钻等钻井工程事故。

对某一特定环境来说，异常地层压力的产生是许多因素综合作用的结果。这些因素包括地层流体压力、储层构造、储层再加压、沉积速度和沉积环境、古地层压力、构造活动、渗析作用、成岩作用、区域性块状岩盐沉积、水冻环境、热力学作用、生物化学反应等。

钻井现场工程录井更侧重于超压地层的监测，其主要原因就是能够及时发现提示预报异常高压地层，使在钻穿异常高压渗透层时，钻井工程方能合理地调整钻井液密度平衡地层流体压力。过低的钻井液密度会造成井内压力欠平衡而诱发井涌甚至井喷事故，而过高的钻井液密度则会造成井内压力的过平衡而导致机械钻速降低并引起井漏或压差式卡钻。当今钻井技术快速进步，欠平衡钻井技术已经普遍应用到石油天然气钻探开发现场，追求“压而不死、涌而不喷”的油气层保护效果也是大势所趋。

（一）有关地层压力的几个基本概念

1. 地层压力

地层压力又称地层孔隙流体压力，它是指地下某一深度地层岩石孔隙中流体（油、气、水）自身所具有的压力，即地下某一深度地层岩石孔隙中流体单位横截面积上的总压力。

2. 上覆地层压力

地下某一深度地层岩石所承受的上部地层的总压力，即上覆地层对某一深度地层岩石表面单位横截面积上的总重力。

3. 地层破裂压力

某一深度地层在压力作用下发生破裂的最低压力。

4. 地层坍塌压力

某一深度地层在压力作用下发生井壁坍塌时的临界压力。

5. 压力梯度

单位井深处的压力。

6. 压力系数

地层孔隙流体压力与同一深度的地层静水压力的比值。当压力系数等于1时的地层压力称为正常地层压力；当压力系数小于1时的地层压力称为异常低地层压力；当压力系数大于1时的地层压力称为异常高地层压力。

7. 正常静水压力

由地层水液柱重力所产生的压力，其大小取决于地层水的平均密度和所处的垂直深度。

8. 异常地层压力

把偏离地层静水压力的某一深度的地层孔隙压力称为异常地层压力。

9. 当量钻井液密度

某一深度处用以平衡该深度的地层压力的钻井液密度称之为当量钻井液密度。

10. 当量循环钻井液密度

当钻井液循环时，井底除了承受钻井液液柱压力外，还要承受钻井液喷

射所产生的喷射压力，这个钻井液液柱压力与喷射压力之和所换算得到的钻井液密度被称为当量循环钻井液密度。

（二）地层压力监测

在钻井施工现场，工程录井依据钻井工程参数（如钻时、*dc* 指数、扭矩、立管压力等）、钻井液参数（如钻井液出口流量、池体积、出口密度、出口温度、出口电导率等）、气测参数（如全烃、非烃、气体组分等）和其他参数（如井口溢流、岩屑形状、泥页岩密度）的变化来进行地层压力监测。

当钻达异常超压地层之前，录井采集处理的多项参数将发生变化，其具体变化规律见表 2-3-5、如图 2-3-26 所示。

表 2-3-5　钻遇异常高压地层录井参数变化一览表

参数或现象	变化情况	参数或现象	变化情况
钻时	降低	钻井液出口流量	增加
钻速	升高	钻井液池体积	增加
dc 指数	降低	钻井液出口密度	降低
Sigma 指数	降低	钻井液出口温度	升高
扭矩	有变化	钻井液出口电导率	有变化
立管压力	升高	全烃	升高
井口观察	有溢流	气体组分	升高
非烃气体	可能升高	泥页岩密度	降低
岩屑形状	钻屑大且多，呈碎片		

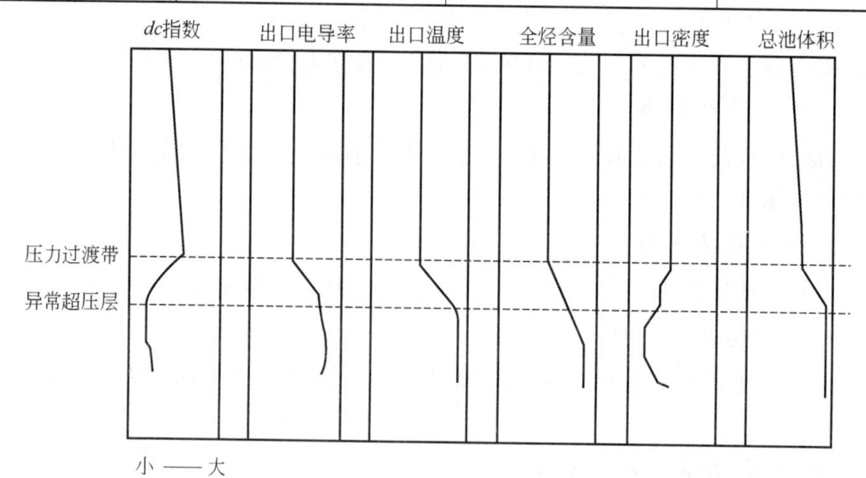

图 2-3-26　钻遇异常高压地层部分录井参数显示特征示意图

在综合录井中，多数的异常压力监测法都源于工程录井参数的变化。常见的异常地层压力监测法见表 2-3-6。

表 2-3-6　综合录井系统常见的异常地层压力监测法

序号	监测方法	方法描述	备注
1	*dc* 指数法	地层孔隙流体压力高，*dc* 指数缓降	工程录井
2	Sigma 指数法	地层孔隙流体压力高，Sigma 指数缓降	工程录井
3	钻井液气侵法	钻遇异常高压地层，全烃含量升高且持续时间长	气测录井
4	出口钻井液温度法	钻遇异常高压层段，地温梯度升高	工程录井
5	钻井液电导率法	一般情况下，钻遇异常高压地层，钻井液电导率呈升高趋势	工程录井
6	出口钻井液密度法	钻遇超压地层，出口钻井液密度降低	工程录井
7	压力溢流法	钻遇超压地层时，在停泵的状态下，钻井液出口会有溢流	工程录井
8	钻井液池体积法	钻遇高压地层时，钻井液总池体积增加	工程录井
9	钻井液流量法	钻遇高压地层，出口钻井液流量增加	工程录井
10	起下钻钻井液体积法	钻遇异常高压地层时，实施起下钻作业，起下钻罐钻井液量增加	工程录井
11	页岩钻屑参数法	钻遇异常高压地层，钻屑体积大、呈碎片状，且量多，密度降低	地质录井
12	钻井工程参数法	钻遇异常高压地层，扭矩增大	工程录井
13	岩石体积密度法	钻遇异常高压地层，岩石体积密度降低	地质录井

（三）地层压力异常预报

在正常压力地层中，随着岩石埋藏深度的增加，其上覆岩层压力增大，泥（页）岩压实程度也相应增加，岩石的强度也随之增加，使得地层岩石内孔隙度减小。因此，在正常压力地层中，随井深的增加，泥（页）岩的机械钻速将降低、钻时升高，而当钻进异常高压层时，由于欠压实作用，地层孔隙度增大，泥（页）岩的机械钻速相对升高，钻时降低。

对于工程录井来说，地层压力异常预报是一项关系到钻井安全保障、实施科学井控管理的重中之重的工作。之所以这样定位，是因为井喷乃至井喷失控事故往往是由于超压（异常低压或异常高压）地层的钻遇得不到及时发现和预报及处理措施不当而引发的，但现场综合录井的众多地层压力监测方法是相互关联、彼此印证的，因此综合分析判断是保证准确预报的前提或基础。在现场实施地层压力异常预报必须对有关工程参数、钻井液参数、地质信息、气测参数等的变化要密切关注，一旦发现异常及时预报，然后同工程技术人员、现场监督一起认真分析，以确定处理措施。

由于 *dc* 指数是在考虑钻压、钻头（尺寸、类型、磨损程度）、转盘转速、钻井液密度、钻速等诸多因素的情况下来反映地层可钻性的一个综合指数，它实现了根据泥（页）岩压实规律、钻井液液柱压力与地层孔隙压力之差以及钻井参数对机械钻速的影响规律来定量地监测地层压力的异常。所以在工程录井的地层压力异常检测预报上，*dc* 指数法是最常用的一种方法。

图 2-3-27 为一个在钻进过程中钻遇异常压力地层的录井实时曲线图。图中，a 段为钻头在正常压实地层内钻进，*dc* 指数随深度的增加呈现平稳的缓慢增加趋势，钻时基本无大幅度变化，扭矩亦波动不大；b 段初始段（1/3 段），*dc* 指数、钻时呈明显的降低趋势且坡度较大，扭矩呈现陡度较大的升高，此段地层呈现欠压实特征，为异常压力过渡带；b 段后 2/3 段，*dc* 指数随深度增加按照新的趋势缓慢增大，扭矩呈现同样的特征，钻时处于低值且保持稳定的变化状态，此段为异常压力段；钻至 c 段初始段，钻时呈大幅度升高、*dc* 指数与钻时的变化趋势相同即呈现大幅度升高、扭矩呈现大幅度降低趋势；自 c 段 1/5 处后，钻时基本恢复到压力过渡带之前的数值，*dc* 指数以异常压力过渡带之前的稳定值开始随深度增加而增大，扭矩回归到异常压力过渡带之前的波动值。

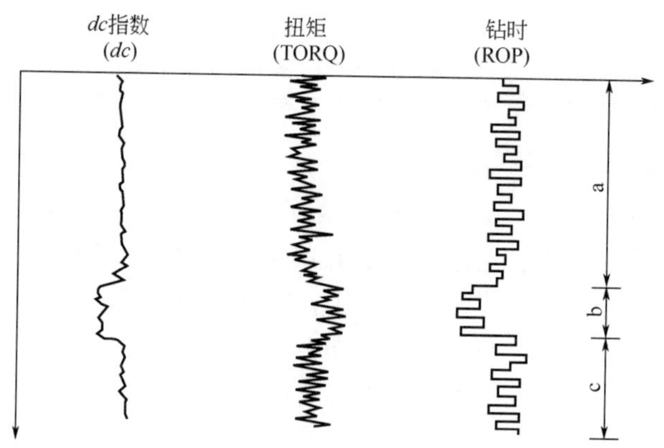

图 2-3-27　钻遇异常压力地层的录井实时曲线图

四、气体参数监测及异常报告

气测参数的分析监测及异常预报，按技术专业分类应属于气测录井技术范畴，在此提及的原因，不仅仅是因为气测参数的异常是通过钻井作业过程，尤其是钻井液循环系统的运转而从地面测量分析得到的数据来反映出来的，而且是因为气测异常通常会引起工程录井众多参数的异常。

钻井过程中，通过对钻井液中气体（包括烃类气体、非烃类）的含量进行测量分析，在及时发现油气层、判别地层流体性质、间接对储层进行评价的同时，对井涌、井喷等工程事故进行预警，以此来避免恶性事故发生。

（一）烃类气体参数监测

对于综合录井来说，烃类气体一般指石油中的甲烷、乙烷、丙烷、正丁烷、异丁烷、正戊烷、异戊烷等，其分析得到全烃、$C_1 \sim C_5$ 的含量。

对烃类气体的监测，不仅能够准确判别油气显示，还能及时预报井下异常。因此烃类气体参数的监测主要是观察气体检测系统全烃含量、各烃类组分含量的异常变化。

（二）烃类参数异常报告

钻井过程中，烃类气体显示一般维持在基值附近波动，即随着钻进深度的增加以及破碎岩石的体积增加，其烃类气体显示呈现极其缓慢的升高趋势。如果气体检测分析系统检测分析到的烃类气体含量突然增加或者减少，表明井下异常或者气体检测分析系统运行不正常。烃类气体含量的增大，主要是产层气的作用，即钻穿新的储层时储层内的流体侵入井筒钻井液的结果，当然也存在由于起钻的抽吸作用、钻井液液柱压力降低而导致上部已钻穿地层的流体突然增加侵入速度或已经侵入渗透到钻井液的气体因压力下降而体积过速膨胀的现象。烃类气体含量的降低，则多半是由于仪器出现故障、脱气器出现问题导致不能真实检测钻井液中的气体含量以及钻井液加重使液柱压力过高所导致的钻遇储层后地层流体不能侵入和渗透钻井液内。因此当出现上述现象时，现场录井技术人员就要引起重视，在快速排除仪器故障的情况下，及时发现气体异常显示，及时提示报告油气侵，防止井涌、井喷等钻井工程事故的发生。

1. 钻遇油气层烃类气体监测报告

当钻遇油气层后，录井参数的变化特征如下：钻时明显降低、钻速明显加快（大钩高度下行速度变快），扭矩波动幅度增大，全烃含量迅速增加，烃组分含量迅速升高，钻井液出口流量升高、钻井液池体积增加、钻井液出口温度发生变化、钻井液出口密度降低、钻井液出口电导率降低、立管压力有变化等。

图 2-3-28 为一个钻遇油气层的实时录井曲线图。图中，a 段为无油气显示段，全烃气体含量呈基值波动，钻时平稳、大钩高度下行平缓、扭矩平稳；b 段初始，钻速加快，钻时突然降低，扭矩波动突然加剧且幅度增大，全烃气体显示开始大幅度上升，呈现出钻遇油气层的录井参数变化特征；至 c 段初始，各项参数基本恢复到 a 段的状态，说明已钻穿该油气显示层。

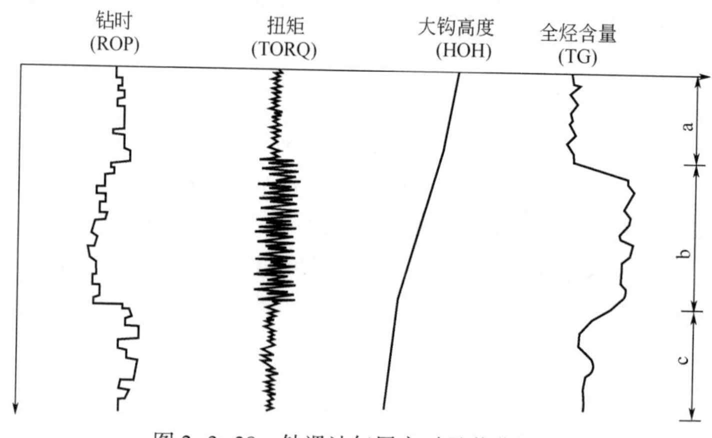

图 2-3-28　钻遇油气层实时录井曲线图

2. 单根气监测报告

单根气有两种，一种是在接单根时空气进入到钻井液中，另一种是钻穿油气层后因开停泵导致井筒内形成压差使地层气进入井筒。前一种单根气的成分是空气特征，返出时间是钻井液循环一周的时间，对于以空气为载气的气体检测仪来说，使烃类气体检测的背景值略有降低；第二种单根气的成分是地层气，返出时间为钻井液从钻穿油气层处到井口的上返时间。

图 2-3-29 为一个钻进过程中接立柱的实时录井曲线图。从图中可以看到：a 段为正常钻进、停泵、接立柱段，钻进段大钩高度下行、泵冲速与立管压力呈平稳恒值、全烃含量呈背景值，停泵段立管压力回零、全烃含量回零、大钩高度上提，接立柱段各参数值保持停泵状态值；b 段为接完立柱后继续钻进段，当开泵钻井液循环一段时间，全烃气体迅速升高，然后又迅速回到基值，此气体显示即为单根气显示。

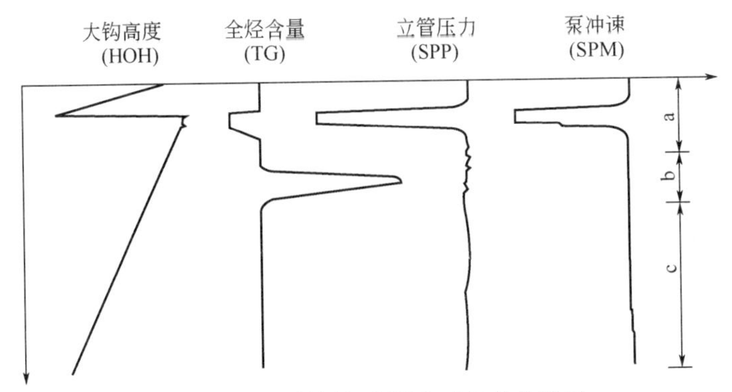

图 2-3-29　单根气监测实时录井曲线图

3. 气侵监测报告

钻遇气层时，随着气层岩石的破碎，岩石孔隙中含有的气体会大量侵入钻井液，尤其在钻遇大裂缝或溶洞性气藏时，有可能出现置换性的大量气体突然侵入钻井液。当钻遇气层处的井底钻井液液柱压力小于气层的地层压力时，气层内的气体就会不断地以气态或溶解气状态大量地流入或侵入井筒，随着气体聚集量的增加和上返深度的减少，气体显示升高的趋势就会愈加明显，当返到井口时会出现突然的高峰显示。此时即发生气侵。

当发生气侵时，录井参数的变化特征如下：钻时明显降低、钻速明显加快（大钩高度下行速度变快）、全烃含量迅速增加、烃组分含量迅速升高、钻井液出口流量升高、钻井液池体积增加、钻井液出口温度发生变化、钻井液出口密度降低、钻井液出口电导率降低、立管压力和扭矩有变化等。

图 2-3-30 是一个发生气侵的实时录井曲线图。图中虽然没有给出所有发生变化的录井参数，但其主要变化参数已经显示出了气侵的特征：a 段为正常钻进段，随着大钩高度的降低，全烃含量以背景值的形式有微量增加，钻井液出口密度和电导率保持恒值；自 b 段初始段，全烃含量突然开始上升，钻井液出口电导率和钻井液出口密度呈微弱降低趋势，显然已经发生了气侵；钻井工程在 b 段的后 1/3 处实施了循环钻井液活动钻具作业，全烃含量呈现逐渐降低趋势，钻井液出口电导率和密度继续降低；到 c 段后，各项参数恢复正常变化趋势，气侵现象消失。

在现场钻井过程中，钻入储层时，如果不是过平衡钻进，常常会发生气侵、油侵、油气侵、水侵等。因此录井技术人员要及时监测到录井参数的变化并快速地向钻井工程方、现场监督提示预报。

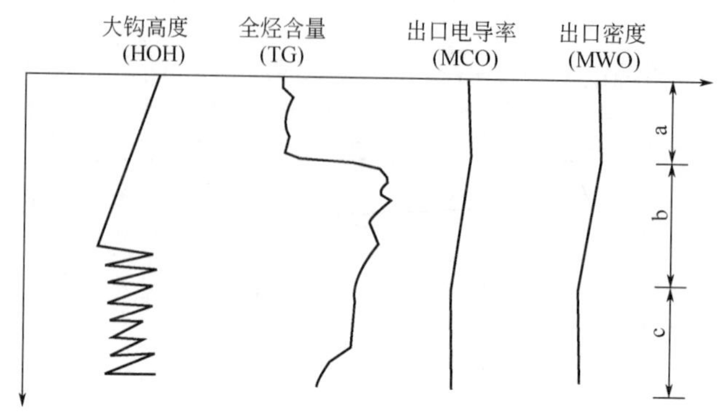

图 2-3-30　气侵时的实时录井曲线图

（三）二氧化碳气体监测

由于二氧化碳在钻井液中的溶解性、石油勘探开发现场环境的复杂性以及岩屑破碎程度、地层压力等因素的制约，特别是典型二氧化碳气藏的地球物理化学特征，导致在现场钻井过程中准确监测循环钻井液内的二氧化碳很困难。其表现为随钻录井检测到的二氧化碳含量通常很低，只有 $0.5 \sim 8.0 \times 10^{-6}$（$0.98 \sim 15.7mg/cm^3$），有时甚至检测不到；完井测试时，二氧化碳的含量很高，能达到 $40 \sim 750 \times 10^{-6}$（$79 \sim 1473mg/cm^3$）。

为了使现场更加准确地监测到二氧化碳含量，现场录井就要在以下几个方面做好工作：一是使用精度高、稳定性高且经过严格检验符合各项技术指标的检测分析仪；二是确保脱气器的脱气效率处于较好的状态之下；三是要清楚不同的钻井液性能或体系、现场管线的安装条件对二氧化碳监测的影响，如油基钻井液有利于二氧化碳检测，水基钻井液则由于二氧化碳溶于水的特性而不利于其检测，钻井液出口及气管线的可靠密封有利于其精确检测，钻井液温度低则不利于二氧化碳的脱出，钻井液的 pH 值大于 10 时二氧化碳易与 OH^- 反应生成 HCO_3^- 和 CO_3^{2-} 或发生其他反应生成其他物质，过平衡钻井地层中的二氧化碳侵入钻井液中少，钻井液的吸附性强不利于二氧化碳的脱出等。

（四）二氧化碳气测异常报告

钻井过程中，二氧化碳气体含量在正常情况下为零。当钻遇含二氧化碳气体地层时，录井系统通过二氧化碳检测仪可以监测出其含量，其显示值会上升。

图 2-3-31 为一个钻进过程中二氧化碳气测异常的实时录井曲线图。从图中可以看到：a 段为正常钻进井段，各项参数均无异常变化，二氧化碳气体含量值为零；b 段大钩负荷、扭矩仍没有异常，但大随着钩高度下行（大钩位置降低），全烃气体含量有所升高且升高到一定值后呈平稳缓慢的增加趋势、

二氧化碳气体含量呈两次陡峰显示，说明钻遇含二氧化碳气体的地层；c段，全烃气体和二氧化碳气体呈现比原背景值高的稳定走势。

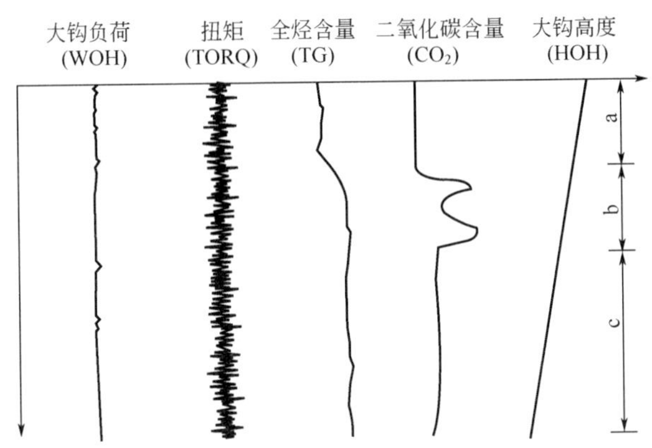

图2-3-31　钻遇含二氧化碳气体地层时的实时录井曲线图

（五）硫化氢气体参数监测

硫化氢气体具有剧毒，在10×10^{-6}（$15mg/cm^3$）硫化氢浓度范围内，作业人员不可在工作区连续工作超过8h（表2-3-7）。因此，钻井期间的硫化氢监测是非常重要的任务。工程录井中使用硫化氢传感器来检测空气、钻井液中的硫化氢含量。

表2-3-7　硫化氢气体对人体的危害

空气中硫化氢质量浓度，mg/m^3	人接触后感觉与伤害
0.04	感到臭味
0.50	感到明显臭味
5.00	有强烈臭味
7.50	有不快感
15.00	刺激眼睛
35~45.00	强烈刺激黏膜
75~150.00	刺激呼吸道
150~300.00	嗅觉在15min内麻痹
300.00	暴露时间长则有中毒症状
300~450.00	暴露1h引起亚急性中毒
375~525.00	4~8h内有生命危险
525~600.00	1~4h内有生命危险
900.00	暴露30min会引起致命性中毒
1500.00	引起呼吸道麻痹，有生命危险

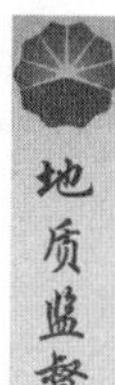

由于工程录井现场需24h连续监测硫化氢，故采用固定式硫化氢监测仪，传感器按惯例通常安装在钻台面、钻井液返出口、仪器房等硫化氢易于聚集的地点或区域。在高含硫的危险场所一般还为现场作业人员配备便携式硫化氢监测仪，用来随身监测工作区域硫化氢含量。

硫化氢监测仪使用前应对下列主要参数进行测试和设置：满量程响应时间、报警响应时间、报警精度、高低报警浓度等。

钻井过程中，尤其是在高含硫地区实施油气天然气钻探作业时，录井技术人员要正确设置硫化氢高低报警门限（一般低报警浓度为10×10^{-6}（15mg/cm^3）、高报警浓度为20×10^{-6}（30mg/cm^3）），密切监视硫化氢含量的检测值，一旦检测到硫化氢气体，立即采取应急避险措施。

（六）硫化氢气体检测异常报告

钻井液在循环过程中，硫化氢首先会被安装于录井脱气器管线上的硫化氢传感器检测出来。综合录井系统检测到硫化氢气体的原因可能是所钻地层含有硫化氢，或者是钻井液处理剂H^+和S^-发生反应生成硫化氢，或者钻井液在井内停留时间过长而产生硫化氢。所以在作业现场要认真分析硫化氢产生的原因。

图2-3-32为一个检测到硫化氢气体的实时录井曲线图。从图中可以明显看到：a段为正常钻进无硫化氢异常变化井段，b段则为钻进含硫化氢层段，在第一时间内应向相关人员提示汇报。

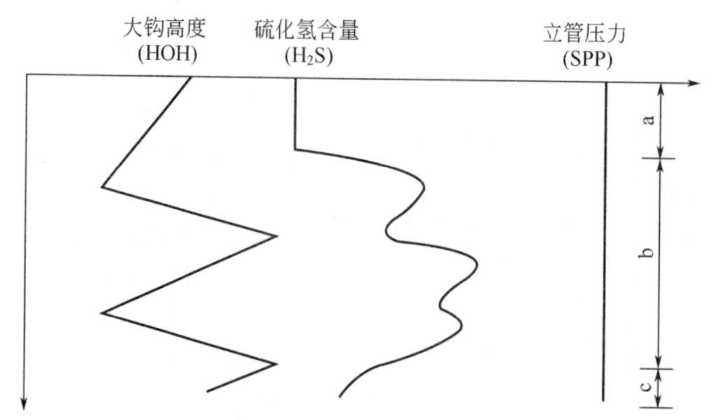

图2-3-32　钻遇硫化氢地层的实时录井曲线图

第四章　地球化学录井

地球化学录井是在岩石热解技术的基础上发展起来的一项录井技术方法，是油气地球化学的重要分支。近几十年来，随着国内各油田地球化学录井工作的蓬勃开展和广泛应用，使得地球化学录井的基础理论和应用技术方面都取得了重大进展。地球化学录井在发现油气显示、评价油气水层等方面发挥了重要的作用，并为油气储量计算、产能估算及油田开发水淹状况评价等提供了重要科学依据。

第一节　概述

“地化”是地球化学的简称，是研究地球的化学组成、化学作用和化学演化的科学，它是地质学与化学、物理学相结合而产生和发展起来的的综合性学科。基于研究对象和手段的不同，地球化学形成了一些分支学科，如元素地球化学、同位素地球化学、流体地球化学、有机地球化学、环境地球化学、矿床地球化学、区域地球化学、勘查地球化学等。油气地球化学是有机地球化学的一个分支学科，是在油气地质理论的基础上，应用化学原理，尤其是有机化学的理论和观点来研究地质体中有机物（烃源岩和储层中的有机质）的组成、结构、性质及分布，探讨石油和天然气的形成、运移、聚集、次生变化，以及油气田开发过程中的有机与无机之间的相互作用、油气组分的变化及其规律等。从技术分类角度讲，油气地球化学是一门交叉学科，是将地质类学科（沉积学、地质学、矿物学等）与化学类学科（有机化学、无机化学、物理化学、分析化学）和生物类学科（生物学、古生物学、微生物学等）及石油工程等的理论和方法融为统一的科学体系，其基本理论和方法在目前油气勘探和开发中正发挥着越来越重要的作用。

一、概念与定义

地球化学录井（后文简称地化录井）是在油气地球化学理论和实验室分

析测试技术基础上发展起来的一门现场应用技术。它是利用地球化学各种实验分析技术，在钻探现场获取地下岩石中的石油地质信息和评价参数，研究油气生成、运移、聚集和转化的地球化学作用和过程，解决录井过程中一些地质和地球化学问题，是油气地球化学的重要分支和实用方法，也是近年来储层评价中全面推广的一项录井技术。

地化录井技术是个广义的概念，可以说，凡是应用油气地球化学技术和方法的油气检测技术，均应属于地化录井的范畴。实际上，人们习惯性地把利用热解分析或气相色谱分析方法，对烃源岩、储集岩岩样中的有机质含量和组成进行分析的方法称为地化录井技术。从目前录井学科定义和概念的演变层面上讲，地化录井一般主要是指岩石热解分析技术、热蒸发烃气相色谱分析技术和轻烃气相色谱分析技术等。

二、技术发展与作用

地化录井学科建立于20世纪80年代末期。20世纪70年代末，法国石油研究院研制成功岩石评价仪（ROCK-EVAL），并提出了一套用此仪器评价烃源岩的图版和规范，用于评价烃源岩的成熟度、有机质类型、有机质丰度、生烃资源量评价等。1978年，我国引进法国岩石热解仪并实现了国产化，90年代初期逐步引入到现场录井储层评价工作中，用于评价储集岩含油饱和度、原油性质等，使得地化录井技术得到了迅速发展。进入21世纪，热蒸发烃和轻烃分析技术的现场应用，成为剖析地下岩石物质的烃类组成和含量的有力工具，使地化录井学科的发展进入了一个新阶段，在储层原油性质识别、排除污染干扰、油气水层评价等方面发挥了重要的作用，形成了一套较为完整和系统的地化录井技术系列。

回顾地化录井的发展历程，可以看出，地化录井技术源于油气勘探开发、发展于油气勘探开发，从技术的创立至今，地化录井信息的采集、处理、评价、研究已达到了较高的层次，具备了从宏观和微观两个方面获取地下油气信息的能力。地化录井可以定量描述储层含油气丰度、烃组分分布状态、烃组分变化趋势等，了解储层原油性质的细微变化、原油遭受破坏的程度，发现地下地质现象和规律的特殊性等，实现了从烃源岩评价到储层描述、从油气藏形成规律研究到油田开采过程中的动态监测，丰富和促进了现代录井学科的发展。

第二节 岩石热解分析技术

岩石热解分析技术主要包括热解分析及氧化分析两部分。热解分析是在缺氧条件下对岩石样品程序加热，同步定量测定样品中不同温度区间内热脱附和裂解烃类产物的数量；氧化分析是热解后样品在有氧条件下恒温加热，定量测定所含的残余碳的数量，以残余碳量加有效碳量计算总有机碳。

一、基本原理

（一）分析原理

岩石热解分析原理是在程控升温的热解炉中对生储油岩样品进行加热，使岩石中的烃类热蒸发成气体，并使高聚合的有机质（干酪根、沥青质、胶质）热裂解成挥发性的烃类产物，经过热蒸发或热裂解的气态烃类，在载气的携带下，直接用氢火焰检测器（FID）进行检测，将其浓度的变化转换成相应的电流信号，经计算机处理，将得到各温度区间的烃含量及最高热解温度。

热解分析后的样品在600℃温度下加空气恒温7min，样品内的残余有机碳在受热过程中与空气中的氧气发生反应，生成CO_2和少量CO，由红外检测器检测（TCD检测器）。也可将生成的CO_2和少量CO再经CuO催化炉催化后与空气中的氧进一步作用生成CO_2，载气携带CO_2进入填充5A分子筛的捕集井并被捕集，捕集井在250℃恒温过程中将全部释放所捕集的CO_2并送至热导池检测器检测。经计算机运算处理，得到残余有机碳的含量。分析流程如图2-4-1所示。

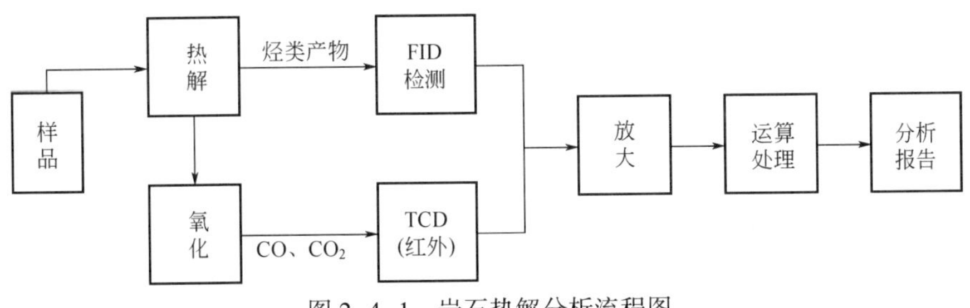

图2-4-1 岩石热解分析流程图

（二）分析周期

根据烃类和干酪根挥发或裂解的温度差异，油气显示评价仪设置了两个周期用于烃源岩、储油岩分析。

1. 周期 1 分析（“五峰”分析）

表 2-4-1 为周期 1 分析温度时序表，图 2-4-2 为周期 1 分析温度时序图。

表 2-4-1　周期 1 分析温度时序表

阶段	温度,℃	恒温时间，min	升温速率,℃/min
初温	90	2	
一阶温度	200	1	50
二阶温度	350	1	50
三阶温度	450	1	50
四阶温度	600	1	

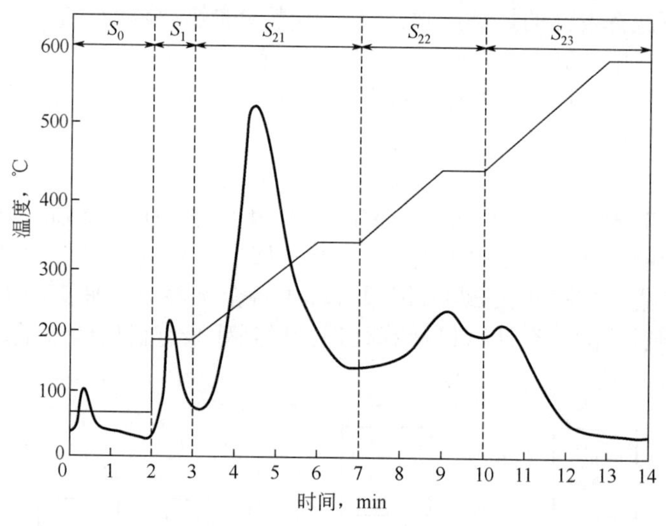

图 2-4-2　周期 1 分析温度时序图

2. 周期 2 分析（“三峰”分析）

表 2-4-2 为周期 2 分析温度时序表，图 2-4-3 为周期 2 分析温度时序图。

表 2-4-2　周期 2 分析温度时序表

阶段	温度,℃	恒温时间，min	升温速率,℃/min
初温	90	2	
一阶温度	300	3	50
二阶温度	600 或 800	1	

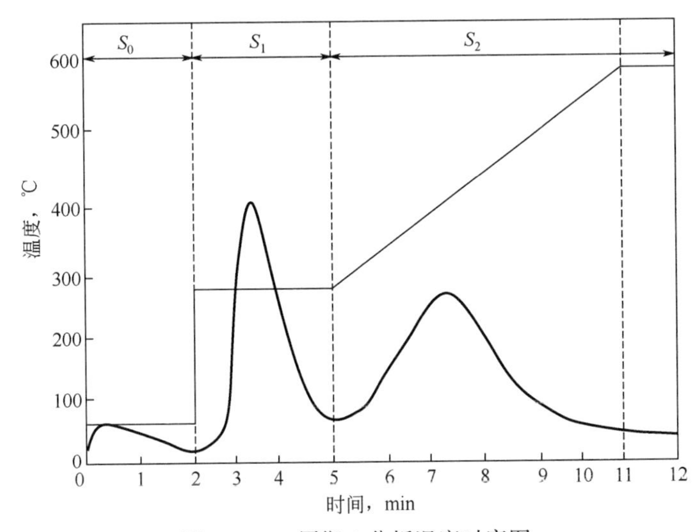

图 2-4-3　周期 2 分析温度时序图

3. 残余碳分析

表 2-4-3 为残余碳分析温度时序表。

表 2-4-3　残余碳分析温度时序表

阶段	温度,℃	时间，min
氧化炉氧化	600	7
捕集井吸附	50	7
捕集井释放	260	3.5

（三）定量分析

定量分析就是要确定样品中被测物质的准确含量，它是根据仪器检测器响应值与被测物质的量在某些条件限定下成正比的关系来进行定量分析的。岩石热解分析采用单点校正法（直接比较法）定量，属于外标定量方法，即以一种标准样品作为对照物质，在相同分析条件下，与待测试样品的响应信

号相比较进行定量，是一种简便、快速的定量方法。

以“三峰”分析和残余碳分析为例：

S_0 含量的计算（mg 烃/g 岩石）：

$$S_0=(P_0Q_{标S_2}W_{标})/(P_{标S_2}W) \tag{2-4-1}$$

S_1 含量的计算（mg 烃/g 岩石）：

$$S_1=(P_1Q_{标S_2}W_{标})/(P_{标S_2}W) \tag{2-4-2}$$

S_2 含量的计算（mg 烃/g 岩石）：

$$S_2=(P_2Q_{标S_2}W_{标})/(P_{标S_2}W) \tag{2-4-3}$$

S_4 含量的计算（mg 烃/g 岩石）：

$$S_4=(P_4Q_{标S_4}W_{标})/(P_{标S_4}W) \tag{2-4-4}$$

式中 P_0——分析样品 S_0 峰的峰面积，mm^2；

P_1——分析样品 S_1 峰的峰面积，mm^2；

P_2——分析样品 S_2 峰的峰面积，mm^2；

P_4——分析样品 S_4 的峰面积，mm^2；

$P_{标S_2}$——标样 S_2 的峰面积，mm^2；

$P_{标S_4}$——标样 S_4 的峰面积，mm^2；

$Q_{标S_2}$——标样 S_2 含量，mg/g；

$Q_{标S_4}$——标样 S_4 含量，mg/g；

$W_{标}$——标样的质量，mg；

W——分析样品的质量，mg。

（四）分析参数及计算参数

1.“三峰法”分析参数

S_0：90℃时检测的单位质量岩石中烃含量，mg/g；

S_1：300℃时检测的单位质量岩石中烃含量，mg/g；

S_2：300~600℃检测的单位质量岩石中烃含量，mg/g；

T_{max}：S_2 的峰顶温度,℃。

2.“五峰法”分析参数

S_0'：90℃时检测的单位质量岩石中烃含量，mg/g；

S_1'：200℃时检测的单位质量岩石中烃含量，mg/g；

S_{21}'：200~350℃检测的单位质量岩石中烃含量，mg/g；

S_{22}'：350~450℃检测的单位质量岩石中烃含量，mg/g；

S_{23}'：450~600℃检测的单位质量岩石中烃含量，mg/g。

3. 残余碳分析参数

S_4：单位质量岩石热解后残余有机碳含量，mg/g。

4. 储集岩评价计算参数

（1）热解烃总量 Pg：

$$Pg=S_0+S_1+S_2\text{（三峰法）} \tag{2-4-5}$$

$$Pg=S_0'+S_1'+S_{21}'+S_{22}'+S_{23}'\text{（五峰法）} \tag{2-4-6}$$

式中　Pg——热解烃总量，mg/g。

（2）含油气总量 S_T：

$$S_T=S_0+S_1+S_2+10RC/0.9\text{（三峰法）} \tag{2-4-7}$$

$$S_T=S_0'+S_1'+S_{21}'+S_{22}'+S_{23}'+10RC/0.9\text{（五峰法）} \tag{2-4-8}$$

式中 10、0.9 分别为换算系数，$RC=S_4/10$。

（3）凝析油指数 P_1：

$$P_1=\frac{S_0+S_1}{S_0+S_1+S_{21}+S_{22}+S_{23}} \tag{2-4-9}$$

（4）轻质原油指数 P_2：

$$P_2=\frac{S_1+S_{21}}{S_0+S_1+S_{21}+S_{22}+S_{23}} \tag{2-4-10}$$

（5）中质原油指数 P_3：

$$P_3=\frac{S_{21}+S_{22}}{S_0+S_1+S_{21}+S_{22}+S_{23}} \tag{2-4-11}$$

（6）重质原油指数 P_4：

$$P_4=\frac{S_{22}+S_{23}}{S_0+S_1+S_{21}+S_{22}+S_{23}} \tag{2-4-12}$$

（7）气产率指数 GPI：

$$GPI=\frac{S_0}{S_0+S_1+S_2} \tag{2-4-13}$$

（8）油产率指数 OPI：

$$OPI=\frac{S_1}{S_0+S_1+S_2} \tag{2-4-14}$$

（9）油气总产率指数 TPI：

$$TPI=\frac{S_0+S_1}{S_0+S_1+S_2} \tag{2-4-15}$$

（10）原油轻重组分指数 PS：

$$PS=S_1/S_2 \tag{2-4-16}$$

（11）原油中重质烃类及胶质和沥青质含量 HPI：

$$HPI=S_2/(S_0+S_1+S_2) \tag{2-4-17}$$

5. 烃源岩评价计算参数

（1）产烃潜量 Pg(mg/g)：

$$Pg=S_0+S_1+S_2 \tag{2-4-18}$$

产烃潜量表示指某一体积或某一质量烃源岩中有机质，在自然地质条件下可以生成烃类物质的最大数量。它包括至今已生成的烃量和尚未转化的剩余生烃潜量两部分。

（2）有效碳 PC（%）：

$$PC=0.083\times(S_0+S_1+S_2) \tag{2-4-19}$$

0.083 表示从含烃量单位（mg 烃/g 岩石）换算为含碳百分数的换算系数。

（3）总有机碳 TOC（%）：

$$TOC=PC+RC \tag{2-4-20}$$

（4）降解潜率（%）：

$$D=(PC/TOC)\times100\% \tag{2-4-21}$$

（5）氢指数 HI：

$$HI=S_2/TOC \tag{2-4-22}$$

（6）烃指数 HCI：

$$HCI=[(S_0+S_1)/TOC]\times100\% \tag{2-4-23}$$

二、仪器校验与资料录取

（一）仪器标定及校验

标定校验的目的有两个：一是建立响应值与样品含量的对应关系，以便仪器能够准确地进行定量分析；二是检测仪器运行是否正常、稳定。

1. 标定校验物质

标定校验物质是用于校正仪器、标定和计算岩石热解分析定量参数不可缺少的标准样品，是热解分析过程中量值传递、保证热解分析数据准确性和可比性主要依据。一般以国家技术监督局批准发布的国家二级岩石热解标准物质作为仪器标定的标准物质，仪器校验也可使用经过标准物质验证的量值传递样品。常见国家二级岩石热解标准物质见表 2-4-4。

表 2-4-4　岩石热解国家标准物质标准值

编号	热解烃 S_2 mg/g	最高热解温度 T_{max} ℃	残余有机碳含量 S_4 mg/g
GBW（E）070039a	1.53	437	6.40
GBW（E）070066	2.04	436	6.50
GBW（E）070038a	4.02	436	7.60
GBW（E）070065	6.04	440	7.70
GBW（E）070037a	6.92	438	8.20
GBW（E）070064	16.92	439	13.40

注：标准物质由于每批次制备的数量有限，当该标准物质供应不足或停止生产后，可能发布其他编号和量值的标准物质。

2. 仪器标定与校验

1）开机

仪器稳定后，放入无污染的空坩埚进行不少于两次的空白运行。

2）仪器标定

准确称量同一标准物质（S_2 及 S_4 含量大于 3mg/g，T_{max} 小于 450℃），样品质量为 100mg±2mg，选择“标定或标样分析”程序，热解和残余碳重复分析不少于两次，S_2 和 S_4 平行分析峰面积值相对双差不大于 10%，T_{max} 偏差不大于 2℃。相对双差和偏差按下式计算：

$$相对双差=\frac{|A-B|}{(A+B)/2}\times 100\% \tag{2-4-24}$$

$$偏差=A-B \tag{2-4-25}$$

式中　A——岩样第一次分析值；

B——岩样第二次分析值。

3）仪器校验

（1）质量要求。

① T_{max} 绝对误差应符合表 2-4-5 的规定。

表 2-4-5　T_{max} 的误差

T_{max}，℃	误差 σ，℃
<450	≤2
≥450	≤5

注：S_2<0.5mg/g 时，不规定 T_{max} 值的误差范围。

T_{max} 误差按下式计算

$$\sigma = |T_{max} - T_{max'}| \tag{2-4-26}$$

式中 σ——误差，℃；

T_{max}——标样值，℃；

$T_{max'}$——分析值，℃。

② S_2、S_4 相对误差 E_r 应符合表 2-4-6、2-4-7 的规定。

表 2-4-6　S_2 的相对误差

S_2，mg/g	E_r，%
9～20	≤6.0
3～9	≤8.0
1～3	≤13.0

表 2-4-7　S_4 的相对误差

S_4，mg/g	E_r，%
>20	不规定
10～20	≤5
3～10	≤10
<3	不规定

S_2、S_4 相对误差按下式计算：

$$E_r = \frac{|X-Y|}{Y} \times 100\% \tag{2-4-27}$$

式中 E_r——相对误差，%；

X——分析值，mg/g；

Y——标样值，mg/g。

（2）校验时机与原则。

① 仪器在投入使用前或仪器参数出现明显偏差经过维修后，应采用高、中、低三种不同含量标准物质或质量传递样品，进行两次或两次以上分析校验，其测定值应符合精密度要求。

② 当仪器每次开机、超过 2h 没有运行或连续工作 6h 以上以及更换维护气源附属设备时，应采用一种标准物质或质量传递样品进行分析校验，其测定值应符合精密度要求。

（二）资料录取

1. 样品选取

现场录井参考钻时、综合气测、荧光、槽面显示等资料进行挑样，及时选取具有代表性的岩样。岩心和井壁取心尽量选取没有受到钻井液污染的中心部位。储集岩样品应在荧光灯下选样，挑选具有荧光级别以上的样品，除非样品破碎非常严重，否则不允许挑取混合样。所有样品不得经过烘烤、滴照、或阳光下长时间暴晒。

2. 样品制备

储集岩岩屑样品应除去污染物，并用滤纸吸干水分后及时上机分析，岩心和井壁取心样品不得研磨，破碎大小以能放入坩埚即可，严禁研磨成粉末状。含油样品禁止用滤纸包裹或吸附，来不及分析的含油气储集岩样品，应低温密闭保存。

烃源岩样品应粉碎研磨后分析，粒径应在0.07mm至0.15mm之间。对于岩屑样品，应在明亮的光线下挑样，用镊子挑取未经烘烤的真实岩屑，清洗去除钻井液等污染，自然晾干、研磨后分析。

3. 样品分析

准确称量待测样品进行分析。分析过程要输入井号、井深、层位、岩性、分析时间、分析人、样品质量等必要的样品信息参数，并填写样品采集分析记录。

4. 数据处理

按照相关标准格式要求进行数据整理，包括热解分析数据总表、储集岩热解分析数据表和烃源岩热解分析数据表等。

三、储集岩评价

应用岩石热解分析技术，可以取得储集岩中含油气总量及烃类组分等参数，利用这些参数可以判断原油性质、储层流体性质，定量计算含油饱和度，达到全面评价储层的目的。

（一）储层原油性质识别

原油是一种成分极其复杂的混合物，其主要成分为烷烃、环烷烃、芳香烃、胶质和沥青质，不同性质的原油各组分含量相差较大，总体规律为：胶质和沥青质含量越高，油质越重；反之，则油质越轻。碳数不同的烃类热蒸发所需的温度也不同，碳数越少的烃热蒸发温度越低，反之越高。原油性质不同表现在热解参数上的差异，即不同温度区间烃含量的不同（图2-4-4）。应该注意的是由于油源的差异，不同生油凹陷不宜类比。

1. 应用热解五峰参数比值法判别原油性质

P_1>0.9为凝析油；

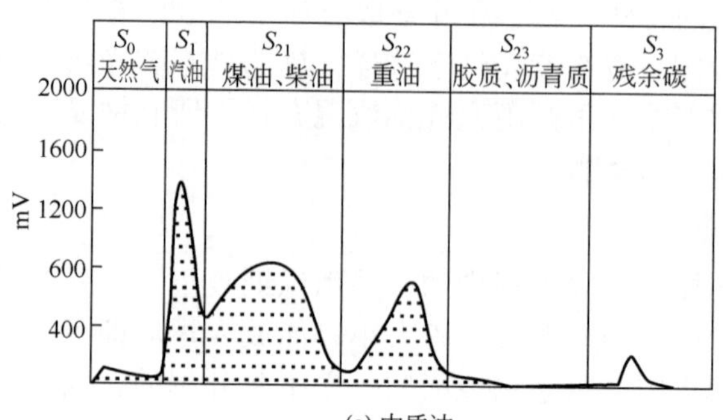

(a) 中质油

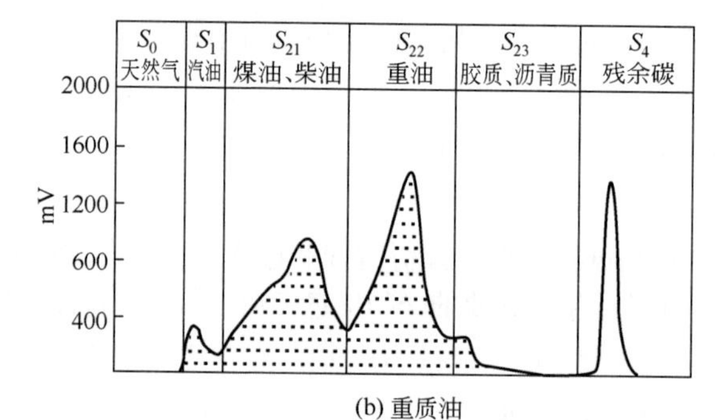

(b) 重质油

图 2-4-4 不同原油性质热解谱图

P_2>0.9 为轻质油；

P_3 在 0.5~0.8 为中质油；

P_4 在 0.5~0.7 为重质油；

P_4>0.7 为残余油。

2. 应用热解三峰参数比值法判别原油性质

热解三峰分析参数判别储层原油性质参考标准见表 2-4-8。S_1/S_2 和 OPI 越大，表明原油性质越轻；S_1/S_2 和 OPI 越小，表明原油性质越重，因此应用热解三峰分析可以判断储层原油性质。

表 2-4-8 三峰分析储层原油性质划分数据表

原油性质	S_1/S_2	OPI
天然气	>10	0~0.2
凝析油	5~10	0.8~0.9
轻质油	3~5	0.75~0.8
中质油	1~3	0.5~0.75

续表

原油性质	S_1/S_2	OPI
重质油	0.5~1	0.35~0.5
稠油	0.5	<0.35

（二）原油黏度、密度预测

原油黏度与原油烃类组分有关，重烃、胶质和沥青质含量高，分子量大，彼此亲和能力强，原油黏度越高。储层原油产能的大小与原油性质密切相关，在物性、埋藏深度、含油厚度、地温及含油丰度相近条件下，原油黏度低的储层比原油黏度高的储层获得的产能要高。

经统计，发现原油黏度与岩石热解参数 HPI 有较好的相关性（图 2-4-5）。在半对数坐标上，HPI 与 μ 存在线性关系：

$$\lg\mu = 2.989\mathrm{HPI} + 0.175（相关系数\ R = 0.953） \qquad (2-4-28)$$

HPI 表示原油组分中重质烃类、胶质和沥青质的相对含量，HPI 值越大，原油中重质烃类、胶质及沥青的含量越重，原油黏度越高。通过已试油探井含油砂岩储层热解分析轻重组分指数 PS 与原油的密度 d_o 存在很好的相关性（图 2-4-6），原油密度预测公式为

$$d_o = 0.8462(S_1/S_2) - 0.0483（相关系数为\ 0.99） \qquad (2-4-29)$$

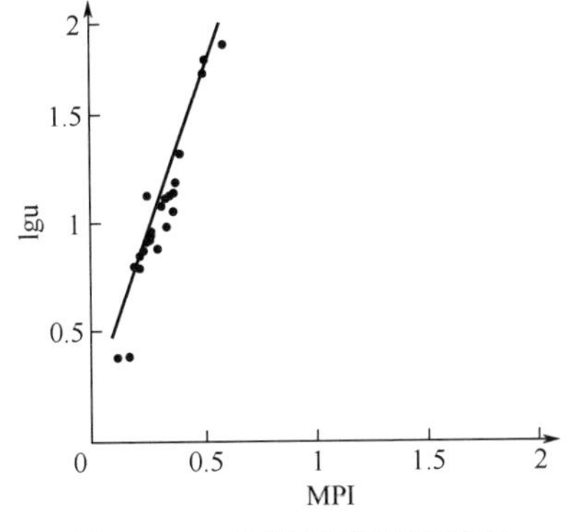

图 2-4-5　原油黏度预测图版

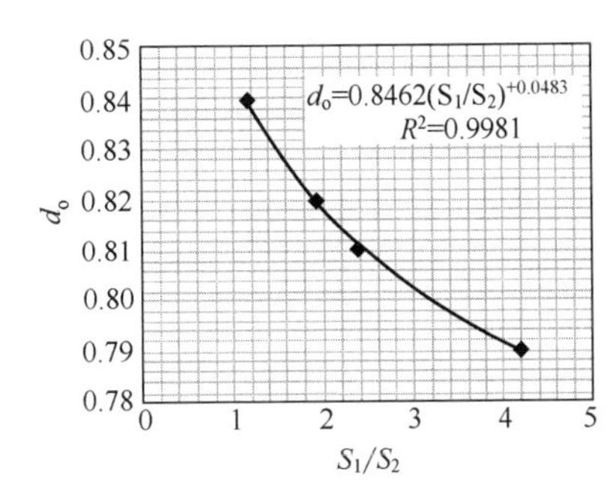

图 2-4-6　原油密度预测图版

（三）孔隙度及含油饱和度的计算

1. 岩石热解分析技术测定孔隙度方法

岩石质量是由岩石骨架质量和岩石孔隙中流体的质量所构成，岩石体积也是由岩石骨架体积和孔隙体积（流体体积）所构成，即：

$$W_{岩}=W_{骨}+W_{流}=V_{骨}\times d_{骨}+V_{流}\times d_{流} \tag{2-4-30}$$

$$V_{岩}=V_{骨}+V_{流}=W_{骨}/d_{骨}+W_{流}/d_{流} \tag{2-4-31}$$

岩石热解过程是把岩样中的流体（油、气、水）热蒸发，热解后的岩样质量是除去流体的岩石骨架质量，因而热解前后岩石质量之差既为流体（油、气、水）的质量，流体的体积即为孔隙体积。

$$\phi_e=V_{流}/V_{岩}\times100\%=(1-V_{骨}/V_{岩})\times100\%=[(1-d_{岩}\ W_{骨}/(d_{骨}\ W_{岩})]\times100\% \tag{2-4-32}$$

由于砂岩的主要矿物为石英和长石，可取此两种矿物的密度平均值为2.61g/cm^3，则：

$$\phi_e=[1-d_{岩}\ W_{骨}/(2.61W_{岩})]\times100\% \tag{2-4-33}$$

式中 ϕ_e——有效孔隙度,%；

$V_{岩}$——岩石体积，cm^3；

$V_{流}$——流体体积，cm^3；

$V_{骨}$——骨架体积，cm^3；

$W_{岩}$——热解前岩样质量，mg；

$W_{骨}$——热解后岩样质量，mg；

$W_{流}$——流体质量，mg；

$d_{岩}$——岩石密度，g/cm^3；

$d_{骨}$——骨架密度，g/cm^3。

2.储层含油饱和度的热解计算方法

岩石热解分析结果是储层含油丰度的一种定量反映，应用岩石热解分析的含油气总量S_T(mg/g)结合原油密度（g/cm^3）、孔隙度（%）及岩石密度(g/cm^3)，可以计算储层的含油饱和度。

其计算公式如下：

$$S_o=\frac{d_{岩}\times S_T\times100}{d_{油}\times\phi_e\times1000}\times100\%=\frac{d_{岩}\times S_T}{d_{油}\times\phi_e}\times10 \tag{2-4-34}$$

式中 S_o——为含油饱和度,%；

$d_{岩}$——岩石密度，g/cm^3；

S_T——校正后的热解总值，mg/g；

ϕ——有效孔隙度，小数；

$d_{油}$——原油密度，g/cm^3。

（四）油气水层识别

1. 利用可溶烃与含油气总量划分油水层

岩石热解分析输出参数 S_0、S_1、S_2 分别反映了储层中气态烃、液态烃、重质烃含量。含烃量指标 PG、S_1 在一定程度上反映了储层中含油丰度及可溶烃的含量，PG、S_1 值高，说明储层中含烃类物质多，产油气的可能性就大，产能高；反之，储层含烃类物质少，PG 值就低，产油气的可能性就小，产能低（图 2-4-7）。

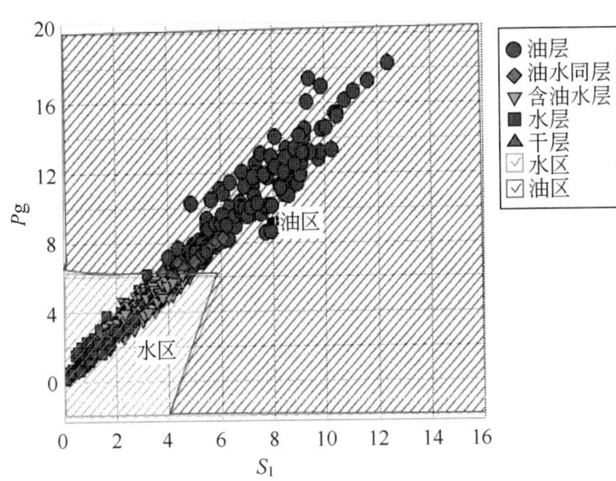

图 2-4-7　可溶烃与含油气总量解释图版

（彩图请扫二维码）

2. 利用轻重比与轻总比划分油水层

轻重比（S_1/S_2）与轻总比（S_1/PG）反映了储层中可流动烃与不可流动烃含量的相对变化。油层轻重比与轻总比都较高，储层含水后，轻重比与轻总比降低，干层或水层更低（图 2-4-8）。

3. 利用轻重比与地化亮点划分油水层

一般来说重质油层 S_1、S_2 值较高，轻质油层 S_1、S_2 值较小，中质油层介于两者之间。单凭 S_1、S_2 评价，可发现重质油层，但可能会丢掉轻质油层。中质—重质油层 PG 值大，而（S_0+S_1）/S_2 值相对小，中质—轻质油层 PG 值小而轻重比值大。如果把油层的两个值结合在一起考虑，让其大小互补，不管是轻质油层还是重质油层，他们应该具有一个相当的值，这样就可以把不同油质的低电阻率油层放在一起考虑，这个值称之为储层的地化亮点值（S_0+S_1）/$S_2 \times Pg$（图 2-4-9）。

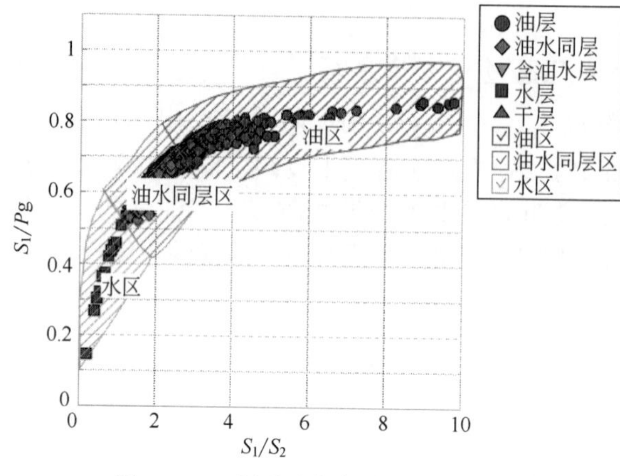

图 2-4-8　轻重比与轻总比解释图版

（彩图请扫二维码）

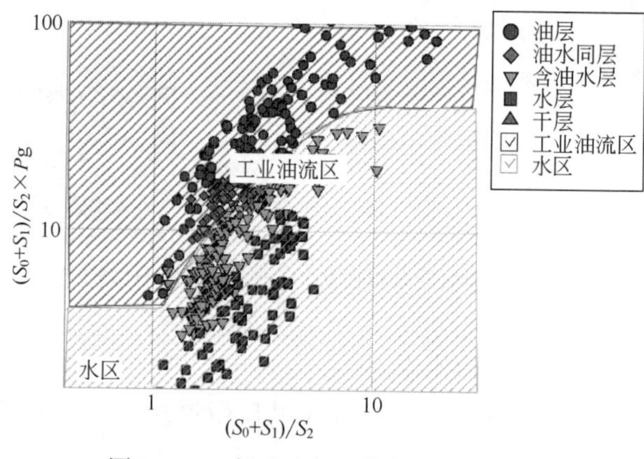

图 2-4-9　轻重比与地化亮点解释图版

（彩图请扫二维码）

4. 利用含油气总量和孔隙度划分油水层

含油气总量反映储层含油丰度，在岩石密度和孔隙度一定时，含油气总量值的变化就是含油饱和度的变化。相同原油性质的储层，由于孔隙度不同，热解分析含油气总量相差也很大。因此利用含油气总量和孔隙度两项参数可更加准确的识别油水层（图 2-4-10）。

5. 结合测井资料判断油水层

在储层岩性、物性相差不大的情况下，电阻率、热解烃总量从不同角度均反映储层含油性，热解分析受岩性及含有物影响小，可排除含泥含钙的

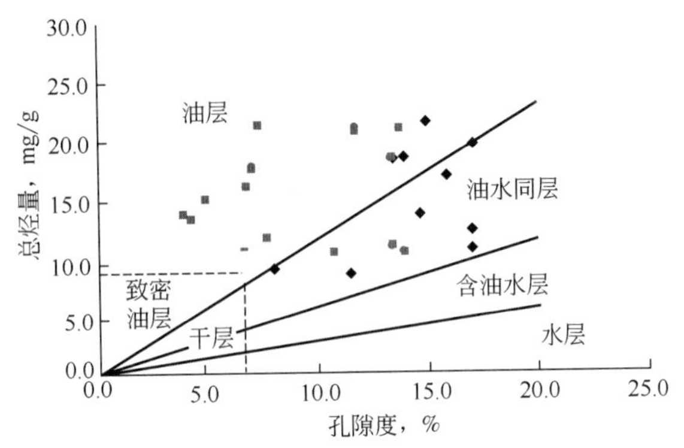

图 2-4-10 含油气总量和孔隙度解释图版

影响。

四、烃源岩评价

烃源岩指富含有机质能生成并提供工业产量油气的岩石，是控制油气藏形成与分布的关键性因素之一，确定有效烃源岩是发现含油气系统的基础。烃源岩主要有两种：泥岩和碳酸盐岩。在特殊环境下，煤岩也是油、气源岩。烃源岩评价涉及许多方面，虽然在不同勘探阶段以及不同沉积盆地的评价重点有所不同，但是总体上主要包括两大方面：(1) 烃源岩的地球化学特征评价，如有机质的丰度、有机质的类型、有机质的成熟度；(2) 烃源岩的生烃能力评价，如生烃强度、生烃量、排烃强度等。

(一) 热解评价烃源岩原理

烃源岩生成石油的数量和质量，不仅取决于烃源岩埋藏时间的长短和受热温度的高低，也取决于烃源岩的有机质类型和有机质丰度。用热解评价烃源岩的原理是建立在干酪根热解生烃的基础上的，即加热烃源岩模拟自然界的生烃过程。它实质上是利用温度和时间可以互相补偿的原理，用高于烃源岩成熟所需的温度，促使烃源岩在天然条件下需数千万年才能完成的生烃过程在十几分钟时间内完成，因而烃源岩热解分析过程就是烃源岩热演化模拟生烃过程。热解分析已作为一种经典的评价方法列为烃源岩评价的必备分析项目，对盆地早期石油勘探及资源量评价具有重要的作用，也是地化录井的主要工作内容之一。

(二) 烃源岩的定量评价

烃源岩产油气量与烃源岩中所含干酪根的类型、成熟度和干酪根在烃源岩中的丰度有关。干酪根生烃可分为3个阶段：（1）未成熟阶段，生油气量几乎为零，但在此阶段干酪根除脱掉一部分含氧官能团外，还生成一定量的胶质、沥青质等重质组分；（2）成熟阶段，是干酪根生油气的主要阶段，在此阶段干酪根大量热解生成油气，生成的油气量随埋藏深度的增加而增大；（3）变质阶段，干酪根热降解达最高峰，但此时产油气量已很少。

干酪根在烃源岩中的丰度一般以总有机碳来表示，但有机碳含量并不能绝对反映烃源岩产烃潜力，因为总有机碳包括可生成油气的有机碳（有效碳）和不能生成油气的有机碳（无效碳或死碳），只有有效碳的含量才能反映烃源岩的产烃潜力，只有热解分析才能取得烃源岩产烃潜力的定量参数。

1. 有机质丰度

有机质丰度是指单位质量岩石中有机质的含量。在其他条件相近的前提下，岩石中有机质的含量（丰度）越高，其生烃能力越高。按产烃潜量（Pg）、有效碳（PC）和总有机碳（TOC）将烃源岩分为四个等级来定量评价（表2-4-9）。

评价指标适用于成熟度较低（R_o=0.5%~0.7%）烃源岩的评价，当热演化程度高时，由于油气大量排出以及排烃程度不同，导致上述有机质丰度指标失真，应进行恢复后评价或适当降低评价标准。

表2-4-9　陆相烃源岩有机质丰度评价指标

指标	湖盆水体类型	烃源岩分级				
		非	差	中等	好	最好
TOC %	淡水-半咸水	<0.4	0.4~0.6	0.6~1.0	1.0~2.0	>2.0
	咸水-超咸水	<0.2	0.2~0.4	0.4~0.6	0.6~0.8	>0.8
PC			<0.17	0.17~0.4	0.4~1.7	>1.7
(S_1+S_2)			<2	2~5	5~20	>20

2. 有机质类型

由于不同来源、不同组成的有机质成烃潜力有很大的差别。烃源岩的有机质一般分为腐泥型（Ⅰ类）、混合型（Ⅱ类）和腐殖型（Ⅲ类）。我国烃源岩由于多是混合型，又把Ⅱ类有机质再细分为$Ⅱ_A$和$Ⅱ_B$两类。Ⅰ类有机质的原始先体富含脂肪链，有利于生成大量油气，其产烃潜量为Ⅲ类有机质的5~10倍，为Ⅱ类有机质的2~3倍。混合型有机质（Ⅱ类）的先体主要是水生生物，但掺杂有来自陆地的高等植物，在形成还原环境以前经过细菌的强烈降解，常含有大量的黄铁矿，Ⅱ类有机质的产烃潜量比Ⅲ类有机质大3~6倍。腐殖型（Ⅲ类）有机质富含氧而贫氢，其原始先体主要是来自陆地的富含纤维及木质素的高等植物，其产烃潜量很低。

1）降解潜率和氢指数有机质类型判别标准

降解潜率是有效碳占总有机碳的百分率，有机质的类型越好，有效碳越多，在总有机碳中有效碳所占的百分率也越大。随着烃源岩成熟度的增高，其降解潜率逐渐变小。氢指数为每克有机碳热解所产生的烃量（mg），其意义与降解潜率相类似，能较好地反映有机质生烃能力的高低。烃源岩成熟度越高，其氢指数越小。所以用降解潜率和氢指数划分烃源岩有机质类型只适用于未成熟或低成熟烃源岩。按降解潜率（*D*）和氢指数（*HI*）将有机质划分为四个类型（表 2-4-10）。

表 2-4-10 有机质类型划分标准

类别	类型	降解潜率 *D*，%	氢指数 *HI*，mg 烃/gTOC
Ⅰ	腐泥	>70	>700
$Ⅱ_A$	腐植-腐泥	30~70	350~700
$Ⅱ_B$	腐泥-腐植	10~30	150~350
Ⅲ	腐植	<10	<150

2）用氢指数 *HI* 与 T_{max} 值图版划分有机质类型

各类有机质存在一定的氢指数范围，且氢指数随 T_{max} 值的增高而沿着一定的规律逐渐变小，只要把分析岩样的氢指数和 T_{max} 值按坐标位置点在图版上，数据点靠近哪一类曲线，便可判断是哪一类有机质（图 2-4-11）。对有机质丰度低的泥岩，由于矿物基质的保留效应，使热解烃 S_2 大幅度降低，由 S_2 计算得到的氢指数也偏低，而不能如实反映有机质类型。

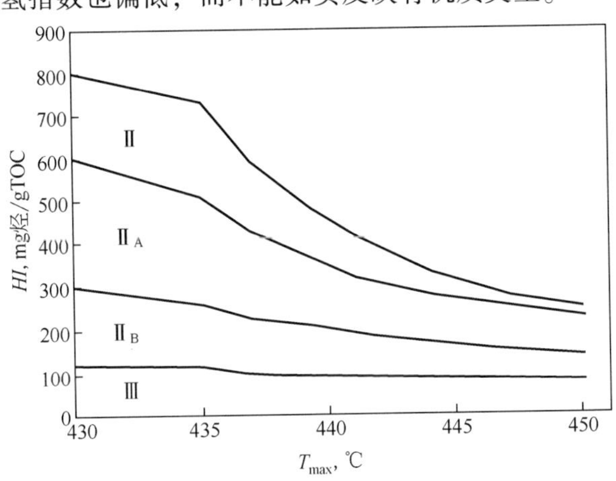

图 2-4-11 低至中熟烃源岩原始有机质类型判别图版

低熟和中熟烃源岩的有机质类型借助于氢指数 HI（mg 烃/gTOC）和 T_{max}（℃）图版容易加以判别；对高熟和过熟烃源岩则需要提高热解温度至 800℃，并把检测灵敏度提高 10 倍，以测准氢指数 HI 和 T_{max} 值。将各类烃源岩的热演化模拟实验结果制成氢指数 HI 和 T_{max} 关系图版，用于判别高熟和过熟烃源岩的原始有机质类型（图 2-4-12、图 2-4-13）。

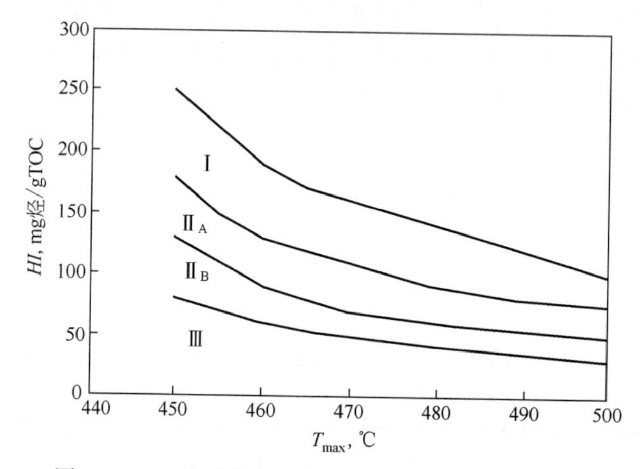

图 2-4-12　高成熟烃源岩原始有机质类型判别图版

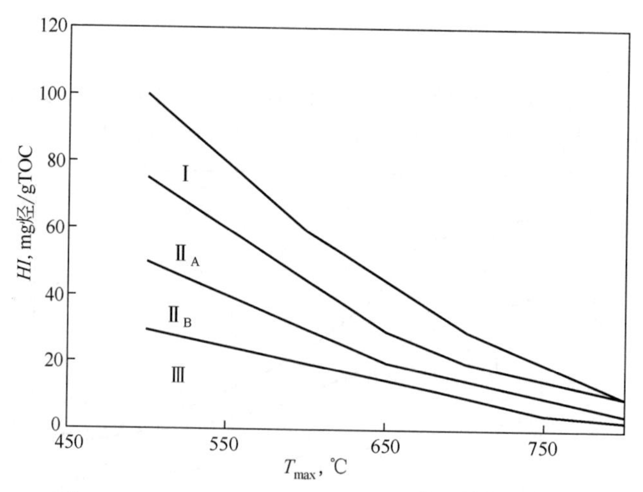

图 2-4-13　过成熟烃源岩原始有机质类型判别图版

3. 成熟度

1）用热解烃（S_2）峰顶温度 T_{max}（℃）判断烃源岩成熟度

T_{max} 值随着成熟度的增高而增大，这是由于烃源岩中的干酪根热解生成油气时，首先是热稳定性最差的部分热解，对余下部分热解就需要更高的热解温度，这样就使热解生烃量最大时的温度 T_{max} 值随成熟度增大而不断升高。表 2-4-11 为我国烃源岩各成熟度范围的 T_{max} 值及相应的镜质组反射率。高熟和过熟烃源岩的 T_{max} 值与 R_o 值关系图如图 2-4-14 所示。

表 2-4-11 各成熟范围的 T_{max} 值

成熟度指标		未成熟	生油	凝析油	湿气	干气
镜质体反射率 R_o（%）		<0.5	0.5~1.3	1.0~1.5	1.3~2.0	>2
T_{max},℃	Ⅰ	<437	437~460	450~465	460~490	>490
	Ⅱ	<435	435~455	447~460	455~490	>490
	Ⅲ	<432	432~460	445~470	460~505	>505

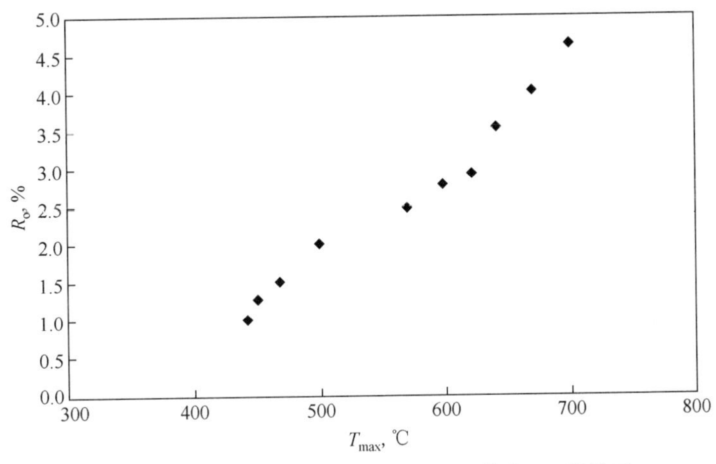

图 2-4-14 高熟和过熟烃源岩的 T_{max} 值与 R_o 值关系

2）用产率指数 PI 判断烃源岩的成熟度

产率指数是烃源岩的游离烃 S_1 与热解烃 S_2 之和的比值。烃源岩在热演化过程中不断生成烃类，使 S_1 变大，相对使 S_2 变小。产率指数可看作在一定成熟度下的产烃率或转化率，但这只是指残余烃，因为 S_1 是烃源岩中已生成未运移走的残存油气，而且受取样条件影响很大，代表性差。所以产率指数值并不能反映烃源岩达到某一成熟度范围，只能反映烃源岩进入生油门限后，随成熟度的增高产率指数逐渐变大。在过成熟阶段，由于取样时气态烃的损失，而导致产率指数的变小，因而产率指数要与 T_{max} 值配合使用。

（三）原始氢指数与已生烃量的估算

1. 烃源岩转化率 T_r 的判定

烃源岩转化率 T_r 为烃源岩已转化生成的烃量和原始产烃潜量的比值。进入生烃门限后，转化率逐渐增大，未熟烃源岩的转化率 T_r 为 0，已完全降解生烃完毕的烃源岩的转化率为 1。转化率取决于烃源岩有机质性质、所经历的温度和时间史，转化率与烃源岩的成熟度呈线性关系。由于产烃潜量 S_1+S_2 值包括不稳定的游离烃 S_1，故只选择稳定的 S_2 值与 TOC 计算的氢指数 HI（mg 烃/gTOC）作为参数，用于计算烃源岩转化率 T_r。烃源岩转化率 T_r 以下列式表示：

$$T_r=\frac{\sum X_o-\sum X_i}{\sum X_o}=\frac{X_o-\sum X_i}{X_o} \qquad (2-4-35)$$

式中 T_r——烃源岩转化率；

X_o——原始产烃潜量，mg 烃/gTOC；

X_i——剩余产烃潜量，mg 烃/gTOC。

1）各类低至中熟烃源岩转化率 T_r 与成熟度 T_{max} 图版

从烃源岩氢指数与 T_{max} 图版获得烃源岩的原始有机质类型后，通过各类低熟至中熟烃源岩转化率 T_r 与成熟度 T_{max} 图版（图 2-4-15），即可判定该类型的有机质在此成熟度下的转化率。

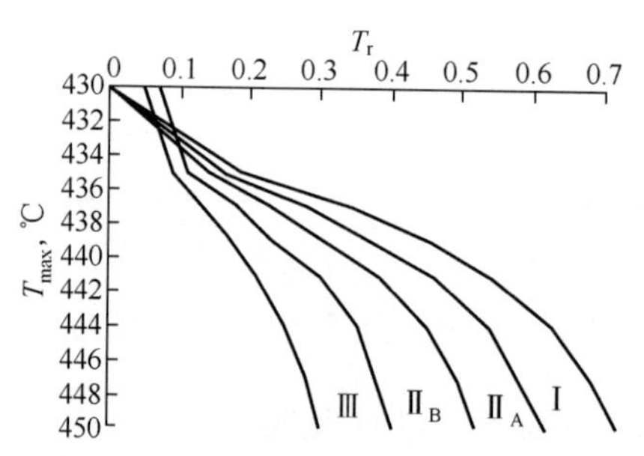

图 2-4-15 各类低至中熟烃源岩转化率 T_r 与 T_{max} 图版

2）各类高熟烃源岩转化率 T_r 与成熟度 T_{max} 图版

各类高熟烃源岩转化率 T_r 与成熟度 T_{max} 图版如图 2-4-16 所示。

3）各类过熟烃源岩转化率 T_r 与成熟度 T_{max} 图版

各类过熟烃源岩转化率 T_r 与成熟度 T_{max} 图版如图 2-4-17 所示。

2. 烃源岩原始氢指数 HI 的计算

对已成熟的烃源岩，其热解分析的氢指数是剩余氢指数。剩余氢指数

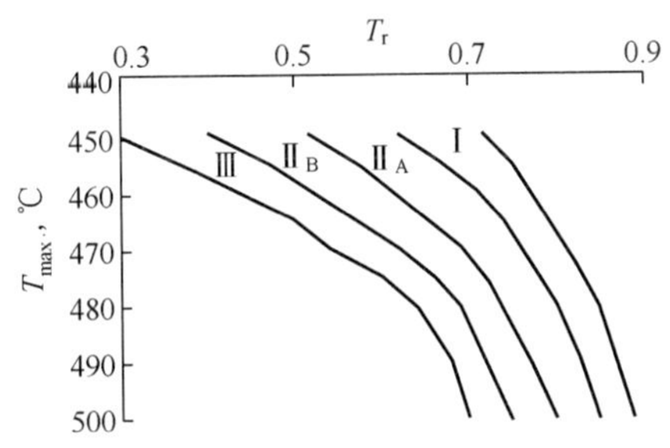

图 2-4-16　各类高熟烃源岩转化率 T_r 与成熟度 T_{max} 图版

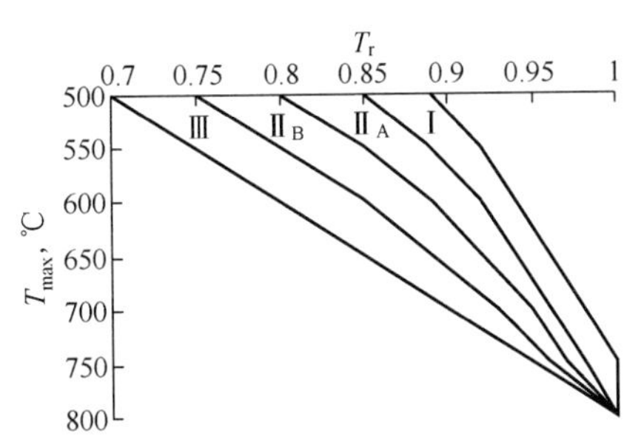

图 2-4-17　各类过熟烃源岩转化率 T_r 与 T_{max} 图版

随烃源岩成熟度的升高而逐渐变小，因而对高熟和过熟烃源岩进行全面评价时，计算其原始氢指数（mg 烃/gTOC）是重要的一项研究内容，因为只有原始氢指数才能代表烃源岩真正生烃潜力，并可通过它计算烃源岩的曾经生烃量。

烃源岩原始氢指数的计算式：

$$HI_{原}=\frac{HI}{1-T_r} \tag{2-4-36}$$

式中　$HI_{原}$——原始氢指数，mg 烃/gTOC；

HI——剩余氢指数，mg 烃/gTOC；

T_r——烃源岩转化率。

3. 烃源岩的已生烃量的计算

对石油勘探过程中的烃源岩评价，主要是研究其曾经生成和排出的石油和天然气的数量，进而勘探油气的聚集量。高熟和过熟烃源岩的生烃潜力已接近枯竭，不应单从其数值很小的剩余产烃潜量和剩余氢指数来评价烃源岩，必须通过恢复原始氢指数加以正确评价，并能从中计算出其曾经生烃量。由于生烃潜量 S_1+S_2（mg/g）中的 S_1 值极不稳定，并且是已生成未排出的烃类，因此只能用剩余产烃潜量 S_2 值计算原始潜量，但高熟和过熟烃源岩的 S_2 值非常小，难加以应用，故用氢指数 HI 计算原始生烃潜量和已生烃量，并可化解总有机碳量 TOC（%）对 S_2 值的制约。

1）每克总有机碳的已生烃量的计算式

$$Q=HI_{原}-HI \tag{2-4-37}$$

式中 Q——烃源岩已生烃量，mg 烃/gTOC；

$HI_{原}$——烃源岩原始氢指数，mg 烃/gTOC；

HI——烃源岩剩余氢指数，mg 烃/gTOC。

2）每吨烃源岩已生烃量的计算式

$$Q_{岩}=\frac{Q\times TOC}{100}\times 100\% \tag{2-4-38}$$

式中 $Q_{岩}$——每吨烃源岩已生烃量，kg 烃/t 岩石；

Q——烃源岩已生烃量，kg 烃/tTOC；

TOC——烃源岩总有机碳量，%。

4. 高熟和过熟烃源岩中有机质种类的定性和定量分析

高熟和过熟烃源岩尤其是碳酸盐烃源岩热解分析的 S_2 峰常出现多峰，在主峰之前出现多个前峰，在主峰之后出现多个后峰，导致 T_{max} 值不真实。因而需要研究每个峰所代表的有机物性质种类，加以定性和定量，以判别是烃源岩还是油气储集岩，并确定烃源岩的成熟度。

碳酸盐岩既是油气储集岩又是烃源岩。根据与油气生成有关的有机质在岩石中与矿物结合形态的不同，可划分为多种形式的分散有机质，包括重质可溶有机质、晶包有机质和干酪根三大类。

1）判别高熟和过熟烃源岩有机质种类的方法

因高熟和过熟烃源岩的干酪根峰的 T_{max} 值大于 450℃，晶包有机质峰的 T_{max} 值接近碳酸岩矿物开始热分解的温度 480～500℃，故以各个峰的 T_{max} 值判别高熟和过熟烃源岩的有机质种类（表 2-4-12），并以各个峰的峰面积计算各峰所代表的有机质热解烃量。

表 2-4-12　高熟和过熟烃源岩中有机质种类的判别

S_2 双峰		S_2 三峰	
T_{max}，℃	有机物	T_{max}，℃	有机物
<450	重质可溶有机质	<450	重质可溶有机质
>450	干酪根	>450	干酪根
		480～500	晶包有机质

2）S_2 多峰高熟和过熟烃源岩成熟度的确定

从 S_2 多峰中的干酪根的峰顶温度 T_{max} 值来判别烃源岩的成熟度。

3）碳酸盐烃源岩和碳酸盐油气储集岩的区分

一般情况下，S_2 多峰中有干酪根峰便是烃源岩；游离烃（S_1）高于该区域的背景值，有重质可溶有机质峰则是油气储集岩。

第三节　热蒸发烃气相色谱分析技术

热蒸发气相色谱技术是一种对岩石中烃类组分进行检测的录井方法，由于该项技术具有把岩石中的烃类混合物分离成单个组分的能力，因此在储层原油性质识别、排除污染干扰、油气水层评价等方面发挥了重要的作用，为油田勘探开发提供了有效的技术手段。

一、基本原理

（一）分析原理

“热蒸发”是指通过加热使一种化合物转化为其他相态化合物的变化过程。热蒸发气相色谱分析原理是将样品在热解炉中加热到 300～350℃，使存在于储集岩孔隙或裂缝中的油气组分挥发，用气相色谱分离这些产物，并通过 FID 检测器检测，由计算机自动记录各组分的色谱峰及其相对含量（图 2-4-18）。为了避免储层原油中较重烃类热裂解成轻烃或烯烃而导致分析的烃类组分分布失真，热蒸发烃分析的温度必须控制在小于 350℃。

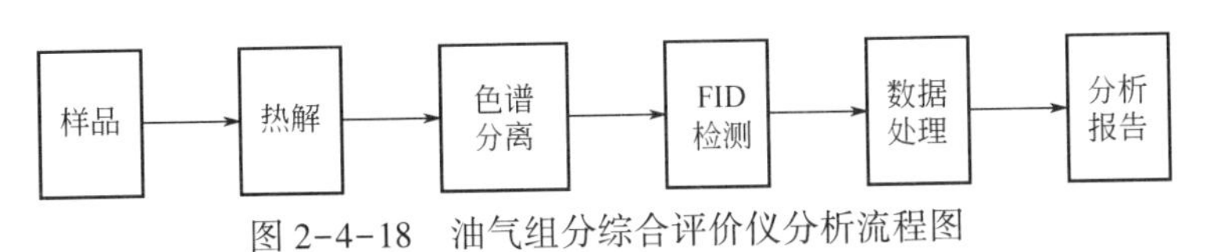

图 2-4-18　油气组分综合评价仪分析流程图

（二）分析条件

分析对象不同，所用的分析方法也不同，即选用的色谱柱、色谱条件不同。

（1）色谱柱：规格为内径 0.32mm，长度 30m，膜厚 0.25μm，其固定相为聚二甲基硅氧烷。

（2）分析条件：热解炉温度 300℃、FID 温度 310℃、初始柱温 100℃，恒

温 1~3min，以 10~25℃/min 升温至 310℃，恒温 10~15min，恒温至无峰显示为止。氮气做载气，流速 15~25mL/min；氢气做燃气，流速为 30~40mL/min；空气作助燃气，流速为 300 ~ 350mL/min；尾吹用氮气，流速为 25 ~ 35mL/min。

（三）定性与定量

1. 组分定性

色谱定性分析就是要确定各色谱峰所代表的化合物。由于热蒸发烃分析条件固定，各种物质在一定的色谱条件下均有确定的保留值，碳数少的组分先流出色谱柱。一般以正碳十七烷与姥鲛烷（Pr）、正碳十八烷与植烷（Ph）两对标志峰为参考，利用其碳数规律对各组分进行定性（图 2-4-19）。

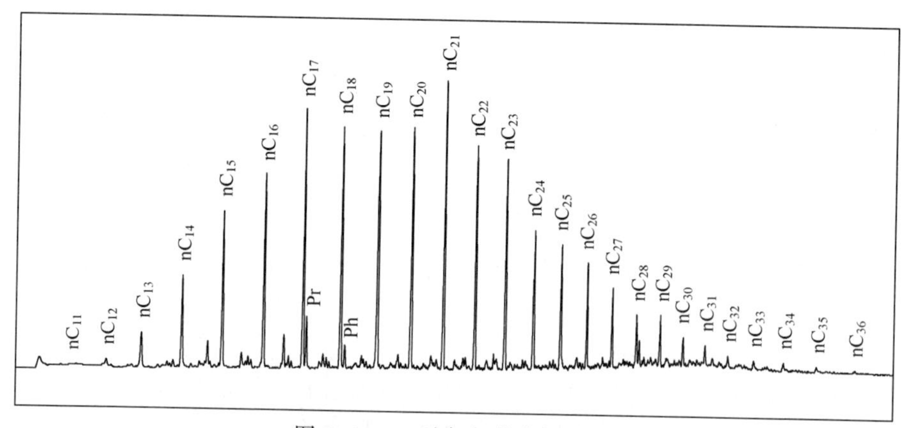

图 2-4-19 油气组分分析谱图

2. 定量计算

热蒸发烃气相色谱分析可通过计算每个单体烃的峰面积或峰高，采用归一法定量分析。

$$C_i = \frac{A_i}{\sum_{i=1}^{n} A_i} \times 100\% \tag{2-4-39}$$

式中 C_i——试样中组分 i 的百分含量，%；

A_i——组分 i 的峰面积或峰高。

（四）分析参数及公式

热蒸发烃气相色谱分析可通过计算得到色谱峰的最低至最高碳数的范围、

$nC_8 \sim nC_{40}$ 的正构烷烃、姥鲛烷（Pr）、植烷（Ph）各组分的峰高、峰面积、质量分数以及相关的计算参数。

1. 主峰碳

一组色谱峰中峰面积或质量分数最大的正构烷烃碳数。

2. 奇偶优势 OEP

$$OEP=\left[\frac{C_{K-2}+6nC_K+nC_{K+2}}{4nC_{K-1}+4nC_{K+1}}\right]^{-1^{(K+1)}} \tag{2-4-40}$$

式中 K——主峰碳数；

C_K——主峰碳组分质量分数，小数，其余类推。

3. 碳奇偶优势指数 CPI

$$CPI=\frac{1}{2}\times\left(\frac{nC_{25}+nC_{27}+\cdots+nC_{33}}{nC_{24}+nC_{26}+\cdots+nC_{32}}+\frac{nC_{25}+nC_{27}+\cdots+nC_{33}}{nC_{26}+nC_{28}+\cdots+nC_{34}}\right) \tag{2-4-41}$$

式中 C_{25}——C_{25} 组分的质量分数，其余类推。

4. $\sum nC_{21}^{-}/\sum nC_{22}^{+}$

nC_{21} 之前的组分质量分数总和与 nC_{22} 之后组分质量分数总和的比值。

5. $(nC_{21}+nC_{22})/(nC_{28}+nC_{29})$

nC_{21}、nC_{22} 组分质量分数和与 nC_{28}、nC_{29} 组分质量分数和的比值。

6. Pr/Ph

姥鲛烷峰面积与植烷峰面积比值。

7. Pr/nC_{17}

姥鲛烷峰面积与正十七烷峰面积比值。

8. Ph/nC_{18}

植烷峰面积与正十八烷峰面积比值。

二、仪器校验与资料录取

（一）仪器校验

1. 空白分析

（1）开机且仪器稳定后，放入无污染的空坩埚空白运行至无峰显示（量程为 0.5mV）。

（2）仪器柱箱温度在100℃恒温状态下，空白运行基线噪声及漂移应小于0.03mV/30min。

2. 质量传递样品分析结果重复性

选取20~30mg相同重量、正构烷烃组分齐全且研磨均匀的同一质量传递样品（S_1 值在1mg/g以上），由同一操作者按相同测试方法连续分析两次或两次以上平行分析，独立测试结果的重复性要求见表2-4-13。

表2-4-13　热蒸发烃气相色谱分析测定相对偏差要求

质量分数范围,%	相对偏差,%
>10	≤8
5~10	≤10
1~5	≤15
0.5~1	≤20
<0.5	不规定

相对偏差按下式计算：

$$d=\frac{X-A}{A}\times 100\% \qquad (2-4-42)$$

式中　d——相对偏差,%；

X——单次分析某组分质量分数；

A——多次某组分质量分数的平均值；

3. 分离度

分离度是色谱分析的重要指标，既能反映柱效率又能反映选择性的指标，称为总分离效能指标。分离度又叫分辨率，它定义为相邻两组分色谱峰保留值之差与两组分色谱峰底宽总和之半的比值，即

$$R=2(t_{r2}-t_{r1})/(W_1+W_2) \qquad (2-4-43)$$

式中　t_{r1}、t_{r2}——两个组分的保留时间；

W_1、W_2——两个组分的峰宽。

R 值越大，表明相邻两组分分离越好（图2-4-20）。一般说，当 $R<1$ 时，两峰有部分重叠；当 $R=1$ 时，分离程度可达98%；当 $R=1.5$ 时，分离程度可达99.7%。通常用 $R=1.5$ 作为相邻两组分已完全分离的标志。热蒸发烃分析要求Pr和 nC_{17} 离度 $R\geqslant 85\%$。

4. 保留时间重复性

保留时间是指被分离样品组分从进样开始到柱后出现该组分浓度极大值

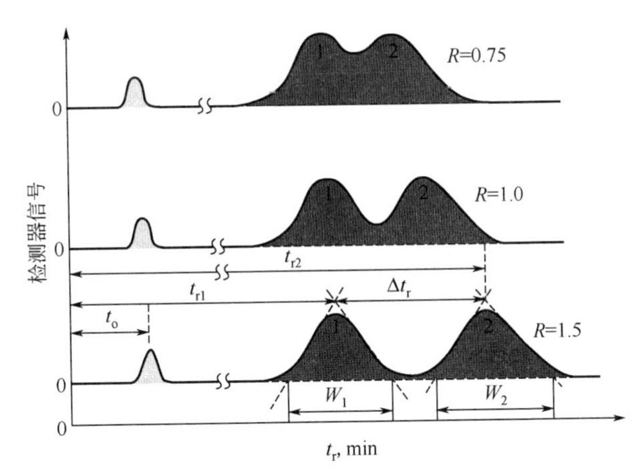

图 2-4-20 不同分离度时色谱分离程度

时的时间，即从进样开始到出现某组分色谱峰的顶点时为止所经历的时间，称为此组分的保留时间。同一样品两次或两次以上平行分析，同一组分保留时间的绝对偏差应小于 0. 2min。

5. 校验时机与原则

（1）仪器在投入使用前、更换色谱柱或仪器参数出现明显偏差经过维修后，进行两次或两次以上分析校验，其测定值应符合精密度要求。

（2）第一次开机或连续工作 48h 以上进行一次质量传递对比样品分析，其测定值应符合精密度要求。

（二）资料录取

1. 样品选取与制备

1）样品挑选

挑选未经烘烤滴照、本层代表性强的岩屑，岩心和井壁取心取其中心的部位。现场录井及时选取具有代表性的岩样，有显示的储集岩样品应在荧光灯下选取。

2）样品预处理

储集岩岩屑样品应除去污染物，用滤纸吸干水分后分析。现场来不及分析的含油气储集岩样品应低温密封保存。

3）样品分析

准确称量待测样品进行分析。

输入井号、井深、层位、岩性、分析时间、分析人、样品质量等必要的

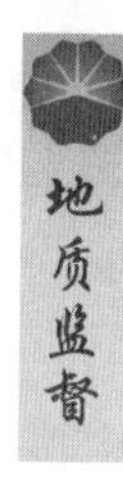

样品信息参数。填写样品采集分析记录。

4）数据处理

按照相关标准格式要求进行数据整理。

三、资料应用

气相色谱资料在勘探领域中最初是用于评价烃源岩，主要用于评价生油母质类型、成熟度、生油史及油源对比研究等。20 世纪 90 年代末，该项技术逐渐应用于储层评价，主要用于真假油气显示识别、原油性质识别及油水层的评价。

（一）识别真假油气显示

在油气勘探工作中，发现和识别真假油气显示是地质录井的首要任务，是准确评价储层流体性质的前提和保证。由于任何组成一定的有机物质通过热蒸发烃气相色谱分析都可以得到一组固定不变的色谱组分峰，不同有机物的组分峰各不相同。不同的油气显示具有不同的组分，其分析峰形不尽相同。气相色谱对于特殊有机质的输入作用也很敏感，钻井过程中加入的各种有机添加剂，也可以分析出不同的色谱峰，常见钻井添加剂如图 2-4-21 所示，其与正常原油组分具有明显的差异性。因此，可利用热蒸发烃气相色谱分析技术快速、有效的排除样品污染，当样品分析时出现异常峰，便可分析添加剂热蒸发烃色谱流出曲线，与已分析的被污染样品色谱流出曲线相对照，这样利用化学性质和组分特征便可有效判断真假油气显示。

当不确定是何种添加剂影响的时候，一般选取一些钻井液样品进行色谱分析后确定。如某井在 2162m 和 1352m 见灰色荧光细砂岩，测井电阻率较高，达到 78Ω · m，通过热解气相色谱分析，显示 PF-LVBE 润滑剂的影响，造成岩屑假显示（图 2-4-22）。

（二）识别储层原油性质

原油性质分析是含油丰度评价的基础，对划分油水系统、分析储层产能具有重要作用。石油是由烷烃、环烷烃和芳香烃及不等量的胶质和沥青质组成。组成石油烃类碳数不同、胶质及沥青质含量不同，原油油质轻重也不相同。储层原油性质一般划分方法见表 2-4-14。天然气和石油均是不同碳数烃类的混合物。干气、湿气、凝析油、轻质油、中质油、重质油的主要区别是所含不同碳数烃类的比例不同，含碳数小的烃类多则油轻，含碳数大的烃类多则油重。因此，根据谱图形态，基本可准确识别储层原油性质（图 2-4-23）。

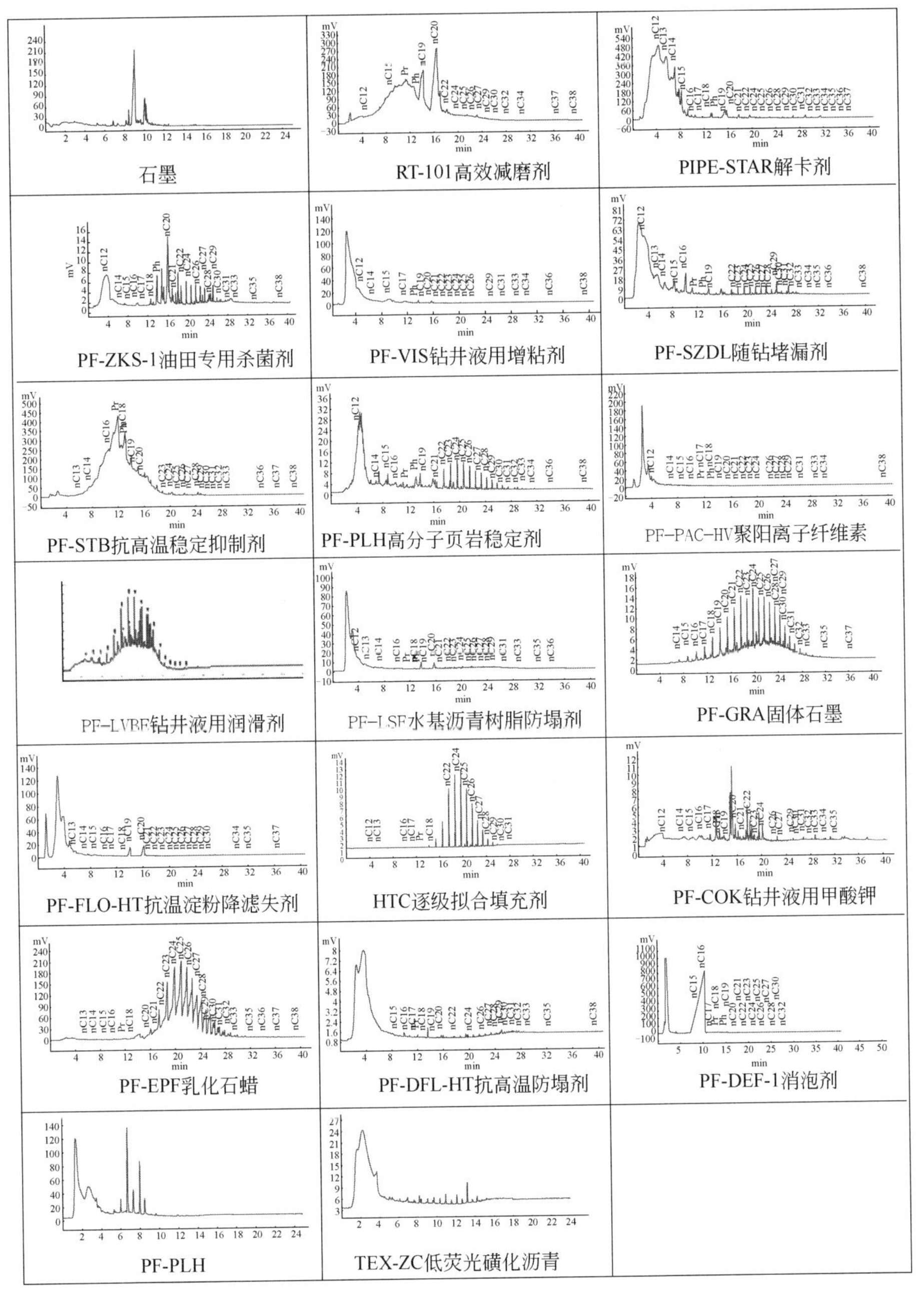

图 2-4-21 常用钻井添加剂气相色谱谱图

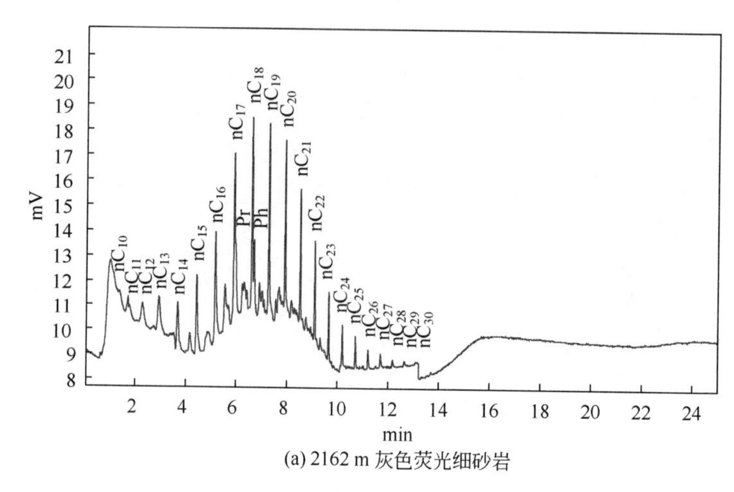

(a) 2162 m 灰色荧光细砂岩

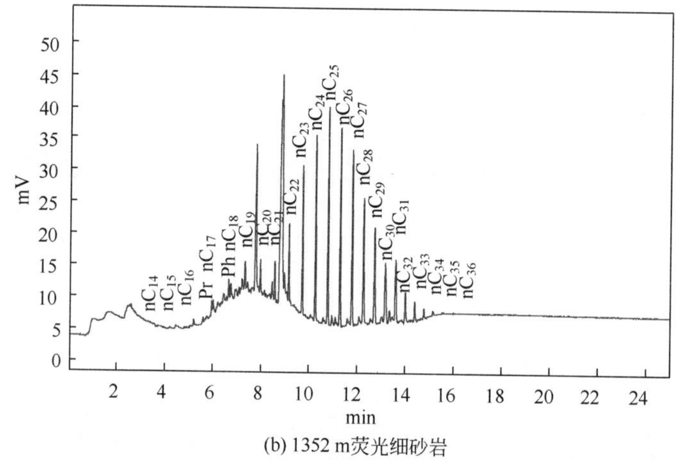

(b) 1352 m荧光细砂岩

图 2-4-22　受钻井添加剂污染的典型砂岩气相色谱谱图

表 2-4-14　不同原油性质的原油密度及碳数范围数据表

原油性质	原油密度，g/cm^3	碳数范围
凝析油	<0. 74	$C_1 \sim C_{20}$
轻质油	0. 74～0. 82	$C_1 \sim C_{28}$
中质油	0. 82～0. 90	$C_{10} \sim C_{32}$
重质油	0. 90～0. 94	$C_{15} \sim C_{40}$
稠油	>0. 94	杂原子化合物

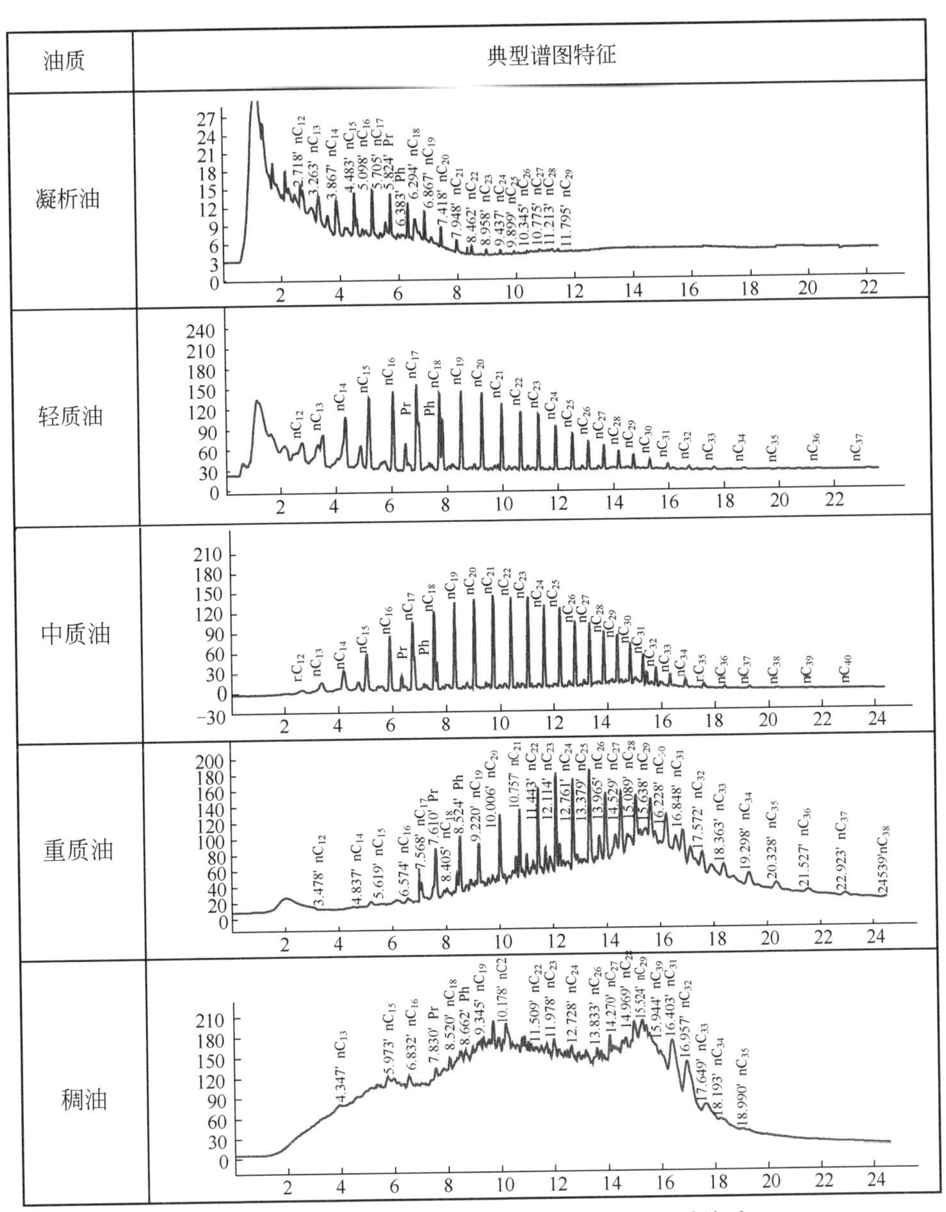

油质
典型谱图特征
凝析油
轻质油
中质油
重质油
稠油

图 2-4-23　热蒸发烃分析谱图形态与原油性质关系

（1）天然气：干气藏是以甲烷为主的气态烃，甲烷含量一般在 90%以上，有少量的 C_2 以上的组分。湿气藏含有一定量的 $C_2 \sim C_5$ 组分，甲烷含量偏低。由于热蒸发烃气相色谱分析主要针对油显示分析，对天然气识别效果不明显。

（2）凝析油：是轻质油藏和凝析气藏中产出的油，正构烷烃碳数范围分布窄，主要分布在 $nC_1 \sim nC_{20}$，主碳峰 $nC_8 \sim nC_{10}$，$\sum C_{21}^- / \sum C_{22}^+$ 值很大，色谱峰表现为前端高峰型，峰坡度极陡。由于分析条件限制，色谱前部基线隆起，可见一个未分离开的凝析油气混合峰。

（3）轻质原油：轻质烃类丰富，正构烷烃碳数主要分布在 $nC_1 \sim nC_{28}$，主碳峰 $nC_{13} \sim nC_{15}$，$\sum C_{21}^- / \sum C_{22}^+$ 值大，前端高峰型，峰坡度极陡。同样受分析条件限制，色谱前部基线隆起，可见一个未分离开的轻质油气混合峰。

（4）中质原油：正构烷烃含量丰富，碳数主要分布在 $nC_{10} \sim nC_{32}$，主碳峰 $nC_{18} \sim nC_{20}$，$\sum C_{21}^- / \sum C_{22}^+$ 比轻质原油小，色谱峰表现为中部高峰型，峰形饱满。

（5）重质原油：重质原油异构烃和环烷烃含量丰富，胶质、沥青质含量较高，链烷烃含量特别少。重质原油组分峰谱图主要特征是正构烷烃碳数主要分布在 $nC_{15} \sim nC_{40}$，主碳峰 $nC_{23} \sim nC_{25}$，主峰碳数高，$\sum C_{21}^- / \sum C_{22}^+$ 值小，谱图基线后部隆起，色谱峰表现为后端高峰型。

（6）稠油或特稠油：这类油主要分布在埋深较浅的储层中，储层原油遭受氧化或生物降解等改造作用产生歧化反应，这些作用的结果改变了烃类化合物的组成，基本检测不到烷烃（蜡）组分，只剩下胶质、沥青质和非烃等杂原子化合物，整体基线隆起。

（三）判断储层流体性质

饱和烃是原油和沉积岩中普遍含有的稳定成分，它的组成特点与石油原始有机质的性质密切相关，在油层中含量及特征受烃源岩性质、储层原油蚀变等因素控制。在烃源岩有机质类型、热演化程度一致的前提下，一般通过饱和烃曲线幅度、形态、组分参数间相互参数比值关系、未分辨化合物含量等的变化趋势进行综合分析，进而识别油、气、水层。

1. 含正常原油的储层

正常原油是指烃族组成以正构烷烃为主的原油，不同储层流体性质的热蒸发烃气相色谱谱图如图 2-4-24 所示。

（1）油层特征：正构烷烃含量较高，碳数范围较宽，一般在 $C_8 \sim C_{37}$，主峰碳不明显，轻质油谱图外形近似正态分布或前峰型，中质油谱图外形近似正态分布或正三角形，基线未分辨化合物含量低，层内上下样品分析差异不大。

（2）油水同层特征：主峰碳后移，谱图外形为后峰型，正构烷烃含量较

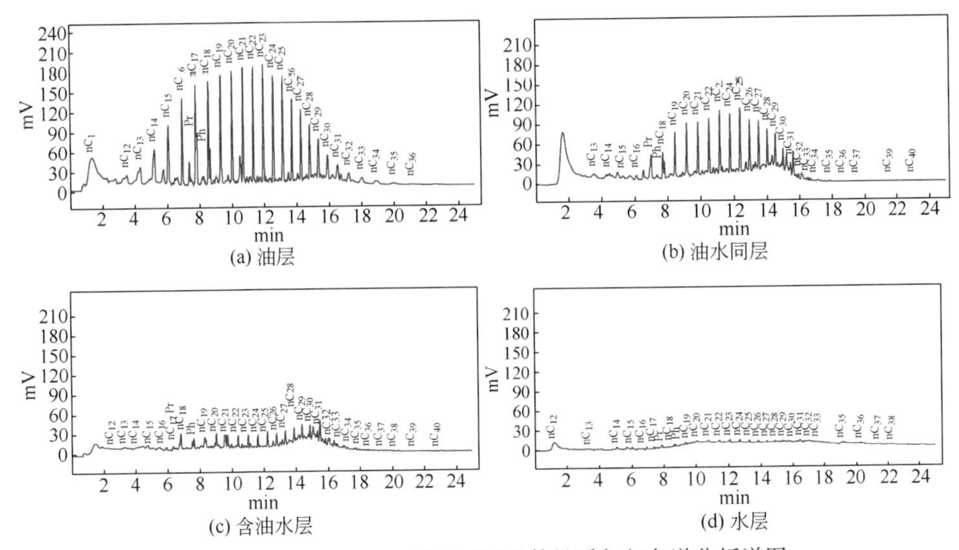

图 2-4-24 正常原油储层不同流体性质气相色谱分析谱图

高，碳数范围较油层窄，一般为 $C_{13} \sim C_{29}$，$\sum C_{21}^{-} / \sum C_{22}^{+}$ 比油层略低，基线未分辨化合物含量略增加，层内上下样品分析差异较大。

（3）含油水层特征：正构烷烃含量降低，碳数范围较油层窄，一般为 $C_{15} \sim C_{29}$，$\sum C_{21}^{-} / \sum C_{22}^{+}$ 比油水同层低，基线未分辨化合物含量高，Pr/nC_{17}、Ph/nC_{18} 有增大的趋势。

（4）水层的特征：不含任何烃类物质的水层，气相色谱的分析谱图为无任何显示的一条直线。含有烃类物质的水层，正构烷烃含量极低，碳数范围窄，基线未分辨化合物含量高。

统计某油田不同储层流体性质热蒸发烃气相色谱分析参数，计算经样品进样量校正后的总峰面积（正构烷烃、姥鲛烷、植烷面积之和）、未分辨峰化合物的面积，并计算总峰面积与未分辨峰面积的比值，通过总峰面积和分辨与未分辨峰面积的比值参数建立相应关系图版（图 2-4-25），对储层油质进行判断。

2. 含稠油的储层

稠油可分为原生型和次生型两种类型。原生型稠油是指有机质在热演化过程中所生成的未成熟—低成熟油，而次生型稠油则是指原油经次生变化而形成的，原油的运移到聚集成藏以及成藏之后的各个阶段均可发生次生变化作用。

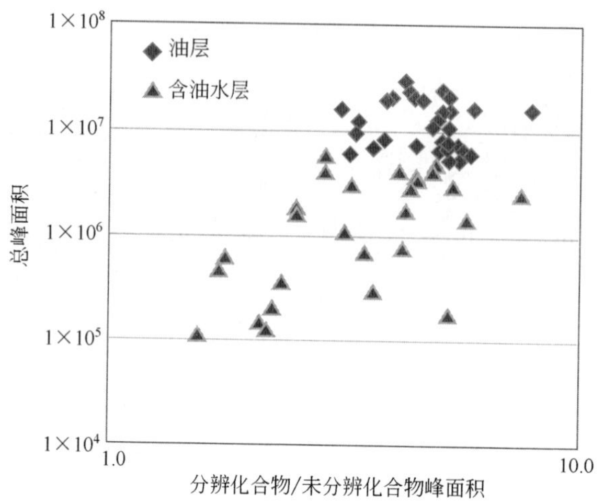

图 2-4-25　总峰面积与分辨化合物/未分辨化合物峰面积关系图版

1）原生稠油

原生稠油是指石油从烃源岩中排出时形成的高密度、高黏度原油或在运移、聚集过程中因各种分异作用而稠化的产物。原生稠油以未成熟—低成熟型稠油为主，其稠化因素来自母源，与油气的次生变化基本无关，一般具有相对较高的重质组分（非烃和沥青质）。

前人研究认为，分异作用是造成油气藏流体类型多样性的主要原因之一，并把其分为“初始分异”（烃类生成期的分异）、“运移中的分异”和“聚集中的分异”。由于地层压差作用形成的势能，使区域构造带上的一系列埋深不同的圈闭内油气形成“正常聚集”和“差异聚集”两种情况。“正常聚集”表现为随着油气运移距离的增大，低部位圈闭内气油比低，原油物性差；“差异聚集”则发生在气量高、储层的渗透性的地区。存在相互连通的圈闭系列时，其溢出点“逐次增高”，浮力作用使“气顶”不断增大，可以把油从圈闭底部排出，进入更高的圈闭，造成高部位圈闭内气油比低，原油物性差。

2）圈闭后次生蚀变作用形成的稠油

圈闭中石油会发生一系列蚀变作用而导致密度、黏度、气油比值的变化。这些作用包括生物降解、水洗作用、氧化作用、气洗脱沥青、热化学硫酸盐还原、热成熟等。这些次生蚀变作用中，氧化作用、生物降解作用、水洗作用等次生作用常常是原油稠化的重要因素，使原油密度和黏度升高。

水洗作用是指原油中可溶性烃类被的地层水选择性地溶解或萃取。与大气连通的油藏底水或边水通过油水界面对原油性质产生影响，含烃未饱和的地层水沿油水界面运移，有选择性地吸收并带走可溶性烃类，使原油被水洗而稠变，密度变大。

氧化作用除了储层中存在氧化剂（如硫酸盐等），大气降水下渗所携带的微量的氧气将原油氧化成酸、醇、酚、酮，使原油饱和烃减少、非烃—沥青质增加。生物降解是广泛存在的地质作用过程，是次生型稠油的重要形成机制之一。微生物有选择地消耗某些类型的烃，随着这些烃类物质不断地被消耗，原油变得愈重愈稠。随着生物降解程度的加深，原油中烃类被消耗的先后顺序为：正构烷烃、类异戊间二烯烷烃、二环倍半萜烷、规则甾烷、五环三萜烷、重排甾烷、四环二萜烷和伽马蜡烷，其结果使原油的硫、非烃以及沥青质含量相对增加。

热蒸发烃气相色谱对于氧化或降解作用很敏感，不同储层流体性质的热蒸发烃气相色谱谱图如图 2-4-26 所示。

（1）油层特征：正构烷烃有一定程度损失，异构烷烃及一些未分辨化合物含量较大，Pr、Ph 和环状生物标记化合物相对富集，基线中前部开始抬升，隆起明显，重质及胶质沥青质含量增加，层内上下样品分析差异不大。

（2）油水同层特征：正构烷烃已全部消失，Pr、Ph 部分或全部消失，C_{30} 前未分辨化合物含量逐渐减少，但环状生物标记化合物基本未受影响；基线中前部抬升隆起比油层低，重质及胶质沥青质含量增加，层内上下样品分析差异较大。

（3）含油水层特征：正异构烷烃全部消失，基线中前部抬升隆起较低，Pr、Ph 全部消失；C_{30} 前未分辨化合物含量很低，甚至检测不到任何组分；但环状生物标记化合物全部被降解，而且产生了一系列新的降解产物。色谱分析特征与油层、油水同层有较大差异。

（4）水层的特征：不含任何烃类物质的水层，气相色谱的分析谱图为无任何显示的一条直线。含有烃类物质的水层，烃类含量极低，碳数范围窄，基线未分辨化合物含量高。

统计某油田稠油热蒸发烃气相色谱分析参数，按油层色谱谱图特征，依据保留时间将色谱流出曲线中的两个谷点向下做基线切割，定义为轻、中、重三个部分，并分别计算其包络线部分的面积（图 2-4-27）。通过经样品进样量校正后的总峰面积和中重部分面积与总峰面积的比值参数建立相应关系图版（图 2-4-28），对储层流体性质进行判断。

此外，蒸发分馏作用、硫化作用以及轻质组分逸散等物理作用也可能导致原油密度变大、黏度增高，使原油变稠。事实上，稠油是不同地质时期内各种原生、次生综合作用的结果。油质变稠的结果将使残余油饱和度增大，

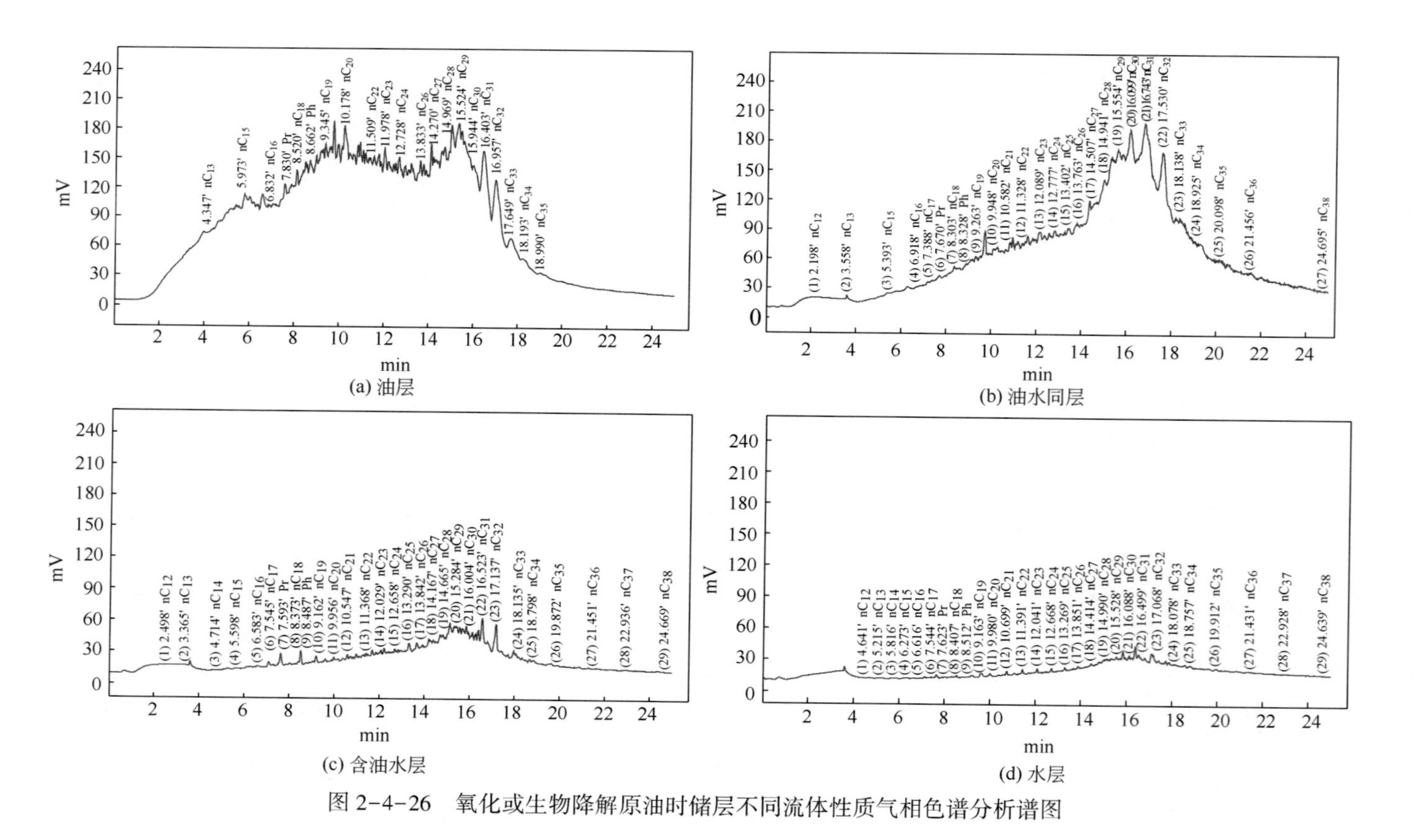

图 2-4-26 氧化或生物降解原油时储层不同流体性质气相色谱分析谱图

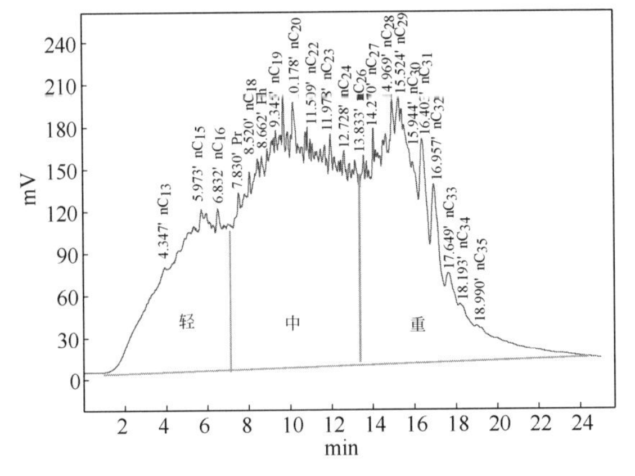

图 2-4-27　稠油色谱峰包络面积划分

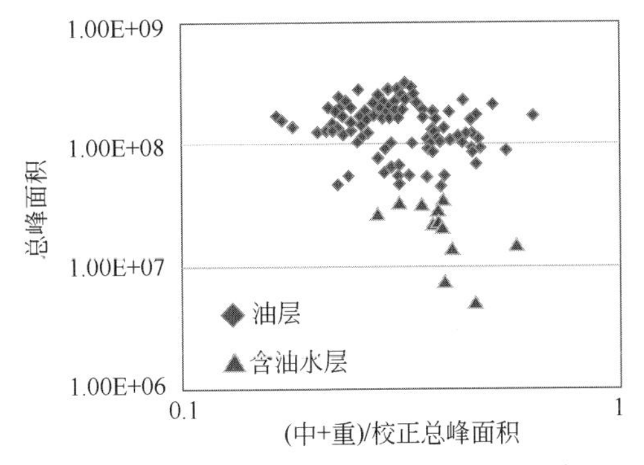

图 2-4-28　稠油热蒸发烃色谱解释图版

油相渗透率减少，储层产水率增大。这就是说，在油水共渗体系中，油质变稠将使油的流动性变差，水显得更为活跃，只有当含油饱和度数值高时，稠油层才有可能产纯油。因此，只有全面、综合地研究稠油的各项物理、化学性质，并结合油气的分布及局部、区域的地质背景，才能得出更为合理的解释结果。

第四节　轻烃气相色谱分析技术

轻烃是石油和天然气的重要组成部分，在原油中含量最高，组分最丰富，它的生成、运移、聚集和破坏既与石油相似但又往往具有许多独特特征。轻烃对地层的温度、压力、流水等物理化学作用变化很敏感，因其包含的地球

化学信息丰富而日益受到地质学家及录井工作者的重视。

一、基本原理

（一）轻烃概念

轻烃泛指原油中的汽油馏分，即 $C_1 \sim C_9$ 烃类（图 2-4-29），在正常原油中约占 20%~40%。轻烃的组成包括烷烃、环烷烃和芳香烃三族烃类。其组成特征一般以正构烷烃和异构烷烃为主，也含有较丰富的环烷烃，但芳香烃的含量较少。

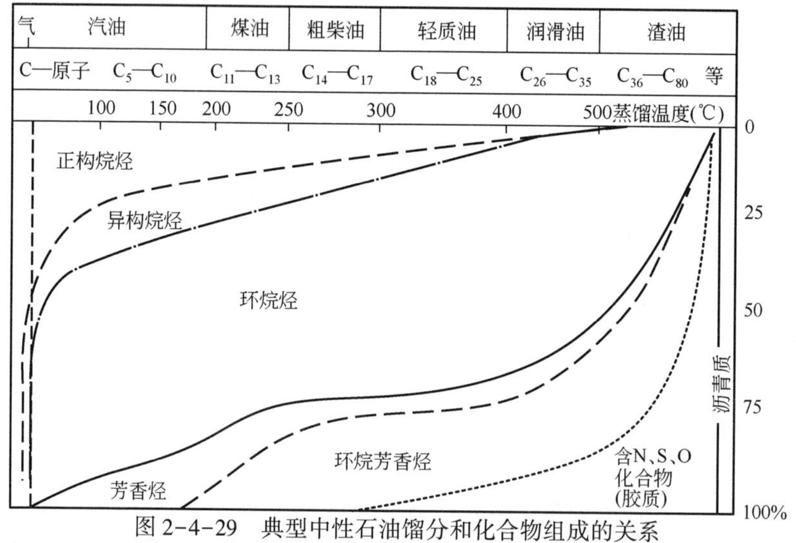

图 2-4-29　典型中性石油馏分和化合物组成的关系
（据 Bestougeff，1967，转引自 Tissot & Welte，1984）

（二）分析方法与原理

轻烃分析利用顶空气相色谱分析方法，把含油气岩样密封在小瓶内，在适当加热的条件下让岩石中吸附的轻烃和岩石中的挥发性烃类尽量多地挥发在容器的顶部空间内，取样基质上方的气体进行气相色谱分析。轻烃分析是将气相色谱分离分析方法与样品的预处理相结合的一种简便、快速地分析技术，其基本理论依据是在一定条件下气相和凝聚相（液相或固相）之间存在着分配平衡，由于每种组分在一定的温度下都有一个固定的饱和蒸气压，当某种组分的蒸气压达到饱和时，在同等温度和压力的条件下，无论这种组分的液态浓度有多大，这种组分就不会再发生相态的转化，大部分较重组分仍以液态存在于砂岩中，所以，气相的组成能反映凝聚相的组成。轻烃分析流程如图 2-4-30 所示。

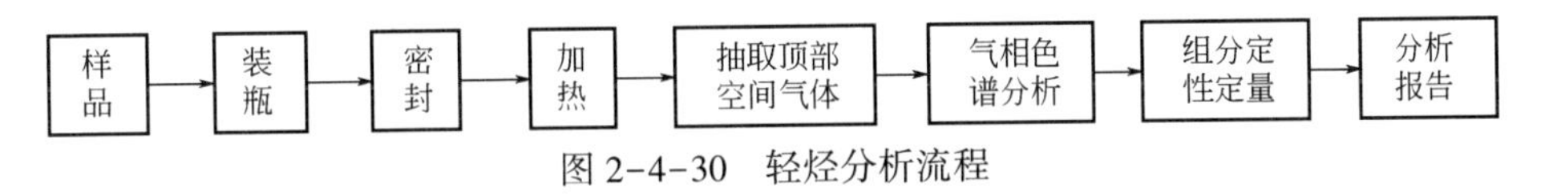

图 2-4-30 轻烃分析流程

（三）分析条件

1. 色谱柱

轻烃分析一般选用 PONA 聚合物多孔层毛细管色谱柱，柱长 50m，内径 0. 20~0. 25mm，膜厚 0. 25~0. 5μm。

2. 柱温设定

初温 35~40℃，保持 10min，升温速率 10℃/min，一阶温度 150℃，保持 5~10min。

3. 检测器温度设定

检测器恒温 150℃。

4. 载气流量

80~100mL/min（不同仪器可能有所差异）。

（四）主要分析参数

轻烃录井主要检测 C_1~C_9 中的烃类化合物峰面积及相对百分含量，轻烃可鉴定的单体烃化合物见表 2-4-15。

表 2-4-15 轻烃可鉴定单体烃化合物明细表

化合物 碳数	脂肪烃			芳香烃
	正构烷烃	异构烷烃	环烷烃	
C_1	甲烷			
C_2	乙烷			
C_3	丙烷			
C_4	正丁烷	2-甲基丙烷		
C_5	正戊烷	2-甲基丁烷 2，2-二甲基丙烷（偕二甲基）	环戊烷	
C_6	正己烷	2-甲基戊烷 3-甲基戊烷 2，2-二甲基丁烷（偕二甲基） 2，3-二甲基丁烷	环己烷 甲基环己烷	苯

续表

碳数＼化合物	脂肪烃			芳香烃
	正构烷烃	异构烷烃	环烷烃	
C_7	正庚烷	2-甲基己烷 3-甲基己烷 2，4-二甲基戊烷 2，3-二甲基戊烷 3-乙基戊烷 2，2-二甲基戊烷（偕二甲基） 3，3-二甲基戊烷（偕二甲基） 2，2，3-三甲基丁烷（偕二甲基）	甲基环己烷 1反3-二甲基环戊烷 1顺3-二甲基环戊烷 1反2-二甲基环戊烷 1，1-二甲基环戊烷（偕二甲基） 乙基环戊烷	甲苯
C_8	正辛烷	2-甲基庚烷 3-甲基庚烷 4-甲基庚烷 2，5-二甲基己烷 2，4-二甲基己烷 2，3-二甲基己烷 2-甲基3-乙基戊烷 2，2-二甲基己烷（偕二甲基） 3，3-二甲基己烷（偕二甲基） 2，2，4-三甲基己烷（偕二甲基）	1顺3-二甲基环己烷 1反4-二甲基环己烷 1反2二甲基环己烷 1反3二甲基环己烷 1顺2-二甲基环己烷 1，1-二甲基环己烷（偕二甲基） 乙基环己烷 1-甲基顺3-乙基环戊烷 1-甲基反3-乙基环戊烷 1-甲基反2-乙基环戊烷 三甲基环己烷（各构型）	乙基苯 邻二甲苯 对二甲苯 间二甲苯
C_9	正壬烷	略	略	略

（五）分析结果定性与定量

1. 定性分析

定性分析的工作就是鉴别分离出来的色谱峰代表的化合物。目前常规色谱的定性分析方法是参照指纹谱图和文献资料定性、保留时间定性、保留指数定性、保留规律定性、检测器定性、化学反应定性等方法。

轻烃分析结果的定性分析一般采用标准谱图参照法，并保存为模板；在分析其他样品时，按模板的出峰顺序，把物质的保留时间用紧靠它的前后两个正构烷烃作为参考峰来标定，该方法一般称为模拟保留指数法。保留指数是一种重现性和稳定性都较好的定性参数，它把物质的保留行为用紧靠它的前后两个正构烷烃作为参考峰来标定。保留指数表达色谱分离结果的主要优点是它只受色谱柱和柱温的影响，与具体的操作条件无关，这就保证了数据可以相互比较，具有灵活、方便、准确率高等特点。典型定性轻烃分析结果定性图如图 2-4-31 所示，分析结果单体烃组成见表 2-4-16。

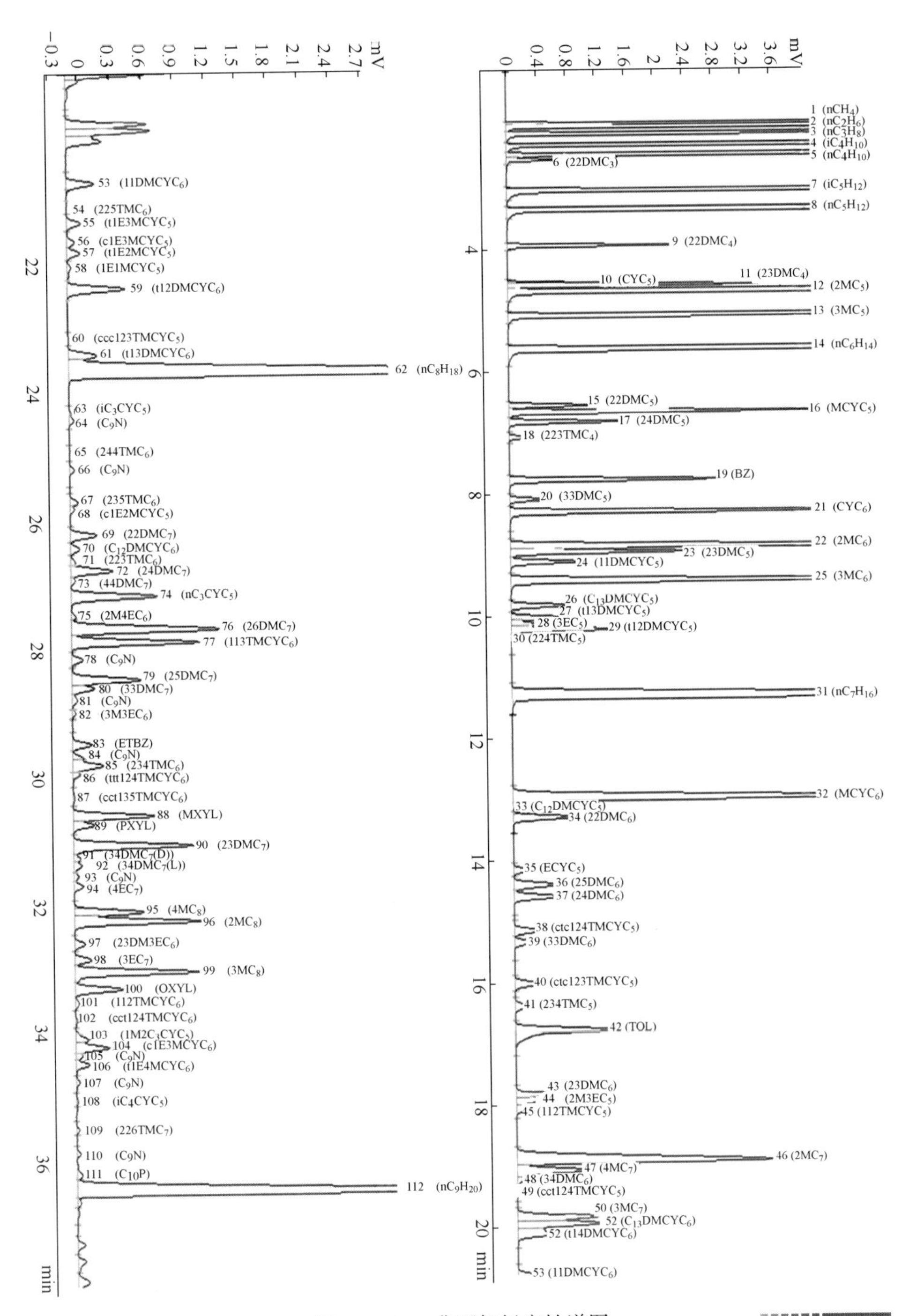

图 2-4-31 典型轻烃定性谱图

表 2-4-16　轻烃组分定性分析表

峰编号	化合物名称	代号	类型	碳数
1	甲烷	nCH_4	nP	1
2	乙烷	nC_2H_6	nP	2
3	丙烷	nC_3H_8	nP	3
4	异丁烷	iC_4H_{10}	iP	4
5	正丁烷	nC_4H_{10}	nP	4
6	2,2-二甲基丙烷	$22DMC_3$	iP	5
7	2-甲基丁烷	iC_5H_{12}	iP	5
8	正戊烷	nC_5H_{12}	nP	5
9	2,2-二甲基丁烷	$22DMC_4$	iP	6
10	环戊烷	CYC_5	N	5
11	2,3-二甲基丁烷	$23DMC_4$	iP	6
12	2-甲基戊烷	$2MC_5$	iP	6
13	3-甲基戊烷	$3MC_5$	iP	6
14	正己烷	nC_6H_{14}	nP	6
15	2,2-二甲基戊烷	$22DMC_5$	iP	7
16	甲基环戊烷	$MCYC_5$	N	6
17	2,4-二甲基戊烷	$24DMC_5$	iP	7
18	2,2,3-三甲基丁烷	$223TMC_4$	iP	7
19	苯	BZ	A	6
20	3,3-二甲基戊烷	$33DMC_5$	iP	7
21	环己烷	CYC_6	N	6
22	2-甲基己烷	$2MC_6$	iP	7
23	2,3-二甲基戊烷	$23DMC_5$	iP	7
24	1,1-二甲基环戊烷	$11DMCYC_5$	N	7
25	3-甲基己烷	$3MC_6$	iP	7
26	1,顺 3-二甲基环戊烷	$C_{13}DMCYC_5$	N	7
27	1,反 3-二甲基环戊烷	$t13DMCYC_5$	N	7
28	3-乙基戊烷	$3EC_5$	iP	7
29	1,反 2-二甲基环戊烷	$t12DMCYC_5$	N	7
30	2,2,4-三甲基戊烷	$224TMC_5$	iP	8

续表

峰编号	化合物名称	代号	类型	碳数
31	正庚烷	nC_7H_{16}	nP	7
32	甲基环己烷	$MCYC_6$	N	7
33	1,顺2-二甲基环戊烷	$c12DMCYC_5$	N	7
34	2,2-二甲基己烷	$22DMC_6$	iP	8
35	乙基环戊烷	$ECYC_5$	N	7
36	2,5-二甲基己烷	$25DMC_6$	iP	8
37	2，4-二甲基己烷	$24DMC_6$	iP	8
38	1,反2,顺4-三甲基环戊烷	$ctc124TMCYC_5$	N	8
39	3,3-二甲基己烷	$33DMC_6$	iP	8
40	1,反2,顺3-三甲基环戊烷	$ctc123TMCYC_5$	N	8
41	2,3,4-三甲基戊烷	$234TMC_5$	iP	8
42	甲苯	TOL	A	7
43	2，3-二甲基己烷	$23DMC_6$	iP	8
44	2-甲基-3-乙基戊烷	$2M3EC_5$	iP	8
45	1,1,2-三甲基环戊烷	$112TMCYC_5$	iP	8
46	2-甲基庚烷	$2MC_7$	iP	8
47	4-甲基庚烷	$4MC_7$	iP	8
48	3,4-二甲基己烷	$34DMC_6$	iP	8
49	1,顺2,反4-三甲基环戊烷	$cct124TMCYC_5$	N	8
50	3-甲基庚烷	$3MC_7$	iP	8
51	1,顺3-二甲基环己烷	$c13DMCYC_6$	iP	8
52	1,反4-二甲基环己烷	$t14DMCYC_6$	N	8
53	1,1-二甲基环己烷	$11DMCYC_6$	N	8
54	2,2,5-三甲基己烷	$225TMC_6$	iP	9
55	1-甲基,反3-乙基环戊烷	$t1E3MCYC_5$	N	8
56	1-甲基,顺3-乙基环戊烷	$c1E3MCYC_5$	N	8
57	1-甲基,反2-乙基环戊烷	$t1E2MCYC_5$	N	8
58	1-甲基,1-乙基环戊烷	$1E1MCYC_5$	N	8
59	1,反2-二甲基环己烷	$t12DMCYC_6$	N	8
60	1,顺2,顺3-三甲基环戊烷	$ccc123TMCYC_5$	N	8

续表

峰编号	化合物名称	代号	类型	碳数
61	1,反3-二甲基环己烷	$t13DMCYC_6$	N	8
62	正辛烷	nC_8H_{18}	nP	8
63	异丙基环戊烷	iC_3CYC_5	N	8
64	九碳环烷	C_9N	N	9
65	2,4,4-三甲基己烷	$244TMC_6$	iP	9
66	九碳环烷	C_9N	N	9
67	2,3,5-三甲基己烷	$235TMC_6$	iP	9
68	1-甲基,顺2-乙基环戊烷	$c1E2MCYC_5$	N	8
69	2,2-二甲基庚烷	$22DMC_7$	iP	9
70	1,顺2-二甲基环己烷	$C12DMCYC_6$	N	8
71	2,2,3-三甲基己烷	$223TMC_6$	iP	9
72	2,4-二甲基庚烷	$24DMC_7$	iP	9
73	4,4-二甲基庚烷	$44DMC_7$	iP	9
74	正丙基环戊烷	nC_3CYC_5	N	8
75	2-甲基,4-乙基己烷	$2M4EC_6$	iP	9
76	2,6-二甲基庚烷	$26DMC_7$	iP	9
77	1,1,3-三甲基环己烷	$113TMCYC_6$	N	9
78	九碳环烷	C_9N	N	9
79	2,5-二甲基庚烷	$25DMC_7$	iP	9
80	3,3-二甲基庚烷	$33DMC_7$	iP	9
81	九碳环烷	C_9N	N	9
82	3-甲基,3-乙基己烷	$3M3EC_6$	iP	9
83	乙苯	ETBZ	A	8
84	九碳环烷	C_9N	N	9
85	2,3,4-三甲基己烷	$234TMC_6$	iP	9
86	反1,反2,反4-三甲基环己烷	$ttt124TMCYC_6$	N	9
87	顺1,顺3,反5-三甲基环己烷	$cct135TMCYC_6$	N	9
88	间二甲苯	MXYL	A	8
89	对二甲苯	PXYL	A	8
90	2,3-二甲基庚烷	$23DMC_7$	iP	9

续表

峰编号	化合物名称	代号	类型	碳数
91	3,4-二甲基庚烷	$34DMC_7$（D）	iP	9
92	3,4-二甲基庚烷	$34DMC_7$（L）	iP	9
93	九碳环烷	C_9N	N	9
94	4-乙基庚烷	$4EC_7$	iP	9
95	4-甲基辛烷	$4MC_8$	iP	9
96	2-甲基辛烷	$2MC_8$	iP	9
97	2,3 二甲基,3-乙基己烷	$23DM3EC_6$	iP	10
98	3-乙基庚烷	$3EC_7$	iP	9
99	3-甲基辛烷	$3MC_8$	iP	9
100	邻二甲苯	OXYL	A	8
101	1,1,2-三甲基环己烷	$112TMCYC_6$	N	9
102	顺 1,顺 2,反 4-三甲基环己烷	$cct124TMCYC_6$	N	9
103	1-甲基,2-丙基环戊烷	$1M2C_3CYC_5$	N	9
104	1-甲基,顺 3-乙基环己烷	$c1E3MCYC_6$	N	9
105	九碳环烷	C_9N	N	9
106	1-甲基,反 4-乙基环己烷	$t1E4MCYC_6$	N	9
107	九碳环烷	C_9N	N	9
108	异丁基环戊烷	iC_4CYC_5	N	9
109	2,2,6-三甲基庚烷	$226TMC_7$	iP	10
110	九碳环烷	C_9N	N	9
111	十碳链烷	$C_{10}P$	P	10
112	正壬烷	nC_9H_{20}	nP	9

注：CH 和 n—正构烷烃；i 及数字—异构烷烃（数字表示取代基的位置）；CY—环烷烃；c—顺式；t—反式；M—甲基；DM—二甲基；TM—三甲基；BZ、TOL、ETBZ、MXYL、PXYL、OXYL 分别表示苯、甲苯、乙苯及间、对、邻二甲苯。

2. 定量分析

轻烃分析可通过计算每个单体烃的峰面积或峰高，采用归一法定量分析。

$$C_i = \frac{A_i}{\sum_{i=1}^{n} A_i} \times 100\% \tag{2-4-44}$$

式中 C_i——试样中组分 i 的百分含量,%;

A_i——组分 i 的峰面积或峰高。

二、仪器校验与资料录取

(一)仪器校验

1. 空白分析

(1)开机且仪器稳定后，空白运行至无峰显示。

(2)仪器柱箱温度在 100℃ 恒温状态下，空白运行基线噪声及漂移应小于 0.03mV/30min。

2. 分析结果重复性

选取相同剂量凝析油或轻质油样品，由同一操作者按相同测试方法，进行 3 次以上平行分析，轻烃参数（如正庚烷峰面积、甲基环己烷峰面积、石蜡指数）分析结果的相对偏差小于 5%。

相对偏差按下式计算:

$$d=\frac{X-A}{A}\times 100\% \qquad (2-4-45)$$

式中 d——相对偏差,%;

X——单次分析值;

A——多次分析的平均值。

3. 分离度

各组分色谱峰形对称；甲烷、乙烷分离度不小于 1.0；1,顺 3-二甲基环戊烷与 1，反 3-二甲基环戊烷、1,反 3-二甲基环戊烷、1,反 2-二甲基环戊烷之间分离度不小于 1.0。

4. 保留时间重复性

同一样品两次或两次以上平行分析，同一组分保留时间的绝对偏差应小于 0.2s。

5. 校验时机与原则

(1)新仪器、仪器大修、仪器移动等在投入使用前进行三次以上分析校验，其测定值应符合精密度要求。

(2)调整仪器分析参数、更换色谱柱后以及仪器明显出现偏差，进行一次质量传递对比样品分析，其测定值应符合精密度要求。

（二）资料录取

1. 岩心样品

岩心出桶清洁劈心后，应在 20min 内应选取有代表性、无污染的样品装瓶密封，有油气显示的储层每米岩心选取不少于 3 块样品，无显示岩心每米选取不少于 1 块样品，样品体积为取样设备内容积的 1/2~1/3。

2. 井壁取心样品

井壁取心出桶后，应在 20min 内应选取有代表性、无污染的样品装瓶密封，含油显示的储集岩及非储集岩井壁取心应逐颗选取，样品体积为取样设备内容积的 1/3~1/2。

3. 岩屑样品

岩屑样品应按迟到时间定点取样装瓶密封。目前国内轻烃对岩屑样品采集有两种方法，一种是采用 25~30mL 的样品瓶，取清洗后的岩屑分析；另一种是采用 500mL 左右的容器，取钻井液与岩屑的混合样岩样分析。由于两者取样的样品基质不同，将产生两种差异较大的分析结果。所以，必须了解两种取法的特点、长处，并掌握两种取样方法对其分析参数所造成的影响。

（1）清洗后的岩屑样品：装入取样品瓶的 2/3 处左右，盖上胶盖和铝盖，并用压盖器压紧铝盖密封。该方法优点是样品分析结果代表性好，岩屑样品可以把钻井液效应减小至最低，并可使岩屑中的轻烃充分释放，强化和突出了有效信息；缺点是对样品清洗过程和清洗时间上要求严格，操作不当会有少量的轻烃损失，另外由于样品量较少，对含轻烃量较少储层样品分析灵敏度低。

（2）钻井液岩屑混合样品：在振动筛处取粘有钻井液的岩屑混合湿样并加饱和 NaCl 水溶液密封，体积为取样设备内容积的 2/3，取样容器顶部留有 30~50mL 的空间，不挑样、不清洗。样品瓶需倒置保存，通过恒温水浴加热后手动取样分析。其优点是取样量大，分析灵敏度增加，对气层识别或弱油气显示储层评价有利。缺点是钻井液阻碍了岩屑中轻烃的挥发和逸散，导致平衡时间长；同时由于钻井液吸附能力较强，来自不同层段所含有烃类气体扩散到井筒中的油气将不断被钻井液吸附，钻井液累积吸附的烃类气体即使循环到地面仍不容易完全脱附，这样就存在着一个钻井液吸附烃积累效应的混杂干扰，导致轻烃分析结果无法得到准确代表地层中不同时间域的地球化学信息。

4. 钻井液样品

钻井液样品应按迟到时间定点取样装瓶密封，样品中可包含一定量的岩

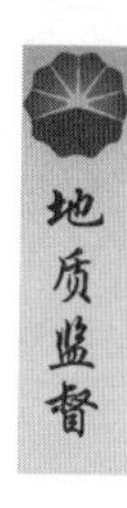

屑。油气显示段钻井液样品按录井取样要求取样，无油气显示井段按 20~30m 样品间距取样，样品选取后立即装瓶密封，样品体积为取样设备内容积的 4/5。

5. 样品标识和封存

取样容器应清晰标识编号、井号、井深、取样人，岩心应标明桶次及距顶位置。没有及时分析的样品应封好存放于阴凉处，防止阳光直射并远离热源，冬季防冻。

6. 样品分析

样品加热温度设定 70℃，恒温时间不少于 20min。

仪器温度应稳定并达到分析要求，设定必要的分析条件后进行取样分析。

输入井号、井深、层位、岩性、分析时间、分析人等必要的样品信息参数并填写样品采集分析记录。

7. 数据处理

按照相关标准格式要求进行数据整理。

三、资料应用

（一）轻烃的组成及性质

轻烃是一种复杂的多组分混合物，储层岩石或原油中可分析检测轻烃组分达 100 多种化合物。不同地区岩石或石油中的轻烃具有一定的相似性，但受有机质母质类型、热演化程度、油气运移或成藏后次生作用变化的影响，不同石油中轻烃组成和含量相差很大，同族烃类在不同原油中的结构和含量也不尽相同。为了有效识别评价油水层，有必要了解轻烃组成及性质。

1. 烷烃

原油中 C_1~C_9 轻烃中烷烃的结构特点是分子中只含有“C–C”单键和“C–H”键，且都是 σ 键，分子中吸引力为范德华力。直链烷烃的沸点随分子量的增加而升高，在相同碳原子的烷烃异构体中，支链越多沸点越低。烷烃是典型的非极性分子，而水是典型的极性分子，由于氢键的存在，水分子间有较大的吸引力，而与烷烃间引力却很小，故烷烃难溶于水，由于支链的存在，使同碳数异构烷烃的溶解度稍高于正构烷烃的溶解度。烷烃分子中都是结合得比较牢固的 σ 键，烷烃的化学性质很稳定，在一定条件下可发生取代反应和氧化反应，易发生微生物降解作用，形成代谢产物。

2. 环烷烃

原油中 $C_1 \sim C_9$ 轻烃的环烷烃都为环戊烷和环己烷及其不同取代基化合物。环戊烷中 5 个碳原子位于同一平面上，内角约为 108°，接近正常键角 109.5°，角张力很小，扭转张力也很小，是比较稳定的环；环己烷的 6 个碳原子都保持正常键角 109.5°，也是稳定的环。环烷烃的沸点比同碳数的烷烃高，密度也比相应的烷烃大，但仍比水轻，在水中的溶解度比烷烃高，且随分子量的增高而迅速减少。环烷烃的化学性质比较稳定，与开链烷烃的化学性质相似。自由能较同碳数正异构烷烃高，因此其热力学稳定性低，容易发生开环或芳构化反应，不容易被氧化，但容易发生取代反应，含季碳原子的环烷烃具有明显的抗生物降解能力。

3. 芳香烃

芳香烃按分子中所含苯环的数目和连接方式，分为单环芳香烃（分子中只含一个苯环的芳香烃）、多环芳香烃（分子中含两个或两个以上苯环的芳香烃）和稠环芳香烃（分子中含两个或两个以上苯环彼此间通过共用两个相邻碳原子稠合而成的芳香烃）。原油 $C_1 \sim C_9$ 轻烃中含有一定数量的苯、甲苯、乙基苯、间二甲苯、邻二甲苯、对二甲苯 6 种芳香烃化合物。轻烃中苯、甲苯及芳香烃化合物等含量与烃源岩干酪根有关，在腐泥型和腐殖型成因烃类中，苯、甲苯及芳香烃化合物等含量相差很大。

近代物理方法、分子轨道理论、共轭论和共振论解释了苯分子的特殊结构，苯分子中所有的碳原子和氢原子都在一个平面上，并形成正六边形的碳骨架，π 电子完全平均化，6 个“C-C”键长完全相等，可被看成是共振杂化体，共振能最大（150.72kJ/mol），故苯分子具有对称性和稳定性。同时，苯、甲苯具有微弱极性，相对其他烃类易溶于水，溶解度随温度的升高而增加，芳香烃溶解度随烷基链的长度与数量增加而降低，在水中的溶解度明显优于同碳数的烷烃和环烷烃。芳香环碳原子之间均以共轭 π 键相连，具有很高的热力学稳定性，不容易被氧化，但容易发生取代反应，具有明显的抗生物降解能力。

（二）生烃评价指标

轻烃组成与油气形成的地球化学条件有密切关系。概括起来有两个方面：一是成因内在方面的原始有机质的类型和性质，如海相和陆相有机质，由沉积环境决定；二是有机质的热演化程度、埋藏历史和地温梯度等。同时，识别评价油水层应先确定成因类型和成熟度指标后再分类识别评价。轻烃评价烃源岩常见参数见表 2-4-17、表 2-4-18、表 2-4-19。

表 2-4-17 生烃评价指标

序号	参数	计算方法与意义
1	石蜡指数 PI1,%	$(2MC_6+3MC_6)/(11DMCYC_5+c13DMCYC_5+t13DMCYC_5+t12DMCYC_5)\times100\%$，石蜡指数也叫异庚烷值，用来研究母质类型和成熟度。正庚烷其主要来自藻类和细菌，对成熟作用十分敏感，是良好的成熟度指标。次生蚀变作用包括生物降解、水洗、蒸发分馏等都会影响储层原油的正庚烷值
2	庚烷值 PI2,%	$nC_7/(CYC_6+2MC_6+23DMC_5+11DMCYC_5+3MC_6+c13DMCYC_5+t13DMCYC_5+t12DMCYC_5+224TMC_5+ECYC5+nC_7H_{16}+MCYC_6)\times100\%$，用来研究母质类型和成熟度，次生蚀变作用会改变其值大小
3	甲基环己烷指数 MCH,%	$MCYC_6/(nC_7+11DMCYC_5+c13DMCYC_5+t13DMCYC_5+t12DMCYC_5+ECYC_5+MCYC_6)\times100\%$，甲基环己烷其主要来自高等植物木质素、纤维素和醇类等，热力学性质相对稳定。该化合物是反映陆源母质类型的良好参数，它的大量出现是煤成油轻烃的一个特点
4	环己烷指数 CH,%	$CYC_6/(nC_6+MCYC_5+CYC_6)\times100\%$，反映源岩母质类型
5	二甲基环戊烷指数 DMCP,%	$(nC_6+2MC_5+3MC_5)/(c13DMCYC_5+t13DMCYC_5+t12DMCYC_5)\times100\%$，各种结构的二甲基环戊烷主要来自水生生物的类脂化合物，并受成熟度影响。该化合物的大量出现是海相油轻烃的一个特点。所表征的地化意义是随着热力学作用的加强，演化进程加深，不同构型的二甲基环戊烷相应地发生脱甲基和开环作用而成为正己烷和甲基戊烷
6	环烷指数Ⅰ,%	$(\sum DMCYC_5+ECYC_5)/nC_7$。各种构型的二甲基环戊烷和乙基环戊烷含量受母质成熟度的影响大，正庚烷对成熟度很敏感，环烷指数Ⅰ反映了轻烃的演化阶段
7	环烷指数Ⅱ,%	CYC_6/nC_7。环己烷含量受母质成熟度的影响大，正庚烷对成熟度很敏感，环烷指数Ⅱ、庚烷值的大小，反映了轻烃的演化阶段
8	Mango 指数 K1,%	$(2MC_6+23DMC_5)/(3MC_6+24DMC_5)$用于油源分类与对比，同一个油族中K1值是恒定的，而对于不同源岩的油样K1值则不同。轻烃指纹参数不仅可以用于原油的分类和气—油—源岩的对比，而且还可以用于同源油气形成后经水洗、生物降解、热蚀变等影响而造成的细微化学差异的判别，反映油气的运移和保存条件

表 2-4-18 轻烃分析母质类型判别标准

母质类型	甲基环己烷指数 $MCYC_6$,%	环己烷指数 CYC_6,%
腐泥型Ⅰ型	$<35\pm2$	$<27\pm2$
腐泥型Ⅱ型	$35\pm2\sim50\pm2$	
腐殖型Ⅲ型	$>50\pm2$	$>27\pm2$

表 2-4-19　轻烃分析成熟度判别标准

成因类型	环烷指数Ⅰ	环烷指数Ⅱ	庚烷值,%	庚烷值,%	演化阶段
腐泥型 Ⅰ型、Ⅱ型	>3.8	>3.0	0~18	0~1	未成熟
	3.8~0.34	3.0~0.64	18~30	1~2	成熟
	0.34~0.11	0.64~0.38	>30	>2	高成熟
	<0.11	<0.38			过成熟
腐殖型 Ⅲ型	>14	>40	0~18	0~1	未成熟
	14~0.50	40~2.2	18~30	1~2	成熟
	0.50~0.13	2.2~0.54	>30	>2	高成熟
	<0.13	<0.54			过成熟

1. 原始有机质类型和性质

石油天然气是沉积的有机质经过一系列生物和化学作用形成的，某些性质是由原始的有机质所决定的。不同沉积环境下形成的有机-无机组合是油气生成的物质基础，也决定了有机质在向油气演化过程中的基本特征。储层岩石或原油中的轻烃在组成性质上同石油一样，化学组成的某些特征是由生油母质继承下来的，会受到原始有机质性质的影响。

烃源岩有机质母质类型是决定烃类及轻烃特征的主要因素之 ，据Leytheauser（1979年）研究结果，来源于腐泥型母质的轻烃组成中富含正构烷烃，来源于腐殖型的富含异构烷烃和芳香烃；Snowdon（1982年）指出，富含环烷烃的凝析物也是陆源母质的重要特征。当不同储层中存在腐泥型和腐殖型2种成因类型或轻烃成因类型指标差别较大时，评价参数界限值或评价标准应明显不同，同时，轻烃成熟度也会对评价参数值有影响。根据有机质来源，一般将其分为海相和陆相有机质两大类。不同的生物来源和沉积环境所形成的有机质类型与组成总存在一定的差异。

1）海相有机质

海相有机质主要由浮游植物藻类组成，其次是各种浮游动物。它们富含蛋白质、类脂化合物及部分碳水化合物。由海相有机质形成的Ⅱ型干酪根具有丰富的环状物质，这种干酪根在深成作用过程中比陆相有机质能形成更多的多环环烷烃类化合物、芳香烃、胶质和沥青质，有时也可以生成较多的含硫化合物。海相有机质形成的石油，一般饱和烃含量约占原油的30%~70%，芳香烃含量约占原油的25%~26%，高于陆相原油。

2）陆相有机质

陆相有机质主要由植物组成，富含纤维素和木质素（高等植物），其次还含有其他碳水化合物、蛋白质和脂类化合物，还包含高分子量的脂肪烃类和与其密切相关的蜡，以及由脂肪变成中等链长的脂肪酸。陆相有机质一般相当于Ⅲ型干酪根，在少数情况下也形成Ⅰ型干酪根。当经受深成作用时，首先产生烷烃及很少量的环状分子，然后产生气，硫含量不高。在这类石油中，饱和烃含量约占原油的60%~90%，其中正异构烷烃、单双环烷烃均较丰富。芳香烃含量低于海相有机质所形成的石油，占总量的10%~30%左右，大部分是单双环芳烃化合物。

2. 有机质热演化程度

热演化作用主要指高温裂解作用和高温转化作用，两者往往交织在一起产生相同的效应，该作用是在储层进入深层作用带基础上发生的。有机质热演化过程具有明显的阶段性，不同演化阶段形成的石油具有不同的化学组成，主要表现在化学组成的纵向规律性变化。（1）在埋藏较浅处即生油岩尚未成熟，可直接从生物体中合成少量烃类，在特定条件下也可从干酪根分解出少量的杂原子化合物，形成重质石油；（2）在生油窗范围内，因热催化动力因素，干酪根裂解形成大量的正常石油；（3）随着埋藏深度的增加，热裂解作用影响到储集的石油，使轻质烃类逐渐增多，达到某一深度界限后，就只有气态烃类。因此，石油可以分成未成熟或低成熟石油、成熟石油和高成熟石油。

在油田中观察到的石油性质随埋深及地质时代的变化正是反映了与有机质成熟度有关的石油成分变化的规律。这些规律主要是：（1）随着深度的增加，重烃碳链断裂形成低分子量烷烃，异构石蜡烃脱去有关侧链转化为正石蜡烃，最复杂的异构石蜡烃也能分裂形成低分子量烷烃，石油密度随深度增加而下降；（2）石油含硫量随深度增加而下降；（3）石油中各种烃类含量随深度增加而有规律地变化，这主要表现在随深度增加轻质馏分含量增加，烷烃含量增大，尤其是正构烷烃含量迅速增大。低成熟度的石油中异戊二烯烃、甾萜类化合物比较丰富，高成熟石油中以低分子量正构烷烃为主，生物标志化合物含量低。

（二）储层评价参数

轻烃各参数的积分值、浓度、相对比值有众多的参数组合，包含了丰富的地质信息。轻烃录井的任务主要是对储层含油气性评价和油气层含水性评价。要实现对储层的客观评价，首先要实现有效价值目标层的确定，根据轻烃丰度及重烃比例区分可能的产层和非产层；其次是对油气层是否含水进行精细化评价，通过轻烃化合物的浓度和分布、稳定性及在水中的溶解度等物理化学性质差异，找出不同环境、不同储层性质条件下这些轻烃参数的变化规律并进行层内、层间可动流体分析，选择代表性组分的变化特征，实现储层含水的综合评价。

1. 油气丰度评价

一般来说，轻烃浓度和地层的含油气丰度相关，轻烃分析结果与储层原始轻烃相比丰度要减少很多，轻烃分布也会发生较大变化，但是碳原子数相同的烃类组分含量的相对高低保持不变，特别是对于结构和性质相似、沸点相近的烃类组分之间的比值仍然保持不变。因此，轻烃的丰度反映了地层油气的丰度和组成。在轻质-中质油条件下，储层含油气丰度越高，所溶解的轻烃含量越大，当轻烃组分含量很少时，指示储层不含油。

油气丰度可以通过轻烃的组分及含量变化反映出来。某井轻烃组分变化特征如图2-4-32所示，近地表地层中，轻烃主要含有甲烷及少量乙烷，随着与油气储层逐渐接近，轻烃中重组分也逐渐出现，且含量逐渐增大。轻烃丰度的增大，并不与油气储层的距离成比例关系，而要受到地层岩性、孔隙度、含水饱和度及矿化度等因素综合影响，但总体趋势是随着与油气储层距离逐渐接近，轻重组分比值逐渐减小，至储层后该比值稳定下来。轻烃的组成和浓度以及剖面地球化学特征呈现有规律的变化。常见轻烃丰度评价指标见表2-4-20。

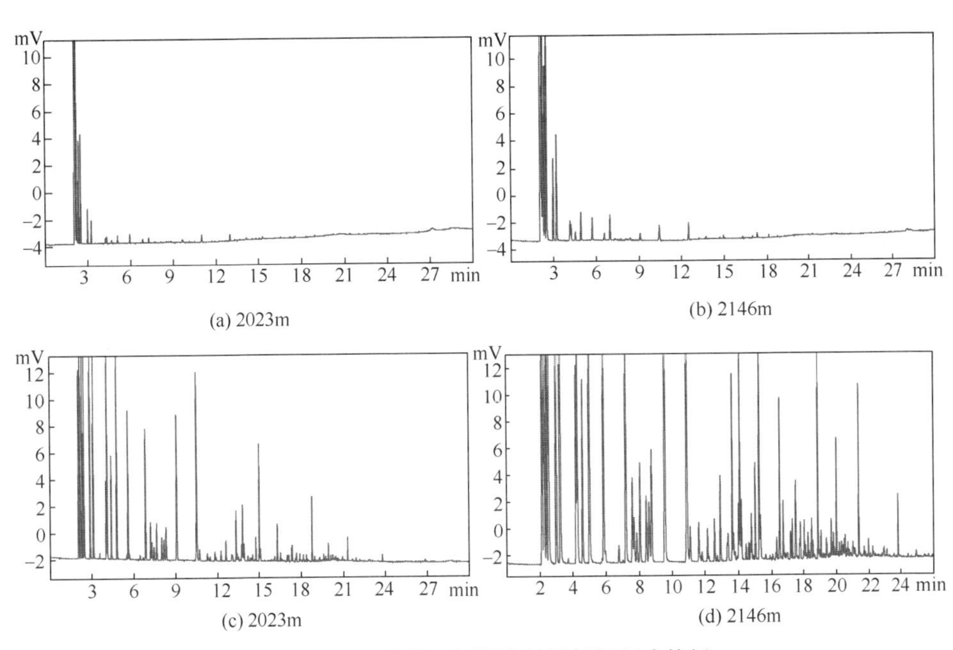

图2-4-32　某井不同深度储层轻烃组成特征

表 2-4-20　油气丰度评价参数

序号	参数	计算方法与意义
1	轻烃丰度	所有组分的峰面积总和，该值越大反应地下储层中所含烃类浓度越高，含油可能性越大
2	$\Sigma(C_1-C_5)$	$C_1\sim C_5$ 类烃中所有组分峰面积之和，没有油显示的储层可能含有水溶气和较多的游离气，表现为$\Sigma(C_1-C_5)$较大
3	$\Sigma(C_6-C_9)$	$C_6\sim C_9$ 类烃中所有组分峰面积之和，表现为油显示储层$\Sigma(C_6-C_9)$较大
4	轻重比	$\Sigma(C_1-C_5)/\Sigma(C_6-C_9)\times100\%$，该比值越大，含轻质油气可能性越大
5	重总比	$\Sigma(C_6-C_9)/\Sigma(C_1-C_9)\times100\%$，储层中存在具有开采价值的正常原油必然存在 $C_7\sim C_9$ 烃类化合物，该值越大，指示储层产油的可能性越大
6	直链烷烃（n-P）	$C_1\sim C_9$ 中所有直链烷烃峰面积之和，Ⅰ型干酪根富含正构烷烃
7	支链烷烃（i-P）	$C_1\sim C_9$ 中所有支链烷烃峰面积之和，Ⅲ型干酪根富含异构烷烃
8	环烷烃（N）	$C_1\sim C_9$ 中所有环烷烃峰面积之和，Ⅱ干酪根富含环烷烃
9	芳香烃（A）	苯、甲苯、间二甲苯、对二甲苯、邻二甲苯峰面积之和，Ⅲ型干酪根的母质类富含芳烃

2. 油气水层评价

轻烃化合物的含量和组成，不仅取决于原油的成因类型和演化程度，而且在更大程度上取决于成藏后的次生蚀变作用，水洗、生物降解等作用在很大程度上会改变储层中原油轻烃的分布特征。在成因类型、热演化程度相同的情况下，主要依据由于生物降解和水洗等作用，找出轻烃参数的变化的规律，从而识别油水层。常见油气水层评价参数见表 2-4-21。

表 2-4-21　油气水层评价参数

序号	参数	计算方法与意义
1	戊烷异构化系数	iC_5/nC_5，异戊烷和正戊烷的比值，在有机质的成熟度和运聚生成环境条件一致的前提下，微生物优先消耗正构烷烃，而异构烷烃相对于同碳数的正构烷烃有较强的抵抗力，导致了较高的比值，该值可反映 C_5 类烃中生物降解程度
2	已烷异构化系数	$3MC_5/nC_6$，正已烷对生物降解作用比较敏感，而异构烷烃相对于同碳数的正构烷烃有较强的抵抗力，导致了较高的比值，该值可反映 C_6 类烃中生物降解程度

续表

序号	参数	计算方法与意义
3	庚烷值 PI2（%）	$nC_7/(CYC_6+2MC_6+23DMC_5+11DMCYC_5+3MC_6+c13DMCYC_5+t13DMCYC_5+t12DMCYC_5+224TMC_5+ECYC_5+nC_7H_{16}+MCYC_6)\times100\%$，$C_7$ 类烃中正庚烷对生物降解作用最为敏感，环烷烃具有较强的抗生物降解能力，并且随着生物降解程度的增加，单取代向多取代转变，形成一系列异己烷浓度系列，生物降解导致其值变小
4	异构己烷指数（%）	$(2MC_5-3MC_5)/(23DMC_4-22DMC_4)\times100\%$，$C_6$ 类烃中，在正常石油中，异构己烷有下列浓度系列：$2MC_5>3MC_5>23DMC_4>22DMC_4$，而当原油遭受生物降解作用的时候，异构己烷抗生物作用的能力正好与正常原油异构的浓度系列相反
5	偕二甲基丙烷系数	$22DMC_3/CYC_5$，2,2-二甲基丙烷和环戊烷的比值。C_5 类烃中，2，2-二甲基丙烷为含季碳原子异构烷烃，化学稳定性较差、易溶于水。比值小说明含水可能性大
6	偕二甲基七碳烷烃指数（%）	$(22DMC_5+223TMC_4+33DMC_5)/11DMCYC_5\times100\%$，$C_7$ 类烃中 $22DMC_5$、$223TMC_4$、$33DMC_5$ 是 C_7 类烃中化学稳定性较差、易溶于水并含季碳原子的异构烷烃，在成熟原油中通常为微量组分。$11DMCYC_5$ 是所有 C_7 类烃中抗微生物降解能力最强的环烷烃，水洗作用可导致其比值减小
7	异庚烷值 PI1（%）	$(2MC_6+3MC_6)/(11DMCYC_5+c13DMCYC_5+t13DMCYC_5+t12DMCYC_5)\times100\%$，也叫石蜡指数，$C_7$ 类烃中，甲基己烷类降解快于甲基戊烷和二甲基环戊烷类，单甲基链烷烃比双甲基链烷烃和三甲基链烷烃优先降解，1顺3-二甲基环戊烷和1反3-二甲基环戊烷具有中等的抗生物降解能力，1反2-二甲基环戊烷是二甲基环戊烷中降解最快的。生物降解作用可导致其比值减小
8	单甲基己烷指数（%）	$MCYC_6/(2MC6+3MC_6)\times100\%$，烷基化程度和烷基取代位置是影响微生物降解的两个主要因素，C_7 类烃中，单甲基链烷烃比双甲基链烷烃和三甲基链烷烃优先降解，2-甲基己烷比3-甲基己烷优先降解，一个异构体具邻近的甲基基团则可增强它的抗生物降解能力。甲基位于末端位置的比位于中间位置的异构体更易于被细菌攻击。$MCYC_6$ 是抗微生物降解能力较强，生物降解作用可导致其比值增大
9	双甲基戊烷指数	$(23DMC_5+24DMC_5)/(2MC_6+3MC_6)$，不同烷基化程度抗生物降解程度是不同的，较大的烷基取代有较强的抗生物降解能力，甲基链烷烃类大部分降解掉后，二甲基烷烃类才可能被代谢掉。C_7 烃类中，$3DMC_5$、$24DMC_5$ 是抗生物降解能力最强的二个双甲基取代烃类化合物，抗生物降解能力远高于甲基己烷类

续表

序号	参数	计算方法与意义
10	双甲基环戊烷指数	$11DMCYC_5/ECYC_5$，在生物降解期间，乙基环戊烷比二甲基环戊烷降解快得多，可能由于位阻的原因，其取代在同一碳上的双甲基抑制了细菌的攻击。1,1-二甲基环戊烷是二甲基环戊烷中抗生物降解能力最强的，随着生物降解程度增加，该比值有增大趋势
11	苯系数 AN	BZ/CYC_6，苯和环己烷的峰面积比值。苯极易溶于水，该值可反映 C_6 类烃中水洗程度
12	甲苯系数 AN1	$TOL/MCYC_6$ 甲苯和甲基环己烷峰面积的比值，甲苯易溶于水，水洗作用导致其值变小
13	甲苯系数 AN2	$TOL/11DMCYC_5$，甲苯和 1,1-二甲基环戊烷峰面积的比值，甲苯易溶于水，$11DMCYC_5$ 是所有 C_7 类烃中抗微生物降解能力最强的环烷烃，水洗作用可导致其比值减小
14	甲苯系数 APn	TOL/nC_7，甲苯和正庚烷峰面积的比值，甲苯易溶于水，但芳烃由于有毒，抗生物降解能力较强，正庚烷是所有 C_7 类烃中抗微生物降解能力最敏感的化合物，水洗作用可导致其比值减小，生物降解作用可导致其值增大。当原油遭受“蒸发分馏作用”时，芳烃的含量相对于相似分子量的正构烷烃会增加，无支链的链烷烃和环烷烃相对于支链的异构体增加，链烷烃相对环烷烃下降，随气相或轻质油向浅处构造或圈闭运移聚集 TOL/nC_7 值相对较低

1）生物降解作用

生物降解作用是微生物有选择性地消耗某些烃类的现象。一般认为原油生物降解作用是发生在含氧环境的埋藏较浅的储层中，凡是接近地表的储层和在相对低的温度下有大气淡水进入的储层中常会发生生物降解作用。

不同强度的生物降解作用和不同的持续时间，使油气表现出不同的转化程度。地下水把溶解的氧分子和微生物带入油藏并运移到油（气）水界面附近，在这种条件下，喜氧生物降解处于优势地位，但同时有水洗作用。厌氧生物降解作用是某些细菌靠还原硫酸盐取得氧，使油气发生生物降解作用。喜氧和厌氧生物降解作用的结果，可造成正构烷烃、少量支链烷烃、低环环烷烃及芳香烃组分部分或全部消失，生物降解作用可使原油组分发生改变，向重质方向变化，其生成的产物主要为甲烷和二氧化碳。

微生物蚀变是比较复杂的生物化学过程，不同菌种对优先选择的消耗对象也有差别。链烃比环烃易降解；不饱和烃比饱和烃易降解；直链烃比支链烃易降解，支链烷基愈多，微生物愈难降解，链末端有季碳原子时极难降解；多环芳烃很难降解或无法被降解。

（1）生物降解作用后的正构烷烃变化特征

分子量不同的正构烷烃，其抗生物降解作用的能力不同。一般情况下，对于储层中的原油，细菌优先降解 $C_5 \sim C_{15}$ 正构烷烃，然后降解支链烷烃和环状烷烃。如图 2-4-33 所示，该储层原油遭受生物降解，异戊烷含量明显大于戊烷，正己烷、正庚烷含量极低。轻烃比值参数 iC_5/nC_5、正己烷指数、庚烷值等与正常原油相比具有明显的差异。对于储层中的天然气，在大部分情况下，细菌蚀变初期优先消耗丙烷，使湿气中丙烷含量最先减少。

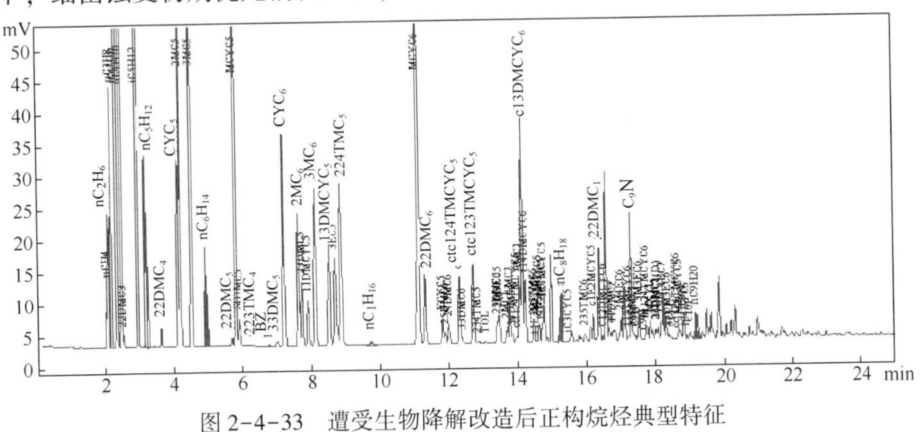

图 2-4-33 遭受生物降解改造后正构烷烃典型特征

（2）生物降解作用后的异构烷烃变化特征

在研究生物降解过程对轻烃组分的影响，国外专家认为生物降解程度由异构己烷系列的浓度特征表现最清楚，在正常石油中，异构己烷有下列浓度系列：2-甲基戊烷>3-甲基戊烷>2,3-二甲基丁烷>2,2-二甲基丁烷，而当原油遭受生物降解作用时，异构己烷抗生物作用的能力正好与正常原油异构的浓度系列相反。通过异构己烷系列可识别生物降解作用的存在（表 2-4-22）。

表 2-4-22 生物降解作用与异构己烷浓度系列变化

生物降解程度	异构己烷浓度变化顺序
第一阶段较低强度降解	$2\text{-}MC_5>3\text{-}MC_5>2,3\text{-}DMC_4>2,2\text{-}DMC_4$
第二阶段一般强度降解	$2\text{-}MC_5\approx 3\text{-}MC_5>2,3\text{-}DMC_4>2,2\text{-}DMC_4$
第三阶段中等强度降解	$3\text{-}MC_5>2\text{-}MC_5>2,3\text{-}DMC_4>2,2\text{-}DMC_4$
第四阶段较严重的降解	$3\text{-}MC_5>2,3\text{-}DMC_4>2\text{-}MC_5>2,2\text{-}DMC_4$ $2,3\text{-}DMC_4>3\text{-}MC_5>2\text{-}MC_5>2,2\text{-}DMC_4$ $2,3\text{-}DMC_4>3\text{-}MC_5>2,2\text{-}DMC_4>2\text{-}MC_5$
第五阶段严重的降解	正己烷全部消失，然后是 $2\text{-}MC_5$，乃至朝全部烷烃消失的方向发展

美国学者 Mango1987 年用色谱分析了全球（主要北美）2258 个不同类型的原油轻烃，发现原油中 2-甲基己烷、2,3-二甲基戊烷、3-甲基己烷、2,4-

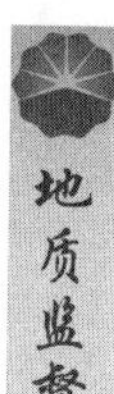

二甲基戊烷四个异庚烷化合物尽管质量分数变化很大（0.1%～10%），但它们的比值呈一种特定比例，即[(2-甲基己烷+2,3-二甲基戊烷)/(3-甲基己烷+2,4-二甲基戊烷)]≈1，这个比值后来被称为K1。研究发现，在同一个油族中K1值是恒定的，而对于不同源岩的油样K1值则不同，利用($2MC_6$+$23DMC_5$)/($3MC_6$+$24DMC_5$)轻烃指纹参数不仅可以用于原油的分类和气—油—源岩的对比，而且还可以用于同源油气形成后经水洗、生物降解、热蚀变等影响而造成的细微化学差异的判别。

轻烃化合物中异构烷烃如3,3-二甲基戊烷、2,2,3-三甲基丁烷、2,2-二甲基戊烷、2,4-二甲基戊烷及2,2,-二甲基丁烷等是化学稳定性较差、易溶于水并含季碳原子的异构烷烃，当发生生物降解作用时，轻烃比值参数$22DMC_3$/CYC_5、($22DMC_5$+$223TMC_4$+$33DMC_5$)/$11DMCYC_5$等会明显减小。

C_7类烃中不同支链烷烃而言，单甲基链烷烃比双甲基链烷烃和三甲基链烷烃优先降解，2-甲基戊烷、2-甲基己烷比3-甲基戊烷、3-甲基己烷更容易被降解，甲基位于末端位置的比位于中间位置的异构体更易于被细菌攻击。此外，3位取代的甲基链烷烃类相对于4位取代的甲基链烷烃类抗生物降解能力强，可能由于三个碳的碳链比两个碳的碳链易于被微生物利用，碳链两端有三个碳碳链的3-甲基己烷比碳链两端均是二个碳碳链的3-甲基戊烷更容易被降解，这可与天然气相比较，湿气中丙烷比乙烷更容易被生物降解。因此当储层遭受生物降解作用时，轻烃比值参数如异庚烷值、$MCYC_6$/($2MC_6$+$3MC_6$)、$2MC_5$/$3MC_5$、$2MC_6$/$3MC_6$、$3MC_6$/$3MC_5$等参数会有明显的变化。

2）水洗作用

水洗作用是指储层中水体对储层原油冲刷、溶解以及水淹所造成的一系列物理改造作用。由于石油中不同组分在水中的溶解度存在差异（表2-4-23），在含水地层里的运移过程中，油气组分要发生一定的变化。

由于烃类的溶解度不同，水选择性地吸收某些烃，从而改变原油的组成。其中，原油在水中溶解度较高的低分子量芳香烃是受影响较明显的组分（图2-4-34）；天然气中受影响较明显的是C_2以后的重组分。由于油（气）水共存，较易溶于水的组分如苯、甲苯、丙烷，丁烷、戊烷等组分发生减少、缺失，使油气层和水层在地球化学特征上发生显著的差异。

表2-4-23 部分烃组分标准状态下的水中溶解度

组分	溶解度，$g/10^6g$	组分	溶解度，$g/10^6g$
甲烷	24.2	2-甲基戊烷	13.8
乙烷	60.4	正庚烷	2.93
丙烷	62.4	正辛烷	0.66

续表

组分	溶解度，$g/10^6g$	组分	溶解度，$g/10^6g$
正丁烷	61.4	2,2,4-三甲基戊烷	2.44
异丁烷	48.9	苯	1740
正戊烷	38.5	甲苯	538
异戊烷	47.8	邻二甲苯	175
正己烷	9.5	乙苯	159

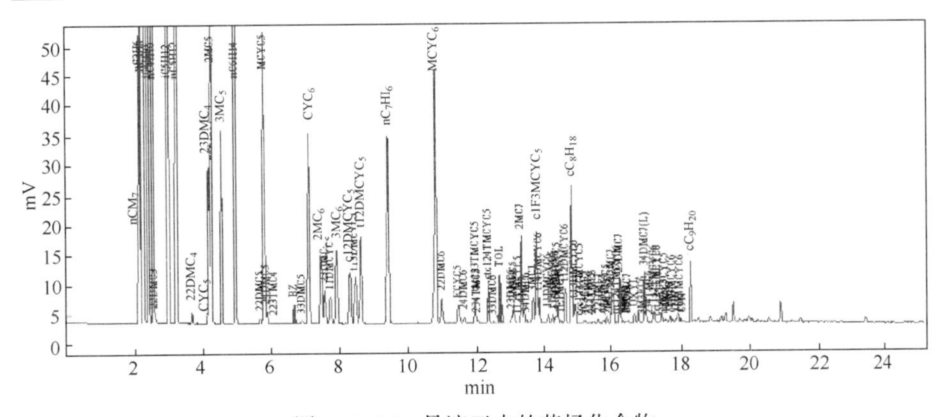

图 2-4-34　易溶于水的芳烃化合物

由于芳烃水中的溶解度远远大于环烷烃，水洗作用将导致 BZ/CYC_6、$TOL/MCYC_6$、$TOL/11DMCYC_5$ 等参数明显减小。

水洗作用大致有两种类型：一是油藏底部地层水内部循环系统的活动可带走油藏底部原油中易溶于水的芳烃和轻质成分；二是通过断层或不整合面导致浅层淡水淋滤，这种类型往往与挥发作用、生物降解作用同时发生（图 2-4-35）。水洗作用一般对原油中轻烃组成不会发生严重的影响，它只不过将原油中易溶于水的芳烃、轻组分带走；生物降解作用对石油的组成改变明显，使原油变稠变重。生物降解作用发生在较浅处，细菌很难分解环状化合物，而许多芳香化合物对细菌是有毒的。因此，带季碳原子的环烷烃、苯和环基苯系列出现异常高丰度是微生物降解特征。当地温太高，达 100℃以上时，细菌无法生存和繁殖，这似乎是生物降解作用上限的标志，但水流依然能流经石油（油藏或过渡带），发生水洗作用。区分水洗或生物降解作用可选取 TOL/nC_7 值，甲苯易溶于水，水洗作用可导致其比值减小；芳烃由于有毒，抗生物降解能力较强，正庚烷是所有 C_7 类烃中抗微生物降解能力最敏感的化合物，生物降解作用可导致其值增大。

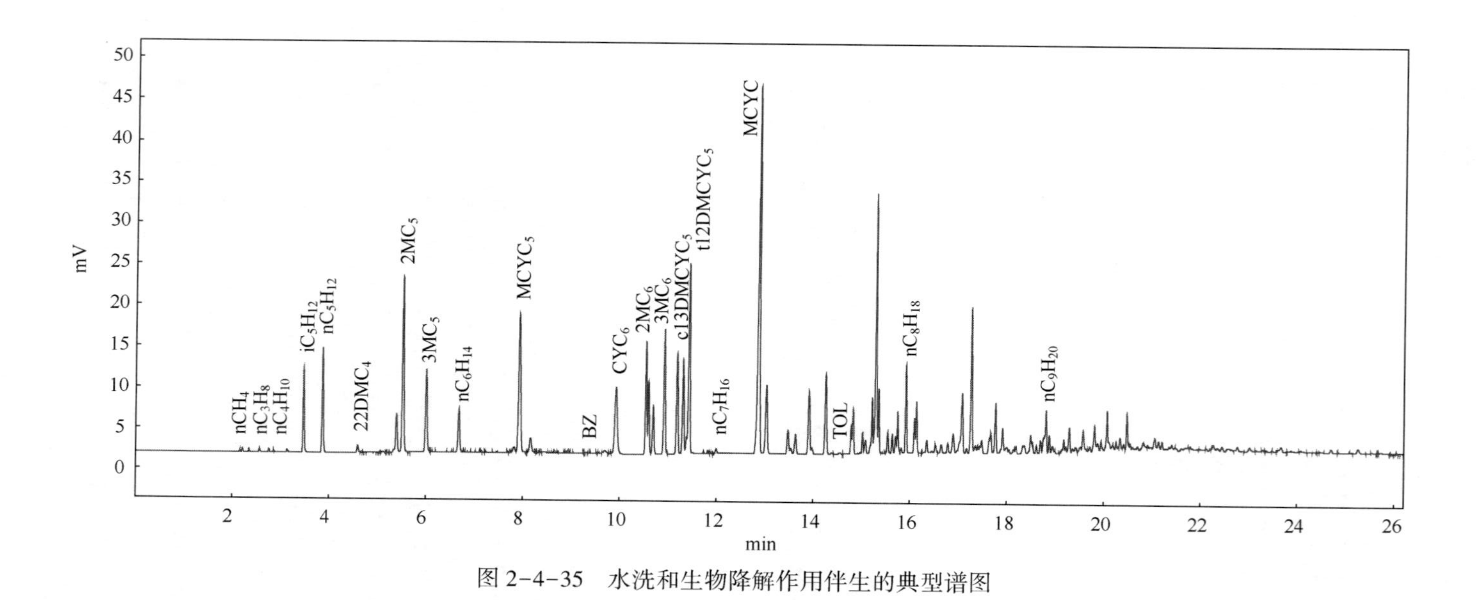

图 2-4-35 水洗和生物降解作用伴生的典型谱图

3. 油气水层评价图版

选取以上轻烃评价参数，建立了几种轻烃录井油气水层解释评价图版。

1）甲苯/甲基环己烷与重中烃比率解释图版

重中烃比率：$\Sigma(C_7 \sim C_9)/\Sigma(C_5 \sim C_6)$值越大，反映地下储层油气含量越高。芳烃在水中的溶解度远远大于环烷烃，$TOL/MCYC_6$ 的变化趋势可以充分反映地下原油被水改造的程度。统计鄂尔多斯盆地延长组试油井资料重中烃比率、$TOL/MCYC_6$ 与储层性质关系如图 2-4-36 所示。

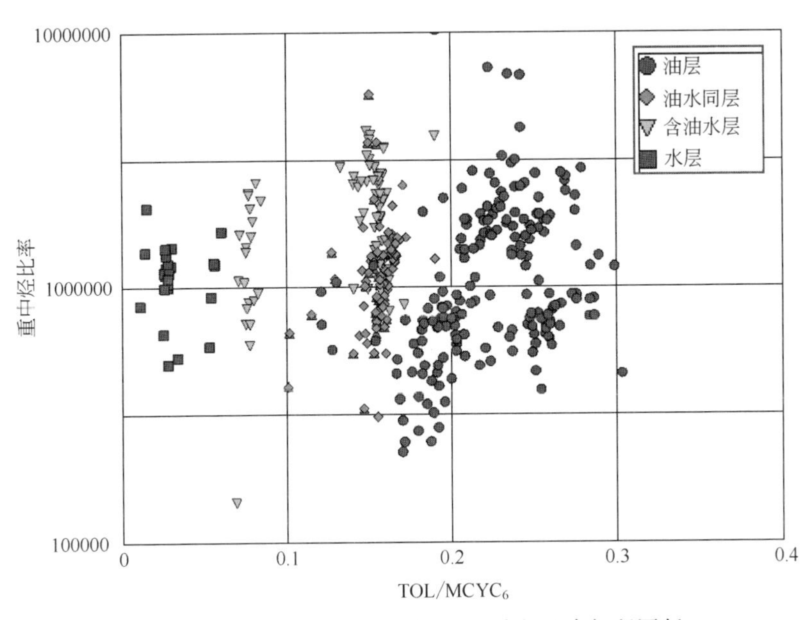

图 2-4-36 甲苯/甲基环己烷—重中烃比率解释图版

（彩图请扫二维码）

从图版分布看出油层甲苯/甲基环己烷都大于 0.17，储层含水甲苯/甲基环己烷都小于 0.17，而重中烃比率在油层与含水储层之间差异不大，但有的含油水层的重中烃比率却比油水同层高，反映出是残余油的特征。

2）轻烃指纹与$\Sigma(nC_4 \sim nC_8)/\Sigma(iC_4 \sim iC_8)$解释图版

一般情况下，在经过水洗和生物降解的原油中，正构烷烃受到破坏，而异构烷烃相对富集，$\Sigma(nC_4 \sim nC_8)/\Sigma(iC_4 \sim iC_8)$比值参数会随水洗、生物降解程度的增加逐渐减小，而储层含水导致轻烃指纹参数变大。统计分析不同区块的$(2MC_6+2,3DMC_5)/(3MC_6+2,4DMC_5)$与$\Sigma(nC_4-nC_8)/\Sigma(iC_4-iC_8)$关系，发现具有很好的规律（图 2-4-37），不受区域和层位的限制。

3）$nC_7/MCYC_6$ 与 TOL/nC_7 解释图版

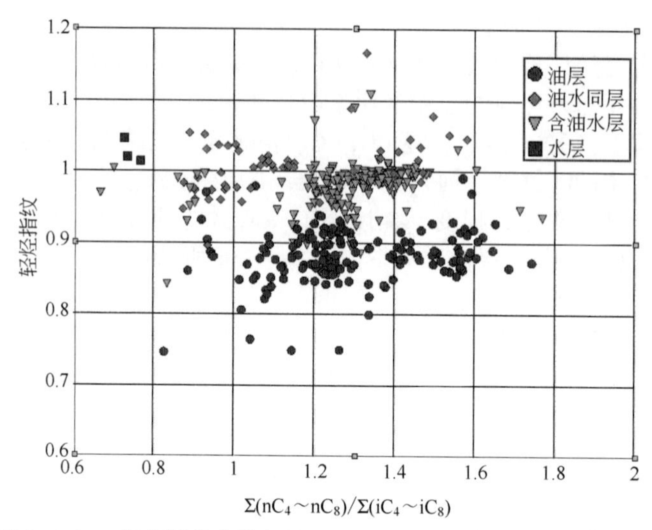

图 2-4-37　轻烃指纹参数与$\sum(nC_4 \sim nC_8)/\sum(iC_4 \sim iC_8)$解释图版

水洗作用将原油中易溶于水的甲苯带走，导致 TOL/nC_7 值变小。生物降解作用容易破坏正构烷烃，导致 $nC_7/MCYC_6$ 值降低。统计鄂尔多斯盆地试油井两个参数与储层流体性质关系如图 2-4-38 所示，该图版反映油水变化规律较为明显，对残余油识别和降解油识别有较好的效果。

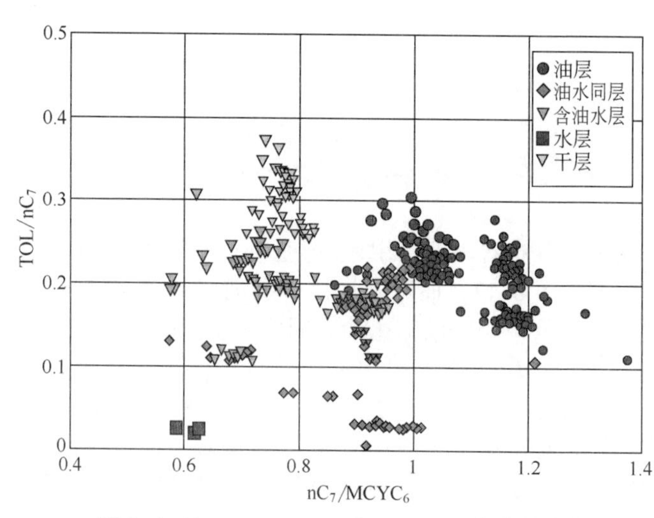

（彩图请扫二维码）

图 2-4-38　$nC_7/MCYC_6$ 与 TOL/nC_7 解释图版

4）$TOL/MCYC_6$ 与 $MCYC_5/22DMC_4$ 解释图版

水洗作用将原油中易溶于水甲苯带走，导致 $TOL/MCYC_6$ 变小；$22DMC_4$ 化学稳定性较差、易溶于水，水洗和生物降解作用将导致 $22DMC_4/MCYC_5$ 变小。通过 $TOL/MCYC_6$ 与 $MCYC_5/22DMC_4$ 解释图版可有效识别油水变化（图 2-4-39）。

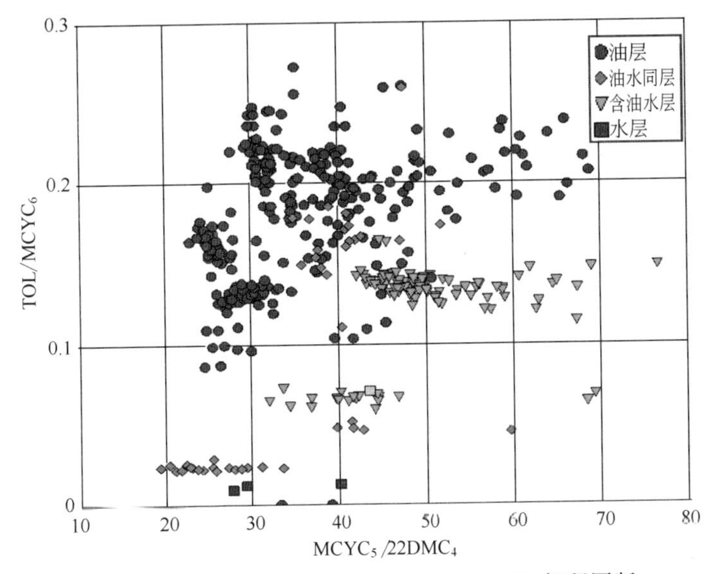

图 2-4-39　$TOL/MCYC_6$ 与 $MCYC_5/22DMC_4$ 解释图版

（彩图请扫二维码）

通过以上轻烃评价参数及图版分析可以看出，评价参数的选取是充分利用轻烃资料来解决地质问题的关键。在实际工作中，轻烃录井人员必须掌握作业工区的区域地质背景及成藏条件，了解原始有机质的类型、有机质的热演化程度等内在因素可能导致轻烃组成的差异，在相同地质背景条件下，应全面分析油气可能遭受次生蚀变作用，如生物降解、氧化作用、水洗作用等可能引起轻烃参数的变化情况，要从大量资料的统计中寻找轻烃化合物之间的地质—地球化学关系，特殊原油如高密度、高黏度、强氧化降解、生物降解的储层评价，应用时注意区别对待。同时，要善于观察与分析不同样品（岩屑、岩心、井壁取心样品）的共性与个性，援引相关技术的资料进行对比或旁证，判别不同样品的轻烃特征，找出其中的特殊化合物的相对变化规律。在建立解释评价方法时，要从正演到反演，用已知试油、试气的数据寻找特征对比参数，建立数学模型和地质模型，用未知区域的样品进行验证。总之，应用轻烃资料评价油气水层是一个不断总结和认识的过程，资料应用中要熟练掌握可能导致轻烃参数变化的原因，并分区域建立轻烃参数与油气水层的

关系，这样解释评价才能更加合理准确。

第五节　地化录井影响因素分析与质量控制

现场录井过程中，地化录井技术与其他依托岩样分析的技术一样，由于钻井液、工程、现场录井状态、地质条件等诸多方面主观和客观因素的影响，导致不能完全反映地层真实含油气信息，就需要我们了解影响因素并严格控制，提高地化录井技术的应用效果。

一、影响因素分析

地化录井分析对象为岩心、井壁取心、岩屑，主要用于储层含油气信息检测。受储层类型、油气层类型、钻井复杂工况及其他因素的影响，可能会造成地化录井分析结果异常，不能代表储层原始的含油气状态，影响到地化录井技术的解释评价。

（一）地质因素

1. 储层原油性质的影响

原油性质不同，烃损失程度也不同。轻质原油储层样品损失最大，中质原油次之，重质原油损失量最小。轻质油、凝析气和天然气，由于轻组分高，挥发严重，如果样品放置时间过长，可能会导致地化录井显示低或无显示。

2. 储层物性影响

储层物性越好，胶结疏松，烃类损失程度则越大。低孔低渗储层，由于油气向外扩散慢，导致显示偏高。

3. 特殊岩性的影响

碳酸盐岩、火山岩、变质岩等油气赋存空间特殊的储集岩，以裂缝、缝洞性为油气储集空间，含油气的非均质性较强，油气沿裂缝面和孔洞面运移，给含油气岩样的挑选工作带来较大难度，也会出现分析结果显示偏低的现象。

（二）工程因素

1. 钻井液冲刷的影响

钻井液在井眼里不断循环，岩屑被冲刷、磨损、破碎严重，使含油储层中的原油不断被冲刷带走。井眼越深，井温就越高，钻屑在井筒中运行时间越长，受钻井液冲刷时间就越长，岩样所含油气损失也越大。

2. 钻井液性能的影响

钻井液性能与参数决定了岩屑携带、沉降与滑脱。不规则井径的流态变化等因素间接影响了岩屑的混杂与污染，这也是影响地化录井样品采集的一个重要因素。钻井液密度、黏度高，则岩屑悬浮性相对较好，携砂能力强，反之携砂能力差，但密度和黏度高会对井壁取心的含油性评价有一定影响。钻井过程若发生井漏，加入堵漏材料后根本挑选不出真实的岩屑。在这些情况下，可通过气测异常发现显示，分析钻井液来评价异常显示，或通过轻烃混样分析来评价异常显示。

3. 钻头类型和钻井工艺的影响

钻头类型和新旧程度不同导致破碎岩屑的形态和上返速度不同，片状岩屑上返速度快，粒状和块状岩屑上返速度较慢，由于岩屑上返速度不同，直接影响到岩屑迟到时间的准确性。

为了缩短钻井周期、提高机械钻速，广泛使用 PDC 钻头、螺旋钻铤、定向动力钻具，导致返出至地面的岩屑十分细小混杂，增大了挑选真实样品的难度，同时由于岩屑颗粒小、比表面积大，油气散失多，容易漏失油气层。

4. 井眼不规则的影响

井眼不规则，钻井液上返速度不一致，在大井眼处，钻井液上返速度慢，携带岩屑能力差，甚至在“大肚子”处出现涡流，岩屑不容易上返，地化录井捞取不到真实岩屑。

5. 样品类型的影响

岩心、岩屑、井壁取心三种类型的岩样，在同一层位、同一深度岩样热解分析参数值差别很大。因此，在应用样品热解分析参数评价储层含油性，要充分考虑不同类型样品烃类损失的影响因素，这样才能获得较好及准确的评价效果。

岩心样品除岩心表面烃类在钻井液的冲洗作用下有损失外，其岩心内部的烃类在高于原始地层压力的钻井液围压保护作用下，烃损失相对较小。井壁取心样品由于经历了长时间钻井液的浸泡，在超过地层压力的钻井液液柱压力作用下，钻井液滤液会在井壁形成不同侵入范围的冲洗带，在这个范围内，储层中的烃类部分被滤液排替挤压，造成井壁取心中烃类的损失。岩屑破碎程度高，比表面积大，具有较高温度的钻井液对岩屑表面的烃类清洗和冲刷作用强，烃类会有较大程度下的损失，不同的破碎程度下烃类损失也

不同。

（三）人为因素

1. 取样时间的影响

取样时间不同，烃损失程度不同。当地下的油气层被钻开后，再经过钻井液冲刷，岩屑返至地面由于压力及温度变化，保存在岩石中的烃已经散失很多，测得的是残余烃含量。实验证明，岩样返出井筒后停留时间越长，其轻烃组分损失越多，尤其是在样品颗粒较小和油质偏轻的情况下，烃损失更加严重。油砂在空气中及阳光下晒几分钟，气及凝析油就可能全部挥发掉。因此，样品返出到地面后一定要及时取样。

2. 取样密度的影响

采样密度不够，分析结果代表性就较差，影响解释结果。取样间距越密，越能够反映储层的真实含油气性。对于一些非均质性储层，应特别关注取样密度，取样密度过低可能造成决定储层产液性质关键点样品的漏取，导致地化资料判别储层性质就很难得出正确的结论。

3. 岩屑样品清洗的影响

清洗目的是除去吸附在岩样表面的钻井液添加剂等污染物，岩屑清洗方法对地化录井分析结果影响也非常大。岩屑清洗方法要因岩性而定，以不漏掉显示、不破坏岩屑为原则。洗样用水要保持清洁，严禁油污，严禁高温。正确方法是采取漂洗方法，严禁用水猛烈冲洗，洗至微显岩石的本色即可，防止含油砂岩、疏松砂岩、沥青块、煤屑、石膏、盐岩、造浆泥岩等易水解、易溶岩类被冲散流失。对用于轻烃分析的岩样，简单清洗表面钻井液即可。

4. 岩样挑选影响

挑选有代表性的样品是地化分析的关键。碎屑岩岩性变化较大，储层物性变化也较大，因而油层的非均质性异常突出。同一块岩心中，含油饱和度不仅纵向上不均一，横向也有很大差异，地化录井数据可能相差几倍。同样，从井下由钻井液携带出来的岩屑，由于受钻井液冲洗井壁及岩石脆裂粉碎掉块、机械震动掉块、钻具摆动致使井壁岩石掉块等因素的影响，真假岩屑混杂，同一包岩屑中挑出的油砂分析结果也有较大的差异。因而，地化录井人员首先要学会挑样，掌握挑样技术，并在实践中积累经验，提高挑样的准确性和代表性。

正确的样品挑选方法是：岩屑在分析前打开样品瓶挑样，要排除假岩屑，挑选无污染、未烘烤、未曝晒、有代表性的真实的岩石样品。岩心样品和壁心样品应当挑取中间部位，挑样应在明亮的光线下进行，有油气显示的在荧光灯下挑样并优先上机分析，颗粒的大小以坩埚能装进即可，不能碎成粉末状。

5. 样品上机分析前放置时间及分析方法的影响

挑选后的样品不能长时间放置或在阳光下暴露，放置时间越长，烃损失越严重。挑样前将岩屑用清水洗掉污染物，用镊子将样品挑在滤纸上吸取表面水分，样品处理速度要快，尽量减少轻烃的损失。砂岩样品称量后立即进行分析，防止烃类散失。含油样品禁止用滤纸包裹或吸附。在处理样品过程中，要及时快速，以减少岩样在空气中的暴露时间。当岩样分析跟不上钻井速度时，应将样品密闭于样品瓶中，在条件许可的情况下，最好在低温状态下保存。

6. 仪器操作条件对热解分析结果的影响

样品质量及粒度大小影响到热解分析结果。样品质量少于20mg，会导致响应信号与质量之间的线性关系变差，坩埚内载气易形成环流，使岩样被不同程度冷却，导致 T_{max} 值会增大。烃源岩分析如未经研磨或研磨不均匀，岩样粒度大会引起 T_{max} 值上升。

二、质量控制

上述几方面因素中有些影响因素属人为因素，是可以避免的，而有些影响因素如地质和工程上的影响很难有效控制，但可以通过校正，提高资料应用水平。因此，必须研究解决这些影响因素，把影响因素减小到最低是至关重要的。

（一）规范样品采集与分析方法

地化录井技术在取样环节受到取样分析及时性、取样密度、选取样品的代表性、样品清洗程度和方法等人为因素的影响较大。操作人员必须有较高的技术素质和责任心，通过规范的操作流程和量化的操作标准，做到不同分析项目的每一个环节的准确无误，在很大程度上就可以尽量减少烃类损失，使储层评价更符合实际。

（二）严格对设备进行标定与校验

地化仪器性能也是影响解释评价的关键，仪器不稳定、精度差，就不能反映出地下油气的真实信息，导致解释评价结果出现偏差。因此要定期用标准样品来检验仪器的精密度、测量的准确度。仪器性能必须在规定的范围内才能分析样品，通过规范调校方法来减少客观存在的影响。

（三）开展不可控影响因素校正方法研究

要针对各种影响因素的产生原因、在录井手段上的响应特征开展相应的研究，恢复校正钻头钻开油层后由于温度和压力变化造成烃类损失以及在井筒里钻井液冲刷造成的损失。

（四）加强不同影响因素条件下的解释评价方法研究

任何一项录井技术都存在着自身的优势、不足以及各种影响因素，面对诸多影响因素，除了采取相应对策消除部分影响外，必须加强不同影响因素的应用研究，克服自身影响因素，细化评价标准，建立不同地区与不同层位、储层类型、原油类型、油气性质的评价方法，在细微中察真相，在变化中找规律，做到见微知著，从储层解释评价的角度进一步消除这类影响。

总之，只有对地化录井工作各项操作规范予以严格落实，强化操作人员的责任心，控制地化录井每个环节和每个工序的质量，才能将可控影响因素降至最低。同时，积极开展不可控影响因素校正方法及解释评价方法的研究，保证在现有影响条件下能够获得高质量的资料，为油田勘探开发提供了有效的技术手段。

第五章　定量荧光录井

第一节　概述

20 世纪 90 年代至今使用定量荧光检测仪，定量测定石油荧光，进而获取储层石油含量，称为定量荧光录井。

石油定量分析阶段是 20 世纪 90 年代依托定量荧光检测仪发展起来的，它使定性的常规荧光系列对比方法产生了质的飞跃。该方法具有常规荧光系列对比方法无法比拟的技术优势，能够获取更为丰富的油气信息，有着广阔的应用前景。

定量荧光录井技术建立在岩屑、岩心、井壁取心录井基础之上，是在随钻录井中快速发现油气显示的重要录井技术手段。定量荧光仪是该技术的重要载体，它是在传统灯箱式荧光灯的基础上做了较大改进而研制成功的定量化荧光分析仪器，实现了荧光信息的数字化和光谱显示。该仪器在轻质油及凝析油显示检测方面具有较高的灵敏度和准确度，可以排除矿物发光和钻井液添加剂污染，使荧光录井质量更高、更科学，提供的数据更有价值。

钻井过程中，钻井液中往往需加入具有荧光特性的添加剂来维持井壁稳定、保障井眼光滑，这就容易导致钻井液出现不同程度荧光污染，严重干扰地质录井发现油气显示。利用三维定量荧光指纹图谱功能，通过分析常用的钻井液添加剂与标准油样图谱之间的差别，可以有效减少荧光污染影响，识别出真实的岩屑油气显示。

第二节　技术概况

一、技术原理

（一）荧光的产生

当紫外线照射到某些物质的时候，这些物质会发射出各种颜色和不同强度的可见光，而当紫外线停止照射时，所发射的光线也随之消失，这种光线被称为荧光。石油主要由碳氢化合物组成，除含烷烃外，还含有芳香烃化合物及其衍生物。石油中的多环芳香烃和非烃引起发光，而饱和烃则完全不发光。石油荧光性非常灵敏，只要在溶剂中含有十万分之一的石油（沥青质）就可发出荧光。在一定的浓度范围内，当浓度增加时，由于被激发物质的含量同步增加，被激发后表现为荧光亮度成比例线性增强。不同地区的原油所含芳香烃化合物及其衍生物的数量不同，故在近紫外灯的激发下，被激发的荧光强度和波长是不同的。根据发光的亮度可以粗略判定石油的含量，这就是荧光录井的基本原理。

具有荧光性的物质分子吸收光能后发生能量跃迁处于不稳定的激发态，处于激发态的分子会放出光子重新回到分子基态，这就是荧光的产生过程，如图 2-5-1 所示。

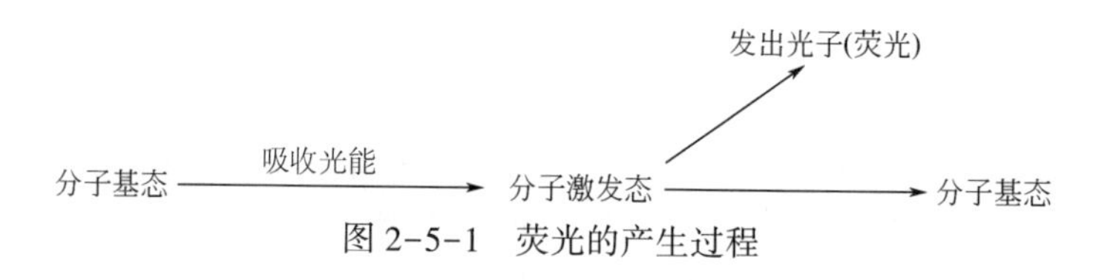

图 2-5-1　荧光的产生过程

任何荧光化合物，都具有两种特征的光谱：激发光谱和发射光谱。

1. 荧光激发光谱

荧光的激发光谱就是通过测量样品的发光通量随波长变化而获得的光谱，它反映了不同波长激发光引起的荧光的相对效率。激发光谱的具体测绘办法是通过扫描激发单色器使不同波长的入射光激发荧光体，然后让所产生的荧光通过固定波长的发射单色器而照射到检测器上，由检测器检测相应的荧光强度。激发光谱可供鉴别荧光物质，在进行荧光测定时用于选择适宜的激发波长。

2. 荧光发射光谱

荧光发射光谱又称荧光光谱。使激发发光的波长和强度保持不变，而让荧光物质所产生的荧光通过发射单色器后照射于检测器上，扫描发射单色器并检测各种波长下响应的荧光强度，然后通过记录仪记录荧光强度的曲线，得到的荧光光谱。荧光光谱表示所发射的荧光中各种波长组分的相对强度，荧光光谱可鉴别荧光物质，并作为在荧光测定中选择适当的测定波长或滤光片的根据。

（二）荧光的猝灭

郎伯比尔定律指出，在低浓度时，所测样品的荧光强度和浓度成线性相关并且是正比关系，当浓度过高时产生非线性，再高时出现“猝灭”现象。荧光分析专家认为：只有在稀溶液里才能忽略分子间的相互影响，这样吸光度才能和浓度存在线性相关且是正比例关系，只有满足这一条件才能得出准确的测量结果。当样品浓度增大到一定值时，荧光强度与浓度就不成线性关系。主要原因有两点：

（1）当样品浓度较高时，液池前部的溶液吸收强则发生强的荧光，液池后半部的溶液不易受到入射光照，不发生荧光，所以荧光强度反而降低。

（2）在浓度较高的溶液中，可能发生溶质与溶质间的相互作用，形成一种无荧光的复合物，处于分子激发态物质通过分子碰撞或者其他非发射荧光的方式释放能量回到基态，从而造成荧光强度反而降低的现象。

（三）测量原理

定量荧光录井测量原理遵循朗伯比尔定律。大量的实践表明在质量浓度较小（小于45mg/L）的情况下，所测样品的荧光强度和质量浓度呈很好的线性关系，而当质量浓度大于45mg/L时线性关系较差并会出现“荧光猝灭”现象。因此，通常只有在质量浓度小于45mg/L时，才能忽略分子间的相互影响，吸光度才能和质量浓度存在很好的线性关系。为此，在录井现场要利用邻井相同层位的标准油样所做的标准工作曲线来计算出相当的石油含量，然后根据石油含量来判断地层的含油情况。这就是定量荧光技术的测量原理。

当被测物质的浓度不太大时，其在紫外光的照射下发出的荧光的强度（F）与荧光物质的本质（原油的荧光效率θ）、荧光物质的浓度（C）、激发光的强度（I）及检测器的增益（k）有关，其公式表述为

$$F=kI\theta C \tag{2-5-1}$$

式中 F——荧光强度，INT；

k——增益值；

I——激发光强度，cd/cm^2；

θ——荧光效率，R/s；

C——荧光物质质量浓度，mg/L。

表2-5-1是××油田××井不同浓度的油样检测数据统计表，图2-5-2为线性关系图，图表说明在浓度小于45mg/L以下时，油样浓度与荧光强度有很好的线性关系。

对于某一台仪器，其参数选定后，k、I就确定了，某一被测物质（原油）的介质条件（θ）也是确定的，因而所测得的荧光强度F仅与这种物质的浓度C成正比的关系，即测量出荧光强度值（F）也可以对应找出荧光物质的浓度（C）。石油荧光分析仪正是建立在这一原理的基础之上。

表 2-5-1　××井油样线性检测统计表

序号	浓度，mg/L	荧光值
1	5	24
2	10	43
3	15	63
4	20	83
5	25	101
6	30	120
7	35	139
8	40	158
9	45	177
10	50	180
11	55	190

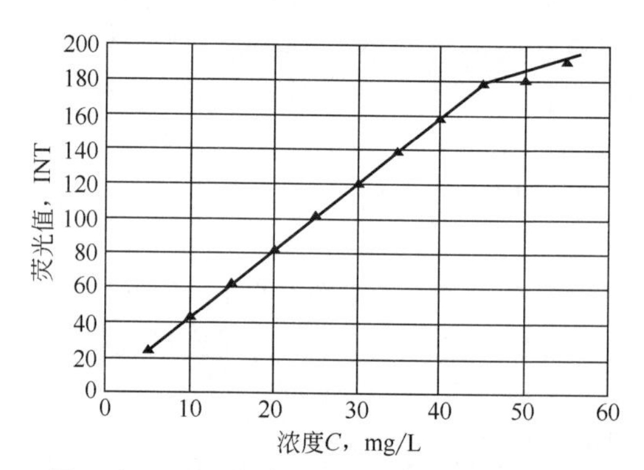

图 2-5-2　××井不同浓度油样的线性关系图

1. 二维定量荧光仪器分析原理

二维定量荧光仪器测量过程如图 2-5-3 所示。汞灯或氙灯发出的光通过狭缝 1 射入激发滤光片，激发滤光片将汞灯发出的光过滤成波长为 254nm 的单波长光，这一单波长的光经过狭缝 2 照射到样品室上，样品室内比色皿中的石油组分吸收激发光的能量产生能量跃迁同时发出荧光，发出的荧光经狭缝 3 由发射接收光栅分光色散后经由狭缝 4 照射到光电倍增管上，光电倍增管将光信号转变为电信号，再放大送到计算机处理，最后以数字和谱图的形式提供结果。

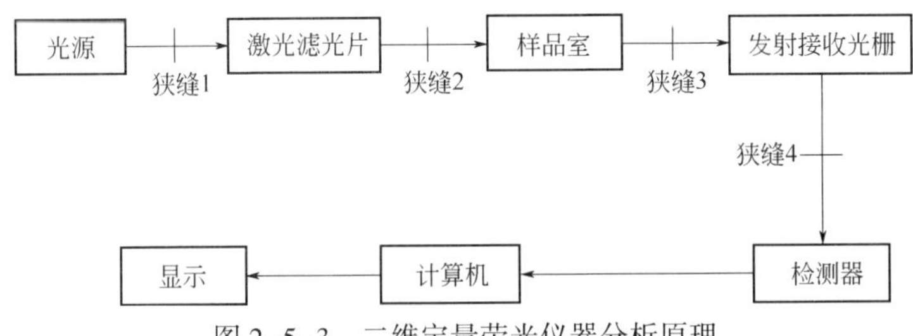

图 2-5-3　二维定量荧光仪器分析原理

2. 三维定量荧光仪器分析原理

与二维定量荧光仪器不同，三维定量荧光仪器灯源氙灯发射出的光束照射 Ex 分光器，Ex 分光器每转动一个角度允许一种波长的光通过，连续转动时不同波长的光连续通过，照射到样品池上，样品池中的荧光物质吸收激发光后发生能量跃迁而发射荧光。荧光由大孔径非球面镜的聚光及 Em 分光散射后，照射于光电倍增管上，此管把光信号转换成电信号，电信号经过放大送至计算机进行处理，然后再以数字或谱图的方式提供结果（图 2-5-4）。

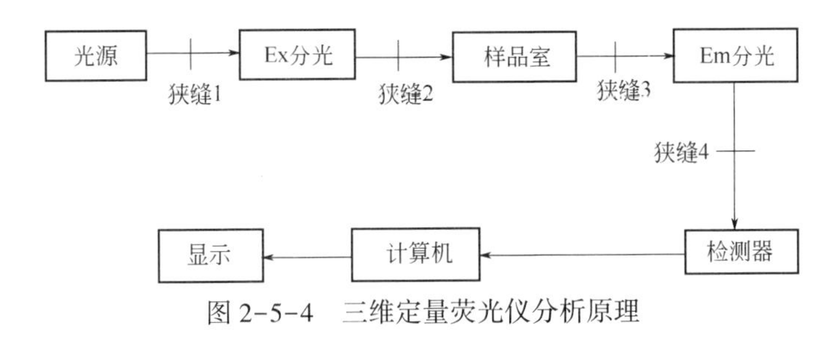

图 2-5-4　三维定量荧光仪分析原理

二、测量参数及物理意义

（一）二维定量荧光仪器

二维定量荧光仪器主要测量 6 项参数，其中 2 项为直接测量参数，包括：荧光波长（λ）和原油荧光强度（F）；另外 4 项为计算参数，包括当油含量（含油浓度）（C）、对比级（N）、油性指数（O_c）和孔渗指数（I_c）。

1. 荧光波长（λ）

在紫外光照射下，被测样品所发射荧光的波长。如图 2-5-5 中的横坐标（λ），反映原油中不同成分的出峰位置。一般认为：300～340nm 波长范围内

的荧光代表原油的轻质成分；340～370nm 波长范围内的荧光代表原油的中质成分；波长大于 370nm 的荧光代表原油的重质成分。

2. 原油荧光强度（F）

在紫外光照射下，被测样品所发射荧光的最高峰值。如图 2-5-5 中的纵坐标（F），为原油中占主要成分的荧光物质所发射荧光的强弱，反映的是被测样品中荧光物质的含量。其中 $F1$、$F2$、$F3$ 分别代表样品中原油的轻质峰、中质峰、重质峰荧光强度。

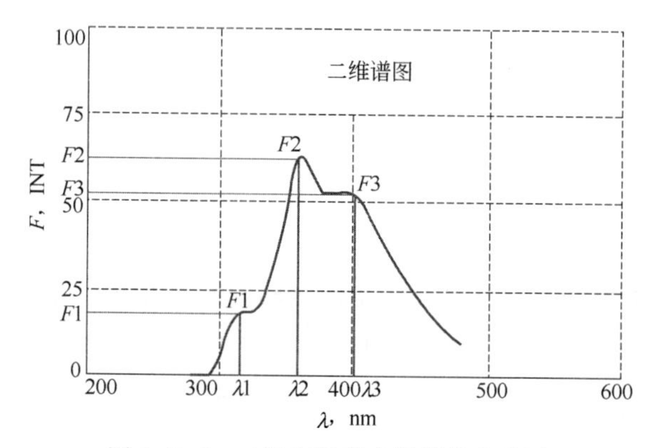

图 2-5-5　二维定量荧光仪器荧光谱图

3. 相当油含量（含油浓度）（C）

单位样品中被试剂萃取出烃类物质的含量，其反映的是被测样品中的含油气丰度，单位（mg/L），见公式 2-5-2。

$$C=K\cdot F+b \tag{2-5-2}$$

式中　C——被测样品的相当油含量，mg/L；

F——荧光强度值，INT；

K、b——校正系数。

当样品被稀释后，相当油含量 $C=C'\times n$，其中 C' 为被测样品稀释后的相当油含量，mg/L；n 为稀释倍数。

4. 对比级（N）

单位样品中含油荧光级别的高低。对比级与相当油含量存在一定的函数关系，可以计算得到式(2-5-3)。实际工作中，也可以直接通过表 2-5-2 读取对比级。

$$N=15-(4-\lg C)/0.301 \tag{2-5-3}$$

式中　N——被测样品的对比级别。

表 2-5-2　定量荧光对比级与相当油含量对比表

相当油含量 C，mg/L	10000	5000	2500	1250	625	312.5	156.3	78.1
荧光对比级 N	15	14	13	12	11	10	9	8
相当油含量 C，mg/L	39	19.5	9.8	4.9	2.4	1.2	0.6	
荧光对比级 N	7	6	5	4	3	2	1	

5. 油性指数（O_c）

油性指数（O_c）为原油中质组分的荧光峰最大强度值与轻质组分的荧光峰最大强度值之比，反映原油性质的相对轻重。

$$O_c = F_2 / F_1 \tag{2-5-4}$$

式中　O_c——油性指数；

F_2——中质峰的荧光强度，INT；

F_1——轻质峰的荧光强度，INT。

油性指数 O_c 越小，表示油质相对越轻；反之，油性指数 O_c 越大，表示油质相对越重。

（二）三维定量荧光仪器

三维定量荧光仪器主要测量参数共有 7 项，其中 3 项为直接测量参数，包括：最佳激发波长（E_x）、最佳发射波长（E_m）和原油荧光强度（F）；另外 4 项计算参数与二维定量荧光仪器相同。

1. 最佳激发波长（E_x）

三维定量荧光谱图中荧光强度最强的顶峰区域所对应的激发波长的位置，指纹图中纵坐标 E_x（图 2-5-6），单位 nm。

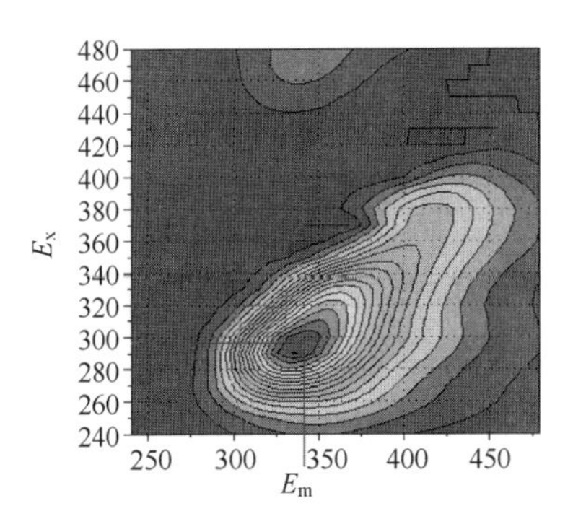

图 2-5-6　三维定量荧光指纹谱图　（彩图请扫二维码）

2. 最佳发射波长（E_m）

三维定量荧光谱图中荧光强度最强的顶峰区域所对应的发射波长的位置，

指纹图中横坐标 E_m（图 2-5-6），单位 nm。

最佳激发波长（E_x）和最佳发射波长（E_m）反映原油性质，如果最佳激发波长（E_x）和最佳发射波长（E_m）越大，说明油质相对越重，反之说明油质相对越轻。

三、技术特点

（一）灵敏度高

二维定量荧光技术使用的激发波长为 254nm，三维定量荧光技术激发波长范围在 200~800nm，而肉眼观测范围为大于 400nm，因此，无论是二维定量荧光技术还是三维定量荧光技术灵敏度都比较高，人为影响较小，都可以检测常规荧光无法观察到的轻质油显示（表 2-5-3）。

表 2-5-3　常规荧光灯与国内外主要定量荧光仪器性能对比表

仪器名称	紫外荧光灯	SK 型荧光仪	QFT 定量荧光仪	QFA 石油荧光仪
激发波长（nm）	365	254	254	200~800
接收方式	肉眼观察	数字显示	数字显示	数字显示
接收波长（nm）	混合光	200~600	320	200~800
灵敏度	较灵敏	0. 1mg/L	PPb 级	0. 01mg/L
信息量	少	较多	较少	较多
消除污染方式	无	自动扣除	人工扣除	自动扣除
定量能力	半定量	定量	定量	定量
人为影响程度	严重	较轻	较轻	较轻

（二）分析精度高

PDC 钻头、螺杆钻具等钻井工具的应用，使井筒返上来的岩屑量少且细碎，同时造成大部分油气流失，给肉眼识别带来困难，而定量荧光技术分析精度高，其中：二维定量荧光技术最小检测浓度为 0. 1mg/L；三维定量荧光技术最小检测浓度为 0. 01mg/L，可以有效发现微弱油气显示。

（三）排除钻井液污染

一般情况下，油气显示和钻井液添加剂荧光谱图具有明显区别（图 2-5-7）。定量荧光录井技术可根据谱图上的区别，有效地识别出地层真假油气显示。特别是三维定量荧光技术以立体图和指纹图的形式很直观地反映出荧光物质的全貌，更易于判断出油气显示与污染物质在出峰个数和位置上的差异，可以有效解决钻井液污染造成的真假油气显示识别的技术难题。

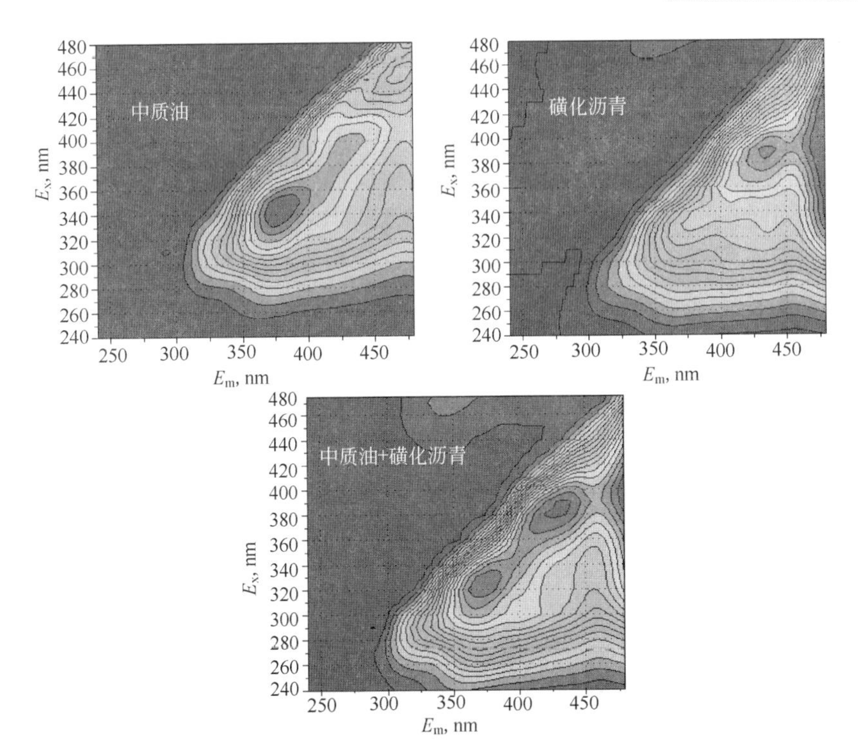

图 2-5-7　油层与添加剂的三维定量荧光谱图对比

（彩图请扫二维码）

（四）识别原油性质

1. 二维定量荧光谱图

图 2-5-8 是不同原油性质的二维定量荧光谱图，从图中可直观看出，不

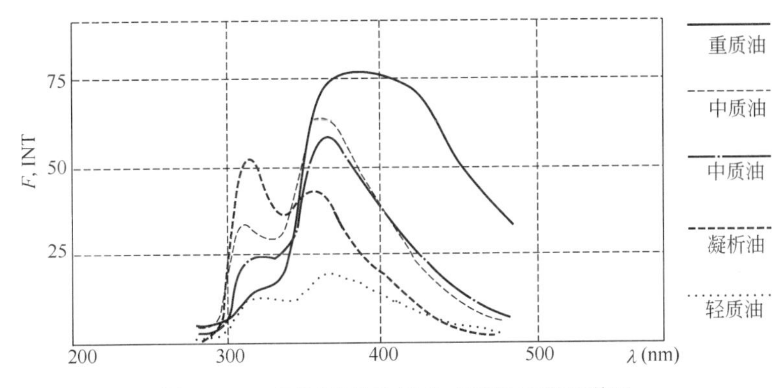

图 2-5-8　不同原油性质的二维定量荧光谱图

同性质的原油具有不同的荧光谱图，油质越轻，荧光主峰波长越小，反之越大。

2. 三维定量荧光谱图

不同油田、不同构造、不同层位的原油荧光物质成分和含量不同，荧光主峰位置也不尽相同。为研究不同油质原油的荧光谱图特征，TH 油田专门采集了常用钻井液添加剂和不同原油性质的油样进行分析，归纳出以下三维定量荧光谱图和分析参数。

1）轻质峰谱图特征（图 2-5-9）

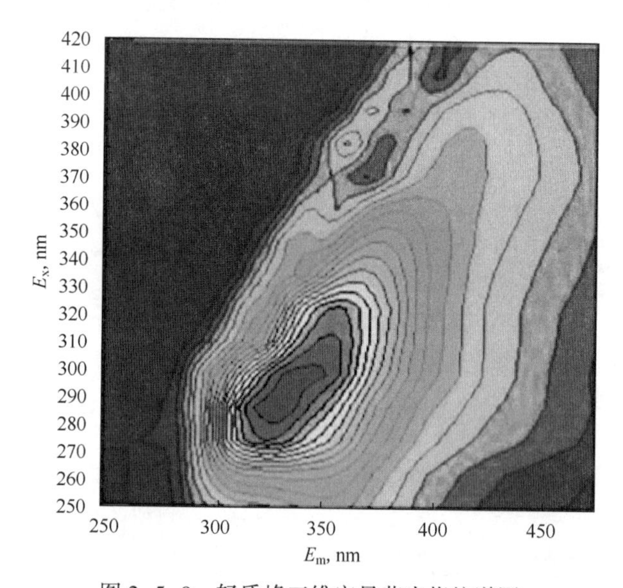

（彩图请扫二维码）

图 2-5-9　轻质峰三维定量荧光指纹谱图

分析参数如下：E_x 激发波长为 250~390nm，E_m 接收波长为 250~500nm，扫描步长为 10nm，灵敏度为 1，试剂为正己烷，样品质量浓度 20mg/L。

出峰位置：E_x 波长范围 280~290nm，E_m 波长范围 310~350nm，最佳激发波长 E_x=280nm，接收波长 E_m=332nm。

2）中质峰谱图特征（图 2-5-10）

分析参数如下：E_x 激发波长为 250~420nm，E_m 接收波长为 250~600nm，扫描步长为 10nm，灵敏度为 1，试剂为正己烷，样品质量浓度 20mg/L。

出峰位置：E_x 波长范围为 280~310nm，E_m 波长范围为 330~380nm，最佳激发波长 E_x=310nm，接收波长 E_m=364nm。

3）重质峰谱图特征（图 2-5-11）

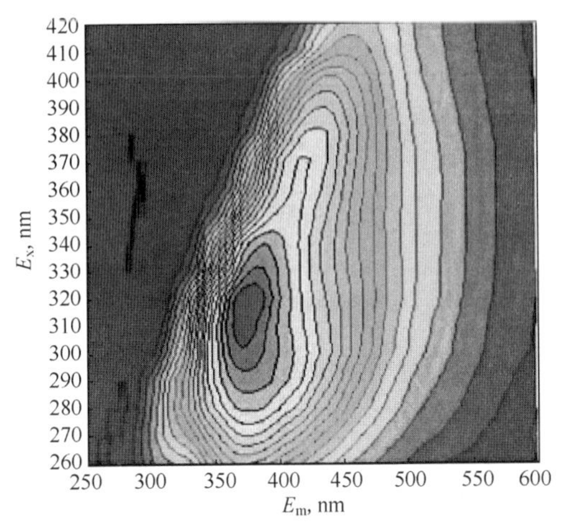

图 2-5-10　中质峰三维定量荧光指纹谱图　　（彩图请扫二维码）

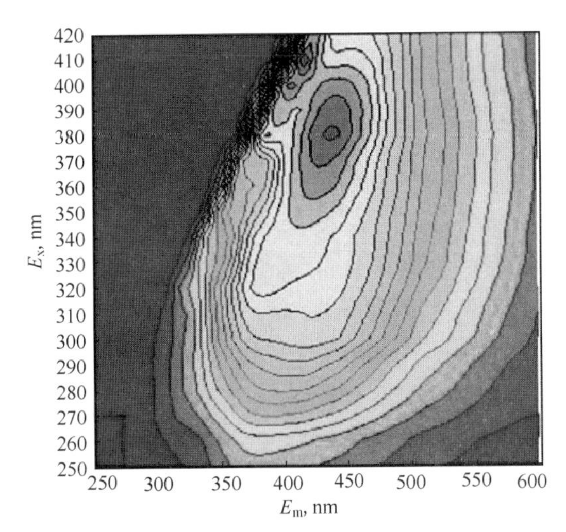

图 2-5-11　重质峰三维定量荧光指纹谱图　　（彩图请扫二维码）

分析参数如下：E_x 激发波长为 260～450nm，E_m 接收波长为 300～600nm，扫描步长为 10nm，灵敏度为 1，试剂为正己烷，样品质量浓度 20mg/L。

出峰位置：E_x 波长范围为 360～400nm，E_m 波长范围为 420～460nm，最佳激发波长 E_x = 380nm，接收波长 E_m = 437nm。

第三节　资料录取

一、仪器标定与校验

（一）相关准备

在一个新井进行定量荧光录井之前，担任此项工作的录井人员一定要对本井的地质设计有关章节进行认真细致的阅读，以了解地质对荧光录井工作的要求、录井过程中应该注意的重点井段及地层层段，同时也要对工程设计有一定了解，重点要放在对钻井液体系及所用钻井液添加剂的了解，必要的时候，要对每种钻井液添加剂进行定量荧光谱图扫描，以全面掌握它们的荧光特性和谱图特征。

（二）仪器标定

1. 标准油样的选取

（1）应选取与设计井为同一地区、同一构造、同一层位邻近井的原油样品作为标准油样。

（2）区域探井选取与设计井地质年代相同邻近井的原油样品作为标准油样。

2. 标准油样的配制

（1）在标定定量荧光分析仪时，一般配制3个不同浓度的标准油样对仪器进行标定，最小浓度与最大浓度原油样品荧光强度值应在仪器接收范围内。

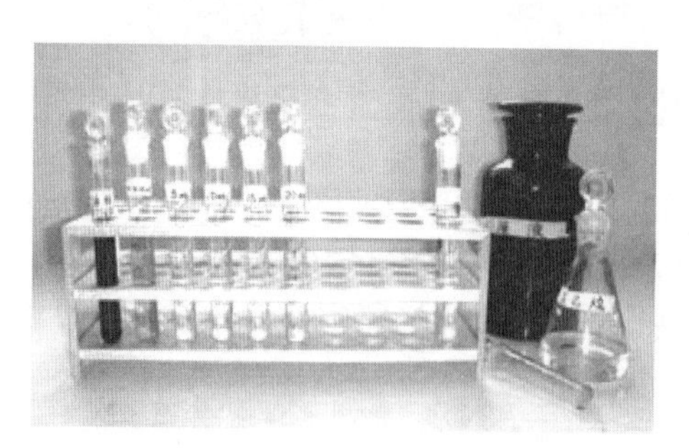
图 2-5-12　配制标准油样的试管

（2）样品配制是由高浓溶液向低溶度溶液配制，注意试管、微量取样器、试剂瓶之间的交叉污染（图 2-5-12）。

（3）配制好的标准油样要及时分析，防止由于试剂的挥发造成样品的浓度变化，导致仪器标定曲线不准。

3. 仪器灵敏度的调试

灵敏度选用是否合理，直接影响着定量荧光分析结果。一般情况下，以浓度 20mg/L 标准油样的荧光强度来调试仪器的灵敏度。要求二维定量荧光分析仪测定浓度 20mg/L 的标准油样的荧光强度达到 60~80，三维石油荧光分析仪测定浓度 20mg/L 的标准油样的荧光强度达到 200~600，以此作为调试标准，调试灵敏度。

4. 主峰波长的选定

主峰波长是指定量荧光分析谱图中荧光强度值最高的峰位置。现场应用的二维和三维定量荧光分析仪器在标定过程中，都需要选定主峰波长。主峰波长是依据标准油样谱图中最高峰位置的波长来确定的。相当油含量、对比级、荧光强度这三个参数都是根据主峰波长的位置进行计算的，因此主峰波长确定的准确与否，直接影响着分析参数的计算是否正确。

一般情况下，标定仪器时所确定的主峰波长与录井过程中显示层的主峰波长是一致的，或者有±5nm 的误差，这时不需要重新选定主峰波长。如果选定的主峰波长与录井过程中显示层的主峰波长之间的误差超过±5nm 的范围，那就需要重新选定主峰波长。出现这种情况的原因主要是没有找到适合的标准油样。

5. 工作曲线标定

仪器标定曲线就是利用不同浓度标准油样的分析结果制作的一条工作曲线。录井过程中按照这条工作曲线自动计算出本井样品的各项参数，现场标定时应至少采用 3 个不同浓度油样进行标定（可选择 10mg/L、20mg/L、30mg/L）。

确定灵敏度、选定好主峰波长以后，通过定量荧光分析软件对仪器进行标定，然后软件自动计算出 K、b 值和相关系数。图 2-5-13 为定量荧光录井工作曲线。

6. 标定要求

（1）相关系数的大小直接反映了不同浓度的标准油样的线性响应关系。相关系数小于 0.98 时，说明标准油样配制不准确，这种情况下，需要重新配制标准油样进行标定。

（2）当所配样品的浓度值与仪器检测得到的浓度值误差在±5%以内，说明工作曲线可以使用，否则需要重新进行标定。

（3）录井过程中，钻开新目的层系应选取对应标准油样重新标定。

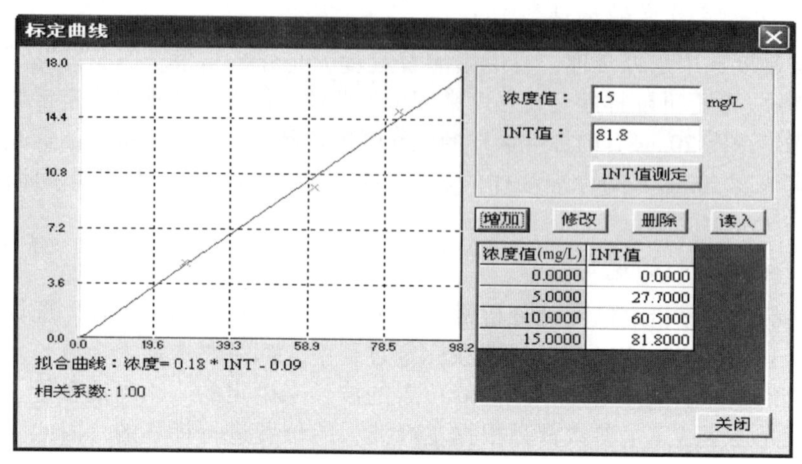

图 2-5-13　仪器软件自动计算出 K、b 值和相关系数

7. 仪器校验

（1）三维定量荧光日常校验可采用浓度为 10mg/L、20mg/L 的油样进行校验，所测得的浓度值与已知浓度值的差值不超±5%。

（2）用蒸馏水作为检测试剂放入比色皿中（4mL），散射峰应完整连续，且激发波长应与发射波长相等。

（3）蒸馏水或正己烷原始图谱的基线荧光强度值应在合理范围内（根据现场实际，人工读取的三维基线强度值应小于 20，二维基线强度值应小于 5）。

二、样品的选取与制备

（一）样品的选取

1. 岩屑样品

（1）根据设计或建设方要求确定取样间距。

（2）岩屑样品，应结合钻时、岩屑、气测等资料选取具有代表性样品。岩屑代表性差，无法选样时，取混合样；目的层井段捞不到岩屑时，按岩屑录井间距取钻井液样品。

2. 井壁取心样品

井壁取心样品，除去井壁取心表面附着的钻井液、滤饼，取新鲜面样品，逐颗取样。

3. 钻井取心样品

钻井取心样品，除去岩心表面附着的钻井液、滤饼，选取新鲜面样品。储层每0.2m取一个样品。

4. 钻井液样品

每钻进100m，取样分析钻井液样品1个；每次调整钻井液循环均匀后，取样不少于2个。

5. 钻井液添加剂

录井期间，对新入井钻井液添加剂根据不同类型、不同批次分别取样。

（二）样品的制备

（1）岩屑、井壁取心、岩心及固体添加剂样品，用滤纸吸干水分，分别用研钵研成粉末状，称取1.0g放入加塞试管中，加入5.0mL分析试剂，浸泡不少于5min。

（2）钻井液及液体添加剂样品，直接取1.0mL，放入加塞试管中，加入5.0mL分析试剂浸泡5min。

（3）样品溶液清澈透明，直接放入石英比色皿中进行分析；若样品有颜色，用分析试剂稀释至清澈透明再进行分析。

三、样品的稀释

分析样品时，如果浸泡液清澈透明且没有颜色，则可以直接进行荧光测定；如果岩样浸泡液有颜色，则应该使用可调微量移液器进行稀释。

（一）稀释方法

（1）估计一个合适的稀释倍数 N，根据最终的稀溶液体积 V_2，计算待取的浓溶液的体积 V_1，计算公式为

$$V_1 = V_2/N \times 1000 \qquad (2-5-5)$$

式中 V_1——待取浓溶液的体积，μL（微升）；

V_2——稀溶液的体积，mL；

N——稀释倍数。

（2）用可调微量移液器移取 V_1 体积的浓溶液，放入一只干净干燥的具塞刻度试管中，用滴管向刻度试管中加入正己烷试剂至试管 V_2 刻度处，摇匀。此溶液即为稀释好的样品溶液，记下稀释倍数 N。

一般情况下，仪器线性响应范围在40mg/L以下，因此，要保证比色皿中

液体浓度小于40mg/L。但是由于未分析的样品浓度是未知的，因此可以依据下面两点判断分析样品的浓度是否超出测量范围：

一是从液体颜色判断。要求待分析样品的液体无色透明，如果液体微黄或者有其他颜色，就需要稀释后再进行分析。这里需要指出如果样品是凝析油，油气显示级别高，有可能出现浸泡完的液体浓度高而液体没有颜色的情况，这就需要在初次分析后，根据谱图大致判断出稀释倍数进行稀释，然后再进行分析。

二是根据初次分析的谱图形态进行判断。浓度超出仪器检测范围时，在谱图上会出现两种状态，一种是谱图出现平顶峰，另一种是谱图的荧光强度不增反降，而且中、重质峰的位置曲线上移，此时应进行适当稀释，直至谱图合格。

（二）稀释要求

高浓度溶液在稀释过程中，要考虑稀释倍数的选择问题。下面采用了某井的原油样品作为高浓度的油样进行不同倍数的稀释实验。实验结果如下：从表2-5-4数据上看，稀释倍数不同，计算出的对比级的差别较小，但是仪器的检测浓度、油性指数差别大。

表2-5-4　稀释不同倍数的定量荧光数据表

序号	类型	稀释倍数	检测浓度 mg/L	荧光强度	波长 nm	对比级	油性指数	峰1	峰2	峰3	峰4
1	油样	50	869	75.7	362	11.5	3.5	324/24.5	362/76.4	394/72.7	395/72.6
2	油样	100	1012	44.1	361	11.7	2.9	326/17.0	361/44.4	395/41.8	395/41.7
3	油样	200	1163	25.4	360	11.9	2.3	326/11.7	359/25.7	395/23.8	396/23.7
4	油样	250	1310	22.9	357	12.1	1.3	308/18.9	359/23.3	388/19.3	396/19.5
5	油样	500	1344	11.8	358	12.1	1.7	312/8.0	362/12.2	392/10.6	395/10.8

四、钻井液背景的确定

在进入设计要求的录井井段之前，首先分析钻井液是否受到污染。若未受污染，则直接以分析试剂谱图作为背景。若受到污染，应分析受污染的钻井液谱图特征，如果与标准油样谱图特征不同，则仍以分析试剂谱图作为背景；如果与标准油样相同，则应选取目的层井段以上不含油的储层岩屑荧光谱图作为背景。

五、影响因素分析

定量荧光的分析结果受外界影响因素较多，样品的选取和处理、溶剂的选用、稀释倍数的合理性等都会对分析结果产生影响，而这些因素对定量荧光仪在现场的应用与发展有一定的制约作用。

（一）样品挑选

定量荧光的样品分析是将岩石样品进行研磨、浸泡、扫描分析。样品挑取的质量和处理过程对分析结果的影响最大，是储层油气发现与录井资料评价的关键。因此，这一过程对所有分析仪器来说都非常重要，务必将误差控制到最低限度。

（二）比色皿清洁

测定完一个样品，要用试剂冲洗比色皿，防止比色皿中液体浑浊或出现气泡等现象，在保证其内表面清洁的同时，还应注意外表面的清洗。

（三）试剂选用

目前现场普遍使用试剂的是正己烷，其自身荧光强度值低、萃取性好、成本低，使用过程中应注意试剂生产厂家和批次的不同对分析结果的影响。

（四）稀释倍数

由于样品浓度太高时，会出现荧光淬灭现象，此时荧光值反而偏低。测定一未知浓度样品时，应该对该样品进行充分稀释，直至本次稀释的测定值比上一次的测定值小时，才能以本次测定的值乘以稀释倍数作为该样品的荧光值。

（五）现场环境

当井场电压不稳或者震动较大时，会使仪器分析出现不稳定性，导致分析结果出现偏差。

（六）仪器硬件

定量荧光分析的准确性不仅依赖于规范化的操作，还要依赖于仪器的正常运转，当仪器元器件老化（如氙灯）或者出现故障时，可能会导致分析结果异常变化和谱图变形。

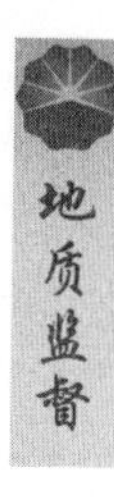

第四节　资料应用

一、资料解释

各油田在定量荧光分析技术应用过程中相继建立了本油田的解释标准，解释标准的建立又对该项技术的应用起到了推进作用。依据各油田现场施工经验，进行定量荧光资料解释时，参考程序如下：

（一）确定储层井段

根据钻时、岩屑、岩心、气测等录井资料确定储层井段。

（1）钻时录井：正常钻进时，钻时相对明显降低的井段。

（2）岩屑、岩心录井：岩屑或岩心为碎屑岩层、碳酸盐岩层和特殊岩性层。

（3）气测录井：全烃、组分值高于基值 2 倍以上的异常井段。

（二）确定异常井段

根据岩样的荧光谱图得到的荧光波长、荧光峰值、相当油含量、荧光级别等数据，确定荧光异常井段。

（1）与样品的基值相比，将样品对比级上升 1 级以上的储层作为荧光异常井段。

（2）与钻井液的基值相比（无添加剂影响），将钻井液对比级上升 1 级以上的储层作为荧光异常井段。

（3）在仪器标定波长范围以外，出现新的荧光峰值的储层也应作为荧光异常井段。

（三）储层原油性质的识别

依据荧光谱图形态、主峰波长的位置确定储层原油性质。

根据各油田定量荧光录井技术发展状况，确定原油性质的方法基本相同。目前，各油田主要依据荧光主峰波长建立划分标准。由于各油田原油性质不同，所以定量荧光原油性质划分标准有些差异。下面介绍 3 个油田储层原油性质的划分标准以供参考（表 2-5-5、表 2-5-6、表 2-5-7）。

表 2-5-5　××油田二维荧光定量荧光判别原油性质标准

原油性质	轻质油（包括凝析油）	中质油	重质油
波长，nm	<340	340～370	>400

表 2-5-6　××油田三维定量荧光原油性质划分标准

原油性质	轻质油（包括凝析油）	中质油	重质油
最高峰特征	E_x：300～390nm E_m：320～380nm	E_x：330～395nm E_m：370～420nm	E_x>390nm E_m>410nm
次峰特征	E_x<300nm E_m<360nm	E_x：310～370nm E_m：330～380nm	E_x>330nm E_m>375nm

表 2-5-7　××油田原油性质划分标准

原油性质	原油密度（g/cm^3）	油性指数 O_c
轻质油	<0. 87	<2. 0
中-重质油	0. 87～0. 92	2. 0～4. 5
高凝油	0. 84～0. 9	2. 0～3. 5
普通稠油	0. 92～0. 95	4. 5～6. 0
超稠油	>0. 95	≥6. 0

（四）储层流体性质的识别

1. 横向谱图形态对比法

首先要分析定量荧光各项谱图资料，然后进行岩屑谱图与钻井液谱图、标准油样谱图对比。若钻井液谱图与标准油样谱图不一致，且岩屑谱图与标准油样谱图相似，说明是地层真实显示；若钻井液谱图与标准油样谱图一致，说明岩屑被污染。

图 2-5-14 是××油田××井三维定量荧光岩屑、岩心与标准油样和钻井液谱图特征对比图。从图中可以看出，该层岩心和岩屑的发射波长主峰在400～450nm 与标准油样的主峰波长一致，而钻井液的发射波长主峰在 350～400nm 与岩心和岩屑的主峰有明显的区别，借此可以准确判断该层为地层真实显示。

2. 纵向参数趋势法

根据定量荧光纵向数据可以实现油水层精细评价。同一层系内，定量荧光参数的纵向变化通常反映层内流体性质的变化。通过分析××油田已试油的井的定量荧光纵向数据的变化，总结出层内定量荧光纵向数据变化规律，纵向数据变化可以反映地层流体性质（图 2-5-15）。

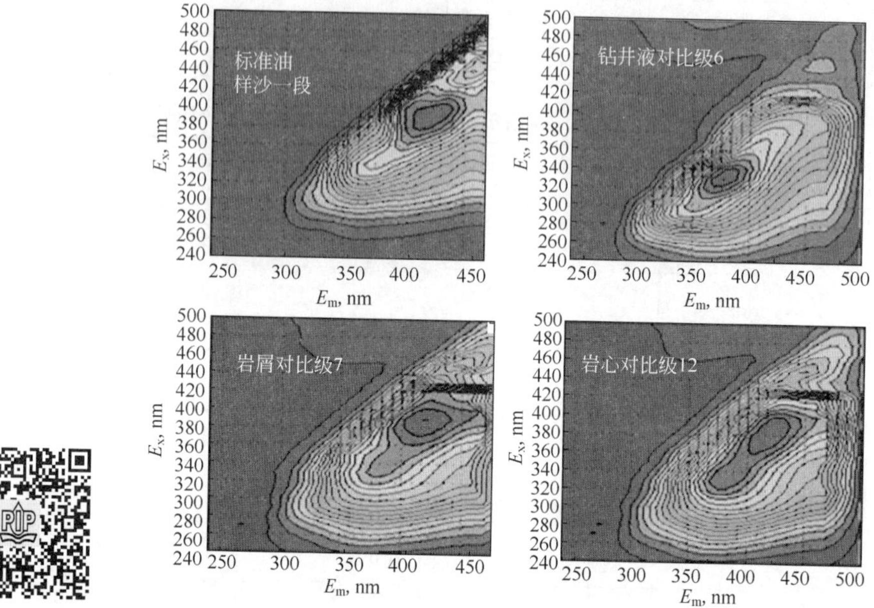

（彩图请扫二维码）

图 2-5-14　××井标准油样、钻井液、岩屑和岩心谱图特征对比图

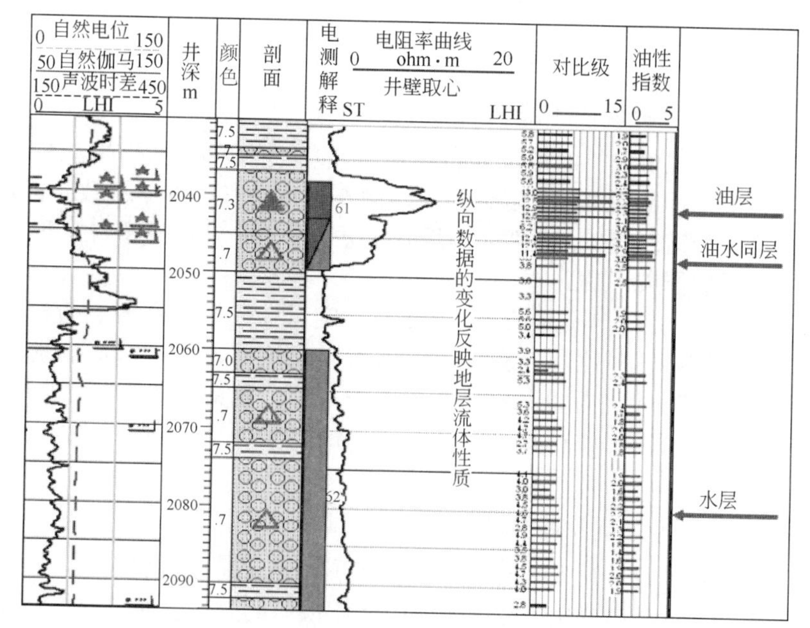

（彩图请扫二维码）

图 2-5-15　定量荧光纵向油水层显示特征图

1）油层

具有原油谱图特征，相当油含量、对比级相对较高，含油较均匀；相当油含量、对比级整体上有一个增长趋势；与同区块标准油样的特征参数取值范围相符。

2）油水同层

具有原油谱图特征，相当油含量、对比级顶部相对较高；同一层中相当油含量、对比级整体上有降低的趋势；底部比同区块标准油样的特征参数取值范围明显偏重。

3）含油水层

具有原油谱图特征，相当油含量、对比级顶部相对较低；同一层中相当油含量、对比级整体较低。

4）水层和干层

不具有原油谱图特征，相当油含量、对比级相对较低；相当油含量、对比级整体上分布不均匀。

3. 图版法

横向谱图形态对比法和纵向参数趋势法，可以定性地揭示某种特征意义，而建立图版则可以定量地判断其中的特征规律。通过研究，各油田分别建立了不同地区适用的解释图版，为油气层的快速识别与准确评价提供了有利的依据。下面介绍几个油田划分流体性质标准和油气层解释图版（表2-5-8、图2-5-16、图2-5-17、图2-5-18），以满足现场解释评价的需要。供参考。

表2-5-8　某油田二维定量荧光流体性质划分标准

原油类型	荧光波长（nm）	相当油含（mg/L）	荧光级别	流体性质
轻质油	<340	>19.5	>6.0	油气层
		10.0~19.5	5.0~6.0	油水同层
		<10.0	<5.0	水层或干层
中质油	340~370	>39.0	>7.0	油气层
		16.4~39.0	5.8~7.0	油水同层
		<16.4	<5.8	水层或干层
重质油	>370	>78.1	>8.0	油层

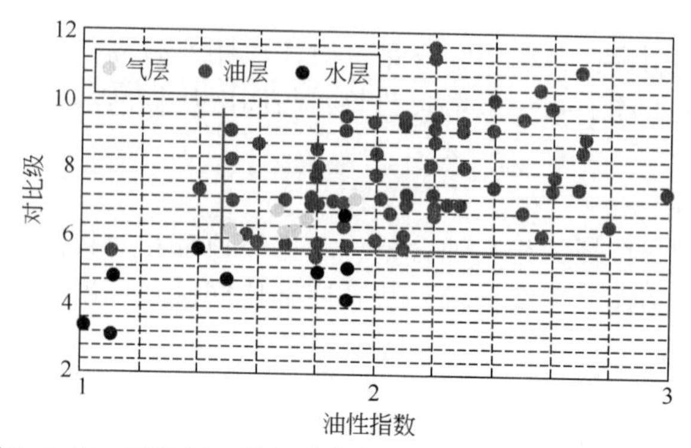

图 2-5-16　某油田二维定量荧光对比级与油性指数交汇图版

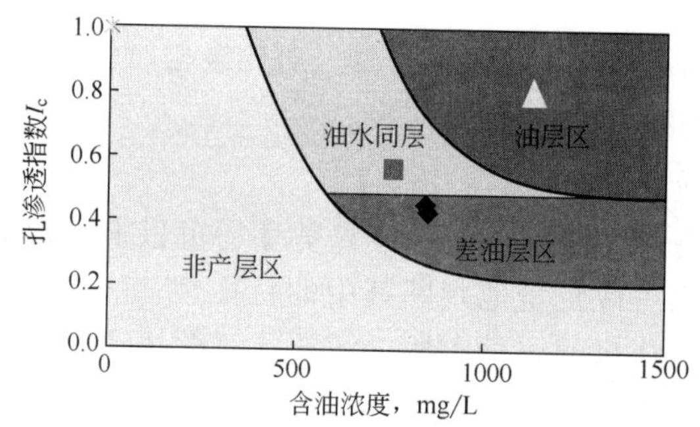

图 2-5-17　某油田二维定量荧光孔渗指数与含油浓度交汇图版

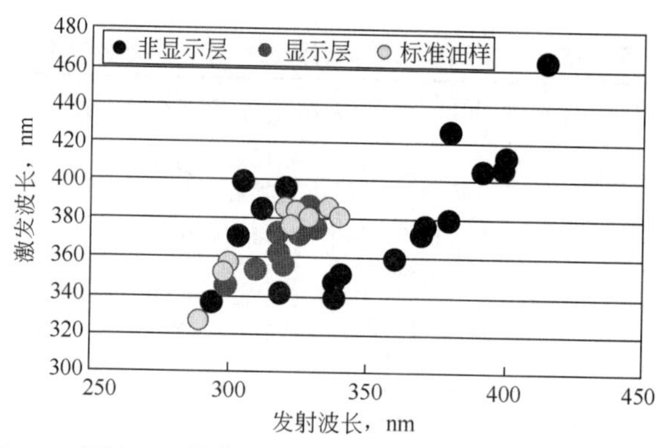

图 2-5-18　某油田三维定量荧光主峰激发波长与发射波长交汇图版

二、技术应用

定量荧光录井作为传统荧光录井的升级技术，具有定量、精确、简便等特点。随着现代钻井新工艺的不断进步与发展，PDC 钻头、欠平衡钻井、水平井等技术应用越来越普遍，给地质资料的录取带来了许多难题。定量荧光录井技术的差谱功能，解决了钻井液添加剂、混油造成的荧光干扰问题，能够有效排除钻井液污染，发现真实的地层油气显示。

（一）二维定量荧光的应用

Z78 井是 DG 油田钻探的一口探井，该井目的层为 Ng、Ed、Es_1、Es_3，设计井深 1760m，完钻井深 1730m，完钻层位为中生界。本井在录井过程中，全井气测数据全烃呈现低值特征，范围 0.050%~2.030%（在 Es_3 油页岩段全烃含量 2.030%）。气测组分不全，只检测出 C_2 组分，个别检测出 C_3，而且绝对含量很低（C_1 小于 1%，C_2 小于 0.1%），无油层组成特征。

岩屑录井从 1350m 至完钻井深 1730m，发现混样岩屑直照和滴照呈黄色，岩屑描述荧光砂岩 3 层共 17m，混样岩屑和钻井液浸泡定级达 10 级以上，而挑选的储层代表性较好的岩屑砂岩滴照和浸泡都无荧光显示，井壁取心见油斑砂岩 2 颗，油迹砂岩 1 颗，荧光砂岩 7 颗。无法确定该层的真实地层显示。

针对这一问题，通过二维定量荧光技术，对井壁取心和钻井液进行了分析。该井采用邻井沙河街组标准油样，原油性质为中质油，其峰形为中质油峰高，且出峰靠前。分析表明 1600m 井壁取心与 1590m 的钻井液定量荧光谱图极为相似，重质油峰高，出峰靠后，与钻井液中加入的低荧光磺化沥青谱图极为相似（图 2-5-19）。而与标准谱图峰形对比区别较大，无相似之处。

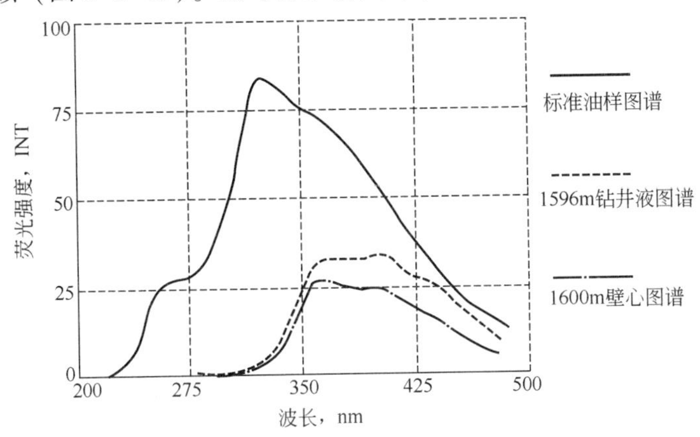

图 2-5-19　Z78 井钻井液添加剂与标准油样谱图

数据分析，钻井液对比级6.2级，相当油含量23.08mg/L，含油壁心的对比级4~5级，相当油含量4.78~9.61mg/L。结合谱图峰形的对比特征，判断含油壁心的油气显示是受钻井液污染的影响。通过定量荧光对可疑层的分析，判断该井的油气显示层和可疑层均为水层。后经FMT地层测试，在1559.79~1607.53m处，射开7.74m，累计出水146m^3，判断为水层，最终的测试结果证实了二维定量荧光分析的准确性。

（二）三维定量荧光的应用

NP36-3702井是××油田的一口大位移生产井，钻井液混入磺化沥青、KCl和铵盐后，为兼顾钻井安全和地质荧光录井，现场采用三维定量荧光技术进行指纹谱图分析。KCl和铵盐均为无机添加剂，指纹谱图仅为一条拉曼峰，这与该井目的层标准油样指纹谱图明显不同，因此可以混入井内。该井于井深3900m处加入磺化沥青18t，致使钻井液荧光污染达到8级，常规荧光录井无法分辨地层油气显示，但三维定量荧光指纹谱图显示：主峰出峰位置在E_x为380nm、E_m为420nm处［图2-5-20(b)］，与目的层标准油样出峰位置(E_x为330nm，E_m为360nm)［图2-5-20(a)］差异明显，激发波长与发射

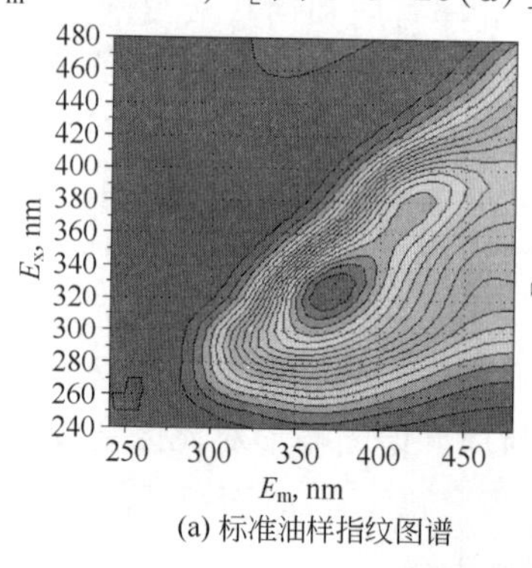

(a) 标准油样指纹图谱

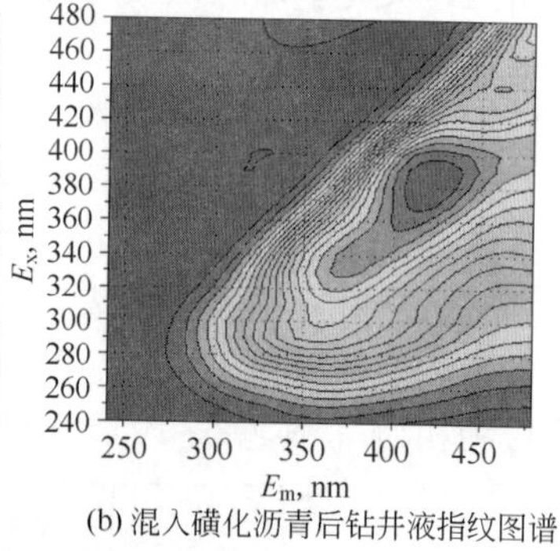

(b) 混入磺化沥青后钻井液指纹图谱

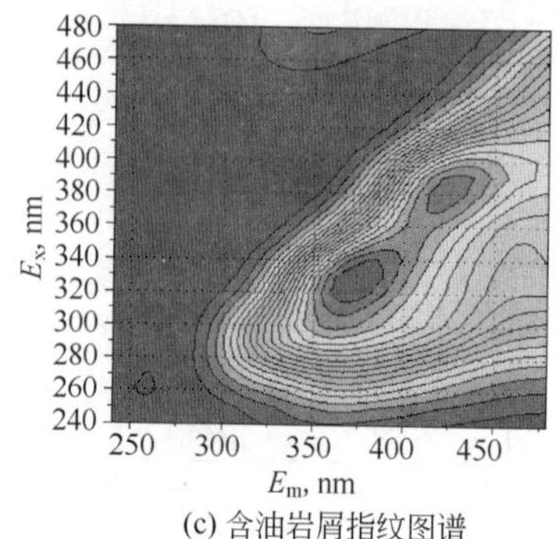

(c) 含油岩屑指纹图谱

（彩图请扫二维码）

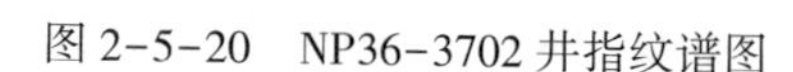

图2-5-20　NP36-3702井指纹谱图

波长均相差 50nm，可以排除钻井液污染，发现岩屑中的油气显示，因此也可以混入井内。当钻至井深 4562m 处，三维定量荧光发现岩屑中的油气显示，其指纹谱图为标准油样和磺化沥青两张谱图的叠加［图 2-5-20(c)］。对于该井来说，只要岩屑指纹谱图中出现中质峰，就能够判定为地层真实油气显示。利用该方法，全井共发现岩屑油气显示 12 层共 81m，后经井壁取心证实，利用三维定量荧光技术分析，该井油气显示发现率为 100%。

（三）定量荧光技术的现场应用优势

（1）定量荧光分析技术在油气显示的发现方面具有很强的优势。

（2）在消除钻井液对岩样的污染、排除矿物发光的影响等方面作用显著，特别是三维定量荧光分析技术通过指纹图对比等方法，可以更为准确地识别钻井液污染类型，发现真实油气显示，准确测定相当油含量。

（3）定量化的荧光资料录取提高了资料解释的可信度，可以在准确解释评价油气层、判断原油性质、辅助进行油源对比等方面发挥作用。

第六章 核磁共振录井

油田的勘探开发进入中后期，面临着地层情况复杂、储层地质条件差等不利因素，物性参数快速求取、随钻进行储层评价及油气资源初步评估显得尤为迫切。核磁共振录井技术是通过检测岩样孔隙内的流体量、流体性质，以及流体与岩石孔隙固体表面之间的相互作用，快速求取储层的孔隙度、渗透率、油水饱和度以及可动流体饱和度等评价参数的技术。该项技术在地质录井快速评价有效储层、指导现场钻进及为完井讨论及完钻测试提供数据等方面具有重要意义。

第一节 概况

核磁共振（NMR）作为一种物理现象是在 1946 年由哈佛大学的 Purcell 和斯坦福大学的 Bloch 两人各自独立发现的。1956 年，Brown 和 Fatt 研究发现，当流体处于岩石孔隙中时，其核磁共振弛豫时间与自由状态相比显著减小。为了寻找引起这一现象的原因，前人进行了大量的实验和理论研究，发现流体的核磁共振弛豫时间与其所处环境的孔隙大小有关。1961 年，Brown 对原油的核磁共振弛豫特征进行了研究。1966 年，Seevers 观测到核磁共振弛豫时间与岩样渗透率具有相关性。1968 年至 1969 年期间，Timur 提出自由流体指数概念以及用核磁共振技术测量砂岩孔隙度、渗透率和自由流体指数等参数的方法。1979 年，Brownstein 和 Tarr 提出了岩石多孔介质的核磁共振弛豫理论。

最初的核磁共振录井仪起源于美国，命名为 PK 仪，1984 年开始在其本土和中东一些地区投入商业应用。1988 年由 EXLOG 公司将 PNMR 型 PK 仪引入中国市场。由于 PK 仪只测一个回波串，不能通过反演得出谱，从而无法区分烃类和水中的氢原子，所以对含油岩样，在分析前应先去油，分析参数的个数也因此受到局限，只有总孔隙度、绝对渗透率、束缚水饱和度和可动流体指数等四个参数。2001 年，美国 KMS 技术公司和加拿大 NMR Plus 公司联合研制了核磁共振录井仪 MR－ML TM（Magnetic Resonance－Mud Logging）。MR－ML TM 可测多个回波，通过预处理缩短水的弛豫时间或延长油的弛豫时间，可在 T_2 谱上将油、水加以分离，从而可分析总孔隙度、有效孔隙度、绝对渗透率、束缚水饱和度、可动流体指数、含油饱和度、砂岩润湿性、原油黏度、钻井液侵入程度等多项参数。

核磁共振录井技术作为一种新兴的录井技术在国内发展较快。中国石油勘探开发研究院廊坊分院渗流力学研究所于1991年引进了国内第一台具有当时世界先进水平的超导核磁共振成像仪，开展了大量的石油岩心分析和石油渗流力学方面的研究工作。渗流所于1996年研制出一套具有国际领先水平的低磁场（共振频率2MHz和5MHz）核磁共振全直径岩心分析系统，开发出了多种适合岩心分析的脉冲序列及多弛豫反演技术，实现了孔隙度、渗透率、可动流体等岩石参数的快速无损检测。该系统根据我国岩心岩性复杂、均匀性差等特点，在国际上率先实现全直径岩心的低磁场核磁共振检测，建立了一种评价低渗透油田商业可采储量的新方法，解决了一批油田生产中急需解决的疑难问题，获得了良好的经济效益。同时，渗流所还开展了核磁共振测井的应用基础研究和定标工作，如确定可动流体截断值、渗透率解释模型等，并研制出国际上第一套基于计算机的核磁共振测井精细解释软件，这些研究工作对核磁共振技术在石油工业上的应用起到了重要的指导和推动作用。

核磁共振录井以岩屑、井壁取心、岩心及流体为分析对象，分析参数包括总孔隙度、绝对渗透率、含油饱和度、可动流体饱和度、束缚水饱和度、可动水饱和度等，具有样品用量少、分析速度快、成本低、岩样无损、参数多、准确性高、连续性强、可随钻分析等特点，将其分析结果与岩石热解、定量荧光等分析数据相结合，可以及时有效地对储层进行精确评价。核磁共振录井技术的出现，弥补了以往录井手段只能确定储层流体性质及其丰度而无法确定储层物性参数的缺陷，是目前唯一一项既能评价储层物性又能评价流体分布的录井新技术，实现了对储层的快速综合评价，在石油天然气的勘探与生产中发挥着至关重要的作用。

目前核磁共振录井技术在长庆、大庆、胜利、辽河、吉林、华北、新疆、中原、江苏等油田得到推广应用。

第二节 技术原理及测量参数

原子核由质子与中子构成，质子带电，中子不带电，质子与中子统称核子。原子核的基本特性包括所带的电荷量与具有的质量，电荷量取决于原子核中质子的数目，而质量则取决于核质子数与中子数之和。

原子核可分为有自旋的原子核与无自旋的原子核。研究表明：所有含奇数个核子、含偶数个核子但原子序数为奇数的原子核，都具有“自旋”。如^{1}H、^{19}F、^{31}P、^{23}Na、^{13}C等为有自旋的原子核。这样的核，自身不停地旋转，在外加磁场中，犹如一个旋转的陀螺。有自旋的原子核才是核磁共振研究的对象，核磁共振在石油工业应用中最常用的是氢核^{1}H。

当原子核置于外加恒定磁场B_0中时，原子核在B_0磁场的作用下，自旋轴沿B_0方向排列，并有两种取向和能级：与B_0磁场方向相同，处于高能级；或与B_0磁场方向相反，处于低能级。核磁共振现象就是置于外加恒定磁场B_0中的带有自旋原子核，可以吸收某一特定频率的电磁波（光子），发生能级跃迁，改变能量状态。这一特定频率就称为共振频率或拉莫（Larmor）频率。拉莫频率与外加恒定磁场B_0有关。置于外加恒定磁场B_0中的自旋原子核，处于高能级和低能级的数目不同，宏观上产生一个净磁化矢量，称为宏观磁化矢量，用M表示。在一定条件下，处于高能级和低能级的原子核数达到平衡，宏观磁化矢量的方向与外加磁场B_0方向一致，原子核系统被“极化”。平衡时的宏观磁化矢量用M_0表示，也称初始磁化矢量。由此可见，只有存在自旋的原子核，才能看成“小磁棒”，在外加恒定磁场B_0作用下，才能被极化，产生宏观磁化矢量，发生核磁共振现象，所以带自旋的原子核才能发生核磁共振现象。

储层中原油、天然气和水中富含的氢（^{1}H）原子核，是核磁共振录井主要研究对象。宏观磁化矢量M是一个可被仪器检测的物理量，与自旋数量成正比，即与样品中油、气、水的氢核含量成正比，这是核磁共振录井测量岩石样品中流体含量并得到孔隙度等参数的理论基础。

根据核磁共振原理，“淹没”在恒定磁场B_0中，被“极化”的核自旋系统，在垂直于恒定磁场B_0的方向再施加一个频率等于拉莫频率的交变磁场B_1，“照射”核自旋系统，系统将吸收B_1场的能量，使宏观磁化矢量M被“激发”，偏离B_0方向。偏离的角度θ称为宏观磁化矢量M的扳转角。核磁共振录井仪器一般采用高功率（25W～1kW）和短持续时间（1～50μs），B_1磁场（又称脉冲磁场）激发宏观磁化矢量M，因此称为“脉冲核磁共振”。

置于恒定磁场B_0中的被极化核自旋系统，在频率等于拉莫频率脉冲交变磁场B_1作用下，自旋吸收能量，宏观磁化矢量M被扳转，偏离平衡位置，在z轴的分量小于M_0，在x-y轴的分量M_{xy}不等于0。B_1场结束后，自旋将逐步释放或交换能量，宏观磁化矢量M_{xy}逐渐消失，恢复到平衡状态。自旋系统的这一恢复过程，称为弛豫（图2-6-1）。恢复过程的快慢，用弛豫时间表示。弛豫分为纵向弛豫和横向弛豫，与之对应，弛豫时间分为纵向弛豫时间和横向弛豫时间。

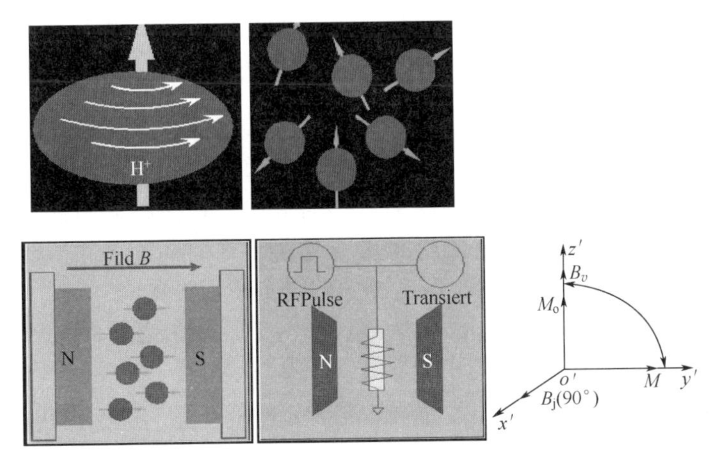

图 2-6-1　弛豫过程原理图

在外加恒定磁场 B_0 的作用下，自旋系统被极化，达到平衡状态。施加交变脉冲磁场 B_1 后，自旋吸收能量，发生能级跃迁，宏观磁化矢量 M 被扳转。当撤去脉冲磁场 B_1 后，宏观磁化矢量 M 的纵向分量 M_z 逐步增加，最后达到 $M_z=M_0$，核自旋系统恢复到施加交变脉冲磁场 B_1 前的平衡状态，这一过程称为纵向弛豫。纵向弛豫实质上是自旋与环境交换能量的过程。样品中自旋并不是孤立的，它位于其他介质（晶格）之中，因此宏观样品是由自旋和晶格系统组成。脉冲磁场 B_1 结束后，核自旋系统逐步释放能量，转化为晶格系统热运动，原子核从高能级恢复到低能级，直到晶格系统不再接收原子核系统释放的能量，原子核系统和晶格系统达到热平衡状态，所以纵向弛豫又称为“自旋晶格弛豫”。

横向弛豫是自旋与自旋之间交换能量的过程，表征宏观磁化矢量 M 在 x-y 平面分量 M_{xy} 的变化规律。B_1 场结束后，$M_{xy}\neq 0$，并绕 z 轴旋转。因为核自旋系统中各自旋之间存在相互作用并交换能量，所以一些自旋从其他自旋获取能量，绕 z 轴旋转速度变快，而另一些则变慢，使自旋在 x-y 平面上发生“相散”，M_{xy} 随时间逐渐减少，最后达到 $M_{xy}=0$，这一过程称为横向弛豫，又称“自旋—自旋弛豫”。对于横向弛豫，在自旋系统中各自旋相互交换能量，自旋总数和系统中自旋总能量均未发生变化。表征横向弛豫快慢的时间常数，称为横向弛豫时间，用 T_2 表示。

岩石中流体的弛豫时间 T_1 和 T_2 与流体本身的性质、流体与岩石孔隙表面相互作用等因素有关，包含着丰富的岩石物性与流体性质信息，架起了核磁共振与地质录井之间的桥梁，所以准确测量岩石中流体的弛豫时间是核磁共振录井的关键之一。

核磁共振录井测量岩样孔隙中流体的核磁共振信号，通过数学反演获得样品 T_2 弛豫时间谱。根据样品 T_2 弛豫时间谱的特征，分析岩石物性及其流体在岩石或地层中的存在状态和性质等。

不同物质有着不同的弛豫时间。在储层流体中体弛豫、表面弛豫和扩散弛豫是同时存在的，但是处于孔隙中的流体，本身的体弛豫和扩散弛豫与岩石表面弛豫相比弱得多，在岩石核磁共振研究中可以忽略。因此，孔隙结构决定孔隙中流体的核磁共振弛豫时间 T_2。通过弛豫时间的分布，能够确定孔隙大小的分布，并由此确定其他一些相关的岩石物理参数。

岩石孔隙是由不同大小的孔道组成，对应的比表面各不相同，因此每种尺寸的孔隙有相应的特征弛豫时间（图 2-6-2）。

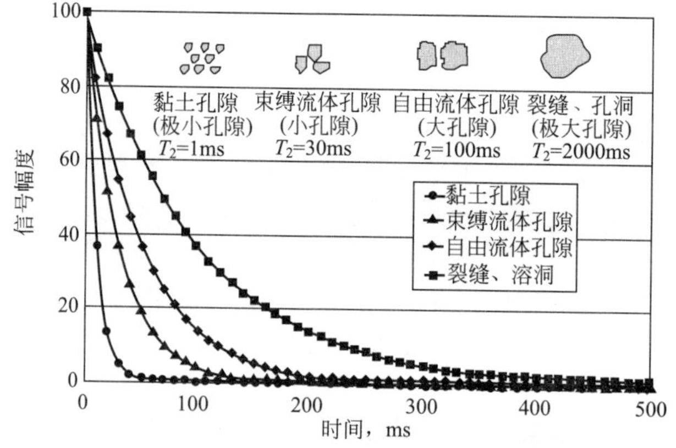

图 2-6-2　不同大小孔隙信号随弛豫时间衰减曲线

当固体表面性质和流体性质相同或相似时，弛豫时间的差异主要反映岩样内孔隙大小的差异。因此，测到弛豫时间后，就可以对岩样内的孔隙大小、固体表面性质及流体类型、流体性质等进行分析。

在核磁共振实际测量过程中获取的多指数衰减曲线是由许多不同孔隙中流体信号的叠加而成的（图 2-6-3）。采用现代数学反演技术计算出岩石中不同的弛豫组分所占的比例，即 T_2 弛豫时间谱图（图 2-6-4）。

弛豫时间 T_2 谱图的积分面积与不同流体的含量呈正相关。弛豫时间 T_2 的大小反映流体受到固体表面作用力的强弱，隐含着孔隙大小、固体表面性质、流体性质以及流体赋存状态（可动、束缚）等信息。

核磁共振技术能够准确测量得到岩样孔隙内的流体量。当岩样孔隙内充满流体时，流体体积与孔隙体积相等。因此，核磁共振技术能够准确测量岩样孔隙体积，获得岩样的孔隙度，该孔隙度又称核磁共振孔隙度。一般采用

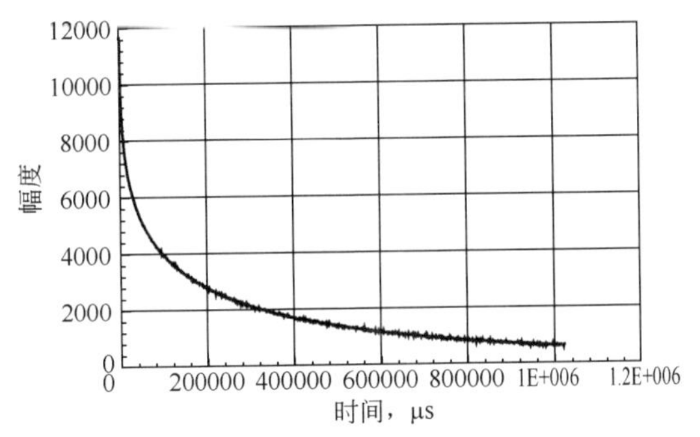

图 2-6-3 T_2 衰减曲线

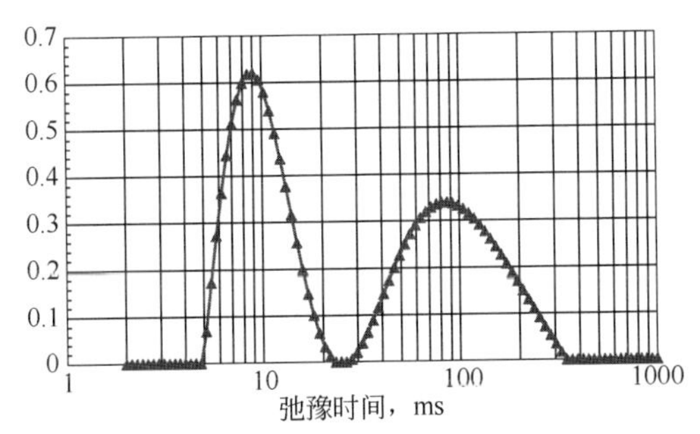

图 2-6-4 T_2 弛豫时间谱图

标准样定标法测量岩样的核磁共振孔隙度。

测量核磁共振孔隙度首先应对仪器定标，测量一组标准样得到其信号量。根据已知孔隙度和体积，获得单位体积核磁共振信号与孔隙度之间的关系式

$$y=ax+b \tag{2-6-1}$$

式中 y——单位体积核磁共振信号量；

x——核磁共振孔隙度，%；

a——斜率；

b——截距。

按式(2-6-1)拟合，得到定标线及其 a、b 值（图 2-6-5）。把饱和岩样放入核磁共振仪器探头中进行测量，获得岩样孔隙中流体的 T_2 弛豫时间谱及信号量。根据定标线的关系式(2-6-1)，计算岩样核磁共振孔隙度。

核磁共振 T_2 弛豫时间谱代表了岩石孔径分布情况，而当孔径小到某一程度后，孔隙中的流体将被毛管力所束缚无法流动。因此，在 T_2 弛豫时间谱上存在一个界限，当孔隙流体的弛豫时间大于某一弛豫时间时，流体为可动流

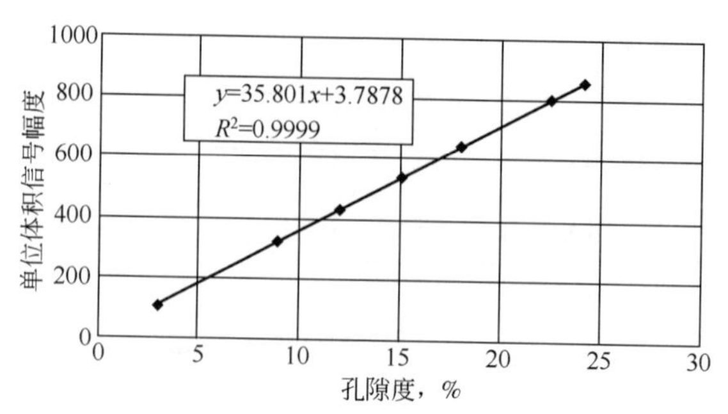

图 2-6-5　核磁共振定标曲线

体；反之，则为束缚流体。这个弛豫时间的界限，称之为可动流体 T_2 截止值。可动流体 T_2 截止值已经广泛应用在核磁共振录井中，能否准确确定 T_2 截止值已成为核磁共振准确测量可动流体饱和度的关键。

可动流体 T_2 截止值通常需要通过核磁共振和常规岩样分析方法相结合来确定。标定 T_2 截止值的具体过程，如图 2-6-6 所示。a 是 100%饱和水后测量岩样获得的 T_2 弛豫时间谱，b 是离心后测量岩样获得的 T_2 弛豫时间谱，c 是 T_2 弛豫时间谱 a 进行累积积分获得的累积曲线，d 是 T_2 弛豫时间谱 b 进行累积积分获得的累积曲线，e 是在累积曲线 d 的最大值处引出的水平线，从水平线 e 与累积曲线 c 的交点引垂线 f，f 即为可动流体 T_2 截止值线，f 与弛豫时间轴有一交点，此点对应的弛豫时间即为可动流体 T_2 截止值。对于双峰结构的 T_2 弛豫时间谱，通常情况下，离心后右峰基本消失，但仍有一小部分保留，左峰基本不变，但略有减小或偏移。这是因为部分连通好的小孔隙中的流体被分离出，造成 T_2 谱中左峰出现不同程度的减小或偏移。另外，大孔隙中的小部分流体在高速离心时会被小孔喉卡住或呈水膜附着于孔隙内表面，

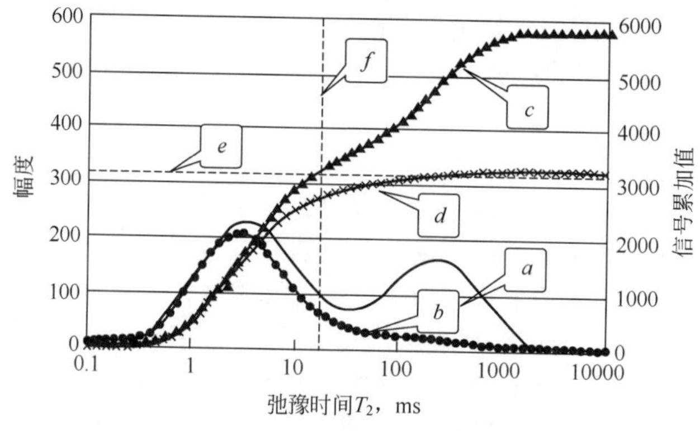

图 2-6-6　可动流体确定 T_2 截止值图

离心后进行核磁测试时，这些滞留水会凝结成小水滴，在 T_2 谱中显示为可动流体，从而造成离心后可动峰不能完全消失。确定 T_2 截止值对分析可动流体饱和度至关重要，由于不同岩性结构不同，T_2 截止值也不同，下面详细介绍实验室内砂岩、火山岩、碳酸盐岩 T_2 截止值的标定方法，以及现场确定可动流体 T_2 截止值的方法。

可动流体的 T_2 截止值具有地区经验性，国内油气田砂岩储层可动流体 T_2 截止值分布范围大致为 4. 79～29. 09ms，主要分布在 5～20ms，平均值约为 15. 82ms。

火山岩存在很强的非均质性，孔喉比大，孔隙之间连通性差，甚至存在不连通的死孔隙，岩石中缝、洞的发育程度和分布特征存在很大差异。由于其成分和结构复杂，T_2 截止值没有很好的规律性。经实验，不同岩性的火山岩储层岩样 T_2 截止值差别很大，如安山岩平均 T_2 截止值为 12. 71ms，而流纹岩平均 T_2 截止值为 87. 91ms，相差将近 7 倍。即使是相同岩性的火山岩岩样，其 T_2 截止值差别也非常明显，如流纹岩的 T_2 截止值分布范围非常宽，从 8. 03ms 到 179. 46ms，最大和最小 T_2 截止值相差 22 倍以上。因此，在火山岩油气藏储层进行核磁共振录井及解释评价时，应该针对特定地区的地质特征进行详细分析。

碳酸盐岩存在大量的溶洞，其孔喉比较大，并且裂缝发育程度和分布特征差异明显，其 T_2 截止值与砂岩岩样相比有较大差别，且普遍比砂岩 T_2 截止值要高，分布范围为 59. 95～124. 52ms，平均值为 86. 78ms。

在现场进行核磁共振快速测量过程中，确定可动流体 T_2 截止值方法有两种：

（1）离心标定法：通常是对一个地区有代表性的一定数目岩样进行室内离心标定，然后取其平均值作为该地区的可动流体 T_2 截止值标准。

（2）经验判断法：根据室内离心标定的结果进行归类分析，把不同 T_2 弛豫时间谱形态进行分类总结，建立一套适合现场快速确定可动流体 T_2 截止值的经验方法。

以单峰或单峰为主的 T_2 谱，主峰小于 10ms 时，T_2 截止值通常位于主峰的右半幅点附近；以单峰或单峰为主的 T_2 谱，主峰大于 10ms 时，T_2 截止值通常位于主峰的左半幅点附近；对双峰弛豫时间 T_2 谱，并且左峰小于 10ms、右峰大于 10ms 时，可动流体 T_2 截止值取双峰凹点处。

使用核磁共振技术测量渗透率时，首先需要测量核磁共振孔隙度等参数，然后根据核磁共振渗透率模型进行计算。核磁共振录井测量渗透率中最为常用的是 Coates 模型。

$$K_{nmr}=\left(\frac{\phi_{nmr}}{C_1}\right)^4\left(\frac{BVM}{BVI}\right)^2 \tag{2-6-2}$$

式中 K_{nmr}——核磁共振绝对渗透率，$10^{-3}\mu m^2$；

ϕ_{nmr}——核磁共振孔隙度,%；

C_1——待定系数；

BVM——可动流体饱和度,%；

BVI——束缚流体饱和度,%。

在国外，Coates 模型中渗透率系数主要取值范围为 5~15，平均值约为 10。在国内，对低渗透储层砂岩岩样进行大量的室内分析，渗透率系数平均值为 8.3，因此砂岩渗透率系数的推荐值为 8。而对于火山岩、碳酸盐岩来说，由于岩性比较复杂，且地层存在溶洞、裂缝，因此，对于这类非均质性较强的岩样，渗透率系数没有很好的规律性，应该单独标定。

测量含油饱和度的关键是区分含油岩样中的油和水。由于油和水共同存在，一部分油和水的 T_2 弛豫时间谱重叠，仅靠核磁共振录井仪器很难直接区分（图 2-6-7）。在该情况下，使用核磁共振仪器进行测量，只能获得总信号量，因此，需要结合泡锰试验来区分油水。

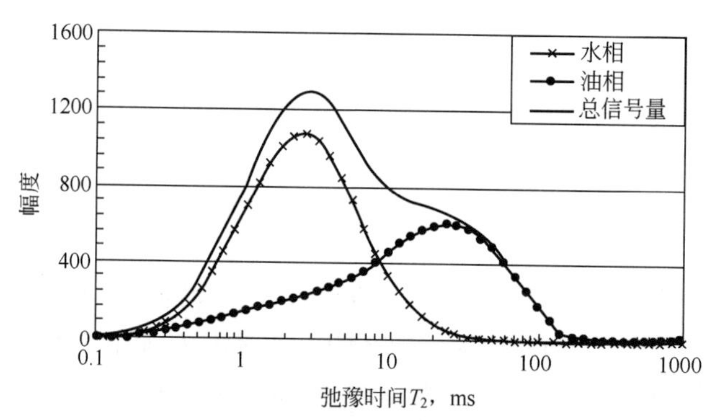

图 2-6-7　样品中油水共存 T_2 弛豫谱

顺磁离子可以有效地使水相弛豫时间缩短至仪器的探测极限以下，从而消除水相的核磁信号。在核磁共振录井技术中，通过向样品中添加顺磁离子的方法解决了油水信号分离问题，实现了现场快速测量含油饱和度。

将岩样浸泡在 Mn^{2+} 浓度为 15000mg/L 的氯化锰（$MnCl_2$）水溶液中，Mn^{2+}会通过扩散作用进入岩样孔隙内的水相中，使得水相的核磁信号被消除。对该状态下的岩样进行核磁共振测量，可测得岩样孔隙内的含油量。含油饱和度等于岩样孔隙内的含油量除以总液量。

第三节　资料录取

一、资料录取准备

（一）收集资料

收集区域地质资料和试油资料，重点收集邻井储层流体和物性资料。

（二）设备及材料准备

（1）主机：核磁共振分析仪一套。

（2）附属设备：计算机、打印机、抽真空装置1套、UPS电源1套、电子天平1台。

（3）实验室：要求必须能够保持16~29℃恒温。

（4）标准样品（0.5%~27%）1套、试管、取样瓶、脱脂棉、手锤、钳子、镊子、滤纸、氯化锰（$MnCl_2$）溶液（浓度15000mg/L）、模拟地层水（根据地层水资料配制）。

二、样品选取与处理

（一）岩心样品取样要求

（1）岩心出筒后不能水洗，应尽快取样，避免因风干引起的油水损失。若不能立刻进行核磁共振检测，应对岩样妥善保存。保存方法：一是蜡封；二是用保鲜膜将岩样缠紧缠实，用透明胶带扎紧冰箱冷冻保存。

（2）应从岩心的内部取样，减少因钻井液滤液侵入、密闭液侵入以及轻烃的挥发等对含油饱和度的影响。岩心整理后30min内用取样工具取样，体积以25×25×30mm为宜。

（二）岩屑样品取样要求

（1）岩屑样品清洗干净，表面无钻井液等污物，在湿样条件下挑样。

（2）选取粒径大于2mm的具有代表性的真岩屑样品，并及时将样品浸泡于装有模拟地层水的取样桶。

（3）样品选取要具有地层代表性，否则就会出现以点代面情况，得出以

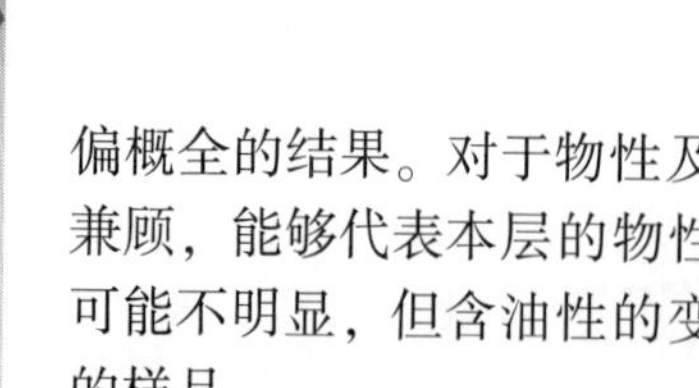

偏概全的结果。对于物性及含油性变化较大的岩心样品，原则上做到好中差兼顾，能够代表本层的物性，反映本层的含油性。通常岩屑样品的物性变化可能不明显，但含油性的变化比较明显，在选取样品时，要尽量选取有显示的样品。

（4）样品选取要具有及时性，否则就会造成烃类物质的严重损失。在钻遇储层时，由于地层的温度和压力发生改变，造成油气外溢，同时经过钻井液反复冲洗，也会造成一定油气损失。如果再经过长时间放置，而不立刻进行样品选取和分析，烃类物质的损失就会更大（特别是轻质油）。因此选取样品、分析样品越及时，油气损失就越少，含油饱和度的资料就越准确。

（5）样品选取要具有连续性。样品选取的连续性主要是指在现场取样的过程中，要按一定的录井间距对所有的地层或储层进行样品选取，使选取的样品具有一定的密度，能够详尽地反映地层的物性及含油性变化情况。

（6）样品选取要确保准确性。要做到选样的准确性，必须从迟到时间计算、验证井眼状况及钻井液携砂能力等方面综合考虑，做到及时捞砂和精心选样。

（三）样品处理

（1）干样分析前，除去录井现场取到的岩心样或井壁取心样的表面水分，保持密封冷冻状态，现场待分析。

（2）做物性分析前，应使用混合盐水（每升水中加入10g NaCl与10g KCl配成）对样品进行真空饱和，岩屑样品饱和时间不少于0.5h，岩心和井壁取心样品饱和时间不少于2h，再去除表面水分待分析。

（3）做含油分析前，应使用含锰试剂不小于15000mg/L的水溶液对岩样进行浸泡，浸泡时间应考虑地区及岩性差异，一般不小于2h，浸泡后再去除表面水分待分析。

三、仪器标定与校验

（一）仪器标定要求

每次安装或维修仪器后，应对仪器进行重复性、线性度刻度测试。仪器连续运行24h后应进行重复性测试。

（二）重复性测试

将至少两个孔隙度不小于10%的不同标样依次置于仪器探头内，稳定5s后测量，并按式(2-6-3）计算其孔隙度相对误差，该值不应大于5%。

$$\Delta\delta=(|\phi_{ic}-\phi_{ib}|/\phi_{ib})\times100\% \tag{2-6-3}$$

式中 $\Delta\delta$——孔隙度相对误差,%;

ϕ_{ic}——第 i 个标样的实测孔隙度,%;

ϕ_{ib}——第 i 个标样的标定孔隙度,%。

将至少两个孔隙度小于10%的不同标样依次置于仪器探头内，稳定5s后测量，并按式(2-6-4)计算其孔隙度绝对误差，该值不应大于0.5%。

$$\delta=|\phi_{ic}-\phi_{ib}| \tag{2-6-4}$$

式中 δ——孔隙度绝对误差,%;

ϕ_{ic}——第 i 个标样的实测孔隙度,%;

ϕ_{ib}——第 i 个标样的标定孔隙度,%。

（三）线性度刻度

将不少于五个不同孔隙度的标样依次置于仪器探头内，稳定5s后测量，所刻度的孔隙度线性度不应小于0.9996。

四、样品测量

油藏湿样两次测量法可以测量得到饱和状态和泡锰状态两种状态下的核磁共振 T_2 弛豫时间谱，利用这两种 T_2 弛豫时间谱可以得到油藏岩样较多的物性信息。油藏湿样两次测量方法适用于岩屑湿样、未保持初始状态的岩心和钻取式井壁取心湿样。

油藏岩样两次测量法的实验步骤包括：

（1）按照核磁共振录井标准进行样品准备。

（2）抽真空加压饱和模拟地层水。

（3）根据实验所需测量的全部岩样设计仪器的调试参数，对核磁共振仪器进行调试和定标。

（4）饱和状态核磁共振测量，即第一次核磁共振测量。

（5）岩样浸泡锰水，岩样浸泡在浓度为15000mg/L的氯化锰水溶液中，浸泡时间要足够长，保证消除岩样中水的核磁共振信号。通常普通岩样浸泡时间为24h，致密岩样浸泡时间需适当增加。

（6）泡锰状态核磁共振测量，即第二次核磁共振测量。

油藏岩样两次测量法可以快速测量岩样孔隙度、渗透率、含油饱和度、可动流体饱和度、可动水饱和度和束缚水饱和度等参数。如图2-6-8所示，泡锰状态的 T_2 弛豫时间谱包围的面积就是地面状态下的含油量。T_2 截止值线将饱和状态 T_2 弛豫时间谱和泡锰状态 T_2 弛豫时间谱分为两部分，左边是饱

和状态束缚水，右边是饱和状态可动水。饱和状态束缚水饱和度可以用来评价油藏原始地层含油饱和度。

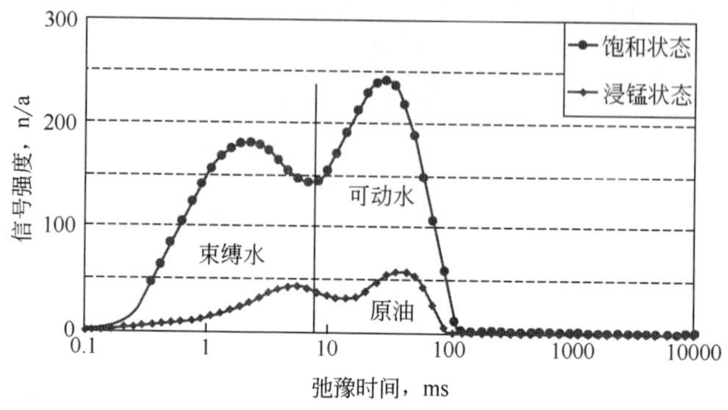

图 2-6-8　油藏样品二次测量核磁 T_2 弛豫谱

油藏密闭取心样很好地保持了地层原始状态，通过核磁共振三次测量法可以快速测量得到大量的岩样物性参数和岩样中流体性质参数。该方法不仅可以测量岩样孔隙度、渗透率、含油饱和度、可动流体饱和度等，还可以测量岩样初始状态可动水饱和度、初始状态束缚水饱和度、饱和状态可动水饱和度、饱和状态束缚水饱和度，以及从初始到饱和状态的含水饱和度增加量。如图 2-6-9 所示，T_2 截止值线将初始状态 T_2 弛豫时间谱和泡锰状态 T_2 弛豫时间谱分为两部分，左边是初始状态束缚水，右边是初始状态可动水。同时，T_2 截止值线也将饱和状态 T_2 弛豫时间谱和泡锰状态 T_2 弛豫时间谱分为两部分，左边是饱和状态束缚水，右边是饱和状态可动水。泡锰状态 T_2 弛豫时间谱包围的面积是初始状态含油量。饱和状态 T_2 弛豫时间谱比初始状态 T_2 弛豫时间谱高出的部分就是含水增加量，即油气逃逸量。

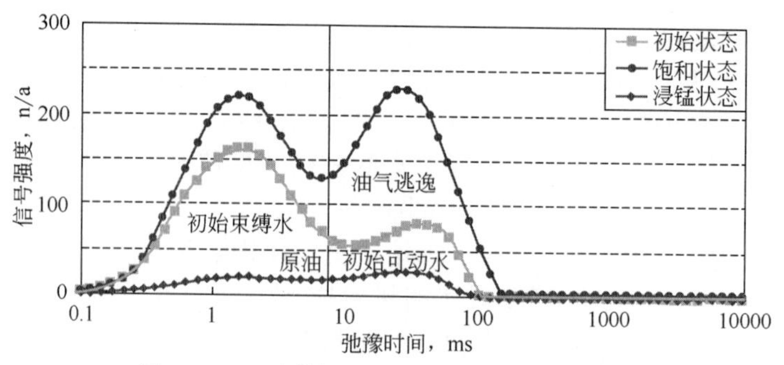

图 2-6-9　油藏样品三次测量核磁 T_2 弛豫谱

初始状态可动水饱和度可以用于判断新井地层出水量和测量油井水淹程度。三次测量法可以测量岩样3种饱和度：一是岩样初始状态下的含油饱和度；二是根据含水饱和度增加量，确定当前地层含油饱和度，即初始状态下含油饱和度与含水饱和度增加量之和；三是根据初始状态束缚水饱和度，确定原始地层含油饱和度上限。

五、影响因素分析

（一）岩石胶结程度的影响

胶结疏松的砂岩，由于钻头的冲击、钻井液的浸泡冲刷，钻成岩屑后呈矿物颗粒状态，不能保留岩石的原始孔隙结构，无法进行核磁共振录井分析。胶结致密砂岩岩屑能够保留岩石原始孔隙结构，可以进行核磁共振录井分析。对于岩心样品，即使比较疏松也可以进行分析。表2-6-1、图2-6-10为××井明化镇组的疏松岩心样品的数据与谱图。

表2-6-1 ××井核磁共振数据

井深 m	孔隙度 %	渗透率 $\times10^{-3}\mu m^2$	含油饱和度 %	含水饱和度 %	束缚水饱和度 %	可动水饱和度 %	可动流体饱和度,%	样品描述
1033.24	32.57	341.1000	43.26	56.74	36.48	20.25	63.52	灰色油斑细砂岩
1033.54	31.45	289.3400	49.50	50.50	36.76	13.74	63.24	灰色油斑细砂岩
1033.84	30.11	326.9900	55.71	44.29	33.4	10.89	66.60	灰色油斑细砂岩
1034.14	30.96	1131.3300	54.28	45.72	22.17	23.54	77.83	灰色油斑细砂岩
1034.44	25.01	16.1700	35.90	64.10	60.86	3.24	39.14	灰色油斑细砂岩
1034.74	30.33	55.0100	34.88	65.12	55.37	9.75	44.63	灰色油斑细砂岩
1035.04	28.91	163.8800	49.33	50.67	39.51	11.17	60.49	灰褐色油斑细砂岩
1035.34	28.23	139.0100	48.88	51.12	40.32	10.80	59.68	灰褐色油斑细砂岩
1035.64	28.4	513.0200	55.59	44.41	26.25	18.15	73.75	灰褐色油斑细砂岩
1035.94	29.86	329.300	42.18	57.82	32.94	24.88	67.06	灰色油斑细砂岩
1036.24	30.67	623.0000	35.00	65.00	27.38	37.62	72.62	灰色油斑细砂岩
1036.54	29.86	134.1700	37.65	62.35	43.49	18.86	56.51	灰色油斑细砂岩

从上面岩心数据可以看出：对于比较疏松的岩心样品，物性好坏可以从数据和谱图中很好地体现出来，分析数据和真实情况相符，能满足分析要求。

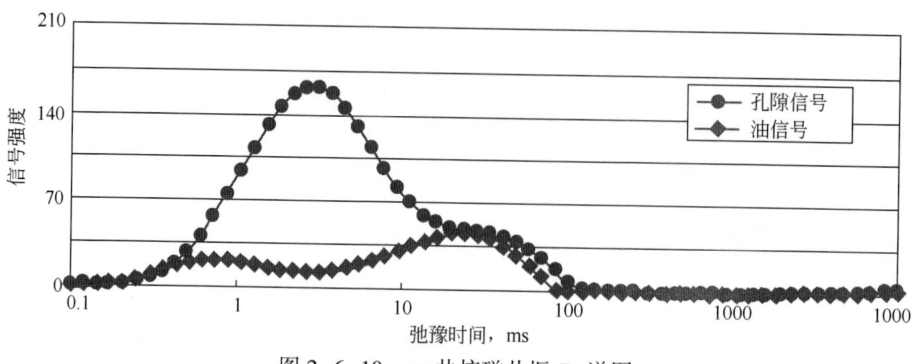

图 2-6-10　××井核磁共振 T_2 谱图

（二）岩屑颗粒大小的影响

通过岩心样品进行实验，把不同深度的岩心样品破碎为直径 1mm、2mm、3mm、5mm 的岩心进行分析，测得的结果见表 2-6-2。可以看出：岩屑颗粒的大小对核磁共振测得的结果有影响，当岩屑颗粒为 1.0mm 时，测得的结果误差较大，所以一般要求岩屑样品直径至少要大于 2.0mm。

表 2-6-2　××井岩心样品孔隙度

样品直径，mm	孔隙度，%		
	样品 1	样品 2	样品 3
5.0	16.93	17.14	17.7
3.0	18.75	16.58	17.53
2.0	17.97	17.43	16.08
1.0	23.44	21.18	20.4

（三）岩屑样品质量的影响

选取不同质量的岩屑样进行对比分析，如图 2-6-11 所示。

由图 2-6-11 可以看出：岩屑样品质量对测得的结果有影响，当岩屑样品质量大于 0.5g 时，谱图效果较好。

（四）原油性质的影响

不同地区、不同层位的原油，其性质不同，相应的 T_2 弛豫谱图不同（图 2-6-12 至图 2-6-15），必然对测量结果有影响。因此，每口井录井前，要用邻井原油和标样进行对比，根据实验数据给出不同地区、不同层位原油的修正系数（表 2-6-3）。

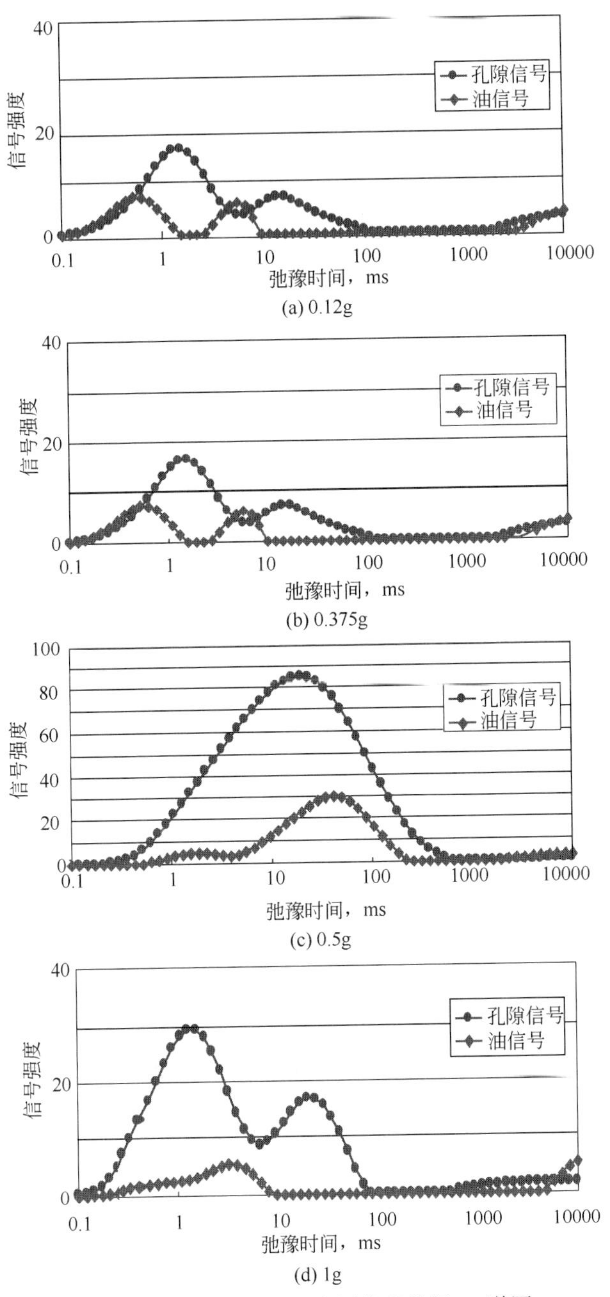

图 2-6-11　不同质量岩屑核磁共振 T_2 谱图

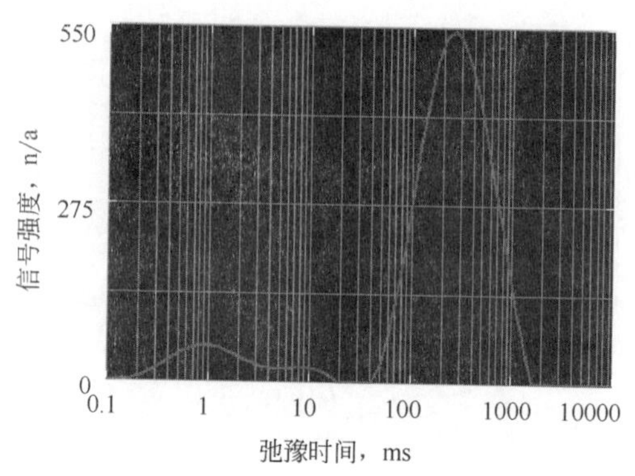

图 2-6-12　X 区 1 层位原油谱图

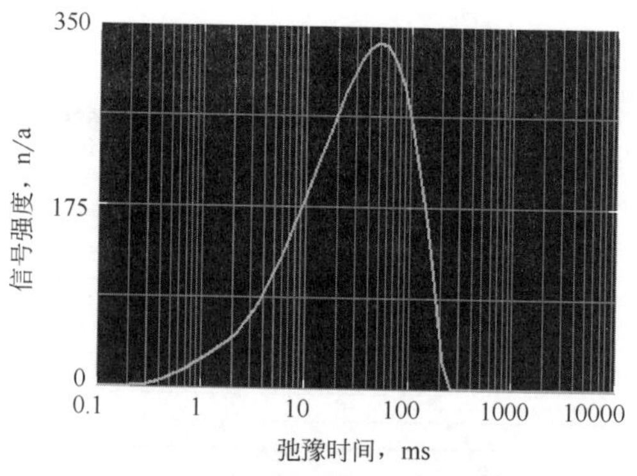

图 2-6-13　X 区 2 层位原油谱图

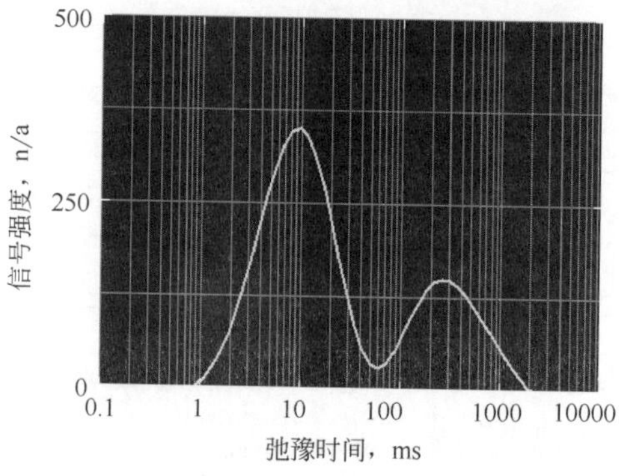

图 2-6-14　X 区 3 层位原油谱图

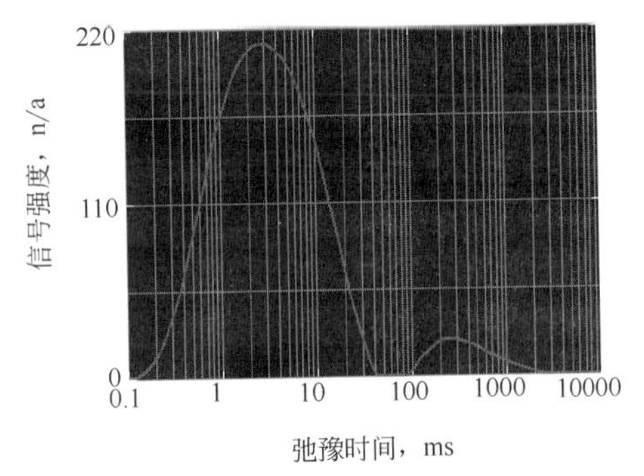

图 2-6-15　X 区 4 层位原油谱图

表 2-6-3　××油田不同地区原油的修正系数表

样品名称	单位体积信号	原油修正系数
标样	70531	1.21
X 区 1 层位原油	58268	
标样	72589	1.41
X 区 2 层位原油	51347	
标样	24569	1.24
X 区 3 层位原油	19866	
标样	22290	1.12
X 区 4 层位原油	23533	

（五）温度的影响

磁体工作温度为 35℃，环境温度在 10～30℃时效果最佳。仪器工作时最好保持周围温度恒定，温度变化较大时，对磁体有影响，影响到仪器的稳定性。

第四节　储层识别与评价

凡是可以储集和渗滤流体的岩层，称为储层。储层是控制油气分布、储量及产能的主要因素，因此，在油气勘探开发过程中，储层识别与评价具有决定性的作用。随着勘探开发节奏的持续加快及勘探成本的不断攀升，对储

层随钻识别与评价的要求越来越高。核磁共振录井技术解决了现场录井长期以来不能定量评价储层物性的难题，可以在钻探过程中及时识别和准确评价储层，为勘探开发决策提供及时、可靠的依据，成为目前最理想的储层随钻分析技术。

一、储层识别

核磁共振 T_2 弛豫时间谱中包含着丰富的信息。根据饱和岩样孔隙中流体的 T_2 弛豫时间谱的峰的形状、峰的个数、弛豫时间长短、幅度高低，核磁共振录井技术可以快速识别和定性评价储层（图 2-6-16）。T_2 弛豫时间谱的谱峰越靠右，幅度越高，则该岩样的物性越好，反之，则越差，甚至为非储层。T_2 弛豫时间谱的谱峰相对靠左，幅度较低，说明该岩样物性较差，如果这个 T_2 弛豫时间谱是该储层的典型图谱，那么该储层就是差储层；同理，T_2 弛豫时间谱的谱峰相对居中，幅度较高，代表中等储层；T_2 弛豫时间谱的谱峰相对靠右，幅度最高，代表好储层。岩性不同，T_2 弛豫时间谱的谱峰形状及个数也不同。泥质岩的 T_2 弛豫时间谱为单峰，峰形窄，位置偏左，常在 T_2 截止值的左边。砂岩的 T_2 弛豫时间谱多为双峰，也有单峰或三峰，砂岩的双峰在 T_2 截止值的两侧皆有分布。碳酸盐岩的 T_2 弛豫时间谱含有三峰，主要是由于存在裂缝和溶洞的缘故。因此，根据核磁共振 T_2 弛豫时间谱可以判断岩性及储层的好坏。

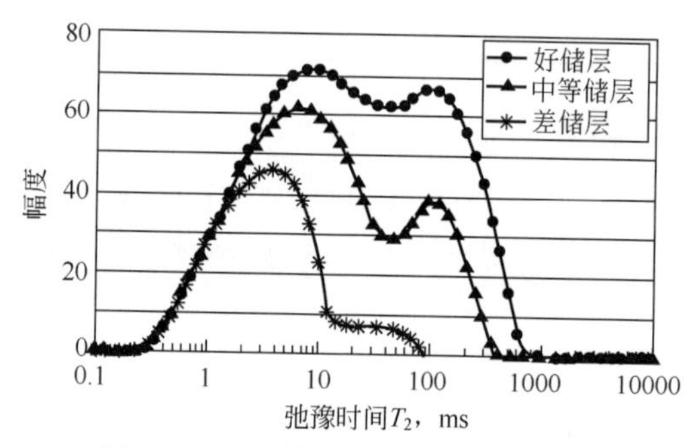

图 2-6-16　核磁 T_2 弛豫谱识别储层

泥岩 T_2 弛豫谱图形态基本全靠左，表明泥岩 T_2 弛豫时间很短，流体均为缚束流体，无可动部分（图 2-6-17）。

核磁共振 T_2 谱图对储层岩性、多种孔洞裂缝有独特的响应，并可以计算微裂缝孔隙度，这对火成岩裂缝性油气层勘探开发有重要的参考意义。火成岩储层的孔洞和裂缝能够极大地扩大储集空间，而微裂缝能够使渗透率至少

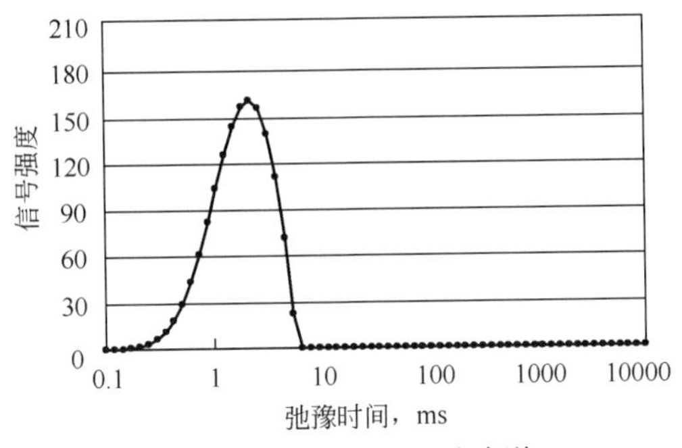

图 2-6-17 泥岩 T_2 弛豫谱

增加十几倍。由于裂缝孔隙、溶洞孔隙比岩样内的其他孔隙要大得多，弛豫时间较长，一般为 1000.0ms 以上，而且与岩样内其他孔隙之间的孔径分布连续性较差，其孔隙缝与其他缝之间的连续性也较差。根据 T_2 谱图的这些特征，可以识别孔洞、裂缝的存在（图 2-6-18）。

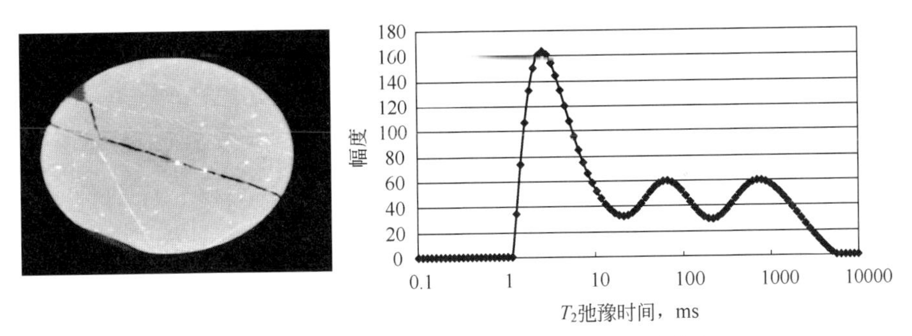

图 2-6-18 裂缝储层样品及核磁共振 T_2 弛豫谱图

二、物性评价

储层必须具备储存石油和天然气的空间和能使油气流动的条件，因此，储层物性评价中最重要的两项参数是孔隙度和渗透率。孔隙度决定了岩层储存油气的数量，渗透率决定了储层的产能。核磁共振技术具有快速、无损测量和一机多参数、一样多参数的技术特点，它的优势在录井领域得到充分发挥。

（一）物性对比

岩样孔隙完全被流体所饱和时，黏土束缚流体、毛管束缚流体及可动流

体所占据的孔隙体积与岩样体积的比值为总孔隙度，以百分数表示。毛管束缚流体及可动流体所占据的孔隙体积与岩样体积的比值为有效孔隙度，以百分数表示。孔隙度是核磁共振录井中可以最直接、最准确获得的一个参数。

选取长庆地区200块样品进行常规物性分析与核磁共振录井测量，对比分析孔隙度。核磁共振录井孔隙度与常规孔隙度相关系数为0.9637，具有较好的相关性（图2-6-19）。

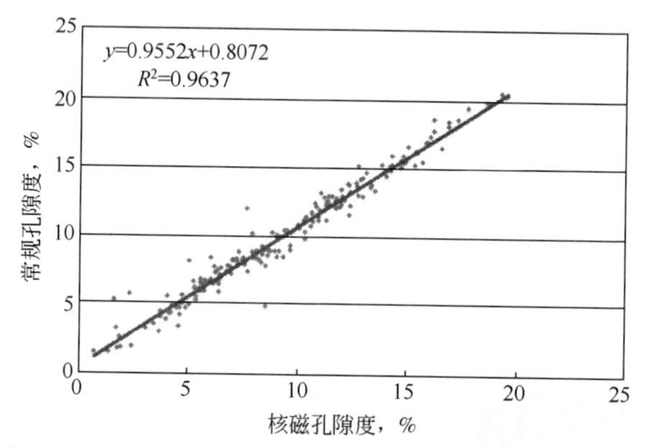

图2-6-19　核磁共振录井孔隙度与常规物性孔隙度对比图

选取长庆地区200块样品进行常规物性分析与核磁共振录井测量，对比分析渗透率。核磁共振录井渗透率与常规渗透率，相关系数为0.8113，相关性一般（图2-6-20）。

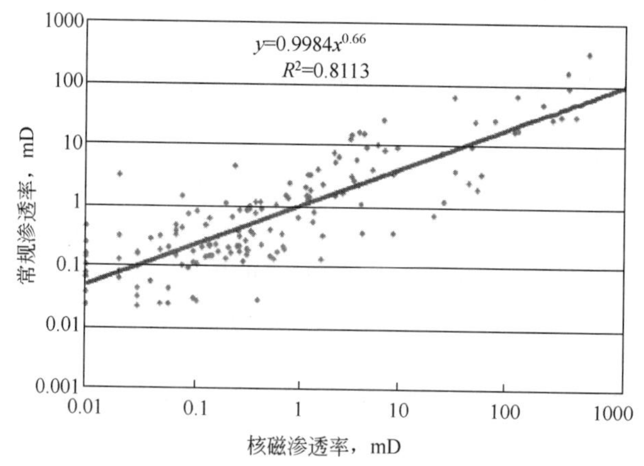

图2-6-20　核磁共振录井渗透率与常规渗透率对比图

（二）物性评价

从上述储层物性的对比结果可以看出，核磁共振孔隙度具有非常高的准确性；渗透率只要模型选择适当，也可获取较为准确的计算结果。在此基础上，就可以根据相应的标准进行物性评价。

根据储层分类标准，按孔隙度将储层分为特高孔、高孔、中孔、低孔、特低孔、超低孔储层。按渗透率将储层分为特高渗、高渗、中渗、低渗、特低渗、超低渗储层（表2-6-4）。

表2-6-4　储层分类标准

孔隙度 ϕ,%			渗透率 K，$\times10^{-3}\mu m^2$		
储层类型	碎屑岩	碳酸盐岩	储层类型	碎屑岩	碳酸盐岩
特高孔	≥30		特高渗	≥2000	
高孔	25~30	≥20	高渗	500~2000	K≥100
中孔	15~25	12~20	中渗	50~500	10~100
低孔	10~15	4~12	低渗	10~50	1~10
特低孔	5~10		特低渗	1~10	
超低孔	<5	<4	超低渗	<1	<1

（三）孔隙结构评价

目前，对岩石孔隙结构的研究局限在实验室里，通常采用压汞法。压汞毛管压力曲线的形态由岩石的孔喉决定。毛管压力曲线可以用来计算孔喉分布、平均孔喉半径、中值半径等特征参数。

充分饱和水的岩样的核磁共振 T_2 弛豫时间谱能够较好地反映孔隙结构。水的弛豫时间约为3s，饱和到岩心中后，由于受到孔隙表面作用力的影响，水的弛豫时间被缩短，弛豫时间越短，对应的孔隙越小；弛豫时间越长，对应的孔隙越大。通常 T_2 弛豫时间谱分布范围越宽，峰值越低，孔喉分选性越差。分选性是用来描述孔喉均匀程度的，分选性好，孔隙均匀；分选性差，则孔隙大小不均。T_2 弛豫时间谱累积分布曲线与毛管压力曲线之间具有较好的对应关系，T_2 弛豫时间谱累积分布曲线常呈台阶式，其歪度的高低反映了孔喉的粗细，台阶的水平段斜率和长度反映了孔喉的分选程度。由此可见，T_2 弛豫时间谱形态和孔喉形态存在较为密切的联系，用压汞孔喉分布来刻度核磁共振资料，就可以运用核磁共振资料对岩石孔隙结构进行评价。不同岩性的岩样，具有不同的孔隙结构，即使同样的岩性，孔隙结构也有差异。孔隙结构的差异将导致 T_2 弛豫时间谱和累积分布曲线不同，所以，根据饱和岩样的 T_2 累积分布曲线，能够评价孔喉的大小、分选、分布等情况。如图 2-6-21 所示，某样品的毛管压力曲线和核磁共振录井曲线的对应关系较好，都具有略粗歪度的特征，孔喉分选较差，以中孔隙、大孔隙为主。

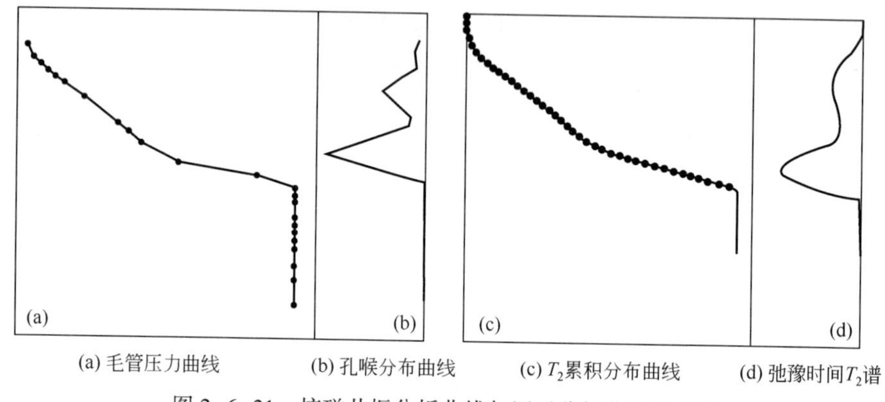

(a) 毛管压力曲线　(b) 孔喉分布曲线　(c) T_2累积分布曲线　(d) 弛豫时间T_2谱

图 2-6-21　核磁共振分析曲线与压汞分析曲线的对比

国内很多单位也相继开展了利用核磁共振进行岩石孔隙结构评价的研究工作。对不同孔隙结构（单峰小喉道、双峰中喉道、双峰粗喉道等）的岩石，使用压汞法得到的孔喉分布和核磁共振 T_2 弛豫时间谱的形态均有较好的一致性，两种方法的毛管压力和孔喉半径分布曲线比较接近，如图 2-6-22 所示，充分说明了利用核磁共振开展岩石孔隙结构评价的可行性。

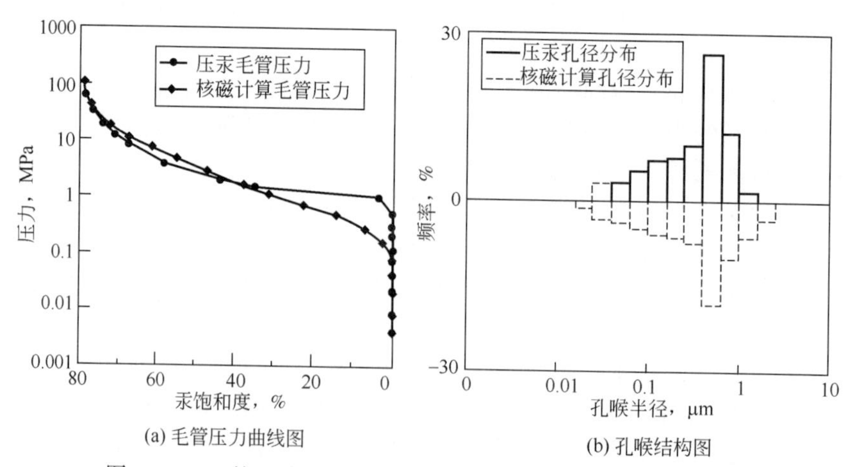

(a) 毛管压力曲线图　(b) 孔喉结构图

图 2-6-22　核磁共振计算和岩心分析孔隙结构评价结果对比图

三、孔隙流体识别与评价

核磁共振录井技术不仅能评价储层的物性，还能评价含油饱和度和孔隙流体的分布，尤其是通过一样三谱（初始状态 T_2 弛豫时间谱、饱和状态 T_2 弛豫时间谱和泡锰状态 T_2 弛豫时间谱）的叠加，能够反映出油的饱和度、散失量、气油比、是否含水以及所含流体是否可动等信息，从而可进行孔隙流体的识别与评价。

（一）储层含水性识别

含水性识别是油气层评价的基础，是重点更是难点。岩石样品的核磁共振 T_2 弛豫时间谱中包含了油水含量及其分布信息，是目前应用效果最佳的含水性随钻判识方法。利用核磁共振录井技术识别储层含水性的方法是：从密封保存的岩心或井壁取心样品中选取适量的新鲜样品，直接进行核磁共振分析，其 T_2 弛豫时间谱反映了地层所含原始流体的信息；测完饱和样后，在15000mg/L 的 $MnCl_2$ 溶液中浸泡 24h 甚至更长的时间后，再次进行核磁共振分析，水的测量信号被消除，其 T_2 弛豫时间谱反映的是地层中原油的信息；通过新鲜样和泡锰样谱图的比较，便可以获得含油饱和度、初始可动水饱和度、初始束缚水饱和度等流体信息。不同类型储层的 T_2 弛豫时间谱具有不同的特征，如图 2-6-23 所示。图（a）所示的储层，初始状态和泡锰状态的 2

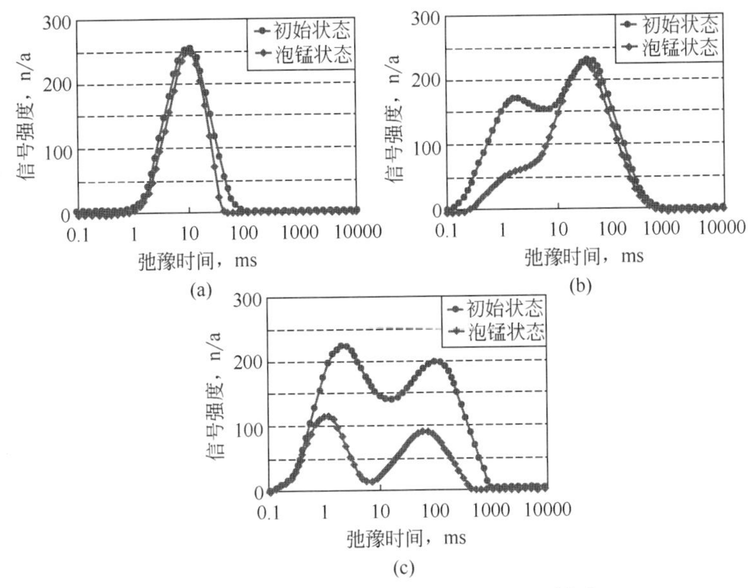

图 2-6-23 不同储层类型的典型 T_2 谱图

个 T_2 弛豫时间谱几乎完全重合，说明孔隙中饱含油，没有水或含水率小于油层定义下限的5%，该类储层无论是否压裂，均为油层。图（b）所示的储层，泡锰状态 T_2 弛豫时间谱右边的峰与初始状态 T_2 弛豫时间谱右边的峰基本重合，而左边的峰明显低于初始状态，说明储层中含水，由于泡锰后左峰消失，且位于 T_2 截止值左侧，认为水是以束缚状态存在的，压裂前为油层，压裂后则为油水同层。图（c）所示的储层，泡锰状态 T_2 弛豫时间谱的弛豫时间远小于初始状态，且截止值右边的谱峰的面积明显小于初始状态，则说明地层含水，存在束缚水和可动水两种状态，视两者面积差异的不同，分别解释为油水同层、含油水层或水层。

（二）油水层评价方法

核磁共振录井评价产层性质的方法有图版法和图谱法两种。

1. 图版法

根据测得的物性参数，建立图版，判识油气水层的性质。这种方法在辽河等油田取得了较好的应用效果，如图2-6-24所示。该方法主要是利用了可动流体饱和度与含油饱和度这两项参数，将岩层划分为油层、油水同层、低产油层、含油水层、水层和干层。

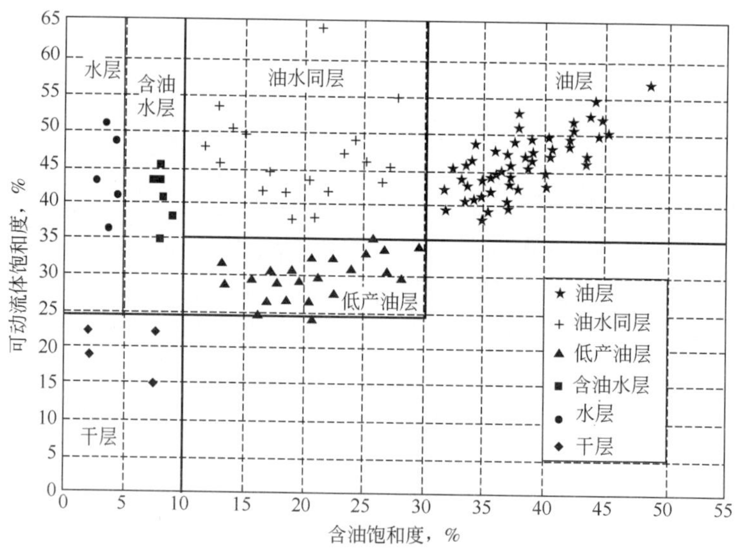

图2-6-24 核磁共振录井解释图版

XI10井位于准噶尔盆地西北缘乌夏断裂带上盘。该井在井段1696.00～1712.49m处见到油气显示，并在1699.56～1712.49m处取心，岩性为绿灰色油浸砂砾岩。1700.56～1711.00m处的核磁共振分析孔隙度分布在11.95%～19.77%，平均为15.57%；渗透率分布在0.22～9.92×$10^{-3}\mu m^2$，平均为7.67×$10^{-3}\mu m^2$；含油饱和度主要分布在20.3%～39.92%；可动流体饱和度主要分布在6.22%～32.91%；束缚水饱和度分布在43.91%～82.59%；可动水饱和度分布在0～22.82%。以上资料均表明该套储层物性中等，属于中孔低渗储层。从孔隙流体T_2弛豫时间谱可以看出，储层小孔隙发育；从油水T_2弛豫时间谱和油T_2弛豫时间谱可以看出，油存在于大孔隙中，地层水主要以束缚水状态存在，如图2-6-25所示。数据点大多数落入解释图版的油区和油水同层区，因此，该段核磁共振解释为油水同层。试油结果表明该井段也为油水同层。

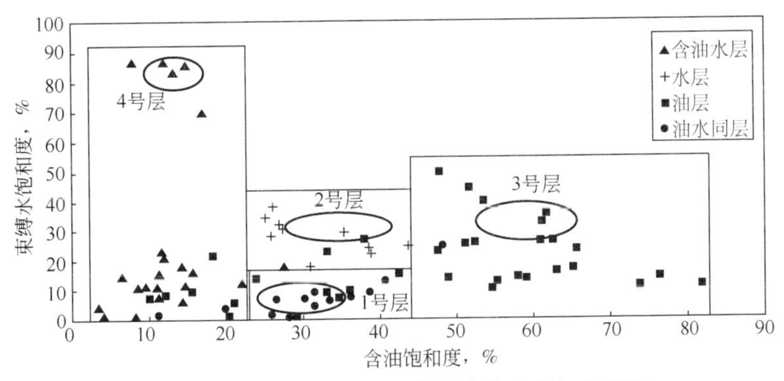

图2-6-25　含油饱和度与束缚水饱和度解释图版

2. 图谱法

通过对岩心或旋转式井壁取心岩样初始状态和泡锰状态T_2弛豫时间谱的对比，判别地层是否含水，在此基础上评价产层类型，该方法在录井过程中取得了较好的应用效果。

如图2-6-26所示，某井2365.0～2370.0m井段岩石样品的岩性以油斑细砂岩为主，初始状态和泡锰状态的T_2弛豫时间谱几乎完全重合，具有典型的油层特征。试油产油量为147.0t/d，不含水，为纯油层。图中标识为气的部分为油以气态挥发的部分。

如图2-6-27所示，某井3985.8～3987.5m井段岩石样品岩性为油斑砂砾岩，T_2弛豫时间谱泡锰状态的幅度和峰面积明显小于初始状态，具有油水同层的特征。在该段处试油，产油量为17.7t/d，产气量为298m^3/d，产水量为6.63m^3/d，结论为油水同层。

如图2-6-28所示，某井的饱和样为双峰结构，而初始状态和泡锰状态的

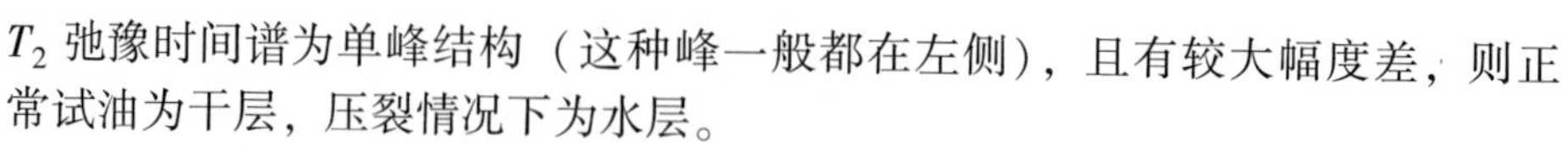

T_2 弛豫时间谱为单峰结构（这种峰一般都在左侧），且有较大幅度差，则正常试油为干层，压裂情况下为水层。

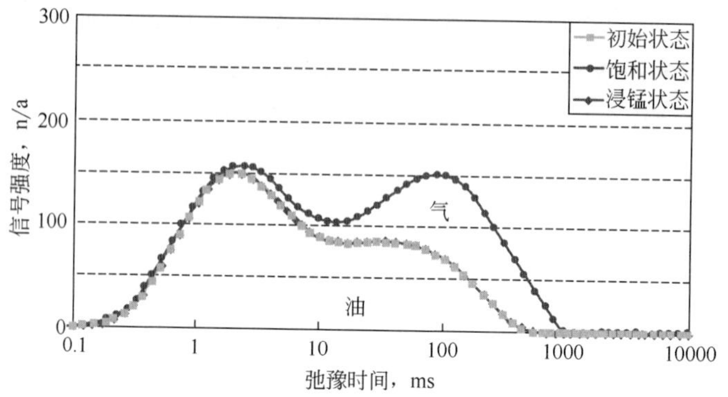

图 2-6-26　2365.0~2370.0m 段核磁共振 T_2 弛豫谱（初始状态与泡锰状态重合）

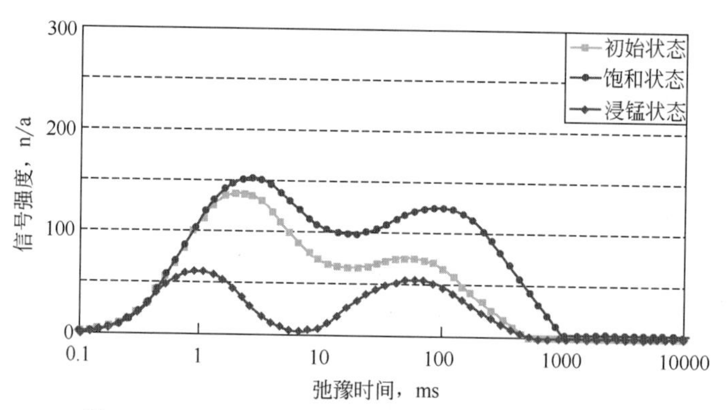

图 2-6-27　3985.8~3987.5m 段核磁共振 T_2 弛豫谱

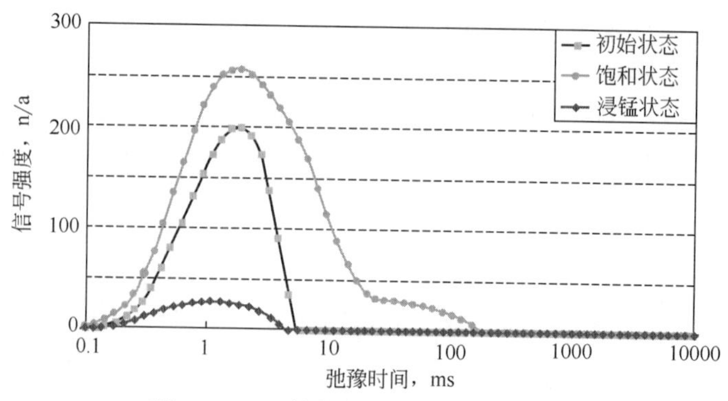

图 2-6-28　某井段核磁共振 T_2 弛豫谱

第七章　元素录井

随着钻井工艺发展，PDC 钻头、气体钻井、油基钻井液等新工艺和新方法得到广泛应用，随之带来录井现场岩屑细碎、岩性识别困难等问题，同时复杂地质体的岩性准确识别，也是困扰录井界多年的技术难点。通过元素录井技术形成的一系列方法，解决了细碎岩屑识别、复杂岩性落实、风化壳识别等技术难题，同时利用该项技术开展储层脆性评价、地层对比、沉积相分析等，为储层评价、压裂选层等提供依据，应用于辅助地质导向可提高油气层钻遇率。

第一节　概述

元素录井又称 X 射线荧光录井技术，是采用元素光谱分析方法，用 X 射线激发岩样，检测岩石中化学元素的相对含量，并以岩石地球化学理论为指导，通过对元素组合特征分析来识别岩性和评价地层的地质分析技术。作为一项检测技术，它是 X 射线荧光分析技术在石油录井行业的拓展应用。

我国的 X 射线荧光分析起步于 20 世纪 50 年代末，中国科学院长春应用化学研究所等单位先后从苏联引进原级 X 射线光谱仪。60 年代初，李安模、马光祖等人着手进行我国第一台原级 X 射线光谱仪的研制。之后国内相关研究院所从欧洲和日本等国家和地区引进 X 射线荧光光谱仪，并进行了大量的应用研究和技术开发工作。陈远盘等我国老一代的科研人员早期主要进行难分离元素如 Nb、Ta、Zr、Hf、Th、U 等的分析，开始对该领域从理论到应用进行更全面的研究和实践。中国科学院、地矿部、冶金部等单位的相关研究所相继建立了 X 射线荧光实验室，将 X 射线荧光分析技术应用于地质分析领域。

20 世纪 80 年代是我国 X 射线荧光研究非常活跃并取得长足进步的时期。除了对理论的探究，在轻元素分析、基体校正软件的开发和国外的交流等各方面也取得了很大的成绩。这一时期，我国从日本、荷兰、德国等国家引进大量 X 射线荧光分析仪器，这些国外仪器的引进大大缩小了我国 X 射线荧光分析技术与国外的差距，迅速提高了应用水平，也促进了有关研究工作的开展。

20 世纪 90 年代以来，随着计算机的普遍应用，X 射线荧光分析技术迅速进入自动化、智能化和信息化的时代，整体分析技术日趋成熟，并被引入地质分析领域，解决了矿石中 Nb、Ta、Zr 和 Hf 及单个稀土元素的测定问题和主次组分快速分析的难题，采用 X 射线荧光分析和 X 射线衍射分析技术可以建立准确的地质层序剖面。

2007 年，经过我国地质录井行业学者朱根庆教授等专家的多年潜心研究，开发出具有独立知识产权的 X 射线荧光录井方法（专利号：2007100786902）和石油钻井 X 射线荧光录井仪器，并成功地应用于钻井现场岩屑录井。这一技术的出现，首先解决了 PDC 钻头、气体钻井等条件下的细小岩屑岩性识别的难题，并且随着对这一创新技术的深入研究和探讨，使它在石油钻井的随钻地质评价中发挥了重要作用。

第二节　技术原理与测量参数

一、技术原理

元素录井技术是利用 X 射线管发出的 X 射线激发样品，使样品产生所含辐射特征荧光 X 射线，即二次 X 射线，根据荧光 X 射线的波长（能量）和强度对被测样品中元素进行定性和定量分析的一种技术。其理论基础是 X 射线荧光分析原理和岩石地球化学原理。

（一）X 射线荧光分析原理

X 射线介于紫外线和 γ 射线之间，波长范围在 0.01~10nm。X 射线作为电磁波，具有波动性和粒子二象性。它的波动性表现为 X 射线是随时间变化的、以一定几何方式振荡的电场，具有表示场强的波峰和波谷，以一定的频率和距离（波长）在真空中沿直线方向传播，传播速度等于光速，还表现出反射、衍射和相干散射等特性。

每一个稳定原子的核外电子都以特有的能量在各自的固定轨道上运行，当受到 X 射线的高能粒子束轰击时，内层电子将脱离原子核的束缚释放出来，导致该电子壳层出现相应电子空位。这时处于高能量电子壳层的电子会跃迁到低能量电子壳层来填补相应的空位，能量以二次 X 射线的形式释放出来。每种元素所释放出来的二次 X 射线具有特定的能量特性，具有物质的“指纹效应”，即特征 X 射线或荧光 X 射线。不同元素的荧光 X 射线具有各自的特定波长，根据荧光 X 射线的波长可以确定被测物品的元素组成及含量（图 2-7-1）。

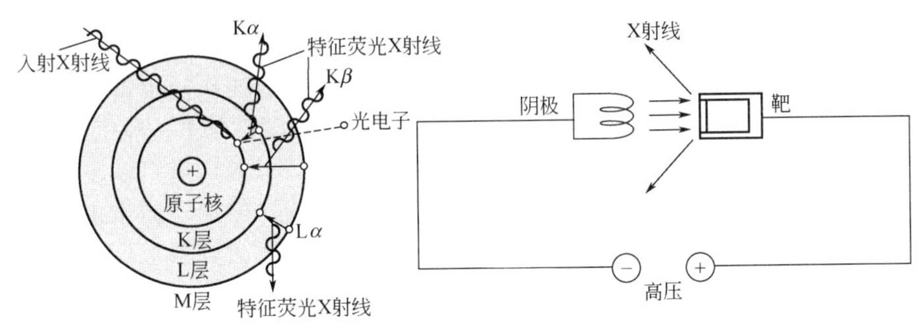

图 2-7-1 元素分析原理图

（二）岩石地球化学原理

岩石地球化学是研究岩石的化学组成，包含其来源、含量、分布、种类及化学变化的地球科学。岩石地球化学是近代岩石学和地球化学的交叉学科。研究各类岩石中的主量元素、微量元素和同位素，用于探讨岩石源区、岩石成因、岩石演化和岩石产出的构造环境等方面基础理论问题。

地球质量的 90%是由 Fe、O、Si 和 Mg 等 4 种元素贡献的。含量大于 1%的元素还有 Ni、Ca、Al 和 S，这 8 种元素被称为主量元素，有时也称为常量元素。这 8 种主量元素，除氧以外的 7 种元素在地壳中都以阳离子形式存在，它们与氧结合形成的氧化物（或氧的化合物）是构成三大类岩石的主要成分，Na、K、Cr、Co、P、Mn 和 Ti 等 7 种元素的含量均为 0.01%~1%。也就是说，地球几乎全部由上述 15 种元素所构成。这些元素在周期表中位于 8 号到 28 号之间，相对来说，重元素和太轻的元素在地球中的含量较少。如果说 Fe、O、Si、Mg 四种元素是地球大厦的“砖瓦”，那么其余的 11 种元素就是砖瓦之间的“泥巴”。

从物质组成的角度来看，地球是由岩浆岩、变质岩和沉积岩组成的。这 3 种岩类也主要由 O、Si、Al、Fe、Ca、Mg、Na、K 等元素组成，因此它们也被称为造岩元素，就是说在各种类型的岩石中它们都普遍存在。

根据主量元素的性质可以辨别各类岩浆岩，如超基性岩、基性岩、中性岩和碱性岩、酸性岩等岩浆岩，这是按其 SiO_2 含量来划分的，它们的 SiO_2 的含量分别为小于 45%、45%~52%、52%、65%、大于 65%。同时，依据其他主量元素氧化物含量的不同，还可以对上述几个大类的岩石进行细分：按照由超基性岩向基性岩变化时 MgO/FeO 下降的趋势，可将超基性岩和基性岩进行细分；由岩石中 K_2O、Na_2O 的含量来区分 SiO_2 含量相近的中性岩和碱性岩。不论是岩浆岩，还是沉积岩（海洋或湖泊沉积物经埋藏压实作用形成的），在某一时期，如果受到强大的地壳应力作用，在一定的温度和压力条件下，岩石中的矿物都将发生物相的变化，这个过程称为变质作用，由此形成的岩石称为变质岩。在变质作用过程中，温度和压力的变化使主量元素重新组合和再分配，但成分和含量没有明显的变化，可把它们当作一种化学过程，因而，利用主量元素特征就可对其原岩（岩浆岩和沉积岩）进行恢复。如果发生变质作用的过程是开放的，体系中有大量其他物质的加入与带出，进行物质的替换作用，与原岩相比，变质岩中主量元素可能会有很大变化。上述主量元素除了可以用来进行岩浆岩分类和变质岩原岩恢复外，也可用于研究地表岩石的化学风化作用过程。化学风化作用是指在一定温度和压力下形成的岩浆岩和变质岩暴露于地表时，由于组成岩石的矿物在地表常温常压下变得不稳定，在雨水的作用下发生分解，产生在地表条件下稳定的新矿物组合。由于 K、Na、Ca 在岩石中争夺氧的能力不强，倾向于自由离子，所以当矿物遭受风化时，它们最容易发生迁移；而 Al 刚好相反，在矿物中主要是作为硅的替代物品与氧结合形成铝氧四面体结构，在化学风化作用过程中很稳定。根据以上 4 个元素的特点，地球化学家把 $(K_2O+Na_2O+CaO)/Al_2O_3$ 作为指示化学风化作用强度的一个地球化学指标，比值越小，表示风化作用越强烈。Mg、Fe 也是构成造岩矿物的主要元素，而且它们的二价离子半径也相近，表面上看它们在风化作用中的表现应一致，然而事实并非如此：与 Mg 易发生迁移不一样，Fe 是变价元素，在地表的氧化条件下 Fe 氧化生成难溶的 $Fe(OH)_3$ 和 Fe_2O_3，常残留在风化产物中。SiO_2 在风化作用过程中是相对比较稳定的。因此，可根据主量元素在风化作用中的稳定性大小，来判断造岩矿物的稳定性。

在地球化学中，常把主量元素以外的其他元素称为微量元素，它们在地球中的总含量不到 0.1%。在大多数情况下，它们往往以次要组分的方式分布在主量元素形成的矿物、熔体或溶液中。当微量元素的离子半径、电价、电负性、配位数等与主量元素相似时，可以替代一些主量元素进入造岩矿物的晶格中，否则只保存在残余岩浆或其他液相中。

虽然微量元素在地球中含量极微，但它们的作用却不可低估。主量元素构筑了地质体的地球化学性质，一些微细的但十分重要的地球化学过程的判别和恢复需要借助微量元素来进行。

在岩石学研究中微量元素被用于划分岩石类型、判断岩石的成因及其物质来源。对于岩浆岩，根据其微量元素的组成，如 Li、Be、Rb、Cs、W、Sn、

Nb、Ta 等亲石元素和稀土元素的含量，可以划分出不同类型的花岗岩类。这些元素含量高，表示该类花岗岩是由地壳物质重熔形成的，含量低则表示是由基性岩浆分异而成的。根据岩浆岩中微量元素的特点，可判别陆相火山作用和海相火山作用；根据铀族元素在超基性岩和基性岩中的分布情况，可以确定其成因并进行分类。对于沉积岩来说，微量元素含量及其比值可以帮助判别陆相和海相地层。在变质岩中，微量元素可用来判别变质岩的原岩类型，如在角闪岩中，若 Ti、Mg、Cr、Ni、Co、V、Sc、Cu 等亲铁、亲铜元素含量高，表示此角闪岩是由岩浆岩变质形成的；若 B、Li、Rb、Ba、Sn 等亲石元素含量高，则表示此角闪岩是由沉积岩变质形成的。根据某些矿物中的微量元素含量的变化，可以判断其变质程度，如磁铁矿中 Ni、Cr 含量高是深变质的、由岩浆岩变质形成的变质岩的标志。

微量元素可以作为某种矿物形成条件的判据。根据矿物中的一些微量元素的含量可定性地估计矿物形成时的温度，如高温形成的独居石含 Th 高，低温形成的独居石含 Th 低。另外，依据微量元素在不同矿物相中的分配和温度、压力之间的关系，可定量求出矿物形成时的温度和压力。

同样，用微量元素之间比值或微量元素与主量元素的比值也可以进行岩浆演化阶段的判别。如 Rb/K、Rb/Sr、Ga/Al、Li/Mg、Co/Ni、Sr/Ba 等随岩浆的分异程度加强，比值增大；Ta 在岩浆结晶晚期趋向富集，在花岗岩中尤为明显；Hf 也是富集于岩浆分异作用的晚期。

元素在地壳中的分布具有极大的不均匀性。造成这种不均匀性的主要原因是由于地壳中分布着化学元素含量不同的各种类型的岩石。不同类型岩石的出现，实际上是元素的不同地球化学性质和其形成环境差异的必然结果。各主要元素在不同类型岩石中有一定的分配特征。

对同种类型岩浆岩来说，酸性喷出岩与酸性侵入岩相比，前者岩浆基性元素的分配量较高而酸性岩浆元素的分配较低；基性喷出岩与基性侵入岩相比，前者岩浆基性元素的分配量较低而酸性岩浆元素的分配量较高。不同时代形成的同类岩浆岩中元素的分配量也有类似规律。例如，不同时代酸性侵入岩随着时代的更新，岩石酸性程度逐渐增高，其中酸性岩浆元素的分配也逐渐增高；不同时代基性喷出岩随着时代的更新，岩石的基性程度逐渐增高，其中基性岩浆元素的分配也逐渐增高。

沉积岩类型的化学成分变化极大，最主要的氧化物如 SiO_2、Al_2O_3、Fe_2O_3、CaO、MgO 等的含量变化范围为 0~100%。这种特点反映沉积地球化学作用有明显的分界趋势。沉积岩中 Fe_2O_3、CO_2、H_2O、有机质等含量较高，且 Fe_2O_3>FeO，K_2O>Na_2O，这是由沉积圈化学作用，如水的积极参与、氧化作用、生物作用和影响等所决定的。沉积岩中微量元素的含量因沉积物类型不同而有较大差别。某些沉积岩类富集特定的微量元素，如黑色页岩富含镍、钼、钒、铀；铝质岩富含钛、镓；磷块岩富含铀、碘等。控制微量元素在沉积圈中分布的主要因素是自然地理环境和元素本身的地球化学性质。

元素在变质岩中分配的一般规律表现为：元素在变质岩中分配与元素在岩浆岩和沉积岩中分配是不同的。一般来说，元素在各类变质岩的分配量，特别是微量元素的分配量很不均衡。这是因为元素的分配量在很大程度上与变质岩的原岩成分有关，各类变质岩的化学成分受原岩（沉积岩和火成岩）控制。

二、测量参数

通过 X 射线荧光光谱分析获得的元素信息，包括直接的谱图信息和由谱图解析的元素含量信息。元素含量信息最初是由元素的特征 X 射线强度反映出的，其单位为脉冲计数。元素的特征 X 射线强度与元素的含量呈亚相关关系，因此，可以通过数学运算及一定的校正方法获得元素质量分数数据。

在 X 射线荧光分析中，1~10 号元素（H、He、Li、Be、B、C、N、O、F、Ne）的特征 X 射线不易通过 X 射线荧光分析仪测定。从 Na~U（元素周期表 11~92 号）元素可检测的最低检出限为 0.001%。常用到的 Mg、Al、Si、K、Ca、Na、Fe、P、S、Cl、Mn、Ti（钛）、Cr（铬）、V（钒）等 14 种元素，一般称之为主元素。

样品扫描所得到的元素及强度之间关系的图谱叫作元素谱图，其中横坐标为道值，用来刻度元素波谱有效形态起始位置，反映不同元素的出峰位置，纵坐标为脉冲强度，反映元素含量多少。

第三节　资料录取

一、仪器标定与校验

（一）仪器标定

1. 道值标定

（1）标定前仪器稳定时间大于 0.5h；

(2) 用单元素标样 Fe 或 Ag 连续分析 5 次，元素的起始道值和结束道值偏离应小于 2 个，主峰道值偏离应小于 1 个，脉冲计数相对误差应不大于 2%。

2. 含量标定

(1) 标定前仪器稳定时间大于 0.5h；

(2) 用国家标准岩石样品进行元素含量标定，每种元素标定点数不少于 15 个，确定各种元素标定曲线；

(3) 完成标定曲线后，选取 3 个未参加标定的国家标准物质进行含量测量，检测含量与标准物质实际含量主元素偏差小于 5%。

（二）仪器检验

1. 重复性校验

同一样品在同一条件下连续 5 次测得的主元素含量值与 5 次测量的平均值的相对标准偏差应不大于 5%。

相对标准偏差计算公式为

$$\mathrm{RSD} = \sqrt{\frac{\sum_{i=1}^{n}(N_i - \overline{N})^2}{n-1}} / \overline{N} \times 100\% \qquad (2\text{-}7\text{-}1)$$

式中　RSD——n 次测量的相对标准偏差；

n——测量次数；

N_i——第 i 次测量值；

$\overline{N}$——n 次测量的平均值。

2. 稳定性校验

同一样品每间隔 30min 测量一次，5 次测得的主元素含量值与 5 次测量的平均值的相对标准偏差应不大于 5%。

相对标准偏差计算公式同上。

3. 准确性校验

选取 3 个未参加标定的国家标准岩石样品进行含量测量，检测含量与国家标准岩石样品实际含量主元素相对偏差不大于 5%。

标准物质相对偏差计算公式为

$$\delta = |b-a| / a \times 100\% \qquad (2\text{-}7\text{-}2)$$

式中　δ——元素含量相对偏差，%；

a——样品标准含量值，%；

b——样品实测含量值,%。

4. 标定与校验周期

（1）使用1年或主元素含量相对标准偏差大于5%时，应对仪器进行标定。

（2）每次开机后应进行元素道值、准确性校验。

（3）每次仪器重新安装后应进行重复性、稳定性、准确性校验。

（4）仪器连续运行10天应进行重复性、稳定性校验。

二、样品选取与制备

（一）样品选取要求

（1）岩屑按录井间距及设计要求采样；岩心按1点/0.5m取样，岩性变化边界加密采样。

（2）采样质量大于10.0g，选取具有代表性混合岩样，尽量去掉大块假岩屑。

（3）样品应采用自然晾晒法干燥，若采用烘箱干燥时，烘箱温度应控制在85℃以下。

（二）样品制备

1. 样品粉碎

使用研磨机进行样品粉碎。一般情况下，泥质岩类研磨15min，砂岩和岩浆岩类研磨20min，岩屑粉末粒度必须达到0.1mm以下，手捻没有颗粒感。

2. 样品压片

每次压片前应将压片器具清理干净，对岩样进行压片处理时，压强不小于10MPa。对石英含量较高不易压制成片的样品应适当添加黏结剂，黏结剂中应不含原子序数大于11的元素，压片表面要平整，无裂纹或破损。

（三）样品扫描

把被测样品放到分析仪内样品托盘上，大面朝上，小面贴在托盘上，放置之前用吸耳球除尘，把大面上浮尘吹掉后方可进行扫描。

测量样品抽真空时间为120s，真空度保持在0.085~0.09MPa。此时分析仪测量轻元素百分含量，包括Na、Mg、Al、Si、P、S、Cl、K、Ca。然后使用真空泵吸气，将压力恢复到0MPa，此时用分析仪测量重元素，包括：Ti、V、Cr、Mn、Fe、Co、Ni、Cu、Zn、As、Se、Rb、Sr、Y、Zr、Nb、Mo、Ag、Cd、In、Sn、W、Pb、Th、U。

三、影响因素分析

（一）样品代表性的影响

由于岩屑样品是混合样，通过元素录井获得的岩屑元素分析数据包含正钻岩层信息、上覆岩层信息、掉块岩层信息，甚至包括钻井液信息、洗砂水信息、钻具材料信息，有时还有人为污染信息。如果岩屑掉块多、挑样困难，数据结果就不准确。

采样时要求尽可能去掉假岩屑和井壁掉块，提高真岩屑比例。假岩屑主要是上覆层位的岩屑（特别是厚度较大的层位）由于不能被钻井液携带完全，导致携带滞后并与新层位岩屑一同返出的岩屑；井壁掉块是由于裸眼井段过长、钻井液性能变化及钻具活动等因素的影响，使已钻过的上部岩层从井壁脱落下来，混杂于来自井底的岩屑之中的岩屑。

真假岩屑的识别是录井的关键技术和基本技能，传统的真假岩屑识别方法有：

（1）观察岩屑的色调和形状。一般新岩屑破碎较充分，颗粒大小较为均匀，色调新鲜，形状呈棱角状或呈片状；井壁掉块颗粒较大、边缘模糊、色调陈旧。所以应尽量采集细碎岩屑，提高真岩屑的百分含量。

（2）注意新成分的出现。在连续取样中如果发现有新成分岩屑出现，且含量逐渐增加，则标志着井下新地层的出现。

（3）从岩屑中各种岩性岩屑的百分含量变化进行识别。对于由两种或两种以上岩性组成的地层，须从岩屑中某些岩性的岩屑百分比含量增减来判断是否进入新地层，从而确定岩屑的真伪。

（4）利用钻时、气测等资料验证。上述真假岩屑的识别方法主要是建立在牙轮钻头钻进条件下大颗粒岩屑的识别方法。目前，PDC 钻头广泛应用，气体或泡沫钻井也越来越多，造成岩屑普遍细小，因此严重影响了真假岩屑的识别，在实际录井工作中，要结合钻时、反映油气显示信息的气测资料等，判断井底钻遇的地层岩性。

假岩屑的处理方法关系到元素录井岩性分层定名准确度。理想情况下，把所有的假岩屑完全剔除，这时可根据岩屑元素的绝对含量值进行岩性分层，并根据岩性判别图版进行岩石定名，否则要依据元素含量的变化趋势综合考虑岩性定名。因此，在利用元素分析资料进行岩性分层定名时，不但要考虑元素的绝对量信息，还要考虑元素的变化趋势信息；不但要考虑元素录井本身问题，还要考虑钻井条件和当时的井况信息。

（二）数据多解性的影响

地壳上岩石的成因复杂，岩石类型多种多样，组成岩石的化学成分也复杂多样。不同的岩石类型，可能在化学成分上相似，如变质岩中的大理岩、沉积岩的石灰岩及岩浆岩中碳酸岩的主要成分都是$CaCO_3$；同一沉积盆地，因不同的酸碱度、氧化还原条件等，也会造成沉积岩化学成分迥异。

与测井数据识别岩性相似，元素数据与岩性之间不是一一对应，而是多解的，即单凭一项元素数据很难准确识别岩性。如：同源的岩浆，如果在地下深处形成则为侵入岩，若在近地表形成则为浅成岩，若喷出地表则为喷发岩，若在近源搬运沉积则为火山碎屑岩，若发生变质作用则为正变质岩，然而这五种不同的岩性在化学成分上具有很强的相似性。

元素录井只提供了化学成分信息，而没有提供岩石结构、构造信息，对于元素特征相近的不同岩性难以准确区分，比如异常高 Ca 含量的岩石类型可能是石灰岩、大理岩、岩浆岩的碳酸岩化。所以岩性解释时需要结合区域地层岩性特征综合考虑。

在钻井现场，要想准确进行岩性识别，除了具有准确的岩石元素分析数据处，还要有深厚的地质理论素养和丰富的岩石观察识别能力。

不同岩类具有不同的化学成分，这一特点构成了元素录井岩性识别乃至地层分析的基础。火成岩按照SiO_2的含量可分为超基性、基性、中性和酸性岩；沉积岩主要分为碳酸盐岩和碎屑岩两大类；变质岩则可分为正变质岩和负变质岩，其化学成分特点分别与火成岩（正变质岩）和沉积岩（负变质岩）相当。

现场技术人员首先应有基础地质理论知识，了解各主要成因、主要岩石类型的化学成分特点，还要通过学习地质设计，了解区域地质资料，认识研究区各地层组段岩石组合特征。在钻井过程中，以地质理论作支撑，并根据实钻岩性观察结果和元素分析结果，进行岩性的准确识别定名。

通过肉眼观察或借助光学仪器观察进行岩性识别是录井人员最常用的工作方法，目前仍是最主要、最直接的岩性识别手段。不管在什么时候，无论使用何种高级的分析仪器，这种观察的岩性识别方法都难以替代，这也是以实物观察分析为专业特征的地质录井技术难以替代的最根本的原因。元素录井不是为了替代观察的岩性识别方法，而是通过 X 射线荧光分析的元素数据结合地质观察结果实现岩石的准确定名。

（三）标定样品选择的影响

选择不同标定样品会对分析数据产生影响。根据每口井目的层岩性组合，要选择最合适的标样标定，针对多目的层、多岩性组合类型的剖面应分井段采用不同样品标定。

（四）压片形状的影响

压片表面不平整、有裂纹或破损，会造成分析数据失真。

第四节　资料应用

元素录井技术的分析周期短，15~20min 即可完成样品测量，具有良好的现场应用性；分析精度高，检测无损，可对样品反复多次测量，重现性好；样品适应性强，可有效解决 PDC 钻头、空气钻井、油基钻井液等钻井工艺造成的岩屑细碎、岩性不易识别的难题；岩性识别准，准确率高达 90% 以上，可有效解决岩性落实、地层对比等问题。近几年，该技术又应用于储层评价及潜山风化壳、裂缝发育带识别、沉积相分析和辅助地质导向等方面。

一、岩性识别

元素录井最基础的作用是岩性识别。在进入新的工区录井前，应收集各层位各岩性种类的岩心样进行元素分析，建立起各岩性的元素特征库，根据施工区块钻遇的地层元素特征，选择特征元素建立岩性解释标准，用以进行岩性判断对比分析，没有岩心样的可用岩屑样代替。

（一）岩性解释方法

岩性解释方法包括图谱法、图版法、曲线法、定量计算法等。

1. 图谱法

应用国家标准物质（表 2-7-1）建立不同岩性标准图谱（图 2-7-2），通过计算机图谱模式识别技术，将正钻地层岩性图谱与标准图谱进行对比，根据相似性最大的原则来进行比对，进行岩性识别。

图 2-7-2 是利用谱图对比识别流纹岩的实例。从谱图曲线形态看出，红色样品谱图曲线与蓝色标样谱图曲线吻合较好（扫描二维码见彩图）；从表格数据看，样品和标样的数值吻合度较高（表 2-7-2）。

谱图法的优点是直观、快捷，能在第一时间发现新成分的出现，对卡准风化壳、特殊岩性、特殊层位能起到预警作用。缺点是人为定性判断岩性谱图与标准谱图相似性，不够严密。

表 2-7-1　国家岩石标准物质数据

样品名称	规格类别	Na	Mg	Al	Si	P	S	Cl	K	Ca	Ti	V	Cr	Mn	Fe
CBW07102	超基性岩	0.028	38.34	0.21	37.75	0.003	0.008	0.022	0.009	1.8	0.004	0.003	0.42	0.097	7.04
CBW07103	花岗岩	3.13	0.42	13.4	72.83	0.0405	0.038	0.0127	5.01	1.55	0.172	0.0024	0.00036	0.0463	2.14
CBW07104	安山岩	3.86	1.72	16.17	60.62	0.103	0.0192	0.0046	1.89	5.2	0.309	0.0094	0.0032	0.0604	4.9
CBW07105	玄武岩	3.38	7.77	13.83	44.64	0.413	0.01	0.0114	2.32	8.81	1.42	0.0167	0.0134	0.131	13.4
CBW07106	石英砂岩	0.061	0.082	3.52	90.36	0.097	0.086	0.0044	0.65	0.3	0.158	0.0033	0.002	0.0155	3.22
CBW07107	页岩	0.35	2.01	18.82	59.23	0.069	0.006	0.0037	4.16	0.6	0.395	0.0087	0.0099	0.0173	7.6
CBW07108	泥质灰岩	0.081	5.19	5.03	15.6	0.0226	0.037	0.0083	0.78	35.67	0.33	0.0036	0.0032	0.0434	2.52
CBW07109	贡源正长岩	7.16	0.65	17.72	54.48	0.018	0.011	0.059	7.48	1.39	0.196	0.0179	0.00036	0.12	7.27
CBW07110	粗面岩	3.06	0.84	16.1	63.06	0.36	0.023	0.016	5.17	2.47	0.8	0.00643	0.00077	0.089	4.7
CBW07111	花岗闪长岩	4.05	2.81	16.65	59.68	0.34	0.011	0.023	3.5	4.72	0.77	0.0104	0.00376	0.094	5.72
CBW07112	辉长岩	2.11	5.25	14.14	35.69	0.028	0.37	0.006	0.15	9.86	7.69	0.0768	0.00145	0.193	24.62
CBW07113	流纹岩	2.57	0.14	12.96	72.78	0.045	0.009	0.002	5.43	0.59	0.3	0.00038	0.00073	0.1084	3
CBW07114	白云岩	0.03	21.82	0.1	0.62	0.006	0.011	0.012	0.038	30.02	0.015	0.00021	0.0003	0.0077	0.19
CBW07120	灰岩	0.03	0.71	0.68	6.65	0.0057	0.0035	0.003	0.15	51.1	0.1	0.00052	0.00033	0.003	0.21
CBW07121	花岗片麻岩	5.3	1.63	16.3	66.3	0.057	0.005	0.0127	2.6	2.66	0.4	0.0045	0.0023	0.043	3.12

续表

样品名称	规格类别	Na	Mg	Al	Si	P	S	Cl	K	Ca	Ti	V	Cr	Mn	Fe
CBW07122	斜长角闪岩	2.07	7.2	13.8	49.6	0.0375	0.007	0.012	0.48	9.6	1.15	0.03	0.0137	0.16	14.8
CBW07123	辉绿岩	3.17	5.08	13.21	49.88	0.55	0.44	0.04	1.49	7.83	2.94	0.0268	0.0111	0.16	15
CBW07124	金伯利岩	0.1	17.56	3.73	35.88	0.3	0.68	0.05	0.49	12.64	0.71	0.0086	0.0795	0.09	6.53
CBW07125	伟晶岩	1.6	0.13	13.19	76.4	0.18	0.07		6.22	0.1	0.61	0.00445	0.00048	0.01	0.24
CBW07127	云泥灰岩	0.022	6.76	0.17	0.55	0.008	0.017	0.0034	0.043	47.89	0.011	0.00048	0.00048	0.009	0.193
CBW07128	灰质白云岩	0.029	11.62	0.22	0.72	0.014	0.013	0.0034	0.052	41.95	0.022	0.0005	0.00056	0.009	0.205
CBW07129	灰岩	0.014	0.24	0.15	0.3	0.023	0.011	0.005	0.012	55.49	0.007	0.0004	0.00038	0.03	0.07
CBW07130	灰岩	0.014	1.42	0.18	1.08	0.005	0.014	0.0028	0.043	54.08	0.007	0.00036	0.0054	0.004	0.222
CBW07131	白云岩	0.036	20.14	0.29	1.15	0.035	0.33	0.0343	0.16	30.93	0.013	0.00051	0.00034	0.012	0 17
CBW07132	灰岩	0.05	1.45	1.13	6.27	0.121	0.98	0.0077	0.4	48.16	0.048	0.00088	0.00081	0.089	0.73
CBW07133	灰岩	0.02	0.75	0.29	1.28	0.009	0.058	0.006	0.035	53.83	0.029	0.00062	0.00103	0.011	0.155
CBW07134	含灰白云岩	0.03	14.96	0.18	1.17	0.009	0.041	0.0123	0.026	38.08	0.009	0.00075	0.00097	0.027	0.448
CBW07135	含泥灰岩	0.17	1.36	3.03	11.07	0.094	1.18	0.0096	0.88	43.76	0.43	0.00385	0.0034	0.041	1.77

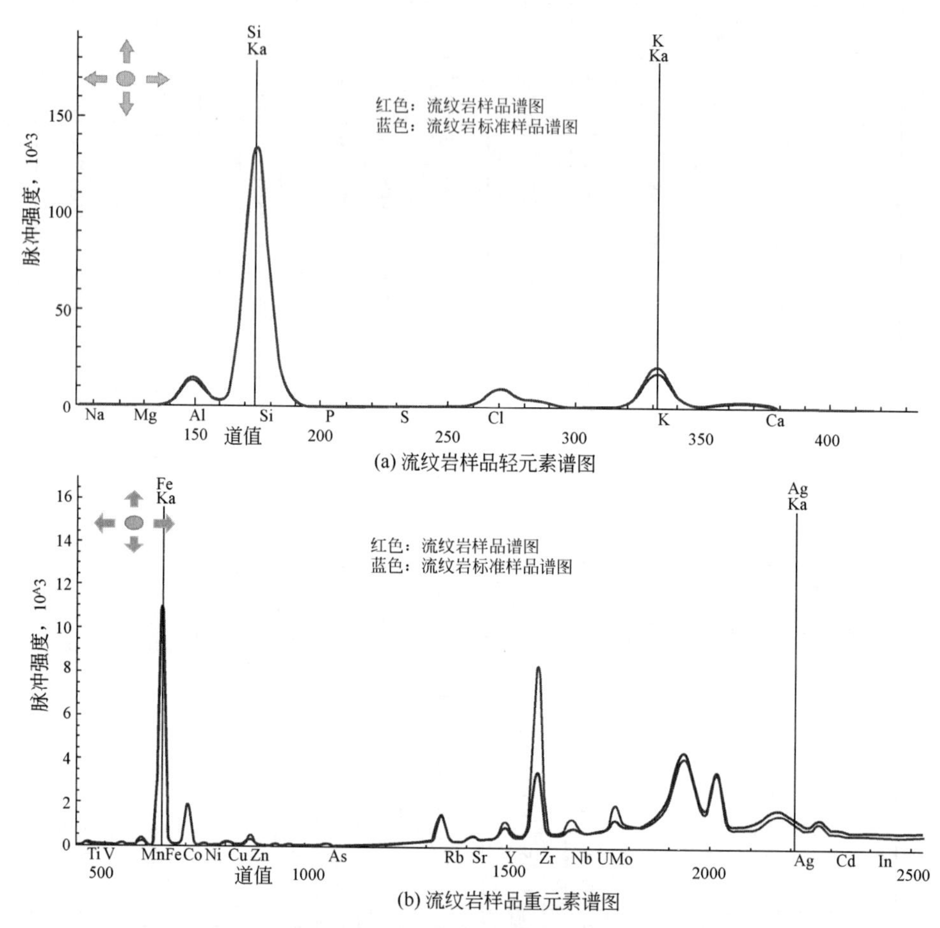

(a) 流纹岩样品轻元素谱图

(b) 流纹岩样品重元素谱图

图 2-7-2 样品谱图对比

注：谱图横坐标为道值，用来刻度元素波普有效形态起始位置，反映不同元素的出峰位置；纵坐标为脉冲强度，反映元素含量多少。

表 2-7-2 样品元素含量表

样品名称	Na	Mg	Al	Si	P	S	Cl	K	Ca	Mn	Fe	Ag	Cd	In
流纹岩样品	3. 32	0. 13	12. 7	70. 3	0. 06	0. 05	0. 04	4. 94	0. 47	0. 09	3. 22	0. 07	0. 12	0. 07
流纹岩标准样品	2. 57	0. 14	12. 9	69. 1	0. 04	0. 03	0. 01	5. 43	0. 59	0. 11	3. 22	0. 08	0. 14	0. 09

2. 图版法

通过对样品中元素数据分析与统计，选取能反映岩石成分的特征元素，建立元素的交汇图版，对一些复杂岩性进行准确定名。

例如，针对碳酸盐岩地层，运用碳酸盐岩解释图版进行岩性定名，经过样品分析，得到岩样中石灰质、白云质及黏土含量，通过元素碳酸盐岩解释图版（图 2-7-3）进行投点，可实现碳酸盐岩准确定名。

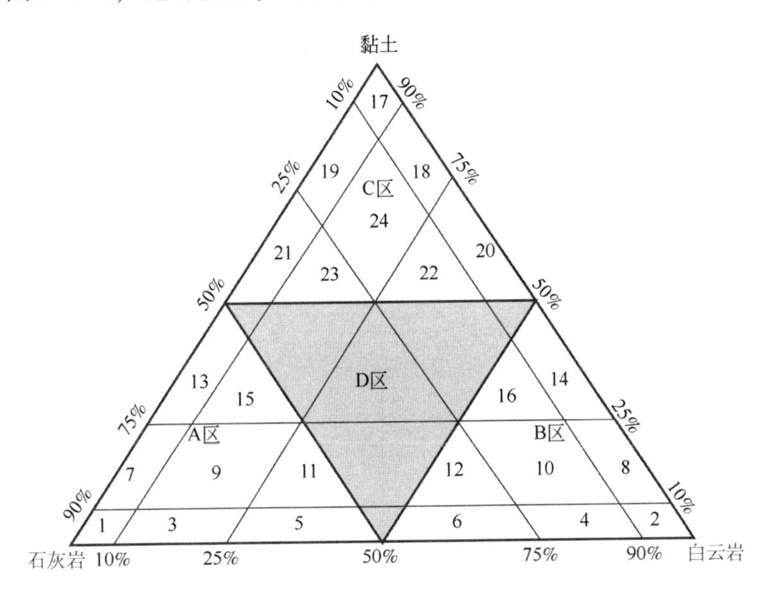

图 2-7-3　碳酸盐岩解释图版

A 区为石灰岩区；B 区为白云岩区；C 区为泥岩区；

D 区为泥质、云质、灰质各占 30%左右，泥云灰岩、泥灰云岩

针对岩浆岩的定名，依据岩浆岩分类表（表 2-7-3），通过得到的元素数据，根据 SiO_2 含量可以判断岩浆岩酸碱度，根据 K_2O+Na_2O 含量判断碱度，再配合其他指数可以实现辅助岩浆岩的定名。为了更加直观地实现火山岩岩性定名，在此表的基础上，可以应用国际地科联（IUGS）推荐的火山岩分类图版（图 2-7-4），将样品 K_2O+Na_2O 含量和 SiO_2 的含量在本图版中进行投点，可以准确定名火山岩。

应用图版法进行岩性解释时，应以岩石地球化学理论为指导，在充分了解区域地质背景情况下，深入挖掘元素信息与岩石类型之间的关系或规律性。利用这种规律性，建立区域性的、具有一定约束条件的岩性识别方法或图版。常用的图版类型有二元成分变异图版和三元系图版。

表 2-7-3　岩浆岩分类表　　　　依据邱家骧主编《岩浆岩石学》分类

酸度	超基性岩				基性岩			中性岩				酸性岩	
碱度	钙碱性	偏碱性	过碱性		钙碱性	碱性	过碱性	过碱性		钙碱性-碱性	过碱性	钙碱性	碱性
岩石类型 / 基本特征	橄榄岩-苦橄岩类	金伯利岩类	霓霞岩-霞石岩类	碳酸岩类	辉长岩-玄武岩类	碱性辉长岩-碱性玄武岩类		闪长岩-安山岩类		正长岩-粗面岩类二长岩-粗安岩类	霞石正长岩-响岩类	花岗岩-流纹岩类	
SiO_2(m%)	<45				45~53			53~66				>66	
	38~45	20~38	38~45	<20									
K_2O+Na_2O(m%)	<3.5		>3.5		平均 3.6	平均 4.6	平均 7	平均 5.5		平均 9	平均 14	平均 6~8	
δ	—				<3.3	3.3~9	>9	<3.3		3.3~9	>9	<3.3	3.3~9
石英含量(V%)	不含				不含或少含	不含		<20			不含	>20	
似长石含量(V%)	不含	不含	含量变化大	可含	不含	不含或少含	>5	不含		不含或少含	5~50	不含	
长石种类及含量	不含	不含	可含少量碱性长石		以基性斜长石为主	以碱性长石及基性斜长石为主，也可有中、更长石		中性斜长石。可含碱性长石	碱性长石为主，可含中性	酸性长石	碱性长石	碱性及中酸性斜长石	碱性长石
色率	>60		30~90		40~10			15~40				<15	

续表

基本特征 \ 岩石类型 \ 碱度 \ 酸度		超基性岩				基性岩			中性岩				酸性岩	
		钙碱性	偏碱性	过碱性		钙碱性	碱性	过碱性	过碱性		钙碱性-碱性	过碱性	钙碱性	碱性
		橄榄岩-苦橄岩类	金伯利岩类	霓霞岩-霞石岩类	碳酸岩类	辉长岩-玄武岩类	碱性辉长岩-碱性玄武岩类		闪长岩-安山岩类		正长岩-粗面岩类 二长岩-粗安岩类	霞石正长岩-响岩类	花岗岩-流纹岩类	
代表性岩石	深成岩（全晶质、中粗粒、似斑状）	纯橄榄岩 橄榄岩 二辉橄榄岩 辉石岩	—	—		辉长岩 苏长岩 斜长岩	碱性辉长岩		闪长岩	二长岩	正长岩 碱性 正长岩	霞石正长岩	花岗岩 花岗闪长岩	碱性 花岗岩
	浅成岩（全晶质、细中粒、斑状）	苦橄玢岩	金伯利岩	霓霞岩 磷霞岩	碳酸盐	辉绿岩 辉绿玢岩	碱性辉绿岩 碱性辉绿玢岩		闪长玢岩	二长斑岩	正长斑岩	霞石正长斑岩	花岗斑岩 花岗闪长斑（玢）岩	霓细花岗岩
	喷出岩	苦橄岩 玻基纯橄岩 科马提岩	玻基辉橄岩	霞石岩	碳酸熔岩	拉斑玄武岩 高铝玄武岩	碱性玄武岩	碱玄岩 碧玄岩 白榴岩	安山岩	粗安岩	粗面岩碱性粗面岩	响岩	流纹岩 英安岩	碱性流纹岩 碱流岩

注：脉岩、火山碎屑岩未列入表内。$\delta=(K_2O+Na_2O)^2/(SiO_2-43)$

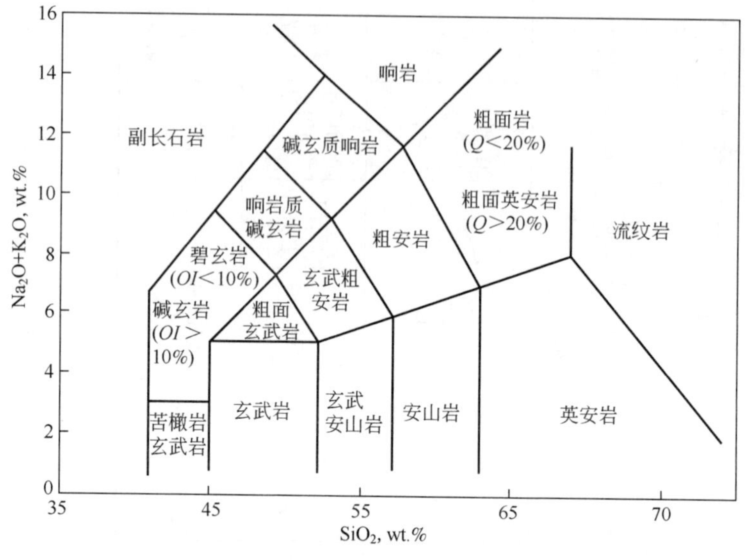

图 2-7-4 火山岩的 TAS 图版

二元成分变异图版是选用两个相关岩石化学或地球化学变量进行投影，实质上是相关分析和回归分析原理在地质学中的应用。二元成分变异图版能够定性地说明主要元素之间的相关性，其主要目的是说明样品之间的变化特征和识别变化趋势，并利用变化趋势阐明某种可能导致主要元素之间关联性的地质过程。因此，作为横坐标轴的元素应该选择能够反映样品之间最大协变性的元素或者能够说明某个特殊地球化学过程的元素。对于岩石化学数据，一般选择数据集中、变化最大的氧化物作为横坐标，最常见的是 SiO_2；如果是镁铁质系列，也可以选择 MgO；如果是黏土岩系列，则可以选择 Al_2O_3。

三元系图版在地质学中尤其是在岩石学中应用较广，其构成原理是，取等边三角形，三个顶点表示三个纯组分，三条边各定为 100%，表示三个二元系的成分。这种图版能够说明某个样品点每种组分占总成分的百分比。把多个样品投影在同一三元系中便于它们相互对比。

3. 曲线法

在随钻录井过程中，元素录井获得的是混合岩屑样品的分析数值，因此仅靠单个样品的分析数值识别岩性会产生偏差。通过制作元素含量随井深的变化曲线图（图 2-7-5），并根据各元素曲线特征综合分析，可快速、准确、系统地识别岩性。

利用某元素变化曲线进行岩性解释，其具体划分岩层顶、底界的方法是：

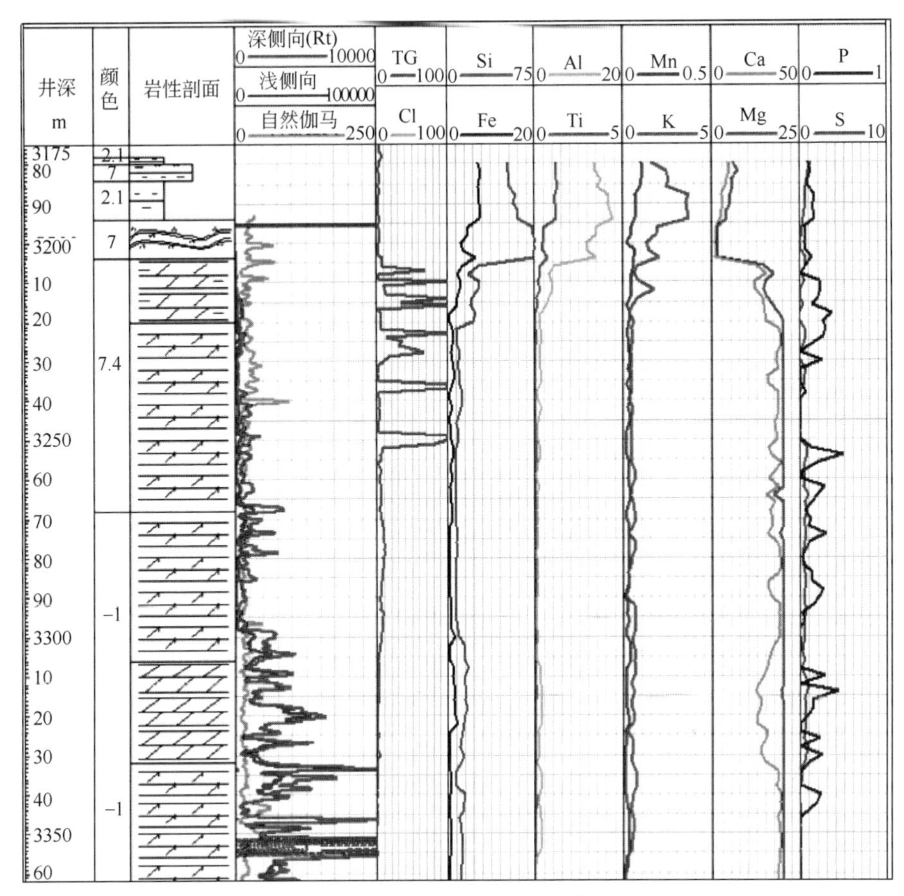

图 2-7-5　曲线法识别岩性示例图

当元素含量值开始发生变化时为顶界，元素含量变化最大值为底界。

4. 定量计算法

目前针对沉积岩地层采用定量计算法，通过元素分析获得岩石中砂质、泥质、石灰质、白云质代表元素的含量，定量计算出岩样中各种物质代表矿物的含量，然后根据岩石定名原则，可以实现岩屑定名。

（二）沉积岩识别

对于普通的砂泥岩地层，一般选择与物质呈正相关的特征元素含量计算该物质含量，即用 Si 元素含量计算砂质含量，用 Fe、Ti、Al 等元素含量计算泥质含量，用 Ca 元素计算石灰质含量、用 Mg 含量计算白云质含量等。通过对这些特征元素的计算，达到定量解释沉积岩的效果（图 2-7-6）。

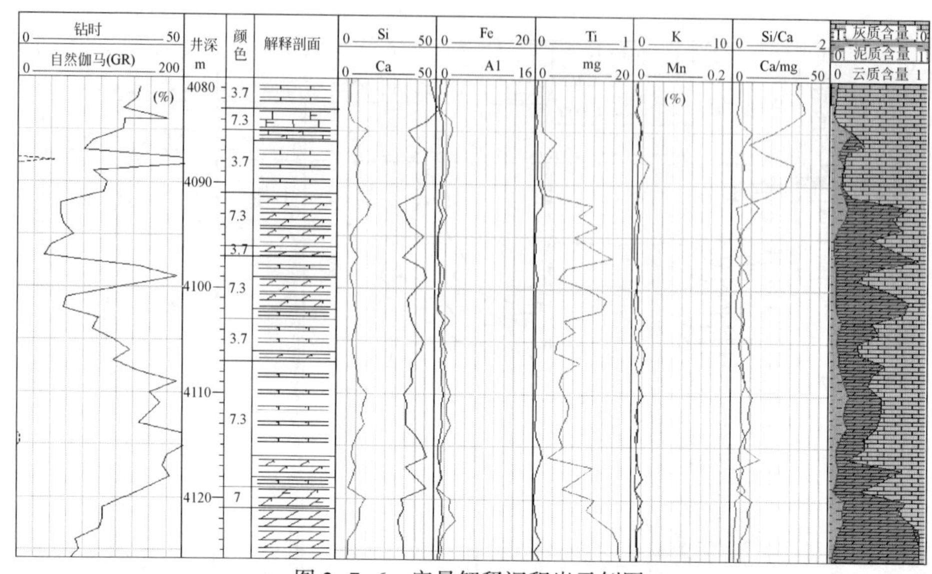

图 2-7-6 定量解释沉积岩示例图

对于煤、盐岩、油页岩、膏岩等特殊沉积岩的识别，应先了解区域资料及本井岩性组合特征，确定特殊岩性可能出现的井段，再根据特殊岩性的特征元素变化特征或组合特征，确定岩性，还要参考常规录井资料确定特殊岩性的具体深度。

如煤层识别：在砂泥岩地层中，S 元素与反映泥质含量的 Fe、Mn 等元素具有很强的正相关性，当钻遇煤层时，Fe、Mn 元素含量大幅度下降，而 S 元素含量急剧升高，因此表现出 S 元素曲线的反转现象（图 2-7-7）。

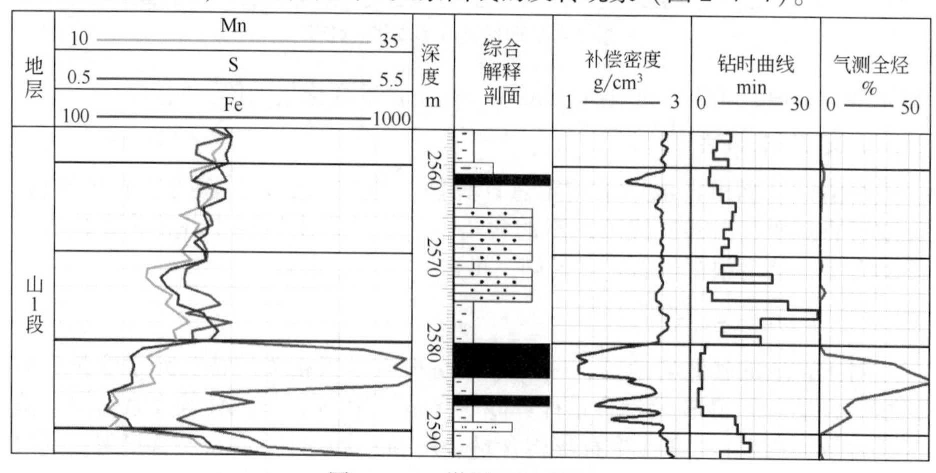

图 2-7-7 煤层识别示例图

膏盐属于蒸发岩相，元素特征表现为：S、P 元素为高正异常，Ti、Ba、V 等难溶金属部分正异常（视古水体中元素含量而定）；当蒸发特别强烈时，K、Na、Cl 元素为局部正异常（图 2-7-8），反映钾盐、钠盐、氯化物过饱和而析出。

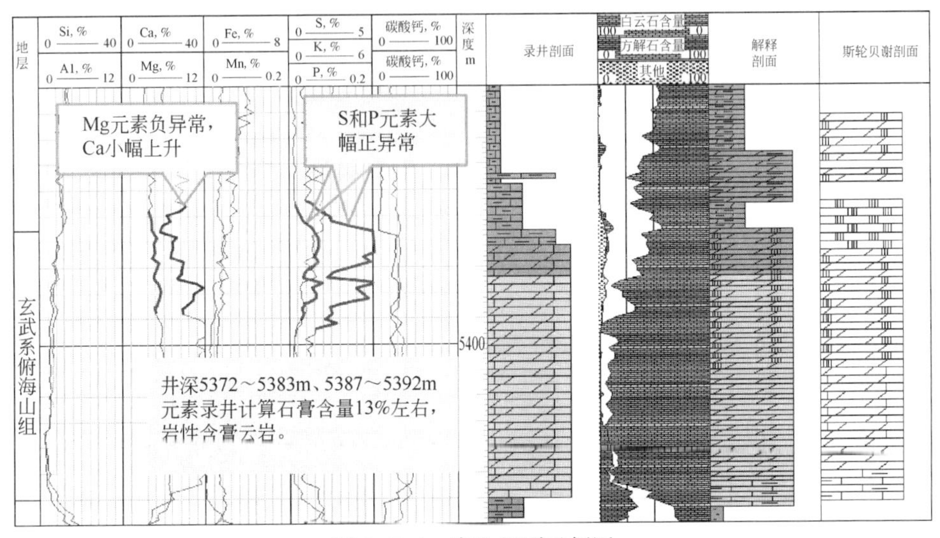

图 2-7-8　膏盐识别示例图

（三）火成岩识别

理论上讲，火成岩化学成分主要包含 13 项：SiO_2、TiO_2、Al_2O_3、Fe_2O_3、FeO、MnO、MgO、CaO、Na_2O、K_2O、P_2O_5、H_2O、CO_2，这 13 项成分总和占火成岩平均化学成分的 98%。其中 SiO_2 含量最高，一般为 34%～75%，少数可达 80%，同时它对火成岩的物理化学性质及矿物组成的影响最大，因此是火成岩中最重要的一种氧化物，被用来作为划分火成岩酸性程度和基性程度的参数。Na_2O+K_2O 含量决定了火成岩碱度及系列的划分。Al_2O_3 在火成岩的平均组成中含量仅次于 SiO_2，是岩石进一步分类和成因研究中的重要参数。不同火成岩暗色矿物含量不同，酸度越大，暗色矿物含量越少，主要体现在铁镁矿物含量，MgO、FeO 与 SiO_2 为负相关关系，K_2O、Na_2O 与 SiO_2 成正相关关系，Al_2O_3、CaO 变化较复杂，从超基性岩到基性岩增加较快，到最大值，然后随酸度增加而降低。表 2-7-4 列出常见火成岩元素特征表，可作为火成岩岩性解释的依据。

表 2-7-4 常见火成岩元素特征表

岩石类型	矿物组成	SiO_2 含量(%)	按 SiO_2 含量分类	元素分布特征
辉绿岩	斜长石、辉石、橄榄石、角闪石等	40~48	基性、超基性	Si>Fe>Al>Ca,Ti、K、Co次之,且含量相近
玄武岩	斜长石、辉石、橄榄石、角闪石、黑云母等	45~52	基性	Si>Fe>Al>Ca>Mg>K
闪长岩	斜长石、角闪石、钾长石、辉石、黑云母等	52~60	中性	Si>Fe>Ca
安山岩	斜长石、角闪石、黑云母、辉石等	52~60	中性	Si>Al>Fe>Mg>Ca,Fe含量较玄武岩低,Si含量比玄武岩高
英安岩	斜长石、石英、辉石、角闪石等	55~65	中性、酸性	Si>Al>Fe>Mg>Ca,与安山岩相近
粗面岩	石英、钾长石、角闪石等	62~68	酸性	Si>Al>K>Ca>Fe
煌斑岩	斜长石、角闪石、黑云母、辉石等	52~60	中性	Si>Al>Fe>Ca>Mg,与安山岩相近,Si、Al含量略大于英安岩

元素含量只能定量解释火成岩化学分类的问题，无法识别岩石的结构与构造，并且元素与矿物、岩性之间存在多解性，所以实际工作中，要充分了解区域火成岩成因、主要类型、产状等基础资料，建立起区域性的岩性元素特征库，合理选取特征元素，并结合岩心岩屑实物观察综合确定火成岩的具体定名。

（四）变质岩识别

变质岩分为负变质岩和正变质岩，二者的元素成分分别与其母岩沉积岩和火成岩相似。例如辽河盆地变质岩主要为正变质岩，因此其成分与母岩火成岩相近（表 2-7-5）。岩性定名主要依据区域地质特征、岩石结构构造特征等，元素录井作为辅助定名的依据。

表 2-7-5 辽河盆地常见变质岩元素特征表

岩石类型	矿物组成	元素分布特征
斜长角闪岩	角闪石、斜长石、绿帘石、黑云母、石榴石、辉石等	Si>Fe>Al>Ca>Mg>Ti,Fe、Ca含量在变质岩中最高
片麻岩	长石、石英、云母、角闪石等为主	Si>Al>Fe>Ca>K,Fe、Ca含量明显高于混合花岗岩

续表

岩石类型	矿物组成	元素分布特征
混合岩	长石、石英、黑云母、角闪石、辉石等，矿物成分复杂	Si>Al>Fe>Ca>Mg
混合花岗岩	石英、钾长石、斜长石、黑云母、角闪石等	Si>Al>Mg>Fe>K>Ca
浅粒岩	长石>25%、石英>65%、黑云母、角闪石等	Si>Al>Mg，而 K、Ca、Fe 含量相近
石英岩	石英、绢云母、绿泥石、黑云母、角闪石、透辉石等	Si>Al>K，其他元素含量很低

潜山面识别、潜山内幕岩脉或者特殊岩性的识别，实质是岩性识别的拓展。有了以上岩性识别技术的支持，可以进行火成岩潜山、变质岩潜山石灰岩潜山的识别，以及潜山内幕岩脉或特殊岩性的识别。准确进行了岩性定名，也就解决了以上各种界面、特殊岩性的识别问题。

二、风化壳识别

（一）风化指数识别

岩石风化后，除一部分溶解物质流失外，其碎屑残余物质和新生成的化学物质大都残留在原来岩石的表层。把黏土矿物中易于流失的物质（K_2O+Na_2O+CaO）与稳定的物质（Al_2O_3）的相对含量变化作为指示风化作用强度的一个指标，指数越小，风化作用越强烈。利用风化指数可有效识别潜山风化壳（2-7-9）。

通过图 2-7-9 的风化指数曲线可见，随井深增加，风化作用逐渐减弱并过渡到母岩，风化带的风化指数在 0.2~0.5，未风化潜山指数基本都在 0.6 以上。

（二）微量元素识别

仅依靠风化指数无法识别的潜山风化壳，可通过 Ti、V、Cr、Mn、Ag 等微量元素变化来识别。

图 2-7-10 中阴影部分 Si、Al 含量逐渐升高，Fe、Co 含量逐渐降低，而 Ca、K 含量交叉变化，经判断为原岩堆积的角砾岩。进入潜山后，Si、Al、Co、Fe 的含量均趋于稳定，而 Ti、V、Cr、Mn 等微量元素有一定的波动，说明这一段潜山也遭受了一定的风化剥蚀作用，裂缝较为发育，为潜山风化壳。

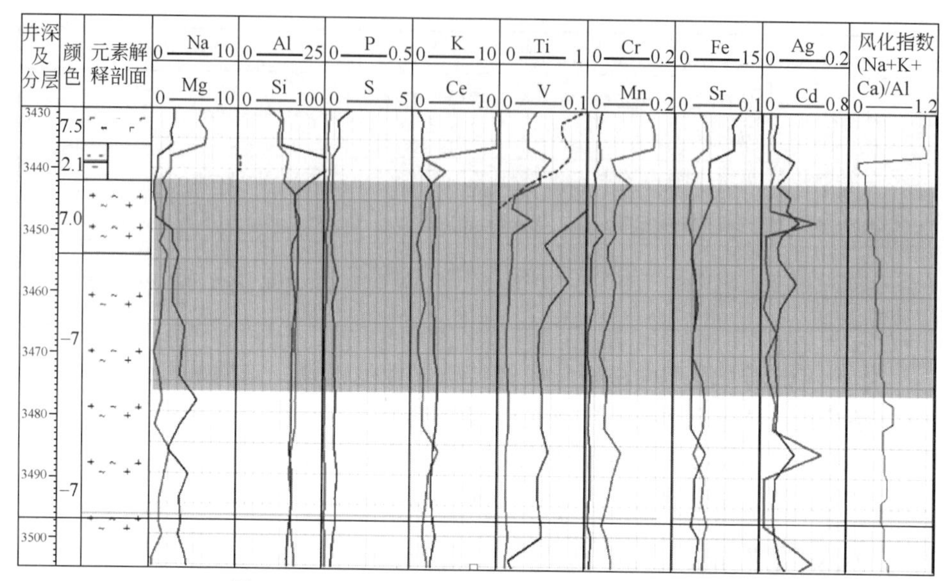

图 2-7-9　利用风化指数识别潜山风化壳示例图

井深及分层 m
颜色
岩性剖面
原解释剖面
(2.5m底部梯度)Ω·m
0.2 0.4 0.6 0.8
浅侧向RS
深侧向RT
伽马 0 200
密度 2 3
时差 20 300
元素录井曲线
Mg 0 20
Na 0 10
Al 0 20
Si 0 50
P 0 1
S 0 5
K 0 10
Ca 0 20
Ti 0 3
V 0 0.1
Cr 0 0.05
Mn 0 0.1
Fe 0 30
Co 0 2
Sr 0 0.1
Ag 0 0.5
In 0 0.2
Cd 0 2
元素录井解释剖面
新生界古近系沙河街组三段
3900
3950
7
10
7
10

图 2-7-10　利用微量元素识别潜山风化壳示例图

三、地层对比

通过对一个区块元素数据分析，选取元素具有共性的层位作为对比特征层，为地层卡取及下一步地质预告提供支持。

如图 2-7-11 所示，图中阴影区域地层 Ca 元素平均含量达到 30%左右，为一套含灰细砂岩，该套地层元素特征稳定，可选取 Ca 元素作为地层卡取依据，并为下一步地质预告提供支持。

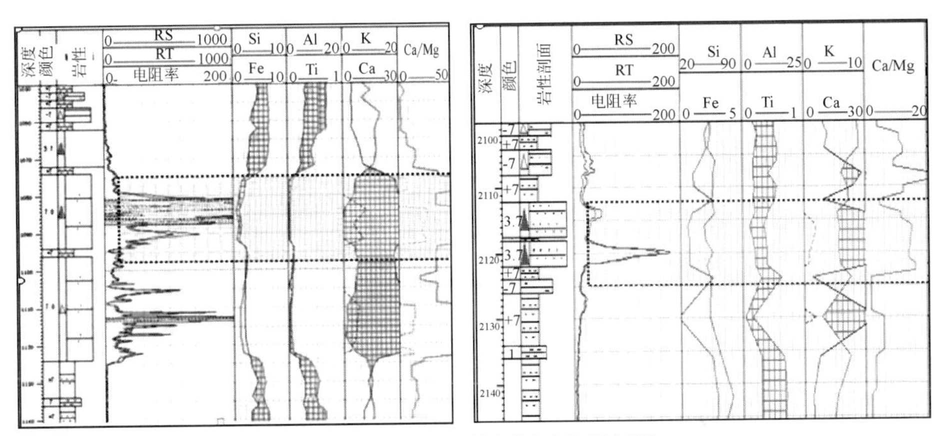

图 2-7-11　地层特征层选取示例图

在岩性准确定名的基础上，根据各地层元素特征可以进行地质分层。以××块元古界潜山小层划分为例，该潜山主要地层为中元古界长城系的大红峪组和高于庄组，中、晚元古代地壳升降交替，构造运动频繁，海水时进时退，使元古界沉积具有明显的旋回特征。根据各个地层的不同元素特征，绘制出该区块的元素标准剖面，并分析每个小层特有的元素特征，如图 2-7-12 所示，高 6 小层岩性以纯灰质白云岩为主，元素数据表现为高 Ca、Mg，其他元素含量低；高 5 小层以泥质白云岩为主，元素表现为高 Si、Al，低 Mg、Ca；高 4 小层以石英岩为主，元素特征为 Si 含量极高，其他元素含量低。根据现场钻遇地层元素特征的指示，可以准确判断钻头所处的小层位置。

四、储层识别评价

（一）致密碎屑岩储层物性及脆性评价

致密碎屑岩主要来自于致密砂岩和页岩储层。以鄂尔多斯盆地致密砂岩

储层为例，通过对比分析发现，致密砂岩储层的砂质含量高的井段对应的孔隙度、渗透率相对较高，通过砂质含量与孔隙度和渗透率的拟合图发现，砂质含量与孔隙度、渗透率均呈正相关性（图 2-7-13）。现场可通过对砂质含量的计算，拟合一条曲线来代替孔隙度及渗透率曲线，对砂岩的物性进行快速地判断。

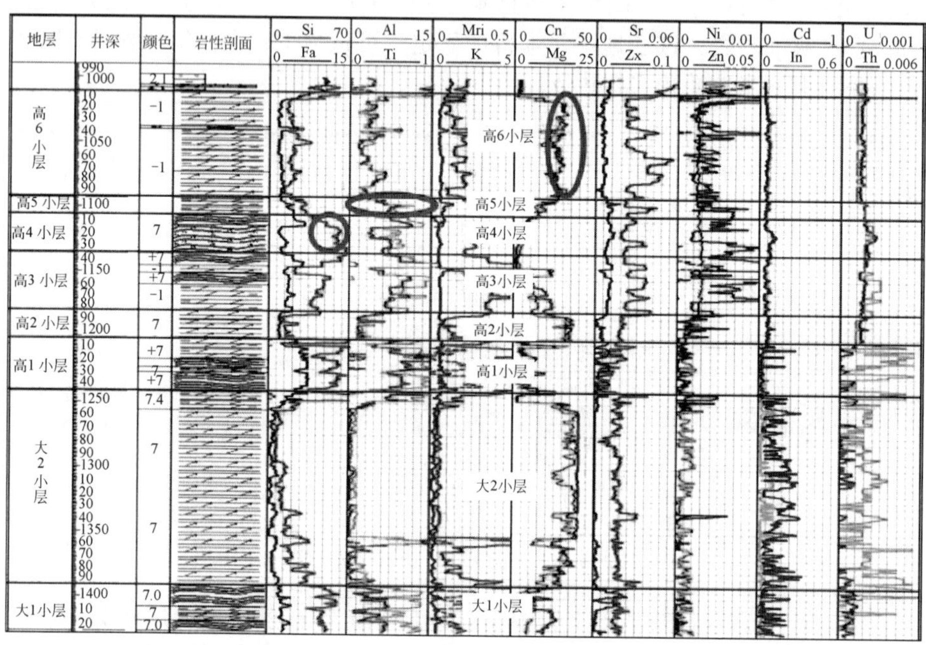

图 2-7-12　××块元古界潜山地层对比划分

在致密页岩储层应用脆性指数可以确定储层中易压裂的井段。储层中脆性物质主要包括砂质和碳酸盐，反映在元素上就是储层中 Si 及 Ca、Mg 元素的含量。脆性指数即为储层中脆性物质含量与地层元素总含量的比值，脆性指数越大，说明储层越易被压裂改造。

脆性物质计算公式：

$$C=C_{\mathrm{Si}}+C_{\mathrm{CO_3}} \tag{2-7-3}$$

式中　C——储层脆性物质含量，%；

C_{Si}——储层砂质含量，%；

$C_{\mathrm{CO_3}}$——储层碳酸盐（钙、镁）含量，%。

脆性指数计算公式：

$$BI=(C_{\mathrm{Si}}+C_{\mathrm{CO_3}})/(C_{\mathrm{Si}}+C_{\mathrm{CO_3}}+C_{\mathrm{th}}) \tag{2-7-4}$$

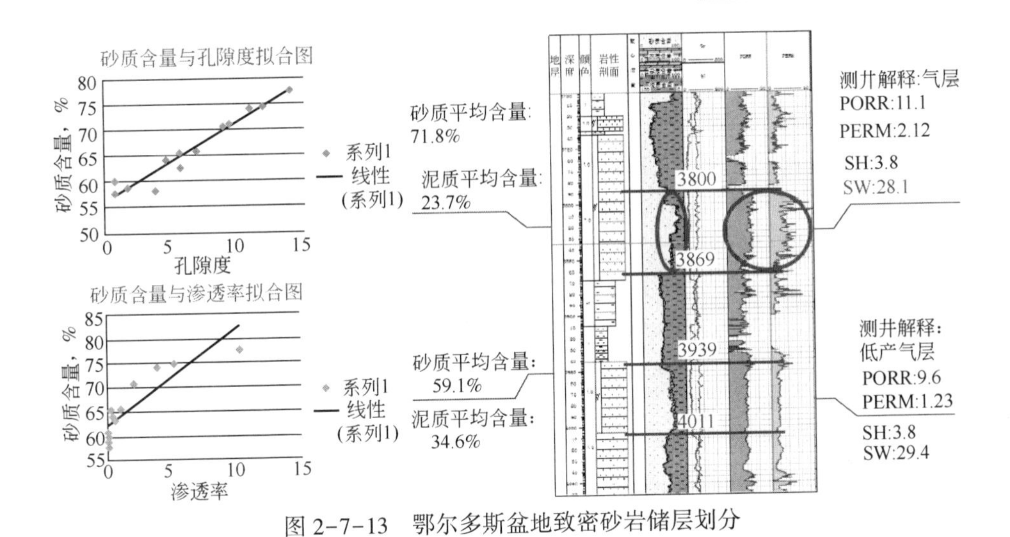

图 2-7-13 鄂尔多斯盆地致密砂岩储层划分

式中 BI——储层脆性指数；

C_{th}——储层泥质含量，%。

依据区域地质资料建立区域储层脆性评价标准，可以选出易压裂开采的有利储层段，为压裂增产提供依据（图 2-7-14）。

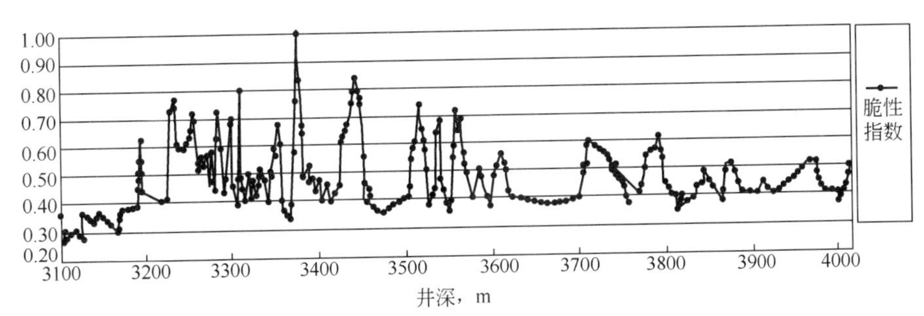

图 2-7-14 ××井脆性指数曲线

（二）中元古界裂缝型储层的识别

裂缝性储层在裂缝形成、发展过程中，由于构造作用、淋滤、充填等后生作用，可能会富集一些微量元素，可以作为裂缝储层的识别特征。

辽河盆地中元古界潜山储层为裂缝性储层，利用元素录井在中元古界潜山裂缝型储层上开展研究，将岩心裂缝发育带归位到对应的元素录井图上，分析发现有如下规律：有裂缝发育的井段，其对应的 In 和 Cd 元素都有不同程度的正异常，通过与老井采油动态数据对比分析，发现 In、Cd 元素与油气显示也有对应关系，在TG都存在异常井段，试油结论为油层的井段In、Cd元素异常程度要比试油结论为差油层的井段高。因此，现场可以将此两种微量元素作为裂缝追踪的特征元素，根据In、CD元素的含量结合气测值初步判定元古界优质储层位置。如图2-7-15所示，图上标示的上部储层，酸化前日产油17.53m^3，产水1.41m^3，酸化后日产油21.5m^3，结论为油层；标示的下部储层，酸化前日产油0.11m^3，酸化后日产油7.24m^3，结论为油层。

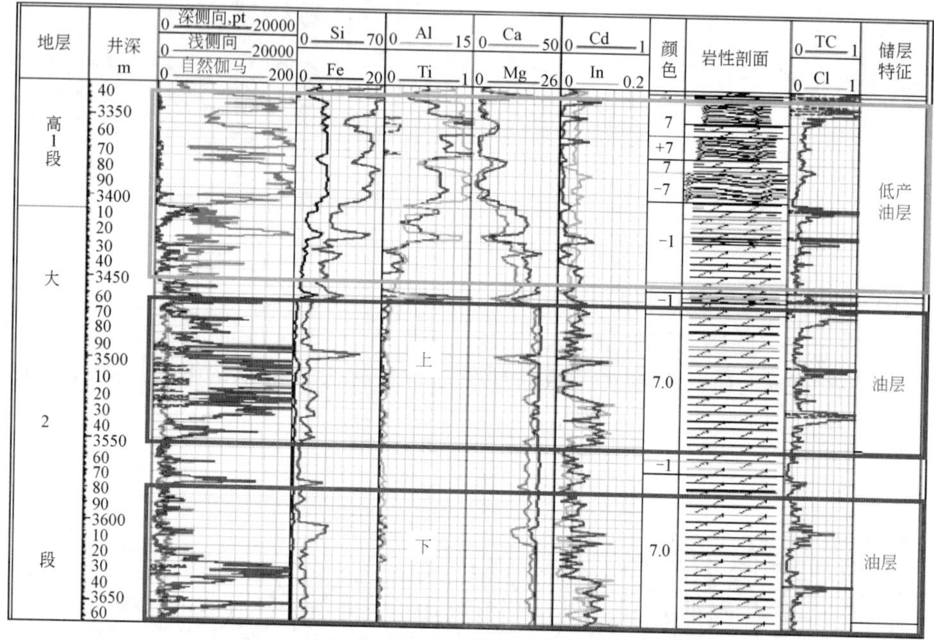

图2-7-15　××井元素录井图

（三）太古界裂缝型储层的识别

辽河盆地太古界潜山为混合岩类为主的变质岩潜山。根据元素数据与试油数据的对比，发现试油结果为油层的井段，其对应的Si/Fe的比值都有不同程度的正异常，Si为浅色矿物代表元素，Fe为暗色矿物代表元素。兴古潜山储层属于非均质性裂缝油藏，其中，浅色岩石储集体脆性缝隙发育，是变质岩理想的储集体，因此，Si/Fe、Si/Ti比值高的井段可以划分为优势储层。经过研究还发现，脉岩的发育对太古界潜山裂缝的形成也有重要的作用，通过对优势储层附近的脉岩进行分析发现，优势储层发育的井段，其附近都有脉岩发育（图2-7-16）。脉岩通常沿岩石较为薄弱的部位侵入，侵入过程中也会为新裂缝形成创造条件，因此有脉岩侵入的井段附近都应该有裂缝的存在。

如果能够抓住脉岩与裂缝型储层相互影响的规律，同时通过多井对比，掌握脉岩在区域内的展布规律，则可以为优势储层的追踪提供依据。

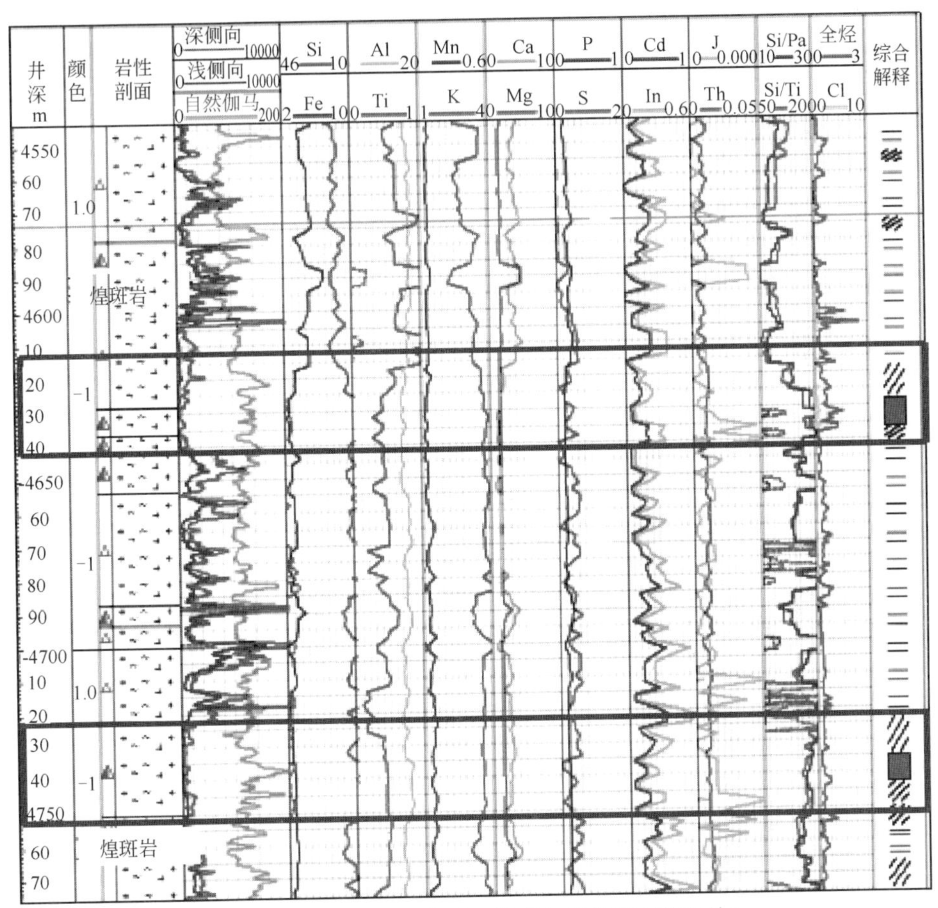

图 2-7-16 ××井录井图（脉岩与裂缝发育带相关）

五、沉积环境分析

陆相淡水流入大海后，淡水携带的 Sr、Ba 元素与海水中 SO_4^{2-} 相结合分别形成 $SrSO_4$ 和 $BaSO_4$。$BaSO_4$ 溶解度小易沉淀，而 $SrSO_4$ 溶解度较大，它可以继续迁移到盐湖中央（远海），通过生物作用沉淀下来。Sr/Ba 值随着远离湖（海）岸距离的增大而逐渐增大，淡水沉积物中 Sr/Ba 通常小于 1，海相沉积物中 Sr/Ba 大于 1。在物源没有变化的情况下，沉积环境对元素的迁移与富集起着主要因素。根据元素在水中的迁移和富集能力的不同，Fe、Si、Al等元素代表陆源物质，Mn、Ca、Mg、K、Na等元素代表湖盆内沉积物质。湖盆内沉积物元素与陆源沉积物元素的比值反映水体深浅或离岸远近。离岸指数Dis越大，水体越深，离岸越远。台地边缘（或潮下高能带）离岸指数Dis达到极大值；当水体更深时，由于泥质的增加（Fe、Si、Al元素含量增加），Dis指数反而变小，Sr/Ba通常大于1，代表了海相沉积。以区域海平面变化为基础，根据离岸指数Dis变化，建立更详细的海平面升、降变化，并根据Sr/Ba比值进行进一步修正。

如图2-7-17示例，红线为离岸指数Dis随井深变化曲线，反映了水体深浅的相对变化，值越高则水体越深，反之亦然。从Dis指数上可以看出：水体深浅变化大体经历了3个水进水退的过程。

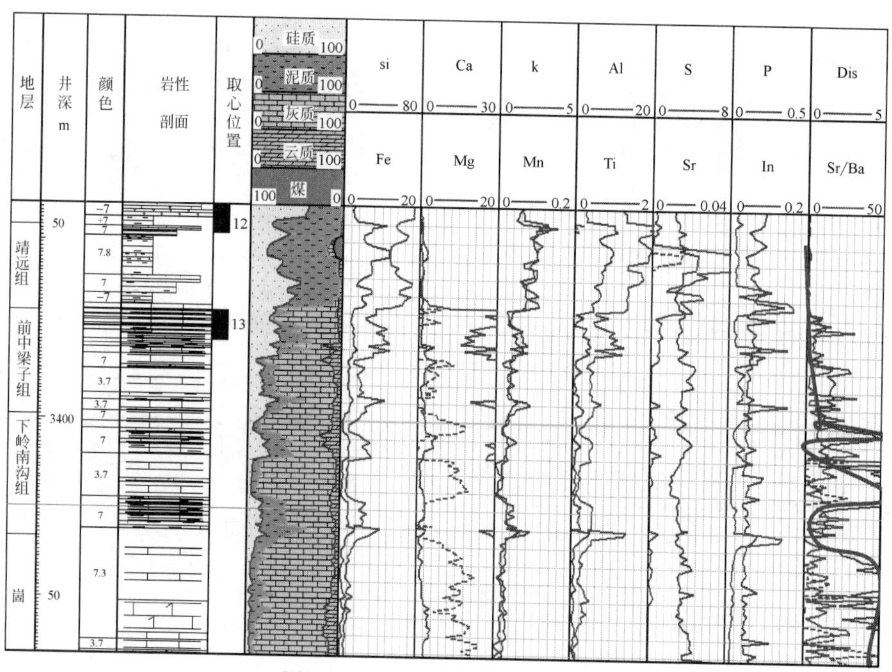

图2-7-17　元素沉积环境分析

六、辅助地质导向

以在四川威远页岩气水平井为例。威远区块内普遍存在的3种页岩（碳质页岩、灰质页岩、硅质页岩）均以 Ca、Si 元素为主，通过对比区块内完钻井元素录井数据及随钻 GR 数据进行对比分析建立区域 Ca/Si 交汇图，用于辅助 GR 曲线判断轨迹位置。

根据 Ca、Si 元素相对含量关系将龙马溪组细分为 6 段（图 2-7-18）：龙$_1{}^1$上分为龙$_1{}^1$上 a、龙$_1{}^1$上 b；龙$_1{}^1$下分为龙$_1{}^1$下 a、龙$_1{}^1$下 b、龙$_1{}^1$下 c、龙$_1{}^1$下 d。各小层元素特征为如下。

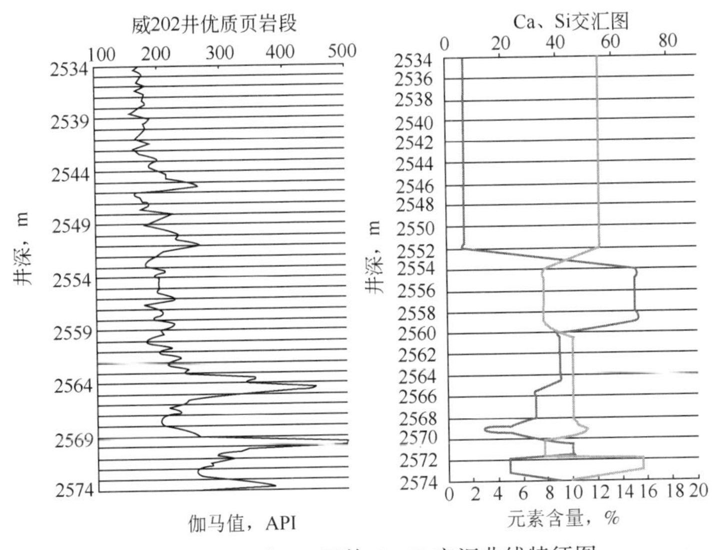

图 2-7-18 威×××区块 Ca/Si 交汇曲线特征图

龙$_1{}^1$上 a 段：Ca 元素含量 1.5%左右，Si 元素含量 55%左右，碳质页岩；

龙$_1{}^1$上 b 段：Ca 元素含量相对升高 15%左右，Si 元素含量相对降低 35%左右，灰质页岩；

龙$_1{}^1$下 a 段：Ca 元素含量 3%~10%，Si 元素含量 50%左右，碳质-灰质页岩；

龙$_1{}^1$下 b 段：Ca 元素含量 3%~10%左右，Si 元素含量 60%左右，硅质页岩；

龙$_1{}^1$下 c 段：Ca 元素含量相对升高 12%左右，Si 元素含量 35%左右，灰质页岩；

龙 1^1 下 d 段：Ca 元素含量逐渐降低 4%~10%，Si 元素含量骤增高至 70%左右，硅质页岩。

实钻中，将实钻测得的元素 Ca/Si 曲线与区块 Ca/Si 曲线交汇特征图进行对比，结合地质分析，准确判断钻头所处的位置，有效地应用在水平井着陆

及水平段内位置判断中，弥补 GR 曲线形态单一、同层位数值变化不明显的缺点。

在特殊岩性为目的层的水平井导向过程中，由于元素录井能够快速进行储层评价，所以可以用来进行水平段的地质导向。在页岩、碳酸盐岩水平井中，可以通过元素录井脆性评价和裂缝识别技术，追踪脆性物质含量高的地层，为后期压裂打下良好基础，或者追踪裂缝发育带，保证优质储层段的钻遇率。

第八章　X-射线衍射矿物录井

第一节　概述

一、X-射线衍射相关基础

（一）X射线

1895年伦琴首次发现了X射线。X射线和可见光一样属于电磁辐射，但其波长比可见光短得多，介于紫外线与γ射线之间，约为$10^{-2}\sim10^{2}$埃的范围，如图2-8-1所示。X射线的频率大约是可见光的103倍，所以它的光子能量比可见光的光子能量大得多，实际工作中常用作激发光，广泛用于医疗、矿产等行业，如图2-8-2所示。X射线可以人为产生，其产生必要条件为：电子流、高压、真空室、靶面。

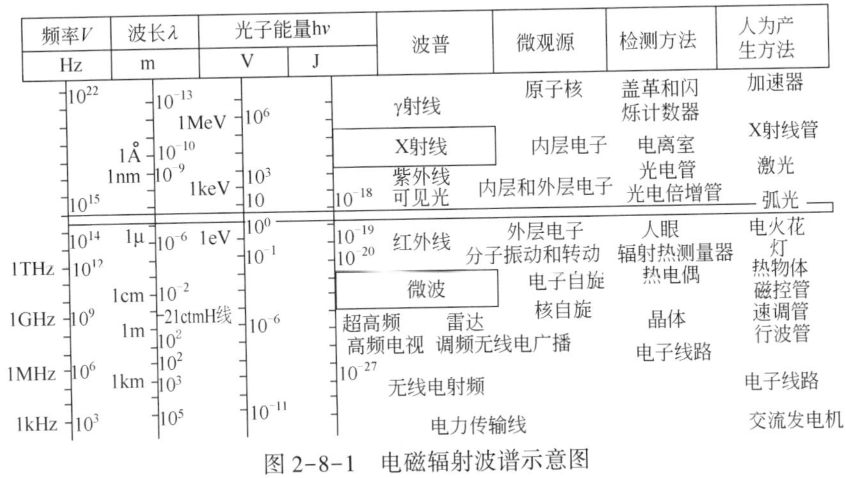

频率V	波长λ	光子能量hv		波普	微观源	检测方法	人为产生方法
Hz	m	V	J				

10^{22}　10^{-13}　1MeV　10^{6}　γ射线　原子核　盖革和闪烁计数器　加速器
1Å　10^{-10}　X射线　内层电子　电离室　X射线管
1nm　10^{-9}　1keV　10^{3}　紫外线　光电管　激光
10^{15}　10　10^{-18}　可见光　内层和外层电子　光电倍增管　弧光
10^{14}　1μ　10^{-6}　1eV　10^{0}　10^{-19}　红外线　外层电子　人眼　电火花
10^{-1}　10^{-20}　分子振动和转动　辐射热测量器　灯
1THz　10^{12}　微波　电子自旋　热电偶　热物体
1cm　10^{-2}　磁控管
1GHz　10^{9}　21ctmH线　10^{-6}　超高频　雷达　核自旋　晶体　速调管
1m　10^{2}　高频电视　调频无线电广播　行波管
10^{2}　电子线路
1MHz　10^{6}　1km　10^{3}　10^{-27}　无线电射频　电子线路
1kHz　10^{3}　10^{5}　10^{-11}　电力传输线　交流发电机

图2-8-1　电磁辐射波谱示意图

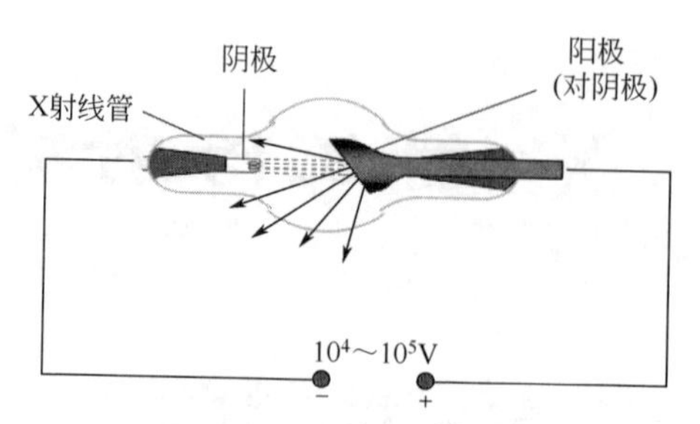

图 2-8-2　X-射线管示意图

（二）X-射线衍射

衍射（diffraction）是指光波遇到障碍物时偏离原来直线传播的物理现象。通俗地讲，衍射现象是指波在传播时，如果被一个大小接近于或小于波长的物体阻挡，就绕过这个物体，继续前行；如果通过一个大小近于或小于波长的孔，则以孔为中心，形成环形波向前传播。衍射的结果是产生明暗相间的衍射花纹，代表着衍射方向（角度）和强度。

（三）晶体的 X 射线衍射效应

晶体有别于非晶物质，其原子或原子团、离子或分子在空间按一定规律呈周期性地排列。晶体的基本特点：质点（结构单元）沿三维空间周期性排列并有对称性。晶体的周期性结构使晶体能对 X 射线产生衍射效应。当一束 X 射线照射到晶体上时，首先被电子所散射，每个电子都是一个新的辐射波源，向空间辐射出与入射波同频率的电磁波。可以把晶体中每个原子都看作一个新的散射波源，同样各自向空间辐射与入射波同频率的电磁波，如图 2-8-3 所示。由于这些散射波之间的干涉作用，使得空间某些方向上波相互叠加，在这个方向上可以观测到衍射线，而另一些方向上波相互抵消，没有衍射线产生。

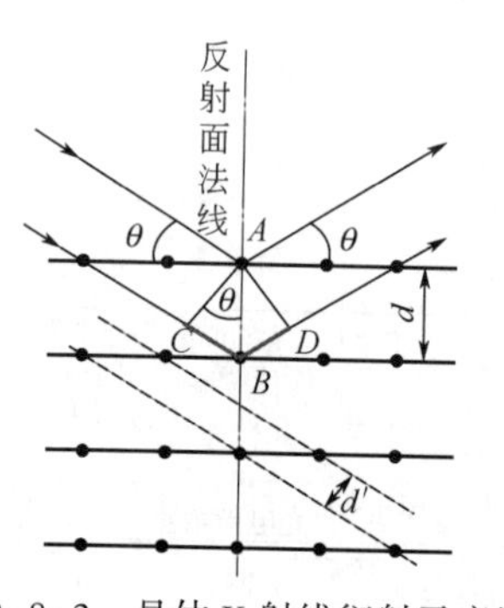

图 2-8-3　晶体 X 射线衍射示意图

英国物理学家布拉格父子（W. H. Bragg 和 W. L. Bragg）用 X 射线衍射法对氯化钠、氯化钾晶体进行测定，实验发现当一束单色 X 射线入射到晶体时，在某些特殊方向上产生强 X 射线衍射，衍射线在空间分布的方位和强度，与晶体结构密切相关。他们指出晶体衍射图可以确定晶体内部的原子（或分子）间的距离和排列方式，晶体所产生的衍射图谱能反映出晶体内部的原子分布规律。

布拉格父子借用镜面反射规律来描述衍射几何，将衍射看成反射，并推导出了一个比较直观的X射线衍射方程式，即布拉格方程，从而为X射线衍射理论和技术的发展奠定了坚实的基础。

$$2d \cdot \sin\theta = n\lambda \tag{2-8-1}$$

式中：d 晶面间距；n 为整数，称为反射级数；λ 为X射线波长；θ 为入射线或反射线与反射面的夹角，称为掠射角，由于它等于入射线与衍射线夹角的一半，故又称为半衍射角，把 2θ 称为衍射角。

二、X-射线衍射矿物录井简介

X-射线衍射矿物录井技术是一种利用X射线激发岩样，检测岩样中矿物的相对含量，通过对矿物组合特征分析进行岩性识别、储层评价的录井方法。

随着钻井新工艺技术的飞速发展，PDC钻头的应用越来越普及，气体钻井、大位移井、水平井等特殊钻井工艺的应用日趋普遍，这些技术在大幅提高勘探开发效益的同时，也导致由井底返出的岩屑十分细碎，甚至成粉末状，依靠传统的技术方法难以准确识别矿物、岩性及后续评价工作，岩屑实物录井功能的发挥受到了很大的限制，常规录井技术在解决这些问题时遇到了技术瓶颈。

X-射线衍射矿物录井技术的引进及在井场的应用给难题的解决带来了曙光。利用XRD矿物录井地层剖面重建技术，可为为油气勘探开发提供新的技术支撑；通过地层岩石矿物组合特征的对比分析，可为水平井地质导向提供目标层精确预测，提高水平井地质导向精度；通过矿物含量数据计算岩石成熟度评价储层物性，依据区域矿物组合特征及变化趋势，结合其他资料综合评价，可提高油气层解释符合率；通过对在泥灰岩新勘探领域特殊储层脆性矿物分布分析，可为开发与分段压裂选层提供技术支撑。

（一）XRD全岩录井技术原理

当一束单色X射线照射到晶体时，由于晶体是由原子规则排列成的晶胞组成，这些规则排列的原子间距离与入射X射线波长有相同数量级，故由不同原子散射的X射线相互干涉，在某些特殊方向上产生强X射线衍射，如图2-8-4所示。晶体的X射线衍射图像实质上是晶体微观结构的一种精细复杂的变换，每种晶体的结构与其X射线衍射图之间都有着一一对应的关系，其特征 X 射线衍射图谱不会因为其他物质混聚在一起而产生变化。

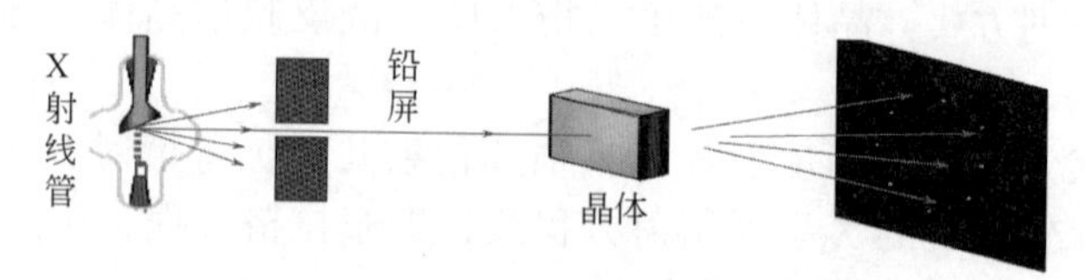

图 2-8-4 XRD 全岩矿物分析原理图

通过将得到衍射图谱（图 2-8-5）与“粉末衍射标准联合会（JCPDS）”负责编辑出版的“粉末衍射卡片（PDF 卡片）”（表 2-8-1）对照，从而确定样品的晶体矿物组成，这是 X 射线衍射全岩矿物定性分析的基本方法。

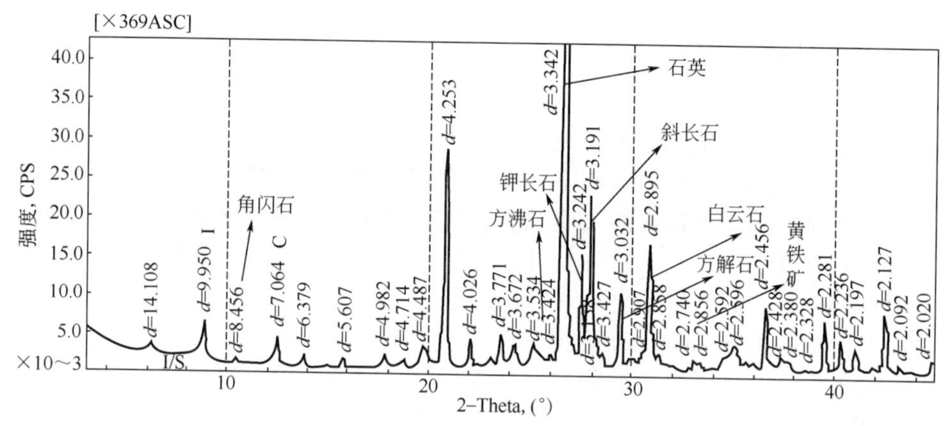

图 2-8-5 XRD 矿物分析图谱

表 2-8-1 常见非黏土矿物特征峰参数表

矿物名称	特征峰 d（A）	矿物名称	特征峰 d（A）
石英	4. 26　3. 34	浊沸石	9. 45
钾长石	3. 25　6. 50　2. 16（Na，K 长石）	方沸石	3. 43
斜长石	3. 20　4. 04　6. 40（Na，Ca 长石）	片沸石	9. 0（斜发沸石）
方解石	3. 03~3. 04（高 Mg 方解石）	重晶石	3. 44　3. 58
白云石	2. 88~2. 91（白云石类）	角闪石	8. 45
文石	3. 40	普通辉石	2. 99
菱铁矿	2. 79~2. 80	石膏	7. 61
菱美矿	2. 74	硬石膏	3. 50

续表

矿物名称	特征峰 d（A）	矿物名称	特征峰 d（A）
碳钠铝石	5.69	锐钛矿	3.52
石盐	2.82	方英石	4.05（Opal-CT）
黄铁矿	2.71~3.13	鳞石英	4.11（Opal-CT）
针铁矿	4.18	勃母石	6.11
赤铁矿	2.69	三水铝石	4.85
磁铁矿	2.53	硬水铝石	3.99

衍射线在空间分布的强度与晶体结构密切相关。鉴定出各个晶体后，利用各晶体谱线的强度正比于该晶体的含量的特点，通过与内标晶体矿物（一般为刚玉）比对就可进行定量分析，确定各种晶体矿物的含量。

不同的物质具有不同的 XRD 特征峰值（点阵类型、晶胞大小、晶胞中原子或分子的数目、位置等），结构参数不同则 X 射线衍射图谱（衍射线位置与强度）也就各不相同，是晶体的“指纹”。每一种矿物衍射中晶胞参数 d 值是唯一的，对样品进行 X 衍射全岩分析可以确定样品的晶体矿物组成，根据矿物组合特征就可对岩石进行准确定名及进行其他方面的应用。

（二）X-射线衍射矿物录井技术优势

X 射线衍射矿物分析（XRD）广泛应用于实验室矿物、岩性鉴定，但实验室 XRD 仪器由于移动困难（体积庞大、重达 500kg 以上）、能耗高、环境要求高、样品制备复杂、操作困难、分析周期长、操作人员素质要求高等原因只能应用于实验室固定环境而不能应用到录井现场。

随着仪器生产技术的进步，便携式 X 射线衍射仪克服了实验室 XRD 仪器的不足，逐步进入录井现场在野外地质勘探中得到广泛应用，并且具有以下特点：

（1）针对性：专门用于岩石矿物的探测和分析；

（2）现场性：机体小、重量轻、方便携带，能够进入工作现场，实现随钻应用；

（3）经济性：无须将矿石样品收集封装后送回实验室检测，节约了时间和成本；

（4）简便性：无测角仪及相关移动机械部件，操作使用简单，无须专业人员，直接读取矿物含量及岩石名称，自动化程度高。

第二节 资料录取与整理

一、录井前准备

（一）了解地质、工程相关要求

在一个新井进行X-射线衍射矿物录井之前，担任此项工作的人员一定要对本井的地质设计有关章节进行认真细致的阅读，以了解X-射线衍射矿物录井工作要求、录井过程中应该注意的重点井段及地层层段。

（二）录井设备准备

打开X射线衍射仪电源开关，开机预热时间不少于45min。

二、样品选取与制备

（一）样品选取

1. 岩屑样品

（1）结合钻时、岩屑、气测等录井资料选取具有代表性的岩样，每个样品质量不应小于3g。

（2）录井井段及间距按钻井地质设计要求执行。

（3）若岩屑样品代表性差，可筛选混合样。

2. 井壁取心样品

逐颗选样分析，应剔除附着的滤饼，并在井壁取心中心位置取样。

3. 钻井取心样品

选取岩心中心部位，分析密度不小于0.20m；若钻井地质设计有特殊要求时，执行钻井地质设计。

（二）样品的制备

1. 干燥

潮湿的样品应置于电热干燥箱中或电热板上，在低于90℃的温度下烘干，冷却至室温后备用。

2. 研磨

将烘干后的样品置于研钵中研磨至粒径小于 150μm 的颗粒，过 100 目的标准筛选备用。

三、样品分析

（1）装样。

将过筛后的制备样品通过仪器振荡系统装入样品池，样品装入量为样品池容积的 1/2～2/3。

（2）样品分析曝光次数应根据样品谱图信息量大小进行调整，在 X 射线衍射图谱无干扰峰后终止样品分析。

（3）平行样分析。

每分析 20 个样品均应进行一组平行样分析。若分析结果偏差超过分析精度要求，分析引起数据偏差的原因，解决后重新分析本批次样品，见表 2-8-2。

表 2-8-2　平行样分析质量控制表

矿物含量,%	相对偏差,%
>40	<10
20～40	<20
5～20	<30
<5	<40

四、数据处理

（一）数据处理

根据区域成果资料，剔除分析数据中的异常矿物；对特殊岩性样品进行数据精细处理。

（二）资料解释

1. 解释井段确定

根据分析参数及其变化趋势确定解释井段，结合其他录井资料进行井段校正。

2. 确定矿物

（1）根据分析样品的总粉末衍射谱，对比国际衍射中心数据库或美国矿物学家晶体结构数据库，解析出多物相的组合谱。

（2）根据分析样品的总粉末衍射谱对比区域矿物标样确定样品物相组成。

（3）根据 SY/T 5163—2010《沉积岩中黏土矿物和常见非黏土矿物 X 衍射线分析方法》附录 E 确定各矿物的物相成分，结合其他资料校正矿物成分。

（三）确定岩性

（1）根据样品分析的矿物成分参照 SY/T 5788. 3—2014《油气井地质录井规范》第 5 章要求进行定名。

（2）依据施工区域的岩性解释方法、标准、分析得到的参数及其变化划分岩性层段。

（四）划分地层

根据矿物组合特征及变化趋势，进行层位划分。

（五）储层评价

（1）根据矿物含量数据计算岩石成熟度评价储层物性。

（2）依据区域矿物组合特征及变化趋势，结合其他资料建议试油层段。

（六）综合评价

根据解释井段矿物组合，制作 X-射线衍射矿物录井综合评价图，依据矿物组合特征变化进行综合评价。

（七）资料整理

在满足相关标准的条件下，执行各油田规范，进行 XRD 矿物录井资料整理。

（八）录井报告的编写

1. 封面

X-射线衍射矿物录井总结报告封面格式及内容见相关标准。

2. 概述

主要叙述所钻井的地理位置、构造位置、井别、钻探目的、设计井深、完钻井深、完钻层位和开、完钻日期，X-射线衍射矿物录井施工简况及工作量统计，进行 X-射线衍射矿物录井影响因素分析。

3. 解释成果

对 X-射线衍射矿物录井所解释成果进行概述，根据分析参数及相关资料对重点层进行逐层解释。

4. 附图、附表

应将 XRD 矿物分析解释成果表及相关图件附在报告后。

5. 资料归档

XRD 矿物归档内容按各油田标准执行，基本内容应包括以下几个方面：

（1）××井 X-射线衍射矿物录井分析数据表；

（2）××井 X-射线衍射矿物录井解释成果表；

（3）X-射线衍射矿物录井总结报告；

（4）数据光盘。

第三节　资料解释与应用

X-射线衍射矿物录井技术自开始应用至今，各油田在应用过程中相继建立了本油田的解释评价方法、标准，对该项技术的应用起到了推进作用，取得了较好的效果。

X-射线衍射矿物录井资料应用主要包括以下几个方面：

（1）岩性识别；

（2）层位评价；

（3）岩石成熟度评价；

（4）措施改造选层与效果预测。

一、岩性识别

所有岩石均由矿物组成，不同岩石类型有其特征矿物或矿物组合，不同的矿物成分构成是 X-射线衍射矿物录井进行岩性识别及地层分析的基础。通过对大量 X-射线衍射矿物录井数据的系统分析，主要有以下几种岩性识别方法。

（一）基值法

在气体钻井等特殊钻井工况条件下，由于岩屑细碎且混杂严重，常规方法难以准确识别地层岩性，X-射线衍射矿物录井技术可很好地解决岩性识别难题。该方法简单直观，对砂泥岩剖面应用效果良好。

首先通过系统分析施工井X-射线衍射矿物录井分析得到的各种矿物成分变化趋势，初步确定指示矿物及其界限基值，然后将所有分析结果与此对比即可确定分析地层岩性及其变化。在不同的井、层，分析基值要根据实际情况进行调整。

应用实例：

2011年中国石油华北油田公司在牛东潜山构造带发现了中国东部最深优质油气藏，但该构造埋藏深，地层错综复杂，勘探开发难度大。该构造第一口井ND1井完钻井深6027m，钻井周期为338天。为了评价牛东潜山构造带的圈闭面积，落实油气储量规模，2011年7月部署了2口超深评价井——ND101井、ND102井，设计井深分别为6600m、6900m。为提高转速，加快勘探生产节奏，在ND101井、ND102井特定井段均采用了气体钻井工艺。

气体钻井时，气体的排量较大，冲刷地层的力也较大。岩屑在上返过程中，由于高速运动，和钻具、井壁之间的碰撞进一步加剧，使得岩屑的颗粒直径由常规的块状变成粉尘状，给现场地质录井技术人员对岩性识别、定名及分层卡层带来极大的困难，如图2-8-6所示。

图2-8-6　不同钻井工艺岩屑对比图

对XRD录井数据的系统对比分析发现：对于所钻砂泥岩剖面，石英、长石晶体矿物以及黏土矿物的含量变化与剖面岩性变化有很好的相关性；其他矿物如方解石、黄铁矿和磁铁矿的含量变化与剖面岩性变化相关性较差，且含量较低，有一定的随机性。在还原砂泥岩剖面时选取相关性较好的石英、斜长石和黏土矿物并确定基值，再根据分析数据与基值的差异关系确定地层岩性，很好地解决了气体钻井特殊工况下岩性的准确识别问题，如图2-8-7所示。

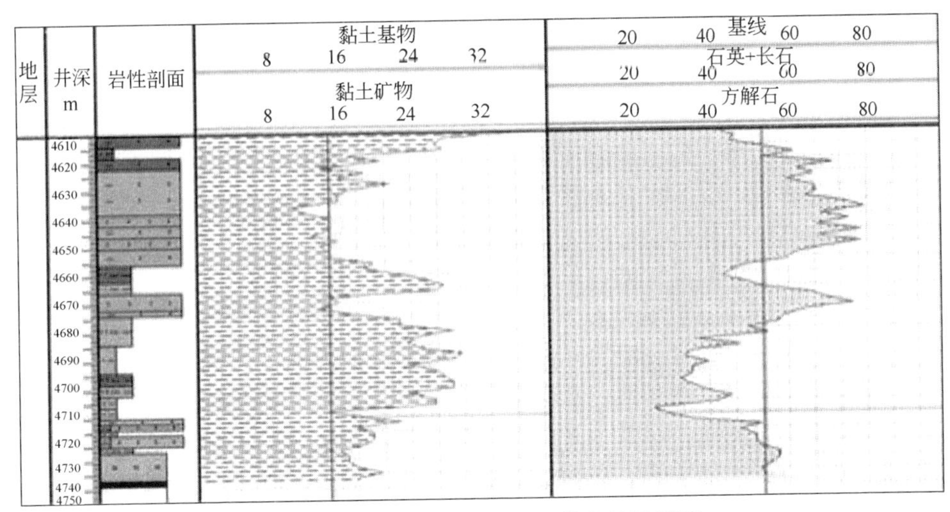

图 2-8-7 ND101 井 XRD 录井岩性识别图

（二）图版法

通过对典型砂泥岩、碳酸盐岩样品的精细分析，可以确定不同种类岩石的矿物组合特征，明确与岩性定名相关性强的敏感矿物，制定了岩石分类图版，如图 2-8-8 所示。

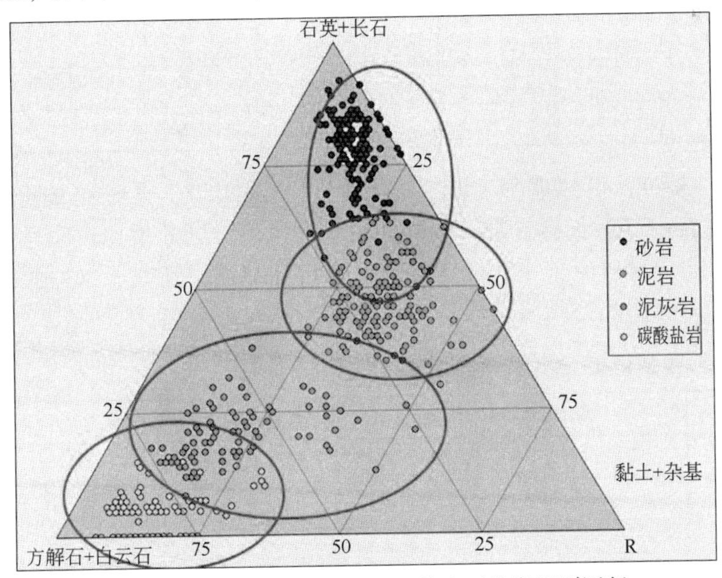

图 2-8-8 X-射线衍射矿物录井岩石分类识别图版

（彩图请扫二维码）

对于特殊岩性储层的勘探开发可以采用类似的方法制定针对性岩性识别图版。

随着储层改造技术的进步，束鹿地区泥灰岩特殊储层成为近几年华北油田公司勘探的重点，初期该地区所有探井在泥灰岩段将所有岩性均描述为单一的大套泥灰岩，但 ST1 井系统取心发现泥灰岩段岩性比较复杂，既有常规的泥灰岩，也有各种粒径的砾岩，而往往砾岩发育段正是储层改造获得高产工业油气流的重点层段，如何解决地层岩性的准确识别难题，成为又一技术难题。X-射线衍射矿物录井技术的引进，有效地破解了这一技术瓶颈。

通过对取心段有代表性的砾岩和泥灰岩等特殊岩性进行 XRD 矿物分析发现，砾岩、泥灰岩岩性变化与碳酸盐（方解石、白云石）矿物、黏土矿物、石英、长石相关性强，而其他矿物如黄铁矿、菱铁矿等与岩性变化没有明显的相关性，且其含量较低，有一定的随机性，见表 2-8-3。

表 2-8-3　不同岩性 XRD 矿物分析数据表

岩石名称	黏土矿物	石英	钾长石	斜长石	方解石	白云石	菱铁矿	黄铁矿	钙芒硝	萤石
泥灰岩	15	11	4	4	48	15		3		
泥灰岩	13	10	4		44	13	2	4	10	
含砾泥灰岩	9	7	5		48	28				3
含砾泥灰岩	7	7			48	25	2		11	
砾岩	6	6			27	59	2	6	6	
砾岩	9				66	25		9		
砾岩	8	6			44	42		8	6	

由图版（图 2-8-9）可以明显看出，灰质泥岩、泥灰岩、含砾泥灰岩、砾岩四类岩性在黏土+石英+长石含量、碳酸盐含量图版上分区效果比较明显。

依据岩性与矿物含量对应关系，借鉴碳酸盐岩定名标准，建立了 X-射线衍射矿物录井技术束鹿凹陷特殊岩性段的定名标准，见表 2-8-4。

表 2-8-4　泥灰岩特殊岩性段岩石定名标准

岩性定名	碳酸盐矿物,%	黏土+石英+长石矿物,%
灰质泥岩	25~50	50~75
泥灰岩	50~65	25~50
含砾泥灰岩	65~75	15~35
砾岩	>75	<25

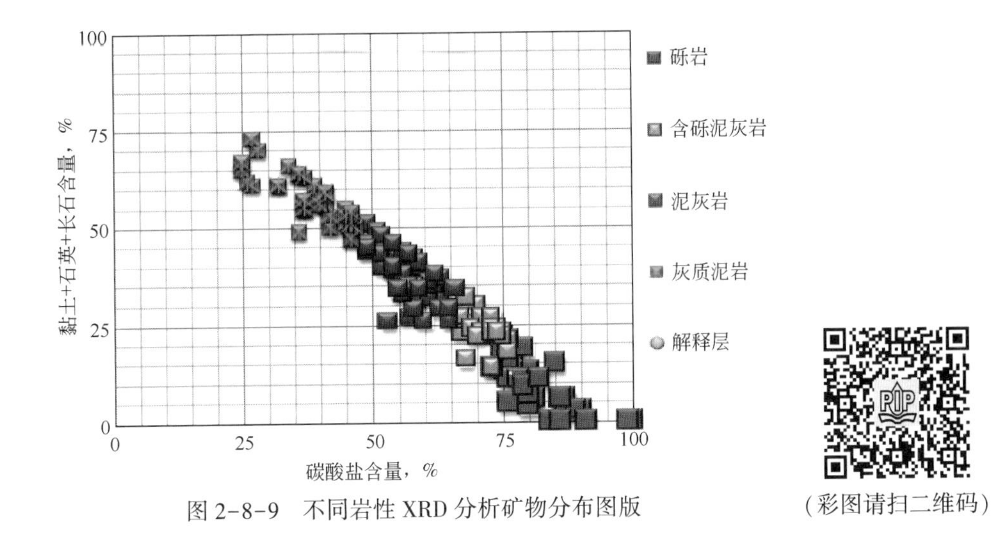

图 2-8-9 不同岩性 XRD 分析矿物分布图版

（三）曲线交汇识别法

图版法岩性识别技术只能进行单点识别，为克服这一局限性，实现随钻连续分析，根据图版法确定的评价标准，利用矿物含量连续曲线交汇的方法划分岩性。针对岩剖面中矿物含量变化特征，选取碳酸盐、黏土+石英+长石含量曲线进行交汇，可以直观、简捷划分岩性界面，很好地解决了束鹿探区泥灰岩特殊储层岩性的准确识别难题。

（四）指数识别法

为实现连续深度的整体分析，将 XRD 分析成果规范化，提取矿物含量中表征岩性信息的矿物信息，可建立砂岩指数评价参数，与特征矿物曲线交汇，录井现场综合应用于岩性识别，效果良好。

砂泥岩剖面：

泥岩指数=(黏土含量-石英-长石)÷(黏土含量+石英+长石)

砂岩指数=(石英+长石-黏土含量)÷(黏土含量+石英+长石)

碳酸岩指数=(方解石+白云石+铁白云石)÷100

碳酸盐岩剖面：

石灰岩指数=方解石÷(方解石+白云石+铁白云石)

白云岩指数=(白云石+铁白云石)÷(方解石+白云石+铁白云石)

应用实例 1：

ST2X 是束鹿探区泥灰岩特殊油气层勘探的一口探井，常规录井由于岩屑细碎，难以准确识别地层岩性。应用 X-射线衍射矿物录井曲线交汇岩性识别

法在沙三下段解释岩性1553m/177层。通过与钻进式井壁取心对比，井壁取心层段解释岩性符合率达到83.3%，X-射线衍射矿物录井技术解释剖面与常规录井现场剖面比较，符合率提高了30%以上，如图2-8-10所示。

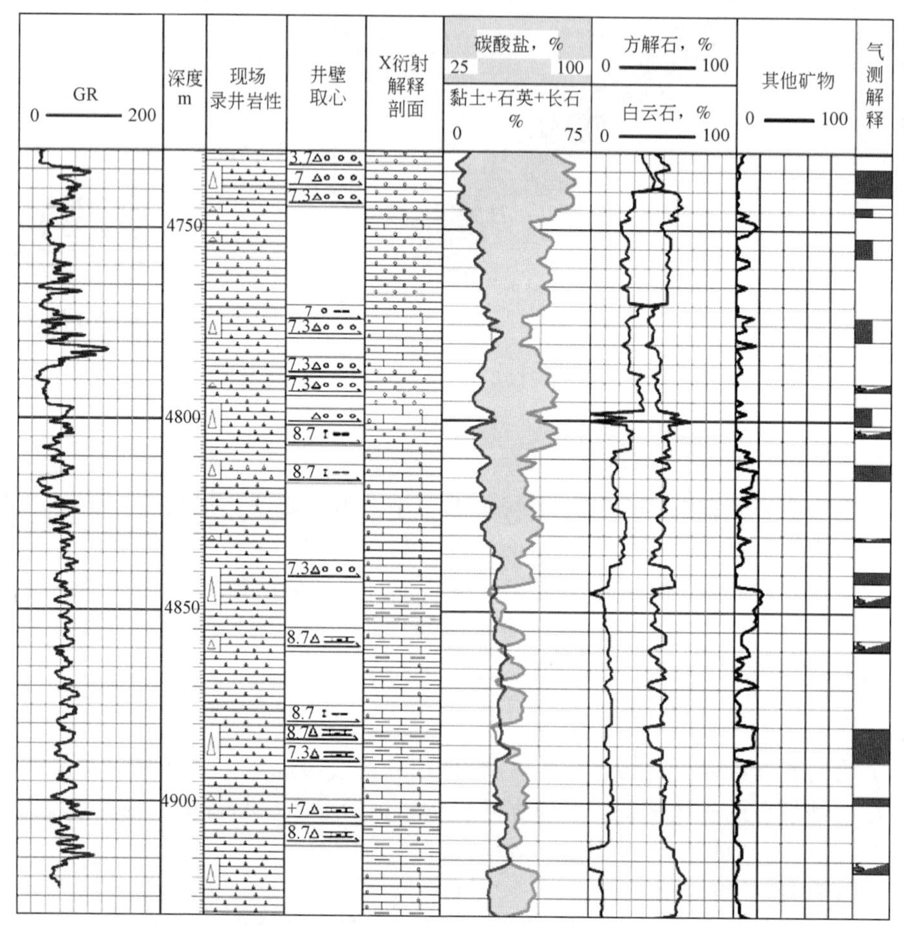

图2-8-10 ST2X井X-射线衍射矿物录井与井壁取心验证岩性对比图

(彩图请扫二维码)

ST3井应用X-射线衍射矿物录井曲线交汇法岩性识别技术在沙三下段解释岩性817m/184层，经与测井解释结果比对符合率为82.7%。在井段3861~3969m、4257~4319m共划分出两个砾岩发育段，与测井岩性解释结论相吻合。

应用实例2：

N96井是饶阳凹陷的一口预探井，本井在录井过程中，在4140~4340m井段，气测全烃在部分碳酸盐岩井段出现高异常，参照束鹿泥灰岩勘探录井经验，现场地质师将对应层段岩性描述为泥灰岩。

X-射线衍射矿物录井分析结果显示，对应岩性碳酸盐岩矿物含量特征与泥灰岩不一致，岩性判别图版上位于泥岩、碳酸盐岩过渡区靠近泥岩，应为灰质泥岩。由于碳酸盐岩矿物的存在，地层岩石储集特性有所改善，再加之周围泥岩有机质含量较高，有机质热演化已成熟，生成的烃类就近运聚导致了气测异常。

完井电测曲线特征及井壁取心很好地印证了随钻X-射线衍射矿物录井岩性识别结果，如图2-8-11所示。

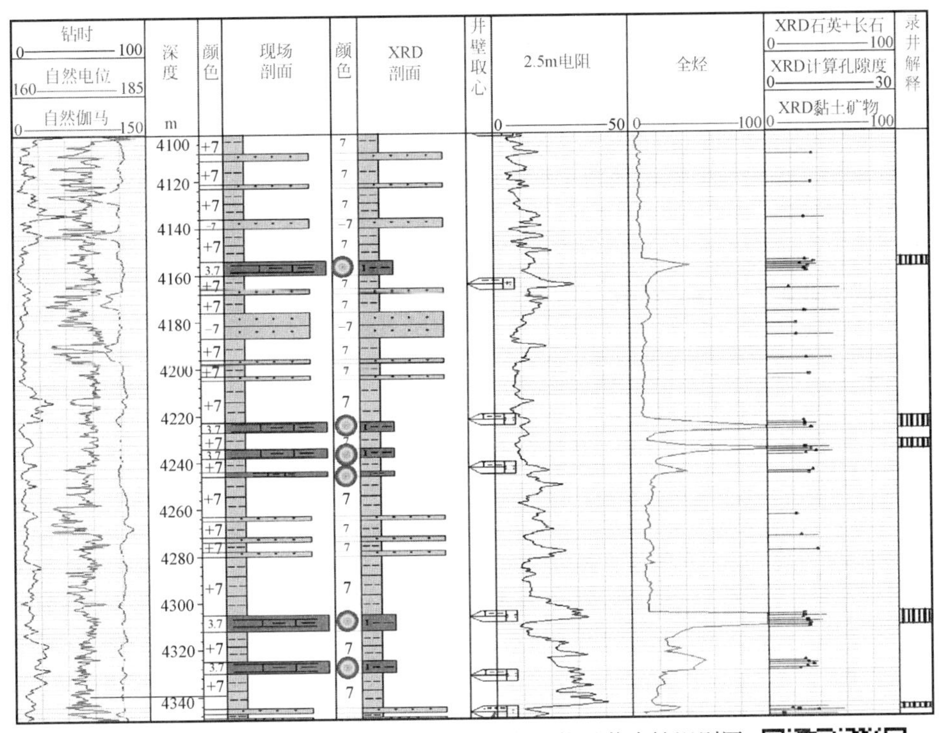

图2-8-11　N96井X-射线衍射矿物录井岩性识别图

（彩图请扫二维码）

二、地层对比（层位识别）

不同的地层、层段岩性组合特征各有差异，应用这些差异来确定相应的地层层位是地质录井的基础工作。对于录井现场地层层位的识别，一般情况下利用岩性组合特征的差异变化。常规地质录井通过

岩性准确描述及精细对比可以实现大的层位划分，但是对于小层特别是特殊岩性段的小层识别对比，由于地层岩性组合特征变化不是十分明显，常规地质录井技术存在很大的技术障碍，尤其是在特殊钻井工况条件下当岩屑十分细碎时岩性识别更困难。

在沉积岩中，由于不同沉积时期的物源、水动力环境不同，因此除表现为岩性的变化外，还存在有别于其他层段的矿物组合特征。X-射线衍射矿物录井技术能够直接分析地层岩石的组成矿物及其含量变化，不受岩屑颗粒大小的影响。通过分析参照区块、井的样品即可以掌握这些特征矿物，实钻过程将分析结果与参照剖面进行对比即可确定地层层位。

（一）着陆层卡取

X-射线衍射矿物录井着陆点卡取技术的关键在于精细的地层矿物组成对比。由于大斜度井、水平井岩屑往往滞后，加上岩屑细碎，新成分肉眼观察不易发现，导致地质剖面不能真实地反映地层真实情况。通常一个区块的常见的岩石种类不多，常见矿物可能就 10 多种，通过分析对比控制层矿物（如石英、长石、方解石、白云石、黏土矿物）组合特征的变化，可以准确识别岩性与所处层段。通过矿物分析确定岩性、剖面、特征矿物。

应用实例：

ST1HP 井是部署于束鹿凹陷中洼槽顺层水平井，钻探目的层为 Es3 下泥灰岩，相当于 ST1 井 4255～4285m 显示活跃段。水平井钻进中地层对比常用的岩性组合对比方法在本井不可行。Es3 泥灰岩地层自上而下可分为四套，而本井顺层钻探目的层属于第三套泥灰岩中的一段裂缝相对发育储层，由于岩性均为泥灰岩地层，且泥灰岩厚度变化大，无法采用常规岩性组合对比方法进行地层对比。

ST1H 的钻探使我们明晰了目的层段地层岩石矿物组合特征，可以利用岩石矿物成分变化可作为地层对比的依据，为 ST1HP 井着陆点的卡取提供了有利的技术支持。

由 ST1H 井目的层段矿物变化趋势图（图 2-8-12）可以看出，ST1HP 井在进入目的层段附近，铁矿石、白云石的含量发生了明显变化，其中铁矿石呈现由多到无、白云石呈现有无到有的明显变化趋势，碳酸盐岩含量也有一个明显抬升的变化趋势。利用新井钻探中 X-射线衍射矿物录井铁矿石、白云石的含量变化就可较好地指示着陆点位置。

ST1HP 井在实钻过程中，利用岩石矿物组成的变化准确卡准了着陆点。

（二）小层对比

大的沉积层位确定虽然很必要，但在实际录井过程中，更多的是需要随钻判断钻头所在小层与邻井或本井上部地层的对应关系。应用常规录井技术手段难以准确完成这一任务。

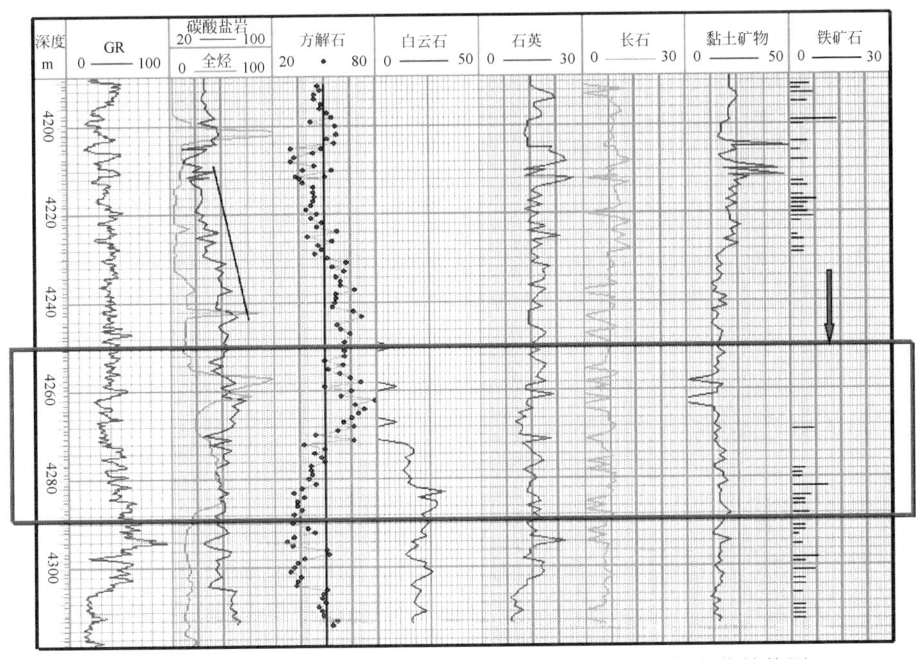

图 2-8-12　ST1H 井 X-射线衍射矿物录井目的层段矿物变化趋势图

（彩图请扫二维码）

相当的小层由于其沉积环境相同、岩性具有可比性，组成矿物的分布特征也有一一对应关系。利用 X-射线衍射矿物录井分析结果，可以随钻进行岩石矿物组成特征对比分析，从而实现小层精细对比定位。

应用实例：

Rm1H 井是部署在任丘断裂潜山构造带任 7 山头构造-岩性圈闭的一口水平井，水平井段长 987m，总水平位移 1572.91m。该井实钻过程中，进行了随钻 X-射线衍射矿物录井，岩石矿物录井资料在断层判断、小层对比中效果显著，为水平段钻井起到了保驾护航作用。

断层识别：如图 2-8-13 所示，钻进至井深 3580m，气测全烃由 0.79%下降到 0.27%，岩性由浅灰色油迹细砂岩变为浅灰色细砂岩。岩屑 XRD 矿物随钻分析显示矿物组合特征发生了明显变化。石英平均含量由 58%下降到 52%；钾长石平均含量由 3.8%上升到 5.0%；方解石平均含量由 1.6%上升到 3.7%；铁白云石平均含量由 1.4%上升到 2.8%；黄铁矿平均含量由 0.9%下降到 0.7%。结合其他资料综合分析，判定在井深 3581m 过断层，断距 38m。

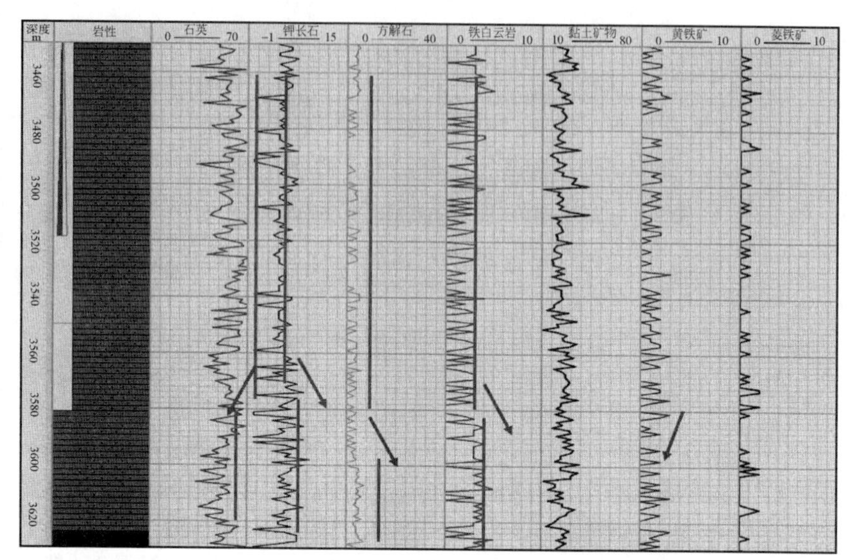

图 2-8-13　Rm1H 井 X-射线衍射矿物录井断层识别图

（彩图请扫二维码）

小层对比（再入层）：如图 2-8-14 所示，经过大段泥岩后，钻至井深 3817m，气测全烃抬升，显示进入一套新显示层。X-射线衍射矿物录井分析矿物组合特征与着陆时特征对比，其中方解石、钾长石、萤石三种指示性矿物特征相当于第一套储层上部矿物特征，两个显示层应为同一小层。综合分析判断为经过断层后进入第一套显示层。

（彩图请扫二维码）

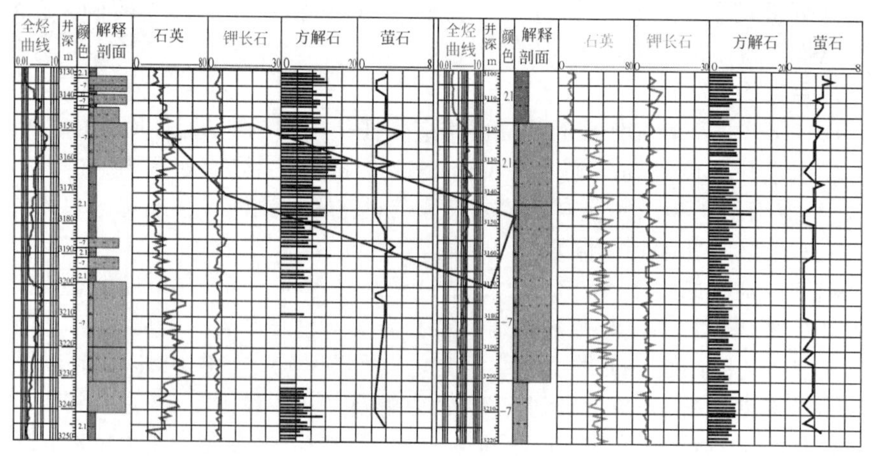

图 2-8-14　Rm1H 井 X-射线衍射矿物录井再入层识别图

三、砂岩成熟度评价

砂岩成熟度分为结构成熟度和成分成熟度两种。其中成分成熟度是指砂岩中碎屑组分在风化、搬运、沉积作用的改造下接近最稳定的终极产物的程度。一般来说，不成熟的砂岩是靠近物源区堆积的，含有很多不稳定碎屑，如岩屑、长石和铁镁矿物。高成熟度的砂岩是经过长距离搬运并遭受改造的产物，几乎全部由石英组成。因此，砂岩中存在的石英和碎屑矿物的相对丰度，也就是成分成熟度，是物源区地质条件、风化程度和搬运距离远近的反映。

砂岩中分选性、磨圆度及基质含量都影响其结构成熟度，一般随再搬运次数和搬运距离的增加而增加。砂岩的结构成熟度通常与成分成熟度协调一致。

X-射线衍射矿物录井技术砂岩岩石成熟度评价的基础依然是岩石矿物含量的准确测定，主要评价成分成熟度。考虑到砂岩的结构成熟度通常与成分成熟度协调一致，利用X-射线衍射矿物录井技术评价砂岩成分成熟度在很大程度上可以为进一步的石油地质研究提供有力的帮助。

成分成熟度低的砂岩靠近物源区沉积，含有很多不稳定碎屑，如岩屑、长石和铁镁矿物。成熟度高的砂岩经过长距离搬运、改造，几乎全部由石英组成。

利用X-射线衍射矿物录井技术评价砂岩成分成熟度时，结合上述理论基础可建立砂岩成分成熟度系数这一评价参数。

成分成熟度系数=石英/(长石+黏土矿物)

通过准确测定岩石矿物含量，即可评价成分成熟度，系统分析砂岩成熟度可以确定物源方向，预测储层物性。

应用实例：

X-射线衍射矿物录井在乌兰花凹陷赛乌苏构造共计应用五口井，如图2-8-15所示，其中L1、L9井进行了全井段分析，L5、L6x及L13x井只选取了部分井段的砂岩样品。对分析结果综合处理后绘制了乌兰花凹陷赛乌苏构造X-射线衍射矿物录井砂岩成熟度评价图（图2-8-16），由砂岩成熟度评价图可以看到：

（1）纵向上砂岩成分成熟度均存在K1bt2>K1bt1>K1ba现象，显示储层物性存在随埋深增加、压实作用增强而逐步降低的趋势。

（2）横向对比。

腾二段：只有L1、L9井有样品，L1井砂岩成熟度略高，反映物源方向

更靠近 L9 井；储层物性 L1 井应略好。

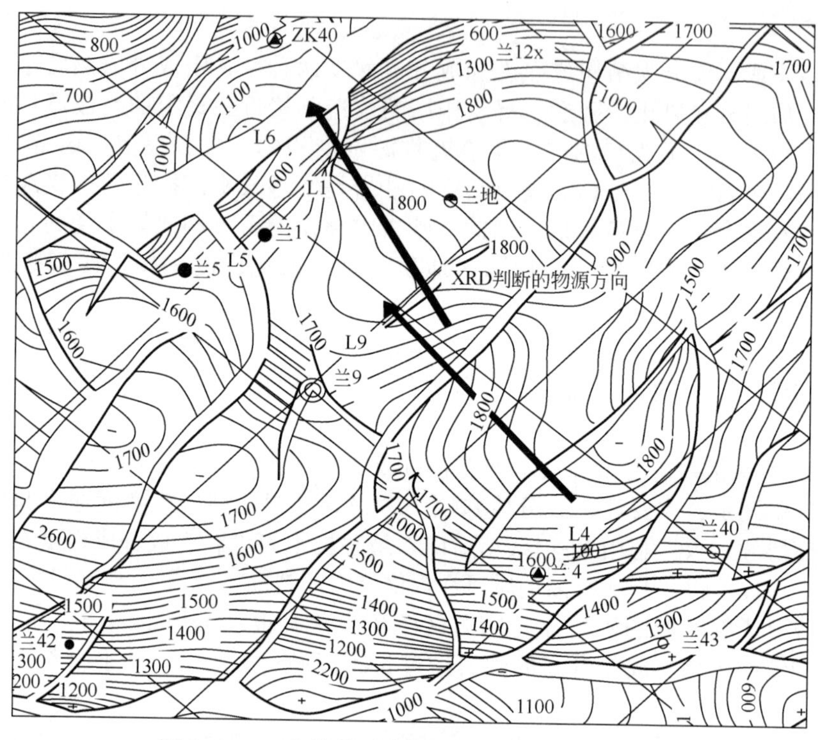

图 2-8-15　乌兰花凹陷物源方向综合研究评价图

腾一上段：砂岩成熟度 L5 最高，L1、L6x 井次之，L9、L13x 井最低，反映物源方向更接近 L9、L13x 井；储层物物性变化趋势应与砂岩成分成熟度趋势一致。

腾一下段：砂岩成熟度 L6x、L5、L1 井较高，L9、L13x 井变低，反映物源方向更接近 L9、L13x 井；储层物物性变化趋势应与砂岩成分成熟度趋势一致。

阿尔善组：只有 L1、L5、L9 井有样品，L1、L5 井砂岩成熟度略高，反映物源方向更靠近 L9 井；储层物性 L1、L5 井应略好。

依据 X-射线衍射矿物录井砂岩成熟度评价结果判断的物源方向与研究院综合研究结果十分吻合。

在物性预测方面，利用砂岩成分成熟度预测与测井物性有很好的对应关系。试油产液量数据也证实了 X-射线衍射矿物录井物性预测的准确性，见表 2-8-5。

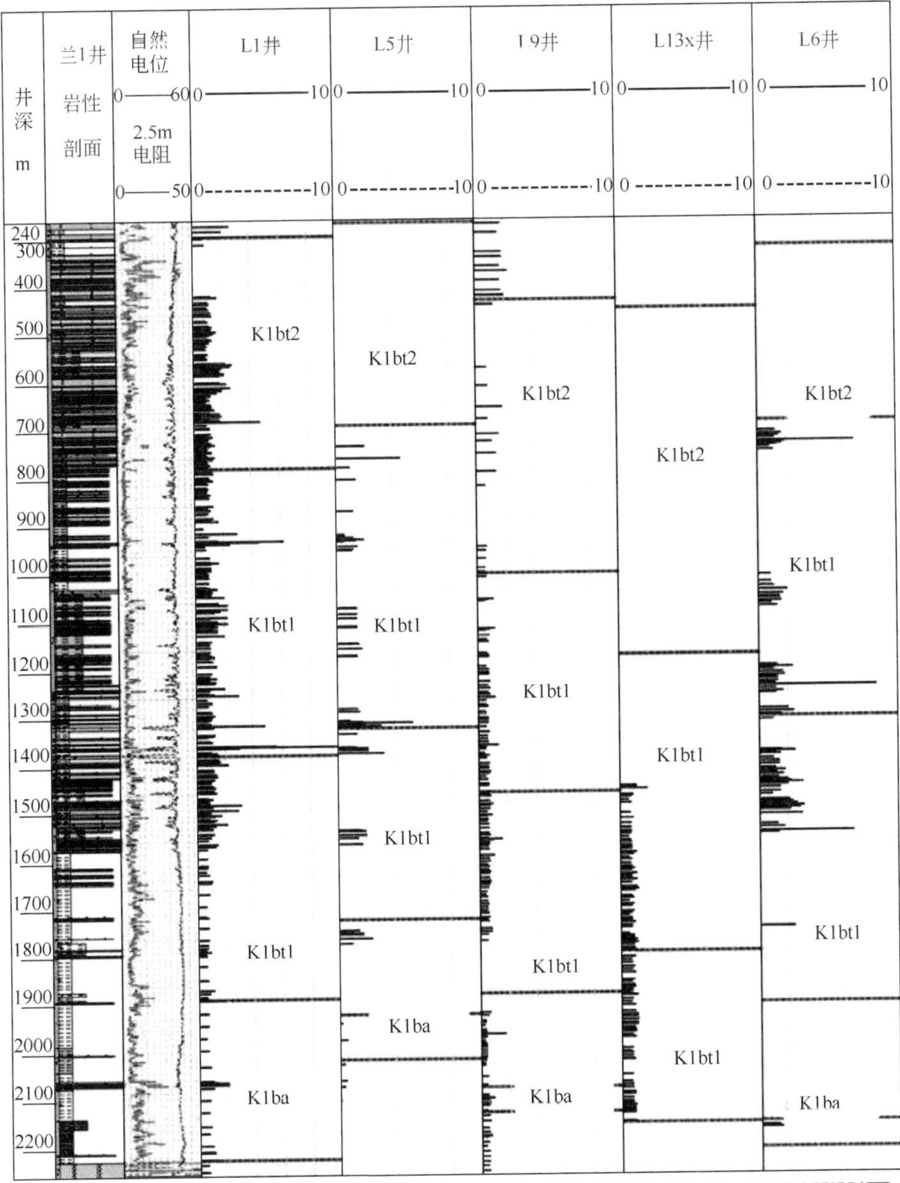

图 2-8-16　乌兰花凹陷赛乌苏构造岩石成熟度综合评价图

（彩图请扫二维码）

表 2-8-5　试油成果对比表

井号	层位	试油层号	井段，m		求产方式（工作制度）	日产油，t	日产水 10^3m^3	累产油，t	累产水，m^3	地层水分析			油分析		试油结论
			顶深	底深						氯离子 mg/L	总矿化度，mg/L	水型	密度 kg/m^3	黏度 mPa·s	
L1	K1bt1上	1	1228. 4	1242. 2	抽汲	1. 25	8. 0	2. 55	37. 17	9926. 0	16985. 3	$CaCl_2$	0. 8702	36. 47	油水同层
L5	K1bt1上	2	1308. 0	1316. 2	抽汲	0. 21		0. 44							差油层
L5	K1bt1上	2酸压	1308. 0	1316. 2	抽汲	2. 75		5. 56	返排率58. 3%				0. 8717	58. 36	油层
L6x	K1bt1上	1	1285. 2	1294. 0	螺杆泵抽	9. 83							0. 8472	14. 26	油层

四、措施改造选层与效果预测

为提高单井油气产量经常要对储层进行措施改造，储层改造投资巨大。利用X-射线衍射矿物录井技术可以在改造前进行改造层位优选，同时对部分改造效果进行初步预测，结合实例介绍如下：

（一）改造层位选取

近年来，华北油田随着常规油气层的勘探开发逐步进入中后期，致密油气层的勘探纳入日程。其中泥灰岩油气藏勘探开发潜力巨大，因其具有超低渗透特点，开发过程中进行体积压裂，建立裂缝网络是获得工业性油气流的关键。

泥灰岩在压裂过程中只有不断产生各种形式的裂缝，形成裂缝网络，才能获得较高油气产量。泥灰岩特殊储层中碳酸盐岩含量的高低与酸化改造效果息息相关，是泥灰岩酸压改造中所必须考虑的重要特征参数之一。

泥灰岩地层中主要矿物为方解石、白云石、石英、黏土，方解石、白云石含量越高，地层越脆，易形成裂缝。X-射线衍射矿物录井技术可系统获取储集岩矿物组成参数，利用这些信息求取“脆性指数”这一勘探开发重要参数。结合气测显示、岩石脆性特征，可划分优、中、差酸压改造层。

$$脆性指数=(方解石+白云石)/矿物总量\times100\%$$

酸压改造层级别：

优——气测值高、显示厚度大且集中分布，脆性指数高井段。

中——气测值高、显示较分散，脆性指数较高井段。

差——气测值较高、显示分散不集中，脆性指数较低井段。

利用新提出的X-射线衍射矿物录井技术对ST2x及ST3x井泥灰岩特殊储层后期酸压改造进行了酸压层位选取，与井下作业公司和华北油田研究院经过系统研究提出的选层施工方案对比十分吻合，措施改造后取得了良好效果。

（1）ST3x井：现场施工4057～4321m酸压，日产油量13.46t/d，日产气量2815m^3/d。

（2）ST2x井：现场施工，3685～4947m酸压，日产油量18.92t/d，日产气量1093m^3/d。

（二）措施效果预测

储层物性、地层压力、压裂工艺和开发方式等都是影响压裂效果的重要因素。对于特定区块，地层压力、压裂工艺和开发等因素可以看成是恒定的，

储层物性特征在一定程度上成为主要影响因素。

利用X-射线衍射矿物录井技术可以获得储层岩石矿物组合特征参数，通过找寻储层岩石矿物组合特征与压裂改造的相关性就可先期对储层压裂改造效果进行评价，指导选层。

应用实例：

在华北油田某采油厂XL10和Y63两个井区，选取压裂改造对应层段的井壁取心样品进行X-射线衍射矿物录井分析，对照两个断块的压裂试油结果，利用储层矿物组合特征与压裂改造效果的对应关系，初步建立了用于评价压裂效果的评价参数，如图2-8-17、图2-8-18所示。

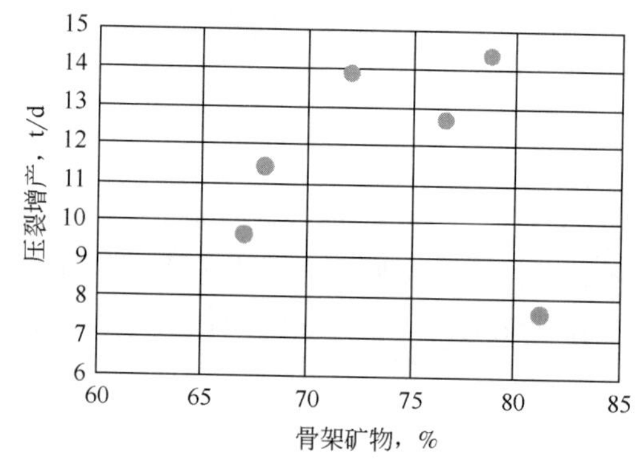

图2-8-17　骨架矿物含量与压裂增产效果关系图

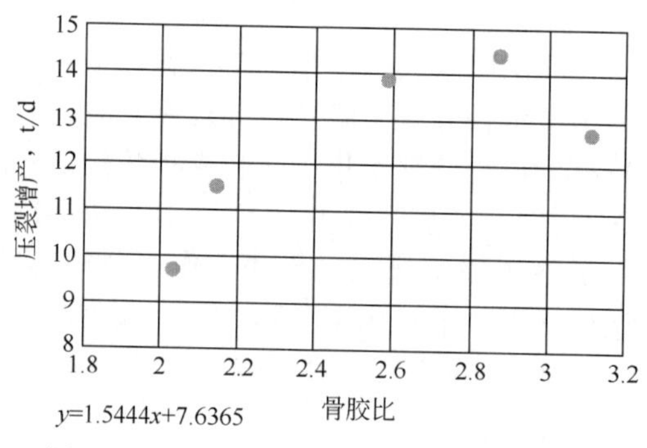

图2-8-18　骨胶比与压裂增产效果关系图

根据图2-8-17显示可以建立第一个措施效果评价指数：

$$压裂指数1=K_1 \cdot C_{骨}+A_1$$

式中　K_1、A_1——区域校正参数。

根据图2-8-18显示可以建立第一个措施效果评价指数：

$$压裂指数2 = K_2 \cdot B_{骨胶} + A_2$$

式中 K_2、A_2——区域校正参数。

前期试验研究与应用成果表明，X-射线衍射矿物录井技术在岩性识别、层位对比、物源方向识别、措施选层与效果评价等方面有着其他技术不可比拟的优势，可为勘探开发决策提供重要参考数据。但由于应用时日尚短，X-射线衍射矿物录井技术效果的发挥还有很大潜力，有待今后进一步加强应用技术研究。

第九章　自然伽马能谱录井

自然伽马能谱测量是一种重要的放射性地球物理方法。自然伽马能谱录井是指在钻井过程中，地质录井人员按照一定的取样间距，连续测量井剖面上各深度地层岩样中自然存在的放射性核衰变过程中放射出来的伽马射线强度及铀、钍、钾等 3 种放射性元素含量的一种录井方法。

第一节　概述

自然界都有不同数量的放射性元素存在。岩石中含有天然的放射性元素（如$^{238}_{92}U$、$^{232}_{90}Th$、$^{40}_{19}K$、$^{227}_{89}Ac$）存在，这些元素在衰变过程中会放出大量的 α 射线、β 射线、γ 射钱，所以岩石具有自然放射性。

在地层岩石中含有的放射性同位素分别存在于铀系、钍系和锕系 3 个放射性系中。这 3 个系都从一个初始放射性同位素开始，然后在逐次衰变中放出一定能量的射线，同时产生新的同位素，从而构成一个放射性同位素系，其中每种放射性同位素具有自身特有的衰变方式并放出能量不同的射线。如铀系从^{238}U 开始衰变，最后形成稳定同位素^{206}Pb，其间共有 18 种放射性同位素；钍系从^{232}Th 开始衰变，最后形成稳定同位素^{208}Pb，其间共有 10 种放射性同位素；锕系从^{235}U 开始衰变，但因其丰度很低，仅为 0.72%，故可忽略不计。除此之外，地层中还存在一些不成系列的放射性核素，其中最重要的是^{40}K，在其衰变中放出能量为 1.46Mev 的射线。铀系、钍系放射性系列及^{40}K 放射性核素基本构成了各种岩石的自然放射性。

岩石的放射性元素含量与岩石的岩性及其形成过程中的各种条件有关，不同岩石所含的放射性元素的含量和种类是不同的。总体上，三大岩类中火成岩放射性最强，放射性中等的是变质岩，最弱的是沉积岩。沉积岩按其放射性物质含量的多少可分为五类：

（1）放射性物质含量最少的岩石为硬石膏、石膏、不含钾盐的盐岩、煤和沥青。它们的放射性浓度小于 2×10^{-12}g(镭当量)/g。

（2）放射性物质含量较低的是砂层、砂岩、石灰岩和白云岩放射性浓度为（$2\sim8)\times10^{-12}$g（镭当量)/g。

(3) 放射性物质含量中等的是浅海相和陆相沉积的泥岩、泥灰岩、钙质泥岩、含砂泥岩及泥质石灰岩、泥灰岩等，其放射性浓度为 $(10\sim20)\times10^{-12}$g(镭当量)/g。

(4) 放射性物质含量较高的岩石有钾岩、深水泥岩，其放射性浓度为 $(20\sim80)\times10^{-12}$g(镭当量)/g。

(5) 放射性物质含量最高的岩石如膨润土岩，火山灰、黑色沥青质黏土及放射性软泥，放射性浓度在 80×10^{-12}g(镭当量)/g 以上。

一般情况下，沉积岩的放射性主要取决于岩石的泥质含量。这是由于泥质颗粒细，具有较大的比表面，使得吸附放射性元素的能力较大，并且因为沉积时间长，吸附的放射性物质多，有充分时间使放射性元素从溶液中分离出来并与泥质颗粒一起沉积下来。

第二节 技术原理及测量参数

自然伽马能谱录井技术是根据铀、钍、钾三种放射性核素在衰变时放出的伽马射线的能谱不同，用能谱分析的方法，将测量到的铀、钍、钾的伽马放射性的混合谱进行谱的解析，从而确定铀、钍、钾在岩样中的含量的一种录井技术。

一、原理

(一) 工作原理

探测伽马射线的基本过程是：在伽马射线的激发下，闪烁体所发的光被光电倍增管接受，经光电转换及电子倍增过程，最后从光电倍增管的阳极输出电脉冲，记录分析这些脉冲就能测定伽马射线的强度和能量。

仪器主机由探头（包括闪烁体、光电倍增管）、高压电源、线性放大器、多道脉冲幅度分析器几部分组成（图 2-9-1）。射线通过闪烁体时，闪烁体的发光强度与射线在闪烁体上损失的能量成正比。带电粒子通过闪烁体时，将引起大量的分子或原子的激发和电离，这些受激的分子或原子由激发态回到基态时就放出光子。不带电的伽马射线先在闪烁体内的产生光电子、康普顿电子及正负电子对，然后这些电子使闪烁体内的分子或原子激发和电离而发光。闪烁体发出的光子被是闪烁体外的光反射层反射，会聚到光电倍增管的光电阴极上，打出光电子。光阴极上打出的光电子在光电倍增管中倍增出大量电子，最后为阳极吸收形成电压脉冲。每产生一个电压脉冲就表示有一个粒子进入探测器。由于电压脉冲幅度与粒子在闪烁体内消耗的能量成正比，所以根据脉冲幅度的大小可以确定入射粒子的能量。利用脉冲幅度分析器可以测定入射射线能谱。

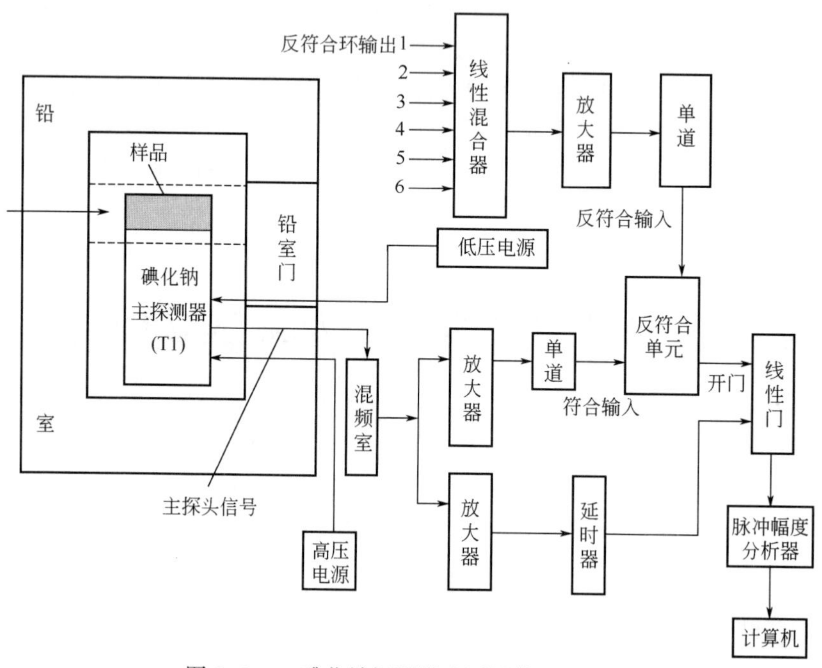

图 2-9-1　碘化钠探测器法测量装置示意图

（二）测量原理

由于地层岩石的自然伽马射线主要是由铀系和钍系中的放射性核素及^{40}K产生的。铀系和钍系所发射的伽马射线是由许多种核素共同发射的伽马射线的总和，但每种核素所发射的伽马射线的能量和强度不同，因而伽马射线的能量分布是复杂的。根据实验室对 U、Th、K 放射伽马射线能量的测定，发现^{40}K 放射的单色伽马射线，其能量为 1.46MeV。U 系、Th 系及其衰变物放射的是多能谱伽马射线，在放射性平衡状态下系内核素的原子核数的比例关系是确定的，因此不同能量伽马射线的相对强度也是确定的，可以分别在这两个系中选出某种核素的特征核素伽马射线的能量来分别识别铀和钍。这种被选定的某种核素称为特征核素，它发射的伽马射线的能量称为特征能量，在自然伽马能谱录井中，通常选用铀系中的^{214}Bi发射的1.76MeV的伽马射线来识别铀，选用钍系中的^{208}Tl发射的2.62MeV的伽马射线来识别钍，用1.46MeV的伽马射线来识别钾。

把横坐标表示为伽马射线的能量，纵坐标表示为相应的该能量的伽马射线的强度。把这些粒子发射的伽马射线的能量画在坐标系中，那么就得到了伽马射线的能量和强度的关系图，这个图称为自然伽马的能谱图（图2-9-2）。

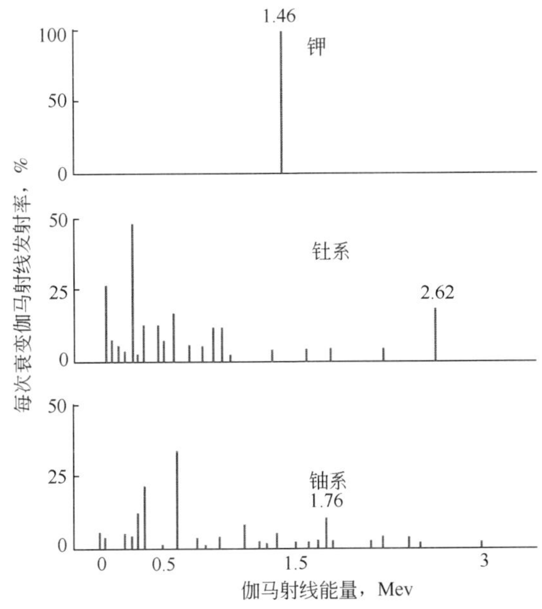

图2-9-2　钾、钍系、铀系放射的伽马射线能谱图

二、测量参数

（一）基本术语

（1）本底：非起因于待测物理量的信号。

（2）仪器本底：仪器在正常工作条件下，样品盘中无放射源时仪器的指示值。

（3）本底计数：在没有被测样品的条件下，测量装置的固有计数。这些计数来自宇宙射线、周围环境中的放射性物质和探测器本身的放射性污染等。

（4）本底计数率：在同一环境下，除岩样的放射性外，其他因素引起的计数率。

（5）剂量率：表示单位时间内接收到的剂量。剂量率的单位为伦琴/小时（R/h）。

（6）吸收剂量：表示单位质量受照物质中所吸收的平均辐射能量。单位：焦耳每千克（J/kg），或1戈瑞（Gy）。

$$1Gy = 1J/kg, 1nGy = 10^{-9}Gy$$

（7）吸收剂量率：单位时间内的吸收剂量就称为吸收剂量率，单位是戈瑞/小时（Gy/h）。

（8）低本底伽马能谱录井测量仪：测量弱伽马放射性射线活度的录井仪器。

（二）测量参数

自然伽马能谱录井仪包括U、Th、K、总伽马剂量率。分析主要参数见表2-9-1。

表2-9-1 自然伽马能谱录井仪分析主要参数表

参数名称	符号	含义	单位
铀	U	岩样中铀系核素的含量	g/t
钍	Th	岩样中钍系核素的含量	g/t
钾	K	岩样中^{40}K的含量	%
伽马剂量率	*LGR*	岩样中总伽马射线的强度	Gy/h

第三节 资料录取

在进行自然伽马能谱录井前，承担自然伽马能谱录井的录井人员和地质监督一定要熟悉目标井的地质任务书，清楚本井对自然伽马能谱录井设计工作的层位、井段、间距及特殊要求，录井过程中严格执行操作流程及相关规范。

一、设备标定

（一）仪器标定

用K-40、Th-232、Ra-226三个单核素源对仪器进行标定后，仪器才能定量检测。

每次开机后应进行标准样校验，将校准样放入铅室，测量15min后自动完成谱峰校准，如果谱峰漂移超过校准范围，则在谱线中分别找到K和U的峰位，输入K峰和U峰道区，完成峰位校准。

保存本底标准谱：铅室不放任何样品，分别放入K、Th、Ra模型样，各测量1h后，保存本底标准谱谱线。定量模型建立完毕后，应打开铅室门6h（或擦拭铅室内腔和探头）方可进行定量分析。

（二）标定要求

（1）每次仪器重新安装后应进行标定、重复性、稳定性测试；

（2）仪器正常运行时，每10d进行一次重复性、稳定性测试；

（3）每天应进行2次峰位校准。

二、样品制备与测量

（一）仪器预热

指让仪器运行一段时间，但此时不论测量或其他行为均不能作为报告结论引入，需废弃。其目的是让仪器更好地在稳定状态运行。

（二）样品制备

（1）按设计取样间距捞取岩样，确保岩样的真实性和准确性。

（2）选取代表性好的干燥岩样500g（精确至±5g）。

选样的目的是使样品的物理特性与标准物质的物理特性基本一致，以保证相对测量结果具有可比较性。因此，制样过程对测量结果影响很大，应严格按照标准的方法及质量要求进行。

注意：岩样不足500g时，应对计算的三种核素（U、Th、K）含量进行质量校正。

（三）样品分析

将制备好的样品装入与标样同形状体积的样品盒中，放置在探测器上面压实，尽量使样品表面平整，加上盒盖后进行测量。样品分析时间不少于300s。测量结束后，将检测结果、谱线和相关信息进行保存。

三、影响因素分析

（一）岩样的采集与挑选

自然伽马能谱录井分析对象均为从井下返出的地层岩石样品，分析精度

高，用样量较多，对样品真实性要求非常重要。因此，样品的采集和挑选是保证质量的关键因素。采集样品时必须做到迟到时间计算准确，定点及时捞样，清洗干净；样品挑选时必须挑选代表该井段的真实岩样。要做好这项关键性的工作，要求操作人员必须有较高的技术素质和责任心。

（二）岩样的预处理

岩样经钻头的破碎、钻井液携带、人工捞取等流程，特别是岩屑中混有钻井液材料，直接对岩样产生污染，需尽可能排除外源物对样品的影响。因此，对样品的预处理非常重要。具体包括岩石样品的正确挑选、去除污染、称重等工序，做到不同分析项目的每一个环节的准确无误。

（三）样品分析过程中的影响

样品在分析过程中，受操作人员技术素质、熟练程度、工作环境、设备稳定性、重复性等诸多因素的影响，对每一环节可能影响资料质量的因素必须周密考虑或尽可能避免，才能保证资料的统一和解释可靠性。

（四）测量时间对分析结果的影响

自然伽马能谱录井是将样品装入铅室后测定岩样的放射性，因此分析结果与设定时间紧密相关，要求测量时间尽可能保证在 5min 以上，确保分析的精度。

（五）屏蔽铅室对分析结果的影响

屏蔽室是伽马能谱分析中装探测器装置和样品的容器，置于等效铅当量不小于 100mg 的金属屏蔽室中，屏蔽室内壁距晶体表面距离大于 130mm，在铅室的内表面有原子序数逐渐递减的多层内屏蔽材料，如果不能做到很好的屏蔽效果，将会对分析结果产生较大的影响。

（六）样品不同产生的差异影响

目前分析的样品包括岩心、岩屑等不同的样品，由于样品采集和物性形态的不同，测量的结果有所差异。

（七）放射性涨落误差的影响

在放射源强度和测量强度条件不变的情况下，在相同的时间间隔内，对放射性射线的强度进行反复测量，每次记录的数值不相同，而且总是在某一数值附近变化，这种现象叫作放射性涨落。它和测量条件无关，是微观世界的一种客观现象，并且有一定的规律。这是由于放射性元素的各个原子核的衰变彼此独立，衰变的次序是偶然原因造成的。这种现象的存在，使得自然伽马曲线不光滑，有许多起伏的变化。放射性曲线数值的变化，一是由地层性质变化引起的，用它可以划分地层剖面；另一方面是由放射性涨落引起的。要对放射性录井曲线进行正确地质解释，必须正确区分这两种原因造成的曲线变化。

（八）钻井液添加剂影响

钻井液中加入3%~5%的氯化钾，对泥岩的冲蚀作用可明显降低，但是，钾的放射性可使自然伽马录井受到干扰，表现为：

（1）总计数率增高。

（2）钾特征峰道区计数率明显增高。

（3）能量低于1.46MeV的道区计数率增高。

（4）解谱结果钾含量异常高，铀含量偏低，钍含量偏高，各种比值不正常。重晶石钻井液能使低能道区计数率明显降低。氯化钾和重晶石钻井液对测量结果的影响均需进行校正。

第四节 资料应用

自然伽马能谱录井测量的岩样中铀（U）、钍（Th）、钾（K）的含量，其资料可以计算所钻地层岩样中泥质含量、识别黏土矿物类型、评价生油岩等，为地质研究提供非常重要的资料。在放射性储层中，可用于确定地层岩性和地层对比、研究沉积环境、判断高放射性页岩气储层，为储层评价提供了精确的解释依据。

一、确定地层岩性

由于地层中天然放射性核素的分布具有一定的规律性，因此，利用自然伽马能谱录井资料可以确定地层的岩性，特别是对于一些复杂地层的岩性识别，自然伽马能谱录井优势性明显。用自然伽马能谱曲线划分岩性的一般规律是：

（1）砂泥岩剖面：纯砂岩显示出自然伽马能谱最低值，黏土（泥、页岩）显示最高值，而粉砂岩、泥质砂岩介于中间，并随着岩层中泥质含量的增加曲线幅度增大。

（2）在碳酸盐岩剖面：自然伽马曲线值是黏土（泥、页岩）最高，纯的石灰岩、白云岩的自然伽马值低，而泥质白云岩、泥质石灰岩、泥灰岩的伽马值介于泥岩和石灰岩、白云岩之间，且幅度值随泥质含量增加而增大。

（3）膏盐岩剖面：石膏、盐岩伽马值最低，黏土（泥、页岩）最高，砂岩介于两者间，数值靠近泥岩的高数值砂岩其泥质含量较多，是储集性较差的砂岩，而数值靠近石膏的低数值砂岩层，则是较好的储层。

图 2-9-3 是自然伽马录井曲线对不同地层的响应，一般来说，泥岩的自然伽马幅度为 75～150Gy/h，平均为 100Gy/h，硬石膏和纯石灰岩为 15～20Gy/h，白云岩和纯砂岩的自然伽马幅度为 20～30Gy/h。但对某一地区来说，应该根据岩心分析结果与自然伽马曲线进行对比分析，找出地区性的规律，再应用于自然伽马曲线的解释。

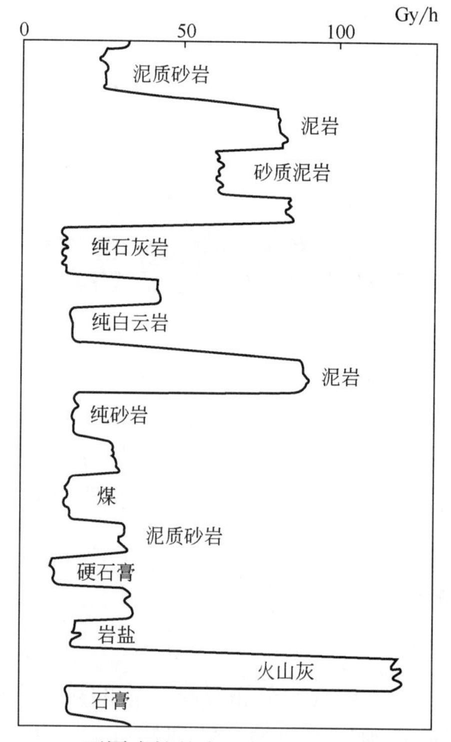

图 2-9-3　不同岩性的自然伽马录井响应特征曲线

需注意的是：由于各地区岩石成分不一样，因此在利用伽马能谱资料划分岩性时，需了解该区的地质剖面岩性特征。

二、寻找页岩储集层

富含有机物的高放射性优质页岩储层，在自然伽马能谱录井曲线上的特点是钾、钍含量低，而铀含量和总伽马剂量率高。图 2-9-4 中，上部井段 2200~2377m 是深灰色页岩，钾和钍含量高，铀含量低，为典型的普通页岩；下部井段 2377~2497m 岩性为灰黑色、黑色页岩，是富含有机碳的优质储层，它在能谱曲线上的特征是钾和钍含量很低，铀含量特别高，它在能谱录井曲线上表现为高伽马、高铀、低钾、低钍的“两高两低”特征；底部岩性为石灰岩，在能谱录井曲线表现为低伽马、低铀、低钾和低钍的“四低”特征。

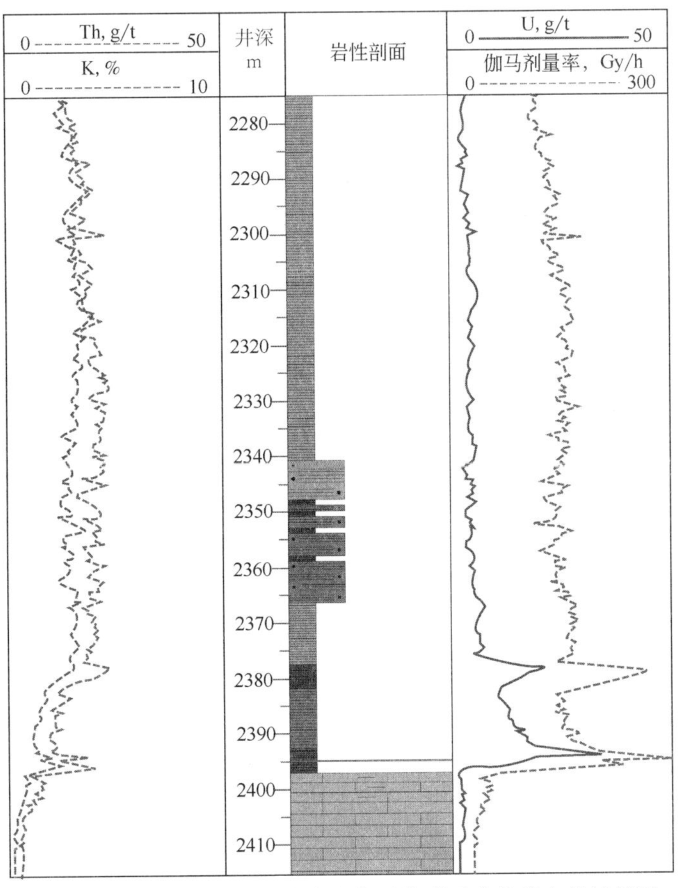

图 2-9-4 优质页岩储层在自然伽马能谱录井曲线上的特征图

三、地层对比

单井的资料只能反映一口井的地下地质情况，要了解整个油气田或部分油气区总的地下地质情况，必须对多口井的资料进行综合分析，地层对比是综合

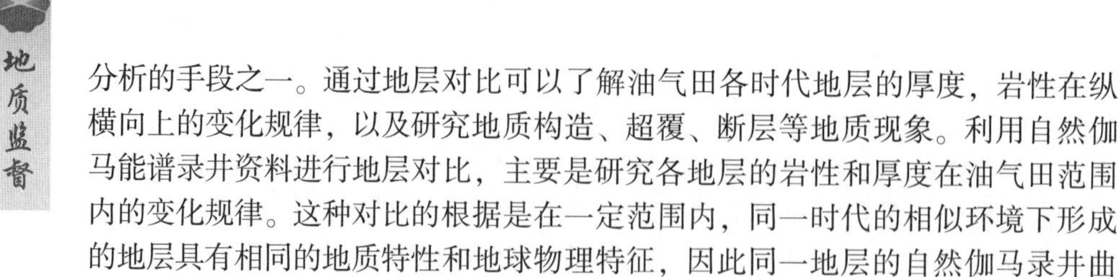

分析的手段之一。通过地层对比可以了解油气田各时代地层的厚度，岩性在纵横向上的变化规律，以及研究地质构造、超覆、断层等地质现象。利用自然伽马能谱录井资料进行地层对比，主要是研究各地层的岩性和厚度在油气田范围内的变化规律。这种对比的根据是在一定范围内，同一时代的相似环境下形成的地层具有相同的地质特性和地球物理特征，因此同一地层的自然伽马录井曲线具相似性，自然伽马能谱录井曲线进行地层对比有以下优势：

（1）自然伽马能谱录井资料与地层水和钻井液的矿化度关系不大。

（2）自然伽马能谱录井资料在一般条件下与地层中所含流体性质（油、气和水）无关。

（3）自然伽马能谱录井曲线其幅度主要决定于地层中的放射性物质，通常对于不同岩性其幅度较为稳定。另外，地层对比的标准层也易选取，如海相沉积厚度稳定的泥岩，其在很大的区域内伽马能谱曲线特征明显且稳定，可进行油田范围或区域范围内的地层对比。

（4）自然伽马能谱录井曲线不仅能很好地应用于砂泥岩剖面，而且能够很好地应用于其他剖面（图 2-9-5）。

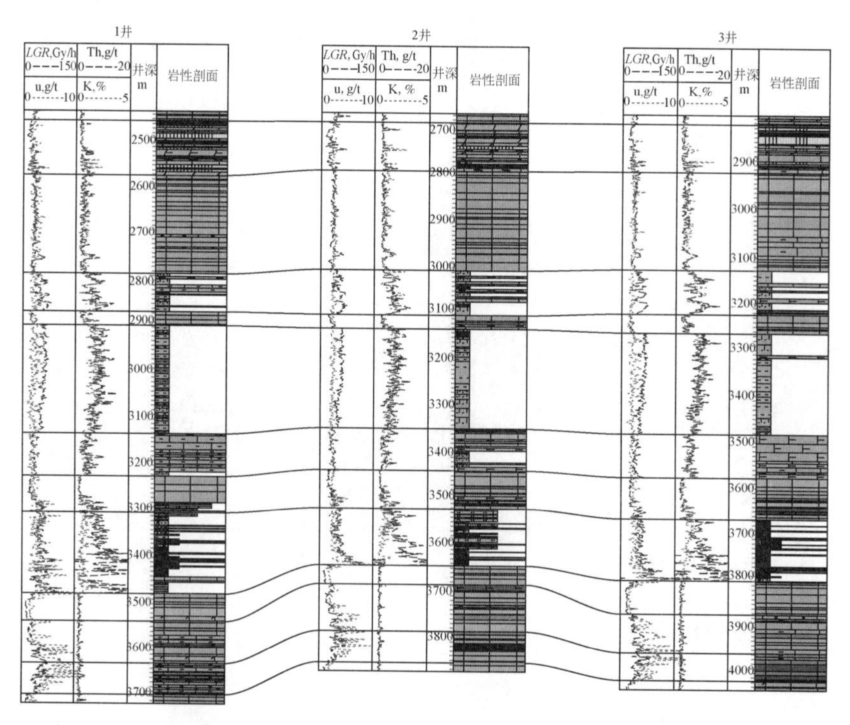

图 2-9-5　自然伽马能谱录井曲线地层对比图

四、计算泥质含量

研究发现，地层的泥质含量与钍或钾的含量有较好的线性关系，而与地层的铀含量关系较复杂。因为铀除了伴随碎屑沉积存在外，还与地层的有机质含量以及一些含铀重矿物的含量等因素有关，所以一般不用铀含量求泥质含量，而用总计数率、钍含量和钾含量的测量值计算泥质含量。

（一）总计数率求泥质含量

定量计算公式：

$$I_{LGR}=(LGR-LGR_{min})/(LGR_{max}-LGR_{min}) \tag{2-9-1}$$

$$V_{Lsh}=(2^{G\cdot I_{LGR}}-1)/(2^{G}-1) \tag{2-9-2}$$

式中 I_{LGR}——用总计数率求出的泥质含量指数，变化范围为0~1；

LGR——目的层总计数率；

LGR_{max}——纯泥岩层计数率；

LGR_{min}——纯砂岩层计数率；

V_{Lsh}——用总计数率求得的泥质体积含量；

G——Hilchie 指数，是与地质年代有关的经验系数，根据实验室取心资料确定，老地层值取2.0，新地层值取3.7~4.0。

（二）由钍含量求泥质含量

$$I_{Th}=(Th-Th_{min})/(Th_{max}-Th_{min}) \tag{2-9-3}$$

$$V_{Th}=(2^{G\cdot I_{Th}}-1)/(2^{G}-1) \tag{2-9-4}$$

（三）由钾含量求泥质含量

$$I_{K}=(K-K_{min})/(K_{max}-K_{min}) \tag{2-9-5}$$

$$V_{K}=(2^{G\cdot I_{K}}-1)/(2^{G}-1) \tag{2-9-6}$$

式中 I_{Th} 和 I_{K}——分别为用钍含量和钾含量求得的泥质含量指数；

Th 和 K——分别为钍和钾的含量，其角码 min 和 max 分别表示纯地层和泥岩的最小值与最大值；

V_{Th} 和 V_{K}——分别表示用钍含量和钾含量求得的泥质体积含量。在地层含有云母和长石的情况下，最好用钍曲线来确定地层的泥质含量，因为云母和长石中都含有钾，此时的钾含量不仅仅是由于泥质造成的。

五、识别黏土矿物类型

岩石中的总自然伽马放射性随泥质含量的增加而增加，黏土矿物放射性最高，不同的黏土矿物中铀、钍、钾的含量不同。黏土矿物具有良好的吸附性、胶体性和可塑性。主要的黏土矿物为：高岭石、蒙脱石、伊利石、绿泥石和混层黏土矿物。目前利用自然伽马能谱资料确定黏土矿物的方法最普遍的是斯伦贝谢公司黏土矿物分析图版（图 2-9-6），通过 *Th/K* 可定性地确定黏土矿物的类型。

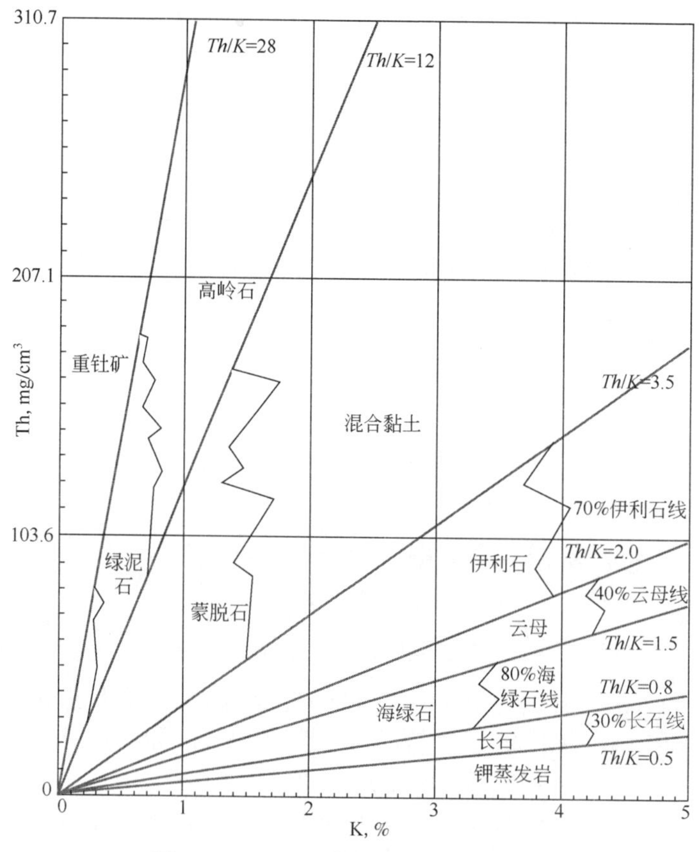

图 2-9-6　*Th*-*K* 曲线识别黏土类型图

不同的黏土矿物的化学组成、物理性质和电化学性质不同，它们的各种响应值不同，表 2-9-2 是地层评价中常见黏土矿物的铀、钍、钾含量及钍钾比值等参数特征值。

表 2-9-2 几种常见黏土矿物特征值

参数	高岭石	绿泥石	伊利石	蒙脱石
铀含量，g/t	4.4~7.7	17.4~36	8.7~12.4	4.3~7.7
钍含量，g/t	6~19	0~8	10~25	14~24
钾含量,%	0~0.5	0~0.3	3.51~8.31	0~1.5
Th/K	11~30	11~30	1.7~3.5	3.7~8.7
LGR，Gy/h	90~130	180~250	250~300	150~200

从表中可看出，伊利石具有明显的高钾特征，其钾含量为其他矿物的十倍乃至几十倍。伊利石含量较小的变化会引起自然伽马能谱录井中钾含量的大幅度改变。高岭石具有明显高钍低钾特点（由于绿泥石矿物能谱响应特征与高岭石非常接近，故计算高岭石中包括绿泥石成分），高岭石含量的变化会引起钍较大的变化。地层中黏土矿物若为单一矿物高岭石或伊利石，资料点应落在图 2-9-6 所示两个区域内；黏土矿物若为高岭石和伊利石两种矿物，随着两种矿物成分的变化，钾、钍含量也随之变化，资料点将向中间过渡区域移动。蒙脱石为低钾低钍测井响应特征，分布区域很小，含量变化对测井响应值影响很小。因此，根据 *Th/K* 的特征，可大致确定黏土类型。

六、研究沉积环境

利用 *Th/U* 比值曲线可研究沉积环境，据资料统计表明：$Th/U>7$ 主要为风化完全、有氧化和淋滤作用的陆相沉积，岩性为泥岩和铝土矿；$2<Th/U<7$ 为海相沉积环境，岩性为灰色或绿色泥页岩及杂砂岩；$Th/U<2$ 为海相沉积黑色页岩、石灰岩及磷酸盐岩。用 *Th/U*、*U/K* 和 *Th/K* 比值还可研究许多其他地质问题，如从化学沉积物到碎屑沉积物 *Th/U* 比增加，随着沉积物的成熟度增加，*Th/K* 比增大。

七、评价烃源岩

自然伽马能谱资料中的铀曲线反映地层中放射性矿物铀的含量。研究表明，放射性元素铀与有机质的丰度有很密切的关系，有机质越富集的地方，能谱曲线中所显示的铀含量越高，指示与油气关系越密切。大量研究表明，

岩石中的有机物对铀富集起着重要作用，因此应用自然伽马能谱录井，可在纵向和横向上，追踪生油层和评价生油层生油能力。

自然界中的有机质，一是来源于水生有机物，二是来源于陆生植物。它们与铀之间都有亲和力存在。虽然这种亲和力机理还在研究中，但这种亲和力使有机质与铀含量有明显相关关系。

这种现象的另一种解释是，海水中的铀离子与其他微量元素为浮游生物所吸附；陆生植物的腐殖酸也容易吸附铀离子。因此，源岩的自然放射性明显高于非源岩，并且这种增加是铀引起的。

前人研究表明：有机碳含量（*TOC*）、铀（U）伽马异常和 Th（钍）/U 能够较好地反映地层沉积时期海水的氧化还原环境。TOC 越高，水体越深，水体环境还原性越强。U 元素存在两种价态：U^{4+}和 U^{6+}，沉积初期在氧化沉积环境中，U 主要以高价态 U^{6+}存在，溶于水，无法在地层中沉积富集，而在还原沉积环境中，被还原为低价态 U^{4+}，U^{4+}易于形成络合物在地层中沉淀富集，从而造成地层伽马反射性异常高值。

从有机碳含量与泥岩中铀的含量关系可看出（图 2-9-7），有机碳含量与铀含量存在线性关系，铀含量越高，泥岩中有机碳含量越多，则泥岩为生油岩且生油能力越强。

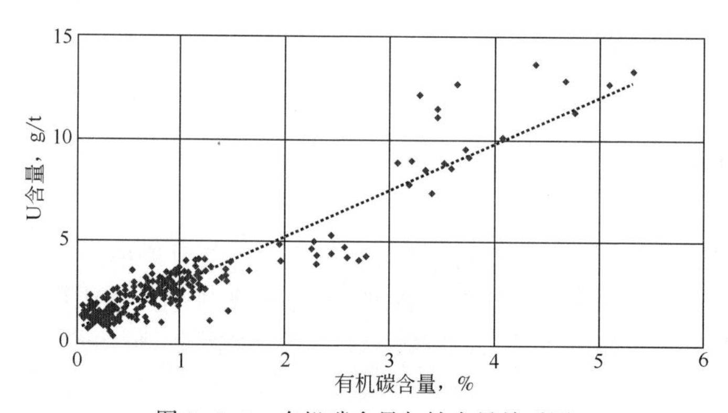

图 2-9-7　有机碳含量与铀含量关系图

图 2-9-8 中井段 3350~3400m 岩性为灰褐色石灰岩，U、Th、K 三条曲线显示低异常，自然伽马剂量率也显示低异常，其上、下两层自然伽马值高，为泥岩层。在自然伽马能谱曲线上，井段 3300~3350m 岩性为浅灰色泥岩，井段 3400~3450m 岩性为黑灰色泥岩，自然伽马剂量率均为高值，但上部泥岩段 K 的含量高值，U 的含量也较高，而下部泥岩 U 显示高值，K 也稍高，是富含有机质的泥岩。因此这是两个不同性质的泥岩层。

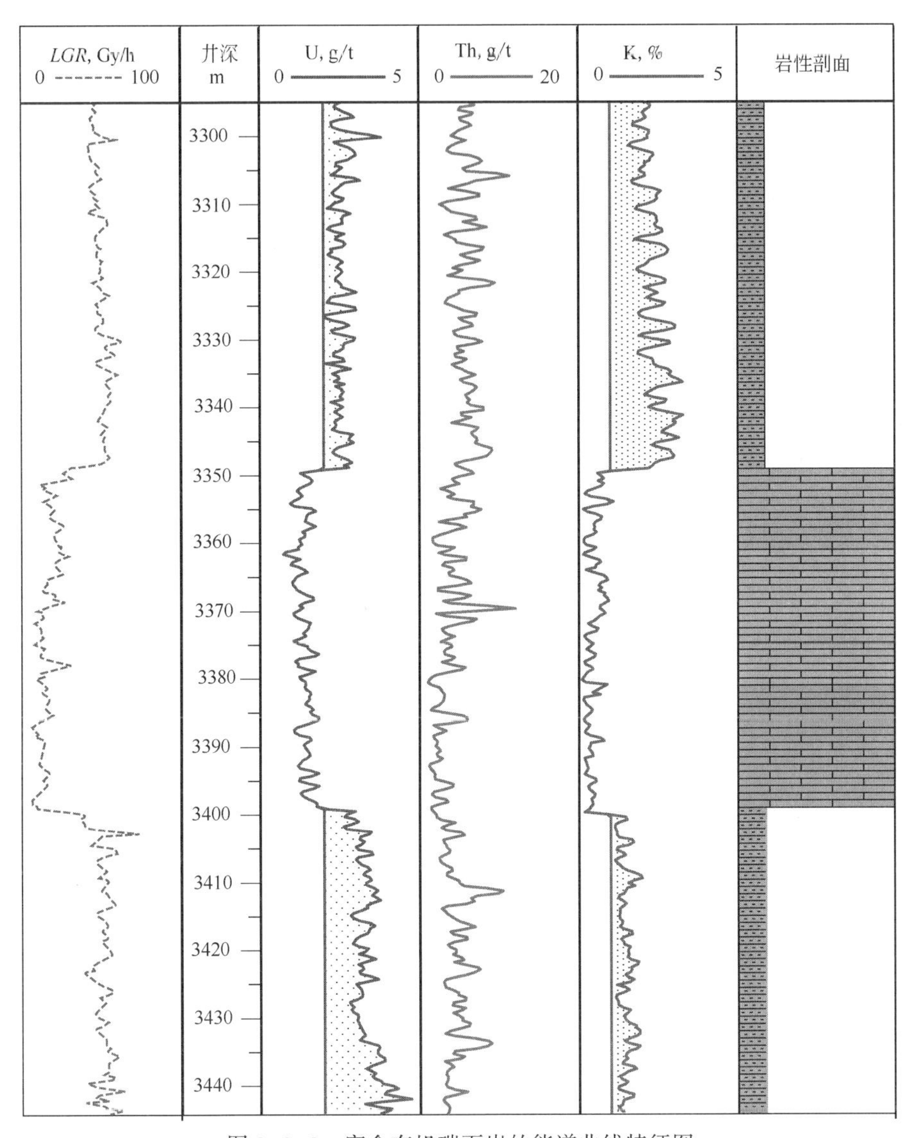

图 2-9-8　富含有机碳页岩的能谱曲线特征图

第十章　岩样图像采集技术

岩样图像采集技术包括岩屑图像采集技术和岩心成像采集技术两部分。

岩屑图像采集技术是借助岩石多焦成像分析仪及其分析系统，实现录井岩屑的数字化采集、处理与分析的录井技术。应用录井综合解释软件及录井信息平台，实现岩屑的图形化、数字化、可视化、自动化解释。

岩心成像采集技术是采用自动控制的方法，对岩心图像进行采集，通过高分辨率岩心图像采集仪的采集头把图像信号转换成数字信号，然后经过采集板的转换，把数字信号还原成图像信号的一种技术。

第一节　概述

传统的肉眼定名岩屑容易因人为因素而产生差异，造成地层岩性及含油性等判定得不准确，岩屑样品也不易长期保存。随着钻井技术工艺的发展，采用 PDC 钻头加旋转螺杆钻进和采用低密度冲洗介质的氮气、泡沫欠平衡钻进方法已成为趋势，现场岩屑破碎严重、颗粒越来越细小，采用人工肉眼进行岩性判别和依靠现场经验定名的传统岩屑录井越来越困难。随着岩屑图像采集技术的发展，将数字图像技术、岩屑图像处理技术和图像分析技术应用于生产现场，通过岩屑数字图像的放大、灵活采集、处理和识别分析，实现了岩屑岩性、含油气识别分析的定量化、智能化，从而很好地解决了上述岩屑细小难以定名的问题。岩屑图像采集分析技术在岩屑录井中得以应用，弥补了以往传统岩性识别的不足，成为发现、评价地层岩性及含油气情况的手段之一，对提高勘探水平，提高录井质量具有十分现实和深远的意义。

岩心扫描成像信息管理系统是以岩心扫描成像为核心的软硬件一体化网络信息系统。该系统以永远保持新鲜岩心形态、改革旧的岩心管理模式和观察方式，并通过图像分析提供相应地质分析资料为宗旨。将在白光、荧光下的圆柱岩心与剖面岩心的表面图像，通过高分辨率的平动与转动扫描成像装置将真实图像摄入计算机并存入数据库，通过计算机能对岩心图像进行沉积层理、粒度、裂缝、孔洞、荧光含量等进行定量分析，用岩心图像对测井研究提供最直接的对比校正依据，应用荧光图像对含油成分进行面积定量计算，并通过企业内部网实现图文资料共享。

岩心成像采集技术在降低岩心的保存和管理成本的同时，给钻井工程、岩矿分析提供有效的工程和地质资料。该技术实现了岩心外表面、横截面、纵切面、特殊现象高保真图像采集等；实现了岩心资料的自动化管理，便于资料的查询与应用；提供岩心图像处理分析及相关测量的岩心图文资料；实现岩心荧光显示图像资料、图文资料及相关地质资料的永久性保存。

第二节　岩屑图像采集技术

一、仪器简介

岩屑图像采集仪具有白光、荧光两种图像采集模式，可对岩石样品进行多焦成像，既可满足对样品的大视域观察要求，又可以对局部进行显微放大观察，方便录井人员从不同角度对岩石样品进行成像分析，保证资料的准确性和完整性。

岩石多焦成像分析仪采用高分辨率摄像头和变焦镜头进行岩屑成像，将样品放大 14~200 倍显示，准确地进行样品的定性分析，避免由于视觉误差产生的不确定性。系统图像采集采用暗室成像，避免阳光、灯光对成像的干扰，图片成像具有一致性，确保图像分析的可靠性。

系统可进行白光、荧光两种方式成像，便于两种图像对比，系统成像像素达到 4384×3288（1500 万像素），图片具有高清晰性，更准确地进行岩屑的定性分析。该系统可提供岩屑荧光面积计算，为油气显示等级的确认提供可靠数字量化依据；可将图像存储、存档，便于远传进行综合分析，为地质录井提供准确资料保障；根据用户需要可通过电信网络（GPRS 或 WCDMA）实现数据远传；提供图像回放功能，可将同一区段的荧光、白光图片进行回放，便于对岩性的分析与比较，更准确地进行油层的定性。

二、图像采集

（一）岩屑样品准备

岩屑清洗干净，露出岩石本色；岩屑必须是干岩屑，晒干或烘干；岩屑

过筛，除掉岩屑样品中假岩屑（图 2-10-1）；岩屑样品放置在专用砂岩盘中（6×8cm），均匀摊开、铺平（图 2-10-2）。

图 2-10-1　样品筛去除掉假岩屑

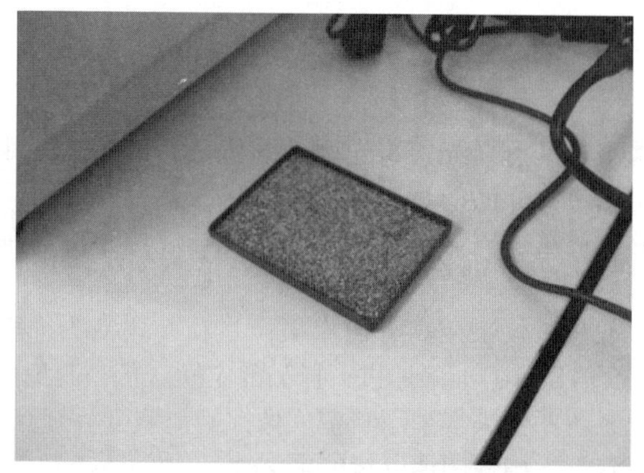

图 2-10-2　岩屑样品在砂样盘铺满铺平

（二）图像采集

（1）将岩屑样品放于仪器内工作台上，点击预览按钮，调节好仪器视域。

（2）选中同时切换参数和同时调节焦距，打开白灯按钮，待图像清晰后，点击拍摄按钮，完成白光图像拍摄。

（3）点击保存图像按钮，确认保存路径及文件名，完成白光图像的保存。

（4）点击开荧光按钮，待调节好焦距图像清晰后，点击拍摄按钮，完成荧光图像拍摄。

（5）点击保存图像按钮，确认保存路径及文件名，完成荧光图像的保存。

（三）原始资料记录填写

（1）岩屑白光图像分析记录见表 2-10-1。

表 2-10-1 ××井岩屑白光图像分析记录

序号	井深（m）	层位	岩性	岩石主色	主色含量（%）	操作员	备注

（2）岩屑荧光图像分析记录见表 2-10-2。

表 2-10-2 ××井岩屑荧光图像分析记录

序号	井深（m）	层位	岩性	荧光颜色	荧光面积（%）	操作员	备注

（3）资料归档项目：上交岩屑图像数据库、每口井的岩屑图像、白光图像报告、荧光图像报告；选择不同的井段、分辨率，生成岩屑成像图谱，上交岩屑成像录井综合图。

三、资料应用

（一）白光图像分析

分析岩屑中岩石主要颜色和次要颜色百分比（用“%”表示），确定主要颜色百分含量。确定岩屑颗粒的直径大小（用“mm”表示），确定粒度级别。分析和观察矿物成分、含量、岩屑特征，判断岩性，生成白光图像报告。

（二）荧光图像分析

储层岩屑要逐包进行点滴试验，对点滴试验结果完成图像采集，分析岩屑图像中深黄色、浅黄色、黄色、亮黄色荧光百分比（用“%”表示），确定荧光颜色和荧光面积，生成荧光图像报告，生成荧光颜色百分含量曲线。

第三节　岩心成像技术

一、技术原理

（一）采集原理

采集具有高保真度的岩心图像数据，包括规则柱状岩心的外表面图像数据、剖开面图像数据，不规则或破碎岩心的平面图像数据。

移动方向（垂直方向）的图像精度（分辨率）取决于步进电机的运动速度及精度。相对静态方向（水平方向）的图像精度（分辨率）取决于3-CCD摄像头的精度（单通道CCD Sensor的数量）。采集视域的大小取决于3-CCD摄像头的精度及要求的采集分辨率（DPI）。

（二）控制原理

采用最新的MCS-51单片机控制技术。控制步进电机进行精确定位和YXCJ岩、矿心图像高分辨率采集分析仪的行程控制，计算机通过COM口进行智能化采集。

（三）光学成像原理

焦点（focus）与光轴平行的光线射入凸透镜时，所有的光线聚集在一点后，再以锥状扩散开来，这个聚集所有光线的一点，叫作焦点（图2-10-1）。在焦点前后各有一个容许弥散圆，这两个弥散圆之间的距离就叫景深（图2-10-2）。

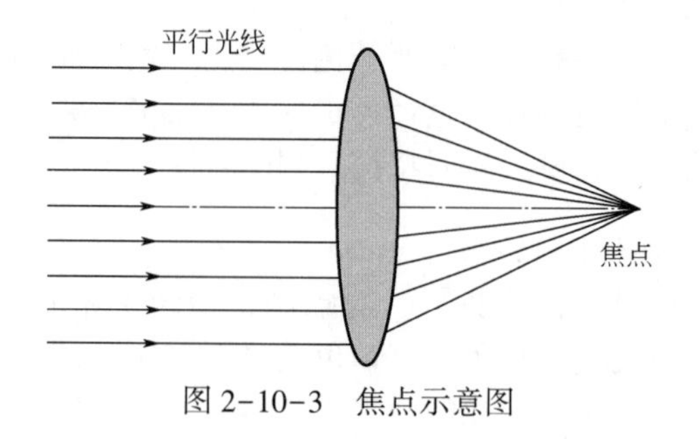

图2-10-3　焦点示意图

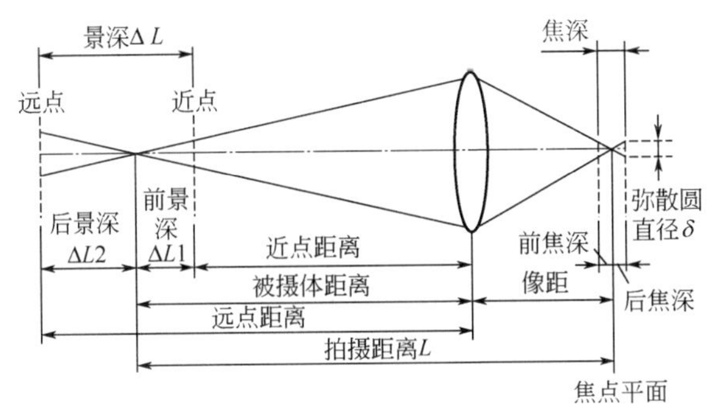

图 2-10-4　景深示意图

景深随镜头的焦距、光圈值、拍摄距离的变化而变化。对于固定焦距和拍摄距离，使用光圈越小，景深越大。

（四）白平衡校正原理

为了提高采集人员的工作效率，减少人为因素对颜色识别的误差，同时减少环境光源（如自然光、强日光灯等）对采集岩心图像色彩效果的影响。通过对大量不同颜色的岩心、岩石在相同光源、相同采集分辨率精度下采集所得到的采集图像数据 RGB 值进行模拟分析，利用 RGB 色彩系统与 YcbCr 色彩系统的转换，运用图像的灰度线性变化、灰度阈值变换、离散余弦变换等图像处理技术，得出了适用于岩心岩屑颜色的图像色彩自校正模型。

HF-YXCJ 采集头内部有三个 CCD 电子耦合元件，它们分别感受蓝色、绿色、红色的光线，在预置情况下这三个感光电路电子放大比例是相同的，为 1∶1∶1 的关系，白平衡的调整就是根据被调校的景物改变这种比例关系。

二、图像采集

（一）资料收集与岩心整理

收集岩心描述记录、岩心录井草图（比例尺 1∶100）等相关资料。采集前，对岩心的井段、长度和顺序进行核对、整理。应按照岩心表面标识的顺序进行整理、排列，各种标识（标记、标签）应做到齐全、准确、字迹清晰。对于碎裂的岩心，应根据断口形态进行拼接，恢复岩心原始状态。

（二）岩心清理

岩心采集前对表面污染的岩心要进行清洁处理。油基钻井液取心、密闭取心的岩心、成岩性差的岩心和含油岩心不应用水冲洗，应用刀刮或棉纱擦拭的方法清洁岩心表面，其他岩心可用水清洗干净。对于较坚硬的岩心如火山岩、变质岩等，可采用湿抹布清理，使岩心质感和纹理清晰。对不含油的碳酸盐岩岩心，可用刷子蘸清水在岩心外表面进行清理，直至岩心外表面无污染物并显示沉积构造的特征为止，但应保证其孔、洞、缝内的充填物完好无损。对于含砾石、螺、贝类等包裹物的岩心以及成分较复杂的交替层和黏土层等，应用软毛刷蘸水来清洗岩心的外表面。冷冻的疏松岩心剖开后，要用刀具沿岩心径向、并顺一个方向刮削岩心表面，清理后的岩心表面应平整、沉积层理清晰。

（三）普光岩心成像

1. 岩心采集内容

岩心按采集方式，可分为外表面、纵切面、断面和剖切面 4 种采集方式。

岩心采集时在采集记录本上做好标识（包括井名和深度）。

2. 岩心采集工序

1）设备准备

（1）开机，将灯管预热至适宜温度（15min）。

（2）联动综合测试计算机和岩心图像高分辨率采集仪。

（3）设置采集分辨率参数：岩心普通光采集分辨率为 350DPI（默认），根据需要勾选相应的分辨率选项。

（4）检查计算机数据储存空间，至少保证剩余 5G 磁盘容量。

（5）准备刻度标尺。

（6）采集标准色板，通过色卡校正程序校正岩心普通光高分辨率采集设备的基准亮度和色彩。

（7）将岩心水平摆放在岩心采集仪的托盘或支架上，调整岩心表面使之与岩心采集仪镜头垂直，岩心顶端与岩心采集仪镜头初始位置一致。

（8）选择一段具有代表性的岩心，并进行预采集。

（9）预采集图像清晰且真实后，进行岩心旋转采集。在采集过程中，应根据实际情况，对留存的岩心外表面进行旋转采集。对整体形态差和松散的岩心，可不进行外表面旋转采集；同批次岩心采集的起始定位线应一致；图像拼接时，应对接基准线。

（10）在采集过程中，当发现图像色彩和进度出现异常时，应重新进行采集。

（11）接收、编辑、存储所采集的岩心图像。

2）岩心摆放

将岩心按由浅至深的顺序摆放在岩心采集仪托盘内或支架上。破碎岩心的横断面应垂直岩心轴向，并用标记物做好标识，确保岩心总长度和位置准确。

3）图像采集

（1）根据图像采集方式，调节仪器的清晰度、色彩和亮度参数，保证岩心高分辨率采集图像清晰。

（2）岩心表面距采集镜头高度应参考机身说明（因分辨率不同，距离略有差异）。

（3）调整采集头与灯、灯与岩心间的相对位置和方向，调整镜头的光圈、焦距等。

（4）岩心图像采集的同时，填写《岩心普光图像采集记录》。

（四）荧光岩心成像

1. 岩心采集内容

岩心按采集方式，可分为外表面、纵切面、断面和剖切面4种采集方式。岩心采集时在采集记录本上做好标识（包括井名和深度）。

2. 岩心采集工序

1）设备准备

（1）开机，将灯管预热至适宜温度（15min）。

（2）联动综合测试计算机和岩心荧光图像高分辨率采集仪。

（3）设置采集分辨率参数：荧光采集分辨率为250DPI(默认)，根据需要勾选相应的分辨率选项。

（4）检查计算机数据储存空间，至少保证剩余5G磁盘容量。

（5）准备刻度标尺。

（6）采集荧光标准色板，打开颜色校正程序校正岩心荧光图像高分辨率采集仪的基准亮度和色彩。

（7）将岩心水平摆放在岩心采集仪的托盘内或支架上，调整岩心表面使之与岩心采集仪镜头垂直，岩心顶端与岩心采集仪镜头初始位置一致。

（8）选择一段具有代表性的岩心，并进行预采集。

（9）预采集图像清晰、真实后，进行正式采集。在采集过程中，应根据实际情况，对岩心外表面进行旋转采集。对整体形态差和松散的岩心，可不进行外表面旋转采集；同批次岩心采集的起始定位线应一致。

（10）在采集过程中，当发现图像色彩和进度出现异常时，应重新进行采集。

（11）接收、编辑、存储所采集的岩心荧光高分辨率图像。

2）岩心摆放

将岩心按由浅至深的顺序摆放在岩心采集仪托盘内或支架上。破碎岩心的横断面应垂直岩心轴向，并用标记物做好标识，确保岩心总长度和位置准确。

3）图像采集

（1）启动“岩心高分辨率图像采集编辑”系统，开始采集。

（2）根据图像采集方式，调节仪器的清晰度、色彩和亮度参数，保证岩心采集图像清晰。

（3）岩心表面距采集镜头高度应参考机身说明（因设备型号不同，距离略有差异）。

（4）调整采集头与灯、灯与岩心间的相对位置和方向，调整镜头的光圈、焦距等。

（5）按照采集方式选择采集外表面图像或纵切面图像、长度（0~40cm）和分辨率（250DPI/mm），按“采集”按钮，开始采集岩心荧光图像。

如需喷照采集荧光显示，需要在岩心样本上加入三氯甲烷试剂，在使用三氯甲烷试剂时需要做好个人防护，防止人身伤害。

（6）岩心图像采集的同时，填写《岩心荧光图像采集记录》。

三、资料处理及发布

（一）图像质量要求

（1）图像画面应透彻。

（2）图像影调应均衡。

（3）图像色彩应饱和。

（4）图像应无几何变形。

（5）图像应无拼接痕迹。

（二）网络岩心库系统录入

（1）根据收集的现场地质岩心描述记录，录入各项相关资料并按相应标准格式进行编辑处理，建立单井岩心图文数据库。

（2）对岩心高分辨率采集图像进行裁剪、拼接，为保证图像的真实性禁止对图像的亮度、对比度和饱和度进行调整处理。对岩心图像背景可使用图像处理工具处理，确保背景颜色为（RGB 0，0，0）。

(3) 使用网络发布系统加载单井图文数据库，自动生成分筒次的岩心原始图像拼接成连续的综合柱状图。综合柱状图同时包含岩心图像、层位、岩性定名、岩性描述、气测数据、测井数据等相关地质信息。

(4) 岩心图文数据通过质量审核后，将图像发布至用户 FTP 图像服务器，将数据加载至用户方专用图文数据库，完成岩心图文资料的网络发布工作。

(三) 岩心综合图生成与浏览

用户用指定账号登录后进入主界面，选择网络岩心库，进入网络岩心库界面，选择岩心综合图（图 2-10-5），进行查询及相应资料下载。

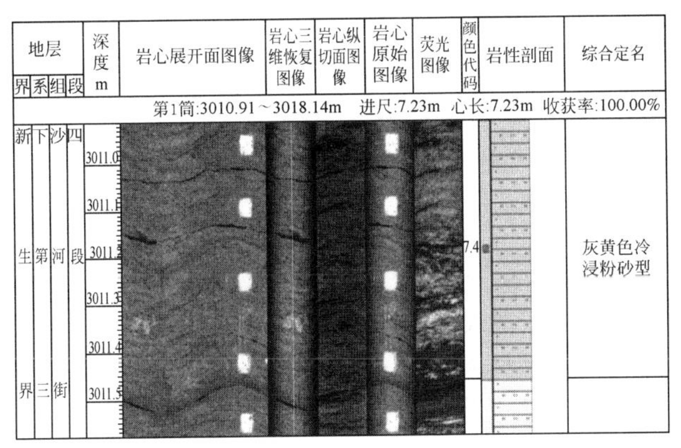

图 2-10-5 岩心综合图

总之，岩心成像技术能够为各研究领域提供高清晰度的岩心图像资料；对长期放置的老岩心进行清洗及归位整理，并通过图像的采集及存储达到岩心资料的长期保存和利用；网络岩心库的建立实现了岩心资料的网络共享，通过网络岩心库观察、下载、编辑、存储所需岩心图像、同时又可以获取所需的岩心资料；通过岩心成像技术，能够及时、准确的发现、记录岩心的一些特殊地质现象，如沉积构造和岩心含油、化石等特殊图像，为研究岩心提供可靠的依据。

第十一章　特殊工艺井录井

在油田勘探开发生产过程中，经常采用水平井钻井、油基钻井液钻井、泡沫钻井及气体钻井方式，提高钻井速度及油气采收率。这些特殊钻井工艺应用使录井作业环境发生很大变化，需要改进录井作业方法，以解决特殊钻井工艺对录井造成的影响。

第一节　油基钻井液录井

一、概述

油基钻井液配比以石油及其衍生物（柴油、白油或原油）为主。与水基钻井液相比，油基钻井液体系具有抗高温、抗污染的优点，能够有效预防钻具粘卡及钻头泥包，在稳定井壁、抑制地层水敏膨胀及快速钻进等方面有其技术优势，被广泛应用于高难度井、大斜度定向井和水平井。油基钻井液的使用影响了岩性识别和油气显示判断，需要改进录井方法适应油基钻井液钻井技术的应用。

常见油基钻井液类型及特点见表 2-11-1。

表 2-11-1　各类油基钻井液及特点

类型	特点	
全油基钻井液	INTOL™ 100% 油基钻井液	以柴油或低毒矿物油为基油，具有与水基钻井液相似的流变性，动塑比高，剪切稀释性好，有利于减少井漏，改善井眼清洗状况及悬浮性，提高钻井速度
	白油基钻井液	以 5 号白油为油基，具有生物毒性较低、电稳定性好、塑性黏度低、滤失量小等特点，可用于易塌地层、盐膏层、能量衰竭的低压地层和海洋深水钻井
	气制油基钻井液	以气制油为油基，具有钻井液黏度低，当量循环密度低，有利于防止井漏、井喷、井塌等井下复杂情况的发生，提高钻井速度，且毒性低，可直接排放，环境保护性能好

续表

类型	特点	
全油基钻井液	柴油基钻井液	以优质0号柴油作为分散介质，用氧化适度的氧化沥青及乳化剂SP-80配制，具有热稳定性好、地面低温循环流动性良好、井下移砂能力强、乳化稳定性好、防塌及润滑效果良好等特点
低毒油基钻井液	无芳香烃基钻井液	基油中芳香烃质量分数小于0.01%，多以植物油为油基，具有可降解性，且闪点、燃点高，高温稳定性好，直接排放对环境无污染，可用于环境敏感地区
	低毒Versa Clean油基钻井液	以无荧光和低芳香烃矿物油为油基，具有润滑性好、井眼稳定性强、抗高温、抗污染和保护油层的特点
抗高温油基钻井液	是一种非磺化聚合物或非亲有机物质黏土的油基钻井液，在高温高压（310℃和203MPa）下具有良好的稳定性，且悬浮稳定性好，钻井液密度可达2.35g/cm³	
可逆转乳化钻井液	通过控制酸、碱性条件实现钻井中不同阶段水包油和油包水乳化钻井液转换，适用于海上钻井，简化岩屑处理程序，减少处理费用，有利于环境保护	

二、油基钻井液对录井的影响

（一）岩屑录井

在油基钻井液环境下，受表面张力和吸附作用影响，岩屑表面附着一层油膜，由于油水互不相溶，用清水无法清洗掉岩屑表面油膜，松散的岩屑颗粒黏在一起，难以清洗干净。被油基钻井液浸泡过的岩屑，表面颜色受到污染不见岩石本色，而且表面附着许多泥质或砂质小颗粒杂质，岩性识别难度增大。

（二）油气显示识别与评价

荧光录井通过观察紫外光照射下岩屑荧光特征识别油气显示，方法简便直接，灵敏度高。当使用油基钻井液钻井时，由于油基钻井液含有的芳香烃化合物具有荧光显示，造成油基钻井液钻井下所有岩屑干照、滴照及氯仿浸泡均有明显异常显示，系列对比级别较高，影响了录井对地层真假油气显示的识别判断。

气测录井所测气样包括$C_1 \sim C_5$或C_5以上呈蒸气状态赋存于气样中的烃组分，油基钻井液中有机高分子化合物在高温高压的条件下发生裂解，产生轻烃，使全烃值明显升高，形成高背景值，造成地层油气显示被掩盖。气测解释主要依据烃组分含量的变化判断流体性质，由于受油基钻井液$C_1 \sim C_5$的影响，不能真实反映地层含油气性，影响了气测解释评价。

油基钻井液中有机高分子化合物裂解产生的重烃被气路管线和色谱柱介质吸附，造成烃组分解吸困难和解吸时间延长，鉴定器积炭过多，污染了分析系统，使气测异常峰形变宽、显示错位、基线偏移，影响数据的准确采集和色谱分析。

三、油基钻井液录井方法

（一）岩屑清洗及岩性识别

油基钻井液条件下岩屑清洗分三步：第一步先用柴油和清水的混合液（柴油与清水比例一般为1∶5）清洗；第二步用柴油除去岩屑表面油污；第三步用清水稀释岩屑表面柴油浓度。清洗过程中要轻度快速漂洗，避免岩屑二次破碎。

虽然岩屑经过特殊清洗，但有时岩屑表面混杂残留些砂质、泥质及矿物颗粒，需在放大镜下观察颗粒组成来确定岩性。描述岩屑要大、小结合，干样湿样进行对比分析，注意观察岩屑新鲜面颜色。如果采用PDC钻头和螺杆钻具钻进，岩屑样细小，呈粉末状，要将振动筛布换成140目以上，着重观察散砂部分。

钻遇砂泥岩地层时，可利用气测值变化、钻时（*dc*指数）及扭矩参数等辅助判断岩性，一般砂岩地层全烃与甲烷比相邻泥岩层高，钻时（*dc*指数）小，扭矩变化较为频繁，幅度较大。

（二）油基钻井液下的油气显示识别及评价

1. 真假荧光识别

为了消除油基钻井液对岩屑荧光录井的影响，选取不含油岩屑进行荧光湿照、滴照，观察岩屑表面及新鲜断面荧光颜色、产状及氯仿挥发后残余物荧光特征，用于真假荧光显示对比。

在荧光灯下观察岩屑断面发光面积、强度及产状，受污染岩屑断面荧光显示多为环状，发光强度外部大于内部，滴照时滤纸上出现明显的斑状、放射状扩散光环，多次滴照后上述现象逐渐消失。含油的污染岩屑内部荧光发光强度均匀，内部大于外部，滴照时滤纸上将出现明显的斑状、放射状扩散光环，多次滴照后上述现象仍无明显变化。

另外应注意邻井对比，及时了解邻井相当地层的含油性质及荧光特征（表2-11-2），同时参考钻时、气测、定量荧光分析及地化数据，综合分析。

表 2-11-2 地层原油及油基钻井液荧光对照表

对照项目	柴油油基钻井液	地层中质油	地层轻质油
湿照特征	淡蓝色、蓝紫色	金黄色、亮黄色	蓝色
滴照颜色	蓝黄色	黄色、乳黄色	蓝色
滴照反映	快速	视物性慢速—快速	快速
滴照残留物	蓝黄色荧光，日光下无残留物	暗黄—黄色荧光，日光下呈褐色环状—薄膜状	无残留物

2. 气测采集方法

在油基钻井液环境下为防止气管线、色谱柱及鉴定器被污染，样气要经过除湿、干燥、冷凝、过滤等处理。气路中干燥剂通常使用氯化钙或硅胶，日常维护要及时吹洗气管线、更换干燥剂，防止过滤器被杂质堵塞。校验偏差较大时，需更换样品管线，疏通色谱柱，清除鉴定器积炭。

3. 气测异常显示发现

在油基钻井液环境下，气测全烃始终保持较高的基值，钻遇油气显示后全烃的异常幅度较小。经过气路的改进，油基钻井液对全烃影响仍然较大，但对 C_1、C_2 影响较小，因此主要依据 C_1、C_2 的变化并结合钻时、岩性变化来判断油气显示。

4. 利用地化资料识别油气显示

油基钻井液中有机成分与地层中原油具有不同的地球化学特征，利用定量荧光谱图和岩石热解轻重比指数特征可有效区分真假油气显示。通过定量荧光和岩石热解分析可得到油基钻井液有机成分荧光光谱和轻重比指数。在进入油气显示段后，挑选有油气显示岩屑样进行分析检测，利用定量荧光差谱技术对实测样品图谱和背景图谱自动扣减污染背景值，恢复储层真实油气显示。应用岩石热解轻重比指数对油气显示进行判别。

四、资料应用

通过录井方法的改进，油基钻井液录井资料录取质量得到提高，能够真实反映地层岩性及流体特征，满足了录井评价需求，也为地质研究提供了可靠的原始资料。

（一）岩屑录井实例

H101 井钻探中采用油基钻井液体系，现场岩屑使用柴油清洗。在振动筛取样［图2-11-1(a)］后放入洗样筛，放入柴油中漂洗，直到看出岩屑本色［图2-11-1(b)］，放置晾晒场地晾干［图2-11-1(c)］，晾干后的岩屑成型好、色泽鲜明、代表性强，有助于岩性识别。

(a) 出口岩屑样

(b) 柴油清洗后湿样

(c) 晾干后岩屑样

图2-11-1　H101井油基钻井液岩屑样

（二）油气显示发现与解释评价

1. 油基钻井液钻井条件下真假荧光识别

H101井钻探中采用油基钻井液体系，钻遇地层荧光灯湿照、滴照均见荧光显示。为识别真假油气显示，首先确定岩屑的背景荧光，该区安集海河组上部岩性均为泥岩，且无油气显示，通过清洗后荧光灯下湿照、滴照确定荧光颜色、发光强度和产状；其次，查阅邻井H10井、H001井录井资料，以同地层荧光显示特征作为参照（表2-11-3）；加强地层对比，参考钻时、气测进行综合分析，准确判断出地层真假油气显示。

表2-11-3　邻井地层荧光显示及油基钻井液荧光对照表

对照项目	油基钻井液	H10井	H001井	H101井
湿照	淡蓝色，中发光	暗黄色，弱发光	无荧光	暗黄色，弱发光
干照	暗黄色，弱发光	暗黄色，弱发光	淡黄色，中发光	暗黄色，弱发光
滴照	蓝紫色，中发光	暗黄色，弱发光	淡黄色，中发光	乳黄色，中发光
滴照残余物	乳黄色荧光，日光下暗褐色	无残余物	无残余物	无残余物
系列对比	9级，淡乳白色	11级，乳白—乳黄色	10级，乳白—乳黄色	12级，乳白—乳黄色

2. 气测异常显示识别

H101井为保证地层油气显示识别的准确性和及时性，首先需要排除油基钻井液对气测录井的影响。录井前在各种条件下进行多次脱气试验：在水基钻井液中，测全烃较小，且组分仅有 C_1；在纯柴油中，气测值普遍较高，全烃值非常明显，组分出全；在柴油与水基钻井液混合后，全烃值与纯柴油中的值基本一样，重组分值有所下降；在油基钻井液中，气测值普遍较低，且组分不全，故油基钻井液全烃和重组分受影响严重，轻组分基本不受影响。实际录井过程中，刚开始全烃不断上升，组分只出现重组分（C_5），循环两周后，全烃基本趋于平稳，全烃含量在 0.35%～0.55%，而组分依然只出 C_1 和 C_5。对比该区邻井实钻录井资料，地层气测均有 C_1、C_2、C_3 等轻烃组分。钻揭地层 550m 后地层真实气测值出现，全烃由前期的 0.30%～0.50% 上升至 1.00%～2.00%，当钻至井深 2900m 时，气测全烃最高达 15.63%，准确发现气测异常，排除油基钻井液体系对气测异常显示识别造成的影响。

3. 利用地化图谱比对识别真假油气显示

如 X73 井采用白油油基钻井液钻井，取白油样进行地化分析：白油热解分析谱图峰形呈单峰形，主要表现为汽油峰、柴油峰，白油热解—气相色谱分析谱图峰形呈基线明显抬升的规则梳状峰，碳数分布范围窄，为 nC_{14}～nC_{24}（图 2-11-2）。邻井对应层位地层原油热解分析谱图峰形呈三峰形，主要表现为汽油峰、柴油峰和重油峰；地层原油热解—气相色谱分析谱图峰形呈基线平稳规则的梳状峰，碳数分布范围宽，为 nC_8～nC_{30}（图 2-11-3）。该井壁心见“油气显示”，经地化分析，其地化谱图与白油相似，确定其为假异常显示。

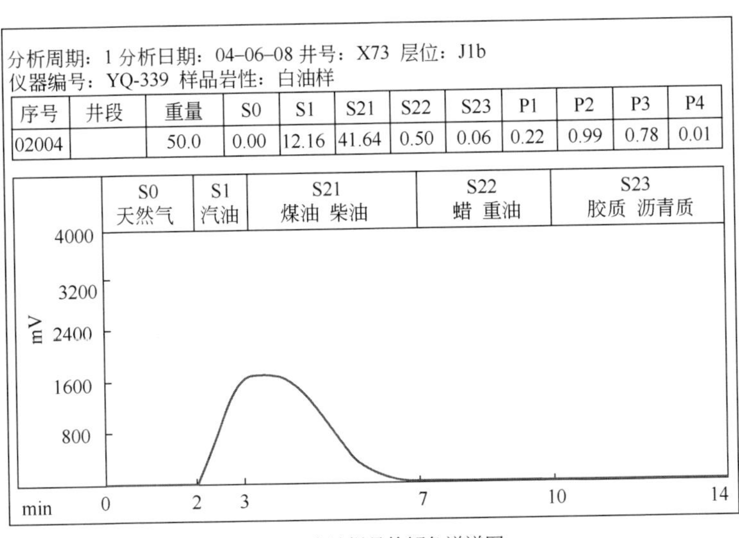
分析周期：1 分析日期：04-06-08 井号：X73 层位：J1b
仪器编号：YQ-339 样品岩性：白油样

序号	井段	重量	S0	S1	S21	S22	S23	P1	P2	P3	P4
02004		50.0	0.00	12.16	41.64	0.50	0.06	0.22	0.99	0.78	0.01

(a) 50mg白油样品热解色谱谱图

图 2-11-2

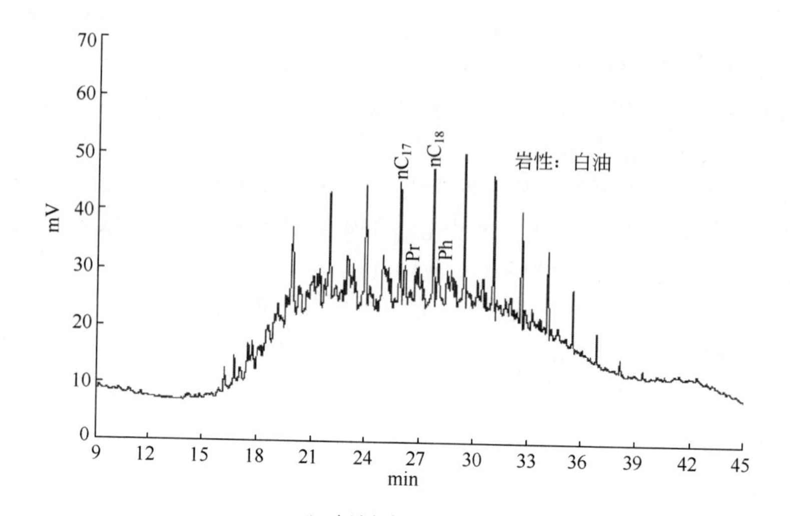

(b) 白油气相色谱分析图

图 2-11-2　白油热解及热解—气相分析谱图

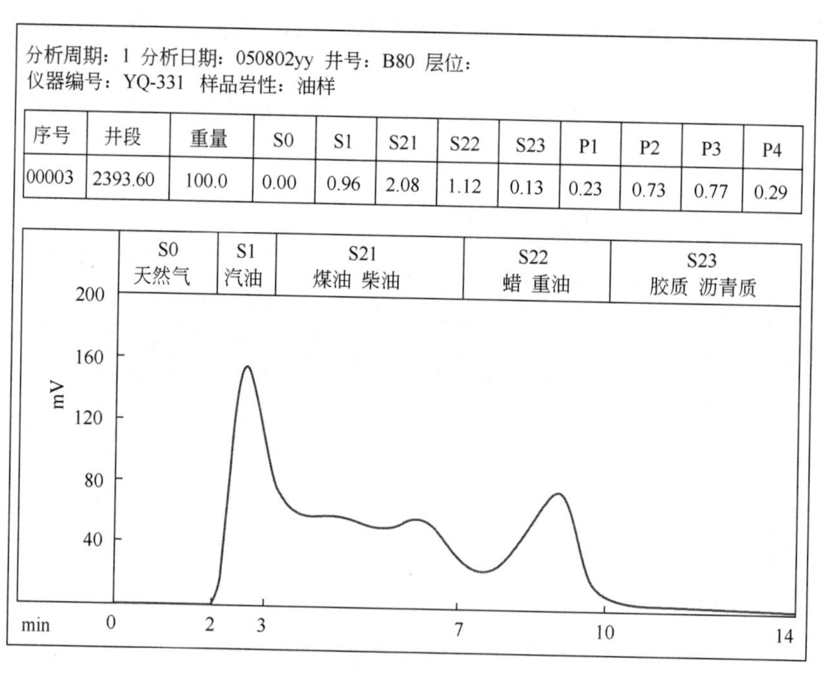

分析周期：1 分析日期：050802yy 井号：B80 层位：
仪器编号：YQ-331 样品岩性：油样

序号	井段	重量	S0	S1	S21	S22	S23	P1	P2	P3	P4
00003	2393.60	100.0	0.00	0.96	2.08	1.12	0.13	0.23	0.73	0.77	0.29

(a) 地层原油热解色谱谱图

图 2-11-3

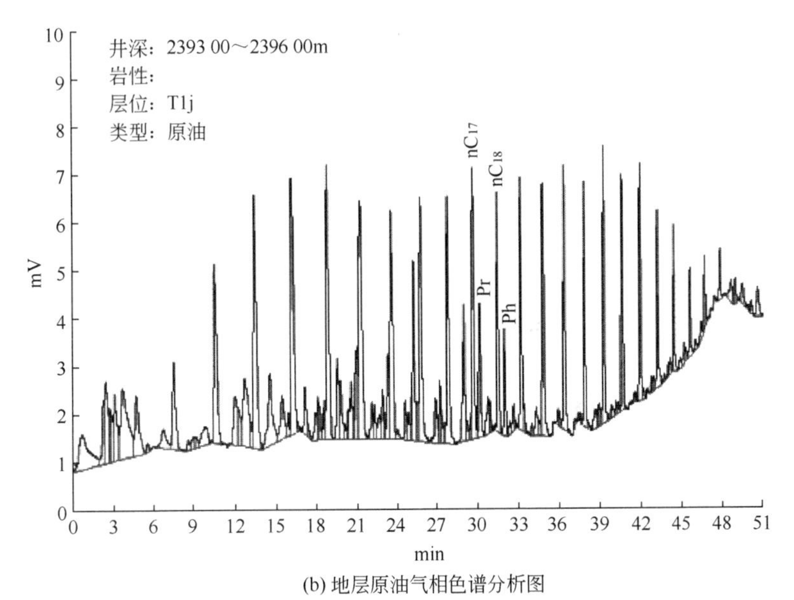

(b) 地层原油气相色谱分析图

图 2-11-3 地层原油热解及热解—气相分析谱图

4. 确定油气显示的其他方法

槽面观察钻井液含气情况，对于中质油及重质油，观察槽面能否见到油花，槽面是否上涨等现象。钻井液性能的变化如密度、黏度、温度、电导率的变化可帮助辅助判断。钻井取心及井壁取心，要及时观察岩心内部油污、油味、水浸情况，结合浸泡定级，注意区分真假显示。钻井液侵入深浅可通过观察岩心断面颜色、直照荧光核心及边缘的差异来判断。

第二节 泡沫钻井录井

一、概述

泡沫钻井是以泡沫流体作为循环介质的欠平衡钻井方式，泡沫钻井当量密度一般为 0. 06~0. 72g/cm^3。泡沫钻井机械钻速是常规钻井的 5~10 倍，适用于低压、低渗透或易漏失及水敏性地层地质条件下钻井。泡沫流体分硬胶泡沫和稳定泡沫两种体系，硬胶泡沫是由气体、黏土、稳定剂和发泡剂配成稳定性较强的分散体系；稳定泡沫是由气体、液体、发泡剂和稳定剂配成的分散体系。气体包括空气、氮气、二氧化碳及天然气。

泡沫钻井作业中，气体、液体（黏土）、稳定剂和发泡剂通过空压机组、增压机组及雾泵组形成泡沫介质，由立管进入钻具，出钻头后伴随岩屑从井筒环空循环至地面，循环流程如图 2-11-4 所示。与常规钻井方式相比，泡沫钻井增加了排砂管线，井底岩屑及泡沫介质循环至井口后由排砂管线直接排至岩屑池，无法循环使用；常规钻井岩屑是经井口导管引入缓冲罐，经振动筛过滤后排至岩屑池，钻井液则通过振动筛、除砂器净化后流回钻井液罐，可重复循环使用。

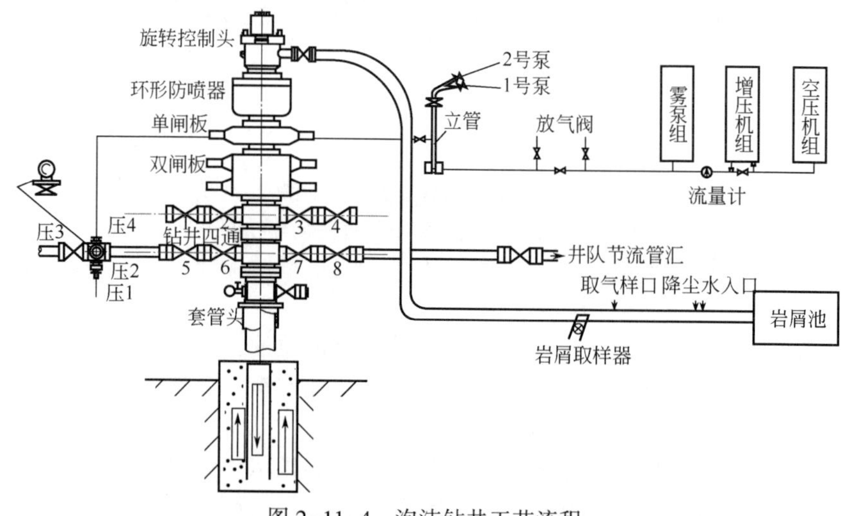

图 2-11-4　泡沫钻井工艺流程

二、泡沫钻井对录井影响

（一）迟到时间影响

泡沫钻井中钻具中安装单流阀，无法用塑料片等固体标记物实测迟到时间，只能用粉状小颗粒或液态标记物。在泡沫流体中，粉状小颗粒标记物容易被泡沫包裹，肉眼无法识别，液态标识物容易被泡沫流体稀释，不容易颜色辨别，而且泡沫流体在钻杆内存在压缩过程，造成下行时间计算不准确。在接单根时泡沫在钻杆内和环空内的运行状态不稳定，与正常钻进时相对稳定的运行状态相差很大，因此在接单根或有停止循环的时间段内实测的迟到时间与正常钻进时实测的迟到时间误差很大。

（二）岩屑录井影响

泡沫钻井作业中，泡沫流体开始或结束循环时存在压力缓冲，循环中断时岩屑容易沉淀混杂，影响岩屑代表性。泡沫钻井不使用振动筛，岩屑返出后经排砂管线直接排到岩屑池，不能使用常规岩屑捞取方式。

（三）气测录井影响

常规钻井条件下，钻开油气层时，油气扩散进入钻井液中，少量溶解在钻井液中，其余部分以游离态存在于钻井液中，脱出的气体直接进入色谱仪分析，受外界空气影响小。泡沫钻井时，油气层中的油气扩散到井筒内被大量流动气体稀释，同时，泡沫流体中的泡沫表面张力强，抑制了地层流体从泡沫中分离，色谱仪检测到的烃组分参数信息被弱化，气测基值仅为常规钻井条件下 1/5~1/10。

（四）工程参数采集影响

泡沫钻井条件下，液相介质下的出/入口流量、泵冲、出/入口温度、出/入口电导率、出/入口密度等参数无法检测，工程异常监测判断的方法及 *dc* 指数监测地层压力方法无法应用。

三、泡沫钻井录井方法

（一）迟到时间确定

泡沫钻井循环介质为气液两相流体，与常规钻井液单相流体循环介质相比，计算理论迟到时间复杂，且不准确，现场录井确定迟到时间主要采用岩屑观察法和实物测量法。

1. 岩屑观察法

岩屑观察法适用于开始泡沫钻进、地质循环结束、提下钻到底等工况，需保证井底无沉淀岩屑。记录钻头接触地层开始钻进的时间、听到岩屑返出井口撞击排砂管线声音的时间或在排砂管线出口处观察到泡沫流体携带地层岩屑返出的时间，两者时间差即为岩屑上返迟到时间。岩屑观察法不需要考虑下行时间，实际应用较准确。

2. 实物测量法

接单根时，将颜料均匀注入钻杆，记录开泵时间和颜料返出时间，差值为循环一周时间，减去下行时间，得到实测迟到时间。使用颜料测量迟到时间时颜料用量要大，颜料颜色与所钻地层岩屑颜色色差明显，便于观察和记录。

（二）岩屑取样方法

泡沫钻井岩屑从排砂管线直接排出到岩屑池，在排砂管线临近岩屑池处下方开一个 8cm×8cm 口（图 2-11-5），岩屑经清水消泡和重力分异，部分岩屑自该口掉落到下面捞砂盒内。岩屑已经被进水口的水冲洗过，再用少量清水就可清洗干净。

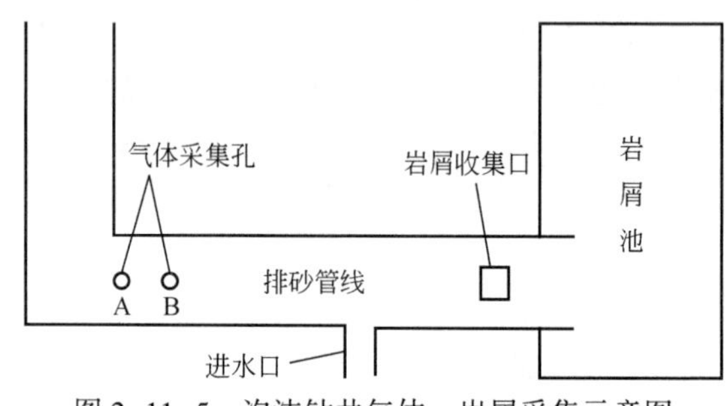

图 2-11-5 泡沫钻井气体、岩屑采集示意图

（三）气测资料采集

泡沫钻井气体取样在排砂管线末端顶部开 2 个直径约 6cm 的气体采集孔（图 2-11-5），气体采集孔与净化桶之间使用内径大于 1cm 的软管连接。采用双净化桶方式消除泡沫（图 2-11-6），AB 两出口原始气样通过清水和饱和盐水净化桶净化后接入常规气路管线，再进行净化、干燥、过滤处理，达到气测录井要求。

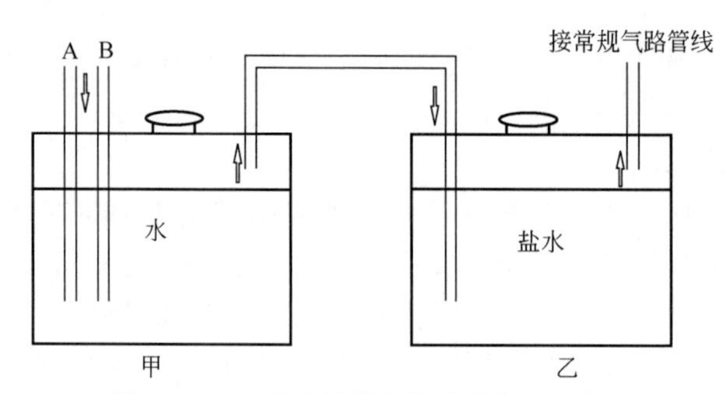

图 2-11-6 泡沫钻井气体净化装置示意图

（四）录井仪传感器安装

1. 工程参数传感器安装

泡沫钻井条件下，工程参数传感器安装位置、安装方法与常规钻井条件

下相同。

2. 钻井液出/入口传感器的安装

泡沫钻井条件下，当钻遇油层、水层、硫化氢气层后，泡沫钻进结束，转为常规钻井。泡沫钻井条件下，录井前安装好钻井液出/入口传感器（包括池体积和脱气器），作为转为常规钻井时的备用。

3. 硫化氢传感器安装

泡沫钻井井口是密封的，可以在岩屑收集口安装硫化氢传感器。

（五）工程异常监测

常见的阻卡、坍塌、钻头老化等工程异常监测与常规钻井方式相同，主要利用悬重、扭矩、转盘转速等参数异常变化判断。地层流体侵入监测与常规钻井略有不同，由于缺少出入口及池体积参数，主要通过立压、气测、出口返出变化情况判断。

1. 油侵或水侵特征

泡沫钻井过程中，携带岩屑的流体平均相对密度一般小于 0.15，在井筒内造成的压力梯度远小于 1MPa/m。泡沫钻井条件下，井筒内泡沫流量和上返流体压力较稳定，钻井液注入压力保持平稳。当地层出油或出水时，由于地层流体相对密度远大于 0.15，造成井筒内上返流体当量密度升高，增大了循环系统的负荷，立管压力升高。

2. 气侵特征

泡沫钻井过程中，当天然气侵入井筒时，天然气在上升过程中随着压力变小，体积增大，造成井筒内上返流体当量密度下降，立管压力下降，排砂管线出口喷势增强。

四、资料应用

泡沫钻井主要对气测资料采集及地层流体侵入发现影响较大，录井方法针对这些方面做出了改进，起到了良好的效果。

（一）气测资料采集

FN8 井采用泡沫钻井，未进行气测取样装置改进前，气测基值较低，全烃含量为 0.05%左右。通过在排砂管线上直接开孔取样经双桶净化后，接入常规气路管线，使气测基值与常规钻井气测基值相当，钻进过程中气测异常幅度明显（图 2-11-7），全烃含量最高达 38%，后效全烃最高达 85%，消除了泡沫钻对气测录井的影响。

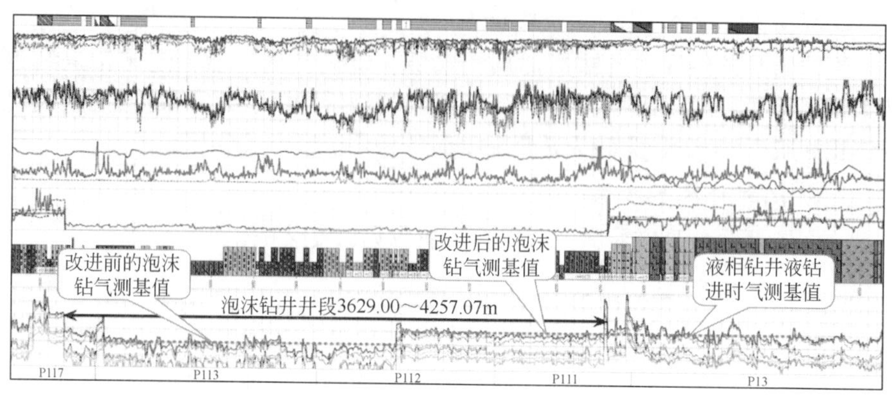

图 2-11-7　FN8 井录井综合图

（二）地层流体侵入

泡沫钻井是一种欠平衡钻井方式，容易发生地层流体侵入，侵入时泡沫循环介质形态及循环状态会发生变化。

1. 地层水侵入判断

DZ1 井泡沫钻井钻至井深 3398.07m 的循环过程中，捞砂装置出口泡沫流速加快，泡沫状态由密集状变为大小不均分散状，破裂速度变快；排砂管口喷出的泡沫颜色变深，形态发生变化，射程较远（图 2-11-8），立管压力明显升高。录井现场判断钻遇水层，取样证实地层出水。

图 2-11-8　泡沫钻地层水侵

2. 根据排砂管线出口喷射状态判断地层水

FN8 井泡沫钻井钻至井深 3742. 98m 时，立管压力由 4. 35MPa 逐渐上升至 8. 99MPa，排砂管口喷出的泡沫颜色变深，形态发生变化，泡沫携带出大量的油花（图 2-11-9）。

图 2-11-9　泡沫钻地层油侵

第三节　气体钻井录井

一、概述

（一）气体钻井类型及适用地质条件

气体钻井是采用气体作为循环介质的一种欠平衡钻井技术，主要用于提高钻速，其优势主要表现在保护和发现储层、提高油气产量和采收率、提高钻井速度、减少或避免井漏等方面。常见气体钻井类型及技术特点见表 2-11-4。

表 2-11-4　各类气体钻井的技术特点

类型	技术特点
空气钻井	空气钻井主要用于非产层（其原因在于空气钻产层存在井下燃爆的危险，易爆炸点天然气含量 4. 5%~13. 1%）
氮气钻井	氮气是最好的气体钻井介质。氮气欠平衡钻井技术基本与空气钻井技术相同，除具有空气钻井技术的优点外，还有避免井下爆炸和避免污染的优点 不足：与空气钻井相比增加制氮设备，因此设备费用高

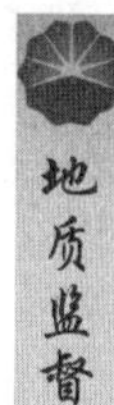

续表

类型	技术特点
天然气钻井	天然气钻井技术基本与空气钻井和氮气钻井技术相同，除具有空气钻井技术的优点外，还有避免井下爆炸的优点 不足：要求地面设备和工具防泄漏、防爆性能好，费用高、受气源控制等
尾气钻井	柴油机尾气是惰性气体，对超低压气井钻补充开发井是安全经济的，能有效保护大气环境 不足：该技术不适应产水气井，也不适于高压气井

不同气体钻井工艺对录井影响基本相同，本文以氮气钻井为例。

（二）氮气钻井工艺流程

氮气增压后通过立管注入钻具，冷却钻头并携带出井底岩屑，返出井口经排砂管线排入岩屑池（图 2-11-10）。氮气钻井设备主要有空压机、制氮机、增压机、旋转防喷器、排砂管线等。

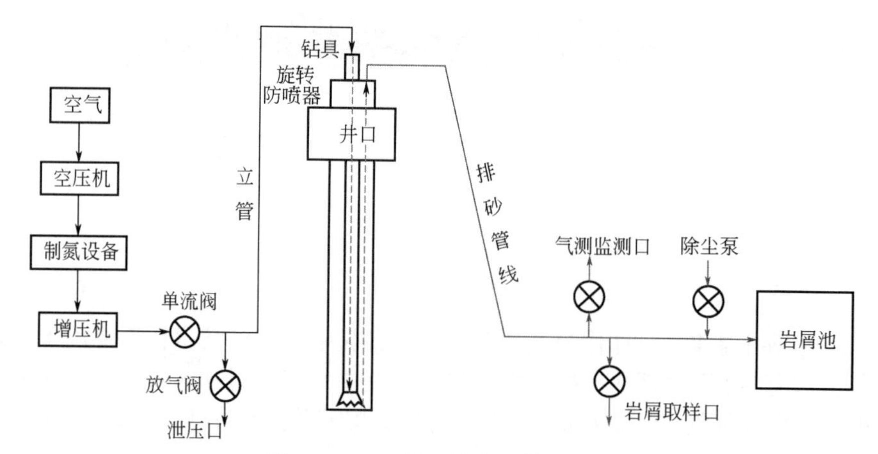

图 2-11-10　氮气钻井工艺流程图

二、氮气钻井对录井的影响

（一）迟到时间影响

氮气钻井是以氮气作为循环介质，由于井筒内各点的温度和压力是变化的，而氮气具有可压缩和膨胀特性，常规钻井的迟到时间经验公式难以适用于气体钻井条件。氮气钻井采用较大的气体流速提高携砂能力，迟到时间较常规钻井缩短近10倍，测量误差较大。

（二）岩屑录井影响

氮气钻井条件下，井筒内的流体介质为气、固两相，固相介质为钻井岩屑颗粒，其受到的作用力主要包括两部分：方向向下的自身重力 G，高压气体对其作用的向上的气流推力 F（图2-11-11），当岩屑颗粒直径较大而导致 $G>F$ 时，岩屑将沿着井筒方向向下坠落，甚至到井底；经过钻头继续研磨后，颗粒直径变小，使 $G<F$，则该颗粒将会在气体作用下沿井筒向上运动。

岩屑高速上升运动过程中，颗粒直径较小的岩屑由于重力较小，上升速度快于直径较大的颗粒，因此相互之间发生剧烈的碰撞摩擦作用，使颗粒直径进一步变小，循环到地面的岩屑颗粒呈粉尘状（图2-11-12），岩性定名及岩性剖面建立困难。

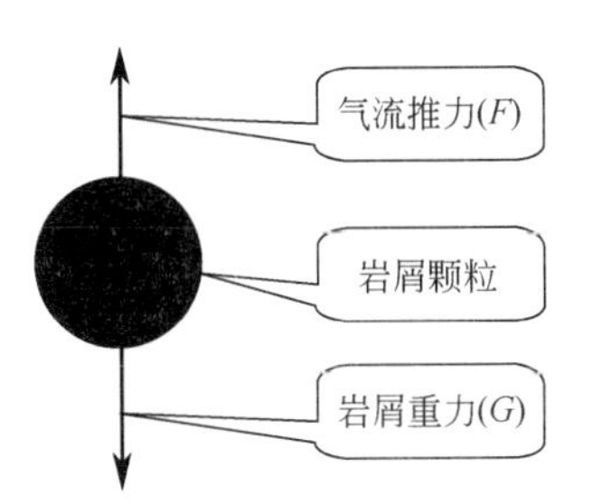

图2-11-11 井筒内岩屑受力示意图

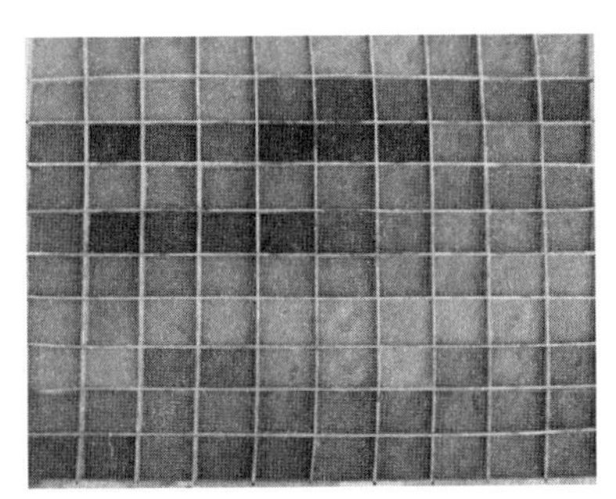
图2-11-12 气体钻井岩屑

（三）气测录井影响

氮气钻井条件下，井筒内油气被大量气体稀释，色谱仪检测到的烃类信息被弱化，如钻揭多层油气显示、不同层段的油气连续返出，造成烃类信息叠加，影响了油气显示发现及评价。

（四）工程录井影响

常规钻井中，根据出口密度、电导率、流量、泵冲、池体积等参数变化来进行井漏、气侵、井涌等异常预报。氮气钻井循环介质改为气体，钻井液配备的传感器不能使用，出口参数无法采集，直接影响了地层流体侵入发现；同时氮气钻井过程中易发生卡钻、断钻具工程事故，具有事故过程短、工程参数变化不明显的特点，增加了工程异常判断难度。

氮气钻井无钻井液密度参数，*dc* 指数法监测地层压力不适用，无法确定地层压力，增加了井控风险。

三、氮气钻井录井方法

（一）迟到时间确定

1. 理论法计算法

岩屑在环空是在绕流阻力、浮力和重力的作用下上升的，在此过程中会产生一个沉降末速度，沉降末速度是指岩屑在上升气流中运动，最终达到稳定状态时岩屑相对于气流的速度。假设上升气流平均速度为 v，岩屑在上升气流中的绝对速度为 V，达到稳定状态时的岩屑相对于气流的速度为 v_1（即沉降末速度），则在上升气流中建立方程 $V=v-v_1$，只要保证 $v>v_1$，即上升气流平均速度大于沉降末速度，则可使岩屑在上升气流中始终上升。根据牛顿第二定律列出受力平衡方程求解沉降末速度，对于球型岩屑，可据下式求取 v_1

$$v_1=[4gd_{max}(y_c-y_g)/3cy_g]^{1/2} \quad (2-11-1)$$

式中 g——重力加速度，m/s^2；

d_{max}——最大岩屑特征尺寸，mm；

y_c——气体密度，kg/m^3；

y_g——井底岩屑密度，kg/m^3；

c——线流阻力系数，取 0.44。

由气体状态方程求出上升气流平均流速（单位为 m/s），计算上升气流平均流速公式为

$$v=(RW_gT)/(PS) \quad (2-11-2)$$

式中 R——气体常数，J/(kg · K)；

Wg——气体质量流量，kg/s；

T——全井平均温度，K；

P——井底气体压力，Pa；

S——钻柱内截面积，m^2。

应用上述公式可求出岩屑沉降末速度 v_1，和上升气流平均流速 v，通过推导求取出岩屑在上升气流中的绝对速度 V。岩屑在上升气流中达到稳定状态时间很短，可以忽略这段时间。井深除以岩屑在上升气流中的绝对速度，即可求取出岩屑返出地面的迟到时间。

2. 岩屑观察法

通常接单根后，记录钻头接触地层开始钻进的时间、在排砂管线口观察岩屑粉末返出的时间或当岩屑粉末含量增多时的时间，两者之间的时间差为

岩屑上返迟到时间。

3. 标准样品气法

以 CO_2 样品气为例，当氮气钻井开始循环且立管压力稳定时，向循环管线入口注入 CO_2 气体并开始计时，使 CO_2 样品气与循环气体同时进入井筒并循环返出，出口 CO_2 检测仪检测到 CO_2 时停止计时，得到的时间差为一个循环周时间，减去下行时间，即为实测迟到时间。

（二）岩屑录井

1. 岩屑取样方法

在排砂管线底部开一个直径 6cm 孔，焊接分流管，一端制成楔形，深入排砂管内形成一个挡板，另一端连接一个可以密封的布袋，在分流管线上适当间距安装两个阀门，阀门 1 常开，阀门 2 关闭，取样时阀门 1 关闭，阀门 2 打开，岩屑自动流入布袋取样（图 2-11-13）。

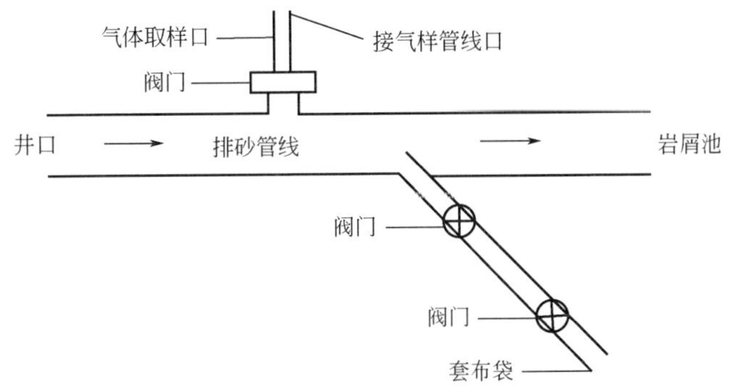

图 2-11-13　气体钻井岩屑及气体取样装置示意图

2. 岩屑岩性识别

氮气钻井岩屑呈粉末状，粒径一般小于 0.08mm，用显微镜观察岩石矿物成分，判断地层岩性，建立岩性剖面，遵循“大段摊开，颜色分段，逐包手感，浸水滴酸，显微镜观察”的原则。

砂岩：细、中砂岩目测为砂粒，多为无色透亮的石英矿物（其他成分均呈粉末状），研磨感较强，清水浸泡混合液较清，底部可见破碎岩屑颗粒，主要为石英；粉砂岩呈粉末状，有轻微研磨感，清水浸泡混合液较浑浊，底部破碎岩屑少且粒度小。

砾岩：颗粒相对较大，研磨感强，清水浸泡可见破碎砾石。

泥岩：无研磨感，清水浸泡混合液浑浊。

石膏：颜色为浅灰色或白色，清水浸泡晃动见分散物，滴酸不起泡，取沉清滤液加入 $BaCl_2$ 液体，见白色沉淀物。

白云岩：主要成分为碳酸镁钙［$CaMg(CO_3)_2$］，与浓盐酸用反应速度较慢，用碳酸盐岩分析仪检测时，样品分析曲线呈缓慢上升趋势（图 2-11-14）。

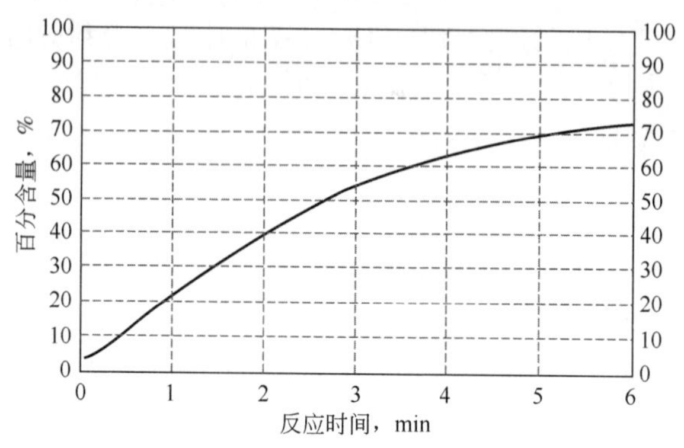

图 2-11-14　白云岩碳酸盐含量分析曲线图

石灰岩：主要成分为碳酸钙（$CaCO_3$），与盐酸反应剧烈，用碳酸盐岩分析仪检测时，样品在 30s 内快速反应完全，30s 之后曲线基本为直线（图 2-11-15）。

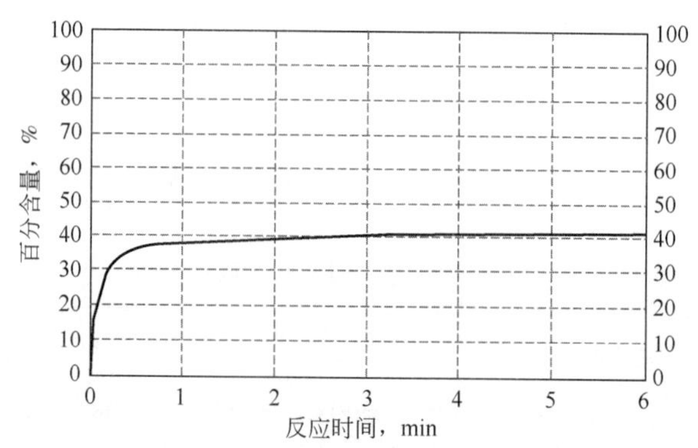

图 2-11-15　石灰岩碳酸盐含量分析曲线图

（三）气测录井

在排砂管线顶部开 1 个直径 2~3cm 气体采集孔，焊接分流管线，安装阀门，用来调节气体流量，气体采集孔与净化装置之间使用内径 1cm 的软管连接，样品气经过三次净化后进入综合录井色谱仪（图 2-11-16）。第一次净化在进样管线上安装一个粉尘过滤器，防止岩屑等杂物进入进样品气管线；经第一次净化后的样气通过水罐对残留的粉尘进行第二次净化，水罐用有机玻璃制造，便于观察内部情况，水罐底部做成漏斗形状，便于取样和排污；最后样品气在样品泵的抽吸作用下通过干燥筒进行第三次净化，达到了连续、干燥、无尘的目的。

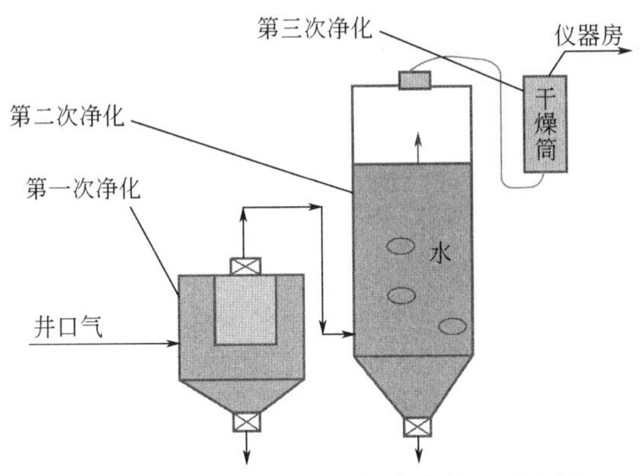

图 2-11-16　氮气钻井气体净化装置示意图

（四）录井仪传感器安装

1. 工程参数传感器安装

氮气钻井条件下，工程参数传感器的安装与常规钻井相同，立压一般在 2~3MPa，应使用 6~10MPa 的压力传感器，准确反映立压变化。

2. 钻井液出/入口传感器安装

氮气钻井条件下，当钻遇油层、水层、硫化氢气层后，气体钻井结束，转为常规钻井，录井前安装好钻井液出/入口传感器（包括池体积和脱气器），作为转入液相钻井时备用。

3. 硫化氢传感器的安装

氮气钻井时井口是密封的，在气体出口的样品气管线上加装一个硫化氢传感器。

4. 气体流量计的安装

在进气口和排砂管线上安装气体流量传感器，用于测量气体瞬时流量和累计流量。

（五）工程异常监测

氮气钻井与常规钻井工程异常预报相同，通过泵压、悬重、扭矩、转盘转速、气测值等变化判断工程异常，地层流体侵入监测与常规钻井略有不同，由于缺少出入口及池体积参数，主要通过立压、气测、出口返出变化情况发现。

1. 油侵或水侵特征

钻遇水层或油层，岩屑返出量减少或无返出，注入气体压力升高，扭矩增大，上提、下放钻具阻力增大。地层出水岩屑及取样袋湿润，能见到明显地层水；出油时岩屑粉末呈团状，具有明显油气味，气体检测中重烃组分增加，点火燃烧伴有黑烟。

2. 气侵特征

气侵时出气口气体流量增大，气测值明显升高，排气管线点火可燃，火焰一般为淡蓝色，停止注气后，仍有气体排出并见火焰。

四、应用实例

（一）岩性识别

FG001 井井段 3120~3690m 采用氮气钻井工艺，破碎的岩屑细小呈粉末状，通过肉眼难以识别岩屑岩性，也无法利用岩石薄片分析技术鉴定岩性。利用 XRD 衍射岩性识别技术对氮气钻井井段细小岩屑进行了分析，判断出该段主要为白云化晶屑凝灰岩，个别界面处夹变质泥岩、变质细砂岩及安山岩等，完钻后与测井岩性特征基本吻合。

（二）油气显示发现

FN14 井井段 4038.59~4095.17m 采用氮气钻井，通过三级净化、增强气密性、缩短气测分析周期，减小了氮气钻井对样品气分析值的衰减倍数，降低了对气测采集的影响。气测基值 0.003%~0.005%，较常规钻井基值（0.015%~0.03%）仅降低 5~6 倍，在井段 4092.00~4095.17m 见良好油气显示（图 2-11-17），气测全烃由 0.0209%上升至 0.8094%，组分出至 nC_5；井段 4092.14~4094.21m 取获油斑岩心 1.00m、油迹岩心 1.07m。气测录井在氮气钻井中起到了油气发现作用。

（三）地层流体侵入阻卡预报

氮气钻井遇出油出水段易造成工程复杂。FN14 氮气钻进至井深 4093.64m 见气测异常，返出岩屑见团状，提钻挂卡，下取心钻头取心钻进至井深 4095.71m，注气气压逐渐上升，扭矩增大，提下钻阻卡严重，提出钻头后见钻头上附着有原油与岩屑粉末混合团状物，为此该井立即终止了氮气钻井。

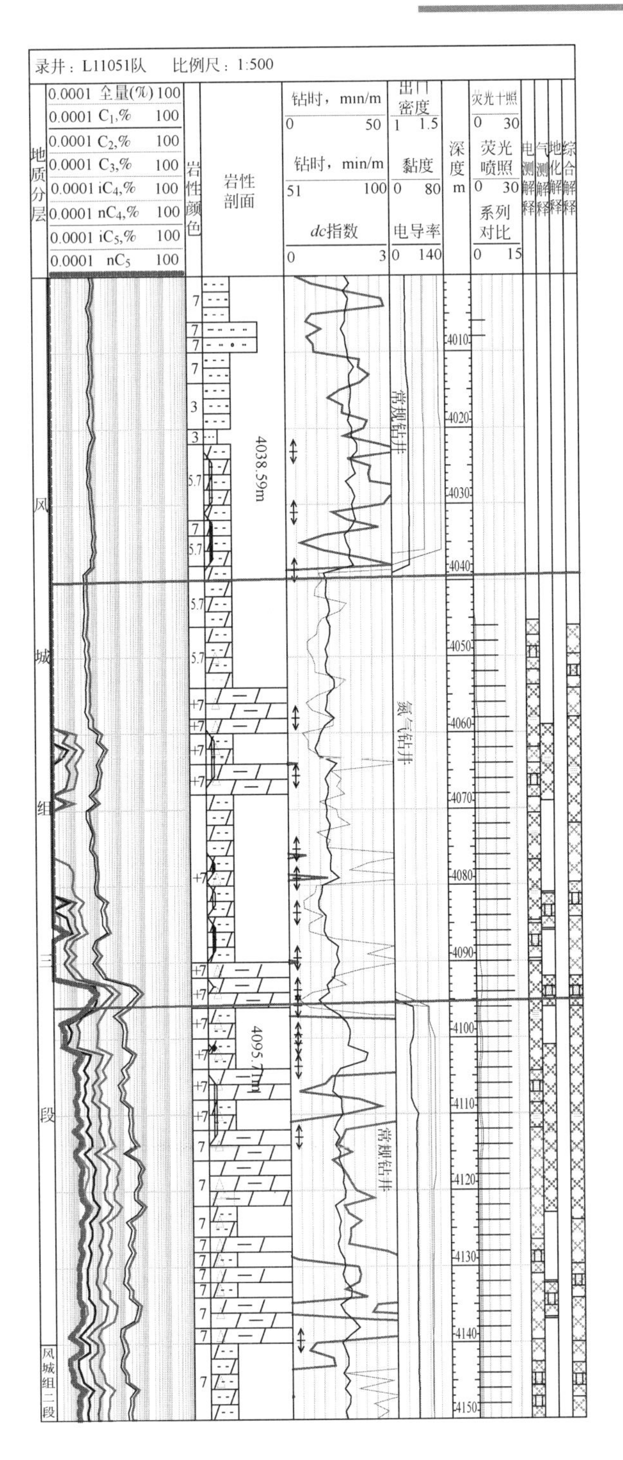

图2-11-17 FN14井录井综合图

第四节 水平井钻井录井

一、概述

水平井指井眼轨迹相对平行于目的层的特殊工艺井，一般水平段井斜超过85°。水平井的井眼轨迹与直井有很大不同，包含直井段、造斜段和水平段三部分（图2-11-18）。

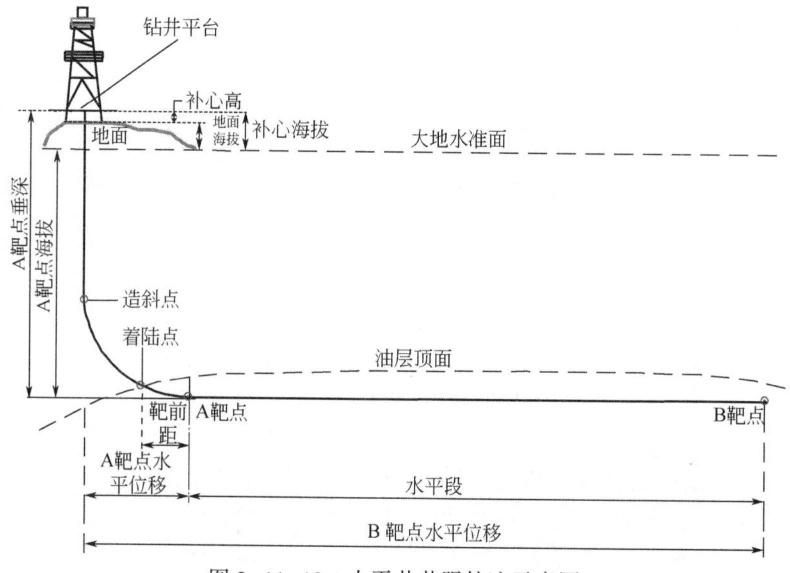

图2-11-18 水平井井眼轨迹示意图

水平井钻井技术主要用于薄油层、低渗透油藏、稠油油藏开发及致密油气、剩余油开采，可以延缓水锥、气锥的推进速度，延长油井寿命，提高采收率；通过在油气层中延伸增大储层泄油面积，一口水平井可以达到多口直井的开发效果，提高了油田生产效益。

（一）水平井钻井工艺中常用术语

垂直深度：轨迹上某点至井口所在水平面的垂直距离。

井斜角：测点处的井眼方向线与重力线之间的夹角。

方位角：以正北方向线为始边顺时针到目标方向线转过的角度。

全角变化率：单位井段内三维空间的角度变化。

磁偏角：磁北方向线与地理北极方位线之间的夹角。

视平移：水平位移在设计方位线上的投影长度，当与设计方位同向时为正值，反向时为负值。视平移是绘制垂直投影图的重要参数。

水平位移（闭合距）：轨迹上某点至井口铅垂线的水平距离。

闭合方位角：正北顺时针到闭合距方向线转过的角度。

工具面：造斜工具组合中由弯曲工具轴线形成的平面。

造斜点：开始定向造斜的位置。

造斜率：单位造斜钻进进尺中形成的钻孔全弯曲角度。

全角变化率：与“狗腿严重度”“井眼曲率”具有相同的意义，指的是在单位井段内井眼前进的方向在三维空间内的角度变化。它既包含了井斜角的变化又包含了方位角的变化。

曲率半径：垂直井段向水平段的转弯半径的大小。

靶前位移：靶窗到井口铅垂线的水平距离。

靶窗：靶体的前端面。

靶底：靶体的后端面。

着陆点：水平井的增斜段与目的层的交点。

入靶点（A 点）：井眼轴线与靶窗的交点。

靶心线：靶窗内通过 A 点的两条正交的基准线。

靶心距：在靶区平面上入靶点到靶心的距离。

入靶点纵距：入靶点到靶心线纵轴的距离。

入靶点横距：入靶点到靶心线横轴的距离。

靶区半径：允许实钻井眼轨迹偏离设计目标点之间的平面距离。

终靶点（B 点）：水平段实钻轨道与靶底平面的交点。

矩形靶：水平段中纵向为 am，横向为 bm 的长方体。

水平段长：入靶点和终靶点之间的长度。

储层钻遇率：水平段储层钻遇长度与水平段总长的百分比。

（二）水平井分类

水平井一般分为 3 类：长半径水平井（小曲率）、中半径水平井（中曲率）和短半径水平井（大曲率）。长半径水平井（小曲率）：造斜井段的井眼曲率（K）$<6°/30$m，曲率半径（R）>286m；中半径水平井（中曲率）：造斜井段眼曲率（K）$6°\sim20°/30$m，曲率半径（R）$86\sim286$m；短半径水平井（大曲率）：造斜井段眼曲率（K）$>20°/30$m，曲率半径（R）<86m

（图 2-11-19）。目前中半径水平井在油田上应用较广泛。

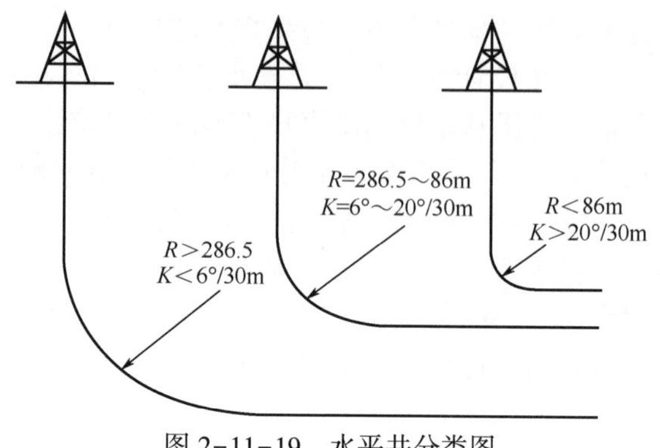

图 2-11-19　水平井分类图

（三）水平井井身剖面

水平井井身剖面可分为单增、双增、三增等类型（图 2-11-20）。单增剖面由“直-增-平”三段组成，增斜段有圆弧形（恒曲率）和悬链线等（变曲率）形状。双增剖面由“直-增-稳-增-平”五段组成，两次增斜段都是圆弧形。三增剖面由“直-增-稳-增-稳（探油顶）-增（着陆）-水平段剖面”七段组成。单增轨道多用于对目标层位和造斜率掌握较准确的情况下。双增轨道则多用于地质不确定性较高和对造斜率预计不准确的情况下。三增剖面第一稳斜段可解决上直段和第一造斜后实际井眼轨迹与设计轨迹及井斜偏差的问题；第二稳斜段及探油顶段可克服地质不确定因素，提高中靶成功率，便于实钻井眼轨迹根据实际钻探情况进行修正和控制。

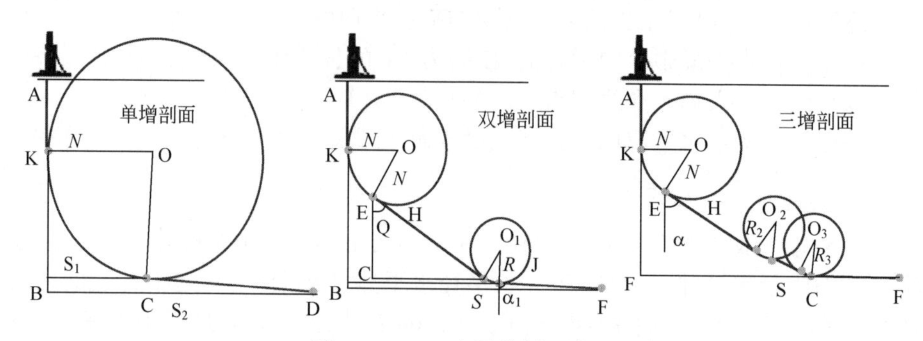

图 2-11-20　水平井剖面类型

二、水平井钻井对录井的影响

水平井钻井工艺对录井资料录取及评价造成一定影响，主要表现为实测迟到时间不准、岩屑代表性差、钻井液污染、钻时资料失真等。

（一）迟到时间

受钻井液排量、井眼尺寸等方面的影响，理论迟到时间存在较大误差。由于水平井特殊的井眼轨迹导致岩屑运移方式较直井发生了较大变化，且水平井钻井施工中钻井工序及钻井参数变化频繁，难以准确测量迟到时间。

（二）岩屑录井

由于岩屑沉积床的形成、井壁坍塌、井眼不规则、岩屑多次破碎、钻时资料失真等因素的影响，水平井的岩屑比直井代表性差，影响了岩屑录井。

1. 岩屑沉积床的形成

水平井钻井过程中，当井斜角小于30°时，岩屑上返与直井相同；当井斜角为30°~60°时，随着环空流速变化，环空中的岩屑可能沉积在井筒低边形成岩屑沉积床，或岩屑沉积床被破坏以段塞状不连续返出；当井斜角大于60°时，岩屑受自身重力影响，环空中的岩屑逐渐沉积在下井壁形成岩屑沉积床，并能够保持稳定。钻井过程中，岩屑沉积床不断形成和破坏，不同时间破碎的岩屑在上返过程中混杂在一起，岩屑代表变差。

2. 井壁坍塌和井眼不规则

由于水平井井眼四周应力不平衡，上侧井壁容易坍塌，已钻井眼坍塌下来的地层掉块，经钻井液冲刷和钻具碰撞、研磨，与新钻开地层的岩屑混杂在一起，尤其裸眼井段较长时，这种因素的影响更加明显。由于井壁坍塌造成的井眼不规则，在不规则处岩屑滞留或上返速度降低，造成上下地层岩屑混杂。

3. 岩屑多次破碎

水平井钻进过程中，钻具与井壁之间的摩擦严重，岩屑在由井底返出井口的过程中，不断地受到钻具与井壁、套管壁的碰撞、研磨而多次破碎，岩屑变得细碎，原有的硬度、胶结程度也发生了变化。相同条件下，砂岩比泥岩、石灰岩等岩屑破碎程度高。

（三）钻时录井

在钻井参数相对稳定的条件下，钻时资料是岩性识别和岩性分层的重要参考资料。当钻井参数发生变化时，钻时受钻井参数的影响较大。在直井钻进中，各种钻井参数是相对稳定的，因此钻时能够比较真实地反映地层的可钻性。水平井在钻进中，为满足造斜、增斜、降斜等工程的需要，经常调整钻井参数，钻时变化较大，难以真实反映地层可钻性。

（四）荧光录井

水平井钻井中岩屑颗粒细小，在井眼中经过长时间的冲刷和浸泡，油气散失严重，荧光显示变弱。此外，为了减少钻具与井壁及套管壁之间的摩擦阻力和钻柱扭矩，通常会在钻井液中混入一定数量的原油或其他润滑剂，岩屑会受到不同程度的污染，造成岩屑荧光显示真假难辨，给油气显示发现与准确评价增加了难度。

（五）气测录井

气测录井通过连续测量钻井液烃含量变化发现及评价油气显示。一般含油储层气测全烃及组分呈现出高于基值的异常，且储层含油气性越好气测异常幅度越高，随着储层含油气性变差，气测异常幅度降低。水平井钻井过程中为了钻井工程的需要，通常会在钻井液中混入一定数量的润滑剂、磺化沥青等有机添加剂，造成了气测异常，影响了对地层真实含油气的判断与评价。

三、水平井钻井录井方法

（一）迟到时间

水平井入靶前迟到时间测量间距按照直井要求，井深≤3000m 时，每200m 实测一次；井深>3000m 时，每 100m 实测一次；进入水平段后，每钻进50m 实测 1 次。钻井参数变化、井斜角变化对岩屑上返速度均有影响，在钻井参数及钻井施工变化频繁井段应加密测量迟到时间。实测迟到时间不成功时应使用理论计算迟到时间。

（二）岩屑录井

水平井岩屑容易混杂，在录取岩屑时，除了按直井的要求进行操作外，还应密切注意钻具活动状况，详细记录接单根、起下钻、循环、活动钻具时间和井段，以便在岩性识别时参考上述变化。

由于岩屑细小，振动筛采用 120 目筛布，接样盆放置位置适当，能连续接到从振动筛返出的岩屑，按二分法或四分法采集，采用小水流、轻搅拌的洗样方式，确保岩屑样品的数量和代表性。

直井岩屑岩性分段时，新岩性岩屑的出现深度为该岩层的顶界深度，该岩性百分含量开始减少的深度即为该岩层的底界。在水平井的钻进中，如果某井段内钻井工序连续及钻井参数稳定，应用于直井的岩性分层原则此时基本适用；反之，则应综合钻时或其他录井资料，以使岩屑描述尽可能符合地层实际。

（三）钻时录井

水平井钻井过程中，水平段和稳斜段钻井参数相对稳定，钻时与岩性对应性较好；造斜段钻井参数变化较大，钻时与岩性对应性差。岩性定名时必须根据钻时参数的变化情况分段使用。

应用 dc 指数也可有效地进行岩屑划分。dc 指数是进行钻井参数影响校正后的钻时，比钻时更能反映地层的可钻性。在同一个钻头钻进的井段内，可以不考虑钻井参数的变化，直接用 dc 指数划分砂泥岩岩层。

（四）荧光录井

水平井应加强真假荧光显示识别。受钻井液污染的岩屑，其荧光显示强度由外向里逐渐减弱，而含油岩屑，其荧光显示强度由外向里逐渐增强，钻井液冲洗也不会改变该特征。据此，可在滤纸上用四氯化碳对同一岩屑进行多次滴照，在荧光灯下观察荧光显示变化特征：真油气显示，每次滴照时发光强度不变或变化不大；受钻井液污染的假油气显示，每次滴照后荧光显示逐次减弱或消失。荧光录井受钻井液污染较严重时，可借助岩性、钻时、气测分析资料及地化定量荧光、岩石热解等录井手段对真假荧光显示进行甄别。

（五）气测录井

水平井施工中为保证钻井施工安全，通常在钻井液中加入有机添加剂以提高钻井液性能，但有机添加剂的使用造成了气测异常显示，现场录井中容易与地层含油气所引起的气测异常显示混淆，影响了油气真显示发现与评价。水平井钻井过程中可借助岩性和钻时资料辅助判断气测异常真假显示，储层段和快钻时井段的气测异常为真显示，非储层段和慢钻时段气测异常可能为假显示。水平井录井过程中应做好钻井液有机添加剂的类型、数量、加入井深等资料记录，总结各种有机添加剂对气测的影响特征，通过与真实油气显示气测形态进行对比，区分气测异常显示的真假。

四、随钻地质导向方法及流程

（一）水平井地质导向方法

地质导向是综合运用录井、随钻测井等实时地质信息和随钻测量的实时轨迹数据，结合地质认识调整井身轨迹，准确入靶，并使井身轨迹在目的层有利位置向前延伸。根据录井和随钻测井提供的钻时、岩屑、荧光及气测等录井信息和自然伽马、电阻率等测井信息对标志层进行识别和对比。根据标志层的实钻垂深、推测的标志层距目的层顶底的距离和水平井所在区域的构造特征，预测出不同位移处目的层顶底的垂深，及时校正水平井轨迹设计，调整水平井钻井轨迹，确保能准确入靶以及合理确保水平段轨迹在油层穿行。

水平井导向中常使用随钻测量（MWD）和随钻测井（LWD）技术。随钻测量技术在钻井过程中实时测量井斜角、方位角等工程参数；随钻测井技术可测量自然伽马、电阻率、岩性密度、中子及声波等地质参数和工程参数，有些随钻测井技术甚至可以实现地质成像。

根据钻探区块石油地质条件及开发程度高低，水平井钻井中选用相应的随钻测井技术及录井项目实现地质导向，大致可以概括为以下 3 种模式：

（1）随钻测量+岩屑录井。一般应用于井控程度较高、地层发育稳定、构造变化不大以及油水界面明显的油气藏开发。

（2）随钻测量+综合录井。一般应用于井控程度较高、地层及构造变化不大、油水关系相对复杂的油气藏水平井开发，使用综合录井能更准确地进行岩性和油气水层识别。

（3）随钻测井+综合录井。一般应用于井控程度较低、油层厚度薄、油气水分布规律复杂的油气藏水平井开发。

（二）水平井地质导向流程

水平井录井地质导向工作大致分为 3 个阶段：一是导向钻前设计与分析，包括区域地质认识、水平井设计分析、导向模型建立；二是实时导向中的着陆点控制，准确卡取着陆点；三是水平段储层钻进过程中轨迹精确控制。

1. 导向模型建立

收集并整理区域构造资料、地震资料、沉积相分析资料、砂体的二维和三维空间展布情况、区域油气水分布特征及性质、邻井的测井资料、录井资料、试油资料等数据，建立区域二维及三维地质模型。在地质剖面图上做出井身轨迹曲线，预测进入油层入窗点的斜深，分析地层岩性特征、沉积相变化及油气水层的分布规律，初步建立导向模型、制定导向预案，为实时导向中的着陆点控制和卡取及水平段轨迹监控提供分析依据。

2. 水平井着陆

从水平井造斜定向段开始，根据实钻地质、工程、随钻等资料，对目标地质体的地层厚度、斜深、垂深、井斜角变化等方面进行实时对比，结合区域目的层倾角，确定着陆角度，选择合适的着陆点，指导工程施工，满足设计要求。

水平井着陆的最佳方式为“软着陆”，既在地质设计要求范围内中靶，又保证入层轨迹与地层产状形成合理角度（5°~8°）。按照地质设计的油层深度、地层倾角进行钻探，往往出现实钻地层与设计地层差别比较大的情况，给井眼轨迹控制带来极大难度。为此，在钻探过程中提前预测目的层深度、倾角等地层参数，可为井眼轨迹调整留下足够空间。

在水平井地质导向过程中可以使用等深对比法、计算法、绘图法等方法确定着陆点。使用等深对比法推测着陆点深度时，不考虑水平位移对油层垂深的变化影响，认为横向上标志层与油层间的垂直距离不变。这是现场对比中最常用的预测着陆点的方法。由于标志层与油层倾角一致的可能性极少，因此，运用该方法预测着陆点时，离目标层越近就越准确，离对比井越近越精确，标志层倾角与油层地层倾角差越小预测误差越小。

由于地层视倾角为零的地层很少，所以等深对比法精确度较差。在标志层位置 A 所推算的油层顶深与实钻着陆点 B 的深度有较大的误差，因此在确定标志层与油层顶的厚度后，引入带有地层倾角变化的计算方法预测着陆点（图 2-11-21）。

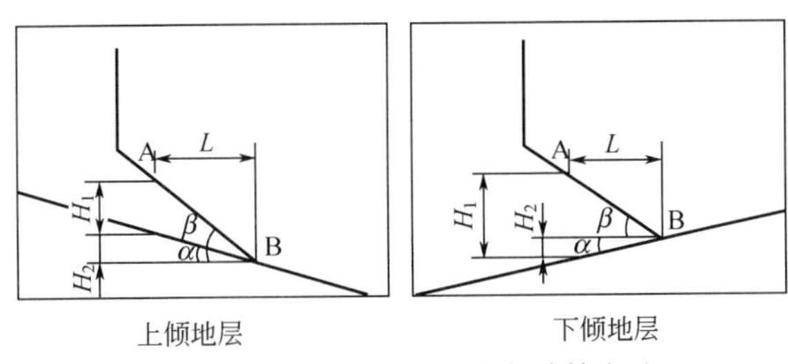

图 2-11-21　水平井着陆点计算方法

设标志层至油层顶厚度为 H_1，标志层 A 处油层顶深与实际着陆点深度的厚度差为 H_2，由 A 点至 B 点的闭合距为 L，地层倾角为 α，井斜角的余角为 β，对于上倾地层可得到如下关系式

$$H_1+H_2=L\tan\beta \tag{2-11-3}$$

$$H_2=L\tan\alpha \tag{2-11-4}$$

式(2-11-3) 减式(2-11-4) 可得

$$L=H_1/(\tan\beta-\tan\alpha) \tag{2-11-5}$$

可得出按目前井斜角钻至油层顶需要的垂直厚度。同理得到上倾地层按照目前井斜角钻至油层顶需要的垂直厚度。

由计算法公式的推导过程可以看出，其前提是地层倾角在横向上无变化，且没有断层发育和岩性突变，主要适用于构造相对简单的区域。

H_1、α、β 已知，可求得闭合距 L，代入式（2-11-3），可得出按目前井斜角钻至油层顶需要的垂直厚度。

同理得到下倾地层按照目前井斜角钻至油层顶需要的垂直厚度

$$H_1-H_2=H_1\tan\beta(\tan\beta+\tan\alpha) \tag{2-11-6}$$

绘图法预测地层产状和油顶深度就是在就近原则及对比沉积相分析的基础上，优选“标准井”作为水平井的“导眼”，找出区域上较为稳定的标志层，根据井间高低关系、标志层深度、厚度变化情况，推测正钻井的标志层、目的层深度及厚度。在水平井钻探过程中，与“导眼井”标志层对比，确定油层顶界深度，将各标志层对应油层顶深度的各点，采用线性回归的方法，连线推测出油层顶面，从而确定地层产状，预测油顶深度，指导轨迹控制，顺利着陆。

当该区块无明显标志层时，小层追踪比较困难，可选取曲线特征与邻井相似段作为临时标志层，进行追踪对比。

水平井钻遇目标层时，气测全烃、组分值应当明显抬升，出现荧光显示，而钻时将明显下降。由于邻井目标层岩性、含油性特征已经比较清楚，通过与邻井岩性组合特征、气测显示特征、荧光颜色、强度等方面对比综合判断卡取着陆点。

3. 水平段地质导向

在水平段钻井过程中，由于受到构造及储层变化的影响，井眼轨迹可能会偏离油层进入上下围岩层。钻井过程中应利用录井资料、随钻 LWD/MWD 测井资料，并结合地震剖面，实现精确导向，提高油层钻遇率。

水平段地质导向过程中，仔细分析邻井目标层上部、中部、下部、围岩岩性资料及测井、录井剖面组合特征，建立目标层上部、中部、下部判别标准，指导水平段轨迹跟踪。测井资料重点分析电阻率和自然伽马的数值、变化幅度和趋势与目标层相应位置对应关系，录井利用钻时、气测、荧光、地化等分析手段及时反映界面层段岩性、含油性变化。

钻头处于不同位置的录井、测井响应特征不同，根据掌握实钻构造变化，结合钻时、岩性、气测、测井资料能够准确判断，指导水平段轨迹调整（表 2-11-5）。

表 2-11-5 水平井地质导向跟踪解释特征表

钻进情况	钻时	岩性特征	气测特征	垂直深度	LWD（或 MWD）特征
从上部泥岩进入油气层	降低	泥岩百分含量减少，砂岩增加，含油砂岩岩屑比例增加	全烃、组分由低值快速上升（可能伴有少量非烃组分）	增加	自然伽马曲线由高值变为低值，电阻率曲线由低值变为高值
从油气层进入下部泥岩	升高	泥岩百分含量增加，砂岩减少，含油砂岩岩屑比例减少	全烃、组分由高值缓慢下降	增加	自然伽马曲线由低值变为高值，电阻率曲线由高值变为低值
从下部泥岩进入油气层	降低	泥岩百分含量减少，砂岩增加，含油砂岩岩屑比例增加	全烃、组分由低值快速上升（可能伴有少量非烃组分）	减少	自然伽马曲线由高值变为低值，电阻率曲线由低值变为高值
从油气层进入上部泥岩	升高	泥岩百分含量增加，砂岩减少，含油砂岩岩屑比例减少	全烃、组分由高值缓慢下降	减少	自然伽马曲线由低值变为高值，电阻率曲线由高值变为低值
在泥岩中钻进	高值	岩性较为单一，以泥岩为主	气测值表现为全烃降为低值平台曲线，组分降为低值	增加或减少	自然伽马曲线持续高值，电阻率曲线持续低值
在油气层中钻进	持续低值	岩性较为单一，以砂岩为主，含油砂岩岩屑比例高	全烃升为高值平台曲线，组分达到高值（可能伴有少量非烃组分）。如油层存在物性差异，气测全烃曲线表现为锯齿形，组分时高时低	增加或减少	自然伽马曲线持续低值，电阻率曲线持续高值。如油层存在物性差异，自然伽马曲线、电阻率曲线呈高值锯齿形

五、资料应用

由于地下构造形态及储层特征复杂多样，水平井地质导向应从油藏地质条件分析入手，以储层预测技术为手段，开展水平井区地质建模研究。储层沉积类型不同，各类型砂体（如河道或河间）的结构不同，水平井设计轨迹及地质导向的方法也不同。油层厚度决定了井眼轨迹精度，油层越薄，精度要求越高。储层的稳定性及非均质性决定了水平井轨迹调整的难易程度，陆相河道中砂体厚度稳定性差，常出现突然加厚或变薄，地质导向过程中应准确掌握产层的埋深与形状、层内夹层数量与分布状况，避免发生水平段钻偏或钻出产层。储层物性各向异性或夹有许多连续泥岩隔层的地层，增加了水平井轨迹精确控制的难度。

在水平井地质导向过程中，加强油藏地质的现场录井分析和随钻监测，通过随钻录井、测井资料及时反馈井下地质信息，对目标层做出准确分析，实现水平井精准地质导向。

（一）薄油层水平井地质导向

薄油层储层发育稳定性差，井眼轨迹控制精度要求高，入靶着陆点的选择比较困难，井眼轨迹垂深变化一般限制在0.5~2m上下。实钻中有效利用地质参数，并结合随钻测量系统的实时测井曲线，准确判断地层变化，及时调控井眼轨迹是水平井地质导向关键。

1. 地质导向设计

分析邻井油气水关系、岩性、岩电组合、地层变化规律，确定标志层；通过地层精细对比预测目的层深度（垂深、位移、斜深），根据综合录井、测井资料选择最佳靶心位置。

2. 入窗前地质导向

依据岩屑本身特征判断新钻地层真假岩屑，利用钻时、气测与岩性的对应关系准确建立地层视深剖面。将视深剖面处理为垂深剖面，用分布稳定区域标准层大段宏观控制，标志层（岩性及岩性组合、特殊岩性）结合沉积旋回、沉积韵律进行厚层大段对比，确定总体关系及变化趋势后进行逐层对比。接近目标层时，加强随钻钻时、岩性、含油性特征分析对比，确定着陆点位置。

3. 水平段地质导向

由于薄油层水平井目标层厚度小、储层发育不稳定、砂体横向变化快，钻井过程中很容易钻出目标层或钻遇泥岩。通常认为，气测值降低、钻时升高、含油岩屑含量降低和泥质含量升高是进入泥岩地层的标志，反之则是进入储层的标志。在水平段的录井过程中若出现泥岩，其来源主要有三种情况：（1）顶、底板泥岩；（2）夹层泥岩；（3）上部地层泥岩掉块。应充分利用顶、底板及夹层泥岩在纯度、颜色、形状、硬度、吸水性等方面的差异性，结合局部构造变化趋势和沉积相分析，准确判断钻头位置，做出轨迹调整方案，保证目标储层钻遇率。

（二）长水平段水平井地质导向

为了提高开发效益，在储层物性差、含油丰度低、油层厚度大的油气藏采用长水平段钻井方式。为了便于储层改造，达到相对较高渗流能力，页岩油气水平井要求在泥质条纹及脆性矿物含量高的薄层中穿行，致密砂岩油气水平井要求在裂缝发育段或物性相对较好的层段中穿行。在地质导向过程中，通过邻井资料对比分析，实时调整地质模型，保证地质目的的实现。

长水平段水平井的特点决定了地质导向的难度，因此，在地质导向设计、入窗前轨迹调整和水平段地质导向三个阶段均要有不同的技术对策。

1. 地质导向设计

以地震资料为基础，判断可能钻遇地层的变化趋势。以实钻钻井资料为依据，通过不同井之间地层变化趋势分析，求取不同井之间连线交点坐标及海拔数据，以此作为“虚拟井”数据，用于判断目的层纵横向变化。

依据邻井资料，结合沉积相分析，判断沿轨迹方向目的层的岩性和油气显示纵横向变化，为实钻过程判断钻井轨迹与目的层顶底面距离提供依据。

选择合适的对比标志层。一般选择距目的层顶面垂深 20~50m 处、平面分布相对稳定、录井容易识别的地层。特殊颜色层、特殊岩性层、厚层砂岩（泥岩）所夹泥岩（砂岩）薄层、连续砂岩（泥岩）层均可以作为对比标志层。在岩性、颜色没有明显变化时，可以选择伽马、矿物和气测有明显特征的地层作为对比标志层。选择对比标志层时，应注意大段与小层结合，大段用来判断变化趋势，小层用于跟踪对比。依据邻井资料确定各对比标志层及围岩的岩性、矿物含量、元素、厚度、气测、自然伽马、电阻率特征，为地质导向提供更多的参照信息。依据录井剖面、工程设计和邻井资料，预测钻遇对比标志层的垂深、位移和斜深。

选择一口邻井作为标准井，根据地层横向变化情况，建立本井的直井模拟剖面；结合设计井斜数据，以斜深、垂深和水平为基础，建立自然伽马、电阻率、气测及对比标志层岩性和地层变化等内容的地质模型。

2. 入窗前轨迹调整

入窗前轨迹调整的主要工作是通过随钻对比分析，调整 A 靶垂深数据，为钻井工程实施提供依据，保证钻井轨迹达到钻探的地质目的。

由于水平井特殊的井身结构、钻具组合、钻头类型以及岩屑床的存在与破坏，导致岩屑细碎、混杂，据此建立的岩性剖面不能真实地反映地下地质情况。利用实钻岩屑资料，结合气测资料、钻时资料能较好地恢复地质剖面。测井自然伽马曲线也是随钻地层对比、划分岩性界面的重要资料，同样可以用于辅助识别岩性，建立地质剖面。

将随钻岩性剖面、钻时、气测、自然伽马、电阻率曲线与预测剖面对比，实时修正地质导向模型。通过实钻地层的水平位移、大地坐标、垂深，结合邻井资料计算可以得到不同水平位移和大地坐标条件下的目的层顶面深度数据，得到“虚拟井”的大地坐标及目的层垂深数据。应用“虚拟井”数据对地质导向设计中的微构造图进行修正，掌握对比标志层及目的层的平面变化趋势。

依据随钻分析数据及修正地质模型和微构造图，确定目的层变化趋势。在钻达第一个对比标志层后，基本确定 A 靶处的海拔深度、地层倾角和地质模型，依据与设计的差异确定入窗方式。钻达每一个对比标志层时，均应判断地层的变化情况，调整 A 靶点数据，钻至最后一个对比标志层时，完成 A 靶垂深数据调整。

3. 水平段地质导向

长水平段水平井的关键是保证储层钻遇率高、井眼轨迹平滑，且在非导向钻具钻井情况下，调整轨迹次数尽可能少。不同岩性有不同的自然伽马曲线特征，利用上下方位自然伽马曲线，可以确定钻头是否在目的层中穿行。当上方位自然伽马曲线值升高而下方位伽马曲线仍为低值时，钻井轨迹向目的层顶界面靠近；当上下方位自然伽马曲线值相近时，钻井轨迹在同一地层穿行；当下方位自然伽马曲线值升高而上方位自然伽马曲线仍为低值时，钻井轨迹向目的层底界面靠近。据此可及时微调井眼轨迹，保证钻井轨迹在目的层的最有利位置穿行。

（三）过断层水平井地质导向

水平井钻井过程中钻遇断层时对地质导向影响较大，会严重影响正钻水平井油层钻遇效果。断裂具有一定的隐蔽性，而断层受地震预测精度制约仅通过设计识别较困难，应根据实钻井、邻井与断层在空间的相互位置关系，同时结合地震剖面综合预测识别断层，针对不同断层模式设计水平井的轨迹，实现过断层水平井地质精确导向。

过断层水平井地质导向的难点在于微断层识别，断距小于 10m 和在地震分析中接近地震分辨率难以发现的断层，其在空间上具有纵向断距小、断点不明显、平面延伸长度短等特点，因而在地震剖面中预测难度大，隐蔽性较强。断层认识不清会严重影响水平井砂岩钻遇率及油藏开发效果。

直井钻井过程中钻遇断层时，表现为正断层地层缺失，逆断层地层重复，但是对于水平井或定向井，断层产状与井轨迹方位的不同关系会导致实钻地层复杂化。以正断层为例，图 2-11-22 中水平井造斜段范围内某一地层会出现变厚、重复、变薄、缺失现象，为水平井分析当前层位与预测目的层深度调整靶点带来困难。当存在导眼井时，实钻靶点位于断层面同样会造成上述地层厚度异常情况，如果仅仅进行简单的表象分析，容易形成砂体相变的错误认识。此外，若其靶点与设计主眼井着陆点位于断层两盘，导眼井便失去了精确定位油气层的作用，一定程度上影响水平井靶点调整和后续施工。

图 2-11-23 中对水平段而言，由于不易大幅度调整井斜，断层断距不同会明显影响实钻情况：钻穿断层后，因为断距小仍在储层内，但位置不是最佳［图 2-11-23(a)］；钻穿断层后直接钻遇泥岩，通过大段泥岩段调整后钻遇储层［图 2-11-23(b)］；钻穿断层后钻遇泥岩，由于断距大无法回到储层［图 2-11-23(c)，图 2-11-23(d)］。因此识别与分析断层，并且针对其特征做出调整措施，对于该类水平井地质导向的成功实施至关重要。

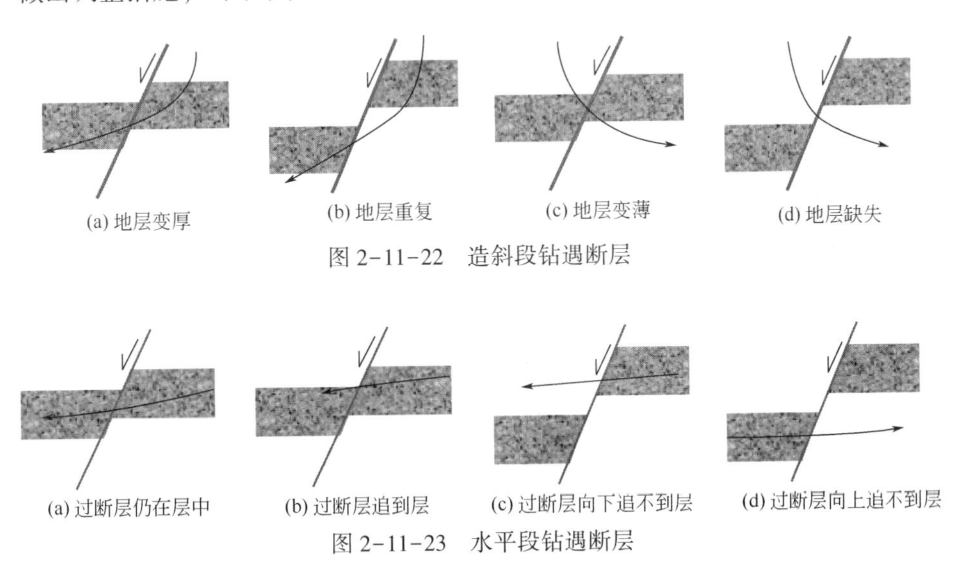

图 2-11-22　造斜段钻遇断层

图 2-11-23　水平段钻遇断层

1. 地质导向中断层识别方法

断层具有隐蔽性特点，通过单一分析手段容易造成认识多样性，结合断层造成钻遇地层异常现象，研究总结出两种识别方法。

1）空间与阶段地层分析识别

在考虑地层剖面异常基础上，结合构造图考虑设计井、邻井与断层的相对位置关系。对比方法即通过垂深校正为直井形式，实钻过程中与相邻水平井对比需要注意断点在造斜段或水平段的对比方式有所差异。

钻前导向分析通过邻井数据统计，初步分析断层是否存在；实钻中根据实钻数据修正地质模型，分析断层影响，调整轨迹；钻后根据电测结果重新验证导向结论。断距大小可根据地层倾角与垂深剖面中地层对比异常厚度进行估算。实际导向工作中，根据不同阶段、不同空间关系相互组合，确定断层的影响模式，形成不同的地质模型。针对钻遇地层异常情况与上述地质模型进行匹配，通过逐次排除，便可以对断层做出判断，进而指导水平井施工。

2）地震综合识别方法

应用地震资料解释断层通常根据同相轴错动、断开、产状突变、扭动等现象，也可以利用相位、相干体、倾角等地震属性。基于以上现象对断层的解释会存在多解性，例如轻微的同相轴扭动也可能是由于岩性物性变化造成的。因此，需要结合实钻过程中的岩性特征、井漏情况，以及全烃、工程参数异常等情况综合识别，落实断层的空间分布。

如××17P49井水平段钻达井深1943m（斜深）时全烃开始明显异常，分析钻遇断裂附近［图2-11-24(a)］；利用数学变换得到瞬时相位属性地震剖面（根据相位连续性特征原理辨别地下异常），图中方框内顶底处相位的突变特征明显，据此识别钻遇断层①、②，断距约8m［图2-11-24(b)］；修正地质导向模型，为后续待钻轨迹调整提供依据［图2-11-24(c)］。

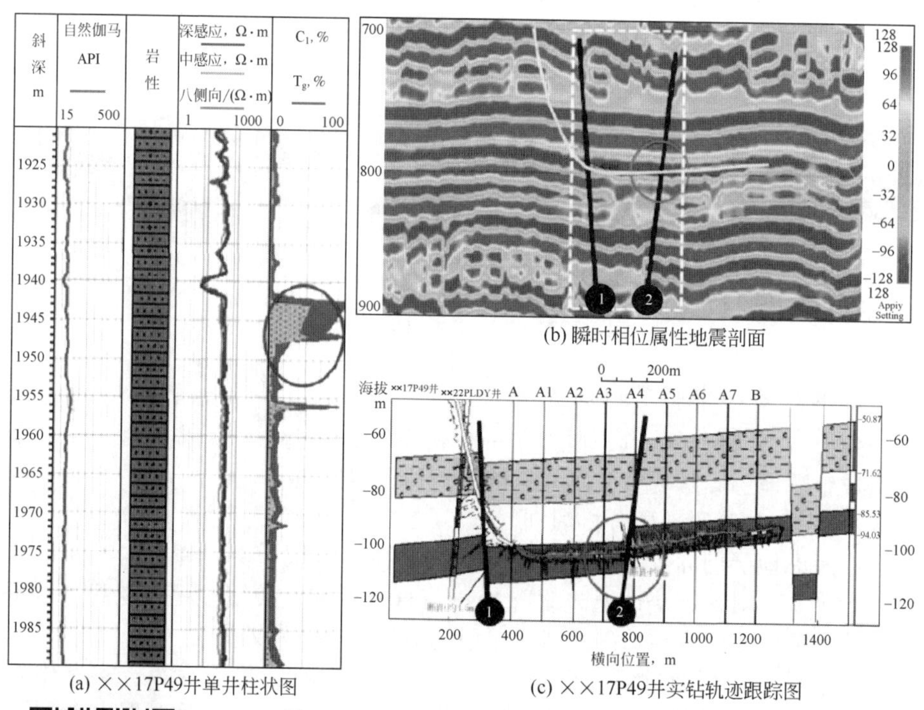

(a) ××17P49井单井柱状图

(b) 瞬时相位属性地震剖面

(c) ××17P49井实钻轨迹跟踪图

图2-11-24　××17P49井断层识别

（彩图请扫二维码）

2. 断层水平井轨迹调整方法

对于过断层的水平井，轨迹控制点的确定非常关键，需要兼顾地质和工程因素。如果轨迹不合理需要调整追层时，易造成井斜变化大、狗腿超标，因此，需要提前做好断层预测与轨迹预调整，在地层倾角认识基础上，依据可能钻遇断层的模式与产状进行轨迹调整。阶梯状或单个断层，如果沿设计方位地层下降，为保证后续水平段施工可设计A靶点较深，这样轨迹可以适当向下或平走便于调整，相反地层上升情况设计靶点较浅；地堑和地台，由于断层附近的裂隙点发育，设计轨迹时要兼顾裂隙位置及断层两侧砂体变化，根据实钻具体情况进行调整。

第十二章　录井资料处理与综合解释

录井的目的是发现和评价油气藏，获取的地下信息具有及时、多样，分析解释快捷的特点。由于受钻井工程及录井环境等影响，在录井综合解释评价前要先对各项原始采集的数据进行校正处理。本章主要介绍录井资料数据化处理与综合解释的基本思路和方法。

第一节　录井资料处理

录井采集资料分为综合录井资料、地质录井资料、分析化验资料三大类。综合录井资料是随钻采集的钻井工程数据、钻井液数据，地质录井资料是随钻采集的岩石实物及其描述资料，分析化验资料是各项录井新技术以随钻岩石或钻井液为样本分析得到的分析数据、谱图、图像资料。录井采集资料由于实时性、唯一性的特殊属性，以及受多种钻井、地质条件的影响，其定量化和精准化处理难度大。

广义的处理是泛指为整个录井过程服务的，主要体现在现场资料采集过程，即现场处理；狭义的处理是对采集及分析资料的标准化和定量化处理及成果输出方面，为定量解释评价服务，介于采集和解释中间，即基地处理。本节主要分四个方面介绍狭义处理的基本方法。

一、气测资料的标准化处理

气测录井是按钻井时间连续采集数据，解释时，需翻查大量原始资料，然后将时间转换成深度资料应用。同时，气测资料受录井环境因素影响，其横向及纵向的可比性差，气测资料应用的潜力没有得到充分发挥。气测资料的连续性和标准化处理的目的是获取全井连续的、横纵向可对比的采集数据曲线。

（一）“时—深转换”处理技术

气测资料处理首先要解决参数数据的连续性问题。为此，提出了气测资料“时—深转换”处理的概念，将按时间记录的气体数据转换成以深度记录的连续数据。其核心是气测受钻井工程的接单根、起下钻和停开、泵影响出现的气体“管路延时”资料的处理。

首先对“管路延时”数据进行处理，用停泵后一个管路延时检测的气体真值，替换开泵后一个管路延时的低值，替换点与被替换点的数据点范围与仪器的采样间隔有关；然后进行重复或异常记录点滤波处理、深度断点续接及插值处理、时间和深度记录转换，形成转换处理后的原始数据库。在此过程中，进行了“真、假”信息的甄别，剔除了无效信息，提取了全部有效信息，按0.1m间距提取数据绘制曲线，完成了气测资料的“时—深转换”处理。

“时—深转换”处理后的气测曲线是按0.1m间距提取数据。如图2-12-1所示，曲线的分辨率大幅提高，对PDC或其他快速钻井，以及薄层、非均质层、裂缝层的油气显示识别有十分现实的意义，为应用气测资料提供了极大的便利。通过“时—深转换”处理，建立了可与测井曲线直接对比的全井连续气测录井剖面。

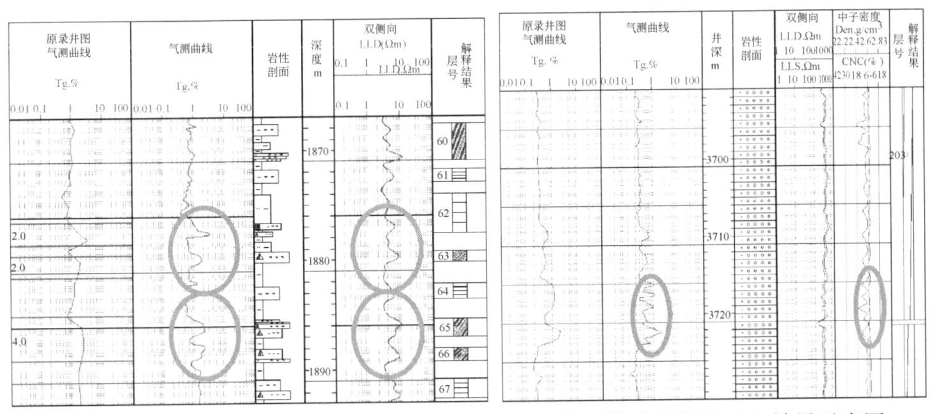

图2-12-1　录井资料“时—深转换”处理成果图与原始采集资料对比效果示意图

（二）气测参数校正处理

通过实验方法开展了井筒液柱与地层压差影响校正、不同钻井液类型及黏度影响校正、井口逸散气影响校正、钻井取心井段气测值校正、钻时影响校正、气测背景值影响排除等，系统校正钻井、录井环境因素对气测资料的影响，求取储层含气量等有效评价参数，提高了气测参数的可比性。

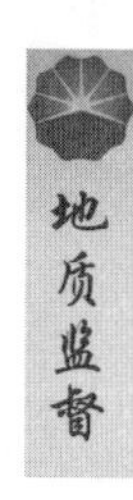

储层含气量（C_s）指气测录井检测到的储层井筒截面积的地层含气量。其计算公式

$$Cs = \sum_{i=1}^{n}(\Delta C_{Xi}) \tag{2-12-1}$$

式中　ΔC_{Xi}——校正后的显示层第 i 个数据点的地层含气量（除去背景值），%。

用储层含气量（C_s）与储层产能建立关系，统计 7 口井 8 个试气层数据、13 口井 27 个试油层数据，具有较好的相关性（图 2-12-2），表明气测资料处理后参数的定量可比性有了较大的提高，为油气层精细定量评价奠定了基础。

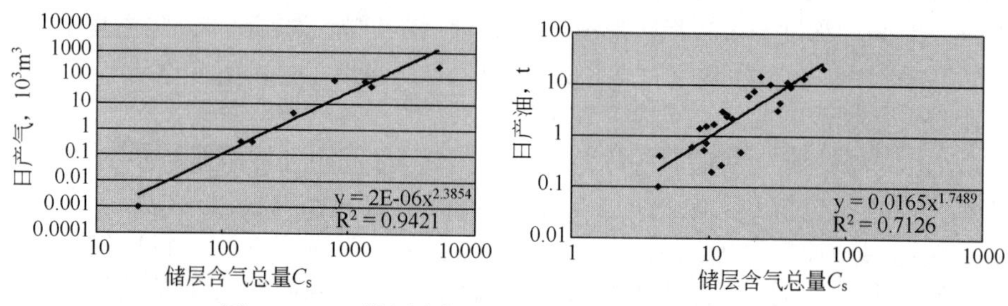

图 2-12-2　储层含气量（C_s）与储层产能关系图

二、图形图像信息的数字化处理

近年来，地球化学录井等新技术在油田勘探开发应用中发挥了重要作用，但是，随着油田勘探开发对象越来越复杂，仅依靠地球化学色谱图形和荧光图像直观特征难以解决复杂油水层评价难题。下面主要介绍地球化学色谱图形和荧光显微图像资料的数字化处理方法。

（一）地球化学色谱图形量化表征

以热蒸发烃气相色谱图量化表征为例。提取气相色谱峰分布的波形数据，用数学方法对波形数据整体拟合，确定波形顶点坐标，绘制曲线并对曲线分段处理，用二次函数或概率函数对分段曲线表征（图 2-12-3），求取了反映图形特征的形态因子（a，k）等参数。

概率函数中 k 值的确定

$$k = \frac{\sum_{i=1}^{m}\hat{x}_i^2\hat{y}_i}{\sum_{i=1}^{m}\hat{x}_i^4} = \frac{\sum_{i=1}^{m}(x_i - x_0)^2(\ln y_i - \ln y_0)}{\sum_{i=1}^{m}(x_i - x_0)^4} \tag{2-12-2}$$

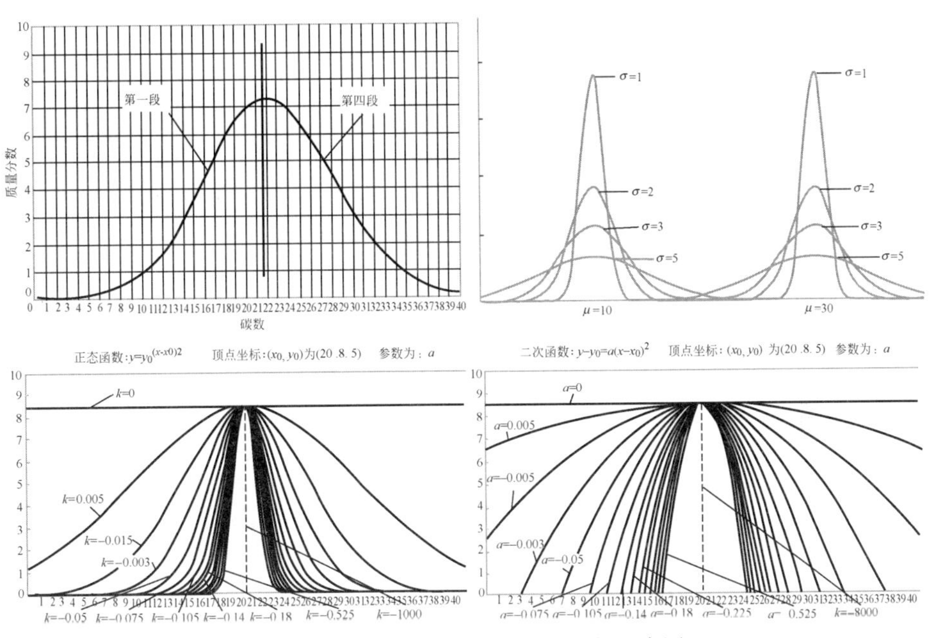

图 2-12-3　地化色谱图形量化表征示意图

二次函数中 a 值的确定

$$a=\frac{\sum_{i=1}^{m}\hat{x}_i^2\hat{y}_i}{\sum_{i=1}^{m}\hat{x}_i^4}=\frac{\sum_{i=1}^{m}(x_i-x_0)^2(y_i-y_0)}{\sum_{i=1}^{m}(x_i-x_0)^4} \tag{2-12-3}$$

式中　(x_0, y_0) 是所表征曲线段的最高点的坐标。

用形态因子（a，k）反演拟合图形与原始分析谱图的图形形态贴近度达到了 90%以上。因此，谱图的形态因子（a，k）可以反映谱图的基本特征，称为谱图的特征参数。

资料处理前，直接应用色谱图形态、峰高、主峰碳等直观特征定性判断油水层。资料处理后，还可以依据提取的反映色谱形态特征的有效评价参数，即使用形态因子（a，k）等参数建立油水层解释图版，实现了精细定量评价。

（二）荧光图像数字化处理

荧光图像数字化处理主要包括颜色空间的选择、图像的分割、颜色分类及图像特征参数的求取（图 2-12-4）。

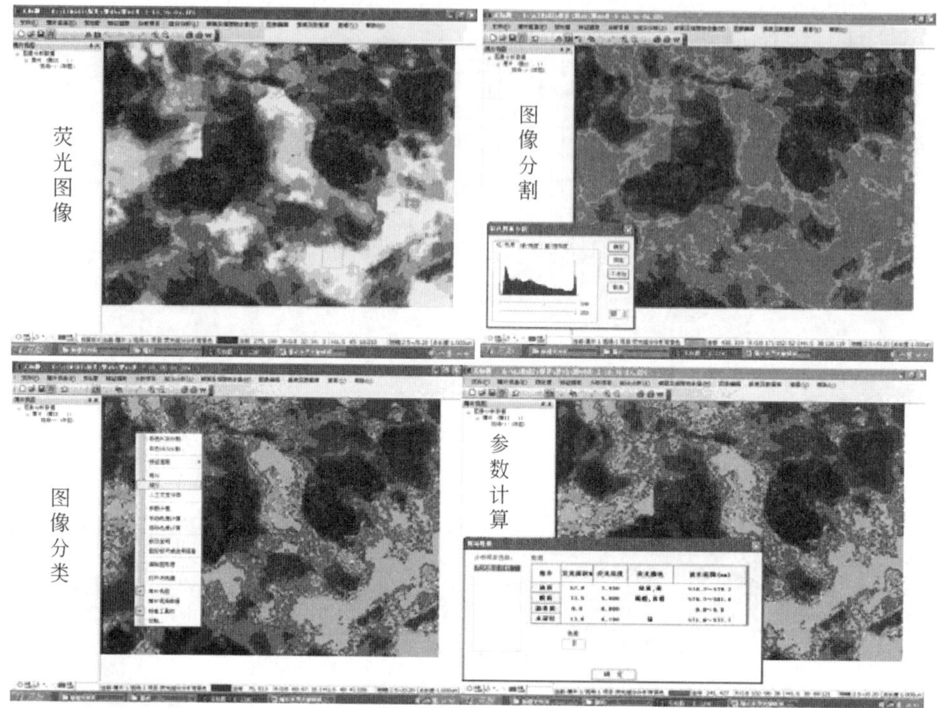

图 2-12-4　荧光图像量化表征处理主要流程界面

（彩图请扫二维码）

颜色空间的选择中优选了 RGB、HLS、CIE 三种颜色空间，生成图像和对图像量化处理。其中 RGB 的主要作用是图像的生成和再现，并对彩色分割；HLS 的主要作用是对荧光组分进行分析，求取 H、L、S 等图像要素；CIE 的主要作用是对色差进行分析，求取图像的色差。

在 RGB 颜色空间下选择目标色，对生成的图像依据目标色进行颜色分割，对分割结果可以做补充、修改和叠加；按油质、水分、沥青质和胶质等对图像进行颜色分类；按油质、胶质、沥青质和水溶烃等求取其发光面积百分含量、亮度、色差、颜色及对应的波长范围等特征参数。以标准样品参数建立专家知识库，以试验区实际试油层数据不断修正和更新专家知识库，建立不同地区不同油质的参数标准。

资料处理前，是依据人工描述的图像荧光颜色、亮度、色差和发光面积等特征，直观定性判断油水层。资料处理后，通过提取荧光图像主要特征的量化处理参数建立解释图版，实现精细定量化解释。

三、地球化学分析参数烃类损失恢复校正

地球化学分析烃类损失主要包括两方面，一是钻井液驱替（侵泡）造成的烃类损失，二是气体逸散和烃类挥发造成的烃类损失。将热解、轻烃、饱和烃和气测等色谱资料作为一个整体，进行恢复校正。

（一）钻井液驱替（侵入）影响的校正

以密闭取心地化值为目标值，对井壁取心热解分析 S_0、S_1、S_2 和气相色谱$\sum C_{气相}$等各组分损失进行灰色相关分析。定义地化分析各组分损失率为

$$\Delta S_i=\frac{|XS_i-JS_i|}{XS_i}(i=0,1,2,3) \tag{2-12-4}$$

式中　$XS_i(i=0,1,2,3)$——密闭取心的热解 S_0、S_1、S_2 和气相色谱$\sum C$气相的值；

$JS_i(i=0,1,2,3)$——井壁取心的热解 S_0、S_1、S_2 和气相色谱$\sum C$气相的值。

关联分析结果表明，烃类损失的影响因素是非常复杂的，主要考虑井筒压差、岩石和原油物性，选用神经网络建立校正模型。

（二）烃类气体逸散损失的恢复

气体逸散量取决于原油的溶解气油比和岩石含烃总量：

$$Q_{逸散}=S_T\times R_S \tag{2-12-5}$$

式中　$Q_{逸散}$——气体逸散量；

S_T——岩石含烃总量；

R_S——溶解气油比。

在汽油比未知的情况下，综合利用气测和轻烃资料恢复烃类逸散量：

$$Q_{逸散}=S_T\times R_S\approx C_1+C_2+C_3 \tag{2-12-6}$$

将 $C_1'+C_2'+C_3$ 为面积值转换为质量值，即寻找一个函数 f，使得：

$$Q_{逸散}=f(C_1'+C_2'+C_3) \tag{2-12-7}$$

由已知的溶解气油比 R_S 利用最小二乘曲线拟合法将面积值转化为质量。将逸散量 $Q_{逸散}$记为 S_0'。

（三）烃类挥发损失的恢复

1. S_0 挥发损失的恢复

用轻烃分析参数恢复热解 S_0 的自然挥发损失量（记为 S_0''）：

$$S_0''=f(\sum C)=a+b\mathrm{Lg}(\sum C)+c\mathrm{Lg}^2(\sum C)+d\mathrm{Lg}^3(\sum C) \quad (2-12-8)$$

式中 a、b、c、d——校正区块的系数。

2. 热解 S_1 值的优选

热蒸发烃气相色谱和热解 S_1 参数，在地化分析时同样都受到烃类挥发损失的影响，通过优选两者中的较高值，可以部分恢复 S_1 的挥发损失。

$$S_1=a+bx+cx^2 \quad (2-12-9)$$

式中 a、b、c——校正区块的系数。

3. 挥发损失的整体恢复校正

用密闭取心含油饱和度可以回算 S_T 值，将此设为目标值。

$$S_T=(S_O\times\phi_e\times d_{油})/(10\times d_{岩石}) \quad (2-12-10)$$

式中 S_O——岩心实测含油饱和度；

ϕ_e——岩心分析孔隙度；

$d_{油}$、$d_{岩石}$——原油、岩石密度。

利用神经网络方法进行总体校正

$$S_T'=S_{0侵校}+S_0'(逸散)+S_0''(挥发)+S_1'(S_{1侵校}和S_{1气相侵校}的优选值)+S_{2侵校}+10RC/0.9$$

地化烃类损失校正综合利用了热解、气相色谱、轻烃和气测资料，将录井现有的色谱分析技术作为一个整体进行研究；对 S_0、S_1、S_2 各组分先分步处理，然后再整体校正，对烃类损失也是先恢复，再校正，这是现有条件下比较合理和切实可行的一套完整的处理方法。

四、解释图版的数字化处理

解释图版是解释评价的重要手段之一，通过资料处理求取有效评价参数建立解释图版。油气水层解释图版核心目的是识别储层产液性质，即含油或含气储层是否产水；图版信息主要是反映储层产水的可能性。为了将图版信息数字化并直观地展现在处理成果曲线上，应用于综合解释专家解释系统中，而引用了含水性指数的概念。含水性指数是依据储层参数在评价图版中的位置判断其产水可能性的量化表征。

由含水性指数求取示意图（图 2-12-5）可以看出，含水性指数的求取主要包括边界点、边界外扩、外边界、区域划分、数值求取五个方面。

边界点的确定引用了数学方法中的凸壳算法。通过直线连接相点及延长点交线的对角线的方式对边界点进行外扩；应用 Hermite、Bezier、B 样条曲线等方法对外边界曲线进行拟合，完成外边界的闭合；应用曲线或折线对闭合区域进行划分；通过内插法求取闭合区域内各点的数据。从油（气）区到水区，闭合区任一点都有相应赋值，数值越大，反映含水性概率越高。

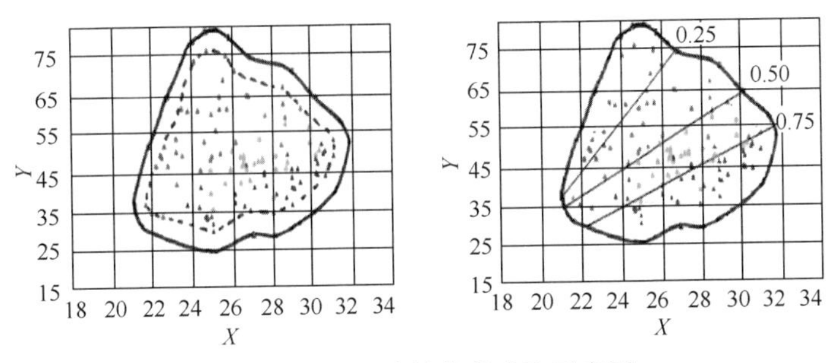

图 2-12-5 含水性指数求取示意图

P9 井 4 号层（图 2-12-6），其上、下层明显含水、邻井油水关系复杂。含水性指数处理：气相色谱 0.21~0.31，荧光图像 0.15~0.19，均反映不含水，该层日产油 13t。

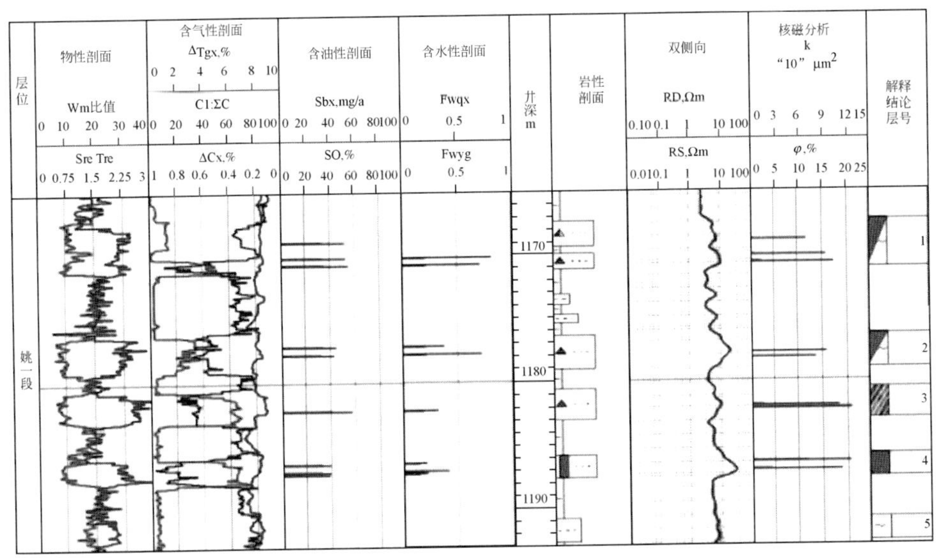

图 2-12-6 P9 井录井资料处理成果图

应用资料处理技术求取并优选了储层物性、含油、含气、含水性四大类有效评价参数。应用提取的参数绘制了岩性、物性、含油气水性的全井连续的处理成果曲线，与测井曲线可直接对比，达到了“连续、定量、可比、成图”的目的，方便了资料应用。

第二节 录井资料综合解释

油、气、水层解释评价是油田勘探开发系统工程中的一个重要环节，是油气勘探测试选层设计、储量计算的重要依据，也是油田开发调整井投产射孔方案设计的重要依据。充分利用录井各种资料，及时准确地提供油气层评价结论，从而提高勘探成功率和勘探效益。

一、录井解释概述

（一）定义

录井解释是指由录井公司及专业的录井技术人员，依据录井、测井、岩心分析、测试等资料做出的综合解释。

广义的录井解释内容包括：（1）地层岩性剖面的建立；（2）油、气、水层的解释；（3）异常地层压力的解释；（4）钻井工程施工中的异常事件的解释。

录井队以及井场地质家们依据现场录井采集资料可以提供初步的解释结论，其中，岩性剖面建立和钻井工程异常事件预报是以现场解释判断为主的，油气水层解释是由录井公司专业解释部门承担，因此，狭义的录井解释是指油气水层解释。以下主要介绍的是狭义的录井解释。

油气水层解释的目的主要是回答四个方面的问题：（1）“是什么”——储层的油气显示落实；（2）“有多少”——解释参数的获取；（3）“产液性”——油气水的相对渗流性；（4）“产出量”——产能预测。

（二）录井解释结论界定

按地层流体中油气水产量将储层分为十二类，即油层、气层、油气同层、差油层、差气层、油水同层、气水同层、含油水层、含气水层、水层、干层、可能油气层。具体分类标准见表2-12-1。

表2-12-1 录井解释结论分类表

解释结论	地层流体划分标准	含水率
油层	以原油为主	<20%
气层	以天然气为主，天然气产量达到储量起算标准	<20%

续表

解释结论	地层流体划分标准	含水率
油气同层	以天然气和原油为主，油汽当量产量比大于30%且不超过70%，油气当量产量达到储量起算标准	<20%
差油层	以原油为主，原油产量低于储量起算标准但高于干层标准	<50%
差气层	以天然气为主，天然气产量低于储量起算标准但高于干层标准	<50%
油水同层	以原油、水为主，原油产量高于储量起算标准	≥20%且<80%
气水同层	以天然气、水为主，天然气产量高于储量起算标准	≥20%且<80%
含油水层	以水为主，原油产量高于干层标准	含水率≥80%
	原油产量低于储量起算标准	≥50%
含气水层	以水为主，天然气产量高于干层标准	≥80%
	或天然气产量低于储量起算标准	≥50%
水层	以水为主，水产量高于干层标准，且油气产量低于干层标准	
干层	产量符合干层标准	
可能油（气）层	地层含油气性不确定，但现有资料反映地层具有含油气的可能性	

（三）油气层解释符合率

1. 符合率公式

$$F_L = \frac{L_F}{L_T} \times 100\% \qquad (2-12-11)$$

式中 F_L——油气层解释符合率，%；（保留一位小数）；

L_F——参加统计的试油层段的解释符合层数，层；

L_T——参加统计的试油层段总的解释层数，层。

2. 统计原则

以试油（投产）成果为准进行统计，多次试油的解释层只统计一次。录井解释符合层是指试油（投产）后流体类型（油、气、水）、产量及其比例与录井解释结论界定标准一致的层。

因资料不全或失真解释的可能油（气）层不参加统计。

3. 录井解释符合情况界定

（1）单层试油：试油（投产）结果与解释结论一致的层为符合层，否则为不符合层；试油（投产）结果为干层、水层的未解释层为符合层，否则为不符合层。

（2）多层合试（投产）：解释符合情况界定见表2-12-2。

表2-12-2　多层合试（投产）解释符合情况统计表

试油（投产）结果符合标准	解释结果符合层	不统计层	不符合层
油层或差油层	油层、油气同层、差油层	差气层、干层	其他解释结论
气层或差气层	气层、油气同层、差气层	差油层、干层	其他解释结论
油气同层	油层、气层、油气同层、差油层、差气层	干层	其他解释结论
油水同层	油水同层	其他解释结论	
气水同层	气水同层	其他解释结论	
含油水层	含油水层	其他解释结论	油层、油气同层、气层、差气层
含气水层	含气水层	其他解释结论	油层、油气同层、气层
水层	水层	含油水层、含气水层、干层	其他解释结论
干层	干层、未解释的层		其他解释结论

二、储层及评价参数优选

（一）储层及其评价

1. 储层特性

石油和天然气是存在于地下岩石中的。能够储存油气的岩石必须具备两个条件：一是岩石中要具有孔隙、孔洞、裂缝（隙）等储存油气的空间场所；二是这些孔隙、孔洞、裂缝（隙）之间必须相互连通，在一定压差下能够形成油气流动的通道。

将具备上述两个条件的岩层称为储层。储层是油气水层解释的基本研究对象。孔隙性和渗透性是储层必须同时具备的两个基本性质，也合称为储层的储油物性。

2. 储层分类

地质上按成因和岩性把储层划分为三类：碎屑岩储层、碳酸盐岩储层和其他岩类储层。

1）碎屑岩储层

碎屑岩储层为陆源碎屑岩，主要包括砂岩和砾岩。储集空间以碎屑颗粒之间的粒间孔隙为主，有时伴有裂隙（缝）及次生孔隙。碎屑岩主要由各种矿物碎屑、岩石碎屑、胶结物及孔隙空间组成。碎屑物的主要矿物成分为石英、长石，次要成分为云母、黏土和重矿物等。岩石碎屑（岩屑）是母岩经机械破碎形成的岩石碎块，一般由两种以上的矿物集合体组成。胶结物是把松散的砂、砾胶结成整体的物质，常见的胶结物有泥质、钙质（灰质）、硅质、铁质。碎屑岩储层储油物性好差是由碎屑成分、颗粒大小、分选程度、胶结物及其含量等因素决定的。

2）碳酸盐岩储层

碳酸盐岩的主要造岩矿物是方解石、白云石，分子式分别为 $CaCO_3$、$CaMg(CO_3)_2$。碳酸盐岩层主要岩性为石灰岩和白云岩，常伴生有硫酸-卤素岩石，最普遍的是石膏、硬石膏、盐岩。世界上许多大油气田和高产油气井都是碳酸盐岩储层。碳酸盐岩的孔隙空间的基本形态有三种：孔隙、裂缝和洞穴，其中，裂缝是这类储层的重要渗流通道和储集空间。

3）其他岩类储层

其他岩类储层泛指岩浆岩、变质岩等构成的复杂储集岩层，其储层岩性复杂多样，储集空间类型也复杂多样，按照孔隙空间形态可分为三类：缝、孔、洞。构造缝、层间缝、溶蚀缝、孔、洞等都可能成为储集油气的良好场所。

3. 储层基本参数

储层的基本参数包括：评价储层物性的孔隙度、渗透率，砂岩储层储集性能划分标准见表 2-12-3；评价储层含油气性的含油气饱和度、含水饱和度和束缚水饱和度等；储层的厚度、含油气厚度和有效厚度；除此以外，还应考虑地层压力和流体物性。

表 2-12-3　砂岩储层储集性能划分标准表

储层性质	孔隙度，%	渗透率，$10^{-3}\mu m^2$
特高孔、高渗	>30	>2000
高孔、高渗	25~30	500~2000
中孔、中渗	15~25	100~500
低孔、低渗	10~15	10~100
特低孔、低渗	<10	<10

（二）有效参数优选

1. 应用技术

包括六类：（1）岩心等实物观察判断技术；（2）气测资料解释技术；（3）地化分析评价技术；（4）定量荧光分析及荧光显微图像分析等其他评价技术；（5）井喷、井涌、井漏、油气水侵及钻井液油气显示解释技术；（6）测井解释技术。

2. 有效参数优选

（1）有效厚度：岩心含油产状及厚度；气测异常显示井段；测井解释井段及对应的曲线特征；井壁取心含油气砂岩井深位置；岩屑含油显示井段。

（2）孔隙性：岩心分析孔隙度及孔隙类型；测井解释孔隙度、声波时差、岩性密度、中子密度曲线特征；成像测井资料；地化热失重分析孔隙度；核磁共振分析孔隙度；岩心、岩屑、井壁取心的岩性、粒度、分选性、磨圆度等；荧光图像分析面孔率；综合录井仪可钻性、功指数等物性参数。

（3）渗透性：岩心分析渗透率；岩心、岩屑、井壁取心的岩性、粒度、分选性、磨圆度、胶结物、充填物、裂缝及层理构造发育程度等；荧光图像分析孔隙清晰度、连通性；测井自然电位、自然伽马、声波时差、微电极幅度差、井径等；综合录井仪 d 指数、σ 指数等参数。

（4）含油性：岩心、岩屑、井壁取心一次观察含油特征；地化分析岩石含烃量；气测分析全烃含量及异常显示曲线形态；井喷、井涌等异常现象及钻井液槽池面显示特征；测井电阻率及其曲线特征。

（5）含气性：气测分析全烃含量及异常显示曲线形态；井喷、井涌等异常现象及钻井液槽池面显示特征；测井电阻率及其曲线特征。对于浅层气，岩心、岩屑、井壁取心一次观察含油气特征、二次观察的变化特征、地化分析岩石含烃量、组分含量及其谱图形态特征等，也可作为反映含气性的重要参数。

（6）原油物性（渗流性）：岩心、岩屑、井壁取心二次观察含油特征；地化分析岩石烃类组分含量、相对含量及其谱图形态特征；荧光图像孔隙含油颜色及分布特征；气测分析组分相对含量；井喷、井涌等异常现象及钻井液槽池面显示特征。

（7）含水性：岩心、井壁取心含水特征；地化分析烃类组分相对含量及其谱图形态特征；气测分析 H_2、CO_2、CH_4 含量；气测异常显示曲线形态及组分相对含量；荧光图像含水特征；测井解释含水饱和度。

（8）地层压力：钻井液密度与井喷、井涌等异常现象；综合录井 d 指数、σ 指数及钻井液体积等参数。

由于地下地质现象的复杂性，真实的地层很难直接得到。测井、录井井筒采集资料中的感官现象、曲线特征、图形特征、图像特征、宏观的井口异常现象等，都可以作为获得储层参数的重要信息。

三、油气水综合解释

油气水层解释的重点是围绕储层的“孔、渗、饱、厚”四要素系统地进行地质综合分析。录井解释首先是对录井采集资料进行资料处理，求取储层评价参数，对录井单项资料进行定性解释，然后结合测井资料、岩心分析、试油等资料，进行图版解释和综合分析判断，确定油气水层解释结论，预测油气层产能。

（一）宏观原则

油气层综合解释就是要应用不同的方法系统地进行地质综合分析。在注重方法的同时，综合性、针对性、相对性以及从成藏角度进行综合分析是应该把握的宏观原则。

1. 综合性原则

含油气的岩石被钻头破碎后，所含油气分散到井筒中，井壁附近地层中的油气也有一部分向井筒扩散。按照携带油气的载体和油气赋存状态的不同，井口油气显示可以分为六个部分：实物（岩心、岩屑、井壁取心）中携带的油、气以及钻井液中的游离气、溶解气、吸附气和油。每一部分油、气都有相对应的录井检测技术（图 2-12-7）。

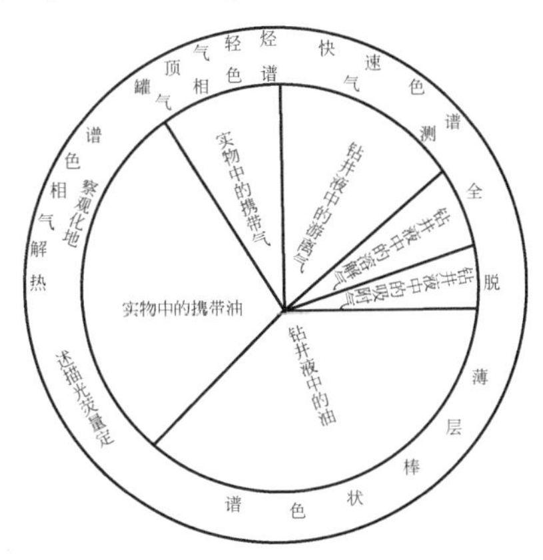

图 2-12-7　井口油气的分布状态和相对应的录井检测技术

（图中“实物”指岩心、岩屑、井壁取心）

如果将每一项录井技术都对其相对应的检测对象进行测量，则定量荧光、热解气相色谱、罐顶气轻烃、气测（快速色谱）、全脱、薄层棒状色谱等测得的油气信息从不同侧面反映了地下油气的含量。各种测井、录井资料由于技术条件、适用条件的限制，有时出现表征矛盾，必须坚持综合性评价原则，这样可全面地认识储层物性、原油性质、含油丰度、纵向分布、产能和成藏特征。

从原理上讲，气测、罐顶气、岩石热解分析三种录井方法具有一定的互补性，因此评价时不但要重视三者分析结果的一致性，更要注意其差异性，有时通过差异性的分析更能真实反映储层及其含油气特征。

2. 针对性原则

各种录井资料均有其技术优势和不足，在解释过程中应针对不同储层物性、不同原油性质，合理利用各种单项资料，优化解释参数。不同的储层类型和不同的钻进状态对油气显示的影响有着较大差别。不同储层类型的油气层被钻头破碎后，分散到岩屑和钻井液中的油气含量和组分相差很大，在气测、地化、定量荧光、罐顶气等录井资料上产生的响应特征也随之相差很大。例如，根据测井资料容易判别储层空间为孔隙型油气层的物性和含油气性，而对于储集空间为非孔隙型的油气层，则只能判别其物性。又如，取心钻进时储层中的烃类损失较少，油、气、水信息主要赋存于岩心实物中，因此应侧重岩石热解色谱录井、岩石热解录井和棒状色谱录井资料。正常钻进时，对于高渗储层而言，油气容易进入钻井液，故应侧重气测资料、钻井液棒状色谱资料和定量荧光资料；而对于低渗储层而言，油气主要残留在岩屑中，应侧重罐顶气、地化和定量荧光资料。

3. 相对性原则

在现有的技术条件下，不可能设计出同时满足各种情况需要的油气层评价模板，而通过对埋深、地层压力、储集特征、成藏条件及钻井条件相近的油气层进行比较，则可以对目标层的评价起到很好的辅助作用。具体评价时，要注意加强层内、层间、和井间三个层次的对比工作。

1）层内对比分析

通过对比层内不同渗透带之间的物性和含油气丰度，至少可以做出如下判断：

（1）如果层内含油丰度相近而不同渗透带的渗透率相差较大，那么可以确定高渗透带内没有充满油，水是可动的，解释结论应不高于油水同层；

（2）如果层内不同渗透带的渗透率相近而含油气丰度相差较大，那么可以确定含油丰度低的渗透带内没有充满油，水是可动的，解释结果应不高于油水同层；

（3）如果层内高渗透带内的含油气丰度低于低渗透带内的含油气丰度，那么可以确定高渗透带内没有充满油，水是可动的，解释结果应不高于油水同层。

2）层间对比分析

层间是指单井中与解释层相邻且储集类型和物性相似的邻层之间。每一个参与对比的层均要划分成不同的渗透带，以渗透带为基本单元进行对比。

3）井间对比分析

井间对比分析指相距不远的邻井埋深相近、层位相当、储集类型和物性相似、油气水物理化学性质接近的储层之间的对比。邻井往往已经进行了试油，要尽可能充分地研究邻井的试油、录井和测井资料之间的关系，力争建立小区块的录井、测井资料和油、气、水层的响应关系。对多井多层的各个渗透带的物性和含油气特征进行对比，在可能的情况下，研究该区块的油藏特征，判断解释井和解释层在油藏中的位置，可为准确评价油气层提供依据。

4. 成藏角度的宏观分析原则

就本质而言，油气层综合解释应该是地质综合分析的过程，决不应理解为从数据推导出解释结论的简单过程。油气层的形成和保存状态受到生、储、盖、运、圈、保等多种因素的控制和影响，缺一不可。这就要求综合解释人员不但要重视油气层在录井、测井等资料上的显示特征，而且要将油气层放到特定的地质历史时间和空间中，在对构造、地层、沉积相等区域地质特征进行充分分析的基础上，从生、储、盖、运、圈、保各方面逐一分析，该目标层有无成藏可能，形成的是哪一类型的油气藏，对于新探区此项工作更应该加强。当然，油气地质理论也在不断发展，这也要求综合解释人员充分吸收、利用石油地质的新理论、新技术，如深盆气理论、低熟油理论、煤成烃理论、复式油气聚集理论、隐蔽油气藏勘探理论及多样性潜山成藏理论等，只有如此，才能做到理论和实际的紧密结合，提高综合解释符合率。

（二）单项录井资料解释方法

1. 岩心实物观察判断方法

岩心实物观察一直是录井判断油水层的最直接有效方法，但是，我们所看到的岩心并不是地下真实状况下的岩心，而是取到地面以后常温常压下的岩心。将地面岩心实物观察的现象，反演到地下岩心的本来面貌，在试油资料的验证下，得到岩心从地面到地下的规律性认识，这个过程就是岩心观察

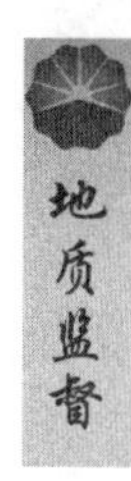

判断油气水层的过程。实际应用中，需要与地化热解分析、荧光图像分析以及测井曲线有机的结合，相互印证。

1）含油岩心资料的影响因素分析

（1）温度、压力变化的影响

地面岩心由于温度、压力降低，岩心孔隙中油气瞬间就将大量逸散，并且随着放置时间增加而不断逸散。例如，岩心出筒时能看到原油外溢现象，而久放后，就只能看到残存于岩心表面的原油外溢后侵染的痕迹了，也就是说，岩心最终能保存的主要是残余油的现象。

温度、压力降低，还会造成孔隙流体存在状态的转化，油溶气、凝析油从液态油中迅速分离气化而挥发掉，低凝点的液态原油固化，加之大量油气的逸散，孔隙含油饱和度大幅降低，原本在地下处于流动相的原油到地面以后成为分散相而不流动。

（2）钻井液侵入的影响

目前多数钻井方式都是过平衡钻井，钻井液侵入的影响不可避免：一方面驱替了岩心孔隙中的部分原油，降低含油饱和度；一方面钻井液滤液进入岩心后造成含水假象。在钻井液浸泡时间较长的岩心或者破碎的岩心，以及岩屑、井壁取心，钻井液侵入的影响就更大。

（3）储层自身特性的影响

孔隙性储层中的高孔渗岩心受钻井液侵入影响大，侵入越深，地层水与钻井液滤液越不易区分，造成油层与油水同层的混淆；低渗透高含泥岩心，泥岩吸水，含水特征难以识别，储层压后产液性质判断难。洞、缝性储层，油气逸散很快，非岩心手段或者不及时、不正确地观察岩心，都极易漏失油气显示，同时，含水性观察也更难。

（4）原油自身物性的影响

气油比高的油层、凝析油层、轻质油层，油气逸散快，含油产状以及饱满程度与实际相差很大，在高孔渗岩心中，不易与产水层区分，低渗透岩心中，不易与低产层或干层区分。中、重质油及稠油层，岩心呈现出的含油产状往往较高，不易区分油层和残余油饱和度较高的差层或产水层。同时，由于岩心含油与地下原油组分的差异，岩心含油颜色常常与原油实际颜色有较大差异的。

2）含气岩心资料的影响因素分析

在深层气层中，一般不具备含油产状，除岩心出筒时的气泡、气味观察外，主要侧重于储层物性评价，即确定岩性、胶结物、充填物和孔、洞、缝分布及发育状况，可结合测井资料以及现场薄片分析和实验室薄片分析，进一步落实上述特征，确定储层物性及含气规模。

在浅层气层中，使用类似于轻质油的识别评价方法。岩心出筒时重点观察气泡现象，一般含气层都有富含油，气挥发很快，岩心表现的只是残余油的特征，含油气性特征只能作为辅助参考资料，重点在岩石物性和含水性特征观察。

3）有效含油厚度及含油规模的确定

录井采集到的只是井筒柱状岩心的资料，在井筒以外的较大空间上，搞清真实的含油分布状况需要与测井曲线结合，需要与井间资料对比，因而，首先要对岩心归位，落实含油位置，建立纵、横向的含油剖面。根据岩心含油产状、饱满程度和储层物性，结合地化等分析资料，落实不同位置含油岩心的含油性，扣除不含油以及无效含油井段，划分有效含油厚度，确定储层含油规模。

4）含油丰度和渗流能力的确定

由于岩心受钻井液侵入以及油气在常温常压下自然挥发的影响，孔隙中液态可流动部分的原油将不同程度地被驱替或逸散。当可流动原油只是部分地被驱替或逸散时，一次观察时还可以看到孔隙中液态的原油，而如果液态可流动原油全部被驱替或逸散时，岩心能看到只是附着于孔隙或岩石颗粒表面的残余油，因此对岩心的含油现象应该综合辩证地分析认识。

一般从含油产状、分布、饱满程度、颜色、油气味等特征以及一次观察和二次观察的差异等方面判断储层含油性。岩心孔、洞、缝越发育，含油产状越高（如油浸以上），分布越均匀，原油外溢或染手现象越明显，油气味越浓，含油颜色越趋向于棕黄或黄绿色，二次观察颜色、气味变化越大，则储层含油丰度越高，即含油饱和度越大、油质越好；原油渗流性越强，即油相渗透率越高，油层越好。但也应注意，高孔渗的油层受钻井液侵入影响也大，常常具有较大的含油面积，而含油饱满程度却较差，甚至具有明显的含水假象；低渗透的轻质油层，油气挥发快，含油颜色浅，含油产状低，有些甚至就是荧光产状，岩心表面上看含油干枯，岩性致密，类似干层特征，试油却常常可以达到高产油流，岩心的这些特殊性都是需要在实际中认真分析研究的。

5）含水性及产液性质的判断

所有的储层都不同程度地含水，即岩心可不含油气，但一定含水，只是有的水可动，称为可动水或自由水，有的水不可动，称为束缚水。油水相对渗流曲线表明，当水相相对渗透率（K_{rw}）为0时，水不流动，此时的含水饱和度为束缚水饱和度；当 K_{rw} 大于0时，储层就要产水；当 K_{rw} 很大时（K_{ro} 趋近于0），储层就只产水。研究岩心含水性对储层产液性质的判断是非常关键的。油水两相流动时，相对渗透率与含水饱和度关系如图2-12-8所示。

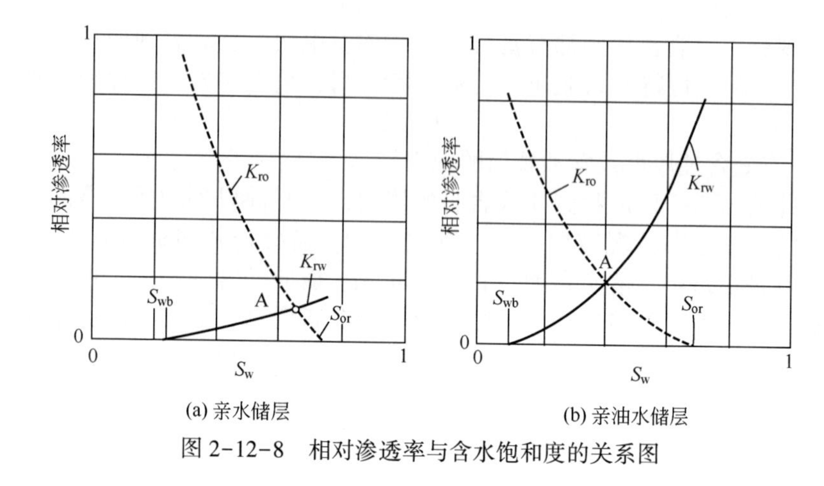

图 2-12-8　相对渗透率与含水饱和度的关系图

传统的岩心含水观察是靠滴水试验和红滤纸测试，除此以外，岩心宏观观察也是行之有效的办法。从岩心新鲜面的水渍感、孔隙纯净度、侵入环、岩心颜色及多次观察深浅程度变化、储层纵向上含油分布与岩性和物性匹配关系等特征，综合分析岩心的含水性。

2. 气测资料解释方法

1）气测异常显示识别及数据提取

2）气测全烃曲线形态识别油气水层方法

分孔隙型、裂缝型、孔洞-裂缝复合型三种储层类型，主要曲线形态有箱状、半箱状、正直角三角形状、倒直角三角形状、钟状、指状、尖峰状、梳状、低幅箱状等。

3）单项气测资料解释图版法

主要有三角形图版、皮克斯勒图版、地层含气量图版等。

4）气测全烃及组分参数标准识别法

5）储层含气总量识别法

3. 地化分析资料解释方法

目前已开发应用的地化录井技术有岩石热解分析、热蒸发烃气相色谱分析、轻烃气相色谱分析以及液相色谱分析技术。地化分析为录井解释提供了岩石含油性的定量参数，每项分析技术侧重点不同，在反映油水层特征上各具特色，但是，该项技术是依托于岩样的点分析，是针对岩石含油性的某个侧面的分析，必须与储层整体的含油分布以及物性状况相结合，才能正确判断油水层。

1）岩石热解分析

该项技术在油水层解释中的作用主要体现以下两个方面：

（1）提供判断岩石含油量和油质的定量参数；

（2）提供建立综合解释图版中反映含油饱和度及原油性质等的定量参数。

2）热蒸发烃气相色谱分析

当储层为油水混相时，水中含有一定量的氧气和各类细菌。地下水动力作用越强，氧的含量就越高，以氧赖以生存的细菌越发育。在漫长的地质历史过程中，水中的细菌就与部分烃类发生菌解和氧化作用，使正构烷烃减少，异构烃类与杂原子化合物增加，导致色谱峰较油层低、轻组分相对减少、主峰碳明显、碳数范围变窄等。

（1）色谱图谱特征定性识别法

以试油资料为基础，总结了油层、油水同层、水层的典型谱图特征，建立油水层色谱谱图标准库，定性快速判别油水层。

（2）参数图版法识别油水层

优选色谱分析参数以及谱图量化表征参数，建立评价图版，精细评价油水层。

3）轻烃气相色谱分析

轻烃的出峰个数、面积值与油质及含油丰度有关，但轻烃含量在原油中质量比较低，同时，轻烃受挥发影响较大，在反映储层含油性方面有很大的局限性，而轻烃组分含量比值相对稳定，受油质、含油丰度以及原油的挥发性影响小，与储层含水性相关性更好，是判断储层含水性的主要依据。

轻烃分析用于油水层评价中的主要优势是储层含水性的识别。评价方法是优选水敏性参数、求取特征参数、建立储层含水性评价图版。但要注意的是根据含油岩石的氧化菌解程度分级建立图版。

4. 荧光显微图像分析

荧光显微图像特征是集荧光颜色、发光强度、发光面积、油水分布特征及比率为一体的综合概念。根据试油资料及水驱油实验资料，总结了储层含油、含水量的变化与荧光图像特征的响应关系，优化了荧光颜色、荧光亮度、色差、发光沥青的赋存状态、孔隙发育程度等特征，以这些特征为反映油水层属性的主要图像特征，建立荧光显微图像标准图版集。

解释评价方法：

1）标准图像比对法定性快速识别油水层

分不同油质类型、不同物性条件，建立了油层、油水同层、水层标准图像库，通过图像直观比对法快速识别。

2）图像量化处理识别及特征参数图版法

选定原始分析图像代表视阈，进行量化表征处理，计算荧光部分的油质、胶质、沥青质、水溶烃百分含量，油质、胶质、沥青质含量反应含油丰度及油质特性，水溶烃含量反应含水程度。通过量化处理参数可定量分析储层微观产液性质和产液能力。评价图版主要是选取含油面积、含水面积，以及色差、亮度等特征参数。

5. 井喷、井涌、油气水侵及槽池面显示资料解释

工程发生井喷、井涌等异常现象是钻遇油气层的直接证据，同时也表明钻遇了较好的油气层。由于可以直接取得地层油气样品观察分析，更利于准确评价油气层，但是井喷、井涌等异常现象的深度归位难度较大，因而对这类资料解释的重点就是显示深度归位。

1）井喷、井涌、油气水侵

根据发生井喷、井涌、油气水侵时的工程状态（如正常钻进、起下钻循环等）、井段、持续时间、显示特征和上部已钻开油气层的显示特征等方面综合分析，确定显示异常井段。根据井喷、井涌、油气水侵过程中含油、气、水情况以及变化情况、工程处理过程情况判断油气水层及产能。

2）钻井液槽池面油气显示

根据槽池面油气显示发现及持续时间，工程状况，取样分析显示特征及上部已钻开油气层的显示特征等方面综合分析，确定显示异常井段。根据异常显示程度强弱，显示特征，钻井液性能变化及工程处理情况，判断油气水层及产能。

（三）综合解释方法

油气水解释是通过处理录井现场采集及分析资料，优选有效评价参数结合测井、试油成果等对地下地层流体性质进行判断。油气层解释合理能够反映地下实际情况，就能彻底解放油气层，为油气资源科学合理开采做好基础工作，尤其在复杂油气藏、隐蔽油气藏的勘探中更显示了油气层解释评价工作的重要性。

1. 单项资料有效参数优选和权重确定

各项资料分析方法不同，其反映储层特征的侧重点不同，反映储层特性的可靠程度也不同。在资料真实可靠的前提下，优选有效分析参数、综合处理参数、图形处理表征参数，用于多参数图版解释以及定量参数标准解释。单项资料权重的确定是以统计的区块单项资料解释符合率为依据，确定单项资料在综合解释应用中的权重。单项资料权重是资料处理解释的重要参数，

也是综合判断的重要依据。

2. 几种常用的解释图版模型

图版解释是综合判断的一种基本方法。解释图版是建立在统计学基础上，对区块地质规律认识和油气水层解释经验总结的抽象化的直观表达。图版模型一般都是在相对渗透率—油水饱和度关系（图 2-12-8）图版基础上的演变和间接反映。

1）主要的油水层解释图版模型

（1）有效孔隙度—含油饱和度图版如图 2-12-9 所示；

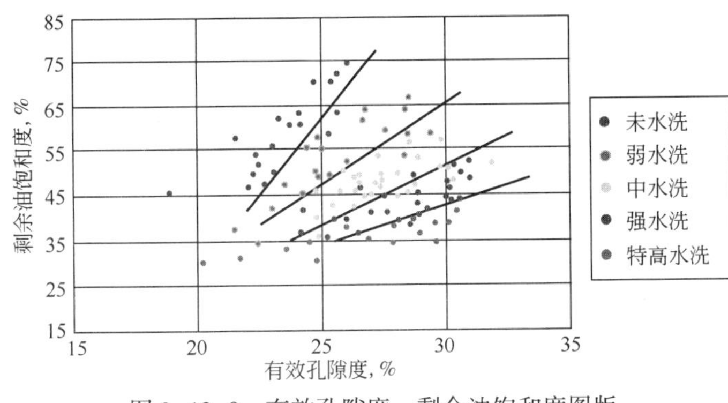

图 2-12-9　有效孔隙度—剩余油饱和度图版

（彩图请扫二维码）

（2）相对渗透率—含油饱和度图版；

（3）双水或双油饱和度图版；

如：束缚水饱和度—总水饱和度图版、感应电阻率—热解总烃含量解释图版（图 2-12-10）。

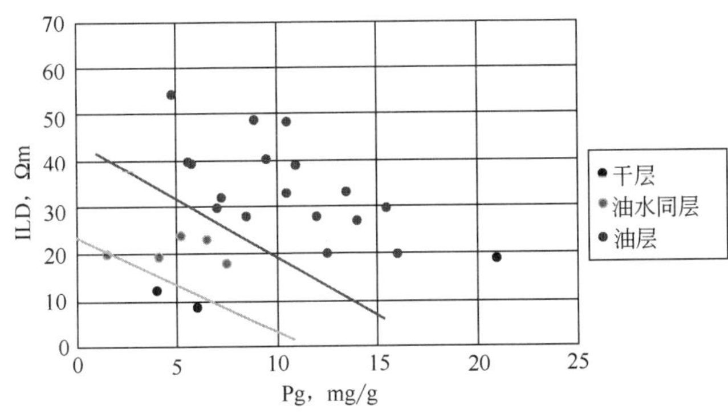

图 2-12-10　感应电阻率—热解分析解释图版

（彩图请扫二维码）

（4）储层渗透性—原油流动性图版。

如：泥质含量—热解分析原油轻重组分比解释图版（图 2-12-11）。

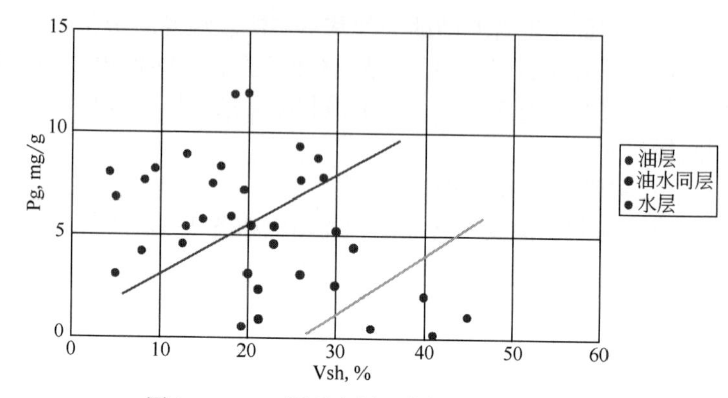

（彩图请扫二维码）

图 2-12-11　泥质含量—热解分析解释图版

2）主要的气水层解释图版模型

（1）有效孔隙度—气测含气饱和度图版；

（2）有效孔隙度—气测甲烷差值图版；

（3）气测烃灌满系数—含水饱和度；

（4）气测地层含气量图版（图 2-12-12）；

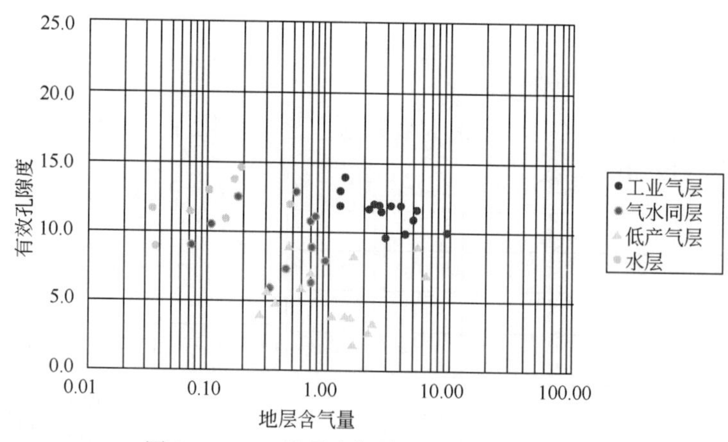

图 2-12-12　地层含气量—有效孔隙度图版

（5）气测全烃—综合录井 *dc* 指数图版；

（6）CO_2/全烃—全烃—综合录井功指数比值三维解释图版；

（7）甲烷差值与可钻性交会面积图版。

3. 综合解释流程

综合解释流程见图 2-12-13。

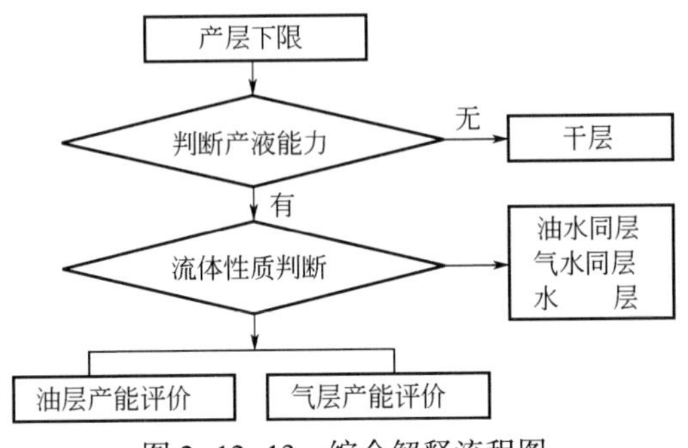

图 2-12-13　综合解释流程图

1）产层下限的确定

所谓产层下限是相对于一定试油条件而言的储层产液与非产液的界限，是随不同的试油条件而变化的，又可分为产油下限、产气下限和产水下限。通常所言的产层下限是指产油下限（图 2-12-14）。

根据单项资料主要特征，结合产层下限判别标准及判别图版，判断储层是否具有产液能力，无产液能力，则确定为干层，有产液能力，则继续进行储层流体性质识别。

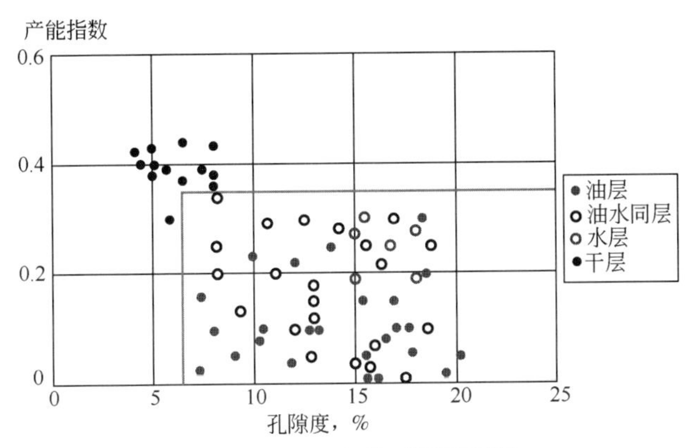

图 2-12-14　产层下限层图版

2）储层流体性质判别

在排除干层的前提下，开始进行流体性质判别。根据单项资料可信度，综合分析单项资料特征，进行多参数图版解释（图 2-12-15），结合区块油气水层分布规律及邻井试油成果，首先确定在目前试油条件下储层是否产水。

产水，则根据综合解释结果区分油（气）水同层、含油（气）水层、水层；不产水，则确定为产油（气）层，进行油气产能分级和产量预测。

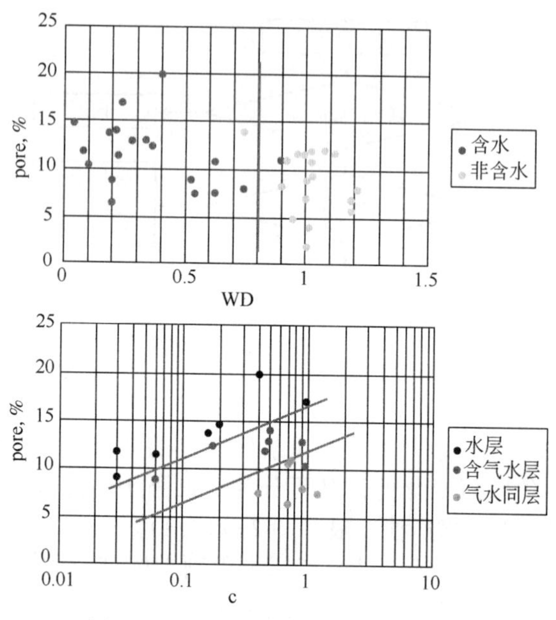

图 2-12-15　储层流体性质判别图版

（四）产能预测方法

产能预测是指对综合判断为油或气的储层进一步区分油或气的产能级别并预测产油气量。

1. 油气层静态产能预测

1）油层静态产能预测

根据录井、测井资料的特点，从静态石油地质储量的角度对储层进行产能评价，基本思路是以单井单位面积石油地质储量为基础建立评价方法。

单井石油地质储量是一口井在单位含油面积内所控制的石油地质储量（q）。

石油地质储量（q）公式：

$$q=100\cdot H_0\cdot \varphi_e\cdot S_o\cdot R_0/B \tag{2-12-12}$$

式中　H_0——有效厚度；

φ_e——有效孔隙度；

S_o——含油饱和度；

R_0——原油密度；

B——原油体积系数。

S_o 越大，产能越高，有效厚度越大，有效孔隙度越大，$\varphi_e \cdot H_0$ 就越大，油层产能就越高。从图 2-12-16 中可区分出未压裂可达工业油流层，压裂可达高产工业油流层（>5t），压后达工业油流（1～5t），压裂后接近工业油流层（0.7～1t），压后低产油流层（0.2～0.7t），压后为特低产油流层（≤0.2t）。

在没有地化热解分析计算含油饱和度时，可用 $R_t/Q—\phi_e \cdot H_0$ 产能图版（图 2-12-16）。R_t 反映含油丰度，Q 反映储层相对泥质含量，R_t 越大，储层含油饱和度越高，产量越高，反之越低，因此 R_t/Q 越大，储量产量越高，同样 $\phi_e \cdot H_0$ 越大，产量越高。

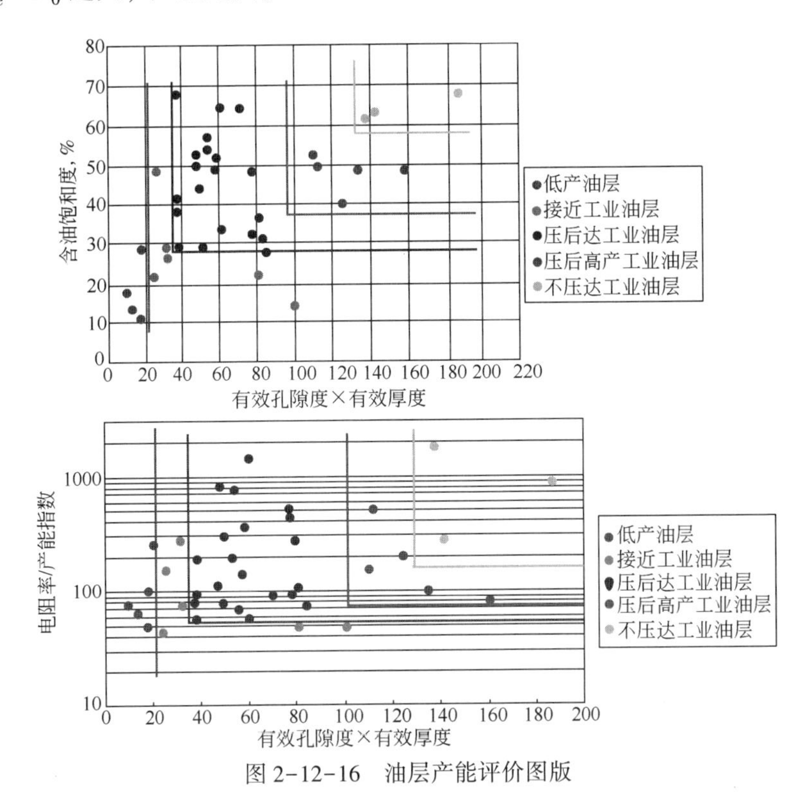

图 2-12-16 油层产能评价图版

对于低孔渗储层，大部分井都需要进行压裂改造。因此，应用静态产能预测方法可以较准确地制定试油压裂选层设计标准，可以对试油压裂改造效果进行分析。

2）气层静态产能评价

气井初始产能主要取决于储层录井有效厚度 h(m)、孔隙度（%）和含气

饱和度 S_g(%)、渗透率 K(mD)、地层压力系数 k_f，其次取决于气体黏度。由于孔隙度与渗透率 K 密切相关，在综合考虑产能的过程中，只选择孔隙度参数进行估算。此外气井产气以干气为主，气体黏度变化范围较小，对气井产能估算基本无影响。

设某一地区的某一已知气层的生产能力为 Q_0，孔隙度为 B_0，厚度为 h_0，地层含气量为 G_0，地层压力系数为 k_f，那么，定义气层产气能力 Q_0：

$$Q0=k_f \cdot B_0 \cdot h_0 \cdot G_0 \tag{2-12-13}$$

对于常规储层而言，储层孔渗性越好，储层含气有效厚度越大，储层的渗流面积也越大，加之储层含气量高，储层的产能就越高。可用 G_0—$B_0 \cdot H_0$ 产能图版。G_0 反映含气量的多少，B_0 反映储层物性，$B_0 \cdot h_0$ 越大，储层含气量越高，产量越高，反之越低，因此 G_0 越大，储量产量越高，同样 $\varphi_e \cdot H_0$ 越大，产量越高（图 2-12-17）。

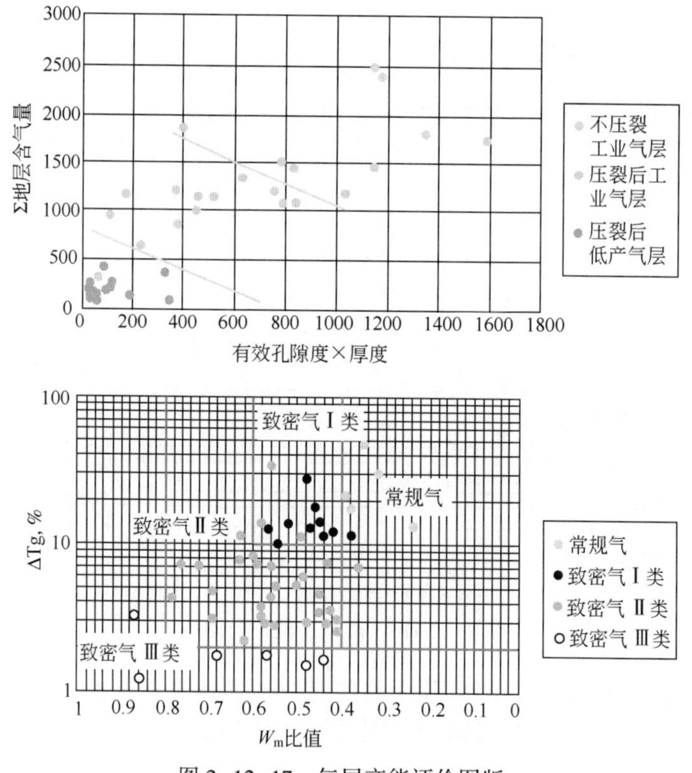

图 2-12-17　气层产能评价图版

对于致密储层，孔隙度较低，储层含气主要存在裂缝中，功指数比值 W_m

可反映地层裂缝情况，比值小于1的井段为孔隙、裂缝发育段，功指数比值越小，说明地层孔隙、裂缝发育；功指数比值越大，则地层孔隙、裂缝不发育。可用 G_0—W_m 产能图版。G_0 反映含气量的多少，W_m 反映储层物性，W_m 越小，储层含气量越高，产量越高，反之越低，因此 G_0 越大，储量产量越高，同样 W_m 越小，产量越高（图2-12-17）。

2. 油气层动态产能预测

1）油层动态产能预测

在油层静态产能评价的基础上，建立了不同边界条件、不同求产制度下的产量求解方法，对油层动态产能进行预测。根据渗流力学的基本方程建立了均质各向同性地层、不同内外边界条件下的计算模型，可获得不稳定条件下井底流压、时间和产量之间的关系（IPR曲线）以及稳定条件下井底流压和产量之间的关系（图2-12-18）。

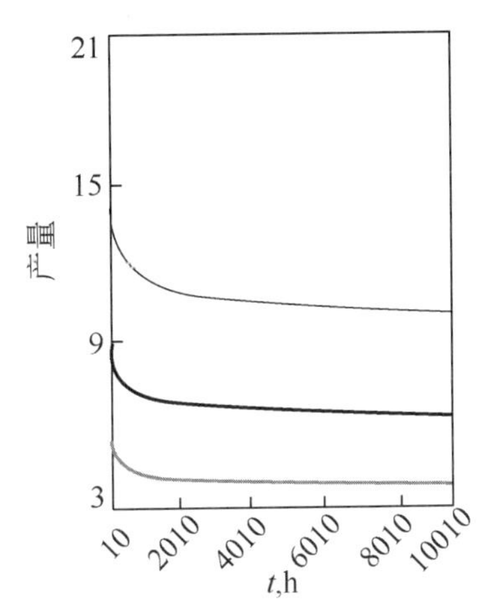

图2-12-18　不同井底压力下时间与产量关系图

2）气层动态产能预测

气层产能分析是分析研究垂直井均质地层，在考虑井筒存储效应和表皮因子 S 后，在各种边界条件下的井底压力表达式，再对该压力表达式解析反演，求解气层中的压力分布，而井底压力随时间的变化就是产能分析中所需的压力数据。

根据气体产能方程和达西定律，按不同的气藏类型，在考虑井筒存储效应和表皮系数情况下，在已知地层含气量、气体组分、井深、地层压力等条件下，建立了不同边界条件井底流压、时间和产量之间的关系，见图2-12-19。

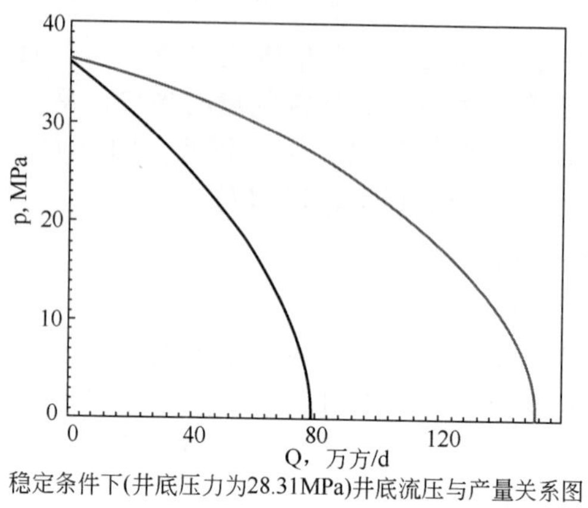

稳定条件下(井底压力为28.31MPa)井底流压与产量关系图

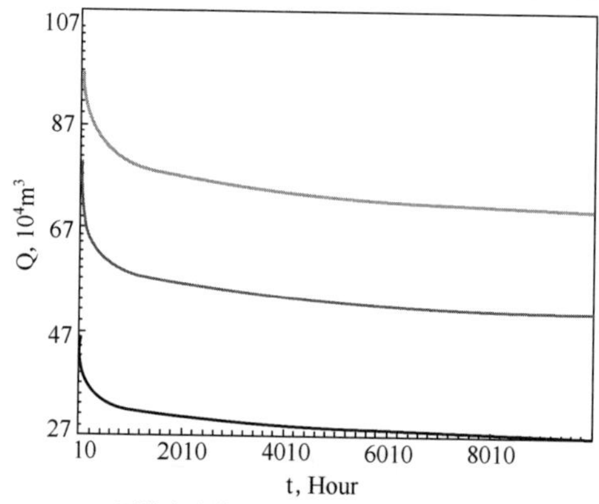

不稳定条件下(井底压力分别为7.7、19.4、28.3MPa)井底流压与产量关系图

图 2-12-19　气层动态产能预测图

第十三章 录井信息技术

第一节 概述

录井是石油行业信息采集的第一站，肩负着收集、处理和传输钻井勘探过程中地下和地面地质、气测、钻井液和工程参数信息的任务。录井在石油勘探开发中，无论是现场数据的分析采集还是基地资料的处理解释，都是在围绕“收集信息、处理信息、应用信息”做文章。录井就是要充分利用信息网络技术，提高录井资料的应用能力和应用水平，为勘探开发提供准确、快捷的信息服务。

录井信息技术是指利用计算机、通信网络以及远距离数据传输等现代化手段，对钻井过程中的各种活动以及地质录井、随钻录井、随钻测量、测井资料进行数据信息采集、传输、存储、实时显示和处理、解释、分析、决策。

以长城钻探录井公司为例，国内各录井公司的信息化进程大体分为以下几个阶段：

（1）第一阶段：录井资料处理软件研发及数据库建立；

1992 年开始，采用计算机对探井资料进行计算机处理。完井地质资料处理采用 FOXBASE、FOXPRO 桌面数据库管理系统，完井图件绘制采用 Auto-CAD 计算机辅助设计软件进行编辑与输出。

1997 年，建立单井现场资料处理数据库。

1998 年，现场推广使用地质报表处理系统。

2001 年，推广使用现场地质手剖面绘制系统。

（2）第二阶段：远程数据传输技术研究及网络建立；

2000 年，远程数据传输进行前期调研论证。

2001 年，传输系统总体方案设计，开发基于 GSM 短消息平台的远程传输系统。

2002~2003 年，GPRS 远程数据传输系统研制，开通数据传输专线。

（3）第三阶段：录井信息服务体系完善；

2004~2009 年，建立完备的录井信息服务系统，为勘探开发部门提供信息网上浏览服务。

2003~2011 年，完成辽河油区历年来完成的两万余口井探井、开发井录井历史资料数字化。

（4）第四阶段：系统升级及面向国际化；

2009 年，针对国际市场需求，开发 Mastlog 图绘制及传输软件。

2010 年，提高系统及数据库稳定性，系统升级为 linux，数据库平台升级为 oracle 平台。

2011 年，基于 WITSML 的实时传输及数据服务系统研发。

（5）第五阶段：高速宽带网络建立及支持中心建设。

2012 年，自主研发高速宽带网络技术，建立技术支持中心。

2013 年，采用物联网技术，增加远程控制、视频监控等手段，对现场小队双向技术支持。

第二节　常规地质资料入库及传输

过去，地质录井技术人员依靠手工操作绘制处理各种地质图表（图 2-13-1），其工作量大、数据差错率高、资料上交时限长，致使录井资料在油田勘探与开发的应用中不能有效、及时地发挥其作用。

图 2-13-1　技术人员手工处理的地质资料

地质资料处理系统实现了现场地质录井原始记录的计算机打印、地质手剖面计算机绘制，提高了常规地质资料质量及工作效率，减轻了现场地质技术人员的劳动强度。通过建立地质资料数据库，为现场数据远程传输及网上信息浏览等录井信息化建设奠定了坚实的基础。

现场资料采集和收集内容包括常规录井、综合录井、气测录井、地化录井、定量荧光录井、核磁录井、地质分析化验、录井地质导向、测井相关数据、中途测试（试油）相关数据等。数据采集传输遵照中国石油天然气集团公司所发布的最新标准，标准中没有规范的工程图表，按照 WITS/WITSML 国际井场信息传输规范进行扩充，新增加了地质资料处理系统需要的数据表，将所有数据项分类分布到各个数据表中。

针对手工填入的地质数据，根据每项业务的需要，在服务端和现场端分别建立相同的数据表。现场只需根据业务需要使用相应的软件进行填入，完成手工数据的标准化录入。传输软件将录入的数据标准化处理后传到基地服务器，基地通过网站浏览各类图表。

手工填入的地质数据根据生产需要每天上午、下午各传输一次，特殊情况根据甲方需求可增加传输次数。

第三节 综合录井数据传输

综合录井仪提供了丰富的钻井工程信息，其中包括钻井工程参数、钻井工况、钻头工作状态、井下复杂情况等信息。采集的数据包括钻井工程参数、钻井液池体积数据、气体组分数据三大类，直接采集的参数有几十个，经过计算生成的参数达上百个。数据库分为时间数据和深度数据两类。

现场综合录井数据一般存储在数据库中，根据仪器不同，数据库也不同，目前大多采用 SQL server 数据库，也有的采用 perversql 数据库和 raimer 数据库。采用 SQL server 数据库的综合录井仪，由于存储的实时数据间隔比较密，有些仪器将实时数据存储在文件中，以提高访问速度。

数据远程传输软件需要兼容国内外多种综合录井仪器。符合 WITS/WITSML 国际井场信息传输规范，可定制传输钻井、测井、定向井、随钻测井等数据。

现场数据在发送前，传输软件会自动将不同综合录井的数据提取出来进行标准化处理，然后发送给基地服务器。对于不同的综合录井仪、气测仪，传输软件配备单独的模块进行现场数据解析。如 als2 综合录井仪、advantage

综合录井仪，sdl9000 综合录井仪等，分别都有各自的数据解析模块进行实时数据、深度数据解析。

综合录井实时数据传输间隔可根据需要灵活设定，一般 1～30s 传输一条记录。深度数据可自动传输，也可根据需要手工补传历史数据。

第四节　远程数据传输技术

远程数据传输技术是指通过建立标准、统一、规范的数据库，应用移动网络技术，实现井场数据向基地信息中心服务器传输数据。

远程数据传输系统的应用，改变了一线小队与基地管理部门之间的信息传递模式，由过去传统的电话上报数据方式过渡为信息自动化传递，使现场综合录井、气测、地质录井数据统一集成到同一数据库中，实现了资源共享。远程传输的实时性，解决了资料收集不及时的弊端，管理部门可以实时了解掌握生产动态，提高综合决策能力，为复杂井、重点井的施工提供技术支持。

目前主要传输以下数据：

（1）综合录井数据：包括实时数据、深度数据。实时数据按一定的时间间隔把现场仪器录井采集的时间数据传回到基地数据库，深度数据把当前井的整米深度数据传回到基地数据库，历史数据把以前没有传回去的数据手动补传回到基地数据库；

（2）地质数据：把现场收集的各类地质数据回传到基地数据库；

（3）钻井数据：包括钻井日报、LWD/MWD 等随钻测井数据等；

（4）文档数据：各类报表等电子文档数据传回基地服务器指定目录中；

（5）图像数据：包括岩心岩屑图像、井场视频等。

以上数据经压缩加密后经传输设备传回基地服务器，由基地服务端接收、解压缩后写入基地数据库服务器。数据分类保存到与之相对应的数据表中，文档则保存到指定目录下。

目前远程传输的网络连接方式主要是：移动通信网络（2G/3G/4G）、卫星网络、无线网桥。其中，移动通信网络主要用在手机信号覆盖地区；卫星网络主要用在沙漠、海上钻井平台等；无线网桥组网方式已基本解决了带宽、信号等问题，适合于大数据量、图像及视频传输。

一、移动通信网络数据传输

G 指的是 Generation，也就是“代”的意思，所以 1G 就是第一代移动通信系统的意思，2G、3G、4G 就分别指第二、三、四代移动通信系统。

2G 网络是指第二代无线蜂窝电话通信协议，是以无线通信数字化为代表，能够进行窄带数据通信。常见 2G 无线通信协议有 GSM 频分多址（GPRS 和 EDGE）和 CDMA 1X 码分多址两种，传输速度很慢，2G 的 GPRS 上网一般最高 30k 左右。

3G 网络是第三代无线蜂窝电话通信协议，主要是在 2G 的基础上发展了高带宽的数据通信。3G 一般的数据通信带宽都在 500kb/s 以上，3G 上网一般最高可以达到 700k 左右。目前 3G 常用的有 3 种标准：WCDMA、CDMA2000、TD-SCDMA，传速速度相对较快，可以很好地满足上网需求。

4G 网络是指第四代无线蜂窝电话通信协议，能够以 100Mbps 的速度下载，比拨号上网快 2000 倍，上传的速度也能达到 20Mbps。

2G、3G、4G 网络最大的区别在于传输速度不同。4G 网络作为最新一代通信技术，在传输速度上有着非常大的提升，理论上网速度是 3G 的 50 倍，实际体验也都在 10 倍左右。目前少数地区仍采用 2G 卡传输，多数采用 3G 卡进行数据传输，在信号覆盖的地区已经开始使用 4G 卡进行数据传输。

二、VSAT 卫星数据传输

卫星数据传输利用人造卫星实现二进制编码字母、数字、符号以及数字化声音、图像信息远距离传输、交换和处理。这种传输方式要求有卫星通道和卫星地面站。卫星数据通信具有不受时间、地点和环境等因素的限制，以及开通时间短、传输距离远、通信容量较大、网络部署快和组网方式灵活等优点，它是目前野外施工现场与基地间广泛采用的数据通信方式。特别是在山区、海洋、边远和沙漠戈壁地区，卫星数据通信是首选的远程数据通信方式。

20 世纪 80 年代以来，小型卫星地球站（VSAT）的发展为数据传输开辟了广阔的前景。VSAT 为英文 Very Small Aperture Terminal 的缩写，意为小口径终端卫星通信网。它由一个主站和若干个小站组成，小站的天线口径一般小于 1.8m。

2009 年 5 月，集团公司投资建设的中国石油国内卫星通信主站平台（KU

波段）在通信公司固安基地落成。这一系统具备3000座卫星小站的接入能力，是中国石油广域网的重要组成部分，承担着为偏远作业队伍提供接入中国石油内网的责任。2011年6月，集团公司将管道通信电力工程总公司固安卫星基地明确为中国石油海外卫星落地接入总出口。管道通信电力工程总公司对固安卫星基地现有设备进行更新改造，经过多方调研，选用目前世界上先进的DVB-S2卫星传输技术，采取在河北固安和新疆克拉玛依分别建立卫星主站并对卫星通信资源进行统一调配的方式，确保中国石油卫星通信网服务范围更广、技术水平更先进和组网方式更灵活。目前，已具备KU和C两个波段的卫星通信系统，网络覆盖亚洲、非洲、欧洲和大洋洲。

中石油VSAT卫星数据传输设备如图2-13-2所示，VSAT小站的数据上行速度76.8kbps，下行速度384~1536kbps，传输速率高于普通GPRS传输速率，可接入中石油局域网。在整个传输过程中，不与其他的数据网或公网连接，可避免外部黑客和病毒袭击，能够充分保证数据通信和接入电脑设备的安全。

图2-13-2　VSAT卫星数据传输设备

三、远程无线宽带网络

远程宽带网络系统借助遍布城区、乡村、荒原的移动、电信、联通公司的通信基站、通信高塔和光纤资源，结合无线宽带网络接入端技术，搭建覆盖油区内所有现场施工小队的无线宽带网络，在基地指挥中心和现场小队之间建成一条20~150Mbps传输通道，并实现了井场WIFI覆盖，为大数据量、岩心岩屑高清图片及井场高清视频传输提供了通道（图2-13-3）。

井场的WIFI覆盖是通过户外AP实现（图2-13-4）。在已经建设好的远程无线宽带网络系统中连接一只AP作为网络桥接和接入点，以AP为中心的

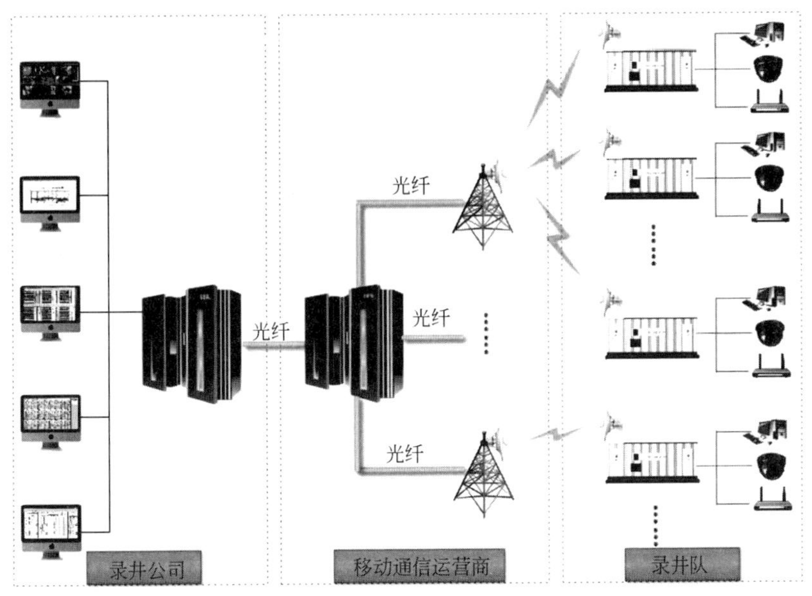

图 2-13-3　远程宽带网络原理图

200m 范围内即为 WIFI 热点区域，该区域内钻井、随钻、测井、压裂等作业队伍具备无线上网功能的笔记本电脑、平板电脑、智能手机等设备可以高速地接入无线宽带网络系统，同时可以为井场移动音视频巡检提供网络支持。

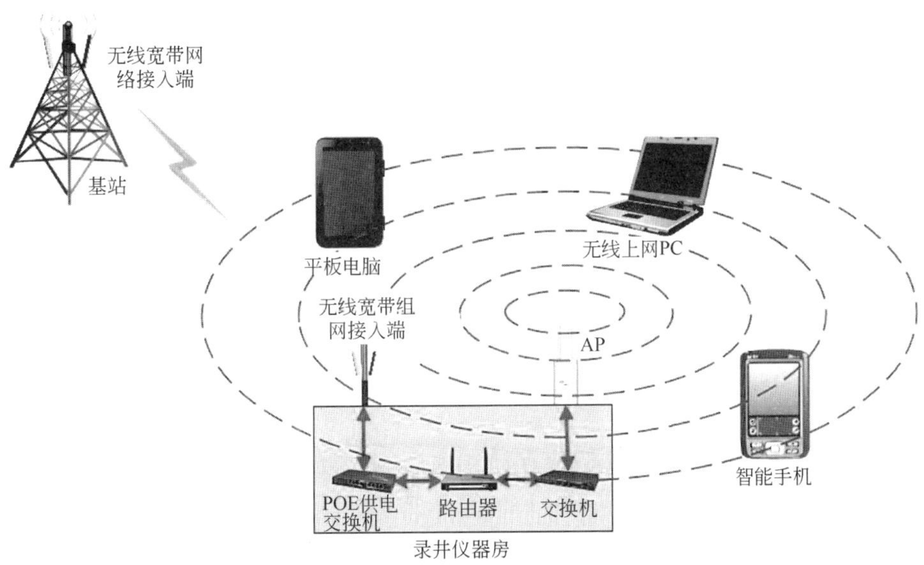

图 2-13-4　现场 WIFI 覆盖原理图

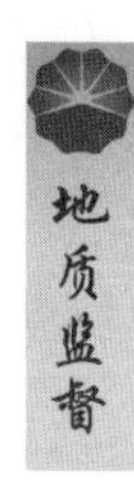

第五节　数据及网络安全

录井生产数据是油田的重要资源，保密级别要求高。为了保证数据传输过程的安全性，需要对现场数据传输软件加密，同时在传输前、传输过程、接收过程都需要对数据进行加密、解密处理。

基地网络服务器设备也需要做好防网络攻击、防病毒、防黑客入侵等工作，避免重要数据泄露。

为了保证数据安全，还需要做好数据的备份。日常还需要做好正钻井、完钻井数据管理工作。

一、传输软件加密

传输软件加密技术利用 SSL 协议的公开密钥进行加密，通过序列号采集、密钥转换、解密验证实现对软件加密，避免软件盗版、非法复制、随意解密等情况发生。

现场小队采码软件提取网卡 MAC 码和 CPU 序列号，经过 MD5 加密算法生成注册序列号。程序采集到的用户计算机信息码是计算机各种硬件码的自由组合，可以是硬盘+网卡、硬盘+显卡、内存+主板等，避免了伪造用户计算机信息码的情况。

利用注册软件产生数据许可证，将密钥转换器生成的密文放在与现场客户端软件位置相同的根目录下，程序将再次采集用户的计算机信息，经加密生成的密文与密文相比较，只有值相同才可使用软件。

二、数据传输安全

为避免录井数据传输过程中生产数据被他人窃取，将加密技术应用到数据传输过程中，从而实现对传输链路的数据加密，有效地保护了生产数据的安全传输。

数据远程传输软件实时读取存储在现场地质数库中的数据和综合录井实时数据，经过数据压缩后再采用 RC4 算法加密，经过压缩加密后的数据实时发送到中心数据接收服务器，服务器接收到数据包后通过 RC4 算法解密，再将数据包解压缩，将地质数据和实时数据解密后写入中心数据库，经过授权后在网络上发布给用户浏览查看（图 2-13-5）。

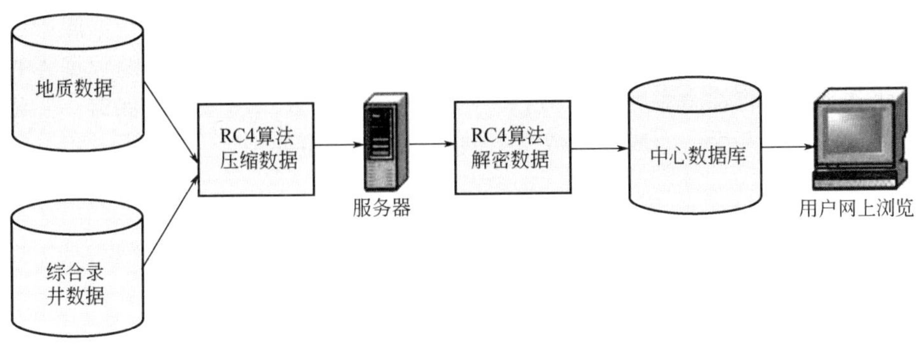

图 2-13-5 数据传输链路加密流程图

三、网络安全管理

网络安全是对网络信息保密性、完整性和可用性的保护。网络安全包括组成网络系统的硬件、软件及其在网络上传输信息的安全性，使其不致因偶然的或者恶意的攻击遭到破坏。网络安全既有技术方面的问题，也有管理方面的问题，两方面相互补充，缺一不可。

录井信息服务网络安全主要包括中石油内网安全管理和安全设备部署两方面，以构建全面的防御体系。

（一）内网安全管理

内网安全管理实现的主要功能有行为管理、网络访问管理、安全漏洞管理、补丁管理、对各类违规行为的审计。

（二）常见安全技术与设备

包括防病毒系统部署、防火墙应用、虚拟专用网络（VPN）技术、入侵检测技术（IDS）、数据存储和备份技术等。

四、数据备份及日常管理

（一）数据备份管理

数据备份管理主要包括正钻井实时数据备份、完钻井定期数据库备份，备份策略采用增量备份与完全备份相结合、本地备份与远程异地备份相结合方式，单井数据可以导出压缩成数据包备份。

（二）日常数据管理

现场数据传回基地中心服务器的实时数据库，为避免完井后数据库中的数据过多给服务器实时数据访问速度带来影响，还需要做好日常的数据库管理工作。需要将综合录井实时数据、地质原始数据分离出来单独保管，并将数据迁移到完井库中形成静态数据，供用户查询浏览使用。

第六节　信息网上发布

信息网上发布将实时数据信息和完井成果资料在网上提供浏览服务，为油田公司和技术服务公司地质与工程技术人员提供实时、历史的工程地质数据浏览应用。发布的内容有地质录井资料、综合录井气测录井资料、定量荧光录井资料、地化录井资料、核磁共振录井资料、地质设计资料、录井地质导向数据等。

正钻井资料发布包括常规录井类、综合录井气测类以及其他录井类。常规录井类数据发布有岩屑录井草图、随钻岩心图、井斜水平投影图、地质原始资料、地质设计资料等；综合录井气测类数据发布有仪器录井报表（包括工程异常报告）、综合录井参数实时数据、综合录井参数深度数据、钻井井控数据、工程设计资料等；其他录井类包括地化录井图、定量荧光录井图、核磁共振录井图、核磁共振解释表、录井分析化验资料、油气显示情况、监督日报、钻井日报等。

完钻井资料发布包括常规录井类、综合录井气测类、其他录井类以及探井历史资料加载类。常规录井类数据发布有岩屑录井草图、原始岩心图、岩心综合图、井斜水平投影图、地质原始资料、地质完井报表、开发井完井报表、地质设计资料浏览、探井录井综合成果表等服务项目发布；综合录井气测类数据发布有仪器录井报表（包括工程异常预报）、综合录井参数深度监测、工程设计资料浏览、综合录井综合图等服务项目的发布；其他录井类包括定量荧光录井图、地化录井图、核磁共振录井图、核磁共振解释表、试油数据成果表、录井分析化验资料、完井数据卡片浏览等。

录井信息服务按发布时所采用的软件技术分为：报表、图形、网页。报表发布软件可以直接连接数据库，供局域网用户快速浏览报表使用，同时具有三层发布技术，供互联网用户使用。图形发布技术也有直接连接数据库和连接中间层两种方式进行发布，分别针对局域网用户和互联网用户。

采用报表方式发布的服务项目有：地质原始资料、地质完井资料、综合录井报表等。报表内容涵盖地质原始资料井的基础数据、观察记录、综合记录、套管记录、岩屑描述、岩心记录、岩心出筒记录等；地质完井报表的综合录井资料统计表、油气显示统计表、钻井液性能分段统计表、测井项目统计表、钻井取心统计表、分析化验样品统计表、完井报告等；综合录井报表的参数异常报告单、地层压力监测数据表、迟到时间记录、碳酸盐含量分析记录、泥页岩密度分析记录、钻井液热真空分析记录、气测异常显示统计表、气测录井油气层解释成果表、后效观察记录、钻井数据回放表、气测数据回放表、钻井液数据回放表等。

采用图形方式发布的服务项目有：岩屑录井草图、井斜水平投影图、综合录井图、井斜水平投影图、随钻岩心图、综合录井参数图、定量荧光录井图、核磁共振录井图、地化录井图等。

采用网页方式发布的服务项目有：地质设计资料、探井成果表、完井数卡、监督日报、工程异常预报、测试（试油）成果表、核磁共振解释表、录井分析化验资料等。

第七节　远程支持与决策

远程支持决策通过建立不同区域、多层次、多群组协同工作的环境，将录井作业过程中地域分散的多部门管理决策者、多领域专家和现场技术服务人员融为一体。不同专业的多个专家在技术支持中心共同对现场问题进行研究判断分析，通过配套的分析软件，结合远程录井平台解决现场地质、工程及仪器设备出现的复杂问题，远程进行决策和技术支持，实现了基地专家对现场录井和钻井工程问题进行指导、指挥和决策。

远程支持决策系统使用网络将录井现场与基地连接，现场数据采集系统将采集的传感器信息、烃类气体、音视频数据通过网络将数据实时传回基地，保障现场与基地数据同步。技术人员可在总部对现场施工远程监控与动态管理，钻完井和地质油藏专家综合分析、判断并及时下达指令，正确指导现场施工；小队技术人员可从基地数据库中查询各种资料，现场与基地间形成双向联络和数据共享（图 2-13-6）。

基地技术支持中心通过远程同步控制系统对现场设备进行控制，实现远程数据实时采集、监控、控制、专家分析、诊断、录井作业管理等过程的操作与分析，将现场录井作业大部分工作转移到基地技术支持中心完成，实现基地与现场一体化录井作业（图 2-13-7）。

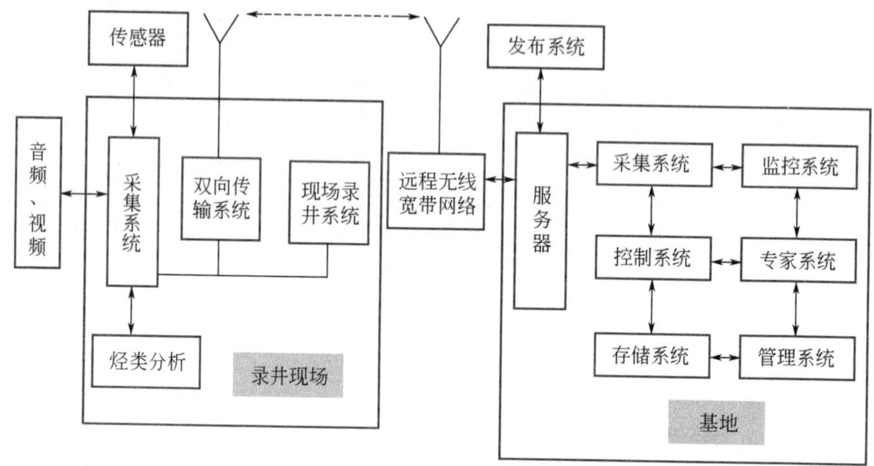

图 2-13-6　远程技术支持原理图

图 2-13-7　技术支持中心工作场景

一、远程录井作业控制

远程录井作业控制利用远程宽带网络进行数据传输和网络通信，对现场小队录井设备进行远程控制，实现了录井作业过程的远程数据监测与控制。利用基地专家团队的优势，提升了远程录井质量，同时减少了现场人力资源的配备，实现了录井现场工作流程全过程监测与控制（图 2-13-8）。

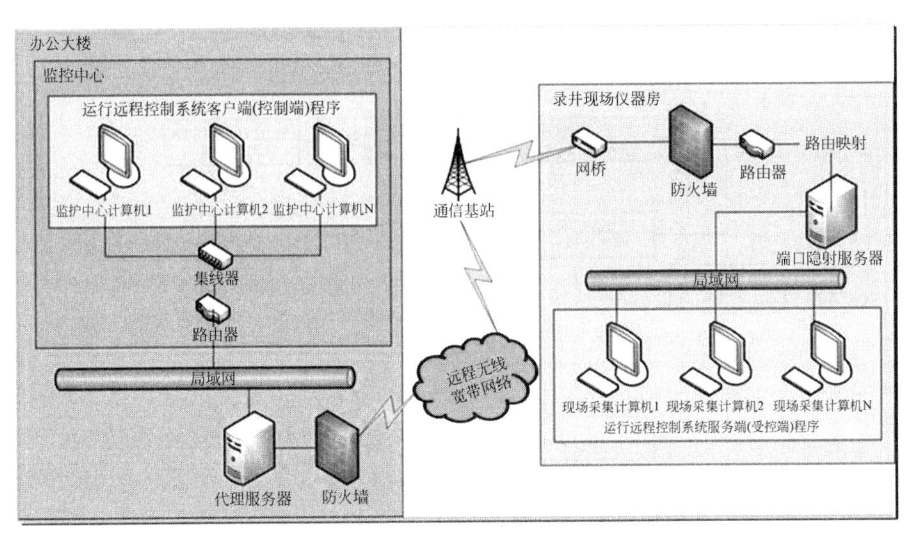

图 2-13-8　远程作业控制原理图

远程同步控制通过在现场每台被控计算机安装服务端，在基地技术支持中心安装多个客户端实现基地对现场多个录井设备、现场音视频的集中管理。当基地某个客户端向现场某个服务端发出请求后，服务端不断检查、判断请求的合理性并做出实时响应实现远程控制功能（图 2-13-9、图 2-13-10）。

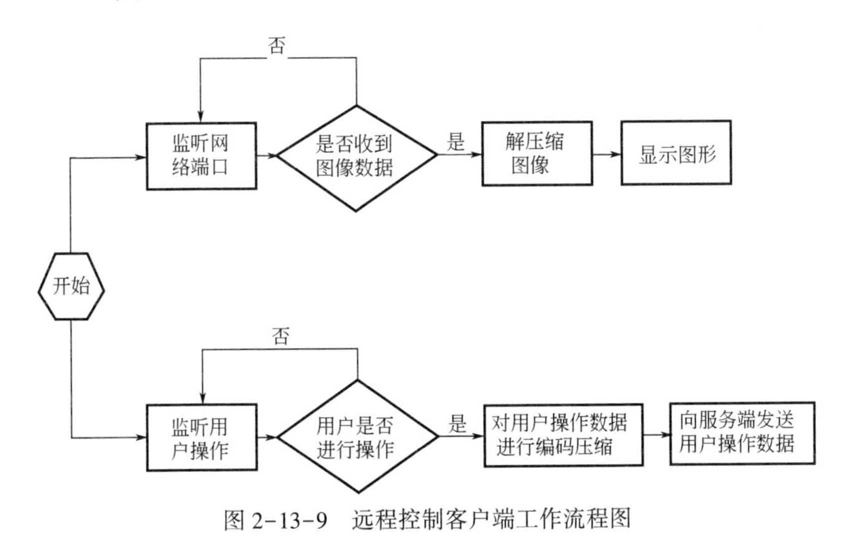

图 2-13-9　远程控制客户端工作流程图

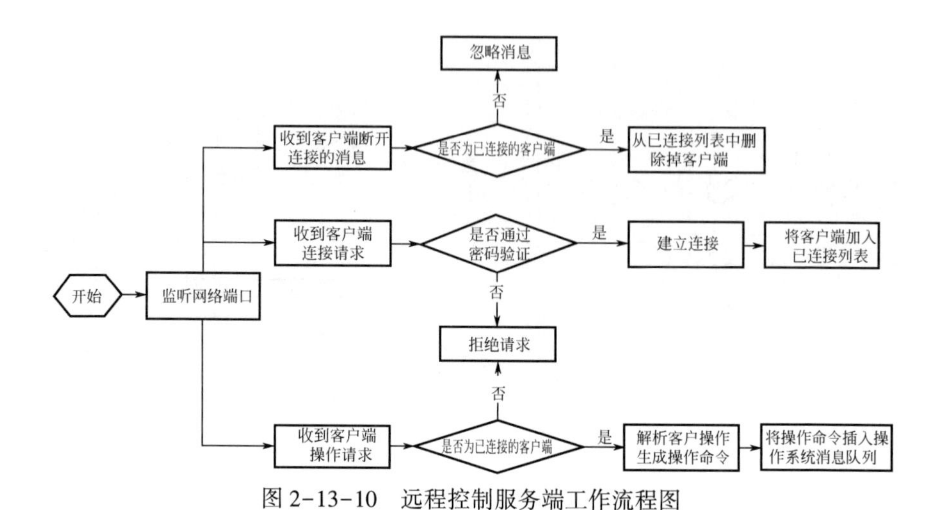

图 2-13-10　远程控制服务端工作流程图

二、远程生产监控指挥

远程生产监控指挥采用录井现场配备的手机对讲机、移动音视频终端、网络电话等设备实时通信，实现基地与现场人员无障碍沟通，基地人员可远程参与现场生产管理工作，实现了录井过程的远程监控；高清视频监控模块实现了录井现场重点部位的实时监控，为杜绝现场违章操作、实现安全生产提供了保障。

（一）手机对讲机（POC）

现场录井作业人员通过携带具有无线一键通功能的手机对讲终端，无论在室内或室外作业不必按键应答就可以实时获取基地语音指令。

（二）移动无线音视频终端

无线音视频终端设备具有内置数字摄像头、麦克风和扩音器，支持远程实时监控、双向语音对讲，可完成远程无线视频监控与应急指挥功能，视频通过多种无线网络进行传输，图像清晰、流畅。

现场录井作业人员携带移动无线音视频终端设备，将音视频信息同步传至基地，技术人员远程指挥其进行设备检修、现场巡检、远程开工验收工作。

（三）远程视频监控

通过在录井作业现场的关键部位安装高清摄像头，利用远程无线宽带网络，远程获取相应的视频资料，实时监测现场重点生产部位。

对现场以下重点生产部位进行监控：（1）高架槽泥浆出口处，监测录井电动脱气器工作状态；（2）一层钻井平台处，监测井口施工状况；（3）录井仪器房内部，监测仪器仪表工作状态等。

基地专家利用远程视频监控单元，获取录井现场关键部位作业情况。

三、地质录井专家决策

地质录井专家决策是在远程录井高速无线数据传输、远程同步控制、岩屑远程识别的基础上，配合移动视频语音系统，发挥基地专家多年的录井技术和录井经验优势，通过网上多井对比系统、油气层解释评价系统，地质导向分析系统，实现基地专家远程对随钻地层对比、现场岩性及油气显示落实、油气层解释评价和地质导向等现场指挥决策。

（一）远程随钻地层对比

技术专家通过多井对比分析系统将周围邻井进行随钻地层对比分析，查看岩性、油气显示、层位变化、岩性组合、油水界面、对比关系等，判断地层所钻遇的层位界面、预测卡层取心的位置、落实目的层油顶油底的深度，从而帮助现场卡好潜山界面、卡准取心层位和完井口袋。

（二）远程地质导向辅助

在水平段钻进过程中，现场 LWD/MWD 和录井数据及时传回基地，通过传回的自然伽马、电阻率、气测数据和钻遇的岩性、油气显示、定量荧光、钻时、井斜等数据，结合邻井资料和地质导向模型，根据实钻数据和各项参数的变化，对现场水平井实时轨迹进行对比、监控、实时跟踪，技术专家经过综合分析，指导轨迹调整、制定施工方案和措施。

四、钻井工程辅助决策

为了提高钻井成功率，降低钻井成本，国外许多石油公司在 20 世纪 70 年代广泛采用井场简单的计算机进行数据采集和处理的基础上，于 80 年代逐步建立了实时钻井数据中心（Real-Time Drilling Data Center）。通过远程传输系统，把井场采集的数据实时传送到基地，实现了钻井现场与基地间的双向监控和实时数据共享。基地钻井专家通过对钻井数据的实时分析和处理，为井场提供有价值的数据资料和技术服务。特别是在 MWD 和 LWD 随钻测量系统应用之后，实时数据传输和钻井分析中心在快速安全钻井方面发挥了巨大作用。

监控中心的显示屏幕就像井场的监控终端一样，可以实时地观察到钻录井参数的变化，通过数据和曲线变化情况可以判断钻进情况、地层状况和可能出现的复杂情况。专家可同时对多个井队进行实时监控和技术服务，把他们的知识、经验和制定的技术方案实时传送到现场，为现场生产提供了一个“高级智囊团”。这不但降低了钻井事故的发生，而且由于采用了优化措施而加快了钻井速度，产生了巨大的经济效益。

综合录井在随钻地面信息采集上相当丰富，占半数的功能是为钻井工程服务的，钻井工程辅助决策包括远程工程参数异常实时判断及工程风险评估两方面内容。

工程参数异常判断在传统上主要依靠人工完成，分析判断的准确性依赖于录井工程师的技术水平和工作经验。通过工程智能预警系统的应用，在总结人工工程预报的方法和经验的基础上，收集国内外钻井施工中的事故案例及成功解决方案，结合工程理论知识及专家经验，梳理归纳其表现特征，建立分析模型和算法，提高了工程预报的准确性，使基地专家可对多井钻井施工状态进行实时监测。

工程风险评估能够在钻前对施工方案进行优化，在钻中对实时参数进行采集、计算、预测及再评估，及时修正施工方案，从源头避免发生工程事故，同时通过方案优化能够设计最优参数组合，达到钻井提速、提效、降本的目的。

远程支持决策是录井信息化、集成化发展的一个里程碑，开启了新的录井工作模式和管理方式，推动录井信息技术整体向更高、更快、更好发展。随着大数据、云服务、“互联网+”等技术的不断发展，远程支持决策将进一步向智能化发展，与钻井、地质、测井、油藏工程等多个学科融合，为安全、优质、高效钻井保驾护航。

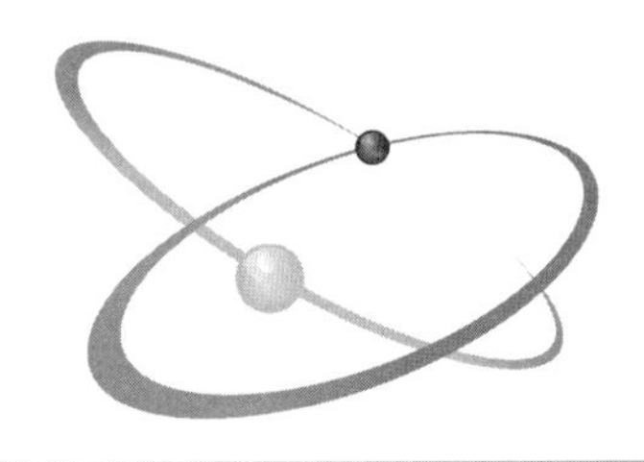

第三篇

相关技术

第一章　地球物理勘探技术

第一节　概述

一、技术简介

油气勘探是一项以寻找油气藏为基本目标的系统工程。目前采用的工作方法主要有地质方法、地球物理勘探方法、地球化学勘探方法和钻探方法。地球物理勘探方法是利用物理学原理与相关技术获取某些地质参数、特征及变化规律，从而对地质问题进行切合实际的分析与解释。它是油气勘探不可缺少的重要勘探手段，也是研究区域构造和局部构造的有效方法。地球物理勘探的主要方法包括重力勘探、磁法勘探、电磁法勘探、地震勘探、地球物理测井。本章节主要介绍地震勘探内容。

（一）地震勘探方法原理

天然地震（earthquake）是地球内部发生运动而引起的地壳的震动。地震勘探则是利用人工的方法引起地壳振动（如炸药爆炸、可控震源振功），再用精密仪器按一定的观测方式记录爆炸后地面上各接收点的振动信息，利用对原始记录信息、经一系列加工处理后得到的成果资料推断地下地质构造的特点。

方法原理：利用声波反射现象可以测出障碍物与观测点间的距离。例如，已知声波在空气中的传播速度 v，如果测量出从喊声开始到听见回声的时间间隔为 t，那么障碍物与观测点间的距离 S 可用下式表示：

$$S=\frac{1}{2}vt \tag{3-1-1}$$

地震勘探的基本原理如图 3-1-1 所示。在地面一条测线上的某点打井放炮，由此产生的地震波向地下传播。当地震波遇到两种地层的分界面 1（如砂岩与页岩的水平界面）时会发生反射，再向下传播遇到两种地层的分界面2（页岩与石灰岩的凸界面）时也会发生反射。在放炮的同时，在地面采用精密仪器把来自各个地层分界面的反射波引起的地面震动的信息记录下来，再根据地震波从地面开始向下传播的时刻（起爆时刻）和地层分界面反射波到达地面的时刻，得到地震波从地面向下传播到达地层分界面后又反射回地面的双程旅行时 t。如果利用其他方法测出地震波在岩层中的传播速度 v，参照式(3-1-1) 就可以得到地层分界面的埋藏深度。

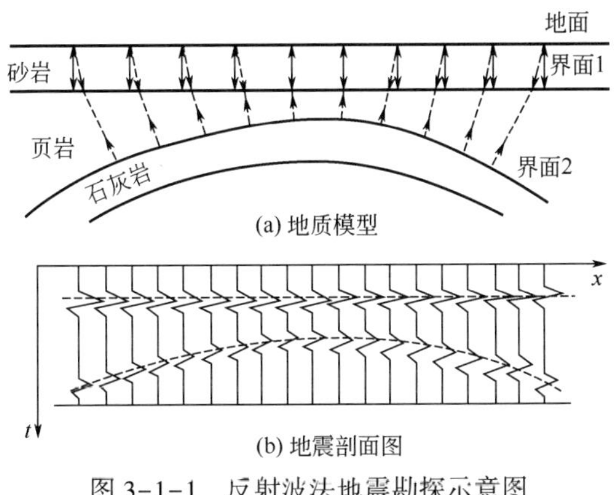

图 3-1-1　反射波法地震勘探示意图

（二）基本流程

（1）利用炸药或可控震源或气枪等人工震源产生地震波。

（2）利用动圈式、压电式或数字式检波器以及相应的记录仪器接收地震波。

（3）通过对地震资料的分析处理与综合解释来重建地震波的传播路径，进而实现地下地质构造的准确成像。

完成地震勘探基本流程的主要方法有折射波法、反射波法和透射波法。

目前，无论是地面地震勘探还是海上地震勘探，都主要使用反射波法的纵波，而以转换波或横波信息作为辅助资料。

地震勘探方法除了在油气勘探开发中广泛使用外，在寻找地下水资源和民用工程建设中也发挥着重要作用。例如，在建造高楼、堤坝、公路及海港等大型建筑物时，利用工程地震勘探可以测量基岩深度、探测建筑物下面是否有溶洞或松软地质体、探测核电站周围是否存在断层等，以免形成潜在的危险。

（三）主要特点

地震勘探也称勘探地震学（exploration seismology），该方法的主要特点是：

(1) 利用专门仪器并按特定方式观测岩层间的波阻抗差异，进而研究地下地质问题。

(2) 通过人工方法激发地震波，研究地震波在地层中传播的规律与特点，以查明地下的地质构造，为寻找油气田或其他勘探目标服务。

(3) 地震勘探的投资回报率很高，几乎所有的石油公司都依赖地震勘探资料来确定勘探和开发井位。

(4) 三维、四维地震勘探的成果能提供丰富的地质细节，极大地促进了油藏工程的发展。

(四) 主要勘探方法

1. 二维地震勘探

将多个检波器与炮点按一定的规则沿直线（称测线）排列，在测线上打井、放炮和接收地震波，得出反映测线垂直下方地层变化情况的地震勘探方法。

2. 三维地震勘探

将多道（必要时达到千道、万道）检波器布成束状、方格状、环状、十字状等，炮点与检波点在同一块面积上，形成面积形状接收由地下返回地面的地震波，得出反映观测位置下方面积，能够立体反映地下地质层位变化的地震勘探方法。

3. 多波地震勘探

采用三分量检波器采集地震波场、研究地下地层的相应、分析及反演储层岩性及含油气性的一种新型地震勘探方法。

4. 四维地震勘探

在同一地区不同时间重复做三维地震，通过随时间推移观测的地震数据间的差异来描述地质目标体的属性变化，达到认识储层动态变化来有效寻找剩余油气资源的地震勘探方法。

二、名词解释

(一) 地震波

在地震勘探震源激发时，一声炮响之后会产生各种各样的波，这些波统称为地震波。按在传播过程中，质点振动的方向来区分，可以分为纵波和横波。炸药爆炸以猛烈的膨胀作用为主，因此主要造成岩石的膨胀和压缩，这种形变使质点振动的方向与波传播的方向一致，即主要产生纵波。由于实际的爆炸作用不具有球形对称性以及实际的地层不是均匀介质，因此也会产生使质点沿着与波传播方向相垂直的振动，即形成横波。同一次爆炸产生的纵波比横波强得多，因此，目前地震勘探方法中主要利用的是纵波（图 3-1-2）。

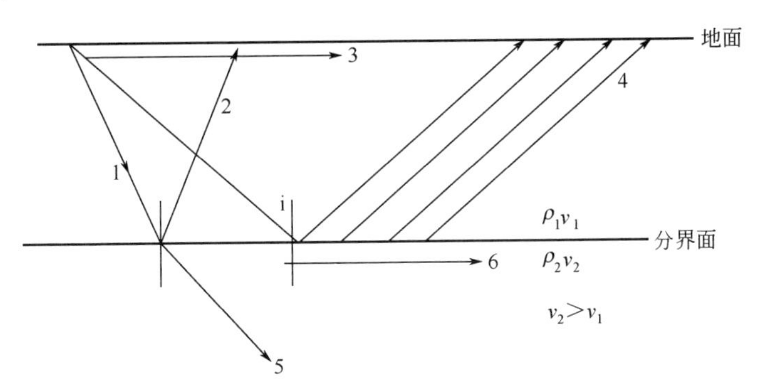

图 3-1-2　地震勘探中的各种波

1—入射波；2—反射波；3—直达波；4—折射波；5—透射波；6—滑行波

1. 反射波

当地震波入射到两种波阻抗不相等（$\rho_1 v_1 \neq \rho_2 v_2$）的介质的分界面上，就会产生波的反射，同时也会发生波的透射。反射波的传播方向遵循反射定律。反射波的振幅 $A_{反}$ 与入射波的振幅 $A_{入}$ 有如下关系

$$A_{反} = \frac{\rho_2 v_2 - \rho_1 v_1}{\rho_2 v_2 + \rho_1 v_1} A_{入} \quad (3-1-2)$$

将 $R=(\rho_2 v_2 - \rho_1 v_1)/(\rho_2 v_2 + \rho_1 v_1)$ 定义为该界面的反射系数，说明在入射振幅一定时，反射振幅与上下界面波阻抗差成比例。

一般说来，当一个纵波入射到反射界面时，既产生反射纵波和反射横波，也产生透射纵波和透射横波。与入射波类型相同的反射波或透射波称为同类波，类型改变的反射波或透射波称为转换波。当入射角不大时，转换波的强度很小。垂直入射时不产生转换波。严格地说，式(3-1-2）只符合垂直入射的条件。

由于目前在石油勘探工作中主要使用的地震勘探方法是反射波法，因此，习惯上把反射波称为有效波，把凡是妨碍记录有效波的其他波都称为干扰波。

2. 折射波

当界面下部介质波速 v_2 大于上部介质波速 v_1，且波的入射角等于临界角时，透射波就会变成沿界面以 v_2 速度传播的滑行波。滑行波的传播引起了新的效应：在第一种介质中激发出新的波动，即地震折射波。

3. 绕射波

从波动的观点来看，震源发出的波传到界面上以后，界面上各点都可作为新的二次波源而向各个方向发射球面波。因此，虽然在上述情况下收不到反射波，但它可以收到从这些二次波源发出的波，这就是绕射波。

4. 初至波

地震波波前到达某个观测点时，此点介质的质点开始发生振动的时刻称为波的初至时间，简称初至。此外，在地震记录上第一个到达的波称为初至波；其后到达的波在振动的背景上出现，称为续至波。

5. 直达波

在均匀地层中由震源直接传播到观测点的地震波称为直达波。

6. 干扰波

地震勘探的一个关键问题是降低干扰波的影响，提高信噪比。许多干扰波往往与激发条件有关，因此，把地震勘探中可能遇到的各种干扰波的来源和特点作综合介绍，以作为选择激发条件和接收条件的依据。同时，在资料处理和解释时也需要这些知识。

1）规则干扰波

规则干扰波是指在地震单炮记录中具有规律的各种非反射波。主要有面波、声波、50Hz 波等。

面波：也叫瑞雷面波。面波传播时，地面质点在通过波传播方向的铅垂面内沿椭圆轨道运动。特点是速度低、强度大、频率低、振动延续时间长（图 3-1-3）。

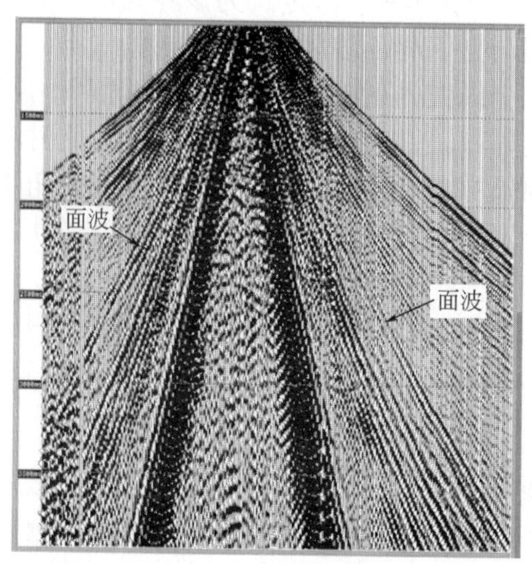

图 3-1-3　面波干扰较严重的原始单炮记录

声波：在空中、坑中、浅井、浅水中爆炸均可产生，它的实质是在空气中传播的弹性波。其特点是速度稳定，330~340m/s，在地震记录上形成尖锐的初至，频率高，延续时间长（图3-1-4）。

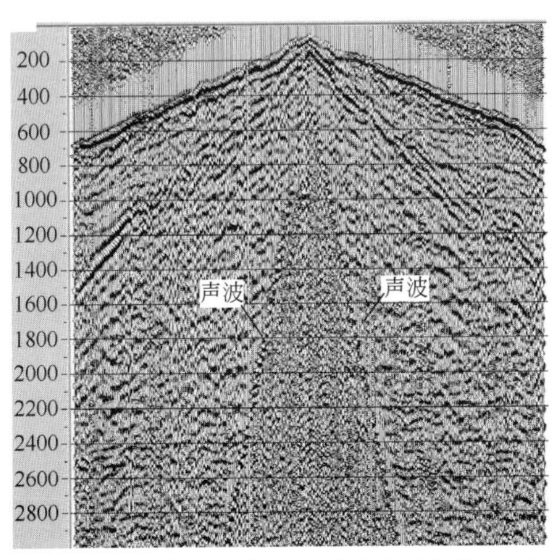

图3-1-4　声波干扰较严重的原始单炮记录

50Hz干扰波（工业电干扰波）：当地震测线通过输电线路时，检波器电缆会感应50Hz的电压，形成地震记录上的干扰波。

2）不规则干扰波

不规则干扰波是指在地震单炮记录中没有规律的各种非反射波。主要有微震、背景干扰等。

微震：由风吹草动、海浪、正在开动的机器、车辆开动等外力形成的震动。其特点是频带宽（20~150Hz），强度取决于天气、昼夜时间及工业、地理条件等，相关半径大约6~9m。

高频背景：爆炸时（尤其在坚硬的岩石中激发时），波在浅部不均匀体上的散射形成高频不规则干扰背景。其特点为在整张记录上出现高频振动（80~200Hz）。

低频背景：表面疏松层如泥炭沼、沼泽、流沙的固有振动，特别是在疏松的不稳定岩层中爆炸时最容易产生。其特点是振幅很强的低频不规则振动（10~30Hz）。

（二）地震速度

1. 静校正速度

静校正速度是用于计算基准面校正量的速度。静校正速度也叫填充速度或替换速度。为了使基准面下覆高速层界面形态不发生畸变，静校正速度一般要求比较接近于近地表附近高速层的速度。

2. 视速度

地震波沿射线方向传播的速度为真速度，记作 v。地震测线不可能沿波的射线方向布设，与射线方向有一夹角 θ。当沿测线方向观察地震波传播时，将地震波沿测线方向传播的速度称为视速度，记作 v^*。视速度定理为：

$$v^* = \frac{v}{\cos\theta} \tag{3-1-3}$$

上式表明视速度永远大于真速度。将视速度这一概念应用在干扰波调查中，利用有效波与干扰波的视速度差异，识别各种干扰波。在数字处理中，根据有效波与干扰波的视速度差异，采用中值滤波等方法压制干扰波、突出有效波。

3. 层速度

沉积岩速度分布规律的特点之一是速度在剖面上的成层分布，各层之间存在着较明显的差别。把某一速度层的波速叫作这一层的层速度。层速度在地震勘探中是十分重要且应用广泛的一个参数：在构造研究中用于时深转换、模型正演、时间偏移和深度偏移；在储层研究中，20 世纪 80 年代发展起来的拟测井（G—Log）技术，将地震波的振幅、频率及相位信息转换为层速度，利用层速度在横向上的差异寻找储层。层速度可由地震测井或声波测井直接获得，也可由均方根速度采用迪克斯(Dix)公式计算求取。计算公式为：

$$v_{\mathrm{n}}^2 = \frac{t_{\mathrm{n}} v_{\mathrm{Rn}}^2 - t_{\mathrm{n-1}} v_{\mathrm{Rn-1}}^2}{t_{\mathrm{n}} - t_{\mathrm{n-1}}} \tag{3-1-4}$$

式中 v_{n}——第 n 层的层速度；

t_{n}——地面到第 n 层底界的自激自收时间；

v_{Rn}——地面到第 n 层底界的均方根速度：$t_{\mathrm{n-1}}$ 为地面到第 $n-1$ 层底界的自激自收时间，$v_{\mathrm{Rn-1}}$：为地面到第 $n-1$ 层底界的均方根速度。

4. 平均速度

射线法向入射时，速度在 t_0 时间内的平均值称为平均速度。对连续介质，平均速度 v_{a} 定义为：

$$v_{\mathrm{a}}(t_0) = \frac{1}{t_0}\int_0^{t_0} v(t)\,\mathrm{d}t \tag{3-1-5}$$

对水平层状介质（层内均匀）平均速度定义为：

$$v_a(t_0)=(\sum_{i=1}^{N}v_i t_{0i})/(\sum_{i=1}^{N}t_{0i})=(\sum_{i=1}^{N}h_i)/(h_i/v_i) \tag{3-1-6}$$

式中　h_i——地层厚度，m；

t_{oi}——在 h_i 层内法向传播的双程时间，s；

v_i——在该层内地震波的传播速度，m/s。

当地层水平时，平均速度可由地震测井或 VSP 测量获得。平均速度在地震勘探中常用于层位标定、时深转换（或深时转换）和偏移等数据处理。

5. 叠加速度

在多次覆盖资料的处理中，对一组共反射点道集上的某个同相轴，利用双曲线公式选用一系列不同速度计算各道的动校正量，对道集内各道进行动校正，当取得一个速度能把同相轴校直而获得最佳的叠加效果，称这个速度为这个同相轴对应反射波的叠加速度，记作 v_s。在数字处理中，叠加速度通过计算速度谱求取。在水平层状介质中，叠加速度等于均方根速度，即 $v_s=v_{Rms}$。在界面倾斜时，叠加速度等于等效速度即：

$$v_s=\frac{v}{\cos\varphi} \tag{3-1-7}$$

式中　φ——界面倾角。

6. 均方根速度

法向入射时，在 t_0 时间内，速度函数 $v(t_0)$ 的平方用双程传播时间 t_0 加权的平均值计算得到的速度，称均方速度。在连续介质中，均方速度定义为：

$$v_{Rms}(t_0)=\frac{1}{t_0}\int_0^{t_0}v^2(t_0)dt \tag{3-1-8}$$

在层状介质中，均方速度定义为：

$$v_{Rms}(t_0)=(\sum_{i=1}^{N}v_i{}^2t_{0i})/(\sum_{i=1}^{N}t_{0i}) \tag{3-1-9}$$

对均方速度开平方即为均方根速度。均方根速度可根据各层层速度，用 Dix 公式求得；当地下地层水平、炮检距在一定范围内时，可用速度谱获得。均方根程度对水平叠加有着特殊的意义。由于均方根速度考虑了地震波通过速度分界面传播的透射效应（即考虑了速度的纵向不均匀性），均方根速度要比平均速度大。

7. 偏移速度

在数字处理中用作偏移归位的速度称偏移速度。对于不同的偏移方法，偏移速度具有不同的含义。在绕射扫描叠加偏移中，绕射双曲线方程：

$$t^2=t_{02}-\frac{(2x)^2}{v^2} \quad (3-1-10)$$

式中 v 为偏移速度，$\frac{1}{v}$表示绕射双曲线渐近线的斜率。

在速度横向变化不大的地区，偏移速度 v_m 为均方根速度；在速度横向变化较大地区，偏移速度应采用叠偏等效速度；在射线变速偏移中，偏移速度为射线平均速度；有限差分波动方程偏移的偏移速度是将输入的均方根速度转换为以延拓步长为小层的层速度；在串联偏移中，每次偏移的偏移速度是一种比均方根速度小得多的设计速度，设每次偏移速度为 v_1、v_2……，v_n，则均方根速度为：

$$v_{Rms}^2=v_1^2+v_2^2+\cdots\cdots v_n^2 \quad (3-1-11)$$

深度偏移的偏移速度是建立速度模型所需的层速度。

8. 时深转换速度

时间剖面转换成深度剖面时使用的速度称为时深转换速度。在构造起伏不大，且岩性横向变化也不大的地区，时深转换速度多为地层的层速度；在构造复杂、岩性横向变化大的地区，多是根据钻井资料建立平面速度场，以此作为时深转换的速度。

（三）分辨率

分辨率是指区分两个地质体的最小距离，可以认为存在两个特征，即垂向分辨率和水平分辨率。

（1）垂直分辨率：是指地震记录或地震剖面上能分辨的最小地层厚度，一般在 1/4 波长到 1/8 波长之间。

（2）水平分辨率：是指在地震记录或水平迭加剖面上能够分辨相邻地质体的最小宽度。水平分辨率通常由第一菲涅尔带的大小确定。公式如下：

$$r_1=(\lambda h_0/2)^{1/2}=(v/2)(t/2)^{1/2} \quad (3-1-12)$$

式中 h_0——深度；

t——波的到达时间；

λ——波长；

v——平均速度；

r_1——菲涅尔带半径。

由于影响偏移剖面的因素很多，特别是存在多种噪声，所以其分辨率很难定量表示。资料偏移时菲涅耳带被打破，因此，在偏移剖面上菲涅耳带的大小不能作为水平分辨率的标准。

（四）信噪比

在某个时刻有效波能量除以所有的剩余能量（噪声）称信噪比，缩写为S/N。有时有效波能量与有效波及噪声的总能量之比亦称信噪比，以S/(S+N)表示。在实践中，要分离所需要的有效信号是困难的，因此信噪比难以确定，须假定信号的一些特征，以便有效地分离。有时以差为基础进行区分，在确定的时差带内，所有相干能量为信号，其余的则为噪声。

第二节　地震勘探技术

一、资料采集

地震资料采集就是地震波的激发与接收。地震波激发与接收的过程就是地震勘探野外工作的过程。地震资料采集是整个地震勘探中重要的基础工作，它是以地震队的组织形式来完成的。地震资料采集分试验阶段和生产阶段，主要任务就是激发、接收地震波。其次在野外还可以进行低降速带的测定，为计算静校正提供资料。在进行这些工作之前首先要根据不同的需要，进行地震测线的部署和观测系统设计。

（一）阶段划分

根据油气勘探需要解决的地质任务，地震资料采集一般可分为区概查、普查、详查和精查等阶段，每个阶段采用的方法及测线布置密度不同。

（1）概查：一般在勘探程度低或未做过地震工作的地区进行。地质任务是了解区域地质构造（包括基岩起伏、岩石性质、沉积厚度、沉积盆地边界、含油气远景、区域及各级构造分布等）。主要采用二维地震勘探方法，测线布置要在保证测线垂直区域地质构造的前提下，尽可能穿越多的二级构造单元；测线尽量为直线，若受地表条件的限制，测线也可沿道路、河流或在沟中敷设成折线或弯曲测线；线距大小以不漏掉一级构造单元为原则，一般主测线距离大于4km，联络测线距离大于8km。

（2）普查：在区域概查的基础上，在有含油气远景的地区进行。地质任务是寻找可能的储油气带、研究地层的分布规律、查明大的局部构造。主要采用二维地震勘探方法，一般在路线概查所发现的构造上进行，使用“丰”字形测线。主测线（控制构造形态、范围大小的一组测线）垂直构造走向，测线间距（一般2~4km）以不漏掉局部构造为原则，根据构造情况适当加密；联络测线应与主测线构成网格（一般4~8km），尽可能不置于断层线上。

（3）详查：主要是根据初步查明的构造大小和构造形态来布置测线。主要地质任务是进一步查明构造的范围、形态、目的层厚度、上下地层接触关系、高点位置、闭合度、与相邻构造的关系以及断层的大小、分布和性质等，为钻探工作提供最有利的含油气构造和钻井位置。根据地质需求、地表条件等因素，可部署加密二维地震或三维地震。二维地震主测线与联络测线构成的测线网要严格控制构造，一般主测线间距1~2km，联络测线间距1~4km。三维地震根据解决地质问题的需要，通过方法论证采用适合的采集面元与覆盖次数。

（4）精查：主要是为了配合油田精细勘探和开发生产的需要，对构造和储层岩性进行精细描述。根据勘探、开发需要解决的地质问题、地表因素，部署普通三维地震、高密度三维地震、四维地震等。其目的是以三维地震资料密集、分辨率高、偏移归位准确等优势，对油气藏及其参数做出预测，研究储层特征的横向变化。普通三维地震一般面元为25×50m—25×25m，观测系统纵横比小于0.5。高密度三维地震一般面元为5×10m—20×20m，观测系统纵横比在0.6~1。四维地震在每隔一定的时间进行一次三维观测，对不同时间观测的三维数据进行处理，使那些与油藏无关的反射波具有可重复性，从而保留与油藏有关的反射波之间的差异，通过与基础观测数据体相减，来确定油藏随时间的变化情况，是油气田的开发阶段重要手段之一。

（二）部署原则

地震勘探部署考虑三个方面的问题：首先要遵循地震勘探自身的程序和规律；其次要考虑各个勘探阶段的不同的地质任务；还要考虑工程的社会效益和经济效益。

1. 二维地震部署原则

（1）测线应为直线。当测线为直线时，其垂直切面为一平面，所反映的构造形态比较真实；若测线为折线或弯线，在资料解释时当成直线，地质构造明显受到歪曲。如图3-1-5所示，AB为直线，A′B′为折线，当把A′B′看成简单平面时，地质构造受到歪曲。

（2）测线应垂直构造走向。目的是使地震剖面正确反应构造形态。对于较新的探区，往往无法确定构造的走向。当地下地质构造比较复杂时，如果测线不垂直构造走向，则地震剖面上可能会存在许多来自剖面之外不同位置上的侧面反射波，使剖面复杂化，不再反映一个铅垂剖面中的构造形态，难以做出正确的地质解释。

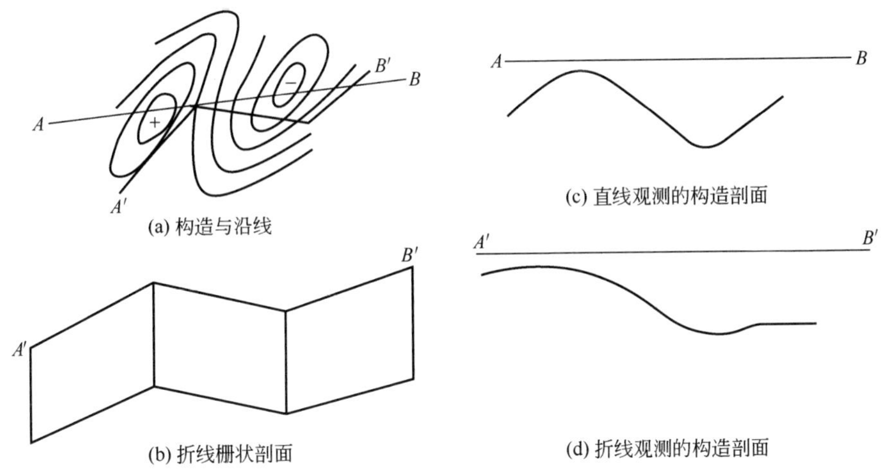

图 3-1-5 测线的扭折对构造的畸变

2. 三维地震部署原则

（1）应使地下数据点的网格密度达到均匀分布，采样间隔至少为有意义的最小波长的 1/4；

（2）利用激发点线及接收点线的排列关系，使地下数据网格形成条带或面积分布，并能控制测区或勘探对象；

（3）利用激发点线距、接收点线距及激发点距，形成不同的覆盖次数，使覆盖次数高的部位能控制主要测区及勘探对象；

（4）根据实际的地形及交通条件，做出合理的选择。

（三）二维地震资料采集

二维地震资料采集主要在概查至详查阶段，野外施工中有纵测线观测系统和非纵测线观测系统两种。激发点和接收点布置在同一条测线上称为纵测线观测系统；激发点和接收点不布置在同一条测线上或不在其延长线上称为非纵测线观测系统。为了了解地下构造的形态，必须连续追踪各界面的地震波（即逐点取得来自地下界面的反射信息），这就需要在测线上布置大量的激发点和接收点，进行连续的多次观测。每次观测时激发点和接收点的相对位置都保持特定的关系，地震测线上激发点与接收点的这种相互关系称为观测系统。

1. 观测系统类型

二维观测系统主要以纵测线观测系统为主，目前最常用的是多次覆盖观测系统，主要有以下几种形式，如图 3-1-6 所示。

（1）端点发炮单边观测系统：炮点在接收点排列一端的观测系统。一般炮点在主要目的层地层倾角的下倾方向激发。该系统又分为零炮检距观测系统和非零炮检距观测系统。

（2）中间发炮观测系统：炮点在接收点排列中间的观测系统，可分为中间发炮对称观测系统和中间发炮不对称观测系统。中间发炮对称观测系统要求炮点两侧的观测道数相同，适用于地层倾角平缓的地区；中间发炮不对称观测系统炮点两侧的观测道数不等，较多道数的排列一般用于求取迭加速度或速度谱，道数较少的排列，一般用于照顾浅层或提高分辨率。

（3）不等道距观测系统：可分为端点发炮单边观测系统和中间发炮观测系统。根据地质任务需求，可以部分采用成倍增大或减小的道距。

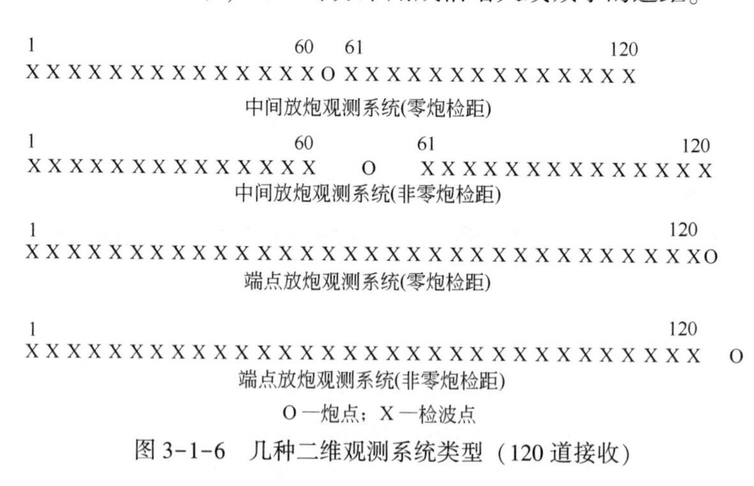

图 3-1-6　几种二维观测系统类型（120 道接收）

2. 观测系统设计

观测系统的设计要考虑实际地质任务（勘探目的层深度）、工区的地质构造特点（最大地层倾角、断裂系统等）、地震地质条件（地貌及近地表地质情况）、干扰波情况以及以往的勘探经历等。

二维观测系统中的一些常用术语（图 3-1-7）如下：

测线长度（S）——测线首尾炮点（或首尾检波点之间）的水平距离；

道间距（Δx）——相邻检波点间水平距离；

炮点距（d）——相邻激发点间水平距离；

最小偏移距（m）——炮点至排列最近道之间的距离；

满复盖长度（S_n）——测线两端满足设计复盖次数的反射点间距离；

反射剖面长度（S_p）——测线两端一次反射点间距离；

最大炮检距（X_{max}）——炮点至排列最远道之间的距离；

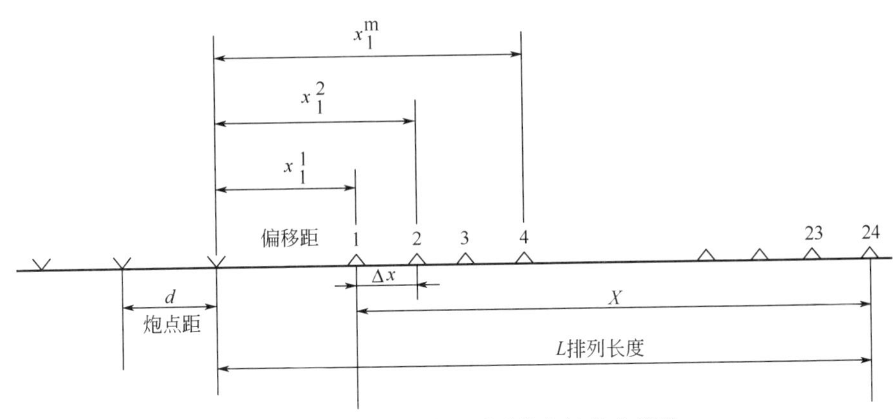

图 3-1-7　多次覆盖观测系统中的几个符号

测线第一附加段（L_1）——炮点至满复盖反射点间距离；

测线第二附加段（L_2）——测线满复盖反射点至一次反射点间距离；

反射剖面第一附加段（L_{p1}）——测线一次反射点至满复盖次数反射点间距离；

反射剖面第二附加段（I_{p2}）——测线满复盖反射点至一次反射点间距离。如果附加段排列不丢道，就等于 L_{p1}。

在二维观测系统设计中，主要应该考虑以下参数：

1）最高受保护频率

为了分辨最小厚度为 h 的地层，受保护的反射波最高频率（$f_{h\max}$）应为

$$f_{h\max}=\frac{\sqrt{2}}{4}\frac{v_i}{h} \tag{3-1-13}$$

式中　v_i——层速度；

h——层厚度。

2）最大炮检距

最大炮检距为炮点与最远一道之间的距离。最大炮检距应大于或等于最深目的层的深度。炮检距大小受动校正拉伸畸变、地层反射系数、速度精度的综合限制，将使记录得到的同相轴满足双曲线的假设条件。

3）最小炮检距（偏移距）

最小炮检距为炮点与首道之间的距离，应该小于最浅的目的层深度。最小炮检距的选择首先要保证最浅目的层有足够的覆盖次数，利于追踪对比，同时，又要考虑到炮点激发产生的强干扰影响，适当的最小炮检距有利于避

开强面波干扰。

4）道间距

所谓道间距是指埋置在排列上的各道检波器之间的距离。道间距的大小直接影响地震资料的解释工作和横向分辨率。为保证 CMP 叠加的反射信息具有真实代表性，道距大小应满足以下几个方面：

（1）满足道内最高无混叠频率，满足偏移成像时不产生偏移噪声；

（2）横向分辨率要保证偏移时不产生偏移噪声和具有良好横向分辨率各层位所对应的 CMP 边长。

5）检波器组合参数

要兼顾压制干扰波和突出有效波两个方面，利用干扰波的视速度、主周期、道间时差、随机干扰的半径、干扰波类别、出现的不同地段、强度的变化特点与激发条件的关系等资料，设计出合理的组合参数。

6）药量及激发井深

依据噪声强度、反射能量、潜水面深度、低降速层厚度和岩性大致确定药量及井深范围后，再进行严格的试验分析来确定最佳的激发药量及激发井深。

7）排列长度、记录长度

根据勘探的最深目的层的深度确定。为了能够将来自深层的高频弱反射和低频强反射信息同时记录下来，应选择较大动态范围的仪器。因此，采用 24 位数字地震仪，动态范围要求在 90dB 以上，同时还应采用较大的仪器前放增益。另外，根据采样定理，为保证信号 A/D 转化后，高频信息的可恢复性，应采用较小的采样间隔。

8）覆盖次数

主要根据勘探所要求的地震资料品质和分辨率确定。若勘探区域地震资料信噪比低、干扰波严重，表明主要目的层反射能量弱，可通过分析工区老资料，按目标勘探要求设计覆盖次数。

9）采样率

根据采样定律：

$$\Delta t \leqslant 1/(4F\mathrm{max}) \tag{3-1-14}$$

式中：最高保护频率 $F\mathrm{max}=\sqrt{2}f$。

（四）三维地震资料采集

1. 三维观测系统类型

三维观测系统类型主要可分为两大类：面积观测系统和线性观测系统（图 3-1-8）。

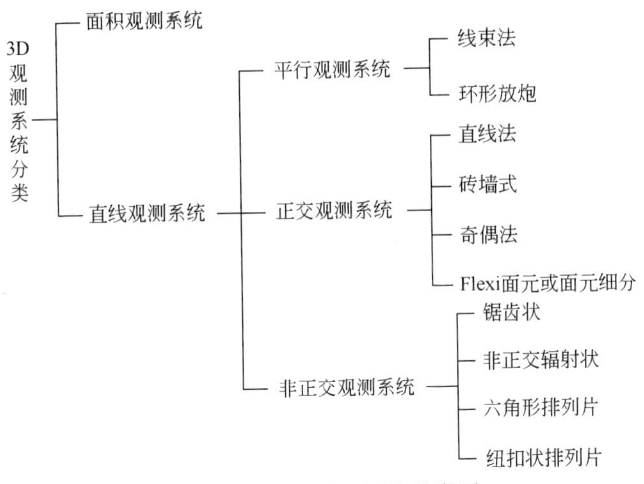

图 3-1-8 三维观测统分类图

面积观测系统：接收点以网格形式全区密集采样分布，炮点以较稀疏网格状分布或以相反的形式分布。该系统是完全满足 3D 对称采样的观测系统，但由于费用太高，在实际生产中无法实现。

线性观测系统：接收点具一定采样间隔，以一条或多条平行线的方式分布，而激发点沿炮线分布的观测系统。根据接收线和炮线的分布方向及相互关系，线性观测系统又可分为平行观测系统、正交观测系统和非正交观测系统。下面简单介绍一下常见的几种线性观测系统。

1）线束三维观测系统

特点是炮点线与接收线平行，炮检距分布均匀，但形成的方位角范围窄。这种类型的观测系统一直是海洋三维地震资料采集的主要观测系统（图 3-1-9）。

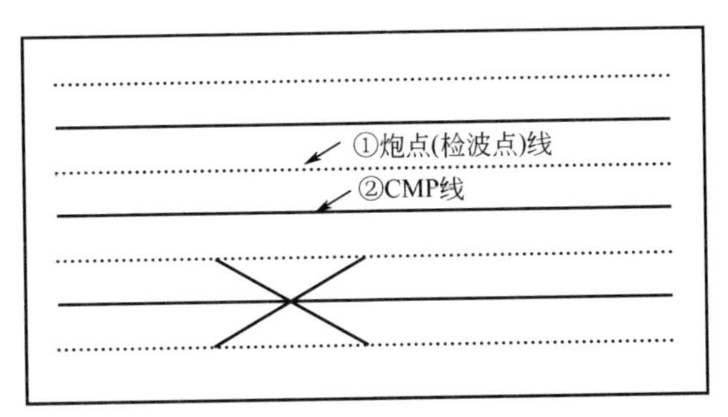

图 3-1-9 线束三维观测系统（局部）
①炮点（检波点）线；②CMP 线

2）直线法三维观测系统

特点是炮点线和接收线垂直，野外测站编号简单，易于观测和记录，但产生的最小炮检距 X_{min} 太大。在我国东部地区广泛使用这种观测系统（图 3-1-10）。

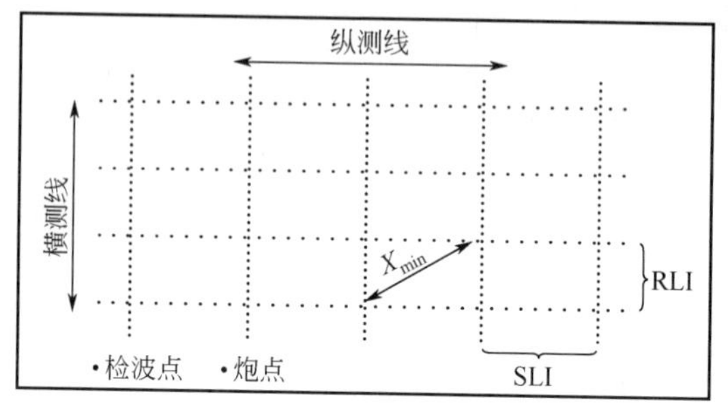

图 3-1-10　直线法三维观测系统（局部）
RLI：检波点线距；SLI：炮点线距

3）砖墙式三维观测系统

该系统是为改善直线法三维观测系统中炮检距的分布而提出的。在设计中只要交替地把相邻接收线之间的炮点线移动半条线的位置就可以了，其特点是炮检距的分布更随机，最大的优点是 X_{min} 减小了（图 3-1-11）。

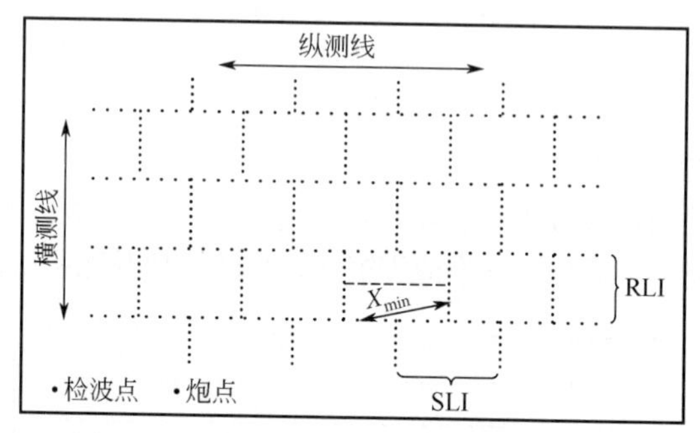

图 3-1-11　砖墙式三维观测系统（局部）
RLI：检波点线距；SLI：炮点线距

4）奇偶式三维观测系统

该系统是通过连接所有砖墙式三维观测系统中的炮点线形成的。在野外施工中炮点线数目必须是直线法的两倍，但在每一条炮点线上要隔点设一个炮点，相邻炮点线上的炮点错开半个间隔，炮检距的分布和方位角的分布比直线法有所改善（图 3-1-12）。

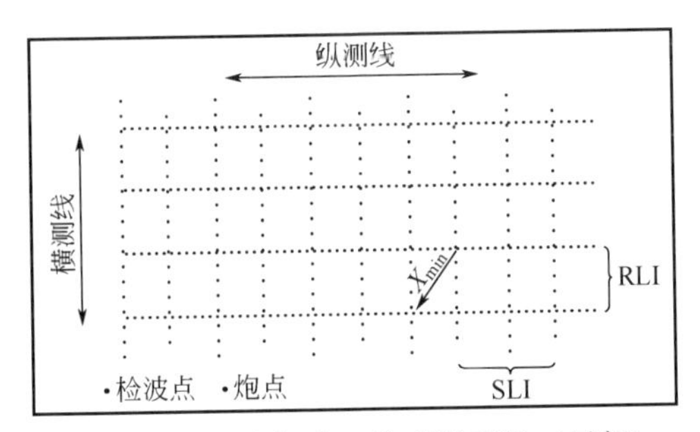

图 3-1-12 奇偶式三维观测系统（局部）

RLI：检波点距 SLI：炮点线距

2. 三维观测系统设计

不同类型观测系统的差异主要表现在两个方面：一是对三维施工区域地表条件的要求有所不同，即不同观测系统的适用性和可操作性存在一定差异；二是满足勘探和开发目标需求的面元属性特征存在一定差异，即相同排列片不同类型观测系统的面元炮检距、覆盖次数和方位角分布有差异。

1）观测方向选择

观测方向选择首先应充分考虑垂直构造轴线方向，其次重点考虑垂直油气评价有利区带的展布方向。最终决定选择结果时，必须分析勘探区域地震地质条件，准确判断已采集地震资料在选择方向上品质变化的主控因素（激发条件或接收条件、外界干扰），根据主控因素决定激发炮线和接收线布设方向。

在断层发育、地层倾角较陡、构造复杂的勘探目标区，采用沿构造倾向选择三维观测方向，其最大优势在于能够准确展现构造形态，有利于获取断点信息、断面反射波信息和陡倾角反射信息。选择与油气评价有利区带延伸方向垂直的方向作为观测方向，其优点是保证了油气评价有利区带炮检距、方位角和有效覆盖次数分布更为合理。

2）宽、窄方位选择

三维观测系统是宽方位或是窄方位，通常是对所有三维观测系统在炮检关系表现形式上进行的分类，当纵横比小于 0.5 时为窄方位，当纵横比小于 0.6~1 范围时为宽方位。三维地震观测系统宽、窄方位的选择主要考虑两个因素：一是勘探目标和任务要求，即三维勘探性质和任务，在油气藏开发阶段，三维地震勘探的目的主要在于落实圈闭特征和储层空间分布规律，宽方位三维勘探在横向上具有高分辨优势；二是依据勘探区域构造和油气区带复杂的地质特点选择宽、窄方位观测系统，一般在长轴背斜构造圈闭油气藏或

复杂构造油气藏的三维地震勘探中，为保证复杂构造空间波场的连续性，采用小面元、高覆盖次数窄方位三维观测系统较为经济实用。

窄方位观测系统勘探的炮检距分布呈线性关系，有利于 DMO 分析，比较适用于地下倾角较陡、速度横向变化较大的地区。

宽方位观测系统勘探有利于速度分析、静校正求解和多次波衰减。其炮检距分布成非线性的关系，比较适用于地下目的层倾角不大、速度横向变化不大的地区。由于对地下采样的方向较均匀，有利于用作裂缝预测。

3）排列片横纵比

已知最大炮检距，假设采用三维正交观测系统，为获得最大的效益，需确定合理的排列片的长度和宽度。如图 3-1-13 所示，如果把 Inline 方向最大炮检距设为 X_{max}，则有 27%的道将超过设计值而可能被切除。如果减小排列尺寸，使它全部位于 X_{max} 以内，如图 3-1-13 中小正方形所示，则排列片只覆盖了设计目的面积的 64%，这是设计低效率的极端。

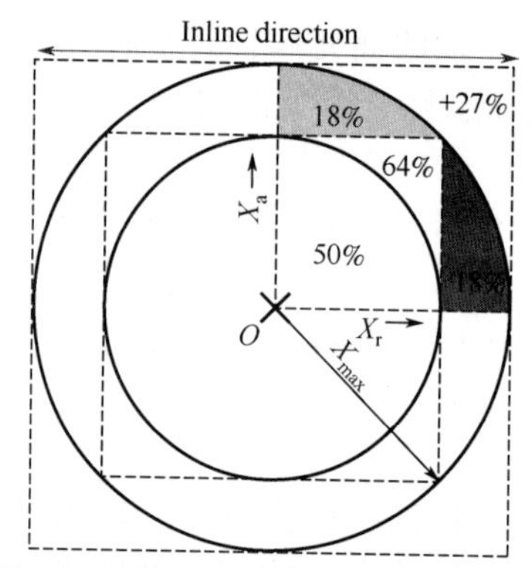

图 3-1-13　排列长度设计效率分布图

若 Inline 方向最大炮检距 $X_r=0.85X_{max}$，X-line 方向最大炮检距 $X_s=0.85$、$X_r=0.72X_{max}$，纵横比为 85%，通过计算可知，排列片面积占圆面积的 78%。这是比较好的折中方案。

4）面元大小

合理选择面元大小既能减少野外采集费用，又可以使得接收的地震信号在三维空间有效地克服假频干扰，提高成像处理质量和地震资料横向分辨率，控制小的地质异常。

面元形状最好用正方形；如果两个方向的横向分辨率要求不同，也可以用矩形面元。面元边长由三个因素确定：勘探目标最小尺寸、偏移前最高无混叠频率和横向分辨率。

5）覆盖次数

三维地震地下反射点的覆盖次数是指其总覆盖次数 n，它是由纵测线方向（X 方向）覆盖次数 n_x 与横测线方向（Y 方向）覆盖次数 n_y 的乘积组成，$n=n_x \times n_y$。

纵向覆盖次数的计算与二维一致：

$$n_x=\frac{\mathrm{RLL}}{2\times \mathrm{SLI}} \tag{3-1-15}$$

式中 n_x——纵向覆盖次数；

RLL——接收线长度，m；

SLI——炮线距，m。

横向覆盖次数等于一束接收线条数的一半：

$$n_y=\frac{\mathrm{NRL}}{2} \tag{3-1-16}$$

式中 n_y——横向覆盖次数；

NRL——一束接收线条数。

三维覆盖次数可根据工区二维地震资料的信噪比估算。有研究认为，当噪声呈随机分布时，覆盖次数与信噪比的平方成正比。如果一个工区的二维地震资料的信噪比较高，则三维覆盖次数可在二维覆盖次数的 1/2 到 2/3 之间选择（二维覆盖次数太低时意义不大）。如二维覆盖次数为 40 次，则三维使用 20 次覆盖可达到与质量良好的二维数据不相上下的结果，为了确保三维数据质量，也可采用二维覆盖次数的 2/3 倍，但当二维地震资料的信噪比较低时，就必须提高三维采集的覆盖次数。

6）三维勘探的控制面积

三维勘探达到一次覆盖的勘探区块的面积。

7）三维勘探的满覆盖面积

达到设计的覆盖次数的三维勘探区块的面积。

二、地震资料处理

地震资料处理就是对数字化的离散地震信息（数字地震仪获得的原始数字地震信息或模拟磁带资料经模数转换后的数字地震信息）用计算机进行各种处理。在应用计算机处理地震资料时，首先必须把处理的方法概括为一个数学模型（数学公式），然后根据数学模型编制出程序。计算机之所以能按照所编制的处理程序对地震资料迅速地进行各种运算以及输入、输出数据资料等，是因为有一套专门的控制管理程序来“指挥”它的整个操作运算过程。

地震资料数字处理的一般流程如图 3-1-14 所示，首先把地震信息输入到计算机里，然后进行各种处理，最后把处理成果以各种表格、曲线或剖面图、平面图的形式显示出来供资料解释用。

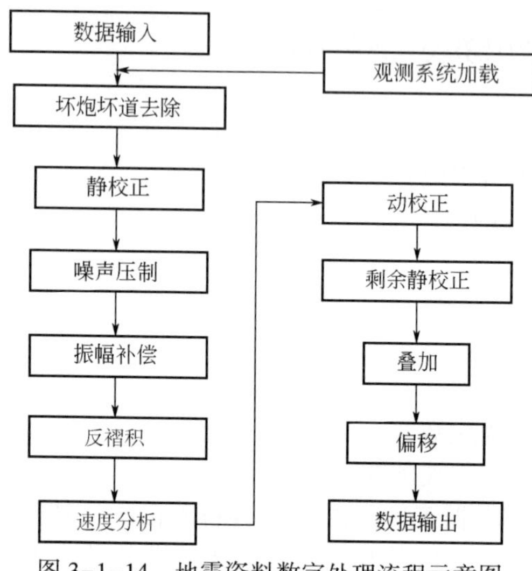

图 3-1-14　地震资料数字处理流程示意图

（一）预处理

预处理是资料处理前的准备工作，也是资料处理的基础工作，是把野外采集的数据磁带转换成处理系统所能接受的共中心点（CMP）道集带所涉及的全部处理过程。包括以下内容：

（1）数据传输：通过数字磁带或网络系统把野外记录的原始地震信息加载或传输给处理中心的计算机系统。

（2）数据解编：将野外磁带记录的按时分道数据转换为按道分时数据的过程，在数学上相当于进行矩阵转置。完成两项工作：①将按时序排列的各道数据转换成按道序排列。②将原始记录各道的数据信息，加工成计算机所要求的数的形式（定点数或浮点数）。

（3）数据编辑与分选：主要工作包括处理废炮、废道、野值、切除等。

（4）振幅补偿：是指消除与反射系数无关的、影响地震反射振幅的因素的一切措施。引起地震反射波振幅改变的原因十分复杂，大致可分为：几何扩散、吸收衰减、透射损失、激发与接收条件的差异引起能量的不同。目前生产中通常使用的补偿有几何扩散补偿。吸收衰减补偿和地表一致性振幅补偿。透射损失尚没有好的补偿办法，只能在其他补偿中代为补偿（图 3-1-15）。

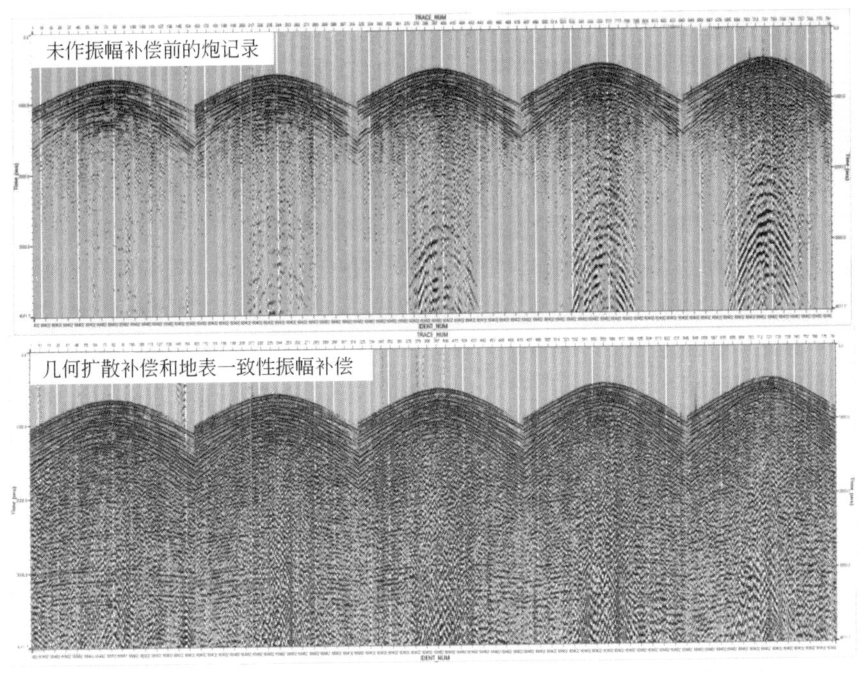

图 3-1-15　几何扩散补偿和地表一致性振幅补偿前、后的炮记录

（5）抽道集：按一定的规律选取某些特定记录道的过程。包括共中心道集、共激发点道集、共接收点道集、共反射点道集、共炮检距道集等。

（二）静校正

地震勘探的基本理论均以地面为水平面、近地表介质均匀、共激发或共反射点时距曲线是双曲线为假设前提。实际野外观测时，表层因素与理论假设不一致，这时观测到的时距曲线不是一条双曲线，而是一条畸变了的曲线，进行动校正时曲线不能拉平。若是共激发点记录，就得不到正确反映地下构造形态的一次覆盖时间剖面。若是共反射点记录，不能实现同相叠加，直接影响叠加剖面质量。因此需要进行表层因素的校正，即静校正。

静校正包括基准面校正和剩余静校正。根据野外测得的表层参数计算其相应的静校正量，把激发点、接收点都校正于同一海拔高度的基准面上，即基准面静校正，包括激发井深校正、地形校正以及低降速带校正等内容。目前主要采用的方法有模型法、折射波法、层析法等。消除基准面校正之后由于低降速带速度、厚度的横向变化引起的剩余校正量的过程称为剩余静校正，目前有地表一致性剩余静校正、非地表一致性剩余静校正等。

（三）动校正

反射波时距曲线是双曲线形状，它不能直接反映地下界面的形态。在人们掌握了时距曲线的规律之后，就能够通过校正的办法，把双曲线形的时距曲线改造成反映地下界面形态的直观形式（以便于显示地震剖面），这种方法叫做动校正。以水平界面为例，这时界面的法线深度和真深度一致，但只有激发点处接收（自激自收）的 t_0 时间代表法线深度；其他各点接收到的反射波旅行时间，除了与界面法线深度有关外，还与由于炮检距不同而造成的正常时差有关。如果把其他各观测点观测到的反射波旅行时间减去正常时差，只剩下与界面深度有关的 t_0 部分，则每个观测点可认为是自激自收了。这时，经过正常时差校正（动校正）之后的时距曲线，就变成处处为 t_0 的直线，亦即与水平界面的产状完全一致。此外，为了进行水平多次迭加，也要作动校正。

在数字计算机上进行动校正处理，可利用下述精确的计算公式直接计算各道的动校正量 Δt：

$$\Delta t=t-t_0=\sqrt{t_0^2+\frac{x^2}{v^2(t_0)}}-t_0 \tag{3-1-17}$$

式中 $v(t_0)$ ——工区内速度随深度的变化规律，通常由速度谱资料等综合得出而作为已知量；

x——炮检距。

（四）滤波

利用有效波与干扰波频谱特征的不同来压制干扰波、突出有效波的数字处理方法，也叫去噪。去噪分为叠前去噪和叠后去噪。

叠前去噪的目的是尽可能压制野外原始记录上的噪声干扰，这是去噪处理的重点。叠后去噪的目的是继续消除叠前处理没有完全压制的噪声以及处理本身带来的噪声，以提高剖面的品质。

为了去除地震记录中的噪声并最大限度地保留有效反射波，需要知道噪声和有效反射波各自的特点。

有效反射波的特点：相邻道具有相关性，频率在某个范围内，视速度较高。

规则干扰的特点：相邻道具有相关性，频率在某个范围内，视速度较低。

随机干扰的特点：相邻道无相关性，频率分布范围宽，具有普遍性。

异常波形和振幅：无规律可言，具有偶然性。

一切去噪方法的提出都是从噪声与有效反射波的差异出发的，不同的出发点得到不同的去噪方法。目前常用的去噪方法有：

频率滤波：利用有效反射波与噪声的频率差异；

规则干扰压制：利用频率和视速度的差异；

随机干扰压制：利用其相邻道的无相关性；

异常波形和振幅压制：利用它出现的偶然性；

（五）反褶积

反褶积的目的是通过压缩地震道中的有效震源子波来改进时间分辨率。在常规处理中反褶积所依据的是最佳维纳滤波。

图3-1-16显示了反褶积后的共炮点记录和振幅谱。图3-1-16(a)与(b)中的共炮点记录和振幅谱对比，子波的压缩是明显的。反褶积拓宽了地震数据的频谱，反褶积后地震道包含了更多的高频能量。反褶积前、后的单炮记录在分辨率提高的同时，信噪比基本得以保持。

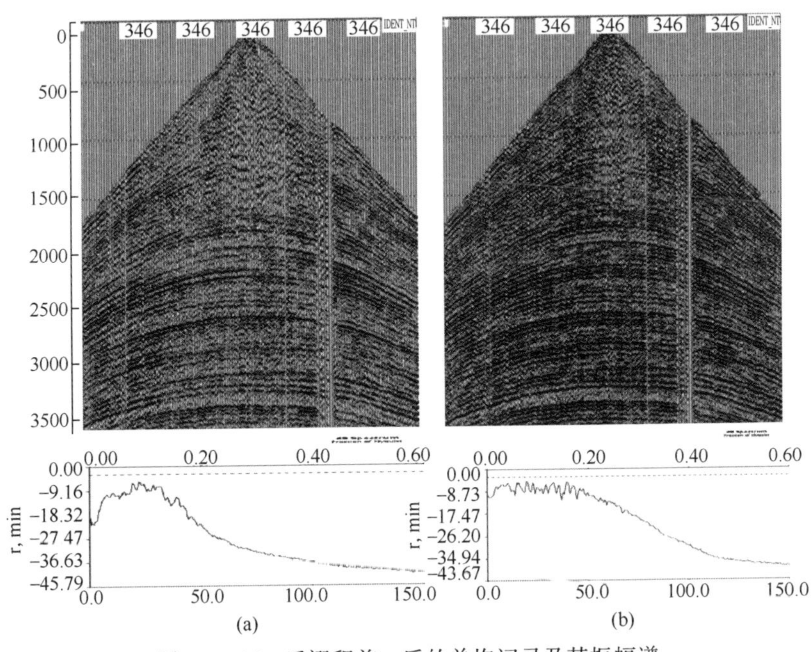

图3-1-16　反褶积前、后的单炮记录及其振幅谱

（六）速度分析

1. 速度谱

速度谱是利用一系列预先选定的试验速度，在计算机上对多道记录进行

以时距曲线方程为基础的计算，然后根据一定的判别准则找出并显示实际地震波速度随反射时间（或地层埋深）的变化关系。这样得出的速度参数远较过去使用的人工方法迅速、准确，但也有一定的限制，特别当用于分析的原始记录质量较差时，很难得到高精度的速度资料。

速度谱经常的显示方法如图 3-1-17 所示，其中水平轴表示时间（t_0），垂直轴表示速度。对每条谱线来说，水平轴又表示振幅值。显然，若找出各条曲线极大值的位置，就大致确定了速度随 t_0 变化的规律［即 $v(t_0)$ 曲线］。该图上部的一条曲线称为能量曲线，它是由图下方各条谱线上的极大值 A_m 构成的。能量曲线上的相对极值（有时亦称为能量团）常与强反射对应，沿时间坐标轴追踪相应的速度谱线上的速度，对速度谱的合理解释很有参考意义。

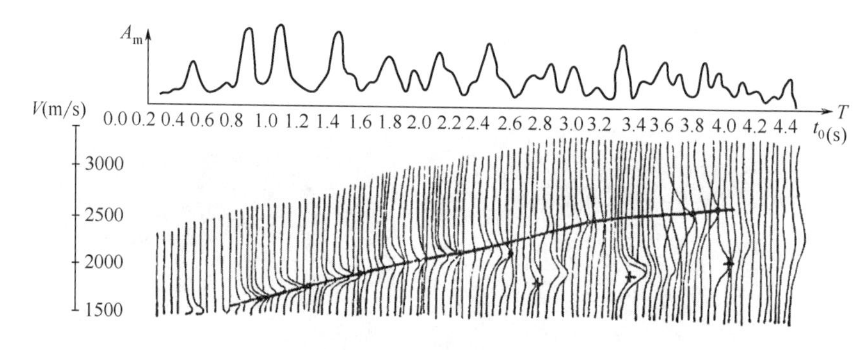

图 3-1-17　速度谱图

2. 速度扫描

速度扫描是确定迭加速度最简单直观的方法。用一组试验速度对单张记录（这张记录可以为单次覆盖资料的共炮点记录，也可以是多次覆盖资料的共深度点抽道记录）进行速度扫描。其特点是用同一个试验速度，计算整张记录上所有 t_0 时间的时差，然后进行动校正（恒速动校正），每个这样的速度对应着一张动校正后的记录。如果把一组用连续递增的速度进行了动校正的记录，一张接一张地放在一起，见图 3-1-18。由图可见，平直反射随 t_0 加大而向深部移动，这说明速度随记录时间在增大。找出各张记录所对应的速度及每个平直反射所对应的 t_0 时间，就是所要的 $v(t_0)$ 函数，即图 3-1-18 中的粗线，其值见表 3-1-1。

表 3-1-1　各控制点时间和速度

t_0(s)	0.9	1.25	1.87	2.50	2.90	3.33
v(m/s)	1870	2010	2170	2700	3370	3550

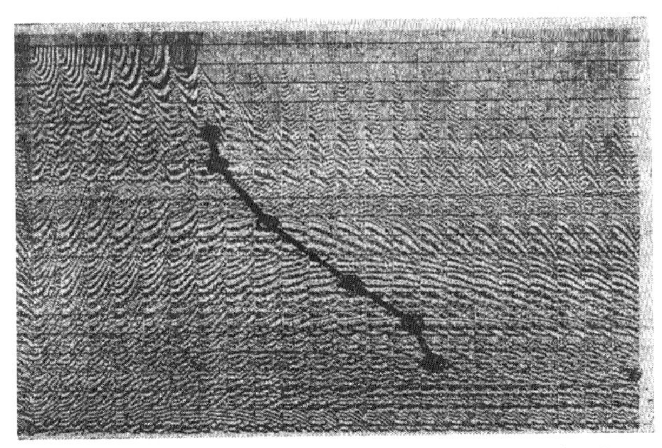

图 3-1-18　一组试验速度对单张记录扫描叠加图

（七）水平叠加

水平叠加是利用野外多次覆盖资料把共中心点道集记录经动、静校正之后再叠加起来，以压制多次波和随机干扰、提高信噪比为主要目的的处理方法。

水平叠加剖面对比、解释包括两方面含义：一是遵循一定的时间剖面对比原则，应用一定的对比方法和手段，对认为是有效波的反射同相轴进行对比追踪，形成反映各种地质、构造现象的地震剖面解释结果；二是在地质、构造理论指导下，对地震反射波场中的各种形态、特征的同相轴进行合理的地质解释。一般来说，应该对同相轴代表的地质层位、同相轴表现的构造形态、同相轴间的连接关系、同相轴特征变化的地质含义、同相轴间反射时差变化的地质原因等进行解释。

（八）偏移处理

在自激自收情况下，当地下界面水平时，反射点在接收点的正下方；当界面倾斜时，反射点不在接收点正下方，而向界面的上倾方向偏移。偏移处理就是将这些记录在各接收点正下方的反射信息归位到这些点的实际空间位置的归位过程。

偏移处理从空间维数角度可分为二维和三维；从数据域角度可分为时间—空间域、频率—波数域；从数值计算角度可分为有限差分法、克希霍夫积分法、微分—积分、有限元法等；从叠加先后角度可分为叠前偏移和叠后偏移；从偏移算法中的速度函数定义角度可分为时间偏移和深度偏移。

目前地震资料的偏移归位理论主要包括绕射扫描偏移和波动方程偏移令

部分。常用的地震资料偏移为：叠后时间偏移、叠前时间偏移、叠后深度偏移、叠前深度偏移。

三、资料解释

把地震测量数据变成地质成果的过程称为地震资料解释。它主要包括三个方面：构造解释、地层解释、烃类解释。从地震数据解释角度可分为二维解释和三维解释。

地震资料构造解释是以水平叠加时间剖面、叠前或叠后偏移时间剖面和深度剖面为主，分析波的特征，确定标准层层位，对标准层进行追踪对比，用适当的方法解释时间剖面上地震波所反映的各种地质构造现象，做出反射目的层构造图，拟定钻探井位，提出后期勘探部署意见和技术成果报告。构造解释是整个地震资料解释的重点和基础，其他解释工作都是在构造解释基础上进行的。

地震资料的地层解释是以时间剖面为主，先划分地震层序，再进行海平面相对变化分析和地震相分析，将地震相转变为沉积相，进而划分含油气有利相带。

地震资料的烃类解释是用特殊处理的地震反射波振幅、频率及速度等信息，对含油气有利的局部构造和地区进行储层发育区或烃类指示分析，借助测井和钻井资料建立储层模型，进行标定并分析储层物性特征、对地震异常作定性和定量解释、识别烃类指示的性质、估算油气层厚度及分布范围等。

（一）构造解释基本内容

地震资料构造解释分为二维解释和三维解释。二维解释是指面向地震测线的解释工作；三维地震解释是指面向三维数据体的解释工作。构造解释是整个地震资料解释工作的重点和基础，地层与岩性解释、储层与含油气预测等工作都是在构造解释的基础上进行的。

1. 资料收集

地震资料构造解释往往会涉及地震、地质、钻井、测井、试油以及其他物探、化探、石油地质综合研究等众多的资料。在接受解释任务时，必须全面收集有关的各种资料，并对这些资料进行认真分析消化，以便充分、合理地应用。

需要收集的主要资料有：

（1）工区以往地震采集技术资料收集。

（2）工区和邻区以往地震资料处理和解释成果。

（3）工区和邻区探井、开发井资料。

（4）工区和邻区相关电测、试油资料。

（5）工区和邻区地震测井资料。

（6）相关区域地面地质资料。

2. 基本内容

（1）反射波的对比追踪。在地震反射波法勘探中，应用地震波的基本理论和传播规律等方面的知识，分析研究地震资料的运动学和动力学特征，识别真正来自地下各反射界面的反射波，并且在一条或多条地震剖面上识别属于同一界面的反射波。

（2）地震资料的地质解释。根据研究区获得的钻井地质和各种测井资料，结合地震资料上各反射层的特征（旅行时或埋藏深度、振幅、频率、相位、连续性等），推断各反射层对应的地质层位，并分析地震资料上反映的各种地质现象（如构造、断层、不整合、地层尖灭等）完成二维或三维空间内各种资料的构造解释、地震地层学解释及各种可能的含油气圈闭解释。

（3）绘制构造图。在对比追踪和地质解释基础上，根据研究区内的测线绘制反映地下某个地层起伏变化的相应图件，包括地震构造图、局部有意义的储集体形态图或其他平面图件（如等厚图、断面构造图等），同时需将理论与实际相结合推断圈定含油气有利区域，提供探井井位部署建议及预测油气储量。

（4）提交研究成果。包括研究区域的地质特征（如区域地质背景、成藏特征、油气藏控制因素、油气成藏类型等）、地震层位分析、解释流程及主要工作方法、地质认识和成果图件、储量与钻探井位、项目研究报告等

（二）二维资料解释

二维资料解释工作主要流程包括连井解释、剖面解释、平面及空间解释三个环节。通常对于一个未经钻探的地区，解释工作只能从剖面解释开始，经过平面及空间解释达到提供钻探井位的目的。在已有探井的地区，解释工作以钻探井位为出发点，利用井孔资料控制并指导该区的剖面、平面及空间解释。

1. 连井解释

钻探井位是通过地震和其他资料综合解释确定的，且钻井资料的获得又将直接检测地震资料解释准确程度。因此，研究区内所有井孔资料以及井旁地震资料成为资料解释的出发点。连井资料解释的具体内容包括：

（1）钻井分层与地震层位的对比连接。认识地震反射层所对应的地质层

位以及各地层的岩性、接触关系等在地震剖面上的特征。

（2）地震测井或垂直地震剖面（VSP）、测井资料的解释。获得比较准确的平均速度（用于时深转换）以及大套地层的层速度（用于储层分析与研究）。

（3）合成地震记录。利用声波测井的层速度资料和密度测井的密度资料，按照垂直入射、垂直反射的反射系数公式计算各分界面的反射系数系列，并从地震资料中提取子波或给定子波利用褶积模型或波动理论制作合成地震记录。通过合成记录与井旁道的对比分析，以实现层位标定。

（4）层速度研究。利用声波时差测井曲线计算层速度，据了解岩性与层速度的关系，结合过井地震测线上的层速度资料、振幅强度、频率与相位等资料，认识连井测线的地层、岩性、岩相等情况。

2. 剖面解释

无论手工解释还是工作站解释，剖面解释都是最基本的。主要任务包括：

（1）基本干线对比解释。解决大套构造层或标志层对比，确定解释层位等问题。

（2）全区测线对比。解决构造层与各解释层位的全区对比问题。

（3）复杂剖面解释。对于重点地区的复杂剖面段（如断层、绕曲、尖灭、不整合、岩性变化等）以及感兴趣的地震现象（如平点、亮点等），需要进行细致解释。通常还需要进行特殊处理，提取各种地震属性（如速度、振幅、频率、相位等）进行综合分析与解释，以确定地下复杂现象的正确解释。

3. 平面及空间解释

剖面解释得到有利的地下构造和地层情况后，所建立的地质目标的各种平面图和空间立体图是地震资料解释的主要成果之一。具体内容包括：各层 t_0 等值线图、各层深度构造图、各层厚度图、特殊地质体的分布图、有利含油气圈闭的平面图、各种立体图。

（三）三维资料解释

1. 三维数据体（叠加、偏移）

三维地震勘探为解释提供的数据体是三维数据体，未做偏移归位的是水平叠加数据体，作了偏移归位的数据体叫偏移数据体。与常规的解释流程相比较，三维可视化流程有两个明显特点：

（1）把全区所有数据都加载到三维可视化环境里，全部解释工作都在三维可视化环境里完成。

（2）多种属性体同时对比解释，并可实时交互提取各种属性来满足解释需要，提高解释工作效率和解释成果的精度（图 3-1-19）。

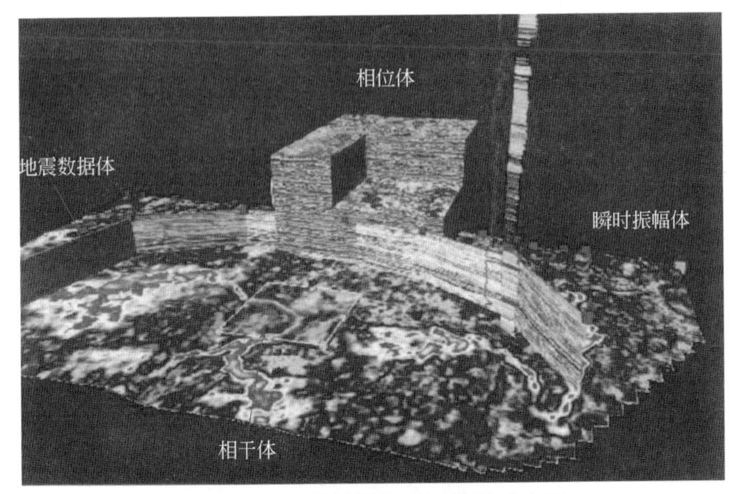

图 3-1-19 井数据与地震数据对比图

2. 三维切片

采用不同的方式对三维数据体进行切片，通常用红色表示正振幅，蓝色表示负振幅，色度表示强弱（图 3-1-20），以此来解释更细致的构造。

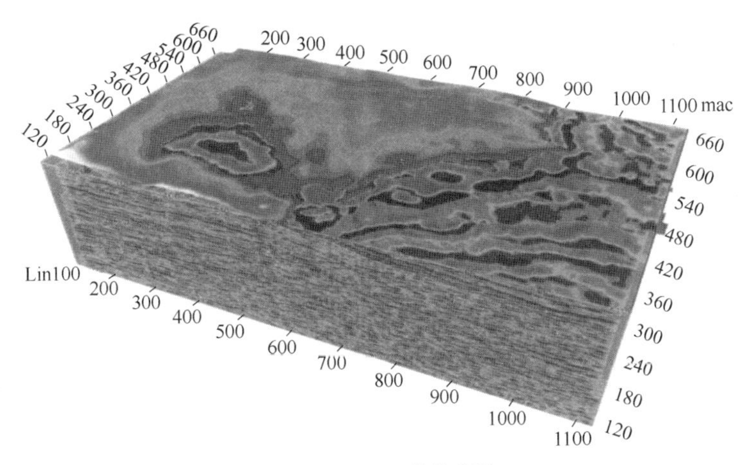

图 3-1-20 三维数据体

1）垂直切片

垂直切片可以得到类似二维图的时间剖面，可以是 X 测线方向、Y 测线方向或任意方向测线的时间剖面，以及不同方向的连井展开剖面，使解释人员对地下构造有初步的解释。

2）水平切片（时间切片）

水平切片显示的是某一特定时间的所有地震振幅和相位信息。在顺序排列的水平切片上连续拾取同一个振幅和相位信息就能绘制出连续的等时线，得到一幅构造平面图，将比传统构造图获得更多的细节（图 3-1-21）。从一系列的水平切片上拾取断层还可以直接得到断层平面图。

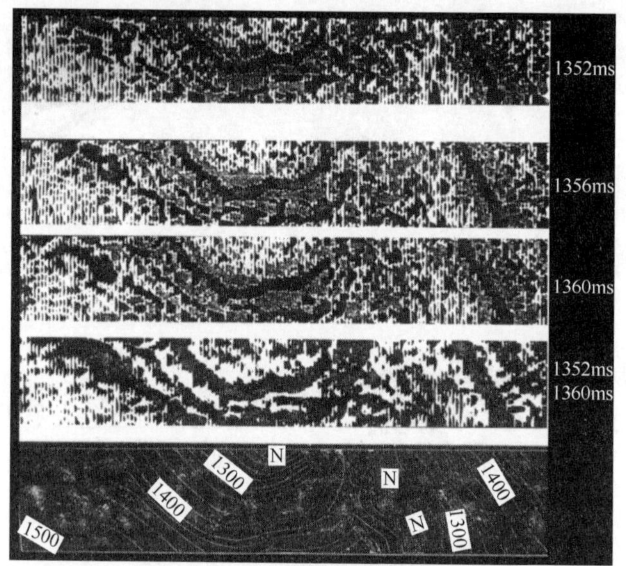

图 3-1-21 三个时刻的水平切片、切片叠合及绘制的构造图

3. 三维资料分析中常用的地震属性

1）相干属性

相干体计算技术已经作为解释的一种常规手段应用于断层解释甚至岩性解释之中。

用相干体技术进行断层解释和组合，避免了解释结果的随意性，补充了因解释人员经验不足而导致的结果不合理性。它可以直接应用在三维地震数据体上，利用自动追踪功能完成断层的精细解释，因此获得的解释结果和平面组合精度的准确性大大提高。

一般情况下，所做的相干分析都是基于振幅的计算，利用多道相似性将三维振幅数据体转化为相关系数数据体，在显示上通过强调不相关异常，突出不连续性。当地层连续性遭到破坏发生变化时，如断层、尖灭、侵入、变形等，导致地震波发生变化，表现边缘相性的突变，通过作图，辨别出与断裂构造、沉积地层、地层物性甚至流体变化等有关的地质目标，再结合钻、测井资料给出正确合理的解释（图 3-1-22）。

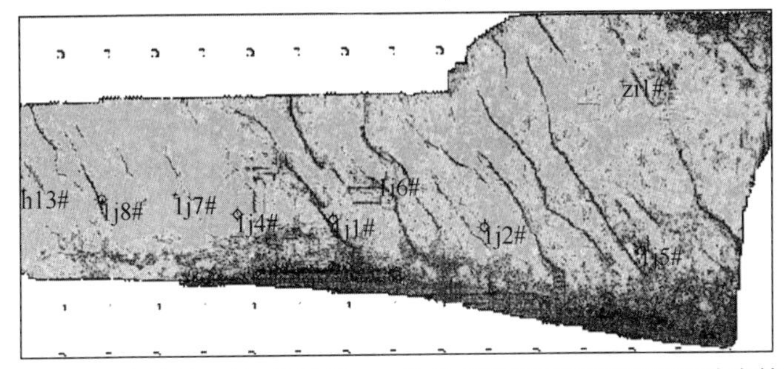

图 3-1-22　沿层相干切片展示 LJZ 构造须家河组断层的平面分布情况

2）振幅属性

反射波振幅特征是地震资料岩性解释和储层预测常用的动力学参数，总的来说，岩石物性变化、岩层中流体变化、不整合面、地层调谐效应和地层层序变化等都会引起反射波振幅变化。经常使用的振幅属性有：均方根振幅、平均绝对振幅、振幅比。

例如通过均方根振幅平面图上振幅的变化指示储层发育的区带（图 3-1-23）。

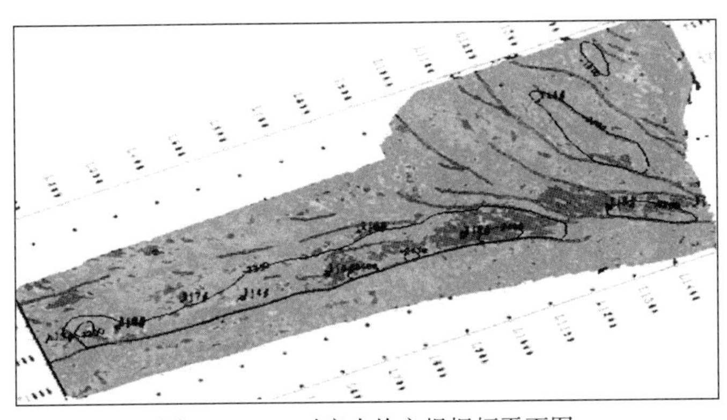

图 3-1-23　时窗内均方根振幅平面图

（彩图请扫二维码）

4. 地层层序分析及储层预测

1）地震层序分析

（1）不整合面。按形态特征可分为角度不整合（图 3-1-24）和平行不整合（图 3-1-25）两类。

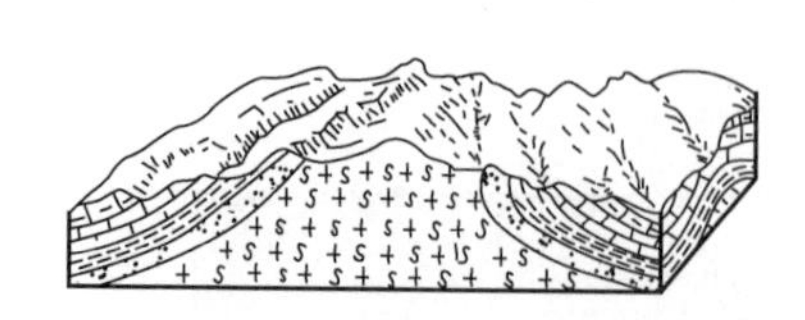

(a) 地层褶皱、上升后形成的大陆剥蚀面

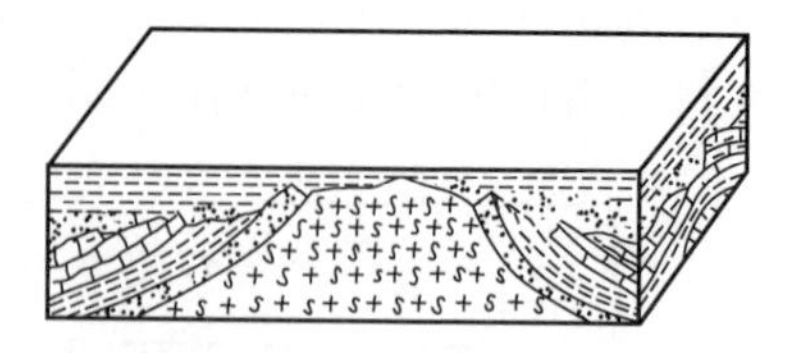

(b) 地壳重新下降接受新的沉积

图 3-1-24　角度不整合的形成示意图

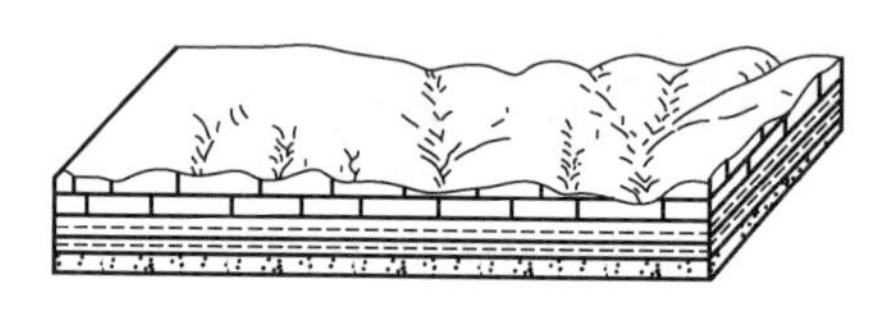

(a) 地壳抬升造成的大陆剥蚀面

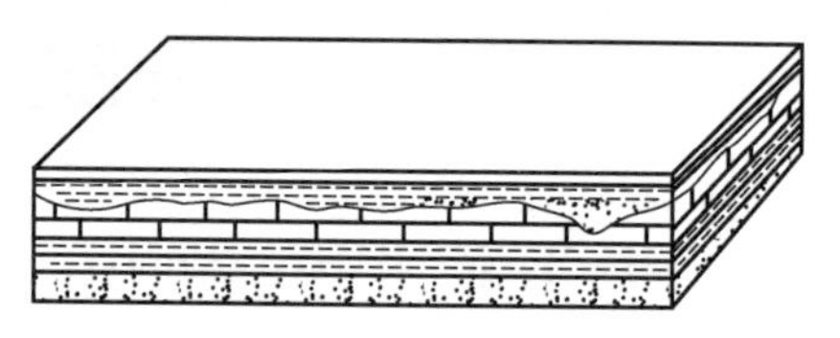

(b) 地壳重新下降接受新的沉积

图 3-1-25　平行不整合形成示意图

（2）整合界面。

海泛面：海（湖）平面的突发性的迅速上升，会使岸线迅速后退，在广大地区形成细粒沉积，即形成海泛面。海泛面是一个稳定的分布广泛的波阻抗面，可进一步分为首次海泛面、最大海泛面和一般海泛面；

沉积速率剧变面：沉积速率在横向上具有显著变化，如在三角洲前缘形成下超面；

沉积饥饿面：在海平面相对上升达到最高水位时期，形成密集段，并有沉积速率的横向变化，形成视削截和下超面，分布广泛。

2）地震反射界面的类型、成因及区分

（1）不整合界面。指其上部或下部的同相轴与之有角度接触关系的界面，根据具体形态可细分为多种类型：

① 削截界面。该界面之下同相轴以较大角度向上突然终止于该界面，呈削蚀角度不整合形式（图 3-1-26）。削截界面在盆地内的分布特点反映了构造运动的性质，在断陷盆地中受基底翘倾运动的控制，削截往往只在盆地的一侧出现；在拗陷盆地中，受垂直运动引起的差异沉降的控制，削截往往出现在盆地的两侧；而在褶皱运动或区域断块运动控制下，削截在整个盆地都有可能出现，并与背斜构造或断块构造相伴生。

② 视削截界面。该界面之下同相轴呈切线向下倾方向逐渐终止于该界面，且地层单元很快侧向尖灭。该界面往往与最大水进期的沉积饥饿面相对应（图 3-1-27）。

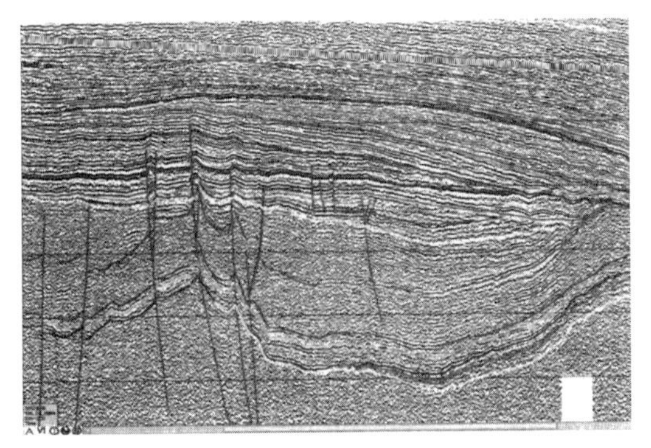

图 3-1-26　削截不整合界面

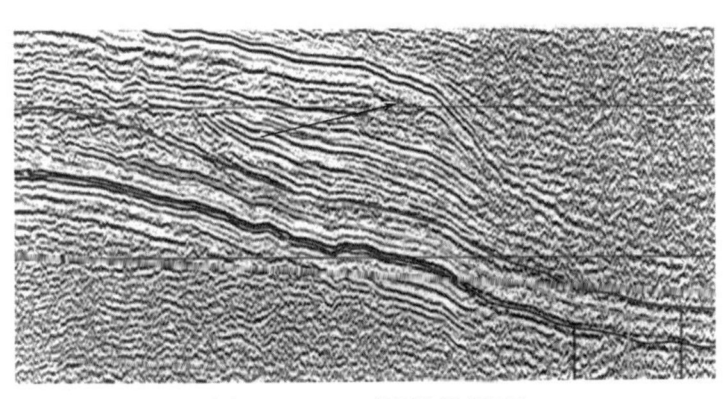

图 3-1-27　视削截界面

③ 顶超界面。该界面之下同相轴呈切线向上逐渐终止于该界面，界面之下地层单元的厚度在横向上变化不大。该界面常与三角洲等进积显著的沉积体相伴生，与沉积过路面相对应（图 3-1-28）。

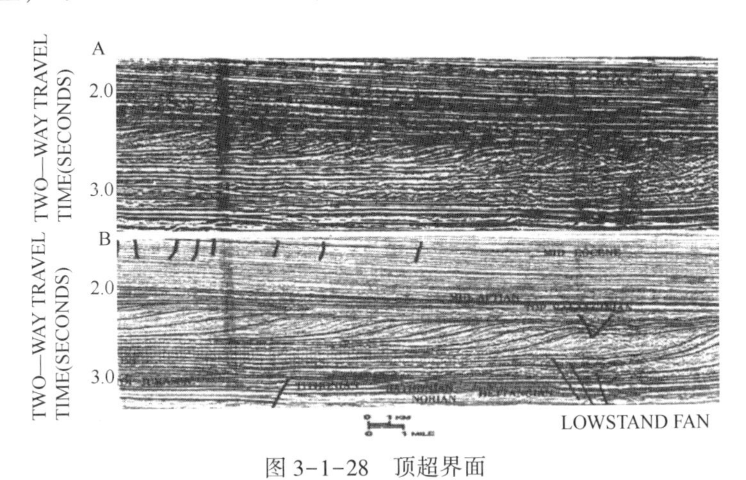

图 3-1-28　顶超界面

④ 上超界面。该界面上部同相轴对其逐层超覆，并以角度相交于其上。若上超点所对应的各同相轴彼此平行，称平行上超，基本上是由于海平面上升所引起的；若同相轴之间向盆地内部增宽，称发散上超，一般与构造沉降相对应（图 3-1-29）。

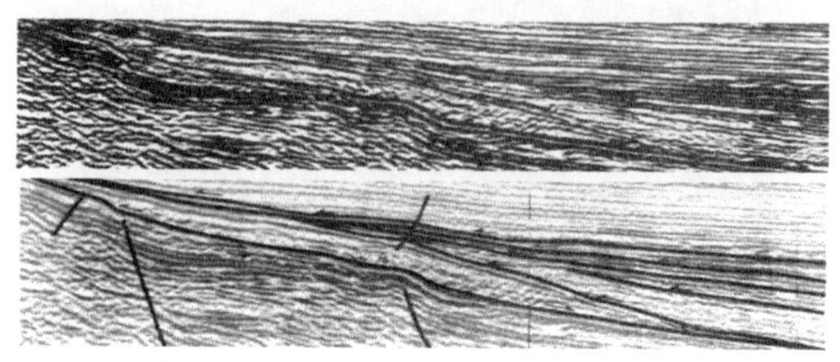

图 3-1-29　上超界面

⑤ 下超界面。该界面上部同相轴对该界面向下向前推进，并以角度相交于其上。下超是在进积明显的沉积体前部具有的现象（图 3-1-30）。

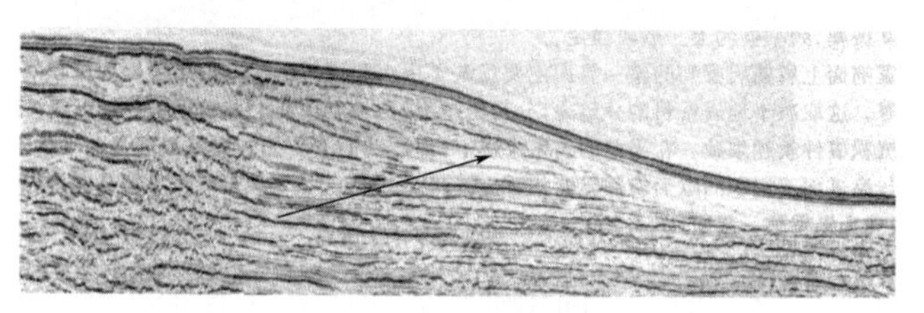

图 3-1-30　下超界面

⑥ 侵蚀界面。指有局部起伏或下切，但其上、下同相轴与总的产状趋势一致，其振幅、频率在横向上变化较大。侵蚀界面有三种成因：A. 风化侵蚀面；B. 河谷下切面；C. 海底峡谷下切面（图 3-1-31、图 3-1-32）。

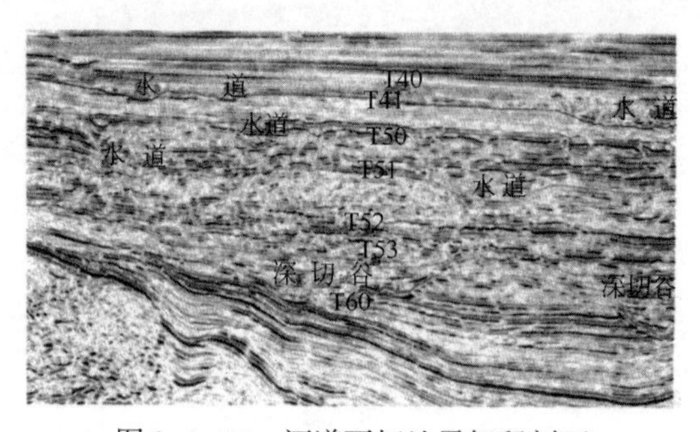

图 3-1-31　河道下切地震解释剖面

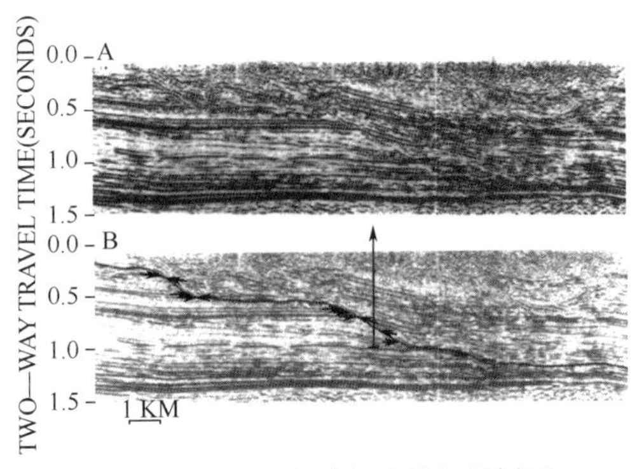

图 3-1-32　海底峡谷地震解释剖面

（2）整合界面。指本身光滑连续，其上、下的同相轴均与其平行或大致平行，即具有整合接触关系的地震反射界面，其振幅、频率横向上一般较稳定（图 3-1-33）。

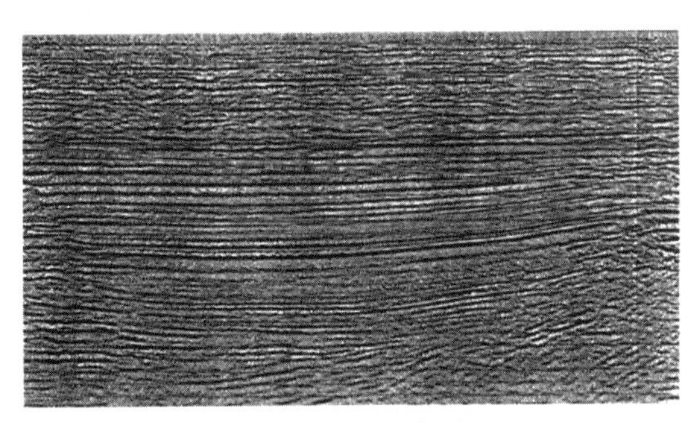

图 3-1-33　整合界面

3）地震相解释

“相”指的是地质特征的总和，例如沉积类型、矿物含量、沉积构造、层理特征等。地质上划分沉积相是根据沉积的物理、生物和化学等特征，地震上划分相主要根据反射波形特征，即地震地层参数。

地震波形分类方法是根据目的层地震信号的特征聚类划分来展示不同地震相的剖面和平面分布特征的地震分析技术。地震波形分类方法的实现是在某一目的层段内估算地震信号的可变性，利用神经网络对地震道波形进行分类，把地震信号形状分类形成离散的“地震相”，根据“拟合度”准则对实际地震道进行对比、分类，细致地刻画出地震信号的相变化，得出地震波形分类平面分布图。在深入分析每个地震相内的钻井资料基础上，将所有钻井资料进行横向对比分析，确定测井相与地震相的对应关系，据此赋予地震相

特定的地质含义，这一过程可能对应于地震相—岩相转换、地震相—沉积相转换、地震物性解释或地震油气预测。通过地震相分析，识别河道、扇体、点坝、砂坝、席状砂、决口扇等沉积相，以及沉积的物源方向。

地震相是在较宽的时窗内划分不同相区。地震相时窗宽度一般包含数个反射波所组成的波组，微地震相时窗宽度一般包含 1~2 个反射波，它们所描述的反射结构主要包括：

反射波相位数：单相位、双相位、多相位；

反射波能量：强振幅、中强振幅、弱振幅、双强、双弱、前强后弱、前弱后强；

反射波频率：高频、中频、低频；

反射波连续性：连续、较连续、断续、杂乱；

波间平行关系或反射波对称性：平行、亚平行、对称、不对称；

5. 储层模拟及其地质解释

1）储层物性分析

关于油气藏的信息，如岩性，岩石中孔隙含量（孔隙度）、孔隙之间的连通性（渗透率）、填充在孔隙中的流体性质（流体饱和度）等，必须根据收集的资料提取，这些资料包括：地面地震和地质资料；VSP 和其他井中地震观测方法，有时也用井间观测资料；各种类型的测井资料；岩心取样；在中途试井中的流体分析资料；开采数据和压力分布情况；钻井记录；钻井液测井曲线和其他类似的资料。

测井资料、地震资料和区域地质情况的综合解释，能给出油气藏的几何形态、层序变化和储层内部的变化情况。开采数据和压力分布资料（有时还有流体追踪资料），用于推断油气藏的连通性。尽管地震资料与测井资料和岩心采样相比，垂向分辨率很低，但它为油气藏的区域分布能提供详细的信息，而且通常是获取这方面信息的唯一资料来源。

2）储层模式建立

利用岩心采样和测井资料确定孔隙度，所用的关系式是经验公式。因为孔隙度是影响地震速度和反射系数的主要因素之一，根据速度和地震波的振幅，也能得到一些关于孔隙度的信息。渗透率一般和孔隙度成比例关系，但在一个储层中或在储集带之间，渗透率是变化的，而且其变化经常具有方向性。从储集带的结构来说，通常一个储集带的内部还含有页岩和其他岩层组成的薄互层，它们把储集带分成带有某种独立性的条带。流体可以穿过一个条带。孔隙度和渗透率的横向和垂向变化，会直接影响流体的流动。

基于岩心取样、测井资料和地震数据建立储层的地质模型，通过正演处理获得人工合成地震时间剖面，比较这个剖面与实际地震剖面的相似程度来判断对储层的岩性结构、以及含气水后的物性特征的地震响应的把握程度。

3）储层地震地质解释

（1）含油、气砂岩的反射系数。

如果能消除各种影响因素，则反射波的振幅唯一地与界面的反射系数有关，而反射系数又取决于界面两侧岩石的波阻抗差，即与岩石中的速度和密度有关。

速度 v 和密度 ρ 都与岩石的孔隙度、孔隙中的充填物有关，它们之间的关系满足实验公式：

$$\frac{1}{v}=\frac{C_{\phi}}{v_{f}}+\frac{1+C_{\phi}}{v_{r}} \tag{3-1-18}$$

$$\rho=\rho_{f}\phi+\rho_{r}(1-\phi) \tag{3-1-19}$$

式中　v_r——岩石固体（或称岩石骨架）部分的波速；

v_f——孔隙中所充填流体（油、气、水）的波速；

ϕ——岩石的孔隙度；

C——常数，经验上一般取其为 0.85；

ρ_f——孔隙中充填流体的密度；

ρ_r——岩石固体部分的密度。

砂页岩的密度一般都在 $2g/cm^3$ 以上，速度都在每秒数千米；而油、水的密度在 $1g/cm^3$ 左右，速度约每秒一千多米；气的密度只有 $0.25g/cm^3$ 左右，速度只有每秒几百米。因此，当砂岩含气时，波阻抗大大下降，如果含气砂岩的孔隙度增大时，波阻抗就更小了，表 3-1-2 列出按式(3-1-18）和式(3-1-19）计算的一个例子：

表 3-1-2　几种岩性的物性参数

岩性	孔隙度,%	密度，g/cm^3	速度，m/s	反射系数
页岩		2.25	4300	
砂岩	10	2.41	5200	±0.12
含气砂岩	10	2.41	2500	±0.23
含气砂岩	20	2，07	1610	±0.49

可见，在含气砂岩和页岩的分界面上，反射系数远远超过一般反射界面的反射系数；此外，油气界面、气水界面的反射系数也较大；油水界面则因其密度差和速度差都不大，反射系数就较小，图 3-1-34 表示油层附近反射系数分布的剖面图。显然，储气层最容易形成亮点，储油层也可能有相当强的亮点。

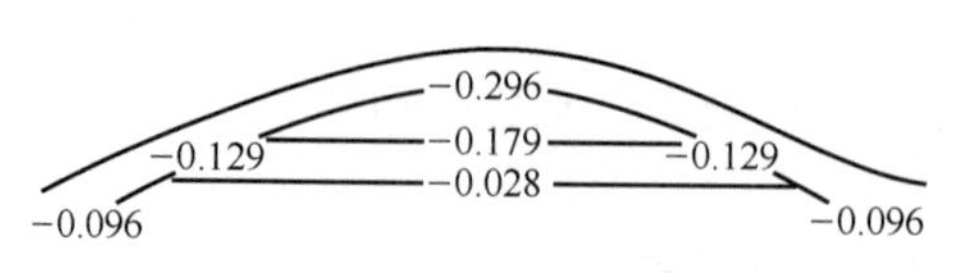

图 3-1-34 油层反射系数分布剖面图

（2）吸收衰减和吸收系数。

实际介质并非完全弹性体，地震波的能量在传播过程中被耗损而衰减，称为吸收。因吸收引起的振幅衰减随传播距离按指数规律衰减，即

$$A=A_0e^{-ar} \tag{3-1-20}$$

式中 A_0——初始振幅；

A——经过吸收衰减后的振幅；

a——吸收系数。

一般情况下，吸收系数与频率成正比关系；另一方面，不同岩层的吸收系数差别很大，砂岩的吸收系数比页岩、石灰岩大，特别是含油的砂岩，吸收系数显著增大，所以，地震反射波吸收系数的平面分布图可用于圈定油气藏范围、估算砂页岩剖面中砂岩的含量和厚度、鉴别横向的岩性变化。

吸收系数可根据反射振幅、界面深度及反射系数资料计算求得。求得吸收系数 a 后，可根据上述办法换算出地层的有效衰减因子，作为划分岩性的参数。

（3）含油气砂岩对地震波频率的影响。

模型实验证明，地震波穿过油饱和的砂岩时，其主频显著降低，并且入射波的主频越高，这种现象越明显。例如当传播距离由 10m 增至 60m 时，在水饱和砂岩中地震波的主频由 37Hz 降至 35Hz，而在油饱和砂岩中则由 36Hz 降至 32Hz。倘若传播距离不变，但入射波的主频提高到 90Hz，则水饱和砂岩中地震波的主频由 90Hz 降至 73Hz，油饱和砂岩中的主频却由 90Hz 降至 53Hz。因此，在瞬时频率的剖面上，频率显著降低时有可能是油气藏的指示。

（4）速度标志。

在关于反射系数的特点中已经指出，含油、气的地层有明显的低速特征，所以，当含油、气地层有一定的厚度时，在速度分析中能看到明显的低速层。把经过连续速度分析得到的结果显示为等速度剖面图，与亮点记录配合解释，可作为含油、气层存在的旁证。

（5）油气界面或气水界面的水平反射。

因为油气界面或气水界面总是水平的，所以剖面上它们和上、下反射层不整合的水平层出现，称为平点。当含油、气砂岩层越厚，倾斜角度越大，不同流体接触面的平点反射越容易形成，它的出现往往直接反映构造中油气的存在。

(6) 干涉现象和极性反转。

如图 3-1-35 所示，由于页岩在构造的不同部位分别直接与含气、油、水砂岩接触，这些部位的反射系数不同，它们之间的过渡带就产生波的置换和干涉现象。同时，由于页岩的波阻抗大于和它接触的界面之下含气砂岩的波阻抗，所以含气砂岩顶面的反射系数一般为负值，而附近其他的界面反射系数都是正的，因此，含气砂岩顶面的反射波极性和其附近的反射波极性相反。这个特点对直接找气是很有帮助的。

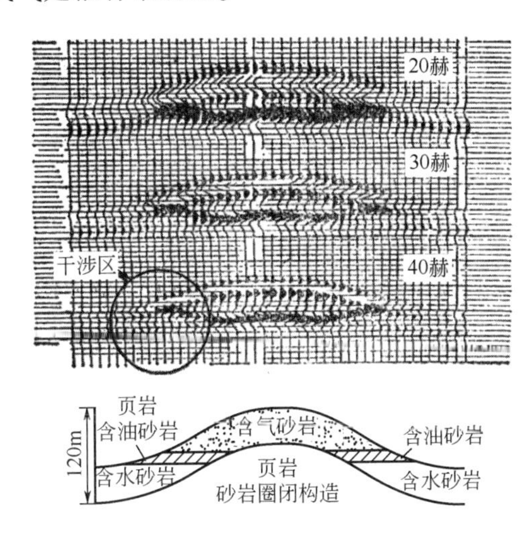

图 3-1-35　含气透镜体及正演模型

(7) 强反射储层的特征。

综合以上含油、气地层的地震波动力学特征，并以背斜圈闭和上倾尖灭地层圈闭内油气藏为模型，计算理论合成的亮点记录。可归纳亮点记录一般有如下特征：

① 强的反射振幅形成“粗黑”的亮点波形，这是最主要的特点。

② 偶极相位特征。含气砂岩的顶面反射系数为负，底面反射系数为正，与之对应的反射波极性一负一正，构成偶极相位特征。为了更好地显示亮点记录的这个特点，可以用彩色显示负极性或正极性的反射。

③ 在油、气、水与页岩接触的过渡带可以看到波的干涉和极性转换现象。

④ 整个含油气构造的反射记录形象为“透镜体”或“眼球状”，见图 3-1-35。

⑤ 含气带的底面出现平坦的反射同相轴（背斜型隆起或尖灭型的底面，

由于气带的波速降低，而与地层隆起两者相互抵消，使本来是隆起的气带底面呈水平状），或出现下凹的同相轴（背斜型含气带底面为水平，但因波速降低反射时间增大）。

以上这些特征，频率越高或含气砂岩的厚度越大时越明显，如果频率降至20Hz，厚度降至12m以下，则偶极相位等强反射波的特征就不明显了。

6. 地震属性分析

地震属性指的是那些由叠前或叠后地震数据，经过数学变换而导出的有关地震波的几何形态、运动学特征、动力学特征和统计学特征的特殊测量值。一些属性可能对油气变化更加敏感，一些属性更擅长于揭示不易探测到的地下异常，而一些属性可以直接用于烃类检测。

地震属性分析的目的是以地震属性为载体从地震资料中提取隐藏的信息，并把这些信息转换成与岩性、物性或油藏参数相关的、可以为地质解释或油藏工程直接服务的信息，从而达到充分发挥地震资料潜力，提高地震资料用于储层预测、表征和监测能力的一项技术。它由两个部分的内容组成，即地震属性优化与预测。预测既可以是含油气性、岩性或岩相预测，也可以是油藏参数预测（估算），前者强调地震属性的聚类与分类功能，主要通过模式识别来实现；后者强调地震属性的估算功能，主要方法是函数与神经网络逼近。

从属性的基本定义出发，Brown将地震属性分为四类：时间属性、振幅属性、频率属性和吸收衰减属性。其中，源于时间的属性提供构造信息；源于振幅的属性提供地层和储层信息；源于频率的属性提供其他有用的储层信息；吸收衰减属性将可能提供渗透率信息。Brown将地震属性分为叠前、叠后地震属性，叠前地震属性的典型例子是AVO，叠后属性可分为基于层位和基于时窗的两大类。

Chen则以运动学与动力学为基础把地震属性分成振幅、频率、相位、能量、波形、衰减、相关、比值等几大类。此外他还提出了按地震属性功能的分类方案，即把地震属性分为与亮点和暗点、不整合圈闭和断块隆起、油气方位异常、薄储层、地层不连续性、石灰岩储层和碎屑岩储层、构造不连性、岩性尖灭有关的属性。

剖面属性的提取主要通过特殊处理过程来完成，如复地震道分析、道积分、地震反演等。

层位属性的提取方式有：瞬时提取、单道时窗提取与多道时窗提取。数据体属性提取方法，除了用时间切片代替层位外，与层位地震属性提取方式相同。

地震属性优化是提高含油气与储层参数预测精度的基础，是地震属性分析的关键。每一种地震属性都是从不同角度反映储层的特征，但是它们与储层岩性、储层物性、孔隙流体性质之间的关系是非常复杂的。同一种属性在不同工区、不同储层对所预测对象的敏感性（或有效性、代表性）是不完全相同的，而且由于地震属性间存在相关性，使得选取单属性较优的一组属性的组合不一定能获得最优预测效果（只有在各地震属性间相互独立时才能获得最优效果）。因此，地震属性优化的任务就是利用人的经验或数学方法，优选出对所预测目标最敏感（或最有效、最有代表性）、属性个数最少的地震属性或地震属性组合，从而提高地震属性的预测精度。

随着地震属性提取能力的增强以及油藏地球物理重要性的不断提高，利用地震属性进行油藏特性预测得到了广泛应用。地震属性分析的一般流程如下：

首先也是最重要的一步就是精确地连接钻井资料和地震资料，即所谓的层位标定；其次是进行层位追踪闭合，确定待预测层位的时窗，并在时窗内进行地震属性提取，计算出携带所要预测层段储层信息的 D 个地震属性，组成 D 维属性向量；之后对所有提取的地震属性进行优化，优选出用于预测的、数量最少的属性组合；最后以优化后的地震属性为基础，在密集的地震数据指导下，通过在稀疏井点处建立的地震属性与油藏特性之间的关系（或通过样本集的训练得到的分类准则）对井间油藏特性进行预测。预测的方法有很多，它与预测的目标和建立两者关系时所使用的数学工具密切相关。目前用于地震属性分析的数学工具大致有：线性与非线性回归、地质统计法、神经网络、模式识别、分行分维、小波分析、模拟退火、灰色理论、RS 分析等方法。实际上，在地震属性分析中，地震属性优化、统计关系建立与预测三者是相互关联的。

7. 地震反演

地震反演是指利用地表采集的地震资料，以已知的地质规律和钻井、测井资料为约束，对地下岩层空间结构和物理性质进行成像（求解）的过程，广义的地震反演包含地震资料处理解释的整个内容。波阻抗反演是指利用地震资料反演地层波阻抗（或速度）的地震资料特殊处理解释技术。地震反演研究分为叠后反演和叠前反演两大类。地震反演的发展从叠后到叠前、从单属性到多属性，经历了巨大的变革。

1）叠后反演

叠后反演又可分为基于波动方程的反演和基于褶积模型的反演。波动方程反演可分为直接反演和间接反演方法，其中波动方程直接反演法包括直接差分法、逆散射法和迭代法等；波动方程的间接反演方法则利用距离准则，在合成记录与观测记录之间寻求最佳拟合来进行模型参数的优化迭代反演，从而避免了直接求解积分方程而产生的不适定性，为波动方程反演走向实用提供了可能途径，因此，该方法近年来得到了较快的发展。

基于模型地震反演技术，以测井资料丰富的高频信息和完整的低频成分补充地震有限带宽的不足，可获得高分辨率的地层波阻抗资料，为薄层油气藏精细描述提供有利条件。基于模型反演技术，把地震和测井有机地结合起来，突破了传统意义上的地震分辨率的限制，理论上可得到与测井资料相同的分辨率，这是油田开发阶段精细描述的关键技术。多解性是基于模型反演的固有特性，主要取决于初始模型与实际地质情况的符合程度，在同样的地质条件下，钻井越多，结果越可靠。地震资料在基于模型反演中主要起两方面的作用，一是提供层位和断层信息来指导测井资料的内插、外推，以建立初始模型；二是约束地震有效频带的地质模型向正确的方向收敛。地震资料分辨率越高，层位解释就可能越细，初始模型就越接近实际情况，同时，有效控制频带范围就越大，多解区域相应减少。因此提高地震资料自身分辨率是减小多解性的重要途径。图 3-1-36 是较高质量的多井约束波阻抗反演剖面。该方法保持了宽带高分辨率的特点，较好地压制随机噪声，在测井资料较丰富的情况下，可以较有效地剔除膏盐层，检测储层。

（彩图请扫二维码）

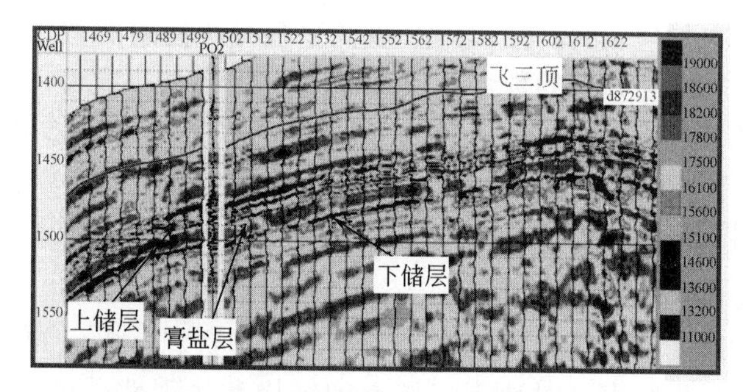

图 3-1-36　多井约束高分辨波阻抗反演

多参数地震属性反演的基本假设是地震信号是地下各种岩石性质（如岩性、孔隙度、含流体特性等）的综合反映，不同的岩石性质在各种地震属性中有不同响应特征，地震属性与岩石性质之间具有内在的对应关系。地震属性储层参数统计反演方法的目的在于通过钻井和测井信息，建立地震属性与各种岩石物性之间的最佳转换关系（统计回归或神经网络），预测储层参数的空间展布。在实践中，可以发现地震属性与测井岩性、物性参数之间经常存在良好的关系，采用数据驱动的方法可以更好地提取、利用属性。所谓数据驱动法，就是利用井点处大量地震属性和测井岩性、物性解释结果，利用地质统计、神经网络、模式识别、人工智能、模拟退火和遗传算法建立它们之间的关系，然后利用该关系由地震属性导出井点以外岩性或物性参数，经过测井标定和剩余校正得到可以解释的岩性和物性参数。该方法强调的是储层参数与地震属性之间的“数字”关系，而非物理关系。

2）叠前反演

随着计算机技术的发展和开展储层岩性研究的需要，地球物理学家希望从丰富的地震资料中提取尽可能多的地下信息，这就需要研究叠前资料。叠前地震反演是从叠前地震资料获得弹性参数，用来描述地下储层的岩性、物性和含油气性等的一项新技术。近年来，这项技术在国外发展很快，在国内也逐渐受到重视。叠前地震反演技术的快速发展一方面是复杂储层描述的需求，另一方面也得益于配套技术的发展，如采集和处理技术的不断完善以及计算机处理和存储能力的不断增强等。叠前地震反演一般可以分为基于波动方程的全波形反演、基于 Zoeppritz 方程的 AVO 反演和弹性阻抗反演。基于波动方程的反演精度高，可以反演各种弹性参数，但效率低，目前处于试验阶段。AVO 反演简单、高效、可操作性强，它又可以分为两参数反演和三参数反演。

AVO 反演就是利用两项或三项 Zoeppritz 方程近似公式对叠前道集进行拟合，从而获得两项或三项近似公式的系数，通常这些系数是以反射系数的方式给出的，如纵波速度反射系数、横波速度反射系数、纵波阻抗反射系数、横波阻抗反射系数、泊松比反射系数、拉梅系数反射系数、剪切模量反射系数、密度反射系数以及其他弹性参数的反射系数。有了这些弹性参数就可以求出其他的弹性参数或复合弹性参数，并从反演结果估算流体因子和检测气层，图 3-1-37 是不同入射角的弹性阻抗剖面段。

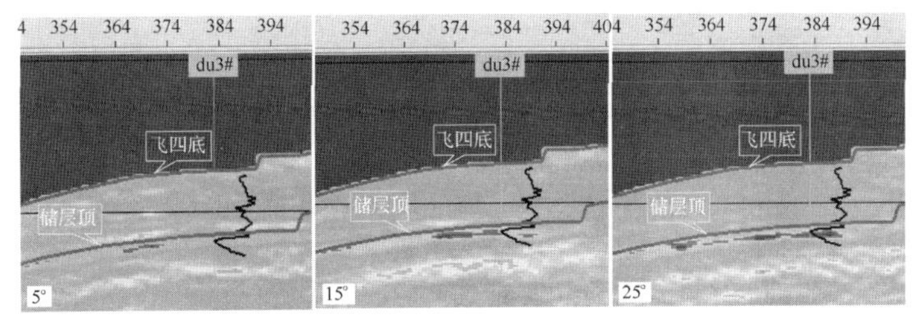

图 3-1-37　产气井剖面段不同入射角弹性阻抗剖面（含流体识别解释）（彩图请扫二维码）

8. 裂缝预测

1）储层裂缝物理模型实验与数值模拟

储层裂缝时空上的非均质性、随机性以及裂缝的多尺度性等复杂特征，给裂缝预测带来了极大的困难。裂缝的存在究竟与地震资料有着什么样的关系，裂缝参数（密度、方位、张开度）对地震波属性有什么样的影响，搞清这些问题是裂缝检测的基础。数值模拟和物理模型实验研究结果表明：当裂缝密度达到一定程度时，裂缝系统或裂缝发育带会引起地震波动力学、运动学参数的变化，可以通过地震方法进行检测。通过物理模型实验与数据模拟，还认识到地震波动力学参数（振幅、频率、衰减）较运动学参数（速度、旅行时）对裂缝密度的变化更为敏感。这为利用地震波动力学参数检测裂缝系统或裂缝发育带提供了可靠的基础。

2）三维纵波检测裂缝发育带的技术研究

（1）利用三维纵波叠后资料检测裂缝发育带的方法研究。

基于三维纵波叠后资料，可利用 RS、相干分析、地层倾角变化、边缘检测等方法进行裂缝发育带的预测研究。图 3-1-38 是三维纵波叠后裂缝检测图。图中清楚地展示了裂缝发育带走向以及各个方向断裂的切割关系。

（彩图请扫二维码）

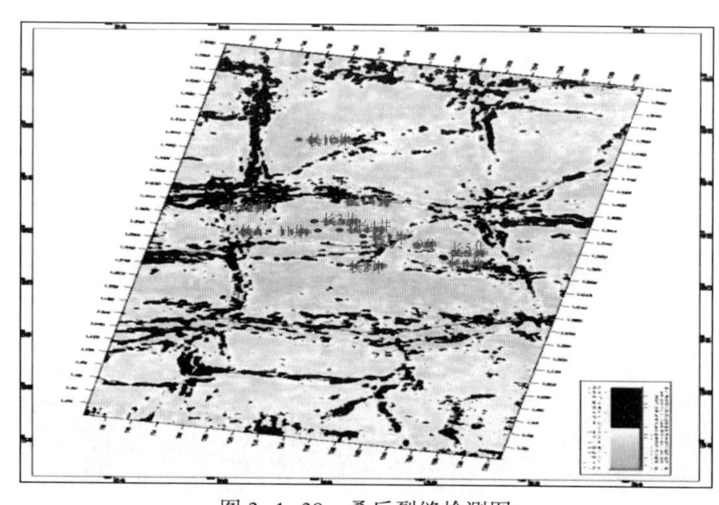

图 3-1-38　叠后裂缝检测图

（2）利用三维纵波叠前资料检测裂缝发育带的方法研究。

利用 P 波特征随入射方位变化的特点，研究不同方位 P 波地震属性（旅行时、速度、AVO、衰减、频率、弹性波阻抗 EI 等）的变化特征，估算裂缝的方位和密度。

第三节　地震资料的应用

一、地震反射层与地震地质层位的对应关系

（一）地震反射层代号的界定

系、统（群）、组的地震反射层统一规定为相应地震地质层段的底界反射层，组内目的层（包括油层）的地震反射层规定为相应地震地质层段的顶界面反射层。

（二）地震反射层代号确定规则

（1）系的地震反射层代号。在T的右下角加相应的地层代号。如T_K为白垩系，T_J为侏罗系。

（2）统（群）的地震反射层代号在T的右下角加统（群）的地层代号。如中侏罗统底界反射层代号为T_{J2}。

（3）组的地震反射层代号一般在所属统（群）反射层代号的右上角加组名汉语拼音的第一个字母（小写）。如中侏罗统三间房组底界反射层代号为T_{J2}^{S}。

（4）组内（包括油层）反射层代号在所属组反射层名称上角标之后加阿拉伯数字表示。如中侏罗统三间房组二油组顶界反射层代号为T_{J2}^{S2}。

（5）盆地基底地震反射层，如没有特别的约定一般代号为Tg。

（6）地震反射层地震地质层代号说明：T_{cd}^{ah}，a表示系的地层代号，b表统的地层代号，c表示组的地层代号，d表示段或油层（组）的地层代号。

（三）地层系、统及其地层代号表

系	统
第四系	
新近系 N	上新统 N_2
	中新统 N_1
古近系 E	渐新统 E_3
	始新统 E_2
	古新统 E_1

续表

系	统
白垩系 K	上白垩统 K_2
	下白垩统 K_1
侏罗系 J	上侏罗统 J_3
	中侏罗统 J_2
	下侏罗统 J_1
三叠系 T	上三叠统 T_3
	中三叠统 T_2
	下三叠统 T_1
二叠系 P	上二叠统 P_2
	下二叠统 P_1
石炭系 C	上石炭统 C_3
	中石炭统 C_2
	下石炭统 C_1
泥盆系 D	上泥盆统 D_3
	中泥盆统 D_2
	下泥盆统 D_1
志留系 S	上志留系 S_3
	中志留系 S_2
	下志留系 S_1
奥陶系 O	上奥陶系 O_3
	中奥陶系 O_2
	下奥陶系 O_1
寒武系 $\in$	上寒武统 $\in_3$
	中寒武统 $\in_2$
	下寒武统 $\in_1$
震旦系 Z	上震旦统 Z_2
	下震旦统 Z_1

二、层位标定

层位标定就是把对比解释的反射波同相轴赋予具体而明确的地质意义，如沉积相、岩性、流体性质等，并把已知的地质含义向地质剖面和地震数据体延伸的过程，也就是把地震剖面转换为地质剖面的过程。

（一）层位标定的工作流程

地质目标层位的标定过程包括下列工作步骤：

(1) 钻井或测井资料（如声波、密度）的整理，深时转换，分层计算反射系数序列。

(2) 选定或从地震资料中提取地震子波，并与反射系数序列褶积，得到合成记录。

(3) 对井旁道与合成地震记录进行比较、分析，并进行地质解释。

(4) 地质目标层位等地质含义的对比解释，工作区多个井位点的合成地震记录构成地质目标解释的“种子点集”，再进行有点到线、到面直至到体的解释。

（二）层位标定的基本方法

1. 合成地震记录标定地质层位方法

随着油气勘探的深入和发展，钻探和相应的测井资料不断增多，因此在很多地区都可以利用声波测井曲线正演合成地震记录，直接与井旁地震道进行比较，来标定各目的层在剖面上的位置，这是目前应用最广、精度较高的一种方法。

标定的过程较简单，即应用声波测井曲线通过深时转换，正演出不同子波频率的正、负极性合成地震记录，并将目的层位置准确引入到合成地震记录上，直接与井旁地震道反复比较，最后确定目的层在时间剖面上的位置（图 3-1-39、图 3-1-40、图 3-1-41、图 3-1-42）。

2. 地震测井资料标定地质层位方法

目前，在地震勘探中较广泛地对主要探井进行了 VSP 测井，所获得的走廊叠加剖面和井旁地震剖面具有分辨率、信噪比较高的特点。同时，由于 VSP 资料是采用地震方法获得，其反射波波形特征、反射波旅行时与井旁地震道十分接近，因此可以直接应用 VSP 资料标定目的层在地震剖面上的位置（图 3-1-43、图 3-1-44），这种方法也是层位标定的主要方法之一。

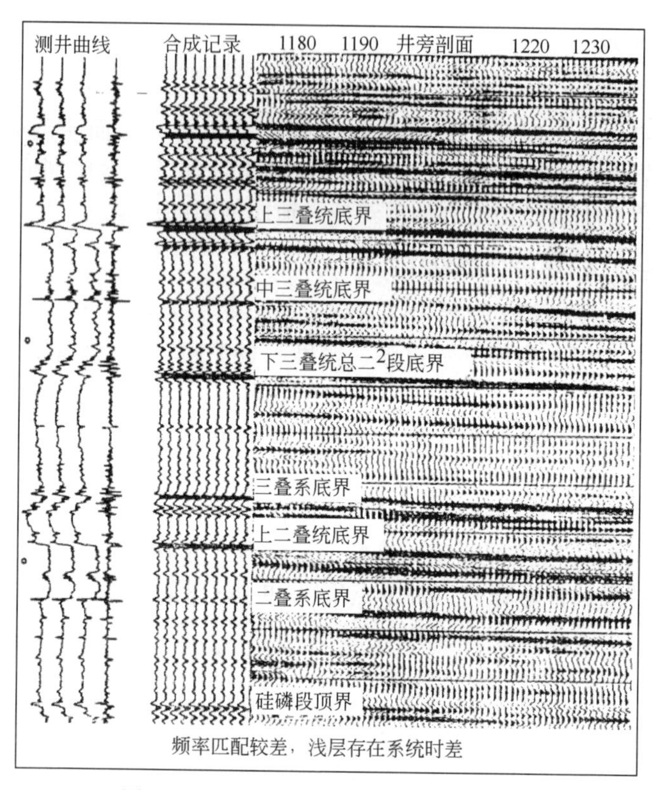

图 3-1-39　合成地震记录标定层位之一

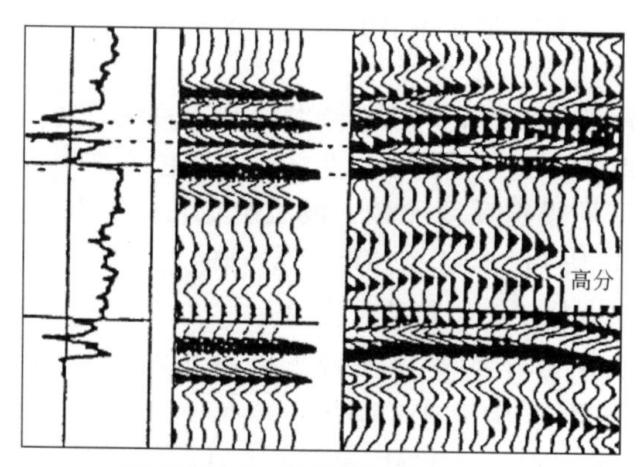

图 3-1-40　合成地震记录标定地质层位之二

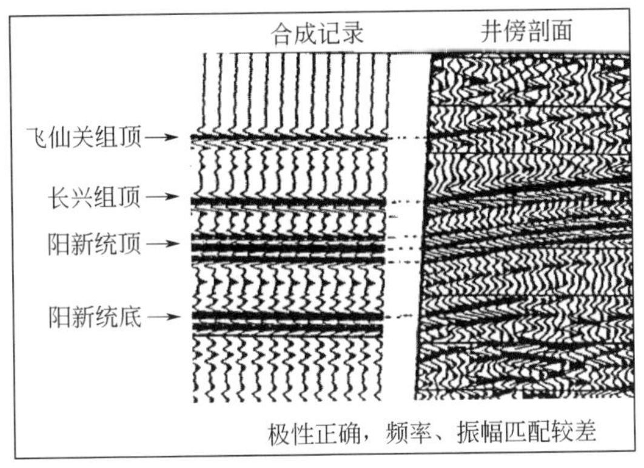

图 3-1-41 合成地震记录标定地质层位之三

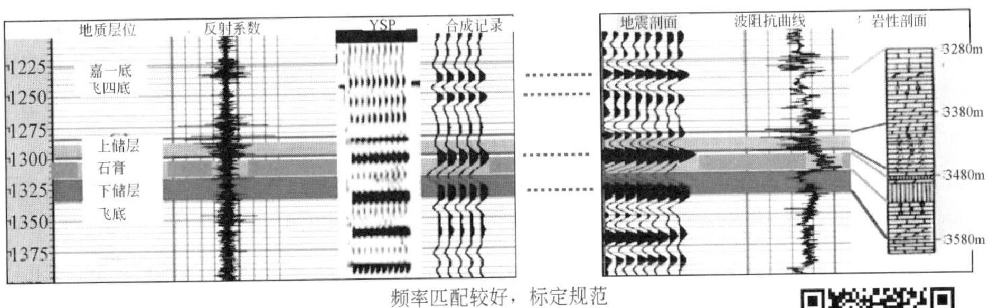

图 3-1-42 合成地震记录标定地质层位之四

（彩图请扫二维码）

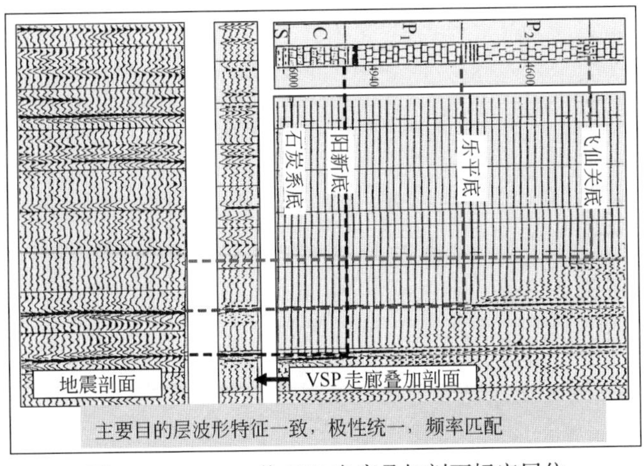

图 3-1-43 ×××井 VSP 走廊叠加剖面标定层位

（彩图请扫二维码）

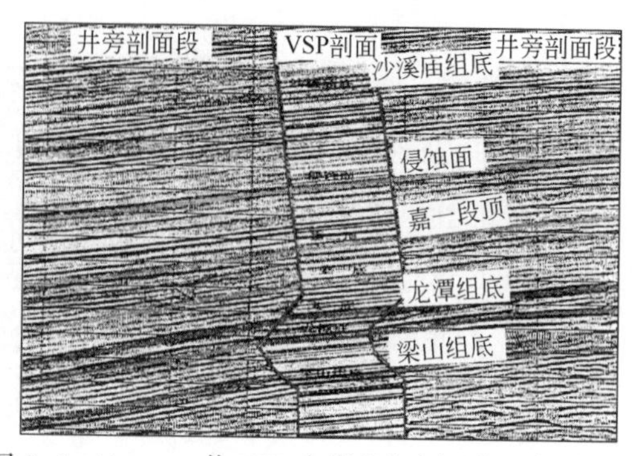

图 3-1-44　×××井 VSP 走廊叠加剖面嵌入标定层位

该方法是通过在探井井筒内用地震方法测定主要目的层旅行时、主要目的层段层速度及其至地面的平均速度（图 3-1-45）。层位标定主要应用 T—H 曲线（综合速度曲线）。标定时，将测井综合速度曲线和井旁地震道校正到统一的基准面上（一般是校正到资料处理所确定的基准面），然后应用综合测井曲线计算从基准面到目的层的双程旅行时，或分别计算出目的层之上各层的双程旅行时差，累加各层时差来获得目的层的旅行时，在时间域里把目的层引入到地震剖面上。该方法在构造平缓、探井井斜不大的情况下，引入层位的可靠性较高，而在高陡构造翼部或井斜较大的情况下，引入的层位有可能偏差 1~2 个相位。

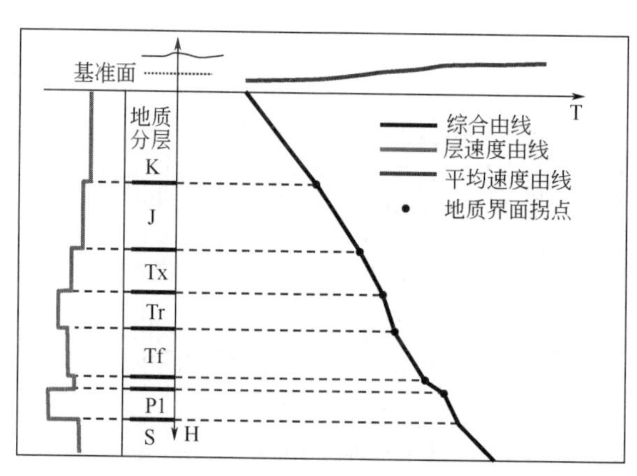

图 3-1-45　地震常规测井标定层位

3. 根据钻井分层资料标定地质层位方法

在仅有钻井地质分层资料的地区，可根据钻井井孔地质层位和钻达各地质界面的钻深或界面间的钻厚，用掌握的邻区的平均速度或层速度资料计算对应的地震反射 t_0 时间或层间时差，逐一标定各主要地质界面的反射位置。计算 t_0 时间时，应将钻井分层起始点位置校正到地震的统一基准面上。

由于受到所掌握的速度资料的局限和地震资料质量的影响，该方法所标定的层位精度受到限制，但作为地震普查阶段的构造解释还是能满足要求的。

4. 从邻区地震资料引入标定地质层位方法

如果测区无可标定层位的有关资料，而邻区已做过地震工作，可根据与邻区相交接的测线所确定的地质层位引入到本区。如果工区没有与邻区相交接的测线，应在野外资料采集设计时就要考虑到布设与邻区交接的测线，以利于引入层位。

三、断层识别

（一）断层的地质特征

断层是指地层沿破裂面发生相对位移的现象。断层由两个重要的要素构成，即相对运动的上升盘或下降盘地层、地层相对运动的错动面（断面）。按照断层相对运动的表现方式可分为四大类：正断层、逆断层、走向滑移断层（平移断层）和顺层断层。

（1）正断层。沿倾斜断面上盘向下滑动、下盘向上滑动的断层称为正断层（图 3-1-46）。正断层向下滑动的一盘称为下降盘，向上滑动的一盘称为上升盘。正断层主要是在盆地伸展或重力作用下形成的。正断层在剖面上有多种组合类型，如相向而掉的地堑、相反而掉的地垒、同向而掉的断阶、相交型的“y”字形断层等。断层的平面组合类型有“多”字形组合、帚状组合、沿主断裂形成的羽状组合等。

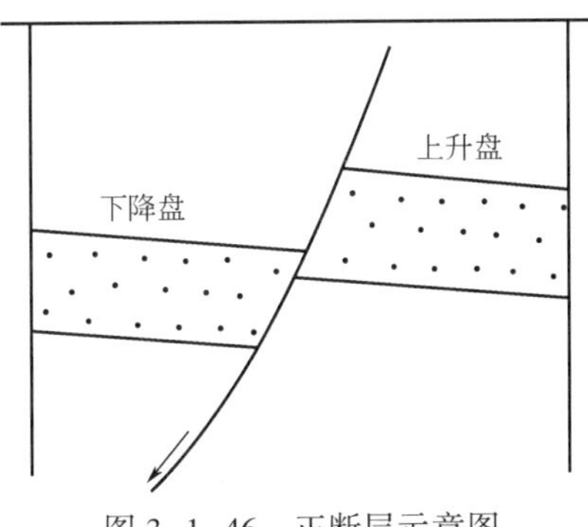

图 3-1-46 正断层示意图

（2）逆断层。沿倾斜断面上盘向上滑动、下盘向下滑动的断层称为逆断层（图3-1-47）。根据断面的产状分为高角度逆断层（断面倾角大于45°）和低角度逆断层（断面倾角小于45°）。低角度逆断层一般都是在构造的挤压区发育。逆断层的剖面组合形式有对冲式、背冲式、双冲式（图3-1-48）。

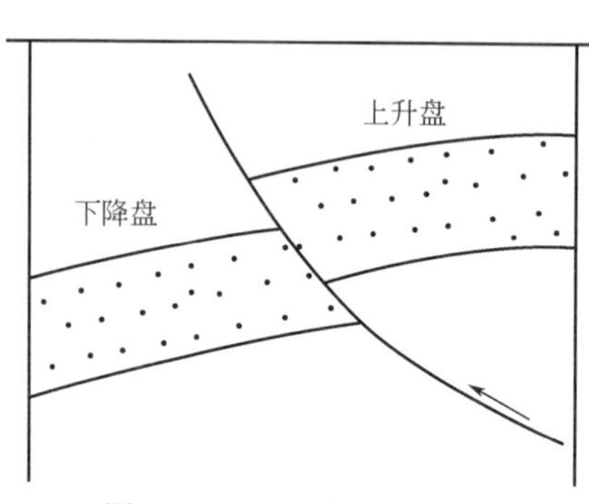

图3-1-47　逆断层示意图

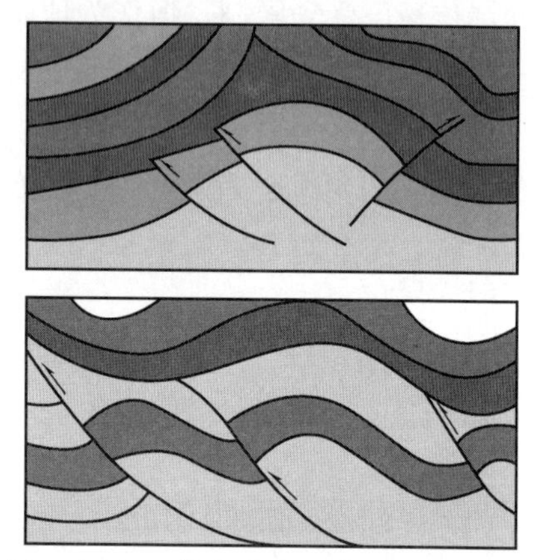
图3-1-48　背冲式和双冲式逆断层示意

（3）平移断层。平移断层是指断层两盘地层基本上顺断层走向相对滑动的断层，也称为走向滑移断层，简称为走滑断层。它是两盘断块体以相对走滑位移为主要运动特征的断层，走滑断层位移过程中也会进一步引起两盘断块或走滑断层上覆地层的变化。走滑断层的走向与地层的倾向关系不同时的剖面特点是：断层的走向与地层的倾向正交时，该剖面上没有明显的断距；当断层的走向与地层的倾向一致时，若断面倾斜，上盘沿地层下倾方向运动，则垂直断层的剖面呈现逆断层的特点，上盘沿地层上倾方向运动，则垂直断层走向的剖面呈现正断层的特点。位移矢量向左的断层称为右旋走滑断层或右旋平移断层；位移矢量向右的断层称为左旋走滑断层或左旋平移断层（图3-1-49）。

（4）顺层断层。沿着不整合面、地层层面发生相对错动的断层。分为正断层式顺层断层和逆断层式顺层断层两种。

（二）断层的地震特征

1. 地震剖上的断层标志

（1）反射波同相轴错断。

（2）标准反射波同相轴发生局部变化。

（3）反射波同相轴突然增减或消失，波组间隔突然变化。

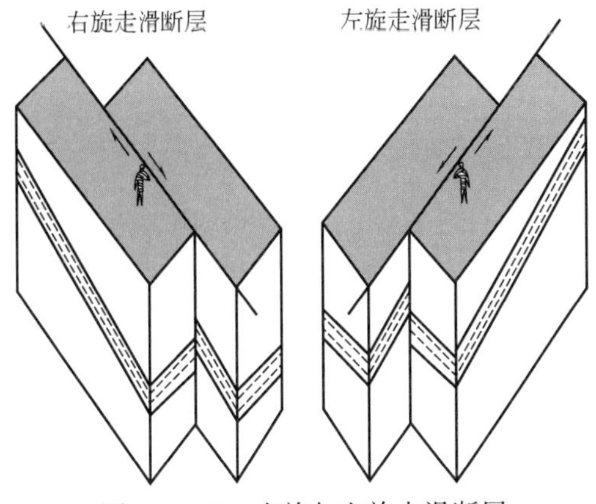

图 3-1-49　右旋与左旋走滑断层

（4）反射波同相轴产状突变，反射零乱或出现空白带。

（5）出现特殊波，如水平叠加剖面上的绕射波等。

2. 断面反射

当断层落差较大、断层两侧具有不同岩性的地层直接接触时，断层面成为一个较明显的波阻抗分界面，产生断面反射波。断面反射波有如下特点：

（1）断面反射波通常是大倾角反射波，同相轴与一般地层反射波交叉，产生干涉。

（2）断面反射波能量强弱变化大，通常断续出现。

（3）断面波可以在相交测线上相互闭合。

（4）在偏移剖面上，经偏移处理后的断面波得到准确归位，同相轴的形态可以反映断面的实际位置和真实产状。

3. 断层要素的确定

断层的要素包括断层的位置、错开层位、断面产状、升降盘、落差等。断层要素的断点通常依据地质规律和特点对研究区域地质情况的分析，同时要结合地震剖面上的断层标志进行确定。

（1）断层面的确定。浅中深层都有断点控制，断点的连线就是断层面；根据断层上盘反射标准层的中断点或产状突变点来确定断层面。

（2）断层升降盘及落差的确定。根据反射层在断层两盘的升降关系确定。

（3）断层倾角的确定。当测线与断层走向垂直时，地震剖面上断层的倾角为真倾角；当测线与断层走向斜交时，可得断层的视倾角。

四、时深转换

（一）时深转换实现的基本步骤

进行时深转换的方法较多，但一般来说，由下列基本步骤构成：

（1）建立速度控制层。从已落实解释方案的偏移剖面上提取层位和断层信息，建立具有时深转换速度控制层的构造模型。该模型要充分反映速度纵向、横向变化的地质现象（图 3-1-50）。

（彩图请扫二维码）

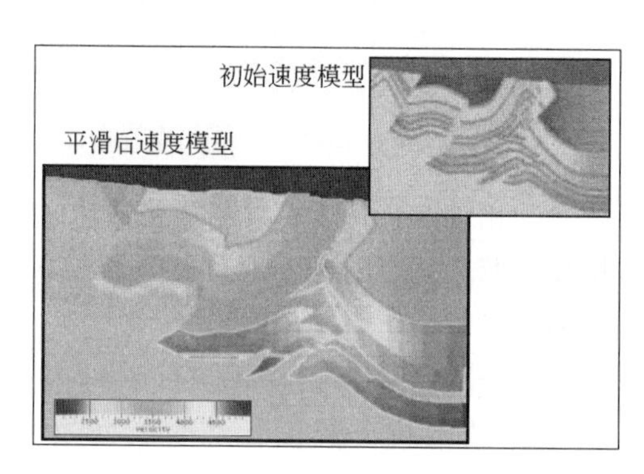

图 3-1-50　时深转换速度模型建立实例

（2）对速度模型进行必要的平滑后，进行时深转换。

（3）分析时深转换结果的合理性和与探井的吻合程度、精度，进一步修改模型，使时深转换达到更好效果。

（二）时深转换剖面的解读

（1）时深转换处理效果鉴别。在速度结构无急剧变化的稳定情况下，深度剖面反映的地腹各层的高低点位置与偏移剖面相近，构造形态与偏移剖面相似。

（2）如果存在厚度急剧变化的高速（或低速）层，相对于偏移剖面，其下的构造形态将有不同程度的变化。当存在高速层时，下伏构造高点要向高速层减薄的方向移动，低点要向高速层增厚的方向移动，构造隆起幅度增大；当存在低速层时，下伏构造高点要向低速层增厚的方向移动，低点要向低速层减薄的方向移动，构造隆起幅度减小（图 3-1-51）。

（3）与已知探井比较，深度误差符合勘探规程或高于勘探规程要求（图 3-1-52、图 3-1-53）。如果区内有多口探井，各井点同层位的相对高低关系应与实钻结果一致。

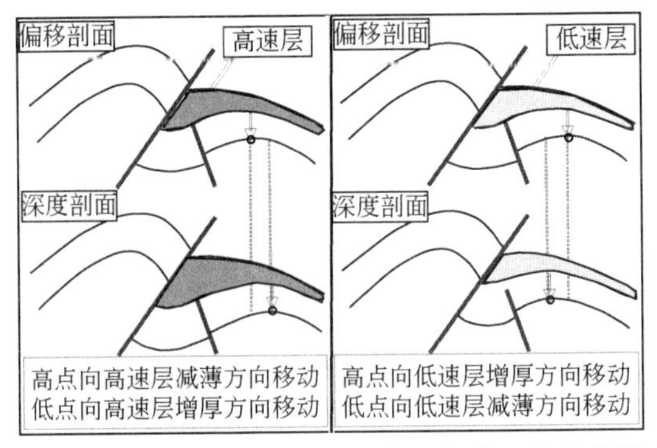

图 3-1-51　异常速度体对下伏高低点位置偏移的影响

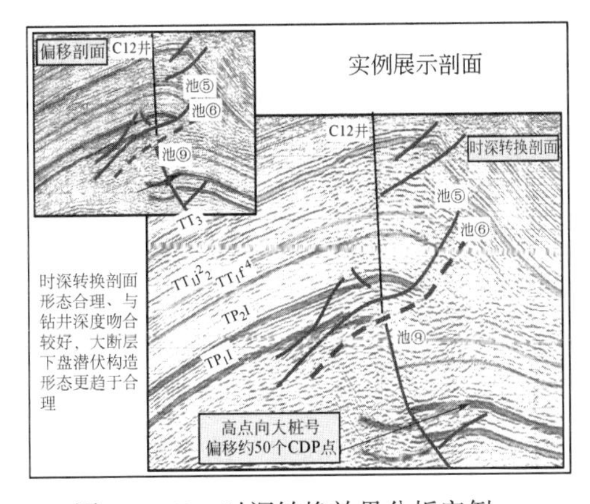

图 3-1-52　时深转换效果分析实例一

（彩图请扫二维码）

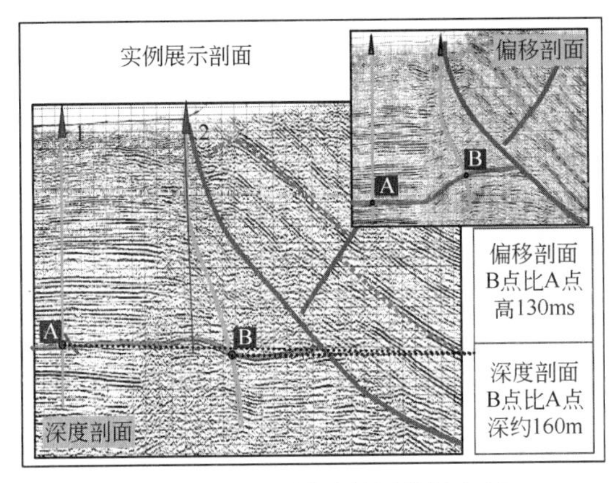

图 3-1-53　时深转换效果分析实例二

（彩图请扫二维码）

五、地震资料在录井生产中的应用

（一）地质分析应用

（1）从宏观上把握整个圈闭的类型、形态和整体的构造特征。

根据地震层位追踪解释资料和断层解释资料可以做某反射层顶面或底面平面构造图，从平面构造上可以反映圈闭的类型、大小、幅度等；根据设计井地震解释剖面，可以直观反映地下构造形态、地层起伏，断层倾向、延伸长度、断点等特征。

（2）与邻井结合，标定设计井的层位、深度。

根据已钻邻井的声波曲线特征进行处理，做地震合成记录，井震结合精确标定地质层位。在邻井地层速度差别不大的情况下，预估设计井层位深度，可判断潜山界面深度、完钻井深（冀中地区地震层位与地质层位的对应关系一般：T2-Ng 底、T3-Ed 底、T4-Es1 底、T5-Es2 底、T6-Es3 底、Tg-潜山顶）。

（3）直观反映断层与地层接触关系，判断地下地质构造。

通过反射轴的连续追踪，分析断层，并根据形态判断断层走向；根据断层分布情况，识别上升盘、下降盘，判断地堑、地垒构造形态。

（4）通过属性提取判断地下岩性、进行储层预测。

对追踪砂层砂组或者其他岩性段的地震属性进行提取，对研究地区进行同属性预测，判断砂岩分布或特殊岩性分布范围，预测储层分布，寻找岩性尖灭边界。

（二）水平井地质导向应用

水平井地质导向是综合应用地震、测井、录井以及 LWD（MWD、旋转导向）等资料，通过随钻三维空间地层对比和目标层辨识，对井眼轨迹进行预测、跟踪和调整，以保证进而确保井眼轨迹在目的层最佳位置穿行的一种综合技术。其中，地震资料在水平井导向过程中起着非常重要的作用，主要表现在以下几方面。

1. 钻前井间分析，规避施工风险

目前，水平井的钻井施工设计轨迹是由钻井设计部门根据井位研究部门提供的井位和靶点，按几何方法计算出来的，靶点间的轨迹多设计成“直线”，这显然忽略了靶点间的地层变化风险。按这种几何方法设计的轨迹施工往往轨迹正中靶心，但油层钻遇率低。为避免这种情况，水平井导向人员在施工前，要根据控制邻井并结合地震资料进行井间地层分析，识别靶点间地

层倾角变化、厚度变化和断层等地质风险，并制定相应的导向施工措施，规避这些风险，提高钻井成功率和油层钻遇率。

2. 着陆井震对比，确定着陆方案

着陆是水平井施工的关键环节，决定着水平段轨迹角度控制大小。地质导向人员在着陆阶段通过宏观地震切片，预测目的层横向展布形态，合理选择着陆位置（图 3-1-54）。同时，还要通过随钻井震对比，标定纵向上的层位变化和横向上角度变化，预测目的层深度（垂深）和角度（地层倾角），进而确定合理的着陆参数（靶前距、井斜角、垂深），确保轨迹可控着陆（图 3-1-55）。

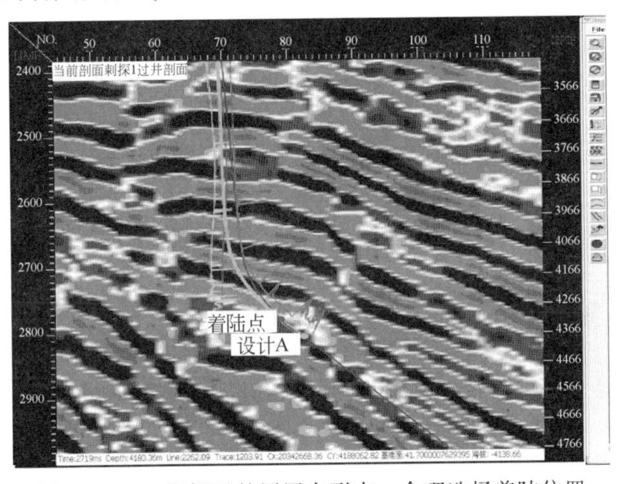

图 3-1-54　根据目的层展布形态，合理选择着陆位置

（彩图请扫二维码）

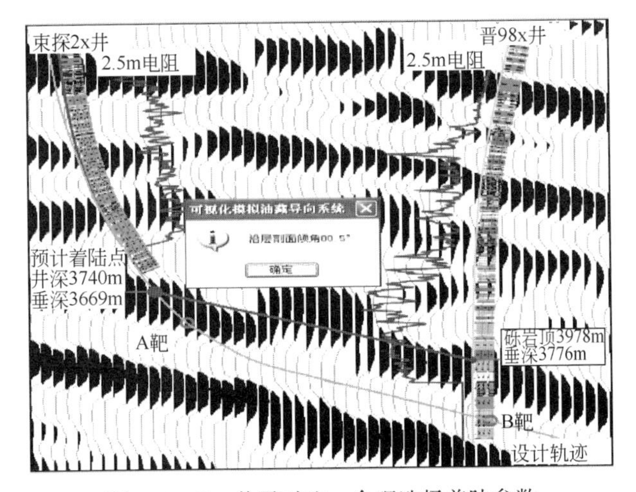

图 3-1-55　井震对比，合理选择着陆参数

（彩图请扫二维码）

3. 水平段井震跟踪分析，提前轨迹微调

在水平段导向过程中，导向人员应用地质资料和实钻井资料实时展示实钻轨迹与目的层的位置关系，可以实现随钻井震跟踪分析。通过实时对比实钻轨迹与将钻地层的角度变化，提前轨迹微调，匹配出新的轨迹控制方案（图 3-1-56），既保证轨迹在目的层内钻进，又避免轨迹因地层变化而大幅度调整，影响轨迹质量。

(彩图请扫二维码)

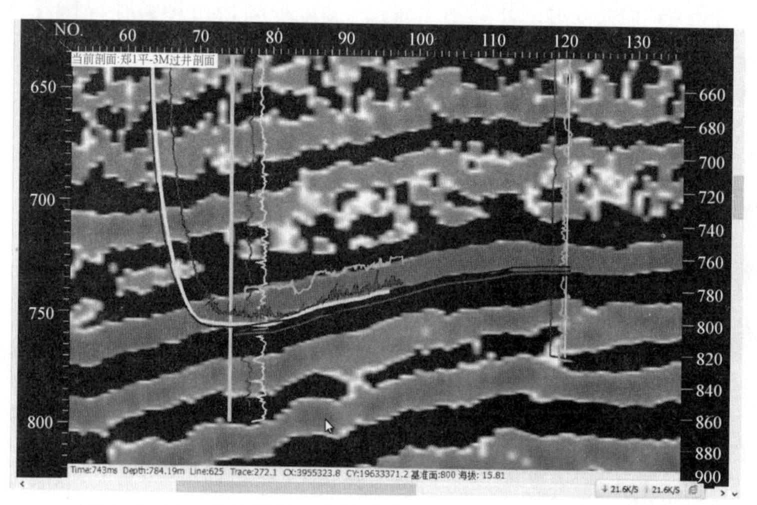

图 3-1-56 随钻跟踪，预测将钻地层变化，提前调整轨迹

第四节 其他地球物理技术

一、VSP 测井

传统的地震测井和声波测井只利用直达波初至时间求取单一的地震信息（地震波传播速度），VSP 则采用与地震测井类同的工作方法，记录初至波和续至波，获取井孔附近上行、下行波场中的众多地震信息。由于 VSP 是在地面激发、井中接收，因此，VSP 成为地面地震信息与钻井、测井数据有机联系的桥梁和纽带，使地震波携带的地质信息得以活化，给地震波赋予了明确

的地质内涵。

VSP 是在井中观测、研究地质剖面的垂直变化。同地面地震勘探相比较，它对地震波运动学和动力学特征的研究更直接、更灵敏。VSP 能够在靠近地层界面的井中观测，可记录到与介质有关的比较纯的地震子波波形。地面地震记录的信号是地面激发地震波传播到地下反射界面，再返回地表，经过表层两次；而 VSP 只经过表层一次，可以减弱干扰。VSP 可以接收到上行波和下行波，这些波在界面附近可能出现突变，便于对地震波的方向特征进行研究。VSP 还可以比较准确地观测质点运动的方向，利用“空间偏振”特性来研究地震波的性质和地层的岩性。垂直地震剖面方法使地震测井、声波测井以及 VSP 与声波测井相结合进行地质解释成为可能。

2004 年大庆油田在徐家围子进行了随钻地震技术试验研究，通过对随钻 VSP 下行反射和上行反射分别处理，获得的 VSP 地震剖面比较精细地刻画了井周边地层的展布。VSP 地震频带是相同地区地面地震频带的两倍，高频达到了 140Hz，如图 3-1-57 所示。通过与合成记录的对比，证实了资料的可靠性，展示了随钻 VSP 地震测井在提高井周边地震资料分辨率方面的潜力。

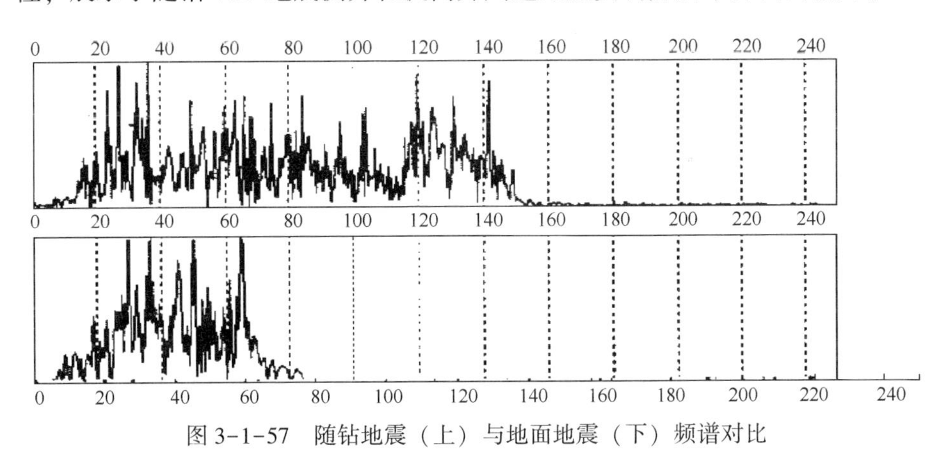

图 3-1-57　随钻地震（上）与地面地震（下）频谱对比

二、重力勘探

由于地球本身并非理想球体，物质密度的分布是不均匀的，且地球是不断旋转的，这使得地球表面的重力值不相同。根据万有引力定律，岩石和矿物的密度不同，其引力也不相同。据此研制出重力测量仪器来测量地面各个部位的地球引力（即重力），并排除区域引力（重力场）的影响，就可得出局部的重力异常，这一方法称为重力勘探。重力勘探的任务是通过研究地面、

水面（或井下）或空间重力场的局部或区域不规则变化（即局部重力异常或区域重力异常）来寻找埋藏在地下的矿体和地质构造。

三、磁力勘探

在自然界中，由于受到地球磁场的作用，许多岩石或矿石都不同程度地被磁化而具有磁性。一般来讲，铁磁性矿物含量越高磁性越强，具有磁性的地质体在其周围空间内存在一定特征的磁场，通过测定地面上各部位的磁力强弱来研究地下岩石矿物的分布和地质构造的勘探方法称为磁法勘探。这种由磁性地质体产生的磁场叠加在正常地磁场之上而产生的磁场称为磁异常。在油田区域，由于烃类向地面渗漏而形成还原环境，可把岩石或土壤中的氧化铁还原成磁铁矿，用该精度的磁力仪器可以测出这种磁异常。磁法勘探的主要任务就是测定、分析和研究各种磁异常，找出磁异常与地下岩石、地质构造及有用矿产的关系，并与其他勘探手段配合，进行地下地质情况和矿产分布等有关结论的判断。

四、电磁法勘探

利用人工或天然产生的直流电场或电磁场在地下的分布规律来研究地球结构、地质构造及寻找矿产的一种地球物理方法。电法勘探是以岩石或矿石的电性差异为基础的，主要研究的电性差异参数包括电阻率、激发极化率、介电常数、磁导率、电化学活动性等。电法勘探的每种方法都有各自的一套数理基础、专用仪器设备、野外施工方法、处理解释方法。目前在油气勘探中主要使用的方法有：直流电测深、大地电磁测深、可控源声频大地电磁测深等方法。

五、地球物理测井

矿场地区物理测井利用井下专门仪器观测井筒周围岩层的电、声、热、放射性等地球物理异常，以此研究和辨别地下岩石物理性质与渗流特性，是寻找和评价油气及其他矿藏的一门应用技术科学。目前用于油气勘探的测井方法包括声波、密度、自然电位、电阻率、放射性、井温、地层倾角、核磁共振、成像测井等。

第二章　钻井工程技术

第一节　概述

钻井是利用一定的工具和技术在地层中钻出一个较大孔眼的过程，石油钻井是油气田勘探和开发的重要手段。要直接了解地下的地质情况、证实用其他方法勘探得到的地下油气构造和其含油气情况及储量以及将地下的油气资源开发利用，都要通过钻井工作来实现。钻井工作始终贯穿在油气田勘探开发的全过程。钻井的速度和质量直接影响着油气田的勘探和开发的速度和效益。只有快打井、打好井，才能保证高速度、高水平地勘探和开发油气田，高效益地采掘地下油气资源，提高油气田勘探开发的综合经济效益。

一、钻井方法

钻井方法，就是指为在地面以下岩层中钻出所要求的孔眼而采用的钻孔方法。不同的钻井方法所采用的装备、工具和工艺也就不同，在破碎岩石、携带岩屑、净化井眼的机理和工艺方面存在着很大的差异。在石油钻井现场上使用的钻井方法主要有顿钻钻井法和旋转钻井法。顿钻方法是用钢丝绳起下钻具，以冲击破碎形式进行破岩，达到在地面以下岩层中钻出所要求的孔眼目的。旋转钻井法用钻杆代替了顿钻中的钢丝绳，它不仅能够完成起下钻具的任务，还能够传递扭矩和施加钻压到钻头上，同时又提供了钻井液的入井通道，从而保证了钻头在一定的钻压作用下旋转破岩，将顿钻单纯冲击破碎形式改变为冲击、挤压、剪切等多种破碎形式，提高了破岩效率，并且在破岩的同时，井底岩屑被清除出来，因此提高了钻井速度和效益。另外，由于该法采用了一套完整的井口装置，能有效地对井内压力进行控制，目前被广泛使用。

由井架、天车、游车、大钩及绞车组成起升系统，用于悬挂、提升、下放钻柱，钻柱是中空的，可通入钻井液。钻井时，钻头齿在其上部钻柱的加压下吃入地层，并在钻头旋转的过程中连续破碎井底岩石，同时循环钻井液

清洗井底，清除岩屑。旋转钻井法包括地面动力转盘（或顶部驱动装置）旋转钻井法和井底动力钻具旋转钻井法。

（一）转盘（顶部驱动装置）旋转钻井

转盘旋转钻井方法是将水龙头接在方钻杆上，方钻杆卡在转盘中，下部承接钻柱、钻头，工作时动力机驱动转盘，通过方钻杆带动井中钻柱从而带动钻头旋转；顶部驱动装置钻井方法是将水龙头接在顶部驱动装置上，下部承接钻柱、钻头，工作时通过顶部驱动装置带动井中钻柱和钻头旋转。

通过控制绞车刹把或盘刹，可调节由钻柱重量施加到钻头上的钻压，使钻头以适当的压力压在岩石面上，连续旋转破碎岩石。与此同时，动力机也驱动钻井泵工作，使钻井液经由循环罐→地面管汇→水龙头→钻柱→钻头→井底→钻柱与井壁的环形空间→振动筛→循环罐，形成循环流动，以连续地携带出被破碎的岩屑，清洗井底。

（二）井底动力钻具旋转钻井

转盘（或顶部驱动装置）旋转钻井方法虽然大大提高了破岩效率和钻井能力，但由于用长达数千米的钻柱从地面将扭矩传递到钻头进行破岩，钻柱在井中旋转时不仅消耗掉过多的功率，而且可能发生钻柱折断事故。因此出现了井底动力钻具旋转钻井工艺。

井底动力钻井是把旋转钻头的动力由地面移到井下并直接作用在钻头上。钻井时整个钻柱是不旋转的，此时钻柱的功能只是给钻头施加一定的钻压、形成钻井液通路和承受井下动力钻具的反扭矩。井底动力钻具的动力来自由地面钻井泵提供的、通过钻柱内孔传递到井下的具有一定动能和压力的流体。目前用于钻井生产的井底动力钻具主要有两种，即涡轮钻具和螺杆钻具。

二、钻井基本工艺

（一）钻前准备

在确定好井位之后，钻前准备工作非常重要，它是钻井工程的第一道工序，是钻井工作的基础。主要包括：(1) 修公路，建立通向井场的运输通道；(2) 平井场，打基础；(3) 钻井设备的搬家和安装；(4) 井口准备，包括打导管和鼠洞；(5) 备足钻井所需要的各种工具、器材，如钻杆、钻铤、钻头及钻井泵所必要的配件、钻井液处理剂等。

（二）钻井

钻井是用足够的压力把钻头压到井底岩石上，使钻头牙齿吃入岩石中并旋转以破碎井底岩石的过程。在井底产生岩屑后，流经钻柱和钻头喷嘴的钻井液，冲击井底，随时将井底岩屑清洗、携带到地面。在转盘（或顶部驱动装置）钻井的整个钻井过程中，不管钻头是否破碎岩石，钻柱是否在旋转，除在接单根、起下钻或其他无法循环时，钻井液循环都是始终在进行的，钻井液的循环不能停止，否则将易造成井下复杂或事故。

在钻井过程中，随着岩石的破碎，井眼在不断加深，因此钻柱也需要及时接长。钻柱主要由钻杆组成，每当井眼加深了一根钻杆的长度时，就向钻柱中接入一根钻杆，此过程叫作接单根。

由于钻头在井底破碎岩石，钻头会逐渐磨损，当磨损到一定程度后需要更换钻头，这样就必须将全部钻柱从井内起出来，更换新钻头，之后，再重新将全部钻柱下入井中，这一过程称之为起下钻。有时为处理井下事故、测井等特殊情况，也需要起下钻。

钻井的基本过程包括：(1) 一开：从地面钻出一个大井眼，下表层套管；(2) 二开：从表层套管内用小一点的钻头往下钻井，如地层不复杂，则可直接钻到预定井深完井。若遇到复杂地层，无法继续向下钻井时，便要起钻下技术套管（中间套管）；(3) 三开：从技术套管内用钻头往下钻井。根据地层情况，或可一直钻达预定井深，或再下第二层、第三层技术套管，进行第四次、第五次开钻，直到最后钻完全部井深，下油层套管。

（三）固井

固井是在已钻成的井眼内下入套管，而后在套管与井眼间的环形空间内注入水泥，将套管和地层固结成一体的工艺过程。只有通过下套管、固井，才能防止井眼的坍塌，形成稳定的油气通道，并防止地下各层流体的互窜，达到开采油气的目的。每次开钻结束后大部分需要固井。（如果产层的岩性比较坚硬，不易坍塌，那么在完钻之后生产层段可不必进行固井，可让岩石井壁保持与井眼连通，即称之为裸眼完井。）

我国各大油田，大多数采用完钻后下套管固井的方法。对于下套管固井的井，在油层套管的固井完成之后，由于下套管固井将油气层与井眼隔开，使油气无法进入井内而被采收到地面，因此还需要进行完井作业，这包括用射孔等特定的方法连通油气层和井筒，采用替喷或抽吸等方法诱导油气流进入井筒，然后便可进行采油气生产。

三、井型分类

按钻井的地质设计目的，可分为探井和开发井两类：探井是指为查明地层及油气藏情况所钻的井，包括区域探井（参数井）、预探井、评价井等；开发井是指为开发油气田、补充地下能量及研究已开发区地下情况的变化所打的井，包括油气井、注水井、检查资料井及浅油气井。

按井深，可分为浅井、中深井、深井和超深井4类：（1）浅井是指井深在1500m（含1500m）以内的井；（2）中深井是指井深在1500~4500m的井；（3）深井是指井深在4500~6000m的井；（4）超深井是指井深在6000m以上的井。

按钻井的地域划分，可分为陆地井和海上井两种类型：（1）陆地井是指在陆地范围内所钻的井，包括在湖泊和沼泽地区的钻井；（2）海上井是指在海洋范围内所钻的井，海上井按海水深浅又可分为海洋井和浅海井。海洋井是指在水深超过5m的海域内所钻的井。浅海井是指水深在5m以内的海域所钻的井，包括在海滩、滩涂和潮汐波及区内所钻的井。

按钻井井身轨迹轴线方向，可分为直井和定向井两类：直井是指按钻井设计规定，采用一定的钻井工艺和手段，井斜标准在规定要求的范围内所钻的井；定向井是指按照钻井设计规定采用特殊的钻井工艺和手段、井斜标准和井眼形状，按预定的方位和距离所钻的井。

四、钻井统计指标

（一）钻井进尺

钻井进尺是反映钻井工程进度工作量的基本指标。钻井进尺从转盘方补心表面算起，多井底定向井的钻井进尺从原井眼侧向钻出的位置开始计算。钻井进尺包括取心进尺、地质报废进尺和自然灾害造成的其他报废进尺，不包括工业水井进尺、钻井工程报废进尺和返工进尺等。

（二）速度指标

机械钻速：单位纯钻进时间（h）内的钻井进尺（包括取心进尺）。机械钻速（m/h）= 钻井进尺（包括取心进尺）/纯钻进时间。

钻机台月：自第一次开钻到完井为止的全部时间（d 或 h）/30d（或720h）。

钻机月速度：单位台月时间（台月）内的钻井进尺（包括取心进尺）。

钻机月速度（m/台月）= 钻井台月进尺（包括取心进尺）/钻机台月。

钻井周期：自第一次开钻到钻达完钻井深的全部时间（d）。

完井周期：自第一次开钻到完井作业结束后测完声波和磁性定位为止的全部时间（d）。

建井周期：自搬家安装开始到完井作业结束后测完声波和磁性定位为止的全部时间（d）。

（三）质量指标

钻井质量包括：井身质量、取心质量和固井质量。

直井井身质量指标主要包括：井斜、目标点水平位移、全角变化率（狗腿度）、目的层平均井径扩大率和井口头倾斜度；定向井井身质量指标主要包括：靶区半径、全角变化率、目的层平均井径扩大率和井口头倾斜率；水平井井身质量指标主要包括：全角变化率、着陆点水平靶靶区、水平段纵横偏移和井口头倾斜率。井身质量合格的井是指符合井身质量标准要求的井。

井身质量合格率 =（井身质量合格的完成井口数/完成井口数）×100%

取心质量指标主要是取心收获率。

取心收获率 = [实际岩心长度（m）/取心进尺（m）]×100%

固井质量指标主要包括：水泥返高、人工井底和水泥环胶结质量。水泥环胶结质量用水泥胶结测井（CBL）和变密度测井（VDL）检测。

综合固井合格率 =（固井合格井数/固井井数）×100%

井身质量、取心质量和固井质量都符合标准要求的井就是钻井工程质量合格井。

钻井工程质量合格率 =（钻井工程质量合格井口数/完成井口数）×100%

（四）钻井时效

钻井时效是计算不同时间所占钻井工作时间的比值，它反映了钻井工作效率。

（五）生产时间

生产时间是指正常的钻井工艺所需用的时间。生产时间 = 进尺工作时间 + 测井工作时间 + 固井工作时间 + 辅助工作时间。

1. 进尺工作时间

进尺工作时间是指与钻井进尺直接相关的所需消耗的时间。进尺工作时间由纯钻进时间（包括取心）、起下钻时间、接单根时间、扩划眼时间、换钻头时间、循环钻井液时间等构成。

纯钻进时间是指钻头在井底转动、破碎岩石形成井眼的钻井时间，包括取心钻进时间，但不包括扩划眼和井壁取心的时间。

起下钻时间是指为正常钻进和取心钻进所必需的起钻、下钻时间。起钻时间是指停止钻井液循环后，从上提方钻杆开始到起完最后一根立柱，并将钻头提出转盘面止的全部时间。下钻时间是指从钻头进入转盘起，到下完最后一根立柱并接上方钻杆的全部时间。

接单根时间是指为正常钻井和取心钻进过程中的接单根时间，包括从上提方钻杆开始，到接上单根后又接上方钻杆为止的全部时间。

划眼时间是指在钻井过程中按照钻井操作规定所必需进行的划眼时间；扩眼时间是指取心后的扩大井眼时间，包括为划眼、扩眼而进行的起下钻、换钻头、接单根等时间。

换钻头时间是指为正常钻进和取心钻进，因钻头磨损而引起的更换钻头时间，即，从卸旧钻头开始到换装好新钻头并开始下钻的全部时间。

循环钻井液时间是指为取得进尺而必须进行的正常的钻井液循环时间，如正常划眼、扩眼中的钻井液循环时间。不包括测井、固井、下套管前以及处理事故或井下复杂情况等所进行的钻井液循环时间。

2. 测井工作时间

测井工作时间是指在钻井过程中按照地质、工程设计要求进行的测井和井壁取心所占用的时间。

3. 固井工作时间

固井工作时间是指为固井所进行的一切正常工艺措施所占用的时间，包括固井前准备工作（如下套管前的划眼、通井、循环钻井液、试下套管）、下套管、循环钻井液、注水泥、替钻井液、碰压候凝、测声幅、探水泥面、钻水泥塞，换装井口等全部工作时间。若测声幅不合格或水泥返高未达到设计要求需要重新挤水泥者，则从开始到完成为止的时间均计入固井事故时间。

4. 辅助工作时间

辅助工作时间是指钻井过程中除去进尺工作时间、测井工作时间、固井工作时间以外所必须进行的辅助工作所占用的时间。具体包括：

准备工作时间：指为了保证正常钻进工作的顺利进行所做的一切工作时间，如钻开油（气）层之前的调整和更换钻井液、防喷、防火等准备工作时间、由于设计变更需要的准备工作时间、钻到油（气）层需要观察油气显示及钻井液变化情况所占用的时间、冬季停工休整、处理事故和处理复杂情况结束后，进入正常钻进之前的钻井液循环、调整、配制钻井液等工作所占用的时间。

倒换钻具时间：指根据工程设计要求和为了合理使用钻具，把井下钻具定期倒换上、下位置，起钻前配立柱或钻至一定深度时，由于钻机负荷限制，需要更换较小直径钻具所占用的时间。

检查工作时间：指进行岗位责任制检查和交接班检查，以及为了保证安全生产，对设备、钻具及钻机零部件等进行的定期和不定期的检查更换所占用的时间。

取心辅助工作时间：是指为取心而进行的检查装配取心工具、割心、岩心出筒等所占用的时间。

调配钻井液时间：指在正常的钻井过程中，调整、更换、配制钻井液的时间。

更换易损件时间：指更换易损件所占用的时间。如更换绞车刹车片、传动箱链条片、钻井液泵活塞、阀、缸套、水龙头冲管、冲管密封圈、各种仪表、控制件密封圈、垫圈等。

其他辅助时间：指不属于上述各项辅助工作的辅助工作时间。如地质观察取样、校对井架、校对悬重、校正指重表、指重表悬重下降或泵压降低所需的观察判断时间等。

（六）非生产时间

非生产时间是指在钻井过程中影响钻井工作正常进行的时间，包括组织停工时间、钻井事故时间、设备修理时间、处理复杂情况时间和其他停工时间。

1. 组织停工时间

组织停工时间是指由于本企业、本部门组织工作不善，导致物资器材供应不及时或劳动力缺乏等原因而造成的停工时间。

2. 钻井事故时间

钻井事故时间是指从发生事故或发现有异常情况证实事故时起，到解除事故恢复原有状态的全部时间。钻井事故一般划分为四大类：井下事故、机械事故、人身事故和其他事故。在处理事故过程中所进行的一切工艺措施所占用的时间，都列入事故时间。

3. 设备修理时间

设备修理时间是指需要停止正常钻进所进行的设备维修所占用的时间，包括更换易损件时间。

第二节 钻井设备与钻井工具

一、钻机

（一）钻机的组成

钻机总体的组成如图3-2-1所示，根据钻井工艺中钻进、循环、起下钻具、下套管等各工序要求，一套钻机应包括下列各系统和设备。

1. 起升系统

起升系统主要由绞车、井架、天车、游动滑车、大钩及钢丝绳等组成。其中天车、游动滑车、钢丝绳组成的系统称为游动系统。起升系统的主要作用是起下钻具、送钻、下套管以及处理井下复杂情况和辅助起升工具等。

2. 旋转系统

旋转系统是由转盘、水龙头（动力水龙头）、顶驱、井内钻具（井下动力钻具）等组成。其主要作用是带动井内钻具、钻头等旋转，连接起升系统和钻井液循环系统。

3. 钻井液循环系统

钻井液循环系统由钻井泵、地面管汇、立管、水龙带、钻井液配制、净化设备、井下钻具及钻头喷嘴等组成。其主要作用是通过钻井液循环冲洗净化井底、携带岩屑、为井下动力钻具传递动力并传递井下信息等。

4. 动力系统

驱动绞车、钻井泵和转盘等工作机组的动力设备，可以由柴油机直接驱动或通过柴油发电机组、燃气轮机或电网电力等驱动交流电动机或直流电动机。

5. 传动系统

传动系统的主要任务是把动力设备的机械能传递给绞车、钻井泵和转盘等工作机。钻机的传动方式有：

1）机械传动钻机

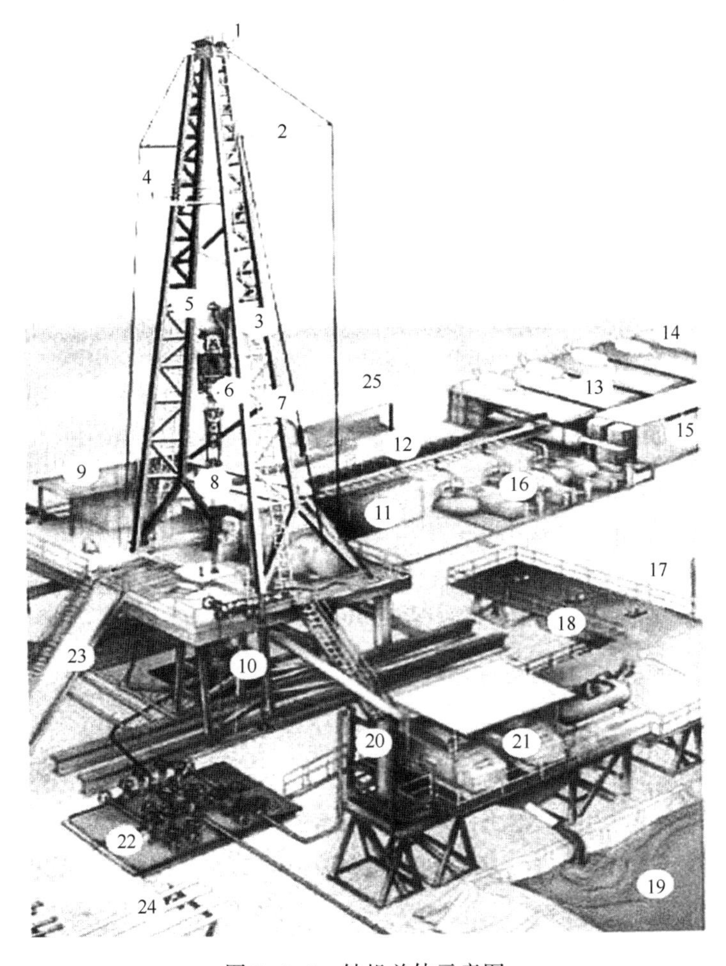

图 3-2-1　钻机总体示意图

1—天车；2—安全绳；3—钻井钢丝绳；4—二层平台；5—游车；6—顶驱；7—井架；8—钻具；9—司钻偏房；10—防喷器；11—水罐；12—电缆桥架；13—发电机组；14—燃油罐；15—电控房；16—钻井泵；17—重晶石粉罐；18—钻井液罐；19—钻井液池；20—液气分离器；21—振动筛；22—节流管汇；23—坡道；24—管子排放架；25—蓄能器

包括万向轴、减速箱、离合器、链传动、机械液力传动和三角带传动等。

2）电传动钻机

3）液压传动钻机控制系统和监测显示仪表

6. 控制系统

控制系统由各种控制设备组成。常用的有机械控制、电控制、气控制、液控制以及电、气、液联合控制。其主要作用是控制各机组工作，监测显示地面有关系统设备的工作状况。

7. 钻机底座

包括钻台底座、机房底座和钻井泵底座等，车装钻机的底座为汽车或拖拉机的底盘或专用底盘。其主要作用是安装井架、转盘、绞车、司钻控制台（房）、放置立根盒、井口工具、容纳井口装置以及安装动力机组、传动设备等。

8. 辅助设备

辅助设备（配套设备）一般包括空气压缩机、钻鼠洞设备、井口防喷设备、辅助发电设备（供机械化装置、空气压缩机、照明用电等）及辅助起重设备、生活房（材料库、修理间、值班房等）。在寒冷地区钻井还需配备供暖保温设备。其主要作用是完成必要的辅助工作。

（二）钻机类型

（1）按钻井工艺分为：

① 顿钻钻机（图 3-2-2）；

② 旋转钻机；

③ 井底发动钻机，如井底冲击振动钻具、井底旋转钻具（涡轮钻具、螺杆钻具、电动钻具等）。

（2）按钻井深度分为：

① 浅井钻机（钻井深度小于 1500m）；

② 中深井钻机（钻井深度为 1500~3000m）；

③ 深井钻机（钻井深度为 3000~5000m）；

④ 超深井钻机（钻井深度大于 5000m）。

（3）按驱动动力分为：

① 机械钻机，包括胶带并车的直接传动钻机，链条并车的液力传动钻机。其中的液力传动元件有液力变矩器和液力耦合器，液力耦合器效率较高，目前应用较多。

② 电驱动钻机，包括直流电驱动钻机，如 DC—DC、AC-SCR-DC；交流电驱动钻机，如 AC-AC、AC-DC-AC。

③ 机电复合驱动钻机。

④ 液压驱动钻机。

（4）按驱动方案分为：

分为单独驱动、统一驱动、分组驱动。

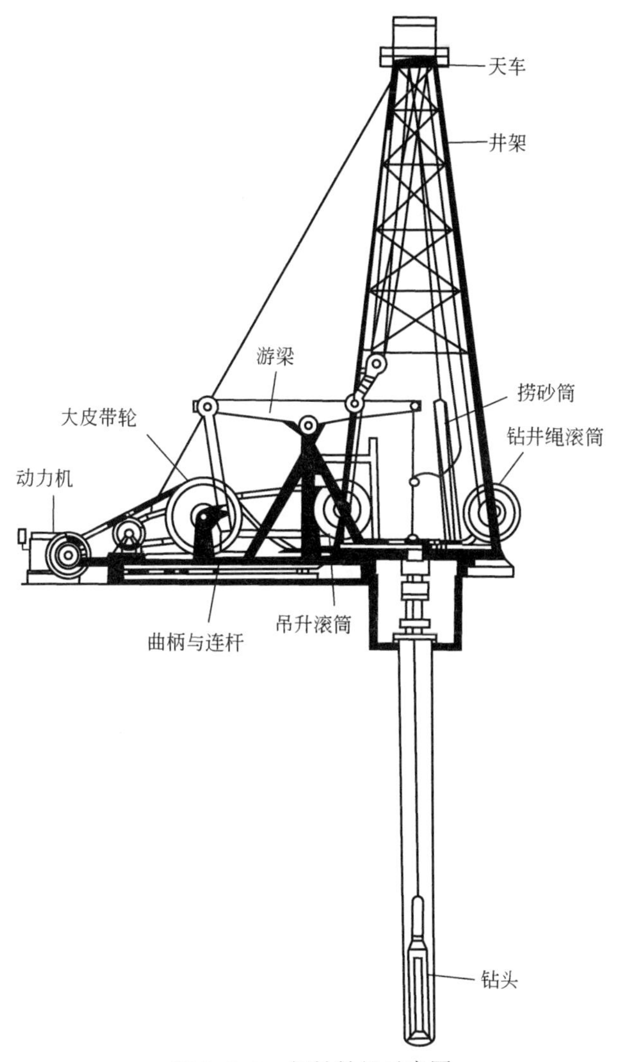

图 3-2-2 顿钻钻机示意图

① 按移运方式区分：撬装钻机、车装钻机。

② 按使用地区和用途区分：钻机包括常规钻机、海洋钻机、沙漠钻机、丛式井钻机、连续柔管钻机。

（三）石油钻机基本参数

石油钻机基本参数见表 3-2-1。

表 3-2-1 石油钻机基本参数

钻机级别		10/600	15/900	20/1350	30/1700	40/2250	50/3150	70/4500	90/6750 90/5850(3)	120/9000
名义钻深范围(1) m	127mm 钻杆	500~800	700~1400	1100~1800	1500~2500	2000~3200	2800~4500	4000~6000	5000~8000	7000~10000
	114mm 钻杆	500~1000	800~1500	1200~2000	1600~3000	2500~4000	3500~5000	4500~7000	6000~9000	7500~12000
最大钩载［kN(tf)］		600（60）	900（90）	1350（135）	1700（170）	2250（225）	3150（315）	4500（450）	6750（675） 5850（585）(3)	9000（900）
绞车额定功率	kW	110~200	257~330	330~400	400~550	735	1100	1470	2210	2940
	hp	150~270	350~450	450~550	550~750	1000	1500	2000	3000	4000
游动系统绳数	钻井绳数	6	8	8	8	8	10	10	12/10(3)	12
	最多绳数	6	8	8	10	10	12	12	16/14(3)	16
钻井钢丝绳直径(2)	mm	22	26	29	32	32	35	38	42	52
	in	$\frac{7}{8}$	1	$1\frac{1}{8}$	$1\frac{1}{4}$	$1\frac{1}{4}$	$1\frac{3}{8}$	$1\frac{1}{2}$	$1\frac{5}{8}$	2
钻井泵单台功率不小于	kW	260	370	590	735		960	1180		1470
	hp	350	500	800	1000		1300	1600		2000
转盘开口直径	mm	381，445		445，520，700			700，950，1260			
	in	15，$17\frac{1}{2}$		$17\frac{1}{2}$，$20\frac{1}{2}$，$27\frac{1}{2}$			$27\frac{1}{2}$，$37\frac{1}{2}$，$49\frac{1}{2}$			
钻台高度（m）		3，4	4，5		5，6，7.5		7.5，9，10.5，12			
井架(4)		各级钻机均采用可提升 28m 立柱的井架，对 10/600，15/900，20/1350 三级钻机也可采用提升 19m 立柱的井架，对 120/9000 一级钻机可采用 37m 立柱的井架								

注：

（1）114mm 钻杆组成的钻柱的平均质量 30kg/m，127mm 钻杆组成的钻柱的平均质量 36kg/m，以 114mm 钻杆标定的名义钻深范围上限作为钻机型号的表示依据。

（2）所选用钢丝绳应保证在游动系统最多绳数和最大钩载的情况下的安全系数不小于 2，在钻井绳数和最大钻柱载荷情况下的安全系数不小于 3。

（3）为非优先采用参数。

（4）不适合用于自行式钻机、拖挂式钻机。

（四）钻机的总体布置

钻机的总体布置取决于本身的驱动与传动形式以及工艺的要求，钻机不同的驱动与传动形式，其总体布置差别较大。钻机的总体布置一般应满足钻井工艺、钻井工艺过程中各机组协调作业、设备搬迁、运输及材料存放布置、安全操作等要求。

ZJ70DB 钻机总体平面布置如图 3-2-3 所示。

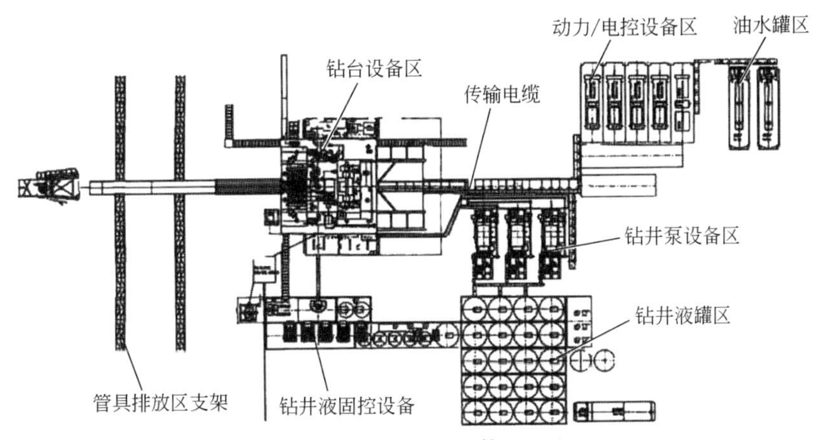

图 3-2-3　ZJ70DB 钻机总体平面布置图

二、钻井泵及钻井液固控系统

钻井泵及钻井液固控系统在钻井过程中完成钻井液的循环任务。

（一）钻井泵组

钻井泵组一般由动力机及传动件、钻井泵、灌注泵、底座组成，图 3-2-4 为电驱动钻井泵组成示意图。

1. 钻井泵分类

按缸数分：有单缸泵、双缸泵、三缸泵、四缸泵、五缸泵。

按直接与工作液体接触的工作机构分：有活塞式和柱塞式两种，活塞式泵——由带密封件的活塞与固定的金属缸套形成密封副；柱塞式泵——由金属柱塞与固定的密封组件形成密封副。

按作用方式分：有单作用和双作用两种，单作用式泵——活塞或柱塞在液缸内往复运动一次，该液缸完成一次吸入和一次排出；双作用式泵——活塞或柱塞在液缸内往复运动一次，该液缸完成两次吸入和两次排出。

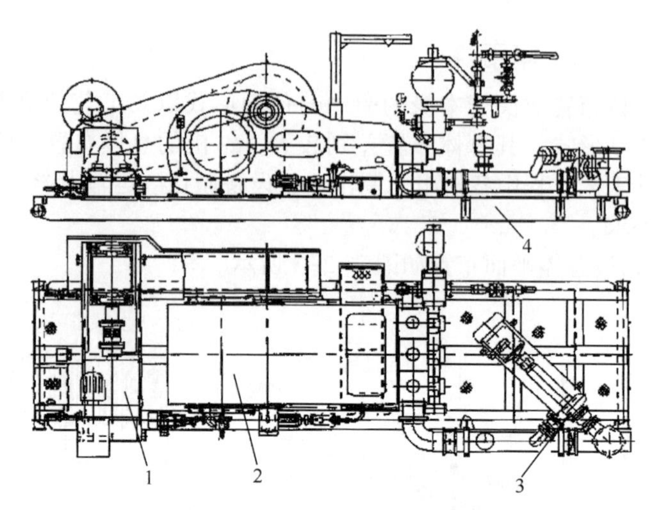

图 3-2-4　钻井泵组示意图

1—电动机及传动件；2—钻井泵；3—灌注泵；4—底座

2. 钻井泵的主要技术参数

包括：额定输入功率、额定冲数、活塞冲程、齿轮传动比、最高工作压力、最大缸套直径、吸入管直径、排出泵直径以及质量等。F 系列钻井泵的主要技术参数见表 3-2-2。

表 3-2-2　F 系列钻井泵技术参数表

泵型号	F-500	F-800	F-1000	F-1300	F-1600	F-2200
额定输入功率，kW(hp)	373（500）	596（800）	746（1000）	969（1300）	1193（1600）	1640（2200）
额定冲数，冲/min	165	150	140	120	120	105
活塞冲程，mm（in）	191（7.5）	229（9）	254（10）	305（12）	305（12）	356（14）
齿轮传动比	4.286	4.185	4.207	4.206	4.206	3.512
最高工作压力，MPa	26.77	27.26	32.85	30.60	37.65	52.00
最大缸套直径，mm	170	170	170	180	180	230
吸入管直径，mm(in)	203.2（8）	254（10）	304.8（12）	304.8（12）	304.8（12）	304.8（12）
排出管直径，mm(in)	102（4）	127（5）	127（5）	127（5）	127（5）	127（5）
质量，kg	9770	14500	18790	24572	24791	38460

（二）钻井液固控系统

钻井液固控系统一般由振动筛、旋流分离器、螺旋式离心分离机、高速离心分离机、液气分离器及钻井液罐组成，如图 3-2-5 所示。

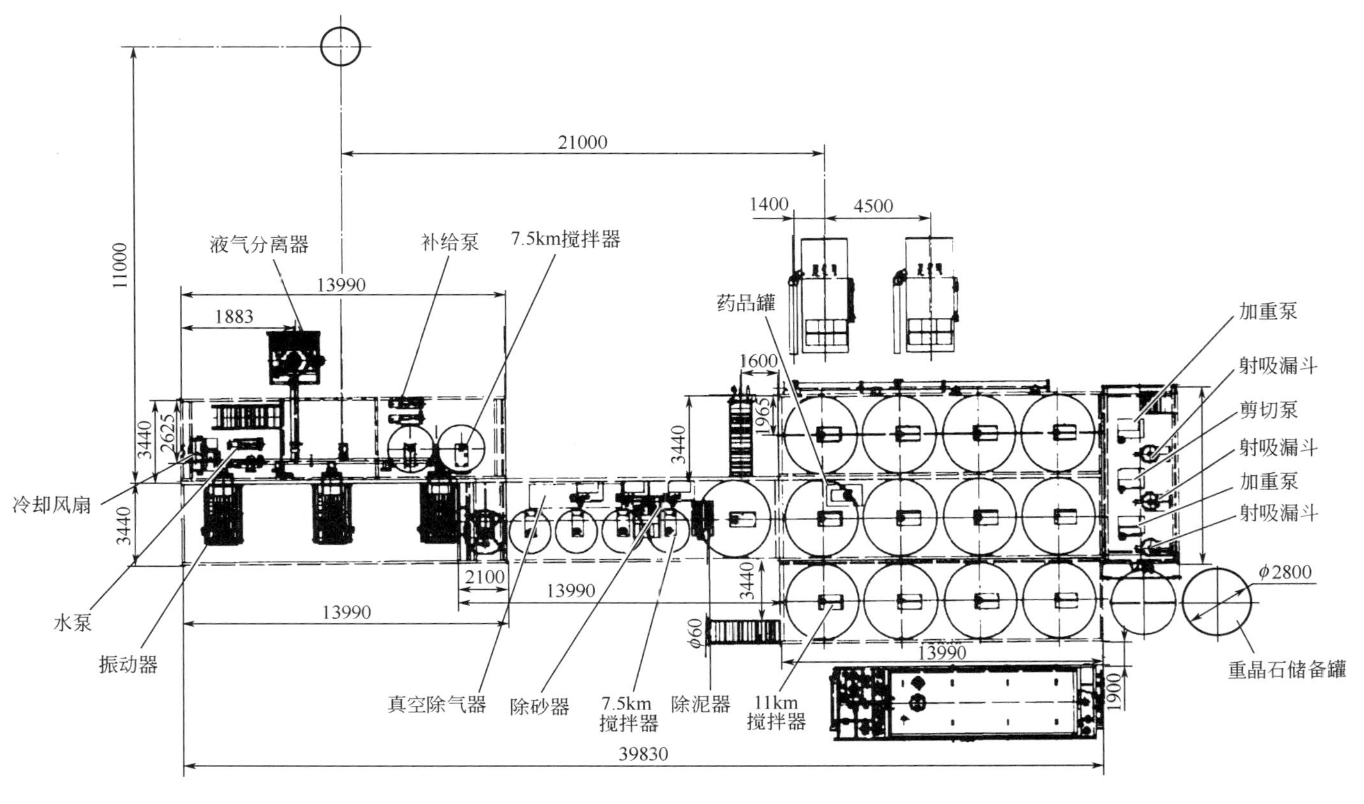

图3-2-5 固控系统布置示意图

振动筛，作用是清除大于筛孔尺寸的颗粒。

旋流分离器（除砂器、除泥器），作用是清除小于振动筛筛孔尺寸的颗粒。

螺旋式离心分离机，作用是控制钻井液的固相，去除非加重钻井液的固相和加重钻井液中的重晶石。

高速离心分离机，作用是分离重钻井液中的黏土颗粒。

液气分离器，作用是钻井过程中对井内含气钻井液进行气体与液体分离。

钻井液罐，包括以下罐体。

计量罐：含计量仓、冷却仓；

振动筛罐：分为 4 个仓，即沉砂仓、除气仓、除砂仓和除泥仓、离心机备用仓；

中间罐：分为 4 个仓，即离心机仓、吸入仓、储备仓、剪切仓；

吸入罐：分为 2 个仓，即吸入仓、加重仓；

储备罐：用以储备钻井液；

加重撬：用以安放加重泵和剪切泵、加重漏斗以及相应的管路。

三、顶部驱动装置

（一）顶部驱动钻井装置的作用

顶部驱动钻井装置简称顶驱，是从钻柱顶部直接旋转钻柱，完成钻进、循环钻井液、接立根、上卸扣、内防喷器（IBOP）控制等多种钻井操作的集机电液一体化的装置。

顶部驱动钻井装置是 20 世纪 80 年代以来钻井设备发展的三大新技术（顶驱、盘式刹车、变频电驱动）之一。

顶部驱动钻井的主要特点：

（1）立根钻进，节省 2/3 接单根时间。

（2）起下钻时，可在任意高度循环钻井液，实施倒划眼和划眼作业，大大减少卡钻事故。

（3）立根钻水平井、丛式井、斜井时容易控制井底马达的造斜方位。

（4）钻杆上卸扣操作机械化，提高钻井效率。

（5）立根钻进，提高取心质量。

（6）节约钻井成本，保证设备安全，改善劳动条件。

（二）顶部驱动钻井装置的分类

按驱动方式分，顶部驱动可分为直流电驱动、交流变频电驱动、液压驱动和机械式侧驱。

（三）顶驱钻井系统的结构

顶驱装置如图 3-2-6 所示，由以下几部分组成：动力供给及传动；PLC 及操作控制台；液压动力站；液压叠加阀组；动力水龙头；可实现上卸扣作业的管子处理装置（DQ-60P 为环形背钳）；导轨及附件。

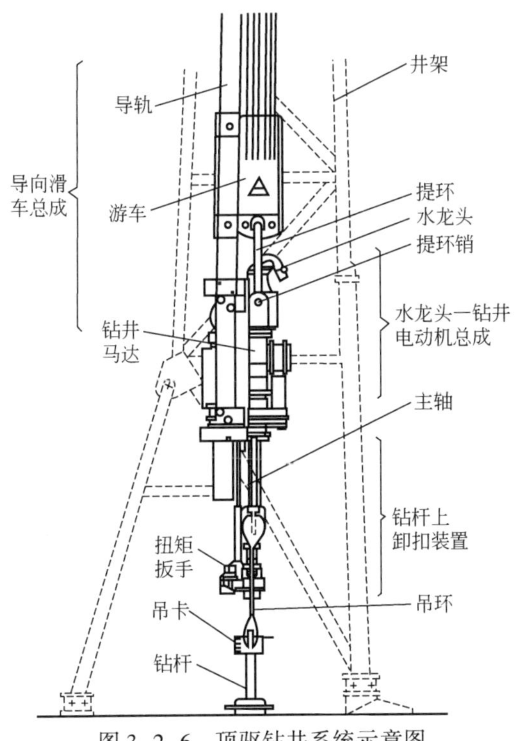

图 3-2-6　顶驱钻井系统示意图

（四）顶部驱动主要参数

北京石油机械厂顶部驱动钻井装置主要参数见表 3-2-3。

表 3-2-3　北京石油机械厂顶部驱动钻井装置基本参数

产品型号	名义钻井，深度，m（114mm 钻杆）	最大载荷 kN	转速范围 r/min	工作扭矩，kN · m（连续）	最大卸扣扭矩 kN · m	背钳夹持范围 mm
DQ30Y	3000	2000	0～250	40（设计能力）	40	87～164（2⅞～5½）

续表

产品型号	名义钻井深度，m（114mm 钻杆）	最大载荷 kN	转速范围 r/min	工作扭矩，kN·m（连续）	最大卸扣扭矩 kN·m	背钳夹持范围 mm
DQ90BSD	9000	6750	0~200	85（0~100r/min）	135	87~216（$2\frac{7}{8}$~$6\frac{5}{8}$）
DQ120BSC	12000	9000	0~200	85（0~100r/min）	135	87~250（$2\frac{7}{8}$~$6\frac{5}{8}$）
DQ90BSC	9000	6750	0~200	70（0~100r/min）	125	87~216（$2\frac{7}{8}$~$6\frac{5}{8}$）
DQ70BSD	7000	4500	0~200	60（0~100r/min）	90	87~197（$2\frac{7}{8}$~$6\frac{5}{8}$）
DQ70BSC	7000	4500	0~220	50（0~110r/min）	75	87~197（$2\frac{7}{8}$~$6\frac{5}{8}$）
DQ50BC	5000	3150	0~180	40（0~90r/min）	60	87~187（$2\frac{7}{8}$~$5\frac{1}{2}$）
DQ40BC	4000	2250	0~180	40（0~90r/min）	60	87~187（$2\frac{7}{8}$~$5\frac{1}{2}$）
DQ40Y	4000	2250	0~180	50（设计能力）	50	87~187（$2\frac{7}{8}$~$5\frac{1}{2}$）

四、井控设备

（一）井控设备的组成

井控设备（图 3-2-7）应包括以下设备、仪表与工具：

（1）井口防喷器组：环形防喷器、闸板防喷器、四通等。

（2）控制装置：蓄能器装置、遥控装置。

（3）节流与压井管汇。

（4）钻具内防喷工具：方钻杆旋塞、钻杆回压阀、投入式单向阀等。

（5）加重钻井液装置：重晶石粉混合漏斗装置、重晶石粉气动下料装置。

（6）起钻灌注钻井液装置。

（7）钻井液气体分离器。

（8）监测仪表：钻井液罐液面监测仪、甲烷、硫化氢检测器。

（二）井控设备的作用

（1）预防井喷。保持井筒内钻井液静液柱压力始终略大于地层压力，防止井喷条件的形成。

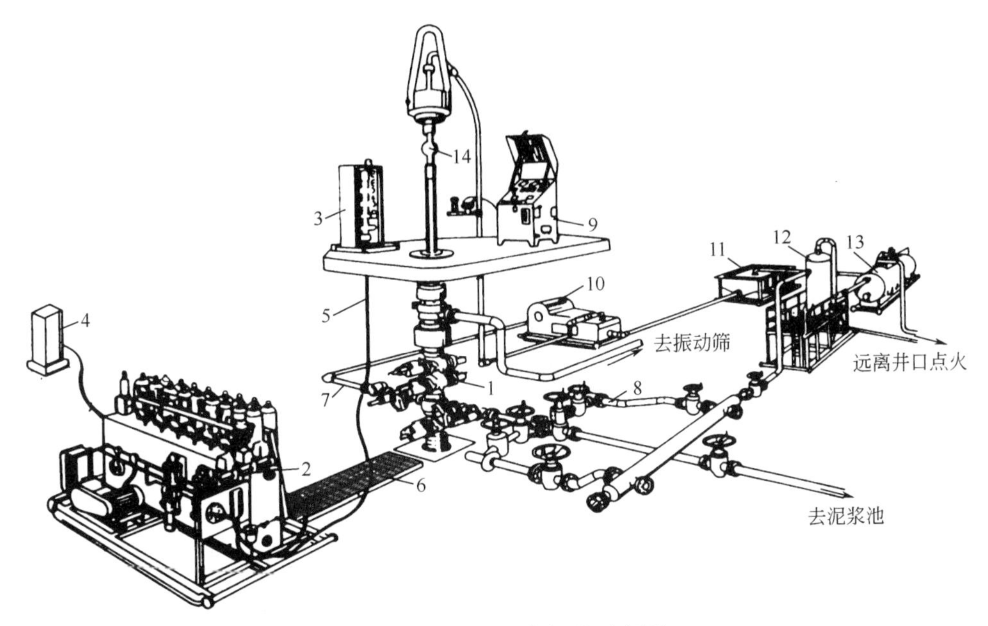

图 3-2-7 井控设备概况示意图

1—井口防喷器组；2—蓄能器装置；3—遥控装置；4—辅助遥控装置；5—气管束；6—管排架；7—压井管汇；8—节流管汇；9—节流管汇液控箱；10—钻井泵；11—钻井液罐；12—钻井液气体分离器；13—真空除气器；14—方钻杆上旋塞

(2) 及时发现溢流。对油气井进行监测，以便尽早发现井喷预兆，尽早采取控制措施。

(3) 迅速控制井喷。溢流、井涌、井喷发生后，迅速关井，实施压井作业，对油气井重新建立压力控制。

(4) 处理复杂情况。在油气井失控的情况下，进行灭火抢险等处理作业。

五、钻头

钻头是石油钻井中用来破碎岩石以形成井眼的重要工具。按钻头上是否具有活动部件，可分为牙轮钻头和金刚石钻头。

(一) 牙轮钻头

1. 牙轮钻头分类

按牙轮钻头上的牙轮数量分类，分为单牙轮、双牙轮和三牙轮钻头

（图 3-2-8），目前使用最多的是三牙轮钻头。

图 3-2-8　单牙轮、双牙轮和三牙轮钻头

按牙轮钻头上的牙齿材料分，可分为铣齿（也称钢齿）牙轮钻头和镶齿（也称硬质合金齿）牙轮钻头两大类。

按牙轮钻头上的轴承结构分，可分为滚动轴承牙轮钻头和滑动轴承牙轮钻头两大类。

2. 牙轮钻头结构

牙轮钻头是由牙轮接头、巴掌、牙轮、轴承、水眼以及储油密封补偿系统等部分组成（图 3-2-9）。接头位于钻头的最上端，有螺纹，可直接与钻具组合相连接。牙轮分为单锥牙轮和复锥牙轮两种，单锥牙轮由主锥和背锥组成；复锥牙轮由主锥、副锥和背锥组成，副锥有一至三个。牙轮由牙轮壳体内的轴承跑道、牙轮轴颈和滚动体组成。主轴承和辅助轴承承受径向载荷；滚珠轴承主要起定位作用，锁紧牙轮；止推轴承承受轴向载荷。水眼是钻井液流出钻头的通道。储油密封补偿系统可防止钻井液进入轴承腔和防止漏失润滑脂，还可储存和向轴承腔内补充润滑脂。

3. 牙轮钻头破岩机理

牙轮钻头主要以牙齿对岩石的冲击、压碎和剪切破碎岩石。硬和极硬地层，牙轮没有移轴或移轴距很小，依靠牙齿对岩石的冲击、压碎破碎岩石；极软和软地层，牙轮移轴距较大，依靠牙齿对岩石的剪切作用破岩；中软、中等和中硬地层依靠这两种作用破碎地层。钻头钻进时，钻头向井底方向振动，牙齿对岩石的总载荷为静载（钻压）和动载之和。钻压使牙齿压碎岩石，称为压碎作用；动载荷使牙齿冲击破碎岩石，称为冲击作用。所以总载荷对岩石的破碎作用称为冲击、压碎作用。钻头在极软或软地层中钻进时，牙齿易吃入地层。由于牙齿在井底有一定滑动，使牙齿在井底移动小段距离，剪切刮挤掉这一小段的岩石，这种破岩作用称为剪切作用。

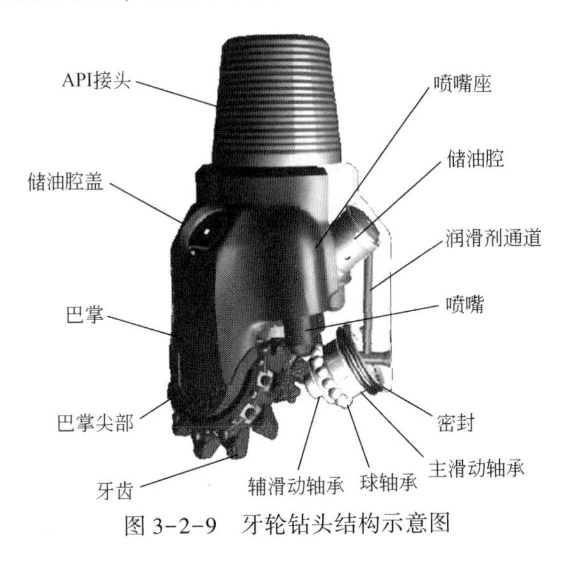

图 3-2-9　牙轮钻头结构示意图

（二）金刚石钻头

1. 金刚石钻头分类

按金刚石材料分类，分为天然金刚石钻头（图 3-2-10）和人造金刚石钻头。如 PDC 钻头、TSP 钻头（图 3-2-11）就是人造金刚石钻头。

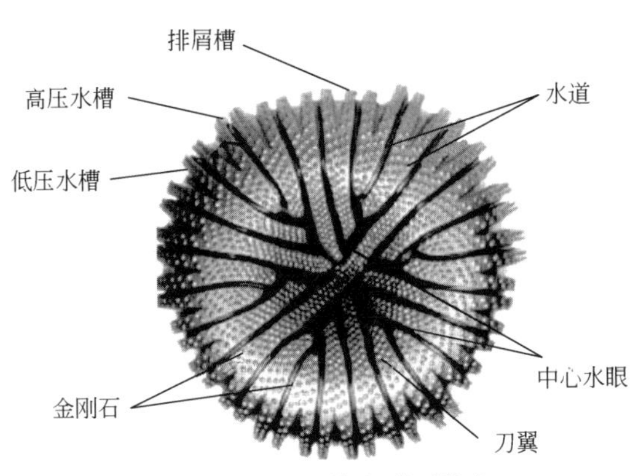

图 3-2-10　天然金刚石钻头

按金刚石与胎体之间的结合形式分类，分为表镶金刚石钻头和孕镶金刚石钻头。

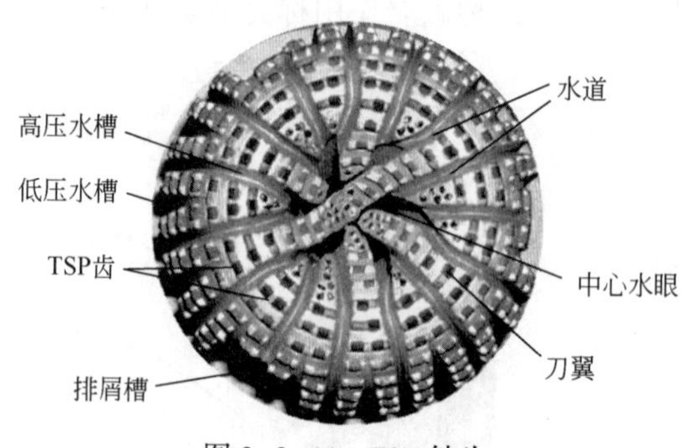

图 3-2-11　TSP 钻头

2. 金刚石钻头结构

金刚石钻头属一体式钻头，整个钻头无活动部件，主要由钻头体、冠部、水力结构（包括水眼或喷嘴、水槽亦称水道，排屑槽）、保径、切削刃（齿）和接头等部分组成。金刚石钻头的冠部是钻头切削岩石的工作部分，如图 3-2-12 所示，其表面（工作面）镶装有金刚石材料切削齿，并布置有水力结构，其侧面保径部分（镶装保径齿）和钻头体相连，由碳化钨胎体或钢质材料制成，如图 3-2-13 所示。钻头体是钢质材料体，上部是螺纹和钻柱相连接，其下部与冠部胎体连结在一起（钢质的冠部则与钻头体成为一个整体）。

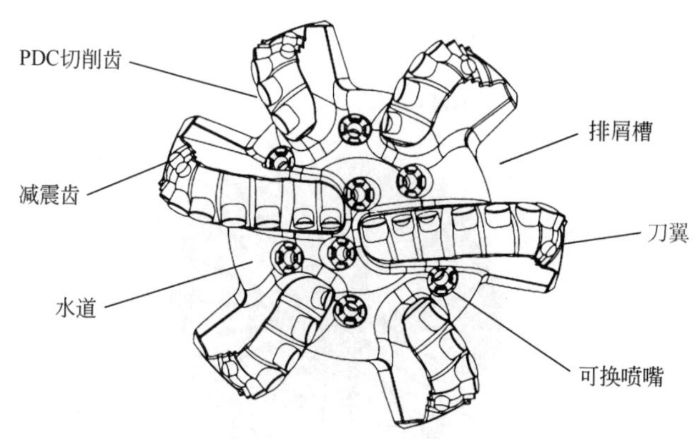

图 3-2-12　PDC 钻头冠部结构示意图

3. 金刚石钻头破岩机理

金刚石钻头的结构特点决定了金刚石钻头的破岩机理。PDC 钻头是以剪切方式破碎岩石，而天然金刚石钻头、TSP 钻头和孕镶金刚石钻头是以犁削和研磨方式破碎岩石。

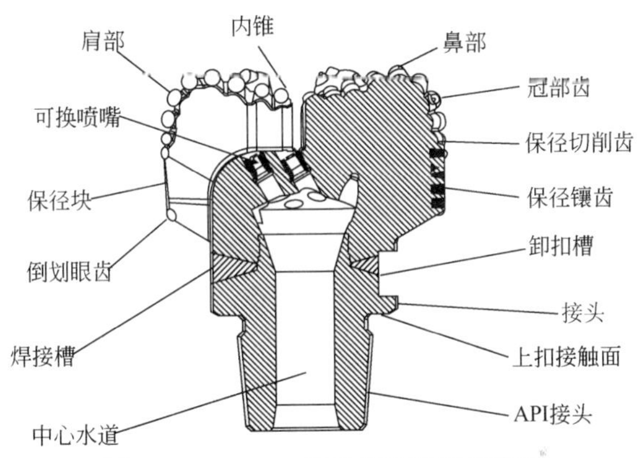

图 3-2-13 PDC 钻头剖面结构示意图

PDC 钻头在钻压和扭矩的共同作用下，PDC 切削齿吃入地层，利用切削齿聚晶层抗冲击、研磨性强等特点，以剪切方式破碎岩石，破碎相同体积的岩石所消耗的能量较低，同时 PDC 切削齿可自锐，机械钻速高（图 3-2-14）。PDC 钻头是固定齿钻头，钻头上没有活动件，适合高转速，钻头寿命长。

天然金刚石钻头是以剪切、犁削、碾碎和磨削等方式来破碎岩石的(图 3-2-15)，不同岩石的破碎过程也不同（图 3-2-15）。在塑性大的软地层中（如泥岩、泥质砂岩、石膏等），金刚石破碎岩石类似于金属的切削过程，在这些地层中钻进时钻头结构和水力因素成为影响钻头性能的重要因素。在某些弹塑性地层中（如致密的页岩、白云岩、石灰岩等），金刚石作用下的岩石处于很高的应力状态，金刚石在钻压的作用下挤碎下面的岩石，同时在扭矩的作用下，在金刚石不断移动过程中产生岩屑，其体积大体上接近金刚石吃入岩石的位移体积，整个过程看作是“犁削”作用。在脆性较大的地层中（如砂岩、某些灰岩等），天然金刚石钻头破碎岩石的特点主要表现为脆性破碎（即体积破碎）。在坚硬岩石中（如燧石、硅质白云岩、硅质石灰岩等），天然金刚石钻头主要以磨削方式破岩。

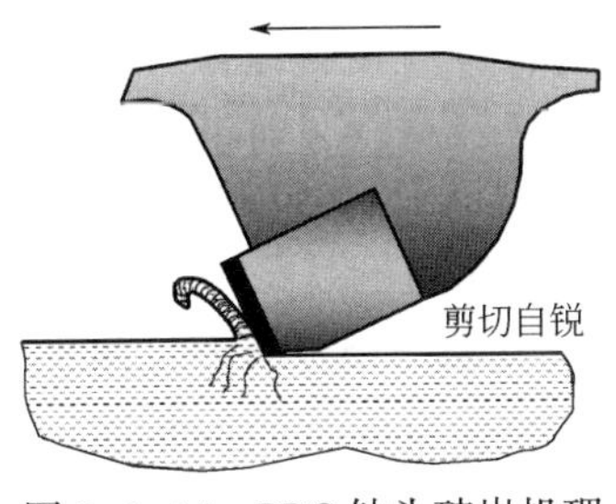

图 3-2-14 PDC 钻头破岩机理

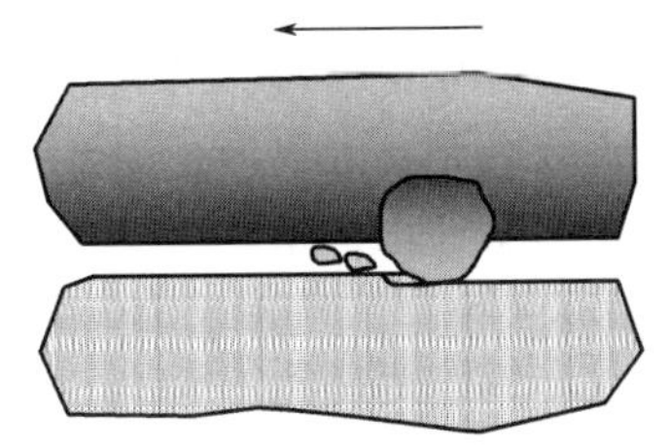
图 3-2-15 天然金刚石钻头破岩机理

正是由于PDC钻头的剪切破岩作用和金刚石钻头的犁削、研磨等破岩作用，使钻进时岩屑特别细小，加上一部分岩屑会融入钻井液内，造成地面捞取岩屑细小、量少，给钻时、岩屑和油气录井增加了难度。

六、钻井工具

（一）垂直钻井工具

1. PowerV垂直钻井工具

主要由控制单元和偏置单元两部分组成。控制单元包括测量传感器、井下CPU和控制电路，通过上下轴承悬挂于外筒内，靠控制两端的涡轮在钻井液中的转速使该部分形成一个不随钻柱旋转的、相对稳定的控制平台。偏置单元是用于导向的机械装置，主要由钻井液分配盘阀和3个周向均匀分布的活塞组成，活塞外端与导向肋板相连，活塞的动力来源是钻井过程中自然存在的钻柱内外的钻井液压差。分配盘阀由上盘阀和下盘阀组成，上盘阀带有一环形长孔，与高压钻井液相通，有一控制轴从控制部分稳定平台延伸到下部的导向肋板伸出控制机构，底端固定上盘阀，由控制单元稳定平台控制上盘阀的转角，即上盘阀与控制轴相连，并受其控制，如图3-2-16所示。下盘阀固定于井下偏置工具内部，随钻柱一起转动，下盘阀上有3个均匀分布的圆孔，3个液压孔分别与导向肋板液压腔相通。在井下工作时，由控制单元稳定平台控制上盘阀的相对稳定性；随钻柱一起旋转的下盘阀上的液压孔将依次与上盘阀上的高压孔接通，使钻柱内部的高压钻井液通过该临时接通的液压通道进入相关的导向肋板液压腔，在钻柱内外钻井液压差的作用下，将导向肋板伸出。每个导向肋板都将在设计位置伸出，从而为钻头提供一个侧向力，产生导向作用。

PowerV的具体工作流程是，当钻井泵起动后，涡轮发电机发电，测量传感器测量到井底高边的井斜角和方位角，然后通过上下两个扭矩发生器的作用把控制部分稳定平台稳定在这一方位上，同时通过控制轴将上盘阀的环形孔位置调整并稳定在高边方位，当下盘阀随钻柱转动时，其上面的3个均匀分布的圆孔转到与上盘阀的环形孔对正的位置时，高压钻井液通过圆孔入活塞，推动活塞伸出，带动导向肋板推靠井壁，从而对钻具产生一个指向低边（与井斜方向相反）的侧向力，使钻具回到垂直状态。当井斜方位角发生改变时，测量传感器测量到方位角改变后会自动调整上盘阀的环形孔的位置，然后基于相同的原理对钻具产生侧向力，从而保证钻具始终保持垂直状态的趋势，而实现垂直钻进。

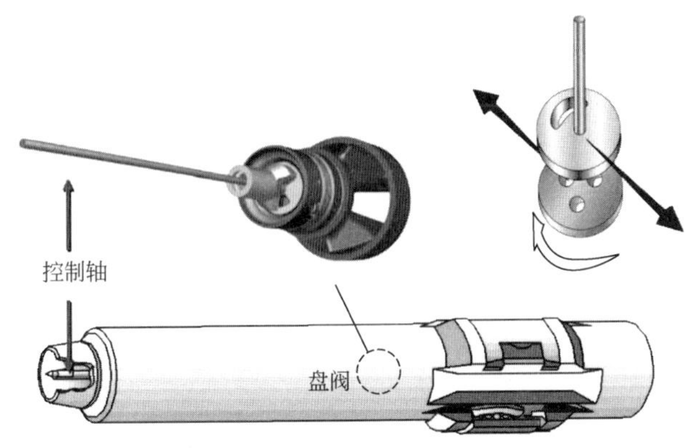

图 3-2-16 PowerV 导向控制盘阀示意图

2. BH-VDT5000 自动垂直钻井工具系统

BH-VDT5000 自动垂直钻井工具系统主要由供电和信号上传系统、井下闭环控制系统组成（图 3-2-17）。供电和信号上传系统主要有集成短节、主阀、发电机和电路四部分；井下闭环控制系统主要包括中心轴、本体、导向块、压力补偿器、轴承装置、液压泵、电子控制系统、井斜测斜仪、传感器等。

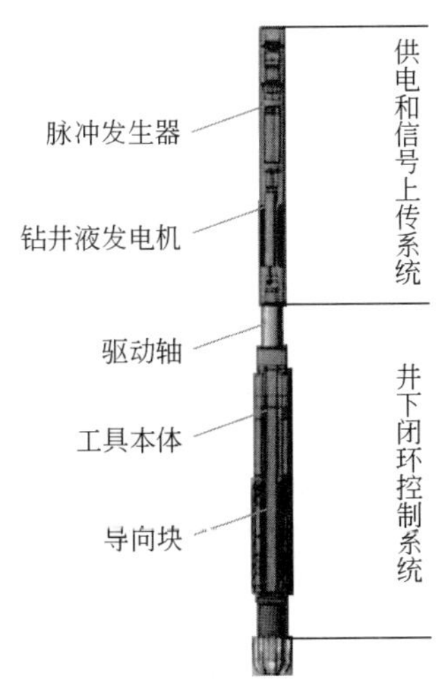

图 3-2-17 BH-VDT5000 系统组成

BH-VDT5000 自动垂直钻井工具工作原理是测斜装置监测到井斜后，将信号传输到电子控制系统，电子控制系统激发导向液缸产生动作，把井眼高边位置的导向块推出，伸出的导向块便牢牢地支撑在井壁上，同时给钻头一个侧向力，使钻头回到垂直方向，如图 3-2-18 所示。

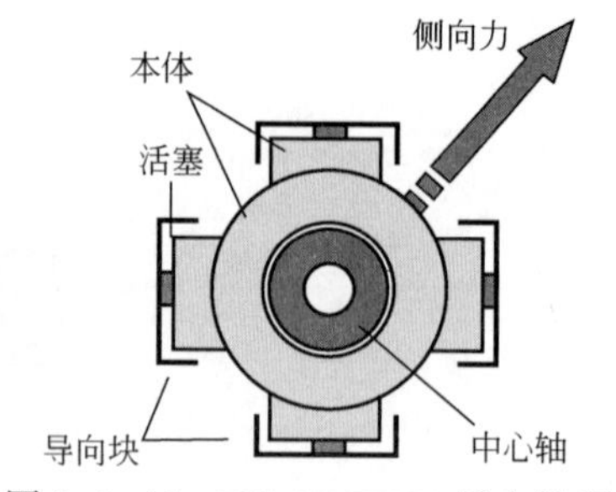

图 3-2-18　BH-VDT5000 导向机理

（二）螺杆钻具

螺杆钻具是一种将在转子与定子间密封腔内的钻井液压力能转换为机械能的能量转换装置，通过万向轴、传动轴将转子的旋转动力传递给钻头。采用螺杆钻具钻进，可使上部钻具不旋转，从而减少钻具对套管内壁的磨损，同时减缓上部钻具中钻杆、钻铤自身的磨损。因螺杆转速较高，可通过与适合高转速的 PDC 钻头的配合来提高钻速。采用螺杆钻具钻进时，同时低速启动转盘（或顶驱）就形成了复合钻井，可使钻头转速增加，同时减少上部钻具在滑动过程中发生阻卡的风险；螺杆钻具最重要的作用还是用来钻定向井、水平井。

1. 螺杆钻具分类

按结构特征分类，螺杆钻具可分成单瓣和多瓣螺杆钻具。

按万向轴壳体曲直分类，螺杆钻具可分成直螺杆钻具和弯螺杆钻具。

按转子是否中空分类，螺杆钻具可分为非分流螺杆钻具和转子中空分流螺杆钻具。

按工作温度分类，螺杆钻具分为常规螺杆钻具（最大工作温度≤120℃）和高温螺杆钻具。

2. 螺杆钻具结构

螺杆钻具主要由旁通阀总成、防掉总成、马达总成（转子和定子）、万向轴总成和传动轴总成等部分组成（图 3-2-19）。

旁通阀总成有旁通孔关闭和开启两个工作位置，主要是用来改变钻井液流向。钻井液正常循环时，当流量和压力达到设计值时，阀芯下移，关闭旁通孔，钻井液流经马达，驱动定子转动。当停泵或钻井液流量过小时，钻井液所产生压力不足以克服旁通阀中弹簧的弹力和静摩擦力时，弹簧把阀芯顶起，旁通孔就处于开启位置；在起、下钻作业过程中，旁通孔开启利于钻柱内和环空间的钻井液自由流动。

防掉总成的作用是当壳体断裂或脱扣时能防止落井，同时通过使泵压升高及时给地面反馈信号，避免造成二次事故。

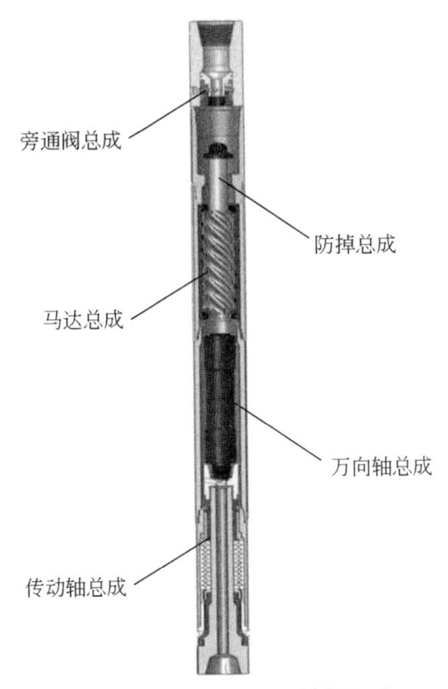

图 3-2-19 螺杆钻具结构组成

马达由定子、转子组成。定子是通过在钢管内壁上压注橡胶衬套而成，其内孔是具有一定几何参数的螺旋孔；转子是一根镀铬的螺杆。钻井液通过转子与定子相互啮合而形成的螺旋密封腔来完成能量转换。

万向轴起将马达的行星运动转变为传动轴的定轴转动的作用，从而将马达转子产生的扭矩及转速传递给传动轴。

传动轴的作用是将万向轴传递的旋转动力传递给钻头，同时承受钻压所产生的轴向和径向负荷。

3. 螺杆钻具主要参数

决定螺杆钻具工作性能的主要因素是马达的输入流量和作用于两端的压力降。螺杆钻具主要参数包括流量、工作压降、最大压降、输出扭矩、最大扭矩、钻头转速、推荐钻压、最大钻压等。

马达转速与输入的有效钻井液流量成正比。当输入钻井液流量超过最大流量值时，转子就会超速旋转，增加定子的疲劳负载和磨损，导致定子提前损坏。如果输入钻井液流量小于最小流量值，马达的输出转速和扭矩就会降低，从而影响其使用效果。

马达工作时，随着钻压逐渐增加，钻井液循环压力逐渐上升，循环压力增量与钻压或钻进所需的扭矩的增量成正比。当达到推荐工作压力降时，就产生最佳扭矩。继续增加钻压，当循环钻井液在马达两端产生的压降超过最大设计值时，螺杆将发生制动，此时马达定子与转子间密封被冲开，钻井液通过不转的马达从钻头水眼流出，这是螺杆的紧急过载保护功能。要使螺杆钻具获得最佳工作效率和工作寿命，应将螺杆两端压差控制在推荐参数范围内。

马达的理论输出扭矩和马达压降成正比，输出转速与输入钻井液流量成正比，与负荷成反比，所以只要控制地面上的立管压力和钻井液流量大小，就能控制井下钻具的扭矩和转速。

（三）旋转导向钻井系统

导向钻井可由滑动导向钻井或旋转导向钻井实现。滑动导向钻井是在钻井过程中通过采用井下动力钻具使钻柱不旋转，而钻柱沿井壁轴向滑动，利用滑动导向工具来改变井眼的井斜角和方位角，从而控制井眼轨迹。在定向井、水平井钻进中岩屑易堆积在井眼低边，钻柱倾向于贴靠井壁，在滑动钻井中钻柱不旋转，导致井眼净化不良，产生较大的摩阻，不仅增加卡钻的风险，还会造成钻头上的有效钻压减小，甚至使钻压难以加在钻头上，从而影响机械钻速。

为了克服滑动导向技术的不足，从 20 世纪 80 年代末开始，在成熟的变径稳定器、随钻测量技术（MWD）和机液电一体化技术基础上开始研发旋转导向钻井这种全新的钻井技术。旋转导向钻井是在用转盘（顶驱）旋转钻柱钻井时，能随钻实时改变钻头所受径向力的大小和方向，从而改变井眼井斜和（或）方位，来实现旋转定向、增斜、增斜增方位、增斜降方位、稳斜、稳斜增方位、稳斜降方位、降斜、降斜增方位、降斜降方位等导向功能。旋转导向钻井系统的优点主要体现在：旋转钻进同时，对井眼井斜和（或）方位实行连续控制，使井眼轨迹平滑易调控；摩阻与扭阻小；机械钻速比滑动钻井高；单只钻头进尺多、钻井时效高；建井周期短，利于完成大位移井、长水平段水平井、三维定向井、三维水平井、多分支水平井、薄油层台阶式水平井等复杂结构井的连续精准轨迹控制。

1. 旋转导向系统分类

按旋转导向钻井工具的导向方式分类，旋转导向钻井系统可以分为推靠式（Push the bit）旋转导向钻井系统和指向式（Point the bit）旋转导向钻井系统。

推靠式旋转导向钻井系统是旋转导向钻井工具在靠近钻头的位置，由偏置机构在驱动动力机构的作用下，根据导向需要产生所需的靠向井壁的偏置力，接触井壁后，靠钻头远端支点的作用，利用井壁的反作用力使钻头产生侧向切削力，从而实现导向钻进。

推靠式旋转导向钻井系统根据旋转导向钻井工具的偏置机构作用方式的不同，又分为两类，即动态偏置推靠式旋转导向钻井系统和静态偏置推靠式旋转导向钻井系统，如图 3-2-20、图 3-2-21 所示。动态偏置推靠式旋转导向工具的偏置机构外筒是旋转的，利用钻井液压差为驱动动力，而静态偏置推靠式旋转导向工具的偏置机构外筒是不旋转，采用独立液压系统的专用液压油驱动导向伸缩块。斯伦贝谢公司的 Power Drive SRD 和 PowerDrive X5 属于动态偏置推靠式旋转导向钻井系统，贝克休斯公司的 AutoTrak RCLS 属于静态偏置推靠式旋转导向钻井系统。

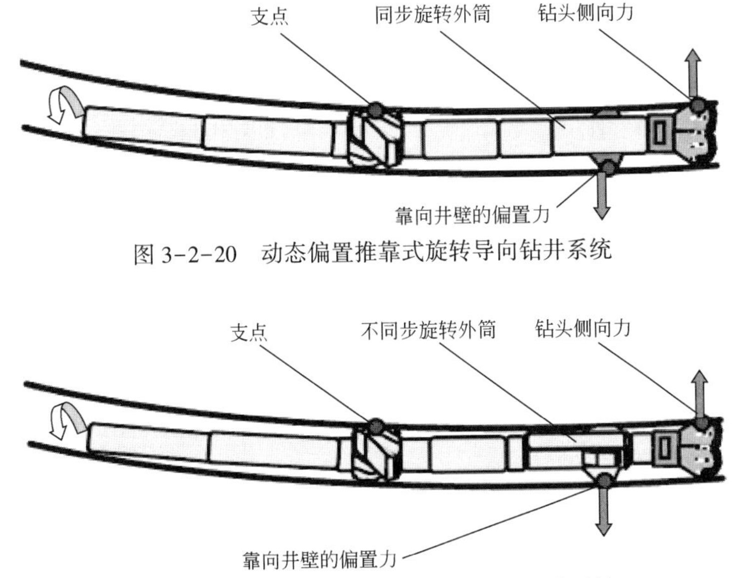

图 3-2-20　动态偏置推靠式旋转导向钻井系统

图 3-2-21　静态偏置推靠式旋转导向钻井系统

指向式旋转导向钻井系统是旋转导向钻井工具的偏置机构在驱动动力机构的作用下，根据导向需要控制所需的偏置位移而产生对应的偏置力，利用近钻头支点的作用，使钻头形成一个相对于井眼轴线的偏置角而产生侧向切削力，从而实现导向钻进。哈里伯顿（Halliburton）公司的 Geo-Pilot 属于静态偏置指向式旋转导向系统。

2. 旋转导向系统组成

旋转导向钻井技术的核心就是旋转导向钻井系统。它主要由地面监控系统、地面与井下双向传输通信系统、测量系统和井下旋转导向钻井工具系统等部分组成，如图 3-2-23 所示。

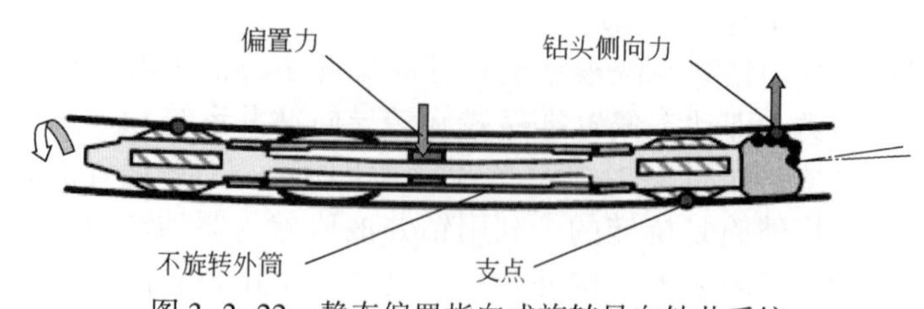

图 3-2-22 静态偏置指向式旋转导向钻井系统

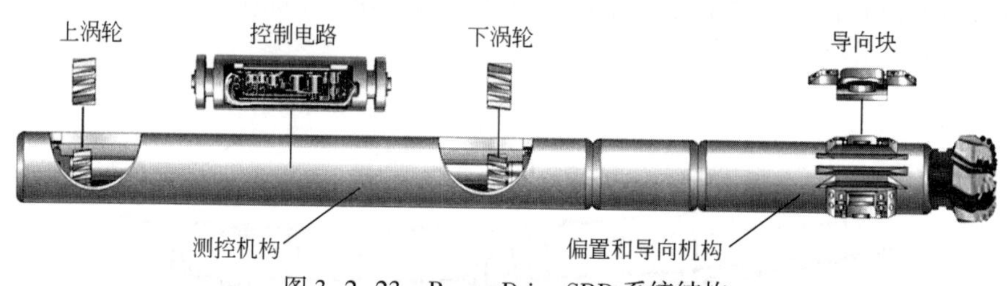

图 3-2-23 Power Drive SRD 系统结构

地面监控系统包括地面数据采集系统、传输子系统和地面数据计算、存储、分析、模拟和智能决策支持系统。主要功能是通过监控闭环信息流来随钻调控井身轨迹，其关键技术是从地面发送到井下的下行控制指令系统。

地面与井下双向传输通信系统是利用钻井液脉冲或电磁波等信号传输方式实现井下测量信息的上传和地面控制指令的下传，形成闭环信息流，以实现闭环控制。

测量系统主要用于在钻井过程中实时测量钻井参数、井眼几何参数和地层地质参数，并和旋转导向钻井工具测控机构测量的相关信息一起实时传输至地面系统，用于地面监控。

井下系统是旋转导向系统的核心，主要由测控机构、偏置和导向机构构成。测控机构通常包括供电系统、测量传感器、测控电路等。目前旋转导向钻井工具主要采用稳定式测控平台，即相对于钻柱旋转而处于相对静止非旋转的稳定测量平台，使测量和控制过程处于相对稳定状态。

3. 旋转导向系统主要特点

使用旋转导向工具时，除需考虑最关键的造斜率外，还要考虑不同类型的工具系统对钻头、钻井安全、井眼质量等方面的影响，典型系统的特点对比见表 3-2-4。

表 3-2-4 典型旋转导向系统主要特点比较

典型系统	导向方式	旋转特点	造斜率 (°/30m)	钻井安全性	位移延伸能力	井眼特征	其他
Power Drive SRD	动态偏置推靠钻头	外筒旋转	8.5	高	高	井眼曲率较大，存在螺旋井眼	全旋转利于井眼清洁，减小井下事故风险
AutoTrak RCLS	静态偏置推靠钻头	外筒不旋转	6.5	中等	低	井眼曲率较大，存在螺旋井眼	导向块使用寿命较长
Geo-Pilot	静态偏置指向钻头	外筒不旋转	5.5	中等	中等	井眼平滑，不存在螺旋井眼	摩阻和扭矩较小，机械钻速较高；钻柱承受高强度的交变应力

第三节 钻井技术

一、钻井参数优选技术

钻井的基本含义就是通过一定的设备、工具和技术手段形成一个从地表到地下某一深度处具有不同轨迹形状的孔道。在钻井施工中，大量的工作是破碎岩石和加深井眼。在钻井过程中，钻井的速度、成本和质量将会受到多种因素的影响和制约，这些影响和制约因素可分为可控因素和不可控因素。不可控因素是指客观存在的因素，如所钻的地层岩性、储层埋藏深度以及地层压力等；可控因素是指通过一定的设备和技术手段可进行人为调节的因素，如地面机泵设备、钻头类型、钻井液性能、钻压、转速、泵压和排量等。所谓钻井参数就是指表征钻井过程中的可控因素所包含的设备、工具、钻井液以及操作条件等重要性质的参数。

钻井参数优选则是指在一定的客观条件下，根据不同参数配合时各因素对钻井速度的影响规律，采用最优化方法，选择合理的钻井参数配合，使钻井过程达到最优的技术和经济指标。通常可被优化的钻井参数有工程参数（钻压、转速、排量）和水力参数（钻头水功率、环空返速）。

二、直井防斜技术

直井的轨迹控制，就是要防止实钻轨迹偏离设计的铅垂直线。影响井斜的因素很多，主要分为地质因素和钻具因素。地质因素中最本质的是地层可钻性的不均匀性和地层的倾斜两个因素。

（一）满眼钻具组合控制井斜

满眼钻具组合在井斜控制技术中应用非常广泛。它不但具有较强的稳斜、稳方位能力，而且在防斜打直时，在满足一定的井斜质量要求下，可以解放钻压，同时在满足“钻直打快”的要求下，接有稳定器的钻具组合可以修整井壁，使实钻井眼轨迹圆滑。

满眼钻具组合的下部组合一般由3~4个外径与钻头直径相近的稳定器和一定数量的钻铤按一定规则组合构成，如图3-2-24所示。通常下稳定器靠近钻头，下稳定器上接2~3m长的短钻铤，上稳定器与中稳定器间，只连接1根正常长度的钻铤。有时为加强防斜效果，也可在钻头上采用串联双稳定器，以此来达到防斜的目的。满眼钻具组合的主要安装参数包括稳定器的数量、位置和直径。

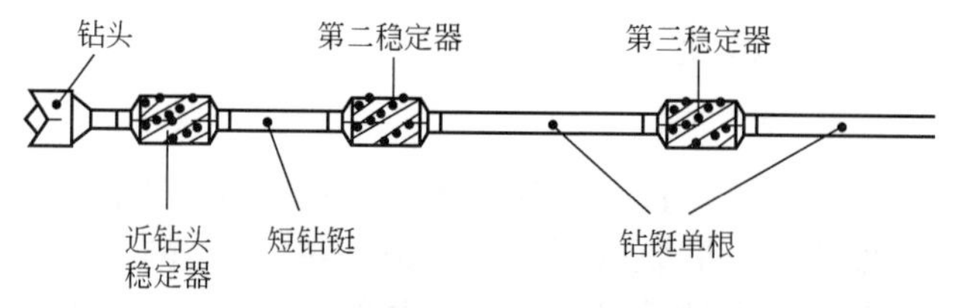

图3-2-24　满眼钻具组合结构

（二）钟摆钻具组合控制井斜

钟摆钻具组合基本上在一口井的钻井施工中都可能用到。钟摆钻具的下部组合中一般接有1~2个外径与钻头直径相近的稳定器，在两稳定器之间接一根钻铤，而在钻头和下稳定器之间，根据不同的井眼尺寸，通常接配1~3根钻铤。

钟摆钻具组合是利用钻柱偏离铅垂线后所产生的钟摆力，使钻头产生与井眼偏斜方向相反的侧向切削作用，从而降斜或纠斜，如图3-2-25所示。钟摆力越大，自然纠斜能力越强。因此，钟摆钻具组合设计的关键在于计算稳定器至钻头的距离，距离小则钟摆力小；距离太大则稳定器和钻头间的钻铤会与井壁产生新的接触点。钻井过程中要严格控制钻压等钻井参数，若钻压不合理，不但不能控制井斜，反而可能增大井斜。

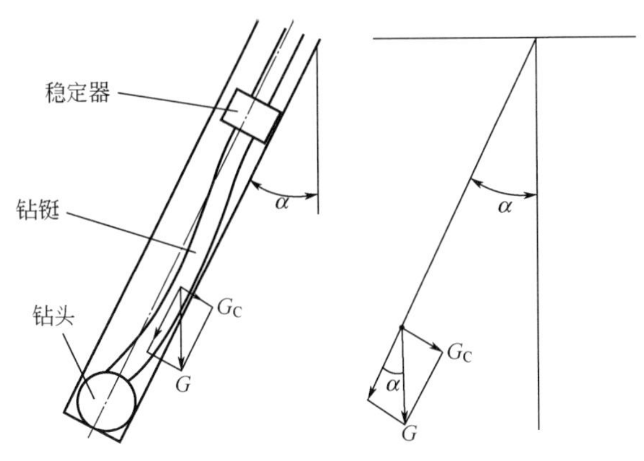

图 3-2-25　钟摆钻具原理图

（三）垂直钻井工具控制井斜

常规直井“防斜打直”应用较多的是满眼钻具组合和钟摆钻具组合，这些组合均是被动防斜技术，且以一定的井斜为条件和牺牲钻压来实现的。对于高陡构造、断层多、软硬交错频繁和自然造斜力强等井斜控制十分困难的地层，必须采取主动防斜的垂直钻井工具来真正释放钻压，确保井身质量，解决防斜与提速之间的矛盾。

垂直钻井工具是一种带有井下闭环控制系统、可实现井下主动纠斜、保持井眼垂直、技术含量高的机液电一体化钻井工具。

垂直钻井工具最先源于德国的大陆超深井计划，自 1990 年 10 月首次使用以来，经过二十多年的完善发展，技术已成熟。根据井斜控制时垂直钻井工具外筒是否旋转通常分为全旋转型垂直钻井工具和滑动型垂直钻井工具，如斯伦贝谢公司的 Power V 属于全旋转型垂直钻井工具、贝克休斯公司的 VertiTrak 属于滑动型垂直钻井工具、国产的 BH-VDT5000 也属于滑动型垂直钻井工具。

三、井眼轨迹设计与轨迹控制技术

（一）井眼轨迹的基本概念

井眼轨迹，是指井眼轴线。一口实钻井的井眼轴线是一条空间曲线。测斜仪器在每个点上测得的参数有三个，即井深、井斜角（图 3-2-26）和方位角（图 3-2-27），这三个参数就是轨迹的基本参数。轨迹的计算参数包括：

（1）垂深：指轨迹上某点至井口所在水平面的距离；

（2）水平段长度：指井眼轨迹上某点至井口的长度在水平面上的投影，即井深在水平面上的投影长度；

（3）水平位移：指轨迹上某点至井口所在铅垂线的距离，或轨迹上某点至井口的距离在水平面上的投影。国外将水平位移称闭合距，我国特指完钻水平位移；

（4）平移方位角：指平移方位线所在的方位角，即以正北方位为始边顺时针转至平移线上所转过的角度；

（5）N 坐标和 E 坐标：是指轨迹上某点在以井口为原点的水平面坐标系里的坐标值。此水平面坐标系有两个坐标轴，一是南北坐标轴，以正北方向为正方向；二是东西坐标轴，以正东方向为正方向；

（6）视平移：亦称投影位移，是水平位移在设计方位线上的投影长度；

（7）井眼曲率：指井眼轨迹曲线的曲率。

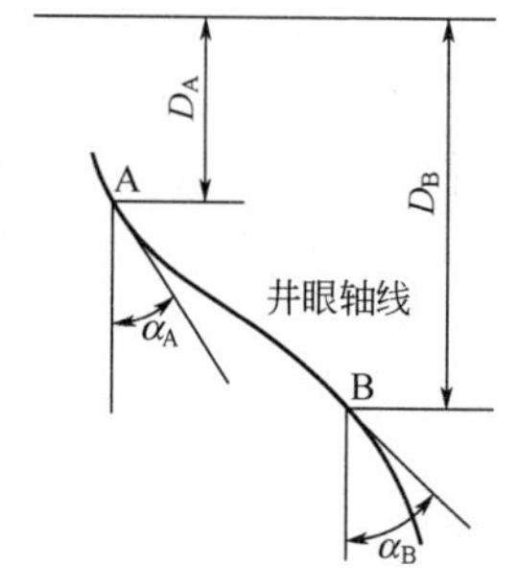

图 3-2-26　井斜角示意图

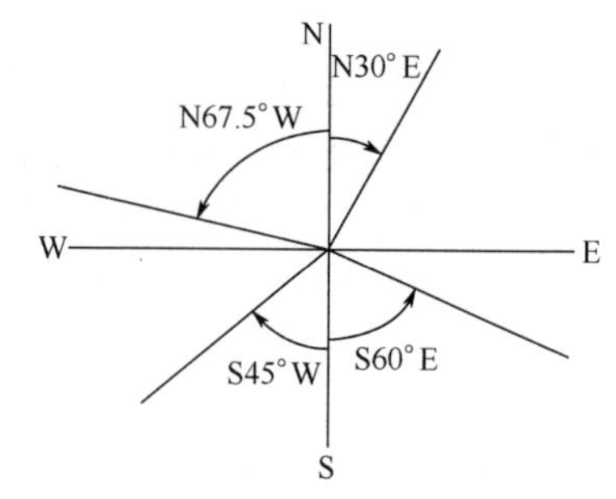

图 3-2-27　方位角示意图

（二）轨迹测量及计算

一口井钻完后，需要知道井眼轨迹的形状、是否钻中了预计的目的层。在实钻过程中，也需要及时了解已钻井眼的轨迹形状，以便判断其变化趋势，及时采取措施，进行轨迹控制。这就需要进行轨迹测量，并根据测量数据进行轨迹计算，这种轨迹测量，称作测斜。

目前常用的测斜仪分为单点测斜仪、多点测斜仪和随钻测斜仪三类。单点测斜仪通常是用钢丝或电缆从钻柱内送入井下，一次下井只能测一个井深处的参数，费时短，常用于定向和轨迹控制。随钻测斜仪是随同钻柱一同下入井内，在钻井过程中连续地进行测量并实时将测量数据传到地面上，可准确地进行轨迹控制，费用高，一般仅用于特殊难度井中。为轨迹计算而进行的轨迹测量常用多点测斜仪，即一次下井可记录井眼轨迹上多个井深处的井斜参数。

（二）井眼轨迹控制

根据轨迹的不同，定向井可分为二维定向井和三维定向井两大类。轨迹设计依据的条件有两种，一种是由地质、采油部门提供的目标点的垂深、水平位移以及设计方位等；另一种是由钻井选定的造斜点位置、造斜率大小等。

动力钻具造斜工具的形式有三种（图 3-2-28）：（1）弯接头：在动力钻具和钻铤之间接一个弯接头，使此部位形成一个弯曲角。这种结构一方面迫使钻头倾斜，造成对井底的不对称切削，从而改变井眼方向；另一方面井壁迫使弯曲部分伸直，使钻头受到钻柱的弹性力的作用，从而产生侧向切削，改变井眼方向。弯接头弯角越大，造斜率越大；弯曲点以上钻柱的刚度越大，造斜率越大；弯曲点至钻头的距离越小且重量越小，造斜率越大；钻井速度越小造斜率越高。（2）弯外壳：将动力钻具的外壳做成弯曲形状，称为弯外壳马达。造斜原理与弯接头类似，比弯接头的造斜能力大。（3）偏心垫块：在动力钻具壳体的下端一侧加焊一个“垫块”。在井斜角较大的倾斜井眼内，通过定向使此垫块处弯接头弯外壳偏心垫块在井壁下侧，形成一个支点，在上部钻柱重力作用下使钻头受到一个杠杆力，从而产生侧向切削，改变井眼方向。垫块偏心高度越大，造斜率越大。

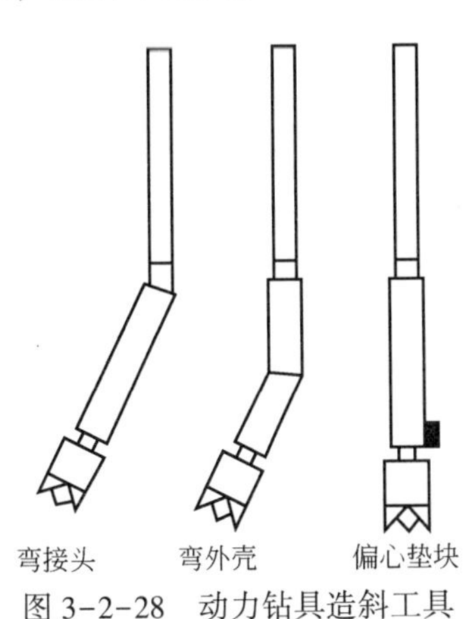

图 3-2-28　动力钻具造斜工具

定向方法可分为两大类：地面定向法和井下定向法。地面定向法是在井口将造斜工具的工具面摆到预定的方位线上，然后通过定向下钻。由于始终知道造斜工具的工具面在下钻过程中的实际方位，因而也知道下钻到底时的实际方位。如果实际方位与预定方位不符，则可在地面上通过转盘将工具面扭到预定的定向方位上。目前该方法很少使用。井下定向法是先用正常下钻将造斜工具下到井底，然后从钻柱内下入仪器测量工具面在井下的实际方位，如果实际方位与预定方位不符，亦可在地面上通过转盘将工具面扭到预定的定向方位上。该方法工序简单，准确性高，但需要一套先进的定向测量仪器。

除用常规的增斜钻具组合（图 3-2-29）、稳斜钻具组合（图 3-2-30）、降斜钻具组合（图 3-2-31）来实施井眼轨迹控制外，定向井、水平井也可采用旋转导向钻井系统来完成定向、增斜、增斜增方位、增斜降方位、稳斜、稳斜增方位、稳斜降方位、降斜、降斜增方位、降斜降方位等不同情况的轨迹控制作业。

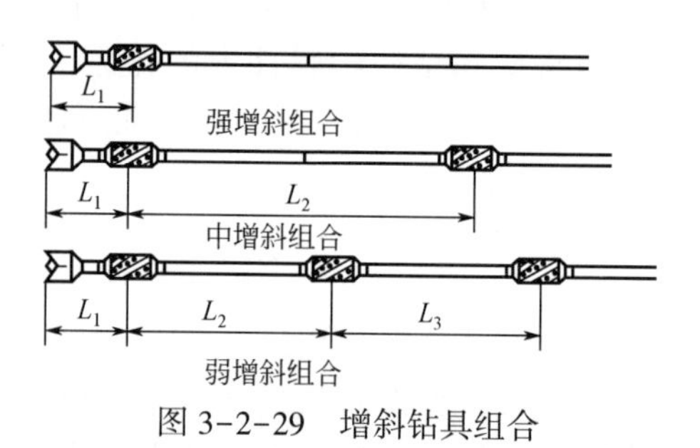

图 3-2-29　增斜钻具组合

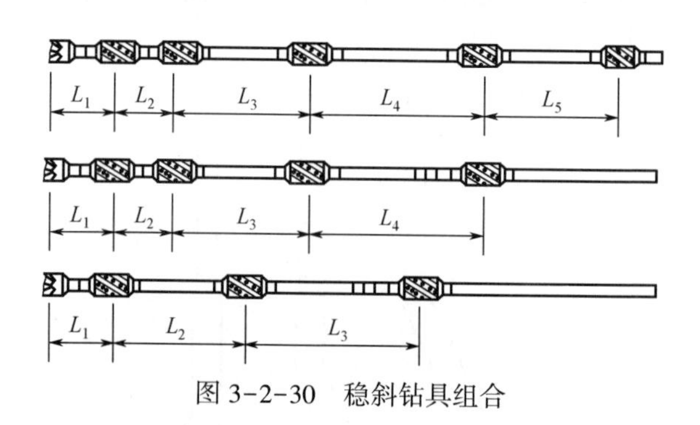

图 3-2-30　稳斜钻具组合

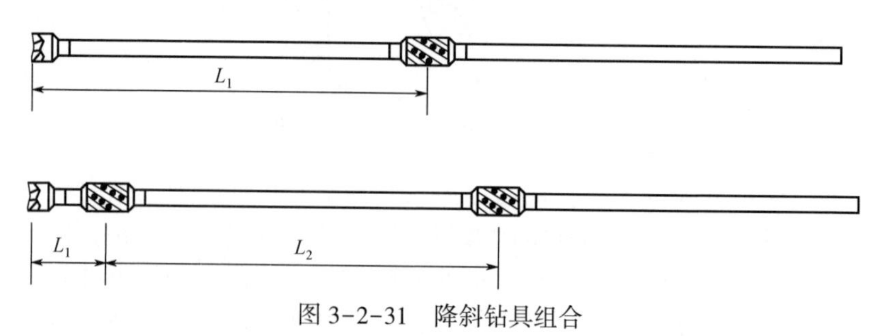

图 3-2-31　降斜钻具组合

（四）地质导向和旋转导向

地质导向是以井下实际地质特征来确定和控制井眼轨迹，而不是按传统的预先设计的靶区和井眼轨迹来进行钻井。

地质导向是20世纪90年代发展起来的前沿钻井技术，这一技术对旋转钻井将产生重大影响。地质导向的概念是由Schlumberger Anadrill公司于1992年首先提出来的。1993年Schlumberger Anadrill公司研制成功了第一套地质导向工具IDEAL（Integrated Drilling Evaluation and Logging）系统。此后，Halliburton、Baker Hughes等相继研制出了各自的地质导向工具。目前，Schlumberger公司的GST系统、Halliburton公司的PZST地质导向工具已在实际钻井中得到了广泛应用，可以提供实时的井斜、方位和地层电阻率、伽马等信息。目前在我国使用较多的是Baker Hughes公司的地质导向系统。

IDEAL地质导向钻井系统，是以一套地面评价软件为主体，应用超强功率马达和地面可调弯外壳为定向工具的导向钻井系统，虽然它无法实现井下闭环导向钻井，但却大大推动导向技术的发展。后来开发出的GST系统的钻头电阻率能够探测钻头前方1~2m范围内的地层信息，更好地实时监测地下情况，结合方位电阻率、方位伽马等信息，及时修改地质模型，及时调整井眼轨迹，更好地实现地质导向钻井，精确地控制井下钻具命中最佳地质目标，使井眼避开地层界面和地层流体界面并始终位于产层内，最终提高油层钻遇水平。

旋转导向闭环钻井技术是20世纪末期发展起来的，是当今世界多国争相发展的一项尖端自动化钻井新技术，代表了当今世界钻井技术发展的最高水平。该技术使世界钻井技术出现了一次质的飞跃。

闭环自动导向钻井系统包括由井下偏置导向工具、MWD/FEWD/LWD等先进的测量仪器及井下自动控制系统形成的井下旋转自动导向系统、地面监控系统以及将井下闭环自动导向系统和地面监控系统联系在一起以形成全井闭环控制的双向通信技术。该系统完全抛开了滑动导向方式，而以旋转导向钻井方式，自动、灵活地调整井斜和方位，大大提高了钻井速度和钻井安全性。该系统的轨迹控制精度也非常高，因此是完全适合开发特殊油藏的超深井、高难定向井、水平井、大位移井等特殊工艺井导向钻井的需要，同时也是满足闭环自动钻井发展需要的一种导向方式。

旋转导向钻井系统主要有三个特征：钻柱旋转时，能够控制井斜和方位；能够按预定设计的井眼轨迹钻井，并能通过上传信号让地面跟踪实钻井眼轨迹；能够直接下传指令调整井眼轨迹（地面干预）。与常规导向钻井系统相比，旋转导向系统能更快、更远、更精确地钻井。

旋转导向钻井系统能够随钻实时完成导向功能，钻井时的摩阻与扭矩小、钻速高、钻头进尺多、钻井时效高、建井周期短、井身轨迹平滑易调控。随着水平井、大位移井、多分支井、鱼骨井等复杂结构井对轨迹控制要求的不断提高，旋转导向系统发展迅速。旋转导向钻井系统的发展趋势将与地质导向相结合，实现旋转地质导向。

四、取心技术

岩心是提供地层剖面原始标本的唯一途径，从岩心标本可以得到其他方法无法得到的资料。在石油勘探、开发过程中可以采用岩屑录井、地球物理测井、地球化学测井、地层测试等方法收集各种资料，了解地层情况，但这些方法都有很大局限性。岩心可取得完整的第一手资料，通过对岩心的大量分析与研究才能为制定合理的开发方案、准确计算油田储量、制定增产措施提供依据。

按照对所取岩心是否有特殊要求，钻井取心分为常规取心和特殊取心。相对应的取心工具有常规取心工具和特殊取心工具。常规取心是指对所取岩心没有特殊要求的取心作业，主要用于发现油气藏；特殊取心是指对所取岩心有特殊要求的取心作业，主要用于评价油气藏，若对岩心要求进行含油、水饱和度分析，可选择密闭取心技术。

取心工具按割心方式通常分为自锁式取心工具和加压式取心工具两大类，以适应不同情况的要求，但基本组成都包括三个部分：取心钻头，用以钻取岩心；岩心筒及其悬挂装置，用以保护岩心，避免循环的钻井液冲蚀岩心及钻柱转动的机械碰撞损害岩心；岩心爪，用以割断和卡牢岩心并使岩心随起钻时提到地面。自锁式取心工具是指利用岩心爪与岩心之间的摩擦力，使岩心爪收缩包心实现割心的取心工具，一般适用于中硬—硬地层或成岩性较好的软地层取心。加压式取心工具是指通过投球加压迫使岩心爪收缩的取心工具，通常适用于松软或破碎性地层取心。钻取不受钻井液污染岩心的取心作业称为密闭取心，密闭取心工具也有自锁式密闭取心工具和加压式密闭取心工具。

钻井取心通常包括树心、取心、割心、出心等环节。钻井取心时，应按规程做好以上各环节操作，任一环节处理不当，轻则会得不到应有数量（长度）的岩心，严重时会导致取心失败，取不出岩心。在含硫地层取心出心时，应预先按要求做好人身防护。

取心的目的就是要取出地下岩层中的原始资料。因此，无论在任何情况下，都应将提高岩心收获率作为主要任务进行研究。要提高岩心收获率就要了解影响收获率的各种因素，然后采取相应措施，确保岩心收获率并提高取心钻井效率。

五、水平井钻井技术

水平井也是定向井的一种。水平井是指井眼轨迹达到水平以后，井眼继续延伸一定长度的定向井。水平井的分类是根据从垂直井段增斜至水平井段时的曲率半径的大小进行的（表 3-2-5）。

表 3-2-5 水平井分类

类别	造斜率,°/30m	井眼曲率半径，m	水平段长度，m
长半径	2~6	860~280	300~1700
中半径	6~20	280~85	200~1000
中短半径	20~80	85~20	200~500
短半径	30~120	60~10	100~300
超短半径	特殊转向器	0.3	30~60

长半径水平井，可用常规定向钻井的设备、工具和方法钻成，固井、完井也与常规定向井相同，只是难度增大而已。主要缺点是摩阻大，起下管柱难度大。

中半径水平井，在增斜段均要用弯外壳井下动力钻具进行增斜，必要时要使用导向系统控制井眼轨迹。由于摩阻小，所以使用最多。

短半径和中短半径水平井主要用于老井侧钻，死井复活，提高采收率，少数也有打新井的。此类水平井需用特殊的造斜工具，目前有两种钻井系统：柔性旋转钻井系统和井下动力钻具钻井系统。完井的困难较大，只能裸眼或下割缝筛管。

超短半径水平井也称径向水平井，仅用于老井复活。通过转动转向器，可以在同一井深处水平辐射地钻出多个井眼。

六、大位移钻井技术

大位移井，国外简称为 ERD（Extended Reach Drilling）或 ERW（Extended Reach Well），分浅层大位移井和深层大位移井。浅层大位移井是指垂深只有几百米、水平位移与垂深之比较大的井，使用斜井钻机甚至修井机即可完成。美国、加拿大在 20 世纪 80 年代到 90 年代都钻了一批浅层大位移井。

深层大位移井，即目前所说的大位移井，它必须使用钻井的高技术才能完成，其定义，初期认为有两个条件，即水平位移超过3000m、水平位移与垂深之比大于1。随后定义为水平位移超过3000m、水平位移与垂深之比≥2的井。目前大位移井水平位移已远远大于3000m，水平位移与垂深之比也远远大于2。对于位垂比大于3的大位移井称为超大位移井。大位移井的最大井斜角必须大于63.4°，一般在70°以上。对于因地质原因或工程原因在设计时必须明显改变方位的大位移井，称为三维大位移井。

大位移井具有如下特点：水平位移大，能较大范围地控制含油面积，开发相同面积的油田可以大量减少陆地及海上钻井的平台数量；钻穿油层的井段长，可以使油藏的泄油面积增大，可以大幅度提高单井产量。

钻大位移井的主要目的包括：(1) 从现存海上平台钻至目的油层；(2) 随着大位移钻井技术能力的不断扩展，通过减少近海工程设施和优选井位使油藏开发方案得到优化，从而获得比固定式平台和水下完井有更好的经济效益；(3) 大位移井与水平井的结合，使水平井开采油藏的能力得以进一步突破和发挥。

大位移钻井技术是一项适应勘探开发需要、资金密集、集中了各项钻井新技术的工艺过程。国外应用大位移井技术是增储上产的有力手段，并取得了很好的经济效益。

国外大位移井一般应用随钻测井技术进行测井。

七、欠平衡与气体钻井技术

在钻井过程中，利用自然条件或人工方法在可控条件下使钻井流体的压力低于待钻地层压力，在井筒内形成负压，这一钻井过程和工艺称之为欠平衡钻井。

欠平衡钻井是一个技术系列，包括气体钻井、雾化钻井、稳定泡沫和硬泡沫钻井、充气钻井、溢流钻井、钻井液帽钻井、密闭循环系统钻井、不压井起下钻钻井等。其中：(1) 气体钻井，密度适用范围 $0\sim0.02g/cm^3$；(2) 雾化钻井，密度适用范围 $0.02\sim0.07g/cm^3$；(3) 泡沫钻井，密度适用范围 $0.07\sim0.60g/cm^3$；(4) 充气钻井液密度适用范围为 $0.7\sim0.9g/cm^3$；(5) 油包水或水包油钻井液钻井，密度适用范围为 $0.8\sim1.02g/cm^3$；(6) 水或卤水钻井液钻井，密度适用范围 $1\sim1.30g/cm^3$；(7) 常规钻井液钻井，密度适用范围大于 $0.9g/cm^3$；(8) 钻井液帽钻井，用于钻地层较深的高压裂缝层或高含硫化氢的气层。

欠平衡钻井优点：(1) 减轻地层伤害，有利于发现和保护油气层；(2) 消除过平衡钻井过程中液柱对地层岩石的“压持效应”，从而较大幅度地提高钻速，避免钻井液漏失和黏附卡钻事故的发生；（3）可实现边钻井、边生产，在钻井作业期间回收的原油经处理后可直接投入市场，回收费用，以补偿欠平衡钻井的附加费用；（4）随钻测试，在钻井期间可利用单次或多次压降试井使其自喷生产，这些试井有助于在静态条件下或在钻井时评价产层的生产能力或地层特性。

由于欠平衡钻井技术应用条件的限制，无法完全取代近平衡和过平衡钻井，因此并不是一种能够解决的有地层伤害的方法。因设计不良以及执行欠平衡钻井设计不力所导致的地层伤害，可能与常规过平衡钻井所造成的地层伤害一样，甚至远远超过常规过平衡钻井所造成的地层伤害。

在使用任何一种欠平衡钻井技术之前，都应了解欠平衡钻井可能发生的问题、欠平衡钻井技术存在的缺点，以减少盲目性。欠平衡钻井的缺点主要表现在：由于设备多、井场面积大、占地费用高及钻机日租金高等，使钻井成本较高；并且存在包括井喷、井下起火、爆炸或腐蚀等安全隐患以及由此造成的地层伤害。

在我国实施欠平衡钻井最早可追溯到 20 世纪 50 年代，当时由于控制设备及研究手段均未达到现场生产的需要，很快便失去了应用价值。进入 80 年代后，我国才真正开展欠平衡钻井工艺技术研究和现场应用。近年来，四川、新疆、大庆、大港等油田结合各自油田的具体情况，试验并推广应用了欠平衡钻井工艺技术，获得了欠平衡钻井的现场施工经验。

欠平衡钻井技术是 20 世纪 90 年代在国际上成熟并迅速发展的一项钻井新技术，在国际石油市场上已产生了巨大经济效益，近几年在北美地区得到了广泛应用。在美国，被称为上游石油工业新技术，列为 21 世纪急需的钻井技术。Halliburton 公司认为欠平衡钻井技术将是 21 世纪的流行钻井技术，Wetherford 公司也把欠平衡钻井技术列为 21 世纪的重点推广技术。

同时欠平衡钻井对测井也提出了新的挑战，尤其是不压井起下钻全过程欠平衡钻井，需要采用特殊的装置把测井装置下入井内。

八、固井技术

固井是油气井建井过程中的一个重要环节。固井工程包括下套管和注水泥两个生产过程。下套管就是在已钻成的井眼中按规定深度下入一定直径、由某种或几种不同钢级及壁厚的套管组成的套管柱。注水泥就是在地面上将水泥浆通过套管柱注入井眼与套管柱之间的环空中的过程。水泥将套管柱与井壁岩石牢固地固结在一起，可以将油、气、水层及复杂层位封固起来以利于进一步钻井或开采。固井质量的优劣不仅影响到井的继续钻井，而且影响到井今后能否顺利生产，影响到井的采收能力及寿命。

（一）井身结构设计

井身结构主要包括套管层次、每层套管的下入深度以及套管和井眼尺寸的配合。井身结构设计不但关系到钻井工程的整体效益，而且直接影响油井的质量和寿命，因而在进行钻井工程设计时首先要科学地进行井身结构设计。井身结构设计的主要依据是地层孔隙压力和破裂压力剖面。

套管有表层套管、技术套管、生产套管和尾管四种类型。表层套管主要有两个作用：一是在其顶部安装套管头，并通过套管头悬挂和支撑后续各层套管；二是隔离地表浅水层和浅部复杂地层，使淡水层不受钻井液污染。介于表层套管和生产套管之间的套管都称技术套管，作用是隔离不同地层孔隙压力的层系或易塌易漏等复杂地层。技术套管可以是一层、两层，甚至多层。生产套管是钻达目的层后下入的最后一层套管，其作用是保护生产层，并给油气从产层流至地面提供通道。尾管常在已下入一层中间套管后采用，即只在裸眼井段下套管注水泥，套管柱不延伸至井口。采用尾管可减轻下套管时钻机的负荷和固井后套管头的负荷，同时又可节省大量套管和水泥，降低固井成本。

（二）套管柱设计

油井套管是由优质钢材制成的无缝管或焊接管，两端均加工有锥形螺纹。大多数的套管是用套管接箍连接组成套管柱。套管柱用于封固井壁的裸露岩石。

油井套管有其特殊的标准，每种套管都应符合标准。我国现用的套管标准与美国 API 标准类似。API 标准规定套管本体的钢材应达到规定的强度，用钢级表示。API 标准中不要求套管钢材的化学性质，但应保证钢材的最小屈服强度，套管钢级分 H、J、K、N、C、L、P、Q8 种共计 10 级。除标准的钢级和壁厚之外，尚有非标准的钢级和壁厚存在，这也是 API 标准所允许的。

套管的连接螺纹都是锥形螺纹。API 标准套管的连接螺纹有四种：短圆螺纹（STC）、长圆螺纹（LTC）、梯形螺纹（BTC）、直连型螺纹（XL）。除此之外尚有非标准螺纹。

套管柱设计的原则应考虑：应能满足钻井作业、油气层开发和产层改造的需要；在承受外载时应有一定的储备能力；经济性要好。

常用的套管柱强度设计方法包括等安全系数法、边界载荷法、最大载荷法、AMOCO 法等。套管柱的设计通常是由下而上分段设计。

（三）注水泥技术

注水泥就是从井口经过套管柱将水泥浆注入井壁与套管柱之间的环空，将套管柱和地层岩石固结起来的过程。固井的目的是固定套管并封隔井眼内的油、气、水层，便于进一步钻井或进行生产。常见的注水泥方法是从井口经套管柱将水泥浆注入并从环空中上返。除此之外还有一些用于特殊情况下的注水泥技术，包括双级或多级注水泥、内管注水泥、反循环注水泥、延迟凝固注水泥等。

注水泥包括：选择水泥、设计水泥浆性能、选择水泥外加剂、井眼准备、注水泥工艺设计等。油气井注水泥的基本要求包括：（1）水泥浆返高和套管内水泥塞高度必须符合设计要求；（2）注水泥井段环空内的钻井液全部被水泥浆替走，不存在残留现象；（3）水泥石与套管及井壁岩石有足够的胶结强度，能经受住酸化压裂及下井管柱的冲击；（4）水泥浆凝固后管外不冒油、气、水，环空内各压力体系不能互窜；（5）水泥石能经受油、气、水长期的侵蚀。

九、完井技术

完井包括钻开生产层、确定完井的井底管柱结构、使井眼与产层连通、安装井底及井口等环节。完井是联系钻采的一个关键环节，是以储层的地质结构、岩石力学性质和油层物性为基础，研究储层与井眼的最佳连通方式的技术工艺过程。因此，应当选择最佳的完井方式为油气井的稳产、高产创造最优条件。

完井是使井眼与油气储层连通的工序。完井关系到井的稳产与高产。对完井的基本要求是：（1）最大限度地保护储层，防止对储层造成伤害；（2）减少油气流进入井筒时的流动阻力；（3）能有效地封隔油气水层，防止各层之间的互相干扰；（4）克服井塌或产层出砂，保障油气井长期稳产，延长井的寿命；（5）可以实施注水、压裂、酸化等增产措施；（6）工艺简单、成本低。

完井设计的内容包括：（1）根据储层特点，提出井底结构类型；（2）提出完井段的井眼尺寸；（3）完井管柱设计，确定油层套管直径、下入深度、水泥浆返高、油层套管射孔参数、筛管和衬管的有关尺寸等；（4）完井液设计，提出完井液类型、参数、使用及调整方法等。

选择井底结构要考虑的因素：储层类型、储层岩性和渗透率、油气分布情况、完井层段的稳定程度、附近有无高压层、底水或气顶等。

根据不同的储层条件，完井井底结构可分为4大类11小类：（1）封闭式井底，即钻达目的层后下油层套管或尾管固井，封堵产层，再用射孔法打开产层；（2）敞开式井底，即钻开产层后不封闭井底，产层裸露，或下带孔眼的筛管但不固井；（3）混合式井底，即产层下部是裸眼，上部下套管封闭后射孔；（4）防砂完井，主要是用砾石充填在筛管或其他生产管柱及产层之间用于防止出砂的完井。

11小类为：（1）射孔完井法；（2）裸眼完井法；（3）贯眼完井法；（4）衬管完井法；（5）半闭式裸眼完井法；（6）半闭式衬管完井法；（7）筛管防砂完井法；（8）裸眼砾石充填完井法；（9）渗透性材料固井射孔完井法；（10）渗透性材料衬管完井法；（11）渗透性人工井壁完井法。

十、井下复杂情况及事故处理

钻井中由于遇到特殊地层、钻井液的类型与性能选择不当、井身质量较差等原因，造成井下遇阻遇卡、钻井时严重憋跳、井漏、井涌等不能维持正常的钻井和其他作业的现象均称为井下复杂情况。由于操作失误、处理井下复杂情况的措施不当等都会造成钻具折断、顿钻、卡钻、井喷、失火等钻井事故。

井下复杂情况与钻井事故给钻井工程带来很大困难，降低了钻井效率，增加了钻井成本，严重的钻井事故还会导致油气井报废，拖延油气田的勘探开发速度，甚至严重破坏油气资源。钻井时如果一种井下复杂情况的产生不能得到及时处理，便可能引起其他复杂情况或事故的发生。

（一）井漏

钻井过程中钻井液或水泥浆漏入地层中的现象即称为井漏。井漏往往使井内液柱压力降低，导致井壁坍塌或井喷。因此，一旦发现井漏，要及时采取有效措施处理，避免其进一步恶化。

（二）卡钻

钻井过程中，由于各种原因造成的钻具陷在井内不能自由活动的现象称为卡钻。地层原因、钻井液性能不良、操作不当等都可能造成卡钻。卡钻分为：沉砂卡钻、井塌卡钻、压差卡钻（黏附卡钻）、键槽卡钻、缩径卡钻、落物卡钻等。卡钻事故发生后首先要根据上提、下放、转动、开泵循环情况，以及了解到的井眼情况和卡钻前的各种现象进行分析，准确判断出卡钻的原因，再采取相应的措施。不管哪种性质的卡钻，都要设法调整钻井液的性能，及时清除岩屑，清洗井眼。一般常用下述几种方法进行解卡：上提、下放和转动钻具解卡；泡解卡剂解卡；用震击器上击、下击解卡。

（三）钻具事故

钻具事故在钻井过程中，特别是在转盘钻井中，是较常见的事故。钻具事故一般有钻杆和钻铤折断、滑扣、脱扣和黏扣几种，掉落井内的钻具俗称“落鱼”。打捞落鱼是一件十分细致的工作，需要对井下情况做周密的分析，采用适当的工具和措施，及时进行处理，处理不当或落鱼在井内时间过长会引起事故进一步恶化，使事故处理更加困难，甚至使井眼报废。

（四）井喷

钻井中由于各种原因造成地层流体流入井筒，使井内钻井液连续或间断喷出的现象叫井涌，失去控制的井涌则称为井喷。井喷失控可能会导致严重的后果，除了造成资源浪费、环境污染以外，还会造成设备毁坏、人员伤亡、油气井报废等后果。一旦井喷失火后果更为严重。因此在钻井设计与施工中应始终把防止井喷放在非常重要的位置上，尤其是在新探区和高压油气构造上。目前处理井喷着火的常用方法有两种：一是地面灭火，由原井口循环重钻井液压井；二是打定向救援井，由救援井向着火井输送重钻井液压井、灭火。

第四节　钻井液技术

钻井液定义为在旋转钻井中用以完成钻井作业中各种功能的循环流体。钻井液作为钻井工程的重要组成部分，担负着维护井眼稳定、清洁井底等各种功能，因此钻井液技术与应用关系到钻井工程能否顺利施工。

一、钻井液的组成与分类

钻井液一般由连续相、固相和处理剂组成。

特殊情况下，钻井液只有连续相，即不加固相和处理剂，如特殊地层条件下用清水钻进；在表层也可以使用无处理剂的钻井液，即不加处理剂，如膨润土钻井液等；一些特殊井眼还使用无固相钻井液，即不加固相，如甲酸钾钻井液等。

（一）钻井液的连续相

钻井液的连续相有水、油、合成基液体和气体 4 种。

（二）固相

钻井液固相来源一般有下列各项：

1. 配浆材料

钻井液配浆材料指具有造浆能力的材料（表 3-2-6）。

表 3-2-6 现场常用配浆材料与作用

名称	代号	作用	使用范围
天然钠膨润土		提高黏度、切力，降低滤失量，建造滤饼等	水基钻井液体系
人工钠膨润土			
累托土			
复合黏土粉	JFF		
抗盐土	SALT-GEL		盐水钻井液体系
有机土	ZAL-1 等		油基钻井液体系
正电胶	MMH 等		正电胶钻井液

不同的钻井液配方使用的钻井液配浆材料种类和数量不同，应按设计要求执行。必须指出，钻井液配浆材料可能对储层产生损害，甚至影响对油气层的识别，在钻穿储层时，必须严格控制钻井液配浆材料在配方中的比例。

2. 加重材料（重晶石、石灰石、铁矿粉等）

钻井液加重材料指具有高密度的产品（表 3-2-7）。

表 3-2-7 现场常用加重材料

名称	代号	作用	使用范围
石灰石粉	$CaCO_3$	低密度钻井液加重	密度≤1.3g/cm^3
重晶石粉	$BaSO_3$	加重	各种加重钻井液
钛铁粉			
钒钛铁粉			
高密度氧化铁粉			
酸溶性加重剂	VJF		

不同的钻井液配方使用的钻井液加重材料种类和数量不同，应按设计要求执行。必须指出，过量的加重材料将产生过高的钻井液密度，对储层产生

严重的损害，甚至影响对油气层的识别，在钻穿储层时，必须严格控制钻井液密度。

3. 堵漏材料及固体润滑剂

钻井液堵漏材料用来封堵漏失层、隔离井眼表面和地层，以便在随后作业中不会再造成钻井液的漏失。现场常用堵漏材料有果壳粉、云母、蛭石、贝壳粉、核桃壳粉、狄塞尔堵漏剂、凝胶堵漏剂、石棉纤维、化学堵漏剂、酸溶性堵漏剂、储层保护屏蔽剂、单向压力暂堵剂等。

钻井液固体润滑剂有玻璃小球、塑料小球、钢化玻璃球等，主要在测井、下套管等作业过程中使用。

4. 钻屑

指钻井过程中进入钻井液中的地层固体物质。（此外，一些不溶性化学沉淀物和某些处理剂中的不溶物也是钻井液固相的来源。）

（三）钻井液处理剂

钻井液处理剂指在钻井液中起到一定功能的化学添加剂，一般按在钻井液中所起的作用进行分类（表 3-2-8）。

表 3-2-8　钻井液处理剂的分类及作用

钻井液处理剂类别	作用
降滤失剂	用来降低钻井液的滤失量
增黏剂	用来提高黏度，提高膨润土造浆率，以保证钻井液的井眼清洁能力和悬浮固相能力
乳化剂	用来使两种互不相溶的液体成为非均匀混合物（乳状液）
页岩抑制剂	用来降低页岩的水化作用
堵漏剂	用来封堵漏失层、隔离井眼表面和地层，以便在随后作业中不会再造成钻井液的漏失
降黏剂	用来改变钻井液中的固相含量和黏度之间的相互关系，也可用于降低静切力，提高钻井液的“可泵性”
缓蚀剂	在控制钻井液 pH 值的条件下，用来控制腐蚀、中和钻井液中有害酸气和防止结垢
表面活性剂	降低接触面（水-油、水-固体、水-空气等）之间的界面张力，可作为乳化剂、破乳剂、润湿剂、絮凝剂或解絮凝剂等使用
润滑剂	用来降低钻井液的摩阻系数，以便降低扭矩和阻力
防塌剂	提高井壁稳定性，防止井眼坍塌掉块
杀菌剂	用来防止淀粉、生物聚合物等有机添加剂的细菌降解

续表

钻井液处理剂类别	作用
消泡剂	用来减少钻井液发泡作用
发泡剂	用来增加钻井液发泡作用，降低钻井液密度
絮凝剂	用来包被钻屑，在低固相钻井液中澄清液相或使固相脱水，使钻井液中的胶体颗粒聚束或成絮凝物并使其沉降
除钙剂	用来降低海水中的钙离子浓度、处理水泥污染和地层中的硬石膏、石膏污染
pH 控制剂	用来控制钻井液的酸度或碱度
解卡剂	注入至测量或预测的卡点附近井段，以降低摩阻并提高润滑性，从而达到解除压差卡钻的目的
抗温剂	用来提高钻井液在高温条件下的流变性能、滤失性能和稳定性，并在高温条件下持续发挥其功能

不同的钻井液配方使用的钻井液处理剂种类和数量不同，实际钻井中不需要将表中所列各项材料全部使用，应按设计要求和实际钻井需要灵活应用。此外，一些钻井液处理剂，如部分种类的防塌剂、润滑剂等具有较强荧光，可能影响对油气层的识别。某些防塌剂产品通过加入消光剂等材料实现无（低）荧光效果，若受到实际使用中环境的影响，消光剂失效而使钻井液出现强荧光或消光剂减弱油气层产生的荧光，可能影响对油气层识别。一般情况下，防塌剂、润滑剂产生的荧光与油气层产生的荧光具有明显不同的波长，通过荧光波长进行油气层识别是最有效的方法。

（四）钻井液体系分类

钻井液体系一般按连续相进行分类（表 3-2-9），以水为连续相的钻井液称为水基钻井液；以油为连续相的钻井液称为油基钻井液；以合成基液体为连续相的钻井液称为合成基钻井液。气体连续相主要包括空气、氮气、天然气（雾、泡沫）等。

表 3-2-9　钻井液体系分类

类型	钻井液
水基	分散钻井液、不分散钻井液、聚合物钻井液、低固相钻井液、钙处理钻井液、饱和盐水钻井液
油基	油基钻井液
合成基	合成基钻井液
气基	空气钻井流体、雾钻井流体、泡沫钻井液、充气钻井液

1. 水基钻井液（包括水包油钻井液）

水基钻井液是目前应用最多、研究最深入、形成体系最多的钻井液，具有成本低、适用范围广的特点，同时也存在着在硬地层钻井速度慢、不能适应一些特殊地层或特殊工艺井、损害油气层和对环境有一定污染的问题。常用的水基钻井液及主要处理剂见表3-2-10。

表3-2-10　常用水基钻井液与主要处理剂

钻井液		主要处理剂
分散体系		膨润土、磺化丹宁、羧甲基纤维素（CMC）、聚阴离子纤维素（PAC）、褐煤、单宁
粗分散体系		膨润土、磺化丹宁羧甲基纤维素（CMC）、聚阴离子纤维素（PAC）、石灰、石膏、盐
不分散体系	阴离子聚合物体系	聚丙烯酰胺及其衍生物（PAM、PHPA、KPAM） 水解聚丙烯腈（NaPAN、KPAN、NH_4PAN） 氯化钾（KCl）、石灰［$Ca(OH)_2$］
	阳离子聚合物体系	阳离子高聚物（CHM、SP-2、MCAT、BARACAT） 季铵盐（NW-1、CLM、CSW-1）、低分子聚阳离子聚合物（PTA、MCAT-A、POLY-CAT）、盐
无黏土体系		无机盐或氢氧化物［$Fe(OH)_3$、$Mg(OH)_2$、$CaCl_2$、Na_2SO_3］、羟基阳化铝、生物聚合物、阳离子聚合物、阴离子聚合物、混合盐、甲酸盐

2. 油基钻井液

油基钻井液添加剂包括：乳化剂、润湿剂（一般为脂肪酸和胺衍生物）、高分子量脂肪酸盐、表面活性剂、胺处理的有机材料、有机土和石灰等。

1）逆乳化钻井液

逆乳化钻井液用氯化钙盐水（含量可高达50%）为乳化相，油（矿物油、柴油等）为连续相。基本组成为：水（15%～30%）/油（70%～85%）、有机土、氧化沥青和（或）乳化剂及石灰。

逆乳化钻井液具有抑制性强、抗高温及抗污染能力强、强防塌性能及抑制盐岩溶解、保护储层等优点，同时存在成本较高、影响测井、污染环境等缺点。

2）全油钻井液

全油钻井液：液相为油，通常用作取心液。全油钻井液基本组成为：柴油、有机土、氧化沥青和（或）乳化剂、生石灰等。全油钻井液的特点是抑制性强、抗高温和抗污染能力强，具有防塌性能及抑制盐岩溶解能力强和保护储层的作用，缺点是成本高、环境污染严重。

3）合成基钻井液

合成基钻井液具有油基钻井液性能，但没有环境危害。主要连续相类型有醚基、酯基、聚 α-烯烃基和异构化 α-烯烃基。主要处理剂为：主、副乳化剂；有机土；增黏剂；润湿剂；水、氯化钙、石灰；加重剂等。

4）气基钻井液

气基钻井液的流体类型主要为：干燥空气或天然气钻井流体、雾钻井流体、泡沫钻井液和充气钻井液。

二、钻井液主要性能

钻井液的性能是指钻井液对钻井作业有影响的各种特性。油气钻井过程中钻井液的众多功能应满足钻井工程安全作业和油气层保护的需要，为此需检测和调整钻井液密度、流变性、漏斗黏度、塑性黏度、动切力、静切力、滤失量、高温高压滤失量、含砂量、pH 值、滤饼、固相含量、膨润土含量、润滑性、电稳定性等性能。

在受到地层物质侵入时，钻井液性能会发生变化。不同的地层物质对钻井液各项性能指标的影响也不同，钻井液性能变化对各项作业具有重要的指导与警示意义。维护、保持钻井液性能稳定是保证各项作业顺利进行的基础。

钻井液性能的维护和调整需通过加不同的处理剂来完成。

（一）钻井液密度

是指每单位体积钻井液的质量，常用 g/cm^3（或kg/m^3）表示。钻井液密度是确保安全、快速钻井和保护油气层的一个十分重要的参数。通过密度的变化，可调节钻井液在井筒内的静液柱压力，以平衡地层孔隙压力，有时亦用于平衡地层构造应力，以避免井塌的发生。如果密度过高，超过地层破裂压力，易引起漏失，增加对地层的压实效应，不利于油层保护；而密度过低则容易发生井涌甚至井喷，还会造成井塌、井径缩小和携屑能力下降。因此，在一口井的钻井工程设计中，必须准确、合理地确定不同井段钻井液密度变化范围，并在钻井过程中随时进行检测和调整。

调整方法：提高钻井液密度的方法是在钻井液中加入加重剂或在低密度钻井液中混入高密度钻井液；降低钻井液密度的方法通常是在高密度水基钻井液中加入低密度钻井液或水液等，在油基钻井液中加入相应比例的油水和乳化剂等。加重剂的类型应根据钻井液体系、密度和设计要求来选择。

（二）钻井液流变性

是指在外力作用下，钻井液发生流动和变形的特性，其中流动性是主要的方面。该特性通常是用钻井液的塑性黏度、动切力、静切力、表观黏度等流变参数来描述的。钻井液流变性是钻井液的一项基本性能，它在解决下列钻井问题时起着十分重要的作用：（1）携带岩屑，保证井底和井眼的清洁；（2）悬浮岩屑与重晶石；（3）提高机械钻速；（4）保持井眼规则和保证井下安全。此外，钻井液的某些流变参数还直接用于钻井环空水力学的有关计算。

钻井液流变性的核心问题就是研究各种钻井液的剪切应力与剪切速率之间的关系，根据这种关系，流体可分为牛顿流体、假塑性流体、塑性流体、膨胀流体。目前广泛使用的多数钻井液为塑性流体和假塑性流体。

塑性流体的流变模式，常称为宾汉模式，其表达式为：

$$\tau=\tau_0+\mu_0 r \tag{3-2-1}$$

式中　τ——剪切应力，Pa；

τ_0——动切力，Pa；

μ_0——塑性黏度；MPa·s；

r——剪切速率；s^{-1}。

假塑性流体的流变模式称幂律模式，其表达式为：

$$\tau=Kr^n \tag{3-2-2}$$

式中　τ——剪切应力，Pa；

K——稠度系数；

r——剪切速率，s^{-1}；

n——流性指数。

调整方法：通常是通过改变钻井液的黏度和切力来调节和改善流变性，使其适应钻井工程需要。

（三）漏斗黏度

现场用特制的漏斗黏度计衡量钻井液相对黏度。API 规定使用的漏斗黏度计称为“马氏漏斗”，用该漏斗测定的钻井液相对黏度值以秒（s）作单位，为“API 秒”。

马氏漏斗的锥体部分容积为 1500mL，流出管的长度为 50. 8mm，流出管的内径为 4. 67mm（3/16in）。装为 1500mL 淡水，流出 946mL（1 夸脱）所需时间（称为“水值”）为 26±0. 5s。

（四）塑性黏度

塑性黏度是塑性流体在层流条件下，剪切应力与剪切速率成线性关系时的斜率值。计量单位为“mPa·s”。塑性黏度是塑性流体的性质，它不随剪切速率而变化，其反映了在层流情况下，钻井液中网架结构的破坏与恢复处于动平衡时，悬浮的固相颗粒之间、固相颗粒与液相之间以及连续相内部的内磨擦作用的强弱。影响塑性黏度的主要因素是：（1）钻井液中固相含量增多，固体颗粒增加，其值升高；（2）钻井液中黏土颗粒分散度越高，其值越大；（3）高分子聚合处理剂加量越大，相对分子质量越大，塑性黏度越高。用直读式旋转黏度计测量时，以600r/min的读值与300r/min读值之差即为塑性黏度。该仪器是以电动机为动力的旋转型仪器，钻井液处于两个同心圆筒间的环形空间内，外筒以恒速（r/min）旋转，外筒在钻井液中旋转时对内筒产生扭转，扭力弹簧阻止内筒旋转，而与内筒相连的表盘指示内筒的位移。

$$PV=\phi_{600}-\phi_{300} \tag{3-2-3}$$

式中 PV——塑性黏度，mPa·s；

ϕ_{600}、ϕ_{300}——600r/min和300r/min时的恒定读数。

（五）钻井液动切力

指塑性流体在层流条件下，剪切应力与剪切速率成线性关系时的结构强度，计量单位为“Pa”。它反映了钻井液在层流时，黏土颗粒之间及高聚物分子之间的相互作用力（形成空间网状结构之力），凡是影响钻井液形成结构的，均会影响动切力。主要因素为：（1）钻井液中易水化膨胀和分散的膨润土越多，动切力上升越快；（2）钻井液中进入电解质如NaCl、$CaSO_4$等，亦增加动切力；（3）钻井液中加入降黏剂，易拆散网架结构，降低动切力。用直读式旋转黏度计测量时，以300r/min的读值减去塑性黏度（PV）值，再乘以0.48即得动切力（YP）值。

$$YP=0.48\times(\phi_{300}-PV) \tag{3-2-4}$$

式中 YP——动切力，Pa；

ϕ_{300}——300r/min时的恒定读值；

PV——塑性黏度，mPa·s

（六）钻井液静切力

指胶体形成凝胶的能力或塑性流体从静止状态开始运动时所需的最低剪切应力，计量单位为“Pa”。其胶体化学实质是胶凝强度，即表示钻井液在静止状态下形成的空间网架结构的强度。其物理意义是：当钻井液静止时，破坏钻井液内部单位面积上的结构所需的剪切力。结构强度的大小与时间因素有关，因此规定用初切力和终切力来表示静切力的相对值。

初切力是将钻井液在600r/min下搅拌10s，静置10s后测得3r/min下的最大读数值，该读数乘以0.5即得初切力（Pa）。

终切力是将钻井液在600r/min下搅拌10s，静置10min后测得3r/min下的最大读数值，该读数乘以0.5即得初切力（Pa）。

钻井液有适当的静切力，有利于钻屑的悬浮，又不至于导致恢复循环时开泵泵压过高，影响其因素与调控方法与动切力基本一致。

（七）滤失量

对钻井液进行（加）压（过）滤试验时，测量通过过滤介质的滤液体积。该体积越小，说明钻井液的滤失量越小。滤失量越小越易生成低渗透率、柔韧、薄而致密的滤饼，有利于稳定井壁、保护油气层。钻井过程中钻井液向地层中的滤失是在井下的温度和压力下进行的，不同地层的孔隙度与渗透率各不相同，因此同一性能的钻井液对不同地层的滤失量也不相同。影响钻井液滤失量的因素有：（1）时间：滤失量随时间的增长而增加，与时间的平方根成正比；（2）压差：当过滤价值恒定时，滤失量随压差的平方根成正比变化；（3）温度：温度上升，滤失量上升；（4）滤饼渗透率：滤饼薄而韧、致密，滤失量降低；（5）分散作用：钻井液中的黏土颗粒适当分散，则有利于滤失量降低。

通常测定钻井液滤失量按 API 规定进行。滤失量分静滤失量和动滤失量，一般测静滤失量。静滤失量分 API 滤失量和高温度压滤失量。API 滤失量为钻井液在常温、690kPa 压差、30min 下的滤失量。高温高压（HTHP）滤失量为钻井液在 150℃、3450kPa、30min 下的滤失量。

（八）高温高压滤失量

用 API 推荐的高温高压滤失仪及方法测得的钻井液滤失量，指钻井液在 150℃、3450kPa 压差、30min 下的滤失量。对于钻井液来说，深井钻井液必须进行高温高压条件下的滤失量评价。因为高温高压条件对钻井液性能影响很大，使钻井液中的黏土分散状态发生变化，使处理剂发生降解、交联等作用，也使液相的黏度、液相与井壁的相互作用发生变化，进而影响整个钻井液的稳定和井壁的稳定，所以深井钻井液特别强调要有适当低的高温高压滤失量，一般保持在 10~20mL。

（九）滤饼

钻井液在过滤过程中沉积在过滤介质上的固相沉积物，其厚度以“mm”量。钻井过程中，当钻头破碎地层形成井眼的瞬间开始，钻井液的滤液便向地层的孔隙中渗透，固体颗粒便黏附在井壁上形成滤饼。滤饼的厚度与滤失量大小有关，一般情况下，滤失量越大，滤饼亦越厚。滤饼厚易造成井眼缩小，起下钻阻卡，也不利于储层保护，所以要求钻井液的滤饼薄而韧，具有可压缩性、渗透性低等性能。

（十）钻井液 pH 值

表示钻井液酸碱性的值。pH 值的大小表示钻井液酸碱性的强弱，pH = 7 时，钻井液为中性；pH < 7 时，钻井液呈现酸性，pH 值越小，酸性越强；pH > 7 时，钻井液为碱性，pH 值越大，碱性越强。一般常用的钻井液 pH 值在 8～10。

pH 值表示氢离子浓度（克离子浓度）的负对数值。若水溶液在 24℃时的氢离子浓度为 10^{-7} 克离子/L，则该溶液 pH 值等于 7。

（十一）钻井液含砂量

钻井液中粒径大于 0.07mm 的悬浮固相的含量，以体积百分数计算。在钻井过程中，如果钻井液中含砂高时，形成的滤饼质量差，引起滤失量增加、密度增加，同时增加对钻柱、循环管线、泵配件的磨损和冲蚀。一般情况下现场使用除砂器来控制含砂量。

（十二）固相含量

指钻井液中固体物质（包括溶解固体及悬浮固体）的总量，以体积百分数计算。固相物质在钻井液中起着重要的作用，它的类型、含量和颗粒的大小直接影响钻井液的物理和化学性能。一般来说，钻井液中的固体物质主要是指配浆黏土、加重物质和可溶性的盐类，还有钻进过程中不断进入钻井液的岩屑（包括地层黏土）。就固相物质的密度而言，有高密度的，密度在 4.2g/cm^3 以上，主要是指重晶石及其他加重材料；有低密度的，密度为 2.5～3.0g/cm^3，主要是膨润土，岩屑和可溶性的盐类等。就颗粒的尺寸而言，按 API 标准可分为：黏土（或胶体颗粒），尺寸小于 2μm；泥，尺寸在 2～74μm；砂，尺寸大于 74μm。

钻井液中固相按其作用可分为两类：一类是有用固相，如膨润土、加重材料以及非水溶性或油溶性的化学处理剂；另一类是无用固相，如钻屑、劣质土和砂粒等。钻井实践证明，过量无用固相的存在是破坏钻井液性能、降低钻速并导致各种井下复杂情况的最大隐患。所以必须对钻井液中的固相进行有效的控制，在保存适量有用固相的前提下，尽可能地清除无用固相。

（十三）膨润土含量

钻井液中的膨润土（包括人为加入的及钻屑中含有的）含量，以每立方米中所含膨润土的千克数计算或以每升钻井液中所含膨润土的克数计算。膨润土是一种松软、多孔、塑性、浅色的岩石，主要由黏土矿物钠蒙脱石组成，具有很强的吸水能力。其在水中有分散性、带电性、离子交换以及水化性，这些性能都是处理与配置钻井液时需考虑的因素。钻井液中适当的膨润土含量，可以提高体系的塑性黏度、静切力和动切力，增强钻井液对钻屑的悬浮和携带能力，降低滤失量，形成致密滤饼。常用钻井液的膨润土含量应保持在20~60g/L。

（十四）钻井液润滑性

指钻井液降低钻柱与井壁间摩擦阻力及减少钻头磨损能力。评价钻井液润滑性的主要技术指标是测量钻井液和滤饼的摩阻系数，对大多数水基钻井液来说，润滑仪测定的摩阻系数维持在0.2以下是合适的。影响钻井液润滑性的主要因素有：钻井液的黏度、密度、钻井液中固相类型及含量、钻井液的滤失情况、岩石条件、地下水的矿化度以及溶液的pH值、润滑剂和其他处理剂的使用情况等。通常为了改善钻井液的润滑性，需要选用有效的润滑剂来降低钻井液和滤饼的摩阻系数。

（十五）钻井液电稳定性

油基钻井液的核心问题是在使用过程中，必须确保乳液的稳定性。用破乳电压来表示的油基钻井液的相对稳定性。衡量乳状液稳定性的定量指标主要是破乳电压，其值越高钻井液越稳定。按一般要求，油包水乳状液的破乳电压不得低于400V。实际上，许多性能良好的钻井液，其破乳电压都在2000V以上。各类油包水钻井液在使用中稳定性变差，通常是由于钻井液中出现亲水固体和（或）钻遇水层而引起的，应及时补充乳化剂和润湿剂，并注意调整好油水比，使原有的乳化稳定性尽快恢复，保持钻井液的电稳定性。

三、钻井液现场配制与监测

（一）设备要求

地面钻井液系统大体可分为罐体、固控设备、搅拌混合装置和连接管线4个部分。

（1）罐体部分：主要包括循环罐、储备罐、钻井液补给罐。

（2）固控设备：主要包括振动筛、脱气装置、除砂器、除泥器、离心机。现场按规定顺序安装固控设备。

（3）搅拌混合装置：主要包括搅拌器、钻井液加料漏斗。

（4）连接管线：连接管线是循环通路，必须正确安装。连接管线安装不正确，会导致无法正常抽取或排出钻井液，或会造成钻井液绕过固控设备而未被处理，导致大量的钻屑滞留在钻井液中。

（二）钻井液现场配制与维护

1. 钻井液现场配制

（1）检查井场钻井液材料质量检验单等有关资料，保证钻井液材料的质量。

（2）配制钻井液前必须清洗钻井液罐。

（3）若需要，必须处理配浆用水。

（4）应按钻井液设计要求配制钻井液，并确保其性能达到设计要求。

（5）应充分水化配制钻井液用膨润土。

（6）配制钻井液用处理剂应配成胶液缓慢加入，避免直接加入固体或粉末状处理剂。

（7）应控制好钻井液处理剂的加入比例、顺序和方法。

2. 钻井液现场维护

（1）充分发挥固控设备清除钻屑的效率。

（2）需补充处理剂，应缓慢、均匀加入钻井液处理剂胶液，尽量避免直接加入处理剂固体或干粉。

（3）需补充膨润土，应加入已充分水化的膨润土浆。

（4）钻井液以一定时间或一定井段处理，尽量避免大型处理。

（5）含硫化氢地层适当提高钻井液的 pH 值，提前加入除硫剂。

（6）需进行较大处理时，应先进行小型试验，确定最佳处理措施。

（三）钻井液性能监测

（1）每 1h 左右测一次密度、漏斗黏度和循环罐中钻井液体积，每 8~12h 测全套性能。及时调整好钻井液性能，保证钻井液性能在设计规定的范围内。

（2）定期检查储备罐高密度钻井液性能及体积，并调整好高密度钻井液性能，补足储备量。

（3）含硫化氢地层必须安装检测设备及报警装置，加强坐岗观察，加密测量钻井液 pH 值。

（4）发现异常情况，应加密测量钻井液性能和循环罐中钻井液体积。

（四）钻井液性能测量

现场常规水基钻井液性能测试按 GB/T 16783—1997《水基钻井液现场测试程序》执行；油基钻井液性能测试按 GB/T 16782—1997《油基钻井液现场测试程序》执行；钻井液特殊性能测试应按照规定的测试方法和步骤及所用仪器使用说明进行。现场水基钻井液性能指标见表 3-2-11。

根据现场需要，可以增加其他钻井液性能测试或将钻井液进行性能测试。

表 3-2-11 现场水基钻井液性能指标

序号	性能名称	代号	单位	计算公式
1	密度	ρ	g/cm^3	
2	漏斗黏度	FV	s	
3	表观黏度	AV	mPa · s	$\phi_{600}/2$
4	塑性黏度	PV	mPa · s	$\phi_{600}-\phi_{300}$
5	动切力	YP	Pa	$AV-PV$
6	静切力	GELS	Pa	$\phi_3/2$
7	流性指数	n		$3.32\times\log(\phi_{600}/\phi_{300})$
8	稠度指数	k	$Pa\cdot s^n$	$(0.511\times\phi_{300})/511^n$
9	API 滤失量	API-FL	mL	
10	高温高压滤失量	HTHP-FL	mL	注明压差和温度
11	滤饼厚度	C_k	mm	
12	摩阻系数	K_f		
13	固相含量		%	
14	含砂量		%	
15	膨润土含量	MBT	g/L	$14.3\times(V_{亚甲蓝}/V_{钻井液})$
16	pH			
17	油水比	O/W	%	
18	钻井液碱度	P_m	mL	
19	滤液碱度	P_f	mL	
		M_f	mL	
20	氯根含量	$[Cl^-]$	mg/L	
21	钙离子含量	$[Ca^{2+}]$	mg/L	
22	钾离子含量	K^+	mg/L	

四、钻井液的应用

钻井过程中，钻井液一直发挥着至关重要的作用。钻井液在钻井过程中的主要作用为：清洁井底并携带钻屑至地面、悬浮钻屑和加重材料、控制和平衡地层压力、形成滤饼保护井壁、冷却和润滑钻头和钻柱、提供所钻地层的有关资料等。因此一般要求钻井液的性能具备合理的密度和合适的流变性、较低的滤失量和较好的滤饼质量、良好的封堵能力和较强抑制性、良好的润滑性能和抗污染能力、有利于保护储层并能适应地层的变化与影响、保持性能稳定的特点。此外，要注意所用钻井液和处理剂的毒性，减小钻井液对环境造成的危害，尤其在环境敏感的地区进行工程作业时，应尽量不用或少用严重污染地表水或地下水的钻井液及处理剂，使钻井液符合环境要求。

（一）钻井液对钻井工程各项作业的影响

由于钻井液与地层直接接触，钻井液的液柱压力、流体物质、化学物质直接作用在井眼周围地层上，并长期浸泡与渗透，从而使井眼周围地层性质发生各种变化。因此钻井液对井壁周围的地层性质和井眼稳定影响最大。同时，钻井液受地层影响及破坏也最严重，地层压力直接作用在钻井液上，一旦钻井液液柱压力不能控制和平衡地层压力，可能造成缩径、溢流、井喷等井下复杂与事故。此外，钻屑、掉块、地层流体侵入等也直接进入钻井液中，损害钻井液性能，引起各种井下问题。

地层物质（包括钻屑、地层流体等）是由钻井液循环带出，因此钻井液对录井影响非常大，如钻井液密度过大将造成钻井液超前渗滤，降低井内油气浓度；钻井液黏度高造成脱气困难，气测基值高；钻井液滤失量大造成气测后效录井效果差等。一般油田地质录井对钻井液性能均有要求，对钻井液性能的变化也进行观察和记录。

测井必须在钻井液介质中进行，钻井液侵入地层后，井眼周围地层的流体性质和电化学性质发生变化，紧靠井眼附近地层中的大部分可动流体被钻井液滤液驱走，造成被侵入地层电阻率发生变化，对测井解释和储层可能造成严重危害。

在钻井过程中，油气层被打开后，首先接触的外来液体是钻井液，钻井液就会对油气层产生损害，这种损害在钻开油气层的整个过程中都一直存在。必须根据油气层的特性，调整钻井液性能，当与油气层的特性相适应时才能起到保护作用，减轻损害，获取应得的产量。

（二）通过钻井液性能变化，判断和处理井下复杂情况

1. 井漏

如果钻进过程中或下钻过程中，钻井液返出量过少甚至失返或钻进过程中循环罐钻井液体积损耗过快，应分析地层情况，判断是否发生井漏。

如果发生井漏，应设法测准井漏位置，并根据漏失量的大小判断漏层性质。然后针对漏层性质选用相应堵漏措施，在可能的情况下，最好把漏层钻

穿后再采取堵漏措施。

2. 溢流

钻进过程中，如果出现下列情况之一，应分析地层情况，判断是否发生溢流：

（1）循环罐中钻井液体积增加。

（2）停泵后，井口仍有钻井液流出。

（3）起钻过程中灌入井筒中的钻井液体积小于起出的钻具体积，或循环罐中钻井液体积增加。

（4）停止起钻或起完钻后，钻井液出口仍有钻井液流出。

（5）下钻过程中返出的钻井液体积大于下入的钻具体积。

（6）停止下钻，井口仍有钻井液外溢。

如果发生溢流，表明井眼内油、气、水已侵入钻井液。油、水上窜或气体上窜膨胀导致环空液柱压力不能平衡地层孔隙压力。此时应了解清楚发生溢流时的施工情况（钻进过程中、起钻过程中、下钻过程中或下钻后循环过程中），对发生溢流的原因及溢流的流体性质进行分析，并根据溢流的原因确定钻井液对策。溢流原因及钻井液对策见表 3-2-12。

表 3-2-12 溢流原因及钻井液对策

施工情况	钻进		起钻		下钻	循环
溢流原因	密度偏低	井漏	未灌钻井液	抽吸	井漏	有气泡或密度偏低
钻井液对策	提高钻井液密度、消泡除气等	堵漏、消泡除气	灌钻井液、消泡除气	调整钻井液黏度切力，提高防泥包能力	堵漏，调整钻井液黏度切力	消泡除气、提高钻井液密度
注：提高钻井液密度的原则为逐步提高钻井液密度，直至压稳为止。在提高钻井液密度过程中要严防压漏地层						

（三）通过钻井液性能变化，判断地层变化情况

1. 油气层或高压水层

钻进过程中，如果出现下列情况，应分析地层情况，判断是否钻开油气层或高压水层：

（1）钻井液出现油气显示。

（2）钻屑中发现油砂或水砂，气测值增大。

（3）钻井液密度下降，性能发生变化，氯离子含量增加。

（4）钻井液体积增加。

如果钻开油气层，则应在安全的条件下，使钻井液密度所造成的压力尽量接近地层孔隙压力，同时尽量降低钻井液中的微粒（<1μm）含量，尽可能使用酸溶或油溶钻井液材料和加入黏土稳定剂，并使钻井液滤液的活度与油层水相的活度尽可能相当。

如果钻开了高压水层，应根据水层压力系数，调整好钻井液的密度，压死水层，不让其流入钻井液中而造成污染及复杂情况，同时根据水质，可采用相应的抗盐污染的钻井液类型（若提高钻井液密度有损于油层或压漏上部井段的层位，应从套管程序加以解决，即用套管加以封隔）。

2. 盐膏地层

钻进过程中，如果钻井液中的 Cl^- 或 Ca^{2+} 含量异常升高，且出口钻井液黏度异常上升或发生絮凝，滤失量增大，应分析地层情况，判断是否钻遇盐膏地层。盐膏地层具有易塑性蠕动、易水溶等特点，易造成井眼不稳定、井壁坍塌、井径扩大、缩径、卡钻等井下复杂状况，同时因盐侵造成钻井液性能破坏、因水溶造成钻屑缺失，因此在盐膏地层钻进时必须非常注意钻井液的性能变化情况，及时调整，确保井下安全。

钻盐膏地层时，应遵循以下原则：

（1）若属薄层或夹层盐膏，可以选用抗盐膏药剂处理维护设计所需钻井液性能。

（2）若属厚或较纯的盐层，选用饱和盐水钻井液，并加盐抑制剂（井深超 4000m 时）。

（3）若属厚杂盐层，必须弄清其盐的种类及含量，采用饱和盐水配合与地层具有相同盐类的钻井液，两者活度应基本相同。

（4）若属纯石膏层，可选用石膏钻井液。

（5）为了抑制井筒变形，在盐层埋藏深度超过 4000m 时，应提高钻井液密度到 2.00g/cm^3 左右，以克服缩径，特别注意防止挤坏套管。

3. 易塌地层

钻进过程中，如果钻井液持续携带出井壁掉块，应分析地层情况，判断是否钻遇易塌地层。易塌地层井壁不稳定、井径扩大、井眼质量差，塌块落入井底易造成卡钻。

防塌是当前尚未完全解决的技术难题。塌层性质差别较大，条件千变万化，不可能用一套钻井液性能要求就能适合所有类型的塌层，基本原则是：

（1）不能在易塌地层采用负压钻井，即钻井液的密度不得低于塌层的孔隙压力。

（2）在塌层钻井，钻井液的黏度、切力不能过低，返速也不能过高，以免形成紊流冲刷井壁，加剧井塌。

（3）钻井液的静切力不能过大，以免造成起下钻及开泵时压力波动剧烈引起井塌。

（4）在水敏性强的地层钻井，一般要求钻井液的高温高压滤失量控制在15mL以下，不超过20mL。

（5）对脆性页岩及微裂缝发育塌层，最好选用沥青类制品（包括矿物油及植物油渣沥青），起到封闭缝隙、减少滤液进入页岩层理或微裂缝中，从而提高防塌的作用。

（6）使用抑制性较强的钻井液体系，如聚合物钾基钻井液，滤液中K^+浓度不得低于1.80kg/m^3。

（7）若坍塌层特别复杂，水基钻井液不能解决，可使用平衡活度的油基钻井液。

第五节 油气层保护技术

在钻井完井作业过程中应用保护油气层技术具有非常重要的作用与意义，一是保护油气资源；二是提高油气采收率和增储上产；三是少投入、多产出，提高勘探开发效益。目前油气保护技术在国内外油田勘探开发生产作业中得到广泛的应用。

一、油气层伤害概念

在钻井完井作业过程中，由于钻井完井液中的固相和滤液进入油气层，以及不适当工艺措施，引起油气层的物理化学特性发生变化，使油气层受到了伤害，造成有效渗透率降低、油气藏产能减少、注气（或注液）效果降低等问题，导致损失了宝贵的油气资源，增加了勘探开发成本，给油田造成巨大的经济损失。

（一）伤害的实质

油气层伤害的实质就是油气层绝对渗透率和相对渗透率的下降，前者起因为缩小油气层渗流通道，后者起因为增加油、气流动阻力。油气层伤害是在外界条件（外因）影响下油气层内部性质（内因）发生物理化学变化造成的，即内因在外因的作用下引起油气层伤害。

（二）潜在的伤害因素

油气层中本身包含的内在因素，包括油气层岩石的储渗空间特性、敏感性矿物、岩石表面性质和流体性质等。内在因素受外界条件影响而导致油气层渗透率下降，就是油气层伤害的内因。

施工作业过程中，能够引起油气层微观结构或流体原始状态发生改变的外部因素，包括入井筒流体的性质、生产作业压差、井筒流体与地层流体的温差和作业时间等人为可控因素，就是引起油气层伤害的外因。

必须指出，油气层伤害因素只是表示在作业过程中有伤害的可能，不是一定发生，因此称为潜在的损害因素。此外，在没有外因作用下，油气层不会自动发生伤害，必须在打开油气层之后，才能在外因作用下发生并持续进行伤害过程。

（三）伤害类型

1. 缩小或堵塞渗流空间的伤害

缩小或堵塞渗流空间的伤害主要包括：外界固相颗粒侵入堵塞（固相损害）、储层微粒水化膨胀/分散（水敏损害）、微粒运移（速敏损害）、出砂、无机沉淀（包括二次沉淀）、有机沉淀、应力敏感压缩岩石、细菌堵塞、射孔压实等。

2. 增加流动阻力的伤害

增加流动阻力的伤害主要包括：毛细管力引起的水锁效应（贾敏效应）、乳化堵塞、高黏液体、润湿性反转等。

（四）损害特点

普遍存在性：存在于各个生产和作业环节和油井的整个寿命周期。

原因多样性：同一作业过程，存在多种伤害。

相互联系性：一种伤害可加重或引起另一种伤害。

动态性：一种伤害发生后会引起内因不断变化，最终引起伤害机理的变化。

不可逆性：油气层发生伤害后，要完全解除伤害很难。

二、油气层中潜在的伤害因素（内因）

（一）油气层储渗空间

储渗空间反映了储层的储集性和渗透性，用岩石的孔隙度和渗透率进行量化。孔隙度和渗透率是判断储层储集能力与渗流能力的重要参数，也是衡量储层伤害情况的评价指标。

1. 储集空间与孔喉

油气储集在地下岩石颗粒之间的缝隙中，这些缝隙称为孔隙，是油气层的储集空间，这些岩石颗粒称为油气层的骨架颗粒。岩石颗粒的粒度大小、分布、形状、接触关系及胶结物决定着孔隙大小。孔隙连通通道称为渗流通道，渗流通道的狭窄部分称为喉道，一般分为缩颈喉道、点状喉道、片状或弯片状喉道、管束状喉道等类型，是容易受伤害的敏感部位。孔隙和喉道的几何形状、大小、分布及其连通关系，称为油气层的孔隙结构（图 3-2-32）。

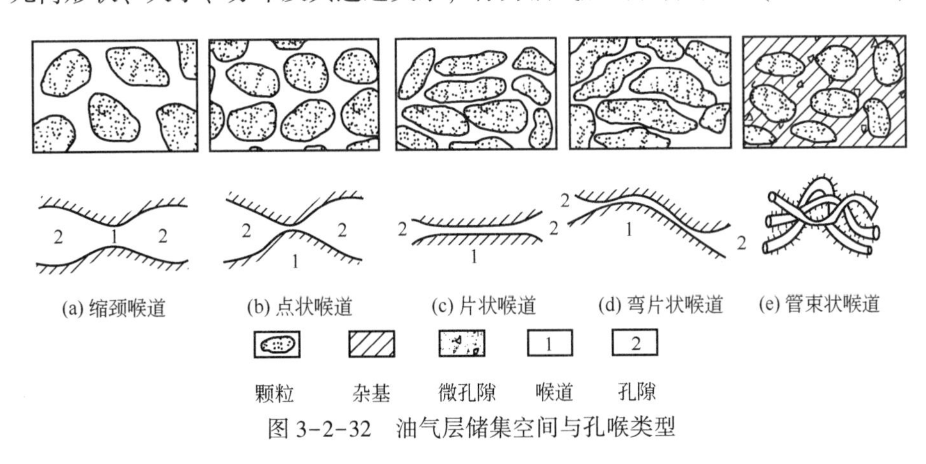

图 3-2-32 油气层储集空间与孔喉类型

2. 孔喉类型与伤害方式的关系

油气层岩石颗粒接触类型和胶结类型决定了孔喉类型，不同类型孔喉的孔喉特征不同，可能引起的油气层伤害方式也不相同。油气层孔喉类型与伤害方式的关系见表 3-2-13。

表 3-2-13 油气层孔喉类型与可能的油气层伤害方式的关系

孔喉类型	孔喉主要特征	可能的油气层伤害方式
缩颈喉道	孔隙大，喉道粗，孔隙与喉道直径比接近于 1	固相侵入，出砂和地层坍塌
点状喉道	孔隙大（或较大），喉道细，孔隙与喉道直径比大	微粒运移，水锁，黏土水化膨胀
片状或弯片状喉道	孔隙小，喉道细而长，孔隙与喉道与直径比中到大	微粒堵塞，水锁，黏土水化膨胀
管束状喉道	孔隙与喉道成为一体，且细小	水锁，乳化堵塞，黏土水化膨胀

3. 孔隙结构参数与伤害方式的关系

常用的孔隙结构参数有孔喉大小与分布、孔喉弯曲程度和孔隙连通程度。一般说来，孔喉越大，储层越易受到固相颗粒侵入的损害，水锁伤害的可能性较小；孔喉越小，固相伤害的可能性小，水锁伤害的可能性大；孔喉弯曲程度越大，喉道越易受到伤害；孔隙连通性越差，油气层越易受到伤害。

4. 油气层的孔隙度和渗透率与油气层伤害方式的关系

孔隙度是衡量岩石储集空间多少及储集能力大小的参数，渗透率是衡量油气层岩石渗流能力大小的参数。一般地，渗透率大的油气层，受固相侵入伤害的可能性较大；渗透率低的油气层，受固相侵入伤害的可能性较小，受液相侵入引起的黏土水化膨胀、分散运移及水锁伤害的可能性较大。

（二）敏感性矿物

油气层孔隙空间周围是由不同的矿物颗粒构成的，这些与流体发生物理化学作用并导致油气层渗透率降低的矿物颗粒，称为油气层敏感性矿物。油气层敏感性矿物一般粒径很小（一般小于37μm），比表面积大，多数位于易与流体作用的部位。

1. 敏感性矿物类型与伤害方式的关系

根据不同矿物与不同性质的流体发生反应造成的油气层伤害类型不同，可以将敏感性矿物分为4类：

1）水敏与盐敏性矿物

水敏性矿物指油气层中产生水化膨胀或分散、剥落等引起伤害的矿物，如蒙脱石、混层矿物、降解伊利石和降解绿泥石、水化白云母等。

盐敏性矿物指盐液进入油气层后，引起黏土矿物状态发生变化，造成渗透率降低。

2）酸敏性矿物

盐酸酸敏性矿物：指油气层中产生二次沉淀和释放微粒引起伤害的矿物，如富含铁绿泥石、含铁碳酸岩、赤铁矿等。

土酸酸敏性矿物：指生成CaF_2、非晶质SiO_2和其他化学沉淀引起伤害的矿物，如方解石、白云石、钙长石、沸石、黏土等。

3）碱敏性矿物

指油气层中与高pH值外来液作用下生成凝胶沉淀和增加黏土负电荷引起伤害的矿物，如长石、微晶石英、蛋白石、黏土矿物等。

4）速敏性矿物

指油气层中各类固结不紧、在流体流动作用下易发生运移的敏感性矿物，如粒径<37μm 的高岭石、伊利石、碳酸盐微粒等。

2. 敏感性矿物产状与伤害方式的关系

敏感性矿物在含油气岩石中的分布位置和存在的状态称为敏感性矿物产状，一般将敏感性矿物产状分为 4 种类型（图 3-2-33）：

1）薄膜式

黏土矿物平行于骨架颗粒排列，呈部分或全部包覆基质颗粒状。这种产状以蒙脱石和伊利石为主，由于流体流经它时的阻力较小，一般不易产生微粒运移，但这种产状的黏土矿物与外界液体接触充分，易产生水化膨胀，减小孔喉，引起水敏伤害，甚至引起水锁伤害。

2）栉壳式

黏土矿物叶片垂直于骨架颗粒表面生长，表面积大，处于流动通道部位，呈这种产状的黏土矿物以绿泥石为主。流体流经它时阻力大，极易受流体冲击破裂形成可运移的颗粒，随流体运移产生伤害。其被酸溶解后，可生成氢氧化铁二次沉淀和硅凝胶体堵塞孔道。

3）桥接式

由毛发状纤维状的伊利石搭桥于颗粒之间，流体极易将它冲碎，造成微粒运移伤害。

4）孔隙充填式

黏土充填在骨架颗粒之间的孔隙中，呈分散状，黏土颗粒间微孔隙发育。该产状以高岭石、绿泥石为主，容易引起的伤害主要是微粒运移。

(a) 薄膜式

(b) 栉壳式

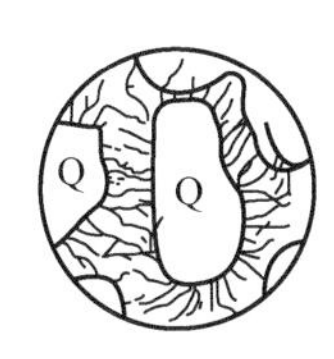

(c) 桥接式

(d) 孔隙充填式

图 3-2-33 敏感性矿物产状

Q—石英；F—长石

（三）岩石表面性质

1. 比表面积与伤害方式的关系

指单位体积岩石内颗粒的总表面积，单位为 m^2/m^3。比表面积越大，岩石的颗粒越细。一般砂岩：比表面<$950cm^2/cm^3$，细砂岩：比表面 950～$2300cm^2/cm^3$，粉砂岩：比表面>$2300cm^2/cm^3$。

比表面积越大，岩石孔道越小，岩石与流体接触面积越大，作用越充分，引起的油气层伤害越大。

2. 润湿性与伤害方式的关系

指液体在岩石表面的铺展情况，能铺展开来为润湿，否则，不润湿（图 3-2-34）。

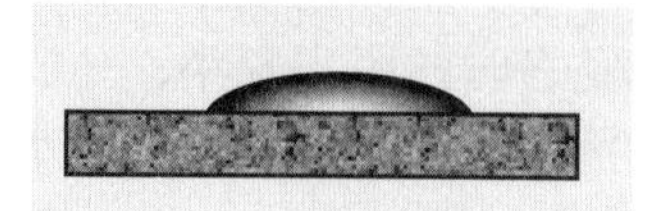

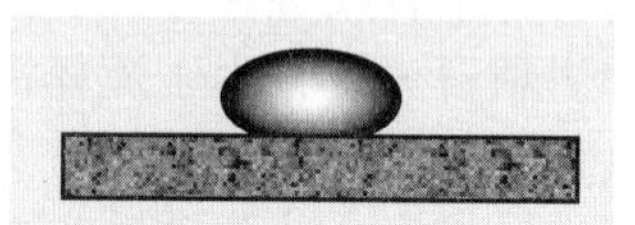

图 3-2-34　润湿性示意图

岩石的润湿性用接触角 θ 表示润湿程度（图 3-2-35）。

完全润湿：$\theta=0°$
润　　湿：$\theta<90°$
中性润湿：$\theta=90°$
非 润 湿：$\theta>90°$
全不润湿：$\theta=180°$

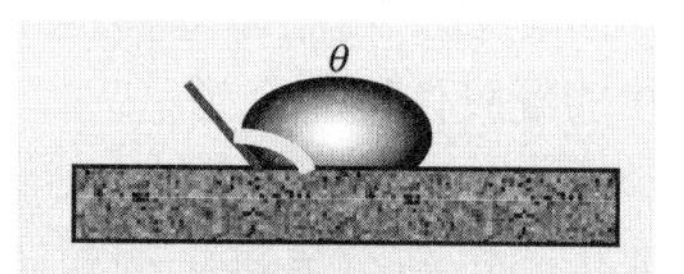

图 3-2-35　润湿性接触角 θ 表示方法

油层岩石的润湿变化很大，水润湿（亲水）油层：亲水为主，也亲油；油润湿（亲油）油层：亲油为主，也亲水；中间润湿（中性）油层：亲油亲水程度相近。油层岩石的润湿性对油水的微观分布、相对渗透率大小、油层的采收率、毛细管力的大小与方向及微粒的运移情况均有影响。

（四）流体性质

1. 地层水性质与伤害方式的关系

地层水性质主要包括矿化度（指地层水中的含盐量，范围：几千~几十万 mg/L）、离子成分与含量（包括阳离子：Na^+、K^+、Ca^{2+}、Mg^{2+}、Ba^{2+}、Sr^{2+} 等；阴离子：Cl^-、SO_4^{2-}、HCO_3^-、CO_3^{2-}、F^- 等）、水型（包括 $CaCl_2$、$NaHCO_3$、$MgCl_2$、Na_2SO_4 等）及 pH 值等，均影响无机沉淀伤害情况、有机沉淀伤害情况、水敏伤害程度和高分子处理剂盐析现象。

2. 原油性质与伤害方式的关系

原油性质包括含蜡量、黏度、胶质、沥青质、硫含量、析蜡点、凝固点等，影响有机沉淀的堵塞情况、引起酸渣堵塞伤害及引起高黏乳状液堵塞伤害等。

3. 天然气性质与伤害方式的关系

天然气中的 H_2S 和 CO_2 具有腐蚀作用，H_2S 和 CO_2 含量影响腐蚀产物引起的伤害和生成无机沉淀伤害。

三、引起油气层伤害的外界条件（外因）

引起油气层伤害的外界条件（外因）指在施工作业和生产过程中，入井流体的性质、生产作业压差、井筒流体与地层流体的温差和作业时间等人为因素。在生产作业中，外因诱发造成的油气层伤害机理是多种多样的。

（一）外界流体进入油气层引起的伤害方式

归纳起来，进入油气层的流体可引起以下 4 方面的伤害方式：

1. 外来流体中固相颗粒堵塞油气层

当井筒中流体的液柱压力大于油气层孔隙压力时，外来流体中固相颗粒就会随液相一起被压入油气层，从而缩小油气层孔径，甚至堵死孔喉，造成油气层伤害。

（1）影响外来流体中固相颗粒对油气层伤害的程度与侵入深度的因素：

① 固相颗粒直径与孔喉直径的匹配情况，匹配越好，伤害程度越小，侵入深度越浅；

② 固相颗粒浓度，浓度越大，伤害越严重；

③ 施工作业参数和时间，一般压差越大、剪切速率越高、作业时间越长，伤害越严重。

（2）外来固相对油气层的伤害特点：

① 一般在近井壁形成较严重的固相伤害带；

② 颗粒直径小于孔径的十分之一，且浓度较低时，颗粒侵入深度较深，而伤害程度较轻，但伤害程度会随着时间的延长而增加；

③ 对于中、高渗透率砂岩油气层，尤其是裂缝性油气层，外来固相颗粒侵入油气层的深度和所造成的伤害程度相对较大。

一定条件下，可利用固相颗粒堵塞的特点保护油气层，如在固相颗粒粒径与孔径匹配较好、浓度适中且有足够的压差时，固相颗粒可在井壁附近很小的范围内形成致密的暂堵滤饼，有利于阻止固相和滤液的进一步侵入，从而大大减少侵入量，降低伤害的深度，投产时可通过深射孔穿透暂堵层解除伤害。

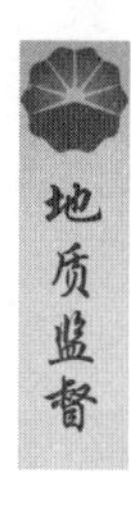

2. 外来流体与岩石不配伍引起的伤害方式

主要包括水敏性伤害、碱敏性伤害、酸敏性伤害、改变润湿性伤害和表面吸附伤害。

1）水敏伤害

进入油气层的外界流体与其中的水敏性矿物（如蒙脱石）不配伍时，会引起这类黏土矿物水化膨胀、分散或剥落，导致油气层的渗透率下降，这就是油气层水敏伤害。

油气层中的黏土矿物含量越高，水敏伤害的程度就越大。水敏伤害程度与油气层中黏土矿物成分有关。常见黏土矿物的水敏强弱顺序为：

蒙脱石>伊利石　蒙脱石混层矿物>伊利石>高岭石、绿泥石。

低渗油气层的水敏伤害比高渗油气层严重。外来液体的矿化度与地层水的矿化度相差越大，引起油气层的水敏伤害越严重。外界液体的矿化度相同情况下，含高价阳离子的比例越大，引起油气层的水敏伤害程度越弱。

2）碱敏伤害

高 pH 值的外来液体侵入油气层时，与其中的碱敏性矿物发生反应，造成矿物分散、剥落或生成新的硅酸盐沉淀和硅凝胶体，从而导致油气层渗透率降低，这就是碱敏伤害。

碱敏性矿物含量、外来液体侵入量及 pH 值影响碱敏伤害程度。pH 值越大，造成碱敏伤害的程度越大。

3）酸敏伤害

油气层酸化处理后，可释放出大量微粒，溶解矿物释放的离子还可能再次生成沉淀从而堵塞油气层孔道，这就是酸敏伤害。

造成酸敏伤害的无机沉淀和凝胶体有：氢氧化铁、氟化钙、氟硅酸盐、氟铝酸盐等沉淀及硅酸凝胶等。这些沉淀和凝胶的形成与酸浓度有关，其中大部分在酸的浓度很低时才形成沉淀。影响酸敏伤害程度的因素为酸液类型和组成、酸敏性矿物含量、酸化后返排时间等。

4）润湿性反转伤害

外来流体使岩石由水润湿变成油润湿后，使毛管力由原来的驱油动力变成驱油阻力，油原来占据孔隙中间部位变成占据孔隙角落和吸附在颗粒表面，从而降低油的有效渗透率（可降低 15%～85%）和最终采收率。对润湿性改变起主要作用的是表面活性剂的类型与浓度。影响润湿性反转的因素有：pH 值、聚合物处理剂、无机阳离子和温度等。

5）表面吸附伤害

外来液体中的部分处理剂被岩石吸附至孔隙或裂缝表面，缩小孔喉尺寸。

3. 外来流体与油气层流体不配伍引起的伤害方式

造成的伤害主要包括无机、有机沉淀伤害、乳化堵塞伤害和细菌堵塞伤害。

1）无机沉淀

外界流体和油气层流体中含有的高价阳离子（钙、钡、锶等离子）和高价阴离子（硫酸根和碳酸根离子），在浓度达到或超过形成沉淀的要求时，就可能形成无机沉淀。

当外界液体的 pH 值较高时，可使碳酸氢根转变成碳酸根，引起碳酸盐沉淀的生成，同时还可能引起氢氧化物沉淀的形成。

2）有机沉淀

外来流体与储层流体不配伍时，可能引起原油中的蜡质、胶质和沥青质以及进入地层的高分子处理剂析出而形成有机沉淀物，这样不仅可能堵塞油气中孔道，还可能使油气层的润湿性发生反转，导致油气层渗透率降低。影响形成有机沉淀的因素有：

（1）外来高 pH 值的液体可引起原油 pH 值改变，促使沥青质絮凝、沉积，一些酸液与原油反应可形成沥青质、胶质、蜡质的胶状沉淀。

（2）高矿化度的地层水使进入储层的高分子处理剂盐析。

（3）气体和低表面引力的流体侵入油气层可促使有机沉淀的生成。

3）乳化堵塞

外来流体中的某些添加剂进入油气层后，可能改变油气界面性能，使地层水或外来水相与储层中的油相混合，形成油包水或水包油乳化液。这样的乳状液形成的液滴尺寸较大，如果大于孔喉尺寸，可能堵塞油气层通道，引起乳化堵塞伤害，乳状液黏度较高，增加了原油的流动阻力。影响形成乳化液的因素有表面活性剂的性质与浓度、微粒的存在、油气层的润湿性。

4）细菌堵塞

作业过程引起的油气层状态变化，当油气层环境变成适宜于油气层中原有的细菌或者随外界流体一起进入的细菌生长时，细菌会很快繁殖，导致以下 3 方面的油气层伤害：

（1）大量繁殖形成较大的体积菌落，堵塞储层孔道。

（2）产生黏液堵塞油气层。

（3）细菌代谢产物如 CO_2、H_2S、S^{2-} 等引起硫化亚铁、碳酸钙、氢氧化亚铁等无机沉淀生成。

影响细菌生长的因素有压力、温度、盐度、pH 值及营养物等。常见的细

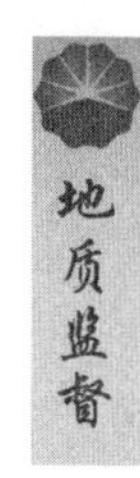

菌为硫酸盐还原菌、腐生菌、铁细菌等。

4. 外来流体进入油气层影响油水分布引起的伤害方式

外来水相进入油气层后，会增加含水饱和度、降低原油的饱和度，由于水锁效应和贾敏效应而增加油流动的阻力，导致油相渗透率降低。

1）水锁效应

指油井作业过程中水侵入油层后会造成近井地带含水饱和度增加，引起岩石孔隙中油水界面的毛细管阻力增加及贾敏效应，使原油在地层中比正常生产状态下增加一个附加的流动阻力，产生水锁伤害，宏观上表现为油井原油产量的下降。

水锁伤害处理剂是一种特殊结构的醚类化学剂，它进入油层后能消除或减轻水侵入地层后造成的流动阻力，使原油比较容易地流向井底。在现场处理水锁方法：

（1）可尝试注干气或氮气，使圈闭带的水蒸发掉。

（2）酸化，但是酸液选择不当会进一步伤害。

（3）表面活性剂处理，降低界面张力。

2）贾敏效应

一种阻力效应。油中气泡或者水中的油滴由于界面张力而力图保持成球形，当这些气泡或者油滴通过细小的孔隙喉道时，由于孔道和喉道的半径差使得气泡或油滴两端的弧面毛管力表现为阻力，若要通过半径较小的喉道必须拉长并改变形状，这种变形将消耗一部分能量，从而减缓气泡或油滴运动，增加额外的阻力，这种现象称为贾敏效应。

影响水锁效应和贾敏效应的因素有外来水相侵入量和孔喉半径。低渗和低压油气层比较容易发生该类伤害。

必须指出：在钻井、完井、修井及开采作业过程中，在许多情况下都会出现外来相在多孔介质中滞留的现象。不相混溶相渗入储层，或者多孔介质中原有不相混溶相饱和度增大，都会伤害相对渗透率，使储层渗透率及油气相对渗透度都明显降低。在不相混溶相为水相时，称作水锁效应，为烃相时称作烃锁效应。

（二）工程因素和油气层环境条件变化

1. 生产或作业压差引起的伤害方式

（1）速敏伤害：压差导致流体流速过大，造成微粒运移，产生速敏伤害。

（2）沉淀伤害：一是油气层中 CO_2 在压力下降时脱出，导致水相 pH 值升高，形成 $CaCO_3$ 沉淀；二是油气层压力下降时引起原油中轻烃组分及溶解气的挥发，降低蜡的溶解度，促使石蜡的析出沉积。

（3）压力敏感性伤害：岩石中的固体骨架颗粒受到上覆压力作用产生变形。流体压力降低，骨架颗粒因受到的上覆压力增大而收缩，孔隙因此而减小，渗透率降低。

（4）压漏油气层造成的伤害：大量的外界流体进入油气层。

（5）出砂、裂缝封闭和地层坍塌：负压差过大引起油气层出砂、裂缝封闭和地层坍塌。

（6）加深油气层伤害深度：高压差造成进入油气层的固相和液相量增加。

2. 温度变化引起的油气层伤害方式

一般来说，油气层的温度越高，各种敏感性的伤害程度越强。温度越高，各种作业液的黏度就越低，作业液的滤液就更容易进入油气层，从而导致更为严重的伤害。

温度变化时，也可能引起无机和有机沉淀伤害。如温度升高引起碳酸钙、硫酸钙的沉淀，温度降低引起石蜡的析出沉积。

3. 生产或作业时间对油气层伤害的影响

生产或作业时间延长，油气层伤害程度增加，如细菌伤害的程度随时间的延长而增加。当工作液与油气层不配伍时，伤害的程度随时间的延长而加剧。随着作业时间的延长，滤液侵入量增加，滤液伤害的深度加深。

四、不同油气藏类型的油气层伤害特点与保护措施

（一）油气藏类型分类

目前油气藏主要按岩性、储集空间特点、储层流体性质、储层渗透性进行分类：

（1）岩性：碎屑岩（主要为砂岩）油气藏、碳酸盐岩油气藏、砾岩油气藏。

（2）储集空间特点：粒间孔隙型（如砂岩油气藏）、裂缝孔隙型（如碳酸盐岩油气藏）、裂缝性油气藏（如变质岩、火成岩）等。

（3）储层流体性质：气藏、凝析气藏、稀油油藏、稠油油藏。

（4）储层渗透性：特高渗油气藏（$K>2000$mD）、高渗油气藏（500mD$<K<$2000mD）、中渗油气藏（100mD$<K<$500mD）、低渗油气藏（10mD$<K<$100mD）、特低渗油气藏（$K<10$mD）。

（二）油气藏类型的特点与油气层伤害方式

1. 高渗透和裂缝性油气藏

高渗透和裂缝性油气藏流动通道较大，固相颗粒可侵入很深，液相侵入易于返排消除，因此易发生较严重的固相堵塞，不易发生水锁。

2. 稠油油藏和高渗透油藏

稠油油藏和高渗透油藏一般胶结不好，固体颗粒受流体流动冲击易散架，因此易发生出砂。

3. 低渗和特低渗油气藏

低渗和特低渗油气藏一般孔喉小，泥质含量高，固相不易进入，液相进入难以返排消除并易引起黏土水化膨胀，因此易发生较严重的水锁和水敏，不会发生严重的固相堵塞。

低渗透的气藏中，水取代气比水取代油更容易，水可进入更小的气藏孔道，返排过程中气又难以驱走小孔道中的水，因此比低渗透的油藏水锁伤害更严重。

4. 高黏油藏

高黏原油含较高的蜡质、胶质和沥青质，在温度、压力变化时易析出这些物质，因此易发生有机沉淀堵塞。

5. 砂岩油藏

几乎所有砂岩油藏都含有一定的地层微粒和水敏黏土矿物，因此都存在程度不同的速敏和水敏。

（三）气藏的特殊伤害

1. 气层压力敏感性

随着天然气的采出，储层的孔隙压力必然下降，上覆岩石压力与储层孔隙压力之间会产生更大的压差，固体骨架颗粒受到上覆压力增大而收缩，孔隙因此而减小，渗透率降低。

压力敏感性与生产或作业负压差大小和储层自身能量有关，一般裂缝性储层的压力敏感性比孔隙性压力敏感性强；储层渗透率越低，孔隙越小，泥质含量越高，压力敏感性越强。压力敏感性伤害是永久性的。

2. 气层流速敏感性

气体流速过大，易造成冲蚀作用和微粒运移，产生堵塞伤害。胶结不好、受气体流动冲击易散架的固体颗粒，流速敏感性强。解除流速敏感性伤害很难。

3. 水侵

与气层岩石配伍的水进入气层后引起渗透率降低。低矿化度水侵易发生水锁伤害；高矿化度水侵，对于小孔隙因侵入水难以返排而发生水锁伤害，对于大孔隙因水分蒸发而造成盐结晶堵塞伤害。水侵伤害是永久性的。

4. 油侵

油侵入并滞留在气层的孔隙中，引起渗透率降低。

（四）不同油气藏类型的油气层保护措施选择

油气藏类型不同，所受到的油气层伤害方式和机理就不同，因此必须根据油气藏类型和伤害方式选择油气层保护措施（表 3-2-14）。

表 3-2-14 油气藏类型及相应的保护油气层技术

油气层类型	主要潜在伤害	针对性油气层保护措施
高渗透砂岩	固相伤害、水敏	增加体系抑制性、加入不同粒级暂堵剂、加强固控降低滤失、或采用无固相盐水体系
中渗透砂岩	水敏、固相伤害	增加体系抑制性、加入不同粒级暂堵剂、加强固控降低滤失、或采用无固相盐水体系
低渗透砂岩	水敏、水锁、固相伤害	增加体系抑制性、加入不同粒级暂堵剂、加强固控降低滤失、降低滤液的界面张力或采用加有表面活性剂的无固相盐水体系
特低渗透砂岩	水敏、水锁	增加体系抑制性、降低滤失、降低滤液的界面张力
较大裂缝或溶洞碳酸盐岩	钻井液漏失、固相颗粒堵塞	在储层和设备允许条件下，采用近平衡或欠平衡钻井；根据钻进过程中漏失程度，采用聚合物膨润土浆堵漏
微裂缝碳酸盐岩	钻井液漏失、固相颗粒堵塞水锁	加入不同粒级的暂堵剂；加入表面活性剂；对于压力系数小于 1.0，采用可循环泡沫、水包油等低密度体系

五、钻井过程中保护油气层技术

（一）保护油气层技术要求

1. 钻井参数与工艺

（1）建立地层孔隙压力、破裂压力、地应力和坍塌压力 4 个压力剖面，科学设计井身结构和钻井液密度。

（2）确定合理井身结构，实现近平衡钻井，控制油气层的压差处于安全的最低值。

（3）安全快速钻井，降低浸泡时间。

（4）做好中途测试。

（5）做好井控、防止井喷井漏对油气层的伤害。

2. 钻井液

（1）钻井液密度可调，满足不同压力油气层近平衡压力钻井的需要。

（2）钻井液中固相与油气层渗流通道匹配。

（3）钻井液必须与油气层岩石相配伍。

（4）钻井液中滤液成分必须与油气层中流体相配伍。

（二）保护油气层钻井工艺技术

1. 欠平衡钻井技术

1）优点

欠平衡钻井避免了下列油气层伤害因素：

（1）因钻井液滤失速度高而造成的细颗粒和黏土颗粒运移。

（2）钻井液中加入的固相和地层产生的固相侵入地层。

（3）在高渗层中钻井液侵入。

（4）对水相或油相敏感的地层与钻井液接触时产生影响地层渗透率的反应。

（5）黏土水化膨胀、化学吸附、润湿性反转等一系列的物理化学反应。

（6）产生沉淀结垢等不利的物理化学反应。

因此，欠平衡钻井完全排除了近平衡和过平衡钻井造成的油气层伤害原因，实现保护油气层目的。

2）欠平衡钻井适用地层

低渗透砂岩油气藏、低渗透微裂缝油气藏、裂缝及溶洞油气藏、过压实硬地层和对水基钻井液敏感地层。

3）欠平衡钻井液要求

钻井液与地层流体的相溶，产出液对钻井液的稀释基本不影响钻井液性能。具有合适的黏度和密度，以便形成合理的负压差。

2. 气体型作业流体

1）主要作业流体类型

空气和雾化；泡沫作业液；充气作业液。

2）优缺点

优点：低密度、低失水（或无失水）、不易漏失、钻速高、无固相、钻头使用寿命长、多数耗水量低。

缺点：所需设备和工艺复杂、不适用于高压和含硫化氢储层、不适用于深井、空气作业易起火和爆炸、泡沫成本高。

3）主要应用范围

套管下到油气层顶部的低压、易漏失、强水敏和强水锁储层；特别适用于缺水地区、长泥页岩井段、井壁稳定地层、硬石灰岩和石膏层、易漏地层的作业。

（三）保护油气层钻井完井液技术

1. 配方及处理剂的要求

（1）泥页岩抑制剂应保证钻井完井液配方对储层泥页岩钻屑回收率大于90%。

（2）酸溶性和油溶性暂堵剂粒径应与储层孔喉直径相匹配，按1/2~2/3孔喉直径选择架桥颗粒尺寸，按1/4孔喉直径选择填充颗粒尺寸。

（3）沥青类处理剂及油溶性暂堵剂软化点应在储层温度范围或略高于储层温度。

（4）表面活性剂起泡程度小，保证钻井完井液油水界面张力低于3.5mN/m，表面张力低于38mN/m，并且不改变储层润湿性。

常用的保护油气层处理剂见表3-2-15。

表3-2-15　钻井完井液常用的保护油气层处理剂

类别	处理剂代号	主要用途	推荐加量,%
大阳离子	SP-2	增强完井液的抑制能力，降低滤液对储层的水敏伤害	0.3~0.4
小阳离子	NW-1，CSW-1		0.3~0.4
两性离子降滤失剂	FA-367		0.3~0.5
两性离子解絮凝剂	XY-27		0.2~0.3
正电胶	MMH，MSF-1	降低水敏伤害	0.2~0.4
低荧光磺化沥青，磺化沥青	DYFT-1，FT-1	变形粒子，屏蔽暂堵	2~3
超（微）细碳酸钙	QS-2，QCX-1	刚性粒子，屏蔽暂堵	3
油溶性暂堵剂	JHY	变形粒子，屏蔽暂堵	2~3
表面活性剂	NP-30	降低水锁伤害	0.1
单向压力封闭剂	DF-1	降低滤失量	2~3

2. 常用的保护油气层钻井完井液

1）无固相或低固相钻井完井液

消除或减轻外来固相的伤害。这类钻井完井液主要为无固相清洁盐水、甲酸盐无固相钻井完井液、无膨润土聚合物钻井完井液、低膨润土聚合物钻井完井液。

2）改性钻井完井液

对原钻井液进行改性，使之与油气层特性相匹配，不诱发或少诱发油气层中的伤害因素。一般改性方法为：降低钻井液中膨润土及无用固相含量；调节固相颗粒级配；按油气层特性调整钻井液配方，提高对油气层岩石和流体的配伍性；选用合适的暂堵剂并加大用量；改善滤饼质量和性能。

3）抑制性钻井完井液

减轻外来液相产生的水敏伤害。这类钻井完井液主要为阳离子聚合物钻井完井液、盐水钻井完井液、复合离子聚合物钻井完井液、正电胶钻井完井液等。

4）屏蔽暂堵型钻井完井液

在钻井液中加入固相颗粒粒径与孔径匹配较好、浓度适中的屏蔽暂堵剂，使井壁附近很小的范围内形成致密的暂堵滤饼，阻止固相和滤液的进一步侵入，减少侵入量，降低伤害的深度，如无膨润土暂堵型聚合物钻井完井液。

5）聚合醇钻井完井液

钻井液中加入聚合醇，利用聚合醇在浊点温度以下与水溶解、在浊点温度以上游离分散在水中的特点，将浊点温度以上游离分散的聚合醇作为油溶性变形粒子，起到屏蔽暂堵剂的作用。

6）水包油钻井完井液

可降低密度（最低可达 0.89g/cm^3），适用于低压、裂缝发育、易漏地层。此外具有防塌效果好、性能稳定、抗污染强的特点；存在影响录井、污染环境等问题。

7）可循环泡沫钻井完井液

可降低密度，适用于低压、裂缝发育、易漏地层。

8）油基钻井完井液

用油替代水，主要类型：纯油基钻井完井液、油包水乳化钻井完井液、抗高温高密度油包水乳化钻井完井液、低胶质油包水乳化钻井完井液、低毒无荧光油包水乳化钻井完井液等。

油基钻井完井液保护储层效果好、防塌效果好、性能稳定、抗污染强，但成本高、环境污染严重、易发生火灾、对录井有影响。

9）合成基钻井完井液

具有油基钻井完井液性质、可降解消除环境污染的钻井完井液。主要用于海上、滩海等环保要求严格地区的大位移、大斜度、水平井等特殊井及地质情况复杂的探井作业。

10）可降解暂堵钻井完井液

在井壁形成容易降解、清除的滤饼的碱性水基钻井完井液体系。

11）易返排暂堵钻井完井液

这种体系封堵渗透率范围广（5mD～10D）、返排压力低（0.0049MPa）、渗透率恢复值高（86%～100%）、暂堵滤饼不需要破坏或用特殊溶液溶解桥堵颗粒，而是通过简单的返排流动就可以除去。

第三章 测井技术

测井是地球物理测井学的简称，它在井眼中激发或接收声、电、核、磁、重力、压力、温度和光等，形成相应的地层测井响应特征，对这些特征进行数字处理、数学反演和解释评价，以定性定量描述岩石类型、储层性质与流体分布，并可据此开展烃源岩、沉积微相和岩石力学等方面的分析研究。测井具有涉及面广、信息量大、分辨率高的优点，但探测深度较浅。

测井是油气勘探开发的“眼睛”，它贯穿于油气藏勘探、评价、开发、生产和废弃的整个生命周期，是准确发现油气层、精细描述油气藏、及时监测油气生产必不可少的手段，为油气储量参数计算、产能评估及开发方案制定与调整提供重要科学依据。测井技术是油气勘探开发的主体技术之一。

本章将结合录井技术的特点及其与测井技术的关联性，简要介绍常规测井以及电成像测井、核磁共振测井和元素测井等测井新技术，资料应用与解释评价等内容贯穿于其中。

第一节 测井技术概述

一、地球物理测井

地球物理测井可包括基础理论、测量方法、仪器工艺、现场采集、资料处理和解释评价六个方面。首先，从石油勘探开发中需要解决的相关地质问题或工程问题出发，应用物理学的方法理论研究出不同的发射器、接收器及其地球物理场测井响应特征；其后，构建出能够满足一定的温度、压力、井眼尺寸、探测深度、纵向分辨率和采集精度等因素的下井仪器，以这些仪器下井采集得到测井响应信号，经数据遥传或井下数据存储等方式记录成一定格式的测井数据文件；最后，采用测井数据处理方法对这些数据进行处理、解释评价，得到可以表征地质特点和工程特征的解释参数，如孔隙度、饱和度、渗透率、有效厚度、杨氏模量、泊松比、地应力等，从而满足地质与工程需求。

如图 3-3-1(a) 所示，下井仪器从外壳看就是一些细长的钢管，但是在其内部狭窄的空间内放置对所测物理参数敏感的传感器和对被测信号进行放大、处理的电子器件，不同的下井仪器采用的测量原理不同，测量的物理参数也不同。为了提高现场作业时效，一般不会单独下放某一单根测井仪器进行测量，通常是将不同的下井仪器配接在一起同时下井，如图 3-3-1(b) 所示。

(a) 测井井下仪器

(b) 测井井下仪器的现场配接

图 3-3-1　测井现场以及下井仪器示意图

仪器配接后，用电缆将下井仪器串下放井中，为了能将下井仪器测量到的各种信号传输到地面计算机，电缆必须承受一定的拉力使之具备输送下井仪器和工具的能力，并为井下仪器供电、传送各种操作控制指令以及将测量信号传输至地面系统等功能。图 3-3-2 展示的是测井常用的七芯电缆的形状和结构。当电缆以均匀速度上提时，操作人员操作地面系统中的计算机，如图 3-3-3(a) 所示，启动测井系统程序，按时序发出命令，通过电缆传送给井下仪器，控制井下仪器的工作。井下仪器测得的数据经放大、简单处理和编码后，按帧通过电缆发送到地面。地面计算机系统对数据进行一系列处理后，输出按深度变化的测井曲线或图像，如图 3-3-3(b)。

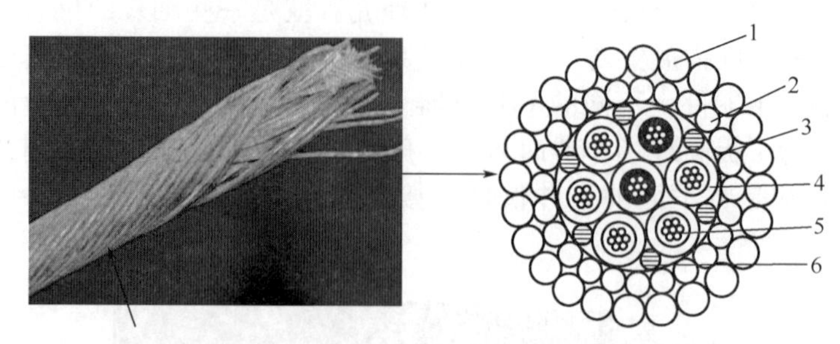

图 3-3-2　测井常用七芯电缆形状和断面图

1—外层铠装钢丝；2—内层铠装钢丝；3—导电布条；4—缆芯绝缘层；5—缆芯铜线；6—棉线导电填料

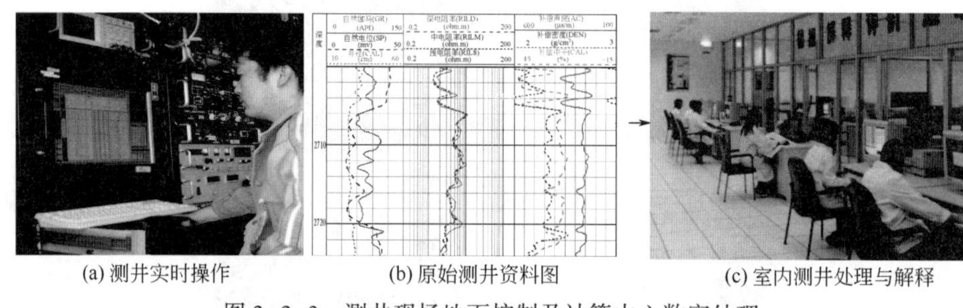

(a) 测井实时操作　(b) 原始测井资料图　(c) 室内测井处理与解释

图 3-3-3　测井现场地面控制及计算中心数字处理

测井采集过程中，考虑到作业风险以及减少井底口袋等因素，往往并不是将所有井下仪器连接成一起，实现一次下井完成全部采集，而是有辅串（辅助性测井项目井下仪器串）和主串（主要测井项目井下仪器串）之分，辅串的测井项目一般有自然伽马、井径、井斜、方位、4m 电阻率等；主串测井项目主要有自然伽马、感应/侧向电阻率、声波、密度和中子等常规技术，有时还包括电成像、核磁共振和阵列声波等。当然，随着技术的进步，测井仪器的长度变得越来越短，国内外现已相继推出了一串式快测平台，可实现一次下井完成试油测井项目。

完成采集后，现场监督需从重复段资料一致性、测井响应特征正确性以及深度匹配可靠性等方面对原始资料进行现场验收。在分析不同测井项目的测量深度时，要注意不同仪器的仪器零长（即该仪器的记录点到整个仪器串顶部的距离）差异以及不同下井串的电缆零长（即马笼头底部到电缆第一个深度记号之间的距离）差异。

现场资料经质量验收合格后，送室内进行处理解释，如图 3-3-3(c) 所示。室内处理过程中，采用合适的预处理方法、反演算法与处理参数进行电成像、核磁共振和阵列声波等成像测井资料的处理，分别得到高质量电成像图、T_2谱以及纵横波速度等，根据储层岩性特点优选适用的解释模型（如纯砂岩模型、泥质砂岩模型和复杂矿物模型等）计算储层参数，如孔隙度、渗透率和饱和度等，以阵列声波测井资料为基础计算出岩石力学参数。

二、地球物理测井的作用

地球物理测井的作用体现在如下几方面：

（1）储层评价与流体识别是测井工作的首要任务，主要包括：根据测井响应特征，选用合适的解释模型与相关参数，计算出泥质含量、孔隙度、渗透率和饱和度等参数；常规测井与成像测井相结合，划分储层类型与级别；提取流体敏感参数，建立流体识别图版与标准；提出试油层建议。在多井评价中，还包括储层连通性分析、流体纵向与横向展布分析和油气藏特征评价等。

（2）地质评价支持，主要包括利用单井和多井测井资料开展烃源岩评价、沉积微相分析和盖层评价等。

（3）油气藏生产动态监测与特征分析，包括利用套后测井资料开展注入效果分析、产液特征评价、套管状况评估和剩余油分布评价。

（4）储量参数计算，主要计算各井各计算单元的孔隙度、饱和度和有效厚度。测井还可在确定含油气面积与划分流体界面等方面发挥关键作用。

（5）工程技术支持，主要包括计算岩石纵波与横波速度、岩石岩石模量、脆性指数、确定地应力方位与大小、评价固井质量等，并且基于这些参数，进一步优化水平井井眼轨迹和压裂方案设计。

总之，测井技术贯穿于整个油气藏生命周期中，即从一口井开钻起，至油层枯竭废弃，以及储气库选址与运行，都要进行地球物理测井。地球物理测井是油气勘探和油田开发全过程中最可靠的一种测量方法，换句话说，不进行测井就无法勘探和开发石油天然气。

三、测井技术的发展与分类

地球物理测井起源于 1927 年，由斯伦贝谢兄弟在法国南部完成了世界上第一口井的测井。中国测井技术发展于 1939 年，由时任原中央大学物理系教授的翁文波先生等人在玉门油田石油沟油矿 1 号井完成了中国首次电测井。

近九十余年以来，测井技术不断发展，历经了半自动测井、模拟测井、数字测井、数控测井、成像测井和扫描测井等几个阶段（图 3-3-4），技术更新换代周期 15 年左右。近年来，世界测井技术取得了显著进步，裸眼井测井不断创新，套管井测井系列逐渐完备，随钻测井日趋完善，测井技术的应用领域得到极大拓宽。与此同时，中国测井技术也取得了突飞猛进的发展，成像测井系统研发成功并规模推广应用，随钻测井技术系列基本完善配套。

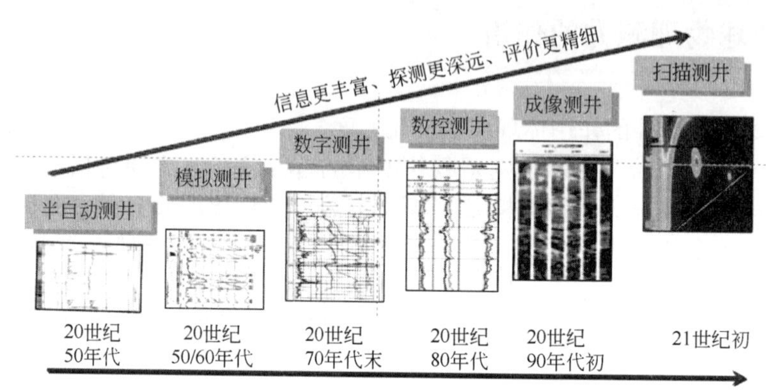

图 3-3-4　测井技术主要发展历程

测井技术种类众多，涉及面广，已发展起来了与电、声、核、光和压力等学科相对应的测井技术。技术分类方法多种，如按照技术研究的物理参数分类，可分为电学测井、声学测井、核学测井、光学测井（地层测试中用于流体性质分析的光谱分析、光纤测井）、压力测井（地层测试的压力测量）和其他测井（井温测井、井径测井等）；如按照测井采集的服务阶段可分为 3 类，即：裸眼井测井、套管井测井、随钻测井。

1. 裸眼井测井

裸眼井测井是在未下套管的裸眼井中实施的测井。根据裸眼井测井技术发展的历史，可将裸眼井测井技术划分为 3 个发展阶段：数控测井技术、成像测井技术、扫描测井技术。

数控测井技术（Computerized Logging）：该技术成熟于 20 世纪 80 年代初。它以计算机为中心配置测井仪，下井仪器和记录设备均是计算机的外围设备。数控测井采集数字化资料，其自动化程度高、资料精度高、纵向分辨率高。主要的测井系列有电学测井（双侧向、双感应和自然电位等）、声学测井（补偿声波和数字声波等）、核学测井（自然伽马、自然伽马能谱、补偿密度、岩性密度和补偿中子）。

成像测井技术（Image Logging）：该技术成熟于 20 世纪 90 年代中期。相比于数控测井，成像测井信息量大，资料精度与纵向分辨率得到进一步提高。主要的测井系列有电学成像测井（阵列感应、阵列侧向、电成像和核磁共振等)、声学成像测井(阵列声波、交叉偶极声波和远探测声波等)、核学成像测井(元素俘获)、光学压力测井(模块地层测试)和旋转钻进式井壁取心。

扫描测井技术(Scanner Logging):该技术成熟于20世纪90年代初。主要的测井系列有电学扫描测井(电阻率扫描、介电扫描和核磁扫描等)、声学扫描测井(声波扫描和套管与固井质量扫描)、核学扫描测井(岩性扫描)。

2. 套管井测井

套管井测井是在已下套管的井中进行的测井技术,主要测量井筒内流体特性(注入地层的流体和产于地层的流体)、套管状况、水泥固井质量和套后地层评价4个方面,由此形成了相应的测井系列:

注入剖面测井:评价注入地层流体的分布与特性,主要的测井系列有注入剖面五参数组合、示踪流量、脉冲中子双向氧活化、集流电磁流量、高温吸汽剖面等。

产出剖面测井:评价地层产出流体的类型、流量、速度与深度等,主要测井系列有阻抗式过环空、微波持水率、高含水高流量过油管、电导式相关流量、分离式低产液以及相流成像等产出剖面技术。

套后地层评价测井:评价套后地层特性(泥质含量、孔隙度、饱和度和渗透率等),主要的测井系列有脉冲中子饱和度、C/O、中子寿命、脉冲中子—中子、PND、脉冲中子全谱和氯能谱等脉冲中子测井,以及与裸眼井相对应的自然伽马(能谱)、密度、声波、中子、电阻率、元素和地层动态测试等测井。

套损检测与固井质量评价测井:主要测井系列有声波变密度(VDL)、声波幅度(CBL)、伽马密度、电磁探伤、井壁超声电视、多臂井径成像、伽马密度(SGDT)和井筒完整性扫描(IBC)等测井技术,并且,可采用套后交叉偶极声波测井评价分裂缝分布。

3. 随钻测井

随钻测井是钻井过程中实施的测井采集技术,主要用于水平井和大斜度井的地质导向和地层评价。近几年的非常规油气(致密油气、页岩气和煤层气等)规模开发以及大平台丛式井的推广,使得随钻测井技术得到普及应用。

随着随钻遥测、测量方法和测井项目的快速发展,不仅实现了模块化、集成化和近钻头等,而且测井项目与电缆裸眼井测井系列基本一致,资料质量不断得到提高,相继提出了自然伽马、方位自然伽马、电磁波电阻率、声波、感应电阻率、侧向电阻率、方位电阻率以及可控源密度与中子等随钻测井项目,近几年来又发展推出了电成像、核磁共振、阵列声波和测压与取样等新技术。

随钻测井资料是在钻井过程中实时采集的，基本不存在钻井液侵入的干扰，可以较好地确定出地层真实情况的电阻率，可提高饱和度的计算精度。由于没有侵入作用，不同径向探测深度的电阻率差异小，难以根据侵入剖面判断流体类型。

随钻测井主要用于大斜度井和水平井，其测井响应特征并不仅仅取决于本层地层的性质，还与测井探测范围内的井旁围岩占比及其特性、地层的倾角与倾向等因素密切相关，如自然伽马值突变不一定表示层内泥质含量变化，往往是由于井眼接近围岩所致。此外，对于各向异性较强的薄互层类地层，大斜度井和水平井的测井值与直井往往存在明显差异，不能简单地沿用直井解释思路与评价模型，而应发展针对性的处理解释方法。

第二节　常规测井技术

常规测井资料是测井解释的基础，这包括自然伽马、自然电位、不同探测深度电阻率、声波、密度和中子等测井曲线，统称为“常规九条”。下面按照电法测井、声波测井和核测井 3 方面简明扼要地介绍其基本原理、曲线特征和主要应用。

一、电法测井

电法测井是最早发展起来的测井技术，种类众多、技术系列齐全，可在裸眼井、套管井和随钻过程中实施测量。目前广泛应用的裸眼井电法测井方法包括自然电位、双侧向、双感应、阵列感应和阵列侧向等测井技术。

（一）自然电位测井

自然电位测井（Spontaneous Potential Log，简称 SP）是测量在裸眼井井壁附近自然产生的电位变化，可用于划分渗透性储层和确定地层水矿化度等，有时也可用于区分油气层和水层，是裸眼井常规测井中必测的测井项目。

1. 自然电位形成的基本原理

自然电位的产生方式有扩散作用、扩散吸附作用和过滤作用 3 种，由此形成的自然电位分别称为扩散电位、扩散吸附电位和过滤电位。

扩散电位形成于储层段。一般地，井筒中钻井液和地层水的会存在矿化度差异，这可等效地认为不同浓度的两种 NaCl 溶液在井壁处直接接触。

当地层水矿化度大于钻井液矿化度时，溶液中的Cl^-和Na^+将从高浓度的储层一侧向井筒内直接扩散。由于Cl^-的移动速度（或离子迁移率）大于Na^+离子的移动速度，这样，扩散之后将在低浓度的钻井液一方出现过多的移动速度较快的Cl^-，导致井壁的井筒一侧带负电；在高浓度的地层一侧，则出现移动速度较慢的Na^+离子而带正电。这种离子扩散作用达到动态平衡后，将在两种不同浓度溶液接触处（井壁附近）产生电位差——储层一方的电位高于钻井液一方的电位，即自然电位测井曲线上将以负异常出现。相反地，当地层水矿化度小于钻井液矿化度时，储层一方的电位小于钻井液一方的电位，即自然电位测井曲线上将以正异常出现。显然，如果地层水矿化度与钻井液矿化度大致相等时，则井壁两侧的电位基本相同，则自然电位测井上无异常。扩散电位的大小与地层水和钻井液滤液的电阻率比值呈反比关系，即该比值越大，扩散电位值越小，其减小程度与溶液的离子类型和温度有关。

扩散吸附电位形成于泥岩段，即储层中地层水的离子通过与储层相的邻泥岩和钻井液中的离子进行的扩散作用。泥质中的黏土颗粒表面带有较多的负电荷，当它处于某种盐溶液之中时，就要吸附溶液中部分阳离子而形成“吸附层”，中和掉一部分表面负电荷，剩下的一部分表面负电荷，又松散地吸引一部分阳离子，形成“扩散层”或“可动层”。该扩散层与它接触的水溶液之间，建立起吸附和离解的动态平衡。当黏土位于储层与井筒之间时，可等效认为其位于两种不同浓度的溶液之间，因此，在浓度大的一侧，泥土颗粒表面的扩散层中将有更多的阳离子，而在浓度低的一侧阳离子较少，则在不同浓度的溶液两侧出现了电位差，且浓度大的一方电位高，从而使得高浓度溶液一方扩散层中的阳离子要往低浓度溶液一方移动，即在黏土的颗粒表面移动。就这样，高浓度溶液一方的阳离子不断从水溶液里进入到扩散层中，而低浓度溶液一方又将从扩散层中得到的阳离子离解到溶液中。如此继续下去，低浓度溶液一方的阳离子将不断增多而带正电。当所形成的电场使溶液两方这种扩散和离解达到动态平衡时，便形成一稳定的电动势，称为扩散吸附电动势。显然，这种扩散吸附电动势值与扩散电动势值的影响因素相同，但也与扩散电动势有着本质的区别：离子不是直接在溶液中运动，而是在黏土的颗粒表面上移动；两者的极性相反，且扩散吸附电动势的数值要大得多。

正是由于扩散电位与扩散吸附电位的极性相反，则可在储层、邻近泥岩和井筒间构成一个完整的电流回路，这便是自然电位测井的物理基础。

当钻井液柱与地层之间存在着压力差时（大多数井中实际上亦如此，除非是欠平衡井），钻井液滤液可通过滤饼或泥质岩石渗滤而形成一种自然电动势，即过滤电动势。一般地，在渗透性岩层（如砂岩层）处，均可不同程度地形成滤饼，由于组成滤饼的泥质颗粒表面有一层松散的阳离子扩散层，在压力差的作用下，这些阳离子就会随着钻井液滤液的渗入向压力低的地层内部移动。于是，地层内部一侧出现了过多的阳离子，使其带正电，而在井内滤饼一侧正离子相对减少，使其带负电，从而产生了过滤电动势。显然，过滤电动势的极性与扩散电动势相同，即井的一方为负，岩层一方为正，而且，这种极性特性仅与钻井液和地层的压力相对大小关系有关，电动势值与这种压力差大小呈正比关系。

2. 自然电位的测量

从测量方式上看，自然电位测井是所有测井方法中最简单的技术之一。如图 3-3-5(a) 所示，将一个电极 M 放入井中，另一个电极 N 放在地面上接地，在不存在任何人工电场的情况下，用测量电位差的仪器测量 M 电极相对于 N 电极之间的电位差，便可以获取沿井眼剖面的自然电位分布。实际测井中，常常是在普通电阻率测井的同时，利用图 3-3-5(b) 所示的原理线路测量自然电位，当电极在井内连续移动时，可测得井内自然电位沿井剖面的变化曲线，即自然电位曲线。

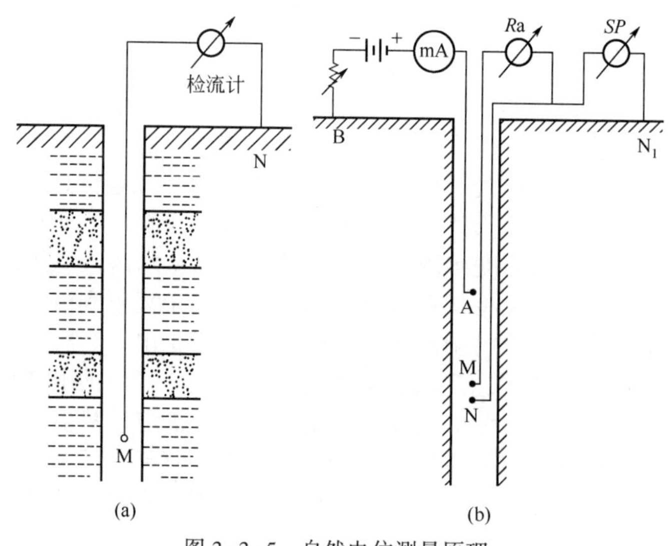

图 3-3-5　自然电位测量原理

3. 自然电位曲线的特点

图 3-3-6 是一条砂泥岩剖面上的自然电位曲线。一般地，在跨度不大的井段上，泥岩的矿物组分与钻井液矿化度变化不大，这样，各个泥岩层的扩

散吸附自然电位测井值基本一致，如图中第二道点划线，此线即为泥岩基线，也常作为自然电位的基线。在渗透性砂岩层处，由于地层水矿化度大于钻井液矿化度，自然电位曲线在低值方向上偏离泥岩基线，即表现为负异常，此负异常的幅度大小受控于地层水矿化度与钻井液矿化度之比，还与砂岩厚度、渗透性等因素有关。

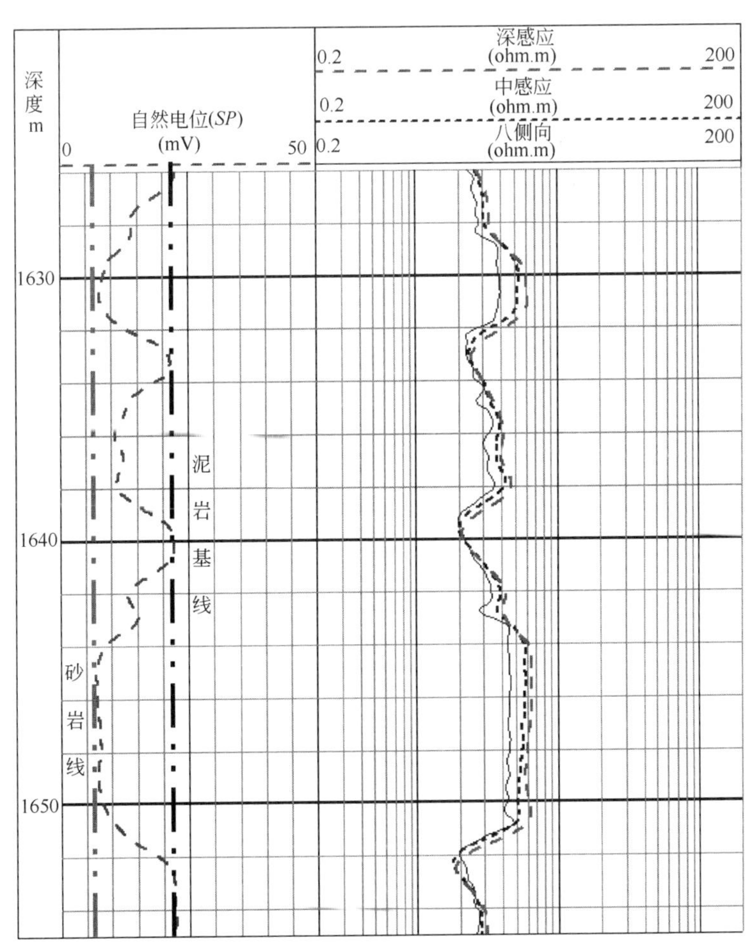

图 3-3-6 砂泥岩剖面 *SP* 测井曲线

渗透性地层的自然电位可以偏向泥岩基线的低值端（负异常）或高值端（正异常），这取决于地层水和钻井液滤液的矿化度之差。当地层水矿化度大于钻井液滤液矿化度时，自然电位显示为负异常，反之则为正异常。如果钻井液滤液的矿化度与地层水矿化度大致相等时，异常幅度值则很小。如果地

层的渗透性很差，则无论地层水与钻井液的矿化度关系如何变化，自然电位异常幅度也将很小。

当地层渗透性分布均质性较好且上下围岩岩性相同时，自然电位曲线则以地层中点为对称。当地层较厚（大于 4 倍井径）时，可用曲线“半幅点”确定地层界面。

4. 主要应用

1）划分渗透性地层

如上所述，当储层的渗透性较好时，自然电位异常幅度就变大，据此可划分出渗透性储层并判断渗透性的高低。自然电位的这种应用是建立在地层水与钻井液的矿化度变化不大的基础上。

对于岩性均匀、厚度较大、界面清楚（与泥岩相邻处有曲线突变）的地层，可用自然电位曲线异常幅度的半幅点（泥岩基线算起 1/2 幅度处）确定储层界面。如果储层厚度较小，自然电位异常较小，半幅点厚度将大于实际厚度，地层界面将靠近异常顶部。如果上下界面幅度大小不同，应分别用其半幅点确定界面。如果岩性渐变层某个界面不清楚，应参考其他曲线确定界面。

2）估算地层水矿化度

自然电位曲线异常与地层水矿化度密切相关，据此可估算地层水矿化度，这也是自然电位测井曲线的最大应用价值之一。

以式(3-3-1）计算地层水等效电阻率：

$$SSP = K \cdot \lg \frac{R_{\mathrm{mfe}}}{R_{\mathrm{we}}} \tag{3-3-1}$$

式中 SSP——岩性纯的水层自然电位（即静自然电位幅度），mv；

K——自然电位系数，与地层水和钻井液的离子类型与温度有关；

R_{mfe}、R_{we}——地层水等效电阻率和钻井液滤液等效电阻率，Ω · m；

确定地层温度后由计算出的等效地层水电阻率确定地层水电阻率 R_{w}。

3）估算泥质含量

碎屑岩泥质含量增加，将使其自然电动势减小，从而使自然电位幅度减小。因此，通常把泥质含量表示为：

$$V_{\mathrm{sh}} = \frac{SSP - SP}{SSP} \tag{3-3-2}$$

式中 SP——目的层的自然电位幅度，mV。

出现以下情况之一时，据自然电位测井计算的泥质含量值都大于实际值，有时差别很大。

（1）当地层含油气时，易把地层含油气引起的 *SP* 减小误认为泥质含量增加。

（2）地层厚度较薄时，易把层厚引起的 *SP* 减小误认为泥质含量增加。

（3）钻井液侵入深度大时，易把其引起的 *SP* 减小误认为泥质含量增加。

4）判断油气水层

一般地，油气层的自然电位异常幅度较水层小，据此可区分油气层与水层。该方法的识别原理主要基于如下两点：

一是油气层仅含束缚水或可动含水饱和小，相比于邻近的同等孔隙结构的水层，其单位体积中的含水量要少得多，因此，地层水与钻井液的电化学作用强度相应地变低，导致自然电位幅度小。

二是油气层中地层水矿化度常大于水层，当钻井液矿化度介于水层与油气层的地层水矿化度之间时，可出现自然电位在水层为负异常、在油气层上为正异常，这样，按照异常极性识别出油气层。另外，当钻井液矿化度大于油气层的地层水矿化度时，可产生油气层的自然电位幅度小于水层。

如图 3-3-7 所示，油层和水层的自然电位曲线特征差异明显，即水层表现为幅度大的正异常，而油层则为小幅度正异常或负异常。因此，尽管图 3-3-7 所示的油水关系复杂，但据自然电位曲线异常容易识别出各层的流体类型，即 63、65、66、68 和 69 号层为油层，64、67、70 和 71 号层为水层。

（二）双侧向电阻率测井

电法测井从诞生至今，已在全频域的各个频段建立了相应的电测井方法，如低频交流电段电法测井（电位测井、梯度测井、双侧向测井和阵列侧向等）、中频段的双感应和阵列感应测井、高频段为介电常数测井和随钻电磁波测井等。下面简要介绍目前常用的双侧向、双感应、阵列侧向、阵列感应和电成像等电法测井技术。

在高矿化度钻井液和高阻薄层的井中，井筒会分流一部分激发电流，使得激发电流不能全部流进地层，或者即使流入地层也不能深入较远的地层中，导致测得的电阻率与地层的真电阻率相差甚远。因此，通过改进普通电阻率测井的电极系成聚焦式排列而形成了侧向测井，即在主电极的上下加装两个屏蔽电极，这样主电流受到上、下屏蔽电极流出的电流排斥作用，使得激发电流沿水平方向呈层状电流流入地层，以此达到减小钻井液的分流作用和低阻围岩影响的目的。目前应用较多的是双侧向和阵列侧向两种测井方法，下面对此逐一简述。

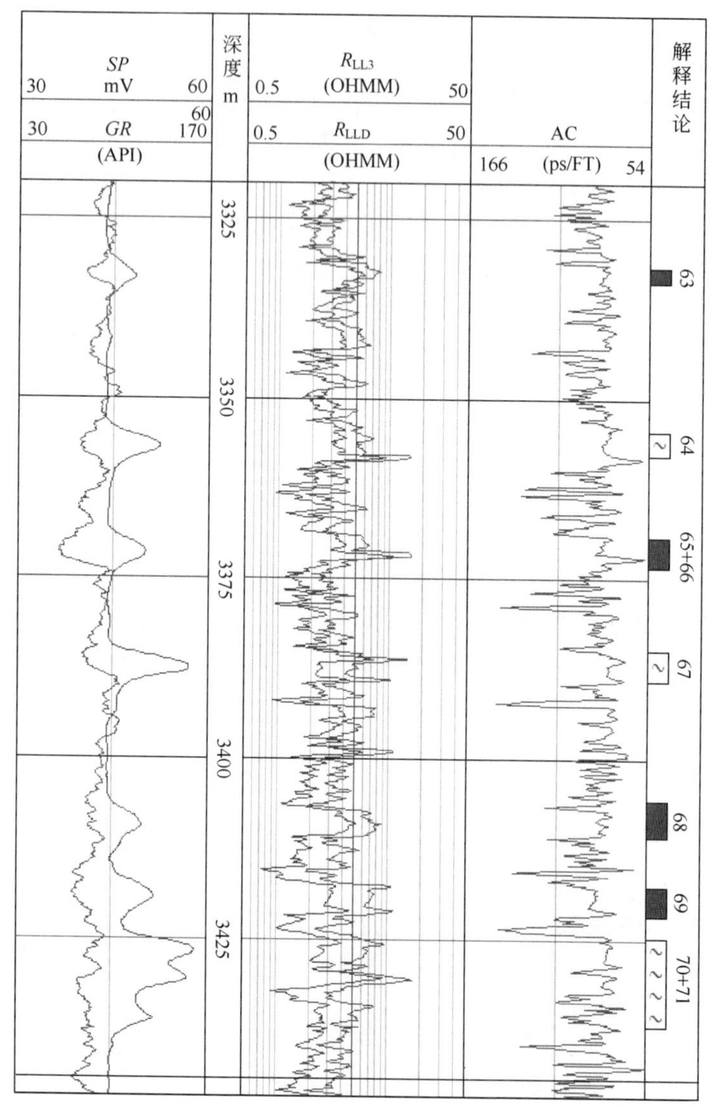

（彩图请扫二维码）

图 3-3-7　油层与水层的自然电位曲线特征

1. 双侧向测井的基本原理

双侧向测井具有较好的聚焦特性，同时测量深、浅两种探测深度的电阻率曲线，其电极系结构如图 3-3-8 所示。电极系有 9 个电极。主电极 A_0 位于中央，在 A_0 上下对称排列 4 对电极，每对电极分别用短路线连接。电极 M_1、M_1' 和 N_1、N_1' 为两对监督电极，电极 A_1、A_1' 和 A_2、A_2' 为两对聚焦电极（也称屏蔽电极）。深侧向的回流电极 B 和测量参考电极 N 在“无限远处”。

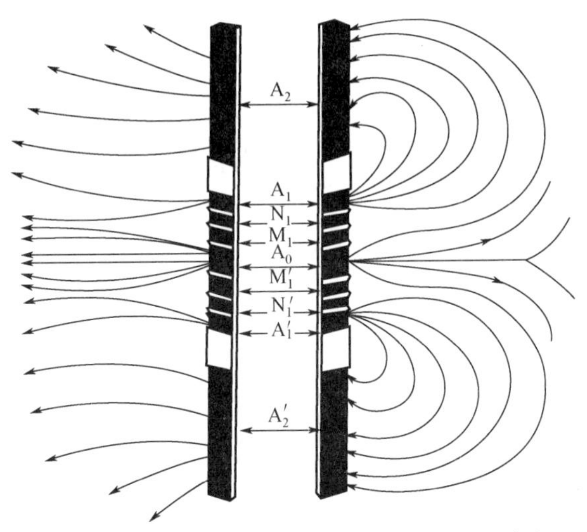

图 3-3-8　双侧向测井的电极系结构与电流分布

进行深探测时，屏蔽电极 A_1 与 A_2（A_1'和 A_2'）保持等电位，屏蔽电流 I_1 与主电流 I_0 为同极性。由于屏蔽电极 A_2、A_2'较长，加强了屏蔽电流对主电流的聚焦作用，因此主电流层进入地层深处后才逐渐发散，如图中左边所示。由于探测深度深，它所测的视电阻率接近地层的真电阻率。

进行浅探测时，电极 A_2、A_2'起回流电极的作用，即电极 A_1 与 A_2（A_1'和 A_2'）为反极性，削弱了屏蔽电流对主电流的聚焦作用，主电流层进入地层不远的地方就发散了，如图中右边所示。由于探测深度浅，所测得的视电阻率受侵入带的影响较大。

2. 双侧向测井曲线的基本特征

在钻井液电阻率不小于 0.2Ω·m 条件下，对于厚度大于 2m 的地层，双测井曲线应符合以下规律（图 3-3-9）：

（1）泥岩（高自然伽马值、自然电位基线）或非渗透性地层的深侧向曲线、浅侧向曲线应基本重合。

（2）在储层段（低自然伽马值、自然电位异常），当钻井液滤液电阻率 R_{mf} 小于地层水电阻率 R_w 时，深侧向测量值应大于浅侧向测量值。

（3）当钻井液滤液电组率 R_{mf} 大于地层水电阻率 R_w 时，水层的深侧向测量值应小于浅侧向测量值，油层的深侧向测量值应大于或等于浅侧向测量值。

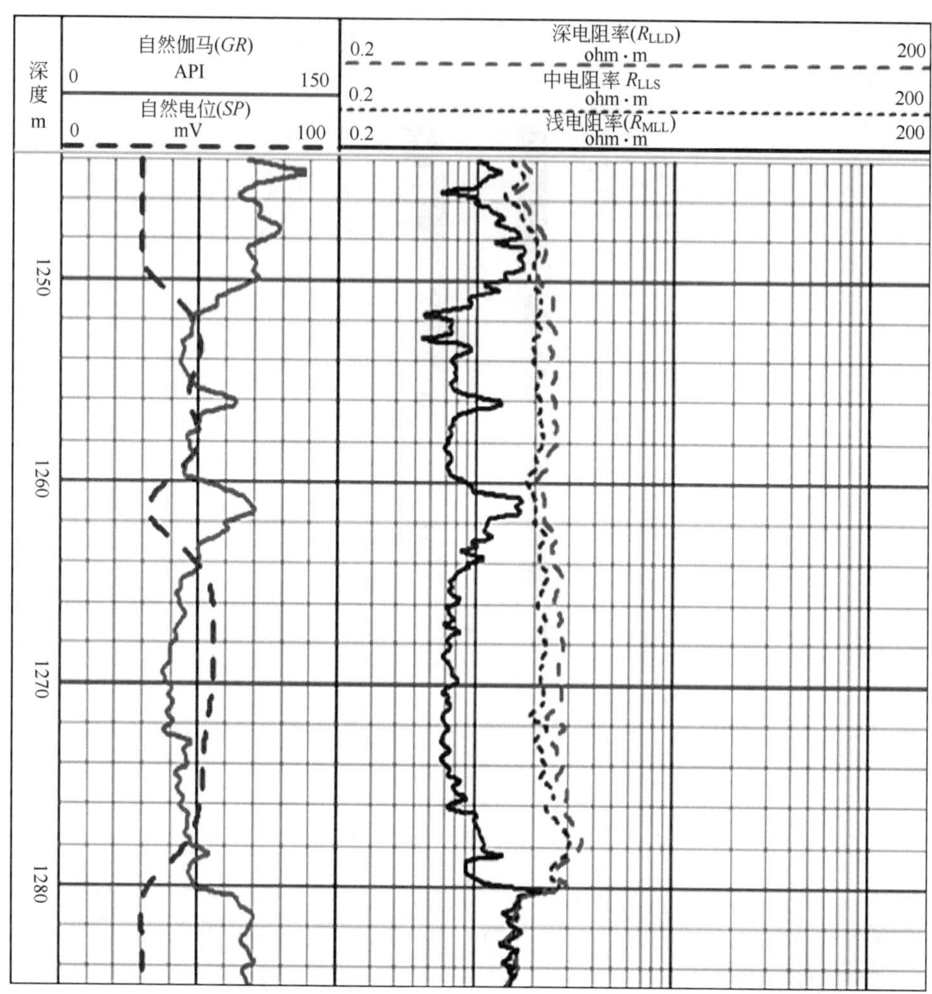

图 3-3-9　双侧向测井曲线的响应特征

（彩图请扫二维码）

（三）双感应电阻率测井

侧向测井（包括双侧向测井）只能应用于钻井液具有导电能力的井筒中，不适用于油基钻井液、无钻井液或者矿化度很低水基钻井液的井筒中测井。为了解决这个问题，发展形成了感应测井。

目前，已相继提出了一系列的感应测井技术，其中最简单也是最为常用的是双线圈系感应测井，即双感应测井。多线圈感应测井是以双线圈系感应测井为基础而发展起来的。

1. 双感应测井的基本原理

图 3-3-10 为双感应测井原理示意图，该图指出：一方面，由振荡器提供 10~60kHz 正弦波交流电压给发射线圈 T，在电磁感应作用下，将在接收线圈 R 中产生一个感应电动势。该电动势和发射电流 i_0 的频率相同，而相位滞后 90°，其大小与互感系数及发射电流强度有关，但与地层电阻率无关，因此在感应测井中，称为无用信号（记为 e_0）。另一方面，发射线圈中的交变电流 i 将在其周围形成一个交变电磁场。在该交变电磁场的作用下，在均匀各向同性的导电介质中，将形成以井轴为中心的涡流电流 i_σ。由于 $i_□$ 是交变的，也可形成一个交变电磁场，并中接收线圈 R 中产生感应电动势，该电动势与地层电导率有关，称为有用信号（记为 $e_□$）。

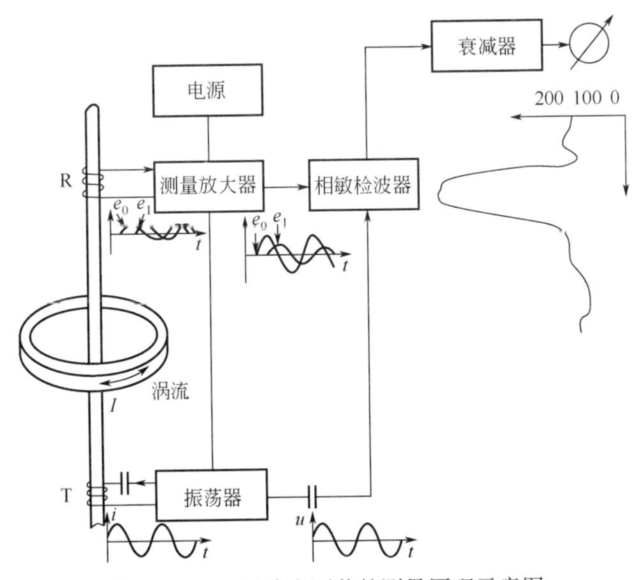

图 3-3-10 双感应测井的测量原理示意图

如果发射电流的频率不太高、介质的电导率不太大、线圈的距离不太长，可以忽略介质中感应涡流之间的相互影响，可不考虑电磁波在导电介质中传播时所引起的能量损耗和相位移动，或者说可不考虑电磁场的传播效应或趋肤效应，可以认为：e_0 的相位滞后 i_0 的相位 90°，与 e_σ 之间的相位差为 90°。

在感应测井仪的接收线圈 R 中，既有有用信号 e_σ，又有无用信号 e_0。为了放大接收信号，一般都采用测量放大器对接收信号进行测量放大。为了从接收信号中挑选出有用信号，压制无用信号，在感应测井仪中采用了相敏检波器。只要调整基准参考信号的相位，使它与 e_0 的相位相差 90°，而与 e_σ 同

相或反相，就可以通过相敏检波器，从接收信号中检出有用信号，压制无用信号。相敏检波器输出的信号，经滤波器平滑后，传送到地面记录仪中变换成感应电导率曲线。

2. 双感应测井曲线的基本特征

双感应测井仪器通过改变发射与接收的线圈系结构来调整聚集效果，可以同时测量出浅、中、深三个不同径向深度的电阻率曲线，即包括深感应（RILD）、中感应（RILM）和浅聚焦测井（八侧向 RLL8 或球形聚焦测井 RSFL）等三条电阻率曲线。

（彩图请扫二维码）

在仪器测量范围内且井眼规则时，双感应测井曲线具有如下基本特征（图 3-3-11）：

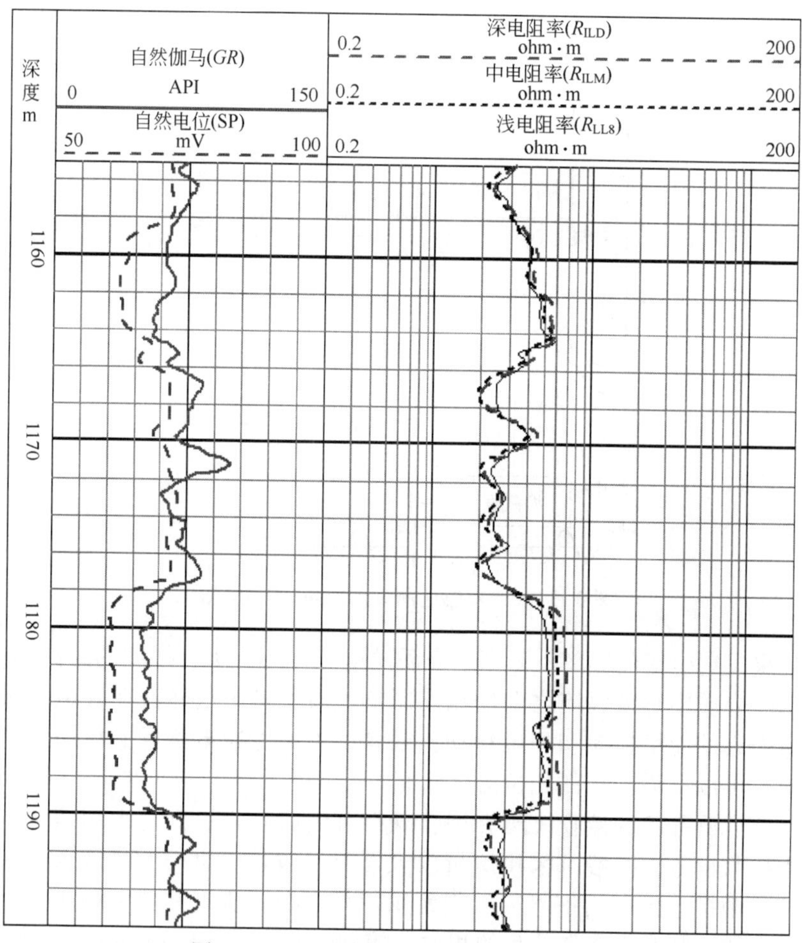

图 3-3-11　双感应—八侧向电阻率曲线

(1) 均质非渗透性地层上（高自然伽马深度段），三条电阻率曲线基本重合。

(2) 当钻井液滤液电阻率小于地层水电阻率时，无论是油层还是水层，电阻率曲线一般呈低侵特征，即浅探测深度的电阻率小于深探测深度的电阻率。

(3) 当钻井滤液电阻率大于地层水电阻率时，水层上一般呈高侵特征，油层上呈低侵特征。

(4) 如果侵入时间短或者滤饼质量高，不同电阻率曲线上可能不会出现侵入特征，深、浅感应电阻率曲线就基本重合。此外，如果侵入十分严重、侵入深度大，也可出现深、浅感应电阻率曲线重合的现象。

(四) 阵列感应电阻率测井

阵列感应测井的测量原理与双感应测井的基本相同，所不同的是双感应测井，虽然可以通过变更线圈系列来改善感应仪器的聚焦效果，达到较深的探测深度和较高的分辨率，但几乎不能减少“洞穴效应”的影响。阵列感应测井则是把井中不同位置的线圈阵列测量的信号利用软件进行组合达到聚焦的目的，即所谓的“软件聚焦”。这种方法的优点是可以减少洞穴效应和钻井液侵入造成地层径向电导率差异很大引起的影响，另一个优点是可以在不同的环境下使用不同的聚焦方法。

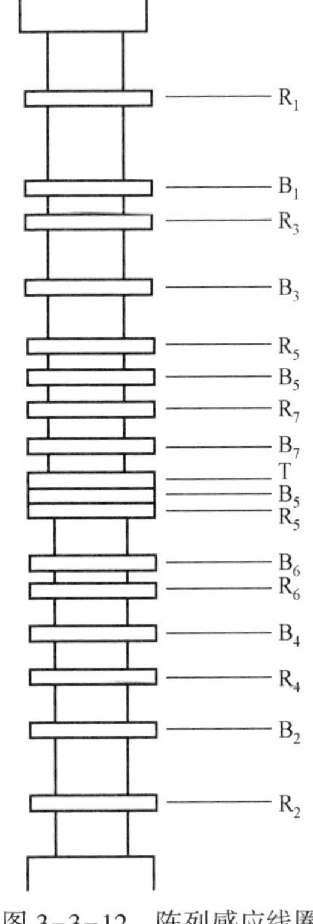

图 3-3-12 阵列感应线圈系示意图

阵列感应测井仪采用一系列不同线圈距的线圈系测量同一地层，把采集的大量数据传送到地面由计算机处理确定出具有不同径向探测深度和不同纵向分辨率的电阻率曲线。阵列感应测井克服了常规感应测井仪纵向分辨率低、探测深度不固定以及不能反映复杂侵入剖面等缺点，可计算原状地层和侵入带的电阻率，并据多种不同探测深度电阻率分析侵入特征，改善电阻率测井在判断地层渗透性和识别油气层等方面的效果。

图 3-3-12 为阵列感应测井线圈系结构示意图。由一个发射线圈和多个接收线圈构成一系列多线圈距的三线圈系（一个发射线圈，两个接收线圈），接收线圈对中包括一个主接收线圈和一个辅助接收线圈，辅助接收线圈的主要作用是运

用电磁场叠加原理消除直耦信号的影响。阵列感应测井采用多频测量，可同时测取100多个原始实分量和虚分量信号，采用井眼环境校正和软件聚焦，反演确定出三种纵向分辨率（1ft、2ft、4ft）、五种或六种探测深度（10in、20in、30in、60in、90in、120in）的测井曲线，如图3-3-13所示。

（彩图请扫二维码）

阵列感应测井技术现已成熟，国内外主要测井公司均发展形成了具有自主产权的仪器，并针对不同温度、压力、井眼尺寸等条件进行系列化。

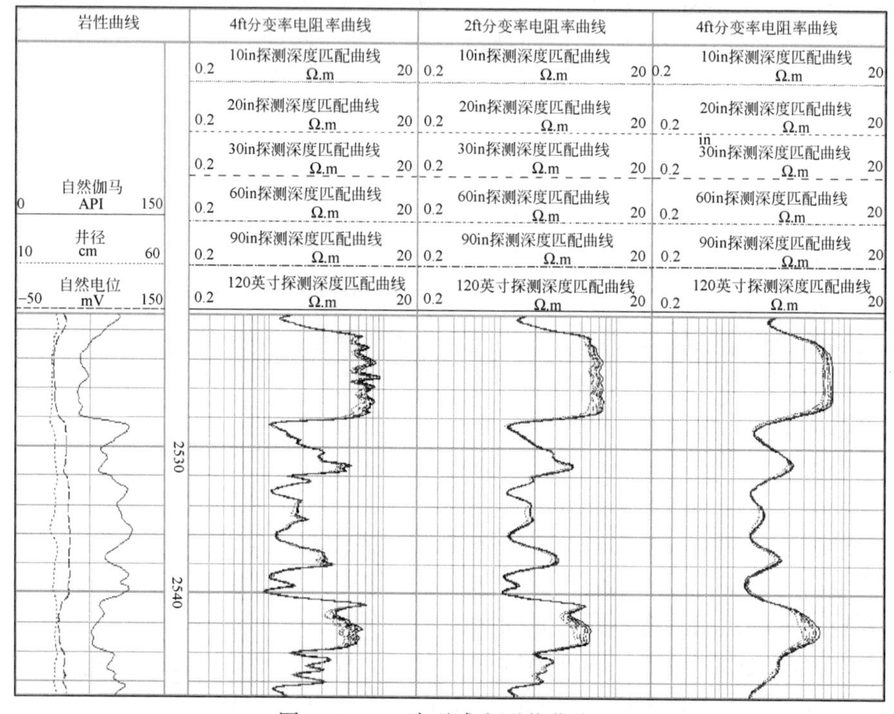

图3-3-13　阵列感应测井曲线图

（五）阵列侧向电阻率测井

类似于阵列感应测井与双感应测井间的传承关系，阵列侧向测井也是在双侧向测井的基础上发展起来的具有高分辨率、多种探测深度的直流电聚焦型的电法测井。

目前生产中应用较多的阵列侧向测井仪主要有斯伦贝谢公司于1998年推出的高分辨率阵列侧向测井仪（HRLA）、贝克休斯公司于1998年推出的高分辨率阵列侧向测井仪（HDLL）以及中国石油测井公司于 2010 年推出的阵列侧向成像测井仪（HAL）。HRLA 提供 6 种不同探测深度的电阻率信息，HDLL 提供 8 种不同探测深度的电阻率信息，HAL 提供 5 种不同探测深度的电阻率信息。HRLA 和 HAL 属于硬件聚焦型仪器，HDLL 是软件聚焦型仪器，它们的共同特点是采用阵列式电极来实现不同探测深度的测量。

阵列侧向测井的阵列化电极分为屏蔽电极和监督电极，如 HRLA 仪器由一个中心测量电极 A_0、12 个屏蔽电极（上下各 6 个）和 12 个监督电极组成，如图 3-3-14 所示。仪器中间是发射主电流的 A_0 电极，两侧分别布置 6 对对

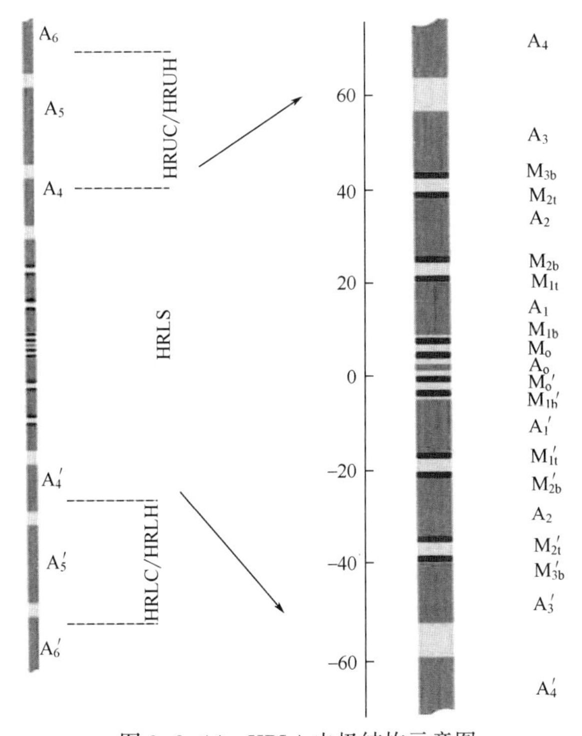

图 3-3-14　HRLA 电极结构示意图

称短路的有限长屏蔽电极（A_1，A_2，…，A_6 以及 A_1'，A_2'，…，A_6'），在 A_0 和 A_1 电极之间有 2 个监督电极 M_0、M_{1b}，A_1 和 A_2 电极之间有 2 个监督电极 M_{11}、M_{2b}，A_2 和 A_3 电极之间有 2 个监督电极 M_{21}、M_{3b}。阵列电极排列是关于主电极对称。阵列侧向测井能够同时提供 6 个不同探测深度的视电阻率响应值（R_{LA}），当 A_0 发射电流，其他屏蔽电极为回路电极时测量 M_0、M_{1b} 与 M_0'、M_{1b}'间电位差构成 R_{LA0} 测量，R_{LA0} 主要用于测量井眼钻井液的电阻率；从 A_0 向两侧每增加 1 对屏蔽电极为发射电流电极，其余屏蔽电极为回路电

极，可依次构成 R_{LA1}、R_{LA2}、R_{LA3}、R_{LA4}、R_{LA5} 测量（各对监督电极等电位，测量 A_0 电极上的电位 V_0 和电流 I_0），它们反映径向不同深度的地层电阻率分布，由此形成6种不同探测深度的测井响应，以反映钻井液的侵入状况。通过对这些阵列化、对称排列的屏蔽电极进行有源聚焦并以不同的电极距分区阵列测量，达到同时获取多个探测深度的聚焦电阻率资料。一般地，阵列侧向可同时测量得到1条反映钻井液电阻率、5条不同探测深度的电阻率，据此反演出地层真电阻率 R_t、侵入带电阻率 R_{xo} 和侵入直径 D_i。

图3-3-15是火成岩地层的阵列侧向测井与双侧向测井曲线图。图中第4道有深浅双侧向曲线，第5道是阵列侧向曲线。从图中可以看出，阵列侧向曲线的分辨率明显比双侧向曲线高，如1375～1378m、1384～1386m段。双侧向的深侧向探测深度较阵列侧向深，在渗透层段，由于存在钻井液侵入影响，阵列侧向最深的 R_{AL5} 的测量值明显小于深侧向值，如1366.5～1369m、1378～1385m段。

（彩图请扫二维码）

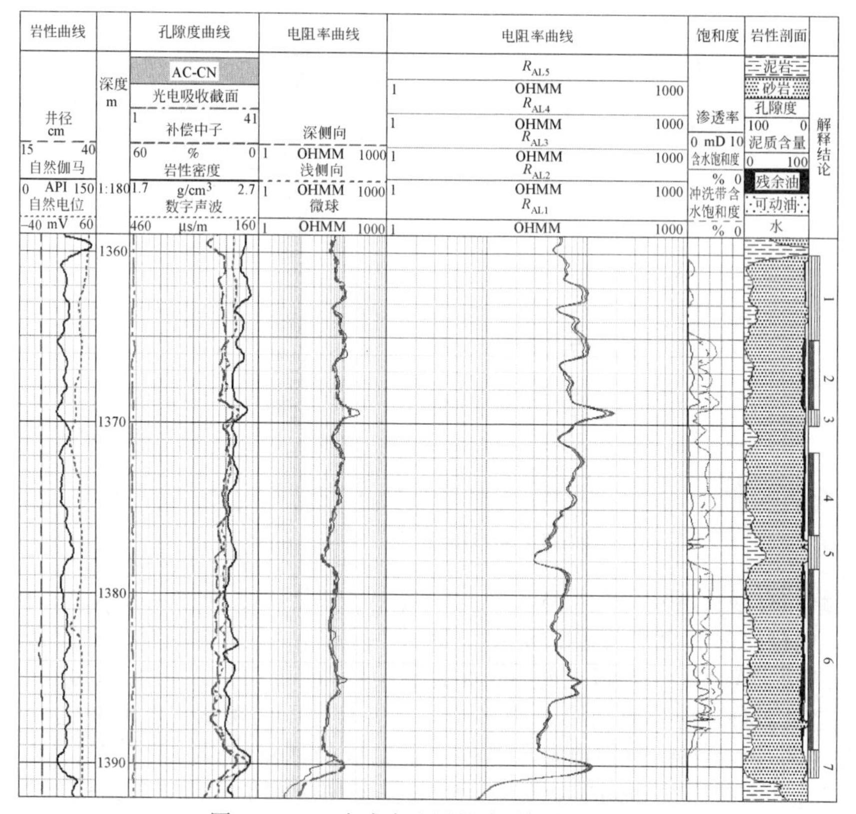

图3-3-15　火成岩地层的阵列侧向测井图

图 3-3-16 致密油的水平井段阵列侧向与随钻电磁波电阻率的测井图。图中第 3 道是随钻电阻率曲线，其中 A33L 为低频幅度电阻率曲线，A33H 为高频幅度电阻率曲线，P33L 为低频相位电阻率曲线，P33H 为高频相位电阻率曲线；第 4 道是阵列侧向曲线（HRLA）；第 5 道是密度（RHOZ）和中子曲线（PHIT）。对比第 3 道和第 4 道曲线知，阵列侧向曲线趋势与随钻电阻率曲线一致，但在渗透层段，阵列侧向测井值小于随钻电阻率值，由于各阵列侧向曲线没有侵入显示特征，应该是受电阻率各向异性影响所致。在大斜度井与水平井，随钻电阻率受各向异性影响比阵列侧向大。

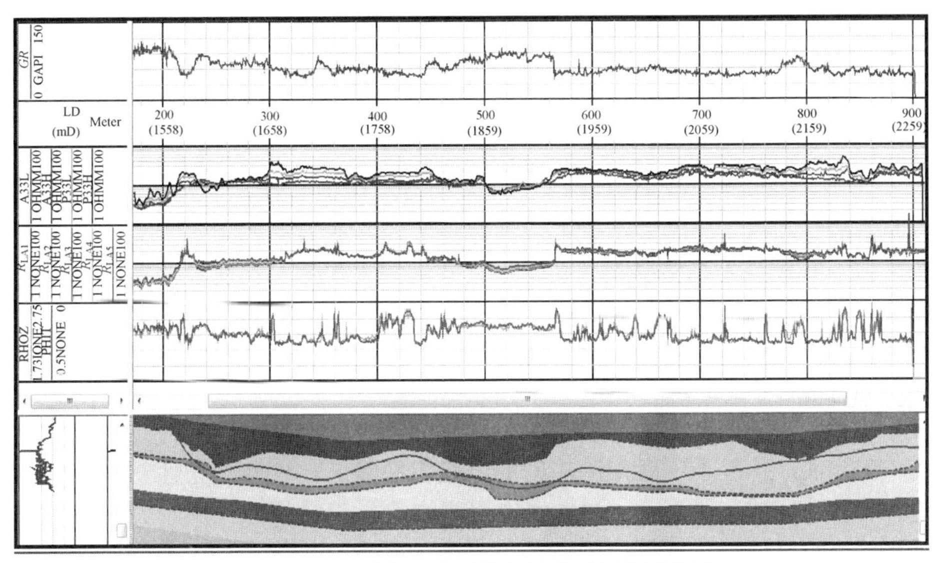

图 3-3-16　致密油水平井段的阵列侧向测井图

(彩图请扫二维码)

阵列侧向测井反演算法有一维常规反演计算，它是考虑了井眼尺寸影响和钻井液侵入作用，但假设相对于纵向分辨率，地层近似为无限厚层，从而较可靠地反演出 R_t、R_{xo} 和 D_i。二维反演计算则是同时考虑了井眼校正、侵入校正和目的层厚度影响，而 2.5 维反演进一步考虑了地层倾角的影响。根据地层厚度以及地层倾角与井斜角相对大小，选择这三种反映算法之一，反演出 R_t、R_{xo} 和 D_i。

阵列侧向测井适用于水基钻井液。当钻井液电阻率 R_m 为 1Ω·m 时，阵列侧向测井的电阻率探测范围为 0.2~100000Ω·m；当电阻率 R_m 为 0.02Ω·m 且井眼直径 D_i 为 12in，电阻率探测范围为 0.2~20000Ω·m。

阵列侧向测井的最大探测深度为 50in(1.27m)、纵向分辨率为 1ft(30cm)。

（六）侧向与感应测井的主要应用与适用性分析

电学测井是测井学的基础，其作用大、应用面广，下面着重讨论双侧向、双感应、阵列感应、阵列侧向等电阻率测井曲线的主要应用，并且为了便于生产中电阻率系列的优选应用，进一步分析了不同电阻率测井的适用性。

1. 电阻率测井资料的主要应用

电阻率测井资料主要应用于油气层识别、岩性判断、储层划分以及饱和度计算等。

1）油气层识别

由于油气不导电，而水层的导电性较强，尤其是矿化度较高的水层，其导电能力更强，因此，电阻率测井是识别油气层与水层的十分有效技术，常用方法有曲线侵入特征法和电性—物性图版法。

（1）曲线侵入特征法。

钻井过程中，钻井液液柱压力常大于地层压力，存在一定的液柱压差。在具有较好渗流能力的储层段上，钻井液滤液在此液柱作用下，在未形成滤饼之前不断地渗入至储层中，即发生钻井液侵入作用。一般地，钻井液性能越差、储层渗流能力较低时，侵入作用越强。因此，不同探测深度的电阻率曲线特征出现相对差异，从而可据此相对变化特征（即侵入剖面特征）分析储层的含油性。

当钻井液矿化度大于地层水矿化度，即采用盐水钻井液时，浅探测深度的电阻率曲线一般小于深探测深度的电阻率曲线。在岩性与物性基本相同的条件下，对于油气层而言，深探测电阻率主要反映受侵入作用较弱的高阻油气层，导致其值较浅探测电阻率要大得多，两者差异大；对于水层而言，深电阻率值也较浅电阻率值大，但两者的差异显然较油气层要小得多。因此，据深浅电阻率差异值可判断油气层。图3-3-17为盐水钻井液井的阵列感应与双侧向电阻率测井曲线，174#、175#与189#号物性基本相同，但阵列感应120in探测深度曲线（M2RX）电阻率值在174#、175#约为12Ω·m，而189#水层为6Ω·m，两者的电阻增大率为2，最大深浅电阻率之比约为5.5；与之相对应的深侧向电阻率在174#、175#约为6Ω·m，189#约为4Ω·m，电阻增大率为1.5，深浅电阻率之比约为3。因此，均这些盐水钻井液的侵入特征，识别174#、175#约为油层，而189#为水层。同时，该图指出，由于阵列感应的M2RX曲线探测深度远大于深侧向，故阵列感应电阻率识别油层具有更大的优势。

当采用淡水钻井液时，在岩性与物性基本相同的条件下，对于水层，浅电阻率曲线值大于深电阻率曲线，即增阻侵入；而对于油气层，浅电阻率曲线值小于深电阻率曲线，即减阻侵入。对比这两种不同的侵入特征，易于判断出油气层和水层。如图 3-3-18 所示，$6^{\#}$和 $13^{\#}$的物性基本相同，但无论是双感应还是阵列感应曲线，前者均表现为减阻侵入，后者均为增阻侵入且电阻率绝对值明显变低，因此，解释 $6^{\#}$为油层、$13^{\#}$为水层。但是，对于含油饱和度较低油层和油水同层，可能显示为高阻侵入、无侵入或低阻侵入三种情况，其差异显示取决于地层水与钻井液滤液电阻率的差异和被驱替的含油体积的大小。

（彩图请扫二维码）

图 3-3-17　盐水钻井液体系的油层和水层侵入特征

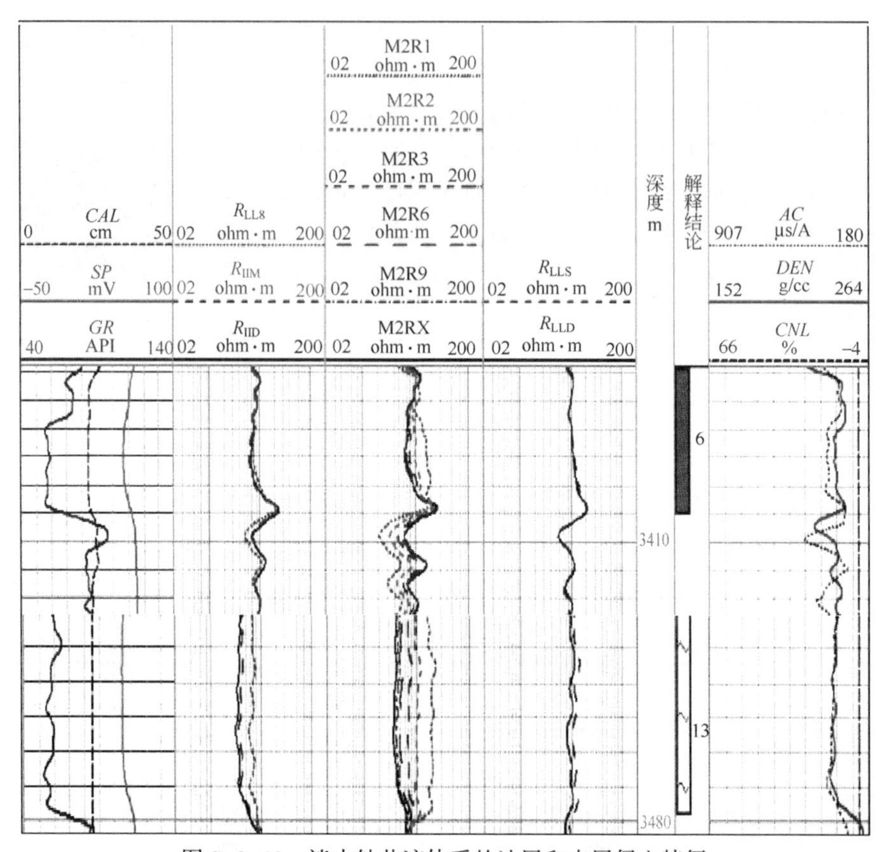

图 3-3-18　淡水钻井液体系的油层和水层侵入特征

(彩图请扫二维码)

如果应用阵列感应测井，则在适宜条件下可出现低阻环带。所谓低阻环带，就是中等探测深度的电阻率小于探测深度较大的电阻率，同时也小于探测深度较小的电阻率。一旦出现低阻环带，则毫无疑问地判断为油气层。图 3-3-19 所示为淡水钻井液体系的电阻率曲线特征，从中可以看出，Y 层的探测深度 20in 的电阻率与探测深度 60in 的电阻率值相当，且大于探测深度 30in 的电阻率值，具有低阻环带特征，因此，判断该层为油层，测试后日产纯油 10.46t。X 层为典型的增阻特征，且其 40Ω·m 电阻率值相比于 Y 层 70Ω·m 低许多，因此，判断为水层。

(2) 电性—物性特征。

物性主要包括孔隙度、渗透率和孔隙结构等，储层的电阻率与之密切相关。一般地，若储层物性一定，当储集空间中赋存烃类物质（天然气或/和原

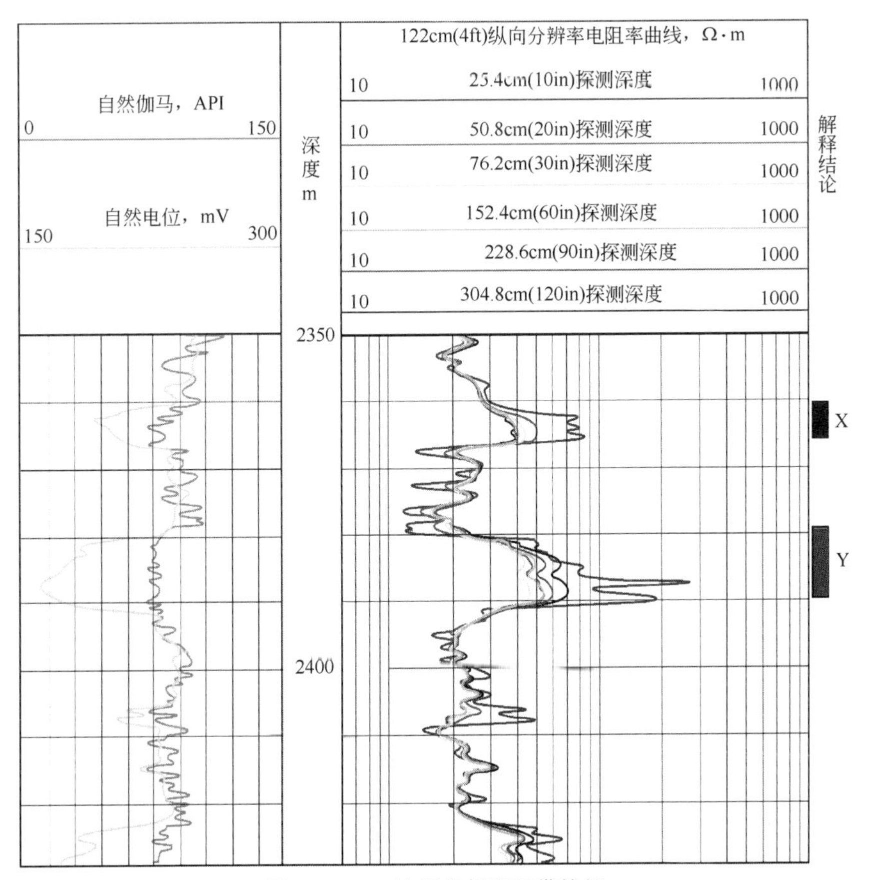

图 3-3-19 油层的低阻环带特征

（彩图请扫二维码）

油）时，由于烃类物质不导电，将使得储层的电阻率明显增高，烃类物质在孔隙中占比越大，即含水饱和度越低，电阻率增高量越大，因此，电阻率较高的层段一般为油气层，较低的层段则为水层或含油气水层。尤其是，当物性变好时，电阻率反而增大，即电性—物性特征对应性很好，此时，有把握将储层解释为油气层。

因此，基于这种电性与物性间的相互关系可建立电性—物性图版识别出油气层和水层，这是测井识别流体类型的最常用也是最有效一种图版，是建立油气层识别标准的关键图版。图 3-3-20 是典型的电性—物性图版，纵轴为电阻率，横轴为孔隙度，模数为含油气饱和度，该图指出，油气层位于含油气饱和度大于 50%的模数线之上，水层则位于该饱和度模数之下。

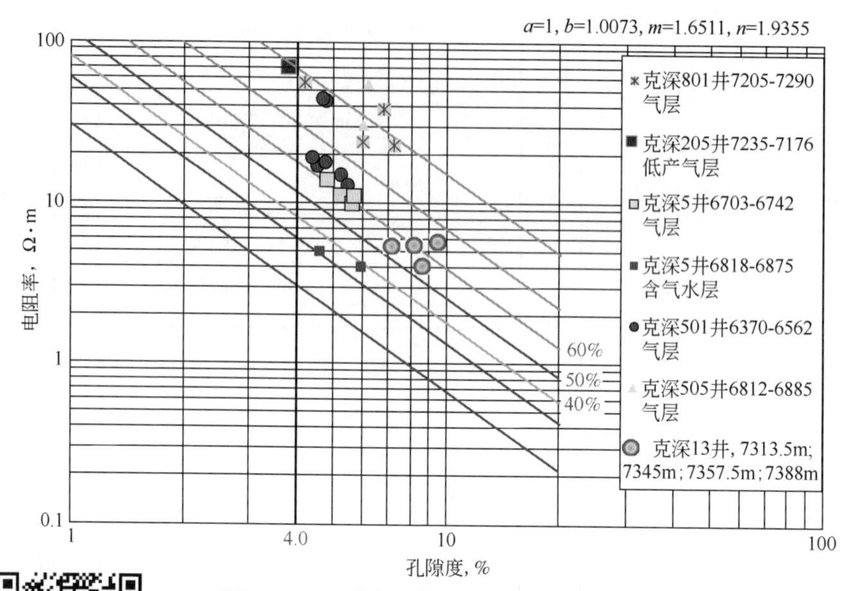

图 3-3-20　电性—物性的流体识别图版

（彩图请扫二维码）

需要特别指出的是，储层电阻率受地层水电阻率影响很大，上述解释是基于水层基本相同的条件下而给出的解释。如果地层水很淡，物性好时，水层电阻率也可能很高，形成高阻水层。另外，如果储层束缚水饱和度较高、黏土附加导电作用较强（如蒙脱石含量较高），或者盐水钻井液侵入作用较强时，油气层的电阻率也可能不高，甚至出现低阻油气层（油气层与同一油水系统纯水层的电阻率之比小于2）。

储层的电性特征不仅仅受控于含水饱和度和孔隙度，还与储层孔隙结构密切相关。当储层孔隙结构变得复杂时，电性与物性间关系也将复杂化（尤其是当储层孔隙度较低、孔隙类型多样时）。这种由于孔隙结构作用产生的电阻率升高的变化可能掩盖储层中烃类物质对电阻率的影响，从而有可能导致电性—物性图版识别流体类型的效果大大折扣。此时，可考虑建立不同孔隙结构的电性—物性图版，以降低孔隙结构对流体识别效果的影响。

2）岩性判断

由于岩石的颗粒大小、结构、矿物成分（尤其是导电矿物含量）及其分布状态等因素的差异，导致不同岩石的导电能力差异较大，从而可据此判断地层的岩性。影响岩石的导电能力主要有三种因素：

（1）岩石中的黏土。黏土的导电过程是一种离子交换过程。黏土表面带负电，被其吸附的正离子一般情况下不能自由运动，但在外电场作用下可被溶液中其他自由运动的阳离子交换出来（依次交换位置），从而导致部分阳离子的移动而产生导电，这种现象称为黏土附加导电作用。黏土附加导电能力取决于黏土的含量、类型和分布状态，并与其总孔隙度、总含水饱和及其孔隙中的地层水矿化度有关。当黏土矿物为蒙脱石或伊蒙混层时，且黏土分布状态呈层状分布时，可加大黏土的附加导电作用。

（2）岩石中矿物的导电能力。岩石中的矿物可分为导电矿物和非导电矿物两类。

一类是导电矿物，如硫化矿（黄铜矿、黄铁矿、方铅矿等）、含铁氧化矿物（磁铁矿、镜铁矿等）、石墨和高阶煤等，它们对岩石电阻率的影响取决于这些导电矿物的百分含量及其分布状况。如果这些导电矿物在岩石含量中占比较高且分布状态有利（如层状结构），可构成较好导电通路，岩石电阻率可以很低（小于1Ω·m）；若这些导电矿物含量在岩石中的占比较低（如小于5%），它们会被导电差的矿物所分隔，难以构成有效的导电网路，其对岩石电阻率几乎没有影响。

另一类是不导电的矿物，如石英、长石、云母、方解石、白云石、盐岩、石膏和无水石膏等。这些矿物的晶体电解性能不好，且游离的电子数目不多，导电能力差、电阻率值高（常为100~1000Ω·m，甚至达数万Ω·m）。

（3）岩石的孔隙导电能力。岩石的孔隙度、孔隙结构、地层水电阻率和含水饱和度等因素均可影响岩石孔隙导电能力。孔隙导电网络能力越强，岩石电阻率就低。孔隙导电能力是决定岩石电阻率高低的至关重要因素。

因此，据电阻率大小判断地层岩性并不是件简单的事情，要结合岩性、物性、含油性和水性等因素综合考虑，通过总结分析掌握了区块的电性—岩性变化特征才可较好地据电阻率合理确定地层的岩性。

3）储层划分

根据不同探测深度电阻率的径向特征（主要为幅度差异）可划分出储层。一般地，裂缝、渗透层在电阻率曲线上存在径向幅度差异，非渗透地层在电阻率曲线上没有幅度差或差异很小。电阻率径向幅度差的绝对值与钻井液电阻率和孔隙混合导电液的差异、钻井液侵入深度、地层渗流能力（如裂缝发育程度、孔隙结构等）等因素有关，并受裂缝产状等影响。当侵入作用很强时，不同探测深度的电阻率幅度可能没有差异，导致漏失储层。

4）饱和度计算

饱和度计算方法有电阻率法和非电阻率法两类，其中电阻率法是最常用的也是最基本的方法。电阻率法是根据目的层的储层特征选用不同的饱和度模型，如阿尔奇模型、Wax-Smits模型和双水模型等，在明确地层孔隙度、地层水电阻率和岩电参数等参数后，以电阻率测井值计算出地层的含油饱和度。

如采用浅探测深度的电阻率曲线，则计算值反映的是冲洗带饱和度；若采用中等探测深度的电阻率，则计算值主要反映侵入带饱和度；如采用深探测电阻率，计算出的饱和度则接近原状地层（未受钻井液侵入）的饱和度。

测井计算储层饱和度时，要确定出三个方面关键参数：一要针对储层特征优选计算模型；二要基于针对性的岩电实验确定出合理的岩电参数；三是确定出合理的地层水电阻率，这样才能保证饱和度计算的可靠性。

对于粒间孔隙的中高孔隙度砂岩储层，一般采用阿尔奇公式计算饱和度，即：

$$S_w=\left(\frac{a\cdot b\cdot R_w}{R_t\Phi_m}\right)^{1/n} \tag{3-3-3}$$

式中 S_w——目的层含水饱和度，小数；

R_t——目的层电阻率测井值，Ω · m；

Φ——目的层孔隙度，小数；

R_w——地层水电阻率，Ω · m；

a——岩性导电性校正附加系数，其值与目的层泥质成分、含量及其分布形式密切相关；

b——岩性润湿性对饱和度分布不均匀的附加校正系数；

m——孔隙度指数（胶结指数），表征岩石孔隙导电网络的孔隙曲折性，孔隙曲折度越高，m 值越大；

n——饱和度指数，是对饱和度微观分布不均匀的校正。

由于孔隙的曲折性，在驱水过程中烃与水在孔隙中的分布是不均匀的，这种不均匀性随 S_w 变化，进一步增大了电流在岩石孔隙中流动的曲折性，使电阻率增大速率比含水饱和度降低的速率大，因此需要利用饱和度指数 n 进行校正。

对于亲水岩石，油驱水过程中将有残余水存在，并形成连续的导电通道，致使 $R_t/R_o<1/Swn$，此时 $b<1$；对于亲油岩石，由于油驱水过程为“活塞式”模式，基本没有残余水存在，$R_t/R_o>1/Swn$，则 $b>1$。

当前，对于中国陆相地层的勘探开发生产中，常见的是孔隙结构复杂的低孔隙度储层，严格地讲，此类储层并不适用于阿尔奇公式。但是，为了利用阿尔奇公式，常通过修正 m 和 n 值而其适用性，如针对不同孔隙结构储层采用不同的岩电参数，如图 3-3-21 和图 3-3-22 所示，这两张图均指出，岩电参数 m 和 n 与储层孔隙结构密切相关。

对于孔隙结构复杂的储层，甚至采用随着深度逐点变化的 m 和 n 值，以此提高饱和度的计算精度。对于泥质砂岩储层，一般可采用印度尼西亚公式或西门杜公式计算饱和度。对于黏土附加导电较强的储层，可采用 Waxman-

Smits 模型计算饱和度。

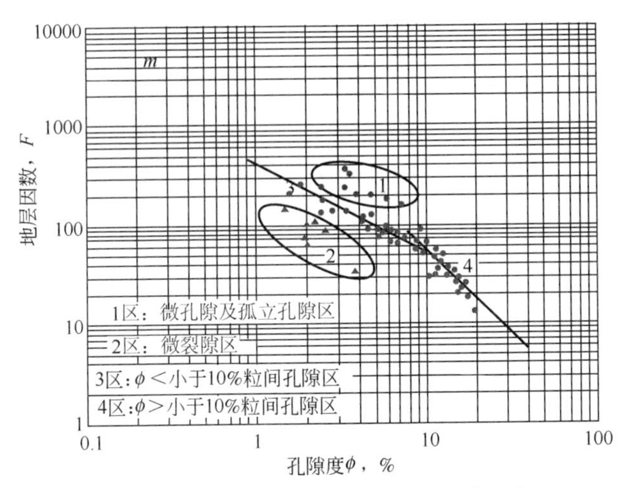

图 3-3-21　不同孔隙类型的孔隙指数变化

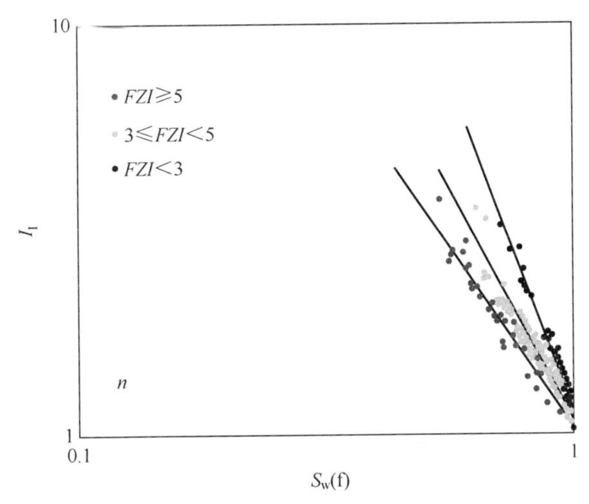

图 3-3-22　不同孔隙类型的饱和度指数变化

2. 电阻率测井的适用性分析

感应测井在地层中形成感应涡流，电流呈顺着井轴方向分布，其测量值可简化为探测范围内的井眼、侵入带、原状地层和围岩等几部分电阻率的并联值，因此，电阻率较低者对测井测量值贡献大，即感应测井突出了低阻部分的作用。侧向测井则是将极板推靠在井壁上，通过聚焦方式，将电流以垂直于井轴方向输送至地层中，因此，其测量值可简化为前述几部分电阻率的串联值，其中电阻率高者将对测量值贡献大，即突出高阻部分的作用。由此决定感应测井与侧向测井的适用性不同：感应测井的适用性条件总体界定为淡水钻井液或油基钻井液条件下的低阻地层（主要为砂泥岩剖面）；侧向测井的适用性条件总体界定为盐水钻井液条件下的高阻地层（如碳酸盐岩），如表 3-3-1 所示。图 3-3-23 则进一步细化出侧向和感应测井的电阻率适用范围分布，以此指导生产中的电阻率系列优选。

表 3-3-1 电阻率测井的适用性

	侧向测井	感应测井
油基钻井液	/	是
咸水钻井液	是	可能
淡水钻井液	可能	是
空气井眼	/	是
高阻地层	是	/
低阻地层	可能	是

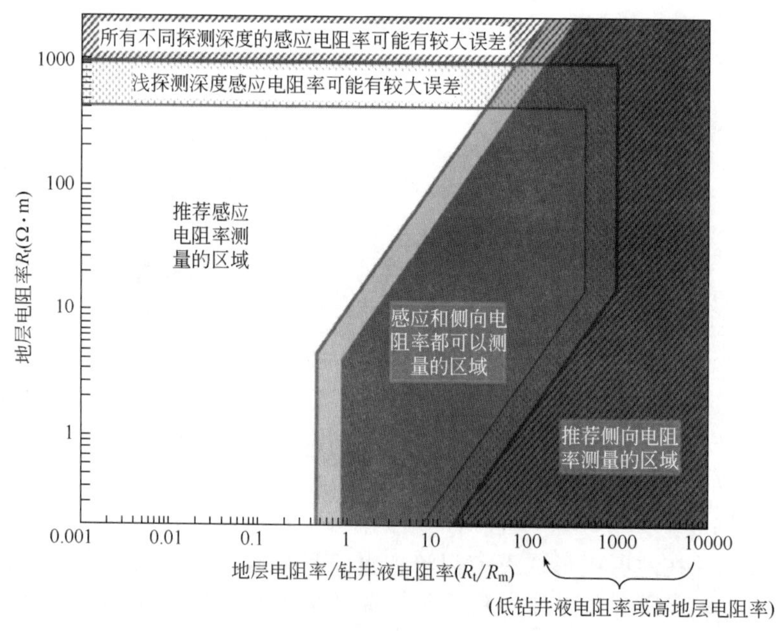

图 3-3-23 电阻率测井的适用性图版

二、声波测井

在声波能量激发下，介质质点将发生机械振动，若其振动方向与声波传播方向一致，则为纵波，若振动方向与声波传播方向垂直，则为横波。声波在不同介质中传播时，其传播速度、幅度衰减及频率变化等声学特性存在较大的差异，据此特性差异可识别地层岩性，评价储集性能、固井质量与地层各向异性，并计算出地层的岩石力学参数。

声波测井主要可分为三类，一是用于地质评价类的声波测井，如声波速度测井、长源距声波测井、井周声波成像测井、阵列声波测井（包括偶极声波）和远探测声波测井等；二是用于工程评价类的声波测井，如声幅测井、变密度测井、套后挠曲波成像测井和噪声测井等；三是垂直地震剖面测井，即 VSP 测井。本节主要阐述常规测井范畴内的声波速度测井和声波幅度测井，阵列声波测井将在本章后续部分中介绍。

（一）声波速度测井

1. 声波速度测井原理

声波通过不同声阻抗（声速与密度的乘积）的两种介质的分界面时，会发生遵循光的反射与折射定律的反射和折射现象。当声波入射角增大到某一角度时，折射角可达到 90°，此时，声波由第一介质透过地层界面后，在另一介质中沿声阻抗界面传播，这种传播方式的折射波称为滑行波。

声波速度测井测量的是由发射器激发的声波在井筒与地层界面上产生的并于地层中传播的滑行纵波。目前主要应用的声波速度测井仪的井下部分采用双发（两个发射器）四收（四个接收器）声系结构，相比于单发双收声系或双发双收声系，它能够更好地克服井壁不规则所造成的测量误差。

声波速度测井测量的参数是地层的声波速度。下面以单发双收声速仪为例简述声波速度测井的基本原理。单发双收声速下井仪器包括声系、电子线路和隔声体三个部分。声系由一个发射换能器 T 和两个接收换能器 R_1、R_2 组成，其中，发射器和接收器之间的距离称为源距，相邻接收器之间的距离称为间距（即声波测井的纵向分辨率）。声波测井声系的最小源距为 1m，间距为 0. 5m。如图 3-3-24 所示。电子线路提供脉冲电信号，触发发射器 T 发射声波，接收器 R_1、R_2 接收声波信号，并转换为电信号。

测井仪工作时，电子线路每隔一定时间（通常为 50ms）激发一次发射器使其产生振动发射出声波，其振动频率由晶体的几何尺寸与几何形态而定。发射器在井内产生声波，声波向周围介质中传播。由于钻井液声速 V_{mD} 与地

层的纵波速度 V_p 和横波速度 V_s 不同，所以在钻井液和地层的分界面（井壁）上声波将发生反射和折射。由于发射器可在较大的角度范围内向外发射声波，因此，必有以临界角 θ 入射到界面的声波，在地层中产生沿井壁传播的滑行波。根据边界条件，沿井壁传播的滑行波将在钻井液中产生折射波被井内接收器所接收记录。

由图 3-3-25 知，如果发射器在某一时刻 t_0 发射声波，根据几何声学理论，声波经过钻井液、地层、钻井液传播到接收器，即沿 A-B-C-E 路径传播到接收换能器 R_1，经 A-B-C-D-F 路径传播到接收换能器 R_2，到达 R_1 和 R_2 两个接收器的时间差 ΔT 为：

$$\Delta T=\frac{CD}{v_p}+\left(\frac{DF}{v_{md}}-\frac{CE}{v_{md}}\right) \tag{3-3-4}$$

式中 V_p——地层的纵波速度，m/s；

V_{md}——钻井液的纵波速度，m/s。

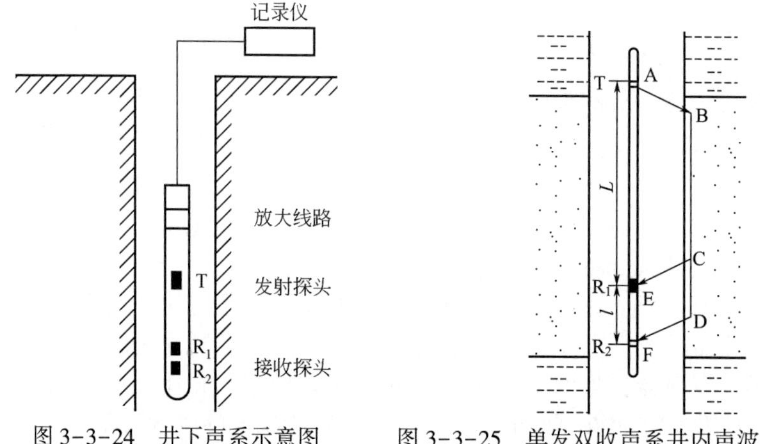

图 3-3-24　井下声系示意图

图 3-3-25　单发双收声系井内声波传播示意图

如果两个接收器之间距离为 L，相对应的井段井径没有明显变化且仪器居中，则可认为 $CE=DF$，因此，

$$\Delta T=\frac{L}{v_p} \tag{3-3-5}$$

仪器间距 L 是已知的且对一种仪器而言是固定的，因此，时间差 ΔT 只与地层的纵波速度有关。仪器记录点在两个接收器的中点。声速测井实际上记录的是地层时差（声波在地层中传播单位距离所用的时间），因此，声波速度测井亦称为声波时差测井。

2. 声速测井资料的应用

地层声波速度与其岩性、孔隙度及孔隙流体性质等因素有关，据此可计算出地层孔隙度以及判断岩性与孔隙流体类型。

1）物性分析与孔隙度计算

一般地，声波时差越大，地层的物性就越好。显然，这种判断分析是基于地层的泥质含量、岩石骨架和孔隙结构没有较大变化的前提下，否则，这种判断就有可能出现偏差甚至错误。因此，为了以声波时差曲线分析物性变化，主要分析：

（1）泥质含量的变化。当泥质含量增高时，声波时差增大。分析时，要对比分析声波时差与自然伽马等指示泥质含量变化曲线，确认时差的增大是否为泥质含量增高所致。

（2）骨架变化。白云岩、方解石和石英的声波时差依次变大，因此，在同等时差曲线值时，若碳酸盐岩地层中砂质含量增加，则物性变差；若砂泥岩地层碳酸盐岩含量增高，则物性变好。

（3）天然气的存在。当储层存在天然气时，声波时差的增大不一定就表现为物性变好，此时，要剔除天然气的影响。

（4）岩石结构。当地层发育裂缝、岩石固结差时，声波时差也会变大，但此变化并非反映基质孔隙度增大。

当地层不含油气且不含泥质时，可以下式计算孔隙度：

$$\phi=\frac{\Delta t-\Delta t_{\mathrm{ma}}}{\Delta t_{\mathrm{f}}-\Delta t_{\mathrm{ma}}} \tag{3-3-6}$$

当地层不含油气但含泥质时，则要进行泥质校正，其孔隙度计算公式为：

$$\phi=\frac{\Delta t-\Delta t_{\mathrm{ma}}}{\Delta t_{\mathrm{f}}-\Delta t_{\mathrm{ma}}}-\frac{V_{\mathrm{sh}}(\Delta t_{\mathrm{f}}-\Delta t_{\mathrm{sh}})}{\Delta t_{\mathrm{f}}-\Delta t_{\mathrm{ma}}} \tag{3-3-7}$$

式中　Δt——声波测井值，μs/m 或 μs/ft；

Δt_{ma}——骨架密度值，μs/m 或 μs/ft；

Δt_{f}——流体密度值，μs/m 或 μs/ft；

Δt_{sh}——泥质密度值，μs/m 或 μs/ft。

2）判断气层

油、气、水的声速不同，气和油、水的声速差别很大，因此在高孔隙度和钻井液侵入不深（侵入深度小于声波探测深度）的条件下，借助于以下两种方法，声速测井可以较好地指示中高孔隙度储层的含气性或者轻质油存在。

（1）周波跳跃。

当中高孔隙度储层的含气较好时，声波能量衰减大，以致产生周波跳跃现象。所谓周波跳跃是由于声波幅度的严重衰减，导致其首波幅度只能触发靠近发生器的接收器，而不能触发远端接收器，远端接收器要等下一周的首波信号将它触发，以致在两个接收器之间出现一个附加周期的旅行时，从而测量得出较大的传播时间。

（2）声波时差增大。

气层的声波时差值明显大于油层与水层，尤其是中高孔隙度的高含气饱和度储层中更是如此。但是，由于声波时差主要受孔隙度大小影响，简单地以时差大小判断气层存在较大的风险，因此，一般采用纵波与横波速度之比判断气层更加可靠，其基础是横波对流体类型不敏感，该比值可消除至少部分消除物性与岩性的影响，如图 3-3-26 所示。

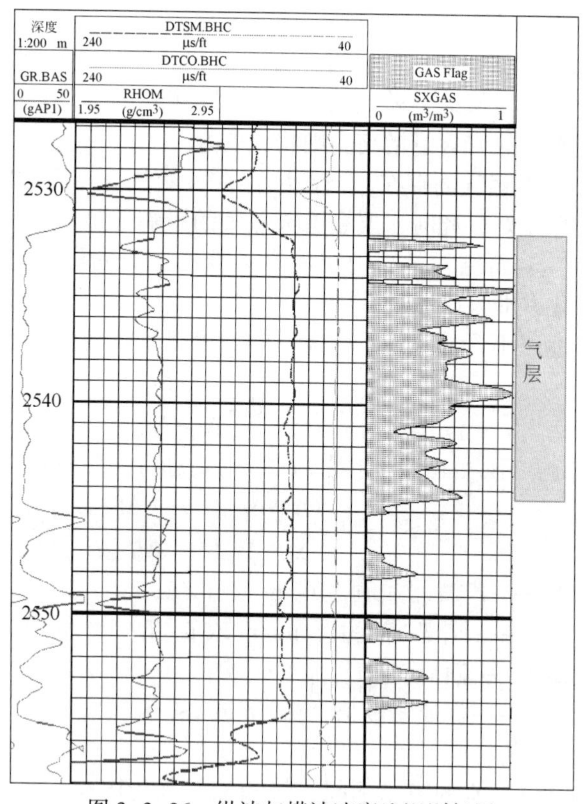

（彩图请扫二维码）

图 3-3-26　纵波与横波速度比识别气层

3）划分地层

由于不同地层具有不同的声波速度，所以，根据声波时差曲线可以划分不同岩性的地层。

砂泥岩剖面上，砂岩声速一般较人，即声波时差较低。声波时差与砂岩胶结物的性质和含量有关，相同孔隙度条件下，钙质胶结砂岩声波时差较泥质胶结砂岩小，并且声波时差随钙质含量增加而减小，随泥质含量增高而增高。泥岩的声波时差显示高值。页岩的声波时差值介于砂岩和泥岩之间。砾岩的声波时差一般都较低，并且越致密声波时差值越低。

碳酸盐岩剖面中，致密石灰岩和白云岩的声波时差值最低，如含有泥质，声波时差有所增高；当发育裂缝时，声波时差则明显增大，甚至还可能出现声波时差曲线的周波跳跃现象。

在膏盐剖面中，无水石膏与盐岩的声波时差有明显的差异，盐岩部分因井径扩大，时差曲线有明显的假异常，所以可以利用声波时差曲线划分膏盐剖面。

4）异常地层压力预测

纯泥岩的时差变化规律研究表明，当存在欠压实时，泥岩的孔隙度很高，导致其声波时差值相比于正常压实泥岩明显增大，据此增大值可评估泥岩的压力异常值并计算出储层的孔隙压力值，如图 3-3-27 所示。该方法有两个关键点，一是要求准确确定出纯泥岩的声波时差变化趋势，二是将时差增大量刻度为地层压力值，一般以地层动态测试测井或试油试采获取的压力数据刻度。

（二）声波幅度测井

声波幅度测井测量的是声波信号的幅度。声波在介质中传播时，其能量被逐渐吸收，声波幅度逐渐衰减。在声波频率一定的情况下，声波幅度的衰减和介质的密度、弹性模量等弹性参数有关。声波幅度测井就是通过测量声波幅度的衰减变化评价地层性质和水泥胶结情况的一种声波测井方法。声幅测井有水泥胶结测井和变密度测井等，下面只介绍水泥胶结测井。

1. 水泥胶结测井原理

水泥胶结测井（CBL）下井仪器如图 3-3-28 所示，由声系和电子线路组成，源距为 1m。发射换能器发出的以临界角入射的声波，在钻井液和套管的界面上折射产生沿这个界面在套管中传播的滑行波（又叫套管波），套管波又以临界角的角度折射进入井内钻井液，到达接收换能器被接收。仪器测量记录套管波的第一负峰的幅度值（以 mV 为单位），即水泥胶结测井曲线值。这个幅度值的大小除了受套管与水泥胶结程度影响外，还受套管尺寸、水泥环强度和厚度以及仪器居中情况的影响。

若套管与水泥胶结良好，这时套管与水泥环的声阻抗差较小，声耦合较

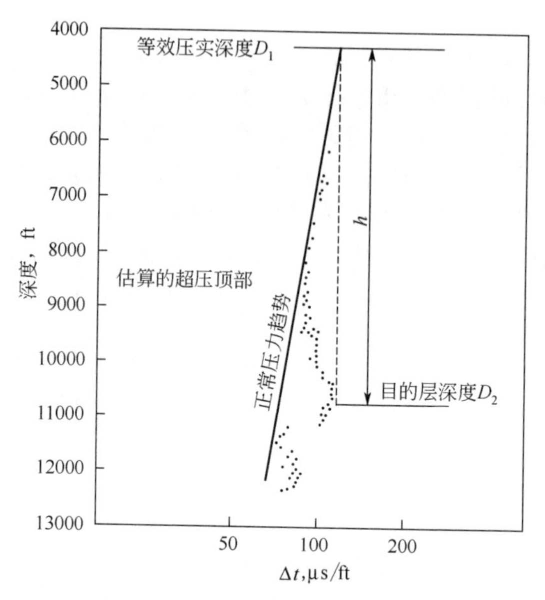

图 3-3-27　泥岩欠压实的压力异常分析

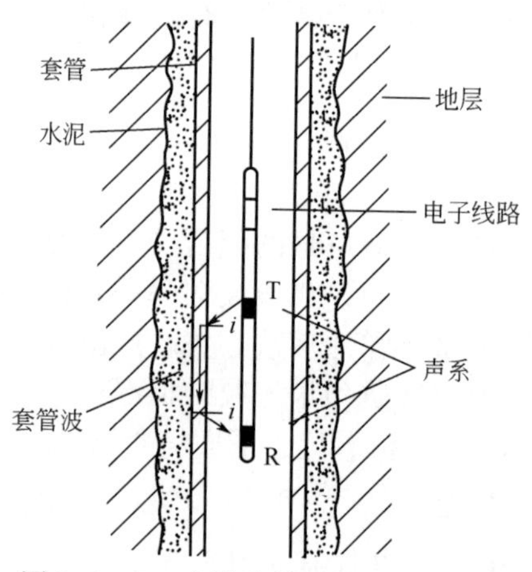

图 3-3-28　水泥胶结测井原理示意图

好，套管波的能量容易通过水泥环向外传播，因此，套管波能量有较大的衰减，测量记录到的水泥胶结测井值就很小；若套管与水泥胶结不好，如套管外有流体（水泥滤液、来自地层的地层水与油气）存在时，套管与流体的声阻抗差很大，声耦合较差，套管波的能量不容易通过套管外水泥环传播到地层中去，因此套管波能量衰减较小，所以水泥胶结测井值很大。利用水泥胶结测井曲线值可以判断固井质量。需要指出的是，CBL 测井测量的是套管波的首波幅度，其值主要取决于水泥与套管外壁的胶结程度，因此仅能够评价第一界面（套管外壁与水泥环的界面）的胶结状况。

2. 水泥胶结测井曲线的主要影响因素

（1）测井时间。水泥灌注到管外环形空间后，存在凝固过程，这个过程是水泥强度不断增大的过程。套管波的衰减和水泥强度有关，水泥强度越小，套管波衰减越小，所以在凝固过程中，套管波能量衰减不断增大。在未凝固、封固好的井段测井都会出现高幅度值，因此，要待凝固后进行测井。测井过晚，会因为钻井液沉淀固结、井壁坍塌造成无水泥井段声幅低值的假现象。一般在固井后24~48h测井最好。另外，压裂尤其是大型压裂对固井质量影响也很大，由此导致压后的水泥胶结测井曲线出现异常。

（2）水泥环厚度。实验证明，水泥环的厚度大于2cm时，水泥环厚度对水泥胶结测井曲线的影响是个固定值；小于2cm时，水泥环厚度越小，水泥胶结测井曲线值越高，因此，在应用水泥胶结测井曲线检查固井质量时，应事先借助于井径曲线（双井径曲线更好）估计各个深度段的水泥最大填充厚度。

（3）钻井液气侵。当井筒中钻井液存在气侵时，会使声波能量在井筒中发生较大的衰减，造成水泥胶结测井曲线低值的现象，在这种情况下，易于将胶结较差的井段误认为胶结良好。

（4）地层声阻抗。当地层声波速度高、密度大时，与水泥环的声阻抗之差值就大，使得套管波的能量不容易传播至地层中，导致即使第一界面胶结得很好，而水泥胶结测井得到的测量值也较高，从而错误地判断水泥胶结质量较差，如图3-3-29的右侧倒数第二道解释结果，而如果结合声波变密度测井（VDL）所揭示的固井评价，则该井段上的固井质量均较好，如图3-3-29的右侧倒数第一道解释结果。这种CBL测井异常曲线特征，在碳酸盐岩等地层常能够见到。

3. 水泥胶结测井的固井质量评价

图3-3-30是水泥胶结测井的典型曲线，从中可见：

（1）在水泥面以上曲线幅度最大且值变化小，指示为套后未填充水泥，即自由套管。

（2）在套管接箍处出现幅度变小的尖峰，表明声波在套管接箍处能量损耗增大。

（3）深度由浅到深，曲线依次由高幅度向低幅度变化处为水泥面返高位置。

（4）在套管外水泥胶结良好处，曲线幅度为低值；（在套管外水泥胶结较差处，曲线幅度为高值。）

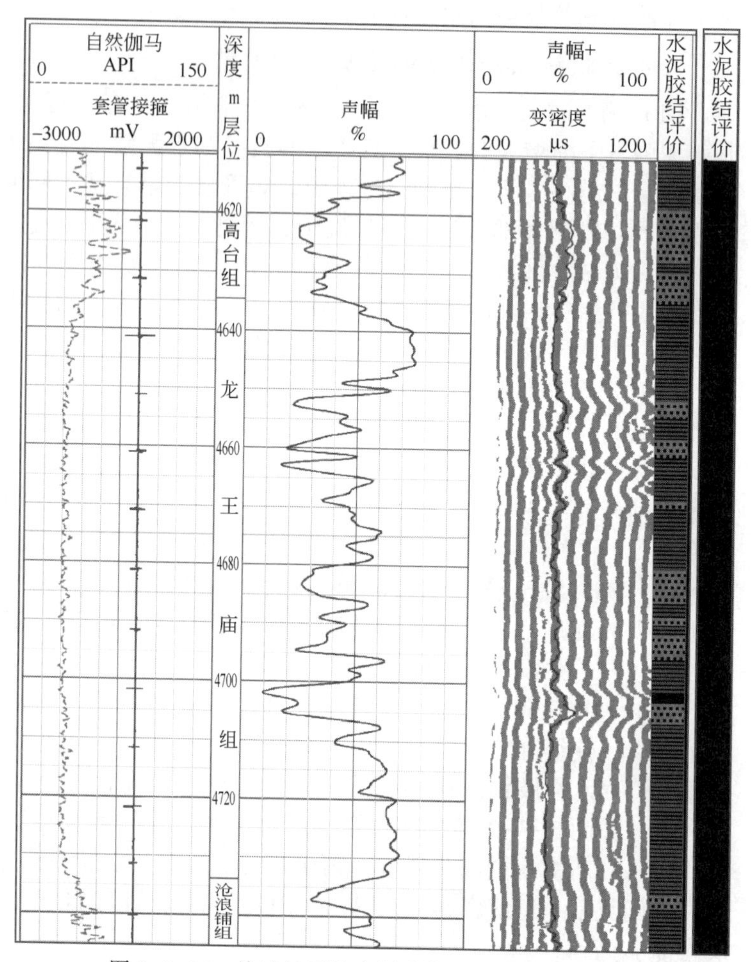

（彩图请扫二维码）

图 3-3-29　快速地层的水泥胶结测井曲线异常特征

一般地，定义水泥胶结测井曲线的相对幅度实现半定量地评价胶结质量，即

$$相对幅度=\frac{目的段曲线幅度}{自由套管的曲线幅度}\times100\%$$

相对幅度越大，说明固井质量越差。一般规定有如下三个质量段：

（1）相对幅度小于 20%为胶结良好。

（2）相对幅度介于 20%~40%的为胶结中等。

（3）相对幅度大于 40%的为胶结不好（第一界面处发生串槽）。

需要指出的是，根据相对幅度定性判断固井质量固然是水泥胶结测井解释的依据，但不能机械地死搬硬套，应综合考虑井径曲线和水泥性能（如密度、水灰比、添加剂）以及一些固井施工情况（如水泥上返速度等），判断固井质量类别。

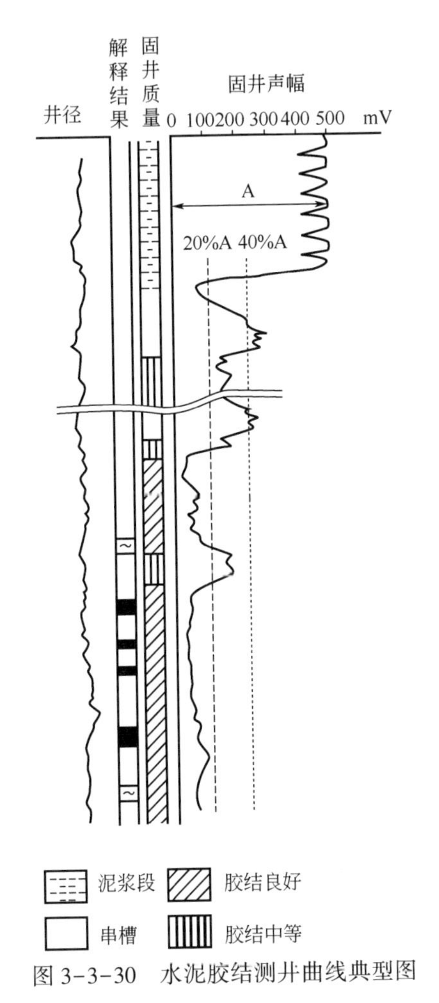

图 3-3-30 水泥胶结测井曲线典型图

三、核测井技术

核测井是根据岩石与流体的核物理性质研究地下岩石物理特征而评价油气藏的一种地球物理测井方法，按其探测放射线的类型可分为两大类，即探

测伽马射线的伽马测井法和探测中子的中子测井法，如图 3-3-31 所示。

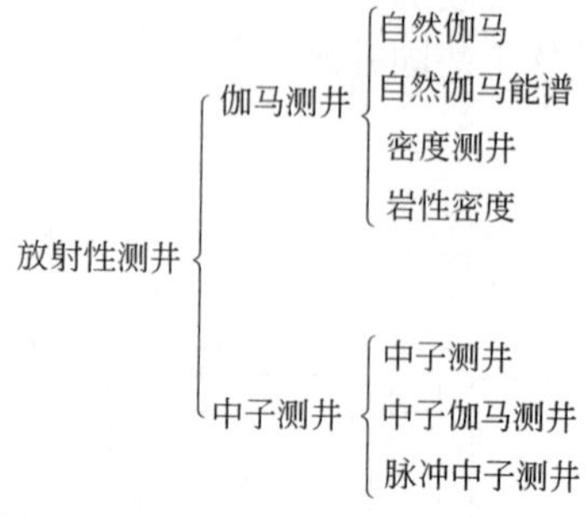

图 3-3-31　放射性测井的基本分类

放射性测井在裸眼井和套管井内均可进行测井，且适用于不同类型钻井液（如油基、水基和气体），是岩性识别、孔隙度计算和流体识别的主力测井资料，但是，放射性测井的探测深度较浅（15~30cm），井下仪器调运受放射性和中子发生器的管控。下面主要介绍常用的自然伽马测井、密度测井和中子测井三种技术。

（一）自然伽马（能谱）测井

自然伽马测井是在没有人工放射源的条件下探测地层天然放射性特征的测井方法。

岩石的自然伽马放射性是由岩石中放射性核素的种类（同位素）及其含量决定的。岩石中放射性同位素的含量越高，其放射性强度越大。已发现天然核素有 330 多种，其中 60 余种为放射性核素，对岩石自然伽马放射性起决定作用的核素主要为 U^{238}、Th^{23} 和 K^{40}，分别称为铀系、钍系和放射性核素 K^{40}。地球物理测井所研究岩石的天然放射性主要为铀（U）、钍（Th）和钾（K）的放射性核素含量，自然伽马测井是主要测量地层中这些三类放射性同位素所放射出的放射性总强度，而自然伽马能谱测井则可进一步确定出这三种放射性同位素的各自含量。

由于铀系和钍系伽马能谱成分太多，在自然伽马能谱测井仪器的设计中，选择有代表性的伽马射线来识别这两个核素，即选用铀系的 Bi^{214} 发射的 1.76MeV 的伽马射线来识别铀；用钍系的 Tl^{208} 发射的 2.62MeV 的伽马射线来识别钍，用 1.46MeV 的伽马射线来识别钾。并且，通过实验建立起岩石铀、钍、钾含量分别与这三种能量伽马射线强度的关系，从而可据自然伽马能谱测量得到岩石铀、钍、钾含量。

1. 岩石的自然伽马放射性的分布规律

为了掌握自然伽马测井的曲线特征，有必要先介绍石油测井常见地层的天然放射性分布特点。

岩石总的自然伽马放射性与岩石类别有关。一般地，沉积岩的自然伽马放射性要低于岩浆岩和变质岩。因为沉积岩一般不含放射性矿物，其自然放射性主要是岩石吸附放射性物质引起的，而岩石吸附能力又有限。岩浆岩与变质岩则含有较多的放射性矿物，如长石和云母含有地层中大部分钾，其中^{40}K有放射性，而长石占岩浆岩矿物59%，云母占4%；角闪石及辉石有更高的放射性，占岩浆岩矿物17%；放射性更高的锆石、独居石、揭帘石等，虽然含量极小（小于1%），但也常在岩浆岩中出现。

石油测井研究的沉积岩中，放射性矿物的含量一般都不高，并且是分散在岩石中的。这些零星分散的放射性矿物是在沉积岩形成过程中，由母岩的携带和水的活动等多种因素作用的结果。通常认为，铀、钍、钾等放射性元素最初存在于火成岩当中，当火成岩风化以及受地表水的作用时，一部分易溶的放射性物质（如铀的化合物）便以溶液的形式搬运，而不易溶解的则在水中与胶体、岩石及矿物的碎屑一起搬运，最后随同沉积岩一起沉积下来。

沉积岩中放射性物质的含量取决于岩石的岩性种类、矿物组分、结构、沉积环境和沉积年代等。通常，不同性质的岩石，其放射性矿物的含量（或自然伽马射线的强度）并不相同。图3-3-32中列出了常见沉积岩的相对自然伽马射线强度的范围，采用的是API单位。图中对于每一种岩石都有一定自然伽马射线强度的变化范围，并用横线的纵向宽度来表示出现这一放射性强度的频率。

由图可以看出，沉积岩的自然放射性大体可分为高、中、低三种类型。

（1）高自然放射性的岩石：包括泥质砂岩、砂质泥岩、泥岩、深海沉积的泥岩以及钾盐层等，其自然伽马测井读数约100API以上。特别是深海泥岩和钾盐层，自然伽马测井读数为沉积岩中的最高。

（2）中等自然放射性的岩石：包括砂岩、石灰岩和白云岩，其自然伽马测井读数介于50~100API，但对于较纯的碳酸盐岩，其自然伽马测井值可以很低，常见小于20API。

（3）低自然放射性的岩石：包括盐岩、煤层和硬石膏，自然伽马读数约为50API以下。其中硬石膏最低，为10API以下。煤层的自然伽马测井值变化较大，与其灰分含量相关，灰分含量越大，其值越高。

根据上述的沉积岩天然放射性特征，除钾盐层以外，沉积岩自然放射性的强弱与岩石的泥质含量具有较为密切的正相关关系，泥质含量越高，自然

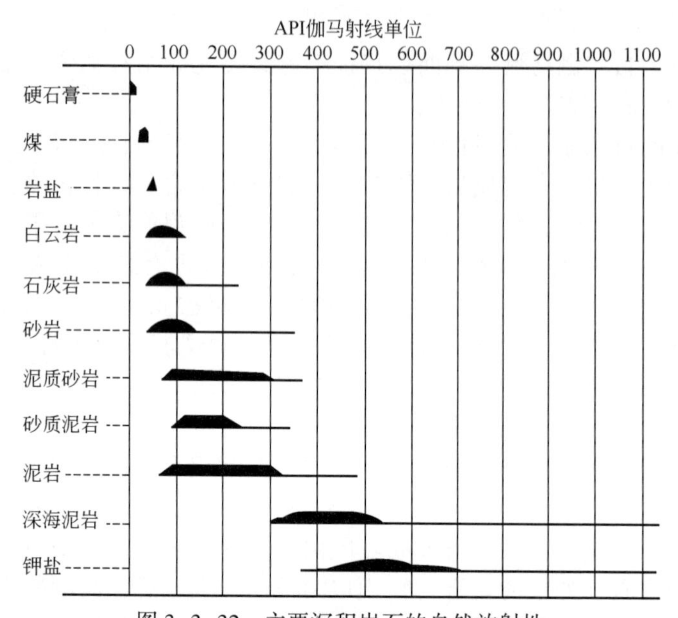

图 3-3-32 主要沉积岩石的自然放射性

放射性越强。这是因为泥质的颗粒较细（小于 0.1mm），单个颗粒比表面积大，在沉积过程中能够吸附较多的水体中放射性核素的离子。另外，泥质颗粒沉积时间长（特别是深海沉积），有充分的时间同放射性核素接触和进行离子接触，所以，泥质岩石就具有较强的自然放射性。这也成为利用自然伽马测井曲线区分岩石性质、进行地层对比以及计算泥质含量的物理基础。

另外，岩石的放射性与其沉积环境有关。一般地，同类岩石在还原环境下的天然放射性强度大于氧化环境，这是因为还原环境有利于铀元素的富集。

2. 自然伽马测井原理

自然伽马测井仪的测量原理是通过探测器（晶体和光电倍增管）把地层中放射的伽马射线转变为电脉冲，经过放大输送到地面仪器记录下来。井下仪器主要包括伽马射线探测器（将接收到的伽马射线转换为电脉冲的装置）、供给该探测器所需的高压电源以及将探测器输出的电脉冲进行放大的放大器等。

井下仪器在井内由下向上提升的测量过程中，来自岩层的自然伽马射线穿过井内钻井液和仪器外壳进入探测器。探测器将接收到的一连串伽马射线转换成电脉冲的序列，然后经井下放大器加以放大并有效地沿电缆传送至地面仪器。地面仪器对这些电脉冲再次加以放大，并经过鉴别器剔除小幅度的干扰信号，经整形器变为电量一定的规则形状的电脉冲。然后将这些规则形状的电脉冲送入一个“计数率电路”进行累计，变为连续电流，并使该电流与单位时间内进入的电脉冲数成正比。最后，用记录仪连续记录该电流所产生的电位差的变化，经刻度后就可连续记录出井剖面上岩层的自然伽马强度曲线，称为自然伽马测井曲线。

如果把探测半径定义为在测井所记录的信号中占99%的介质范围的半径，则自然伽马测井的探测半径为25~35cm。

3. 自然伽马测井资料的主要应用

1）划分岩性

自然伽马测井可以较好地识别出沉积岩的泥岩、砂岩，如图3-3-33(a)所示。考虑到砂岩的颗粒直径与自然伽马强度一般呈反比关系，也可进一步划分出粉细砂岩。需要指出的是，如果砂岩中含有放射性矿物时（如放射性铀矿），则其放射性曲线呈高值；如果砂岩中的填隙物含量较多且其母岩为酸性火山岩时，其放射性含量也较高，则自然伽马测井识别岩性的效果不好。

自然伽马测井区分碳酸盐岩与泥岩的效果好，如图3-3-33(b)所示，碳酸盐岩的自然伽马值很低，甚至接近于零，很容易地将其与泥岩识别开来。

火山岩的放射性差异较大、分布较为复杂，但有其基本规律，并可据此规律识别出火山岩的岩性种类。一般地，酸性火山岩放射性大于中性火山岩，中性火山岩放射性大于基性火山岩，即流纹岩>安山岩>玄武岩。如图3-3-33(c)所示，玄武岩的自然放射性含量低，与泥岩的差异较大，易于区分出它们。同类型火山岩的熔岩放射性大于其角砾岩，如图3-3-34所示。并且，图3-3-35进一步指出，不同岩性的火山岩铀、钍和钾的含量存在明显的差异，从基性岩、中性岩到酸性岩，铀、钍和钾的含量逐渐增加，岩石的放射性逐渐增强。

需要指出的是，具体的岩性划分则根据剖面的岩性组成和其他指示岩性测井特征曲线（如电阻率和中子等曲线）综合确定。

2）计算泥质含量

当地层不含泥质以外的放射性物质时，自然伽马曲线是指示地层泥质含量的最好方法。但是，不能简单地据自然伽马测井值的高低判断泥质含量的高低，影响其计算值可靠性存在两个关键因素，即纯泥岩和纯岩石的自然伽马测井值，分别称为GR_{max}和GR_{min}。地层泥质含量的高低是相对于这两个测井值而言。当地层自然伽马值越接近GR_{max}时，表明其泥质含量越高；当地层自然伽马值越接近GR_{min}时，表明其泥质含量越低。

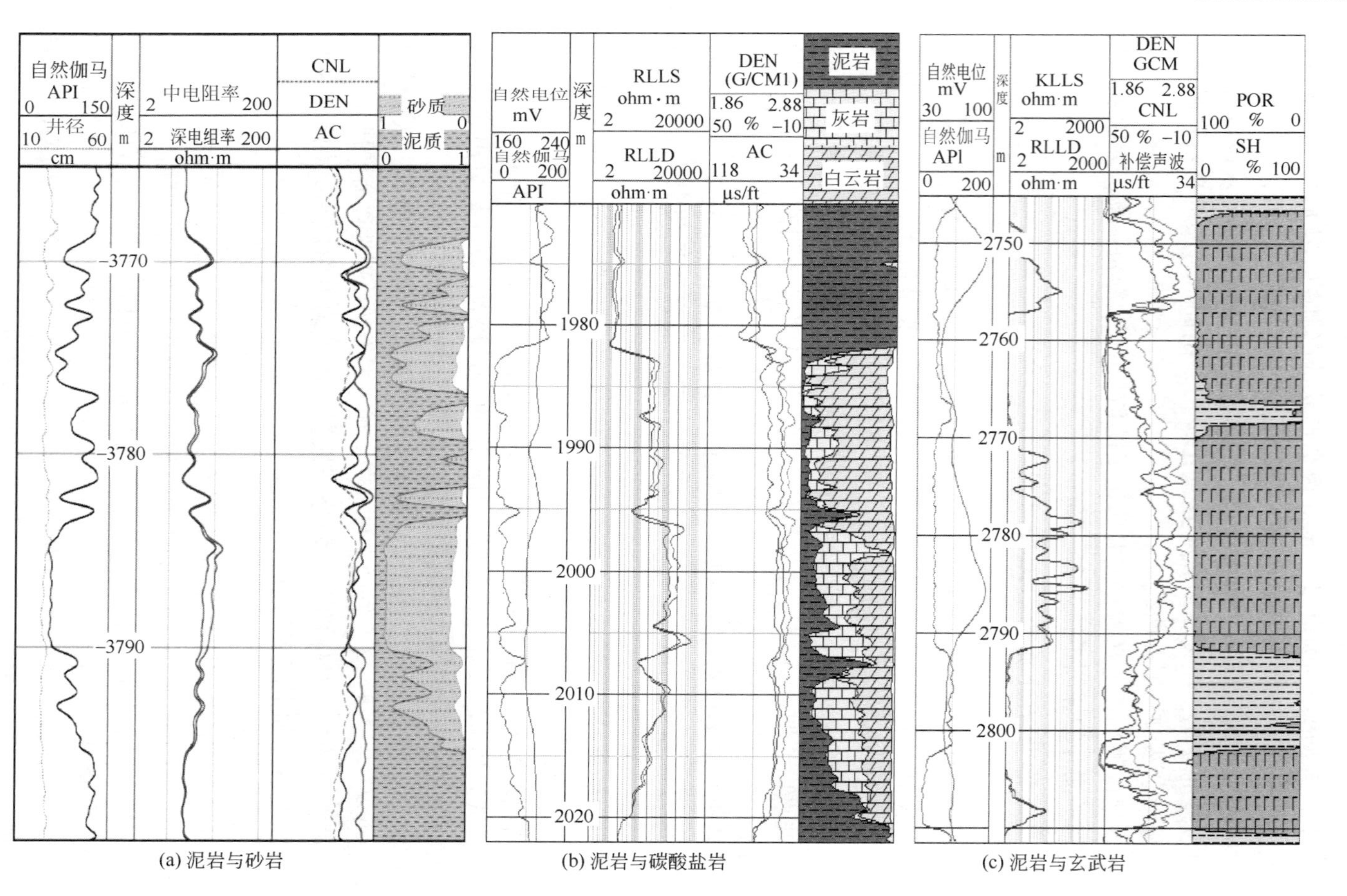

(a) 泥岩与砂岩　(b) 泥岩与碳酸盐岩　(c) 泥岩与玄武岩

图 3-3-33　典型岩性的自然伽马测井曲线特征

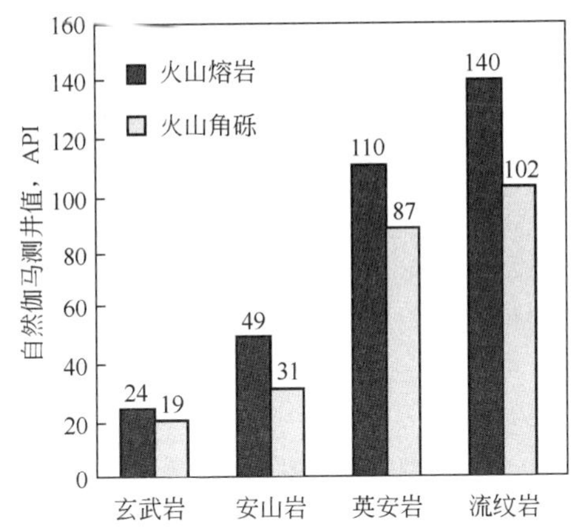

图 3-3-34　不同类型火山岩的自然伽马值分布

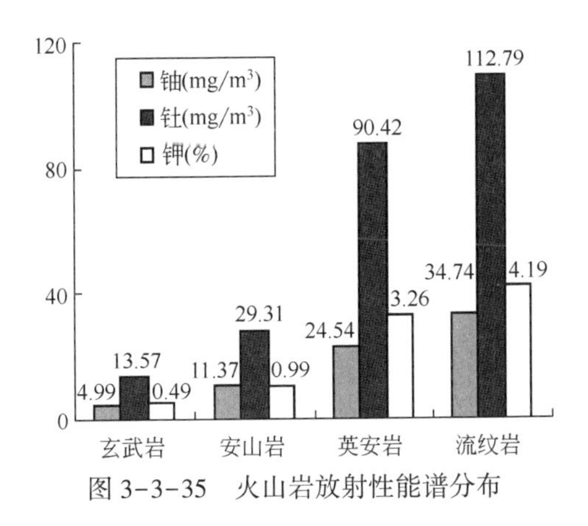

图 3-3-35　火山岩放射性能谱分布

可用如下公式计算地层中的泥质含量：

$$SHI=\frac{X_{\log}-X_{\min}}{X_{\max}-X_{\min}} \tag{3-3-8}$$

$$V_{sh}=\frac{2^{SHI \cdot GCUR}-1}{2^{GCUR}-1} \tag{3-3-9}$$

式中　$X_{\log}$ 可为自然伽马或自然电位测井曲线值；$X_{\min}$、$X_{\max}$ 分别是纯地层和纯泥岩层的测井值；$GCUR$ 是与地层有关的经验系数，新地层（第三系地层）$GCUR=3.7$，老地层 $GCUR=2.0$。

本方法适用于只有泥质含放射性物质的岩石，如果非泥质成分含放射性（如骨架有放射性矿物），将使计算结果明显偏高。

（二）中子测井

以中子与地层介质相互作用为基础的测井方法称为中子测井。广义的中子测井应包括连续中子源的中子测井和脉冲中子源的中子测井。前者按探测对象可分为超热中子测井、热中子测井和中子伽马测井；后者又可分为中子寿命测井、碳/氧比能谱测井和活化测井等。

中子测井测量地层对中子的减速能力，测量结果主要反映地层的含氢量。在孔隙被水和油充满的地层中，氢只存在于孔隙中，且油和水的含氢量大致相同。因此，中子测井反映充满液体的孔隙度。下面主要介绍裸眼井中最常用的补偿中子测井。

补偿中子测井（CNL）是双源距热中子测井，它探测热中子在地层中的分布，所以也称为热中子测井，其原理如图3-3-36所示。由下井仪器里的中子源激发出的快中子进入地层，并与地层经过多次弹性散射、能量耗损导致速度减小后，快中子变成为热中子。在快中子的减速过程中，氢原子决定着岩石对快中子的减速能力，即含氢量的多少决定了热中子的分布特征。

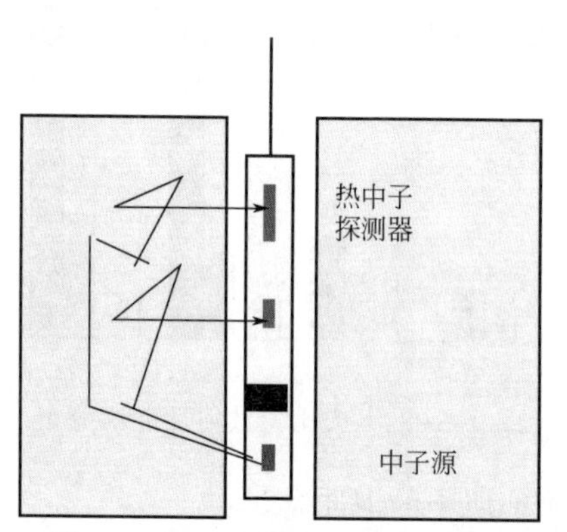

图3-3-36 补偿中子测井示意图

在中子源周围含氢量较大的情况下，中子源发出的中子在其附近迅速减速为热中子，即中子源附近的热中子密度高，待热中子向周围扩散时，不仅空间扩大而且有可能被其他原子核俘获，以致离中子源较远的地方，热中子密度则变得很低了。相反地，当中子源附近含氢量较低时，中子要经过较大的距离才能转化为热中子，因此，在离中子源较远的地方，热中子密度较大，而离中子源较近的地方，热中子密度反而较小。因此，在小源距情况下，热中子密度随含氢量的增大而增大，而在大距离情况下，热中子密度随含氢量的增大而减小。热中子测井时，选择的源距较大（相当于大源距），以保证含氢量越高，热中子的测量计数率越低，反之亦然。

热中子测井曲线读数大致和地层含氢量的对数成比例。如果孔隙中全部充满液体（油和水），且不含有结晶水的矿物以及大量的泥质（含有较多的束缚水和结晶水），则含氢量直接反映地层的孔隙度，这就是热中子测井可用来确定地层孔隙度的基本原理。

在地层含氯量很高的情况下，热中子的空间分布不仅与地层的含氢量有关，还与含氯量有关，由于热中子被氯原子核强烈地俘获，使热中子密度与含氢相同而含氯量低的地层相比有明显的下降，所以普通热中子测井反映地层孔隙度受地层水氯离子含量的影响大。

为了消除含氯量的影响，多采用补偿热中子测井。下井仪器设计成双源距探测器，长源距约为0.53m，短源距约为0.32m，分别由长、短源距两个探测器测得两种热中子计数率。这两种计数率传输至地面仪器后，将其比值刻度成中子孔隙度，这就是补偿中子测井。

通过求取长短源距的热中子计数率比值，不仅能消除氯含量的影响，同时因为长、短源距的计数率所受的干扰相同，而大大减小了井眼参数的影响。

中子测井属孔隙度测井系列，主要用于确定储层孔隙度和判断气层，与其他孔隙度测井组合，可更准确地确定复杂岩性储层的岩性和孔隙度。

（三）密度测井

密度测井是以井下仪器中的放射源产生的γ射线与地层的相互作用为基础的测井方法，包括补偿密度测井和岩性密度测井。岩性密度测井是在补偿密度测井的基础上发展起来的，是利用康普顿散射伽马射线与地层作用的光电吸收（效应）和康普顿散射效应，同时测定地层的岩性和密度的测井方法。

1. 伽马射线与物质的相互作用

放射性原子核衰变放出的伽马射线是波长很短的电磁波，波长为10^{-8}～10^{-11}cm，能量一般在0.5～5.3MeV。这个能量范围内的伽马射线与物质的相互作用，主要有三种，即光电效应、康普顿效应和电子对效应。

当一个光子与轨道电子碰撞时，将全部能量交给一个电子，使它脱离原子成为光电子，而光子本身被完全吸收，这种效应称为光电效应［图3-3-37(a)］。发生光电效应的光子能量较低，大约0.01～0.15MeV。光电效应只有在束缚电子上发生，在入射光子能量相同的情况下，电子在原子中被束缚得越紧，就越容易发生光电效应。为了描述光电效应的强度，定义岩石中一个电子的平均光电吸收截面为岩石的光电吸收截面指数，并用Pe表示：

$$Pe=(10)^{-3.6}\sum n_iZ_i^{4.6}/(\sum n_iZ_i) \quad (3\text{-}3\text{-}10)$$

式中　n_i 和 Z_i 分别表示岩石分子中第 i 种原子的个数和原子序数；Pe 是岩性密度测井的测定参数，它对地层的岩性非常敏感。

康普顿散射过程是一个光子与原子的一个电子碰撞，光子的部分能量转给电子，使该电子从某一方向射出，而损失了部分能量的光子从另一方向散射出去［图 3-3-37(b)］。通常，新产生的能量较低的光子运动方向与入射光子不同。入射光子与散射光子的能量差，传递给了出射电子或称反冲电子。一般说来，当伽马射线能量介于 0.15~1.02MeV 时，占优势的与物质的相互作用是康普顿散射。康普顿散射正比于单位体积中的电子数（即电子密度），而与物质的原子序数 Z 无关。将轨道电子看作是自由电子，与电子的原子束缚能相比，假定康普顿散射能较高，电子密度可表示为

$$\rho_e=N\cdot(Z/A)\cdot\rho_b \quad (3\text{-}3\text{-}11)$$

式中　ρ_e——电子密度，电子数/cm^3；

N——阿伏伽德罗常数；

Z——原子序数，一个原子中的电子数；

A——质量数，核中质子和中子数之和；

ρ_b——体积密度，g/cm^3。

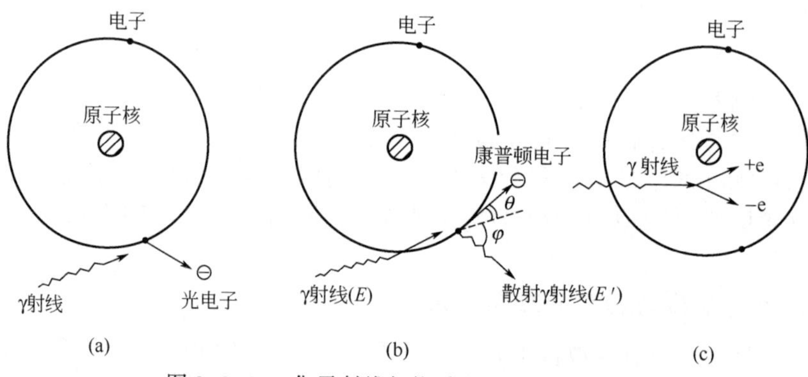

图 3-3-37　伽马射线与物质之间发生三种作用

比值 Z/A 对地层中最常遇到的元素来说，非常接近 0.5。因为 N 为一常数值，且 Z/A 接近常数，所以可以认为电子密度正比于体积密度。这是地层单一特征参数，因此，康普顿散射程度主要是地层体积密度的函数。

电子对效应是阈能为 1.02MeV 的一种吸收过程，只有当光子的能量较高时，这一过程才是重要的。在此过程中，一个光子在靠近一个带电粒子的场中全被吸收，并产生两个电荷相反、质量与电子相等的两个粒子［图 3-3-37

(c)]。实际上，光子的全部能量除去形成正负电子质量外，多余部分几乎相等地分配给这两个粒子。当正负电子由生成它们的位置向外运动时，通过电离不断损失能量，最终与别的正电子或负电子结合，其过程与生成它们的过程相反。在此过程中，产生两个能量为0.51MeV的光子，它们的速度方向几乎相反。由于电子对效应的阈值范围的限制，所以认为它对密度测量并没有影响。

2. 岩性密度测井的基本原理

岩性密度测井选用^{137}Cs（铯-137）γ源向地层发射能量为0.662MeV的γ射线，此能级的伽马射线与地层作用主要产生康普顿散射效应，而散射截面与地层体积密度密切相关，故可用来测量岩石的密度值。当伽马射线在地层中散射作用后，其能量衰减到0.15Mev以下时，此时则产生光电吸收效应，而光电吸收截面与地层物质的原子序数Z密切相关，故可用来分析地层的岩石性质。

3. 密度测井资料的应用

1）岩性识别

不同岩石的密度骨架值不同，如表3-3-2所示，因此，结合中子测井，能够把不同岩性的地层区分开，尤其是区分盐岩与硬石膏、硬石膏与灰岩、灰岩与白云岩、石膏与灰岩等，识别效果更好。

表3-3-2　几种常见岩石与矿物的中子和密度骨架参数表

岩石、矿物名称	密度值 g/cm^3	中子值 P. U	光电吸收截面指数 b/电子
白云岩	2.87	1~3	3.14
石灰岩	2.71	0	5.08
砂岩	2.65	-2~-4	1.81
硬石膏	2.98	-0.7	5.06
石膏	2.33	57.6	3.99
盐岩	2.03	-1.8	4.65
高岭石	2.61	45.1	1.49
蒙脱石	2.02	11.5	2.04
伊利石	2.63	15.8	3.45
重晶石	4.09	0.20	266.8
黄铁矿	5.00	-1.9	16.97

2）物性分析与孔隙度计算

一般地，密度测井值越小，地层的物性就越好。显然，这种判断分析是基于地层的泥质含量和骨架没有变化的前提下，否则，这种判断就有可能出现偏差甚至错误。因此，为了以密度测井曲线判断地层物性变化特点，首先要分析：

（1）泥质含量的变化。当泥质含量增高时，也可引起储层的密度曲线变化，取决于泥质与储层骨架间密度差：

$$\Delta\rho=\rho_{sh}-\rho_{ma} \tag{3-3-12}$$

式中　ρ_{sh} 和 ρ_{ma} 分别是泥质和地层骨架的密度值。当 $\Delta\rho<0$ 时，泥质含量增高将导致地层密度值减小，反之亦然。因此，要对比分析同一深度上密度与指示泥质含量变化曲线（如自然伽马曲线等），确认密度值的变化是否为泥质含量所致。

（2）骨架变化。白云岩、方解石和石英的密度值依次变小，因此，在同等密度曲线值时，若碳酸盐岩地层中砂质含量增加，则物性变差；若砂泥岩地层中碳酸盐岩含量增高，则物性变好。如果地层中存在干酪根、沥青或煤时，密度曲线值将显著减少，但并不指示储层的物性变好。

（3）天然气的存在。当储层存在天然气时，则使得密度测井值减小，因此，为了求准孔隙度值，应剔除天然气对密度曲线值的影响。

（4）岩石结构。当地层发育裂缝、岩石固结差时，地层的密度也会变小，但此变化并非反映基质孔隙度增大。

（5）井壁状况。无论是补偿密度还是岩性密度测井，都是采用贴井壁方式测量，当井壁坍塌难以贴靠好井壁时，常常出现密度值减小，曲线变化剧烈。

当地层不含油气且不含泥质时，可以下式计算孔隙度：

$$\phi=\frac{\rho_b-\rho_{ma}}{\rho_f-\rho_{ma}} \tag{3-3-13}$$

当地层不含油气但含泥质时，则要进行泥质校正，其孔隙度计算公式为

$$\phi=\frac{\rho_b-\rho_{ma}}{\rho_f-\rho_{ma}}-\frac{V_{sh}(\rho_f-\rho_{sh})}{\rho_f-\rho_{ma}} \tag{3-3-14}$$

式中　ρ_b——密度测井值，g/cm^3；

ρ_{ma}——骨架密度值，g/cm^3；

ρ_f——流体密度值，g/cm^3；

ρ_{sh}——泥质密度值，g/cm^3。

3）气层识别

中子、密度测井识别和评价气层的依据是当地层中有天然气时，孔隙流体的含氢指数减少，使得中子测井值减小而导致计算的中子孔隙度降低；与此同时，由于天然气的密度远低于地层水密度，导致密度测井曲线值降低，由此计算出的密度孔隙度增大。这种由于中子孔隙度减小、密度孔隙度增大的“一大一小”曲线特征称为挖掘效应。因此，如果密度孔隙度 ϕ_D 与中子孔隙度 ϕ_N 之差值 $\Delta\phi=\phi_D-\phi_N$ 较大，则地层中可能含气，如图 3-3-38 所示。

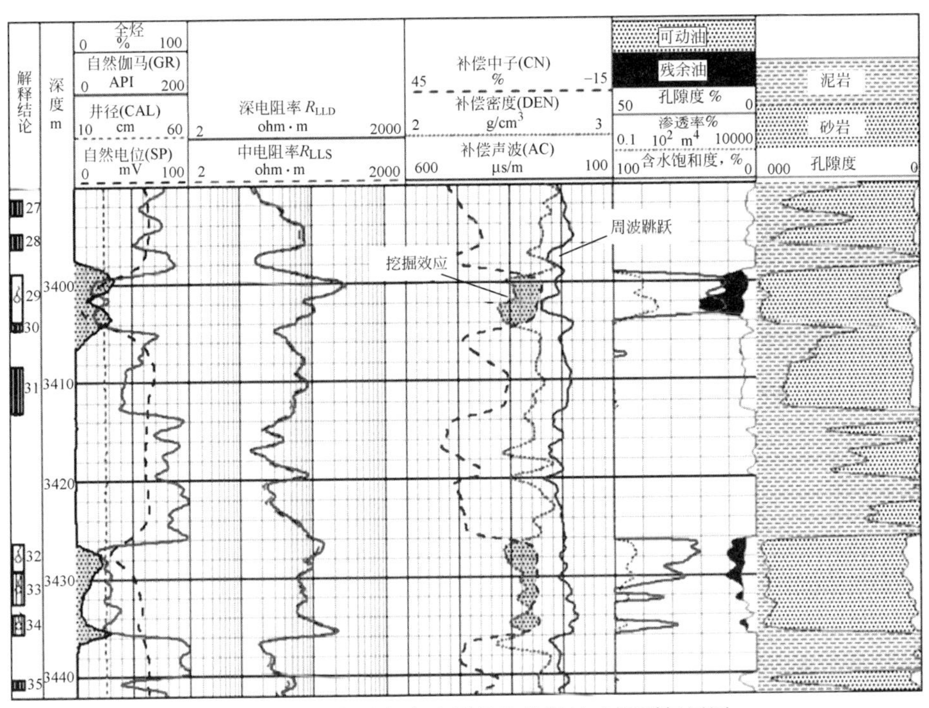

图 3-3-38 中子与密度测井的挖掘效应识别气层图

需要指出的是，据挖掘效应可以判断地层的含气性，但却难以准确判断出地层是纯气层或是气水同层，尤其是挖掘效应受储层孔隙度大小影响，当孔隙度较低，气层的挖掘效应可能也不明显甚至没有。

（彩图请扫二维码）

第三节　成像测井技术

本节主要介绍当前主要应用的成像测井的基本原理和主要应用，其内容包括电成像测井、阵列声波测井、核磁共振测井和元素测井等。

一、电成像测井技术与应用

电成像测井技术（又称高分辨率电阻率成像测井）于20世纪90年代中期发展起来并不断得到完善改进的成像测井技术，其应用面广，主要应用于裂缝识别及其参数定量计算、地层产状分析、井旁构造解释、沉积微相与古水流分析、薄层识别、地层结构评价和岩相划分与火山岩喷发期次确定等。

（一）测量基本原理

电成像测井的基本原理是采用向安装在极板上的微电极发射电流来测量井壁附近的地层信息。目前，国内外规模较大的测井公司均已经发展形成了其自身的电成像测井仪，但基本测量原理大同小异，下面以斯伦贝谢的电成像测井仪器FMI为例来简述电阻率成像测井原理。

FMI有4个臂（共8个极板），每个臂包括一个主极板和一个副极板，每个极板有24个纽扣电极，由此组成阵列化排列的192个电极即可测量获得192条曲线。在215.9mm的井眼中，电成像测井的方位覆盖率达80%，在152.4mm的井眼中其方位覆盖率达100%。每个电极直径为5.08mm，电极间距为2.54mm，因此，纵向分辨率为2.54mm。

如图3-3-39所示，测量时由推靠器把极板推靠到井壁上，由推靠器极板发射一交变电流，使电流通过井筒内钻井液柱和地层构成的回路回到仪器上部的回路电极。极板中部的阵列电极向井壁发射电流，为了能使阵列电极发射的电流垂直进入井壁，在极板推靠器和极板金属构件上施加一个同相的电位，迫使阵列电极电流聚焦发射，其电流强度通过扫描测量方式被记录下来。由于极板电位恒定，回路电极离供电电极较近，因此，阵列电极的电流强度主要反映井壁附近地层的电阻率。当地层中出现层理、裂缝或粒度、渗透率发生变化时，这些电流也随之变化。扫描各个电极的电流变化，并将这192条电阻率曲线经特殊处理合成为黑白或彩色图像，直观地反映井壁附近地层电阻率的变化。

图 3-3-39　FMI 成像测井测量原理

（二）数据预处理与图像处理

由于电成像测井原始数据受井眼环境和测井仪器移动速度的不均匀影响，在进行测井解释评价之前，须对原始测量数据进行质量控制和预处理，并在此基础上进行一系列图像处理，为后续的解释评价提供高精度的成像数据，这主要包括：

（1）深度对齐。

由于主极板和副极板上的四排纽扣电极在纵向上的排列位置不同，必须把各排电极的数据深度对齐。

（2）加速度校正。

井下测井过程中，测井仪器常出现运动不规则、速度不相同的现象，导致各个纽扣电极在同一时间点上的深度出现差异，需进行仪器运动的加速度校正，其处理方法有两种：一是对仪器运动的加速度作两重积分；二是对相邻两排纽扣电极的测量响应进行相关对比，从而重新计算每个测量值的实际深度。虽然这两种方法都可以单独进行深度校正，但在计算中心根据需要这两种方法可以交替应用。

（3）图像生成。

在每个测量深度点上，将主极板和副极板上每个纽扣电极获得的测量值形成数据矩阵，矩阵的水平元素为方位数据，纵向元素为电阻率数据。水平元素和纵向元素的采样间距都是 0. 1in。每个矩阵元素都用一个色斑显示在图像上。

（4）平衡处理。

电子线路的漂移、所用纽扣电极不平整（或出现故障）以及其他因素

(贴靠井壁程度不等) 等都对电成像测井的原始测量数据有影响，导致不同电极间电阻率值大小非正常波动。平衡处理技术是用在指定窗长内计算的所有纽扣电极的平衡增益和截距来代替每个纽扣电极增益和截距，平衡补偿掉每个纽扣电极的增益和截距不同所造成的影响。

(5) 图像标准化。

图像标准化处理是根据电阻率值大小定义图像颜色范围。首先形成电阻率值的频率直方图，并将其分成42个等级，每个等级定义一种图像颜色。对于彩色图像，颜色刻度从白色（高电阻率）、黄色直至黑色（低电阻率）。对于黑白图像，颜色刻度是从灰（高电阻率）到褐色（低电阻率）。每一种颜色都代表着相应的电阻率范围。

电成像图像显示有三种常用方式：

① 静态图像标准化。

在全井段深度范围内所有深度点的电阻率都用同一颜色级别显示，即统一进行颜色刻度处理，这适合于观察整个测量井段的电阻率整体变化，常用于地层间或井间的对比分析。

② 浅侧向测井的静态图像标定处理。

由于电成像测量仪器为微聚焦系统，其测量值只反映井壁电阻率的相对变化，因此为了定量计算裂缝参数和孔隙频谱，需对其进行浅侧向电阻率测井值的刻度，将此相对值赋予绝对值内涵。标定后的静态图像不仅反映了全井段的微电阻率变化，而且其值可与浅侧向测量值对应。

③ 动态图像标准化。

为了解决有限的颜色刻度与全井段电阻率变化范围大之间的矛盾，由静态图像的全井段统一配色改为每0.5m井段配一次色。

动态标准化技术是在一个较小的深度窗口内对图像颜色重新进行刻度，从而使得图像显示更详细，适用于观察局部的电阻率微细变化，充分体现出电成像测量的高分辨率。深度窗口的长度根据实际资料而确定，通常不超过3ft。这种图像常用于识别岩层中不同尺度的结构与构造，如断层、裂缝、节理、层理、结核和砾石颗粒等，但由于是分段配色，因此某种颜色在不同井段可能对应着不同的岩性。

(三) 资料的主要应用

任何地质现象只要与相邻地层的岩石电阻率有一定差异，电成像测量图像就会有反映，电阻率差异越大，图像对比就越明显。高电阻率岩性对应于浅色图像，低电阻率的岩性（如泥岩）和充满钻井液（水基钻井液）的裂缝对应于深色图像。

电成像测井图像解释与岩心描述有很多相似之处，其内容包括沉积构造、成岩作用现象、岩相、构造及裂缝与孔洞分析等，但电成像测井的分析成果具有方位信息，并且，电成像测井还可反映出井壁诱导缝与崩落等现象，据此可分析钻井液密度适用性和地应力方位等。

电成像是通过电阻率的变化而间接地表达，存在一定的多解性，而岩心是地下岩层的直接采样，因此，常以岩心刻度电成像图像使之地层描述更为准确可靠。通过岩心与电阻成像图像的对比分析，总结出岩性、岩相、沉积建造、裂缝和孔洞等图像特征，并建立起电成像测井解释图版（图 3-3-40）。电成像的应用主要包括沉积相发现、古水方向确定与砂体展布特征分析、薄层识别、裂缝识别及定量分析和构造、地应力及裂缝综合分析。

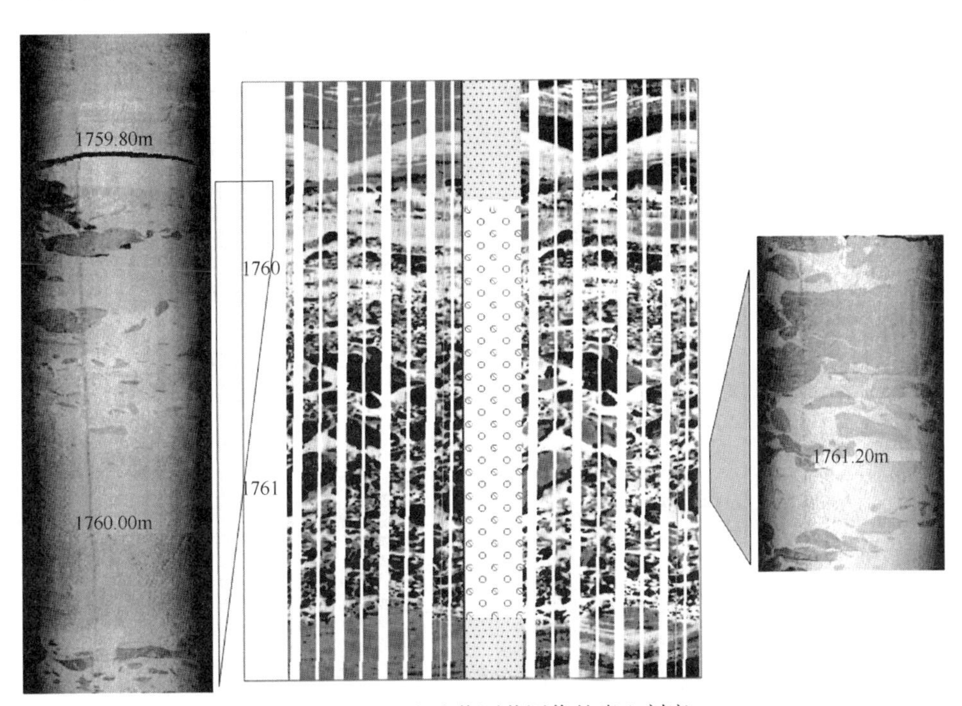

图 3-3-40　电成像测井图像的岩心刻度

1. 沉积相发现

电成像测井的高分辨率图像可以反映地层和岩石的结构信息，通过与岩心对比，可以识别出各种地层沉积构造，从而提供沉积微相的指相证据。从电成像图像上一般可识别出三个方面的沉积信息，一是水流机制，如牵引流、碎屑流以及浊流等，由水流机制判断水流能量，由此推测出沉积环境；二是砂岩层理类型，层理是由不同的沉积环境和水动力条件形成的，如块状层理、交叉层理、递变层理和水平层理等类型，指示沉积特征、识别出沉积微相；三是微相组合关系，由此组合关系识别沉积环境。

因此，据电成像的沉积结构（图3-3-41）以及碳酸盐岩礁滩微相的地质特征，可以识别出礁滩沉积微相，即潮坪、潮间、礁顶和礁坪等，并在此基础上，根据微相组合关系，划分出测井相。

（彩图请扫二维码）

同样地，结合其他测井资料，根据电成像的岩性、粒度、分选性、磨圆度、沉积韵律等信息，可以识别测井微相，如图3-3-42(a)所示。考虑沉积微相在垂向上的演变特征，分析它们之间的内在联系，从而建立起沉积相模式，如图3-3-42(b)所示。

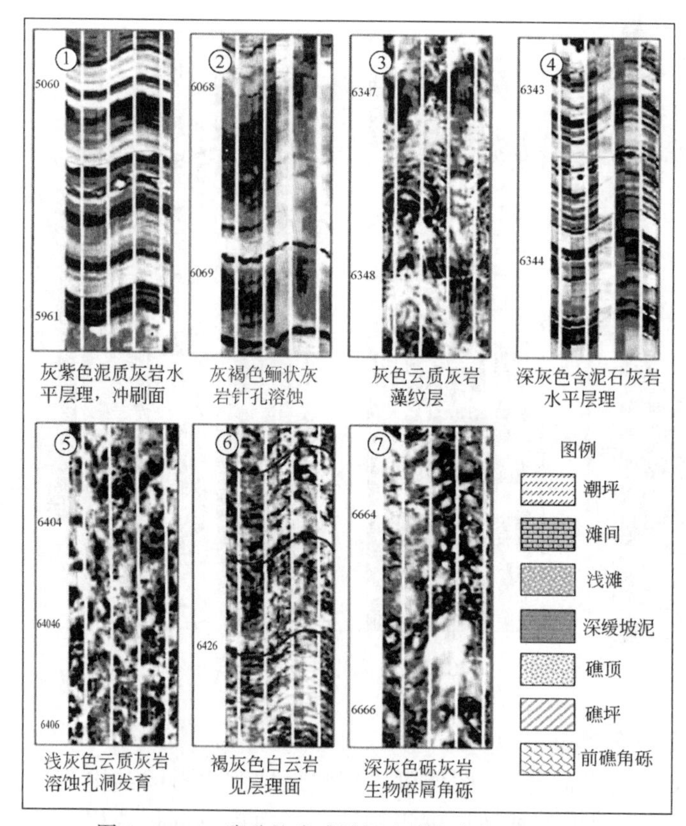

图3-3-41　碳酸盐岩礁滩沉积微相与沉积相分析

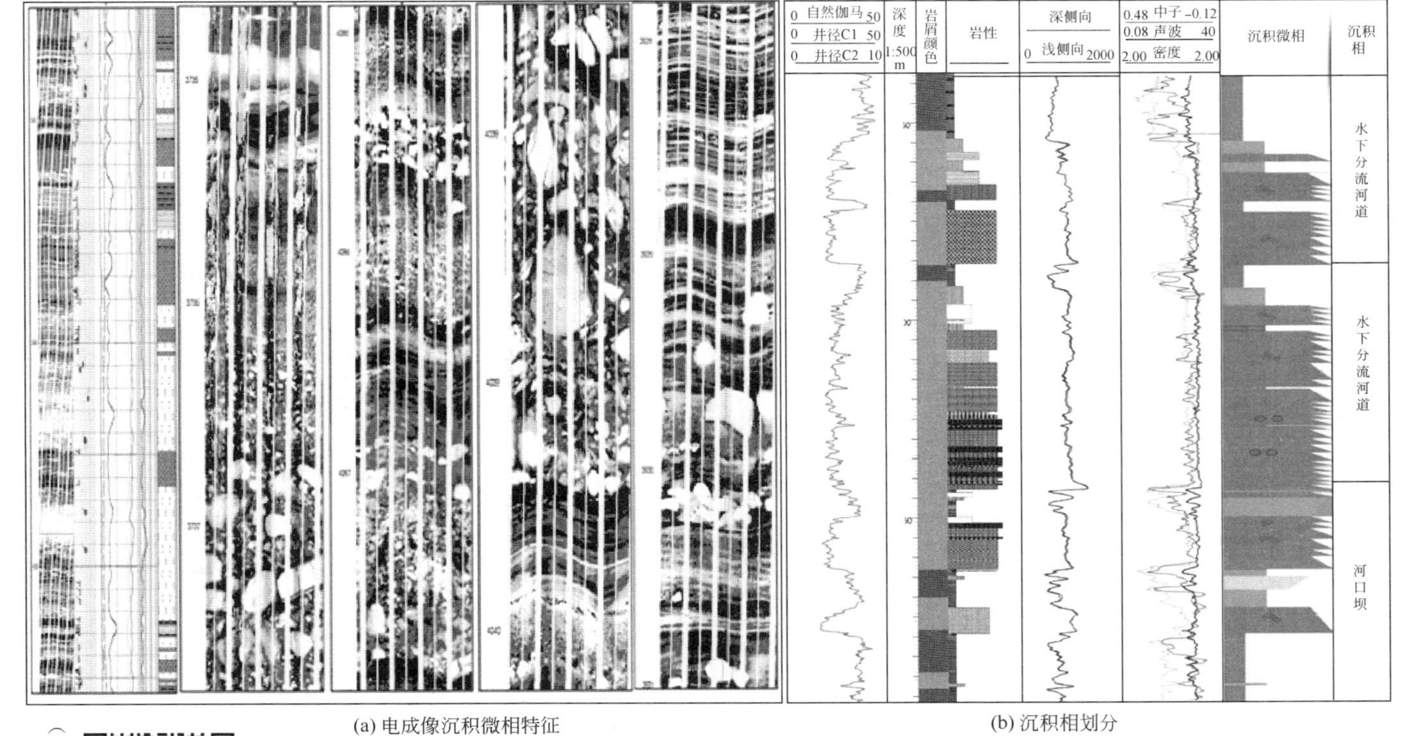

(a) 电成像沉积微相特征

(b) 沉积相划分

图 3-3-42　碎屑岩的沉积微相识别与沉积相划分

（彩图请扫二维码）

在单井沉积相划分及其相变序列内在联系分析检测上，结合地层沉积环境的地质演变过程，即可进行区域沉积相分布特征研究，并利用层序地层学原理，进行更为合理的地层划分和对比，如图 3-3-43 所示。

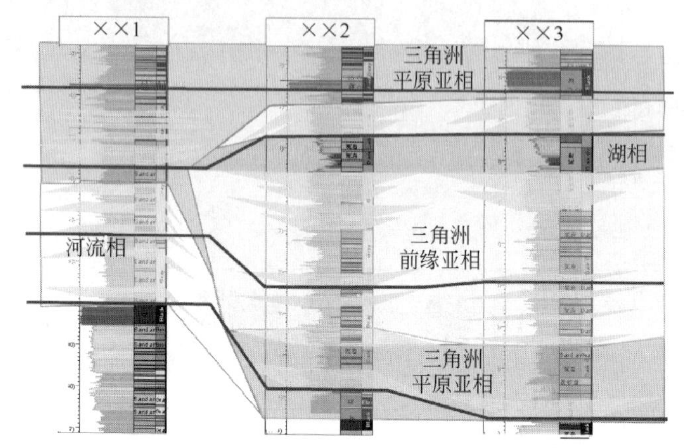

（彩图请扫二维码）

图 3-3-43　井间地层对比与沉积相分析

2. 古水方向确定与砂体展布特征分析

研究古水流方向的目的有两个，一是用于推测和辅助研究古物源方向；二是进行砂体展布方向的预测。古水流在流动过程中会在沉积物中留下众多相关的沉积构造，根据这些沉积构造可以恢复古水流的方向。电成像资料是确定古水流最有效的测井资料，它可清楚地反映出如下几种指示古水流方向的沉积构造：

（1）层理：板状斜层理、槽状斜层理、爬升沙纹层理、逆转变形层理等层理能够用来判断古水流的方向。

（2）层面构造：如波痕、沟模、槽模、锥模和跳模、锯齿痕、滚动痕等。

（3）砾石的定向排列。

电成像古水流方向分析主要以消除构造倾角后的砂岩层理来判别的。构造倾角通常由砂体下部的泥岩段中地层倾角的稳定绿模式来确定，当地层倾角相对杂乱时，可以通过统计频率确定。通常当地层倾角低于 5°时，一般不需要构造倾角消除。如果砂岩的倾角也相对较低，通过倾角消除可以得到更为准确的倾向。另外，沉积微相在古流向分析中也很重要，通常情况下，不同微相中砂岩层理并非都反映水流方向。通过深刻理解不同沉积微相在沉积时的地势地貌特征，分析在这种地势环境中形成沉积物的水动力特点和沉积样式，可以确定砂岩层理反映的水流特征和地质意义，从而正确地选择合适的砂岩层理倾角来确定古水流方向，图 3-3-44 展示主要沉积微相的倾角模式。

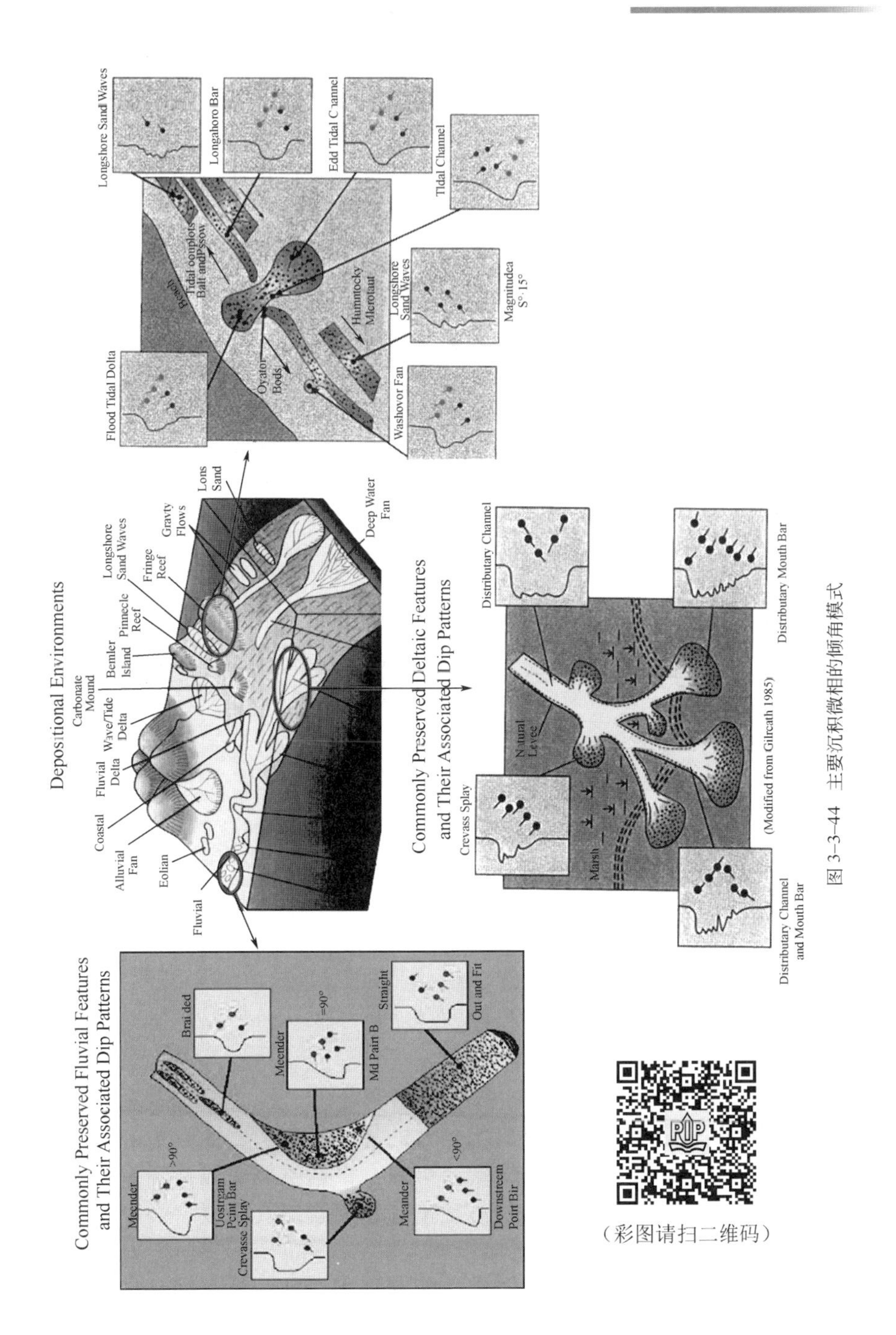

图 3-3-44 主要沉积微相的倾角模式

（彩图请扫二维码）

确定了古水流方向后，结合沉积微相类别，就可进一步预测砂体展布特征。沉积微相的准确识别对砂体展布的正确预测至关重要。不同的沉积微相，砂体的分布形态各异，而且砂体分布方向与水流方向的关系也有差别，有的近于平行，有的近于垂直。所以必须将沉积微相和古水流方向相结合来预测砂体展布特征，如图 3-3-45 所示。

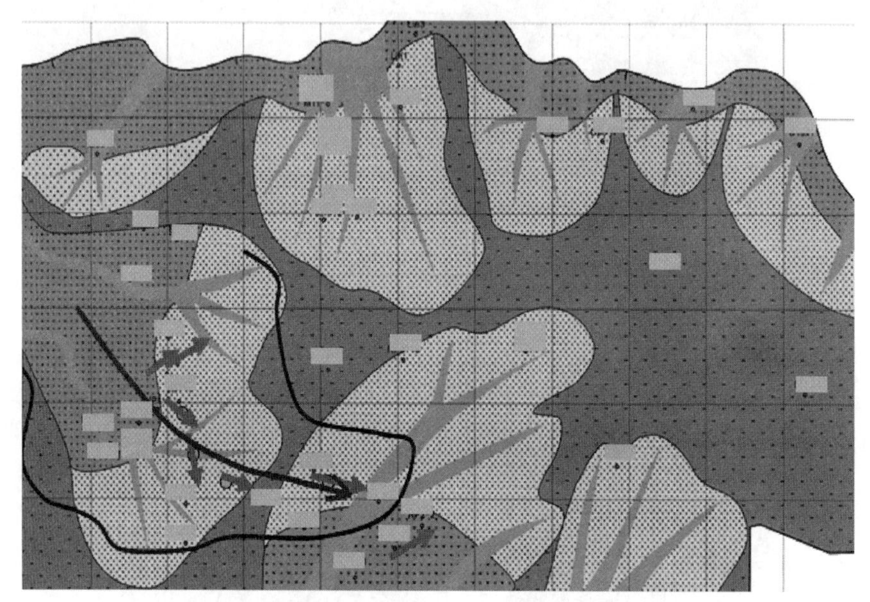

图 3-3-45　利用多井古水流进行砂体展布预测
（红箭头代表古水流方向）

3. 薄层识别

电成像测井的纵向分辨率很高（可达 0.5cm），是薄层识别的有效技术，能够客观地指出常规测井无法反映出的砂泥薄互层，从而可实现高精度的储层厚度计算，如图 3-3-46 所示。

4. 裂缝识别及定量分析

裂缝识别及其定量分析是电成像测井的另一大优势，而且这种优势是其他测井技术不可比拟的。只要图像资料可靠，根据电成像测井图像特征可准确地确定裂缝的类型及其产状，并可定量计算出裂缝孔隙度、裂缝密度和裂缝宽度等参数。

一般地，电阻率成像测井的图像上能够识别三种裂缝，即高导缝、高阻缝和诱导缝，其基本特征如下（图 3-3-47）：

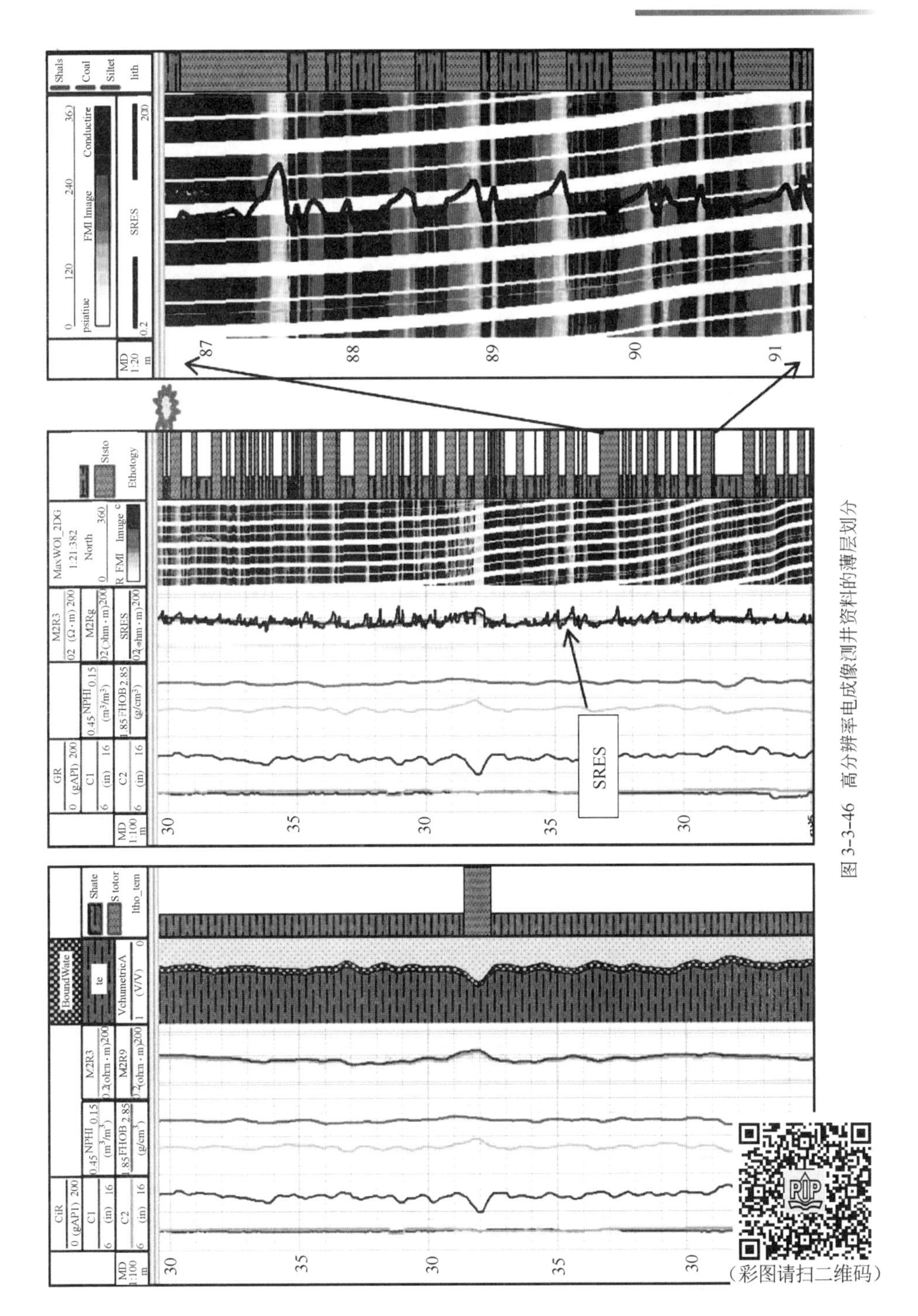

图 3-3-46　高分辨率电成像测井资料的薄层划分

（彩图请扫二维码）

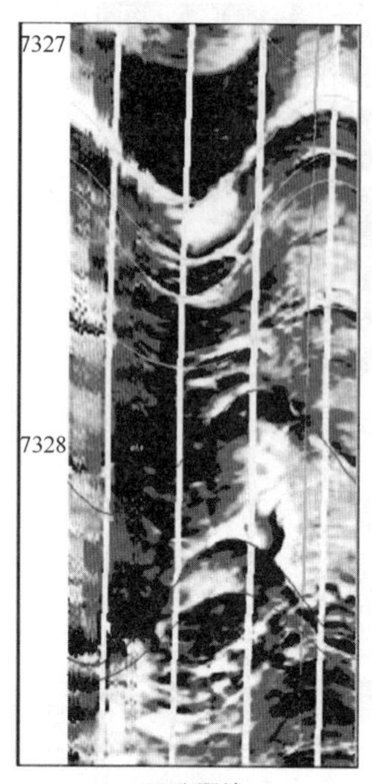

(a) 高阻缝

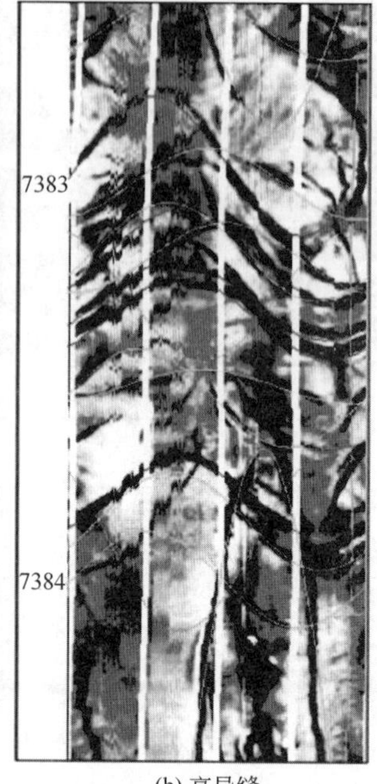

(b) 高导缝

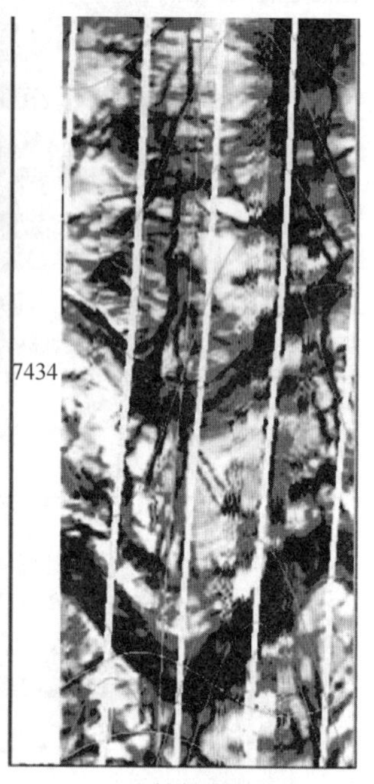

(c) 钻井诱导缝

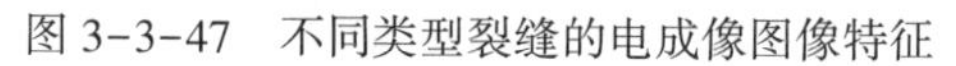
图 3-3-47　不同类型裂缝的电成像图像特征

（彩图请扫二维码）

（1）高导缝。

高导构造缝在电阻率成像测井的图像上表现为深色（黑色）的正弦曲线，可为开启裂缝并被水基钻井液或者低阻物质（如泥质）充填闭合裂缝，其有效性可结合阵列声波测井的斯通利波是否存在衰减而加以判断。

（2）高阻缝。

高阻缝在电阻率成像测井的图像上表现为相对高阻（白色）正弦曲线，系高阻物质充填（如油基钻井液）或裂缝闭合（常见方解石等充填）而成。

（3）钻井诱导缝。

钻井诱导缝系钻井过程中产生的次生裂缝，钻井诱导缝的最大特点是沿井壁对称方向出现，常呈羽状或雁列状。

为更好地研究裂缝与储层发育的关系，通过开启缝（主要为高导缝）在图像上的不同特征及对储层的贡献大小，将高导缝划分为三类（图 3-3-48）：溶蚀增强型高导缝、无溶蚀高导缝及不连续微裂缝，据此判断裂缝型储层的发育程度。

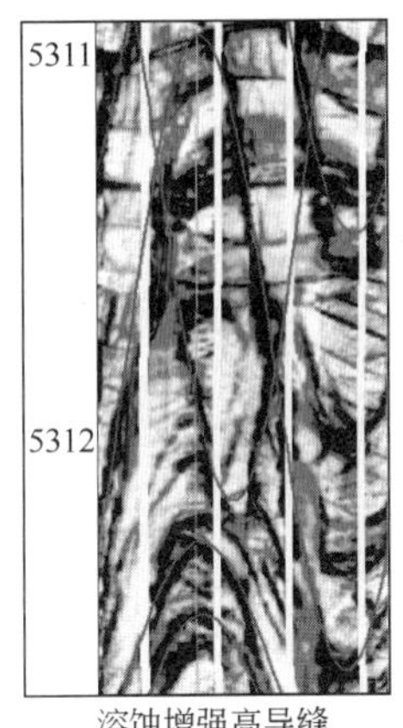

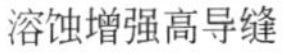
溶蚀增强高导缝

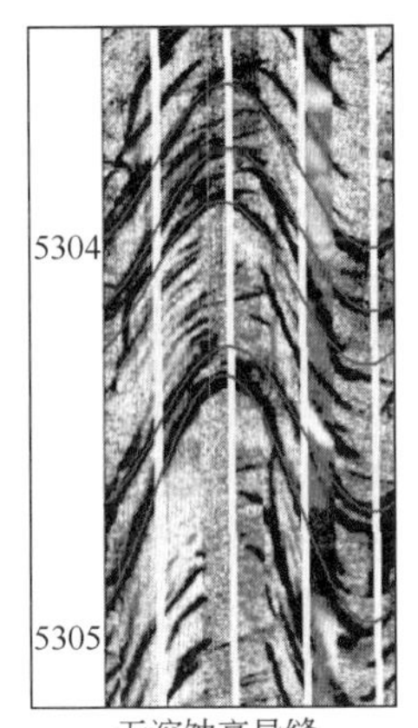

无溶蚀高导缝

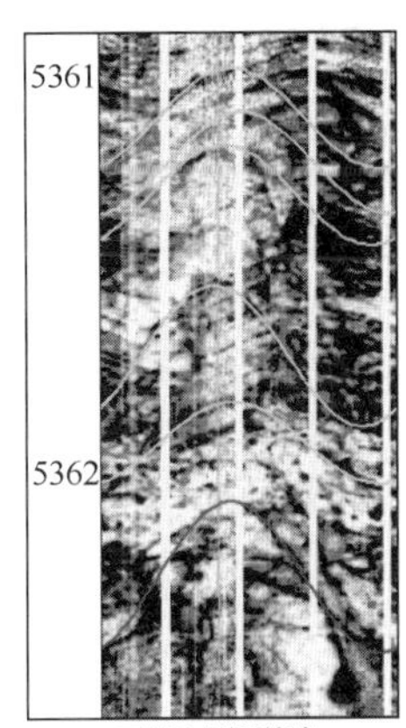

不连续微裂缝

图 3-3-48　不同类型高导缝的电成像特征

（彩图请扫二维码）

5. 构造、地应力及裂缝综合分析

构造分析是基于对层理的分类拾取和计算而进行的，主要是依据泥岩层理的模式来进行分析的（图 3-3-49）。泥岩为低能环境，水流平稳，层理呈水平状（水平层理），与原始泥岩层面是平行的，因此，采用泥岩井段来进行井旁构造分析可以较客观地反映地层构造的变化。地应力方位与井眼崩落及诱导缝的方位关系密切，对于直井，一般井眼崩落方位指示最小地层水平主应力方向，而钻井诱导缝的发育方位指示最大地层水平主应力方向，所以可以利用电成像图像信息研究现今地应力场。结合地层倾角、井旁地应力分析可以判断裂缝及断层对储层储集空间及流体分布的影响，分析地应力与构造、断层、裂缝发育特征的关系，为后期的地质研究或工程施工提供有用信息。

二、阵列声波测井技术与应用

目前的阵列声波测井均为由单极源全波测井和交叉偶极源相结合设计的阵列仪器，可解决慢速地层的横波测量问题，能进行纵波、横波和斯通利波时差信息提取、地层渗透性分析、地层各向异性（裂缝、地应力和薄互层）分析和岩石机械特性参数计算。阵列声波测井比较有代表性的仪器有贝克—休斯斯公司的 XMAC Ⅱ、斯伦贝谢公司的 DSI 和 Sonic Scanner、哈里伯顿公司的 WaveSonic 和中国石油测井公司的 MPAL 等。下面以 DSI 为例介绍阵列声波测井的基本原理、特性以及主要应用。

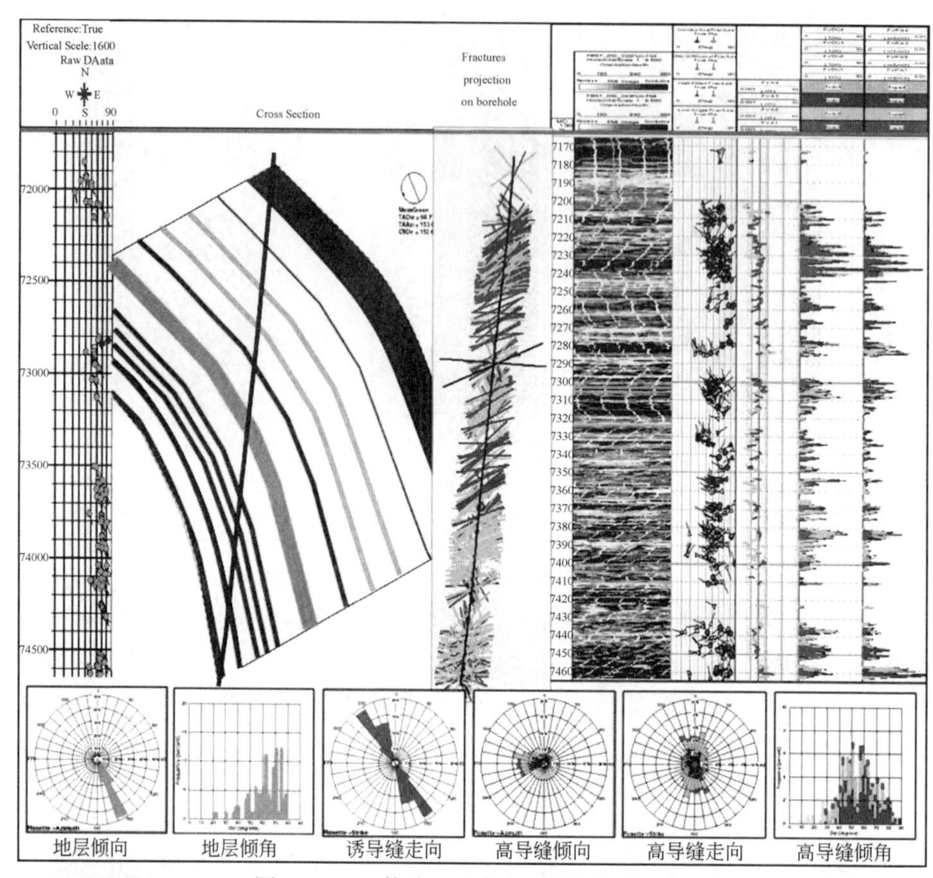

图 3-3-49　构造、地应力及裂缝综合分析

（彩图请扫二维码）

（一）测量基本原理

DSI 是斯仑贝谢 MAXIS—500 井下配套仪器。该仪器主要由发射器、隔声体、接收器和数据采集电路等四个部分组成，如图 3-3-50 所示。接收器部分包括 8 个接收器组，每组有两对接收器，一对与上偶极发射器在同一条直线上，用于接收上偶极信号，另一对与下偶极发射器在同一条直线上，用于接收下偶极信号。当单极源工作时，将每个接收器组的 4 个接收器信号输出的结果求和得出单极等效信号。

偶极横波成像测井仪 DSI 有如下 6 种工作模式：

（1）下偶极模式：采集和处理下偶极发射器激发的在接收器接收到的 8 个偶极波形及挠曲波的慢度，从而获取有关横波数据，每次采样 512 个点，提供横波时差的测量结果。

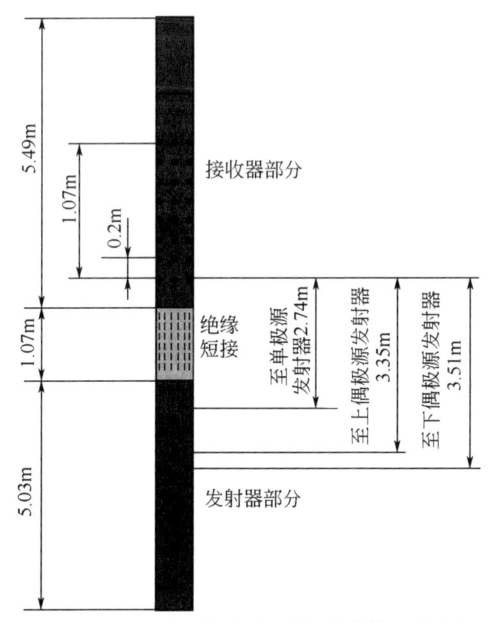

图 3-3-50 DSI 偶极声波仪器结构示意图

（2）上偶极模式：采集和处理上偶极发射器激发的在接收器阵列接收到的 8 个偶极波形及挠曲波的慢度，从而获取有关横波数据，每次采样 512 个点，提供横波时差的测量结果。

（3）斯通利波模式：采集和处理由低频脉冲激发单极发射器在接收器阵列接收到的 8 个单极波形，每次采样 40μs，每个波形采样 512 个点，提供斯通利波时差的测量结果。

（4）纵横波模式：采集和处理由高频脉冲激发单极发射器在接收器阵列接收到的 8 个单极波形，每次采样 10μs，每个波形采样 512 个点，提供单极纵、横波时差的测量结果。

（5）首波检测模式：采集和处理由高频脉冲激发单极发射器在接收器阵列接收到的 8 组单极过阈数据，主要用于探测初至纵波，提供单极纵波时差的测量结果。

（6）专家模式：采集和处理相互垂直发射的偶极子测量模式进行地层声学各向异性分析。这种模式需要同时采集井眼倾角和方位信息来确定地层声学各向异性分析的方位。

上述的前 5 种方式为标准工作方式，其采集与处理的控制参数固定不变，均可单独测量，也可任意组合测量。专家方式是非标准工作方式，可以设置

控制参数，更好地满足所期望的数据采集和处理。

在实际测井时，一般选择纵波、横波、斯通利波和一种偶极方式，由此测得纵波、横波和斯通利波的测井资料，也可以选择交叉偶极方式，所采集的正交极化资料用于地层的各向异性分析。

（二）主要应用

交叉偶极阵列声波测井主要应用于地层纵波、横波和斯通利波时差信息提取、地层渗透性分析、地层各向异性（裂缝、地应力和薄互层）分析和岩石机械特性参数计算。

1. 测量纵波、横波、斯通利波速度

通过全波或正交偶极阵列声波测井能提供较为准确的地层纵波时差、横波时差及斯通利波时差，由此计算出相关的速度与孔隙度。

2. 识别裂缝

（1）利用斯通利波的反射来确定渗透性裂缝的位置。由于裂缝能够引起声阻抗差异变大，会使斯通利波的能量反射回来，因此，通过处理斯通利波求出反射系数，并以反射系数大小确定裂缝的发育程度。

（2）对于裂缝带处，纵横波幅度下降。通常认为：对于垂直裂缝带纵波衰减明显低于横波衰减；对于中到高角度裂缝带，纵波衰减大于横波衰减；对于低角度裂缝，纵波衰减明显大于横波衰减。

（3）在裂缝发育层段，地层的各向异性明显增强，可据地层各向异性特征分辨出裂缝的发育程度。

3. 估算地层渗透率

一般地，斯通利波的能量衰减大，则地层的有效渗透率较高，反之，渗透率较低。因此，可利用斯通利波的幅度和速度估算地层渗透率。

4. 判断地层各向异性

正交偶极阵列声波测井测井仪有两个正交偶极发射器，沿两个互相垂直方向向地层定向发射压力脉冲，通过两列接收波形的时间差和相位差，可以判断地层的各向异性，并据各向异性类型评价钻井液诱导缝、天然裂缝分布和地应力特点。

5. 岩石力学参数与地应力计算

据阵列声波测井所提供的纵、横波速度，可研究岩石力学性质，如岩石强度和地应力等参数，从而可以进行可压性、出砂和井眼稳定性等方面的分析研究。

岩石强度指岩石承受各种压力的特性。根据声波和密度测井资料，可以连续计算出地层条件下岩石的各种弹性模量（体积模量、剪切模量、杨氏模量、泊松比和拉梅常数等），并对岩石强度进行全面分析。需要指出的是，据测井资料计算的岩石弹性模量为动态弹性模量，与实验室采用静压应变测量的弹性模量（静态弹性模量）不同。主要的动态弹性模量计算如下：

$$G_{dyn}=\frac{\rho_b}{(\Delta t_s^2)} \tag{3-3-15}$$

$$K_{dyn}=\rho_b\left[\frac{1}{(\Delta t_c)^2}\right]-\frac{4}{3}G_{dyn} \tag{3-3-16}$$

$$E_{dyn}=\frac{9G_{dyn}\times K_{dyn}}{G_{dyn}+3K_{dyn}} \tag{3-3-17}$$

$$v_{dyn}=\frac{3K_{dyn}-2G_{dyn}}{6K_{dyn}+2G_{dyn}} \tag{3-3-18}$$

式中 G_{dyn}——动态剪切模量；

K_{dyn}——动态体积模量；

E_{dyn}——动态杨氏模量；

v_{dyn}——动态泊松比；

ρ_b——体积密度；

Δt_s 和 Δt_c——横波和纵波时差。

最小水平主应力的各向异性测井计算模型为

$$\sigma_h-\alpha P_p=\frac{\nu}{1-\nu}(\sigma_v-\alpha P_p)+\frac{E}{1-\nu^2}\varepsilon_h+\frac{E\nu}{1-\nu^2}\varepsilon_H \tag{3-3-19}$$

式中 σ_h——最小水平主应力；

P_p——孔隙压力；

α——Biot 系数；

v——各向同性静态泊松比；

E——各向同性杨氏模量；

ε_h、ε_H——构造应力系数。

6. 气层识别

综合利用纵波和横波资料可提高气层识别的准确性。对于储层含气时，声波测井纵波时差会出现周波跳跃或者时差增大的现象，但横波速度则没有明显的变化，因此，纵横波速度比可较好地消除岩性对速度的影响而起到突出气层的作用，可以更好地识别气层。

阵列声波测井值与地层电阻率无关，可计算出一系列的声学参数，通过分析这些参数对流体识别的敏感性，形成流体识别方法，实现非电法的油气层识别。如图 3-3-51 所示。该图指出，气层、水层、干层的敏感参数分辨清楚、识别效果较好。

气层：$(K-\mu)<5.5\text{GPa}, \lambda_\rho<20\text{g}\cdot\text{cm}^{-3}\cdot\text{GPa}, K_\rho<28\text{g}\cdot\text{cm}^{-3}\cdot\text{GPa}$。

水层：$(K-\mu)>6\text{GPa}, \lambda_\rho>22\text{g}\cdot\text{cm}^{-3}\cdot\text{GPa}, K_\rho>30\text{g}\cdot\text{cm}^{-3}\cdot\text{GPa}$。

干层：敏感参数值介于气层与水层之间。

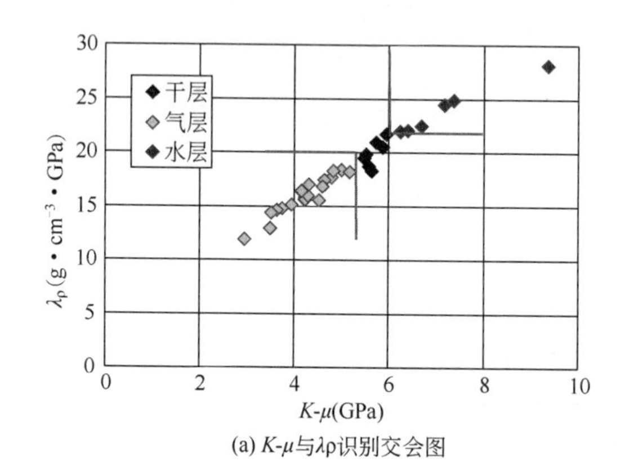

(a) K-μ与λρ识别交会图

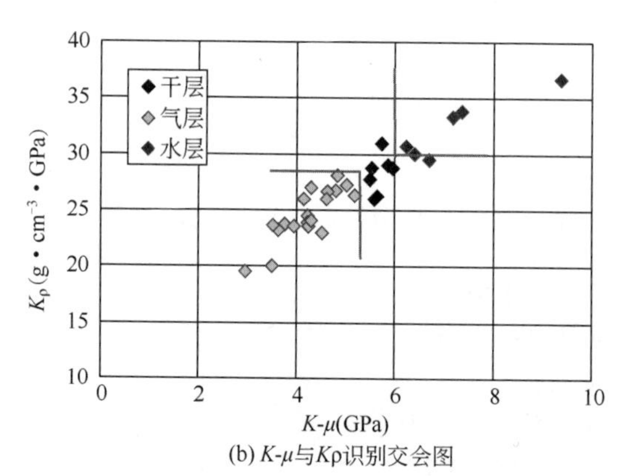

(b) K-μ与Kρ识别交会图

图 3-3-51　流体敏感参数的白云岩气层识别图版

三、磁共振测井技术与应用

核磁共振测井是以核磁共振为基础而发展起来的测量原子核在磁场中弛豫特性的现代测井技术，是目前评价地层孔隙结构的最有效技术，可计算出孔隙度、渗透率并能够区分出地层中束缚流体和可动流体。

（一）物理基础

1. 核磁共振现象

核磁共振测井的理论基础是原子核的磁性及其在外加磁场作用下的运动特性。带有电荷的原子核不停地旋转会产生磁场，如果没有外加磁场，单个核磁矩随机取向，表现在宏观上没有磁性。当核磁矩处于外加静磁场 B_0 中时，氢核的磁矩沿磁场方向取向，这个过程叫磁化或极化。磁化的结果是产生一个可观测的宏观磁化矢量。对于被磁化后的核自旋系统，若在与稳定磁场垂直方向上加一射频磁场 B_1，当交变磁场的频率与氢核的核磁共振频率相同时，根据量子力学原理，处于低能位的氢核将吸收能量，转变为高能态的核，这一现象即称之为核磁共振（Nuclear Magnetic Resonance，简称 NMR）现象。

当交变磁场停止作用后，能量高的氢核要释放能量，重新恢复到低能态，释放能量的过程叫作弛豫。弛豫的快慢可用两个时间常数来描述：纵向弛豫时间，用 T_1 表示；横向弛豫时间，用 T_2 表示。

纵向弛豫时间 T_1：磁化矢量在 Z 方向的纵向分量往初始宏观磁化强度 M_0 的数值恢复过程，所需时间与极化时间一致，故 T_1 也可代表极化时间。它与孔隙度的大小、孔隙直径的大小、孔隙中流体的性质以及地层的岩性等因素有关。

横向弛豫时间 T_2：磁化矢量在 X-Y 平面的横向分量往数值为零的初始状态恢复的过程。它与地层孔隙度的大小、孔隙直径的大小、孔隙中流体的性质、岩性以及采集参数（如 T_E 和磁场的梯度）等因素有关。

2. 物质的弛豫方式

地层中氢核的弛豫方式有三种：颗粒表面弛豫、梯度场中分子扩散引起的弛豫和体积流动引起的弛豫。

1）表面弛豫

流体分子在孔隙空间内不停地运动和扩散，使它有机会充分与颗粒表面碰撞。当流体分子碰到颗粒表面时，氢核将自旋能量传递给颗粒表面，使之按静磁场 B_0 的方向重新线性排列，即表面弛豫对纵向弛豫时间的贡献。另一方面，质子不可逆的失相是表面弛豫对横向弛豫时间的贡献。在表面弛豫中，孔隙大小至关重要。弛豫速率与碰撞的频率有关，即与孔隙的表面体积比（表面积 S 与体积 V 之比，即 S/V）有关。在大孔隙中，S/V 小，碰撞次数少，因此弛豫时间相对较长；小孔隙中，S/V 大，则弛豫时间变短。

岩石具有不同大小的孔隙分布，每个孔隙的 S/V 值不同。总的磁化矢量

来自各个孔隙信号之和。所有孔隙体积之和等于岩石的流体体积，即孔隙度，所以，总信号与孔隙度成正比。总的衰减是各个衰减之和，各个衰减分量反映孔隙大小分布。

2）扩散弛豫

流体分子总是处在不停地自扩散运动中，可以用扩散系数 D 来描述，它与流体的黏度及温度等因素有关。当静磁场中存在磁场梯度时，分子运动可引起失相，影响 T_2 弛豫时间，但 T_1 弛豫不受影响。磁场完全均匀时，分子扩散不会引起核弛豫。

当回波间隔达到极小值时，可减少扩散对 T_2 弛豫时间的影响，甚至可以忽略不计。当采用较大的回波间隔或者扩散系数很高的流体，扩散影响将十分显著。

3）体积弛豫

即使不存在表面弛豫和扩散弛豫，在流体内也会发生弛豫，即体积弛豫，该弛豫为流体固有的弛豫特性，它是由流体的物理特性（如黏度）和化学成分控制的。

对于水和烃，流体体积弛豫主要是邻近自旋随机运动产生的局部磁场波动造成的。通常，体积弛豫可以忽略，但当非润湿相与固体表面接触时，体积弛豫就十分重要了。在水润湿岩石中，水的弛豫主要是由颗粒表面碰撞造成的，即以表面弛豫为主，而孔隙中心的小油滴无法接近岩石表面，因此仅有体积弛豫。如果水存在于较大孔隙中，只有少量水可接触孔隙表面，此时体积弛豫明显。

对于粘滞流体，即使构成润湿相，其体积弛豫也十分重要。在这种流体中，弛豫时间相对较短。相对较短的弛豫时间和扩散到颗粒表面能力的减弱使体积弛豫变得非常显著，所以流体黏度的增加会缩短流体弛豫时间。

（二）测量基本原理

在测井中，T_1 和 T_2 都是重要的参数，在连续测井时，测量 T_2 更为实际。测量 T_2 的方法有多种，主要包括预极化方式、自旋回波法和 CPMG 回波序列法。

1. 预极化方式

在稳定场的垂直方向上加一较强的极化场后，经过足够长的极化时间，会使原来沿稳定场建立的平衡静磁化强度发生偏转而沿总场方向取向，并产生一个横向磁化强度分量。这时，突然撤去极化场，磁化强度便在稳定场的作用下以拉莫尔频率变动，其纵向分量逐渐恢复到平衡值，而横向分量逐渐衰减至 0，在垂直于稳定场方向上会测量到一个随时间衰减的自由感应衰减信号，利用其幅度的变化可以研究地层的横向弛豫特征。该方法要求有较长极化时间，测井速度慢，且需要较大的供电电流。

2. 自旋回波方式

自旋回波技术是核磁共振中非常重要的技术之一，它是为克服静磁场的不均匀性的影响并准确测定横向弛豫时间而发展起来的，但是，它的应用却早已超出对磁场不均匀性的补偿作用，成为现代核磁共振技术中丰富多彩的脉冲序列的重要基础。

自旋回波脉冲序列由“90°—τ-180°—τ—回波”所组成（图 3-3-52）。首先施加一个 90°脉冲使磁化矢量扳转在 X-Y 平面上。90°脉冲施加作用停止后，磁化矢量的横向分量会由于静磁场的局部非均匀性等原因很快散相；在延时 τ 后，施加一个 180°脉冲，把磁化矢量倒转 180°，到其镜像位置，结果是沿着与散相过程相反的方向使磁化矢量的各横向分量得以重聚；在 180°脉冲后的 τ 时刻产生一个接收线圈可以探测到的信号，称为自旋回波信号。

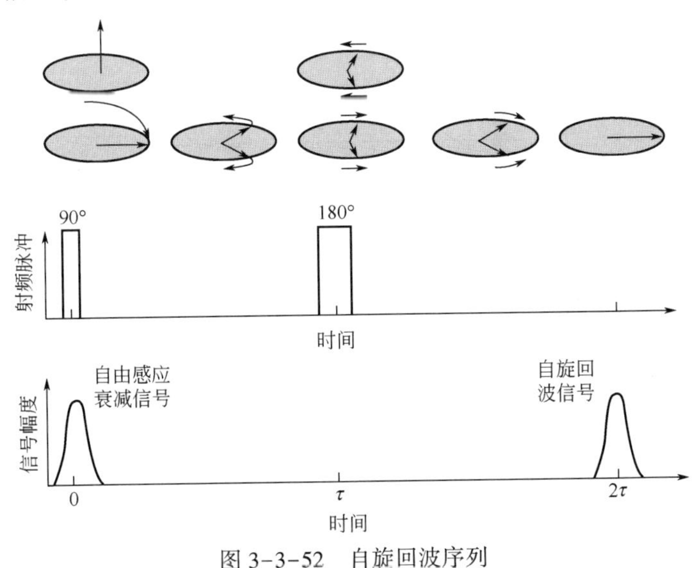

图 3-3-52 自旋回波序列

如果脉冲间隔足够小，可有效地消除扩散和磁场非均匀性对测量的影响。

3. CPMG 脉冲序列法

自旋回波方案的缺点是不能进行重复测量，且极化脉冲不精确会带来测量结果的误差，因此现代测井技术中主要应用 CPMG 脉冲序列方法。

CPMG 回波序列以自旋回波脉冲序列为基础，通过观测到的自旋回波的衰减过程来确定横向弛豫时间。CPMG 脉冲序列为$(90°)_X-[\tau-(180°)_Y-\tau-$回波$]_n$。即在 $(90°)_X$ 脉冲之后连续施加一系列间隔相同的 $(180°)_Y$ 脉冲，从而采集到一串回波。当被观测的横向弛豫时间符合单指数衰减时，这样测得的回波串的幅度将按 $1/T_2$ 的速率衰减。

如图 3-3-53 所示，核磁共振测井的原始数据是幅度随时间衰减的回波信号。图中，横轴是时间，纵轴是回波信号幅度，它被刻度成孔隙度单位。散点是实测的回波串，实线则是用多指数函数对实测信号进行拟合计算的回波信号理论值。地层信息被包含在零时刻的信号幅度和回波串的衰减过程之中。零时刻的信号幅度在一定条件下可以给出与地层岩性无关的孔隙度，而回波串的衰减过程则能够提供孔隙直径和流体类型等重要信息。

根据下式即可确定横向弛豫时间 T_2：

$$A(T_e)=A(0)\exp(-T_e/T_2) \tag{3-3-20}$$

式中　$T_e=2n\tau, n=1,2,\cdots$；τ 为回波间隔的一半，即 180°脉冲到回波最大值之间的时间；$A(T_e)$ 是各 T_e 时刻测得的回波信号幅度；$A(0)$ 是零时刻的回波幅度。

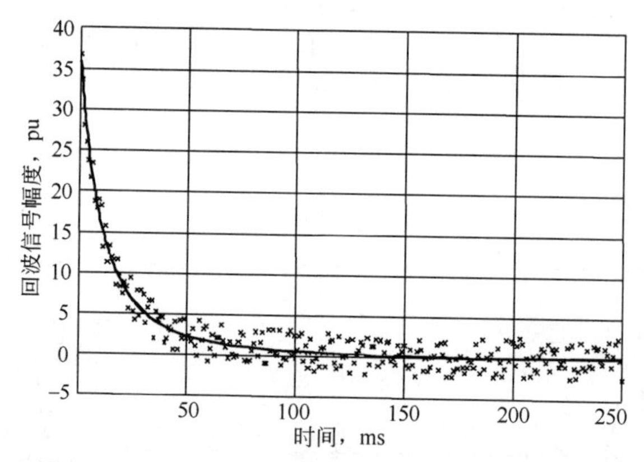

图 3-3-53　核磁测井原始数据（回波串）示意图

当观测的横向弛豫包含多个单指数衰减时，CPMG 回波串幅度的包络线将是多个指数的和，并且可以分解出不同的指数成分。测量过程中，增加回波个数 n，将提高信噪比，并增强对衰减慢的长 T_2 分量的分辨能力；减小回波间隔 τ，则将减少扩散对 T_2 测量的影响，并提高对衰减快的短 T_2 分量的分辨能力。

实际实验时，极少只做单次测量，而是需要把多次测量结果积累起来，才能得到应有的信噪比。在多次累加时，两次测量之间的延迟（即纵向恢复时间）非常重要。如图3-3-54所示，一个回波串采集完毕后，必须等待足够的时间，待纵向磁化矢量完全恢复后，才能开始第二个回波串采集。等待时间取决于被观测对象的纵向弛豫时间 T_1，通常取3~5倍 T_1。

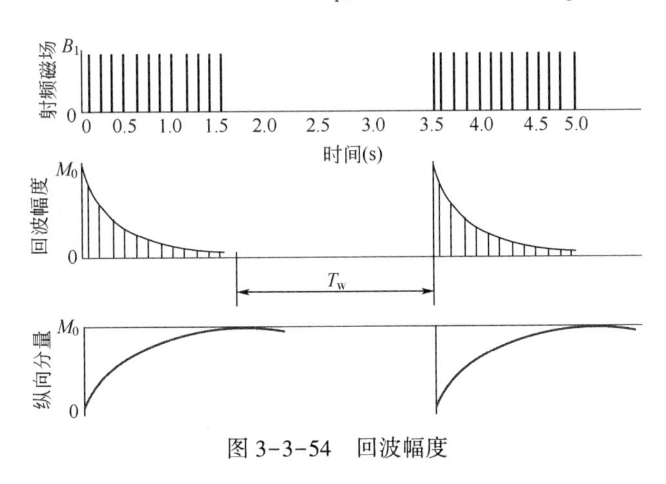

图3-3-54 回波幅度

（三）主要应用

核磁共振测井资料应用面广，在储层参数定量计算、储层孔隙结构分析和流体识别等方面均可发挥出关键的技术作用。

1. 储层参数计算

回波信号通过多指数拟合可得到 T_2 谱分布，如图3-3-55中的第三道所示。T_2 谱包含了回波串的全部信息，据此可计算出泥质束缚水孔隙度、毛管束缚水孔隙度、总孔隙度、有效孔隙度、可动孔隙度以及束缚水饱和度等储层定量参数，如图3-3-55中的左侧第一道所示。核磁共振计算储层参数与岩性基本无关。为了确定好这些参数，T_2 截止值的正确选取至关重要，直接决定计算精度，并且，计算精度与核磁共振测井时的采集参数有关，如回波间距和覆盖次数等。随着回波间距减小，核磁共振资料反映微小孔隙中含氢流体数量的能力变强，信噪比越高，更加适用于低孔隙度储层和致密储层。

2. 储层孔隙结构评价

如前所述，当地层表面弛豫作用占主导时，T_2 值正比于孔隙的尺寸，即核磁共振的弛豫时间与孔隙直径密切相关，因此，可将 T_2 谱划分成若干个时间区间（bin），一般为8个或10个，每个区间对应于一定的孔隙直径分布，如图3-3-55的左侧第二道所示。显然，区间域值越大，孔隙直径就越大，孔隙结构越好。

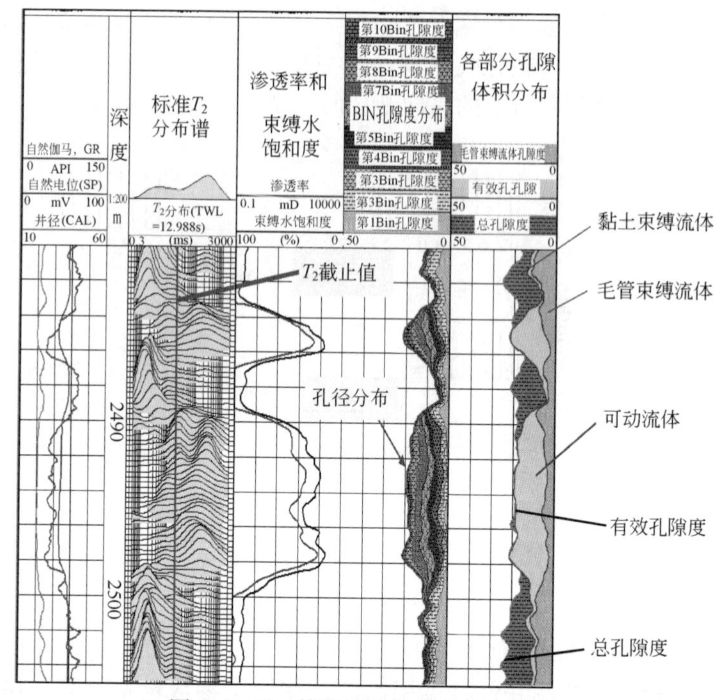

(彩图请扫二维码)

图 3-3-55 核磁测井提供的基本信息

基于 T_2 谱可反映孔隙尺寸分布的特点，T_2 谱与毛管压力曲线之间也应该存在一定的内在关系，因此，根据核磁共振测井响应机理和毛管压力理论，以同一样品的核磁共振 T_2 谱确定出与岩性分析的毛管压力曲线间的转换关系及其刻度参数，则将 T_2 谱转换为毛管压力曲线，进而提取一系列反映储层孔隙结构的参数，实现连续定量评价储层孔隙结构。

3. 渗透率计算

核磁共振测井是目前最为有效的计算储层渗透率的技术，其基础是 T_2 谱可以反映孔隙尺寸分布，而孔隙尺寸与渗透率密切相关。核磁共振计算渗透率的核心是建立 T_2 谱特征与渗透率之间的关系，目前，已建立起许多经验模型，主要有：

(1) 斯仑贝谢模型。

$$K=C(\phi_e)^{a_1}(T_{2.\log})^{a_2} \tag{3-3-21}$$

式中 ϕ_e——核磁共振有效孔隙度，小数；

$T_{2,\log}$——T_2 的对数平均值；

a_1、a_2——经验常数，对于砂岩地层，一般取 $a_1=4$，$a_2=2$。

（2）Coates 模型。

$$K=C(\phi_e)^{b_1}\left(\frac{\phi_f}{\phi_b}\right)^{b_2} \tag{3-3-22}$$

在砂岩地层中，常取 $b_1=4$，$b_2=2$。

核磁共振测井计算渗透率的精度较高，但对于孔隙结构复杂的低孔低渗储层，则要求核磁共振测井采集参数设计合理、计算模型选用正确，才能保证渗透率的计算精度。

4. 流体识别

核磁共振测井在识别复杂油水层的流体性质方面具有较大优势。天然气和轻质油的 T_2 很小，扩散系数较大，导致油层与水层的 T_2 谱特征不同。一般地，油层段在长回波间隔下的 T_2 谱会发生向左移动，存在长时间的 T_2 分量，即拖尾现象，如图 3-3-56 所示。该图为砂砾岩储层且物性差、侵入作用不强，核磁共振测井探测范围内的残余油饱和度较高，所以，原油对 T_2 谱的影响较大，出现拖尾现象。因此，只要分辨出哪些长时间分量是因油气作用所致，就可判断出油气层和水层的分布，当然，其关键是确定出相应的 T_2 截止值。对于碎屑岩而言，大量的实例证明，该 T_2 截止值为 100ms。

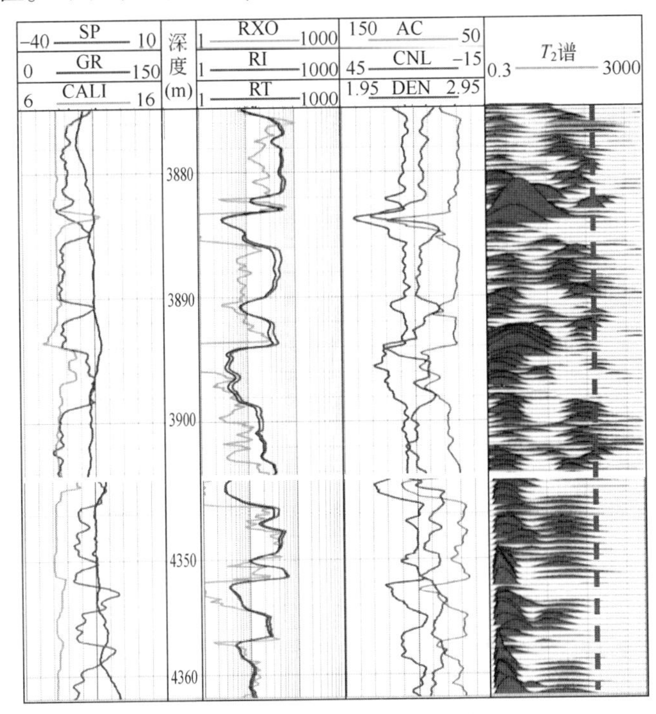

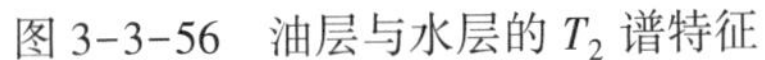
图 3-3-56 油层与水层的 T_2 谱特征

（彩图请扫二维码）

一般地，油层和水层在不同回波时间、不同等待时间测量的 T_2 谱可存在一定的差异，因此，利用这些差异可识别出不同类型的流体分布，即所谓的差谱流体识别法和移谱流体识别法。差谱是同一回波间隔的两个不同等待时间的 T_2 谱之差，而移谱则是两个不同回波间隔的同一等待时间的 T_2 谱之差。考虑到储层特征和流体性质，差谱法和移谱法的识别油气层效率不同。如图 3-3-57 所示，在油层和油水同层段，差谱和移谱都有明显的含油气信号，但在水层段，差谱在物性较好的储层中也有含油气信号，而移谱没有。

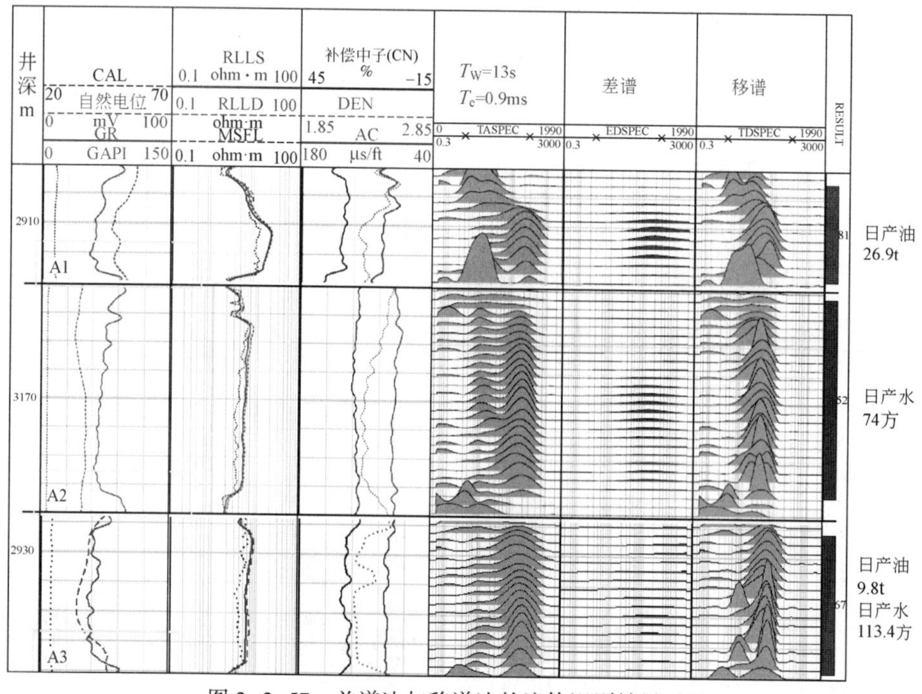

图 3-3-57　差谱法与移谱法的流体识别效果对比

（四）技术适用性

如上所述，核磁共振测井应用面广、应用效果好，但是，这是建立在资料质量品质较好的前提下，即信噪比较高并能够较真实地反映地层储层特征与流体分布。因此，做好测前设计至关重要，即要求：

（1）创造良好的测井井眼环境。

井眼不规则影响偏心核磁共振仪器贴靠程度，也影响居中仪器的井眼环境校正效果。相比于储层电阻率，钻井液电阻率不能太低，两者之比一般要求小于2000，居中仪对钻井液电阻率要求更高，以保证有足够的信息进入地层。核磁共振仪器的探测深度较浅，要求钻井液侵入不深，保证核磁信息能较好地反映地层流体性质。另外，测井时，井筒中不能有铁磁性物质，如套管铁屑等。

（2）使用合适的采集模式与参数。

对于中高孔渗储层，核磁共振测井的采集参数要求并不高，但是，对于低孔低渗储层，尤其是致密储层，则要求应用与之相适用的核磁共振测井采集模式与参数，使得采集到的资料真实可用，以此提高核磁共振测井资料质量。目前国内的核磁共振测井模式和参数主要依据中高孔渗储层并在采集现场上一般采用该隐含值，大大制约了核磁共振测井在低孔隙度储层和致密储层的有效应用。

针对储层特征，通过优化采集模式和参数可以显著地提高低信噪比核磁共振测井精度。对于低孔渗、致密和非常规储层，由于孔隙中流体信号较少，孔隙结构主要以快弛豫的小孔为主，需要选择以提高信噪比和小孔测量为主核磁测井模式及参数，例如斯伦贝谢公司最近采用的致密油气层CMR核磁测井模式（长等待时间为2.09s，短等待时间为0.02s，回波间隔为0.2ms，长等待回波个数为1800，短等待回波个数为1800，长等待采集累加次数为1，短等待采集的累加次数为50），其模式和测量参数与中高孔渗储层所采用的数值完全不同。

合理的采集模式和参数也可大幅提高核磁共振测井的流体识别符合率。差谱法和移谱法是核磁共振测井的最常用的两种流体识别方法，上述两种方法所需要的核磁共振测井采集模式和参数完全不同，需要根据原油黏度、孔隙结构以及信噪比等参数进行模式及参数选择。以哈里伯顿的MRIL-P仪器为例，通常在黏度低于5mPa·s的轻质油识别时，选择以差谱的核磁共振测井模式（D9TW或者D9TWA）；在中等黏度（5~20mPa·s）原油识别时，选择以移谱为主的核磁共振测井模式（DTE312或者DTE412）；在进行二维核磁共振流体识别时，选择D9TE512或者DTE512模式以提高二维核磁共振测井的流体识别能力。

四、元素测井技术与应用

元素测井的基本原理是测量放射源发射的快中子与地层碰撞产生的俘获伽马射线谱，或者测量高能中子发射器产生的快中子与地层碰撞产生的俘获伽马射线谱和非弹性散射伽马射线谱，并对这些伽马射线谱进行解谱处理得到岩石的元素含量的测井方法。进一步地，通过氧闭合处理可由元素含量计

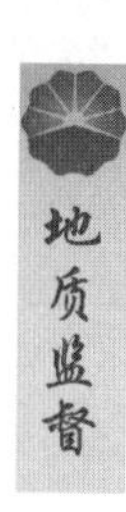

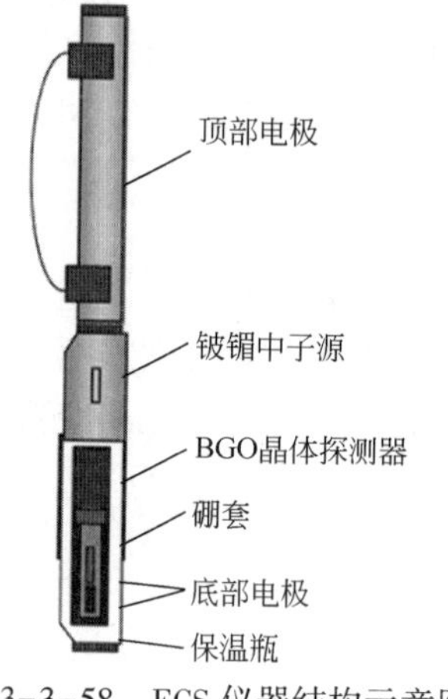

图 3-3-58 ECS 仪器结构示意图

算出岩石的氧化物与矿物组分。

（一）基本测量原理

仅应用俘获伽马射线谱的方法称为元素俘获测井，如斯伦贝谢公司的 ECS、哈里伯顿公司的 GEM 和中国石油测井公司的 FEM 等。若同时采用俘获和非弹性散射的两种伽马射线谱，则有斯伦贝谢公司的 LithoScanner、贝克休斯公司的 Flex 等。下面以斯伦贝谢公司的 ECS 为例介绍元素测井的基本原理。

ECS 仪器（图 3-3-58）应用标准的 $16C_i$ 的铍镅中子源和一个大的 BGO 晶体探测器。由于大的 BGO 晶体探头的灵敏度好于 NAI 晶体探头，故可以使用 AmBe 中子源，这就大大降低了探头的复杂性。另一方面，使用 BGO 晶体探头要求测量环境的温度不能太低（小于摄氏 50 度），可通过使用杜瓦瓶来满足该条件。ECS 测井纵向分辨率可达到 0.46m，可适用于淡水、饱和盐水和油基等类型钻井液中。

ECS 测井通过化学源向地层中发射 4MeV 的快中子。快中子在地层中与一些元素发生非弹性散射并且能量减少，经过几次非弹性碰撞后，快中子衰变变为热中子，最终被其周围的原子所俘获。俘获热中子的原子，其能量升高但处于非稳定状态，须通过释放伽马射线的方式降低能量并回复到初始状态，此伽马射线称为俘获伽马射线，能被 BGO 晶体组成的探测器所探测。探测器探测到的俘获伽马射线谱是中子与地层中所有元素俘获作用产生的伽马射线谱的叠加。不同元素具有不同的俘获中子能力，即俘获截面存在差异，通过对俘获伽马射线的峰值特征提取分析（即剥谱处理），如图 3-3-59 所示，可得到 H、Cl、Si、Ca、Fe、S、Ti 和 Gd 8 种元素。

ECS 仪器可在 256 个能量窗口中进行数据采集，通过对这 256 组数据拟合，得到一系列的标准谱，从而反演出这 8 种未知的元素相对含量。应用氧闭合技术将元素的相对含量转换成元素绝对含量百分比和主要的氧化物含量。氧闭合技术所用的模型建立于大量的岩心分析数据基础之上。一般地，H 和 Cl 在地层和钻井液中均可存在，而 Si、Ca、Fe、S、Ti 和 Gd 等元素一般仅存在于地层矿物中。

矿物含量反演求取过程中，首先要了解地层的主要矿物组成，其次要知道这些矿物（如石英、方解石、白云石、伊利石和石膏等）的固定化学元素

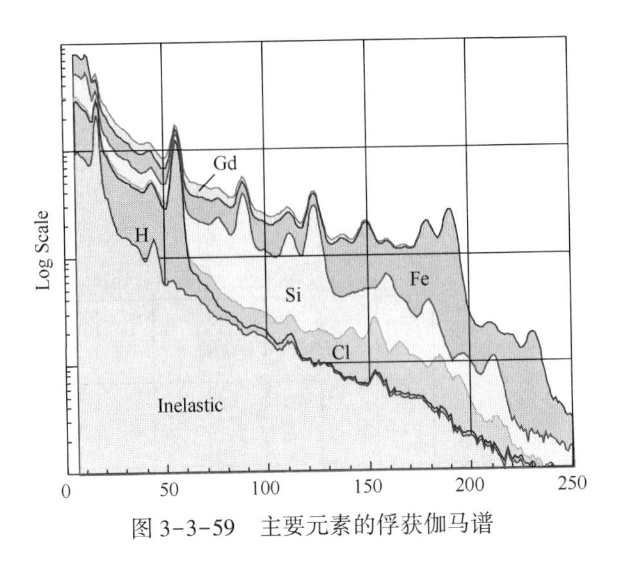

图 3-3-59　主要元素的俘获伽马谱

构成，从而可据各矿物的敏感元素及其之间的经验关系式确定出相关矿物的含量。通常地，Si 与石英、Mg 与白云石、Ca 与方解石和白云石、S 和 Ca 与石膏、Fe 与黄铁矿和菱铁矿之间存在较为密切的相关关系，但是，具体的内在关系式取决于岩石种类，即应该分别建立沉积岩（包括碎屑岩、碳酸盐岩和蒸发岩）、火山岩和变质岩的矿物与元素之间的相关关系式。铝元素与黏土（高岭石、伊利石、蒙脱石、绿泥石、海绿石等）含量密切相关，但 Al（铝）元素的测量比较困难，基于大量的实验研究发现，元素 Si、Ca、Fe 与 Al 的含量关系非常好，从而据此确定出 Al 元素含量，进而可计算出黏土矿物的含量。

（二）资料的基本应用

1. 识别岩性

地层岩性与其元素、氧化物和矿物构成及含量密切相关，因此，元素测井是识别岩性的非常有效的测井技术，但考虑到成本效益，目前主要用于识别岩性较为复杂的地层，如火山岩、变质岩和混积岩等。

根据元素种类与含量识别变质岩岩性。如图 3-3-60 所示，根据硅元素-铁元素交会图可以较好地识别出注入混合岩和斜长角山岩，而硅元素-钾元素交会图则能够清楚地指出混合花岗岩、混合片麻岩和煌斑岩，两张交会图的有机结合，可以实现对岩性复杂的变质岩识别。

根据氧化物识别火山岩岩性。以元素测井计算出的氧化物干重，利用国际上通用的火成岩岩石 TAS 分类法的硅-碱分类法进行岩性识别，即通过 SiO_2

含量和碱度（Na_2O+K_2O）的高低比例关系划分火山岩的酸碱度。图 3-3-61 中，识别目的层段岩性主要为流纹岩。

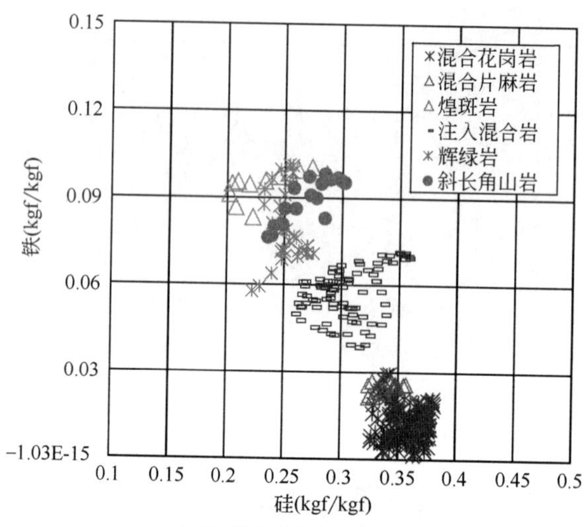

(a) 硅-铁的元素交会图识别变质岩

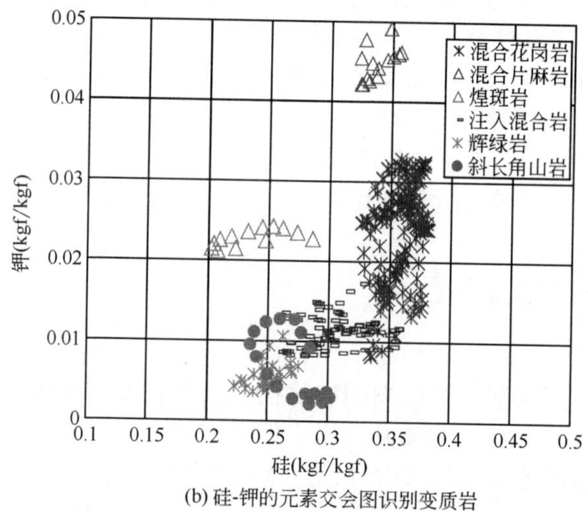

(b) 硅-钾的元素交会图识别变质岩

图 3-3-60　元素含量识别变质岩岩性

2. 分析沉积环境

沉积过程中，沉积物与水之间存在着极为复杂的化学平衡。一些元素在脱离母岩迁移再沉积时，由于自身化学性质的不同，可导致其分布在区域和层位上产生分异。如果地质时期环境相对稳定，元素间的分异平衡也相应地保持稳定，直到环境改变（如物质来源、迁移距离、气候、生物活动、大地构造运动、火山活动等）之后，则会建立另一种与其相适应新的元素分异平衡。因此，一些元素丰度及组合特征能够反映出沉积环境的变迁，此为元素测井分析沉积环境的地质基础。

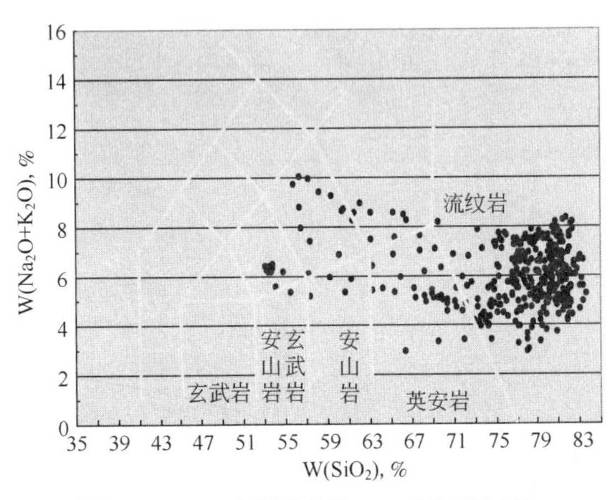

图 3-3-61 元素测井的 TAS 图识别岩性

一般地，Th、Al 和 Ti 等元素可作为沉积物物源的示踪物。铁元素聚集在水体能量降低的盆地边缘地域；钙元素则多存在于白云石和方解石矿物中；铝元素通常存在于硅铝酸岩中，并与碎屑矿物组分及黏土矿物含量有关；氯元素是自然界各种水体与卤水沉积物的大含量组分，又是一种十分活跃的水迁移元素及重要的金属沉淀剂。

3. 识别高放射性储层

通常地，将自然伽马测井曲线低值段识别为储层，但是，如果储层中含有放射性物质，会导致自然伽马曲线值变高而漏失掉储层。元素测井通过间接地计算出 Al 元素含量而确定出黏土含量，对应于黏土含量低值段识别为储层，显然，该方法的识别效果与地层中的放射性含量高低无关，可识别出高放射性储层而弥补自然伽马测井识别储层的不足。

4. 计算骨架参数

对于复杂岩性地层，以密度和声波等孔隙度曲线计算孔隙度时，不能采用单一骨架的理论值，而是应用混合骨架值以提高孔隙度计算精度。元素测井提供的石英、方解石和白云石等矿物含量，扎实地奠定了混合骨架值的计算基础。

5. 估算总有机碳含量

在致密油气和页岩气测井评价中，估算总有机碳含量是极为重要的工作，尤其是要确保计算精度。采用高能中子发射器的元素测井可同时测量得到俘获伽马谱和非弹性散射伽马谱，由此可确定出地层的总碳含量，从中减去无机碳含量后即可得到有机碳含量。一般地，在油气勘探开发层位中，无机碳仅存在于方解石、白云石、菱铁矿和铁白云石中，而这些矿物可由元素测井确定出来，因此，可较好地估算出地层中的有机碳含量。

第四章　试油技术

第一节　基础知识

一、概述

试油是对目标层位利用专门的工艺，打开储层、诱导流体流入井筒内，并取得流体产量、性质、地层的压力、温度及相关参数资料的工艺过程。试油是最终确定一个产层或一个构造是否有油气存在、是否具有开采价值的依据，是直接了解地下情况的唯一手段，也是为勘探开发提供可靠数据的重要一环，这就要求试油所取得的数据准确、可靠，为油藏评价、开发提供科学依据，所以它成为勘探开发重要手段。试油技术是由井筒处理、压井、射孔、地层测试、诱喷排液、求产与地面计量、措施改造以及资料分析处理等一系列单项技术组成。

20 世纪 70 年代以前，试油技术沿用苏联的工艺，注重现场作业与系统试井，而应用数学处理方面的技术较少，这种方式称为常规试油，该方法在评价低产、低渗油气藏方面仍有优势。20 世纪 70 年代后期，开始注重地层测试和测试资料的处理技术，同时引进油管传输射孔、地面油气分离计量、电缆桥塞等技术，到 20 世纪 90 年代基本形成符合我国实际情况的一套试油作业方法。

随着我国石油工业的发展，近年来试油作业有了较大的进步，仅中石油年均试油井达 700 口，试油层近 1500 层，其中中途测试层占到近一半，酸化压裂层数 500 井次，油管传输负压射孔和油管传输负压射孔与地层测试联作达 400 井次，占总层数的 1/4。这些都是以往所达不到的。

二、试油常用术语

因工艺差异较大，有一些独特的技术名词，地质工作者接触比较少，下面对它们进行介绍。

（1）完井试油：固井以后，由试油队单独进行施工的井（层）。

（2）原钻机试油：固井以后，由钻井队和试油队共同进行施工的井（层）。

（3）中途测试：钻井过程中因发现良好的油气显示而进行的试油测试作业，可以采用油管或者是钻杆连接试油工具。

（4）钻杆测试：中途测试的一种，它使用钻杆作为连接测试工具的管柱。

（5）电缆测试：中途测试的一种，用电缆连接测试工具的方法。

（6）套补距：套管法兰至转盘面距离。

（7）油补距：油管头至转盘面的距离。

（8）油管鞋：油管最下部的一个特殊接箍，它既可以保证管路通畅，又可以减少井下落物。

（9）套管压力：油管和套管之间环形空间的压力，此压力检测地点在套管阀门外面。

（10）油管压力：油管管柱内的压力，此压力检测地点在油管阀门外面。

（11）油嘴：控制油管出口截面积的工具，安装位置油管阀门外的油嘴套内。

（12）油层中部深度：射孔井段顶部与底部深度的平均值或套管鞋深度至井底深度的平均值。所有的井下压力都要计算到试油层段的油层中部。

（13）关井压力：关井停产，此阶段所测得的井底压力换算到油层中部的数值。

（14）地层压力：关井后，井筒底部压力与地层内部压力达到平衡，此时油层中部的压力。

（15）流动压力：开井生产过程中的地层压力称为流动压力。

（16）饱和压力：地下原油中的溶解天然气开始气化的压力（因压力降低）。

（17）破裂压力：岩层因为外力开始破碎的压力。

（18）回压：套管或油管压力加上各自管柱内液柱高度折算的压力，油层中部到压井液液面的高度折算的压力；抽汲时从动液面到油层中部的距离折算的压力，均称为回压。

（19）地层温度：在测井下压力的同时也测得一个温度，但是这个温度是带有井深的标记，它无法折算到油层中部。

（20）气油比：20℃时单位体积（1m^3）原油释放出天然气（m^3）的数值。

（21）高压物性取样：在油井生产过程中，用密闭取样器取油层位置的油样，要求能反映地层真实情况、在井底没有脱气，确保可以得到原始气油比和饱和压力。

（22）人工井底：钻井完井固井井深以上的，因井下作业需要完成的新的井底。

（23）垫液：地层测试时为减少地层激动在油管（钻杆）内预置的压井液。

（24）垫液位置：把垫液的数量按内容积折算成高度，以此换算的深度，即垫液位置。

（25）前置液：也称隔离液，是增产措施第一段打入井内的特殊液体。

（26）压裂液：在前置液后面对地层进行压裂的液体，如果是加砂压裂，它就是把砂子带入地层的液体。

（27）顶替液：把油管内的剩余压裂液继续推到地层之中的液体。

（28）求产：就是得到每日所产油、气、水的数量。

（29）孔板：在使用临界速度流量计测量气体流量时，在流量计的前端装的圆孔节流装置。孔板的直径最大应小于等于流量计短接内径的1/2，这一点非常重要，也就是说2in流量计的孔板孔径不能超过25mm，3in流量计孔板孔的直径应小于38mm。孔板的内孔一定要棱角明显，因为气流通过没有棱角的孔无法达到临界速度，计算公式就失效，产量误差很大。

（30）上流压力：孔板前面（靠近井口）的压力称为上流压力，是计算气体产量的关键数据。

（31）下流压力：孔板后面的压力称为下流压力，只有上流压力大于下流压力2倍时，经过流量计孔板的气流才能达到临界速度。

（32）气体温度：孔板前面的流量计内部的气流温度，是计算气体产量的关键数据。

三、油气层保护

（一）储层损害

1.引起油气层的损害的因素

储层损害类别：完井造成的损害、固井形成的损害及射孔形成的损害。

具体的损害包括：

（1）钻井施工带来的损害。

（2）压裂或酸化施工带来的损害。

（3）采油、采气和注水带来的损害。

2. 衡量损害的参数——表皮系数 S

由于钻井或后期作业过程中，井筒附近储层渗透性相比原始地层发生变化，例如钻井液的侵入造成渗透率下降（严重时甚至形成“滤饼”堵塞储层）、酸化和压裂见效储层得到完善，因此用表皮系数 S（无因次）来表征这个效应的性质和程度。

$S=0$，井未受到污染；

$S>0$，井受到污染，数值越大污染越严重；

$S<0$，井的增产措施见效。

3. 其他表示地层损害的参数

（1）流动效率 FE：实际采油指数与理想采油指数的比值，值越小地层损害越严重。

（2）堵塞比 DR：流动效率的倒数，值越大地层损害越严重。

（3）附加压降 ΔP_s：流体在受到损害的储层中从储层流入井筒时产生的附加压力降，值越大地层损害越严重。

不同参数描述的储层损害情况见表 3-4-1。

表 3-4-1　不同参数描述储层损害情况

参数	非完善井（污染）	完善井（正常）	超完善井（改善）
S	>0	0	<0
ΔP_S	>0	0	<0
FE	<1	1	>1

油气层保护是从打开油气层开始，试油过程中的保护是从压井、射孔开始的，因为除了裸眼、筛管完井的井，多数井都是套管完井，在打开油气层的一瞬间，压井液性质、压力对地层都有很大的影响。

（二）完井试油过程中油气层保护原则

（1）制定试油方案时，充分依据油气层特性确定试油顺序，应自下而上分层试油。

（2）每层试油前彻底清洗地面液罐、管线、井口、井筒，减少机械杂质入井。

（3）根据储层特性，确定压井液类型、配方、性能与岩层具有良好配伍。优先选择低固相、无固相压井液，压井液实验渗透率恢复值应大于 80%。

（4）在进行射孔、测试、压井、抽汲、诱喷作业时，应根据储层物性和地层压力系数，控制合理工作压差。正压差不得高于原始地层压力10%，负压差根据实际情况确定，但应防止地层垮塌。

（5）注重施工作业的连续性，减少油层的浸泡时间。

（6）优化射孔设计，根据油气层特征，有针对性地选择压井液、射孔方式、射孔参数，大力推广深穿透射孔弹、动态负压射孔和高能气体压裂射孔。

（7）在三低（低产、低渗、低压）地区，推广油管传输与负压连作，减少反复压井及起下油管对油层造成损害。

（三）射孔后压井液的选择

射孔压井液作用：保护套管；保护射孔器材；控制射孔或测试生产压差；为射孔或测试工艺实施提供条件。同时，射孔后压井液不可避免地接触甚至进入地层，因此，射孔后压井液的合理选择是减少地层污染的重要手段。

压井液注意事项有：

（1）密度合理：射孔时，压井液密度必须适合地层压力，密度可调节，以便使压井液与地层压力保持合理的压差：油层0.3～3MPa、气层3～5MPa。

（2）腐蚀性小：尽量减少对套管、油管、井口的腐蚀。

（3）耐温性高：要求在高温下不降解、稳定好。

（4）无固相：其固相含量小于2mg/L，直径小于2μm。

（5）低滤失：减少压井液渗入储层。

（6）与地层配伍：要求与地层流体、矿物配伍性较好，减少水敏等现象发生。

（7）常用压井液类型有以下几种：

① 无固相清洁盐水；

② 无固相聚合物盐水；

③ 暂堵性聚合物射孔液；

④ 阳离子有机聚合物射孔液；

⑤ 低浓度盐酸；

⑥ 原油（轻油）；

⑦ 原钻井液（经过处理）；

⑧ 清水。

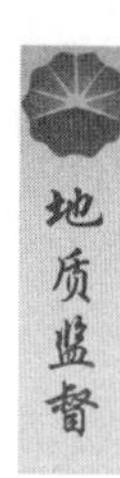

第二节 试油技术及工艺

一、射孔完井

油井完井是采油、试油的关键步骤，是找到油气、开发油气中重要一环，针对不同的地区、构造、地层、岩性和钻井工艺，使用不同的完井方法。为了减少油层污染、提高油气产油面积，应尽量使用裸眼或筛管完井，但只适用在成岩很好的砂岩和碳酸盐岩地层，在我国这样的地层不多，比如四川和渤海湾地区的碳酸盐储层，所以绝大多数还是使用射孔完成。

射孔完井是指固井后使用相关工具打开套管与水泥环，形成产出通道。这是目前国内外使用最广泛的完井方法。目前油井广泛采用的有枪身聚能射孔器是指具有密封、承压作用的射孔组合体，射孔枪内装入射孔弹、雷管、导爆索等火工品。聚能射孔是利用聚能效应进行穿孔，类似军用的穿甲弹。聚能效应是主炸药产生的爆轰波到达药型罩罩面时，药型罩由于受到爆轰波的剧烈压缩，迅速向轴线运动，并在轴线上产生高速碰撞挤压，药型罩内表面的金属流以大于6000m/s的速度，沿轴线方向对目标靶进行挤压、穿孔。射孔枪的型号一般以枪管的外径（mm）来命名。射孔枪的型号有：51、60、73、89、102、114、127、140、159等。射孔枪的孔密最高可达每米40孔，相位可按要求加工（常用的是90°相位螺旋布孔），耐压不低于50MPa，最高可达140MPa。激发雷管爆炸的起爆方法主要采用三种方式：（1）用交流（直流）电来激发的雷管起爆；（2）依靠撞针击发的撞击起爆（俗称投棒式起爆）；（3）通过油管、环空加压或利用井筒液柱压差剪断击针销钉或释放锁定球激发的压力起爆。

射孔方式按射孔时作用于地层的压井液压力可分为正压射孔和负压射孔两类。正压射孔是井内液柱压力大于地层压力。负压射孔又分为静态负压射孔及动态负压射孔。静态负压射孔是射孔前降低井内液柱高度，使井内液柱压力低于或等于地层压力，根据压井液的类型又分为原油压井和非原油压井。动态负压射孔是在静态负压射孔基础上，使用动态负压装置，射孔时负压装置产生更大的负压，诱导流体流入井筒，同时瞬间高负压有利于清洗射孔孔道，解除射孔碎屑污染。

射孔方式按输送方式可分为两类：一是电缆输送射孔；二是油管（钻杆、

连续油管）输送射孔，是目前应用最广泛的射孔工艺。

电缆输送射孔用电缆下入套管射孔枪，利用油气层顶部的套管短节进行射孔深度定位，用电雷管引爆射孔枪的方式进行射孔。适用于井斜一般不超过20°、地层压力较低、无负压射孔要求、井身规则无变形、无油帽、原油黏度低、清水或压井液黏度低、射孔段小的井。其射孔枪和射孔弹的种类多，满足高孔密、深穿透、大孔径的射孔要求，射孔定位快速、准确，电雷管引爆可靠性强，作业简便快捷，能连续进行多层射孔。该射孔方式采用电缆作为传输工具，因此井控难度大，同时枪长受限，每次枪长在10m左右，在厚度大、射孔作业时间长、大斜度井、水平井和高密度钻井液中的应用受限。

油管输送射孔是将射孔器悬挂在油管底部输送到预定的目的层位置进行射孔的方法。适用于井斜大于20°、地层压力高或不清楚、原油黏度较高、需进行负压或超正压射孔的井。该射孔方式输送能力强，一次可射孔数百米；能使用大直径射孔枪、大药量射孔弹，能满足高孔密、多相位、深穿透、大孔径的射孔要求；可根据油气层岩性特点设计负压值；井控难度小；大斜度井、水平井及复杂井的射孔适用性强；与测试工具、抽油泵等联作，满足不同的施工要求，提高效率。但是，如果一次点火引爆不成功，返工作业时间长，同时要求使用耐温较高的射孔炸药。

近年发展了水力喷射式射孔、机械割缝（钻孔）式射孔、复合射孔技术等。复合射孔技术因独特的射孔增产机理被广泛地应用于现场。激光射孔技术也已初步完成试验，在将来会成为一种有效的射孔工艺技术而被广泛应用。射孔技术的发展趋势将朝着综合化、集成化、深穿透、无污染的方向发展。

二、中途测试与原钻机试油

中途测试与原钻机试油是20世纪60年代为了适应生产需要发展的技术，而电缆重复式测试更是20世纪发展起来的新方法。主要特点是可以加快油气勘探开发的步伐，降低成本；当试油队必须使用钻机才能完成起下钻作业时。中途测试是地层测试的一种，可分为以下几种类型。

（1）电缆测试。

电缆测试是20世纪以来发展起来的一种中途测试技术，其代表是斯伦贝谢的RFT和以后开发了MDT模块式的地层测试器。电缆测试主要是使用电缆携带地层测试装置，下到目的层段，对目的层进行多筒取样、取样置换、测压、测温，在短时间内完成一整套地层测试所需的过程。

（2）油管测试。

油管测试可以作为中途测试，也可是完井测试的方案。根据测试工具的

不同还可进行隔层、跨层测试，是地层测试的主要方式。

(3) 钻杆测试。

钻杆测试是中途测试的主要方式，钻井过程中使用钻具携带测试工具及各类型封隔器对显示层段进行测试，目的是在地层污染最小情况下，了解储层的产能及各产层参数，为勘探部署提供建议。资料与地层测试一致。

(4) 原钻机试油。

原钻机试油即钻井队利用钻机提供支持，配合试油队进行试油的过程，其过程与常规试油或地层测试相似。试油目的与常规试油与地层测试的要求相同。

三、地层测试

地层测试是指在钻井过程中或完井之后对油气层进行详细检测的方式，获得在动态条件下储层和流体的各种特性参数，从而及时准确地对产层做出评价。这种方法速度快、获取的资料全，是最经济的“临时性”完井方法。地层测试与传统的试油方式相比，具有以下特点：

(1) 钻井过程中，通过气测、钻井液录井或岩屑录井和测井等资料，一旦发现油气显示可立即进行钻杆（油管）测试，了解地层和流体情况，及时发现油气层，避免漏掉有希望的层。

(2) 获取的测试资料受地层污染影响少，所测得的压力和产量等资料能接近真实地反映地层情况，及时指导下一步工作。

(3) 井筒污染影响小，测试时间短，效率高。

测试的种类可按不同类型、不同方式进行分类。按类型可分为裸眼井测试和套管井测试，按测试方式可分为常规测试和跨隔测试，按综合性能可分为射孔测试联作和综合测试联作。测试时，根据测试类型、井眼状况、井深、井温、预计产能等多项因素，选择合适的测试工具。目前，常用的测试工具有 MFE 地层测试器、全通径 APR 测试工具、膨胀式测试工具和 STV 测试工具四种类型。总之，测试分为两大类，即电缆测试和钻杆（油管）测试，因为取得资料一致，所以同属于地层测试技术。

（一）电缆测试

使用电缆作为连接测试工具的操作方式，也称重复式地层测试，其典型代表是 RFT 和 MDT。

作为电缆测试最高水平的模块式地层测试器 MDT，它的工作原理与重复式层测试器 RFT 相似，在 RFT 的基础上进行了多方面改进，采用了模块式结构组装，增加了仪器应用的灵活性。

（二）钻杆测试

使用钻杆、油管作为连接测试工具起下的方式。其代表是MFE、APR、DST等。

1. MFE地层测试器

1）特点及适用条件

MFE地层测试器是一种常规测试器，它通过上提下放管柱实现井底开关井，可用于不同尺寸的套管井和裸眼井的地层测试，具有成本低、操作及保养方便、环境适应性强等特点，是目前国内普及率最高的一种测试工具，主要有95mm和127mm两种规格。

2）工作原理及施工过程

MFE地层测试器是一套完整的测试工具系统，包括多流测试器、旁通阀和安全密封封隔器等。MFE地层测试分以下4个步骤。

（1）下井。

下井时多流测试器的测试阀关闭，旁通阀打开，安全密封不起作用，封隔器的橡胶筒处于收缩状态。

（2）开井或测试。

测试工具下至井底后，下放管柱加压缩负荷，封隔器胶筒受压膨胀，紧贴井壁起密封起到作用，旁通阀关闭，多流测试器的液压延时机构受压缩负荷后延时，经过一段时间后管柱出现自由下落现象，测试阀打开，地层流体经筛管和测试阀流入钻杆，进入流动期。

（3）关井。

关井恢复时，上提管柱至指重表读数在某一瞬间不增加时（此点称为自由点），多流测试阀的心轴上行，继续上提管柱至超过自由点8.9~13.35kN，立即下放管柱至原加压坐封负荷，测试阀关闭，进入关井恢复期，并把流动结束时的地层流体收集在取样器内。流动和关井的次数视测试情况而定，其操作方法与上面相同。

（4）起出。

关井结束后，上提管柱给旁通阀施加拉伸负荷，经过一段时间延时旁通阀打开，平衡封隔器上下的压力。从安全密封恢复至下井状态，封隔器的胶筒收缩，可以将测试工具安全地起出井眼。

3）安全注意事项

测试施工必须注意安全，满足以下要求：

（1）测试井眼必须畅通无阻，井眼不得有狗腿、键槽和井壁坍塌、缩径等现象；套管井不得有套管变形、破裂及窜槽等缺陷。

（2）调节好钻井液性能，裸眼测试时，要适当加入防卡剂，保证测试时不卡钻柱。

（3）根据测试地层岩性，采取合适的负压差，严防负压差过大，造成井壁坍塌、埋卡封隔器下部支撑管。

（4）所有井下工具及管柱的螺纹连接，必须拧紧，严防渗漏。

2. 全通径 APR 测试工具

1）特点及适用条件

全通径 APR 测试工具是一种压控式套管测试工具。该工具在封隔器坐封后可进行开井、关井、循环、取样等各项操作，由环形空间压力控制。它具有如下特点：

（1）可操作性强，成功率高。

（2）对高压油气井和超浅井测试特别有利。

（3）可对地层进行酸洗或挤注作业。

（4）适合含有害气体层测试。

（5）对大斜度井测试特别有利。

（6）综合作业能力强。

2）工作原理及施工过程

（1）下井。

下井时 LPR-N 测试阀关闭，配套工具循环阀关闭，RTTS 循环阀打开，封隔器胶筒处于收缩状态。

（2）开井或测试。

测试工具下到预定位置后，封隔器坐封，RTTS 循环阀关闭，连接好地面管线，关闭防喷器。向环空打压至设计值并保持环空压力，LPR-N 测试阀打开，地层液体通过测试阀流入钻杆内，进入测试工作状态。

（3）关井。

关井测压力恢复时，将环空压力泄至零，LPR-N 阀关闭。流动和关井的次数根据测试情况而定，重复上述打开、泄压过程即可实现。

（4）反循环。

APR 测试工具在解封前可视情况选择是否进行循环。若需要循环作业，则向环空打压至循环阀设计压力值，打开循环阀，建立循环通道，进行循环洗井、压井作业；否则可以直接上提解封起出测试管柱。

（5）起出。

测试结束后，上提管柱并施加拉力，将 RTTS 循环阀打开，平衡封隔器上下方的压力，封隔器的胶筒收缩。此时，LPR-N 阀仍关闭，继续起管柱把工具起出。

3. 全通径 STV 测试工具

1）特点及适用条件

全通径 STV 测试工具也是一种压控式套管测试工具。可实现与 APR 测试工具相同的功能，但其在锁定操作压力作用下，开井过程中不需要保持环空压力，只需要进行打压、放压，即可完成开关井操作。环空泄压后，球阀仍处于开井状态（即锁定模式）。解决了 APR 测试工具在长时间开井排液需要环空保持压力的问题，降低了测试管柱及环空的密封性要求，并且可以与射流泵等循环排液工具配合使用，形成一体化作业。STV 测试工具在智能操作方式选择、安全可靠性、施工条件等方面较 APR 测试工具优势明显，适用范围明显拓宽。

2）工作原理及施工过程

（1）下井。

下井时 STV 测试阀关闭，配套工具循环阀关闭，RTTS 循环阀打开，封隔器胶筒处于收缩状态。

（2）开井或测试。

测试工具下到预定位置后，封隔器坐封，RTTS 循环阀关闭，连接好地面管线，关闭防喷器。向环空打压至设计值后泄压至零，打开 STV 测试阀，地层液体通过测试阀流入钻杆内，进入测试工作状态。

（3）关井。

关井测压力恢复时，向环空打压至设计值后泄压至零，关闭 STV 测试阀。开井、关井的次数根据测试情况而定，重复打压过程即可实现。

（4）反循环

与“APR”操作相同。

（5）起出。

测试结束后，上提管柱并施加拉力，将 RTTS 循环阀打开，平衡封隔器上下方的压力，封隔器的胶筒收缩。如果进行了循环，打开循环阀过程可能将 STV 阀已经打开，继续起管柱把工具起出。

4. 膨胀式测试工具

膨胀式测试工具主要用于砂泥岩裸眼井测试，它既可以采用单封隔器管串测试下层，也可以采用双封隔器测试管串测试两个测试层段的上部层段或进行多层段的跨隔测试。

1）工作原理及施工过程

此套工具有三个通道。以双封隔器跨隔为例，膨胀泵以上管柱仅有一个测试通道，泵到测试带孔接头处有三个通道，即：测试通道、旁通通道和膨胀通道。带孔接头以下有两个通道：膨胀通道和旁通通道。测试通道是从带孔接头开始通过钻杆管柱一直到井口；旁通通道是从滤网下接头到阻力弹簧，膨胀通道是从泵经滤网到上、下膨胀封隔器。

施工过程主要包括以下6步。

（1）工具下井。

工具下井过程中，水力开关阀处于关闭位置，泵不工作，封隔器胶筒处于收缩位置。测试通道在水力开关阀处关闭。两封隔器之间的钻井液借用测试通道，经水力开关阀单流阀进入上封隔器上部环空。泵不转动，无膨胀液。旁通通道在整个测试过程中都是打开的，将上封隔器上部环空与下封隔器下部环空连接，使两处静液柱压力平衡。

（2）膨胀工作。

地面用卡瓦卡住钻杆，用钻机转盘旋转，带动井下膨胀泵工作。泵旋转时，从环空吸入钻井液，经滤网过滤后，泵入膨胀通道，使两个封隔器同时膨胀。封隔器膨胀坐封时，将产生较大的挤注压力，这种挤注压力将通过测试通道从水力开关阀下部单流阀泄到环空里，当膨胀压力达到大约10.4MPa时，泵的泄压阀打开，使泵柱塞不再向膨胀通道增压。主单流阀保持这一膨胀压力，此压力可在地面调整好。测试通道仍处于下井时的关井状态。

（3）开井。

确定封隔器坐封完成以后，向水力开关阀加压44.5~89kN，使水力开关阀延时，产生自由下落38.1mm，给地面一明显的开井显示，此时膨胀通道保持有10.4MPa的压力。测试通道打开，地层测试液通过带孔接头进入，经上封隔器、滤网、泵及取样器、水力开关阀等工具心轴进入钻杆。

（4）关井。

上提管柱，在自由点基础上多加44.5~89kN，此时其余通道不变，测试通道被测试阀堵死，井下压力计记录井下压力恢复过程。

（5）平衡。

测试完成以后，在解封封隔器前需进行平衡，下放管柱，在自由点基础上向泵加压10~20kN，坐上卡瓦，旋转1/4圈，泵内的上、下离合器啮合，心轴下移152.4mm。泵的阀套处于平衡位置，测试通道与环空旁通通道相连，使测试层段的压力通过泵与环空连通，封隔器上、下压力平衡，测试阀仍关闭，膨胀压力不变。

（6）解封。

上提管柱，泵的主心轴上移，将膨胀通道与环空连通。胶筒里的膨胀液流入环空，等待与坐封相同时间使胶筒收缩。

2）膨胀式测试工具的特点

（1）钻柱转动使胶筒膨胀坐封，不需钻柱加压。

（2）下放管柱加压开井、上提管柱关井，操作容易。

（3）既可用单封隔器进行常规测试，也可用双封隔器进行跨隔测试。

（4）跨隔测试时不用尾管支承井底，安全、可靠。

（5）封隔器的膨胀系数大，常规胶筒一般为 1.20 左右，而膨胀胶筒可达 1.57。

（6）膨胀泵连接在工具串里，膨胀效率高。

（7）滤网为狭长缝型，过滤效果好而且不容易被堵。

（8）水力开关阀性能可靠、稳定，延时时间受井深及井温的影响较小，对液压油要求也不高。

（9）取样器可单独连接，也能串联连接。

（10）跨隔测试时，上封隔器上部与下封隔器下部环空连通，压力平衡。

（11）解封以后，不用将工具起出井眼，可根据需要移到另一位置，重新坐封测试。

3）适用条件

（1）适用于裸眼跨隔测试。

（2）适用于一井多层，逐层跨隔测试。

（3）适用于软地层、大肚子井眼、键槽式井眼及冲刷地层坐封测试。

（4）适用于套管井测试。

（三）复合测试管柱

1. 全通径 APR 酸化压裂管柱

该管柱主要用于酸化压裂完成后，通过环空加压、卸压将循环孔打开，进行下步测试作业。全通径 APR 酸化压裂管柱的组成为：油管（钻杆）+油管（钻杆）试压阀+常开、常闭阀（OMIN 阀）+LPR-N 阀+液压旁通+VR 安全接头+RTTS 封隔器+压力计。

2. MFE 与纳维泵排液管柱

该管柱主要用于自喷能力差或根本没有自喷能力的油井，采用 MFE 测试阀与纳维泵组合的测试工艺。MFE 与纳维泵排液管柱的组成为：钻杆+扶正器+纳维泵+旋塞阀+循环阀+MFE 测试阀+震击器+P-T 封隔器+筛管+压力计。

3. 螺杆泵试油（采）探边管柱

该工艺管柱由螺杆泵、防旋油管锚、热电缆、注水球阀、MFE 测试阀、伸缩接头、P-T 封隔器、电子压力计等工具组合而成，对稠油、高凝油既能

加热排液，又能进行探边测试，缩短试油（采）周期，简化工序。对于原油凝固点高、油稠、质差、常规排液困难的油井，采用电加热螺杆泵排液+MFE测试阀+存储电子压力计试井工艺。

4. 全通径STV与螺杆泵排液管柱

该管柱由螺杆泵、循环阀、STV测试工具、电子压力计、RTTS封隔器、射孔枪等工具组合而成，封隔器座封后，环空打压开井，进行开、关井操作，测取地层压力等资料，需要螺杆泵排液时，下入泵芯、泵杆进行排液。测试工具配合使用排液工具，在很大程度上提高试油测试的工艺水平，缩短施工周期，现在已经被各大油田广泛应用。

（四）地层测试优化设计

测试设计是确保工艺成功实施和地层地质信息全面准确录取的必要程序，依据地层渗流条件和地质录取资料目的编制而成。

1. 测试压差的设计

地层测试压差是指测试初始流动压差。从求取地层产能方面考虑，测试压差越大越有利于地层流体产出和诱喷，但压差过大不仅可能诱发地层垮塌、大量出砂，而且可能导致工具刺漏或其他工程事故发生，所以工艺上常采用加测试液垫的方式控制测试压差，液垫一般为清水。测试压差值的大小通过调整液垫高度进行控制。

2. 测试开关井工作制度的设计

（1）中途裸眼测试，由于井眼稳定条件差，从安全角度考虑，一般测试周期不超过8h。通常以求取产能、流体性质、地层压力和井筒完善状况为主要测试目的，故多采用一开一关工作制度。

（2）完井套管测试，不受井筒条件限制，可根据测试目的进行长时间和多次开关井工作制度，目前多采用二开二关工作制度。对于非自喷井，为进一步落实地层流体性质，可配合人工助排作业（如三开或二开抽汲排液）；对于出砂严重的地层，仍应选用一开一关工作制度，以免多次开、关井出现沉砂现象，影响井下作业安全。

（3）措施效果评价，测试需根据增产措施类型和评价测试目的选择测试工作制度，但对压裂改造井仍需考虑防砂和出砂问题。

3. 测试开关井时间的设计

自喷井开井时间越长，压降漏斗波及范围越大，反映的储层地质信息越全面，成果越可靠，但非自喷井由于受自然流动举升条件和测试管柱容积的限制，开井时间过长将出现流动自然停止现象（自然关井）或导致关井压力恢复资料失真、丢失。

（1）中途裸眼测试一般在允许最大测试时间内（8h）进行，建议开井时间不少于3h，以保证地层真实产能和流体性质资料的获取。

（2）增产措施效果评价测试设计开井时间要大于2d，以保证压裂或酸化措施有效范围内地层压降充分形成，为关井压力恢复过程充分揭示储层渗流特性创造条件。这类井的关井时间应通过理论模拟方式进行确定，通常关井时间需大于开井时间的3倍。

（五）测试压力曲线定性分析

用电子压力计测得的压力数据经过回放所得曲线和用机械压力计测得的压力卡片曲线是一致的，正确分析处理测试压力曲线是地层测试的重要工作。以压力卡片曲线为例说明。压力卡片曲线直观地反映了测试过程中任一瞬间的压力变化，完整地记录了从工具入井、测试到工具起出的测试施工轨迹。进行压力卡片分析，找出影响测试卡片的非正常因素，判别记录的压力值是否准确地反映测试层的地层特性，这是正确分析、解释测试资料以及给测试层定性、定量的基础依据。因此，压力卡片是极其重要的原始资料。

1. 压力卡片曲线的组成

一般地层测试大多采用两次开关井测试工艺，包括初开井、初关井、二开井、二关井四个阶段。初开井和初关井为一周期，二开井和二关井为另一周期。图3-4-1为两次开关井压力卡片曲线，图中纵坐标为压力轴线，横坐标为时间轴线。

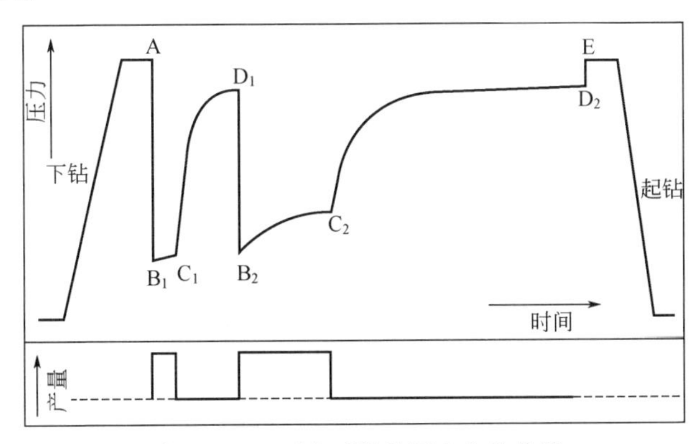

图3-4-1　两次开关井压力卡片曲线

A—始静液柱压力；AB_1—打开测试阀；B_1C_1—初流动压力曲线；C_1D_1—初关井压力曲线；D_1B_2—第二次打开测试阀；B_2C_2—第二次流动压力曲线；C_2D_2—第二次关井压力恢复曲线；E—终静液柱压力

2. 各测压阶段的目的

（1）初开井是为了释放由于钻井液浸入引起井底附近过高的压力状态，清除污染物，疏通地层通道，使地层恢复到接近天然流动状态。

（2）初关井是为了在较短时间的初流动后，在地层没有损失能量的条件下获得原始地层压力。

（3）二开井是为了让地层充分流动，录取地层的流体性质、产能资料。

（4）二关井是为了录取满足定性、定量分析的压力恢复数据，求取地层特性参数，评价油气藏。

3. 压力卡片分割及数据采集

测试结束后，根据现场录取和收集的各项资料，详细、齐全、准确地填写施工总结和现场测试报告，并在所有下井测试卡片中选择记录曲线完整、清晰并真实反映测试层压力动态的压力卡片，分别量出各基本点（特殊点）的压力矩，按所用压力计校验值计算出相应的压力值。如今广泛应用的电子压力计，分辨率和精度高、量程长、范围宽，由计算机直接读取测得的压力值，数字回放压力曲线，操作简单、快捷、准确，已经完全取代了机械压力计。

4. 地层测试求产

地层测试是用测试工具将地层段与测试层段隔离开，然后控制操作井下测试阀进行多次开、关井，对测试井段进行测试，测试层的液体经过筛管和测试阀流入管柱内。自喷井按规定分别进行油、气、水产量的计量，非自喷井一般按流动曲线折算产量。

施工现场应取资料有：

（1）测试井的基本数据：井位、井深、井身结构、测试层位、坐封位置、解释井段、测试层厚度、测试层岩性、测井解释结果、录井油气显示及解释结果。

（2）下井测试管柱数据：测试类型、封隔器类型、下井工具（名称、规格、内外径、长度、下入深度）、井下油嘴尺寸。

（3）压井液数据：液垫类型及位置（水性液垫的氯离子含量等）、压井液类型、密度、黏度、失水、含砂、电阻率、氯离子含量。

（4）测试时地面记录数据：坐封时间、各次开关井时间、解封时间、地面油嘴尺寸、井口压力、地面产出流体类型、产出流体体积及产量、测试期间地面显示描述。

（5）放样数据：放样地点、取样器压力、油样量、天然气样量、水样量（需要记录氯离子含量）、压井液量、气油比。

（6）管柱内回收液数据：液面总高度、纯液面高度、流体类型、液体数量。

（7）下井仪器数据：压力计型号、压力计编号、量程、下入深度、标明内压力计或外压力计、时钟量程及走速、温度计量程、实测最高温度、初静液柱压力、初流动始点压力、初流动末点压力、初关井压力、终流动始点压力、终流动末点压力、终关井压力、终静液柱压力。

（8）取样常规分析数据：油分析、天然气分析、地层水分析和取样器录取的 PVT 样品分析数据。

5. 系统试井

包括稳定试井、不稳定试井。

稳定试井，是通过在三个或多个不同工作制度下（油嘴大小或针型阀开启度）测得的地面流量及对应的稳定井底压力数据，绘制并确定指示曲线类型，建立产出能力（或注入能力）方程，由产能方程提供井的最大潜在流量，推断出井和油藏的流动物性。

不稳定试井，是通过测量井口或井底压力得到压力下降和恢复数据，建立压降或恢复曲线，以此为基础可得到产能方程、驱动类型、储集类型、油水边界等油层（田）开发数据。

6. 地层测试资料处理

利用试油测试评价系统软件对所测得的压力数据进行分析。常规试井分析可用于等产量或变产量的压降测试，更多的是用于压力恢复测试。目前试井资料解释采用压力导数图版拟合解释方法，使试井模型的识别和选择、流动阶段的划分以至整个图版的拟合分析更加容易，试井解释结果更加准确。将试井解释结论结合地质资料、测井资料、油气水分析资料，对油层类型、产液性质、污染程度、导压能力、导流能力等做出评估。

四、油管输送射孔与地层测试联作

油管输送射孔（TCP）与测试联作就是将油管输送射孔枪与测试工具有效地组合成一套管柱，一次下井完成射孔和测试两项作业，简称为射孔与测试联作工艺，包括常规射孔测试联作工艺和跨隔射孔测试联作工艺。

（一）TCP 与地层测试联作工艺特点

（1）能够采取负压射孔方式，射孔瞬间的回流能有效地清洁射孔孔眼，减轻对储层的损害。

（2）射孔后立即测试，能在不受压井液二次污染的情况下获得地层的真实产能。

（3）能够使用大直径、深穿透射孔弹一次性进行多储层长井段射孔。

（4）射孔后井口能够得到有效的控制，作业安全性高。

（5）能有效地在稠油井、水平井、定向井中作业。

（6）能够缩短试油周期，提高作业效率。

（二）TCP与MFE测试联作

MFE工具为非全通径工具，它仅限于使用压力点火射孔工具。施工过程与作用原理如下：

（1）工具连接入井：工具入井前要详细丈量定位短节以下所有工具的长度，并依次连接入井。

（2）校深调整管柱：管柱下至预定位置后，用磁定位和放射性曲线测量定位短节的实际深度，调整管柱使射孔枪对准目的层。

（3）开井射孔：封隔器坐封多流测试器打开后，关闭井口防喷装置，向环空打压，压力通过旁通接头、中心管传递到起爆器上，当压力超过设计值时起爆射孔枪，通过井口监测仪或观察泡头的气泡变化和井口震动情况，判断是否枪响。射孔后释放掉环空压力。

（4）关井测压与解封起钻：其操作与常规测试完全相同。

（三）TCP与APR测试联作

APR测试工具为压控式全通径工具，它既可采用投棒起爆射孔方式，又可采用压力起爆射孔方式。

1.投棒起爆射孔与APR测试联作

管柱下至预定位置，调整管柱使射孔枪对准目的层，封隔器坐封，关闭井口防喷装置，向环空打压开井，然后从井口向管柱内投棒，投棒撞击起爆器剪断销钉，撞针下行冲击雷管射孔。施工中要保持管柱内液体清洁，防止在起爆器和LPR-N测试阀上产生沉淀物。

2.压力起爆射孔与APR测试联作

在投棒起爆射孔条件不具备时，采用压力起爆射孔方式。为确保循环阀不提前打开造成测试失败，设计起爆压力一定要高于开井压力。在井口条件和井眼条件允许的情况下，适当提高循环压力与起爆器压力之间的压力等级，优先选用压差式延时起爆器。其施工过程与投棒起爆射孔方式的区别是LPR-N测试阀打开后，继续向环空增压至起爆压力，待延时4~7min后点火射孔。

（四）TCP与PCT测试联作

PCT测试工具为压控式全通径工具，与TCP联作完成射孔和测试两项作业。该技术适用于任意负压下的大斜度井、水平井、稠油井以及高温、高压井的射孔测试。管柱的组成为：定位短节+油管（钻杆）+反循环阀+压控测试阀+旁通阀+压力计+震击器+安全接头+激发器+封隔器+减振器+筛管+压力起爆器+射孔枪。

（五）TCP与STV测试联作

STV测—射联作普遍采用压力起爆方式，与APR测—射联作压力起爆射孔方式相似，在起爆过程中，向环空打压打开STV阀，继续向环空增压至起爆压力，即可泄压至零，待延时4~7min后点火射孔。

五、地层改造

酸化压裂是地层改造的重要举措，是提高油气井产量的关键措施。在不同岩性的地层使用不同的方法，酸化是针对碳酸盐岩地层的有效措施，同时，小量酸化是解决钻井滤饼卡钻的最佳方案；压裂是碎屑岩地层开发的有效方法。自20世纪60年代以来该项技术得到长足的发展，施工设备的工作压力从30MPa提高到200MPa，一次作业施工量从二、三十方提高到上万方，施工作业的自动化程度都是非常高的，从设计、准备到施工已经形成一套完整的程序。酸化分为酸侵（酸泡）和酸压两类；另外是加砂压裂，加砂也从几米一方增加到一米四、五方砂。在陕北地区的油井加砂压裂几乎是每口井必需的措施，不压裂不投产。

（一）酸侵

酸侵是把不同浓度的酸液，通过地面、井下设备输送到需要酸化的井段，对目的井段进行酸侵达到酸化目的，特点是只把酸液输送到目的井段，不加压，在完成反应后再通过循环把酸化液排出。主要目的对试油井段进行井壁上的滤饼和井壁表层进行解堵；对钻井而言是解除滤饼卡钻的有效措施。一般用量在几方或十方以下。

（二）酸化压裂

酸化压裂有两种类型，即碎屑岩地层酸化压裂和碳酸盐岩地层的酸化压裂。

1. 碎屑岩酸化

针对碎屑岩而言，基质酸化是解除储层损害、恢复储层渗透性的一种方案。基质酸化也称解堵酸化，是指在井底施工压力小于储层破裂压力条件下，将酸挤入地层解除近井地带的损害，恢复近井地带的渗透率。砂岩地层中所有的酸主要在以井筒为中心半径50cm范围反应，一般不超过100cm。

1）砂岩酸化反应机制

（1）盐酸与砂岩地层中盐酸可溶物的反应。

（2）氢氟酸与石英硅酸盐的反应。

（3）酸液的溶解力。

2）酸液体系对地层的适应性

（1）地层特征。要确定岩性特征、污染物和污染特性，同时还要得到孔隙度、孔隙压力、地层温度以及岩石力学特征。

（2）储层配伍特征。地层流体与地层矿物的配伍是决定酸液配方的关键。

（3）酸化的添加剂。不同的添加剂适应不同类型的砂岩酸化工艺，主要包括：自生土酸、缓冲土酸、铝盐缓速酸、有机土酸、胶束酸、乳化酸、转向酸、粉末硝酸等。

3）盐酸酸化

使用时需考虑以下因素：

（1）盐酸的溶蚀率大小。

（2）土酸的溶蚀特点。

（3）酸化过程中铁的沉淀特征。

（4）酸液及添加剂的选择。

（5）前置液的选择。

（6）主体酸的用量及浓度的选择。

（7）后置液（顶替液）的配置及选择。

（8）提高排酸速度的措施。

2. 碳酸盐岩酸化

碳酸盐岩酸化统称酸化压裂，是针对碳酸盐岩储层改造的工艺。经过60多年的发展，该项工艺已经形成以实现深度穿透为目的的各种压裂技术，如前置酸压、胶凝酸压、化学缓速酸压、泡沫酸压、乳化酸压、高效酸压等。

1）酸化反应过程

（1）酸与石灰岩的反应。

（2）酸与白云岩的反应。

（3）酸与方解石的反应。

（4）酸反应的生成物。

2）不同层产改造措施的特点与适应性

（1）普通酸压技术即常规酸压，只采用普通盐酸对地层进行酸化压裂，获得有效溶蚀距离较短，一般缝长15~30m，主要适应受害严重的高渗透层。

（2）深度酸压技术是采用不同于常规酸压的技术，包括普通酸中加降滤剂、前置液酸压、凝胶酸工艺、缓速酸工艺、泡沫酸工艺、多级注入酸工艺。

（3）特殊酸压技术不同于前两种酸压工艺，是指闭合裂缝酸化、平衡酸压、致密碳酸盐岩储层水力加砂压裂。

（4）新型酸压技术是指多级注入深度酸压加上闭合裂缝酸压，效果更好。

（5）其他酸压技术包括废硫酸酸化技术、硝酸粉末技术、水力脉冲盐酸酸化技术、抗石膏酸化技术、暂堵及投球分层酸化技术。

（三）压裂

压裂，即加砂压裂，能够提高碎屑岩储层的连通性。使用原油或胶体溶液携带支撑剂打开或增加储层通道，这一措施是提高油气产量的重要措施。自1955年玉门油田在新5井用水泥车、原油、石英砂进行第一次压裂施工以来，我国的压裂技术不断发展进步，随着压裂液的携砂能力的提高、地层污染水平的下降、支撑剂技术含量的提高，压裂效果得到进一步证明。这项技术的关键要素有三项：一是地层破裂压力；二是支撑剂的抗挤压能力；三是压裂液的携砂能力和对地层的污染水平。经过多年发展，我国已经形成了一套适应陆上油气田特征的流程和以分层压裂改造为主线的技术体系。进入21世纪以来，压裂工作紧紧围绕着提高低渗、特低渗油气田整体开发效益，依靠科技进步、系统管理技术水平的提高，压裂效率不断提升。

影响压裂施工的参数主要包括油气井参数、油气层参数以及压裂参数。

1. 油气井参数

油气井参数影响压裂施工条件，主要包括：

（1）压裂井的类别、注采井的类型、布井方位与施工井在其中的位置。

（2）井径、井下管柱（油管、套管）与井口装置的尺寸及额定压力。

（3）储层井段的固井质量。

（4）射孔井段、长度、射孔方式、弹型、相位角、孔密及孔眼尺寸。

（5）井下工具的名称、尺寸、额定压力、位置与承受温度。

2. 油气层参数

油气层参数决定压裂前后储层的产量变化，主要包括：

（1）储层有效渗透率、孔隙度、含油饱和度和有效厚度在垂向和水平方向的变化。

（2）储层目前地层压力（当前静压）与静态温度。

(3) 储层油水状态与渗透率关系。

(4) 储层流体性质如密度、黏度(井下)、压缩系数、水型与总矿化度。

(5) 储层岩石力学性质，弹性模量、泊松比、抗压强度与空隙弹性参数。

(6) 储层(含遮挡层)就地应力的垂向分布(就地应力破面)以及最小(最大)水平应力相位。

(7) 遮挡层的岩性、厚度与地应力值。

(8) 压裂井的试油、开发生产与生产测试数据。

3. 压裂参数

压裂参数决定产生裂缝的几何尺寸及裂缝的导流能力，主要包括：

(1) 储层岩石的裂缝韧性及储层上、下遮挡层的地应力差。

(2) 裂缝的破裂压力、延伸压力和闭合压力。

(3) 压裂液的类型及其在储层条件下的流变性、黏温黏时性、滤失与损害及损害性能。

(4) 支撑剂的类型及其在储层条件下的抗压强度、裂缝导流能力、裂缝支撑剂层渗透率等技术性能数据。

(5) 施工过程中的泵排量平均砂液比与泵注程序等压裂施工参数。

(6) 动用的压裂设备功率及压裂极限。

(7) 油藏以往压裂实践及压裂前后生产数据。

六、地面计量

在自喷井试油过程中，为取得储层流体的井口压力、温度、油气水产量及物理参数，建立可移动的临时计量、测量装置，称为地面计量装置。这套装置组成主要有：

(1) 井口控制头：相当于采油井口或称采油树。

(2) 数据头：接在油嘴管汇进出口处，用于测量压力、温度和注入化学剂。

(3) 除砂器：除去地层出砂并对其进行计量。

(4) 节流器(油嘴管汇)：安装、取出计量油嘴的装置。

(5) 加热器(热交换器)：产气压降结冰、高凝油这些都需要加温。

(6) 三相分离器：对产出的油气水进行分离并计量。

(7) 燃烧器：储层产出油气引出并进行燃烧的装置。

(8) 工作间和数据采集系统。

七、试油设备

试油设备是用来对井下管柱或井身进行维修或更换而提供动力的一套综合机组。试油是井下作业的一个分支，其动力设备是相对修井设备较为简单，它包括动力机、传动设备、绞车、井架、天车、游动滑车、大钩和其他辅助设备，如图 3-4-2 所示。

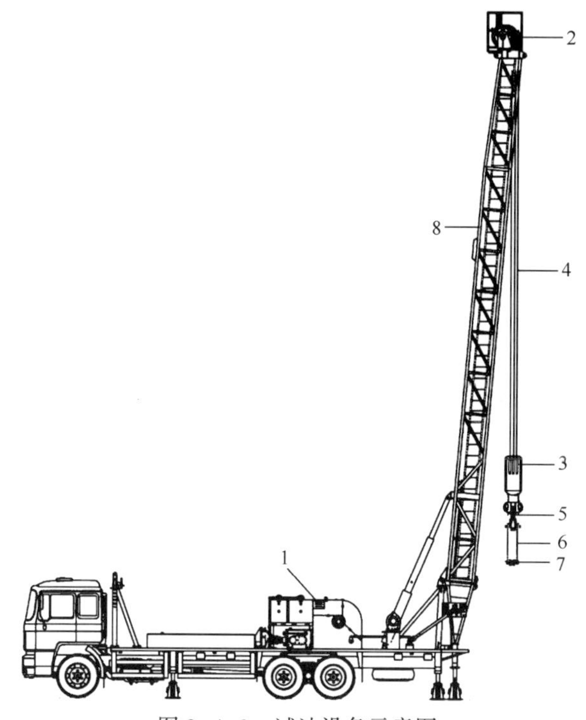

图 3-4-2　试油设备示意图

1—动力设备；2—天车；3—游动滑车；4—钢丝绳；5—大钩；6—吊环；7—吊卡；8—井架

修井机或通井机是修井和井下作业施工中最基本、最主要的动力来源，按其运行结构分为履带式和轮胎式两种形式。履带式修井机一般不配带井架，其动力越野性好，适用于低洼泥泞地带施工，缺点是行走速度慢。轮胎式修井机一般配带自背式井架，行走速度快，施工效率高，适合快速搬迁的需要，其缺点是在低洼泥泞地带及雨季、翻浆季节行走和进入井场相对受到限制。

天车和游动滑车是吊升系统的两个部件，通过钢丝绳的反复上下穿绕把它们连成一个定滑轮、动滑轮组合。最后一道钢丝绳绕过天车轮后，绳头放下缠绕在绞车滚筒上，从天车轮另一端下来的钢丝绳则把它固定在井架下的死绳固定器上。天车、游动滑车、钢丝绳三个部件把绞车、井架以及钻柱、管柱联系起来，以实现起下作业。

天车是一组定滑轮。它由滑轮、天车轴、天车架及轴承等主要零件组成，滑轮有3~8个，同装在一根天车轴上，排成一行。

游动滑车是一组动滑轮。它由滑轮、游车轴、下提环、下销座、侧板、提环销及轴承组成，滑轮由3~7个组成，同装在一根游车轴上，排成一列。

在试油作业施工中，一般常用19mm和22mm钢丝绳作为滚筒与游动滑车之间的连接大绳，使修井机滚筒、井架天车、游动滑车及大钩连接成为统一的吊升系统，将滚筒的转动力转变为游动系统的提升力，完成试油作业施工的各种工艺管柱的起下和悬吊井口设备等作业。钢丝绳的另外用途是用于井架绷绳，固定稳定井架，使井架能承载井下作业管柱负荷。钢丝绳在试油作业施工中还用于牵引拖拉起吊设备时的承力、承重绳套。

大钩是修井机游动系统的主要设备之一。它的作用是悬挂水龙头并通过吊环、吊卡悬挂钻柱、套管柱、油管柱，并完成试油作业及其他辅助施工。大钩主要由钩身、钩座及提环组成，目前在现场上使用的主要是三钩式大钩，即有一个主钩和两个侧钩。主钩用于悬挂水龙头，两个侧钩用于悬挂吊环。三钩式大钩和游动滑车组合在一起构成组合式大钩。组合式大钩的主要优点是可减少单独式游动滑车和大钩在井架内所占的空间，当采用轻便井架时，组合式大钩更具优越性。

吊环是起下钻管柱时连接大钩与吊卡用的专用提升用具。吊环成对使用，上端分别挂在大钩两侧的耳环上，下端分别套入吊卡两侧的耳孔中，用来悬挂吊卡。按结构不同，吊环分单臂吊环和双臂吊环两种形式。

吊卡是用来卡住并起吊油管、钻杆、套管等的专用工具。在起下管柱时，用双吊环将吊卡悬吊在游车大钩上，吊卡再将油管、钻杆、套管等卡住，便可进行起下作业。试油施工中常用的吊卡一般有侧开活门式和月牙式两种吊卡。

液压动力钳是靠液压系统进行控制和传递动力的上卸扣的专用工具，它的动力由液压马达提供，具有操作平稳、效率高、安全可靠、适用性强等的特点。

八、井控装备

井控装置是指为实施油井、气井、水井压力控制技术而设置的一整套专用的设备、仪表和工具，是对井喷事故进行预防、监测、控制、处理的关键装置。

（一）井控装备组成

井控装备包括井口装置、防喷器控制装置、防喷器、内防喷工具、节流管汇、压井管汇及相匹配的阀门等，如图 3-4-3 所示。

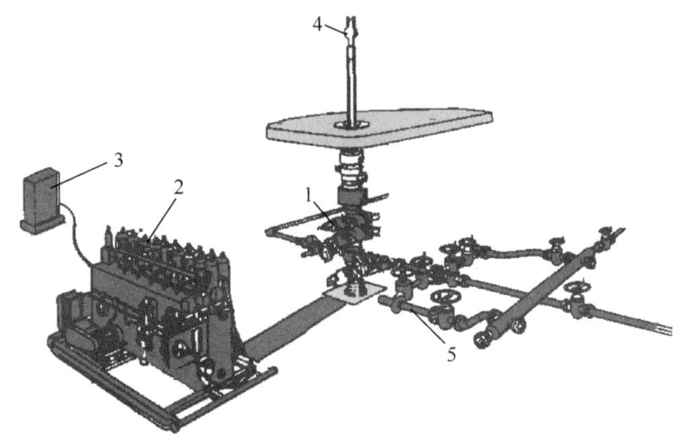

图 3-4-3 井控装备示意图

1—防喷器；2—防喷器控制装置；3—远程控制台；4—内防喷工具；5—节流管汇，压井管汇

（1）井口装置（采油树）：是指安装在油气井最上部，用于控制和调节油气井生产的主要设备。主要由套管头、油管头和采油树本体三部分组成。主要作用如下：

① 连接井下的各层套管，密封各层套管环形空间，悬挂套管部分重量。

② 悬挂油管及下井工具，承挂井内的油管柱的重量，密封油套环形空间。

③ 控制和调节油井生产。

④ 保证各项井下作业施工，便于压井、起下作业、测压、清蜡等正常生产管理。

⑤ 录取油套压。

井口装置的额定工作压力必须为预测井口最高关井压力的 130% 以上，高压井、高含硫井在常规井口设计要求的基础上提升一个压力级别。

（2）防喷器控制装置：是指能储存一定的液压能并提供足够的压力和流量，用以开关防喷器组和液动阀的控制系统。

（3）防喷器：是井下作业井控必须配备的防喷装置，对预防和处理井喷有非常重要的作用。防喷器分三类，即环形防喷器、闸板防喷器和旋转防喷器。闸板防喷器按照驱动方式可分为手动闸板防喷器和液动闸板防喷器，按照闸板的副数可以分为单闸板防喷器、双闸板防喷器、三闸板防喷器。目前我国液压防喷器的压力等级分为14MPa、21MPa、35MPa、70MPa、105MPa和140MPa六个等级；公称通径分为180mm、230mm、280mm、346mm、426mm、476mm、528mm、540mm、680mm九种。防喷器压力等级不小于预测井口最高关井压力、所使用套管抗内压强度以及套管四通额定工作压力三者中最小者。

（4）内防喷工具：是在井筒内有作业管柱或空井时，密封井内管柱通道，同时又能为下一步措施提供方便条件的专用防喷工具。

（5）节流管汇、压井管汇：是实施油气井压力控制技术必不可少的井控设备。在作业施工中，一旦发生溢流或井喷，可通过节流管汇、压井管汇循环出被浸污的压井液或泵入加重压井液压井，以便恢复井底压力平衡，同时可利用节流管汇控制一定的井口回压来维持稳定的井底压力。压井管汇也可用于反循环压井。

节流管汇的作用：

① 压井时实施节流循环，控制井内流体的流出井口，控制井口回压（立压和套压，维持井底压力）地层压力保持不变，抑制溢流。

② 起泄压作用，降低井口压力，实现“软关井”。

③ 起分流放喷作用，将溢流物引出井场以外，防止井场着火和人员中毒，确保钻井安全。

压井管汇的作用：

① 当全封闸板关井时，通过压井管汇往井眼内强行泵入加重压井液，实现反循环压井。

② 发生井喷时，通过压井管汇往井眼内强行泵入清水，以防燃烧起火。

③ 发生井喷着火时，过压井管汇往井眼内强行泵注灭火剂进行灭火。

按额定工作压力，节流管汇有三种配置形式、压井管汇有两种配置形式。节流管汇、压井管汇的额定工作压力应与所用防喷器组合的额定工作压力相一致。节流管汇、压井管汇及阀门压力级别要与防喷器和井口装置压力级别相匹配。高压井、高含硫井、天然气井必须安装双翼节流管汇。

（二）液压闸板防喷器

液压控制的闸板防喷器是井控装置的一个重要组成部分，能够在试油作业中控制井口压力，有效地防止井喷事故发生，实现安全施工。

1. 主要作用

（1）当井内有管柱时，配上相应管子闸板能封闭套管与管柱间的环行空间。

（2）当井内无管柱时，配上全封闸板能全封闭井口。

（3）在封闭情况下，可通过四通及壳体旁侧出口所连接的管汇进行钻井液循环、节流放喷、压井等特殊作业。

（4）必要时，管子闸板可以悬挂钻具。

（5）在特殊情况下，配置剪切闸板，可切断钻具后达到封井目的。

2. 结构组成

闸板防喷器由壳体、侧门、油缸、活塞、活塞杆、锁紧轴、闸板总成、密封件等主要零部件组成，如图 3-4-4 所示。

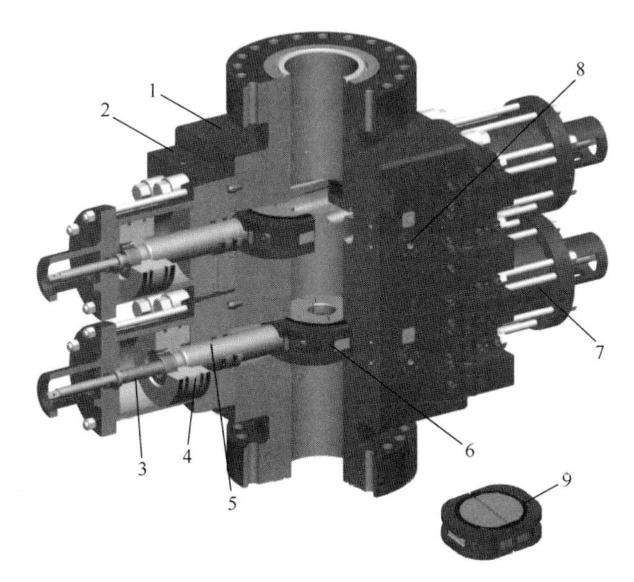

图 3-4-4　双闸板防喷器结构图

1—壳体；2—侧门；3—锁紧轴；4—活塞；5—闸板轴；6—半封闸板；7—油缸；8—关闭、打开闸板进出油口；9—全封闸板

3. 开关原理

当高压油进入左右油缸关闭腔时，推动活塞、活塞杆（闸板轴），使左右闸板总成沿着闸板室内导向筋限定的轨道，分别向井口中心移动，达到封井的目的。当高压油进入左右油缸开启腔时，左右两个闸板总成分别向离开井口中心的方向移动，达到开井目的。闸板开和关是由液控系统中的换向阀控制，闸板开关作用力与活塞的受力面积、作用于该面积上的液控压力成正比。

4. 密封原理

闸板防喷器封闭井口要同时有四处密封起作用，才能达到有效的密封，即：闸板顶部与壳体的密封；闸板前部与管子的密封；壳体与侧门间的密封；活塞杆（闸板轴）与侧门间的密封。闸板的密封过程分两步，一是当闸板关闭时，在液压油作用下，活塞杆（闸板轴）推动闸板使前密封胶芯挤向密封部位，封紧管柱或空井，形成前部密封；闸板与闸板座挤压顶密封胶芯，使橡胶被挤向上突出，导致胶芯与壳体上密封凸台间过盈压缩，形成顶部密封，从而形成初始密封。二是在井内有压力时，井压从闸板背部推动闸板进一步挤压前部胶芯，使橡胶挤向密封部位，同时井压从闸板下部推动闸板上浮贴紧壳体上密封凸台面，从而形成可靠的密封，这种井压作用称为井压助封作用。

第三节　试油工序与资料录取

常规试油是试油作业的主要措施。几乎所有的井，包括经过中途测试的井，最后都要进行试油作业，取得储量计算、油田开发所需要的数据。

一、通井

通井是用油管带通井规通至人工井底，其目的包括：清除套管内壁上黏附的固体物质，如钢渣、毛刺、固井残留的水泥等；检查套管通径及变形情况；检查固井的人工井底深度是否达到要求。中途测试则使用钻具通井，疏通、检查井壁，要求井筒通畅，为井下工具下井做好技术准备。应了解通井的时间、方式（通井工具的类型、尺寸等）、遇阻遇卡的位置及负荷变化情况、处理方法、人工井底（井底）的深度。每井、每层都要进行通井。

二、洗井

洗井的目的是清洁井筒。清水洗井应达到进出口水质一致，机械杂质含量小于0.2%，使之符合射孔的要求。中途测试时洗井要求井筒清洁、井壁稳固，钻井液性能适合中途测试。裸眼、筛管完成的井，要求清洁裸眼或筛管井段，若在洗井过程中发现漏失，应立即停泵查明原因并采取措施。对于大直径套管、井较深时要注意控制洗井排量，避免对上部套管造成超强度破坏，必要时可分段洗井。裸眼井洗井在控制排量防止漏失的同时，要做好防喷、放喷工作。

洗井时应记录时间、洗井液类型及用量、洗井方式、泵压、排量、洗井深度和返出物名称、性质及数量、漏失量、油气显示情况等。

三、冲砂

对于因井下有沉砂而未达到人工井底或试油要求深度的井，应进行冲砂。冲砂不到底应查明原因，如果影响后期的试油作业，则通常需要进行钻冲到所需深度。冲砂时应记录时间、方式、深度、冲砂液性能、泵压、排量、负荷变化情况、漏失量、冲砂进尺、冲出砂量和其他返出物名称、性质及数量、通井不到底的原因及处理方法、井底深度和冲砂、洗井时的油气显示。

四、试压

试压是一口井试油作业开工的首要工作，通过试压为以后施工验证工作环境。试压分两种，一是井筒试压；二是井口试压。

井筒试压的目的为检验固井质量、检查套管密封情况。根据井身条件可进行增压试压或负压试压，一般采用清水增压试压。

井口试压是关闭总阀门和套管阀门，从生产（油管）阀门加压、测试，检查地面设备的密闭性是否符合设计规范。

试压时应记录时间、方式、试压介质、用量、观察时间及试压结果（表 3-4-2）。

表 3-4-2　清水增压试压标准表

套管外径（mm）	增压压力（MPa）	观察时间（min）	压力降落（MPa）
127.0	15	30	0.2
139.7	15	30	0.2
177.8	12	30	0.2

五、射孔

射孔的目的是沟通地层和井筒，产生流体流动通道。根据射孔方法可分为聚能射孔、复合射孔、水力喷砂射孔和超正压射孔。在静液柱压力大于地层压力时的射孔称为正压射孔，在静液柱压力小于地层压力时的射孔称为负压射孔。根据射孔弹携带方式可将射孔分为电缆射孔和油管传输射孔。

射孔时应记录时间、层位、层号、井段、厚度、射孔方式、枪型、弹型、孔数、孔密、相位角、发射率、压井液名称、压井液密度及液面深度、射孔后油气显示、井口压力及其他异常情况。射孔发射率要求达到95%以上，否则需要补射。

六、诱喷

只有正压射孔时才进行诱喷。油气层射开之后，只有降低井内液柱压力，使储层压力大于井内液柱压力，才能使油、气从储层流入井内，这个过程是试油工作中的一道主要工序。要改变井底压力，可以通过改变液柱高度或压井液密度来实现。诱导油气流的方法有多种，如替喷法、抽汲法、提捞法、气举法等。诱导油气流方法的选择，应根据油气层岩性、产液能力等具体情况而定。无论采用哪种方法，都应遵循以下基本原则：

（1）缓慢而均匀地降低井底压力，避免破坏油层结构，防止地层出砂及油气层坍塌。

（2）建立足够且合理的生产压差。

（3）能举出井底和井底周围的污染物，有助于井壁污染的清除。

常用的诱导油气流的主要方法包括替喷法、抽汲法、提捞法、气举法四种。

（一）替喷法

射孔后，井内液柱压力高于油气层压力时，油气井不能形成自喷，可采用替喷法降低井内液柱压力，达到诱喷目的。替喷原理是用密度小的液体将井内密度大的压井液替出，一般采用正替喷。这种方法常用于油气层压力较高、产量较大及油层堵塞不严重的井。可根据具体情况采用一次替喷或二次替喷。

一次替喷：应用在油井或产量较小的气井，即一次将井筒内的压井液全部替出，然后上提油管至油层上部10~15m。

二次替喷（分段替喷）：先将油管下到离人工井底1m左右，用替喷液正替至油气层上部设计的位置，然后上提油管至油层上部10~15m，坐好井口。第二次用替喷液替出井内的全部压井液。

录取资料：替喷时间、方式、替喷液名称、替喷液性能及用量、管柱结构及深度、泵压、排量、返出物性质及数量、漏失情况、管柱结构及深度、替喷效果。

（二）抽汲法

由于油气层压力低或钻井过程中的钻井液污染造成地层孔隙堵塞，经过替喷、诱导而不能自喷时，采用抽汲法，使之达到自喷或排液的目的。

抽汲就是利用带有密封胶皮及单流阀的抽子，通过钢丝绳下入井中，迅速上提抽出油管内的压井液，从而大幅度降低井中液柱对油气层的回压，促使地层流体流入井筒，对地层内污染物的排出十分有利，从而达到解堵、诱导油气流的目的。目前抽子下深可达2000m，该方法依然是地层解堵的有效措施。

抽汲法还可以进行油井产量的测量，通过定时（固定时间）、定深（抽汲深度）、定次（抽汲次数）、控制井内的动液面位置（深度），可测得油、水产量。

录取资料：时间、抽次、抽深、动液面、抽出液体量（包括油量、水量）及流体性质（密度、含水率、含砂量、氯离子含量）、地面油气水样品、单日产油量及产水量、累计产油量及产水量。

抽汲法受其工艺和工具限制，适用于油质不太稠、能使抽子顺利起下的产液（油层、油水同出层、水层）井、动液面在1600~1700m以上且供液能力较充足的地层。

（三）气举法

气举法是利用压风机向油管（正举）或套管内（反举）注入压缩气体，使井中液体从套管或油管中排出。一般正举时压力变化比较缓慢，用于砂泥岩地层；反举压力下降剧烈，容易引起地层出砂，但是气举效果好，通常用于碳酸盐岩地层。

录取资料：时间、气举方式、气举介质（压缩气体种类）、管柱结构、深度、油压、套压、压风机压力、泵车压力、进出口液量及性质、油嘴尺寸、累计排液量，同时，应确定井内是否出水，产生间歇气举则要注明等液面恢复时间。

在油气井里，空气与天然气混合到一定比例时，如遇明火容易发生爆炸，所以在油气井里使用空气气举是不安全的，可以液氮气举排液法或连续油管注入液氮气举排液。该方法适用于供液充足的产层。

（四）提捞法

提捞法是用于低产的非自喷井的降液、求产方法。该方法是用一个钢制的捞筒，通过钢丝绳下入井内，一筒一筒地将井内液体捞出井筒，也可采用定时、定深、定次提捞，从而达到降低井底压力的目的。

录取资料：时间、捞筒规格、钢丝绳下入深度、捞深、捞次、液面、液量、油量、水量、累计油量、累计水量、油水性质、液面深度。

提捞法适用于不能自喷、产量很低、液面相对较深的井，但其排液效率低，目前基本不用。

（五）泵排法

1. 螺杆泵排液

螺杆泵是一种容积泵，由泵筒（定子）、螺杆（转子）、泵头（地面驱动装置）及加热系统组成。使用时，泵筒随管柱下至预定位置，从管柱内下螺杆至泵筒，安装泵头及地面系统，启动电机转动螺杆进行排液。若遇稠油则启动加热系统，加热方式有电辅热和水辅热两种方式，目前通常采用双空心螺杆泵进行水辅热。

工艺特点：

（1）泵效高，泵效可达 90%。

（2）热效率高，最高达 130℃。

（3）采用变频驱动、扭矩大、安全性高。

（4）全程密闭排液计量，安全环保。

录取资料：管柱结构、深度、时间、电流大小、转速、排液速率、累计排液量、排出液的性质等。

适用范围：

（1）抽深可达 1800m，最大排量 240m^3/d。

（2）最大井斜 60°。

（3）适应高含气井、稠油井助排作业。

2. 射流泵排液

针对稠油层、超低产层、常规抽汲无法连续排液的产层或受抽汲强度的限制不能满足试油排液需要时，可以选用射流泵排液。

原理：增压的动力液通过喷嘴将其势能转换成高速动力液流的动能，此高速液流具有较低的压力，允许井筒内地层流体进入喉管；高速动力液与井筒地层液在喉管内充分混合，并将其动力传递给地层液，使地层液流速增加；到达扩散管后，随着流动横截面积的逐渐增大，混合液流速减小，混合液的动能转换成势能，此时混合液中的压力足以将其举升到地面。

优点：

（1）最深下深可达 3500m，下深大。

（2）反排式水力泵排液，油管截面积小，流速快，易于诱喷。

（3）排出的液体直接进入油管，排液速度快，喷射力量大，有利于地层解堵。

（4）全密闭排液，满足安全环保要求。

缺点：产出液与动力液混合，落实流体性质困难，可以采用深井取样等方式解决。

录取资料：管柱结构、深度、时间、喷嘴规格、泵压、排量、累计排液量、排出液的性质、动力液的性质及数量的变化（现在主要是监测动力液氯离子含量变化和动力液增加情况）。

射流泵可采用热水作为工作液，适合稠油井排液，其具有对井斜要求低、排量大、下深大等特点，针对高产层、大斜度井也具有良好的适用性。

3. 油管泵排液

油管泵是一种针对稠油井排液有效工具，主要由泵筒、柱塞、上下游动阀、固定阀和泵筒接头等组成。原理是通过机车或其他动力装置带动油管泵的活塞上下运动进行排液。上行程时，抽油杆带动柱塞向上运动，游动阀关闭，泵腔容积增大，压力减小，固定阀打开，井下原油及水进入泵腔；下行程时，抽油杆带动柱塞向下运动，固定阀关闭，泵腔容积减小，压力增大，游动阀打开，泵腔内原油及水被排到油管中。如此往复实现了排液的目的。

管柱组合（管柱结构自下而上）：丝堵+防砂筛管+油管（视井深定）+锚定器+油管泵及丢手机构+反循环阀+油管至井口。

优点：

（1）对稠油井能够实现连续排液。

（2）液体在井口通过软管进入计量罐，避免环境污染。

（3）和其他泵相比，油管泵排液成本低、工艺简单、作业周期短。

缺点：对于低产井，随着泵的沉没度降低，泵效快速降低。

录取资料：管柱结构、深度、时间、冲程、冲次、排量、累计排液量、排出液的性质。

油管泵适用于高凝油（凝固点>30℃）、高黏油（原油黏度为500~5000mPa·s）及稠油的产层。

七、求产

取得油气层产能的过程称为求产。油气层产能是油气层在某一生产压差下的产量。求产过程中的生产压差受求产工作制度的控制，在各个工作制度下都有各自的油气层产液能力。工作制度是衡量求产工作强度的一个量值。

例如，抽汲求产工作制度可描述为每日抽汲次数、抽汲深度、动液面深度；自喷求产工作制度可描述为油嘴直径、油压、套压、流动压力等。

（一）自喷井常规求产

1. 自喷井求产标准

自喷油井根据油井的自喷能力选择合适油嘴进行求产。经油气分离，待井口压力、含水稳定后，即可进行求产计量。水井或油水同出井应排出井筒容积1倍以上，若证实为地层水，待水性稳定后，即可进行求产。间喷井确定合理求产周期后，定时（定压）开井测试，求得连续三个间喷周期产量，波动范围不超过20%（表3-4-3）。对于气井，将井内污物、积液放喷干净后，方可选择合适制度求产，一般气井取得一个高回压下（即最大关井压力75%以上）的稳定求产数据。若气水或气油同出，要先分离后求产，同时实测井底压力、温度和压力恢复曲线。

表3-4-3　自喷油井求产时间

产量（m^3/d）	连续求产（h）	波动（%）
>500	8	5
500~300	16	10
300~100	24	10
100~20	32	10
<20	48	15

2. 自喷井求产资料录取

工作制度：时间、油嘴尺寸或气井的针形阀开度、放喷方式。

测气参数：孔板直径、上流压力、下流压力、气体温度、天然气密度。

产量：日产油、气、水量、气油比以及累计产油量、产气量及产水量。

压力：油压、套压、流动压力、静压。

温度：油温、井底流温、静温。

取样：地面油、气、水样品、高压物性样品。

（二）非自喷井常规求产

1. 抽汲求产

在套管允许的掏空深度和不破坏地层结构的条件下，尽可能降低回压，在排出井筒容积或地层水水性稳定后即可定时、定深、定次求产（应首选连续24h稳定产量，如果无法满足条件，则视情况选取具有代表性时间段的稳定产量进行折产）。

抽汲求产录取资料为：

工作制度：时间、抽深、抽次、动液面。

产量：日产油量及产水量，累计产油量及产水量。

流体性质：密度、含水率、含砂量、氯离子含量。

取样：地面油、水样品，有时根据需要进行井下取样。

2. 测液面求产

该方法是采用两个时间差（根据地层渗透性高低决定）内的井下液面高度变化值与套管容积，计算地层产液量，折成日产液量。

应取资料：测量时间、液面变化值、油套管规格、洗井返出液体性质及体积。

3. 提捞求产

每日定深、定次、定液面位置进行提捞求产。

八、增产措施

酸化压裂自20世纪60年代开始以来，经过半个世纪的发展，已经成为钻井、试油作业的重要措施，为油气增产做出了很大的贡献。针对不同的地区、不同的岩性，酸化压裂已发展为两种施工措施，更科学的分类是三种方案，即酸洗（泡）、酸化压裂和压裂（加砂压裂），这三种措施已经形成各自的体系。针对不同的地区、不同的地层、不同的钻井工况、不同的投产形式选择不同的增产方式，这是基本原则。

需要取得施工资料：施工工艺（加砂压裂、酸化、酸洗、酸压等）、液体配方（压裂液配方、酸的浓度、酸液配方等）、施工管柱结构、施工井段（射孔的顶底界，裸眼是封隔器或套管至井底）、施工过程（前置液、携砂液、顶替液等用量，压裂砂的种类及数量、施工泵压、排量、破裂压力、停泵压力等）、关井反应时间、排液方式、排液量、时探砂面、求产情况（有无产水及产水的情况、判断是否为地层水）、返排率及对比措施前后的效果。

九、测压、取样（含测温）

测压是试油过程中基础工作，也是重要的环节。所测压力包含原始（地层）压力、流动压力、压力梯度、压力恢复及下降情况、地层温度。这些数据的变化及相互关系，反映油藏的产液能力和油气水在地层和井筒内的流动状态。在一个新的地区或新的产层进行取样时，一定要进行油气水的地面取样和井下的高压物性取样，这是评价油藏、计算地层参数、确定油藏驱动类型及油藏边界、制定开发方案的关键数据。

测压时一定要求仪器下到油层中部或接近油层中部的深度，以避免或减少因计算引起的误差。

十、封层

试油结束后要将试油层暂时或永久封闭以保证其他试油层的顺利进行，防止不同层之间的干扰。常用封层方法是注水泥塞或机械封层。

第四节　试油资料应用

试油资料分析有两种，第一种是在现场，从试油层位的确定就进行相关资料的分析，边施工边分析，这种现象往往是中途测试或原钻机试油；第二种是对以往的试油资料的分析，分析整个过程的合理性和存在的问题，为成果应用提出注意事项。

一、现场资料

在探井或重点井施工钻进过程中发现良好油气显示，一般都要进行中途测试（裸眼测试），如果井眼规范、地层稳定性好，允许使用电缆 RFT 或 DST 测试，因为此项措施工期短、效果好，但成本高，所以多数井、层的测试都使用钻杆测试。

现场要了解分析以下情况：

(1) 使用何种封隔器、封隔器坐封的深度、该深度与确定的地层是否匹配、井壁是否规范、坐封密封性程度、作业队有何相应的检验措施。

(2) 油管或钻杆内的垫液深度，开井时间井内喷出物和喷出数量。如果没有喷出物，需确定井内液面位置、从开井前的垫液位置到开井后井内液面位置差、环空液面位置变化情况、封隔器密封性。如果环空和井内液面相近，说明两个问题：第一封隔器座封失败；第二地层没有喷出液体。此时应考虑：虽然封隔器座封失败，但液面已经降低，而且油管或套管内是清水，对测试段的压力有所降低，目的层应考虑地层是否堵塞，下次座封之前进行酸化解堵，疏通油气产出通道。

（3）放喷、求产，确定初步产能，取得油气水的产量和样品的物性，然后尽快关井取得压力恢复资料，由于封隔器还在井下，总的时间不能太长。

（4）提出井下工具。

（5）如果过程中有增产、解堵过程，应了解增产措施的数据以及措施前后效果对比情况。

（6）了解下井压力计取得的数据，得出油藏边界的距离、产层驱动类型、地层压力等一系列产层数据。

（7）分析化验数据（原油、天然气、水的分析数据）可为油气层的发现、解释、判断提供重要信息。

二、历史资料

历史资料阅读主要包括试油报告和试油日报。试油报告是结论性的，没有分析的条件，要想了解分析过程的可靠性及如何应用，应查看生产日报或试油日志、班报等原始记录。查看报表和原始记录应注意以下环节。

（1）射孔情况：射孔是试油见油的关键环节，若射孔后的井内反应很差，应检查射孔的准确性、射孔质量，以及油层的堵塞情况、钻井液性质、成分、处理剂种类、地层渗透性。

（2）排液情况：检查排液方法、数量。采用气举法时应注意气举是正排还是反排，两者差距很大，有些地层不适应气举排液法，因为气举排液容易造成地层垮塌、堵塞，影响产层能力的发挥，排液的数量一定要够，才能解放地层让油气流出。钻井过程中钻井液是很容易侵入岩层中的，其原因与压差、渗透性、和地层的亲水性有关，射孔后目的层没有产量或产量很低，尤其是无液体产出，必须分析井内排液的数量和液体的性质。

（3）求产情况：检查产层的井段、厚度、井下排液情况总排水量、井筒容积与出水量对比、氯离子含量的变化、排液与求产的关系、求产方式，总之一定要确定产量的可靠性同时，要注意井下是否出水以及水的来源（井筒水、滤液、地层水）。如果产出油气，则需关注气体、原油的性质，这些都为今后发现解释油气层提供的重要信息。

（4）酸化压裂：重点了解措施时间、措施井段、岩性、措施方法、施工过程、排液情况、措施后的效果，再次求产情况、其结果与预想的是否一致。不一致的原因是对地层认识问题是解释有误，还是施工的问题，这些都需要仔细研究讨论。

（5）关井压力恢复或开井压降，是了解储层性质的较好方法。

对于气田，通过回压试井、等时试井、修正等时试井和单点产能试井来确定单井产量、无阻流量、油水边界、油藏驱动类型，通过压降法计算储量。应用稳定试井、不稳定试井为油气田的开发提供重要资料。

（6）录井显示与解释。

（7）测井解释。

（8）应用。

同时，还要紧密结合区域邻井的试油结果、水性及原油性质、压力等相关资料，横向对比分析。试油资料的分析过程较为复杂，只有准确把握能利用的一切资料，才能得到较为可靠的分析结论。

试油资料主要成果包括产量、压力资料以及分析化验数据。应用过程中一定要将试油成果和录井的显示井段、厚度、显示情况（岩心、岩屑、荧光、气测、后效、结论）、测井解释、钻井工况、钻井液的变化和产量挂钩，另外还要把油气水的产量、原油的密度、馏分、沥青胶质、饱和压力、气油比、水的类型、矿化度、地层压力、地层的漏失情况钻井液的性能联系起来。录井和测井是静态的，试油测试是动态的，只有将两者紧密结合、综合分析，才能准确对储层情况进行判定。

20 世纪 70 年代江汉油田一口 3000km 的井试油排液后未见任何油气反应，但是根据当时的油气显示判断存在原油，液面已经降到 1600m，这是套管设计的极限。由于受当时的技术条件的限制，只能采取油汲方法，当工作到第三十天时，终于见到了轻质油的反应，5 天后达到日产 5t 油，投产时日产 10t 油。

2010 年在宁夏地区一口 2500m 的延长统层位的井，油气显示非常好，取心见油，按常规试油应该达到日产 5～10t 的产能，但射孔后完成抽汲未见任何反应，为此起油管进行射孔质量检查，一切正常。经研究发现，钻井过程中发生井漏，使用一种棉籽加工成的堵漏剂，（陕甘宁地区经常使用的堵漏材料，堵漏效果很好）漏层打过后没有调整钻井液，使用原钻井液打开油层，在讨论如何处理时有两种意见，一种是酸化、另一种是压裂，酸化可以解决钻井液添加剂的堵塞，但是效果不一定好，如果效果不好还需要进行压裂。最终使用 20 方砂子压裂，日产量达到 30t。

另外，根据压力恢复曲线和压力降落曲线可以对储层伤害进行评价，获取产层的性质、流体产出量、储层参数及储层的边界，估算地层渗透率，并且可以进一步分析出储层是均质地层还是双重介质地层，还可以了解储层的边界状态及距离，对于气井可以求得产量、无阻流量。

现代试井试油包括三个内容：用高精度的井下压力计记录压力资料；用图版进行资料分析；使用先进的试井解释软件进行不稳定试井的解释。

附　　录

附录 I　常用录井及相关行业标准目录

序号	标准编号	标准名称	备注
1	SY/T 5190—2016	石油综合录井仪技术条件	
2	SY/T 5191—2011	气相色谱录井仪	
3	SY/T 5259—2013	岩屑罐顶气轻烃的气相色谱分析方法	
4	SY/T 5518—2010	石油天然气井位测量规范	
5	SY/T 5593—2016	井筒取心质量规范	
6	SY/T 5599—2012	油气探井录井总结报告编写规范	
7	SY/T 5615—2004	石油天然气地质编图规范及图式	
8	SY/T 5778—2008	岩石热解录井规范	
9	SY/T 5788. 2—2008	油气探井气测录井规范	
10	SY/T 5788. 3—2014	油气井地质录井规范	
11	SY/T 5965—2017	油气探井钻井地质设计规范	
12	SY/T 5969—2005	油气探井油气水层录井综合解释规范	
13	SY/T 6044—2012	浅（滩）海石油天然气作业安全应急要求	
14	SY/T 6243—2009	油气探井工程录井规范	
15	SY/T 6294—2008	录井分析样品现场采样规范	
16	SY/T 6348—2010	录井作业安全规程	
17	SY/T 6415—2010	油气探井录井资料质量评定与归档项目	
18	SY/T 6438—2000	油气探井录井资料质量控制规范	
19	SY/T 6611—2017	石油定量荧光录井规范	

续表

序号	标准编号	标准名称	备注
20	SY/T 6679. 1—2014	综合录井仪校准方法 第1部分：传感器	
21	SY/T 6679. 2—2009	综合录井仪校准方法 第2部分：录井气相色谱仪	
22	SY/T 6679. 3—2009	综合录井仪校准方法 第3部分：数据采集系统	
23	SY/T 6747—2014	油气井核磁共振录井规范	
24	SY/T 6748—2008	油气井岩心扫描规范	
25	SY/T 6750—2009	录井现场数据格式	
26	SY/T 6831—2011	油气井录井系列规范	
27	SY/T 6923—2012	煤层气录井安全技术规范	
28	SY/T 6941—2013	储层热蒸发烃气相色谱录井规范	
29	SY/T 7420—2018	X射线荧光光谱元素录井规范	
30	SY/T 5251—2016	油气井录井项目及录井质量要求（双语版）	

注：以上标准为2019年现行标准，请读者使用时自行查阅最新版本或替代标准。

附录Ⅱ 常用录井及相关企业标准目录

序号	标准编号	标准名称	备注
1	Q/SY 128-2015	录井资料采集处理解释规范	
2	Q/SY 01016-2018	勘探与生产数据规格 第3部分 录井	
3	Q/SY 01024-2018	录井资料质量评价规范	
4	Q/SY 01067-2019	录井工程现场监督及质量控制规范	
5	Q/SY 1766-2014	综合录井仪现场安装技术规范	
6	Q/SY 1225-2009	PDC钻头钻井录井技术规范	
7	Q/SY 02023-2018	X射线衍射矿物录井技术规范	
8	Q/SY 1623-2013	工程技术录井报表填报规范	
9	Q/SY 1555-2012	井场录井资料远程传输技术规范	
10	Q/SY 1295-2010	录井队设备配备及工作环境规范	
11	Q/SY 1622-2013	煤层气录井技术规范	
12	Q/SY 1621-2013	轻烃录井技术规范	

续表

序号	标准编号	标准名称	备注
13	Q/SY 1765-2014	三维定量荧光录井技术规范	
14	Q/SY 02554-2018	水平井录井技术规范	
15	Q/SY 1861-2016	岩样成像录井技术规范	
16	Q/SY 1862-2016	元素录井技术规范	
17	Q/SY 02002-2016	远程录井技术规范	

注：以上标准为2019年现行标准，请读者使用时自行查阅最新版本或替代标准。

附录Ⅲ （规范性附录）岩石颜色及代码新旧标准对照表

<table>
<tr><th colspan="2">2002年以前</th><th colspan="2">2002年以后</th></tr>
<tr><th>符号</th><th>颜色</th><th>符号</th><th>颜色</th></tr>
<tr><td>0</td><td>白色、灰白色</td><td>0</td><td>白色</td></tr>
<tr><td>1</td><td>棕红色、浅棕红色、暗棕红色</td><td>1</td><td>红色</td></tr>
<tr><td>2</td><td>肉红色、浅肉红色、暗肉红色</td><td>2</td><td>紫色</td></tr>
<tr><td>3</td><td>紫红色、浅紫红色、暗紫红色</td><td>3</td><td>褐色</td></tr>
<tr><td>4</td><td>棕黄色、浅棕黄色</td><td>4</td><td>黄色</td></tr>
<tr><td>5</td><td>黄色、灰黄色、浅灰黄色</td><td>5</td><td>绿色</td></tr>
<tr><td>6</td><td>蛋青色</td><td>6</td><td>蓝色</td></tr>
<tr><td>7</td><td>蓝灰色</td><td>7</td><td>灰色</td></tr>
<tr><td>8</td><td>绿色、浅灰绿色、深灰绿色</td><td>8</td><td>黑色</td></tr>
<tr><td>9</td><td>褐色、灰褐色、黄褐色、棕褐色</td><td>9</td><td>棕色</td></tr>
<tr><td>10</td><td>棕色、浅棕色、暗棕色</td><td>10</td><td>杂色</td></tr>
<tr><td>11</td><td>紫色、灰紫色、浅紫色、暗紫色</td><td colspan="2" rowspan="5">注：
1、两种颜色以中圆点描述，如灰绿色为“7.5”；
2、颜色深浅用“+”“-”号代表，如深灰绿色为“+7.5”，浅灰绿色为“-7.5”</td></tr>
<tr><td>12</td><td>黑色、灰黑色、褐黑色</td></tr>
<tr><td>13</td><td>深灰色、褐灰色</td></tr>
<tr><td>14</td><td>灰色、浅灰色、绿灰色</td></tr>
<tr><td>15</td><td>杂色</td></tr>
</table>

附录Ⅳ 常用图例（依据SY/T 5615—2004《石油天然气地质编图规范及图式》）

序号	名称	符号	序号	名称	符号
1. 录井含油气水产状			1.9	水砂	1/2 ~
1.1	饱含油	1/2	1.10	含水	~
1.2	富含油	1/2	2. 录井、测井解释		
1.3	油浸	1/4	2.1	油层	1/2
1.4	油斑		2.2	差油层	1/2
1.5	油迹		2.3	含水油层	1/2 ~
1.6	荧光		2.4	油水同层	1/2 ~
1.7	气砂	1/2	2.5	含油水层	1/2
1.8	含气	1/2	2.6	可疑油气层	?

续表

序号	名称	符号	序号	名称	符号
2.7	油气同层	1/2	3.4	钻井液水浸	
2.8	气层	1/2	3.5	二氧化碳气浸	C
2.9	气水同层	1/2	3.6	硫化氢气浸	S
2.10	含气水层	1/2	3.7	钻井液带出油流	
2.11	水层	1/2	3.8	井涌气	
2.12	致密层	1/2	3.9	井涌油	
2.13	干层	1/2	3.10	井涌水	
3. 钻井及其他油气显示			3.11	喷气	
3.1	槽面油花		3.12	喷油	
3.2	槽面气泡		3.13	喷水	
3.3	钻井液气浸		3.14	喷油气	

续表

序号	名称	符号	序号	名称	符号
3.15	喷气水		3.26	井壁取心	3 6 3 4 12 mm
3.16	喷油水		3.27	钻井取心	
3.17	喷油气水		3.28	未见顶	
3.18	井漏		3.29	未见底	
3.19	放空		4. 松散堆积物		
3.20	起下钻		4.01	表土和积土层	
3.21	接单根		4.02	红土	
3.22	换钻头		4.03	漂砾	
3.23	憋钻		4.04	卵石	
3.24	跳钻		4.05	砾石	
3.25	沥青		4.06	角砾石	

续表

序号	名称	符号	序号	名称	符号
4. 07	砂砾石	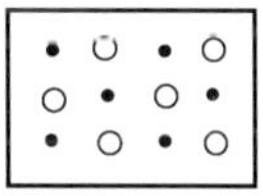	4. 18	粉砂质黏土	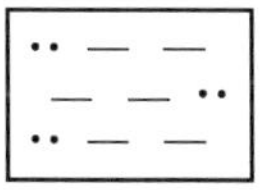
4. 08	泥砾石	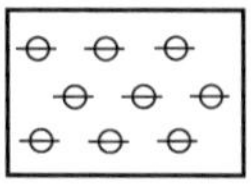	4. 19	黏土	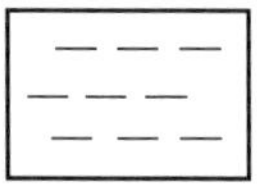
4. 09	粉砂质砾石	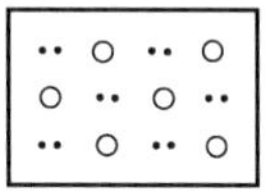	4. 20	植物堆积层	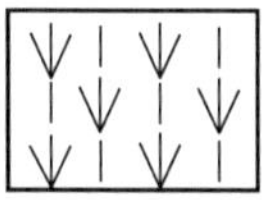
4. 10	黏土质砾石	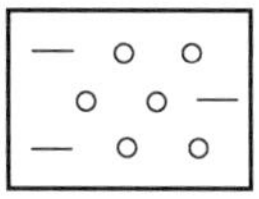	4. 21	腐殖土层	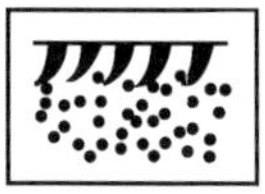
4. 11	砂姜	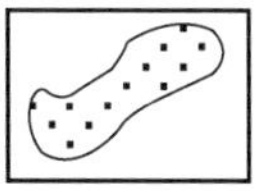	4. 22	化学沉积	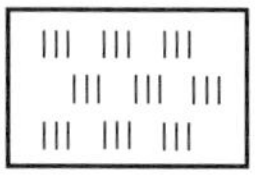
4. 12	粗砂	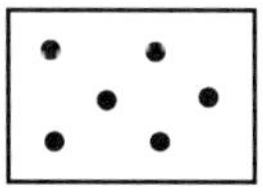	4. 23	填筑土	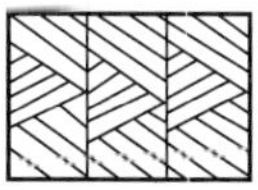
4. 13	中砂	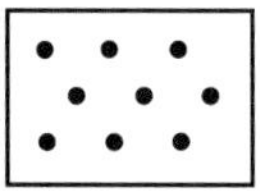	4. 24	泥炭土	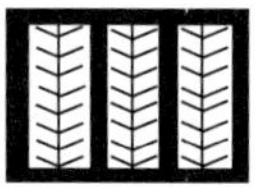
4. 14	细砂	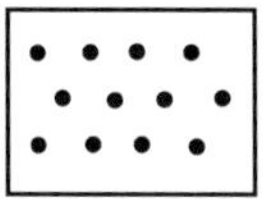	4. 25	贝壳层	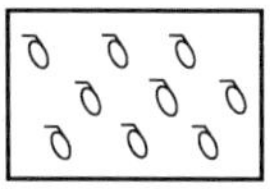
4. 15	粉砂	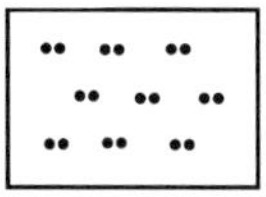	5. 砾岩		
4. 16	泥质粉砂	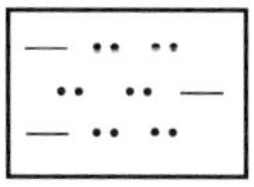	5. 01	巨砾岩	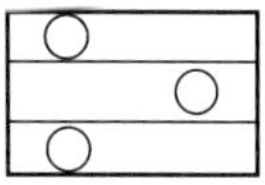
4. 17	砂质黏土	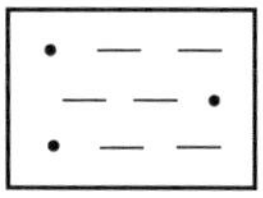	5. 02	粗砾岩	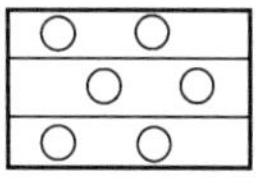

续表

序号	名称	符号	序号	名称	符号
5.03	中砾岩		5.14	砂砾岩	
5.04	细砾岩		5.15	泥质细砾岩	
5.05	泥砾岩		6. 砂岩、粉砂岩		
5.06	角砾岩		6.01	砾状砂岩	
5.07	灰质砾岩		6.02	鲕状砂岩	
5.08	灰质角砾岩		6.03	粗砂岩	
5.09	铁质砾岩		6.04	中砂岩	
5.10	硅质砾岩		6.05	细砂岩	
5.11	凝灰质砾岩		6.06	粉砂岩	
5.12	凝灰质角砾岩		6.07	中-细砂岩	
5.13	凝灰质砂砾岩		6.08	粉-细砂岩	

续表

序号	名称	符号	序号	名称	符号
6.09	含砾粉-细砂岩		6.20	海绿石中砂岩	
6.10	含砾中-细砂岩		6.21	海绿石细砂岩	
6.11	含砾粗砂岩		6.22	海绿石粉砂岩	
6.12	含砾中砂岩		6.23	石英砂岩	
6.13	含砾细砂岩		6.24	长石砂岩	
6.14	含砾粉砂岩		6.25	长石石英砂岩	
6.15	含砾泥质粗砂岩		6.26	玄武质粗砂岩	
6.16	含砾泥质中砂岩		6.27	玄武质中砂岩	
6.17	含砾泥质细砂岩		6.28	玄武质细砂岩	
6.18	含砾泥质粉砂岩		6.29	玄武质粉砂岩	
6.19	海绿石粗砂岩		6.30	高岭石质粗砂岩	

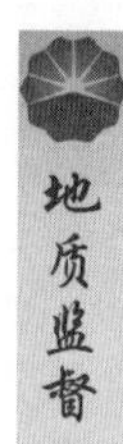

续表

序号	名称	符号	序号	名称	符号
6. 31	高岭石质中砂岩		6. 42	硅质石英砂岩	
6. 32	高岭石质细砂岩		6. 43	白云质粗砂岩	
6. 33	高岭石质粉砂岩		6. 44	白云质中砂岩	
6. 34	石膏质粗砂岩		6. 45	白云质细砂岩	
6. 35	石膏质中砂岩		6. 46	白云质粉砂岩	
6. 36	石膏质细砂岩		6. 47	灰质粗砂岩	
6. 37	石膏质粉砂岩		6. 48	灰质中砂岩	
6. 38	硅质粗砂岩		6. 49	灰质细砂岩	
6. 39	硅质中砂岩		6. 50	灰质粉砂岩	
6. 40	硅质细砂岩		6. 51	泥质粗砂岩	
6. 41	硅质粉砂岩		6. 52	泥质中砂岩	

续表

序号	名称	符号	序号	名称	符号
6.53	泥质细砂岩		7.05	粉砂质泥岩	
6.54	泥质粉砂岩		7.06	砂质泥岩	
6.55	碳质粗砂岩		7.07	含砂泥岩	
6.56	碳质中砂岩		7.08	含砾泥岩	
6.57	碳质细砂岩		7.09	灰质泥岩	
6.58	碳质粉砂岩		7.10	碳质泥岩	
7. 页岩、泥岩			7.11	碳质页岩	
7.01	页岩		7.12	白云质泥岩	
7.02	油页岩		7.13	石膏质泥岩	
7.03	泥岩		7.14	含膏泥岩	
7.04	砂质页岩		7.15	凝灰质泥岩	

续表

序号	名称	符号	序号	名称	符号
7.16	铝土质泥岩	Al — — — — Al Al — —	8.08	泥质灰岩	
7.17	玄武质泥岩		8.09	碳质灰岩	C C C
7.18	沉凝灰岩		8.10	砂质灰岩	
8. 白云岩、石灰岩			8.11	竹叶状灰岩	
8.01	石灰岩		8.12	豹皮灰岩	
8.02	含白云石灰岩		8.13	鲕状灰岩	
8.03	含泥灰岩		8.14	碎屑灰岩	
8.04	含白垩灰岩		8.15	生物灰岩	
8.05	白云质灰岩		8.16	介壳灰岩	
8.06	硅质灰岩	si si si	8.17	介形虫灰岩	
8.07	泥灰岩		8.18	白云岩	

续表

序号	名称	符号	序号	名称	符号
8.19	含灰白云岩		9.03	铝土岩	Al Al Al Al Al Al
8.20	含泥白云岩		9.04	锰矿层	Mn Mn Mn Mn Mn Mn
8.21	灰质白云岩		9.05	黄铁矿层	
8.22	硅质白云岩	si si si	9.06	铁矿层	Fe Fe Fe Fe Fe Fe
8.23	石膏质白云岩		9.07	菱铁矿层	
8.24	凝灰质白云岩（白云岩化凝灰岩）		9.08	赤铁矿层	
8.25	泥质白云岩		9.09	煤层	
8.26	砂质白云岩		9.10	硼砂	B B B B B B
9. 其他岩石			9.11	重晶石	
9.01	硅质岩	si	9.12	石膏岩	
9.02	磷质岩（磷块岩）	P P P P P P	9.13	盐岩	

续表

序号	名称	符号	序号	名称	符号
9.14	钾盐岩	K	10.5	自生石英	
9.15	含镁盐岩	Mg	10.6	方解石脉	
9.16	含膏盐岩		10.7	石英脉	
9.17	膏盐层		10.8	石膏脉	
9.18	煊石岩（隧石层）		10.9	白云石脉	
9.19	白垩土		10.10	沥青脉	
10. 矿物			10.11	沥青包裹体	
10.1	黄铁矿		10.12	磷灰石	P
10.2	方解石		10.13	石膏	
10.3	白云石		10.14	菱铁矿	
10.4	铁锰结核		10.15	盐	

续表

序号	名称	符号	序号	名称	符号
11. 侵入岩			11. 11	闪长岩	⊥ ⊥ ⊥ ⊥ ⊥ ⊥ ⊥ ⊥ ⊥
11. 01	超基性侵入岩	⩓ ∧ ⩓ ∧ ⩓ ∧ ⩓ ∧ ⩓	11. 12	正长岩	T + T + T + T + T
11. 02	基性侵入岩	∧ ∧ ∧ ∧ ∧ ∧ ∧ ∧ ∧	11. 13	闪长玢岩	⊥ λ ⊥ λ ⊥ λ ⊥ λ ⊥
11. 03	中性侵入岩	T — T — T — T — T	11. 14	角闪石岩	< < < < < < < < <
11. 04	酸性侵入岩	+ — + — + — + — +	11. 15	花岗岩	+ + + + + + + + +
11. 05	橄榄岩	⩓ ⩓ ⩓ ⩓ ⩓ ⩓ ⩓ ⩓ ⩓	11. 16	煌斑岩	L L L L L L L L L
11. 06	辉石岩	⌐ ⌐ ⌐ ⌐ ⌐ ⌐ ⌐ ⌐ ⌐	11. 17	云煌岩	λ λ λ λ λ λ λ λ λ
11. 07	辉长岩	× I × I × I × I ×	11. 18	伟晶岩	// \\ // \\ \\ // \\ //
11. 08	苏长岩	× S × S × S × S ×	12. 喷发岩		
11. 09	斜长岩	N N N N N N N N N	12. 01	基性喷发岩	╒ ╒ ╒ ╒ ╒ ╒ ╒ ╒ ╒
11. 10	辉绿岩	× × × × × × × × ×	12. 02	中性喷发岩	⊣ V ⊣ V ⊣ V ⊣ V ⊣

续表

序号	名称	符号	序号	名称	符号
12. 03	酸性喷发岩		12. 14	集块岩	
12. 04	玄武岩		12. 15	火山角砾岩	
12. 05	安山玄武岩		13. 变质岩		
12. 06	安山岩		13. 01	变质岩	
12. 07	安山粉岩		13. 02	变质砂岩或粉砂岩	
12. 08	粗面岩		13. 03	变质砾岩	
12. 09	流纹岩		13. 04	碎裂岩	
12. 10	流纹斑岩		13. 05	构造角砾岩	
12. 11	英安岩		13. 06	糜棱岩	
12. 12	英安斑岩		13. 07	板岩	
12. 13	凝灰岩		13. 08	硅质板岩	Si Si Si Si Si Si Si Si Si

续表

序号	名称	符号	序号	名称	符号
13.09	绿泥石板岩	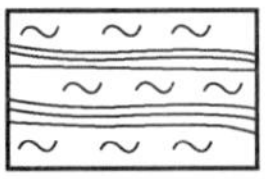	13.16	片岩	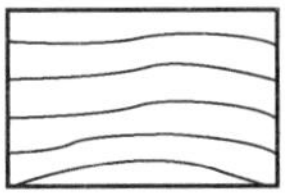
13.10	碳质板岩	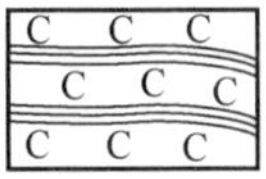	13.17	石英片岩	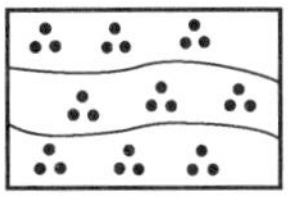
13.11	蛇纹岩	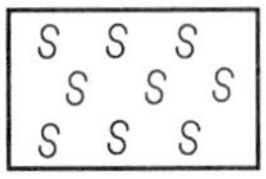	13.18	黑云片岩	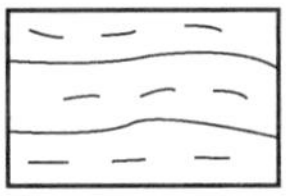
13.12	大理岩	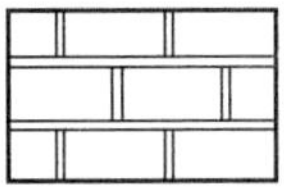	13.19	绿泥片岩	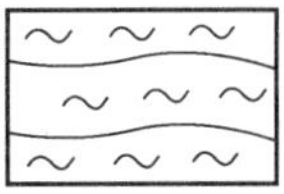
13.13	千枚岩	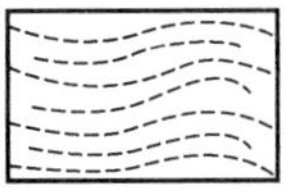	13.20	片麻岩	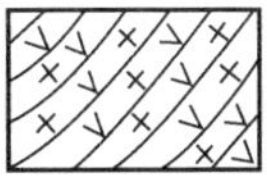
13.14	绢云千枚岩	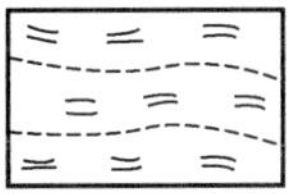	13.21	花岗片麻岩	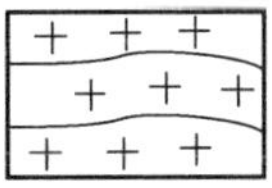
13.15	绿泥千枚岩	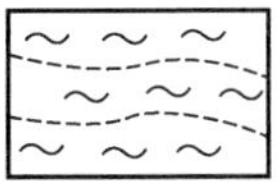	13.22	石英片岩	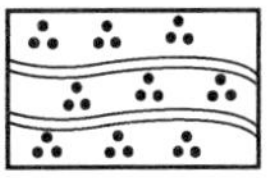

附录Ⅴ　常用钻井工况图标
(彩色图标请扫二维码)

序号	钻井工况	符号图例	序号	钻井工况	符号图例
1	二开		13	扩眼	
2	三开		14	钻井取心	
3	四开		15	完钻测试	
4	中途完井	C	16	憋钻	
5	中途测试	T	17	跳钻	
6	中途测井	W	18	堵水眼	
7	单点测斜		19	掉水眼	
8	下套管		20	钻具刺	
9	循环		21	钻具断	
10	接单根		22	上提遇卡	
11	起下钻/短起下		23	下放遇阻	
12	划眼		24	卡钻	

续表

序号	钻井工况	符号图例	序号	钻井工况	符号图例
25	油侵		37	井漏	
26	气侵		38	放空	
27	水侵		39	换钻头	
28	油水侵		40	加重	ρ ↗
29	油气侵		41	开离心机	ρ ↘
30	气水侵		42	加润滑剂	O ↗
31	H_2S 气侵	H	43	补充胶液	M ↗
32	CO_2 气侵	C	44	单泵	
33	节流循环		45	双泵	
34	压井		46	溢流	
35	放喷		47	换牙轮钻头	
36	点火		48	完钻	

（彩图请扫二维码）

参 考 文 献

[1] 王守君，等，中国海洋石油有限公司 勘探监督手册. 地质分册. 北京：石油工业出版社 ，2013. 4.

[2] 沈琛，等，地质录井工程监督. 北京：石油工业出版社，2005. 8.

[3] 吴元燕，吴胜和，蔡正旗. 油矿地质学. 北京：石油工业出版社，2005.

[4] 沈琛，等. 地质录井工程监督. 北京：石油工业出版社，2005.

[5] 姬月凤，等. 地质录井. 北京：石油工业出版社，2011.

[6] 吴奇，等. 勘探与生产工程监督现场技术规范. 北京：石油工业出版社，2006.

[7] 姚汉光，付殿英，徐有信. 气测井. 北京：石油工业出版社，1990.

[8] 刘宗林. 录井工程与管理. 石油工业技术监督. 2006，22（9）：61-63.

[9] 大港油田科技丛书编委会编. 录井技术. 北京：石油工业出版社，1999.

[10] 张国芳，黎红，冯雁辉. 综合录井钻头寿命终结分析. 录井技术. 2001，12（3）：47-51.

[11] 李胜利，曹洪辉，李三国，等. 实时工程异常预报系统研究及应用. 录井工程. 2006，17（1）：56-58，70.

[12] 吴俊杰. 钻井工程事故监测和预警方法研究. 录井工程. 2006，17（1）：53-55，70.

[13] 邬立言，张振苓，黄子舰，等. 地球化学录井. 北京：石油工业出版社，2011.

[14] 邬立言，丁莲花，李斌，等. 油气储集岩热解快速定性定量评价. 北京：石油工业出版社，2000.

[15] 高日胜，方杰，王暾，等. 陆相盆地重质油成因类型及其稠变序列. 石油学报，2013，3（34）.

[16] 周兴熙. 油气田中油气的分异作用——以塔里木盆地牙哈凝析油气田为例. 地质论评，2003，5（49）.

[17] 曾国寿，徐梦虹. 石油地球化学. 北京：石油工业出版社，1990.

[18] 王培荣. 烃源岩与原油中轻馏分烃测定及其地球化学作用. 北京：石油工业出版社，2010.

[19] 陈本才，王忠德. 储集岩热解地化录井影响因素及对策探讨. 西部探矿工程，2001，11（102）.

[20] 刘卫，刑立，等. 核磁共振录井. 北京：石油工业出版社，2011.

[21] 李一超，李春山，刘德伦. X 射线荧光岩屑录井技术. 录井工程，2008，19（1）：1-8.

[22] A. H. 别列笛曼. 地球的化学成分. 北京：地质出版社，1981.
[23] 丁次乾. 矿场地球物理测井. 东营：石油大学出版社，2005.
[24] 黄隆基. 放射性测井原理. 北京：石油工业出版社，1985.
[25] 王贵文，郭荣坤. 测井地质学. 北京：石油工业出版社，2000.
[26] 庞巨丰，迟云鹏，钟振伟. 现代核测井技术与仪器. 北京：石油工业出版社，1998.
[27] 郭余峰，单秀兰. 利用自然伽马能谱确定地层岩性的方法 [J]. 物探与化探，1996，20 (3)：198-201.
[28] 石强. 利用自然伽马能谱测井定量计算黏土矿物成分方法初探 [J]. 测井技术，1998，22 (5)：349-352.
[29] 周芳芳. 水平井录井综合地质导向系统的意义及工作流程. 中国管理信息化，2016 (7)：96-97.
[30] 杨国奇，孟宪军，许旭华，等. 水平井录井技术在华北油田的应用. 石油钻采工艺，2009，31 (S2)：71-74.
[31] 韩婉琳. 水平井岩屑录井的影响因素及对策. 油气地质与采收率，2002，9 (4)：28-30.
[32] 刘佩波. 水平井录井技术难点与对策分析. 西部探矿工程，2016，28 (6)：23-24.
[33] 王小军，丁全军，忤伟，等. 薄层水平井地质导向技术在赵平 3 井的应用. 中外能源，2010，15 (7)：60-64.
[34] 方锡贤，吴福邹，李文德，等. 非常规油气水平井地质导向方法探讨. 石油地质与工程，2012，26 (5)：89-91.
[35] 徐进宾，吴炎，孙绍令. 断层水平井地质导向方法研究与应用. 录井工程，2016，27 (2)：20-23.
[36] 张永庆，李蕾，凌雨，等. 储层预测与监测技术在水平井地质导向钻井中的应用. 大庆石油地质与开发，2004，23 (6)：53-54.
[37] 李秀彬，马树明，罗刚，等. 录井技术在霍 101 井油基钻井液条件下的运用. 新疆石油科技，2016，(2)：27-31.
[38] 李金权. 录井中钻井液影响因素分析及油层识别方法. 西部探矿工程，2016，28 (5)：42-44.
[39] M. V. Reyes，耿子友，倪燕. 荧光技术在油基钻井液录井中的应用. 录井工程，1998 (3)：4-11.
[40] 周建立，谢俊. 油基钻井液对气测值的影响与校正处理. 录井工程，2014，25 (2)：22-26.
[41] 唐金祥，孟令蒲，韩志永，等. 油基钻井液环境下的录井方法及实践.

录井工程，2006（3）：38-42.
[42] 初玉东. 油基钻井液加 PDC 钻头钻井条件下录井方法探讨. 石化技术，2015（3）：177-179.
[43] 曹凤俊，王力. 油基钻井液钻井气水层识别与评价. 录井工程，2006，17（1）：25-27.
[44] 唐丞. 泡沫钻井下录井资料的获取. 科技创新与应用，2006，(10)：94.
[45] 许文革. 空气/泡沫钻井条件下水层判别方法探讨. 大庆石油地质与开发，2005，24（S1）：20-21.
[46] 方敏，李家龙，何纶. 欠平衡泡沫流体钻井工艺技术. 钻井工程，2001，21（1）：72-74.
[47] 徐　英. 空气泡沫钻井技术在核桃 1 井的应用. 钻井工程，2004，24（10）：62-64.
[48] 唐家琼，郑永，熊驰原，等. 气体钻井的录井监测方法. 天然气工业，2010，30（3）：12-15.
[49] 华学理，余明军，张建立，等. 空气钻井技术对地质录井工作的影响及对策. 录井工程，2007，18（1）：5-8.
[50] 韩永刚，刘德论，李平，等. 四川地区气体钻井配套录井技术. 天然气工业，2007，27（11）：31-33.
[51] 李斌，沈文星，周远福，等. 准噶尔盆地空气钻井条件下的录井方法. 新疆石油地质，2011（6）：669-671.
[52] 高春绪，王勇，程益华，等. 空气钻井条件下录井工艺方法与技术配套探讨. 录井工程，2006，(3)：10-15.
[53] 耿长喜，刘丽萍，夏峥寒. 录井解释评价技术面临的困难与挑战. 录井工程，2006，17（1）：18-20.
[54] 郎东升，金成志，郭冀义，等. 储层流体的热解及气相色谱评价技术. 北京：石油工业出版社，1999.
[55] 何霁，滕奇志，罗代升，等. 一种改进的 ISODATA 算法及在彩色荧光图像中的应用. 四川大学学报（自然科学版），2007，44（3）：563-568.
[56] 田玉梅，梁若莹. 计算机彩色输入输出设备常用颜色空间及其转换. 计算机工程，2002，28（9）：198-200.
[57] 陈本才，王忠德. 储集岩热解地化录井影响因素及对策探讨. 西部探矿工程，2004，16（11）：91-93.
[58] 刘思峰. 灰色系统理论及其应用. 北京：科学出版社，2004.
[59] 刘强国，朱清祥. 录井方法与原理. 北京：石油工业出版社，2011.
[60] 郎东升，等. 油气水层定量评价录井新技术. 北京：石油工业出版

社，2004.
[61] 苏柏森，马恩付. 谈现代信息录井技术在石油勘探开发中的作用. 计算机光盘软件与应用，2011（13）：28-28.
[62] 高红慧. 石油勘探开发中现代信息录井技术的运用分析. 中国石油和化工标准与质量，2013（8）：161-161.
[63] 赵健. 综合录井远程传输系统. 油气田地面工程，2010，29（2）：53-55.
[64] 刘瑞文，郭学增. 综合录井数据实时远程传输现状及其应用. 录井工程，2000（3）：12-16.
[65] 刘瑞文，郭学增. 钻井数据实时远程传输系统研制. 中国石油大学学报：自然科学版，2000，24（2）：7-8.
[66] 申艳峰. 录井综合信息传输系统的功能与特点及其应用. 信息通信，2013（8）：132-133.
[67] 李鹏，杨寿文，王洪义，等. 录井信息综合应用的研究. 电脑开发与应用. 2006，19（8）：7-8.
[68] 杜强. 水平井远程传输与实时监控系统. 中国管理信息化，2015（7）：89-90.
[69] 敖苍穹，夏璐. 录井现场信息加密技术应用. 录井工程，2014，25（1）：61-63.
[70] 蒋希文. 钻井事故与复杂问题. 北京：石油工业出版社，2006.
[71] 中国石油勘探与生产公司. 地质导向与旋转导向技术应用及发展. 北京：石油工业出版社，2012.
[72] 雷静，杨甘生，梁涛，等. 国内外旋转导向钻井系统导向原理. 探矿工程（岩土钻掘工程），2012（9）：53-58.
[73] 钻井监督编委会. 中国石油天然气集团公司统编培训教材——钻井监督. 北京：石油工业出版社，2003.
[74] 徐同台，赵敏，熊友明. 保护油气层技术. 北京：石油工业出版社，2010.
[75] 刘能强. 实用现代试井解释方法. 北京：石油工业出版社，2008.
[76] 叶荣. 地层测试技术. 北京：石油工业出版社，1989.
[77] 文浩，杨存旺. 试油作业工艺技术. 北京：石油工业出版社，2002.